한국산업인력공단 출제기준 완벽대비!

[산업안전기사]
[필기 기출문제]

도서출판 **책과 상상**
www.SangSangbooks.co.kr

머리말

현대 산업사회의

생산현장은 산업설비의 대형화와 자동화를 통한 대량생산 및 다품종 생산의 시대로 접어들게 되었고 재해사고발생시 위험에 대한 치명도와 규모도 증대되고 있는 상황입니다. 이에 따라 산업현장에서의 안전을 담당하는 안전관리자의 책무와 지위 또한 증대되고 있습니다.

인간존중의 이념을 실현하기 위한 안전관리자의 고유한 책무와 함께, 산업 근로자의 안전과 생명을 지키는 파수꾼으로서의 역할이 사회구성의 한분야이자 전문적인 영역으로 자리매김되고 있는 상황에서 안전관리자의 자격을 취득하고자 하는 분들의 건승을 기원합니다.

이 책은 산업인력공단이 주관·시행하는 기사 자격증을 보다 효과적으로 단시간에 취득하도록 하기 위해 핵심적인 이론과 최근 기출문제를 중점적으로 수록하고 있습니다. 또한, 그 내용에 있어 다음과 같은 점들을 특징으로 하고 있습니다.

1. 최근 변경된 한국산업인력공단의 출제기준 및 기출문제 분석을 통해 수험생들이 보다 효과적으로 기사시험에 대비할 수 있도록 핵심적인 이론 내용을 최대한 간결하게 정리하였습니다.

2. 문제은행 방식으로 치러지는 필기시험에 대비하여 보다 많은 문제를 학습하는 것이 최선의 합격 전략인 만큼 CBT 시행 이전 7년간의 기출문제를 풍부한 해설과 함께 수록함으로써 다양한 변형 문제에도 쉽게 대비할 수 있도록 하였습니다.

책을 쓰는 동안 수험생의 입장에서 최대한 자세하게 설명하기 위해 최선을 다하였으나 미비한 점이 있다면 계속적인 보완을 약속드립니다.

끝으로 저자의 원고를 책으로 출간할 수 있는 기회를 주신 도서출판 책과 상상에 감사를 드립니다. 또한, 출간을 위해 적지 않은 시간을 원고 검토에 힘써준 현장의 동료들에게도 지면을 통해 깊은 감사의 말을 전합니다.

저자 올림

검정안내 및 출제기준

1. 검정안내

(1) 개요
생산관리에서 안전을 제외하고는 생산성 향상이 불가능하다는 인식속에서 산업현장의 근로자를 보호하고 근로자들이 안심하고 생산성 향상에 주력할 수 있는 작업환경을 만들기 위하여 전문적인 지식을 가진 기술인력을 양성하고자 자격제도 제정

(2) 수행직무
건설업을 제외한 각 산업현장에 배속되어 산업재해 예방계획의 수립에 관한 사항을 수행하며, 작업환경의 점검 및 개선에 관한 사항, 유해 및 위험방지에 관한 사항, 사고사례 분석 및 개선에 관한 사항, 근로자의 안전교육 및 훈련에 관한 업무 수행

(3) 취득 방법

① 검정 방법

- **필기** : 객관식 4지 택일형 과목당 20문항(과목당 30분)
- **실기** : 복합형[필답형(1시간 30분, 55점) + 작업형(1시간 정도, 45점)]

② 합격기준

- **필기** : 100점을 만점으로 하여 과목당 40점 이상, 전과목 평균 60점 이상
- **실기** : 100점을 만점으로 하여 60점 이상

(4) 진로 및 전망

- 기계, 금속, 전기, 화학, 목재 등 모든 제조업체, 안전관리 대행업체, 산업안전관리 정부기관, 한국산업안전공단 등이 진출할 수 있다.

- 선진국의 척도는 안전수준으로 우리나라의 경우 재해율이 아직 후진국 수준에 머물러 있어 이에 대한 계속적 투자의 사회적 인식이 높아가고, 안전인증 대상을 확대하여 프레스, 용접기 등 기계·기구에서 이러한 기계·기구의 각종 방호장치까지 안전인증을 취득하도록 산업안전보건법 시행규칙의 개정에 따른 고용창출 효과가 기대되고 있다. 또한 경제회복국면과 안전보건조직 축소가 맞물림에 따라 산업재해의 증가가 우려되고 있다. 특히 제조업의 경우 이미 올해 초부터 전년도의 재해율을 상회하고 있어 정부는 적극적인 재해 예방정책 등으로 이 자격증 취득자에 대한 인력수요는 증가할 것이다.

2. 출제기준

필기과목명	출제문제수	주요 항목	세부 항목
산업재해 예방 및 안전보건 교육	20	1. 산업재해예방 계획수립	1. 안전관리 2. 안전보건관리 체제 및 운용
		2. 안전보호구 관리	1. 보호구 및 안전장구 관리
		3. 산업안전심리	1. 산업심리와 심리검사 2. 직업적성과 배치 3. 인간의 특성과 안전과의 관계
		4. 인간의 행동과학	1. 조직과 인간행동 2. 재해 빈발성 및 행동과학 3. 집단관리와 리더십 4. 생체리듬과 피로
		5. 안전보건교육의 내용 및 방법	1. 교육의 필요성과 목적 2. 교육방법 3. 교육실시 방법 4. 안전보건교육계획 수립 및 실시 5. 교육내용
		6. 산업안전관계법규	1. 산업안전보건법령
인간공학 및 위험성 평가·관리	20	1. 안전과 인간공학	1. 인간공학의 정의 2. 인간-기계체계 3. 체계설계와 인간요소 4. 인간요소와 휴먼에러
		2. 위험성 파악·결정	1. 위험성 평가 2. 시스템 위험성 추정 및 결정
		3. 위험성 감소대책 수립·실행	1. 위험성 감소대책 수립 및 실행
		4. 근골격계질환 예방관리	1. 근골격계 유해요인 2. 인간공학적 유해요인 평가 3. 근골격계 유해요인 관리
		5. 유해요인 관리	1. 물리적 유해요인 관리 2. 화학적 유해요인 관리 3. 생물학적 유해요인 관리
		6. 작업환경 관리	1. 인체계측 및 체계제어 2. 신체활동의 생리학적 측정법 3. 작업 공간 및 작업자세 4. 작업측정 5. 작업환경과 인간공학 6. 중량물 취급 작업
기계·기구 및 설비 안전관리	20	1. 기계공정의 안전	1. 기계공정의 특수성 분석 2. 기계의 위험 안전조건 분석
		2. 기계분야 산업재해 조사 및 관리	1. 재해조사 2. 산재분류 및 통계분석 3. 안전점검·검사·인증 및 진단

기계 · 기구 및 설비 안전관리	20	3. 기계설비 위험요인 분석	1. 공작기계의 안전 2. 프레스 및 전단기의 안전 3. 기타 산업용 기계 기구 4. 운반기계 및 양중기
		4. 기계안전시설 관리	1. 안전시설 관리 계획하기 2. 안전시설 설치하기 3. 안전시설 유지 · 관리하기
		5. 설비진단 및 검사	1. 비파괴검사의 종류 및 특징 2. 소음 · 진동 방지 기술
전기설비 안전관리	20	1. 전기안전관리업무수행	1. 전기안전관리
		2. 감전재해 및 방지대책	1. 감전재해 예방 및 조치 2. 감전재해의 요인 3. 절연용 안전장구
		3. 정전기 장 · 재해 관리	1. 정전기 위험요소 파악 2. 정전기 위험요소 제거
		4. 전기 방폭 관리	1. 전기방폭설비 2. 전기방폭 사고예방 및 대응
		5. 전기설비 위험요인 관리	1. 전기설비 위험요인 파악 2. 전기설비 위험요인 점검 및 개선
화학설비 안전관리	20	1. 화재 · 폭발 검토	1. 화재 · 폭발 이론 및 발생 이해 2. 소화 원리 이해 3. 폭발방지대책 수립
		2. 화학물질 안전관리 실행	1. 화학물질(위험물, 유해화학물질) 확인 2. 화학물질(위험물, 유해화학물질) 유해 위험성 확인 3. 화학물질 취급설비 개념 확인
		3. 화공안전 비상조치계획 · 대응	1. 비상조치계획 및 평가
		4. 화공 안전운전 · 점검	1. 공정안전 기술 2. 안전 점검 계획 수립 3. 공정안전보고서 작성심사 · 확인
건설공사 안전관리	20	1. 건설공사 특성분석	1. 건설공사 특수성 분석 2. 안전관리 고려사항 확인
		2. 건설공사 위험성	1. 건설공사 유해 · 위험요인 파악 2. 건설공사 위험성 추정 · 결정
		3. 건설업 산업안전보건관리비 관리	1. 건설업 산업안전보건관리비 규정
		4. 건설현장 안전시설 관리	1. 안전시설 설치 및 관리 2. 건설공구 및 장비 안전수칙
		5. 비계 · 거푸집 가시설 위험방지	1. 건설 가시설물 설치 및 관리
		6. 공사 및 작업종류별 안전	1. 양중 및 해체 공사 2. 콘크리트 및 PC 공사 3. 운반 및 하역작업

Contents _ 차례

PART 01 핵심이론 요약

CHAPTER 01 산업재해 예방 및 안전보건교육 · 10
- Section 01 | 안전보건관리 개요 ·········· 10
- Section 02 | 안전보건관리체제 및 운용 ·········· 18
- Section 03 | 보호구 및 안전보건표지 ·········· 26
- Section 04 | 산업안전심리 ·········· 34
- Section 05 | 안전보건교육 및 교육방법 ·········· 45

CHAPTER 02 인간공학 및 위험성 평가 · 관리 · 54
- Section 01 | 안전과 인간공학 ·········· 54
- Section 02 | 시스템안전공학 ·········· 69

CHAPTER 03 기계 · 기구 및 설비 안전관리 · 77
- Section 01 | 기계안전의 개념 ·········· 77
- Section 02 | 재해조사 및 통계분석 ·········· 79
- Section 03 | 안전점검 및 작업위험 분석 ·········· 84
- Section 04 | 안전인증 및 안전검사 ·········· 87
- Section 05 | 기계설비 안전관리 ·········· 89
- Section 06 | 운반기계 및 양중기 ·········· 97
- Section 07 | 방호장치 ·········· 99
- Section 08 | 설비진단 ·········· 104

CHAPTER 04 전기설비 안전관리 · 107
- Section 01 | 전격재해 및 방지대책 ·········· 107
- Section 02 | 전기재해 예방을 위한 안전설비 ·········· 109
- Section 03 | 전기작업안전 ·········· 113
- Section 04 | 정전기의 재해방지대책 ·········· 115
- Section 05 | 방폭구조(Explosion-Proof Construction) ·········· 117

CHAPTER 05 화학설비 안전관리 · 120
- Section 01 | 위험물 안전 ·········· 120
- Section 02 | 유해화학물질 안전 ·········· 123
- Section 03 | 폭발방지 및 안전대책 ·········· 124
- Section 04 | 화학설비안전 ·········· 129

CHAPTER 06 건설공사 안전관리 · 133
- Section 01 | 건설공사 안전개요 ·········· 133
- Section 02 | 건설안전시설 및 설비 ·········· 138
- Section 03 | 가설작업의 안전 ·········· 144
- Section 04 | 운반, 하역작업 ·········· 149

PART 02 산업안전기사 최근 기출문제

2016	산업안전기사 기출문제 2016년 03월 06일 시행 ········ 152
	산업안전기사 기출문제 2016년 05월 08일 시행 ········ 194
	산업안전기사 기출문제 2016년 08월 21일 시행 ········ 234
2017	산업안전기사 기출문제 2017년 03월 05일 시행 ········ 276
	산업안전기사 기출문제 2017년 05월 07일 시행 ········ 317
	산업안전기사 기출문제 2017년 08월 26일 시행 ········ 359
2018	산업안전기사 기출문제 2018년 03월 04일 시행 ········ 399
	산업안전기사 기출문제 2018년 04월 28일 시행 ········ 440
	산업안전기사 기출문제 2018년 08월 19일 시행 ········ 481
2019	산업안전기사 기출문제 2019년 03월 03일 시행 ········ 528
	산업안전기사 기출문제 2019년 04월 27일 시행 ········ 569
	산업안전기사 기출문제 2019년 08월 04일 시행 ········ 609
2020	산업안전기사 기출문제 2020년 06월 07일 시행 ········ 650
	산업안전기사 기출문제 2020년 08월 22일 시행 ········ 693
	산업안전기사 기출문제 2020년 09월 27일 시행 ········ 737
2021	산업안전기사 기출문제 2021년 03월 07일 시행 ········ 780
	산업안전기사 기출문제 2021년 05월 15일 시행 ········ 823
	산업안전기사 기출문제 2021년 08월 14일 시행 ········ 865
2022	산업안전기사 기출문제 2022년 03월 05일 시행 ········ 906
	산업안전기사 기출문제 2022년 04월 24일 시행 ········ 952

PART
01

핵심이론 요약

CHAPTER

01. 산업재해 예방 및 안전보건교육
02. 인간공학 및 위험성 평가 · 관리
03. 기계 · 기구 및 설비 안전관리
04. 전기설비 안전관리
05. 화학설비 안전관리
06. 건설공사 안전관리

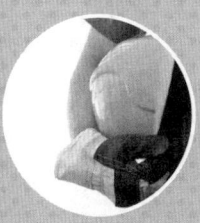

산업재해 예방 및 안전보건교육

Section 01 안전보건관리 개요

1. 안전관리 및 안전의 정의

(1) 안전관리의 정의

재해로부터 인간의 생명과 재산을 보존하기 위한 계획적이고 체계적인 제반 활동을 의미한다.

(2) 안전의 정의

① **하인리히(H. W. Heinrich)의 안전론** : 안전은 사고예방(Accident Prevention)이며 사고예방은 물리적 환경과 인간 및 기계의 관계를 통제하는 과학인 동시에 기술(Art)

② **버크호프(H. O. Berckhofs)의 안전론** : 사고의 시간성 및 에너지의 사고 관련성을 규명

2. 안전사고와 재해

(1) 용어의 정의

① **안전사고** : 고의성이 없는 어떤 불안전한 행동이나 조건이 선행되어 발생하는 사고

② **재해(Loss, Calamity)** : 안전사고의 결과로 일어난 인명피해 및 재산의 손실

③ **무재해 사고(Near Accident, 아차사고)** : 인명이나 물적 등 일체의 피해가 없는 사고

(2) 산업재해(Industrial Losses)

① **일반적 정의** : 통제를 벗어난 에너지(Energy)의 광란으로 인하여 입은 인명과 재산의 피해현상

② **산업안전보건법상의 정의** : 노무를 제공하는 자가 업무에 관계되는 건설물·설비·원재료·가스·증기·분진 등에 의하거나 작업 또는 그 밖의 업무로 인하여 사망 또는 부상하거나 질병에 걸리는 것

(3) 중대재해(시행규칙)

① 사망자가 1명 이상 발생한 재해

② 3개월 이상의 요양이 필요한 부상자가 동시에 2명 이상 발생한 재해

③ 부상자 또는 직업성 질병자가 동시에 10명 이상 발생한 재해

3 산업재해의 분류

(1) 통계적 분류

사망, 중경상(8일 이상의 노동손실), 경상해(1일 이상 7일 이하의 노동손실), 무상해사고

(2) 상해정도별 분류(ILO에 의한 구분)

① **사망** : 안전사고로 사망하거나 혹은 부상의 결과로 사망한 것
② **영구 전노동 불능** : 부상의 결과로 근로기능을 완전히 잃은 부상(신체장애등급 1~3급에 해당)
③ **영구 일부노동 불능** : 부상의 결과로 신체의 일부가 근로기능을 완전히 상실한 부상(신체장애등급 4~14급에 해당)
④ **일시 전노동 불능** : 의사의 소견에 따라 일정 기간 동안 노동에 종사할 수 없는 상해
⑤ **일시 일부노동 불능** : 의사의 진단에 따라 부상 다음날 또는 그 이후의 정규노동에 종사할 수 없는 휴업재해 이외의 것으로 일시취업시간 중에 업무를 떠나 치료를 받는 정도의 상해
⑥ **구급처치상해** : 응급처치 또는 자가 치료를 받고 당일 정상작업에 임할 수 있는 상해

(3) 발생형태에 따른 산업재해의 분류(KOSHA GUIDE)

분류항목	세부항목
떨어짐(추락)	사람이 인력(중력)에 의하여 건축물, 구조물, 가설물, 수목, 사다리 등의 높은 장소에서 떨어지는 것
넘어짐(전도)	사람이 거의 평면 또는 경사면, 층계 등에서 구르거나 넘어지는 경우
깔림·뒤집힘(물체의 쓰러짐이나 뒤집힘)	기대어져 있거나 세워져 있는 물체 등이 쓰러져 깔린 경우 및 지게차 등의 건설기계 등이 운행 또는 작업 중 뒤집어진 경우
부딪힘(충돌)·접촉	재해자 자신의 움직임·동작으로 인하여 기인물에 접촉 또는 부딪히거나, 물체가 고정부에서 이탈하지 않은 상태로 움직임(규칙, 불규칙) 등에 의하여 부딪히거나, 접촉한 경우
맞음 (낙하·비래)	구조물, 기계 등에 고정되어 있던 물체가 중력, 원심력, 관성력 등에 의하여 고정부에서 이탈하거나 또는 설비 등으로부터 물질이 분출되어 사람을 가해하는 경우
끼임 (협착)	두 물체 사이의 움직임에 의하여 일어난 것으로 직선운동하는 물체 사이의 끼임, 회전부와 고정체 사이의 끼임, 로울러 등 회전체 사이에 물리거나 또는 회전체·돌기부 등에 감긴 경우
무너짐 (붕괴·도괴)	토사, 적재물, 구조물, 건축물, 가설물 등이 전체적으로 허물어져 내리거나 또는 주요 부분이 꺾어져 무너지는 경우
압박·진동	재해자가 물체의 취급과정에서 신체 특정 부위에 과도한 힘이 편중·집중·눌려진 경우나 마찰접촉 또는 진동 등으로 신체에 부담을 주는 경우
신체반작용	물체의 취급과 관련없이 일시적이고 급격한 행위·동작, 균형상실에 따른 반사적 행위 또는 놀람, 정신적 충격, 스트레스 등

분류항목	세부항목
부자연스런 자세	물체의 취급과 관련없이 작업환경 또는 설비의 부적절한 설계 또는 배치로 작업자가 특정한 자세·동작을 장시간 취하여 신체의 일부에 부담을 주는 경우
과도한 힘·동작	물체의 취급과 관련하여 근육의 힘을 많이 사용하는 경우로서 밀기, 당기기, 지탱하기, 들어올리기, 돌리기, 잡기, 운반하기 등과 같은 행위·동작
반복적 동작	물체의 취급과 관련하여 근육의 힘을 많이 사용하지 않는 경우로서 지속적 또는 반복적인 업무수행으로 신체의 일부에 부담을 주는 행위·동작
이상온도 노출·접촉	고·저온 환경 또는 물체에 노출·접촉된 경우
이상기압 노출	고·저기압 등의 환경에 노출된 경우
유해·위험물질 노출·접촉	유해·위험물질에 노출·접촉 또는 흡입하였거나 독성동물에 쏘이거나 물린 경우
소음노출	폭발음을 제외한 일시적·장기적인 소음에 노출된 경우
유해광선 노출	전리 또는 비전리 방사선에 노출된 경우
산소결핍·질식	유해물질과 관련 없이 산소가 부족한 상태·환경에 노출되었거나 이물질 등에 의하여 기도가 막혀 호흡기능이 불충분한 경우
화재	가연물에 점화원이 가해져 비의도적으로 불이 일어난 경우를 말하며, 방화는 의도적이기는 하나 관리할 수 없으므로 화재에 포함
폭발	건축물, 용기 내 또는 대기 중에서 물질의 화학적, 물리적 변화가 급격히 진행되어 열, 폭음, 폭발압이 동반하여 발생하는 경우
감전	전기설비의 충전부 등에 신체의 일부가 직접 접촉하거나 유도전류의 통전으로 근육의 수축, 호흡곤란, 심실세동 등이 발생한 경우 또는 특별고압 등에 접근함에 따라 발생한 섬락 접촉, 합선·혼촉 등으로 인하여 발생한 아아크(Arc)에 접촉된 경우
폭력행위	의도적인 또는 의도가 불분명한 위험행위(마약, 정신질환 등)로 자신 또는 타인에게 상해를 입힌 폭력·폭행을 말하며, 협박·언어·성폭력 및 동물에 의한 상해 등도 포함

4 재해발생의 메커니즘(Mechanism)

(1) 하인리히(Heinrich)의 사고연쇄성 이론[도미노(Domino) 현상]

① **1단계** : 사회적 환경 및 유전적 요소

② **2단계** : 개인적 결함

③ **3단계** : 불안전한 행동 및 불안전한 상태(물리적, 기계적 위험)

④ **4단계** : 사고

⑤ **5단계** : 재해

(2) 버드(Bird)의 최신사고 연쇄성 이론
   ① **1단계** : 통제의 부족 – 관리(경영)
   ② **2단계** : 기본원인 – 기원(원인론)
   ③ **3단계** : 직접원인 – 징후
   ④ **4단계** : 사고 – 접촉
   ⑤ **5단계** : 상해 – 손해 – 손실

> ■ 전문적관리의 4가지 기능
> • 계획(Planning) → 조직(Organizing) → 지도(Leading) → 제어(Controlling)

(3) 아담스(Adams)의 연쇄이론
   ① **관리구조의 결함** : 목적(목적, 수행표준, 사정, 측정), 조직(명령체제, 관리의 범위, 권한과 임무의 위임, 스탭), 운영(설계, 설비, 조달, 계획, 절차, 환경 등)
   ② **작전적(전략적) 에러** : 관리자나 감독자에 의해서 만들어진 에러
      ㉮ 관리자의 행동 : 정책, 목표, 권위, 결과에 대한 책임, 책무, 주위의 넓이, 권한위임 등과 같은 영역에서 의사결정이 잘못 행해지던가 행해지지 않는다.
      ㉯ 감독자의 행동 : 행위, 책임, 권위, 규칙, 지도, 주도성(솔선수범), 의욕, 업무(운영) 등과 같은 영역에서의 관리상의 잘못 또는 생략이 행해진다.
   ③ **전술적 에러** : 불안전한 행동 및 불안전한 상태
   ④ **사고** : 사고의 발생, 무상해 사고, 물적 손실사고
   ⑤ **상해 또는 손해** : 대인, 대물

5 재해원인의 연쇄 관계

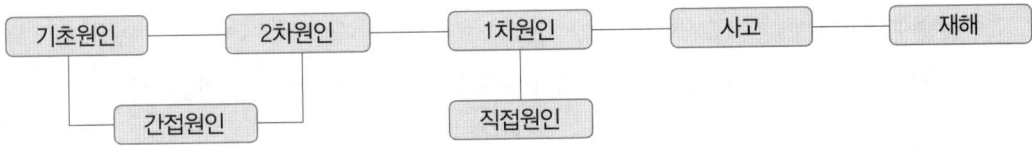

(1) **간접원인** : 재해의 가장 깊은 곳에 존재하는 재해원인
   ① **기초원인** : 학교 교육적 원인, 관리적 원인
   ② **2차원인** : 신체적 원인, 정신적 원인, 안전 교육적 원인, 기술적 원인

(2) **직접원인(1차원인)** : 시간적으로 사고 발생에 가까운 원인
   ① **물적원인** : 불안전한 상태(설비 및 환경 등의 불량)
   ② **인적원인** : 불안전한 행동

(3) 하인리히(Heinrich)에 의한 사고원인의 분류

① **직접원인** : 직접적으로 사고를 일으키는 불안전 행동이나 불안전한 기계적 상태
② **부원인(Subcause)** : 불안전한 행동을 일으키는 이유(안전작업 규칙들이 위배되는 이유)
  ㉮ 부적절한 태도
  ㉯ 지식 또는 기능의 결여
  ㉰ 신체적 부적격
  ㉱ 부적절한 기계적, 물리적 환경
③ **기초원인** : 습관적, 사회적, 유전적, 관리감독적 특성

(4) 간접원인 및 직접원인

① **간접원인**
  ㉮ 기술적 원인 : 건물·기계장치 설계 불량, 구조·재료의 부적합, 생산 공정의 부적당, 점검·정비·보존 불량
  ㉯ 교육적 원인 : 안전의식의 부족, 안전수칙의 오해, 경험훈련의 미숙, 작업방법의 교육 불충분, 유해위험 작업의 교육 불충분
  ㉰ 관리적 원인(작업관리상 원인) : 안전관리 조직 결함, 안전수칙 미제정, 작업준비 불충분, 인원배치 부적당, 작업지시 부적당

② **직접원인**
  ㉮ 불안전한 행동 : 위험장소 접근, 안전장치의 기능 제거, 복장·보호구의 잘못 사용, 기계·기구 잘못 사용, 운전중인 기계장치의 손질, 불안전한 속도 조작, 위험물 취급 부주의, 불안전한 상태 방치, 불안전한 자세 동작, 감독 및 연락 불충분
  ㉯ 불안전한 상태 : 물 자체 결함, 안전 방호장치 결함, 복장·보호구의 결함, 물의 배치 및 작업장소 결함, 작업환경의 결함, 생산 공정의 결함, 경계표시·설비의 결함

6 재해발생의 메커니즘(3가지의 구조적 요소)

(1) 단순 자극형(집중형)
일어난 장소나 그 시점에 일시적으로 요인이 집중하여 재해가 발생하는 경우이다.

(2) 연쇄형
어느 하나의 요소가 원인이 되어 다른 요인을 발생시키고 이것이 또 다른 요소를 연쇄적으로 발생시키는 형태, 즉 연쇄적인 작용으로 재해를 일으키는 형태이다.

(3) 복합형
집중형과 연쇄형의 복합적인 형태로 대부분의 경우 재해발생은 복합형으로 일어난다고 볼 수 있다.

단순 자극형	연쇄형		복합형
	단순연쇄형	복합연쇄형	

7 재해구성 비율

(1) 하인리히의 재해구성 비율

① 1 : 29 : 300의 법칙으로 중상 또는 사망 1회, 경상 29회, 무상해사고 300회의 비율로 발생

② 중상 또는 사망 : 경상 : 무상해 사고 = 1 : 29 : 300

(2) 버드(Frank e. Bird, Jr)의 재해구성 비율

① 중상 또는 폐질 1, 경상(물적 또는 인적상해) 10, 무상해사고(물적손실) 30, 무상해 무사고 고장(위험순간) 600의 비율로 사고가 발생

② 중상 또는 폐질 : 경상 : 무상해사고 : 무상해 무사고 고장 = 1 : 10 : 30 : 600

8 재해예방의 원칙

(1) 재해예방의 4원칙

① **손실우연의 원칙** : 사고에 의해서 생기는 손실(상해)의 종류와 정도는 우연적이다.(1 : 29 : 300의 법칙)

② **원인계기의 원칙** : 모든 재해는 필연적인 원인에 의해서 발생한다.

③ **예방가능의 원칙** : 재해는 원칙적으로 모두 방지가 가능하다.

④ **대책선정의 원칙**(3E의 적용)

㉮ 기술적(Engineering) 대책(공학적 대책) : 안전설계, 작업행정 개선, 안전기준의 설정, 환경설비의 개선 등

㉯ 교육적(Education) 대책 : 안전교육 및 훈련의 실시

㉰ 관리적(Enforcement) 대책 : 적합한 기준 설정, 각종 규정 및 수칙의 준수, 전 종업원의 기준 이해, 경영자 및 관리자의 솔선수범, 부단한 동기부여와 사기 향상

(2) 재해예방활동의 3원칙

재해요인의 발견, 재해요인의 제거·시정, 재해요인 발생의 예방

9 사고 예방대책의 기본원리 5단계(사고방지원리의 단계)

(1) 1단계 – 조직(안전관리조직)
    ① 경영자의 안전목표 수립, 안전관리자의 임명
    ② 안전의 라인 및 참모 조직 구성
    ③ 안전활동 방침 및 계획 수정
    ④ 조직을 통한 안전 활동

(2) 2단계 – 사실의 발견
    ① 사고 및 안전활동 기록 검토·작업분석
    ② 관찰 및 보고서의 연구 등을 통하여 불안전 요소발견
    ③ 안전점검 및 안전진단 사고조사
    ④ 안전회의 및 토의
    ⑤ 근로자의 제안 및 여론조사

(3) 3단계 – 분석·평가
    ① 작업공정 분석
    ② 사고보고서 및 현장조사
    ③ 사고기록 및 인적 물적 조건의 분석
    ④ 교육훈련 분석 등을 통하여 사고의 직접원인 및 간접원인을 규명

(4) 4단계 – 시정방법의 선정
    ① 기술적 개선·인사조정(배치조정)
    ② 교육 훈련의 개선, 안전행정의 개선
    ③ 규정 및 수칙 작업, 표준 제도의 개선
    ④ 확인 및 통제체제 개선

(5) 5단계 – 시정책의 적용(3E 적용)
    ① 기술적(Engineering) 대책
    ② 교육적(Education) 대책
    ③ 관리적(단속적, Enforcement) 대책

> **3S와 4S**
> • 3S : 표준화(Standardization), 전문화(Specification), 단순화(Simplification)
> • 4S : 표준화(Standardization), 전문화(Specification), 단순화(Simplification), 총합화(Synthesization)

10 무재해운동

(1) 무재해운동의 3원칙
  ① **무(Zero)의 원칙** : 산재 위험의 잠재요인을 근원적으로 해결하기 위한 원칙
  ② **선취의 원칙** : 위험요인 행동 전에 예지, 발견
  ③ **참가의 원칙** : 전원(근로자, 회사내 전종업원, 근로자 가족) 참가

(2) 무재해운동 추진의 3기둥(무재해운동의 3요소)
  ① 최고 경영자의 경영자세
  ② 라인화의 철저(관리감독자에 의한 안전보건의 추진)
  ③ 직장(소집단) 자주활동의 활발화

(3) **브레인 스토밍**(B. S. : Brain Storming)**의 4원칙** : 비평금지, 자유분방, 대량발언, 수정발언

11 위험예지 훈련

(1) 위험예지 훈련의 기초 4라운드 진행방법
  ① **1R(현상파악)** : 어떤 위험이 잠재하고 있는지 사실을 파악하는 라운드(BS적용)
  ② **2R(본질추구)** : 가장 위험한 요인(위험 포인트)을 합의로 결정하는 라운드(요약)
  ③ **3R(대책수립)** : 구체적인 대책을 수립하는 라운드(BS적용)
  ④ **4R(목표달성-설정)** : 수립한 대책 가운데 질이 높은 항목에 합의하는 라운드(요약)

(2) **TBM**(Tool Box Meeting)
  5~7명 정도의 인원이 직장, 현장, 공구상자 등의 근처에서 작업 시작 전 5~15분, 작업 종료시 3~5분 정도의 짧은 시간동안에 행하는 미팅

(3) 문제해결의 8단계(TBM의 진행방법)

문제해결 4 단계(4R)	문제해결의 8 단계
1R – 현상파악	1단계 – 문제제기 2단계 – 현상파악
2R – 본질추구	3단계 – 문제점 발견 4단계 – 중요 문제 결정
3R – 대책수립	5단계 – 해결책 구상 6단계 – 구체적 대책 수립
4R – 행동목표 설정	7단계 – 중점사항 결정 8단계 – 실시계획 책정

(4) 단시간 미팅 즉시즉응훈련 진행 요령(TBM 5단계)

즉석에서 전원이 역할 연습하여 체험학습하는 기법

① **제1단계 – 도입** : 정렬, 인사, 건강확인, 직장 체조, 목표 제창, 안전 연설
② **제2단계 – 점검정비** : 복장, 보호구, 공구, 사용 기기, 재료 등의 점검 정비
③ **제3단계 – 작업지시** : 연락사항 전달, 금일의 작업지시, 5W1H+위험예지, 지적확인(중점 실시사항 2Point), 복창
④ **제4단계 – 위험예지** : 설정해 놓은 도해로 One Point 위험 예지 훈련 실시
⑤ **제5단계 – 확인** : One Point 지적 확인 연습, Touch & Call, 끝맺음

Section 02 안전보건관리체제 및 운용

1 안전보건관리조직의 형태

(1) **라인(Line)형**(직계식 조직)

① 안전관리에 관한 계획에서 실시에 이르기까지 모든 권한이 포괄적이고 직선적으로 행사되며, 안전을 전문으로 분담하는 부분이 없다.
② 생산조직 전체에 안전관리 기능을 부여한다.
③ 소규모 사업장(100명 이하)에 적합하다.

(2) **스태프(Staff)형**(참모식 조직)

① 안전관리를 담당하는 스태프(참모진)를 두고 안전관리에 관한 계획, 조사, 검토, 권고, 보고 등을 행하는 관리 방식이다.
② 중규모 사업장(100명 이상 ~ 1000명 미만)에 적합하다.

(3) **라인-스태프형**(직계 참모조직)

① 라인형과 스태프형의 장점을 취한 절충식 조직 형태로 안전업무를 전문으로 담당하는 스태프 부분을 두고 생산라인의 각층에도 겸임 또는 전임의 안전 담당자를 두어서 안전대책은 스태프 부분에서 기획하고, 이것을 라인을 통하여 실시하도록 한 조직 방식이다.
② 대규모의 사업장(1000명 이상)에 효율적이다.

2 산업안전보건법상의 안전보건관리 조직 체계도 및 임무내용

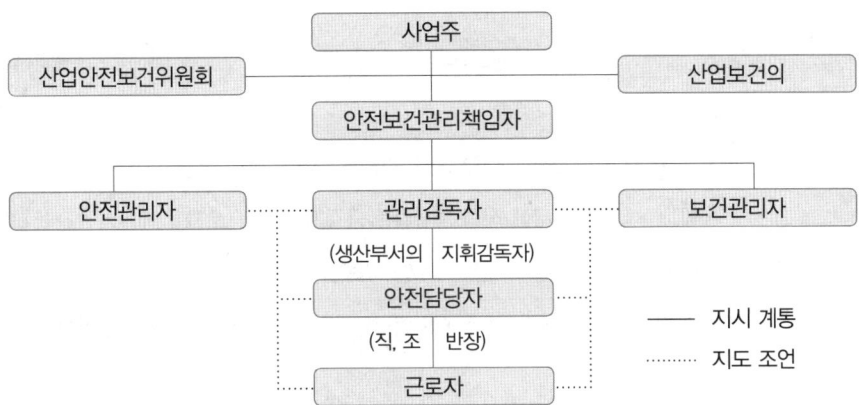

(1) 안전보건관리책임자의 업무내용

① 사업장의 산업재해 예방계획의 수립에 관한 사항
② 안전보건관리규정의 작성 및 변경에 관한 사항
③ 안전보건교육에 관한 사항
④ 작업환경측정 등 작업환경의 점검 및 개선에 관한 사항
⑤ 근로자의 건강진단 등 건강관리에 관한 사항
⑥ 산업재해의 원인 조사 및 재발 방지대책 수립에 관한 사항
⑦ 산업재해에 관한 통계의 기록 및 유지에 관한 사항
⑧ 안전장치 및 보호구 구입 시 적격품 여부 확인에 관한 사항
⑨ 그 밖에 근로자의 유해·위험 방지조치에 관한 사항으로서 고용노동부령으로 정하는 사항

(2) 안전관리자의 직무내용

① 산업안전보건위원회 또는 안전 및 보건에 관한 노사협의체에서 심의·의결한 업무와 해당 사업장의 안전보건관리규정 및 취업규칙에서 정한 업무
② 위험성평가에 관한 보좌 및 지도·조언
③ 안전인증대상기계등과 자율안전확인대상기계등 구입 시 적격품의 선정에 관한 보좌 및 지도·조언
④ 해당 사업장 안전교육계획의 수립 및 안전교육 실시에 관한 보좌 및 지도·조언
⑤ 사업장 순회점검, 지도 및 조치 건의
⑥ 산업재해 발생의 원인 조사·분석 및 재발 방지를 위한 기술적 보좌 및 지도·조언
⑦ 산업재해에 관한 통계의 유지·관리·분석을 위한 보좌 및 지도·조언
⑧ 법 또는 법에 따른 명령으로 정한 안전에 관한 사항의 이행에 관한 보좌 및 지도·조언
⑨ 업무 수행 내용의 기록·유지
⑩ 그 밖에 안전에 관한 사항으로서 고용노동부장관이 정하는 사항

(3) 산업안전보건 관련 교육과정별 교육시간

① 근로자 안전보건교육

교육과정	교육대상		교육시간
정기교육	사무직 종사 근로자		매반기 6시간 이상
	그 밖의 근로자	판매업무에 직접 종사하는 근로자	매반기 6시간 이상
		판매업무에 직접 종사하는 근로자 외의 근로자	매반기 12시간 이상
채용 시 교육	일용근로자 및 근로계약기간이 1주일 이하인 기간제근로자		1시간 이상
	근로계약기간이 1주일 초과 1개월 이하인 기간제근로자		4시간 이상
	그 밖의 근로자		8시간 이상
작업내용 변경 시 교육	일용근로자 및 근로계약기간이 1주일 이하인 기간제근로자		1시간 이상
	그 밖의 근로자		2시간 이상
특별교육	특별교육 대상 작업(단, 타워크레인을 사용하는 작업시 신호업무를 하는 작업은 제외)에 종사하는 일용근로자 및 근로계약기간이 1주일 이하인 기간제근로자		2시간 이상
	타워크레인을 사용하는 작업시 신호업무를 하는 일용근로자 및 근로계약기간이 1주일 이하인 기간제근로자		8시간 이상
	특별교육 대상 작업에 종사하는 근로자 중 일용근로자 및 근로계약기간이 1주일 이하인 기간제근로자를 제외한 근로자		-16시간 이상(최초 작업에 종사하기 전 4시간 이상 실시하고 12시간은 3개월 이내에서 분할하여 실시 가능) -단기간 작업 또는 간헐적 작업인 경우에는 2시간 이상
건설업 기초 안전·보건교육	건설 일용근로자		4시간 이상

② 안전보건관리책임자 등에 대한 교육

교육대상	교육시간	
	신규교육	보수교육
가. 안전보건관리책임자	6시간 이상	6시간 이상
나. 안전관리자, 안전관리전문기관의 종사자	34시간 이상	24시간 이상
다. 보건관리자, 보건관리전문기관의 종사자	34시간 이상	24시간 이상
라. 건설재해예방전문지도기관의 종사자	34시간 이상	24시간 이상

마. 석면조사기관의 종사자	34시간 이상	24시간 이상
바. 안전보건관리담당자	–	8시간 이상
사. 안전검사기관, 자율안전검사기관의 종사자	34시간 이상	24시간 이상

(4) 교육대상별 안전보건교육 내용

① 근로자 정기교육
 ㉮ 산업안전 및 산업재해 예방에 관한 사항(화재·폭발 사고 발생 시 대피에 관한 사항 포함)
 ㉯ 산업보건 및 건강장해 예방에 관한 사항(폭염·한파작업으로 인한 건강장해 발생 시 응급조치에 관한 사항 포함)
 ㉰ 위험성 평가에 관한 사항
 ㉱ 건강증진 및 질병 예방에 관한 사항
 ㉲ 유해·위험 작업환경 관리에 관한 사항
 ㉳ 산업안전보건법령 및 산업재해보상보험 제도에 관한 사항
 ㉴ 직무스트레스 예방 및 관리에 관한 사항
 ㉵ 직장 내 괴롭힘, 고객의 폭언 등으로 인한 건강장해 예방 및 관리에 관한 사항

② 근로자 채용 시 교육 및 작업내용 변경 시 교육
 ㉮ 산업안전 및 산업재해 예방에 관한 사항(화재·폭발 사고 발생 시 대피에 관한 사항 포함)
 ㉯ 산업보건 및 건강장해 예방에 관한 사항
 ㉰ 위험성 평가에 관한 사항
 ㉱ 산업안전보건법령 및 산업재해보상보험 제도에 관한 사항
 ㉲ 직무스트레스 예방 및 관리에 관한 사항
 ㉳ 직장 내 괴롭힘, 고객의 폭언 등으로 인한 건강장해 예방 및 관리에 관한 사항
 ㉴ 기계·기구의 위험성과 작업의 순서 및 동선에 관한 사항
 ㉵ 작업 개시 전 점검에 관한 사항
 ㉶ 정리정돈 및 청소에 관한 사항
 ㉷ 사고 발생 시 긴급조치에 관한 사항
 ㉸ 물질안전보건자료에 관한 사항

③ 관리감독자 정기교육
 ㉮ 산업안전 및 산업재해 예방에 관한 사항(화재·폭발 사고 발생 시 대피에 관한 사항 포함)
 ㉯ 산업보건 및 건강장해 예방에 관한 사항(폭염·한파작업으로 인한 건강장해 발생 시 응급조치에 관한 사항 포함)
 ㉰ 위험성평가에 관한 사항
 ㉱ 유해·위험 작업환경 관리에 관한 사항
 ㉲ 산업안전보건법령 및 산업재해보상보험 제도에 관한 사항
 ㉳ 직무스트레스 예방 및 관리에 관한 사항
 ㉴ 직장 내 괴롭힘, 고객의 폭언 등으로 인한 건강장해 예방 및 관리에 관한 사항
 ㉵ 작업공정의 유해·위험과 재해 예방대책에 관한 사항

㉣ 사업장 내 안전보건관리체제 및 안전·보건조치 현황에 관한 사항
㉤ 표준안전 작업방법 결정 및 지도·감독 요령에 관한 사항
㉥ 현장근로자와의 의사소통능력 및 강의능력 등 안전보건교육 능력 배양에 관한 사항
㉦ 비상시 또는 재해 발생 시 긴급조치에 관한 사항
㉧ 그 밖의 관리감독자의 직무에 관한 사항

> **ㄷ 안전보건관리조직의 구비조건**
> - 회사의 특성, 규모에 부합되게 조직하여야 한다.
> - 조직의 기능이 충분히 발휘될 수 있도록 제도적 체계가 갖추어져야 한다.
> - 관리자의 책임과 권한이 명확해야 한다.
> - 생산라인과 밀착된 조직이어야 한다.

3 산업안전보건위원회

(1) 산업안전보건위원회의 구성

① **근로자위원의 구성**
  ㉮ 근로자대표
  ㉯ 근로자대표가 지명하는 1명 이상의 명예감독관(명예산업안전감독관이 위촉되어 있는 사업장에 한함)
  ㉰ 근로자대표가 지명하는 9명 이내의 해당 사업장의 근로자(명예감독관이 근로자위원으로 지명되어 있는 경우 그 수를 제외한 수의 근로자)

② **사용자위원의 구성**
  ㉮ 해당 사업의 대표자(같은 사업으로 다른 지역에 사업장이 있는 경우 그 사업장의 최고책임자)
  ㉯ 안전관리자 1명(안전관리자를 두어야 하는 사업장에 한함)
  ㉰ 보건관리자 1명(보건관리자를 두어야 하는 사업장에 한함)
  ㉱ 산업보건의(해당 사업장에 선임되어 있는 경우로 한정)
  ㉲ 해당 사업의 대표자가 지명하는 9명 이내의 해당 사업장 부서의 장

(2) 산업안전보건위원회를 구성해야 할 사업의 종류 및 규모

사업의 종류	사업장의 상시근로자 수
1. 토사석 광업 2. 목재 및 나무제품 제조업;가구제외 3. 화학물질 및 화학제품 제조업;의약품 제외(세제, 화장품 및 광택제 제조업과 화학섬유 제조업은 제외) 4. 비금속 광물제품 제조업 5. 1차 금속 제조업 6. 금속가공제품 제조업;기계 및 가구 제외 7. 자동차 및 트레일러 제조업 8. 기타 기계 및 장비 제조업(사무용 기계 및 장비 제조업은 제외) 9. 기타 운송장비 제조업(전투용 차량 제조업은 제외)	상시 근로자 50명 이상

사업의 종류	상시근로자 수
10. 농업 11. 어업 12. 소프트웨어 개발 및 공급업 13. 컴퓨터 프로그래밍, 시스템 통합 및 관리업 14. 정보서비스업 15. 금융 및 보험업 16. 임대업;부동산 제외 17. 전문, 과학 및 기술 서비스업(연구개발업은 제외) 18. 사업지원 서비스업 19. 사회복지 서비스업	상시 근로자 300명 이상
20. 건설업	공사금액 120억원 이상(건설산업기본법 시행령에 따른 토목공사업에 해당하는 공사의 경우에는 150억원 이상)
21. 제1호부터 제20호까지의 사업을 제외한 사업	상시 근로자 100명 이상

4 안전보건관리규정

(1) 안전보건관리규정을 작성해야 할 사업의 종류 및 규모

사업의 종류	상시근로자 수
1. 농업 2. 어업 3. 소프트웨어 개발 및 공급업 4. 컴퓨터 프로그래밍, 시스템 통합 및 관리업 5. 정보서비스업 6. 금융 및 보험업 7. 임대업;부동산 제외 8 전문, 과학 및 기술 서비스업(연구개발업은 제외) 9. 사업지원 서비스업 10. 사회복지 서비스업	300명 이상
11. 제1호부터 제10호까지의 사업을 제외한 사업	100명 이상

※ 사업주는 안전보건관리규정을 작성하여야 할 사유가 발생한 날부터 30일 이내에 안전보건관리규정을 작성하여야 하며, 이를 변경할 사유가 발생한 경우에도 또한 같다.

(2) 안전보건관리규정에 포함될 사항

① 안전 및 보건에 관한 관리조직과 그 직무에 관한 사항

② 안전보건교육에 관한 사항

③ 작업장의 안전 및 보건 관리에 관한 사항

④ 사고 조사 및 대책 수립에 관한 사항

⑤ 그 밖에 안전 및 보건에 관한 사항

5 안전보건관리계획

(1) 계획작성시 고려해야 할 사항
  ① 목표와 대책은 평형상태를 유지한다.
  ② 대책을 구상하기 전에 조감도를 작성한다.
  ③ 대책의 우선순위 결정시 유의사항
    ㉮ 목표 달성에 대한 기여도
    ㉯ 대책의 긴급성에 의해 우선순위 결정
    ㉰ 문제의 확대 가능성의 여부
    ㉱ 대책의 난이성에 의한 우선순위 결정 지양

(2) 평가 : 계획의 완성은 계획 → 실시 → 평가 → 계획수정 → 완성 → 평가
  ① **평가시의 유의 사항**
    ㉮ 재해건수, 재해율 등의 목표치와 안전활동 자체평가 실시
    ㉯ 다각적인 평가가 되도록 실시
    ㉰ 평가 결과에 따라 개선 방향 설정
  ② **주요평가척도**
    ㉮ 절대척도 : 재해건수 등 수치
    ㉯ 상대척도 : 도수율, 강도율 등
    ㉰ 평정척도 : 양적으로 나타내는 것이며, 양호, 보통, 불량 등 단계로 평정
    ㉱ 도수척도 : %로 나타내는 것

(3) 안전관리의 사이클(계획의 운용, P → D → C → A)
  ① **Plan(계획)** : 목표를 정하고 달성하는 방법을 계획
  ② **Do(실시)** : 교육, 훈련을 하고 실행
  ③ **Check(검토)** : 결과를 검토
  ④ **Action(조치)** : 검토한 결과에 의해 조치

6 안전보건개선계획

(1) 안전보건개선계획 수립대상 사업장
  ① 산업재해율이 같은 업종의 규모별 평균 산업재해율보다 높은 사업장
  ② 사업주가 필요한 안전조치 또는 보건조치를 이행하지 아니하여 중대재해가 발생한 사업장
  ③ 연간 직업성 질병자가 2명 이상 발생한 사업장
  ④ 유해인자의 노출기준을 초과한 사업장

(2) 안전보건진단을 받아 개선계획을 수립 제출해야 되는 사업장

① 산업재해율이 같은 업종의 규모별 평균 산업재해율보다 높은 사업장 중 중대재해(사업주가 안전보건조치의무를 이행하지 아니하여 발생한 중대재해에 한함) 발생 사업장
② 산업재해발생률이 같은 업종 평균 산업재해발생률의 2배 이상인 사업장
③ 직업병에 걸린 사람이 연간 2명 이상(상시 근로자 1천명 이상 사업장의 경우 3명 이상) 발생한 사업장
④ 작업환경 불량, 화재·폭발 또는 누출사고 등으로 사회적 물의를 일으킨 사업장
⑤ 위 ①항부터 ④항까지에 준하는 사업장으로서 고용노동부장관이 정하는 사업장

(3) 안전보건개선계획서

① 안전보건개선계획의 수립시행명령을 받은 사업주는 고용노동부장관이 정하는 바에 따라 안전보건개선계획서를 작성하여 그 명령을 받은 날부터 60일 이내에 관할 지방노동 관서의 장에게 제출
② 안전보건개선계획서에 포함되어야 할 사항
㉮ 시설
㉯ 안전보건관리체제
㉰ 안전보건교육
㉱ 산업재해 예방 및 작업환경의 개선을 위하여 필요한 사항

 알아두기

☑ **건설업 산업안전보건관리비 계상 및 사용기준(고용노동부 고시 제2025-11호)**
제3조(적용범위) 이 고시는 법 제2조제11호의 건설공사 중 총공사금액 2천만 원 이상인 공사에 적용한다. 다만, 단가계약에 의하여 행하는 공사에 대하여는 총계약금액을 기준으로 적용한다.

☑ **공사종류 및 규모별 산업안전보건관리비 계상기준표**

구분 공사종류	대상액 5억원 미만인 경우 적용비율	대상액 5억원 이상 50억원 미만인 경우		대상액 50억원 이상인 경우 적용비율	보건관리자 선임대상 건설공사의 적용비율
		적용비율	기초액		
건축공사	3.11%	2.28%	4,325,000원	2.37%	2.64%
토목공사	3.15%	2.53%	3,300,000원	2.60%	2.73%
중건설공사	3.64%	3.05%	2,975,000원	3.11%	3.39%
특수건설공사	2.07%	1.59%	2,450,000원	1.64%	1.78%

Section 03 보호구 및 안전보건표지

1 보호구

(1) 보호구의 구비조건

① 착용이 간편할 것
② 작업에 방해가 되지 않도록 할 것
③ 유해위험요소에 대한 방호성능이 충분할 것
④ 재료의 품질이 양호할 것
⑤ 구조와 끝마무리가 양호할 것
⑥ 외양과 외관이 양호할 것

(2) 보호구의 효과 및 한계

① **보호구의 효과** : 보호구는 강도가 높은 재해사고인 경우에 그것을 인시던트(incident), 즉 불휴 재해로 그 피해를 최소화 되도록 만들어져 있어 재해 시 인시던트의 영역을 확대할 수 있는 역할을 담당
② **보호구의 한계** : 소극적 안전대책

(3) 보호구의 종류와 적용작업

보호구의 종류	구분	적용작업 및 작업장
호흡용 보호구	방진마스크	분체작업, 연마작업, 광택작업, 배합작업
	방독마스크	유기용제, 유기가스, 미스트, 흄발생작업
	송기마스크, 산소호흡기, 공기호흡기	저장조, 하수구 등 청소 및 산소결핍 위험작업장
청력 보호구	귀마개, 귀덮개	소음발생 작업장
안구 및 시력 보호구	전안면 보호구	강력한 분진 비산작업과 유해광선 발생작업
	시력보호 안경	유해광선 발생 작업보호의와 장갑, 장화
안전화, 안전장갑	장갑	피부로 침입하는 화학물질 또는 강산성물질 취급작업
	장화	피부로 침입하는 화학물질 또는 강산성물질 취급작업
보호복	방열복, 방열면	고열발생 작업장
	전신보호복	강산 또는 맹독유해물질이 강력하게 비산되는 작업
	부분보호복	강산 또는 맹독유해물질이 심하게 비산되지 않는 작업
피부보호크림	–	피부염증 또는 홍반 유발 물질에 노출되는 작업장

2 추락 및 감전 위험방지용 안전모

(1) 안전모의 종류

종류(기호)	사용구분	비고
AB	물체의 낙하 또는 비래(날아옴) 및 추락에 의한 위험을 방지 또는 경감시키기 위한 것	–
AE	물체의 낙하 또는 비래(날아옴)에 의한 위험을 방지 또는 경감하고, 머리 부위 감전에 의한 위험을 방지하기 위한 것	내전압성
ABE	물체의 낙하 또는 비래(날아옴) 및 추락에 의한 위험을 방지 또는 경감하고, 머리 부위 감전에 의한 위험을 방지하기 위한 것	내전압성

※ 내전압성이란 7,000V 이하의 전압에 견디는 것을 말함

(2) 안전모의 일반구조

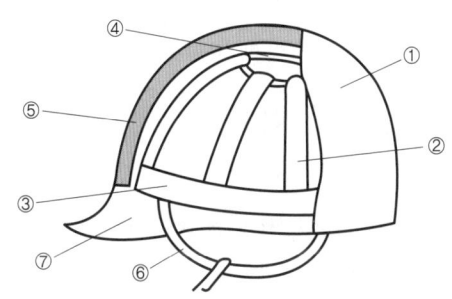

번호		명칭
①		모체
②	착장체	머리받침끈
③		머리고정대
④		머리받침고리
⑤		충격흡수재
⑥		턱끈
⑦		챙(차양)

(3) 안전인증대상 안전모의 시험성능기준

항목	시험성능기준
내관통성	AE, ABE종 안전모는 관통거리가 9.5mm 이하이고, AB종 안전모는 관통거리가 11.1mm 이하이어야 한다.
충격흡수성	최고전달충격력이 4,450N을 초과해서는 안되며, 모체와 착장체의 기능이 상실되지 않아야 한다.
내전압성	AE, ABE종 안전모는 교류 20kV 에서 1분간 절연파괴 없이 견뎌야 하고, 이때 누설되는 충전전류는 10mA 이하이어야 한다.
내수성	AE, ABE종 안전모는 질량증가율이 1% 미만이어야 한다. ※ 질량증가율(%) = $\dfrac{\text{담근 후의 질량} - \text{담그기 전의 질량}}{\text{담그기 전의 질량}} \times 100$
난연성	모체가 불꽃을 내며 5초 이상 연소되지 않아야 한다.
턱끈풀림	150N 이상 250N 이하에서 턱끈이 풀려야 한다.

※ 자율안전확인대상 안전모의 시험성능기준은 내관통성, 충격흡수성, 난연성, 턱끈풀림 항목만 적용

3 안전화

(1) 안전화의 종류 및 성능

종류	성능구분
가죽제안전화	물체의 낙하, 충격 또는 날카로운 물체에 의한 찔림 위험으로부터 발을 보호하기 위한 것
고무제안전화	물체의 낙하, 충격 또는 날카로운 물체에 의한 찔림 위험으로부터 발을 보호하고 내수성을 겸한 것
정전기안전화	물체의 낙하, 충격 또는 날카로운 물체에 의한 찔림 위험으로부터 발을 보호하고 정전기의 인체대전을 방지하기 위한 것
발등안전화	물체의 낙하, 충격 또는 날카로운 물체에 의한 찔림 위험으로부터 발 및 발등을 보호하기 위한 것
절연화	물체의 낙하, 충격 또는 날카로운 물체에 의한 찔림 위험으로부터 발을 보호하고 저압의 전기에 의한 감전을 방지하기 위한 것
절연장화	고압에 의한 감전을 방지 및 방수를 겸한 것
화학물질용안전화	물체의 낙하, 충격 또는 날카로운 물체에 의한 찔림 위험으로부터 발을 보호하고 화학물질로부터 유해위험을 방지하기 위한 것

(2) 안전화 완성품에 대한 시험성능기준

① **내압박성 및 내충격성** : 선심 내부의 높이는 다음의 표에서 주어진 값 이상이어야 한다.(단위 : mm)

안전화 크기	~225	230~240	245~250	255~265	270~280	285~
선심내부높이	12.5	13.0	13.5	14.0	14.5	15.0

② **박리저항** : 몸통과 겉창의 박리저항은 중작업용 및 보통작업용은 4.0N/mm 이상이어야 하고, 경작업용은 3.0N/mm 이상이어야 한다.

③ **내답발성** : 중작업용 또는 보통작업용은 1,000N, 경작업용은 500N의 정하중을 걸어 창을 관통하지 않아야 한다.

> **안전화 몸통 높이(몸통의 가장 높은 지점과 안창의 뒤끝 위쪽 면 사이의 수직거리)에 따른 구분**
> • 단화 : 113mm 미만
> • 중단화 : 113mm 이상
> • 장화 : 178mm 이상

4 안전장갑

(1) 내전압용 절연장갑

① 내전압용 절연장갑의 등급, 치수, 고무의 최대 두께

등급	최대사용전압		고무의 최대 두께(mm)	색상	치수 표준길이(mm)
	교류(V, 실효값)	직류(V)			
00	500	750	0.50 이하	갈색	270 및 360
0	1,000	1,500	1.00 이하	빨강색	270, 360, 410 및 460
1	7,500	11,250	1.50 이하	흰색	360, 410 및 460
2	17,000	25,500	2.30 이하	노랑색	
3	26,500	39,750	2.90 이하	녹색	
4	36,000	54,000	3.60 이하	등색	410 및 460

② 내전압용 절연장갑의 일반구조
  ㉮ 절연장갑은 고무로 제조하여야 하며 핀홀(Pin Hole), 균열, 기포 등의 물리적인 변형이 없어야 한다.
  ㉯ 여러 색상의 층들로 제조된 합성 절연장갑이 마모되는 경우에는 그 아래의 다른 색상의 층이 나타나야 한다.
  ㉰ 미트의 모양은 하나 또는 그 이상의 손가락을 넣을 수 있는 구조이어야 한다.
  ㉱ 컨투어소매 장갑의 최대 길이와 최소 길이의 차이는 (50±6)mm이어야 한다.

(2) 화학물질용 안전장갑

① 화학물질용 안전장갑의 일반구조 및 재료
  ㉮ 재료와 부품은 착용자에게 해로운 영향을 주지 않아야 한다.
  ㉯ 착용 및 조작이 용이하고, 착용상태에서 작업을 행하는데 지장이 없어야 한다.
  ㉰ 육안을 통해 확인한 결과 찢어진 곳, 터진 곳, 구멍난 곳이 없어야 한다.

② 안전인증 유기화합물용 안전장갑에 추가로 표시할 사항
  ㉮ 안전장갑의 치수
  ㉯ 보관·사용 및 세척상의 주의사항
  ㉰ 안전장갑을 표시하는 화학물질 보호성능표시 및 제품 사용에 대한 설명
  ㉱ 화학물질 외 제조자가 다른 화학물질에 대한 투과저항시험을 실시하고, 성능수준을 사용설명서에 표시하는 경우 제조회사의 시험 결과임을 명시
  ㉲ 재료시험의 각 성능 수준을 사용설명서에 표시

5 호흡용 보호구

(1) 방진마스크

① 방진마스크의 형태

종류	분리식		안면부여과식
	격리식	직결식	
형태	전면형 / 반면형	전면형 / 반면형	반면형
사용조건	산소농도 18% 이상인 장소에서 사용하여야 한다.		

② 방진마스크의 등급

등급	성능구분
특급	• 베릴륨 등과 같이 독성이 강한 물질들을 함유한 분진 등 발생장소 • 석면 취급장소
1급	• 특급마스크 착용장소를 제외한 분진 등 발생장소 • 금속흄 등과 같이 열적으로 생기는 분진 등 발생장소 • 기계적으로 생기는 분진 등 발생장소(규소 등과 같이 2급을 착용하여도 무방한 경우 제외)
2급	• 특급 및 1급 마스크 착용장소를 제외한 분진 등 발생장소

※ 배기밸브가 없는 안면부여과식 마스크는 특급 및 1급 장소에 사용해서는 안 된다.

(2) 방독마스크

종류	시험가스	정화통 외부측면 표시색
유기화합물용	시클로헥산(C_6H_{12}), 디메틸에테르(CH_3OCH_3), 이소부탄(C_4H_{10})	갈색
할로겐용	염소가스 또는 증기(Cl_2)	회색
황화수소용	황화수소가스(H_2S)	

시안화수소용	시안화수소가스(HCN)	회색
아황산용	아황산가스(SO_2)	노랑색
암모니아용	암모니아가스(NH_3)	녹색

(3) 송기마스크와 전동식 호흡보호구

① 송기마스크의 종류 및 등급

종류	등급		구분
호스 마스크	폐력흡인형		안면부
	송풍기형	전동	안면부, 페이스실드, 후드
		수동	안면부
에어라인 마스크	일정유량형		안면부, 페이스실드, 후드
	디맨드형		안면부
	압력디맨드형		안면부
복합식 에어라인 마스크	디맨드형		안면부
	압력디맨드형		안면부

② 전동식 호흡보호구의 분류

분류	사용구분
전동식 방진마스크	분진 등이 호흡기를 통하여 체내에 유입되는 것을 방지하기 위하여 고효율 여과재를 전동장치에 부착하여 사용하는 것
전동식 방독마스크	유해물질 및 분진 등이 호흡기를 통하여 체내에 유입되는 것을 방지하기 위하여 고효율 정화통 및 여과재를 전동장치에 부착하여 사용하는 것
전동식 후드 및 전동식 보안면	유해물질 및 분진 등이 호흡기를 통하여 체내에 유입되는 것을 방지하기 위하여 고효율 정화통 및 여과재를 전동장치에 부착하여 사용함과 동시에 머리, 안면부, 목, 어깨부분 까지 보호하기 위해 사용하는 것

6 안전대

(1) 안전대의 종류 및 시험성능기준

종류	사용구분	시험하중	시험성능기준
벨트식	1개 걸이용	15kN (1,530kgf)	• 파단되지 않을 것 • 신축조절기의 기능이 상실되지 않을 것
	U자 걸이용		
안전그네식	추락방지대	15kN (1,530kgf)	• 시험몸통으로부터 빠지지 말 것
	안전블록		

(2) 안전대의 주요 용어

① **안전그네** : 신체지지의 목적으로 전신에 착용하는 띠 모양의 것으로서 상체 등 신체 일부분만 지지하는 것은 제외

② **지탱벨트** : U자걸이 사용 시 벨트와 겹쳐서 몸체에 대는 역할을 하는 띠 모양의 부품

③ **죔줄** : 벨트 또는 안전그네를 구명줄 또는 구조물 등 기타 걸이설비와 연결하기 위한 줄모양의 부품

④ **D링** : 벨트 또는 안전그네와 죔줄을 연결하기 위한 D자형의 금속 고리

⑤ **추락방지대** : 신체의 추락을 방지하기 위해 자동잠김 장치를 갖추고 죔줄과 수직구명줄에 연결된 금속장치

⑥ **훅 및 카라비너** : 죔줄과 걸이설비 등 또는 D링과 연결하기 위한 금속장치

⑦ **보조훅** : U자걸이를 위해 훅 또는 카라비너를 지탱벨트의 D링에 걸거나 떼어낼 때 추락을 방지하기 위한 훅

⑧ **안전블록** : 안전그네와 연결하여 추락발생시 추락을 억제할 수 있는 자동잠김장치가 갖추어져 있고 죔줄이 자동적으로 수축되는 장치

⑨ **보조죔줄** : 안전대를 U자걸이로 사용할 때 U자걸이를 위해 훅 또는 카라비너를 지탱 벨트의 D링에 걸거나 떼어낼 때 잘못하여 추락하는 것을 방지하기 위한 링과 걸이설비 연결에 사용하는 훅 또는 카라비너를 갖춘 줄모양의 부품

⑩ **수직구명줄** : 로프 또는 레일 등과 같은 유연하거나 단단한 고정줄로서 추락발생시 추락을 저지시키는 추락방지대를 지탱해 주는 줄모양의 부품

7 눈의 보호구

(1) 차광보안경

종류	사용구분
자외선용	자외선이 발생하는 장소
적외선용	적외선이 발생하는 장소
복합용	자외선 및 적외선이 발생하는 장소
용접용	산소용접작업등과 같이 자외선, 적외선 및 강렬한 가시광선이 발생하는 장소

(2) 용접용 보안면

형태	구조
헬멧형	안전모나 착용자의 머리에 지지대나 헤드밴드 등을 이용하여 적정위치에 고정, 사용하는 형태(자동용접필터형, 일반용접필터형)
핸드실드형	손에 들고 이용하는 보안면으로 적절한 필터를 장착하여 눈 및 안면을 보호하는 형태

8 방음 보호구

종류	등급	기호	성능	비고
귀마개	1종	EP-1	저음부터 고음까지를 차음하는 것	귀마개의 경우 재사용 여부를 제조특성으로 표기
	2종	EP-2	주로 고음을 차음하고 저음(회화음 영역)은 차음하지 않는 것	
귀덮개	–	EM	–	–

9 안전보건표지

(1) 안전보건표지의 종류

금지표지	101 출입금지	102 보행금지	103 차량통행금지	104 사용금지	105 탑승금지	106 금연	107 화기금지	108 물체이동금지	
경고표지	201 인화성 물질 경고	202 산화성 물질 경고	203 폭발성 물질 경고	204 급성독성 물질 경고	205 부식성 물질 경고	206 방사성 물질 경고	207 고압전기 경고	208 매달린 물체 경고	
	209 낙하물 경고	210 고온경고	211 저온경고	212 몸균형 상실 경고	213 레이저 광선 경고	214 발암성·변이원성·생식독성·전신 독성·호흡기 과민성 물질 경고			215 위험장소 경고
지시표지	301 보안경 착용	302 방독마스크 착용	303 방진마스크 착용	304 보안면 착용	305 안전모 착용	306 귀마개 착용	307 안전화 착용	308 안전장갑 착용	309 안전복 착용
안내표지	401 녹십자 표시	402 응급구호 표지	403 들 것	404 세안장치	405 비상용 기구	406 비상구	407 좌측 비상구	408 우측 비상구	

(2) 안전보건표지의 색채

분류	색채
금지표지	바탕은 흰색, 기본모형은 빨간색, 관련 부호 및 그림은 검은색
경고표지	바탕은 노란색, 기본모형, 관련 부호 및 그림은 검은색. 다만, 인화성물질 경고, 산화성물질 경고, 폭발성물질 경고, 급성독성물질 경고, 부식성물질 경고 및 발암성·변이원성·생식독성·전신독성·호흡기과민성물질 경고의 경우 바탕은 무색, 기본모형은 빨간색(검은색도 가능)
지시표지	바탕은 파란색, 관련 그림은 흰색
안내표지	바탕은 흰색, 기본모형 및 관련 부호는 녹색, 바탕은 녹색, 관련 부호 및 그림은 흰색
출입금지 표지	글자는 흰색 바탕에 흑색, 다음 글자는 적색 – OOO제조/사용/보관 중 – 석면취급/해체 중 – 발암물질취급 중

(3) 안전보건표지의 색도기준 및 용도

색채	색도기준	용도	사용례
빨간색	7.5R 4/14	금지	정지신호, 소화설비 및 그 장소, 유해행위의 금지
		경고	화학물질 취급장소에서의 유해위험 경고
노란색	5Y 8.5/12	경고	화학물질 취급장소에서의 유해위험 경고 이외의 위험 경고, 주의표지 또는 기계방호물
파란색	2.5PB 4/10	지시	특정 행위의 지시 및 사실의 고지
녹색	2.5G 4/10	안내	비상구 및 피난소 사람 또는 차량의 통행 표시
흰색	N9.5	–	파란색 또는 녹색에 대한 보조색
검은색	N0.5	–	문자 및 빨간색 또는 노란색에 대한 보조색

Section 04 산업안전심리

1 인간관계의 메커니즘 및 관리방식

(1) 인간관계의 메커니즘(Mechanism)

① **동일화(Identification)** : 다른 사람의 행동 양식이나 태도를 투입시키거나, 다른 사람 가운데서 자기와 비슷한 것을 발견하는 것

② **투사(投射, Projection)** : 자기 속의 억압된 것을 다른 사람의 것으로 생각하는 것을 투사(또는 투출)라고 함

③ **커뮤니케이션(Communication)** : 갖가지 행동 양식이나 기호를 매개로 하여 어떤 사람으로부터 다른 사람에게 전달되는 과정

④ **모방(Imitation)** : 남의 행동이나 판단을 표본으로 하여 그것과 같거나 또는 그것에 가까운 행동 또는 판단을 취하려는 것

⑤ **암시(Suggestion)** : 다른 사람으로부터의 판단이나 행동을 무비판적으로 논리적, 사실적 근거 없이 받아들이는 것

(2) 인간관계 관리 방식

① **전제적(專制的) 방식** : 권력이나 폭력에 의하여 생산성을 높이는 방식

② **온정적 방식** : 은혜를 사용하는 가족주의적 사고방식

③ **과학적 사고방식** : 생산능률을 향상시키기 위해 능률의 논리를 경영관리의 방법으로 체계화한 관리 방식(Taylor. F. W)

2 집단관리

(1) 집단의 효과

① 동조효과(응집력)

② 시너지(Synergy) 효과(System + Energy : + α상승효과)

③ 견물(見物)효과(자랑스럽게 생각)

(2) 카운슬링(Counseling)

① **개인적인 카운슬링 방법** : 직접충고(안전수칙 불이행시 적합), 설득적 방법, 설명적 방법

② **카운슬링의 순서** : 장면 구성 → 내담자 대화 → 의견 재분석 → 감정표출 → 감정의 명확화

③ **카운슬링의 효과** : 정신적 스트레스 해소, 안전 태도 형성, 동기 부여

3 직장에서의 적응과 부적응

(1) 적응과 역할(Super의 역할이론)

① **역할연기(Role Playing)** : 자아탐색(Self-exploration)인 동시에 자아실현(Selfrealization)의 수단이다.

② **역할기대(Role Expectation)** : 자기의 역할을 기대하고 감수하는 사람은 그 직업에 충실한 것이다.

③ **역할조성(Role Shaping)** : 개인에게 여러 개의 역할기대가 있을 경우 그 중의 어떤 역할기대는 불응, 거부하는 수도 있으며, 혹은 다른 역할을 해내기 위해 다른 일을 구할 때도 있다.

④ **역할갈등(Role Conflict)** : 작업 중에는 상반된 역할이 기대되는 경우가 있으며 이러한 경우 갈등이 생기게 된다.

(2) **부적응의 유형**(인격 이상자의 유형)
   ① **망상 인격(편집성 인격)** : 자기 주장이 강하고 빈약한 대인관계를 가지고 있는 성격의 소유자(냉혹성, 과민성, 완고, 질투, 시기심이 강함)
   ② **순환 인격** : 외적자극과는 관계없이 울적상태(우울한 시기)에서 조적상태(명랑한 시기)로 상당한 장기간에 걸쳐 기분이 변동하는 특징을 나타냄
   ③ **분열 인격** : 극단적으로 수줍어하고, 말이 없고, 자폐적이고, 사교를 싫어하고, 친밀한 인간관계를 피하려고 하는 특징을 나타냄
   ③ **폭발 인격** : 사소한 일로 갑자기 노여움을 폭발시키거나 폭언 및 폭력적인 공격성을 나타내는 특징을 나타냄
   ④ **강박 인격** : 엄격하고 지나치게 양심적이고 우유부단, 욕망을 제지하고 기준에 적합하도록 지나치게 신경을 쓰는 특징을 나타냄(완전주의 지향)
   ⑤ **반사회적 인격** : 정서 불안정, 윤리 도덕성의 규범 결여, 무감각, 쾌락주의, 자기애적임
   ⑥ **부적합 인격** : 정상적인 정신적·신체적 능력을 가지고 있으면서도 일상생활의 요구에 적응하지 못함
   ⑦ **무력 인격** : 활력이 결여되고, 감정이 둔하고, 만성적 비관론자임
   ⑧ **소극적 공격적 인격** : 적의(敵意)를 처리하는데 온갖 음흉한 방법으로 교묘히 활용함

4 모랄 서베이(Morale Survey, 사기조사)

(1) **모랄 서베이**
   ① 종업원의 근로 의욕·태도 등에 대한 측정을 하는 것으로 사기조사(士氣調査) 또는 태도조사라고도 한다.
   ② 일반적인 사기조사의 방법은 주로 질문지나 면접에 의한 태도(또는 의견)조사가 중심을 이룬다.

(2) **모랄 서베이의 주요방법**
   ① **통계에 의한 방법** : 사고 상해율, 생산고, 결근, 지각, 조퇴, 이직 등을 분석하여 파악하는 방법
   ② **사례연구법** : 경영 관리상의 여러 가지 제도에 나타나는 사례에 대해 케이스 스터디(Case Study)로서 현상을 파악하는 방법
   ③ **관찰법** : 종업원의 근무 실태를 계속 관찰함으로서 문제점을 찾아내는 방법
   ④ **실험연구법** : 실험그룹(Test group)과 통제그룹(Control Group)으로 나누고 정황, 자극을 주어 태도 변화 여부를 조사하는 방법
   ⑤ **태도조사법(의견조사)** : 질문지법, 면접법, 집단토의법, 투사법(Projective Technique) 등에 의해 의견을 조사하는 방법

5 리더십(Leadership)

(1) 리더십의 유형
  ① **선출방식에 따른 리더십의 분류**
    ㉮ 헤드십(Headship) : 집단 구성원이 아닌 외부에 의해 선출(임명)된 지도자로 명목상의 리더십
    ㉯ 리더십(Leadership) : 집단 구성원에 의해 내부적으로 선출된 지도자로 사실상의 리더십
  ② **업무추진 방법에 의한 리더십의 분류**
    ㉮ 권위형 : 지도자가 집단의 모든 권한 행사를 단독적으로 처리
    ㉯ 민주형 : 집단의 토론, 회의 등에 의해 정책을 결정
    ㉰ 자유방임형 : 집단에 대하여 전혀 리더십을 발휘하지 않고 명목상의 리더 자리만을 지키는 유형으로 지도자가 집단 구성원에게 완전히 자유를 주는 경우

(2) 리더십의 권한
  ① **조직이 지도자에게 부여한 권한**
    ㉮ 보상적 권한 : 지도자가 부하들에게 보상할 수 있는 능력으로 인해 부하직원들을 통제할 수 있으며 부하들의 행동에 대해 영향을 끼칠 수 있는 권한
    ㉯ 강압적 권한 : 부하직원들을 처벌할 수 있는 권한
    ㉰ 합법적 권한 : 조직의 규정에 의해 지도자의 권한이 공식화된 것
  ② **지도자 자신이 자신에게 부여한 권한** : 부하직원들이 지도자의 성격이나 능력을 인정하고 지도자를 존경하며 자진해서 따르는 것
    ㉮ 전문성의 권한 : 지도자가 목표수행에 필요한 전문적인 지식을 갖고 업무수행을 하므로 부하직원들이 자발적으로 지도자를 따름
    ㉯ 위임된 권한 : 집단의 목표를 성취하기 위해 부하 직원들이 지도자가 정한 목표를 자진해서 자신의 것으로 받아들여 지도자와 함께 일하는 것

(3) 리더십 이론
  ① **리더-부하 교환이론**
    ㉮ 리더와 부하가 서로 영향을 준다는 리더십 이론
    ㉯ 부하들의 능력 및 기술, 리더가 부하들을 신뢰하는 정도 등에 따라 리더가 부하들을 서로 다르게 대우한다고 가정
  ② **허쉬와 브랜차드(Hersey & Blanchard)의 상황적 리더십 이론**
    ㉮ 지시적 리더 : 부하에게 기준을 제시해 주고 가까이서 지도하며 일방적인 의사소통과 리더중심의 의사결정을 하는 유형, 과업수준은 높게 관계성 수준은 낮게 요구되는 경우
    ㉯ 설득적 리더 : 결정사항을 부하에게 설명하고 부하가 의견을 제시할 기회를 제공하는 등 쌍방적 의사소통과 집단적 의사결정을 지향하는 유형, 과업수준과 관계성 수준이 모두 높게 요구되는 경우
    ㉰ 참여적 리더 : 아이디어를 부하와 함께 공유하고 의사결정과정을 촉진하며 부하들과의 인간관계를 중시하며 부하들을 의사결정에 많이 참여하게 하는 유형, 과업수준은 낮게 관계성 수준

은 높게 요구되는 경우
- ㉣ 위임적 리더 : 의사결정과 과업수행에 대한 책임을 부하에게 위임하여 부하들이 스스로 자율적 행동과 자기통제하에 과업을 수행하도록 하는 유형, 과업수준과 관계성 수준이 모두 낮게 요구되는 경우

6 심리 검사

(1) 심리검사의 범위 및 구성
  ① **심리검사의 범위** : 기초인간 능력, 기계적 능력, 정신운동 능력, 시각 기능적 능력, 특수직무 능력
  ② **심리검사의 구성** : 직업별 검사구성, 직무별 검사구성, 기능능력별 검사구성

(2) 심리검사의 구비조건
  ① **표준화** : 검사관리를 위한 조건과 검사절차의 일관성과 통일성
  ② **객관성** : 검사결과의 채점에 관한 것으로 채점하는 과정에서 채점자의 편견이나 주관성이 배제되어야 하며 어떤 사람이 채점하여도 동일한 결과를 얻어야 함
  ③ **규준(Norms)** : 검사의 결과를 해석하기 위해서는 비교할 수 있는 참조 또는 비교의 어떤 틀이 있어야 하는데, 이 틀은 검사규준이 제공
  ④ **신뢰성** : 검사응답의 일관성, 즉 반복성을 말하는 것
  ⑤ **타당성** : 측정하고자 하는 것을 실제로 잘 측정하는지의 여부를 판별하는 것

(3) 인사심리검사의 구비조건
  ① **인사심리검사의 구비조건** : 타당성, 신뢰성, 실용성
  ② **조하리의 창(Johari's Window)에 의한 4유형**
    ㉮ 공개된 자아(개방영역) : 자신도 알고 타인에게도 알려진 영역으로 이 영역이 넓은 사람은 타인에 대해 개방적이며 타인과의 갈등 소지도 적다.
    ㉯ 숨겨진 자아(맹인영역) : 타인은 모르고 자신만 아는 영역으로 잠재능력을 인지하지 못하거나 대인관계의 효과성이 제약된다.
    ㉰ 눈먼 자아(비밀영역) : 자신은 모르지만 타인은 알고 있는 영역으로 타인에 의해 스스로에 대해 모르고 있던 부분을 알게되며, 숨겨진 부분이 노출될 때 타인으로 인한 상처가 두려워 감정을 숨기게 된다.
    ㉱ 미지영역 : 스스로는 물론 타인에게 모두 알려지지 않은 부분으로 상호간의 오해 발생 소지가 증가하며, 대인관계의 질과 잠재력에 대한 영향이 감소한다.

7 산업안전 심리의 요소

(1) 안전심리의 5요소와 습관의 4요소
  ① **안전심리의 5요소** : 습관, 동기, 기질, 감정, 습성
  ② **습관의 4요소** : 동기, 기질, 감정, 습성

(2) 억측 판단의 발생 배경

　① 정보가 불확실할 때

　② 희망적인 관측이 있을 때

　③ 과거에 경험한 선입관이 있을 때

　④ 일을 빨리 끝내고 싶은 강한 욕구가 있거나 귀찮고 초조할 때

8 재해 빈발설과 사고경향성자의 유형

(1) 재해빈발설

　① **암시설** : 재해의 경험으로 겁쟁이가 되거나 신경과민이 되어 그 사람이 갖는 대응 능력이 열화되기 때문에 재해가 빈발

　② **경향설** : 소질적인 결함을 가지고 있기 때문에 재해가 빈발

　③ **기회설** : 개인의 영향 때문이 아니라 작업에 위험성이 많고, 위험한 작업을 담당하고 있기 때문에 재해가 빈발(대책 : 작업환경개선, 교육훈련실시)

> **리스크 테이킹(Risk Taking)**
> 객관적인 위험을 주관적으로 판단하여 의지를 결정하고 행동으로 옮기는 행위로 안전태도가 양호한 자는 리스크 테이킹의 정도가 낮다.

(2) 사고경향성자(재해 누발자, 재해 다발자)의 유형

　① **상황성 누발자** : 작업의 어려움, 기계설비의 결함, 환경상 주의력의 집중 혼란, 심신의 근심 등 때문에 재해를 누발

　② **습관성 누발자** : 재해의 경험으로 겁쟁이가 되거나 신경과민이 되어 재해를 누발하거나 일종의 슬럼프(Slump) 상태에 빠져서 재해를 누발

　③ **소질성 누발자** : 재해의 소질적 요인(주의력의 산만, 주의력 지속 불능, 도덕성 결여, 소심한 성격, 침착성 및 도덕성 결여 등)을 가지고 있기 때문에 재해를 누발

　④ **미숙성 누발자** : 기능 미숙이나 환경에 익숙하지 못하기 때문에 재해를 누발

> **Lewin K의 법칙**
> 레빈(Lewin)은 인간의 행동(B)은 그 사람이 가진 자질 즉, 개체(P)와 심리학적 환경(E)과의 상호함수관계에 있다고 규정
> $$B = f(P \cdot E)$$
> ・B : Behavior(인간의 행동)
> ・f : Function(함수관계 : 적성 기타 P와 E에 영향을 미칠 수 있는 조건)
> ・P : Person(개체 : 연령, 경험, 심신상태, 성격, 지능 등)
> ・E : Environment(심리적 환경 : 인간관계, 작업환경 등)

9 동기부여이론

(1) 데이비스(Davis)의 이론

① 인간의 성과 × 물적인 성과 = 경영의 성과
   ㉮ 지식(Knowledge) × 기능(skill) = 능력(ability)
   ㉯ 상황(situation) × 태도(attitude) = 동기유발(motivation)
   ㉰ 능력 × 동기유발 = 인간의 성과(human performance)

② 동기부여 조건
   ㉮ 내적요인 : 동기, 기분, 의지, 욕구   ㉯ 외적요인 : 유인, 강화

③ 목표설정이론
   ㉮ 구체적이고 도전성이 있으며, 피드백이 수반된 목표가 설정되어야 동기부여 및 높은 성과가 이룩된다는 이론
   ㉯ 도전성이 느껴지는 목표, 열심히 하면 달성 가능하다고 느껴지는 목표의 수립이 동기부여 측면에서 가장 중요

(2) 매슬로우(Abraham H. Maslow)의 욕구 5단계

① 1단계 : 생리적 욕구(기아, 갈증, 호흡, 배설, 성욕 등)
② 2단계 : 안전의 욕구(안전을 구하고자 하는 욕구)
③ 3단계 : 사회적 욕구(애정, 소속에 대한 욕구)
④ 4단계 : 인정받으려는 욕구(자존심, 명예, 성취, 지위에 대한 욕구)
⑤ 5단계 : 자아실현의 욕구(잠재적인 능력을 실현하고자 하는 욕구)

(3) 알더퍼(Alderfer)의 ERG 이론

① **생존(Existence) 욕구** : 신체적인 차원에서 유기체의 생존과 유지에 관련된 욕구
② **관계(Relation) 욕구** : 타인과의 상호작용을 통해 만족되는 대인 욕구
③ **성장(Growth) 욕구** : 개인적인 발전과 증진에 관한 욕구

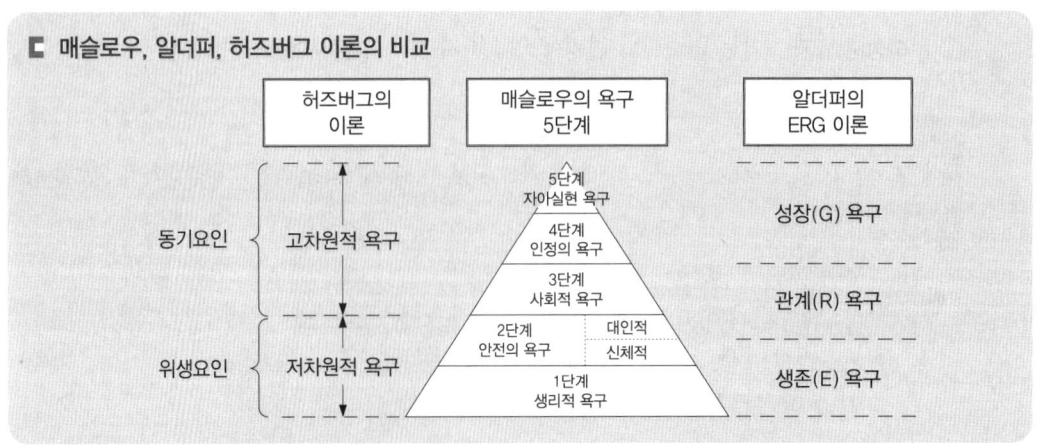

매슬로우, 알더퍼, 허즈버그 이론의 비교

(4) 맥그리거(D. McGreger)의 X 이론과 Y 이론

① X 이론

㉮ 종업원은 상사로부터 통제를 받지 않으면 안 된다.
㉯ 종업원을 회사의 목적에 헌신시키기 위해 강제성을 띠어야 한다.
㉰ 종업원은 본래 회사의 목적에 반하여 개인적인 목표를 가지고 있다.

② Y 이론

㉮ 종업원은 일하기를 원하고 또 자기 자신의 동기유발자가 되도록 한다.
㉯ 종업원을 회사의 목적을 위한 수단으로서 자발적으로 받아들인다.
㉰ 목표설정에 참가함으로써 회사목표에 적합한 개인의 목표를 설정할 수 있다.

③ X 이론과 Y 이론 비교

X 이론	Y 이론
인간불신감	상호신뢰감
성악설	성선설
인간은 본래 게으르고 태만하여 남의 지배받기를 즐긴다.	인간은 부지런하고 근면하며 적극적이며 자주적이다.
물질 욕구(저차적 욕구)	정신 욕구(고차적 욕구)
명령통제에 의한 관리	목표통합과 자기통제에 의한 자율관리
저개발국형	선진국형

(5) 허즈버그(Herzberg)의 위생요인과 동기요인

① **위생요인** : 직무수행 환경과 관련된 요인으로 생산능력 향상에 영향을 미치지 못하며 업무수행에서의 손실만을 방지한다. 회사정책, 관리·감독, 작업조건, 대인관계, 지위, 보수, 안전 등이 이에 속한다.

② **동기요인** : 작업자에게 동기를 부여하여 업무 효과를 증대시키는 요인으로 직무만족에 의한 생산능력을 향상시킨다. 여기에는 작업자의 성취감, 승진 및 성장에 대한가능성, 책임감 등이 있다.

10 착오와 착각현상

(1) 착오의 메커니즘 및 착오요인

① **착오 메커니즘(Mechanism)** : 위치의 착오, 패턴의 착오, 형(形)의 착오, 순서의 착오, 잘못 기억

② **착오요인(대뇌의 Human Error)**

㉮ 인지과정 착오

㉠ 생리, 심리적 능력의 한계
㉡ 정보량 저장능력의 한계
㉢ 감각차단 현상(단조로운 업무, 반복작업)
㉣ 정서 불안정(공포, 불안, 불만)

㉯ 판단과정 착오
　　　　㉠ 능력부족　　　　　　　　　　㉡ 정보부족
　　　　㉢ 자기 합리화　　　　　　　　　㉣ 환경조건의 불비(不備)
　　　㉰ 조치과정 착오
　　　　㉠ 작업자 기능 미숙　　　　　　㉡ 작업경험 부족
　　　　㉣ 피로

(2) **착각현상**(운동의 시지각)

　① **자동운동** : 암실 내에서 정지된 소광점을 응시하고 있으면 그 광점이 움직이는 것을 볼 수 있는데 이것을 자동운동이라 함
　② **유도운동** : 실제로는 움직이지 않는 것이 어느 기준의 이동에 유도되어 움직이는 것처럼 느껴지는 현상
　③ **가현운동** : 객관적으로 정지하고 있는 대상물이 급속히 나타나던가 소멸하는 것으로 인하여 일어나는 운동으로 마치 대상물이 운동하는 것처럼 인식되는 현상(β-운동 : 영화 영상의 방법)

> **자동운동이 생기기 쉬운 조건**
> ・광점이 작을 것　　　　　　　　　　・시야의 다른 부분이 어두울 것
> ・광의 강도가 작을 것　　　　　　　　・대상이 단순할 것

11 주의력과 부주의

(1) **주의의 특징**
　① **선택성** : 여러 종류의 자극을 자각할 때 소수의 특정한 것에 한하여 선택하는 기능
　② **방향성** : 주시점만 인지하는 기능
　③ **변동성** : 주의에는 주기적으로 부주의의 리듬이 존재

(2) **주의의 특성**
　① **주의력의 중복집중의 곤란** : 주의는 동시에 2개 방향에 집중하지 못한다.(선택성)
　② **주의력의 단속성** : 고도의 주의는 장시간 지속할 수 없다.(변동성)
　③ **부주의의 리듬성** : 한 지점에 주의를 집중하면 다른 지점에 대한 주의는 약해진다.(방향성)

(3) **부주의 현상**
　① **의식의 단절** : 지속적인 의식의 흐름에 단절이 생기고 공백의 상태가 나타나는 것으로서 특수한 질병이 있는 경우에 나타난다.(의식수준 : Phase 0 상태)

② **의식의 우회** : 의식의 흐름이 옆으로 빗나가 발생하는 경우로서 작업도중의 걱정, 고뇌, 욕구불만 등에 의해 다른 것에 주의하는 것이 이에 속한다.(의식수준 : Phase 0 상태)

③ **의식수준의 저하** : 혼미한 정신상태에서 심신이 피로할 경우나 단조로운 작업 등의 경우에 일어나기 쉽다.(의식수준 : Phase Ⅰ이하 상태)

④ **의식의 과잉** : 지나친 의욕에 의해서 생기는 부주의 현상으로서 돌발사태 및 긴급이상 사태시 순간적으로 긴장되고 의식이 한 방향으로만 쏠리게 되는 경우가 이에 해당된다.(의식수준 : Phase Ⅳ상태)

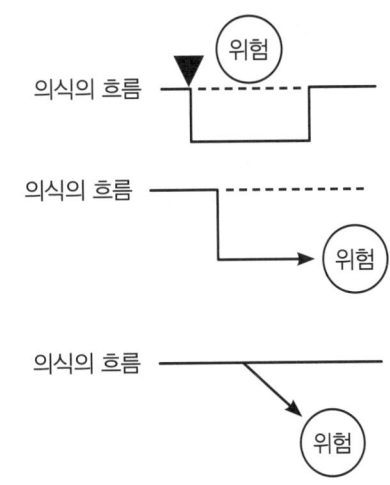

(4) **부주의 발생원인 및 대책**

① **외적 원인 및 대책**

㉮ 작업, 환경조건 불량 : 환경정비
㉯ 작업순서의 부적당 : 작업순서정비

② **내적 조건 및 대책**

㉮ 소질적 조건 : 적정 배치
㉯ 의식의 우회 : 상담(Counseling)
㉰ 경험의 부족 : 교육

12 의식수준의 단계

단계	의식의 상태	주의작용	생리적 상태	신뢰성	뇌파형태
0	무의식, 실신	없음(Zero)	수면, 뇌발작	0	δ파
Ⅰ	정상 이하(Subnormal), 의식 몽롱함	부주의(Inactive)	피로, 단조, 졸음, 술취함	0.9 이하	θ파
Ⅱ	정상, 이완상태 (normal, relaxed)	수동적(Passive), 마음이 안쪽으로 향함	안정기거, 휴식시, 정례작업시	0.99 ~0.99999	α파
Ⅲ	정상, 상쾌한 상태 (Normal, Clear)	능동적(Active), 앞으로 향하는 주의 시야 넓음	적극 활동시	0.999999 이상	β파
Ⅳ	초정상, 과긴장상태 (Hypernormal, Excited)	일점으로 응집, 판단 정지	긴급 방위반응, 당황해서 Panic	0.9 이하	β파, 전간파

13 피로

(1) 피로의 측정법

① **생리학적 방법**
   ㉮ 근전도(EMG, Electromyogram) : 근육활동 전위차의 기록
   ㉯ 뇌전도(EEG, Electroneurogram) : 신경활동 전위차의 기록
   ㉰ 심전도(ECG, Electrocardiogram) : 심장근 활동 전위차의 기록
   ㉱ 안전도(EOG, Electrooculogram) : 안구(眼球)운동 전위차의 기록
   ㉲ 산소 소비량 및 에너지 대사율(RMR, Relative Metabolic Rate)

   $$RMR = \frac{\text{작업대사량}}{\text{기초대사량}} = \frac{\text{작업시 소비에너지} - \text{안정시 소비에너지}}{\text{기초대사량}}$$

   ㉳ 피부전기반사(GSR, Galvanic Skin Reflex) : 작업부하의 정신적 부담이 피로와 함께 증대하는 양상을 손바닥 안쪽의 전기저항의 변화를 이용해 측정하는 것으로 피부전기저항 또는 정신 전류현상
   ㉴ 점멸융합주파수(flicker법) : 정신적 부담이 대뇌피질의 피로수준에 미치고 있는 영향을 측정하는 방법

② **화학적 방법** : 혈색소농도, 혈액수준, 혈단백, 응혈시간, 혈액, 요전해질, 요단백, 요교질 배설량 등

③ **심리학적 방법** : 피부(전위)저장, 동작분석, 연속반응시간, 행동기록, 정신작업, 전신자각 증상, 집중유지기능 등

(2) 허세이(Hershey)의 피로회복법

① **환경과의 관계에 의한 피로** : 작업장에서의 부적절한 관계를 배제, 불필요한 신체적 마찰 배제
② **단조로움 또는 권태감에 의한 피로** : 동작의 교대 방법 지도, 작업의 가치 부여
③ **신체의 활동에 의한 피로** : 기계의 사용을 배제
④ **질병에 의한 피로** : 보건상 유해한 작업환경 개선(작업장의 온도, 습도, 통풍 등을 조절)

> **휴식시간 산출**
>
> $$R = \frac{60(E - 4 \text{ 또는 } 5)}{E - 1.5}$$
>
> ※ 4 또는 5 : 작업에 대한 평균 에너지 소비량(kcal/분)
> - R : 휴식시간(분)
> - E : 작업시 평균 에너지 소비량(kcal/분) = 산소소비량 × 평균에너지소비량
> - 총 작업시간 : 60분
> - 휴식시간 중의 에너지 소비량 : 1.5(kcal/분)

14 바이오 리듬(Biorhythm, 생체리듬)

(1) 바이오리듬의 종류

① **육체적 리듬**(Physical Cycle) : 주기 23일(식욕, 소화력, 활동력, 지구력), 청색표시

② **지성적 리듬**(Intellectual Cycle) : 주기 33일(상상력, 사고력, 기억력 또는 의지, 판단 및 비판력), 녹색표시

③ **감성적 리듬**(Sensitivity Cycle) : 주기 28일(감정, 주의력, 창조력, 예감 및 통찰력), 적색표시

(2) 위험일(Critical Day)

① 한 달에 6일 정도 일어남

② 평소보다 뇌졸중이 5.4배, 심장질환 발작이 5.1배, 자살은 6.8배 정도 더 많이 발생

(3) 생체리듬과 피로

① **혈액의 수분, 염분량** : 주간에 감소하고 야간에는 증가

② **체온, 혈압, 맥박수** : 주간에 상승하고 야간에는 저하

③ **야간** : 소화 분비액 불량, 체중이 감소. 말초운동 기능저하, 피로의 자각증상이 증대

④ **조석리듬의 수준** : 오전 6시가 가장 낮아 재해사고의 가능성이 가장 큼

> **스트레스**
> • 스트레스의 직무요인 : 역할갈등, 역할과중, 역할모호성
> • 직무스트레스와 작업 효율성간의 역U자형 가설 : 작업환경 복잡성이 증가함에 따라서 직무 스트레스가 커지며, 적정 수준까지는 작업 효율성도 함께 증가하다가 그 이후부터는 작업 효율성이 감소

Section 05 안전보건교육 및 교육방법

1 교육의 3요소

교육 활동의 교육의 3요소가 상호 실천적으로 교섭할 때 성립되며 그 가치가 피교육자의 성장과 발달로 나타난다.

(1) **교육의 주체** : 교도자, 강사

(2) **교육의 객체** : 학생, 수강자

(3) **교육의 매개체** : 교재

> **안전교육의 목표**
> 안전척도가 최우선인 목표이다.

2 학습지도

(1) 학습지도의 정의

학습자가 교육목적을 효과적으로 달성할 수 있도록 자극하고 도와주는 교육활동을 말한다. 즉, 모든 기술지도의 총체

(2) 학습지도의 원리

① **자기활동의 원리(자발성의 원리)** : 학습자 자신이 스스로 자발적으로 학습에 참여하는데 중점을 둔 원리이다.
② **개별화의 원리** : 학습자가 지니고 있는 각자의 요구와 능력 등에 알맞은 학습활동의 기회를 마련해 주어야 한다는 원리이다.
③ **사회화의 원리** : 학습내용을 현실사회의 사상과 문제를 기반으로 하여 학교에서 경험한 것과 사회에서 경험한 것을 교류시키고 공동학습을 통해서 협력적이고 우호적인 학습을 진행하는 원리이다.
④ **통합의 원리** : 학습을 총합적인 전체로서 지도하자는 원리로, 동시학습 원리와 같다.
⑤ **직관의 원리** : 구체적인 사물을 직접 제시하거나 경험시킴으로서 큰 효과를 볼 수 있다는 원리이다.

3 교육법의 4단계 및 교육시간

(1) 교육법의 4단계

① **제1단계-도입(준비)** : 배우고자 하는 마음가짐을 일으키도록 도입
② **제2단계-제시(설명)** : 상대의 능력에 따라 교육하고 내용을 확실하게 이해시키고 납득시켜 다시 기능으로서 습득시킴
③ **제3단계-적용(응용)** : 이해시킨 내용을 구체적인 문제 또는 실제문제로 활용시키거나 응용시킴
④ **제4단계-확인(총괄)** : 교육내용을 정확하게 이해하고 습득하였는지의 여부를 확인

(2) 단계별 교육시간

교육법의 4단계	강의식(일반적인 교육)	토의식
1단계-도입	5분	5분
2단계-제시	40분	10분
3단계-적용	10분	40분
4단계-확인	5분	5분

※ 단계별 교육의 시간 배분은 단위 시간을 1시간(60분)으로 했을 때

4 학습의 이론

(1) **S-R이론** : 학습을 자극(Stimulus)에 대한 반응(Response)으로 보는 이론
    ① 손다이크(Thorndike)의 시행착오설
    ② 파브로프(Pavlov)의 조건반사설
    ③ 스키너(Skinner)의 작동적(도구적) 조건화설
    ④ 구드리(Guthrie)의 접근적 조건화설

(2) 시행착오에 있어서의 학습법칙
    ① **연습의 법칙(Law of Exercise)** : 모든 학습과정은 많은 연습과 반복을 통해서 바람직한 행동의 변화를 가져오게 된다는 법칙으로 빈도의 법칙(Law of Frequency)이라고도 함
    ② **효과의 법칙(Law of Effect)** : 학습의 결과가 학습자에게 쾌감을 주면 줄수록 반응은 강화되고 반대로 고통이나 불쾌감을 주면 약화된다는 법칙으로 결과의 법칙이라고도 함
    ③ **준비성의 법칙(Law of Readiness)** : 특정한 학습을 행하는데 필요한 기초적인 능력을 충분히 갖춘 뒤에 학습을 행함으로서 효과적인 학습을 이룩할 수 있다는 법칙

(3) 조건반사설에 의한 학습이론의 원리
    ① **시간의 원리** : 조건자극(총소리)이 무조건자극(음식물)보다 시간적으로 동시 또는 조금 앞서서 주어야만 조건화 즉 강화가 잘됨
    ② **강도의 원리** : 조건반사적인 행동이 이루어지려면 먼저 준 자극의 정도에 비해 적어도 같거나 보다 강한 자극을 주어야 바람직한 결과를 기대할 수 있음
    ③ **일관성의 원리** : 조건자극은 일관된 자극물을 사용
    ④ **계속성의 원리** : 자극과 반응과의 관계를 반복하여 회수를 거듭할수록 조건화가 잘 형성

5 기억 및 망각

(1) 기억의 과정
    ① **기억** : 과거의 경험이 어떠한 형태로 미래의 행동에 영향을 주는 작용
    ② **기명** : 사물의 인상이 마음속에 간직하는 것
    ③ **파지** : 과거의 학습경험을 통해서 학습된 행동이 현재와 미래에 지속되는 것
    ④ **재생** : 보존된 인상이 다시 의식으로 떠오르는 것
    ⑤ **재인** : 과거에 경험했던 것과 같은 비슷한 상태에 부딪쳤을 때 떠오르는 것

(2) 망각
    ① 기억의 단계 중 재생이나 재인이 안될 경우에는 곧 망각이 되었다는 것을 의미
    ② 파지란 획득된 행동이나 내용이 지속되는 것이며, 망각은 지속되지 않고 소실되는 현상

6 학습의 전이

(1) **전이**(Transference) : 어떤 내용을 학습한 결과가 다른 학습이나 반응에 영향을 주는 현상
(2) **학습전이의 조건**
    ① **학습정도의 요인** : 선행학습의 정도에 따라 전이의 가능정도가 다르다.
    ② **유사성의 요인** : 선행학습과 후행학습에 유사성이 있어야 한다는 것으로 자극의 유사성, 반응의 유사성, 원리의 유사성이 있다.
    ③ **시간적 간격의 요인** : 선행학습과 후행학습의 시간간격에 따라 전이의 효과가 다르다.
(3) **Skinner 학습강화이론**
    ① **학습강화이론(조작적 조건이론)**
        ㉮ 개념 : 조직에서 조직구성원들을 대상으로 실시되는 학습의 궁극적 목적은 조직구성원들의 바람직한 행동을 증가시키고, 바람직하지 않은 행동을 감소시키려는 데 있다.
        ㉯ 인간행동의 원인 : 행동에 선행하는 환경적 자극, 그 환경적 자극에 반응하는 행동, 행동에 결부되는 결과이다.
    ② **행동수정기법**
        ㉮ 부적강화 : 반응 후 처벌이나 비난 등의 해로운 자극이 주어져서 반응발생률이 감소
        ㉯ 부분강화 : 학습은 급속도로 진행되나 학습효과도 빠른 속도로 사라짐
        ㉰ 정적강화 : 반응 후 음식이나 칭찬 등의 이로운 자극을 주었을 때 반응발생률이 높아지는 것

> **적응기제(適應機制)**
> • 방어적 기제 : 보상, 합리화, 동일시, 승화
> • 도피적 기제 : 고립, 퇴행, 억압, 백일몽
> • 공격적 기제 : 직접적 공격형, 간접적 공격형

7 안전보건교육의 기본방향 및 교육단계

(1) **안전보건교육의 기본방향**
    ① 사고사례 중심의 안전보건교육
    ② 안전작업(표준작업)을 위한 안전보건교육
    ③ 안전의식 향상을 위한 안전보건교육

(2) **안전보건교육의 3단계**
    ① **제1단계 지식교육** : 강의, 시청각교육을 통한 지식의 전달과 이해
    ② **제2단계 기능교육** : 시범, 견학, 실습, 현장실습교육을 통한 경험 체득과 이해
    ③ **제3단계 태도교육** : 작업동작지도, 생활지도 등을 통한 안전의 습관화

8 안전보건교육의 단계별 교육과정

(1) **지식교육의 특성**(주로 강의식 전달교육으로서 특성)

　① 이해도 측정 곤란　　　　　　② 단편적인 교육 치중 우려
　③ 교사 학습방법에 따라 차이　　④ 광범한 지식의 전달가능
　⑤ 많은 인원에 대한 교육가능　　⑥ 안전의식 재고가 용이

(2) **태도교육의 기본과정**

　① 청취한다.　　　　　　　　　② 이해하고 납득한다.
　③ 항상 모범을 보여준다.　　　 ④ 권장한다.
　⑤ 처벌한다.　　　　　　　　　⑥ 좋은 지도자를 얻도록 힘쓴다.
　⑦ 적정 배치한다.　　　　　　 ⑧ 평가한다.

▫ 지식 및 기능교육의 4단계 지도 방법

단계	지식교육	기능교육
1 단계	도입	학습준비
2 단계	제시(설명)	작업설명
3 단계	적용(응용)	실습
4 단계	확인(종합)	결과시찰

9 안전보건교육 계획 및 기능교육의 진행방법

(1) **안전보건교육 및 준비계획에 포함되어야 할 사항**

　① **안전보건교육 계획에 포함 할 사항** : 교육목표(첫째 과제), 교육 및 훈련의 범위, 교육보조자료의 준비 및 사용 지침, 교육 훈련의 의무와 책임관계 명시, 교육의 종류 및 교육대상, 교육의 과목 및 교육내용, 교육기간 및 시간, 교육장소, 교육방법, 교육담당자 및 강사
　② **준비계획에 포함되어야 할 사항** : 교육대상자 범위 결정(최우선적 고려사항), 교육목표의 설정, 교육과정의 결정, 교육방법의 결정(교육방법과 형태), 교육보조재료 및 강사 조교의 편성, 교육의 진행사항, 소요예산의 산정

(2) **기능(기술)교육의 진행방법**

　① **하버드 학파의 5단계 교수법** : 준비시킨다(Preparation) → 교시한다(Presentation) → 연합한다(Association) → 총괄시킨다(Generalization) → 응용시킨다(Application)

② **듀이의 사고과정의 5단계** : 시사를 받는다(Suggestion) → 머리로 생각한다(Intellectualization) → 가설을 설정한다(Hypothesis) → 추론한다(Reasoning) → 행동에 의하여 가설을 검토한다(Testing of the hypothesis by action)

③ **교시법의 4단계** : 준비단계(Preparation) → 일을 하여 보이는 단계(Presentation) → 일을 시켜 보이는 단계(Performance) → 보습지도의 단계(Follow-up)

> **존 듀이의 안전교육형태**
> - 형식적 교육 : 학교안전교육, 기업
> - 비형식적 교육 : 가정, 사회, 부모, 형제의 안전교육

10 안전보건교육 방법

(1) **강의 방식**

① **강의법** : 많은 인원의 수강자(최적인원 40~50명)를 대상으로 단기간의 교육시간에 비교적 많은 내용의 교육내용을 전수하기 위한 방법으로 피교육자의 참여가 제약됨

② **문답식** : 일문일답식으로 강의식에 의한 학습효과를 테스트하거나 확실하게 하기 위해 사용

③ **문제제기식** : 과제에 대처시키는 문제 해결적인 방법과 재생시키기 위한 방법

(2) **토의(회의)방식** : 쌍방적 의사전달에 의한 교육방식(최적인원 10~20명)

① **포럼(Forum, 공개토론회)** : 새로운 자료나 교재를 제시하고 거기서의 문제점을 피교육자로 하여금 제기하도록 하거나 의견을 여러 가지 방법으로 발표하게 하고 다시 깊이 파고들어 토의를 행하는 방법

② **심포지엄(Symposium)** : 몇 사람의 전문가에 의하여 과제에 관한 견해를 발표한 뒤 참가자로 하여금 의견이나 질문을 하게 하여 토의하는 방법

③ **패널 디스커션(Panel Discussion)** : 패널 멤버(교육과제에 정통한 전문가 4~5명)가 피교육자 앞에서 자유롭게 토의를 하고 뒤에 피교육자 전원이 참가하여 사회자의 사회에 따라 토의하는 방법

④ **대화(Colloquy)** : 패널 디스커션(Panel Discussion)의 변형으로 패널 멤버외에 참석자의 대표를 선출하여 질의응답의 형태로 실시되는 것

⑤ **버즈 세션(Buzz Session)** : 6-6 회의라고도 하며, 먼저 사회자와 서기를 선출한 후 나머지 사람은 6명씩의 소집단으로 구분하고, 소집단별로 각각 사회자를 선발하여 6분간씩 자유토의를 행하여 의견을 종합하는 방법

(3) **구안법(Project Method)**

① 학생이 마음속에 생각하고 있는 것을 외부에 구체적으로 실현하고 형상화하기 위해서 자기 스스로가 계획을 세워 수행하는 학습 활동으로 이루어지는 형태를 말한다.

② 콜링스(Collings)는 구안법을 탐험(Exploration), 구성(Construction), 의사소통(Communication), 유희(Play), 기술(Skill)의 5가지로 지적하였으며 산업시찰, 견학, 현장 실습 등도 이에 해당된다.
③ 구안법은 목적(목표설정), 계획, 수행, 평가의 4단계로 구성된다.

(4) **사례연구법**(Case Study) : 먼저 사례를 제시하고 문제적 사실들과 그의 상호관계에 대해서 검토하고 대책을 토의하는 방식으로 토의법을 응용한 교육기법

① **사례연구법의 장점**
㉮ 흥미가 있고 학습동기를 유발할 수 있다.
㉯ 현실적인 문제의 학습이 가능하다.
㉰ 관찰, 분석력을 높이고 판단력, 응용력의 향상이 가능하다.
㉱ 토의과정에서 각자가 자기의 사고 방향에 대하여 태도의 변형이 생긴다.

② **사례연구법의 단점**
㉮ 적절한 사례의 확보가 곤란하다.
㉯ 원칙과 규정(rule)의 체계적 습득이 곤란하다.
㉰ 학습의 진보를 측정하기가 어렵다.

(5) **역할연기법**(Role Playing) : 참석자에게 어떤 역할을 주어서 실제로 시켜봄으로써 훈련이나 평가에 사용하는 교육기법으로 절충능력이나 협조성을 높여 태도의 변용에도 도움을 줌

① **역할연기법의 장점**
㉮ 흥미를 갖고 문제에 적극적으로 참가할 수 있다.
㉯ 자기태도의 반성과 창조성이 생기고 발표력이 향상된다.
㉰ 문제의 배경에 대하여 통찰하는 능력을 높임으로서 감수성이 향상된다.
㉱ 각자의 장점과 약점을 알 수 있다.

② **역할연기법의 단점**
㉮ 높은 수준의 의사 결정에 대한 훈련에는 효과를 기대할 수 없다.
㉯ 목적이 명확하지 않고 다른 방법과 병용하지 않으면 의미가 없다.
㉰ 훈련 장소의 확보가 어렵다.

11 OJT 와 off JT

(1) **OJT 와 off JT의 형태**
① **OJT(On the Job Training)** : 직속 상사가 현장에서 업무상의 개별교육이나 지도훈련을 하는 교육형태(작업자의 현장교육)
② **off JT(off the Job Training)** : 계층별 또는 직능별 등과 같이 공통된 교육대상자를 현장 외의 한 장소에 모아 집체교육훈련을 실시하는 교육 형태(관리감독자의 집체교육)

(2) OJT 와 off JT의 특징

OJT	off JT
• 개개인에게 적합한 지도훈련이 가능 • 직장의 실정에 맞는 실체적 훈련 • 훈련에 필요한 업무의 계속성 • 즉시 업무에 연결되는 관계로 신체와 관련 • 효과가 곧 업무에 나타나며 훈련의 좋고 나쁨에 따라 개선이 용이 • 교육을 통한 훈련 효과에 의해 상호 신뢰이해도가 높아짐	• 다수의 근로자에게 조직적 훈련이 가능 • 훈련에만 전념 • 특별 설비 기구를 이용 • 전문가를 강사로 초청 • 각 직장의 근로자가 많은 지식이나 경험을 교류 • 교육 훈련 목표에 대해서 집단적 노력이 흐트러질 수도 있음

12 강의 계획 및 학습목적

(1) 강의 계획의 4단계

    ① **1단계** : 학습목적과 학습성과의 설정

    ② **2단계** : 학습자료 수집 및 체계화

    ③ **3단계** : 교수방법의 선정

    ④ **4단계** : 강의안 작성

(2) 학습목적의 3요소

    ① 목표(Goal)

    ② 주제(Subject)

    ③ 학습정도(인지 → 지각 → 이해 → 적용)

13 교육훈련 및 학습 평가 등

(1) **교육훈련 평가의 기준** : 타당도, 신뢰도, 실용도, 객관도

(2) 교육과목에 따른 학습평가 방법

    ① **지식교육** : 평가시험 및 기타 테스트

    ② **기능교육** : 노트 및 테스트

    ③ **태도교육** : 관찰 및 면접

(3) 태도교육을 통한 안전태도 형성요령

    ① 청취한다.

    ② 이해한다.

③ 모범을 보인다.
④ 권장(평가)한다.
⑤ 칭찬한다.
⑥ 벌을 준다.

(4) 교육훈련 평가의 4단계(Kirkpatrick의 4단계 평가모형)
① 1단계 반응(Reaction) 평가 : 교육프로그램의 만족도를 평가
② 2단계 학습(Learning) 평가 : 학습자들의 학습정도에 대한 평가
③ 3단계 행동(Behavior) 평가 : 배운 내용이 얼마나 행동으로 나타나는가에 대한 평가
④ 4단계 결과(Result) 평가 : 교육훈련에 대한 투자효과를 평가(조직적 차원의 평가)

인간공학 및 위험성 평가 · 관리

Section 01 안전과 인간공학

1 인간공학의 개요

(1) 안전과 인간공학의 목표
   ① 안전성 향상과 사고 방지
   ② 쾌적성
   ③ 기계조작의 능률성과 생산성 향상

(2) 인간공학의 효과
   ① 인력 이용률의 향상
   ② 훈련비용의 향상
   ③ 사고 및 오용으로부터의 손실감소
   ④ 성능향상
   ⑤ 생산 및 유지 · 정비의 경제성 증대
   ⑥ 사용자의 수용도 향상

2 체계의 특성 및 원리

(1) 인간-기계 체계와 기능(임무 및 기본기능)
   ① **감지(Sensing)**
      ㉮ 인체의 감지 기능 : 시각, 청각, 후각 등의 감각기관
      ㉯ 기계적인 감지 기능 : 전자, 사진, 기계적인 감지 장치
   ② **정보보관(저장, Information Storage)**
      ㉮ 인간의 정보 보관 : 기억된 학습내용
      ㉯ 기계적 정보 보관 : 펀치 카드(Punch Card), 자기테이프, 형판(Template), 기록, 자료표 등과 같은 물리적 기구에 보관
   ③ **정보처리 및 의사결정(Information Processing and Decision)**
      ㉮ 심리적 정보처리 단계 : 회상(Recall), 인식(Recognition), 정리(Retention, 집적)
      ㉯ 인간의 정보처리 시간 : 0.5초(인간의 정보처리능력 한계)

④ 행동기능(Acting Function)
   ㉮ 물리적인 조종행위나 과정 : 조종장치 작동, 물체나 물건을 취급·이동·변경·개조하는 것
   ㉯ 통신행위 : 음성(사람의 경우), 신호, 기록 등의 방법을 사용
⑤ 입력 및 출력
   ㉮ 입력 : 체계로 들어오는 입력은 원하는 결과를 얻기 위해서 필요한 재료들
   ㉯ 출력 : 제품의 변화, 전달된 통신, 제공된 서비스와 같은 체계의 성과나 결과

(2) 인간-기계 통합체계의 유형
   ① **수동 체계** : 사용자의 조작, 융통성(예 장인과 공구)
   ② **기계화 체계(반자동 체계)** : 운전자의 조작, 융통성 없음(예 엔진, 자동차, 공작기계)
   ③ **자동 체계(인간의 역할)** : 감시, 프로그램, 정비유지(예 자동화된 공장, 컴퓨터)

(3) 인간과 기계의 상대적 재능

인간이 우수한 기능 기계가 우수한 기능	제약조건(단점)
• 저에너지 자극(시각, 청각, 후각 등) 감지 • 복잡 다양한 자극 형태 식별 • 예기치 못한 사건 감지 • 다량 정보를 오래 보관 • 귀납적 추리 • 과부하 상황에서는 중요한 일에만 전념 • 임기응변, 융통성, 원칙 적용, 주관적 추산, 독창력 발휘 등의 기능	• 인간 감지 범위 밖의 자극(X선, 초음파 등)도 감지 • 인간 및 기계에 대한 모니터 기능 • 드물게 발생하는 사상 감지 • 암호화된 정보를 신속하게 대량보관 • 연역적 추리 • 과부하시에도 효율적으로 작동 • 정량적 정보처리, 장시간 중량작업, 반복

※ 인간-기계의 조화성 : 신체적 조화성, 지적 조화성, 감성적 조화성

3 인간공학의 연구

(1) 인간공학의 연구방법
   ① **인간공학의 연구방법(인간-기계체계 측정법)** : 순간 조작 분석, 지각 운동 정보 분석, 연속 컨트롤 부담 분석, 사용 빈도 분석, 전 작업 부담 분석, 기계의 사고 연관성 분석
   ② **실험실 및 현장연구 환경의 선택**
      ㉮ 실험실 환경 : 변수의 관리(Control), 모의실험(Simulation)
      ㉯ 현장 환경 : 사실성, 작업변수 설정이 가능

(2) 연구 및 체계개발에 있어서의 기준
   ① **체계기준(System Criteria)**
      ㉮ 체계의 성능이나 산출물(output)에 관련되는 기준, 즉 체계가 원래 의도한 바를 얼마나 달성 하는가를 반영하는 기준
      ㉯ 체계의 예상수명, 운용이나 사용상의 용이도, 정비유지도, 신뢰도, 운용비, 인력소요 등

② **인간기준(Human Criteria)**
  ㉮ 인간 성능 척도 : 여러 가지 감각활동, 정신활동, 근육활동 등에 의해서 판단
  ㉯ 생리학적 지표 : 혈압, 맥박수, 분당호흡수, 뇌파, 혈당량, 혈액의 성분, 피부온도, 전기피부 반응(Galvanic Skin Response)
  ㉰ 주관적인 반응 : 개인성능의 평점(Rating), 체계설계면의 대안들의 평점, 피실험자의 개인적 의견, 평가, 판단 등
  ㉱ 사고 빈도 : 재해발생의 빈도
③ **연구(체계) 기준의 요건**
  ㉮ 적절성(Relevance) : 기준이 실제로 의도하는 바와 부합해야 한다.
  ㉯ 무오염성 : 기준척도는 측정하고자 하는 변수 외의 다른 변수의 영향을 받아서는 안 된다.
  ㉰ 신뢰성 : 척도의 신뢰성은 반복성(Repeatability)을 의미 즉, 반복 실험 시 재현성이 있어야 한다.
  ㉱ 민감도 : 피실험자 사이에서 볼 수 있는 예상 차이점에 비례하는 단위로 측정해야 한다.

4 휴먼 에러(Human Error)

(1) **성능(S·P)과 인간과오(H·E) 관계**

$$S \cdot P = f(H \cdot E) = K(H \cdot E)$$

※ 여기서 S · P : 시스템의 성능(System Performance)
  H · E : 인간 과오(Human Error)
  f : 함수
  K : 상수

① $K \fallingdotseq 1$: H · E가 S · P에 중대한 영향을 끼친다.
② $K < 1$: H · E가 S · P에 리스크(Risk)를 준다.
③ $K \fallingdotseq 0$: H · E가 S · P에 아무런 영향을 주지 않는다.

(2) **Swain의 휴먼 에러(Human Error)**
  ① **생략적 과오(omission error)** : 필요한 작업 또는 절차를 수행하지 않는데 기인한 과오
  ② **시간적 과오(time error)** : 필요한 작업 또는 절차의 수행지연으로 인한 과오
  ③ **수행적 과오(commission error)** : 필요한 작업 또는 절차의 잘못된 수행으로 인한 과오
  ④ **순서적 과오(sequential error)** : 필요한 작업 또는 절차의 순서 착오로 인한 과오
  ⑤ **불필요한 과오(extraneous error)** : 불필요한 작업 또는 절차를 수행함으로써 기인한 과오

(3) **원인의 Level적 분류**
  ① **1차에러(Primary Error)** : 작업자 자신으로부터의 Error

② **2차에러(Secondary Error)** : 작업형태나 작업조건 중에서 다른 문제가 생겨 그 때문에 필요한 사항을 실행할 수 없는 Error. 어떤 결함으로부터 파생하여 발생하는 Error
③ **지시에러(Command Error)** : 요구된 것을 실행하고자 하여도 필요한 물건, 정보, 에너지 등의 공급이 없는 것처럼 작업자가 움직이려 해도 움직일 수 없으므로 발생하는 Error

(4) 정보처리단계에서의 휴먼에러 분류

① **착오(Mistakes)** : 부적당한 계획의 결과로 인해 원래의 목적 수행이 실패한 경우
② **실수(Slips)** : 의도는 올바른 것이었지만, 행동이 의도한 것과는 다르게 나타나는 경우
③ **위반(violations)** : 작업자가 올바른 동작과 결정을 알고 있음에도 불구하고 의도적으로 따르지 않거나 무시한 경우
   ㉮ 통상 위반(Routine violations) : 개개인이 통상 규칙이나 절차를 따르지 않음
   ㉯ 예외적 위반(Exceptional violations) : 예상치 못한 돌발적 행동

(5) 인간 과오의 배후요인(4M)

① **작업자(Man)** : 본인 이외의 사람
② **기계(Machine)** : 장치나 기기 등의 물적 요인
③ **훈련(Media)** : 인간과 기계를 잇는 매체란 뜻으로 작업의 방법이나 순서, 작업정보의 실태나 환경과의 관계, 정리정돈
④ **관리(Management)** : 안전법규의 준수방법, 지휘감독, 교육훈련

(6) 라스무센(Rasmussen)의 인간의 행동 분류

① **숙련기반행동** : 저장된 행동 패턴에 의해 이루어지는 행동으로 표시장치를 통해 제시되는 신호의 의미에 대한 해석이 불필요하다.
② **규칙기반행동** : 저장된 규칙 속에서 조금 더 의식적인 노력을 요하는 인식-행동으로 친숙하지만 조금 더 복잡한 장시간 작업들이 해당된다.
③ **지식기반행동** : 당면한 상황이 생소하거나 특수한 상황에서 발생하는 행동으로 당면한 상황을 이해하고 분석하며, 그에 상응하는 의사 결정이 요구된다.

5 신뢰성 요인 및 신뢰도

(1) 인간 및 기계의 신뢰성 요인

① **인간의 신뢰성 요인** : 주의력, 긴장수준, 의식수준(경험연수, 지식수준, 기술수준)
② **기계의 신뢰성 요인** : 재질, 기능, 작동방법

(2) 신뢰도

① **인간-기계체계의 신뢰도**(r_1 : 인간, r_2 : 기계)

㉮ 직렬(Serial System)

※ Rs(신뢰도) = $r_1 \times r_2$ [$r_1 < r_2$로 보면 Rs ≤ r_1]

㉯ 병렬(Parallel System)

※ Rs(신뢰도) = $r_1 + r_2(1 - r_1)$ [$r_1 < r_2$로 보면 Rs ≥ r_2]
= $1 - (1 - r_1)(1 - r_2)$

② 설비의 신뢰도

㉮ 직렬연결 : 자동차 운전

※ Rs(신뢰도) = $R_1 \cdot R_2 \cdot R_3 \cdots \cdots R_n = \sum_{i=1}^{n} R_i$

㉯ 병렬연결 : 열차나 항공기의 제어장치

※ Rs(신뢰도) = $1 - (1 - R_1)(1 - R_2) \cdots \cdots (1 - R_n) = 1 - \sum_{i=1}^{n}(1 - R_i)$

▣ 인간과오의 확률과 병렬 다중성

- 인간과오의 확률 (HEP) = $\dfrac{\text{과오의 수}}{\text{과오발생의 전체 기회수}}$
- 병렬 다중성 : 다수의 부품으로 구성되는 체계의 신뢰도를 높이기 위하여 설계단계에서 사용하는 방법 중 하나임

---

6 고장 및 시스템(System)의 수명

(1) 고장의 유형

① **초기고장** : 감소형(Debugging 기간, Burning 기간)
② **우발고장** : 일정형
③ **마모고장** : 증가형(Burn In 기간)

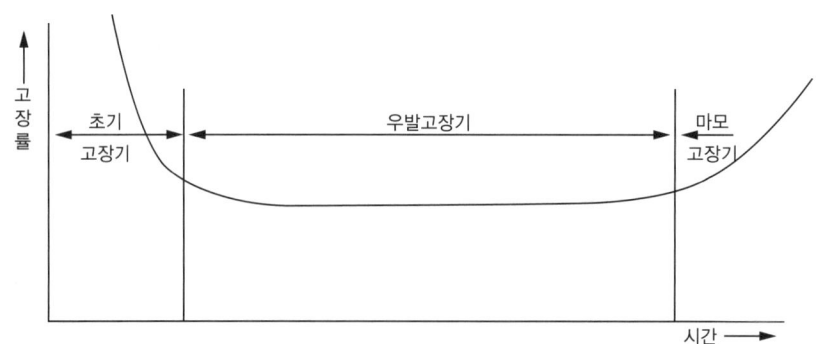

(2) 초기고장의 특징

① 설계상·구조상 결함, 불량제조, 생산과정의 품질관리 미비로 인하여 발생
② 점검작업이나 시운전작업 등으로 사전방지 가능

> **고장관련 용어**
> - 초기고장 : 점검작업이나 시운전 등에 의해 방지할 수 있는 고장
> - 디버깅(Debugging) 기간 : 초기 고장의 결함을 찾아내 고장률을 안정시키는 기간
> - 번인(Burn In) 기간 : 실제로 장시간 움직여 보고 그동안 고장난 것을 제거하는 공정기간

(2) MTTF와 MTBF, MTTR

① **MTTF(Mean Time To Failures)** : 고장이 일어나기까지의 동작시간의 평균치(평균고장시간)

② **MTBF(Mean Time Between Failures)** : 고장사이의 작동시간 평균치(평균고장간격)

③ **MTTR(Mean Time To Repair)** : 고장 발생 순간부터 수리완료 후 정상작동 시까지의 평균시간(평균수리시간)

(3) System의 수명

① 직렬계의 수명 = $\dfrac{\text{MTTF}}{n}$

② 병렬계의 수명 = $\text{MTTF}(1 + \dfrac{1}{2} + \cdots + \dfrac{1}{n})$

※ MTTF : 평균고장시간, n : 직렬 및 병렬계의 구성요소

> **인간에 대한 모니터링(Monitoring) 방식**
> - Self Monitoring(자기감시) 방법
> - Visual Monitoring(관찰감시) 방법
> - 환경에 의한 Monitoring 방법
> - 생리학적 Monitoring 방법
> - 반응에 의한 Monitoring 방법

7 Fail-Safety 및 Lock System

(1) Fail-Safety

① **Fail-Safety** : 인간 또는 기계에 과오나 동작상의 실수가 있어도 안전사고를 발생시키지 않도록 2중 또는 3중으로 통제를 가하도록 한 체제

② **Fail-Safe 종류** : 다경로 하중 구조, 하중 경감 구조, 교대 구조, 중복 구조

(2) Lock System

① **Interlock System** : 인간과 기계 사이

② **Intralock System** : 인간 사이

③ **Translock System** : Interlock System과 Intralock System 사이

8 인체계측과 생리학적 측정법

(1) 인체계측

① 인체계측자료의 응용원칙
  ㉮ 최대치수와 최소치수 : 최대치수 또는 최소치수를 기준으로 하여 설계
  ㉯ 조절범위(조절식) : 체격이 다른 여러 사람에 맞도록 만드는 것
  ㉰ 평균치를 기준으로 한 설계 : 최대치수나 최소치수, 조절식으로 하기가 곤란할 때 평균치를 기준으로 하여 설계

② 신체부위 운동
  ㉮ 굴곡 : 부위간 각도의 감소
  ㉯ 신전(Extension) : 부위간 각도의 증가
  ㉰ 내전 : 몸의 중심선 쪽으로 이동하는 각도
  ㉱ 외전 : 몸의 중심선 밖으로 이동하는 각도
  ㉲ 내선 : 몸의 중심선 쪽으로 회전 이동하는 각도
  ㉳ 외선 : 몸의 중심선 밖으로 회전 이동하는 각도
  ㉴ 상향 : 손바닥을 위로 향함
  ㉵ 하향 : 손바닥을 아래로 향함

(2) 생리학적 측정법

① **근전도(EMG, Electromyogram)** : 근육활동의 전위차를 기록한 것으로, 심장근의 근전도를 특히 심전도(ECG, Electrocardiogram)라 하며, 신경활동전위차의 기록은 ENG(electroneurogram)라 한다.

② **피부전기반사(GSR, Galvanic Skin Reflex)** : 작업 부하의 정신적 부담도가 피로와 함께 증대하는 양상을 전기저항의 변화에서 측정하는 것으로, 피부전기저항 또는 정신전류현상이라고도 한다.

③ **프릿가값(Flicker Fusion Frequency, 점멸융합주파수)** : 정신적 부담이 대뇌피질의 활동수준에 미치고 있는 영향을 측정한 값을 말한다.

> **■ 작업종류에 따른 생리학적 측정법의 종류**
> • 정적근력작업, 동적근력작업, 신경적작업, 심적작업 : 프릿가값
> • 작업부하, 피로 등의 측정 : 호흡량, 근전도, 프릿가값
> • 긴장감 측정 : 맥박수, 피수전기반사(GSR)

(3) 에너지 소모량의 산출

① **에너지 대사율(RMR, Relative Metabolic Rate)**
  ㉮ 작업강도 단위로써 산소호흡량을 측정하여 에너지의 소모량을 결정하는 방식
  ㉯ RMR이 클수록 중 작업

㊂ RMR = $\dfrac{\text{작업대사량}}{\text{기초대사량}}$ = $\dfrac{\text{작업시 소비에너지 − 안정시 소비에너지}}{\text{기초대사량}}$

② RMR에 의한 작업강도 분류

RMR	작업강도	비고
0~2	경(輕) 작업	사무작업 등 주로 앉아서 하는 작업
2~4	중(中) 작업	동작 및 속도가 작은 작업(보통 작업)
4~7	중(重) 작업	동작 및 속도가 큰 작업
7 이상	초중(超重) 작업	과격한 작업

■ 작업시 소비에너지와 안정시 소비에너지 : 더그라스 백 법

기초대사량 = A × χ
- A : 체표면적(cm^2)
- A = $H^{0.725}$ × $W^{0.425}$ × 72.46 [H : 신장(cm), W : 체중(kg)]
- χ : 체표면적당 시간당 소비에너지

9 작업공간 및 작업대

(1) 포락면(Envelope), 작업역, 작업대

① **작업공간 포락면(Envelope)** : 한 장소에 앉아서 수행하는 작업활동에서 사람이 작업하는데 사용하는 전체공간

② **작업역**

㉮ 정상작업역 : 34 ~ 45cm

㉯ 최대작업역 : 55 ~ 65cm

(2) 의자 설계원칙 및 부품 배치의 원칙

① **의자 설계원칙**

㉮ 체중분포 : 체중이 좌골 결절에 실려야 편안함

㉯ 의자 좌판의 높이 : 좌판 앞부분이 오금 높이 보다 높지 않아야 함

㉰ 의자 좌판의 깊이와 폭 : 폭은 큰 사람에게, 깊이는 작은 사람에게 맞도록 해야 함

㉱ 몸통의 안정 : 의자의 좌판 각도는 3°, 좌판 등판간의 등판 각도는 100°가 몸통 안정에 효과적

② **부품 배치의 원칙**

㉮ 중요성의 원칙

㉯ 사용빈도의 원칙

㉰ 기능별 배치의 원칙

㉱ 사용순서의 원칙

10 기계통제장치

(1) 기계통제장치의 유형

① **양의 조절에 의한 통제** : 연속 조절(Knob, Crank, Handle, Lever, Pedal 등)

② **개폐에 의한 통제** : 불연속 조절(수동 푸시버튼, 발 푸시버튼, 토글 스위치, 로터리 스위치 등)

③ **반응에 의한 통제** : 자동경보시스템

(2) 통제표시비(C/D비, Control-Display ratio)

① **통제표시비** : 통제기기와 표시장치의 관계를 나타낸 비율, C/D비

$$\frac{X}{Y} = \frac{C}{D} = \frac{통제기기의\ 변위량(cm)}{표시계기\ 지침의\ 변위량(cm)}$$

② C/D비가 작을수록 이동시간이 짧고 조정이 어려워 민감한 장치이다.

③ **최적의 C/D비** : 1.18~2.42

> **조정장치 저항력의 종류**
> • 탄성저항   • 점성저항   • 관성   • 마찰(정지 또는 미끄럼)

(3) 조종-반응비(C/R비, Control-Response ratio)

① C/D비가 확장된 개념으로 회전운동을 하는 조종장치의 조종거리(Control)와 표시장치의 반응거리(Response)의 비로 표시한다.

② C/R비 = $\dfrac{\dfrac{\alpha}{360} \times 2\pi L}{표시계기\ 지침의\ 이동거리}$

[α : 조종장치가 움직인 각도(°), L : 조종구의 반경(cm)]

③ **적합도(권장 범위) 판정**

㉮ 노브(knob) 사용 시 : 0.2 ~ 0.8

㉯ 레버, 조이스틱 등의 조종구 사용 시 : 2.5 ~ 4.0

> **피츠의 법칙(Fitts' Law)**
> 사용성 분야에서 인간의 행동에서 대해 속도와 정확성간의 관계를 설명하는 기본적인 법칙. 시작점에서 목표로 하는 지역에 얼마나 빠르게 닿을 수 있을지를 예측하고자 하는 것으로 이는 목표 영역의 크기와 목표까지의 거리에 따라 결정된다. 어떤 목표에 딿기 위해서 목표물의 크기가 작아질수록 속도와 정확도가 나빠지고 목표물과의 거리가 멀어질수록 필요한 시간이 더 길어진다는 것을 알 수 있다.

11 청각장치와 시각장치의 선택(특정 감각의 선택)

구분	청각장치 사용	시각장치 사용
전언	전언이 간단하고 짧다.	전언이 복잡하고 길다.
재참조	전언이 후에 재참조 되지 않는다.	전언이 후에 재참조 된다.
사상(Event)	전언이 즉각적인 사상을 이룬다.	전언이 공간적인 위치를 다룬다.
행동 요구	전언이 즉각적인 행동을 요구한다.	전언이 즉각적인 행동을 요구하지 않는다.
사용시기	• 수신자의 시각계통이 과부하 상태일 때 • 수신 장소가 너무 밝거나 암조응 유지가 필요할 때 • 직무상 수신자가 자주 움직이는 경우	• 수신자가 청각계통이 과부하 상태일 때 • 수신 장소가 너무 시끄러울 때 • 직무상 수신자가 한곳에 머무르는 경우

12 암호체계와 정보처리

(1) 암호체계 및 사용상의 일반적인 지침

① **암호의 검출성** : 검출이 가능해야 한다.
② **암호의 변별성** : 다른 암호표시와 구별되어야 한다.
③ **부호의 양립성** : 양립성이란 자극들 간의, 반응들 간의, 자극-반응 조합의 관계가 인간의 기대와 모순되지 않는 것이다.
④ **부호의 의미** : 사용자가 그 뜻을 분명히 알아야 한다.
⑤ **암호의 표준화** : 암호를 표준화하여야 한다.
⑥ **다차원 암호의 사용** : 2가지 이상의 암호차원을 조합해서 사용하면 정보전달이 촉진된다.

(2) 양립성(Compatibility)

① **개념적 정의** : 정보입력 및 처리와 관련한 양립성은 인간의 기대와 모순되지 않는 자극들간, 반응들간의 또는 자극반응 조합의 관계를 말하는 것
② **양립성의 구분**
  ㉮ 공간 양립성 : 표시장치나 조종장치에서 물리적 형태나 공간적인 배치의 양립성
  ㉯ 운동 양립성 : 표시 및 조종장치 등의 운동 방향의 양립성
  ㉰ 개념 양립성 : 사람들이 가지고 있는 개념적 연상(어떤 암호체계에서 청색이 정상을 나타내듯이)의 양립성
  ㉱ 양식 양립성 : 기계가 특정 음성에 대해 정해진 반응을 하는 것과 같이 직무에 알맞은 자극과 응답 양식의 존재에 대한 양립성

13 시각적 표시장치

(1) 정량적 동적 표시장치의 기본형

① **정목동침(Moving Pointer)형** : 눈금이 고정되고 지침이 움직이는 형

② **정침동목(Moving Scale)형** : 지침이 고정되고 눈금이 움직이는 형

③ **계수(Digital)형** : 전력계나 택시요금 계기와 같이 기계적 또는 전자적으로 숫자가 표시되는 형

(2) VFF(시각적 점멸융합주파수)에 영향을 주는 변수

① VFF는 조명강도의 대수치에 선형적으로 비례한다.

② 시표(視標)와 주변의 휘도가 같을 때에 VFF는 최대가 된다.

③ 휘도만 같으면 색은 VFF에 영향을 주지 않는다.

④ 암조응시는 VFF가 감소한다.

⑤ VFF는 사람들 간에는 큰 차이가 있으나, 개인의 경우 일관성이 있다.

⑥ 연습의 효과는 아주 적다.

> **점멸융합주파수**
> 계속되는 자극들이 점멸하는 것 같이 보이지 않고 연속적으로 느껴지는 주파수

(3) 시각적 암호, 부호 및 기호의 유형

① **묘사적 부호** : 사물의 행동을 단순하고 정확하게 묘사한 것(예 : 위험표지판의 해골과 뼈, 도보 표지판의 걷는 사람)

② **추상적 부호** : 전언(傳言)의 기본요소를 도식적으로 압축한 부호로 원 개념과는 약간의 유사성이 있을 뿐임

③ **임의적 부호** : 부호가 이미 고안되어 있으므로 이를 배워야 하는 부호(예 : 교통 표지판의 삼각형-주의, 원형-규제, 사각형-안내표시)

> **디스플레이(Display)가 형성하는 목시각**
> - 수평 : 최적조건(15° 좌우), 제한조건(95° 좌우)
> - 수직 : 최적조건(0°~ 30° 하안), 제한조건(75° 상안, 85° 하안)
> - 정상작업 위치에서 모든 디스플레이를 보기 위한 조업자 시계 : 60°~ 90°

14 청각적 표시장치

(1) **청각적 표시장치가 시각적인 것보다 효과가 있는 경우**
  ① 신호원 자체가 음향(음성)일 때
  ② 무선기의 신호, 항로 정보 등과 같이 연속적으로 변하는 정보를 제시할 때
  ③ 음성 통신 경로가 전부 사용되고 있을 때(청각적 신호는 음성과는 확실히 구별되어야 함)

(2) **청각적 신호를 받는 경우 신호의 성질에 따라 수반되는 3가지 기능**
  ① **검출(Detection)** : 신호의 존재 여부를 결정
  ② **상대식별** : 2가지 이상의 신호가 근접하여 제시되었을 때 이를 구별
  ③ **절대식별** : 어떤 부류에 속하는 특정한 신호가 단독으로 제시되었을 때 이를 구별

> **밀러의 마법의 수 등**
> - 밀러의 마법의 수(Miller's magic number) : 인간의 절대적 식별 능력은 7±2개
> - 상대 및 절대 식별은 강도, 진동수, 지속시간, 방향 등 여러 자극 차원에서 이루어질 수 있다.

15 환경요소

(1) **온도와 열 압박**
  ① **열 교환에 영향을 주는 요소** : 기온, 습도, 복사온도, 공기의 유동
  ② S(열축적) = M(대사열) − E(증발) − W(한 일) ± R(복사) ± C(대류)
  ③ **증발에 의한 열 손실율** : 37℃의 물 1g의 증발열은 2410joule/g(575.7cal/g)
  ④ 열 손실률(watt) = $\dfrac{2410J/g \times 증발량(g)}{증발시간(sec)}$
  ⑤ 보온율(clo 단위) = $0.18 \dfrac{온도(℃)}{kcal/m^2 \cdot hr}$
  ⑥ 단면적당 열 유동률(R/A) = $\dfrac{\triangle T}{clo}$

(2) **환경요소의 복합지수**
  ① **실효온도(ET)**
    ㉮ 실효온도(체감온도 또는 감각온도)에 영향을 주는 요인 : 온도, 습도, 기류(공기유동)
    ㉯ 허용한계 : 정신(사무)작업(60~64℉), 경작업(55~60℉), 중작업(50~55℉)
  ② **옥스포드(Oxford) 지수**
    ㉮ WD(습건) 지수라고도 하며, 습구·건구 온도의 가중(加重)평균치
    ㉯ WD = 0.85W + 0.15D (W : 습구온도, D : 건구온도)

(3) 불쾌지수, 피로지수

① **불쾌지수**
  ㉮ 70 이하 : 모든 사람이 불쾌감을 느끼지 않음
  ㉯ 70~75 : 10명중 2~3명이 불쾌감 감지
  ㉰ 76~80 : 10명중 5명 이상이 불쾌감 감지
  ㉱ 80 이상 : 모든 사람이 불쾌감을 느낌
② **피로지수** : 직장온도는 가장 우수한 피로 지수로서 38.8℃만 되면 기진
③ **공기의 온열조건 4요소** : 기온, 습도, 공기유동, 복사온도
④ **실효온도에 영향을 주는 요인** : 온도, 습도, 기류
⑤ **이상적인 습도** : 25~50%
⑥ **고온에서의 생리적 반응** : 피부온도 상승, 피부를 경유하는 혈액량 증가, 발한, 직장의 온도가 내려감

> **■ 불쾌지수**
> - 불쾌지수(섭씨) = 0.72 × (건구온도 + 습구온도) + 40.6
> - 불쾌지수(화씨) = 0.4 × (건구온도 + 습구온도) + 15

16 조명

(1) **조명(조도)의 단위**

① fc(foot-candle) : 1촉광의 점광원으로부터 1foot 떨어진 곡면에 비추는 광의 밀도($1lumen/ft^2$)
② lux(meter-candle) : 1촉광의 점광원으로부터 1m 떨어진 곡면에 비추는 광의 밀도($1lumen/m^2$)
③ fc, lux의 관계 : $1\ fc = 1\ lumen/ft^2 ≒ 10\ lumen/m^2 = 10\ lux$

(2) **광속발산도**(luminance)

① **정의** : 단위 면적당 표면에서 반사 또는 방출되는 빛의 양을 말하며, 이 척도를 때로는 휘도(Brightness)라고도 한다.
② **L(Lambert)** : 완전발산 및 반사하는 표면이 표준촛불로 1cm 거리에서 조명될 때의 조도와 같은 광속발산도이다.
③ **mL(millilambert)** : 1L의 1/1000로 대략 1foot-Lambert에 가깝다(0.929fL).
④ **fL(foot-Lambert)** : 완전발산 및 반사하는 표면이 1fc로 조명될 때의 조도와 같은 광속 발산도를 말한다.

(3) **반사율**(Reflectance)

① **반사율(%)** = $\dfrac{광속발산도(fL)}{조도(fc)} \times 100$

② 옥내 최적 반사율

㉮ 천장 : 80~90%

㉯ 벽, 창문 발(Blind) : 40~60%

㉰ 가구, 사무용기기, 책상 : 25~45%

㉱ 바닥 : 20~40%

ㄷ 소요총광속

$$\text{소요 총 광속(F)} = \frac{\text{조도(E)} \times \text{방의 면적(A)} \times \text{감광보상율(D)}}{\text{조명율(U)}}$$

(4) 대비(對比)

① 대비 = $\dfrac{\text{배경의 반사율} - \text{표적의 반사율}}{\text{배경의 반사율}} \times 100$

② **표적이 배경보다 어두울 경우** : 대비는 +100에서 0 사이

③ **표적이 배경보다 밝을 경우** : 대비는 0에서 $-\infty$ 사이

17 소음

(1) 음의 특성

① **dB 수준과 음의 강도와의 관계식**

※ $\text{dB수준} = 10\log(\dfrac{I_1}{I_2})$

- I_1 : 측정음의 강도
- I_0 : 기준음의 강도($10\sim12\text{watt/m}^2$, 최소가청치)

② **P_1과 P_2의 음압을 갖는 두 음의 강도차**

※ $dB_2 - dB_1 = 20\log(\dfrac{P_2}{P_1})$

③ **음의 강도와 거리** : 음의 강도 I 는 거리의 제곱에 반비례

※ $I_2 = I_1(\dfrac{d_1}{d_2})^2$

④ **음압과 거리** : 음압은 거리에 반비례

※ $P_2 = P_1(\dfrac{d_1}{d_2})$

※ $dB_2 = dB_1 + 20\log(\dfrac{d_1}{d_2}) = dB_1 - 20\log(\dfrac{d_2}{d_1})$

(2) 음의 크기 수준

① **phon** : 1000Hz 순음의 음압 수준(dB)을 나타낸다.

② **sone** : 1000Hz, 40dB의 음압 수준을 가진 순음의 크기(= 40 phon)를 1 sone이라 함

③ **sone과 phon의 관계식** : sone값 $= 2^{(\text{phon값} - 40)/10}$

④ **인식 소음 수준**

㉮ PNdB(Perceived Noise Level) : 910~1090Hz 대의 소음 음압 수준

㉯ PLdB(Perceived Level of Noise) : 3150Hz에 중심을 둔 1/3 옥타브(Octave) 대음을 기준으로 사용

(3) 소음의 허용한계

① **가청주파수** : 20~20000Hz(CPS)

㉮ 20~500Hz : 저진동 범위

㉯ 500~2000Hz : 회화 범위

㉰ 2000~20000Hz : 가청 범위(Audible Range)

㉱ 20000Hz 이상 : 불가청 범위

② **가청한계** : 2×10^{-4}dyne/cm^2(0dB)~10^{-3}dyne/cm^2(134dB)

㉮ 심리적 불쾌감 : 40dB 이상

㉯ 생리적 현상 : 60dB(안락 한계 : 45~65dB, 불쾌 한계 65~120dB)

㉰ 난청(C5dip) : 90dB(8시간)

㉱ 유해주파수(공장 소음) : 4000Hz(난청현상이 오는 주파수)

㉲ 음압과 허용노출한계

dB	90	95	100	105	110	115	120
허용노출시간	8시간	4시간	4시간	1시간	30분	15분	5~8분

※120dB 이상 : 격리 또는 격벽 설치

(4) 소음대책

① **소음원의 통제** : 기계의 적절한 설계, 적절한 정비 및 주유, 기계에 고무 받침대 부착. 차량에는 소음기 사용

② **소음의 격리** : 씌우개 방, 장벽을 사용(집의 창문을 닫으면 약 10dB 감음됨)

③ **차폐장치 및 흡음재료 사용**

④ **음향처리제 사용**

⑤ **적절한 배치(Layout)**

⑥ **방음보호구 사용** : 귀마개(2000Hz 에서 20dB, 4000Hz에서 25dB 차음효과)

⑦ **BGM(Back Ground Music)** : 배경음악(60±3dB)

18 근골격계 질환

(1) 근골격계질환(CTDs)
　① **유해요인 조사방법은 OWAS(평가항목 : 허리, 팔, 다리, 하중), NLE, RULA**
　② 발생원인은 반복적 동작, 부적절한 자세, 진동, 온도 등

(2) 근골격계부담작업의 범위(단기간작업 또는 간헐적인 작업은 제외)
　① 하루에 4시간 이상 집중적으로 자료입력 등을 위해 키보드 또는 마우스를 조작하는 작업
　② 하루에 총 2시간 이상 목, 어깨, 팔꿈치, 손목 또는 손을 사용하여 같은 동작을 반복하는 작업
　③ 하루에 총 2시간 이상 머리 위에 손이 있거나, 팔꿈치가 어깨위에 있거나, 팔꿈치를 몸통으로부터 들거나, 팔꿈치를 몸통뒤쪽에 위치하도록 하는 상태에서 이루어지는 작업
　④ 지지되지 않은 상태이거나 임의로 자세를 바꿀 수 없는 조건에서, 하루에 총 2시간이상 목이나 허리를 구부리거나 트는 상태에서 이루어지는 작업
　⑤ 하루에 총 2시간 이상 쪼그리고 앉거나 무릎을 굽힌 자세에서 이루어지는 작업
　⑥ 하루에 총 2시간 이상 지지되지 않은 상태에서 1kg 이상의 물건을 한손의 손가락으로 집어 옮기거나 2kg 이상에 상응하는 힘을 가하여 한손의 손가락으로 물건을 쥐는 작업
　⑦ 하루에 총 2시간 이상 지지되지 않은 상태에서 4.5kg 이상의 물건을 한 손으로 들거나 동일한 힘으로 쥐는 작업
　⑧ 하루에 10회 이상 25kg 이상의 물체를 드는 작업
　⑨ 하루에 25회 이상 10kg 이상의 물체를 무릎 아래에서 들거나, 어깨 위에서 들거나, 팔을 뻗은 상태에서 드는 작업
　⑩ 하루에 총 2시간 이상, 분당 2회 이상 4.5kg 이상의 물체를 드는 작업
　⑪ 하루에 총 2시간 이상 시간당 10회 이상 손 또는 무릎을 사용하여 반복적으로 충격을 가하는 작업

Section 02 안전과 인간공학

1 시스템 안전의 개요

(1) 시스템과 시스템 안전
　① **시스템** : 요소의 집합에 의해 구성되고 시스템 상호간에 관계를 유지하면서 정해진 조건 아래에서 어떤 목적을 위하여 작용하는 집합체
　② **시스템 안전** : 시스템 안전을 달성하기 위해서는 시스템의 계획 – 설계 – 제조 – 운용 등의 모든 단계를 통해 시스템 안전관리와 시스템 안전공학을 정확히 적용하여야 함

(2) 위험성 평가의 단계

① **1단계** : 위험성 검출과 확인
② **2단계** : 위험성 측정과 분석(위험성평가)
③ **3단계** : 위험성 관리(처리)
④ **4단계** : 위험성 관리의 방법 선택
⑤ **5단계** : 위험성의 지속적인 감시

2 시스템안전 분석기법

(1) **예비위험분석**(PHA, Preliminary Hazards Analysis)

① **PHA** : 대부분의 시스템안전 프로그램에 있어서 최초단계의 분석으로 시스템 내의 위험한 요소가 얼마나 위험한 상태에 있는가를 정성적으로 평가

② **PHA의 4가지 주요목표**
㉮ 시스템에 대한 모든 주요한 사고를 식별하고 대충의 말로 표시할 것(사고 발생 확률은 식별 초기에는 고려되지 않음)
㉯ 사고를 유발하는 요인을 식별할 것
㉰ 사고가 발생한다고 가정하고 시스템에 생기는 결과를 식별하고 평가할 것
㉱ 식별된 사고를 범주(Category)로 분류할 것

③ **PHA의 카테고리 분류**
㉮ Class 1 : 파국적(Catastrophic) – 사망, 시스템 손상
㉯ Class 2 : 중대(Critical) – 심각한 상해, 시스템 중대 손상
㉰ Class 3 : 한계적(Marginal) – 경미한 상해, 시스템 성능 저하
㉱ Class 4 : 무시가능(Negligible) – 상해 및 시스템 저하 없음

(2) **고장형태와 영향분석**(FMEA, Failure Modes and Effects Analysis)

① **FMEA** : 시스템 안전분석에 이용되는 전형적인 정성적, 귀납적 분석방법으로 시스템에 영향을 미치는 전체 요소의 고장을 형별로 분석하여 그 영향을 검토하는 것

② **FMEA의 장점 및 단점**
㉮ 장점 : 서식이 간단하고 비교적 적은 노력으로 특별한 훈련 없이 분석할 수 있음
㉯ 단점 : 논리성이 부족하고 특히 각 요소간의 영향을 분석하기 어렵기 때문에 동시에 두 가지 이상의 요소가 고장날 경우 분석이 곤란하며 요소가 물체로 한정되어 있기 때문에 인적원인을 분석하는 것은 곤란

③ **고장의 영향**

영향	발생 확률(β)	영향	발생 확률(β)
실제의 손실	β = 1.00	예상되는 손실	0.10 ≤ β < 1.00
가능한 손실	0 < β < 0.10	영향 없음	β = 0

④ 위험성 분류의 표시
  ㉮ Category Ⅰ : 생명 또는 가옥의 상실
  ㉯ Category Ⅱ : 작업수행의 실패
  ㉰ Category Ⅲ : 활동의 지연
  ㉱ Category Ⅳ : 영향 없음

⑤ FMEA의 표준적 실시 절차

실시 절차	내용
1단계 : 대상 시스템의 분석	• 기기, 시스템의 구성 및 기능의 전반적 파악 • FMEA 실시를 위한 기본방침의 결정 • 기능 블록도과 신뢰성 블록도의 작성
2단계 : 고장형태와 그 영향의 분석	• 고장형태의 예측과 설정 • 고장 원인의 상정 • 상위 아이템에의 고장 영향의 검토 • 고장 검지법의 검토 • 고장에 대한 보상법이나 대응법의 검토 • FMEA 워크시트(Work Sheet)에의 기입 • 고장 등급의 평가
3단계 : 치명도 해석과 개선책의 검토	• 치명도 해석 • 해석결과의 정리와 설계 개선으로의 제언

(3) 위험도 분석(CA, Criticality Analysis)

① CA : 고장이 직접 시스템의 손실과 사상에 연결되는 높은 위험도(Criticality)를 가진 요소나 고장의 형태에 따른 분석법

② 고장형의 위험도의 분류
  ㉮ Category Ⅰ : 생명의 상실로 이어질 염려가 있는 고장
  ㉯ Category Ⅱ : 작업의 실패로 이어질 염려가 있는 고장
  ㉰ Category Ⅲ : 운용의 지연 또는 손실로 이어질 고장
  ㉱ Category Ⅳ : 극단적인 계획 외의 관리로 이어질 고장

(4) 결함위험분석(FHA, Fault Hazard Analysis)

복잡한 시스템에서는 한 계약자만으로 모든 시스템의 설계를 담당하지 않고, 몇 개의 공동 계약자가 각각의 서브시스템(Sub System)을 분담하고 통합계약업자가 그것을 통합하는데, FHA는 이런 경우의 서브시스템 해석 등에 사용

(5) FAFR, THERP, MORT

① FAFR(Fatal Accident Frequency Rate) : 주로 화학공정에서의 위험성 평가지수로 10^8 노출시간당 사망자수
  ㉮ 클레츠(Kletz)가 고안하였으며, FAFR이 0.35~0.4를 넘지 않을 것을 권고함

④ 깁슨(Gibson)은 중대산업사고에 대해서는 2 FAFR, 그 이외의 경우에는 0.4 FAFR를 위험성 수준으로 정할 것을 권장함

② **THERP**(Technique of Human Error Rate Prediction) : 인간의 과오를 정량적으로 평가하기 위하여 개발된 기법

③ **MORT**(Management Oversight and Risk Tree) : 트리(Tree)를 중심으로 FTA와 같은 논리기법을 이용하여 관리, 설계, 생산, 보존 등 고도의 안전을 달성하는 것을 목적으로 사용(원자력산업에 이용)

(6) 디시전 트리(Decision Tree)와 ETA

① **디시전 트리**(Decision Tree) : 요소의 신뢰도를 이용하여 시스템의 신뢰도를 나타내는 시스템 모델 중 하나로 귀납적이고 정량적인 분석방법

② **ETA**(Event Tree Analysis) : 사상(事象)의 안전도를 사용하여 시스템의 안전도를 나타내는 시스템 모델의 하나로써 귀납적이고 정량적인 분석방법이며 재해의 확대요인을 분석하는데 적합한 방법

> **시스템안전 분석기법 총정리**
> - ETA : 귀납적, 정량적 방법, 항공기 안전성 평가시 사용
> - FTA : 결함수 분석법, 상이한 조직의 결함을 발견할 수 있음, 연역적, 정량적
> - CA : 위험성이 높은 요소
> - FMEA : 가장 일반적인 정성적 · 귀납적 해석방법
> - FMECA : 정성적, 정량적 분석을 동시에 사용
> - MORT : 연역적, 정량적 분석
> - PHA : 구상단계, 발주단계에서 실시, 귀납적, 정성적
> - 시스템안전 분석기법 : PHA, FHA, DT, MORT

3 위험 및 운전성 검토

(1) 개념 및 정의

① **위험 및 운전성 검토**(Hazard and Operability Study) : 각각의 장비에 대해 잠재된 위험이나 기능저하, 운전잘못 등과 전체로서의 시설에 결과적으로 미칠 수 있는 영향 등을 평가하기 위해서 공정이나 설계도 등에 체계적이고 비판적인 검토를 행하는 것

② **용어의 정의**

㉮ 의도(Intention) : 어떤 부분이 어떻게 작동될 것으로 기대된 것을 의미하는 것으로 서술적일 수도 있고 도면화될 수도 있다.

㉯ 이상(Deviations) : 의도에서 벗어난 것을 말하며 유인어를 체계적으로 적용하여 얻어진다.

㉰ 원인(Causes) : 이상이 발생한 원인을 의미한다.

㉱ 결과(Consequences) : 이상이 발생할 경우 그것에 대한 결과이다.

㉲ 위험(Hazard) : 손실, 손상, 부상 등을 초래할 수 있는 결과를 말한다.

③ **유인어(Guide Words)** : 간단한 용어로서 창조적 사고를 유도하고 자극하여 이상을 발견하고 의도를 한정하기 위하여 사용
  ㉮ No 또는 Not : 설계의도의 완전한 부정
  ㉯ More 또는 Less : 양(압력, 반응, Flow Rate, 온도 등)의 증가 또는 감소
  ㉰ As well as : 성질상의 증가(설계의도와 운전조건이 어떤 부가적인 행위와 함께 일어남)
  ㉱ Part of : 일부변경, 성질상의 감소(어떤 의도는 성취되나 어떤 의도는 성취되지않음)
  ㉲ Reverse : 설계의도의 논리적인 역
  ㉳ Other than : 완전한 대체(통상 운전과 다르게 되는 상태)

(2) 위험 및 운전성 검토의 성패를 좌우하는 중요요인
  ① 팀의 기술능력과 통찰력
  ② 사용된 도면, 자료 등의 정확성
  ③ 발견된 위험의 심각성을 평가할 때 팀의 균형감각 유지 능력
  ④ 이상(Deviation), 원인(Cause), 결과(Consequence)들을 발견하기 위해 상상력을 동원하는데 보조 수단으로 사용할 수 있는 팀의 능력

4 결함수 분석법(FTA)

(1) FTA의 특징
  ① 연역적, 정량적 해석이 가능한 기법
  ② 톱다운(Top-down) 해석
  ③ 특정사상에 대한 해석
  ④ 논리기호를 사용한 해석
  ⑤ 컴퓨터로 처리가능

(2) FTA 도표에 사용하는 논리기호

명칭	기호	명칭	기호
결함사상	□	전이기호(이행기호)	△(in) △(out)
기본사상	○	AND gate	출력/입력

명칭	기호	명칭	기호
생략사상 (추적 불가능한 최후사상)	◇	OR gate	출력 ⟰ 입력
통상사상(家刑事像)	⌂	수정기호	출력 ⟰─조건 입력

(3) 수정기호

① **우선적 AND Gate**
   ㉮ 입력사상 가운데 어느 사상이 다른 사상보다 먼저 일어났을 때에 출력사상이 생긴다.
   ㉯ 「A는 B보다 먼저」와 같이 기입

② **조합 AND Gate**
   ㉮ 3개 이상의 입력사상 가운데 어느 것이든 2개가 일어나면 출력 사상이 발생한다.
   ㉯ 「어느 것이든 2개」라고 기입

③ **위험지속기호**
   ㉮ 입력사상이 생기어 어느 일정시간 지속하였을 때에 출력사상이 생긴다.
   ㉯ 「위험지속시간」과 같이 기입

④ **배타적 OR Gate**
   ㉮ OR Gate로 2개 이상의 입력이 동시에 존재할 때에는 출력사상이 생기지 않는다.
   ㉯ 「동시에 발생하지 않는다」라고 기입

(4) D.R. Cheriton의 FTA에 의한 재해사례 연구순서

① 1단계 : 톱(Top) 사상의 선정   ② 2단계 : 사상마다 재해원인 규명
③ 3단계 : FT도의 작성   ④ 4단계 : 개선계획의 작성

(5) 확률사상의 적(積)과 화(和) : n개의 독립사상에 관해서

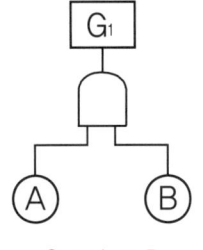

$G_1 = A \times B$

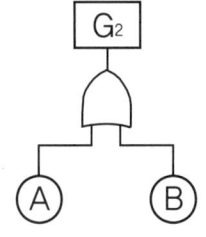

$G_2 = 1-(1-A)(1-B)$

(6) 컷과 패스

① **컷셋(cut sets)** : 그 속에 포함되어 있는 모든 기본사상(통상, 생략, 결함사상을 포함)이 일어났을 때 정상사상(top event)을 일으키는 기본사상의 집합

② **최소 컷셋(minimal cut sets)** : 컷셋 중 그 부분집합만으로는 정상사상을 일으키는 일이 없는 것, 즉 정상사상(top event)을 일으키기 위한 최소한의 컷셋으로 어떤 고장이나 에러를 일으키면 재해가 일어나는가 하는 것 즉, 시스템의 위험성(역으로는 안전성)를 나타내는 것

③ **패스셋(path sets)** : 시스템이 고장나지 않도록 하는 사상의 조합

④ **최소 패스셋(minimal path sets)** : 시스템이 고장나지 않도록 하는 최소한의 패스셋으로 어떤 고장이나 패스를 일으키지 않으면 재해는 일어나지 않는다는 것 즉, 시스템의 신뢰성을 나타내는 것

(7) FTA의 사용기호

① **억제게이트(Inhibit gate)** : 수정기호(Modifier)의 일종으로서 억제 모디파이어(Inhibit Modifier) 라고 하며 실질적으로 수정기호를 병용해서 게이트의 역할

㉮ 입력사상이 일어난 조건이 만족되어야 출력사상이 생긴다(조건이 만족되지 않으면 출력은 생기지 않는다).

㉯ 조건은 수정기호 안에 쓴다

② **부정게이트(Not gate)** : 부정 모디파이어(Not Modifier)라고 하며 입력사상의 반대 사상이 출력된다.

> **공장설비 안전성 평가의 종류**
> - 세이프티 어세스먼트(Safety Assessment) : 안전성 평가
> - 테크놀로지 어세스먼트(Technology Assessment) : 기술개발의 종합평가
> - 리스크 어세스먼트(Risk Assessment) : 위험성 평가
> - 휴먼 어세스먼트(Human Assessment) : 인간과 사고상의 평가

5 화학설비의 안전성 평가

(1) 안전성 평가의 5단계

① 제1단계 : 관계자료의 작성준비

② 제2단계 : 정성적 평가

③ 제3단계 : 정량적 평가

④ 제4단계 : 안전대책

⑤ 제5단계 : 재평가

(2) 평가의 진행방법

① **제1단계** : 관계자료의 작성준비

② **제2단계** : 정성적 평가

　㉮ 주요 진단항목

1. 설계관계	항목수	2. 운전관계	항목수
입지조건	5	원재료, 중간제 제품	7
공장내 배치	9	공정	7
건조물	8	수송, 저장 등	9
소방설비	5	공정기기	11

③ **3단계** : 정량적 평가

　㉮ 당해 화학설비의 취급물질, 용량, 온도, 압력 및 조작의 5항목에 대해 A, B, C, D급으로 분류하고 A급은 10점, B급은 5점, C급은 2점, D급은 0점으로 점수를 부여한 후 5항목에 관한 점수들의 합을 구한다.

　㉯ 합산 결과에 의한 위험도의 등급은 다음과 같다.

등급	점수	내용
등급 I	16점 이상	위험도가 높음
등급 II	11~15점 이하	주위상황, 다른 설비와 관련해서 평가
등급 III	10점 이하	위험도가 낮음

④ **4단계** : 안전대책

　㉮ 설비적 대책 : 안전장치 및 방재장치에 관해서 배려

　㉯ 관리적 대책 : 인원 배치, 교육훈련 및 보건에 관해서 배려

　㉰ 적정 인원 배치

⑤ **제5단계** : 재평가

　㉮ 제4단계에서 안전대책을 강구한 후 그 설계내용에 동종설비 또는 동종장치의 재해정보를 적용하여 안전대책의 재평가

　㉯ 재해정보에 의한 재평가 및 FTA에 의한 재평가

기계·기구 및 설비 안전관리

Section 01 기계안전의 개념

1 기계·기구 설비의 위험점

분류	내용
협착점	왕복 운동하는 동작부분과 움직임이 없는 고정부분 사이에 형성되는 위험점
끼임점	고정부분과 회전하는 동작부분 사이에서 형성되는 위험점
절단점	회전하는 운동부분 자체의 위험에서 초래되는 위험점
물림점	반대로 회전하는 두 개의 회전체가 맞닿는 사이에서 발생하는 위험점
접선물림점	회전하는 부분의 접선방향으로 물려 들어갈 위험이 존재하는 위험점
회전말림점	회전하는 물체에 작업복 등이 말려드는 위험이 존재하는 위험점

2 기계·설비의 안전화

(1) 기계·설비의 본질적 안전화

 ① 안전기능이 기계설비에 내장되어 있거나 짜 넣어져 있다.
 ② 기계설비의 조작이나 취급을 잘못하더라도 사고나 재해로 연결되지 않도록 Fool Proof 기능을 가지고 있다.
 ③ 기계설비나 그 부품이 파손 고장나더라도 안전 쪽으로 작동하도록 Fail Safe 기능을 가지고 있다.

(2) 기계·설비의 안전화 5가지

 ① **외관의 안전화** : 상자로 내장, 덮개, 색채조절(시동버튼 : 녹색, 정지버튼 : 적색)
 ② **기능적 안전화** : 전압강하 및 정전시 오동작 방지, 사용압력 변동시 오동작 방지, 밸브 고장시 오동작 방지, 단락 스위치 고장시 오동작방지
 ③ **구조부분의 안전화** : 적절한 재료, 안전계수 및 안전율 고려, 적절한 가공
 ④ **작업의 안전화** : 기동장치와 배치, 정지시 시건 장치, 안전 통로 확보, 작업 공간 확보
 ⑤ **보수·유지의 안전화(보전성의 개선)** : 정기 점검, 교환, 주유

3 구조적 안전

(1) 풀 프루프(Fool Proof)

① **풀 프루프(Fool Proof)** : 인간의 착오, 미스 등 이른바 휴먼에러가 발생하더라도 기계 설비나 그 부품은 안전 쪽으로 작동하게 설계하는 안전설계 기법 중 하나

② **풀 프루프(Fool Proof)의 기구** : 가드, 로크(Lock) 기구, 밀어내기 기구, 트립 기구, 오버런(Over-run) 기구, 기동방지 기구

(2) 페일 세이프(Fail Safe)

① **페일 세이프의 정의**
  ㉮ 일반적인 정의 : 기계나 그 부품에 고장이나 기능 불량이 생겨도 항상 안전하게 작동하는 구조와 그 기능을 의미
  ㉯ 좁은 의미 : 기계를 안전하게 작동시킨다는 기계를 정지시키는 것을 의미

② **페일 세이프의 기능면 3단계**
  ㉮ Fail Passive : 부품이 고장나면 통상 기계는 정비방향으로 옮긴다.
  ㉯ Fail Active : 부품이 고장나면 기계는 경보음을 내면서 짧은 시간의 운전이 가능하다.
  ㉰ Fail Operational : 부품이 고장나더라도 기계는 다음의 보수가 이루어질 때까지 안전한 기능을 유지한다.

(3) 안전율 및 허용응력 결정시 기초강도

① **안전율**
  ㉮ 안전율 $= \dfrac{\text{기초강도}}{\text{허용응력}} = \dfrac{\text{극한강도}}{\text{최대 설계응력}} = \dfrac{\text{파단하중}}{\text{안전하중}} = \dfrac{\text{파괴하중(극한하중)}}{\text{최대사용하중(정격하중)}}$

  ㉯ 안전율을 가장 크게 취하여야 하는 힘의 순서 : 충격하중 > 교번하중 > 반복하중 > 정하중

② **와이어로프의 안전율**
  ㉮ 와이어로프의 안전율 $= \dfrac{\text{전단하중} \times \text{로프가닥수}}{\text{정격하중} \times \text{HOOKblock(t)}}$

  ㉯ 와이어로프의 안전율 $= \dfrac{\text{전단하중}}{\text{정격하중}}$

③ **허용응력 결정시 기초강도**
  ㉮ 상온에서 연성재료가 정하중을 받는 경우 : 극한강도 또는 항복점
  ㉯ 상온에서 취성재료가 정하중을 받는 경우 : 극한강도
  ㉰ 고온에서 정하중을 받는 경우 : 크리프강도
  ㉱ 반복응력을 받는 경우 : 피로한도

Section 02 재해조사 및 통계분석

1 재해조사의 목적 및 순서

(1) **재해조사의 목적** : 동종재해 및 유사재해의 재발방지

(2) **재해조사의 순서** : 현장확인 → 목격자 및 관계자 진술 → 자료수집 → 검증(사고의 실연검증) → 분석 및 평가 → 재확인

(3) **재해조사시 유의사항**
   ① 재해장소에 들어갈 때에는 예방과 유해성에 대응하여 해당하는 보호구를 반드시 착용한다.
   ② 재해발생 후 현장보존에 유의하면서 물적 증거를 수집한다.
   ③ 사실을 수집한다.
   ④ 조사는 신속히 행하고 필요시 긴급조치를 통해 2차 재해의 방지를 도모한다.
   ⑤ 목격자가 증언하는 객관적 사실 외에는 참고만 한다.
   ⑥ 공정하게 조사하며 필히 2인 이상이 한다.

2 통계원인 분석방법 4가지

(1) **파레토도**(pareto diagram)
   ① 사고의 유형, 기인물 등의 분류항목을 순서대로 도표화한 분석법이다.
   ② 문제의 진원지, 즉 불량이나 결점의 원인을 찾아낼 수 있다.

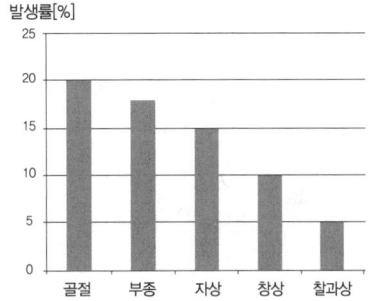

(2) **특성요인도**
   ① 특성과 요인과의 관계를 도표로 하여 어골(魚骨)상으로 세분화한 분석법이다.
   ② 원인결과도(cause and effect diagram)라고도 하며 원인과 결과를 연계하여 상호관계를 파악하는 데 효과적이다.

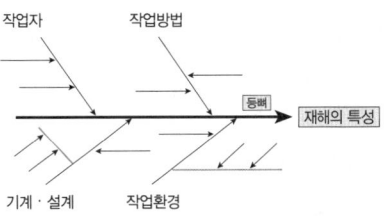

(3) **크로스도**(cross diagram) = 클로즈분석

① 2개 이상의 문제 관계를 분석하는 데 사용하는 것으로 데이터(data)를 집계하고, 표로 표시하여 요인별 결과 내역을 교차한 그림을 작성하여 분석하는 방법이다.

② 공단 자격시험에서는 클로즈(close) 분석과 혼용되어 출제되기도 한다.

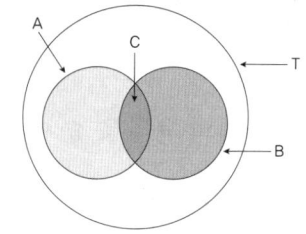

(4) **관리도**(control diagram)

① 재해 발생 건수 등의 추이를 파악하여 목표 관리를 실시하는 데 효과적이다.

② 필요한 월별 재해 발생 수를 그래프화하여 관리선을 설정하고 관리한다.

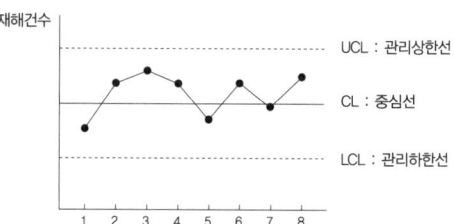

3 재해율

(1) **연천인율**(年千人率)

① **정의** : 근로자 1000인당 1년간 발생하는 재해자 수

② 연천인율 = $\dfrac{\text{재해자 수}}{\text{연평균 근로자수}} \times 1000$

(2) **도수율**(Frequency Rate of Injury : FR)

① **정의** : 산업재해의 발생빈도를 나타내는 것으로, 연간 총근로시간 합계 100만 시간당의 재해 발생건수(=빈도율)

② 도수율 = $\dfrac{\text{재해발생건수}}{\text{연간 총근로시간}} \times 10^6$

(3) **연천인율과 도수(빈도)율과의 관계**

① 연천인율 = 도수(빈도)율 × 2.4

(※단, 재해발생건수 및 연간 총근로시간이 주어진 경우 위의 도수율 공식에 따라 계산하도록 한다.)

② 도수(빈도)율 = 연천인율 ÷ 2.4

(4) **강도율**(Severity Rate of Injury : SR)

① **정의** : 재해의 경중, 강도를 나타내는 척도로 연간 총근로시간이 1000시간당 재해에 의해서 잃어버린 일수

② 강도율 = $\dfrac{\text{근로손실일수}}{\text{연간 총근로시간}} \times 1000$

(5) 위험율 = 사고의 크기 × 사고의 빈도

　① 위험(Risk) = 사고발생빈도 × 손실

　② 만인율 = $\dfrac{\text{사망자수}}{\text{노동자수}} \times 10000$

> **근로손실일수의 산정기준(국제기준)**
> - 사망 및 영구 전노동불능(신체장해등급 1~3급) : 7500일
> - 영구 일부노동불능(신체장해등급 4~14급)
>
> | 신체장해등급 | 4 | 5 | 6 | 7 | 8 | 9 | 10 | 11 | 12 | 13 | 14 |
> |---|---|---|---|---|---|---|---|---|---|---|---|
> | 근로손실일수 | 5500 | 4000 | 3000 | 2200 | 1500 | 1000 | 600 | 400 | 200 | 100 | 50 |
>
> - 일시 전노동불능 = 휴업일수 × (300/365)

(6) 환산도수율 및 환산강도율

　① **환산도수율**
　　㉮ 입사에서 퇴직할 때까지의 평생 동안(30년)의 근로시간인 10만시간당 재해건수
　　㉯ 환산도수율(F) = $\dfrac{\text{도수율}}{10}$

　② **환산강도율**
　　㉮ 10만시간 당 근로손실일수
　　㉯ 환산강도율(S) = 강도율 × 100

(7) **종합재해지수**(도수강도치 : F. S. I)

　① 도수 강도치 (F.S.I) = $\sqrt{\text{도수율(F)} \times \text{강도율(S)}}$

　② 미국의 경우 (F.S.I) = $\sqrt{\dfrac{\text{도수율(F)} \times \text{강도율(S)}}{1000}}$

(8) **환산재해율과 안전활동률**

　① 환산재해율 = $\dfrac{\text{환산재해자수}}{\text{상시근로자수}} \times 100$

　② 안전활동률 = $\dfrac{\text{안전활동건수}}{\text{근로시간수} \times \text{평균근로자수}} \times 10^6$

☑ 건설업체의 산업재해발생률

1) 건설업체의 산업재해발생률은 다음의 계산식에 따른 업무상 사고사망만인율로 산출하되, 소수점 셋째 자리에서 반올림한다.

$$사고사망만인율(\%) = \frac{사고사망자\ 수}{상시\ 근로자\ 수} \times 10,000$$

2) 사고사망자 수는 사고사망만인율 산정 대상 연도의 1월 1일부터 12월 31일까지의 기간 동안 해당 업체가 시공하는 국내의 건설현장(자체사업의 건설현장은 포함)에서 사고사망재해를 입은 근로자 수를 합산하여 산출한다.(이상기온에 기인한 질병사망자 포함)

3) 사고사망자 중 다음의 어느 하나에 해당하는 경우로서 사업주의 법 위반으로 인한 것이 아니라고 인정되는 재해에 의한 사고사망자는 사고사망자 수 산정에서 제외한다.
① 방화, 근로자간 또는 타인간의 폭행에 의한 경우
② 도로교통법에 따라 도로에서 발생한 교통사고에 의한 경우(해당 공사의 공사용 차량·장비에 의한 사고는 제외)
③ 태풍·홍수·지진·눈사태 등 천재지변에 의한 불가항력적인 재해의 경우
④ 작업과 관련이 없는 제3자의 과실에 의한 경우(해당 목적물 완성을 위한 작업자간의 과실은 제외)
⑤ 그 밖에 야유회, 체육행사, 취침·휴식 중의 사고 등 건설작업과 직접 관련이 없는 경우

4) 상시근로자 수는 다음과 같이 산출한다.

$$상시\ 근로자\ 수 = \frac{연간\ 국내공사\ 실적액 \times 노무비율}{건설업\ 월평균임금 \times 12}$$

4 재해손실비

(1) 하인리히(H.W. Heinrich) 방식

> 총재해손실비(Cost) = 직접비 + 간접비(직접비 : 간접비 = 1 : 4)

① **직접비** : 법령으로 정한 피해자에게 지급되는 산재보상비
  ㉮ 휴업보상비 : 평균임금의 100분의 70에 상당하는 금액
  ㉯ 장해보상비 : 신체장해가 남는 경우에 장해등급에 의한 금액
  ㉰ 요양보상비 : 요양비의 전액
  ㉱ 장의비 : 평균임금의 120일분에 상당하는 금액
  ㉲ 유족보상비 : 평균임금의 1300일분에 상당하는 금액
  ㉳ 기타 유족특별보상비, 장해특별보상비, 상병보상연금

② **간접비** : 재산손실, 생산중단 등으로 기업이 입은 손실로서 정확한 산출이 어려울 때에는 직접비의 4배로 산정하여 계산
  ㉮ 인적손실 : 본인 및 제3자에 관한 것을 포함한 시간손실
  ㉯ 물적손실 : 기계, 공구, 재료, 시설의 복구에 소비된 시간손실 및 재산손실
  ㉰ 생산손실 : 생산감소, 생산중단, 판매감소 등에 의한 손실
  ㉱ 기타손실 : 병상위문금, 여비 및 통신비, 입원중의 잡비 등

(2) **시몬즈**(R. H. Simonds) **방식**

> 총재해손실비(Cost) = 산재보험 코스트 + 비보험 코스트

① **산재보험 코스트와 비보험 코스트**
  ㉮ 산재보험 코스트 : 산업재해보상보험법에 의해 보상된 금액과 보험회사의 보상에 관련된 제경비 및 이익금을 합친 금액
  ㉯ 비보험 코스트 = (휴업상해건수 × A) + (통원상해건수 × B) + (응급조치건수 × C) + (무상해사고 건수 × D)
    ※ A, B, C, D는 장해 정도별에 의한 비보험 코스트의 평균치

② **재해의 종류**
  ㉮ 휴업상해 : 영구 일부 노동 불능 및 일시 전노동 불능
  ㉯ 통원상해 : 일시 일부 노동 불능 및 의사의 통원조치를 필요로 한 상태
  ㉰ 응급조치상해 : 응급조치 상해 또는 8시간 미만 휴업 의료조치 상해
  ㉱ 무상해사고 : 의료조치를 필요로 하지 않는 상해사고

5 재해사례 연구의 진행단계

(1) **전제조건**(재해상황의 파악) : 사례연구의 전제조건인 재해상황의 파악

(2) **재해사례 연구순서**
  ① **제1단계(사실의 확인)** : 작업의 개시에서 재해의 발생까지의 경과 가운데 재해와 관계가 있는 사실 및 재해요인으로 알려진 사실을 객관적으로 확인하며 이상시 또는 사고시, 재해발생시의 조치를 포함
  ② **제2단계(문제점의 발견)** : 파악된 사실로부터 판단하여 각종 기준과의 차이에서 드러나는 문제점을 발견
  ③ **제3단계(근본적 문제점 결정)** : 발견된 문제점 가운데 재해의 중심의 되는 근본적 문제점을 결정하고, 다음으로 재해 원인을 결정
  ④ **제4단계(대책의 수립)** : 사례를 해결하기 위한 대책을 수립

Section 03 안전점검 및 작업위험 분석

1 안전점검

(1) 안전점검의 목적과 대상
  ① **안전점검의 목적** : 시설, 기계 등의 사용 과정에서 안전상 자율적으로 기능을 체크하여 사전 · 보수하여 안전성을 확보하기 위해 행해짐
  ② **안전점검의 대상**
    ㉮ 전반적인 문제 : 안전관리조직 체계, 안전활동, 안전교육, 안전점검제도 및 실시상황
    ㉯ 설비에 관한 문제 : 작업환경, 안전장치, 보호구, 정리정돈, 위험물 방화관리, 운반설비

(2) 안전점검의 종류
  ① **수시점검** : 작업전 · 중 · 후에 실시하는 점검
  ② **정기점검** : 일정기간마다 정기적으로 실시하는 점검
  ③ **특별점검**
    ㉮ 기계 · 기구 · 설비의 신설시 · 변경 내지 고장 수리시 실시하는 점검
    ㉯ 천재지변 발생 후 실시하는 점검
    ㉰ 안전강조 기간내에 실시하는 점검
  ④ **임시점검** : 이상 발견시 임시로 실시, 정기점검과 정기점검 사이에 실시하는 점검

> **안점점검표의 판정기준**
> · 산업안전보건법령 기준   · KS기준   · 기술지침기준   · 자체검사기준

2 관리감독자의 작업시작 전 점검사항

작업의 종류	점검내용
프레스등을 사용하여 작업을 할 때	· 클러치 및 브레이크의 기능 · 크랭크축 · 플라이휠 · 슬라이드 · 연결봉 및 연결 나사의 풀림 여부 · 행정 1정지기구 · 급정지장치 및 비상정지장치의 기능 · 슬라이드 또는 칼날에 의한 위험방지 기구의 기능 · 프레스의 금형 및 고정볼트 상태 · 방호장치의 기능 · 전단기(剪斷機)의 칼날 및 테이블의 상태
로봇의 작동 범위에서 그 로봇에 관하여 교시 등(로봇의 동력원을 차단하고 하는 것은 제외)의 작업을 할 때	· 외부 전선의 피복 또는 외장의 손상 유무 · 매니퓰레이터(manipulator) 작동의 이상 유무 · 제동장치 및 비상정지장치의 기능

작업의 종류	점검내용
크레인을 사용하여 작업을 하는 때	• 권과방지장치·브레이크·클러치 및 운전장치의 기능 • 주행로의 상측 및 트롤리(trolley)가 횡행하는 레일의 상태 • 와이어로프가 통하고 있는 곳의 상태
이동식 크레인을 사용하여 작업을 할 때	• 권과방지장치나 그 밖의 경보장치의 기능 • 브레이크·클러치 및 조정장치의 기능 • 와이어로프가 통하고 있는 곳 및 작업장소의 지반상태
리프트(자동차정비용 리프트를 포함)를 사용하여 작업을 할 때	• 방호장치·브레이크 및 클러치의 기능 • 와이어로프가 통하고 있는 곳의 상태
지게차를 사용하여 작업을 하는 때	• 제동장치 및 조종장치 기능의 이상 유무 • 하역장치 및 유압장치 기능의 이상 유무 • 바퀴의 이상 유무 • 전조등·후미등·방향지시기 및 경보장치 기능의 이상 유무
고소작업대를 사용하여 작업을 할 때	• 비상정지장치 및 비상하강 방지장치 기능의 이상 유무 • 과부하 방지장치의 작동 유무(와이어로프 또는 체인구동방식의 경우) • 아웃트리거 또는 바퀴의 이상 유무 • 작업면의 기울기 또는 요철 유무 • 활선작업용 장치의 경우 홈·균열·파손 등 그 밖의 손상 유무
컨베이어등을 사용하여 작업을 할 때	• 원동기 및 풀리(pulley) 기능의 이상 유무 • 이탈 등의 방지장치 기능의 이상 유무 • 비상정지장치 기능의 이상 유무 • 원동기·회전축·기어 및 풀리 등의 덮개 또는 울 등의 이상 유무

3 작업위험 분석

(1) 작업위험 분석대상과 방법

① **작업위험 분석대상** : 근로자, 작업장치, 작업방법

② **작업위험 분석방법(E.C.R.S)** : 제거(Eliminate), 결합(Combine), 재조정(Rearrange), 단순화(Simplify)

③ **작업위험 색출방법** : 면접, 관찰, 설문방법, 혼합방식

④ **동작분석의 목적** : 표준동작의 설정, 모션마인드(Motion Mind)의 체질화, 동작계열의 개선

(2) 작업개선 4단계

① **1단계** : 작업분해

② **2단계** : 세부내용 검토

③ **3단계** : 작업분석

④ **4단계** : 새로운 방법의 적용

4 Ralph M. Barnes의 동작경제 원칙

(1) 신체 사용에 관한 원칙
① 두 손의 동작은 같이 시작하고 같이 끝나도록 한다.
② 휴식시간을 제외하고는 양손이 같이 쉬지 않도록 한다.
③ 두 팔의 동작은 서로 반대방향으로 대칭적으로 움직인다.
④ 손과 신체의 동작은 작업을 원만하게 처리할 수 있는 범위 내에서 가장 낮은 동작 등급을 사용하도록 한다.
⑤ 가능한 한 관성을 이용하여 작업을 하도록 하되, 작업자가 관성을 억제하여야 하는 경우에는 발생되는 관성을 최소한도로 줄인다.
⑥ 손의 동작은 완만하게 연속적인 동작이 되도록 하며, 방향이 갑자기 크게 바뀌는 모양의 직선 동작은 피하도록 한다.
⑦ 평상시 사용하던 근육을 사용하는 것이 더 신속하고 용이하며 정확하다.
⑧ 가능하다면 쉽고도 자연스러운 리듬이 작업동작에 생기도록 작업을 배치한다.
⑨ 눈의 초점을 모아야 작업을 할 수 있는 경우는 가능하면 없애고, 불가피한 경우에는 눈의 초점이 모아지는 서로 다른 두 작업 지점간의 거리를 짧게 한다.

(2) 작업장의 배치에 관한 원칙
① 모든 공구나 재료는 자기 위치에 있도록 한다.
② 공구, 재료 및 제어장치는 사용위치에 가까이 두도록 한다.
③ 중력 이송 원리를 이용하여 부품을 제품 사용 위치에 가까이 보낼 수 있도록 한다.
④ 가능하다면 낙하식 운반 방법을 사용하라.
⑤ 공구나 재료는 작업동작이 원활하게 수행되도록 위치를 정해 준다.
⑥ 작업자가 잘 보면서 작업할 수 있도록 적절한 조명을 한다.
⑦ 작업자가 작업 중에 자세를 변경할 수 있도록 작업대와 의자 높이가 조정되도록 한다.
⑧ 작업자가 좋은 자세를 취할 수 있도록 의자는 높이 뿐만 아니라 디자인도 좋아야 한다.

(3) 공구 및 설비 디자인에 관한 원칙
① 치구나 족답 장치를 효과적으로 사용할 수 있는 작업에서는 이러한 장치를 활용하여 양손이 다른 일을 할 수 있도록 한다.
② 공구의 기능을 결합하여서 사용하도록 한다.
③ 공구와 자재는 사용하기 쉽도록 가능한 한 미리 위치를 잡아 준다.
④ 각 손가락이 서로 다른 작업을 할 때 작업량을 각 손가락의 능력에 맞게 분배해야 한다.
⑤ 레버, 핸들, 그리고 제어장치는 작업자가 몸의 자세를 크게 바꾸지 않더라고 조작하기 쉽도록 배열한다.

Section 04 안전인증 및 안전검사

1 안전인증

(1) 안전인증 대상 기계등

① **기계 또는 설비**
- ㉮ 프레스
- ㉯ 전단기 및 절곡기
- ㉰ 크레인
- ㉱ 리프트
- ㉲ 압력용기
- ㉳ 롤러기
- ㉴ 사출성형기(射出成形機)
- ㉵ 고소(高所) 작업대
- ㉶ 곤돌라

② **방호장치**
- ㉮ 프레스 및 전단기 방호장치
- ㉯ 양중기용(揚重機用) 과부하방지장치
- ㉰ 보일러 압력방출용 안전밸브
- ㉱ 압력용기 압력방출용 안전밸브
- ㉲ 압력용기 압력방출용 파열판
- ㉳ 절연용 방호구 및 활선작업용(活線作業用) 기구
- ㉴ 방폭구조(防爆構造) 전기기계·기구 및 부품
- ㉵ 추락·낙하 및 붕괴 등의 위험 방지 및 보호에 필요한 가설기자재로서 고용노동부장관이 정하여 고시하는 것
- ㉶ 충돌·협착등의 위험방지에 필요한 산업용 로봇 방호장치로서 고용노동부장관이 정하여 고시하는 것

③ **보호구**
- ㉮ 추락 및 감전 위험방지용 안전모
- ㉯ 안전화
- ㉰ 안전장갑
- ㉱ 방진마스크
- ㉲ 방독마스크
- ㉳ 송기마스크
- ㉴ 전동식 호흡보호구
- ㉵ 보호복
- ㉶ 안전대
- ㉷ 용접용 보안면
- ㉸ 차광(遮光) 및 비산물(飛散物) 위험방지용 보안경
- ㉹ 방음용 귀마개 또는 귀덮개

(2) 안전인증의 전부 또는 일부 면제대상
① 연구·개발을 목적으로 제조·수입하거나 수출을 목적으로 제조하는 경우
② 고용노동부장관이 정하여 고시하는 외국의 안전인증기관에서 인증을 받은 경우
③ 다른 법령에서 안전성에 관한 검사나 인증을 받은 경우로서 고용노동부령으로 정하는 경우

(3) 안전인증의 취소

① 거짓이나 그 밖의 부정한 방법으로 안전인증을 받은 경우
② 안전인증을 받은 유해위험기계등의 안전에 관한 성능 등이 안전인증기준에 맞지 아니하게 된 경우
③ 정당한 사유 없이 법에 따른 확인을 거부, 방해 또는 기피하는 경우

2 안전검사

(1) 안전검사 대상 기계등

① 프레스
② 전단기
③ 크레인(정격 하중이 2톤 미만인 것은 제외)
④ 리프트
⑤ 압력용기
⑥ 곤돌라
⑦ 국소 배기장치(이동식은 제외)
⑧ 원심기(산업용만 해당)
⑨ 롤러기(밀폐형 구조는 제외)
⑩ 사출성형기[형 체결력(型締結力) 294킬로뉴턴(kN) 미만은 제외]
⑪ 고소작업대[화물자동차 또는 특수자동차에 탑재한 고소작업대(高所作業臺)로 한정한다]
⑫ 컨베이어
⑬ 산업용 로봇
⑭ 혼합기
⑮ 파쇄기 또는 분쇄기

(2) 안전검사의 신청 등

① 안전검사를 받아야 하는 자는 안전검사 신청서를 검사 주기 만료일 30일 전에 안전검사 기관에 제출(전자문서에 의한 제출을 포함)해야 한다.
② 안전검사 신청을 받은 안전검사기관은 검사 주기 만료일 전후 각각 30일 이내에 해당 기계·기구 및 설비별로 안전검사를 하여야 한다.
③ 안전검사기관은 안전검사 결과 적합한 경우에는 해당 사업주에게 직접 부착 가능한 안전검사 합격표시를 발급하고, 부적합한 경우에는 해당 사업주에게 안전검사 불합격통지서에 그 사유를 밝혀 통지해야 한다.

(3) 안전검사의 주기 및 합격표시 · 표시방법

① **크레인(이동식 크레인 제외), 리프트(이삿짐운반용 리프트는 제외) 및 곤돌라** : 사업장에 설치가 끝난 날부터 3년 이내에 최초 안전검사를 실시하되, 그 이후부터 2년마다(건설 현장에서 사용하는 것은 최초로 설치한 날부터 6개월마다)

② **이동식 크레인, 이삿짐운반용 리프트 및 고소작업대** : 신규등록 이후 3년 이내에 최초 안전검사를 실시하되, 그 이후부터 2년마다

③ **프레스, 전단기, 압력용기, 국소 배기장치, 원심기, 롤러기, 사출성형기, 컨베이어, 산업용 로봇, 혼합기, 파쇄기 또는 분쇄기** : 사업장에 설치가 끝난 날부터 3년 이내에 최초 안전검사를 실시하되, 그 이후부터 2년마다(공정안전보고서를 제출하여 확인을 받은 압력용기는 4년마다)

※ 혼합기, 파쇄기 또는 분쇄기는 2026년 6월 26일부터 시행

Section 05 기계설비 안전관리

1 선반(Lathe) 작업

(1) 선반 작업의 안전

① 작업복의 소매 자락이 회전 공작물에 말려들지 않도록 복장을 단정하게 한다.
② 선반의 베드 위나 공구대 위에 직접 측정기나 공구를 올려놓지 않는다.
③ 회전 중인 가공물에 손을 대지 말아야 하며, 치수 측정시는 기계를 정지시킨 후 측정한다.
④ 칩이 발산될 때는 보안경을 쓰고, 맨손으로 칩을 만지지 말고 갈고리를 사용한다.
⑤ 기어를 변속할 때, 공구를 교환할 때와 제거할 때는 기계를 정지시킨 후 작업한다.
⑥ 내경작업 중에 손가락을 구멍 속에 넣어 청소를 하거나 점검하려고 하면 안 된다.
⑦ 양 센터 작업에는 공작물의 크기에 알맞은 돌리개를 사용하고, 공작물의 길이가 직경의 12배 이상인 가늘고 긴 공작물을 가공할 때는 방진구를 사용한다.
⑧ 선반 가동 전에 척핸들(Chuck Handle)을 빼었는지 확인하고 기계의 윤활 부분을 점검한다.
⑨ 선반의 운전 중 이송 작동을 시켜놓고 자리를 이탈하지 않도록 한다.
⑩ 긴 공작물이 기계 밖으로 돌출 되었을 때 빨간 천을 부착하여 위험을 표시한다.
⑪ 센터 작업 중에는 일감이 센터에서 빠져 나오지 않도록 주의를 한다.
⑫ 작업 중 공작물 고정 나사 및 조가 풀어질 우려에 대비하여 수시로 확인을 한다.

(2) 방호장치

① **칩 브레이커** : 바이트에 설치된 칩을 짧게 끊어내는 장치

② **쉴드** : 칩 비산 방지 투명판
③ **브레이크** : 급정지장치
④ **덮개 또는 울** : 돌출 가공물에 설치한 안전장치

(3) **바이트(Bite) 안전작업수칙**
① 보안경 착용
② 가공품을 측정하거나 청소시 기계정지
③ 램은 필요 이상 긴 행정으로 하지 않고 일감에 알맞은 행정으로 조정할 것
④ 운전 중에는 급유하지 말 것
⑤ 시동 전 점검 및 주유
⑥ 시동 전 행정조절용 핸들을 빼놓을 것
⑦ 일감을 견고하게 물릴 것
⑧ 바이트는 잘 갈아서 사용하며 가급적 짧게 물릴 것
⑨ 가공재료의 재질에 따라 절삭속도를 정할 것
⑩ 칩이 튀어나오지 않도록 칩받이나 칸막이를 설치할 것
⑪ 작업 중 바이트의 운동방향에 서있지 말 것
⑫ 절삭속도는 행정의 길이 및 공작물 바이트의 재질에 따라 조절할 것

2 밀링(Milling) 작업

(1) **밀링 작업의 안전대책**
① 정면 커터 작업 시에는 칩이 튀어나오므로 칩 커버를 설치한다.
② 커터 날 끝과 같은 높이에서 절삭 상태를 관찰해서는 안 된다.
③ 주축 회전 중 밀링 커터 주위에 손을 대거나 브러시를 사용해 칩을 제거해서는 안 된다.
④ 가공 중 기계에 얼굴을 가까이 하지 않도록 한다.
⑤ 테이블 위에 측정기나 공구류를 올려놓지 않는다.
⑥ 절삭 공구나 공작물을 설치할 때 시동 레버가 접촉되기 쉬우므로 전원을 끄고 작업한다.
⑦ 작업 중의 가공물에 손을 대지 말아야 하며, 치수 측정시는 기계를 정지시킨다.

(2) **밀링 머신의 크기 표시**
① 테이블의 이동량
② 테이블의 크기
③ 테이블 윗면에서 주축 중심까지의 최대거리
④ 테이블 윗면에서 주축 끝까지의 최대거리

3 플레이너와 세이퍼의 안전수칙

(1) 플레이너(Planer, 평삭기)

① 플레이너의 종류
㉮ 쌍주식 플레이너 : 직주가 2개, 공작물의 폭에 제한을 받음
㉯ 단주식 플레이너 : 직주가 1개, 공작물의 폭에 제한을 받지 않음

② 플레이너의 안전대책
㉮ 반드시 스위치를 끄고 일감을 고정
㉯ 바이트는 되도록 짧게 설치할 것
㉰ 이동 테이블에는 방호울을 설치
㉱ 프레임 내의 피트에는 뚜껑을 설치
㉲ 압판이 수평이 되도록 고정
㉳ 압판은 죄는 힘에 의해 휘어지지 않도록 충분히 두꺼운 것을 사용

(2) 세이퍼(Shaper, 형삭기)

① 세이퍼의 위험요인
㉮ 가공 칩(Chip) 비산
㉯ 램(Ram) 말단부 충돌
㉰ 바이트(Bite)의 이탈

② 세이퍼의 안전장치 : 칩받이, 칸막이, 울(방책)

4 드릴링 머신(Drilling Machine) 작업

(1) 드릴링 머신의 안전작업수칙

① 일감은 견고하게 고정, 손으로 고정 금지
② 장갑을 착용하지 말 것
③ 얇은 판이나 황동 등은 목재를 사용하여 밑에 받치고 작업할 것
④ 구멍이 끝까지 뚫린 것을 확인하고자 손을 집어넣지 말 것
⑤ 칩을 털어 낼 때는 브러시를 사용하고 입으로 불어내지 말 것
⑥ 가공 중에 구멍이 관통되면 기계를 멈추고 손으로 돌려서 드릴을 빼낼 것
⑦ 보안경을 착용할 것
⑧ 드릴을 끼운 후 척핸들(Chuck Handle)은 반드시 빼놓을 것
⑨ 자동이송작업 중 기계를 멈추지 말 것
⑩ 큰 구멍을 뚫을 때에는 작은 구멍을 먼저 뚫은 뒤 작업할 것

(2) 드릴링 작업시 재료의 고정방법

① **재료가 작을 때** : 바이스로 고정

② **재료가 크고 복잡할 때** : 볼트와 클램프(고정구) 사용

③ **대량생산과 정밀도 요구시** : 지그 사용

5 연삭기(Grinding Machine) 작업

(1) 연삭기 작업시 발생할 수 있는 위험유형

① 숫돌면에 접촉되어 일어나는 경우

② 숫돌이 깨어져 그 파편이 작업자에게 맞아서 일어나는 경우

③ 연삭분이 눈에 들어가서 일어나는 경우

④ 가공물의 낙하에 의하여 일어나는 경우

⑤ 연삭 중 물품이 튕겨서 생기는 경우

⑥ 덮개와 숫돌 사이에 말려 들어가는 경우

(2) 연삭기 작업시 준수사항

① 숫돌 속도 제한 장치를 개조하거나 최고 회전 속도를 초과하여 사용하지 않도록 한다.

② 워크레스트를 1~3mm 정도로 유지하고 숫돌의 결정된 사용면 이외에는 사용하지 않는다.

③ 연삭숫돌의 파괴시 작업자는 물론 근로자도 보호해야 하므로 안전덮개, 칸막이 또는 작업장을 격리시켜야 한다.

④ 연삭숫돌의 교체시에는 3분 이상 시운전하고 정상 작업전에는 최소한 1분 이상 시운전하여 이상 유무를 파악한다.

⑤ 투명 비산방지판을 설치한다.

> ■ 연삭숫돌의 시험속도 : 연삭숫돌의 시험속도 = 최고사용속도 × 1.5

(3) 연삭숫돌의 파괴원인

① 숫돌의 회전 속도가 너무 빠를 때

② 숫돌자체에 균열이 있을 때

③ 숫돌의 불균형이나 베어링의 마모에 의한 진동이 있을 때

④ 숫돌의 측면을 사용하여 작업할 때

⑤ 숫돌의 온도변화가 심할 때

⑥ 부적당한 숫돌을 사용할 때

⑦ 숫돌의 치수가 부적당할 때

⑧ 플랜지가 현저히 작을 때

6 프레스(Press) 작업

(1) 유압 프레스 동력 절단 장치 부분의 검사항목
   ① 슬라이드 작동상태
   ② 안전블록(Safety Block)의 이상유무
   ③ 리밋 스위치(Limit Switch), 검출장치 및 설치부분의 이상유무
   ④ 램의 이상유무

(2) 프레스 작업 전 점검사항
   ① 클러치 및 브레이크의 기능
   ② 크랭크 축, 플라이 휠, 슬라이드, 연결봉, 연결나사의 풀림 유무
   ③ 1행정 1정지기구, 급정지장치, 비상정지장치의 기능
   ④ 슬라이드 쪼는 칼날에 의한 위험방지기구의 기능
   ⑤ 금형 및 고정볼트의 상태
   ⑥ 방호장치의 기능
   ⑦ 전단기의 칼날 및 테이블의 상태

7 금형(Die) 작업

(1) 프레스기의 No-Hand in Die 방식에 있어서 본질적 안전화 추진사항
   ① 전용 프레스의 도입
   ② 자동 프레스의 도입
   ③ 안전울을 부착한 프레스 작업
   ④ 안전 금형을 부착한 프레스 작업

(2) 금형의 위험방지 조치사항
   ① 금형 사이에 신체 일부가 들어가지 않도록 할 것
   ② 금형 사이에 손을 집어넣을 필요가 없도록 할 것

(3) 금형 파손에 의한 위험방지 조치사항
   ① 맞춤 핀 등은 낙하방지 대책을 세울 것
   ② 인서트 부품은 이탈방지 대책을 세울 것
   ③ 캠 등과 같이 충격이 반복해서 가해지는 부분에는 완충장치를 할 것
   ④ 볼트 및 너트는 풀리지 않도록 록 너트, 기어, 용접 등의 방법으로 조치할 것

> ☑ **산업안전보건기준에 관한 규칙 제104조(금형조정작업의 위험방지)**
> 사업주는 프레스등의 금형을 부착·해체 또는 조정하는 작업을 하는 때에는 당해 작업에 종사하는 근로자의 신체의 일부가 위험한계내에 들어갈 때에 슬라이드가 갑자기 작동함으로써 발생하는 근로자의 위험을 방지하기 위하여 안전블록을 사용하는 등 필요한 조치를 하여야 한다

8 산업용 로봇 작업

(1) 산업용 로봇의 사용지침 작성에 포함될 내용

① 로봇의 조작방법 및 순서
② 작업중의 매니퓰레이터의 속도
③ 2인 이상의 근로자에게 작업을 시킬 때의 신호방법
④ 이상을 발견한 경우의 조치
⑤ 이상을 발견하여 로봇의 운전을 정지시킨 후 이를 재가동시킬 때의 조치
⑥ 그 밖에 로봇의 예기치 못한 작동 또는 오조작에 의한 위험을 방지하기 위하여 필요한 조치

> **운전 중 위험방지**
> 안전매트 및 높이 1.8m 이상의 울타리(로봇의 가동범위 등을 고려하여 높이로 인한 위험성이 없는 경우에는 높이를 그 이하로 조절 가능)을 설치하는 등 위험을 방지하기 위하여 필요한 조치를 하여야 함

(2) 산업용 로봇 작업시 안전대책

① 자동운전 중 로봇의 작업자를 격리시키고 로봇의 가동범위 내에 작업자가 불필요하게 출입할 수 없도록 또는 출입하지 않도록 한다.
② 작업개시 전에 외부전선의 피복손상, 팔의 작동상황, 제동장치, 비상정지장치 등의 기능을 점검한다.
③ 안전한 작업위치를 선정하면서 작업한다.
④ 될 수 있는 한 복수로 작업하고 1인이 감시인이 된다.
⑤ 로봇의 검사, 수리, 조정 등의 작업은 로봇의 가동범위 외측에서 한다.
⑥ 가동범위 내에서 검사 등을 행할 때는 운전을 정지하고 행한다.

9 아세틸렌 용접장치 및 가스집합 용접장치

(1) 용접의 용어설명

① **스패터(Spatter)** : 철골용접 중 튀어나오는 슬래그 및 금속입자
② **비드(Bead)** : 용착 금속이 열상을 이루어 용접된 용접층

③ 밀 스케일(Mill Scale) : 쇠비늘, 강재가 냉각될 때 표면에 생기는 산화철의 표피(녹)
④ 슬래그(Slag) : 용접할 때 용착 금속 위에 떠 있는 찌꺼기
⑤ 그루브(Groove) : 앞 벌림, 접합 부재간의 사이를 트이게 한 것
⑥ 플럭스(Flux) : 자동 용접의 경우 용접봉의 피복제 역할로 쓰이는 분말상의 재료
⑦ 엔드 탭(End Tab) : 용접의 시작과 끝 부분에 임시로 붙이는 보조판
⑧ 아크 스트라이크(Arc Strike) : 용접을 시작할 때 용접봉을 순간적으로 모재(母材)에 접촉시켜 아크를 발생시키는 것
⑨ 가스 가우징(Gas Gouging) : 홈을 파기 위한 목적으로 한 화구로서 산소 아세틸렌 불꽃을 이용하여 녹여 깎은 재의 뒷부분을 깨끗이 깎는 것
⑩ 루트(Root) : 용접 이음부의 홈 아래 부분
⑪ 위빙(Weaving) : 용접봉을 용접 방향에 대하여 가로로 왔다갔다 움직여 용착 금속을 녹여 붙이는 것, 위빙 폭은 용접봉 지름의 3배 이하

> **용접봉의 피복제 역할(플럭스, Flux)**
> • 공기를 차단시켜 산화 또는 질화 방지
> • 함유원소를 이온화하여 아크(Arc)를 안정시킴
> • 용융 금속의 탈산, 정련

(2) 용접상 결함의 종류

① 균열, 터짐(Crack) : 가장 중대한 결함
② 오버랩(Over-Lap) : 용접 금속과 모재(母材)가 융합되지 않고 겹쳐지는 것
③ 블로우 홀(Blow Hole) : 용접 내부에 공기(가스) 구멍을 형성한 결함
④ 슬래그(Slag) 감싸돌기 : 용접 찌꺼기가 용착 금속 내에 혼입되는 것
⑤ 언더 컷(Under Cut) : 모재(母材)가 녹아 용착 금속이 채워지지 않고 홈으로 남게 된 부분
⑥ 피트(Pit) : 용접 표면에 홈집이 생긴 것
⑦ 용입 부족 : 모재(母材)가 녹지 않고 용착 금속이 채워지지 않고 홈으로 남는 것
⑧ 크레이터(Crater) : 용접 시 끝 부분에 우묵하게 파진 부분
⑨ 피시아이(Fish Eye) : 용접부에 생기는 은색 반점

10 압력용기 및 공기압축기

(1) 고압가스 용기의 도색

가스의 종류	도색의 구분	가스의 종류	도색의 구분
액화석유가스(LPG)	회색	액화암모니아	백색

가스의 종류	도색의 구분	가스의 종류	도색의 구분
수소	주황색	산소	녹색
아세틸렌	황색	액화탄산가스	청색
액화염소	갈색	그밖의 가스	회색

(2) 가스 용기 등의 취급시 주의사항
① 금지장소에서 사용하거나 설치·저장 또는 방치하지 않도록 할 것
② 용기의 온도를 섭씨 40℃ 이하로 유지할 것
③ 전도의 위험이 없도록 할 것
④ 충격을 가하지 아니하도록 할 것
⑤ 운반할 때에는 캡을 씌울 것
⑥ 사용할 때에는 용기의 마개에 부착되어 있는 유류 및 먼지를 제거할 것
⑦ 밸브의 개폐는 서서히 할 것
⑧ 사용전 또는 사용중인 용기와 그 외의 용기를 명확히 구별해 보관할 것
⑨ 용해아세틸렌의 용기는 세워둘 것
⑩ 용기의 부식·마모 또는 변형상태를 점검한 후 사용할 것

11 보일러(Boiler)

(1) 보일러의 사고형태 및 파열원인
① **사고 형태**
㉮ 구조상의 결함
㉯ 구성 재료의 결함
㉰ 보일러 내부의 압력
㉱ 고열에 의한 배관의 강도 저하

② **보일러의 파열원인**
㉮ 압력의 과다 상승으로 인한 파열 : 방호장치의 미부착, 방지장치의 작동불량
㉯ 최고사용 압력 이하에서 파열 : 구조상의 결함, 부품의 부식

(2) 방호장치
① **압력 방출 장치** : 1개 또는 2개 이상 설치하고 최고 사용 압력 이하에서 작동되도록 한다. 단, 2개 이상 설치된 경우에는 최고 사용 압력 이하에서 1개가 작동하고, 다른 1개는 최고 사용 압력 1.05배 이하에서 작동되도록 하며 스프링식이 가장 많이 사용된다.
② **압력 제한 스위치** : 과열을 방지하기 위하여 최고 사용 압력과 사용 압력 사이에서 보일러의 버너 연소를 차단한다.

③ **고저수위 조절 장치** : 고저수위를 알리는 경보등 · 경보음 장치 등을 설치하며, 자동으로 급수 또는 단수되도록 설치한다.

④ **화염 검출기** : 연소상태를 감시하고 그 신호를 프레임 릴레이가 받아서 연소차단밸브 개폐

Section 06 운반기계 및 양중기

1 지게차(Fork Lift)

(1) **마스트 경사각과 안정도**

① **마스트 경사각**

구분	내용	범위
전경각	마스트(Mast)의 수직 위치에서 앞으로 기울인 경우의 최대경사각	5~6°
후경각	마스트(Mast)의 수직 위치에서 뒤로 기울인 경우의 최대경사각	10~12°

② **안정도**

구분	상태	구배
전후안정도	기준부하 상태에서 포크(Fork)를 최고로 올린 상태	최대하중 5톤 미만 : 4% 최대하중 5톤 이상 : 3.5%
	주행시의 기준 무부하 상태	18%
좌우안정도	기준부하 상태에서 포크(Fork)를 최고로 올리고 마스트를 최대로 기울인 상태	6%
	주행시의 기준 무부하 상태	15 + 1.1V% (V : 최고속도)

(2) **지게차 헤드가드(Head Guard)의 구비조건**

① 강도는 지게차의 최대하중의 2배의 값(그 값이 4톤을 넘는 것에 대하여서는 4톤으로 한다)의 등분포정하중에 견딜 수 있는 것일 것

② 상부틀의 각 개구의 폭 또는 길이가 16cm 미만일 것

③ 운전자가 앉아서 조작하거나 서서 조작하는 지게차의 헤드가드는 산업표준화법 제12조에 따른 한국산업표준에서 정하는 높이 기준 이상일 것

㉮ 앉아서 조작하는 경우 조종사가 정상적인 작동 상태에 있을 때 좌석기준점(SIP)으로부터 조종사의 머리가 위치한 헤드가드 아래 부분의 밑면까지의 수직간격은 0.903m 이상

㉯ 서서 조작하는 경우 조종사가 정상적인 작동 상태에 있을 때 조종사가 서 있는 플랫폼에서부터 조종사의 머리가 위치한 헤드가드 아래 부분의 밑면까지의 수직 간격은 1.88m 이상

2 리프트(Lift)

(1) 산업안전보건법령상 리프트의 종류

① **건설작업용 리프트** : 동력을 사용하여 가이드레일을 따라 상하로 움직이는 운반구를 매달아 사람이나 화물을 운반할 수 있는 설비 또는 이와 유사한 구조 및 성능을 가진 것으로 건설현장에서 사용하는 것

② **자동차정비용 리프트** : 동력을 사용하여 가이드레일을 따라 움직이는 지지대로 자동차 등을 일정한 높이로 올리거나 내리는 구조의 리프트로서 자동차 정비에 사용하는 것

③ **이삿짐운반용 리프트** : 연장 및 축소가 가능하고 끝단을 건축물 등에 지지하는 구조의 사다리형 붐에 따라 동력을 사용하여 움직이는 운반구를 매달아 화물을 운반하는 설비로서 화물자동차 등 차량 위에 탑재하여 이삿짐 운반 등에 사용하는 것

(2) 리프트 작업시 안전대책

① 과부하의 제한
② 권과방지장치
③ 탑승의 제한
④ 출입금지
⑤ 폭풍에 의한 도괴방지
⑥ 작업 시작전 점검

3 크레인 등 양중기

(1) 크레인 등 양중기 개요

① **크레인 설계시 고려하중** : 수직동하중, 수직정하중, 수평 동하중, 열하중, 풍하중, 충돌하중
② **크레인 재해유형** : 전도, 지브(Jib)의 결손, 크레인 본체의 낙하
③ **천장 크레인의 재해 발생 형태** : 감전, 낙하, 비래, 충돌, 추락, 협착
④ **크레인의 권과방지장치에 사용되는 리미트(Limit) 스위치의 종류** : 나사형, 롤러형, 캠형

(2) 크레인의 적재하중과 정격속도

① **적재하중** : 구조 및 재료에 따라서 운반기에 사람 또는 짐을 올려놓고 상승시킬 수 있는 최대 하중
② **정격속도** : 적재하중에 상당하는 하물을 걸고 주행, 선회, 승강 또는 트롤리를 수평이동할 수 있는 최고속도

(3) 체인 또는 로프로 중량물을 들어올릴 때의 부하상태

① **권상 로프에 걸리는 총하중(W_0)**

※ W_0 = 정하중(W_1) + 동하중(W_2)

※ 동하중(W_2) = $\dfrac{W_1}{9.8(m/sec^2)}$ × 가속도(m/sec^2)

② 슬링 와이어 한 가닥에 걸리는 하중

※ 하중 = $\dfrac{하물의\ 무게}{2}$ ÷ $\cos\dfrac{\theta}{2}$

> ☑ **산업안전보건기준에 관한 규칙 제132조(양중기)**
> ① 양중기란 다음 각 호의 기계를 말한다.
> 1. 크레인[호이스트(hoist)를 포함한다]
> 2. 이동식 크레인
> 3. 리프트(이삿짐운반용 리프트의 경우에는 적재하중이 0.1톤 이상인 것으로 한정한다)
> 4. 곤돌라
> 5. 승강기

Section 07 방호장치

1 방호장치의 일반 원칙

(1) 방호장치의 구분

　① **위치제한형** : 양수조작식

　② **접근거부형** : 수인식 및 손쳐내기식

　③ **접근반응형** : 광전자식, 감응식

　④ **포집형** : 연삭기 덮개, 반발예방장치

　⑤ **감지형** : 이상온도, 이상기압, 과부하 등을 감지

　⑥ **격리형** : 완전차단형 방호장치, 덮개형 방호장치, 안전방책(울타리)

(2) 가드(guard)의 종류

　① **고정식 가드(Fixed guard)** : 특정 위치에 용접 등으로 영구적으로 고정되거나 고정장치(스크루, 너트 등)로 부착된 구조로서 공구를 사용하지 아니하고는 가드의 제거 또는 개방이 불가능한 구조의 가드를 말한다.

　② **조정식 가드(Adjustable guard)** : 전체 또는 부분을 조정할 수 있는 고정식 또는 가동식 가드로서 작동할 때마다 용도에 맞도록 가드를 조정하여 조정된 상태에서 고정하여 사용하는 구조의

가드로 작동 중에는 조정되지 않는다.

③ **인터로크식 가드(Interlocked guard)** : 기계의 위험한 부분에 가동식 가드가 설치되고 가드가 닫혀야만 작동될 수 있는 구조이거나 기계작동 중에 가드가 열릴 경우 기계의 작동이 고정되고 가드를 닫았을 때 작동되는 구조로 된 가드이다.

④ **자동식 가드(Automatic guard)** : 인터로크(연동장치)와 결합된 가드로써 가드가 보호 할 수 있는 기계의 위험한 부분이 가드가 닫히기 전까지는 작동되지 않거나, 가드가 닫히면 기계의 위험한 부분이 작동되는 구조이다.

■ 가드의 개구부 간격은 국제노동기구(ILO)에서 정한 아래의 식에 따름
- 동력전달부분(전동체)인 경우
  - $Y = 6 + 0.1X$ [Y : 개구부 간격(mm), X : 개구부와 위험점 간의 거리(mm)]
- 전동체가 아닌 경우(회전체인 경우)
  - X가 160mm 미만인 경우 $Y = 6 + 0.15X$
  - X가 160mm 이상인 경우 $Y = 30mm$

2 위험 기계·기구의 방호장치

(1) 동력 프레스 및 전단기 방호장치와 설치 요령

① **양수조작식**
  ㉮ 반드시 두 손을 사용하여 동시에 조작하여야만 작동하는 구조일 것
  ㉯ 조작부(버튼 또는 레버)의 간격을 300mm 이상으로 할 것
  ㉰ 조작부는 작동 직후 손이 위험 구역에 들어가지 못하도록 다음에 정하는 거리 이상에 설치할 것
    ※ 거리[cm] = 160 × 프레스기 작동 후 작업점까지 도달시간(초)

② **게이트가드식**
  ㉮ 게이트가 위험 부분을 차단하지 않으면 작동되지 않도록 확실한 연동이 되도록할 것
  ㉯ 금형의 크기에 따라 게이트의 크기를 선택·설치할 것

③ **손쳐내기식**
  ㉮ 손쳐내기 판은 금형 크기의 1/2 이상으로 할 것
  ㉯ 손쳐내기 막대는 그 길이 및 진폭을 조정할 수 있는 구조일 것
  ㉰ 손쳐내기 판은 손의 부상을 방지하기 위하여 고무 등 완충물을 설치할 것
    ※ 행정길이가 짧거나 매분당 행정수(SPM)가 클 경우 사용이 곤란

④ **수인식**
  ㉮ 수인용 줄은 늘어나거나 끊어지지 않는 것으로 할 것(합성섬유로 150kg의 전단 하중에 견디는 직경 4mm 이상의 로프)

㉯ 수인용 줄은 조정이 가능할 것
㉰ 매분당 행정수(SPM) 120 이하, 행정길이 50mm 이상에 설치할 것
㉱ 양수조작식과 병용하는 것이 좋음

⑤ **감응식(광선식)**
㉮ 광축의 수는 2개 이상으로 할 것
㉯ 광축 간의 간격은 30mm 이하로 할 것
㉰ 위험 구역을 충분히 감지할 수 있는 구조로 할 것
㉱ 투광기에서 발생시키는 빛 이외의 광선에 감응하지 않을 것
㉲ 광축의 거리는 다음 식에 의한 안전 거리를 확보할 것

※ $D = 1.6(T_l + T_s)$

D : 안전거리(mm)

T_l : 손이 광차단 후 급정지 기구 작동 시까지의 시간(ms)

T_s : 급정지 기구 작동 직후로부터 슬라이드 정지 시까지의 시간(ms)

(2) **안전장치의 거리 계산 실제**

① 클러치 맞물림 개수 4개, 200SPM의 동력 프레스기 양수조작식 방호장치의 안전장치의 거리

② $Dm = 1.6Tm$ (Dm : 안전거리 mm)

③ $Tm = (\dfrac{1}{클러치맞물림개수} + \dfrac{1}{2}) \times \dfrac{60000}{매분당행정수}$

④ 따라서, $Dm = 1.6(\dfrac{1}{4} + \dfrac{1}{2}) \times \dfrac{60000}{200} = 360mm$

(3) **프레스 방호장치**

① **1행정 1정지식** : 양수조작식, 게이트가드식
② **행정길이 40mm 이상** : 수인식, 손쳐내기식
③ **슬라이드 작동중 정지 가능한 구조** : 감응식

(4) **롤러기 방호장치 종류 및 성능**

① **롤러기 방호장치 종류**
㉮ 급정지 장치 : 손조작식, 복부조작식, 무릎조작식   ㉯ 안내롤러
㉰ 울   ㉱ 맞물림점 가드 설치

② **롤러기 방호장치의 성능**

앞면 롤러의 표면 속도(m/분)	급정지 거리
30 미만	앞면 롤러 원주의 1/3 이내
30 이상	앞면 롤러 원주의 1/2.5 이내

※ 표면속도[V] = $\frac{\pi \times D \times N}{1,000}$[m/min]

[V : 표면속도, π: 원주율, D : 롤러의 원통직경(mm), N : 1 분간에 롤러기가 회전되는 수 (rpm)]

(5) 롤러기 급정지장치 설치기준

① 급정지장치 중 손으로 조작하는 급정지장치의 조작부는 롤러기의 전면 및 후면에 각각 1개씩 수평으로 설치하고 그 길이는 로프의 길이 이상이어야 한다.

② 손으로 조작하는 급정지장치의 조직부에 사용하는 줄은 사용 중에 늘어나거나 끊어지기 쉬운 것으로 하여서는 아니된다.

③ 급정지장치의 조작부는 그 종류에 따라 다음의 위치에 작업자가 긴급시에 쉽게 조작할 수 있도록 설치하여야 한다.

급정지 장치조작부의 종류	위치	비고
손조작식	밑면에서 1.8m 이내	위치는 급정지장치 조작부의 중심점을 기준으로 함
복부조작식	밑면에서 0.8m 이상 1.1m 이내	
무릎조작식	밑면에서 0.6m 이내	

④ 급정지장치가 동작한 경우 롤러기의 기동장치를 재조작하지 않으면 가동되지 않는 구조의 것이어야 한다.

(6) 연삭기 방호장치인 덮개의 각도

구분	덮개 각도	구분	덮개 각도
① 일반연삭작업 등에 사용하는 것을 목적으로 하는 탁상용 연삭기	125°이내 / 65°이내	② 연삭숫돌의 상부를 사용하는 것을 목적으로 하는 탁상용 연삭기	60°이내 / 60°이내
③ 위 ① 및 ② 이외의 탁상용 연삭기, 그 밖에 이와 유사한 연삭기	80°이내 / 65°이내	④ 원통연삭기, 센터리스 연삭기, 공구연삭기, 만능연삭기, 그 밖에 이와 비슷한 연삭기	65°이내 / 180°이내
⑤ 휴대용 연삭기, 스윙 연삭기, 스라브연삭기, 그 밖에 이와 비슷한 연삭기	180°이내	⑥ 평면연삭기, 절단연삭기, 그 밖에 이와 비슷한 연삭기	15°이상 / 15°이상

3 목재 가공용 둥근톱의 방호장치

(1) 둥근톱의 방호장치의 종류

구분	종류	구조
덮개	가동식 덮개	덮개, 보조덮개가 가공물의 크기에 따라 위아래로 움직이며 가공할 수 있는 것으로 그 덮개의 하단이 송급되는 가공재의 윗면에 항상 접하는 구조이며, 가공재를 절단하고 있지 않을 때는 덮개가 테이블면까지 내려가 어떠한 경우에도 근로자의 손 등이 톱날에 접촉되는 것을 방지하도록 된 구조
	고정식 덮개	작업 중에는 덮개가 움직일 수 없도록 고정된 덮개로 비교적 얇은 판재를 가공할 때 이용하는 구조
분할날	겸형식 분할날	분할날은 가공재에 쐐기작용을 하여 공작물의 반발을 방지할 목적으로 설치된 것으로 둥근톱의 크기에 따라 2가지로 구분
	현수식 분할날	

(2) 목재 가공용 둥근톱의 설치방법

① 톱니의 접촉 예방장치는 분할날에 대면하고 있는 부분과 가공재를 절단하는 부분이외의 톱날을 덮을 수 있는 구조로 한다.
② 반발방지기구는 목재 송급 쪽에 설치하되 목재의 반발을 충분히 방지할 수 있도록 가공재 위에 밀착하여 설치한다(톱 직경 405mm 이상에는 사용금지).
③ 분할날은 견고히 고정할 수 있으며 분할날과 톱날 원주면과의 거리는 12mm 이내로 조정, 유지할 수 있어야 하고 표준 테이블면 (승강반에 있어 서도 테이블을 최하로 내린 때의 면) 상의 톱 뒷날의 2/3 이상을 덮도록 하여야 한다 .
④ 분할날의 두께는 톱날 두께의 1.1배 이상일 것

4 동력전달장치 및 자동전격방지장치

(1) 동력전달장치의 방호장치

① **인터록 장치(Interlock System)** : 일종의 연동기구로써 목적 달성을 위하여 한 동작 또는 수 개의 동작을 하기도 하며, 동작 완료시에는 자동적으로 안전 상태를 확보하는 장치
② **리미트 스위치(Limit Switch)** : 기계 설비의 안전 장치에서 과도하게 한계를 벗어나 계속적으로 감아올리거나 하는 일이 없도록 제한해 주는 장치(권과 방지 장치, 과부하 방지 장치, 과전류 차단 장치, 압력 제한 장치)
③ **급정지 장치** : 작업 중 작업의 위치에서 근로자가 동력 전달을 차단하는 장치

> **컨베이어의 방호장치**
> 비상정지장치, 덮개, 울, 건널다리, 이탈방지장치

(2) 자동전격방지장치

① **종류** : 자동시동형, 수동시동형

② **구성** : 감지부, 신호증폭부, 제어부, 제어기구

③ **기능** : 2차 무부하상태(용접봉 교환, 작업지점 이동, 용접부위 확인 등을 위해 용접을 일시정지 하는 때)에서 홀더 등 충전부에 접촉시 감전재해를 예방하기 위해 2차 무부하 전압을 자동적 으로 25V 이하로 저차시킴

④ **시동시간** : 용접봉을 모재에 접촉 후 아크발생까지의 소요시간

⑤ **지동시간** : 용접봉을 모재로부터 분리 후 2차측의 무부하 전압이 25V이하로 떨어지는데 소요되 는 시간

> **자동전격방지장치 미설치시**
> 교류 아크 용접기에 자동 전격 방지 장치를 설치하지 않았을 때 무부하시 2차측 홀더와 어스에 65~90V의 높은 전압이 걸린다.

Section 08 설비진단

1 비파괴검사

(1) 비파괴검사의 개요

① 비파괴검사란 재료나 구조물 또는 제품을 파괴하거나 분해하지 않고 내부의 결함 유무, 그 위치, 크기, 형상 등을 검사하는 방법을 만한다.

② 비파괴검사 방법의 근거는 음파나 자기·전기 등의 여러 가지 물리현상과 대상으로 하는 물질의 물리적 성질을 이용하고 있기 때문에 대상물과 결함의 종류에 따라 여러가지 검사 방법이 가능 하다.

(2) 비파괴검사의 목적

① **신뢰성의 향상** : 적절한 비파괴검사를 각각의 목적에 맞게 적용함으로써 건전성을 확인하고, 신뢰성을 향상시킬 수 있다.

② **제조기술의 개선** : 비파괴검사의 결과를 분석·검토하여 제조조건을 수정·보완함으로써 제조 기술의 개선이 가능하며, 제조기술을 향상시킬 수 있다.

③ **제조원가의 절감** : 제조 공정에서 적당한 시기에 적절한 비파괴검사를 적용하여 불량품을 조기에 발견하고 조치함으로써 시간과 재료를 절감할 수 있다.

(3) 비파괴검사의 종류와 특징
　① **육안검사**(VT : Visual Testing)
　　㉮ 재료, 제품 또는 구조물(시험체)을 직접 또는 간접적으로 관찰하여 시험체에 결함이 있는지 알아내는 비파괴검사 방법이다.
　　㉯ 여러 재료 제품 또는 구조물의 제작사양, 도면 설계사양 규격 등에 적합한지 허용한도 이내에 드는지의 여부를 결정하는 것까지를 포함한 것으로 다른 비파괴검사 방법이 사용되기 전에 적용되어야 한다.
　② **누설검사**(LT : Leak Testing)
　　㉮ 누설이란 시험체 내부 및 외부의 압력차 등에 의해서 기체나 액체를 담고 있는 기밀용기, 저장시설 및 배관 등에서 내용물의 유체가 누출되거나 다른 유체가 유입되는 것을 말하며, 시험체의 불연속부에 의해 발생된다.
　　㉯ 누설검사란 이때 유체의 누출, 유입 여부를 검사하거나 유출량을 검출하는 방법이다.
　③ **침투검사**(PT : Liquid Penetrant Testing)
　　㉮ 시험체 표면에 침투제를 적용시켜 침투제가 표면에 열려있는 불연속부에 침투할 수 있는 충분한 시간이 경과한 후 불연속부에 침투하지 못하고 시험체 표면에 남아있는 과잉의 침투제를 제거하고 그 위에 현상제를 도포하여 불연속부에 들어있는 침투제를 빨아올림으로서 불연속의 위치, 크기 및 지시모양을 검출하는 검사방법이다.
　　㉯ 침투액이 들어간 크랙(Crack) 부분이 선명하게 확대되어 검사되며, 표면에 연결된 결함만 탐지한다.
　④ **초음파검사**(UT : Ultrasonic Testing)
　　㉮ 시험체에 초음파를 전달하여 내부에 존재하는 불연속으로부터 반사한 초음파의 에너지량, 초음파의 진행시간 등을 CRT 스크린에 표시, 분석하여 불연속의 위치 및 크기를 알아내는 검사방법이다.
　　㉯ 시험체 내부결함의 검출에 주로 이용하며, 균열 등 면상결함의 검출능력이 방사선투과검사보다 우수하다.
　⑤ **자기탐상검사**(MT : Magnetic Particle Testing)
　　㉮ 강자성체의 표면 또는 표면하에 있는 불연속부를 검출하기 위하여 강자성체를 자화시키고 자분을 적용시켜 누설자장에 의해 자분이 모이거나 붙어서 불연속부의 윤곽을 형성, 그 위치, 크기, 형태 및 넓이 등을 검사하는 방법이다.
　　㉯ 강자성체에만 적용이 가능(비자성체에는 적용 불가)하며, 장치 및 방법이 단순하다.
　⑥ **음향검사**(AET : Acoustic Emission Testing)
　　㉮ 하중을 받고 있는 재료의 결함부에서 방출되는 응력파를 분석하여 소성변형, 균열의 생성 및 진전 감시 등 동적거동을 파악한다.
　　㉯ 결함부의 판정 및 재료의 특성평가에 이용한다.
　⑦ **방사선검사** (RT : Radiographic Testing)
　　㉮ 방사선(X-선 또는 γ-선)을 시험체에 조사하였을 때 투과 방사선의 강도의 변화 즉, 건전부와 결함부의 투과선량의 차에 의한 필름상의 농도차를 2차원 영상으로 기록하여 결함을 검출

하는 방법이다.
⑭ 용접부, 주조품 등의 결함을 검출하는 방법이다.

■ 비파괴검사를 통한 이상 검출에 영향을 주는 요소
- 검사체의 재질, 조직, 형상, 표면상태
- 사용하는 물리에너지의 성질
- 검출하고자 하는 이상을 나타내는 부분의 상태, 형상, 크기, 방향성
- 검출체의 특성

2 소음 및 진동방지 기술

(1) 소음방지 시설
① 소음기
② 방음덮개 시설
③ 방음창 및 방음실 시설
④ 방음외피 시설
⑤ 방음벽 시설
⑥ 방음터널 시설
⑦ 방음림 및 방음언덕
⑧ 흡음장치 및 시설

(2) 진동방지 시설
① 단성지지시설 및 제진시설
② 방진구 시설
③ 배관진동 절연장치 및 시설

■ 소음발생건설기계의 종류
- 굴삭기(정격출력 19kW 이상 500kW 미만의 것)
- 다짐기계
- 로더(정격출력 19kW 이상 500kW 미만의 것)
- 발전기(정격출력 400kW 미만의 실외용)
- 브레이커(휴대용 포함, 중량 5톤 이하)
- 공기압축기(공기토출량이 분당 2.83m^3 이상의 이동식)
- 콘크리트 절단기
- 천공기
- 항타 및 항발기

전기설비 안전관리

Section 01 전격재해 및 방지대책

1 감전재해 및 방지대책

(1) 감전의 위험성 결정 요인

① 전류의 크기 ② 통전시간 및 통전경로 ③ 전원의 종류
④ 전격인가위상 ⑤ 주파수 및 파형

(2) 통전전류에 따른 생리적 영향

① **최소감지전류** : 인체에 통전(通電)되었을 경우에 그 통전을 인간이 감지할 수 있는 최소의 전류를 말하며, 일반적으로 성인 남자의 경우 상용주파수 60Hz 교류에서 약 1mA

② **고통한계전류** : 고통을 느끼게 되지만 참을 수 있으면서 생명에는 위험이 없는 한계전류, 교류에서는 약 7~8mA 정도

③ **이탈전류와 교착전류** : 통전전류가 증가하면 통전경로의 근육 경련이 심해지고 신경이 마비되어 운동이 자유롭지 않게 되는 한계의 전류를 교착전류(불수전류), 운동의 자유를 잃지 않는 최대한도의 전류를 이탈전류(가수전류)라 하며 상용주파수 60Hz 교류에서 약 10~15mA 정도

④ **심실세동전류(치사전류)**
  ㉮ 심장이 정상적인 박동을 하지 못하고 불규칙적인 세동으로 통전전류가 차단되어도 심장박동이 자연적으로 회복되지 못하여 방치시 사망하게 되는 전류
  ㉯ $I = \dfrac{165\sim185}{\sqrt{T}}$ 계산시 분자는 165로 계산

> **에너지적 위험 한계**
> 인체의 전기저항을 500Ω이라 할 때 심실세동을 일으키는 위험한계에너지로 13.6J ~ 17.1J
> $W = I^2RT = (\dfrac{165}{\sqrt{1}} \times 10^{-3})^2 \times 500 \times 1 = 13.6J$
> $W = I^2RT = (\dfrac{185}{\sqrt{1}} \times 10^{-3})^2 \times 500 \times 1 = 17.1J$

(3) 감전전류 및 통전경로 위험도

① 감전전류와 인체의 정도

감전전류(mA)	인체의 정도	감전전류(mA)	인체의 정도
1	전기를 느낄 정도	20	근육 수축이 심하고 행동불능
5	상당한 고통을 느낌	50	위험 상태
10	견디기 어려운 고통	100	치명적 결과 초래

② 통전경로 및 위험도

통전경로	위험도	통전경로	위험도
오른손 – 등	0.3	양손 – 양발	1.0
왼손 – 오른손	0.4	왼손 – 한발 또는 양발	1.0
왼손 – 등	0.7	오른손 – 가슴	1.3
한손 또는 양손 – 앉아있는 자리	0.7	왼손 – 가슴	1.5
오른손 – 한발 또는 양발	0.8		

2 전격재해 및 방지대책

(1) 안전전압

회로의 정격 전압이 일정 수준 이하의 낮은 전압으로 절연파괴 등의 사고 시에도 인체에 위험을 주지 않게 되는 전압으로 통상 30V 정도로 정하나 나라마다 기준은 다름

(2) 허용접촉전압

종별	접촉상태	허용접촉전압
제1종	• 인체의 대부분이 수중에 있는 상태	2.5[V] 이하
제2종	• 인체가 현저히 젖어 있는 상태 • 금속성의 전기·기계장치나 구조물에 인체의 일부가 상시 접촉되어 있는 상태	25[V] 이하
제3종	• 제1종, 제2종 이외의 경우로서 통상의 인체상태에서 있어서 접촉 전압이 가해지면 위험성이 높은 상태	50[V] 이하
제4종	• 제1종, 제2종 이외의 경우로서 통상의 인체 상태에 접촉 전압이 가해지더라도 위험성이 낮은 상태 • 접촉 전압이 가해질 우려가 없는 경우	제한 없음

(3) 전격위험도 결정조건

① **1차적 감전위험요소** : 통전전류의 크기, 통전경로, 통전시간, 전원의 종류

② **2차적 감전위험요소** : 인체의 조건, 전압, 계절, 주파수

3 전기화재 및 예방대책

(1) 착화에너지 및 발열

① **착화에너지** : $E = \dfrac{1}{2}CV^2$ [C : 극간 용량(F), V : 방전 전압(V)]

② **전기에너지에 의한 발열(Joule의 법칙)**

㉮ $Q = I^2RT(J^2)$ [Q(J), I(A), R(Ω), T(sec)]

㉯ Q(J)를 kcal로 환산 $Q = 0.24I^2RT \times 10^{-3}$(kcal) [1kcal = 4.186J]

㉰ T(sec)를 시간(hour)로 환산 $Q = 0.860I^2RT$(kcal)

(2) 전기화재의 원인 및 스파크화재 방지책

① **전기화재의 원인** : 단락(25%), 스파크(24%), 누전(15%), 접촉부의 과열(12%), 절연열화에 의한 발열(11%), 과전류(8%)

② **스파크화재 방지책**

㉮ 개폐기를 불연성의 외함 내에 내장시키거나 통형 퓨즈를 사용할 것

㉯ 접촉 부분의 산화, 변형, 퓨즈의 나사 풀림 등으로 인해 접촉저항이 증가되는 것을 방지

㉰ 가연성 증가, 분진 등 위험한 물질이 있는 곳에는 방폭형 개폐기를 사용할 것

㉱ 유입개폐기는 절연유의 열화 정도, 유량에 주의하고 주위에는 내화벽을 설치

Section 02 전기재해 예방을 위한 안전설비

1 접지공사

(1) 접지시스템의 구분 및 종류

① **접지시스템의 구분**

㉮ 계통접지 : 전력계통의 이상현상에 대비하여 대지와 계통을 접속

㉯ 보호접지 : 감전보호를 목적으로 기기의 한 점 이상을 접지

㉰ 피뢰시스템접지 : 뇌격전류를 안전하게 대지로 방류하기 위한 접지

② **접지시스템의 종류**
  ㉮ 단독접지 : (특)고압 계통의 접지극과 저압 접지계통의 접지극을 독립적으로 시설하는 접지 방식
  ㉯ 공통접지 : (특)고압 접지계통과 저압 접지계통을 등전위 형성을 위해 공통으로 접지하는 방식
  ㉰ 통합접지 : 계통접지·통신접지·피뢰접지의 접지극을 통합하여 접지하는 방식

> **저압전로의 보호도체 및 중성선의 접속 방식에 따른 접지계통의 분류**
> • TN 계통   • TT 계통   • IT 계통

(2) **접지도체의 단면적**

구분	구리(동)	철제
접지도체에 큰 고장전류가 흐르지 않는 경우	6mm² 이상	50mm² 이상
접지도체에 피뢰시스템이 접속되는 경우	16mm² 이상	50mm² 이상

(3) **전압의 구분**

구분	교류	직류
저압	1000V 이하	1500V 이하
고압	1000V 초과 ~ 7kV 이하	1500V 초과 ~ 7kV 이하
특별고압	7kV 초과	

(4) **접지 목적에 따른 접지의 종류**

접지의 종류	사용 목적
계통 접지	고압 전로와 저압 전로가 혼촉되었을 때의 감전이나 화재 방지
기기 접지	누전되고 있는 기기에 접촉되었을 때의 감전 방지
피뢰기 접지	낙뢰로부터 전기 기기의 손상을 방지
정전기 장해 방지용 접지	정전기 축적에 의한 폭발 재해 방지
지락 검출용 접지	누전 차단기의 동작을 확실하게 함
등전위 접지	병원에 있어서의 의료 기기 사용시의 안전
잡음 대책용 접지	잡음에 의한 전자 장치의 파괴나 오동작을 방지
기능용 접지	전기 방식 설비 등의 접지

> **접지공사의 목적**
> • 인체 감전 방지   • 기기의 손상 방지   • 보호계전기 동작 확보

2 피뢰설비

(1) 피뢰기(LA)의 종류 및 구성

① 구조에 따른 피뢰기의 종류
  ㉮ 갭 저항형
  ㉯ 갭 레스형 : 직렬 갭이 없이 특성요소(ZnO, 산화아연)만으로 밀봉된 구조로 특성이 우수하여 일반적으로 사용
  ㉰ 밸브 저항형 : 직렬 갭과 특성요소(SiC, 탄화규소)를 내장하고 있는 밀봉구조
  ㉱ 밸브형

② 피뢰기의 구성
  ㉮ 직렬 갭 : 정상 상태에서는 방전하지 않고 절연상태를 유지하나 이상전압 발생 시 신속하게 대지로 방전시켜 이상전압을 흡수함과 동시에 계속해서 흐르는 속류를 짧은 시간 내에 차단한다.
  ㉯ 특성요소 : 탄화규소를 주성분으로 하는 일종의 저항체(소성물의 저항판을 다수합친 구조체)로 대전류에 대해서는 가능한 작은 제한전압을 부여하고 낮은 전압에서는 높은 저항값으로 속류를 차단하여 직렬 갭에 의한 차단을 도와주는 작용을 한다.

> **피뢰기 제한전압과 정격전압**
> • 피뢰기 제한전압 : 피뢰기 동작 중 나타나는 단자전압의 파고값
> • 피뢰기 정격전압 : 속류를 차단하는 최고의 교류전압
> • 여유도(%) = $\dfrac{충격절연강도 - 제한전압}{제한전압} \times 100$
> • 제한전압(V) = $\dfrac{충격절연강도 \times 100}{여유도 + 100}$

(2) 피뢰기 설치장소

① 발전소, 변전소 또는 이에 준하는 장소의 가공전선 인입구 및 인출구
② 가공전선로에 접속되는 배전용 변압기의 고압측 및 특별 고압측
③ 고압가공전선로로부터 공급을 받는 수전 전력이 용량 500kW 이상인 수용장소의 인입구
④ 특고압 가공전선으로부터 공급을 받는 수용장소의 인입구
⑤ 배전 선로 차단기, 개폐기의 전원측 및 부하측
⑥ 콘덴서의 전원측

3 퓨즈(Fuse) 및 절연전선

(1) 퓨즈의 정의 및 재료 등

① **퓨즈의 정의** : 일정한 값 이상의 전류가 흐르면 용단되는 것으로 회로 및 기기를 보호하는 가장 간단한 전류자동차단기

② **퓨즈의 재료** : 납, 주석, 아연, 알루미늄 및 이들의 합금
③ **퓨즈의 종류 및 용단시간**

종류	정격용량	용단시간
저압용 포장퓨즈	정격전류의 1.1배	30A 이하 : 2배 전류로 2분 30~60A : 2배 전류로 4분 60~100A : 2배 전류로 6분
고압용 포장퓨즈	정격전류의 1.3배	2배 전류로 120분
고압용 비포장퓨즈	정격전류의 1.25배	2배 전류로 2분

(2) **저압전로의 절연저항**

전기사용 장소의 사용전압이 저압인 전로의 전선 상호간 및 전로와 대지 사이의 절연저항은 개폐기 또는 과전류차단기로 구분할 수 있는 전로마다 다음 표에서 정한 값 이상이어야 한다. 다만, 전선 상호간의 절연저항은 기계기구를 쉽게 분리가 곤란한 분기회로의 경우 기기 접속 전에 측정할 수 있다.

또한, 측정 시 영향을 주거나 손상을 받을 수 있는 SPD 또는 기타 기기 등은 측정 전에 분리시켜야 하고, 부득이하게 분리가 어려운 경우에는 시험전압을 250V DC로 낮추어 측정할 수 있지만 절연 저항 값은 1MΩ 이상이어야 한다.

전로의 사용전압 V	DC 시험전압 V	절연저항 MΩ
SELV 및 PELV	250	0.5
FELV, 500V 이하	500	1.0
500V 초과	1,000	1.0

[주] 특별저압(extra low voltage : 2차 전압이 AC 5V, DC 120V 이하)으로 SELV(비접지회로 구성) 및 PELV(접지 회로 구성)은 1차와 2차가 전기적으로 절연된 회로, FELV는 1차와 2차가 전기적으로 절연되지 않은 회로

(3) **절연 종별 재료 및 최고허용온도**

종별	최고허용온도(℃)	용도별	주요 절연물
Y	90	저전압의 기기	폴리에틸렌, 유리화수지
A	105	일반적인 회전기기, 변압기	폴리에스테르, 셀룰로오스 유도체
E	120	대용량 및 보통의 기기	멜라민수지, 폴리에스테르
B	130	고전압의 기기	무기질
F	155	고전압의 기기	에폭시수지, 폴리우레탄수지
H	180	건식변압기	유리섬유, 실리콘, 고무
C	180	특수변압기	실리콘, 플루오르화에틸렌

4 누전차단기

(1) 누전차단기의 종류

종류	동작시간	비고
고속형	정격 감도 전류에서 0.1초 이내	전압 동작형
보통형	정격 감도 전류에서 0.2초 이내	전류 동작형
시연형(지연형)	정격 감도 전류에서 0.1초를 초과하고 2초 이내	대계통의 모선 보호용

(2) 누전차단기의 설치장소

① 물 등 도전성이 높은 액체에 의한 습윤 장소
② 철판·철골 위 등 도전성이 높은 장소
③ 임시배선의 전로가 설치되는 장소

(3) 누전차단기의 적합 성능

① 부하에 적합한 정격 전류를 갖출 것
② 전로에 적합한 차단 용량을 갖출 것
③ 절연 저항은 5㏀ 이상
④ 최소 동작 전류는 정격 감도 전류의 50% 이상
⑤ 감전보호형 누전차단기의 작동은 정격 감도 전류 30mA 이하, 동작시간은 0.03초 이내일 것
⑥ 정격부하전류가 50A 이상의 전기기계·기구에 접속된 누전차단기는 정격 감도 전류 200mA 이하, 동작시간은 0.1초 이내일 것
⑦ 정격전압의 85~110%의 범위에서 정상작동

Section 03 전기작업안전

1 정전작업

(1) 정전작업 전 조치

① 전로의 개로 개폐기에 시건 장치 및 통전 금지 표지판 설치
② 전력 케이블, 전력 콘덴서 등의 잔류 전하 방전
③ 검전 기구로 충전 여부 확인
④ 단락 접지 기구로 단락 접지

(2) 정전작업종료 후 조치

① 단락 접지 기구의 철거

② 표지의 철거

③ 작업자에 대한 위험이 없는 것을 확인

④ 개폐기를 투입해서 송전 재개

> **정전작업 개폐기 OFF시 개로 보증 3가지**
> 시건장치, 통전 금지표지, 감시인 배치

2 전기작업용 안전용구

(1) 절연용 보호구

① **안전모** : AE종(낙하·비래, 감전위험방지용), ABE형(낙하·비래, 추락, 감전위험방지용)

② **절연장화** : A종(저압용), B종(저압 이상 3,500V 이하 작업용), C종(3,500V 초과 7,000V 이하 작업용)

③ **전기용 고무장갑(절연장갑)** : A종, B종, C종 (사용전압은 절연장화와 동일)

④ **안전화** : 정전기 대전방지용 절연화

⑤ **기타** : 절연복, 절연소매 등

(2) 절연용 방호구

① **활선 작업, 활선 근접 작업시 충전부 지지물에 장착하는 것** : 절연관, 절연시트, 절연커버, 점퍼 호오스, 고무 블랭킷, 애자 후드, 완금 커버, 컷아웃 스위치

② **건설 작업시 충전부, 지지물에 장착하는 것** : 건설용 방호관, 건설용 시트, 건설용 절연 커버

(3) 전기작업용 안전장구

① **표시용구**

② **검출용구** : 검전기, 상회전 표시기, 불량애자 검출기

③ **접지용구** : 갑종·을종 접지용구(송전로), 병종 접지용구(배선전로)

④ **활선작업 용구 및 장치** : 활선 시메라, 활선 커터, 컷아웃 스위치 조작봉, 활선 작업대, 주상작업대, 점퍼선, 활선 애자 청소기, 활선 작업차, 활선 사다리

☑ **산업안전보건기준에 관한 규칙 제32조(보호구의 지급 등)**

① 사업주는 다음 각 호의 어느 하나에 해당하는 작업을 하는 근로자에 대해서는 다음 각 호의 구분에 따라 그 작업조건에 맞는 보호구를 작업하는 근로자 수 이상으로 지급하고 착용하도록 하여야 한다.
  1. 물체가 떨어지거나 날아올 위험 또는 근로자가 추락할 위험이 있는 작업 : 안전모
  2. 높이 또는 깊이 2미터 이상의 추락할 위험이 있는 장소에서 하는 작업 : 안전대(安全帶)
  3. 물체의 낙하·충격, 물체에의 끼임, 감전 또는 정전기의 대전(帶電)에 의한 위험이 있는 작업 : 안전화
  4. 물체가 흩날릴 위험이 있는 작업 : 보안경
  5. 용접 시 불꽃이나 물체가 흩날릴 위험이 있는 작업 : 보안면
  6. 감전의 위험이 있는 작업 : 절연용 보호구
  7. 고열에 의한 화상 등의 위험이 있는 작업 : 방열복
  8. 선창 등에서 분진(粉塵)이 심하게 발생하는 하역작업 : 방진마스크
  9. 섭씨 영하 18도 이하인 급냉동어창에서 하는 하역작업 : 방한모·방한복·방한화·방한장갑
  10. 물건을 운반하거나 수거·배달하기 위하여 이륜자동차 또는 원동기장치자전거를 운행하는 작업 : 승차용 안전모
  11. 물건을 운반하거나 수거·배달하기 위해 자전거등을 운행하는 작업 : 안전모

Section 04 정전기의 재해방지대책

1 정전기 대전형태 및 서열

(1) **정전기 대전현상**

① **박리대전** : 서로 밀착되어 있는 물체가 분리될 때 전하의 분리가 일어나서 정전기가 발생한다.
② **마찰대전** : 종이, 필름 등이 금속 롤러와 마찰을 일으킬 때 마찰에 의하여 접촉의 위치가 이동하고 전하 분리가 일어나서 발생한다.
③ **충돌대전** : 분체의 입자끼리 또는 입자와 고체와의 충돌에 의하여 접촉, 분리가 일어나기 때문에 발생한다.
④ **유도대전** : 대전 물체 부근에 있는 물체가 대전체로부터의 정전유도에 의해 정전기를 띠는 현상을 의미한다.
⑤ **분출대전** : 분체, 액체, 기체류가 단면적이 작은 노즐 등의 개구부에서 분출할 때 마찰이 일어나서 발생하며, 가스가 분진, 무상입자로 분출될 때 대전이 잘 일어난다.
⑥ **비말대전** : 공기 중에 분출된 액체가 미세하게 비산되어 분리되었다가 크고 작은 방울로 될 때 새로운 표면을 형성하면서 정전기가 발생하는 현상이다.

⑦ **침강대전** : 절연성 유체 중에서 비중이 다른 부유물이 침강할 때 발생하는 정전기를 말한다.

⑧ **유동대전** : 액체류를 관내로 수송할 때 정전기가 발생하는 것으로 인화성 액체는 전기 절연성이 높아 유동에 의한 대전이 일어나기 쉬우며, 액체의 유동 속도가 정전기 발생에 큰 영향을 미친다.

⑨ **적하대전** : 고체표면에 부착해 있던 액체류가 성장하여 자중으로 물방울이 되어 떨어질 때 전하 분리가 일어나서 정전기가 발생하는 현상이다.

⑩ **교반대전** : 액체가 교반에 의해 진동을 하게 되면 진동에 의한 정전기가 발생한다.

⑪ **파괴대전** : 고체나 분체류와 같은 물체 파괴시, 전하분리 또는 전하의 균형이 깨지면서 발생한다.

(2) 대전서열 및 정전기의 발생, 정전에너지

① **대전서열** : (+) 털가죽 − 상아 − 털형겊 − 수정 − 유리 − 명주 − 나무 − 솜 − 고무 − 유황 − 폴리에틸렌 − 셀룰로이드 − 에보나이트 (−)

② **정전기의 발생** : 유속$^{1.5 \sim 2}$에 비례함

③ **정전에너지** : $E = \frac{1}{2}QV = \frac{1}{2}CV^3$ J [C : 정전용량(F), V : 전압(V), Q : 전하(C)]

(3) 정전기 발생에 영향을 미치는 요소

① 물질의 특성
② 물질의 표면 상태
③ 물질의 이력
④ 접촉 면적과 압력
⑤ 물질의 분리속도

(4) 방전의 종류

① **스파크방전(불꽃방전)** : 대전된 부도체와 도체 사이에 전압이 커지면 공기절연이 파괴되어 발생하는 방전

② **연면방전** : 대전량이 많은 부도체에 접지체가 접근시 부도체 표면을 따라 발생하는 방전

③ **코로나방전** : 대전된 부도체와 돌출된 선단의 도체 사이의 방전(방전에너지가 작아 재해의 원인이 안됨)

④ **뇌상방전** : 대전된 구름에서 대지 또는 구름 사이에 번개형의 발광을 발생하는 방전

⑤ **스트리머방전** : 방전량이 많은 부도체와 평평한 도체 사이의 방전

2 정전기 재해예방 및 관리사항

(1) 정전기 재해예방

① **발생 억제** : 유속조절, 습기부여, 대전방지제 사용, 금속재료 및 도전성 재료 사용

② **발생 전하의 안전방전** : 접지, 침상 방전극 설치

③ **방전 억제방법**

㉮ 코로나방전을 일으킬 돌기물을 배제하고 돌기부의 곡률 반경을 크게 한다.
㉯ 대전전하와 역극성의 이온을 공급하여 제전시킨다.

④ **보호구 착용**
㉮ 정전화 착용(바닥저항 $10^7\Omega$ 정도 되는 정전화)
㉯ 정전 작업복의 착용

(2) 정전기 재해예방을 위한 관리사항
① 발생 전하량 예측
② 대전 물체의 전하 축적 파악
③ 위험성 방전을 발생하는 물리적 조건 파악

Section 05 방폭구조(Explosion-Proof Construction)

1 방폭구조의 종류 및 선정기준

(1) 방폭구조의 종류와 기호

종류	내용	기호
내압방폭구조	점화원에 의해 용기 내부에서 폭발이 발생할 경우에 용기가 폭발압력에 견딜 수 있고, 화염이 용기 외부의 폭발성 분위기로 전파되지 않도록 한 방폭구조	d
압력방폭구조	점화원이 될 우려가 있는 부분을 용기 안에 넣고 보호 기체(신선한 공기 또는 불활성기체)를 용기 안에 압입함으로써 폭발성 가스가 침입하는 것을 방지하도록 되어 있는 방폭구조	p
안전증방폭구조	전기기기의 과도한 온도 상승, 아크 또는 불꽃 발생의 위험을 방지하기 위하여 추가적인 안전조치를 통한 안전도를 증가시킨 방폭구조(다만, 정상운전 중에 아크나 불꽃을 발생시키는 전기기기는 안전증방폭구조의 전기기기 범위에서 제외)	e
유입방폭구조	유체 상부 또는 용기 외부에 존재할 수 있는 폭발성 분위기가 발화할 수 없도록 전기설비 또는 전기설비의 부품을 보호액에 함침시키는 방폭구조	o
본질안전방폭구조	정상시 또는 단락, 단선, 지락 등의 사고시에 발생하는 아크, 불꽃, 고열에 의하여 폭발성 가스나 증기에 점화되지 않는 것이 확인된 구조	ia, ib
비점화방폭구조	전기기기가 정상작동과 규정된 특정한 비정상상태에서 주위의 폭발성 가스 분위기를 점화시키지 못하도록 만든 방폭구조	n
몰드방폭구조	전기기기의 불꽃 또는 열로 인해 폭발성 위험분위기에 점화되지 않도록 컴파운드를 충전해서 보호한 방폭구조	m

종류	내용	기호
충전방폭구조	폭발성 가스 분위기를 점화시킬 수 있는 부품을 고정하여 설치하고, 그 주위를 충전재로 완전히 둘러싸서 외부의 폭발성 가스 분위기를 점화시키지 않도록 하는 방폭구조	q
특수방폭구조	상기의 방폭구조 외에 외부의 폭발성 가스에 대해 인화를 방지할 수 있음을 시험에 의해 확인한 구조	s

(2) 방폭구조 전기기계 · 기구의 선정기준

분류		방폭구조 전기기계 · 기구의 선정기준
가스폭발 위험장소	0종 장소	• 본질안전 방폭구조(ia) • 그밖에 관련 공인 인증기관이 0종 장소에서 사용이 가능한 방폭구조로 인증한 방폭구조
	1종 장소	• 내압 방폭구조(d), 압력 방폭구조(p), 충전 방폭구조(q), 유입 방폭구조(o), 안전증 방폭구조(e), 본질안전 방폭구조(ia, ib), 몰드 방폭구조(m) • 그밖에 관련 공인 인증기관이 1종 장소에서 사용이 가능한 방폭구조로 인증한 방폭구조
	2종 장소	• 0종 장소 및 1종 장소에 사용 가능한 방폭구조 • 비점화 방폭구조(n) • 그밖에 2종 장소에서 사용하도록 특별히 고안된 비방폭형 구조
분진폭발 위험장소	20종 장소	• 밀폐방진 방폭구조(DIP A20 또는 DIP B20) • 그밖에 관련 공인 인증기관이 20종 장소에서 사용이 가능한 방폭구조로 인증한 방폭구조
	21종 장소	• 밀폐방진 방폭구조(DIP A20 또는 A21, DIP B20 또는 B21) • 특수방진 방폭구조(SDP) • 그밖에 관련 공인 인증기관이 21종 장소에서 사용이 가능한 방폭구조로 인증한 방폭구조
	22종 장소	• 20종 장소 및 21종 장소에서 사용 가능한 방폭구조 • 일반방진 방폭구조(DIP A22 또는 DIP B22) • 보통방진 방폭구조(DP) • 그밖에 22종 장소에서 사용하도록 특별히 고안된 비방폭형 구조

(3) 내압방폭구조 대상으로 하는 가스 또는 증기의 분류

	폭발등급	1	2	3
KSC	틈새의 폭[mm] (안전간격)	0.6mm 초과	0.4mm 이상 0.6mm 이하	0.4mm 미만
	해당가스	부탄, 메탄 등 1·2급 가스를 제외한 모든 가스	에틸렌, 석탄가스	수소, 아세틸렌

IEC	폭발등급	I	ⅡA	ⅡB	ⅡC
	틈새의 폭[mm] (안전간격)	탄광용	0.9mm 이상	0.5mm 초과 0.9mm 미만	0.5mm 이하
	해당가스	메탄	아세톤, 벤젠, 부탄, 프로판	에틸렌, 부타디엔	수소, 아세틸렌

2 방폭구조 선정시 착안사항 등

(1) 전기 설비의 방폭구조 선정시 착안사항

① 폭발 위험 분위기의 위험도에의 위험
② 방폭구조 득실의 비교
③ 환경 조건에의 적응성
④ 보수의 난이도
⑤ 경제성

(2) 방폭구조 기타 사항

① **방폭 등급표시 중 eG3** : 발화도 G3의 가연성가스에 사용할 수 있는 안전증 방폭구조(e)를 의미
② **안전증 방폭구조** : 정상운전 중에 폭발성가스 또는 증기에 점화원이 될 불꽃, 아크 또는 고온부분 등의 발생을 방지하기 위하여 기계, 전기적 구조상 온도상승에 대하여 특히 안전도를 증가시킨 구조
③ **안전간격** : 화염이 전달되지 않는 한계의 틈
④ **화염일주한계** : 폭발성 분위기에 있는 용기의 접합면 틈새를 통해 화염이 내부에서 외부로 전파되는 것을 저지할 수 있는 틈새의 최대 간격치
⑤ **내압 방폭구조** : 안전간격 값을 작게 하는 이유는 최소 점화에너지 이하로 열을 떨어뜨리기 위한 조치임

화학설비 안전관리

Section 01 위험물 안전

1 위험물안전관리법 상의 위험물 분류

유별	성질	품명
제1류	산화성 고체	아염소산염류, 염소산염류, 과염소산염류, 무기과산화물류, 브로민산염류, 질산염류, 아이오딘산염류, 과망가니즈산염류, 다이크로뮴산염류
제2류	가연성 고체	황화인, 적린, 유황, 철분, 금속분, 마그네슘, 인화성 고체
제3류	자연발화성 물질 및 금수성 물질	칼륨, 나트륨, 알킬알루미늄, 알킬리튬, 황린, 알칼리금속(칼륨 및 나트륨 제외) 및 알칼리토금속, 유기금속화합물류(알킬알루미늄 및 알킬리튬 제외), 금속의 수소화물, 금속의 인화물, 칼슘 또는 알루미늄의 탄화물
제4류	인화성 액체	특수인화물, 제1석유류(비수용성액체, 수용성액체), 알코올류, 제2석유류(비수용성액체, 수용성액체), 제3석유류(비수용성액체, 수용성액체), 제4석유류, 동식물유류
제5류	자기 반응성 물질	유기과산화물, 질산에스터류, 나이트로화합물, 나이트로소화합물, 아조화합물, 다이아조화합물, 하이드라진 유도체, 하이드록실아민, 하이드록실아민염류
제6류	산화성 액체	과염소산, 과산화수소, 질산

2 산업안전보건기준에 관한 규칙에 따른 위험물의 분류

(1) 폭발성 물질 및 유기과산화물

① 질산에스터류, 니트로화합물, 니트로소화합물, 아조화합물, 디아조화합물, 하이드라진 유도체, 유기과산화물

② 위 ①항에 열거된 물질과 같은 정도의 폭발 위험이 있는 물질

③ 위 ①항과 ②항까지의 물질을 함유한 물질

(2) 물반응성 물질 및 인화성 고체

① 리튬, 칼륨·나트륨, 황, 황린, 황화인·적린, 셀룰로이드류, 알킬알루미늄·알킬리튬, 마그네슘 분말, 금속 분말(마그네슘 분말은 제외), 알칼리금속(리튬·칼륨 및 나트륨은 제외), 유기금속화합물(알킬알루미늄 및 알킬리튬은 제외), 금속의 수소화물, 금속의 인화물, 칼슘 탄화물, 알루미늄 탄화물

② 위 ①항에 열거된 물질과 같은 정도의 발화성 또는 인화성이 있는 물질

③ 위 ①항과 ②항까지의 물질을 함유한 물질

(3) 산화성 액체 및 산화성 고체

① 차아염소산 및 그 염류, 아염소산 및 그 염류, 염소산 및 그 염류, 과염소산 및 그 염류, 브롬산 및 그 염류, 요오드산 및 그 염류, 과산화수소 및 무기 과산화물, 질산 및 그 염류, 과망간산 및 그 염류, 중크롬산 및 그 염류

② 위 ①항에 열거된 물질과 같은 정도의 산화성이 있는 물질

③ 위 ①항과 ②항까지의 물질을 함유한 물질

(4) 인화성 액체

① 에틸에테르, 가솔린, 아세트알데히드, 산화프로필렌, 그 밖에 인화점이 23℃ 미만이고 초기 끓는점이 35℃ 이하인 물질

② 노르말헥산, 아세톤, 메틸에틸케톤, 메틸알코올, 에틸알코올, 이황화탄소, 그 밖에 인화점이 23℃ 미만이고 초기 끓는점이 35℃를 초과하는 물질

③ 크실렌, 아세트산아밀, 등유, 경유, 테레핀유, 이소아밀알코올, 아세트산, 하이드라진, 그 밖에 인화점이 23℃ 이상 60℃ 이하인 물질

(5) 인화성 가스

① 수소, 아세틸렌, 에틸렌, 메탄, 에탄, 프로판, 부탄

② 인화한계 농도의 최저한도가 13% 이하 또는 최고한도와 최저한도의 차가 12% 이상인것으로서 표준압력(101.3kPa)하의 20℃에서 가스상태인 물질

(6) 부식성 물질

① **부식성 산류**

㉮ 농도가 20% 이상인 염산, 황산, 질산, 그 밖에 이와 같은 정도 이상의 부식성을 가지는 물질

㉯ 농도가 60% 이상인 인산, 아세트산, 불산, 그 밖에 이와 같은 정도 이상의 부식성을 가지는 물질

② **부식성 염기류** : 농도가 40% 이상인 수산화나트륨, 수산화칼륨, 그 밖에 이와 같은 정도 이상의 부식성을 가지는 염기류

(7) 급성 독성 물질
① 쥐에 대한 경구투입실험에 의하여 실험동물의 50%를 사망시킬 수 있는 물질의 양, 즉 LD50 (경구, 쥐)이 kg당 300mg-(체중) 이하인 화학물질
② 쥐 또는 토끼에 대한 경피흡수실험에 의하여 실험동물의 50%를 사망시킬 수 있는 물질의 양, 즉 LD50(경피, 토끼 또는 쥐)이 kg당 1000mg-(체중) 이하인 화학물질
③ 쥐에 대한 4시간 동안의 흡입실험에 의하여 실험동물의 50%를 사망시킬 수 있는 물질의 농도, 즉 가스 LC50(쥐, 4시간 흡입)이 2500ppm 이하인 화학물질, 증기 LC50(쥐, 4시간 흡입)이 10mg/L 이하인 화학물질, 분진 또는 미스트 1mg/L 이하인 화학물질

3 위험물 안전대책

(1) 자연발화
① **자연발화의 형태별 분류**
㉮ 산화열에 의한 발열 : 건성유, 원면, 석탄
㉯ 분해열에 의한 발열 : 셀룰로이드
㉰ 흡착열에 의한 발열 : 활성탄
㉱ 중합열에 의한 발열 : 초산비닐, 스티렌
㉲ 미생물에 의한 발열 : 건초류

② **자연발화가 쉽게 일어나는 조건**
㉮ 주위온도가 높을수록
㉯ 발열량이 크고 열축적이 클수록
㉰ 적당량의 수분이 존재할 때

③ **자연발화 방지대책**
㉮ 통풍을 잘한다.
㉯ 퇴적방법이나 수납방법을 생각하여 열이 쌓이지 않게 한다.
㉰ 저장실의 온도를 낮춘다.
㉱ 습도가 높은 곳을 피한다.

(2) 발화성 물질의 저장
① **황린, 이황화탄소** : 물 속에 저장
② **적린, 마그네슘** : 인화성 물질로부터 격리 저장
③ **나트륨, 칼륨** : 석유 속에 저장
④ **질산은 용액** : 햇빛을 피하여 저장

Section 02 유해화학물질 안전

1 화공 안전일반

(1) 수증기 증류의 목적

① 저온사용 작업 가능   ② 열의 보유량 안정   ③ 열 사용시 안정

(2) 전기 설비의 온도 측정 방법

① 촉수에 의한 방법   ② 시온재 사용에 의한 방법   ③ 온도계에 의한 방법

2 유해물 취급 안전

(1) 고체 및 액체 화합물의 치사량 기호

① **치사량**(LD, Lethal Dose) : 한 마리의 동물을 치사시키는 양

② **최소치사량**(MLD, Minimum Lethal Dose) : 실험 동물 한 무리(10마리 또는 그 이상)에서 한 마리를 치사시키는 최소의 양

③ **반수치사량**(LD50, Lethal Dose 50)

㉮ 실험 동물 한 무리(10마리 또는 그 이상)에서 50%를 치사시키는 양

㉯ 해당 약물의 LD50을 나타낼 때는 kg당 mg으로 표시(mg/kg)

(2) 가스 및 공기 중에서 증발하는 화합물의 치사 농도

① **치사농도**(LC, Lethal Concentration) : 한 마리의 동물을 치사시키는 농도

② **최소치사농도**(MLC, Minimum Lethal Concentration) : 실험 동물 한 무리(10마리 또는 그 이상)에서 한 마리를 치사시키는 최소의 농도

③ **반수치사농도**(LC50, Lethal Concentration 50) : 실험 동물 한 무리(10마리 또는 그 이상)에서 50%를 치사시키는 농도

(3) 유해물질의 종류

구분	성상	입자의 크기(μm)
흄(Fume)	화학반응에 의한 무기성 가스 또는 금속 증기	0.01~1
스모그(Smoke)	불완전 연소에 의해 생긴 미립자	0.01~1
미스트(Mist)	공기 중 분산된 액체의 미립자	0.1~10
분진(Dust)	공기 중 분산된 고체의 미립자	0.001~1000
가스(Gas)	25℃, 1기압(760mmHg)에서 기체	분자상
증기(Vapor)	25℃, 1기압(760mmHg)에서 액체 또는 고체 표면에서 발생한 기체	분자상

(4) 유해물질의 허용농도

① **시간가중치 평균농도(TWA, Time Weighted Average)**
   ㉮ 1일 8시간 작업을 기준으로 하여 유해요인의 측정농도에 발생시간을 곱하여 8시간으로 나눈 정도
   ㉯ $TWA = \dfrac{C_1T_1 + C_2T_2 + C_3T_3 + \cdots + C_nT_n}{8}$

   [C : 유해요인의 측정농도(단위는 ppm 또는 mg/m³), T : 유해요인의 발생시간(단위는 시간)]

② **단시간 노출한계(STEL, Short Term Exposure Limit)** : 근로자의 1회 15분간 유해 요인에 노출되는 경우의 허용한도

③ **최고 노출한계(Ceilling 농도)** : 근로자가 1일 작업시간 동안 잠시라도 노출되어서는 안되는 최고 허용농도(허용농도 앞에 "C"를 붙여 표시)

> **TLV-TWA(Threshold Limit Value-Time Weighted Average)**
> 1일 8시간 또는 주 40시간 노동에서 근로자의 폭로량을 반영하는 것으로 유해물질의 폭로량의 지표로 사용

(5) 가스의 허용농도

허용농도	종류	허용농도	종류
0.1ppm	브롬(Br_2), 포스겐($COCl_2$), 오존(O_3)	10ppm	황화수소(H_2S), 시안화수소(HCN)
1ppm	염소(Cl_2)	25ppm	암모니아(NH_3), 일산화질소(NO)
5ppm	이산화황(SO_2), 염화수소(HCl)	50ppm	일산화탄소(CO), 염화메탄(CH_2Cl_2)

Section 03 폭발방지 및 안전대책

1 연소와 연소형태

(1) 연소의 3요소

① **가연물** : 불에 탈 수 있는 가연성 물질의 존재

② **산소 공급원** : 충분한 산소의 공급

③ **열 또는 점화원** : 전기 불꽃, 정전기 불꽃, 마찰 및 충격의 불꽃, 고열물, 단열압축, 산화열

(2) 가연물의 연소형태

　① **확산연소** : 수소, 아세틸렌 등의 기체연소
　② **증발연소** : 알코올, 에테르, 등유, 경유 등의 액체연소
　③ **분해연소** : 중유, 석탄, 목재, 종이, 고체 파라핀 등의 고체연소
　④ **표면연소** : 숯, 알루미늄박, 마그네슘리본 등의 고체연소

(3) 연소되기 쉬운 조건

　① 산화되기 쉽고, 산소와 접촉면이 클수록
　② 발열량이 큰 것일수록
　③ 열전도율이 작고 건조도가 좋은 것일수록

(4) 기타 사항

　① **고체의 연소형태** : 분해연소, 표면연소, 증발연소, 자기연소
　② **인화점**
　　㉮ 가연성 증기에 점화원을 주었을 때 연소가 시작되는 최저 온도를 말한다.
　　㉯ 인화점이 낮을수록, 산소의 농도가 클수록 연소위험이 크다.
　③ **발화점** : 가연물을 가열할 때 점화원이 없이 스스로 연소가 시작되는 최저온도를 말한다.
　④ **연소범위** : 가연성 가스(또는 증기)와 공기(또는 산소)의 혼합가스에 점화원을 주었을때 연소(폭발)가 일어나는 혼합가스의 농도 범위(부피 %)로 온도와 압력이 높을수록 폭발범위는 넓어진다.

2 화재 및 소화

(1) 플래쉬 오버와 슬롭 오버

　① **플래쉬 오버(Flash Over)** : 플라스틱 가구가 많은 실내와 가연재에 화재가 발생한 경우, 실내 전체가 단숨에 타오르고 온도가 급격히 상승하는 현상으로 연기에 의한 위험 상태가 증가한다.
　② **슬롭 오버(Slop Over)** : 석유화재에 있어서 고온층이 형성되는데 이때 물이나 수분을 포함한 소화약제를 방사하게 되면 물의 비점(100℃) 이상일 경우 급작스러운 기화로 인해 열유를 교란시켜 탱크 밖으로 밀어 올리거나 비산시키는 현상을 말한다.

(2) 소화효과

　① **냉각소화** : 냉각에 의한 소화방법, 액체의 증발잠열 또는 열용량이 큰 고체를 이용
　② **질식소화** : 산소의 공급을 차단하는 소화방법, 산소농도 저하로 인한 소화
　③ **제거소화** : 가연물을 제거하여 소화, 기체 및 액체로 인한 대화재의 경우 유일한 소화법
　④ **억제소화** : 연속적 관계의 차단 소화방법, 할로겐, 알칼리 금속 첨가로 불활성화

(3) 화재등급별 소화방법

구분	A급 화재	B급 화재	C급 화재	D급 화재
명칭	보통화재	유류, 가스화재	전기화재	금속화재(Al, Mg)
주 소화효과	냉각	질식	냉각, 질식	질식
적응 소화제	물 소화기 강화액 소화기	포말 소화기 CO_2 소화기 분말 소화기 증발성 액체 소화기	유기성 소화액 CO_2 소화기 분말 소화기	건조사 팽창 질석 팽창 진주암
구분색	백색	황색	청색	–

(4) 소화약재 및 소화기 종류

구분			소화약재	적응성		
				A급	B급	C급
수계 소화기	물 소화기		H_2O^+ 침윤제 첨가	○		
	산 · 알칼리 소화기		A급 : $NaHCO_3$, B급 : H_2SO_4	○		
	강화액 소화기		K_2CO_3	○		
	포소화기 (포말 소화기)	화학포	A급 : $NaHCO_3$, B급 : $Al_2(SO_4)_3$	○	○	
		기계포	AFFF(수성막포), FFFP(막형성 불화 단백포)	○	○	
가스계 소화기	CO_2 소화기		CO_2		○	○
	Halon 소화기	1211	CF_2ClBr	○	○	○
		1301	CF_3Br		○	○
분말계 소화기	ABC급 소화기		$NH_4H_2PO_4$	○	○	○
	BC급 소화기		$NaHCO_3$, $KHCO_3$		○	○

※ 간이 소화용구에는 팽창암, 팽창 진주암, 마른 모래 등으로 D급 화재에 적응성을 가지는 것

3 폭발 및 폭발등급

(1) 폭발의 개요

① **폭발의 원인이 되는 화학반응** : 연소반응, 분해반응, 폭굉반응, 폭연반응
② **반응 폭발에 영향을 미치는 요인** : 교반상태, 냉각시스템, 반응온도
③ **폭발방호** : 폭발봉쇄, 폭발억제, 폭발방산, 대기방출
④ **폭발의 위험도** : 폭발 범위가 넓고 동시에 폭발 하한계가 낮을수록 위험

(2) 폭발의 종류
  ① **기상폭발** : 혼합가스폭발, 가스폭발, 분해폭발, 분진폭발, 분무폭발
  ② **응상폭발** : 수증기폭발, 전선폭발, 고상간의 전이에 의한 폭발, 혼합 위험에 의한 폭발

(3) 폭굉 유도거리가 짧은 경우
  ① 정상 연소속도가 큰 혼합가스일수록
  ② 관속에 방해물이 있거나 관경이 가늘수록
  ③ 압력이 높을수록
  ④ 점화원의 에너지가 강할수록

(4) 폭발성가스의 발화도 및 전기기기에 대한 최고표면온도

발화도 등급		가스발화점	최고표면온도
KSC	노동부 고시		
G1	T1	450℃ 초과	450℃
G2	T2	300℃ 초과 450℃ 이하	300℃
G3	T3	200℃ 초과 300℃ 이하	200℃
G4	T4	135℃ 초과 200℃ 이하	135℃
G5	T5	100℃ 초과 135℃ 이하	100℃
–	T6	85℃ 초과 100℃ 이하	85℃

(5) 안전거리

구분	안전거리
단위공정시설 및 설비로부터 다른 단위공정시설 및 설비의 사이	설비의 외면으로부터 10m 이상
플레어스택으로부터 단위공정시설 및 설비, 위험물질 저장탱크 또는 위험물질 하역설비의 사이	플레어스택으로부터 반경 20m 이상. 다만, 단위공정시설 등이 불연재로 시공된 지붕 아래 설치된 경우에는 예외임
위험물질 저장탱크로부터 단위공정시설 및 설비, 보일러 또는 가열로의 사이	저장탱크의 외면으로부터 20m 이상. 다만, 저장탱크의 방호벽, 원격조정 소화설비 또는 살수설비를 설치한 경우에는 예외임
사무실 · 연구실 · 실험실 · 정비실 또는 식당으로부터 단위공정시설 및 설비, 위험물질 저장탱크, 위험물질 하역설비, 보일러 또는 가열로의 사이	사무실 등의 외면으로부터 20m 이상. 다만, 난방용 보일러인 경우 또는 사무실 등의 벽을 방호구조로 설치한 경우에는 예외임

4 분진 및 분진폭발

(1) 분진의 종류

   ① **가연성 분진** : 공기 중 산소와 발열 반응을 일으키며 폭발하는 분진(소맥분, 전분, 합성수지, 코크스, 철)

   ② **폭연성 분진** : 공기 중 산소가 적은 분위기 또는 이산화탄소 중에서도 착화하고 부유 상태에서도 심한 폭발을 발생하는 금속분진(마그네슘, 알루미늄)

(2) 분진폭발의 특징

   ① 연소속도나 폭발압력은 가스폭발보다는 작지만 가해지는 힘(파괴력)은 매우 크다.

   ② 2차 폭발을 한다.

   ③ CO 중독피해의 우려가 있다.

   ④ 분진의 크기가 작을수록, 분진입자의 표면이 거칠수록 잘 일어난다.

(3) 분진의 폭발성에 영향을 주는 요인

   ① 분진 입도 및 입도 분포   ② 입자의 형상과 표면상태

   ③ 분진의 부유성   ④ 분진의 화학적 성질과 조성

5 폭발위험장소 및 폭발 등 방지원리

(1) 폭발위험장소의 분류

분류		적요	예
가스 폭발 위험 장소	0종 장소	폭발성 가스 분위기가 연속적, 장기간 또는 빈번하게 존재하는 장소	용기 · 장치 · 배관 등의 내부 등
	1종 장소	폭발성 가스 분위기가 정상작동 중 주기적 또는 빈번하게 생성되는 장소	맨홀 · 벤트 · 피트 등의 주위
	2종 장소	폭발성 가스 분위기가 정상작동 중 조성되지 않거나 조성된다 하더라도 짧은 기간에만 존재할 수 있는 장소	개스킷 · 패킹 등의 주위
분진 폭발 위험 장소	20종 장소	분진운 형태의 가연성 분진이 폭발농도를 형성할 정도로 충분한 양이 정상작동 중에 연속적으로 또는 자주 존재하거나, 제어할 수 없을 정도의 양 및 두께의 분진층이 형성될 수 있는 장소	호퍼 · 분진저장소 · 집진장치 · 필터 등의 내부
	21종 장소	20종 장소 외의 장소로서, 분진운 형태의 가연성 분진이 폭발농도를 형성할 정도의 충분한 양이 정상작동 중에 존재할 수 있는 장소	집진장치 · 백필터 · 배기구 등의 주위, 이송밸트 샘플링 지역 등

| 분진폭발위험장소 | 22종 장소 | 21종 장소 외의 장소로서, 가연성 분진운 형태가 드물게 발생 또는 단기간 존재할 우려가 있거나, 이상작동 상태하에서 가연성 분진층이 형성될 수 있는 장소 | 21종 장소에서 예방 조치가 취하여진 지역, 환기설비 등과 같은 안전장치 배출구 주위 등 |

※ "인화성 액체의 증기 또는 가연성 가스에 의한 폭발위험분위기"라 함은 연소가 계속될 수 있는 가스나 증기 상태의 가연성 물질이 혼합되어 있는 상태를 말한다.

(2) 위험도 및 혼합가스의 폭발위험

① 위험도(H) = $\dfrac{U_2 - U_1}{U_1}$ (U_1 : 폭발하한계, U_2 : 폭발상한계)

② 아세틸렌의 위험도(H) = $\dfrac{U_2 - U_1}{U_1} = \dfrac{81 - 2.5}{2.5} = 31.4$ (U_1 : 폭발하한계, U_2 : 폭발상한계)

③ 혼합가스의 폭발 위험(L) = $\dfrac{100}{\dfrac{V_1}{L_1} + \dfrac{V_2}{L_2} + \dfrac{V_3}{L_3} + \cdots\cdots \dfrac{V_n}{L_n}}$

㉮ $L_1, L_2, \cdots\cdots L_n$: 각 성분가스의 폭발한계(vol%)
㉯ $V_1, V_2, \cdots\cdots V_n$: 각 성분가스의 혼합비(vol%)

Section 04 화학설비안전

1 반응기 및 배관부속품

(1) 반응기의 종류
① **구조방식에 따른 분류** : 교반조형, 관형, 탑형, 유동층형
② **조작방식에 의한 분류** : 회분식, 반회분식, 연속식

(2) 배관부속품
① **두 개의 관 연결시** : 플랜지(flange), 유니온(union), 커플링(coupling), 니플(nipple), 소켓(socket)
② **관선의 방향 변경시** : 엘보(elbow), 리턴 밴드(return bend)
③ **관의 직경 변경시** : 리듀서(reducer), 소구경에는 부싱(bushing), 대구경에는 이경(異徑) 플랜지(reducing flange)
④ **지관(枝管) 연결시** : 티(tee), Y 지관(Y-branch), 십자(cross)
⑤ **유로차단시** : 소구경은 플러그(plug), 캡(cap), 대구경은 판(板)플랜지(blank flange)
⑥ **유량조절시** : 밸브(valve)

> ☑ **산업안전보건기준에 관한 규칙 제256조(부식 방지)**
> 사업주는 화학설비 또는 그 배관(화학설비 또는 그 배관의 밸브나 콕은 제외한다) 중 위험물 또는 인화점이 섭씨 60도 이상인 물질(이하 "위험물질등"이라 한다)이 접촉하는 부분에 대해서는 위험물질등에 의하여 그 부분이 부식되어 폭발·화재 또는 누출되는 것을 방지하기 위하여 위험물질등의 종류·온도·농도 등에 따라 부식이 잘 되지 않는 재료를 사용하거나 도장(塗裝) 등의 조치를 하여야 한다.

2 증류탑

(1) 화학설비 중 증류탑 개방 시 점검사항

　① 트레이(Tray)의 부식상태, 정도, 범위
　② 넘쳐흐르는 둑의 높이가 설계와 같은 지의 여부
　③ 용접선의 상황과 포종이 단에 고정되어 있는지의 여부
　④ 누출의 원인이 되는 균열 손상여부
　⑤ 라이닝(Lining) 코팅 상황

(2) 증류탑의 일상점검항목

　① 보온재, 보냉재의 파손여부
　② 도장의 보존상태여부
　③ 접속부, 맨홀부, 용접부에서의 이상 유무
　④ 앵커볼트의 이탈여부
　⑤ 증기배관이 열팽창에 의해 무리한 힘이 가해지지 않고 있는지의 여부
　⑥ 부식 등으로 두께가 얇어지지는 않았는지의 여부

3 안전밸브 및 파열판

(1) 안전밸브

　① **화학설비 안전밸브가 작동하지 않는 것을 방지하기 위한 주의사항**
　　㉮ 정기적인 분해 조정
　　㉯ 안전밸브가 작동했을 때의 진동 방지처리
　　㉰ 대기방출의 벤트관 개구부로부터 안전밸브 본체에 빗물이 들어가지 않도록 벤트관 굴곡부에 배수구 등을 설치
　　㉱ 상시 외관 검사 실시

② 작동 방식과 흐름에 의한 밸브 종류
    ㉮ 리프트 밸브
    ㉯ 슬라이드 밸브
    ㉰ 버터플라이 밸브

(2) 파열판
① 파열판을 설치해야 하는 경우
    ㉮ 반응 폭주 등 급격한 압력 상승 우려가 있는 경우
    ㉯ 급성 독성물질의 누출로 인하여 주위의 작업환경을 오염시킬 우려가 있는 경우
    ㉰ 운전 중 안전밸브에 이상 물질이 누적되어 안전밸브가 작동되지 아니할 우려가 있는 경우
② 파열판과 안전밸브의 직렬설치
    ㉮ 급성 독성물질이 지속적으로 외부에 유출될 수 있는 화학설비 및 그 부속설비에는 파열판과 안전밸브를 직렬로 설치
    ㉯ 그 사이에는 압력지시계 또는 자동경보장치를 설치

4 특수화학설비 및 화학설비에 부속되어 사용되는 안전장치

(1) **특수화학설비**(온도계·유량계·압력계 등의 계측장치 설치 대상)
① 발열반응이 일어나는 반응장치
② 증류·정류·증발·추출 등 분리를 행하는 장치
③ 가열시켜 주는 물질의 온도가 가열되는 위험물질의 분해온도 또는 발화점보다 높은 상태에서 운전되는 설비
④ 반응폭주 등 이상 화학반응에 의하여 위험물질이 발생할 우려가 있는 설비
⑤ 온도가 350℃ 이상이거나 게이지 압력이 980kPa 이상인 상태에서 운전되는 설비
⑥ 가열로 또는 가열기

(2) 안전장치의 용도 및 기능
① **체크 밸브** : 유체의 역류를 방지하는 밸브
② **블로우 밸브** : 과잉 압력을 방출하는 밸브
③ **통기 밸브** : 항상 탱크 내의 압력을 대기압과 평형한 압력으로 하는 탱크 보호 밸브
④ **화염방지기** : 화염의 차단을 목적으로 한 장치
⑤ **긴급차단장치** : 공기압식, 유압식, 전기식
⑥ **자동방출장치** : Vent Stack, Flare Stack, Steam Draft

5 공동현상, 서어징 현상

(1) 공동현상(Cavitation)
  ① **공동현상의 개요** : 액체가 고속으로 회전할 때 압력이 낮아지는 부분이 생겨 기포가 형성되는 현상으로 원심 펌프, 수력 터빈, 해상용 프로펠러 등에서 발생
  ② **공동현상의 특징**
    ㉮ 발생한 기포가 고압영역으로 유입 기표의 급격한 붕괴로 인해 소음, 진동발생
    ㉯ 양정곡선 및 효율곡선의 저하
    ㉰ 토출 유량, 압력의 저하
    ㉱ 깃표면 부근에서 기포붕괴 및 기포체적의 급격한 감소로 인해 유체압력 급격이 증가하고 이로 인해 점침식을 유발
  ③ **공동현상 방지책**
    ㉮ 펌프의 설치위치를 낮추어 유효흡입 수두를 크게한다.
    ㉯ 펌프 회전수를 낮추고 흡입비 속도를 적게한다.
    ㉰ 양쪽 흡입펌프를 사용하거나 펌프를 2대로 나눈다.
    ㉱ 흡입관의 지름을 크게 하고 밸브, 플랜지, 관 이음류의 수를 적게 하여 손실수두를 줄인다.
    ㉲ 임펠러의 재질을 점침식에 강한 재질(스테인레스)로 바꾼다.

(2) 서어징(surging)현상
  ① **서어징현상의 개요** : 펌프작동시 송출압력과 송출유량이 주기적으로 변동하여 펌프입구 및 출구에 설치된 진공계, 압력계의 지침이 흔들리는 현상
  ② **방지대책**
    ㉮ 회전수를 적당히 조절한다.
    ㉯ 베인을 제어하여 풍량을 감소시킨다.
    ㉰ 배관의 경사를 완만하게 한다.
    ㉱ 교축밸브를 기계에 근접 설치한다.
    ㉲ 토출가스를 흡입 측에 바이패스 시키거나 방출밸브에 의해 대기로 방출시킨다.

> **상사법칙**
> • 유량은 직경변경률의 3승에 비례
> • 양정은 직경변경률의 2승에 비례
> • 동력은 직경변경률의 5승에 비례

건설공사 안전관리

Section 01 건설공사 안전개요

1 지반조사 및 토질시험

(1) 지반의 조사방법

① **지하탐사법** : 짚어보기, 터파보기, 물리적 탐사법
② **사운딩(Sounding, 관입시험)** : 표준관입시험, 베인 테스트(Vane test), 콘(Cone) 관입시험
③ **보링(Boring)** : 오거보링, 수세식보링, 충격식보링, 회전식보링(가장 정확한 방법)
④ **샘플링(Sampling)** : 교란시료, 불교란시료
⑤ **토질시험(Soil test)** : 물리적시험, 역학적시험
⑥ **지내력 시험(Loading test)** : 평판재하시험, 말뚝박기시험

(2) 토질시험

① 토질시험의 분류

㉮ 밀도시험 : 입도, 밀도, 함수비, 진비중, 액성 및 소성한계, 현장 함수당량, 원심 함수당량시험 등을 통해 측정한다.
㉯ 화학시험 : 함유수분의 시험 등을 필요에 따라 화학분석으로 행한다.
㉰ 역학시험 : 표준관입시험, 전단시험, 압밀시험, 투수시험, 다짐시험, 단순압축시험, 지반의 지지력시험 등이 있다.
㉱ 기타시험 : 물리적 지하탐사시험, 전기적 지하탐사시험 등의 방법이 있다.

② 현장의 토질시험방법

㉮ 표준관입시험
 ㉠ 사질지반의 상대밀도 등 토질조사시 신뢰성이 높다.
 ㉡ 63.5kg의 추를 76cm 정도의 높이에서 떨어뜨려 30cm 관입시킬 때의 타격회수(N)를 측정하여 흙의 경·연 정도를 판정한다.
㉯ 베인(Vane)시험
 ㉠ 연한 점토질 시험에 주로 쓰이는 방법이다.

ⓒ 4개의 날개가 달린 베인 테스터를 지반에 때려박고 회전시켜 저항 모멘트를 측정, 전단강도를 산출한다.
㉰ 평판재하시험 : 지반의 지지력을 알아보기 위한 방법이다.

ㄷ 예민비
- 흙의 이김에 의한 약해지는 정도를 표시한 것임
- 예민비 = $\dfrac{\text{자연시료의 강도}}{\text{이긴시료의 강도}}$

2 보일링과 히빙

(1) **보일링**(Boiling)

① **정의** : 사질토 지반 굴착시 굴착부와 지하 수위차가 있을 경우, 수두차(水頭差)에 의하여 침투압이 생겨 흙막이벽 근입부분을 침식하는 동시에 모래가 액상화(液狀化)되어 솟아오르며 흙막이벽의 근입부가 지지력을 상실하여 흙막이공의 붕괴를 초래하는 현상

② **지반조건** : 지하 수위가 높은 사질토의 경우

③ **현상**
  ㉮ 전면에 액상화현상(Quick Sand)이 발생
  ㉯ 굴착면과 배면토의 수두차에 의한 침투압이 발생

④ **대책**
  ㉮ 주변 수위를 저하
  ㉯ 흙막이벽 근입도를 증가시켜 동수구배를 저하
  ㉰ 굴착토를 즉시 원상 매립
  ㉱ 작업 중지

(2) **히빙**(Heaving)

① **정의** : 굴착이 진행됨에 따라 흙막이 벽 뒤쪽 흙의 중량이 굴착부 바닥의 지지력 이상이 되면 흙막이벽 근입(根入) 부분의 지반 이동이 발생하여 굴착부 저면이 솟아오르는 현상

② **지반조건** : 연약성 점토 지반인 경우

③ **현상**
  ㉮ 지보공 파괴
  ㉯ 토사붕괴 저면의 솟아오름

④ **대책**
  ㉮ 굴착 주변의 상재하중을 제거
  ㉯ 시트 파일(Sheet Pile) 등의 근입심도를 검토
  ㉰ 1.3m 이하 굴착시에는 버팀대(Strut)를 설치

㉣ 버팀대, 브라켓, 흙막이를 점검
㉤ 굴착주변을 탈수공법과 병행
㉥ 굴착방식을 개선(Island Cut 공법 등)

> **연약지반 개량공법의 종류**
> 다짐말뚝공법, 바이브로플로테이션공법, 다짐모래말뚝공법, 약액주입공법, 전기충격공법, 폭파치환공법

> **✓ 산업안전보건기준에 관한 규칙 제366조(붕괴 등의 방지)**
> 사업주는 터널 지보공을 설치한 경우에 다음 각 호의 사항을 수시로 점검하여야 하며, 이상을 발견한 경우에는 즉시 보강하거나 보수하여야 한다.
> 1. 부재의 손상·변형·부식·변위 탈락의 유무 및 상태
> 2. 부재의 긴압 정도
> 3. 부재의 접속부 및 교차부의 상태
> 4. 기둥침하의 유무 및 상태

3 유해위험방지계획서

(1) 유해위험방지계획서 제출 대상 공사

① 지상높이가 31m 이상인 건축물 또는 인공구조물, 연면적 30,000m² 이상인 건축물, 연면적 5,000m² 이상인 문화 및 집회시설(전시장 및 동물원·식물원은 제외), 판매시설, 운수시설(고속철도의 역사 및 집배송시설은 제외), 종교시설, 의료시설 중 종합병원, 숙박시설 중 관광숙박시설, 지하도상가, 냉동·냉장 창고시설의 건설·개조 또는 해체공사
② 연면적 5,000m² 이상인 냉동·냉장 창고시설의 설비공사 및 단열공사
③ 최대 지간길이(다리의 기둥과 기둥의 중심사이의 거리)가 50m 이상인 다리의 건설등 공사
④ 터널의 건설등 공사
⑤ 다목적댐, 발전용댐, 저수용량 2천만톤 이상의 용수 전용 댐 및 지방상수도 전용 댐의 건설등 공사
⑥ 깊이 10m 이상인 굴착공사

(2) 유해위험방지계획서 제출서류 및 첨부서류

① **유해위험방지계획서 제출서류**
㉮ 건축물 각 층의 평면도
㉯ 기계·설비의 개요를 나타내는 서류
㉰ 기계·설비의 배치도면

㉣ 원재료 및 제품의 취급, 제조 등의 작업방법의 개요
㉤ 그 밖에 고용노동부장관이 정하는 도면 및 서류

② **유해위험방지계획서 첨부서류**
㉮ 공사 개요 및 안전보건관리계획
㉠ 공사 개요서
㉡ 공사현장의 주변 현황 및 주변과의 관계를 나타내는 도면(매설물 현황을 포함)
㉢ 건설물, 사용 기계설비 등의 배치를 나타내는 도면
㉣ 전체 공정표
㉤ 산업안전보건관리비 사용계획서
㉥ 안전관리 조직표
㉦ 재해 발생 위험 시 연락 및 대피방법
㉯ 작업 공사 종류별 유해위험방지계획
㉠ 해당 작업공사 종류별 작업개요 및 재해예방 계획
㉡ 위험물질의 종류별 사용량과 저장·보관 및 사용 시의 안전작업계획

(3) **유해위험방지계획서 심사 결과의 구분·판정**
① **적정** : 근로자의 안전과 보건을 위하여 필요한 조치가 구체적으로 확보되었다고 인정되는 경우
② **조건부 적정** : 근로자의 안전과 보건을 확보하기 위하여 일부 개선이 필요하다고 인정되는 경우
③ **부적정** : 건설물·기계·기구 및 설비 또는 건설공사가 심사기준에 위반되어 공사착공 시 중대한 위험이 발생할 우려가 있거나 해당 계획에 근본적 결함이 있다고 인정되는 경우

4 건설공사 안전의 개요에 관한 중요사항

(1) **흙의 성질**

① **흙** = 토립자 + 간극(물, 공기, 가스)

② 간극비 = $\dfrac{간극의\ 용적}{토립자의\ 용적}$

③ 함수비 = $\dfrac{물의\ 중량}{토립자의\ 용적} \times 100$

④ 포화비 = $\dfrac{물의\ 용적}{토립자의\ 용적} \times 100$

⑤ 예민비 = $\dfrac{자연시료의\ 강도}{이긴시료의\ 강도}$

> **소성한계 및 액성한계**
> 바삭바삭 끈기가없는 상태 → 소성한계 : 이때의 함수비 → 끈기가 있고 반죽할 수 있는 상태 → 액성한계 : 이때의 함수비 → 질척한 액성의 상태

(2) 허용응력과 안전율

① **허용응력** : 실제로 재료를 사용하여 안전하다고 판단되는 최대응력

② **안전율** = $\dfrac{\text{극한강도(파괴하중)}}{\text{허용응력}}$

(3) 지반성격에 따른 개량공법 분류

지반성격	지반개량공법	비고
점토질 지반	치환법	연약토를 양질토로 치환(폭파·전면·사면전단치환)
	프리로딩(Pre-loading, 여성토) 공법	구조물을 세우기 전 미리 하중을 가해 압밀 촉진
	압성토(부제) 공법	재하 공법
	생석회 말뚝 공법	고결 공법
	전기침투 공법 및 전기화학적 고결 공법	고결 공법
	샌드 드레인(Sand Drain) 공법	탈수 공법
	페이퍼 드레인(Paper Drain) 공법	탈수 공법
사질 지반	다짐말뚝 공법	다짐 공법
	다짐모래말뚝 공법(콤포저 공법)	다짐 공법
	바이브로플로테이션(Vibroflotation)공법	2m 정도의 진동봉을 지중에 관입, 빈 구멍에 모래, 자갈을 채워 지반 개량(다짐 공법)
	폭파다짐 공법	다짐 공법
	전기충격 공법	배수 공법
	약액주입 공법	벤토나이트·그라우트·아스팔트 등 사용(주입 공법)

(4) 흙막이 공법

① **수평버팀대식**

㉮ 흙막이벽을 설치하고 토압을 수평버팀대에 부담하면서 굴착하는 것

㉯ 버팀대의 위치는 H/3, 띠장의 이음위치는 L/4

② **어스앵커식(Earth anchor)**

㉮ 흙막이벽 배면을 원통형으로 굴착한 후 고강도 강재와 모르타르(Mortar)를 주입하여 경화시킨 후 인장력에 의해 토압을 지지하게 하는 것

㉯ 좌우 토압이 불균일하여 버팀대식의 적용이 불가하고, 굴착부지 내의 작업공간 확보가 필요한 경우 사용

③ **지하연속벽식(Slurry wall)**

㉮ 안정액을 사용하여 지반붕괴를 방지하면서 굴착하여 그 속에 철근망과 콘크리트를 넣어 연속으로 콘크리트 흙막이벽을 설치하는 것

④ 차수성이 높으며, 인접건물에 근접 시공이 가능
④ 벽체의 강성이 높아 본 구조체로 사용 가능
④ **당겨매기식 흙막이** : 온통파기 또는 지반이 연약하여 빗버팀대로 지지하기 곤란한 대지에 있어서 흙막이말뚝과 널말뚝 상부에 ㄱ자 형강 또는 각재를 연결재 또는 로프로 끌어당겨 매는 공법

Section 02 건설안전시설 및 설비

1 추락재해의 위험성 및 안전조치

(1) 추락의 방지

① 근로자가 추락하거나 넘어질 위험이 있는 장소(작업발판의 끝·개구부 등을 제외) 또는 기계·설비·선박블록 등에서 작업을 할 때에 근로자가 위험해질 우려가 있는 경우 비계(飛階)를 조립하는 등의 방법으로 작업발판을 설치하여야 한다.

② 작업발판을 설치하기 곤란한 경우 다음의 기준에 맞는 추락방호망을 설치하여야 한다. 다만, 추락방호망을 설치하기 곤란한 경우에는 근로자에게 안전대를 착용하도록 하는 등 추락위험을 방지하기 위하여 필요한 조치를 하여야 한다.

　㉮ 추락방호망의 설치 위치는 가능하면 작업면으로부터 가까운 지점에 설치하여야 하며, 작업면으로부터 망의 설치지점까지의 수직거리는 10m를 초과하지 아니할 것
　㉯ 추락방호망은 수평으로 설치하고, 망의 처짐은 짧은 변 길이의 12% 이상이 되도록 할 것
　㉰ 건축물 등의 바깥쪽으로 설치하는 경우 추락방호망의 내민 길이는 벽면으로부터 3m 이상 되도록 할 것. 다만, 그물코가 20mm 이하인 추락방호망을 사용한 경우에는 낙하물방지망을 설치한 것으로 본다.

(2) 개구부 등의 방호 조치

① 사업주는 작업발판 및 통로의 끝이나 개구부로서 근로자가 추락할 위험이 있는 장소에는 안전 난간, 울타리, 수직형 추락방망 또는 덮개 등(이하 "난간등"이라 함)의 방호 조치를 충분한 강도를 가진 구조로 튼튼하게 설치하여야 하며, 덮개를 설치하는 경우에는 뒤집히거나 떨어지지 않도록 설치하여야 한다. 이 경우 어두운 장소에서도 알아볼 수 있도록 개구부임을 표시해야 하며, 수직형 추락방망은 산업표준화법에 따른 한국산업표준에서 정하는 성능기준에 적합한 것을 사용해야 한다.

② 사업주는 난간등을 설치하는 것이 매우 곤란하거나 작업의 필요상 임시로 난간등을 해체하여야 하는 경우 추락방호망을 설치하여야 한다. 다만, 추락방호망을 설치하기 곤란한 경우에는 근로자에게 안전대를 착용하도록 하는 등 추락할 위험을 방지하기 위하여 필요한 조치를 하여야 한다.

> ☑ **산업안전보건기준에 관한 규칙 제45조(지붕 위에서의 위험방지)**
> ① 사업주는 근로자가 지붕 위에서 작업을 할 때에 추락하거나 넘어질 위험이 있는 경우에는 다음 각 호의 조치를 해야 한다.
> 1. 지붕의 가장자리에 제13조에 따른 안전난간을 설치할 것
> 2. 채광창(skylight)에는 견고한 구조의 덮개를 설치할 것
> 3. 슬레이트 등 강도가 약한 재료로 덮은 지붕에는 폭 30센티미터 이상의 발판을 설치할 것

(3) 사다리식 통로 설치 시 준수사항

① 견고한 구조로 할 것

② 심한 손상·부식 등이 없는 재료를 사용할 것

③ 발판의 간격은 일정하게 할 것

④ 발판과 벽과의 사이는 15cm 이상의 간격을 유지할 것

⑤ 폭은 30cm 이상으로 할 것

⑥ 사다리가 넘어지거나 미끄러지는 것을 방지하기 위한 조치를 할 것

⑦ 사다리의 상단은 걸쳐놓은 지점으로부터 60cm 이상 올라가도록 할 것

⑧ 사다리식 통로의 길이가 10m 이상인 경우에는 5m 이내마다 계단참을 설치할 것

⑨ 사다리식 통로의 기울기는 75도 이하로 할 것. 다만, 고정식 사다리식 통로의 기울기는 90도 이하로 하고, 그 높이가 7m 이상인 경우에는 다음 각 목의 구분에 따른 조치를 할 것

   ㉮ 등받이울이 있어도 근로자 이동에 지장이 없는 경우 : 바닥으로부터 높이가 2.5미터 되는 지점부터 등받이울을 설치할 것

   ㉯ 등받이울이 있으면 근로자가 이동이 곤란한 경우 : 한국산업표준에서 정하는 기준에 적합한 개인용 추락 방지 시스템을 설치하고 근로자로 하여금 한국산업표준에서 정하는 기준에 적합한 전신안전대를 사용하도록 할 것

⑩ 접이식 사다리 기둥은 사용 시 접혀지거나 펼쳐지지 않도록 철물 등을 사용하여 견고하게 조치할 것

2 추락 방지용 방망의 구조 등 안전기준

(1) 안전기준

① **그물코** : 사각 또는 마름모로서 그 크기는 10cm 이하

② **테두리망 및 매다는 망의 강도** : 인장강도 1,500kg/cm² 이상

③ 방망사의 신품에 대한 인장강도

그물코의 크기	인장강도(단위 : kg)	
	매듭이 없는 방망	매듭 방망
10cm	240(150)	200(135)
5cm	–	110(60)

※괄호 안은 폐기기준 인장강도임

(2) 방망의 표시 및 정기시험
  ① **방망의 표시** : 제조자, 제조연월, 재봉치수, 그물코, 신품시 망사의 강도
  ② **정기시험** : 사용개시 후 1년 이내, 이후 매 6개월마다 실시

3 낙하물 재해방지설비

(1) 낙하·비래의 위험성 및 안전조치
  ① **높이가 3m 이상인 장소로부터 물체를 투하하는 경우** : 적당한 투하설비 설치, 감시인 배치
  ② **낙하 등에 의한 위험방지 조치** : 방망
  ③ **낙하·비래에 의한 위험방지 조치** : 낙하물방지망·수직보호망 또는 방호선반의 설치, 출입금지 구역의 설정, 보호구의 착용
  ④ **낙하물방지망 또는 방호선반 설치시 준수사항**
    ㉮ 설치 높이는 10m 이내마다 설치하고, 내민길이는 벽면으로부터 2m 이상으로 할 것
    ㉯ 수평면과의 각도는 20° 이상 30° 이하를 유지할 것

(2) 낙하·비래재해의 방호설비

방호설비	구분	용도, 사용장소, 조건
방호철망, 방호울타리, 가설앵커설비	상부에서 낙하해오는 것으로부터 보호	철골건립 및 보울트 체결, 기타 상하작업
방호철망, 방호시트, 울타리, 방호선반, 안전망	제3자의 위험행동으로 인한 보호	보울트, 콘크리트제품, 형틀재, 일반자재, 먼지 등 낙하·비산할 우려가 있는 작업
석면포	불꽃의 비산방지	용접, 용단을 수반하는 작업

4 토사붕괴의 위험성 및 안전조치

(1) 토사붕괴의 원인
  ① **외적원인** : 사면의 경사 및 기울기의 증가, 절토 및 성토의 증가, 공사에 의한 진동 및 반복하중의 증가, 지표수 또는 지하수의 침투로 인한 토사중량의 증가, 지진 및 작업차량 등의 하중

② **내적원인** : 절토사면의 토질, 암질의 종류, 성토 사면의 토질구성 및 분포, 토석의 강도 저하

(2) 토사붕괴·낙하에 의한 위험방지

① 지반은 안전한 경사로 하고 낙하의 위험이 있는 토석을 제거하거나 옹벽, 흙막이지보공 등을 설치

② 지반의 붕괴 또는 토석의 낙하원인이 되는 빗물이나 지하수 등의 배제

③ 구축물의 안전진단 등 안전성 평가 실시

(3) 지반의 굴착 작업을 하는 경우 작업장소 등의 조사

① 형상·지질 및 지층의 상태

② 균열·함수(含水)·용수 및 동결의 유무 또는 상태

③ 매설물 등의 유무 또는 상태

④ 지반의 지하수위 상태

(4) 암반 등의 인력 굴착시 위험방지

① 굴착면의 기울기(구배)기준

지반의 종류	굴착면의 기울기	지반의 종류	굴착면의 기울기
모래	1 : 1.8	경암	1 : 0.5
연암 및 풍화암	1 : 1.0	그 밖의 흙	1 : 1.2

※ 비고
1. 굴착면의 기울기는 굴착면의 높이에 대한 수평거리의 비율을 말한다.
2. 굴착면의 경사가 달라서 기울기를 계산하기가 곤란한 경우에는 해당 굴착면에 대하여 지반의 종류별 굴착면의 기울기에 따라 붕괴의 위험이 증가하지 않도록 위 표의 지반의 종류별 굴착면의 기울기에 맞게 해당 각 부분의 경사를 유지해야 한다.

② 사질의 지반은 굴착면의 기울기를 1:1.5 이상으로 하고 높이는 5m 미만으로 하여야 한다.

③ 발파 등에 의해서 붕괴하기 쉬운 상태의 지반 및 다시 매립하거나 반출시켜야 할 지반의 굴착면의 기울기는 1:1 이하 또는 높이는 2m 미만으로 하여야 한다.

(5) 흙막이지보공

① **흙막이지보공의 조립**

㉮ 미리 조립도를 작성하여 당해 조립도에 의하여 조립

㉯ 조립도에는 흙막이판·말뚝·버팀대 및 띠장 등 부재의 배치·치수·재질 및 설치방법과 순서를 명시

② **흙막이지보공을 설치하였을 때의 정기점검사항**

㉮ 부재의 손상·변형·부식·변위 및 탈락의 유무와 상태

㉯ 버팀대의 긴압의 정도

⒟ 부재의 접속부·부착부 및 교차부의 상태
⒠ 침하의 정도

> **ㄷ 옹벽의 안정검토**
> 전도에 대한 검토, 활동에 대한 검토, 지반의 지지력에 대한 검토

5 가설 전기설비의 위험성 및 안전조치

(1) 고압활선작업

① 근로자에게 절연용 보호구를 착용시키고, 당해 충전전로중 근로자가 취급하고 있는 부분 외의 부분에 근로자의 신체 등이 접촉 또는 접근함으로 인하여 감전의 위험이 발생할 우려가 있는 것에 대하여는 절연용 방호구를 설치할 것

② 근로자에게 활선작업용 기구를 사용하도록 할 것

③ 근로자에게 활선작업용 장치를 사용하도록 할 것(이 경우 근로자가 취급하고 있는 충전전로의 전위와 전위가 다른 물체와 근로자의 신체 등이 접촉하거나 접근함으로 인하여 감전의 위험이 발생하지 아니하도록 하여야 함)

(2) 충전전로 작업 시 충전전로에 대한 접근한계거리

충전전로의 선간전압 (단위 : kV)	충전전로에 대한 접근한계거리(단위 : cm)	충전전로의 선간전압 (단위 : kV)	충전전로에 대한 접근한계거리(단위 : cm)
0.3 이하	접촉금지	121 초과 145 이하	150
0.3 초과 0.75 이하	30	145 초과 169 이하	170
0.75 초과 2 이하	45	169 초과 242 이하	230
2 초과 15 이하	60	242 초과 362 이하	380
15 초과 37 이하	90	362 초과 550 이하	550
37 초과 88 이하	110	550 초과 800 이하	790
88 초과 121 이하	130		

(3) 시설물 건설 등의 작업시의 감전방지

① 당해 충전전로를 이설할 것
② 감전의 위험을 방지하기 위한 울타리(방책)를 설치할 것
③ 당해 충전전로에 절연용 방호구를 설치할 것
④ 위 ①항 내지 ③항에 해당하는 조치를 하는 것이 현저히 곤란한 때에는 감시인을 두고 작업을 감시하도록 할 것

6 건설기계의 위험성 및 안전조치

(1) **차량계 건설기계의 작업계획 작성시 포함사항**
   ① 사용하는 차량계 건설기계의 종류 및 능력
   ② 차량계 건설기계의 운행경로
   ③ 차량계 건설기계에 의한 작업방법

(2) **차량계 건설기계 전도방지를 위한 조치**
   ① 유도자를 배치
   ② 지반의 부동침하방지 조치
   ③ 갓길의 붕괴방지 조치
   ④ 도로의 폭의 유지 등 필요한 조치

(3) **부적격한 권상용 와이어로프의 사용금지**(항타기 또는 항발기)
   ① 이음매가 있는 것
   ② 와이어로프의 한 꼬임에서 끊어진 소선(필러선은 제외)의 수가 10% 이상(비자전로프의 경우에는 끊어진 소선의 수가 와이어로프 호칭지름의 6배 길이 이내에서 4개 이상이거나 호칭지름 30배 길이 이내에서 8개 이상)인 것
   ③ 지름의 감소가 공칭지름의 7%를 초과하는 것
   ④ 꼬인 것
   ⑤ 심하게 변형되거나 부식된 것
   ⑥ 열과 전기충격에 의해 손상된 것

> **랭(Lang)꼬임**
> 보통꼬임의 로프보다 사용시 표면전체가 균일하게 마모되므로 수명이 길고 부분적 마모에 대한 저항성, 유연성이 우수하나 꼬임이 풀리기 쉬운 단점이 있다.

(4) **권상용 와이어로프의 안전계수 및 안전율**

   ① 안전계수 $= \dfrac{\text{극한강도}}{\text{최대설계응력}} = \dfrac{\text{파단하중}}{\text{안전하중}} = \dfrac{\text{파괴하중}}{\text{최대사용하중}}$

   ② **Cardullo의 안전율(F)** $= a \times b \times c \times d$ [a : 극한강도, b : 하중종류, c : 하중속도, d : 재료조건]

   ③ **안전 여유** = 극한 강도 − 허용응력(정격하중)

7. 건설안전시설 및 설비에 관한 중요사항

(1) 정전작업시의 조치
① 전로의 개로에 사용한 개폐기에 잠금장치를 하고 통전(通電)금지에 관한 표지판을 설치하는 등 필요한 조치를 할 것
② 개로된 전로가 전력케이블·전력콘덴서 등을 가진 것으로서 잔류전하에 의하여 위험이 발생할 우려가 있는 것에 대하여는 당해 잔류전하를 확실히 방전시킬 것
③ 개로된 전로의 충전여부를 검전기구에 의하여 확인하고 오(誤)통전, 다른 전로와의 접촉, 다른 전로로부터의 유도 또는 예비동력원의 역송전에 의한 감전의 위험을 방지하기 위하여 단락접지기구를 사용하여 확실하게 단락접지할 것
④ 사업주는 앞의 작업중 또는 작업 종료후 개로한 전로에 통전하는 때에는 당해 작업에 종사하는 근로자에게 감전의 위험이 발생할 우려가 없도록 미리 통지한 후 단락접지기구를 제거하여야 함

(2) 고압 충전로 작업시 이격거리

전압 종별	교류	직류	이격거리
저압	1000V 이하	1500V 이하	1m
고압	1000V 초과 7,000V 이하	1500V 초과 7,000V 이하	1.2m
특별고압	7,000V 초과		2m

Section 03 가설작업의 안전

1. 가설통로

(1) 통로의 설치
① 작업장으로 통하는 장소 또는 작업장내에는 근로자가 사용하기 위한 안전한 통로를 설치
② 통로의 주요한 부분에는 통로표시
③ 통로에 75럭스 이상의 채광 또는 조명시설 설치(갱도 또는 지하실 등에서 휴대용 조명기구 사용 시는 예외)
④ 옥내에 통로를 설치하는 때에는 걸려 넘어지거나 미끄러지는 등의 위험이 없도록 하여야 하며, 통로면으로부터 높이 2m 이내에는 장애물이 없도록 함

(2) 가설통로의 구조
① 견고한 구조로 할 것
② 경사는 30° 이하로 할 것(다만, 계단을 설치하거나 높이 2m 미만의 가설통로로서 튼튼한 손잡이를 설치한 때에는 그러하지 아니하다)

③ 경사가 15°를 초과하는 때에는 미끄러지지 아니하는 구조로 할 것
④ 추락의 위험이 있는 장소에는 안전난간을 설치할 것(다만, 작업상 부득이한 때에는 필요한 부분에 한하여 임시로 이를 해체할 수 있다)
⑤ 수직갱에 가설된 통로의 길이가 15m 이상인 때에는 10m 이내마다 계단참을 설치할 것
⑥ 건설공사에 사용하는 높이 8m 이상인 비계다리에는 7m 이내마다 계단참을 설치할 것

> ☑ **산업안전보건기준에 관한 규칙 제13조(안전난간의 구조 및 설치요건)**
> 사업주는 근로자의 추락 등의 위험을 방지하기 위하여 안전난간을 설치하는 경우 다음 각 호의 기준에 맞는 구조로 설치해야 한다.
>
> 1. 상부 난간대, 중간 난간대, 발끝막이판 및 난간기둥으로 구성할 것. 다만, 중간 난간대, 발끝막이 판 및 난간기둥은 이와 비슷한 구조와 성능을 가진 것으로 대체할 수 있다.
> 2. 상부 난간대는 바닥면·발판 또는 경사로의 표면(이하 "바닥면등"이라 한다)으로부터 90센티미터 이상 지점에 설치하고, 상부 난간대를 120센티미터 이하에 설치하는 경우에는 중간 난간대는 상부 난간대와 바닥면등의 중간에 설치해야 하며, 120센티미터 이상 지점에 설치하는 경우에는 중간 난간대를 2단 이상으로 균등하게 설치하고 난간의 상하 간격은 60센티미터 이하가 되도록 할 것. 다만, 난간기둥 간의 간격이 25센티미터 이하인 경우에는 중간 난간대를 설치하지 않을 수 있다.
> 3. 발끝막이판은 바닥면등으로부터 10센티미터 이상의 높이를 유지할 것. 다만, 물체가 떨어지거나 날아올 위험이 없거나 그 위험을 방지할 수 있는 망을 설치하는 등 필요한 예방 조치를 한 장소는 제외한다.
> 4. 난간기둥은 상부 난간대와 중간 난간대를 견고하게 떠받칠 수 있도록 적정한 간격을 유지할 것
> 5. 상부 난간대와 중간 난간대는 난간 길이 전체에 걸쳐 바닥면등과 평행을 유지할 것
> 6. 난간대는 지름 2.7센티미터 이상의 금속제 파이프나 그 이상의 강도가 있는 재료일 것
> 7. 안전난간은 구조적으로 가장 취약한 지점에서 가장 취약한 방향으로 작용하는 100킬로그램 이상의 하중에 견딜 수 있는 튼튼한 구조일 것

(3) 작업발판의 구조

사업주는 비계(달비계, 달대비계 및 말비계는 제외)의 높이가 2m 이상인 작업장소에 다음의 기준에 맞는 작업발판을 설치하여야 한다.

① 발판재료는 작업할 때의 하중을 견딜 수 있도록 견고한 것으로 할 것
② 작업발판의 폭은 40cm 이상으로 하고, 발판재료 간의 틈은 3cm 이하로 할 것. 다만, 외줄비계의 경우에는 고용노동부장관이 별도로 정하는 기준에 따른다.
③ 위 ②항에도 불구하고 선박 및 보트 건조작업의 경우 선박블록 또는 엔진실 등의 좁은 작업공간에 작업발판을 설치하기 위하여 필요하면 작업발판의 폭을 30cm 이상으로 할 수 있고, 걸침비계의 경우 강관기둥 때문에 발판재료 간의 틈을 3cm 이하로 유지하기 곤란하면 5cm 이하로 할 수 있다. 이 경우 그 틈 사이로 물체 등이 떨어질 우려가 있는 곳에는 출입금지 등의 조치를 하여야 한다.

④ 추락의 위험이 있는 장소에는 안전난간을 설치할 것. 다만, 작업의 성질상 안전난간을 설치하는 것이 곤란한 경우, 작업의 필요상 임시로 안전난간을 해체할 때에 추락방호망을 설치하거나 근로자로 하여금 안전대를 사용하도록 하는 등 추락위험 방지 조치를 한 경우에는 그러하지 아니하다.
⑤ 작업발판의 지지물은 하중에 의하여 파괴될 우려가 없는 것을 사용할 것
⑥ 작업발판재료는 뒤집히거나 떨어지지 않도록 둘 이상의 지지물에 연결하거나 고정시킬 것
⑦ 작업발판을 작업에 따라 이동시킬 경우에는 위험 방지에 필요한 조치를 할 것

(4) 계단 및 계단참의 설치기준
① **강도** : 계단 및 계단참을 설치하는 때에는 500kg/cm² 이상의 하중에 견딜 수 있는 강도를 가진 구조, 안전율은 4 이상
② **폭** : 1m 이상(급유용, 보수용, 비상용계단 및 나선형계단은 예외임)
③ **계단참의 높이** : 3m를 초과하는 계단에 높이 3m 이내마다 너비 1.2m 이상의 계단참 설치
④ **천장의 높이** : 바닥면으로부터 높이 2m 이내의 공간에 장애물이 없도록 설치(급유용, 보수용, 비상용계단 및 나선형계단은 예외임)
⑤ **난간** : 높이 1m 이상인 계단의 개방된 측면에 안전난간 설치

2 비계의 조립시 안전조치

(1) 강관비계의 조립
① **강관비계의 구조**
㉮ 비계기둥의 간격은 띠장 방향에서는 1.85m 이하, 장선(長線) 방향에서는 1.5m 이하로 할 것. 다만, 선박 및 보트 건조작업의 경우 안전성에 대한 구조검토를 실시하고 조립도를 작성하면 띠장 방향 및 장선 방향으로 각각 2.7m 이하로 할 수 있다.
㉯ 띠장 간격은 2.0m 이하로 할 것. 다만, 작업의 성질상 이를 준수하기가 곤란하여 쌍기둥틀 등에 의하여 해당 부분을 보강한 경우에는 그러하지 아니하다.
㉰ 비계기둥의 제일 윗부분으로부터 31m되는 지점 밑부분의 비계기둥은 2개의 강관으로 묶어 세울 것. 다만, 브라켓(bracket, 까치발) 등으로 보강하여 2개의 강관으로 묶을 경우 이상의 강도가 유지되는 경우에는 그러하지 아니하다.
㉱ 비계기둥 간의 적재하중은 400kg을 초과하지 않도록 할 것

② **강관비계의 조립간격**

강관비계의 종류	조립간격(단위 : m)	
	수직방향	수평방향
단관비계	5	5
틀비계(높이가 5m 미만의 것은 제외)	6	8

(2) 달비계의 조립

① 와이어로프 및 강선의 안전계수는 10 이상
② 와이어로프의 일단은 권상기에 확실히 감겨져 있어야 함
③ 작업발판은 폭을 40cm 이상으로 하고 틈새가 없도록 할 것
④ 발판위 약 10cm 위까지 낙하물 방지조치
⑤ 작업발판의 재료는 뒤집히거나 떨어지지 아니하도록 비계의 보 등에 연결하거나 고정시킬 것
⑥ 비계가 흔들리거나 뒤집히는 것을 방지하기 위하여 비계의 보·작업발판 등에 버팀을 설치하는 등 필요한 조치를 할 것
⑦ 선반비계에 있어서는 보의 접속부 및 교차부를 철선·이음철물 등을 사용하여 확실하게 접속시키거나 단단하게 연결시킬 것
⑧ 추락에 의한 근로자의 위험을 방지하기 위하여 달비계에 안전대 및 구명줄을 설치하고, 안전난간의 설치가 가능한 구조인 경우에는 안전난간을 설치할 것

3 사면붕괴 방지 및 토석붕괴의 원인

(1) 사면붕괴 방지의 안전대책

① 경점토 사면은 구배를 느리게 한다.
② 느슨한 모래의 사면은 지반의 밀도를 크게 한다.
③ 연약한 균질의 점토사면은 배수에 의하여 전단강도를 증가시킨다.
④ 암층은 배수가 잘 되도록 하며 층이 얇을 때에는 말뚝을 박아서 정지한다.
⑤ 모래층을 둘러싼 점토사면은 배수에 의하여 모래층의 함유수분을 배제한다.

(2) 토석 붕괴의 원인

① **외적 요인** : 사면수위의 급격한 하강이 위험도가 가장 높음
  ㉮ 사면, 법면의 경사 및 구배의 증가
  ㉯ 절토 및 성토 높이의 증가
  ㉰ 공사에 의한 진동 및 반복하중의 증가
  ㉱ 지표수 및 지하수의 침투에 의한 토사중량의 증가
  ㉲ 지진, 차량, 구조물의 하중
② **내적 요인** : 절토사면의 토질, 암석 성토사면의 토질 및 토석의 강도 저하

4 거푸집 및 거푸집동바리

(1) 조립도 명시사항 및 조립

① **조립도에 명시할 사항** : 동바리·멍에 등 부재(部材)의 재질·단면규격·설치간격 및 이음방법 등

② **조립순서** : 기둥 → 보받이 내력벽 → 큰보 → 작은보 → 바닥 → 내벽 → 외벽

> ■ 거푸집 설계시 고려하여야 하는 하중
> • 수직(연직)방향 : 고정하중, 충격하중, 작업하중
> • 수평방향 : 풍압, 콘크리트 측압, 콘크리트 타설 방향에 따른 편심하중

(2) 거푸집의 존치기간

부위		바닥슬래브, 지붕슬래브 및 보밑		기초, 기둥 및 벽, 보옆	
시멘트의 종류		포틀랜드 시멘트	조강포틀랜드 시멘트	포틀랜드 시멘트	조강포틀랜드 시멘트
압축강도		설계기준강도의 50%		50kg/cm²(5MPa)	
재령(일)	평균기온 10℃ 이상 ~20℃ 미만	8	5	6	3
	평균기온 20℃ 이상	7	4	4	2

5 철골공사 전 검토사항

(1) 철골의 자립도 검토대상 구조물

① 높이 20m 이상의 구조물

② 구조물의 폭과 높이의 비가 1:4 이상인 구조물

③ 단면구조에 현저한 차이가 있는 구조물

④ 연면적당 철골량이 50kg/m² 이하인 구조물

⑤ 기둥이 타이플레이트(tie plate)형인 구조물

⑥ 이음부가 현장용접인 구조물

(2) 철골건립순서 계획 시 검토할 사항

① 철골건립에 있어서는 현장건립순서와 공장제작순서가 일치되도록 계획하고 제작검사의 사전실시, 현장운반계획 등을 확인하여야 한다.

② 어느 한면만을 2절점 이상 동시에 세우는 것은 피해야 하며 1스팬 이상 수평방향으로도 조립이 진행되도록 계획하여 좌굴, 탈락에 의한 도괴를 방지하여야 한다.

③ 건립기계의 작업반경과 진행방향을 고려하여 조립순서를 결정하고 조립 설치된 부재에 의해 후속작업이 지장을 받지 않도록 계획하여야 한다.

④ 연속기둥 설치시 기둥을 2개 세우면 기둥사이의 보를 동시에 설치하도록 하며 그 다음의 기둥을 세울 때에도 계속 보를 연결시킴으로써 좌굴 및 편심에 의한 탈락 방지 등의 안전성을 확보하면서 건립을 진행시켜야 한다.

⑤ 건립 중 도괴를 방지하기 위하여 가보울트 체결기간을 단축시킬 수 있도록 후속공사를 계획하여야 한다.

(3) 철골작업을 중지하여야 하는 경우
① 풍속이 초당 10m 이상인 경우
② 강우량이 시간당 1mm 이상인 경우
③ 강설량이 시간당 1cm 이상인 경우

Section 04 운반, 하역작업

1 운반 및 화물취급

(1) 취급·운반의 원칙

① **취급·운반의 3조건**
 ㉮ 운반거리를 단축시킬 것
 ㉯ 운반을 기계화할 것
 ㉰ 손이 닿지 않는 운반방식으로 할 것

② **취급·운반의 5원칙**
 ㉮ 직선운반을 할 것
 ㉯ 연속운반을 할 것
 ㉰ 운반작업을 집중화시킬 것
 ㉱ 생산을 최고로 하는 운반을 생각할 것
 ㉲ 최대한 시간과 경비를 절약할 수 있는 운반방법을 고려할 것

(2) 인력운반

① **인력운반 하중기준** : 보통 체중의 40% 정도의 운반물은 60~80m/min의 속도로 운반
② **안전하중기준** : 성인남자의 경우 20~25kg 정도, 성인여자의 경우에는 15~20kg 정도
③ **중량물 취급 권장기준(일본 허용기준을 인용하여 적용)**

작업형태	성별	연령별 허용기준(kg)			
		18세 이하	19~35세	36~50세	51세 이상
일시작업	남	25	30	27	25
	여	17	20	17	15
계속작업	남	12	15	13	10
	여	8	10	8	5

(3) 차량계 하역운반 기계 및 통로폭

① **운반차량의 구내 속도** : 8km/h 이내의 속도를 유지

② **운반통로에서 우선 통과 순서** : 기중기 – 짐차 – 빈차 – 사람

③ **부두 안벽선 통로폭** : 90cm 이상

④ **물자 운반용 차량의 통로폭**
 ㉮ 일방 통행용 : W = B + 60(cm) [B : 운반차량의 폭]
 ㉯ 양방 통행용 : W = 2B + 90(cm) [B : 운반차량의 폭]

(4) 화물취급작업시 안전담당자의 유해위험방지 업무

① 관계자외 출입금지
② 기구 및 공구 점검
③ 화물의 낙하위험유무 확인, 작업개시 지시
④ 작업방법 및 순서 결정

2 운반 · 하역 및 벌목 작업의 안전에 관한 사항

(1) 중량물 취급시의 위험방지

① **작업계획서 작성시 포함시켜야 할 사항**
 ㉮ 중량물의 종류 및 형상
 ㉯ 취급방법 및 순서
 ㉰ 작업장소의 넓이 및 지형

② **경사면에서의 중량물 취급시 준수사항**
 ㉮ 구름 멈춤대, 쐐기 등을 이용하여 중량물의 동요나 이동을 조절할 것
 ㉯ 중량물의 구름방향인 경사면 아래에는 근로자의 출입을 제한시킬 것
 ㉰ 작업지휘자를 지정하고 안전화등 보호구를 지급하여 사용하도록 할 것

(2) 차량계 건설기계 사용시 작업계획에 포함될 사항

① 사용하는 차량계 건설기계의 종류 및 능력
② 차량계 건설기계의 운행경로
③ 차량계 건설기계에 의한 작업방법

> ✓ **산업안전보건기준에 관한 규칙 제171조(전도 등의 방지)**
> 사업주는 차량계 하역운반기계등을 사용하는 작업을 할 때에 그 기계가 넘어지거나 굴러떨어짐으로써 근로자에게 위험을 미칠 우려가 있는 경우에는 그 기계를 유도하는 사람(이하 "유도자"라 한다)을 배치하고 지반의 부동침하 및 갓길 붕괴를 방지하기 위한 조치를 해야 한다.

PART

02

산업안전기사
최근 기출문제

CHAPTER

01. 2016년 03월 06일
02. 2016년 05월 08일
03. 2016년 08월 21일
04. 2017년 03월 05일
05. 2017년 05월 07일
06. 2017년 08월 26일
07. 2018년 03월 04일
08. 2018년 04월 28일
09. 2018년 08월 19일
10. 2019년 03월 03일
11. 2019년 04월 27일
12. 2019년 08월 04일
13. 2020년 06월 07일
14. 2020년 08월 22일
15. 2020년 09월 27일
16. 2021년 03월 07일
17. 2021년 05월 15일
18. 2021년 08월 14일
19. 2022년 03월 05일
20. 2022년 04월 24일

2016년 03월 06일 최근 기출문제

제 01 과목 산업재해 예방 및 안전보건교육

001 맥그리거(McGregor)의 Y이론과 관계가 없는 것은?

① 직무확장
② 책임과 창조력
③ 인간관계 관리방식
④ 권의주의적 리더십

맥그리거의 X, Y 이론 관리처방

구분	X이론	Y이론
관리처방	• 권위주의적 리더십 확립 • 경제적 보상체제의 강화 • 면밀한 감독과 엄격한 통제 • 상부책임제도의 강화	• 민주적 리더십 확립 • 분권화와 권한의 위임 • 목표에 의한 관리 및 목표달성을 위한 자율적 통제 • 직무의 확장, 책임과 창조력

002 산업안전보건법령상 사업 내 근로자 안전보건교육 중 채용시의 교육 내용에 해당되지 않는 것은?

① 사고 발생 시 긴급조치에 관한 사항
② 산업보건 및 건강장해 예방에 관한 사항
③ 기계·기구의 위험성과 작업의 순서 및 동선에 관한 사항
④ 작업공정의 유해·위험과 재해 예방대책에 관한 사항

근로자 채용 시 교육 및 작업내용 변경 시 교육(산업안전보건법 시행규칙 별표 5)
- 산업안전 및 산업재해 예방에 관한 사항(화재·폭발 사고 발생 시 대피에 관한 사항 포함)
- 산업보건 및 건강장해 예방에 관한 사항
- 위험성 평가에 관한 사항
- 산업안전보건법령 및 산업재해보상보험 제도에 관한 사항
- 직무스트레스 예방 및 관리에 관한 사항
- 직장 내 괴롭힘, 고객의 폭언 등으로 인한 건강장해 예방 및 관리에 관한 사항
- 기계·기구의 위험성과 작업의 순서 및 동선에 관한 사항
- 작업 개시 전 점검에 관한 사항
- 정리정돈 및 청소에 관한 사항
- 사고 발생 시 긴급조치에 관한 사항
- 물질안전보건자료에 관한 사항

003 무재해운동 추진의 3요소에 관한 설명이 아닌 것은?

① 모든 재해는 잠재요인을 사전에 발견 파악·해결함으로써 근원적으로 산업재해를 없애야 한다.
② 안전보건은 최고경영자의 무재해 및 무질병에 대한 확고한 경영자세로 시작된다.
③ 안전보건을 추진하는 데에는 관리감독자들의 생산활동 속에 안전보건을 실천하는 것이 중요하다.
④ 안전보건은 각자 자신의 문제이며, 동시에 동료의 문제로서 직장의 팀 멤버와 협동 노력하여 자주적으로 추진하는 것이 필요하다.

무재해운동 추진의 3기둥(무재해운동의 3요소)
- 최고 경영자의 경영자세
- 라인화의 철저(관리감독자에 의한 안전보건의 추진)
- 직장(소집단)의 자주활동의 활발화

004 헤드십(headship)의 특성에 관한 설명으로 틀린 것은?

① 상사와 부하의 사회적 간격은 넓다.
② 지휘형태는 권위주의적이다.
③ 상사와 부하의 관계는 지배적이다.
④ 상사의 권한 근거는 비공식적이다.

헤드십(headship)의 특성
- 지휘형태는 권위주의적이다.
- 권한행사는 임명된 헤드이다.
- 부하와의 사회적 간격은 넓다.
- 상사의 권한 근거는 공식적이다.

005 교육의 형태에 있어 존 듀이(Dewey)가 주장하는 대표적인 형식적 교육에 해당하는 것은?

① 가정안전교육
② 사회안전교육
③ 학교안전교육
④ 부모안전교육

존 듀이의 안전교육형태
- 형식적 교육 : 학교안전교육, 기업안전교육
- 비형식적 교육 : 가정·사회·부모·형제의 안전교육

006 집단의 기능에 관한 설명으로 틀린 것은?

① 집단의 규범은 변화하기 어려운 것으로 불변적이다.
② 집단 내에 머물도록 하는 내부의 힘을 응집력이라 한다.
③ 규범은 집단을 유지하고 집단의 목표를 달성하기 위해 만들어진 것이다.
④ 집단이 하나의 집단으로서의 역할을 수행하기 위해서는 집단 목표가 있어야 한다.

집단의 규범은 집단이 기대하는 행동의 기준으로 구성원들에 의해 내면화의 형태로 채택되며 불변적인 것은 아니다.

007 스탭형 안전조직에 있어서 스탭의 주된 역할이 아닌 것은?

① 실시계획의 추진
② 안전관리 계획안의 작성
③ 정보수집과 주지, 활용
④ 기업의 제도적 기본방침 시달

스태프(Staff)형(참모식 조직)
- 안전관리를 담당하는 스태프(참모진)를 두고 안전관리에 관한 계획, 조사, 검토, 권고, 보고 등을 행하는 관리방식이다.
- 중규모 사업장(100명 이상~500명 미만)에 적합하다.

008 재해통계를 포함하여 산업재해조사 보고서를 작성하는 과정 중 유의해야 할 사항으로 가장 적절하지 않은 것은?

① 설비상의 결함 요인을 개선, 시정하는데 활용한다.
② 관리상 책임 소재를 명시하여 담당자의 평가 자료로 활용한다.
③ 재해의 구성요소와 분포상태를 알고 대책을 수립할 수 있도록 한다.
④ 근로자 행동결함을 발견하여 안전교육 훈련 자료로 활용한다.

재해사례 연구순서
- 제1단계(사실의 확인) : 작업의 개시에서 재해의 발생까지의 경과 가운데 재해와 관계가 있는 사실 및 재해요인으로 알려진 사실을 객관적으로 확인하며 이상시 또는 사고시, 재해발생시의 조치를 포함
- 제2단계(문제점의 발견) : 파악된 사실로부터 판단하여 각종 기준과의 차이에서 드러나는 문제점을 발견
- 제3단계(근본적 문제점 결정) : 발견된 문제점 가운데 재해의 중심의 되는 근본적 문제점을 결정하고, 다음으로 재해원인을 결정
- 제4단계(대책의 수립) : 사례를 해결하기 위한 대책을 수립

009 인간관계 관리기법에 있어 구성원 상호간의 선호도를 기초로 집단 내부의 동태적 상호관계를 분석하는 방법으로 가장 적절한 것은?

① 소시오매트리(sociometry)
② 그리드 훈련(grid training)
③ 집단역학(group dynamic)
④ 감수성 훈련(sensitivity training)

용어설명
- 그리드 훈련 : 매니저리얼 그리드(managerial grid)에 의해 관리행동이나 조직행동을 훈련하는 것으로 Blake와 Mouton에 의하여 개발되었다.
- 집단역학 : 집단의 기능과 그 멤버의 행동에 영향을 주는 여러 조건을 그 집단에 작용하는 힘이라고 보고 집단행동의 해명과 그것을 응용해 집단행동을 높이려는 방법이다.
- 감수성 훈련 : 자신과 타인과의 관계에 관한 감수성을 개발함으로써 자신의 내면세계에 대해 정확하게 인식하고 조화되도록 하며, 집단과 조직 속에서 타인과의 인간관계를 협동적이고 생산적인 것으로 발전시키는 소집단훈련을 말한다.

010 산업안전보건법상 안전보건관리책임자의 업무에 해당되지 않는 것은?(단, 기타 근로자의 유해·위험예방 조치에 관한 사항으로서 고용노동부령으로 정하는 사항은 제외한다.)

① 근로자의 안전보건교육에 관한 사항
② 사업장 순회점검·지도 및 조치에 관한 사항
③ 안전보건관리규정의 작성 및 변경에 관한 사항
④ 산업재해의 원인 조사 및 재발 방지대책 수립에 관한사항

안전보건관리책임자의 업무내용
- 사업장의 산업재해 예방계획의 수립에 관한 사항
- 안전보건관리규정의 작성 및 변경에 관한 사항
- 안전보건교육에 관한 사항
- 작업환경측정 등 작업환경의 점검 및 개선에 관한 사항
- 근로자의 건강진단 등 건강관리에 관한 사항
- 산업재해의 원인 조사 및 재발 방지대책 수립에 관한 사항
- 산업재해에 관한 통계의 기록 및 유지에 관한 사항
- 안전장치 및 보호구 구입 시 적격품 여부 확인에 관한 사항
- 그 밖에 근로자의 유해·위험 방지조치에 관한 사항으로서 고용노동부령으로 정하는 사항

011 산업안전보건법상 안전인증대상 기계·기구 등의 안전인증 표시에 해당하는 것은?

①
②
③
④

안전인증대상 기계·기구등의 안전인증 및 자율안전확인의 표시 및 표시방법

 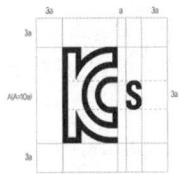

012 바람직한 안전교육을 진행시키기 위한 4단계 가운데 피교육자로 하여금 작업습관의 확립과 토론을 통한 공감을 가지도록 하는 단계는?

① 도입   ② 제시
③ 적용   ④ 확인

교육법의 4단계
- 제1단계-도입(준비) : 배우고자 하는 마음가짐을 일으키도록 도입
- 제2단계-제시(설명) : 상대의 능력에 따라 교육하고 내용을 확실하게 이해시키고 납득시켜 다시 기능으로서 습득시킴
- 제3단계-적용(응용) : 이해시킨 내용을 구체적인 문제 또는 실제문제로 활용시키거나 응용시킴
- 제4단계-확인(총괄) : 교육내용을 정확하게 이해하고 습득하였는지의 여부를 확인

013 제조물책임법에 명시된 결함의 종류에 해당되지 않는 것은?

① 제조상의 결함　　　　　② 표시상의 결함
③ 사용상의 결함　　　　　④ 설계상의 결함

제조물 책임법 제2조(정의) 이 법에서 사용하는 용어의 뜻은 다음과 같다.
1. "제조물"이란 제조되거나 가공된 동산(다른 동산이나 부동산의 일부를 구성하는 경우를 포함한다)을 말한다.
2. "결함"이란 해당 제조물에 다음 각 목의 어느 하나에 해당하는 제조상·설계상 또는 표시상의 결함이 있거나 그 밖에 통상적으로 기대할 수 있는 안전성이 결여되어 있는 것을 말한다.
　가. "제조상의 결함"이란 제조업자가 제조물에 대하여 제조상·가공상의 주의의무를 이행하였는지에 관계없이 제조물이 원래 의도한 설계와 다르게 제조·가공됨으로써 안전하지 못하게 된 경우를 말한다.
　나. "설계상의 결함"이란 제조업자가 합리적인 대체설계(代替設計)를 채용하였더라면 피해나 위험을 줄이거나 피할 수 있었음에도 대체설계를 채용하지 아니하여 해당 제조물이 안전하지 못하게 된 경우를 말한다.
　다. "표시상의 결함"이란 제조업자가 합리적인 설명·지시·경고 또는 그 밖의 표시를 하였더라면 해당제조물에 의하여 발생할 수 있는 피해나 위험을 줄이거나 피할 수 있었음에도 이를 하지 아니한 경우를 말한다.
3. "제조업자"란 다음 각 목의 자를 말한다.
　가. 제조물의 제조·가공 또는 수입을 업(業)으로 하는 자
　나. 제조물에 성명·상호·상표 또는 그 밖에 식별(識別) 가능한 기호 등을 사용하여 자신을 가목의 자로 표시한 자 또는 가목의 자로 오인(誤認)하게 할 수 있는 표시를 한 자

014 시몬즈(Simonds) 방식의 재해손실비 산정에 있어 비보험 코스트에 해당되지 않는 것은?

① 소송관계 비용
② 신규작업자에 대한 교육훈련비
③ 부상자의 직장 복귀 후 생산 감소로 인한 임금비용
④ 산업재해보상보험법에 의해 보상된 금액

산재보험 코스트와 비보험 코스트
- 산재보험 코스트 : 산업재해보상보험법에 의해 보상된 금액과 보험회사의 보상에 관련된 제경비 및 이익금을 합친 금액
- 비보험 코스트=(휴업상해건수×A)+(통원상해건수×B)+(응급조치건수×C)+(무상해 사고건수×D) 여기서 A, B, C, D는 장해 정도별에 의한 비보험 코스트의 평균치

015 주로 관리감독자를 교육대상자로 하며 직무에 관한 지식, 작업을 가르치는 능력, 작업방법을 개선하는 기능 등을 교육 내용으로 하는 기업 내 정형교육은?

① TWI(Training Within Industry)

② MTP(Management Training Program)
③ ATT(American Telephone Telegram)
④ ATP(Administration Training Program)

TWI(Training Within Industry)
- 교육대상 : 감독자
- 교육방법 : 한 클래스(Class)는 10명 정도, 교육 방법은 토의법, 1일 2시간씩 5일에 걸쳐 10시간 정도
- 교육내용
  - JI(Job Instruction) : 작업지도 기법
  - JM(Job Method) : 작업개선 기법
  - JR(Job Relation) : 인간관계 관리기법
  - JS(Job Safety) : 작업안전 기법

016 산업안전보건법령상 안전보건표지의 종류 중 경고표지에 해당하지 않는 것은?

① 레이저광선 경고
② 급성독성물질 경고
③ 매달린 물체 경고
④ 차량통행 경고

경고표지

201 인화성 물질 경고	202 산화성 물질 경고	203 폭발성 물질 경고	204 급성독성 물질 경고	205 부식성 물질 경고	206 방사성 물질 경고	207 고압전기 경고	208 매달린 물체 경고
209 낙하물 경고	210 고온경고	211 저온경고	212 몸균형 상실 경고	213 레이저 광선 경고	214 발암성·변이원성·생식독성·전신 독성·호흡기 과민성 물질 경고		215 위험장소 경고

017 500명의 근로자가 근무하는 사업장에서 연간 30건이 재해가 발생하여 35명의 재해자로 인해 250일의 근로손실이 발생한 경우 이 사업장의 재해 통계에 관한 설명으로 틀린 것은?

① 이 사업장의 도수율은 약 29.2이다.
② 이 사업장의 강도율은 약 0.21이다.
③ 이 사업장의 연천인율은 70이다.
④ 근로시간이 명시되지 않을 경우에는 연간 1인당 2400시간을 적용한다.

해설

- 도수율 = $\dfrac{\text{재해건수}}{\text{연간 총근로시간}} \times 10^6 = \dfrac{30}{500 \times 2400} \times 10^6 = 25$
- 강도율 = $\dfrac{\text{근로손실일수}}{\text{연간 총근로시간}} \times 1000 = \dfrac{250}{500 \times 2400} \times 1000 = 0.2083 ≒ 0.21$
- 연천인율 = $\dfrac{\text{사상자수(재해자수)}}{\text{연평균 근로자수}} \times 1000 = \dfrac{35}{500} \times 1000 = 70$

018 참가자가 다수인 경우에 전원을 토의에 참가시키기 위한 방법으로 소집단을 구성하여 회의를 진행 시키며 6-6회의라고도 하는 것은?

① 포럼(Forum)   ② 심포지엄(Symposium)
③ 버즈 세션(Buzz session)   ④ 패널 디스커션(Panel discussion)

해설

토의(회의)방식 : 쌍방적 의사전달에 의한 교육방식(최적인원 10~20명)

- 포럼(Forum, 공개토론회) : 새로운 자료나 교재를 제시하고 거기서의 문제점을 피교육자로 하여금 제기하도록 하거나 의견을 여러 가지 방법으로 발표하게 하고 다시 깊이 파고들어 토의를 행하는 방법
- 심포지엄(Symposium) : 몇 사람의 전문가에 의하여 과제에 관한 견해를 발표한 뒤 참가자로 하여금 의견이나 질문을 하게 하여 토의하는 방법
- 패널 디스커션(Panel Discussion) : 패널 멤버(교육과제에 정통한 전문가 4~5명)가 피교육자 앞에서 자유로이 토의를 하고 뒤에 피교육자 전원이 참가하여 사회자의 사회에 따라 토의하는 방법
- 대화(Colloquy) : 패널 디스커션(Panel Discussion)의 변형으로 패널 멤버 외에 참석자의 대표를 선출하여 질의응답의 형태로 실시되는 것
- 버즈 세션(Buzz Session) : 6-6 회의라고도 하며, 먼저 사회자와 기록계를 선출한 후 나머지 사람은 6명씩의 소집단으로 구분하고, 소집단별로 각각 사회자를 선발하여 6분간씩 자유토의를 행하여 의견을 종합하는 방법

019 방진마스크의 선정기준으로 적합하지 않은 것은?

① 배기저항이 낮을 것   ② 흡기저항이 낮을 것
③ 사용적이 클 것   ④ 시야가 넓을 것

해설

방진마스크의 선정기준

- 분진포집효율이 높고 흡기·배기저항은 낮을 것
- 가볍고 시야가 넓을 것
- 안면 밀착성이 좋아 기밀이 잘 유지될 것
- 마스크 내부에 호흡에 의한 습기가 발생하지 않을 것
- 안면 접촉부위가 땀을 흡수할 수 있는 재질을 사용할 것
- 작업내용에 적합한 방진마스크의 종류를 선정할 것

020 무재해운동 추진기법에 있어 위험예지훈련 4라운드에서 제3단계 진행방법에 해당하는 것은?

① 본질추구   ② 현상파악
③ 목표설정   ④ 대책수립

위험예지 훈련의 기초 4라운드 진행방법
- 1R(현상파악) : 어떤 위험이 잠재하고 있는지 사실을 파악하는 라운드(BS적용)
- 2R(본질추구) : 가장 위험한 요인(위험 포인트)을 합의로 결정하는 라운드(요약)
- 3R(대책수립) : 구체적인 대책을 수립하는 라운드(BS적용)
- 4R(목표달성-설정) : 수립한 대책 가운데 질이 높은 항목에 합의하는 라운드(요약)

제 02 과목 　인간공학 및 위험성 평가 · 관리

021 다음 중 인간 신뢰도(Human Reliability)의 평가 방법으로 가장 적합하지 않은 것은?

① HCR　　　　　　　　② THERP
③ SLIM　　　　　　　　④ FMECA

이상위험도 분석(Failure Mode Effect And Critically Analysis) : 부품, 장치, 설비 및 시스템의 고장 또는 기능상실에 따른 원인과 영향을 분석하여 치명도에 따라 분류하고 각각의 잠재된 고장형태에 따른 피해 결과를 분석하여 이에 대한 적절한 개선조치를 도출하는 절차를 말한다.

022 안전보건표지에서 경고표지는 삼각형, 안내표지는 사각형 지시표지는 원형 등으로 부호가 고안되어 있다. 이처럼 부호가 이미 고안되어 이를 사용자가 배워야 하는 부호를 무엇이라 하는가?

① 묘사적 부호　　　　　② 추상적 부호
③ 임의적 부호　　　　　④ 사실적 부호

시각적 암호, 부호 및 기호의 유형
- 묘사적 부호 : 사물의 행동을 단순하고 정확하게 묘사한 것(예 : 위험표지판의 해골과 뼈, 도보 표지판의 걷는 사람)
- 추상적 부호 : 전언(傳言)의 기본요소를 도식적으로 압축한 부호로 원 개념과는 약간의 유사성이 있을뿐임
- 임의적 부호 : 부호가 이미 고안되어 있으므로 이를 배워야 하는 부호(예 : 교통 표지판의 삼각형-주의,원형-규제, 사각형-안내표시)

023 다음 중 산업안전보건법 시행규칙상 유해위험방지계획서의 제출 기관으로 옳은 것은?

① 대한산업안전협회　　　② 안전관리대행기관
③ 한국건설기술인협회　　④ 한국산업안전보건공단

유해위험방지계획서 제출 대상 건설물 · 기계 · 기구 및 설비 등 일체를 설치 · 이전하거나 그 주요 구조부분을 변경할 때에는 해당 작업 시작 15일 전까지, 유해위험방지계획서 제출 대상 건설공사인 경우 해당 공사의 착공 전날까지 유해위험방지계획서에 각 필요 서류를 첨부하여 한국산업안전보건공단에 각각 2부씩 제출하여야 한다.

024 인간-기계 시스템에서 시스템의 설계를 다음과 같이 구분할 때 제3단계인 기본설계에 해당되지 않는 것은?

- 1단계 : 시스템의 목표와 성능 명세 결정
- 2단계 : 시스템의 정의
- 3단계 : 기본설계
- 4단계 : 인터페이스 설계
- 5단계 : 보조물 설계
- 6단계 : 시험 및 평가

① 화면 설계
② 작업 설계
③ 직무 분석
④ 기능 할당

3단계 기본설계는 시스템이 형태를 갖추기 시작하는 단계로 S/W에 대한 기능 할당, 직무 분석, 작업 설계가 이루어진다. 참고로 화면 설계는 4단계인 인터페이스 설계 단계에 해당된다.

025 다음 중 화학설비에 대한 안전성 평가에 있어 정량적 평가항목에 해당되지 않는 것은?

① 공정
② 취급물질
③ 압력
④ 화학설비용량

화학설비에 대한 안전성 평가 중 제3단계 정량적 평가

- 당해 화학설비의 취급물질, 용량, 온도, 압력 및 조작의 5항목에 대해 A, B, C, D급으로 분류하고 A급은 10점, B급은 5점, C급은 2점, D급은 0점으로 점수를 부여한 후 5항목에 관한 점수들의 합을 구한다.
- 합산 결과에 의한 위험도의 등급은 다음과 같다.

등급	점수	내용
등급 Ⅰ	16점 이상	위험도가 높음
등급 Ⅱ	11~15점 이하	주위상황, 다른 설비와 관련해서 평가
등급 Ⅲ	10점 이하	위험도가 낮음

026 자동차 엔진의 수명은 지수분포를 따르는 경우 신뢰도를 95%를 유지시키면서 8000시간을 사용하기 위한 적합한 고장률은 약 얼마인가?

① 3.4×10^{-6}/시간
② 6.4×10^{-6}/시간
③ 8.2×10^{-6}/시간
④ 9.5×10^{-6}/시간

$95\% = e^{-8000\chi}$

$\ln 0.95 = -8000\chi$

$\chi = \dfrac{\ln 0.95}{-8000} = 6.4 \times 10^{-6}$

027 다음 중 인간공학을 기업에 적용할 때의 기대효과로 볼 수 없는 것은?

① 노사 간의 신뢰 저하
② 제품과 작업의 질 향상
③ 작업자의 건강 및 안전 향상
④ 이직률 및 작업손실시간의 감소

028 매직넘버라고도 하며, 인간이 절대식별시 작업 기억 중에 유지할 수 있는 항목의 최대수를 나타낸 것은?

① 3±1
② 7±2
③ 10±1
④ 20±2

밀러의 마법의 수(Miller's magic number) : 인간의 절대적 식별 능력은 7±2개

029 다음 중 청각적 표시장치보다 시각적 표시장치를 이용하는 경우가 더 유리한 경우는?

① 메시지가 간단한 경우
② 메시지가 추후에 재참조되지 않는 경우
③ 직무상 수신자가 자주 움직이는 경우
④ 메시지가 즉각적인 행동을 요구하지 않는 경우

청각장치와 시각장치의 선택(특정 감각의 선택)

구분	청각장치 사용	시각장치 사용
전언	• 전언이 간단하고 짧다.	• 전언이 복잡하고 길다.
재참조	• 전언이 후에 재참조 되지 않는다.	• 전언이 후에 재참조 된다.
사상(Eevent)	• 전언이 즉각적인 사상을 이룬다.	• 전언이 공간적인 위치를 다룬다.
행동 요구	• 전언이 즉각적인 행동을 요구한다.	• 전언이 즉각적인 행동을 요구하지 않는다.
사용시기	• 수신자의 시각계통이 과부하 상태일 때 • 수신 장소가 너무 밝거나 암조응 유지가 필요할 때 • 직무상 수신자가 자주 움직이는 경우	• 수신자가 청각계통이 과부하 상태일 때 • 수신 장소가 너무 시끄러울 때 • 직무상 수신자가 한곳에 머무르는 경우

030 다음 중 FTA(Fault Tree Analysis)에 관한 설명으로 가장 적절한 것은?

① 복잡하고, 대형화된 시스템의 신뢰성 분석에는 적절하지 않다.
② 시스템 각 구성요소의 기능을 정상인가 또는 고장인가로 점진적으로 구분 짓는다.
③ "그것이 발생하기 위해서는 무엇이 필요한가?"라는 것은 연역적이다.
④ 사건들을 일련의 이분(binary) 의사 결정 분기들로 모형화한다.

FTA의 특징
- 연역적, 정량적 해석이 가능한 기법
- 특정사상에 대한 해석
- 컴퓨터로 처리가능
- 톱다운(Top-Down) 해석
- 논리기호를 사용한 해석

031 다음 중 욕조곡선에서의 고장 형태에서 일정한 형태의 고장율이 나타나는 구간은?

① 초기 고장구간
② 마모 고장구간
③ 피로 고장구간
④ 우발 고장구간

고장의 유형
- 초기고장 : 감소형(Debugging 기간, Burning 기간)
- 우발고장 : 일정형
- 마모고장 : 증가형(Burn In 기간)

032 한 대의 기계를 10시간 가동하는 동안 4회의 고장이 발생하였고, 이때의 고장수리시간이 다음의 표와 같을 때 MTTR(Mean Time To Repair)은 얼마인가?

가동시간(hour)	수리시간(hour)
$T_1 = 2.7$	$T_a = 0.1$
$T_2 = 1.8$	$T_b = 0.2$
$T_3 = 1.5$	$T_c = 0.3$
$T_4 = 2.3$	$T_d = 0.3$

① 0.225시간/회
② 0.325시간/회
③ 0.425시간/회
④ 0.525시간/회

MTTR : 고장 발생 순간부터 수리완료 후 정상작동 시까지의 평균시간(평균수리시간)

$$\text{MTTR} = \frac{\text{수리시간}}{\text{고장횟수}} = \frac{0.1 + 0.2 + 0.3 + 0.3}{4} = 0.225$$

033 다음 중 진동의 영향을 가장 많이 받는 인간의 성능은?

① 추적(tracking) 능력
② 감시(monitoring) 작업
③ 반응시간(reaction time)
④ 형태식별(pattern recognition)

전신 진동이 인간성능에 끼치는 영향
- 진동은 진폭에 비례하여 시력을 손상하며 10~25Hz의 경우 가장 심하다.
- 진동은 진폭에 비례하여 추적능력을 손상하며 5Hz 이하의 낮은 진동수에서 가장 심하다.
- 안정되고 정확한 근육조절을 요하는 작업은 진동에 의해서 저하된다.
- 반응시간, 감시, 형태식별 등 주로 중앙 신경 처리에 달린 임무는 진동의 영향을 덜 받는다.

034 다음 중 소음에 대한 대책으로 가장 적합하지 않은 것은?

① 소음원의 통제 ② 소음의 격리
③ 소음의 분배   ④ 적절한 배치

소음 대책
- 소음원의 통제 및 격리
- 흡음재 및 차폐재의 사용
- 음향처리제의 사용 및 적절한 배치

035 어떤 결함수를 분석하여 minimal cut set을 구한 결과 다음과 같았다. 각 기본사상의 발생확률을 qi, i=1,2,3이라 할 때 정상사상의 발생확률함수로 옳은 것은?

$$k_1 = [1,2],\ k_2 = [1,3],\ k_3 = [2,3]$$

① $q_1q_2 + q_1q_2 - q_2q_3$
② $q_1q_2 + q_1q_3 - q_2q_3$
③ $q_1q_2 + q_1q_3 + q_2q_3 - q_1q_2q_3$
④ $q_1q_2 + q_1q_3 + q_2q_3 - 2q_1q_2q_3$

036 다음 중 Fitts의 법칙에 관한 설명으로 옳은 것은?

① 표적이 크고 이동거리가 길수록 이동시간이 증가한다.
② 표적이 작고 이동거리가 길수록 이동시간이 증가한다.
③ 표적이 크고 이동거리가 짧을수록 이동시간이 증가한다.
④ 표적이 작고 이동거리가 짧을수록 이동시간이 증가한다.

피츠의 법칙(Fitts' Law)

$$MT = a + b\log_2\left(\frac{2D}{W}\right)$$

MT : 동작시간
a, b : 작업 난이도에 대한 실험상수
D : 동작 시발점에서 표적 중심까지의 거리
W : 표적의 폭

사용성 분야에서 인간의 행동에서 대해 속도와 정확성간의 관계를 설명하는 기본적인 법칙. 시작점에서 목표로 하는 지역에 얼마나 빠르게 닿을 수 있을지를 예측하고자 하는 것으로 이는 목표 영역의 크기와 목표까지의 거리에 따라 결정된다. 어떤 목표에 닿기 위해서 목표물의 크기가 작아질수록 속도와 정확도가 나빠지고 목표물과의 거리가 멀어질수록 필요한 시간이 더 길어진다는 것을 알 수 있다.

037 FMEA에서 고장의 발생확률 β가 다음 값의 범위일 경우 고장의 영향으로 옳은 것은?

[0.10 ≤ β < 1.00]

① 손실의 영향이 없음
② 실제 손실이 예상됨
③ 실제 손실이 발생됨
④ 손실 발생의 가능성이 있음

고장의 영향

영향	발생 확률(β)	영향	발생 확률(β)
실제 손실이 발생됨	β = 1.00	실제 손실이 예상됨	0.10 ≤ β < 1.00
손실 발생의 가능성이 있음	0 < β < 0.10	손실의 영향이 없음	β = 0

038 인간의 생리적 부담 척도 중 국소적 근육 활동의 척도로 가장 적합한 것은?

① 혈압
② 맥박수
③ 근전도
④ 점멸융합 주파수

피로의 생리학적 측정법

- 근전도(EMG, Electromyogram) : 근육활동 전위차의 기록
- 뇌전도(EEG, Electroneurogram) : 신경활동 전위차의 기록
- 심전도(ECG, Electrocardiogram) : 심장근 활동 전위차의 기록
- 안전도(EOG, Electrooculogram) : 안구(眼球)운동 전위차의 기록
- 산소 소비량 및 에너지 대사율(RMR, Relative Metabolic Rate)

$$RMR = \frac{작업대사량}{기초대사량} = \frac{작업시\ 소비에너지 - 안정시\ 소비에너지}{기초대사량}$$

- 피부전기반사(GSR, Galvanic Skin Reflex) : 작업부하의 정신적 부담이 피로와 함께 증대하는 양상을 손바닥 안쪽의 전기저항의 변화를 이용해 측정하는 것으로 피부전기저항 또는 정신 전류현상
- 프릿가값(융합점멸주파수) : 정신적 부담이 대뇌피질의 피로수준에 미치고 있는 영향을 측정하는 방법

039 재해예방 측면에서 시스템의 FT에서 상부측 정상사상의 가장 가까운 쪽에 OR 게이트를 인터록이나 안전장치 등을 활용하여 AND 게이트로 바꿔주면 이 시스템의 재해율에는 어떠한 현상이 나타나겠는가?

① 재해율에는 변화가 없다.
② 재해율의 급격한 증가가 발생한다.
③ 재해율의 급격한 감소가 발생한다.
④ 재해율의 점진적인 증가가 발생한다.

040 다음 중 중(重)작업의 경우 작업대의 높이로 가장 적절한 것은?

① 허리 높이보다 0~10cm 정도 낮게
② 팔꿈치 높이보다 10~20cm 정도 높게
③ 팔꿈치 높이보다 15~20cm 정도 낮게
④ 어깨 높이보다 30~40cm 정도 높게

작업의 정도에 따른 작업대의 높이
- 경(經)작업 : 팔꿈치 높이보다 5~10cm 정도 낮게
- 중(重)작업 : 팔꿈치 높이보다 10~20cm 정도 낮게
- 정밀작업 : 팔꿈치 높이보다 5~10cm 정도 높게

제 03 과목 기계 · 기구 및 설비 안전관리

041 밀링작업의 안전수칙이 아닌 것은?

① 주축속도를 변속시킬 때는 반드시 주축이 정지한 후에 변환한다.
② 절삭 공구를 설치할 때에는 전원을 반드시 끄고 한다.
③ 정면밀링커터 작업시 날끝과 동일높이에서 확인하며 작업한다.
④ 작은 칩의 제거는 브러시나 청소용 솔을 사용하며 제거한다.

밀링 작업의 안전대책
- 정면 커터 작업 시에는 칩이 튀어나오므로 칩 커버를 설치한다.
- 주축 회전 중 밀링 커터 주위에 손을 대거나 브러시를 사용해 칩을 제거해서는 안 된다.
- 정면 커터 작업 시에는 칩 커버를 설치하고 커터 날끝과 같은 높이에서 절삭 상태를 관찰하여서는 안 된다.
- 테이블 위에 측정기나 공구류를 올려놓지 않는다.
- 절삭 공구나 공작물을 설치할 때 시동 레버가 접촉되기 쉬우므로 전원을 끄고 작업한다.
- 작업 중의 가공물에 손을 대지 말아야 하며, 치수 측정 시는 기계를 정지시킨다.

042 셰이퍼(shaper) 작업에서 위험요인과 가장 거리가 먼 것은?

① 가공칩(chip) 비산
② 바이트(bite)의 이탈
③ 램(ram) 말단부 충돌
④ 척-핸들(chuck-handle) 이탈

셰이퍼의 위험요인
- 가공 칩(Chip) 비산
- 램(Ram) 말단부 충돌
- 바이트(Bite)의 이탈

043 안전계수가 6인 체인의 정격하중이 100kg일 경우 이 체인의 극한강도는 몇 kg인가?

① 0.06
② 16.67
③ 26.67
④ 600

해설

$$\text{안전계수} = \frac{\text{극한강도}}{\text{허용하중(안전하중)}}$$

∴극한강도 = 안전계수 × 정격하중 = 6 × 100 = 600kg

044 크레인의 사용 중 하중이 정격을 초과하였을 때 자동적으로 상승이 정지되는 장치는?

① 해지장치
② 비상정지장치
③ 권과방지장치
④ 과부하방지장치

해설

과부하방지장치
- 정격하중 이상이 적재될 경우 작동을 정지시키는 기능
- 전도 모멘트의 크기와 안정 모멘트의 크기가 비슷해지면 경보를 발하는 기능

045 현장에서 사용 중인 크레인의 거더 밑면에 균열이 발생되어 이를 확인하려고 하는 경우 비파괴검사방법 중 가장 편리한 검사 방법은?

① 초음파탐상검사
② 방사선투과검사
③ 자분탐상검사
④ 액체침투탐상검사

해설

액체침투탐상검사(liquid penetrant testing)
- 사용이 용이하여 널리 활용되며 표면결함 검출능력이 우수하다.
- 제품, 구조물 등의 표면결함 검출에 사용되는 방법이다.
- 금속, 비금속의 거의 모든 재질에 적용이 가능하나 다공성 재질, 흡습성 재료는 불가능하다.
- 결함 폭이 1μm 정도의 미세결함도 검출 가능하다.
- 표면에 열려진 부분(개구부)이 있어야 한다.
- 검사대상물의 형상, 크기, 결함의 방향성에 무관하게 적용가능하다.

046 광전자식 방호장치를 설치한 프레스에서 광선을 차단한 후 0.2초 후에 슬라이드가 정지하였다. 이 때 방호장치의 안전거리는 최소 몇 mm 이상이어야 하는가?

① 140
② 200
③ 260
④ 320

해설

D = 1.6 × Tm = 1.6 × 200 = 320mm

047 기계설비의 안전조건 중 외형의 안전화에 해당하는 것은?

① 기계의 안전기능을 기계설비에 내장하였다.
② 페일 세이프 및 풀 푸르프의 기능을 가지는 장치를 적용하였다.
③ 강도의 열화를 고려하여 안전율을 최대로 고려하여 설계하였다.
④ 작업자가 접촉할 우려가 있는 기계의 회전부에 덮개를 씌우고 안전색채를 사용하였다.

기계·설비의 안전화 5가지
- 외관의 안전화 : 상자로 내장, 덮개, 색채조절(시동버튼 : 녹색, 정지버튼 : 적색)
- 기능적 안전화 : 전압 강하 및 정전시 오동작 방지, 사용 압력 변동시 오동작 방지, 밸브 고장시 오동작 방지, 단락 스위치 고장시 오동작 방지
- 구조부분의 안전화 : 적절한 재료, 안전율 및 안전계수 고려, 적절한 가공
- 작업의 안전화 : 기동 장치와 배치, 정지시 시건 장치, 안전 통로 확보, 작업 공간 확보
- 보수·유지의 안전화(보전성의 개선) : 정기 점검, 교환, 주유

048 인터록(Interlock)장치에 해당하지 않는 것은?

① 연삭기의 워크레스트
② 사출기의 도어잠금장치
③ 자동화라인의 출입시스템
④ 리프트의 출입문 안전장치

인터록 장치(Interlock System)는 일종의 연동기구로서 목적 달성을 위하여 한 동작 또는 수 개의 동작을 하기도 하며, 동작 완료시에는 자동적으로 안전 상태를 확보하는 장치를 말한다. 참고로 연삭기의 워크레스트(Workrest)는 탁상용 연삭기에 사용하는 것으로 공작물을 연삭할 때 가공물 지지점이 되도록 받쳐주는 것을 말한다.

049 연삭숫돌 교환 시 연삭숫돌을 끼우기 전에 숫돌의 파손이나 균열의 생성 여부를 확인해 보기 위한 검사방법이 아닌 것은?

① 음향검사
② 회전검사
③ 균형검사
④ 진동검사

연삭숫돌을 끼우기 전에 작업자는 숫돌의 파손이나 균열여부를 음향검사, 균형검사, 진동검사 등을 통해 확인해야 한다. 특히, 불안전한 숫돌은 작업 중에 파손되어 사고를 초래할 수 있으므로 파손 또는 균열된 숫돌은 폐기시키거나 생산자에게 통보하고 재발 방지를 요청하여야 한다.

050 아세틸렌 용기의 사용 시 주의사항으로 아닌 것은?

① 충격을 가하지 않는다.
② 화기나 열기를 멀리한다.
③ 아세틸렌 용기를 뉘어 놓고 사용한다.
④ 운반시에는 반드시 캡을 씌우도록 한다.

가스 용기 등의 취급시 주의사항
- 금지장소에서 사용하거나 설치·저장 또는 방치하지 않도록 할 것
- 용기의 온도를 섭씨 40℃ 이하로 유지할 것
- 전도의 위험이 없도록 할 것
- 충격을 가하지 아니하도록 할 것
- 운반할 때에는 캡을 씌울 것
- 사용할 때에는 용기의 마개에 부착되어 있는 유류 및 먼지를 제거할 것
- 밸브의 개폐는 서서히 할 것
- 사용전 또는 사용중인 용기와 그 외의 용기를 명확히 구별해 보관할 것
- 용해아세틸렌의 용기는 세워둘 것
- 용기의 부식·마모 또는 변형상태를 점검한 후 사용할 것

051 보일러 발생증기가 불안정하게 되는 현상이 아닌 것은?

① 캐리 오버(carry over)
② 프라이밍(priming)
③ 절탄기(economizer)
④ 포밍(forming)

보일러 관련 용어
- 캐리오버(carry over, 기수공발) : 보일러에서 증기가 발생할 때 수중의 불순물과 수분이 증기와 함께 증발하는 현상으로 기계적 캐리오버와 선택적 캐리오버로 구분한다.
- 프라이밍(priming) : 보일러부하의 급변, 수위의 과잉상승 등에 의해 수분이 증기와 분리되지 않는 채로 보일러 수면에서 심하게 솟아오르는 현상을 말한다.
- 절탄기(economizer) : 폐열 회수를 위해 가장 일반적인 사용되는 열교환 설비로 배기가스의 폐열을 이용하여 보일러의 급수 온도를 올리는 설비이다.
- 포밍(forming) : 보일러수에 유지류, 고형물 등에 의한 거품이 생겨 수위를 판단하지 못하는 현상이다.

052 산업안전보건법령상 보일러의 폭발위험 방지를 위한 방호장치가 아닌 것은?

① 급정지장치
② 압력제한스위치
③ 압력방출장치
④ 고저수위 조절장치

보일러의 방호장치(산업안전보건기준에 관한 규칙 제2편 제1장 제7절)
- 압력 방출 장치 : 1개 또는 2개 이상 설치하고 최고 사용 압력 이하에서 작동되도록 한다. 단, 2개 이상 설치된 경우에는 최고 사용 압력 이하에서 1개가 작동하고, 다른 1개는 최고 사용 압력 1.05배 이하에서 작동되도록 하며 스프링식이 가장 많이 사용된다.
- 압력 제한 스위치 : 과열을 방지하기 위하여 최고 사용 압력과 사용 압력 사이에서 보일러의 버너 연소를 차단한다.
- 고저수위 조절 장치 : 고저수위를 알리는 경보등·경보음 장치 등을 설치하며, 자동으로 급수 또는 단수되도록 설치한다.
- 화염 검출기

053 지게차의 헤드가드에 관한 기준으로 틀린 것은?

① 4톤 이하의 지게차에서 헤드가드의 강도는 지게차 최대하중의 2배 값의 등분포정하중에 견딜 수 있을 것

② 상부틀의 각 개구의 폭 또는 길이가 25cm 미만일 것
③ 앉아서 조작하는 경우 좌석기준점(SIP)으로부터 조종사의 머리가 위치한 헤드가드 아래 부분의 밑면까지의 수직간격은 0.903m 이상일 것
④ 서서 조작하는 경우 조종사가 서 있는 플랫폼에서부터 조종사의 머리가 위치한 헤드가드 아래 부분의 밑면까지의 수직 간격은 1.88m 이상일 것

지게차 헤드가드의 구비조건(산업안전보건기준에 관한 규칙 제180조)
- 강도는 지게차의 최대하중의 2배값(4톤을 넘는 값에 대해서는 4톤으로 한다)의 등분포정하중(等分布靜荷重)에 견딜 수 있을 것
- 상부틀의 각 개구의 폭 또는 길이가 16cm 미만일 것
- 운전자가 앉아서 조작하거나 서서 조작하는 지게차의 헤드가드는 산업표준화법 제12조에 따른 한국산업표준에서 정하는 높이 기준 이상일 것
  - 앉아서 조작하는 경우 조종사가 정상적인 작동 상태에 있을 때 좌석기준점(SIP)으로부터 조종사의 머리가 위치한 헤드가드 아래 부분의 밑면까지의 수직간격은 0.903m 이상이어야 한다.
  - 서서 조작하는 경우 조종사가 정상적인 작동 상태에 있을 때 조종사가 서 있는 플랫폼에서부터 조종사의 머리가 위치한 헤드가드 아래 부분의 밑면까지의 수직 간격은 1.88m 이상이어야 한다.

054 산업안전보건법령상 크레인에 전용탑승설비를 설치하고 근로자를 달아 올린상태에서 작업에 종사시킬 경우 근로자의 추락 위험을 방지하기 위하여 실시해야 할 조치 사항으로 적합하지 않은 것은?

① 승차석 외의 탑승 제한
② 안전대나 구명줄의 설치
③ 탑승설비의 하강 시 동력하강방법을 사용
④ 탑승설비가 뒤집히거나 떨어지지 않도록 필요한 조치

산업안전보건기준에 관한 규칙 제86조(탑승의 제한) ① 사업주는 크레인을 사용하여 근로자를 운반하거나 근로자를 달아 올린 상태에서 작업에 종사시켜서는 아니 된다. 다만, 크레인에 전용 탑승설비를 설치하고추락 위험을 방지하기 위하여 다음 각 호의 조치를 한 경우에는 그러하지 아니하다.
1. 탑승설비가 뒤집히거나 떨어지지 않도록 필요한 조치를 할 것
2. 안전대나 구명줄을 설치하고, 안전난간을 설치할 수 있는 구조인 경우에는 안전난간을 설치할 것
3. 탑승설비를 하강시킬 때에는 동력하강방법으로 할 것

055 원심기의 안전에 관한 설명으로 적절하지 않은 것은?

① 원심기에는 덮개를 설치하여야 한다.
② 원심기의 최고사용회전수를 초과하여 사용하여서는 아니된다.
③ 원심기에 과압으로 인한 폭발을 방지하기 위하여 압력방출장치를 설치하여야 한다.
④ 원심기로부터 내용물을 꺼내거나 원심기의 정비 청소검사 수리작업을 하는 때에는 운전을 정지시켜야 한다.

원심기의 안전
- 원심기(원심력을 이용하여 물질을 분리하거나 추출하는 일련의 작업을 하는 기기)에는 덮개를 설치하여야 한다.
- 원심기의 최고사용회전수를 초과하여 사용해서는 아니 된다.
- 원심기로부터 내용물을 꺼내거나 원심기의 정비·청소·검사·수리 또는 그 밖에 이와 유사한 작업을 하는 경우에 그 기계의 운전을 정지하여야 한다. 다만, 내용물을 자동으로 꺼내는 구조이거나 그 기계의 운전 중에 정비·청소·검사·수리 또는 그 밖에 이와 유사한 작업을 하여야 하는 경우로서 안전한 보조기구를 사용하거나 위험한 부위에 필요한 방호조치를 한 경우에는 그러하지 아니하다.

056 기계의 고정부분과 회전하는 동작부분이 함께 만드는 위험점의 예로 옳은 것은?

① 굽힘기계
② 기어와 랙
③ 교반기의 날개와 하우스
④ 회전하는 보링머신의 천공공구

위험점의 분류

구분	내용
협착점	왕복 운동하는 동작부분과 움직임이 없는 고정부분 사이에 형성되는 위험점
끼임점	고정부분과 회전하는 동작부분 사이에서 형성되는 위험점
절단점	회전하는 운동부분 자체의 위험에서 초래되는 위험점
물림점	반대로 회전하는 두 개의 회전체가 맞닿는 사이에서 발생하는 위험점
접선물림점	회전하는 부분의 접선방향으로 물려 들어갈 위험이 존재하는 위험점
회전말림점	회전하는 물체에 작업복 등이 말려드는 위험이 존재하는 위험점

057 프레스의 방호장치에서 게이트가드(Gate Guard)식 방호장치의 종류를 작동방식에 따라 분류할 때 해당되지 않는 것은?

① 경사식
② 하강식
③ 도립식
④ 횡슬라이드식

게이트가드식 방호장치
- 슬라이드의 하강 중에는 안으로 손이 들어가지 못하도록 하며, 가드를 닫지 않으면 슬라이드를 작동시킬수 없는 구조여야 한다.
- 작동방식에 따라 하강식, 상승식, 도립식, 횡슬라이드식이 있다.

058 600rpm으로 회전하는 연삭숫돌의 지름이 20cm일 때 원주속도는 약 몇 m/min인가?

① 37.7
② 251
③ 377
④ 1200

$$V = \frac{\pi DN}{1000} = \frac{3.14 \times 600 \times 200}{1000} = 376.8 ≒ 377 \text{m/min}$$

059 수공구 취급시의 안전수칙으로 적절하지 않은 것은?

① 해머는 처음부터 힘을 주어 치지 않는다.
② 렌치는 올바르게 끼우고 몸 쪽으로 당기지 않는다.
③ 줄의 눈이 막힌 것은 반드시 와이어브러시로 제거한다.
④ 정으로는 담금질된 재료를 가공하여서는 안된다.

렌치는 몸 쪽으로 당기면서 볼트·너트를 풀거나 조인다.

060 금형의 안전화에 관한 설명으로 틀린 것은?

① 금형을 설치하는 프레스의 T홈 안길이는 설치 볼트 직경의 2배 이상으로 한다.
② 맞춤 핀을 사용할 때에는 헐거움 끼워맞춤으로 하고 이를 하형에 사용할 때에는 사용할 때에는 낙하방지의 대책을 세워둔다.
③ 금형의 사이에 신체 일부가 들어가지 않도록 이동스트리퍼와 다이의 간격은 8mm 이하로 한다.
④ 대형 금형에서 생크가 헐거워짐이 예상될 경우 생크만으로 상형을 슬라이드에 설치하는 것을 피하고 볼트 등을 사용하여 조인다.

맞춤 핀을 사용할 때에는 억지끼워맞춤으로 하고, 상형에 사용할 때에는 낙하방지의 대책을 세워둔다.

제 04 과목 전기설비 안전관리

061 흡수성이 강한 물질은 가습에 의한 부도체의 정전기 대전방지 효과의 성능이 좋다. 이러한 작용을 하는 기를 갖는 물질이 아닌 것은?

① OH
② C_6H_6
③ NH_2
④ COOH

벤젠(C_6H_6)은 물과 결합하지 않아 유기용제로 사용되며, -OH, NH_2, -COOH 등의 기는 친수성을 갖는다.

062 통전 경로별 위험도를 나타낼 경우 위험도가 큰 순서대로 나열한 것은?

ⓐ 왼손 – 오른손　　　　ⓑ 손 – 등
ⓒ 양손 – 양발　　　　　ⓓ 오른손 – 가슴

① ⓐ – ⓒ – ⓑ – ⓓ
② ⓐ – ⓓ – ⓒ – ⓑ
③ ⓓ – ⓒ – ⓑ – ⓐ
④ ⓓ – ⓐ – ⓒ – ⓑ

통전경로 및 위험도

통전경로	위험도	통전경로	위험도
오른손 – 등	0.3	양손 – 양발	1.0
왼손 – 오른손	0.4	왼손 – 한발 또는 양발	1.0
왼손 – 등	0.7	오른손 – 가슴	1.3
한손 또는 양손 – 앉아있는 자리	0.7	왼손 – 가슴	1.5
오른손 – 한발 또는 양발	0.8	–	–

063 다음은 어떤 방폭구조에 대한 설명인가?

전기기구의 권선 에어–갭, 접점부, 단자부 등과 같이 정상적인 운전 중에 불꽃 아크 또는 과열이 생겨서는 안될 부분에 대하여 이를 방지하거나 또는 온도상승을 제한하기 위하여 전기안전도를 증가시켜 제작한 구조이다.

① 안전증방폭구조
② 내압방폭구조
③ 몰드방폭구조
④ 본질안전방폭구조

방폭구조의 종류와 기호

종류	내용	기호
내압방폭구조	점화원에 의해 용기 내부에서 폭발이 발생할 경우에 용기가 폭발압력에 견딜 수 있고, 화염이 용기 외부의 폭발성 분위기로 전파되지 않도록 한 방폭구조.	d
압력방폭구조	점화원이 될 우려가 있는 부분을 용기 안에 넣고 보호 기체(신선한 공기 또는 불활성기체)를 용기 안에 압입함으로써 폭발성 가스가 침입하는 것을 방지하도록 되어 있는 방폭구조	p
안전증방폭구조	전기기기의 과도한 온도 상승, 아크 또는 불꽃 발생의 위험을 방지하기 위하여 추가적인 안전조치를 통한 안전도를 증가시킨 방폭구조(다만, 정상운전 중에 아크나 불꽃을 발생시키는 전기기기는 안전증방폭구조의 전기기기 범위에서 제외)	e
유입방폭구조	유체 상부 또는 용기 외부에 존재할 수 있는 폭발성 분위기가 발화할 수 없도록 전기설비 또는 전기설비의 부품을 보호액에 함침시키는 방폭구조	o

본질안전방폭구조	정상시 또는 단락, 단선, 지락 등의 사고시에 발생하는 아크, 불꽃, 고열에 의하여 폭발성 가스나 증기에 점화되지 않는 것이 확인된 구조	ia, ib
비점화방폭구조	전기기기가 정상작동과 규정된 특정한 비정상상태에서 주위의 폭발성 가스 분위기를 점화시키지 못하도록 만든 방폭구조	n
몰드방폭구조	전기기기의 불꽃 또는 열로 인해 폭발성 위험분위기에 점화되지 않도록 컴파운드를 충전해서 보호한 방폭구조	m
충전방폭구조	폭발성 가스 분위기를 점화시킬 수 있는 부품을 고정하여 설치하고, 그 주위를 충전재로 완전히 둘러싸서 외부의 폭발성 가스 분위기를 점화시키지 않도록 하는 방폭구조	q
특수방폭구조	상기의 방폭구조 외에 외부의 폭발성 가스에 대해 인화를 방지할 수 있음을 시험에 의해 확인한 구조	s

064 전기 작업에서 안전을 위한 일반 사항이 아닌 것은?

① 전로의 충전여부 시험은 검전기를 사용한다.
② 단로기의 개폐는 차단기의 차단 여부를 확인 한 후에 한다.
③ 전선을 연결할 때 전원 쪽을 먼저 연결하고 다른 전선을 연결한다.
④ 첨가전화선에는 사전에 접지 후 작업을 하며 끝난 후 반드시 제거해야 한다.

사고방지를 위하여 부하 쪽의 전선을 먼저 연결하고 전원 쪽의 전선을 후에 연결한다.

065 근로자가 노출된 충전부 또는 그 부근에서 작업함으로써 감전될 우려가 있는 경우에는 작업에 들어가기 전에 해당 전로를 차단하여야 하나 전로를 차단하지 않아도 되는 예외 기준이 있다. 그 예외 기준이 아닌 것은?

① 생명유지장치, 비상경보설비, 폭발위험장소의 환기설비, 비상조명설비 등의 장치·설비의 가동이 중지되어 사고의 위험이 증가되는 경우
② 관리감독자를 배치하여 짧은 시간 내에 작업을 완료할 수 있는 경우
③ 기기의 설계상 또는 작동상 제한으로 전로 차단이 불가능한 경우
④ 감전 아크 등으로 인한 화상, 화재·폭발의 위험이 없는 것으로 확인된 경우

산업안전보건기준에 관한 규칙 제319조(정전전로에서의 전기작업) ① 사업주는 근로자가 노출된 충전부 또는 그 부근에서 작업함으로써 감전될 우려가 있는 경우에는 작업에 들어가기 전에 해당 전로를 차단하여야 한다. 다만, 다음 각 호의 경우에는 그러하지 아니하다.
1. 생명유지장치, 비상경보설비, 폭발위험장소의 환기설비, 비상조명설비 등의 장치·설비의 가동이 중지되어 사고의 위험이 증가되는 경우
2. 기기의 설계상 또는 작동상 제한으로 전로차단이 불가능한 경우
3. 감전, 아크 등으로 인한 화상, 화재·폭발의 위험이 없는 것으로 확인된 경우

066 가연성 증기나 먼지 등이 체류할 우려가 있는 장소의 전기회로에 설치하여야 하는 누전경보기의 수신기가 갖추어야할 성능으로 옳은 것은?

① 음향장치를 가진 수신기
② 차단기구를 가진 수신기
③ 가스감지기를 가진 수신기
④ 분진농도 측정기를 가진 수신기

누전경보기의 수신기
- 누전경보기의 수신기는 옥내의 점검에 편리한 장소에 설치하되, 가연성의 증기, 먼지 등이 체류할 우려가 있는 장소의 전기회로에는 당해부분의 전기회로를 차단할 수 있는 차단기구를 가진 수신기를 설치하여야 한다. 이 경우 차단기구의 부분은 당해장소외의 안전한 장소에 설치하여야 한다.
- 누전경보기의 수신기는 다음 각 호 외의 장소에 설치하여야 한다. 다만, 당해 누전경보기에 대하여 방폭, 방식, 방습, 방진, 단열 및 정전기 차폐 등의 방호조치를 한 것에 있어서는 그러하지 아니한다.
  - 가연성의 증기, 먼지, 가스 등이나 부식성의 증기, 가스 등이 다량으로 체류하는 장소
  - 화약류를 제조하거나 저장 또는 취급하는 장소
  - 습도가 높은 장소
  - 온도의 변화가 급격한 장소
  - 대전류회로, 고주파 발생회로 등에 의한 영향을 받을 우려가 있는 장소

067 활선작업을 시행할 때 감전의 위험을 방지하고 안전한 작업을 하기 위한 활선장구 중 충전중인 전선의 변경작업이나 활선작업으로 애자 등을 교환할 때 사용하는 것은?

① 점프선
② 활선커터
③ 활선시메라
④ 디스콘스위치 조작봉

활선시메라는 충전중인 고·저압전선을 장선하는 작업 등에 사용한다.

068 다음 작업조건에 적합한 보호구로 옳은 것은?

물체의 낙하 충격, 물체에의 끼임, 감전 또는 정전기의 대전에 의한 위험이 있는 작업

① 안전모
② 안전화
③ 방열복
④ 보안면

산업안전보건기준에 관한 규칙 제32조(보호구의 지급 등) ① 사업주는 다음 각 호의 어느 하나에 해당하는 작업을 하는 근로자에 대해서는 다음 각 호의 구분에 따라 그 작업조건에 맞는 보호구를 작업하는 근로자 수 이상으로 지급하고 착용하도록 하여야 한다.
1. 물체가 떨어지거나 날아올 위험 또는 근로자가 추락할 위험이 있는 작업 : 안전모
2. 높이 또는 깊이 2미터 이상의 추락할 위험이 있는 장소에서 하는 작업 : 안전대(安全帶)
3. 물체의 낙하·충격, 물체에의 끼임, 감전 또는 정전기의 대전(帶電)에 의한 위험이 있는 작업 : 안전화
4. 물체가 흩날릴 위험이 있는 작업 : 보안경

5. 용접 시 불꽃이나 물체가 흩날릴 위험이 있는 작업 : 보안면
6. 감전의 위험이 있는 작업 : 절연용 보호구
7. 고열에 의한 화상 등의 위험이 있는 작업 : 방열복
8. 선창 등에서 분진(粉塵)이 심하게 발생하는 하역작업 : 방진마스크
9. 섭씨 영하 18도 이하인 급냉동어창에서 하는 하역작업 : 방한모·방한복·방한화·방한장갑
10. 물건을 운반하거나 수거·배달하기 위하여 이륜자동차 또는 원동기장치자전거를 운행하는 작업 : 승차용 안전모
11. 물건을 운반하거나 수거·배달하기 위해 자전거등을 운행하는 작업 : 안전모

069 다음 ( ) 안의 알맞은 내용을 나타낸 것은?

> 폭발성 가스의 폭발등급 측정에 사용되는 표준용기는 내용적이 (㉮) cm³, 반구상의 플렌지 접합면의 안길이 (㉯) mm의 구상용기의 틈새를 통과시켜 화염일주한계를 측정하는 장치이다.

① ㉮ 600 ㉯ 0.4
② ㉮ 1800 ㉯ 0.6
③ ㉮ 4500 ㉯ 8
④ ㉮ 8000 ㉯ 25

가연성 가스 및 증기의 위험도에 따른 방폭전기기기의 분류로 사용되는 폭발등급은 화염일주한계로 결정하며, 폭발등급 측정에 사용되는 표준용기란 내용적이 8[ℓ], 틈의 안길이 L25[mm]인 용기로서 틈의 폭 W[mm]를 변화시켜 화염일주한계를 측정하는 것이다.

070 전기에 의한 감전사고를 방지하기 위한 대책이 아닌 것은?

① 전기기기에 대한 정격 표시
② 전기설비에 대한 보호 접지
③ 전기설비에 대한 누전 차단기 설치
④ 충전부가 노출된 부분은 절연방호구 사용

감전사고 예방 대책
- 전기 기기 및 장치의 정비
- 전기설비에 대한 누전차단기 설치
- 전기 위험부의 위험 표시
- 유자격자 이외는 전기기계 및 기구에 접촉 금지
- 안전관리자는 작업에 대한 안전 교육 시행
- 설비의 필요한 부분에는 보호 접지 실시
- 충전부가 노출된 부분에는 절연 방호구 사용
- 고전압 선로 및 충전부에 근접하여 작업하는 작업자에게 보호구 착용
- 계통을 비접지 방식으로 할 것

071 전기화상 사고 시의 응급조치 사항으로 틀린 것은?

① 상처에 달라붙지 않은 의복은 모두 벗긴다.
② 상처 부위에 파우더, 향유 기름 등을 바른다.
③ 감전자를 담요 등으로 감싸되 상처부위가 닿지 않도록 한다.
④ 화상부위를 세균 감염으로부터 보호하기 위하여 화상용 붕대를 감는다.

전기화상사고 시 응급조치
- 불이 붙은 곳은 물, 소화용 담요 등을 이용하여 소화하거나 급한 경우에는 피해자를 굴리면서 소화한다.
- 상처에 달라붙지 않은 의복은 모두 벗긴다.
- 화상부위를 세균 감염으로부터 보호하기 위하여 화상용 붕대를 감는다.
- 화상을 사지에만 입었을 경우 통증이 줄어들도록 약 10분간 화상부위를 물에 담그거나 물을 뿌릴 수도 있다.
- 상처 부위에 파우더, 향유, 기름 등을 발라서는 안된다.
- 진정, 진통제는 의사의 처방에 의하지 않고는 사용하지 말아야 한다.
- 의식을 잃은 환자에게는 물이나 차를 조금씩 먹이되 알코올은 삼가며 구토증 환자에게는 물, 차 등의 취식을 금해야 한다.
- 피해자를 담요 등으로 감싸되 상처 부위가 닿지 않도록 한다.

072 220V 전압에 접촉된 사람의 인체저항이 약 1000Ω일 때 인체 전류와 그 결과 값의 위험성 여부로 알맞은 것은?

① 22mA, 안전
② 220mA, 안전
③ 22mA, 위험
④ 220mA, 위험

$$I = \frac{V}{R} = \frac{220}{1000} \times 1000 = 220\text{mA}$$

감전전류(mA)	인체의 정도	감전전류(mA)	인체의 정도
1	전기를 느낄 정도	5	상당한 고통을 느낌
10	견디기 어려운 고통	20	근육 수축이 심하고 행동불능
50	위험 상태	100	치명적 결과 초래

073 금속제 외함을 가지는 사용전압이 50V를 초과하는 저압의 기계기구로서 사람이 쉽게 접촉할 수 있는 곳에 시설하는 것에 전기를 공급하는 전로에는 누전차단기를 설치하여야 하나 적용하지 않아도 되는 예외 기준이 있다. 그 예외 기준으로 틀린 것은?

① 기계기구를 건조한 장소에 시설하는 경우
② 기계기구가 고무, 합성수지, 기타 절연물로 피복된 경우
③ 기계기구에 설치한 제3종 접지공사의 접지 저항값이 10Ω 이하인 경우
④ 전원측에 절연 변압기(2차 전압 300V 이하)를 시설하고 부하 측을 비접지로 시설하는 경우

누전차단기 설치 예외(한국전기설비규정 211.2.4 누전차단기의 시설)
- 기계기구를 발전소·변전소·개폐소 또는 이에 준하는 곳에 시설하는 경우
- 기계기구를 건조한 곳에 시설하는 경우
- 대지전압이 150V 이하인 기계기구를 물기가 있는 곳 이외의 곳에 시설하는 경우
- 전기용품 및 생활용품 안전관리법의 적용을 받는 이중절연구조의 기계기구를 시설하는 경우
- 그 전로의 전원측에 절연변압기(2차 전압이 300V 이하인 경우에 한한다)를 시설하고 또한 그 절연변압기의 부하측의 전로에 접지하지 아니하는 경우
- 기계기구가 고무·합성수지 기타 절연물로 피복된 경우
- 기계기구가 유도전동기의 2차측 전로에 접속되는 것일 경우

• 기계기구내에 전기용품 및 생활용품 안전관리법의 적용을 받는 누전차단기를 설치하고 또한 기계기구의 전원연결선이 손상을 받을 우려가 없도록 시설하는 경우

074 교류 아크용접기의 사용에서 무부하 전압이 80V, 아크전압 25V, 아크 전류 300A일 경우 효율은 약 몇 % 인가?(단, 내부손실은 4kW이다.)

① 65.2
② 70.5
③ 75.3
④ 80.6

$$효율 = \frac{출력}{입력} \times 100 = \frac{출력}{출력 + 손실} \times 100$$

$$\therefore 효율 = \frac{VI}{VI + 4000} = \frac{25 \times 300}{25 \times 300 + 4000} \times 100 ≒ 65.2\%$$

075 대전이 큰 엷은 층상의 부도체를 박리할 때 또는 엷은 층상의 대전된 부도체의 뒷면에 밀접한 접지체가 있을 때 표면에 연한 수지상의 발광을 수반하여 발생하는 방전은?

① 불꽃 방전
② 스트리머 방전
③ 코로나 방전
④ 연면 방전

방전의 종류
• 스파크방전(불꽃방전) : 대전된 부도체와 도체 사이에 전압이 커지면 공기절연이 파괴되어 발생하는 방전
• 스트리머방전 : 방전량이 많은 부도체와 평평한 도체 사이의 방전
• 코로나방전 : 대전된 부도체와 돌출된 선단의 도체 사이의 방전(방전에너지가 작아 재해의 원인이 안됨)
• 연면방전 : 대전량이 많은 부도체에 접지체가 접근시 부도체 표면을 따라 발생하는 방전

076 정전기가 발생되어도 즉시 이를 방전하고 전하의 축적을 방지하면 위험성이 제거된다. 정전기에 관한 내용으로 틀린 것은?

① 대전하기 쉬운 금속부분에 접지한다.
② 작업장 내 습도를 높여 방전을 촉진한다.
③ 공기를 이온화하여 (+)는 (-)로 중화시킨다.
④ 절연도가 높은 플라스틱류는 전하의 방전을 촉진시킨다.

흡습성이 낮은 플라스틱은 전기절연성이 높고, 마찰 등으로 정전기를 발생하기 쉬우며, 한번 대전되면 그 정전기는 여간해서 사라지지 않는다. 따라서, 제전제로 표면에 혼합 제조하여 사용하는 것이 효과적이다.

077 폭연성 먼지 또는 화약류의 분말이 전기설비가 발화원이 되어 폭발할 우려가 있는 곳에 시설하는 저압 옥내 전기설비의 공사 방법으로 옳은 것은?

① 금속관 공사
② 합성수지관 공사
③ 가요전선관 공사
④ 캡타이어 케이블 공사

폭연성 먼지 위험장소(한국전기설비규정 242.2.1)

폭연성 먼지(마그네슘·알루미늄·티탄·지르코늄 등의 먼지가 쌓여있는 상태에서 불이 붙었을 때에 폭발할 우려가 있는 것을 말한다. 이하 같다) 또는 화약류의 분말이 전기설비가 발화원이 되어 폭발할 우려가 있는 곳에 시설하는 저압 옥내 전기설비(사용전압이 400V 초과인 방전등을 제외한다. 이하 여기부터 242.5까지에서 동일 적용한다)는 다음에 따르고 또한 위험의 우려가 없도록 시설하여야 한다.
가. 저압 옥내배선, 저압 관등회로 배선 및 241.14에서 규정하는 소세력 회로의 전선(이하 여기 및 242.3에서 "저압 옥내배선 등"이라 한다)은 금속관공사 또는 케이블공사(캡타이어케이블을 사용하는 것을 제외한다)에 의할 것
나. 금속관공사에 의하는 때에는 다음에 의하여 시설할 것
　(1) 금속관은 박강 전선관(薄鋼電線管) 또는 이와 동등 이상의 강도를 가지는 것일 것
　(2) 박스 기타의 부속품 및 풀박스는 쉽게 마모·부식 기타의 손상을 일으킬 우려가 없는 패킹을 사용하여 먼지가 내부에 침입하지 아니하도록 시설할 것
　(3) 관 상호 간 및 관과 박스 기타의 부속품·풀박스 또는 전기기계기구와는 5턱 이상 나사조임으로 접속하는 방법 기타 이와 동등 이상의 효력이 있는 방법에 의하여 견고하게 접속하고 또한 내부에 먼지가 침입하지 아니하도록 접속할 것
　(4) 전동기에 접속하는 부분에서 가요성을 필요로 하는 부분의 배선에는 232.12.2의 1의 "가"의 단서에 규정하는 폭발 방지형의 부속품 중 분진 방폭형 유연성 부속을 사용할 것
다. 케이블공사에 의하는 때에는 다음에 의하여 시설할 것
　(1) 전선은 334.1의 4의 "나"에서 규정하는 개장된 케이블 또는 미네럴인슈레이션 케이블을 사용하는 경우 이외에는 관 기타의 방호 장치에 넣어 사용할 것
　(2) 전선을 전기기계기구에 인입할 경우에는 패킹 또는 충진제를 사용하여 인입구로부터 먼지가 내부에 침입하지 아니하도록 하고 또한 인입구에서 전선이 손상될 우려가 없도록 시설할 것

078 정전기 발생에 영향을 주는 요인이 아닌 것은?

① 물체의 분리속도　　② 물체의 특성
③ 물체의 표면상태　　④ 외부공기의 풍속

정전기 발생에 영향을 미치는 요소
- 물질의 특성
- 물질의 이력
- 물질의 분리속도
- 물질의 표면 상태
- 접촉 면적과 압력

079 그림과 같은 전기기기 A점에서 완전 지락이 발생하였다. 이 전기기기의 외함에 인체가 접촉되었을 경우 인체를 통해서 흐르는 전류는 약 몇 mA인가?(단, 인체의 저항은 3000Ω이다)

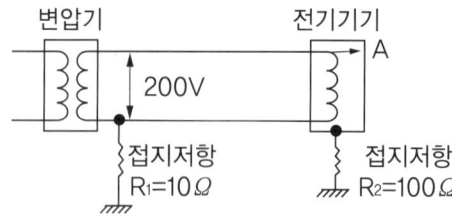

① 60.42　　② 30.21
③ 15.11　　④ 7.55

$$I = \frac{V}{R} = \frac{R_2}{R_1(R_2 + R_{인체}) + (R_{인체} \times R_2)} \times V \times 1000$$
$$= \frac{100}{10 \times (100 + 3000) + 3000 \times 100} \times 200 \times 1000 ≒ 60.42(mA)$$

080 3상 3선식 전선로의 보수를 위하여 정전작업을 할 때 취하여야 할 기본적인 조치는?

① 1선을 접지한다.
② 2선을 단락 접지한다.
③ 3선을 단락 접지한다.
④ 접지를 하지 않는다.

정전작업이란 감전의 위험이 있는 전로 및 그 지지물의 설치, 수리, 도장시 해당 전로의 전기를 차단하고 실시하는 작업으로 위험에 대한 안전조치 중 가장 확실한 대책은 위험원을 제거하는 것이다. 따라서, 충분한 용량의 단락접지기구로 3선을 모두 단락접지하여야 한다.

제 05 과목 화학설비 안전관리

081 20℃, 1기압의 공기를 5기압으로 단열압축하면 공기의 온도는 약 몇 ℃가 되겠는가?(단, 공기의 비열비는 1.4 이다.)

① 32
② 191
③ 305
④ 464

$$T_2 = T_1 \times \left(\frac{P_2}{P_1}\right)^{\frac{k-1}{k}} = (273+20) \times \left(\frac{5}{1}\right)^{\frac{1.4-1}{1.4}} = 464.057$$
∴공기의 온도 = 464.057 − 273 = 191.059

082 위험물의 취급에 관한 설명으로 틀린 것은?

① 모든 폭발성 물질은 석유류에 침지시켜 보관해야 한다.
② 산화성 물질의 경우 가연물과의 접촉을 피해야 한다.
③ 가스 누설의 우려가 있는 장소에서는 점화원의 철저한 관리가 필요하다.
④ 도전성이 나쁜 액체는 정전기 발생을 방지하기 위한 조치를 취한다.

폭발성 물질과 같이 불안정한 물질은 폭발 반응을 방지하는 방법으로 보관하여야 하며, 각 물질의 보관방법은 해당 물질의 물성에 따라 다르다.

083 비점이나 인화점이 낮은 액체가 들어 있는 용기 주위에 화재 등으로 인하여 가열되면, 내부의 비등현상으로 인한 압력 상승으로 용기의 벽면이 파열되면서 그 내용물이 폭발적으로 증발, 팽창하면서 폭발을 일으키는 현상을 무엇이라 하는가?

① BLEVE
② UVCE
③ 개방계 폭발
④ 밀폐계 폭발

해설

BLEVE와 UVCE
- 블레비(BLEVE, Boiling Liquid Expanding Vapor Explosion) : 비점이나 인화점이 낮은 액체가 들어있는 용기 주위에 화재 등으로 인하여 가열되면, 내부의 비등현상으로 인한 압력 상승으로 용기의 벽면이 파열되면서 그 내용물이 폭발적으로 증발, 팽창하면서 폭발을 일으키는 현상(비등액체 팽창증기폭발)
- 개방계 증기운폭발(UVCE, Unconfined Vapor Cloud Explosion) : 가연성 액화가스 저장탱크에서 유출된 가연성 가스가 구름을 형성하여 떠 다니다가 점화원에 의해 폭발하는 현상

084 다음 중 산화반응에 해당하는 것을 모두 나타낸 것은?

㉮ 철이 공기 중에서 녹이 슬었다.
㉯ 솜이 공기 중에서 불에 탔다.

① ㉮
② ㉯
③ ㉮, ㉯
④ 없음

해설

산화란 반응물이 전자를 잃는 반응(산소를 얻는 반응)으로 그와 반대로 반응물이 전자를 얻는 반응(산소를 잃는 반응)인 환원과 항상 함께 일어난다.

085 다음 중 화재 예방에 있어 화재의 확대방지를 위한 방법으로 적절하지 않은 것은?

① 가연물량의 제한
② 난연화 및 불연화
③ 화재의 조기발견 및 초기 소화
④ 공간의 통합과 대형화

해설

화재의 확대를 방지하기 위해서는 분리된 공간으로 구획(면적 및 층 단위구획과 용도 단위구획)하고, 관련 법규에 따른 요구사항을 지키는 것이 중요하다.

086 단위공정시설 및 설비로부터 다른 단위공정시설 및 설비 사이의 안전거리는 설비의 바깥면부터 얼마 이상이 되어야 하는가?

① 5m
② 10m
③ 15m
④ 20m

안전거리(산업안전보건기준에 관한 규칙 별표 8)

구분	안전거리
단위공정시설 및 설비로부터 다른 단위공정시설 및 설비의 사이	설비의 바깥 면으로부터 10미터 이상
플레어스택으로부터 단위공정시설 및 설비, 위험물질 저장탱크 또는 위험물질 하역설비의 사이	플레어스택으로부터 반경 20미터 이상. 다만, 단위 공정시설 등이 불연재로 시공된 지붕 아래에 설치된 경우에는 그러하지 아니하다.
위험물질 저장탱크로부터 단위공정시설 및 설비, 보일러 또는 가열로의 사이	저장탱크의 바깥 면으로부터 20미터 이상. 다만, 저장탱크의 방호벽, 원격조종화설비 또는 살수설비를 설치한 경우에는 그러하지 아니하다.
사무실·연구실·실험실·정비실 또는 식당으로부터 단위공정시설 및 설비, 위험물질 저장탱크, 위험물질 하역설비, 보일러 또는 가열로의 사이	사무실 등의 바깥 면으로부터 20미터 이상. 다만, 난방용 보일러인 경우 또는 사무실 등의 벽을 방호구조로 설치한 경우에는 그러하지 아니하다.

087 물과의 반응으로 유독한 포스핀 가스를 발생하는 것은?

① HCl
② NaCl
③ Ca₃P₂
④ Al(OH)₃

인화칼슘(Ca_3P_2)
- 적갈색의 괴상 고체로서 인화석회라고도 한다.
- 알코올, 에테르에는 녹지 않는다.
- 물이나 약산과 반응하여 포스핀(PH_3)의 유독성가스를 발생한다.
  $Ca_3P_2 + 6H_2O \rightarrow 3Ca(OH)_2 + 2PH_3 \uparrow$

088 다음 [표]를 참조하여 메탄 70vol%, 프로판 21vol%, 부탄 9vol%인 혼합가스의 폭발범위를 구하면 약 몇 vol%인가?

가스	폭발하한계(vol%)	폭발상한계(vol%)
C₄H₁₀	1.8	8.4
C₃H₈	2.1	9.5
C₂H₆	3.0	12.4
CH₄	5.0	15.0

① 3.45 ~ 9.11
② 3.45 ~ 12.58
③ 3.85 ~ 9.11
④ 3.85 ~ 12.58

- $\dfrac{100}{L_m} = \dfrac{V_1}{L_1} + \dfrac{V_2}{L_2} + \dfrac{V_3}{L_3}$

  (Lm : 혼합가스의 폭발한계[vol%], V : 가연성 가스의 용량, L : 가연성 가스의 한계)

- 폭발하한계 $\dfrac{100}{L_m} = \dfrac{70}{5.0} + \dfrac{21}{2.1} + \dfrac{9}{1.8} = 29$ ∴ $L_m = \dfrac{100}{29} \fallingdotseq 3.45$

- 폭발상한계 $\dfrac{100}{L_m} = \dfrac{70}{15.0} + \dfrac{21}{9.5} + \dfrac{9}{8.4} = 7.95$ ∴ $L_m = \dfrac{100}{7.95} \fallingdotseq 12.58$

089 다음 중 관로의 방향을 변경하는데 가장 적합한 것은?

① 소켓 ② 엘보우
③ 유니온 ④ 플러그

배관부속품

- 두 개의 관 연결시 : 플랜지(flange), 유니온(union), 커플링(coupling), 니플(nipple), 소켓(socket)
- 관로의 방향 변경시 : 엘보우(elbow), 리턴밴드(return bend)
- 관의 직경 변경시 : 리듀서(reducer), 소구경에는 부싱(bushing), 대구경에는 이경플랜지(reducing flange)
- 지관(枝管) 연결시 : 티(tee), Y 지관(Y-branch), 십자(cross)
- 유로 차단시 : 소구경은 플러그(plug), 캡(cap), 대구경은 판(板)플랜지(blank flange)
- 유량조절시 : 밸브(valve)

090 비교적 저압 또는 상압에서 가연성의 증기를 발생하는 유류를 저장하는 탱크에서 외부에 그 증기를 방출하기도 하고 탱크 내에 외기를 흡입하기도 하는 부분에 설치하며 가는 눈금의 금망이 여러 개 겹쳐진 구조로 된 안전장치는?

① check valve
② flame arrester
③ vent stack
④ rupture disk

용도 설명

- 체크밸브(check valve) : 유체를 한쪽 방향으로만 흐르게 하고 반대 방향으로는 흐르지 못하도록 하는 밸브
- 인화방지망(flame arrester) : 비교적 저압 또는 상압에서 가연성 증기를 발생하는 유류(油類)를 저장하는 탱크에서 외부로 그 증기를 방출하거나, 탱크 내에 외기를 흡입하거나 하는 부분에 설치하는 안전장치
- 벤트스택(vent stack) : 가스를 연소시키지 아니하고 대기 중에 방출시키는 파이프 또는 탑
- 파열판(rupture disk) : 밀폐된 용기, 배관 등의 내압이 이상 상승 하였을 경우 정해진 압력에서 파열되어 본체의 파괴를 막을 수 있도록 제조된 원형의 얇은 금속판

091 가연성 가스 A의 연소범위를 2.2~9.5vol%라고 할 때 가스 A의 위험도는 약 얼마인가?

① 2.52 ② 3.32
③ 4.91 ④ 5.64

$H = \dfrac{U-L}{L} = \dfrac{9.5-2.2}{2.2} \fallingdotseq 3.32$

092 다음 중 Halon 1211의 화학식으로 옳은 것은?

① CH_2FBr
② CH_2ClBr
③ CF_2HCl
④ CF_2BrCl

할로겐화합물 소화약제

할로겐화합물 소화약제의 네 자리 숫자는 각각 C, F, Cl, Br의 수를 의미한다.

명칭	할론 1011	할론 1211	할론 2402	할온 1301
화학식	CH_2ClBr	CF_2ClBr	$C_2F_4Br_2$	CF_3Br

093 연소에 관한 설명으로 틀린 것은?

① 인화점이 상온보다 낮은 가연성 액체는 상온에서 인화의 위험이 있다.
② 가연성 액체를 발화점이상으로 공기 중에서 가열하면 별도의 점화원이 없어도 발화할 수 있다.
③ 가연성 액체는 가열되어 완전 열분해되지 않으면 착화원이 있어도 연소하지 않는다.
④ 열 전도도가 클수록 연소하기 어렵다.

가연성 액체를 외부에서 가열하거나 연소열이 미치면 액표면에 가연성 증기가 증발하여 연소하는 증발연소가 이루어진다.

094 탄산수소나트륨을 주요성분으로 하는 것은 제 몇 종 분말소화기인가?

① 제1종
② 제2종
③ 제3종
④ 제4종

분말소화약제의 종류

종류	주성분
제1종	탄산수소나트륨($NaHCO_3$)
제2종	탄산수소칼륨($KHCO_3$)
제3종	인산암모늄($NH_4H_2PO_4$)
제4종	탄산수소칼륨과 요소와의 반응물($KC_2N_2H_3O_3$)

095 열교환기의 열 교환 능률을 향상시키기 위한 방법이 아닌 것은?

① 유체의 유속을 적절하게 조절한다.
② 유체의 흐르는 방향을 병류로 한다.
③ 열교환기 입구와 출구의 온도차를 크게 한다.
④ 열전도율이 높은 재료를 사용한다.

열교환기의 열교환 능률 향상방법
- 유체의 유속을 적절하게 조절한다.
- 유체의 흐르는 방향을 향류형으로 한다.
- 열교환기 입구와 출구의 온도차를 크게 한다.
- 열전도율이 높은 재료를 사용한다.
- 전열면적을 크게 한다.

096 다음은 산업안전보건기준에 관한 규칙에서 정한 폭발 또는 화재 등의 예방에 관한 내용이다. ( )에 알맞은 용어는?

> 사업주는 인화성 액체의 증기, 인화성 가스 또는 인화성 고체가 존재하여 폭발이나 화재가 발생할 우려가 있는 장소에서 해당 증기·가스 또는 분진에 의한 폭발 또는 화재를 예방하기 위하여 ( )·( ) 등 환기장치를 적절하게 설치해야 한다.

① 통풍기, 세척기
② 환풍기, 배풍기
③ 제습기, 세척기
④ 환풍기, 제습기

산업안전보건기준에 관한 규칙 제232조(폭발 또는 화재 등의 예방) ① 사업주는 인화성 액체의 증기, 인화성 가스 또는 인화성 고체가 존재하여 폭발이나 화재가 발생할 우려가 있는 장소에서 해당 증기·가스 또는 분진에 의한 폭발 또는 화재를 예방하기 위해 환풍기, 배풍기(排風機) 등 환기장치를 적절하게 설치해야 한다.

097 다음 중 분진의 폭발위험성을 증대시키는 조건에 해당하는 것은?

① 분진의 발열량이 작을수록
② 분위기 중 산소 농도가 작을수록
③ 분진 내의 수분 농도가 작을수록
④ 표면적이 입자체적에 비교하여 작을수록

분진폭발에 영향을 미치는 요인
- 분진의 화학적 성질과 조성 : 발열량이 큰 분진일수록 폭발위험성 증대
- 입도와 입도 분포 : 표면적이 입자체적에 비교하여 클수록 폭발위험성 증대
- 입자의 형상과 표면의 상태 : 입자표면이 산소에 대해서 활성인 경우(분위기 중 산소 농도가 클수록) 폭발성위험성 증대
- 수분 : 분진 중의 수분은 분진의 부유성을 억제하는 효과가 있으며, 역으로 수분 농도가 작을수록 분진의 부유성이 커져 폭발위험성 증대
- 분진의 부유성 : 일반적으로 입자가 작고 가벼운 것이 종기 중에서 부유하기 쉬우며, 부유성이 큰 쪽이 공기 중에서 체류하는 시간이 길어 폭발 위험성 증대

098 위험물안전관리법령에서 정한 제3류 위험물에 해당하지 않는 것은?

① 나트륨   ② 알킬알루미늄
③ 황린   ④ 나이트로글리세린

위험물안전관리법상 위험물의 분류
- 제1류 산화성 고체 : 아염소산염류, 염소산염류, 과염소산염류, 무기과산화물, 브로민산염류, 질산염류, 아이오딘산염류, 과망가니즈산염류, 다이크로뮴산염류
- 제2류 가연성 고체 : 황화인, 적린, 유황, 철분, 금속분, 마그네슘
- 제3류 자연발화성 물질 및 금수성 물질 : 칼륨, 나트륨, 알킬알루미늄, 알킬리튬, 황린, 알칼리금속(칼륨 및 나트륨을 제외) 및 알칼리토금속, 유기금속화합물(알킬알루미늄 및 알킬리튬을 제외), 금속의 수소화물, 금속의 인화물, 칼슘 또는 알루미늄의 탄화물
- 제4류 인화성 액체 : 특수인화물, 제1석유류, 제2석유류, 제3석유류, 제4석유류, 알코올류, 동식물유류
- 제5류 자기반응성 물질 : 유기과산화물, 질산에스터류, 나이트로화합물, 나이트로소화합물, 아조화합물, 다이아조화합물, 하이드라진 유도체, 하이드록실아민, 하이드록실아민염류
- 제6류 산화성 액체 : 과염소산, 과산화수소, 질산

099 일반적인 자동제어 시스템의 작동순서를 바르게 나열한 것은?

① 검출 → 조절계 → 공정상황 → 밸브
② 공정상황 → 검출 → 조절계 → 밸브
③ 조절계 → 공정상황 → 검출 → 밸브
④ 밸브 → 조절계 → 공정상황 → 검출

일반적인 자동제어 시스템의 작동순서

100 산업안전보건법령상 물질안전보건자료 작성시 포함되어 있는 주요 작성항목이 아닌 것은?(단, 기타 참고사항 및 작성자가 필요에 의해 추가하는 세부 항목은 고려하지 않는다.)

① 법적규제 현황   ② 폐기 시 주의사항
③ 주요 구입 및 폐기처 ④ 화학제품과 회사에 관한 정보

화학물질의 분류·표시 및 물질안전보건자료에 관한 기준 제10조(작성항목) ① 물질안전보건자료 작성 시 포함되어야 할 항목 및 그 순서는 다음 각 호에 따른다.

1. 화학제품과 회사에 관한 정보
2. 유해성·위험성
3. 구성성분의 명칭 및 함유량
4. 응급조치요령
5. 폭발·화재시 대처방법
6. 누출사고시 대처방법
7. 취급 및 저장방법
8. 노출방지 및 개인보호구
9. 물리화학적 특성
10. 안정성 및 반응성
11. 독성에 관한 정보
12. 환경에 미치는 영향
13. 폐기 시 주의사항
14. 운송에 필요한 정보
15. 법적규제 현황
16. 그 밖의 참고사항

제 06 과목 건설공사 안전관리

101 터널작업에 있어서 자동경보장치가 설치된 경우에 이 자동경보장치에 대하여 당일의 작업시작전 점검하여야 할 사항이 아닌 것은?

① 계기의 이상 유무
② 검지부의 이상 유무
③ 경보장치의 작동 상태
④ 환기 또는 조명시설의 이상 유무

산업안전보건기준에 관한 규칙 제350조(인화성 가스의 농도측정 등)
① 사업주는 터널공사 등의 건설작업을 할 때에 인화성 가스가 발생할 위험이 있는 경우에는 폭발이나 화재를 예방하기 위하여 인화성 가스의 농도를 측정할 담당자를 지명하고, 그 작업을 시작하기 전에 가스가 발생할 위험이 있는 장소에 대하여 그 인화성 가스의 농도를 측정하여야 한다.
② 사업주는 제1항에 따라 측정한 결과 인화성 가스가 존재하여 폭발이나 화재가 발생할 위험이 있는 경우에는 인화성 가스 농도의 이상 상승을 조기에 파악하기 위하여 그 장소에 자동경보장치를 설치하여야 한다.
③ 지하철도공사를 시행하는 사업주는 터널굴착[개착식(開鑿式)을 포함한다)] 등으로 인하여 도시가스관이 노출된 경우에 접속부 등 필요한 장소에 자동경보장치를 설치하고, 「도시가스사업법」에 따른 해당 도시가스사업자와 합동으로 정기적 순회점검을 하여야 한다.
④ 사업주는 제2항 및 제3항에 따른 자동경보장치에 대하여 당일 작업 시작 전 다음 각 호의 사항을 점검하고 이상을 발견하면 즉시 보수하여야 한다.
  1. 계기의 이상 유무
  2. 검지부의 이상 유무
  3. 경보장치의 작동상태

102 근로자의 추락 등의 위험을 방지하기 위한 안전난간의 설치기준으로 옳지 않은 것은?

① 상부 난간대와 중간 난간대는 난간 길이 전체에 걸쳐 바닥면등과 평행을 유지할 것
② 발끝막이판은 바닥면등으로부터 20cm 이하의 높이를 유지할 것
③ 난간대는 지름 2.7cm 이상의 금속제 파이프나 그이상의 강도가 있는 재료일 것
④ 안전난간은 구조적으로 가장 취약한 지점에서 가장 취약한 방향으로 작용하는 100kg 이상의 하중에 견딜 수 있는 튼튼한 구조일 것

산업안전보건기준에 관한 규칙 제13조(안전난간의 구조 및 설치요건) 사업주는 근로자의 추락 등의 위험을 방지하기 위하여 안전난간을 설치하는 경우 다음 각 호의 기준에 맞는 구조로 설치해야 한다.

1. 상부 난간대, 중간 난간대, 발끝막이판 및 난간기둥으로 구성할 것. 다만, 중간 난간대, 발끝막이판 및 난간기둥은 이와 비슷한 구조와 성능을 가진 것으로 대체할 수 있다.
2. 상부 난간대는 바닥면·발판 또는 경사로의 표면(이하 "바닥면등"이라 한다)으로부터 90센티미터 이상 지점에 설치하고, 상부 난간대를 120센티미터 이하에 설치하는 경우에는 중간 난간대는 상부 난간대와 바닥면등의 중간에 설치해야 하며, 120센티미터 이상 지점에 설치하는 경우에는 중간 난간대를 2단이상으로 균등하게 설치하고 난간의 상하 간격은 60센티미터 이하가 되도록 할 것. 다만, 난간기둥 간의 간격이 25센티미터 이하인 경우에는 중간 난간대를 설치하지 않을 수 있다.
3. 발끝막이판은 바닥면등으로부터 10센티미터 이상의 높이를 유지할 것. 다만, 물체가 떨어지거나 날아올 위험이 없거나 그 위험을 방지할 수 있는 망을 설치하는 등 필요한 예방 조치를 한 장소는 제외한다.
4. 난간기둥은 상부 난간대와 중간 난간대를 견고하게 떠받칠 수 있도록 적정한 간격을 유지할 것
5. 상부 난간대와 중간 난간대는 난간 길이 전체에 걸쳐 바닥면등과 평행을 유지할 것
6. 난간대는 지름 2.7센티미터 이상의 금속제 파이프나 그 이상의 강도가 있는 재료일 것
7. 안전난간은 구조적으로 가장 취약한 지점에서 가장 취약한 방향으로 작용하는 100킬로그램 이상의 하중에 견딜 수 있는 튼튼한 구조일 것

103 외줄비계·쌍줄비계 또는 돌출비계는 벽이음 및 버팀을 설치하여야 하는데 강관비계 중 단관비계로 설치할 때의 조립간격으로 옳은 것은?(단, 수직방향, 수평방향의 순서임)

① 4m, 4m
② 5m, 5m
③ 5.5m, 7.5m
④ 6m, 8m

강관비계의 조립 간격(산업안전보건기준에 관한 규칙 별표 5)

강관비계의 종류	조립간격(단위 : m)	
	수직방향	수평방향
단관비계	5	5
틀비계(높이가 5m 미만의 것은 제외한다)	6	8

104 구축물에 안전진단 등 안전성 평가를 실시하여 근로자에게 미칠 위험성을 미리 제거하여야 하는 경우가 아닌 것은?

① 구축물등의 인근에서 굴착·항타작업 등으로 침하·균열 등이 발생하여 붕괴의 위험이 예상될 경우
② 구축물등이 그 자체의 무게·적설·풍압 또는 그 밖에 부가되는 하중 등으로 붕괴 등의 위험이 있을 경우
③ 화재 등으로 구축물등의 내력(耐力)이 심하게 저하되었을 경우
④ 구축물의 구조체가 과도한 안전측으로 설계가 되었을 경우

산업안전보건기준에 관한 규칙 제52조(구축물등의 안전성 평가) 사업주는 구축물등이 다음 각 호의 어느 하나에 해당하는 경우에는 구축물등에 대한 구조검토, 안전진단 등의 안전성 평가를 하여 근로자에게 미칠 위험성을 미리 제거해야 한다.
1. 구축물등의 인근에서 굴착·항타작업 등으로 침하·균열 등이 발생하여 붕괴의 위험이 예상될 경우
2. 구축물등에 지진, 동해(凍害), 부동침하(不同沈下) 등으로 균열·비틀림 등이 발생했을 경우
3. 구축물등이 그 자체의 무게·적설·풍압 또는 그 밖에 부가되는 하중 등으로 붕괴 등의 위험이 있을 경우

4. 화재 등으로 구축물등의 내력(耐力)이 심하게 저하됐을 경우
5. 오랜 기간 사용하지 않던 구축물등을 재사용하게 되어 안전성을 검토해야 하는 경우
6. 구축물등의 주요구조부(「건축법」 제2조제1항제7호에 따른 주요구조부를 말한다. 이하 같다)에 대한 설계 및 시공 방법의 전부 또는 일부를 변경하는 경우
7. 그 밖의 잠재위험이 예상될 경우

105 사급자재비가 30억, 직접노무비가 35억, 관급자재비가 20억인 빌딩신축공사를 할 경우 계상해야 할 산업안전보건관리비는 얼마인가?(단, 공사종류는 건축공사임)

① 264,350,000원
② 221,000,000원
③ 167,450,000원
④ 201,450,000원

공사종류 및 규모별 산업안전보건관리비 계상기준표

구분 공사종류	대상액 5억원 미만인 경우 적용비율	대상액 5억원 이상 50억원 미만인 경우		50억원 이상인 경우 적용비율	보건관리자 선임대상 건설공사의 적용비율
		적용비율	기초액		
건축공사	3.11%	2.28%	4,325,000원	2.37%	2.64%
토목공사	3.15%	2.53%	3,300,000원	2.60%	2.73%
중건설공사	3.64%	3.05%	2,975,000원	3.11%	3.39%
특수건설공사	2.07%	1.59%	2,450,000원	1.64%	1.78%

∴ 계상해야 할 산업안전보건관리비 = (30억 + 35억 + 20억) × 0.0237 = 201,450,000원

106 가설구조물에서 많이 발생하는 중대 재해의 유형으로 가장 거리가 먼 것은?

① 도괴재해
② 낙하물에 의한 재해
③ 굴착기계와의 접촉에 의한 재해
④ 추락재해

107 다음 토공기계 중 굴착기계와 가장 관계있는 것은?

① Clam shell
② Road Roller
③ Shovel loader
④ Belt conveyer

클램셀(Clam shell) : 주로 기초기반을 파는데 사용되며 파는 힘은 약해 사질기반의 굴착에 이용되는 것으로 굴삭 깊이는 8~15m, 버킷용량은 0.45m³ 정도이다.

108 크레인을 사용하여 작업을 하는 때 작업시작 전 점검사항이 아닌 것은?

① 권과방지장치 · 브레이크 · 클러치 및 운전장치의 기능
② 방호장치의 이상유무
③ 와이어로프가 통하고 있는 곳의 상태
④ 주행로의 상측 및 트롤리가 횡행하는 레일의 상태

크레인을 사용하여 작업을 하는 때의 작업시작 전 점검사항
- 권과방지장치 · 브레이크 · 클러치 및 운전장치의 기능
- 주행로의 상측 및 트롤리(trolley)가 횡행하는 레일의 상태
- 와이어로프가 통하고 있는 곳의 상태

109 차량계 하역운반기계를 사용하는 작업에 있어 고려되어야 할 사항과 가장 거리가 먼 것은?

① 작업지휘자의 배치　　② 유도자의 배치
③ 갓길 붕괴 방지 조치　　④ 안전관리자의 선임

차량계 하역운반기계를 사용하는 작업에 있어 고려되어야 할 사항
- 작업지휘자의 배치
- 유도자 배치
- 지반의 부동침하 방지 조치
- 갓길 붕괴를 방지하기 위한 조치

110 철골작업을 중지하여야 하는 조건에 해당되지 않는 것은?

① 풍속이 초당 10m 이상인 경우
② 지진이 진도 4 이상의 경우
③ 강우량이 시간당 1mm 이상의 경우
④ 강설량이 시간당 1cm 이상의 경우

산업안전보건기준에 관한 규칙 제383조(작업의 제한) 사업주는 다음 각 호의 어느 하나에 해당하는 경우에 철골작업을 중지하여야 한다.
1. 풍속이 초당 10미터 이상인 경우
2. 강우량이 시간당 1밀리미터 이상인 경우
3. 강설량이 시간당 1센티미터 이상인 경우

111 건설공사에 사용하는 높이 8m 이상인 비계다리에는 몇 m 이내마다 계단참을 설치해야 하는가?

① 10m　　② 9m
③ 8m　　④ 7m

산업안전보건기준에 관한 규칙 제23조(가설통로의 구조) 사업주는 가설통로를 설치하는 경우 다음 각 호의 사항을 준수하여야 한다.
1. 견고한 구조로 할 것
2. 경사는 30도 이하로 할 것. 다만, 계단을 설치하거나 높이 2미터 미만의 가설통로로서 튼튼한 손잡이를 설치한 경우에는 그러하지 아니하다.
3. 경사가 15도를 초과하는 경우에는 미끄러지지 아니하는 구조로 할 것
4. 추락할 위험이 있는 장소에는 안전난간을 설치할 것. 다만, 작업상 부득이한 경우에는 필요한 부분만 임시로 해체할 수 있다.
5. 수직갱에 가설된 통로의 길이가 15미터 이상인 경우에는 10미터 이내마다 계단참을 설치할 것
6. 건설공사에 사용하는 높이 8미터 이상인 비계다리에는 7미터 이내마다 계단참을 설치할 것

112 점토질 지반의 침하 및 압밀 재해를 막기 위하여 실시하는 지반개량 탈수공법으로 적당하지 않은 것은?

① 샌드드레인 공법　　② 생석회 공법
③ 진동 공법　　　　　④ 페이퍼드레인 공법

진동(Vibroflotation)공법 : 사질토의 다짐공법으로 약 2m 정도의 진동봉을 지중에 관입하여 횡방향 진동을 일으켜 주변 지반을 다져올라가면 그 빈구멍에 모래, 자갈로 채워서 지반을 개량

113 흙막이벽의 근입깊이를 깊게 하고, 전면의 굴착부분을 남겨두어 흙의 중량으로 대항하게 하거나, 굴착예정 부분의 일부를 미리 굴착하여 기초콘크리트를 타설하는 등의 대책과 가장 관계 깊은 것은?

① 히빙현상이 있을 때　　② 파이핑현상이 있을 때
③ 지하수위가 높을 때　　④ 굴착깊이가 깊을 때

히빙(Heaving)이란 굴착이 진행됨에 따라 흙막이 벽 뒤쪽 흙의 중량이 굴착부 바닥의 지지력 이상이 되면 흙막이벽 근입(根入) 부분의 지반 이동이 발생하여 굴착부 저면이 솟아오르는 현상을 말한다.

114 건물외부에 낙하물 방지망을 설치할 경우 수평면과의 가장 적절한 각도는?

① 5° 이상, 10° 이하　　② 10° 이상, 15° 이하
③ 15° 이상, 20° 이하　　④ 20° 이상, 30° 이하

산업안전보건기준에 관한 규칙 제14조(낙하물에 의한 위험의 방지)
① 사업주는 작업장의 바닥, 도로 및 통로 등에서 낙하물이 근로자에게 위험을 미칠 우려가 있는 경우 보호망을 설치하는 등 필요한 조치를 하여야 한다.
② 사업주는 작업으로 인하여 물체가 떨어지거나 날아올 위험이 있는 경우 낙하물 방지망, 수직보호망 또는 방호선반의 설치, 출입금지구역의 설정, 보호구의 착용 등 위험을 방지하기 위하여 필요한 조치를 하여야 한다. 이 경우 낙하물 방지망 및 수직보호망은 「산업표준화법」 제12조에 따른 한국산업표준(이하 "한국산업표준"이라 한다)에서 정하는 성능기준에 적합한 것을 사용하여야 한다.
③ 제2항에 따라 낙하물 방지망 또는 방호선반을 설치하는 경우에는 다음 각 호의 사항을 준수하여야 한다.
　1. 높이 10미터 이내마다 설치하고, 내민 길이는 벽면으로부터 2미터 이상으로 할 것
　2. 수평면과의 각도는 20도 이상 30도 이하를 유지할 것

115 콘크리트 타설작업의 안전대책으로 옳지 않은 것은?

① 작업 시작전 거푸집동바리 등의 변형, 변위 및 지반 침하 유무를 점검한다.
② 작업 중 감시자를 배치하여 거푸집동바리 등의 변형, 변위 유무를 확인한다.
③ 슬래브콘크리트 타설은 한쪽부터 순차적으로 타설하여 붕괴 재해를 방지해야한다.
④ 설계도서상 콘크리트 양생기간을 준수하여 거푸집동바리 등을 해체한다.

슬래브콘크리트 타설 시 슬래브가 무너질 위험이 있으므로, 골고루 분산 타설하여야 하며 하부에 감시자를 두어 이상이 발견되면 즉시 타설을 중지하고 보강조치를 실시하여야 한다.

116 굴착기계의 운행 시 안전대책으로 옳지 않은 것은?

① 버킷에 사람의 탑승을 허용해서는 안된다.
② 운전반경 내에 사람이 있을 때 회전은 10rpm 이하의 느린 속도로 하여야 한다.
③ 장비의 주차 시 경사지나 굴착작업장으로부터 충분히 이격시켜 주차한다.
④ 전선이나 구조물 등에 인접하여 붐을 선회해야 될 작업에는 사전에 회전반경, 높이제한 등 방호조치를 강구한다.

회전반경 내에 사람이 있는 경우 안전사고의 우려가 있으므로 회전반경 내에 사람의 접근을 금지하여야 한다.

117 산업안전보건법령상 유해위험방지계획서를 작성하여 고용노동부장관에게 제출해야 하는 공사에 해당하지 않는 것은?

① 지상높이가 31m 인 건축물의 건설·개조 또는 해체
② 최대 지간길이가 50m 인 교량건설 등의 공사
③ 깊이가 8m 인 굴착공사
④ 터널 건설공사

유해위험방지계획서 제출 대상 공사(산업안전보건법 시행령 제42조 ③항)

1. 다음 각 목의 어느 하나에 해당하는 건축물 또는 시설 등의 건설·개조 또는 해체 공사
   가. 지상높이가 31미터 이상인 건축물 또는 인공구조물
   나. 연면적 3만제곱미터 이상인 건축물
   다. 연면적 5천제곱미터 이상인 시설로서 다음의 어느 하나에 해당하는 시설
      1) 문화 및 집회시설(전시장 및 동물원·식물원은 제외한다)
      2) 판매시설, 운수시설(고속철도의 역사 및 집배송시설은 제외한다)
      3) 종교시설
      4) 의료시설 중 종합병원
      5) 숙박시설 중 관광숙박시설
      6) 지하도상가
      7) 냉동·냉장 창고시설
2. 연면적 5천제곱미터 이상인 냉동·냉장 창고시설의 설비공사 및 단열공사

3. 최대 지간(支間)길이(다리의 기둥과 기둥의 중심사이의 거리)가 50미터 이상인 다리의 건설등 공사
4. 터널의 건설등 공사
5. 다목적댐, 발전용댐, 저수용량 2천만톤 이상의 용수 전용 댐 및 지방상수도 전용 댐의 건설등 공사
6. 깊이 10미터 이상인 굴착공사

118 유해위험방지계획서 제출시 첨부 서류에 해당하지 않는 것은?

① 교통처리계획
② 안전관리 조직표
③ 공사개요서
④ 공사현장의 주변현황 및 주변과의 관계를 나타내는 도면

유해위험방지계획서 첨부서류(산업안전보건법 시행규칙 별표 10)
- 공사 개요 및 안전보건관리계획
  - 공사 개요서
  - 공사현장의 주변 현황 및 주변과의 관계를 나타내는 도면(매설물 현황을 포함한다)
  - 건설물, 사용 기계설비 등의 배치를 나타내는 도면
  - 전체 공정표
  - 산업안전보건관리비 사용계획서
  - 안전관리 조직표
  - 재해 발생 위험 시 연락 및 대피방법
- 작업 공사 종류별 유해위험방지계획

119 다음 중 건설재해대책의 사면보호공법에 해당하지 않는 것은?

① 쉴드공
② 식생공
③ 뿜어 붙이기공
④ 블록공

쉴드공은 회전하는 강재원통형 기계인 쉴드를 이용하여 지하공간을 구축하는 비개착식 터널공법을 말한다.

120 토석붕괴 방지방법에 대한 설명으로 옳지 않은 것은?

① 말뚝(강관, H형강, 철근콘크리트)을 박아 지반을 강화시킨다.
② 활동의 가능성이 있는 토석은 제거한다.
③ 지표수가 침투되지 않도록 배수시키고 지하수위 저하를 위해 수평보링을 하여 배수시킨다.
④ 활동에 의한 붕괴를 방지하기 위해 비탈면, 법면의 상단을 다진다.

활동에 의한 붕괴를 방지하기 위해서는 비탈면, 법면의 상단에 하중 및 충격을 가해서는 안 된다.

정답 2016년 03월 06일 최근 기출문제

001 ④	002 ④	003 ①	004 ④	005 ③	006 ①	007 ④	008 ②	009 ①	010 ②
011 ①	012 ③	013 ③	014 ②	015 ①	016 ④	017 ①	018 ③	019 ③	020 ④
021 ④	022 ③	023 ④	024 ①	025 ①	026 ②	027 ①	028 ②	029 ④	030 ③
031 ④	032 ①	033 ①	034 ③	035 ④	036 ②	037 ②	038 ③	039 ③	040 ③
041 ③	042 ④	043 ④	044 ④	045 ④	046 ④	047 ④	048 ①	049 ②	050 ③
051 ③	052 ①	053 ②	054 ①	055 ③	056 ③	057 ①	058 ③	059 ②	060 ②
061 ②	062 ③	063 ①	064 ①	065 ②	066 ②	067 ③	068 ①	069 ④	070 ①
071 ②	072 ④	073 ③	074 ①	075 ④	076 ④	077 ①	078 ④	079 ①	080 ③
081 ②	082 ①	083 ①	084 ③	085 ④	086 ②	087 ③	088 ④	089 ②	090 ②
091 ②	092 ④	093 ③	094 ①	095 ②	096 ②	097 ③	098 ④	099 ②	100 ③
101 ④	102 ②	103 ②	104 ④	105 ④	106 ③	107 ①	108 ②	109 ④	110 ②
111 ④	112 ③	113 ①	114 ④	115 ③	116 ②	117 ③	118 ①	119 ①	120 ④

2016년 05월 08일 최근 기출문제

제 01 과목 산업재해 예방 및 안전보건교육

001 산업안전보건법상 근로자 채용 시의 안전보건교육 내용이 아닌 것은?

① 기계·기구의 위험성과 작업의 순서 및 동선에 관한 사항
② 정리정돈 및 청소에 관한 사항
③ 물질안전보건자료에 관한 사항
④ 표준안전작업방법에 관한 사항

근로자 채용 시 교육 및 작업내용 변경 시 교육(산업안전보건법 시행규칙 별표 5)
- 산업안전 및 산업재해 예방에 관한 사항(화재·폭발 사고 발생 시 대피에 관한 사항 포함)
- 산업보건 및 건강장해 예방에 관한 사항
- 위험성 평가에 관한 사항
- 산업안전보건법령 및 산업재해보상보험 제도에 관한 사항
- 직무스트레스 예방 및 관리에 관한 사항
- 직장 내 괴롭힘, 고객의 폭언 등으로 인한 건강장해 예방 및 관리에 관한 사항
- 기계·기구의 위험성과 작업의 순서 및 동선에 관한 사항
- 작업 개시 전 점검에 관한 사항
- 정리정돈 및 청소에 관한 사항
- 사고 발생 시 긴급조치에 관한 사항
- 물질안전보건자료에 관한 사항

002 시몬즈(Simonds)의 재해코스트 산출방식에서 A, B, C, D는 무엇을 뜻하는가?

총재해 코스트 = 보험코스트 + (A×휴업상해건수) + (B×통원상해건수) + (C×응급조치건수) + (D×무상해 사고건수)

① 직접손실비
② 간접손실비
③ 보험 코스트
④ 비보험 코스트 평균치

시몬즈(R. H. Simonds) 방식
총재해손실비(Cost) = 산재보험 코스트 + 비보험 코스트
- 산재보험 코스트 : 산업재해보상보험법에 의해 보상된 금액과 보험회사의 보상에 관련된 제경비 및 이익금을 합친 금액
- 비보험 코스트 = (휴업상해건수×A) + (통원상해건수×B) + (응급조치건수×C) + (무상해 사고 건수×D)
※ 여기서 A, B, C, D는 장해 정도별에 의한 비보험 코스트의 평균치

003 무재해 운동의 3원칙에 해당되지 않는 것은?

① 무의 원칙
② 참가의 원칙
③ 대책선정의 원칙
④ 선취의 원칙

무재해운동의 3원칙
- 무(Zero)의 원칙 : 산재 위험의 잠재요인을 근원적으로 해결하기 위한 원칙
- 선취의 원칙 : 위험요인 행동 전에 예지, 발견
- 참가의 원칙 : 전원(근로자, 회사 내 전종업원, 근로자 가족) 참가

004 데이비스(K. Davis)의 동기부여이론 등식으로 옳은 것은?

① 지식×기능 = 태도
② 지식×상황 = 동기유발
③ 능력×상황 = 인간의 성과
④ 능력×동기유발 = 인간의 성과

데이비스(Davis)의 이론
- 인간의 성과 × 물적인 성과 = 경영의 성과
- 지식(Knowledge) × 기능(skill) = 능력(ability)
- 상황(situation) × 태도(attitude) = 동기유발(motivation)
- 능력(ability) × 동기유발(motivation) = 인간의 성과(human performance)

005 인간의 동작특성 중 판단과정의 착오요인이 아닌 것은?

① 합리화
② 정서불안정
③ 작업조건불량
④ 정보부족

착오요인(대뇌의 Human Error)
- 인지과정 착오 : 생리·심리적 능력의 한계, 정보량 저장능력의 한계, 감각차단 현상(단조로운 업무, 반복작업), 정서 불안정(공포, 불안, 불만)
- 판단과정 착오 : 능력 부족, 정보 부족, 자기 합리화, 자기기술 과신, 환경조건의 불비(不備)
- 조치과정 착오 : 작업자 기능 미숙, 작업경험 부족, 피로

006 리더십의 유형에 해당되지 않는 것은?

① 권위형
② 민주형
③ 자유방임형
④ 혼합형

리더십의 유형
- 선출방식에 따른 리더십의 분류 : 헤드십(Headship), 리더십(Leadership)
- 업무추진 방법에 의한 리더십의 분류 : 권위형, 민주형, 자유방임형

007 학습이론 중 자극과 반응의 이론이라 볼 수 없는 것은?

① Kohler의 통찰설
② Thorndike의 시행착오설
③ Pavlov의 조건반사설
④ Skinner의 조작적 조건화설

S-R이론 : 학습을 자극(Stimulus)에 의한 반응(Response)으로 보는 이론
- 손다이크(Thorndike)의 시행착오설
- 파브로브(Pavlov)의 조건반사설
- 스키너(Skinner)의 작동적(도구적) 조건화설
- 구드리(Guthrie)의 접근적 조건화설

008 안전표지의 종류와 분류가 올바르게 연결된 것은?

① 금연 - 금지표지
② 낙하물 경고 - 지시표지
③ 안전모 착용 - 안내표지
④ 세안장치 - 경고표지

안전표지의 종류와 분류
- 낙하물 경고 - 경고표지
- 안전모 착용 - 지시표지
- 세안장치 - 안내표지

009 안전에 관한 기본 방침을 명확하게 해야 할 임무는 누구에게 있는가?

① 안전관리자
② 관리감독자
③ 근로자
④ 사업주

산업안전보건법 제5조(사업주 등의 의무) ① 사업주(제77조에 따른 특수형태근로종사자로부터 노무를 제공받는 자와 제78조에 따른 물건의 수거·배달 등을 중개하는 자를 포함한다. 이하 이 조 및 제6조에서 같다)는 다음 각 호의 사항을 이행함으로써 근로자(제77조에 따른 특수형태근로종사 자와 제78조에 따른 물건의 수거·배달 등을 하는 자를 포함한다. 이하 이 조 및 제6조에서 같다)의 안전 및 건강을 유지·증진시키고 국가의 산업재해 예방정책을 따라야 한다.
1. 이 법과 이 법에 따른 명령으로 정하는 산업재해 예방을 위한 기준
2. 근로자의 신체적 피로와 정신적 스트레스 등을 줄일 수 있는 쾌적한 작업환경의 조성 및 근로조건 개선
3. 해당 사업장의 안전 및 보건에 관한 정보를 근로자에게 제공

010 학습지도의 형태 중 토의법에 해당되지 않는 것은?

① 패널 디스커션(panel discussion)
② 포럼(forum)
③ 구안법(project method)
④ 버즈 세션(buzz session)

구안법(Project Method)
- 학생이 마음속에 생각하고 있는 것을 외부에 구체적으로 실현하고 형상화하기 위해서 자기 스스로가 계획을 세워 수행하는 학습 활동으로 이루어지는 형태를 말한다.
- 콜링스(Collings)는 구안법을 탐험(Exploration), 구성(Construction), 의사소통(Communication), 유희(Play), 기술(Skill)의 5가지로 지적하였으며 산업시찰, 견학, 현장실습 등도 이에 해당된다고 하였다.
- 구안법은 목적, 계획, 수행, 평가의 4단계를 거친다.

011 A 사업장의 연천인율이 10.8인 경우, 이 사업장의 도수율은 약 얼마인가?

① 5.4
② 4.5
③ 3.7
④ 1.8

도수율 = 연천인율 ÷ 2.4 = 10.8 ÷ 2.4 = 4.5

012 위험예지훈련의 문제해결 4라운드에 속하지 않는 것은?

① 현상파악
② 본질추구
③ 대책수립
④ 원인결정

위험예지 훈련의 기초 4라운드 진행방법
- 1R(현상파악) : 어떤 위험이 잠재하고 있는지 사실을 파악하는 라운드(BS적용)
- 2R(본질추구) : 가장 위험한 요인(위험 포인트)을 합의로 결정하는 라운드(요약)
- 3R(대책수립) : 구체적인 대책을 수립하는 라운드(BS적용)
- 4R(목표달성-설정) : 수립한 대책 가운데 질이 높은 항목에 합의하는 라운드(요약)

013 다음 중 학습정도(Level of learning)의 4단계를 순서대로 옳게 나열한 것은?

① 이해 → 적용 → 인지 → 지각
② 인지 → 지각 → 이해 → 적용
③ 지각 → 인지 → 적용 → 이해
④ 적용 → 인지 → 지각 → 이해

학습정도 : 인지 → 지각 → 이해 → 적용

014 직계-참모식 조직의 특징에 대한 설명으로 옳은 것은?

① 소규모 사업장에 적합하다.
② 생산조직과는 별도의 조직과 기능을 갖고 활동한다.
③ 안전계획, 평가 및 조사는 스탭에서, 생산기술의 안전대책은 라인에서 실시한다.
④ 안전업무가 표준화되어 직장에 정착하기 쉽다.

라인(Line) 스태프(Staff)의 복잡형(직계 참모조직)
- 라인형과 스태프형의 장점을 취한 절충식 조직 형태로 안전업무를 전문으로 담당하는 스태프 부분을 두고 생산라인의 각 층에도 겸임 또는 전임의 안전 담당자를 두어서 안전대책은 스태프 부분에서 기획하고, 이것을 라인을 통하여 실시하도록 한 조직 방식이다.
- 대규모의 사업장(1000명 이상)에 효율적이다.

015 산업안전보건법상 중대재해에 해당하지 않는 것은?

① 사망자가 2명 발생한 재해
② 6개월 요양을 요하는 부상자가 동시에 4명 발생한 재해
③ 부상자 또는 직업성 질병자가 동시에 12명 발생한 재해
④ 3개월 요양을 요하는 부상자가 1명, 2개월 요양을 요하는 부상자가 4명 발생한 재해

중대재해에 해당하는 재해(산업안전보건법 시행규칙 제3조)
- 사망자가 1명 이상 발생한 재해
- 3개월 이상의 요양이 필요한 부상자가 동시에 2명 이상 발생한 재해
- 부상자 또는 직업성 질병자가 동시에 10명 이상 발생한 재해

016 안전교육 훈련에 있어 동기부여 방법에 대한 설명으로 가장 거리가 먼 것은?

① 안전 목표를 명확히 설정한다.
② 결과를 알려준다.
③ 경쟁과 협동을 유발시킨다.
④ 동기유발 수준을 정도 이상으로 높인다.

안전교육 훈련에 있어 동기부여 방법
- 목표를 설정한다.
- 경쟁과 협동을 유발시킨다.
- 안전의 근본이념을 인식시킨다.
- 결과를 알려준다.
- 동기 유발의 최적수준을 유지한다.
- 상과 벌을 준다.

017 고무제 안전화의 구비조건이 아닌 것은?

① 유해한 흠, 균열, 기포, 이물질 등이 없어야 한다.
② 바닥, 발등, 발 뒤꿈치 등의 접착부분에 물이 들어오지 않아야 한다.
③ 에나멜 도포는 벗겨져야 하며, 건조가 완전하여야 한다.
④ 완성품의 성능은 압박감, 충격 등의 성능시험에 합격하여야 한다.

고무제안전화의 일반구조
- 방수 또는 내화학성의 재료(고무, 합성수지 등)를 사용하여 견고하게 제조되고 가벼우며 또한 착용하기에 편안하고, 활동하기 쉬워야 한다.

- 물, 산 또는 알칼리 등이 안전화 내부로 쉽게 들어가지 않도록 되어 있어야 하며, 또한 겉창, 뒷굽, 테이프 기타 부분의 접착이 양호하여 물 등이 새어 들지 않도록 해야 한다.
- 안전화 내부에 부착하는 안감·안창포 및 심지포에 사용되는 메리야스, 융 등은 사용목적에 따라 적합한조직의 재료를 사용하고 견고하게 제조하여 모양이 균일해야 한다. 다만, 분진발생 및 고온작업장소에서 사용되는 안전화는 안감 및 기타를 부착하지 아니할 수 있다.
- 겉창(굽 포함), 몸통, 신울 기타 접합부분 또는 부착부분은 밀착이 양호하며, 물이 새지 않고 고무 및 포에 부착된 박리고무의 부풀음 등 흠이 없도록 해야 한다.
- 선심의 안쪽은 포, 고무 또는 합성수지 등으로 붙이고 특히, 선심 뒷부분의 안쪽은 보강되도록 해야 한다.
- 안쪽과 골씌움이 완전하도록 해야 한다.
- 부속품의 접착은 견고하도록 해야 한다.
- 에나멜을 칠한 것은 에나멜이 벗겨지지 않아야 하고 건조가 충분하여야 하며, 몸통과 신울에 칠한 면이 대체로 평활하고, 칠한 면을 겉으로 하여 180° 각도로 구부렸을 때, 에나멜을 칠한 면에 균열이 생기지 않도록 해야 한다.
- 사용할 때 위험한 흠, 균열, 기공, 기포, 이물 혼입, 기타 유사한 결함이 없도록 해야 한다.

018 산업재해의 원인 중 기술적 원인에 해당하는 것은?

① 작업준비의 불충분 ② 안전장치의 기능 제거
③ 안전교육의 부족   ④ 생산방법의 부적당

재해의 간접원인
- 기술적 원인 : 건물·기계장치 설계 불량, 구조·재료의 부적합, 생산 공정의 부적당, 점검·정비·보존 불량
- 교육적 원인 : 안전의식의 부족, 안전수칙의 오해, 경험훈련의 미숙, 작업방법의 교육 불충분, 유해위험 작업의 교육 불충분
- 관리적 원인(작업관리상 원인) : 안전관리 조직 결함, 안전수칙 미제정, 작업준비 불충분, 인원배치 부적당, 작업지시 부적당

019 안전점검 체크리스트에 포함되어야 할 사항이 아닌 것은?

① 점검 대상 ② 점검 부분
③ 점검 방법 ④ 점검 목적

체크리스트에 포함되어야할 사항(체크리스트 작성 항목)
- 점검대상
- 점검부분(점검개소)
- 점검항목(점검내용 : 마모, 균열, 부식, 파손, 변형 등)
- 점검주기 또는 기간(점검시기)
- 점검방법(육안점검, 기능점검, 기기점검, 정밀점검)
- 판정기준(자체검사기준, 법령에 의한 기준, KS기준 등)
- 조치사항(점검결과에 따른 결함의 시정사항)

020 매슬로우의 욕구단계 이론에서 편견없이 받아들이는 성향, 타인과의 거리를 유지하며 사생활을 즐기거나 창의적 성격으로 봉사, 특별히 좋아하는 사람과 긴밀한 관계를 유지하려는 인간의 욕구에 해당하는 것은?

① 생리적 욕구   ② 사회적 욕구
③ 자아실현의 욕구 ④ 안전에 대한 욕구

매슬로우(Maslow)의 욕구 5단계
- 1단계 : 생리적 욕구(기아, 갈증, 호흡, 배설, 성욕 등)
- 2단계 : 안전의 욕구(안전을 구하고자 하는 욕구)
- 3단계 : 사회적 욕구(애정, 소속에 대한 욕구)
- 4단계 : 인정받으려는 욕구(자존심, 명예, 성취, 지위에 대한 욕구)
- 5단계 : 자아실현의 욕구(잠재적인 능력을 실현하고자 하는 욕구)

제 02 과목 인간공학 및 위험성 평가 · 관리

021 인지 및 인식의 오류를 예방하기 위해 목표와 관련하여 작동을 계획해야 하는데 특수하고 친숙하지 않은 상황에서 발생하며, 부적절한 분석이나 의사결정을 잘못하여 발생하는 오류는?

① 기능에 기초한 행동(Skin-based Behavior)
② 규칙에 기초한 행동(Rule-based Behavior)
③ 사고에 기초한 행동(Accident-based Behavior)
④ 지식에 기초한 행동(Knowledge-based Behavior)

Rasmussen의 분류 체계
- 지식에 기초한 행동(Knowledge-based Behavior) : 상황이나 자극에 대해 적절한 규칙이나 정보가없기 때문에 제로(ZERO) 상태에서 시작한다.(초보자의 작업 및 행동단계)
- 규칙에 기초한 행동(Rule-based Behavior) : 상황이나 자극에 대해 형성된 자신만의 규칙을 사용한다.(중급자의 작업 및 행동단계)
- 기능에 기초한 행동(Skill-based Behavior) : 상황이나 자극에 대해 자동적으로 반응하는 것으로 무의식에 가까운 단축화로 일종의 습관이라 할 수 있다.(숙련자의 작업 및 행동단계)

022 실험실 환경에서 수행하는 인간공학 연구의 장 · 단점에 대한 설명으로 맞는 것은?

① 변수의 통제가 용이하다.
② 주위 환경의 간섭에 영향 받기 쉽다.
③ 실험 참가자의 안전을 확보하기가 어렵다.
④ 피실험자의 자연스러운 반응을 기대할 수 있다.

실험실 및 현장연구 환경의 선택
- 실험실 환경 : 변수의 관리(control), 모의실험(simulation)
- 현장 환경 : 사실성, 작업변수 설정이 가능

023 산업안전보건법에 따라 유해위험방지계획서의 제출대상 사업은 해당 사업으로서 전기계약용량이 얼마 이상인 사업을 말하는가?

① 150kW
② 200kW
③ 300kW
④ 500kW

해설

산업안전보건법 시행령 제42조(유해위험방지계획서 제출 대상) ① 법 제42조제1항제1호에서 "대통령령으로 정하는 사업의 종류 및 규모에 해당하는 사업"이란 다음 각 호의 어느 하나에 해당하는 사업으로서 전기 계약용량이 300킬로와트 이상인 경우를 말한다.
1. 금속가공제품 제조업; 기계 및 가구 제외
2. 비금속 광물제품 제조업
3. 기타 기계 및 장비 제조업
4. 자동차 및 트레일러 제조업
5. 식료품 제조업
6. 고무제품 및 플라스틱제품 제조업
7. 목재 및 나무제품 제조업
8. 기타 제품 제조업
9. 1차 금속 제조업
10. 가구 제조업
11. 화학물질 및 화학제품 제조업
12. 반도체 제조업
13. 전자부품 제조업

024 시스템 안전분석 방법 중 예비위험분석(PHA)단계에서 식별하는 4가지 범주에 속하지 않는것은?

① 위기상태
② 무시가능상태
③ 파국적상태
④ 예비조처상태

해설

PHA의 카테고리 분류
- Class 1 : 파국적(Catastrophic) – 사망, 시스템 손상
- Class 2 : 중대(Critical) – 심각한 상해, 시스템 중대 손상
- Class 3 : 한계적(Marginal) – 경미한 상해, 시스템 성능 저하
- Class 4 : 무시가능(Negligible) – 경미한 상해, 시스템 저하 없음

025 다음의 그림과 같이 FTA로 분석된 시스템에서 현재 모든 기본사상에 대한 부품이 고장난 상태이다. 부품 X_1부터 부품 X_5까지 순서대로 복구한다면 어느 부품을 수리 완료하는 순간부터 시스템은 정상가동이 되겠는가?

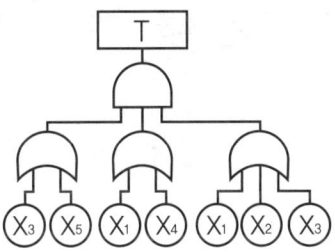

① X_1
② X_2
③ X_3
④ X_4

해설

AND 게이트로 구성된 T가 정상적으로 가동되기 위해서는 아래에 있는 3개의 OR 게이트가 모두 정상이어야 한다. 따라서, 부품 X_1과 X_2 복구시점까지는 첫 번째 OR 게이트가 작동하지 않으며, 부품 X_3까지 복구되어야 아래의 OR 게이트 3개가 모두 작동된다.

026 다음 중 성격이 다른 정보의 제어 유형은?

① action ② selection
③ setting ④ data entry

해설

setting은 시스템의 초기 설정값을 말하며, 나머지 3가지 항목은 편차를 제거하는 과정이다.

027 기계설비가 설계 사양대로 성능을 발휘하기 위한 적정 윤활의 원칙이 아닌 것은?

① 적량의 규정 ② 주유방법의 통일화
③ 올바른 윤활법의 채용 ④ 윤활기간의 올바른 준수

해설

적정한 공급방법을 선정하여 윤활하여야 한다.

028 인간공학의 궁극적인 목적과 가장 관계가 깊은 것은?

① 경제성 향상 ② 인간 능력의 극대화
③ 설비의 가동율 향상 ④ 안전성 및 효율성 향상

해설

안전과 인간공학의 목표
- 안전성 향상과 사고 방지
- 기계조작의 능률성과 생산성향상
- 쾌적성

029 특정한 목적을 위해 시각적 암호, 부호 및 기호를 의도적으로 사용할 때에 반드시 고려하여야 할 사항과 가장 거리가 먼 것은?

① 검출성 ② 판별성
③ 양립성 ④ 심각성

해설

암호체계
- 암호의 검출성 : 검출이 가능해야 한다.
- 암호의 변별성 : 다른 암호표시와 구별되어야 한다.
- 부호의 양립성 : 양립성이란 자극들 간의, 반응들 간의, 자극-반응 조합의 관계가 인간의 기대와 모순되지 않는 것이다.

030 다음 그림과 같이 7개의 기기로 구성된 시스템의 신뢰도는 약 얼마인가?

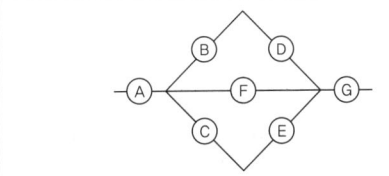

[신뢰도]
A = G : 0.75
B = C = D = E : 0.8
F : 0.9

① 0.5427
② 0.6234
③ 0.5552
④ 0.9740

R=0.75×(1−(1−0.8^2)(1−0.9)(1−0.8^2))×0.75=0.55521

031 여러 사람이 사용하는 의자의 좌면 높이는 어떤 기준으로 설계하는 것이 가장 적절한가?

① 5% 오금높이
② 50% 오금높이
③ 75% 오금높이
④ 95% 오금높이

오금높이는 바닥면에서 앉은 오금면까지의 수직거리로 여러 사람이 사용하는 의자의 좌면 높이는 5% 오금높이를 기준으로 설계한다.

032 FTA에서 특정 조합의 기본사상들이 동시에 결함을 발생하였을 때 정상사상을 일으키는 기본사상의 집합을 무엇이라 하는가?

① cut set
② error set
③ path set
④ success set

컷과 패스
- 컷셋(cut sets) : 그 속에 포함되어 있는 모든 기본사상(통상, 생략, 결함사상을 포함)이 일어났을 때 정상사상(top event)을 일으키는 기본사상의 집합
- 최소 컷셋(minimal cut sets) : 컷셋 중 그 부분집합만으로는 정상사상을 일으키는 일이 없는 것, 즉 정상사상(top event)을 일으키기 위한 최소한의 컷셋으로 어떤 고장이나 에러를 일으키면 재해가 일어나는가 하는 것. 결과적으로 시스템의 위험성(역으로는 안전성)을 나타내는 것
- 패스셋(path sets) : 시스템이 고장 나지 않도록 하는 사상의 조합
- 최소 패스셋(minimal path sets) : 시스템이 고장 나지 않도록 하는 최소한의 패스셋으로 어떤 고장이나 패스를 일으키지 않으면 재해는 일어나지 않는다는 것 즉, 시스템의 신뢰성을 나타내는 것

033 정보의 촉각적 암호화 방법으로만 구성된 것은?

① 점자, 진동, 온도
② 초인종, 점멸등, 점자
③ 신호등, 경보음, 점멸등
④ 연기, 온도, 모스(Morse)부호

촉각적 암호화를 사용하는 경우
- 형상을 구별하여 사용하는 경우
- 크기를 구별하여 사용하는 경우
- 표면 촉감을 이용하는 경우

034 전신육체적 작업에 대한 개략적 휴식시간의 산출공식으로 맞는 것은?(단, R은 휴식시간(분), E는 작업의 에너지소비율(kcal/분)이다.)

① $R = E \times \dfrac{60-4}{E-2}$

② $R = 60 \times \dfrac{E-4}{E-1.5}$

③ $R = 60 \times (E-4) \times (E-2)$

④ $R = E \times (60-4) \times (E-1.5)$

035 FT도에 사용하는 기호에서 3개의 입력현상 중 임의의 시간에 2개가 발생하면 출력이 생기는 기호의 명칭은?

① 억제 게이트
② 조합 AND 게이트
③ 배타적 OR 게이트
④ 우선적 AND 게이트

조합 AND Gate
- 3개 이상의 입력사상 가운데 어느 것이던 2개가 일어나면 출력 사상이 발생한다.
- 예) "어느 것이던 2개"라고 기입

036 첨단 경보시스템의 고장율은 0이다. 경계의 효과로 조작자 오류율은 0.01 t/hr이며, 인간의 실수율은 균질(homogeneous)한 것으로 가정한다. 또한, 이 시스템의 스위치 조작자는 1시간마다 스위치를 작동해야 하는데 인간오류확률(HEP: Human Error Probability)이 0.001 인 경우에 2 시간에서 6 시간 사이에 인간-기계 시스템의 신뢰도는 약 얼마인가?

① 0.938
② 0.948
③ 0.957
④ 0.967

시간당 신뢰도 = $(1-0.01) \times (1-0.001)$ = 0.98901
신뢰도$_{2~6hr}$ = $0.989 \times 0.989 \times 0.989 \times 0.989$ = 0.95672 ≒ 0.957

037 실내에서 사용하는 습구흑구온도(WBGT: Wet Bulb Globe Temperature) 지수는?(단, NWB는 자연습구, GT는 흑구온도, DB는 건구온도이다.)

① WBGT = 0.6 NWB+0.4 GT
② WBGT = 0.7 NWB+0.3 GT
③ WBGT = 0.6 NWB+0.3 GT+0.1 DB
④ WBGT = 0.7 NWB+0.2 GT+0.1 DB

습구흑구온도 지수
- 옥외(직사광선이 내리쬐는 곳) WBGT = (0.7 × 습구온도) + (0.2 × 흑구온도) + (0.1 × 건구온도)
- 옥내(직사광선이 내리쬐지 않는 곳) WBGT = (0.7 × 습구온도) + (0.3 × 흑구온도)

038 화학설비에 대한 안전성 평가방법 중 공장의 입지조건이나 공장 내 배치에 관한 사항은 어느 단계에서 하는가?

① 제1단계 : 관계자료의 작성 준비
② 제2단계 : 정성적 평가
③ 제3단계 : 정량적 평가
④ 제4단계 : 안전대책

제2단계 : 정성적 평가

1. 설계관계	항목수	2. 운전관계	항목수
입지조건	5	원재료, 중간체 제품	7
공장내 배치	9	공정	7
건조물	8	수송, 저장 등	9
소방설비	5	공정기기	11

039 국내 규정상 1일 노출회수가 100일 때 최대 음압수준이 몇 dB(A)를 초과하는 충격소음에 노출되어서는 아니되는가?

① 110
② 120
③ 130
④ 140

소음의 노출기준
- 115dB(A)를 초과하는 소음수준에 노출되어서는 안되며, 최대 음압수준이 140dB(A)를 초과하는 충격소음에 노출되어서는 안 된다.
- 충격소음이라 함은 최대음압수준에 120dB(A)이상인 소음이 1초 이상의 간격으로 발생하는 것을 말한다.
- 소음의 노출기준(충격소음 제외)

1일 노출시간(hr)	소음강도(dB(A))	1일 노출시간(hr)	소음강도(dB(A))
8	90	1	105
4	95	1/2	110
2	100	1/4	115

• 충격소음의 노출기준

1회노출회수	충격소음강도(dB(A))
100	140
1,000	130
10,000	120

040 위험 및 운전성 검토(HAZOP)에서 사용되는 가이드 워드 중에서 성질상의 감소를 의미하는것은?

① Part of
② More less
③ No/Not
④ Other than

유인어(Guide Words)

Guide Words	의미
No/Not	설계의도의 완전한 부정
More/Less	양(압력, 반응, Flow Rate, 온도 등)의 증가 또는 감소
As well as	성질상의 증가(설계의도와 운전조건이 어떤 부가적인 행위와 함께 일어남)
Part of	일부변경, 성질상의 감소(어떤 의도는 성취되나 어떤 의도는 성취되지 않음)
Reverse	설계의도의 논리적인 역
Other than	완전한 대체(통상 운전과 다르게 되는 상태)

제 03 과목　기계 · 기구 및 설비 안전관리

041 롤러기 급정지장치의 종류가 아닌 것은?

① 어깨조작식
② 손조작식
③ 복부조작식
④ 무릎조작식

롤러기 급정지장치의 종류

종류	위치	비고
손조작식	밑면에서 1.8m 이내	위치는 급정지장치조작부의 중심점을 기준으로 함
복부조작식	밑면에서 0.8m 이상 1.1m 이내	
무릎조작식	밑면에서 0.6m 이내	

042 안전색채와 기계장비 또는 배관의 연결이 잘못된 것은?

① 시동스위치 – 녹색
② 급정지스위치 – 황색
③ 고열기계 – 회청색
④ 증기배관 – 암적색

해설
소화 및 정지를 표시하는 것 또는 장소는 적색을 사용한다.

043 다음 중 지브가 없는 크레인의 정격하중에 관한 정의로 옳은 것은?

① 짐을 싣고 상승할 수 있는 최대하중
② 크레인의 구조 및 재료에 따라 들어 올릴 수 있는 최대하중
③ 권상하중에서 훅, 그랩 또는 버킷 등 달기구의 중량에 상당하는 하중을 뺀 하중
④ 짐을 싣지 않고 상승할 수 있는 최대하중

해설
지브가 없는 크레인의 정격하중(Rated load)은 권상하중에서 달기구(운반구 등)의 중량에 상당하는 하중을 뺀 하중(화물 만의 무게)을 말한다.

044 동력 프레스기의 No hand in die 방식의 안전대책으로 틀린 것은?

① 안전금형을 부착한 프레스
② 양수조작식 방호장치의 설치
③ 안전울을 부착한 프레스
④ 전용프레스의 도입

해설
No hand in die 방식은 프레스의 안전대책 중 손을 금형 사이에 집어넣을 수 없도록 하는 본질적 안전화를 위한 방식이다.

045 물질 내 실제 입자의 진동이 규칙적일 경우 주파수의 단위는 헤르츠(Hz)를 사용하는데 다음 중 통상적으로 초음파는 몇 Hz 이상의 음파를 말하는가?

① 10000
② 20000
③ 50000
④ 100000

해설
가청주파수(20~20000Hz)
- 20~500Hz : 저진동 범위
- 500~2000Hz : 회화 범위
- 2000~20000Hz : 가청 범위(Audible Range)
- 20000Hz 이상 : 불가청 범위(초음파)

046 와이어로프의 구성요소가 아닌 것은?

① 소선 ② 클립
③ 스트랜드 ④ 심강

해설

와이어로프는 여러 번 가공한 소선을 여러 개 꼬아서 스트랜드(strand)를 만들고 가운데 심강을 넣고 스트랜드를 다시 꼬아서 만든다.

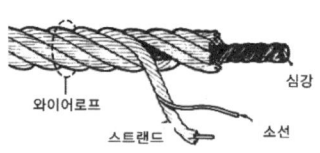
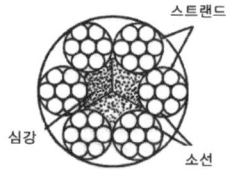

047 이상온도, 이상기압, 과부하 등 기계의 부하가 안전 한계치를 초과하는 경우에 이를 감지하고 자동으로 안전상태가 되도록 조정하거나 기계의 작동을 중지시키는 방호장치는?

① 감지형 방호장치 ② 접근거부형 방호장치
③ 위치제한형 방호장치 ④ 접근반응형 방호장치

048 일반구조용 압연강판(SS400)으로 구조물을 설계할 때 허용응력을 10kgf/mm²으로 정하였다. 이 때 적용된 안전율은?

① 2 ② 4
③ 6 ④ 8

해설

일반구조용 압연강재를 나타내는 기호 SS(Steel-Structure) 뒤의 숫자는 최소인장강도를 의미한다. 즉, SS400인 경우 최소인장강도는 400N/mm²이며, 허용응력 10kgf/mm²은 98N/mm²(1kgf = 9.8N)이므로 다음에 따라 안전율을 산출할 수 있다.

∴ 안전율 = 인장강도 / 허용응력 = 400 / 98 ≒ 4.08

049 아세틸렌용접장치에 관한 설명 중 틀린 것은?

① 아세틸렌 발생기로부터 5m 이내, 발생기실로부터 3m 이내에는 흡연 및 화기사용을 금지한다.
② 역화가 일어나면 산소밸브를 즉시 잠그고 아세틸렌 밸브를 잠근다.
③ 아세틸렌 용기는 뉘어서 사용한다.
④ 건식안전기에는 차단방법에 따라 소결금속식과 우회로식이 있다.

해설

산업안전보건기준에 관한 규칙 제234조(가스등의 용기) 사업주는 금속의 용접·용단 또는 가열에 사용되는 가스등의 용기를 취급하는 경우에 다음 각 호의 사항을 준수하여야 한다.
1. 다음 각 목의 어느 하나에 해당하는 장소에서 사용하거나 해당 장소에 설치·저장 또는 방치하지 않도록 할 것
    가. 통풍이나 환기가 불충분한 장소나. 화기를 사용하는 장소 및 그 부근

다. 위험물 또는 제236조에 따른 인화성 액체를 취급하는 장소 및 그 부근
2. 용기의 온도를 섭씨 40도 이하로 유지할 것
3. 전도의 위험이 없도록 할 것
4. 충격을 가하지 않도록 할 것
5. 운반하는 경우에는 캡을 씌울 것
6. 사용하는 경우에는 용기의 마개에 부착되어 있는 유류 및 먼지를 제거할 것
7. 밸브의 개폐는 서서히 할 것
8. 사용 전 또는 사용 중인 용기와 그 밖의 용기를 명확히 구별하여 보관할 것
9. 용해아세틸렌의 용기는 세워 둘 것
10. 용기의 부식·마모 또는 변형상태를 점검한 후 사용할 것

050 오스테나이트 계열 스테인리스 강판의 표면 균열발생을 검출하기 곤란한 비파괴검사방법은?

① 염료침투검사
② 자분검사
③ 와류검사
④ 형광침투검사

자분검사는 자성체의 표면의 균열을 검출하기 위한 비파괴검사방법으로 오스테나이트 계열 스테인리스 강판과 같은 비자성체에는 사용할 수 없다.

051 지름이 D(mm)인 연삭기 숫돌의 회전수가 N(rpm)일 때 숫돌의 원주속도(m/min)를 옳게 표시한 식은?

① $\dfrac{\pi DN}{1000}$
② πDN
③ $\dfrac{\pi DN}{60}$
④ $\dfrac{DN}{1000}$

원주속도 $V = \dfrac{\pi DN}{1000}$

052 회전 중인 연삭숫돌이 근로자에게 위험을 미칠 우려가 있을 시 덮개를 설치하여야 할 연삭숫돌의 최소 지름은?

① 지름이 5cm 이상인 것
② 지름이 10cm 이상인 것
③ 지름이 15cm 이상인 것
④ 지름이 20cm 이상인 것

산업안전보건기준에 관한 규칙 제122조(연삭숫돌의 덮개 등)
① 사업주는 회전 중인 연삭숫돌(지름이 5센티미터 이상인 것으로 한정한다)이 근로자에게 위험을 미칠 우려가 있는 경우에 그 부위에 덮개를 설치하여야 한다.
② 사업주는 연삭숫돌을 사용하는 작업의 경우 작업을 시작하기 전에는 1분 이상, 연삭숫돌을 교체한 후에는 3분 이상 시험운전을 하고 해당 기계에 이상이 있는지를 확인하여야 한다.
③ 제2항에 따른 시험운전에 사용하는 연삭숫돌은 작업시작 전에 결함이 있는지를 확인한 후 사용하여야 한다.
④ 사업주는 연삭숫돌의 최고 사용회전속도를 초과하여 사용하도록 해서는 아니 된다.
⑤ 사업주는 측면을 사용하는 것을 목적으로 하지 않는 연삭숫돌을 사용하는 경우 측면을 사용하도록 해서는 아니 된다.

053 프레스작업에서 재해예방을 위한 재료의 자동송급 또는 자동배출장치가 아닌 것은?

① 롤피더   ② 그리퍼피더
③ 플라이어 ④ 셔블 이젝터

플라이어는 작업용 공구이다.

054 크레인의 방호장치에 해당되지 않는 것은?

① 권과방지장치 ② 과부하방지장치
③ 자동보수장치 ④ 비상정지장치

크레인의 방호장치 : 과부하방지장치, 권과방지장치, 비상정지장치 및 브레이크장치

055 다음 중 선반작업에서 안전한 방법이 아닌 것은?

① 보안경 착용   ② 칩 제거는 브러쉬를 사용
③ 작동 중 수시로 주유 ④ 운전 중 백기어 사용금지

선반 작업의 안전
- 작업복의 소매 자락이 회전 공작물에 말려들지 않도록 복장을 단정하게 한다.
- 선반의 베드 위나 공구대 위에 직접 측정기나 공구를 올려놓지 않는다.
- 회전 중인 가공물에 손을 대지 말아야 하며, 치수 측정 시는 기계를 정지시킨 후 측정한다.
- 칩이 발산될 때는 보안경을 쓰고, 맨손으로 칩을 만지지 말고 갈고리를 사용한다.
- 기어를 변속할 때, 공구를 교환할 때와 제거할 때는 기계를 정지시킨 후 작업한다.
- 내경작업 중에 손가락을 구멍 속에 넣어 청소를 하거나 점검하려고 하면 안 된다.
- 양 센터 작업에는 공작물의 크기에 알맞은 돌리개를 사용하고, 공작물의 길이가 직경의 12배 이상인 가늘고 긴 공작물을 가공할 때는 방진구를 사용한다.
- 선반 가동 전에 척핸들(Chuck Handle)을 빼었는지 확인하고 기계의 윤활 부분을 점검한다.
- 선반의 운전 중 이송 작동을 시켜놓고 자리를 이탈하지 않도록 한다.
- 긴 공작물이 기계 밖으로 돌출 되었을 때 빨간 천을 부착하여 위험을 표시한다.
- 센터 작업 중에는 일감이 센터에서 빠져 나오지 않도록 주의를 한다.
- 작업 중 공작물 고정 나사 및 조가 풀어질 우려에 대비하여 수시로 확인을 한다.

056 산업용 로봇에 사용되는 안전 매트의 종류 및 일반구조에 관한 설명으로 틀린 것은?

① 안전 매트의 종류는 연결사용 가능여부에 따라 단일 감지기와 복합 감지기가 있다.
② 단선 경보장치가 부착되어 있어야 한다.
③ 감응시간을 조절하는 장치가 부착되어 있어야 한다.
④ 감응도 조절장치가 있는 경우 봉인되어 있어야 한다.

안전 매트의 일반구조

- 단선경보장치가 부착되어 있어야 한다.
- 감응시간을 조절하는 장치는 부착되어 있지 않아야 한다.
- 감응도 조절장치가 있는 경우 봉인되어 있어야 한다.

057 기계 고장률의 기본 모형이 아닌 것은?

① 초기고장 ② 우발고장
③ 마모고장 ④ 수시고장

고장의 유형

- 초기고장 : 감소형(Debugging 기간, Burning 기간)
- 우발고장 : 일정형
- 마모고장 : 증가형(Burn In 기간)

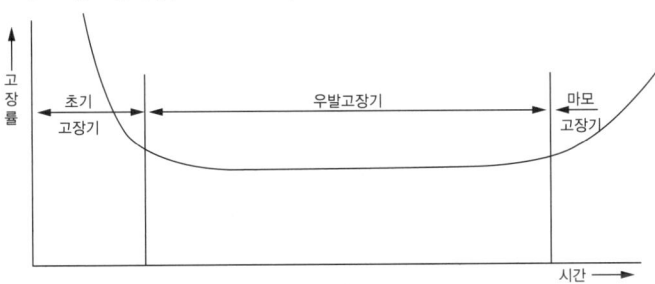

058 프레스 양수조작식 방호장치에서 누름버튼 상호간 최소 내측거리로 옳은 것은?

① 200 mm 이상 ② 250 mm 이상
③ 300 mm 이상 ④ 400 mm 이상

양수조작식 방호장치의 일반구조

- 정상동작표시등은 녹색, 위험표시등은 붉은색으로 하며, 쉽게 근로자가 볼 수 있는 곳에 설치해야 한다.
- 슬라이드 하강 중 정전 또는 방호장치의 이상 시에 정지할 수 있는 구조이어야 한다.
- 방호장치는 릴레이, 리미트스위치 등의 전기부품의 고장, 전원전압의 변동 및 정전에 의해 슬라이드가 불시에 동작하지 않아야 하며, 사용전원전압의 ±(100분의 20)의 변동에 대하여 정상으로 작동되어야 한다.
- 1행정1정지 기구에 사용할 수 있어야 한다.
- 누름버튼을 양손으로 동시에 조작하지 않으면 작동시킬 수 없는 구조이어야 하며, 양쪽버튼의 작동시간 차이는 최대 0.5초 이내일 때 프레스가 동작되도록 해야 한다.
- 1행정마다 누름버튼에서 양손을 떼지 않으면 다음 작업의 동작을 할 수 없는 구조이어야 한다.
- 램의 하행정중 버튼(레버)에서 손을 뗄 시 정지하는 구조이어야 한다.
- 누름버튼의 상호간 내측거리는 300mm 이상이어야 한다.
- 누름버튼(레버 포함)은 매립형의 구조로서 다음 각 세목에 적합해야 한다. 다만, 시험 콘으로 개구부에서 조작되지 않는 구조의 개방형 누름버튼(레버 포함)은 매립형으로 본다.
  - 누름버튼(레버 포함)의 전 구간(360°)에서 매립된 구조

- 누름버튼(레버 포함)은 방호장치 상부표면 또는 버튼을 둘러싼 개방된 외함의 수평면으로부터 하단(2m 이상)에 위치
• 버튼 및 레버는 작업점에서 위험한계를 벗어나게 설치해야 한다.
• 양수조작식 방호장치는 푸트스위치를 병행하여 사용할 수 없는 구조이어야 한다.

059 보일러 과열의 원인이 아닌 것은?

① 수관과 본체의 청소 불량
② 관수 부족 시 보일러의 가동
③ 드럼내의 물의 감소
④ 수격작용이 발생될 때

보일러 과열의 원인
• 보일러가 저수위 일 때
• 관수의 농축 및 순환이 불량일 때
• 관내에 스케일이 부착되었을 때
• 보일러가 과부하일 때

060 연삭용 숫돌의 3요소가 아닌 것은?

① 조직
② 입자
③ 결합제
④ 기공

연삭용 숫돌의 3요소
• 입자 : 절삭 공구의 날에 해당
• 결합제 : 입자와 입자를 결합시킴
• 기공 : 무딘 입자가 쉽게 탈락하고 깎인 칩이 들어감

제 04 과목 전기설비 안전관리

061 그림과 같은 전기설비에서 누전사고가 발생 하여 인체가 전기설비의 외함에 접촉하였을 때 인체통과 전류는 약 몇 mA인가?

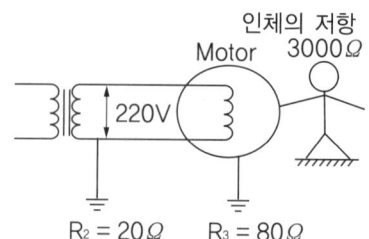

① 43.25
② 51.24
③ 58.36
④ 61.68

합성저항 $R' = \dfrac{\text{인체의 저항} \times \text{접지저항}}{\text{인체의 저항} + \text{접지저항}} = \dfrac{3000 \times 80}{3000 + 80} = 77.92\Omega$

전압분배 $V' = \dfrac{220 \times 77.92}{20 + 77.92} = \dfrac{17142.4}{97.92} = 175.07$

$\therefore I = \dfrac{V'}{3000} \times 1000[mA] = \dfrac{175.07}{3000} \times 1000 = 58.36[mA]$

062 화재대비 비상용 동력 설비에 포함되지 않는 것은?

① 소화 펌프 ② 급수 펌프
③ 배연용 송풍기 ④ 스프링클러용 펌프

부하설비의 종류
- 조명 설비 : 백열등, 형광등, 수은등, 나트륨등, 네온등 등
- 일반 동력 설비 : 급수 펌프, 배수 펌프, 환기용 송·배풍기, 엘리베이터 및 에스컬레이터, 공작기계설비 구동용전동기 등
- 냉난방 동력 설비 : 냉동기, 냉동보조기용 펌프 등
- 비상용 동력 설비 : 소화 펌프, 배연용 송풍기, 스프링클러용 펌프, 소방용 설비 등
- 전열 설비 : 난방기기, 온수기, 건조기, 기타 공업용 전열설비 등
- 기타 설비 : 특수한 전력부하설비 등

063 방폭지역에 전기기기를 설치할 때 그 위치로 적당하지 않은 것은?

① 운전·조작·조정이 편리한 위치
② 수분이나 습기에 노출되지 않는 위치
③ 정비에 필요한 공간이 확보되는 위치
④ 부식성 가스발산구 주변 검지가 용이한 위치

방폭지역에서의 전기기기의 설치위치 고려 사항
- 운전·조작·조정 등이 편리한 위치에 설치하여야 한다.
- 보수가 용이한 위치에 설치하고 점검 또는 정비에 필요한 공간을 확보하여야 한다.
- 가능하면 수분이나 습기에 노출되지 않는 위치를 선정하고, 상시 습기가 많은 장소에 설치하는 것을 피하여야 한다.
- 부식성가스 발산구의 주변 및 부식성 액체가 비산하는 위치에 설치하는 것을 피하여야 한다.
- 열유관, 증기관 등의 고온 발열체에 근접한 위치에는 가능하면 설치를 피하여야 한다.
- 기계장치 등으로부터 현저한 진동의 영향을 받을 수 있는 위치에 설치하는 것을 피하여야 한다.

064 200 A의 전류가 흐르는 단상 전로의 한 선에서 누전되는 최소 전류(mA)의 기준은?

① 100 ② 200
③ 10   ④ 20

누설전류 $I_g = \dfrac{1}{2000} \times I = \dfrac{1}{2000} \times 200 = 0.1[A] = 100[mA]$

065 반도체 취급 시 정전기로 인한 재해 방지대책으로 거리가 먼 것은?

① 작업자 정전화 착용
② 작업자 제전복 착용
③ 부도체 작업대 접지 실시
④ 작업장 도전성 매트 사용

산업안전보건기준에 관한 규칙 제325조(정전기로 인한 화재 폭발 등 방지)
① 사업주는 다음 각 호의 설비를 사용할 때에 정전기에 의한 화재 또는 폭발 등의 위험이 발생할 우려가 있는 경우에는 해당 설비에 대하여 확실한 방법으로 접지를 하거나, 도전성 재료를 사용하거나 가습 및 점화원이 될 우려가 없는 제전(除電)장치를 사용하는 등 정전기의 발생을 억제하거나 제거하기 위하여 필요한 조치를 하여야 한다.
  1. 위험물을 탱크로리·탱크차 및 드럼 등에 주입하는 설비
  2. 탱크로리·탱크차 및 드럼 등 위험물저장설비
  3. 인화성 액체를 함유하는 도료 및 접착제 등을 제조·저장·취급 또는 도포(塗布)하는 설비
  4. 위험물 건조설비 또는 그 부속설비
  5. 인화성 고체를 저장하거나 취급하는 설비
  6. 드라이클리닝설비, 염색가공설비 또는 모피류 등을 씻는 설비 등 인화성유기용제를 사용하는 설비
  7. 유압, 압축공기 또는 고전위정전기 등을 이용하여 인화성 액체나 인화성 고체를 분무하거나 이송하는 설비
  8. 고압가스를 이송하거나 저장·취급하는 설비
  9. 화약류 제조설비
  10. 발파공에 장전된 화약류를 점화시키는 경우에 사용하는 발파기(발파공을 막는 재료로 물을 사용하거나 갱도발파를 하는 경우는 제외한다)
② 사업주는 인체에 대전된 정전기에 의한 화재 또는 폭발 위험이 있는 경우에는 정전기 대전방지용 안전화 착용, 제전복(除電服) 착용, 정전기 제전용구 사용 등의 조치를 하거나 작업장 바닥 등에 도전성을 갖추도록 하는 등 필요한 조치를 하여야 한다.
③ 생산공정상 정전기에 의한 감전 위험이 발생할 우려가 있는 경우의 조치에 관하여는 제1항과 제2항을 준용한다.

066 정전작업을 하기 위한 작업전 조치사항이 아닌 것은?

① 단락접지 상태를 수시로 확인
② 전로의 충전 여부를 검전기로 확인
③ 전력용 커패시터, 전력케이블 등 잔류전하 방전
④ 개로개폐기의 잠금장치 및 통전금지 표지판 설치

정전작업시의 조치
- 전로의 개로에 사용한 개폐기에 시건장치를 하고 통전금지에 관한 표지판을 부착하는 등 필요한 조치를할 것
- 개로된 전로가 전력케이블·전력콘덴서 등을 가진 것으로서 잔류전하에 의하여 위험이 발생할 우려가 있는 것에 대하여는 당해 잔류전하를 확실히 방전시킬 것
- 개로된 전로의 충전여부를 검전기구에 의하여 확인하고 오통전, 다른 전로와의 혼촉, 다른 전로로부터의 유도 또는 예비동력원의 역송전하기 위하여 단락접지 기구를 사용하여 확실하게 단락 접지할 것

067 전기작업 안전의 기본 대책에 해당되지 않는 것은?

① 취급자의 자세
② 전기설비의 품질 향상
③ 전기시설의 안전관리 확립
④ 유지보수를 위한 부품 재사용

부품의 재사용은 금한다.

068 피부의 전기저항 연구에 의하면 인체의 피부 중 1~2mm² 정도의 적은 부분은 전기 자극에 의해 신경이 이상적으로 흥분하여 다량의 피부지방이 분비되기 때문에 그 부분의 전기저항이 1/10 정도로 적어지는 피전점(皮電点)이 존재한다고 한다. 이러한 피전점이 존재하는 부분은?

① 머리 ② 손등
③ 손바닥 ④ 발바닥

손등, 턱, 배, 정강이에는 전기저항이 특히 적어 피전점이라 불리는 부분이 존재하는데 이 피전점에서의 전기저항은 주위의 1/10 정도로 감소되는 특성이 있다.

069 대지를 접지로 이용하는 이유 중 가장 옳은 것은?

① 대지는 토양의 주성분이 규소(SiO_2)이므로 저항이 영(0)에 가깝다.
② 대지는 토양의 주성분이 산화알미늄(Al_2O_3) 이므로 저항이 영(0)에 가깝다.
③ 대지는 철분을 많이 포함하고 있기 때문에 전류를 잘 흘릴 수 있다.
④ 대지는 넓어서 무수한 전류통로가 있기 때문에 저항이 영(0)에 가깝다.

이상적으로 접지저항이 0Ω이라면 아무 장애도 발생하지 않으며, 대지는 무수한 전류통로가 있어 저항이 0Ω에 가깝다.

070 50kW, 60Hz 3상 유도전동기가 380V 전원에 접속된 경우 흐르는 전류는 약 몇 A인가?(단, 역률은 80% 이다.)

① 82.24 ② 94.96
③ 116.30 ④ 164.47

$P = \sqrt{3} VI$
$I = \dfrac{P}{\sqrt{3} \cdot V} = \dfrac{50 \times 10^3}{\sqrt{3} \times 380} = 75.97$

∴ 역률 80% 이므로 I = 75.97/0.8 = 94.96A

071 Q = 2×10⁻⁷C으로 대전하고 있는 반경 25cm의 도체구의 전위는 약 몇 kV인가?

① 7.2 ② 12.5
③ 14.4 ④ 25

$$E = \frac{Q}{4\pi\varepsilon_0 \times r} = \frac{2\times 10^{-7}}{4\pi \times 8.855 \times 10^{-12} \times 0.25} = 7.19\text{kV}$$

072 고압 및 특고압 전로에 시설하는 피뢰기의 설치장소로 잘못된 곳은?

① 가공전선로와 지중전선로가 접속되는 곳
② 발전소, 변전소의 가공전선 인입구 및 인출구
③ 가공전선로에 접속하는 배전용 변압기의 저압측
④ 특고압 가공전선로로부터 공급 받는 수용장소의 인입구

피뢰기의 설치장소(한국전기설비규정 341.13 피뢰기의 시설)

1. 고압 및 특고압의 전로 중 다음에 열거하는 곳 또는 이에 근접한 곳에는 피뢰기를 시설하여야 한다.
    가. 발전소·변전소 또는 이에 준하는 장소의 가공전선 인입구 및 인출구
    나. 특고압 가공전선로에 접속하는 341.2의 배전용 변압기의 고압측 및 특고압측
    다. 고압 및 특고압 가공전선로로부터 공급을 받는 수용장소의 인입구
    라. 가공전선로와 지중전선로가 접속되는 곳
2. 다음의 어느 하나에 해당하는 경우에는 제1의 규정에 의하지 아니할 수 있다.
    가. 제1의 어느 하나에 해당되는 곳에 직접 접속하는 전선이 짧은 경우
    나. 제1의 어느 하나에 해당되는 경우 피보호기기가 보호범위 내에 위치하는 경우

073 전기기기의 케이스를 전폐구조로 하며 접합면에는 일정치 이상의 깊이를 갖는 패킹을 사용하여 분진이 용기 내로 침입하지 못하도록 한 방폭구조는?

① 보통방진 방폭구조
② 분진특수 방폭구조
③ 특수방진 방폭구조
④ 밀폐방진 방폭구조

분진 방폭구조

- 특수방진 방폭구조(SDP) : 전폐구조로서 틈새깊이를 일정치 이상으로 하거나 또는 접합면에 일정치 이상의 깊이가 있는 패킹을 사용하여 분진이 용기내부로 침입하지 않도록 한 구조
- 보통방진 방폭구조(DP) : 전폐구조로서 틈새깊이를 일정치 이상으로 하거나 또는 접합면에 패킹을 사용하여 분진이 용기내부로 침입하기 어렵게 한 구조
- 방진특수 방폭구조(XDP) : 특수방진 방폭구조 내지 보통방진 방폭구조 이외의 방폭구조로서 방진방폭성능을 시험, 기타에 의하여 확인된 구조

074 전기설비 화재의 경과별 재해 중 가장 빈도가 높은 것은?

① 단락(합선)
② 누전
③ 접촉부 과열
④ 정전기

전기화재의 원인 : 단락(25%), 스파크(24%), 누전(15%), 접촉부의 과열(12%), 절연열화에 의한 발열(11%), 과전류(8%)

075 폴리에스터, 나일론, 아크릴 등의 섬유에 정전기 대전방지 성능이 특히 효과가 있고, 섬유에의 균일 부착성과 열안전성이 양호한 외부용 일시성 대전방지제로 옳은 것은?

① 양ion계 활성제 ② 음ion계 활성제
③ 비ion계 활성제 ④ 양성ion계 활성제

외부용 일시성 대전방지제
- 양ion계 활성제 : 대전방지효과가 높은 반면에 비교적 고가이며 피부에 장해를 줄 수 있다. 내열성면에서는 음ion계에 비해 떨어지지만 유연성이 좋아 아크릴 섬유용에 많이 사용된다.
- 음ion계 활성제 : 값이 저렴하고 저독성이기 때문에 섬유의 프로세스용에 자주 사용된다. 섬유에 대한 균일, 부착성이 우수하고 열안정성도 양호하다.
- 비ion계 활성제 : 단독 사용으로는 효과가 적지만 열안정성이 우수하고 양ion계, 음ion계, 무기염과 병용하면 대전방지효과를 개선할 수 있다.
- 양성ion계 활성제 : 효과는 양ion계와 같이 대단히 뛰어나고 특히 베타인 형의 효과가 크다.

076 코로나 방전이 발생할 경우 공기 중에 생성되는 것은?

① O_2 ② O_3
③ N_2 ④ N_3

코로나방전 : 고체에 정전기가 축적되면 전위가 높아지게 되고 고체표면의 전위경도가 어느 일정치를 넘어서면 낮은 소리와 연한 빛을 수반하며 O_3가 발생한다.

077 다음 설명과 가장 관계가 깊은 것은?

- 파이프 속에 저항이 높은 액체가 흐를 때 생성된다.
- 액체의 흐름이 정전기 발생에 영향을 준다.

① 충돌대전 ② 박리대전
③ 유동대전 ④ 분출대전

정전기 대전현상
- 박리대전 : 서로 밀착되어 있는 물체가 분리될 때 전하의 분리가 일어나서 정전기가 발생한다.
- 마찰대전 : 종이, 필름 등이 금속 롤러와 마찰을 일으킬 때 마찰에 의하여 접촉의 위치가 이동하고 전하분리가 일어나서 발생한다.
- 충돌대전 : 분체의 입자끼리 또는 입자와 고체와의 충돌에 의하여 접촉, 분리가 일어나기 때문에 발생한다.
- 유도대전 : 대전 물체 부근에 있는 물체가 대전체로부터의 정전유도에 의해 정전기를 띠는 현상을 의미한다.
- 분출대전 : 분체, 액체, 기체류가 단면적인 작은 노즐 등의 개구부에서 분출할 때 마찰이 일어나서 발생하며, 가스가 분진, 무상입자로 분출될 때 대전이 잘 일어난다.
- 비말대전 : 공기 중에 분출된 액체가 미세하게 비산되어 분리되었다가 크고 작은 방울로 될 때 새로운 표면을 형성하면서 정전기가 발생하는 현상이다.
- 침강대전 : 절연성 유체 중에서 비중이 다른 부유물이 침강할 때 발생하는 정전기를 말한다.

- 유동대전 : 액체류를 관내로 수송할 때 정전기가 발생하는 것으로 인화성 액체는 전기 절연성이 높아 유동에 의한 대전이 일어나기 쉬우며, 액체의 유동 속도가 정전기 발생에 큰 영향을 미친다.
- 적하대전 : 고체표면에 부착해 있던 액체류가 성장하여 자중으로 물방울이 되어 떨어질 때 전하분리가 일어나서 정전기가 발생하는 현상이다.
- 교반대전 : 액체가 교반에 의해 진동을 하게 되면 진동에 의한 정전기가 발생한다.
- 파괴대전 : 액체와 그것에 혼합되어 있는 불순물이 침강되면 침강 대전이 발생한다.

078 전기설비의 방폭구조의 종류가 아닌 것은?

① 근본 방폭구조 ② 압력 방폭구조
③ 안전증 방폭구조 ④ 본질안전 방폭구조

방폭구조의 종류와 기호

종류	내용	기호
내압방폭구조	점화원에 의해 용기 내부에서 폭발이 발생할 경우에 용기가 폭발압력에 견딜 수 있고, 화염이 용기 외부의 폭발성 분위기로 전파되지 않도록 한 방폭구조.	d
압력방폭구조	점화원이 될 우려가 있는 부분을 용기 안에 넣고 보호 기체(신선한 공기 또는 불활성기체)를 용기 안에 압입함으로써 폭발성 가스가 침입하는 것을 방지하도록 되어 있는 방폭구조	p
안전증방폭구조	전기기기의 과도한 온도 상승, 아크 또는 불꽃 발생의 위험을 방지하기 위하여 추가적인 안전조치를 통한 안전도를 증가시킨 방폭구조(다만, 정상운전 중에 아크나 불꽃을 발생시키는 전기기기는 안전증방폭구조의 전기기기 범위에서 제외)	e
유입방폭구조	유체 상부 또는 용기 외부에 존재할 수 있는 폭발성 분위기가 발화할 수 없도록 전기설비 또는 전기설비의 부품을 보호액에 함침시키는 방폭구조	o
본질안전방폭구조	정상시 또는 단락, 단선, 지락 등의 사고시에 발생하는 아크, 불꽃, 고열에 의하여 폭발성 가스나 증기에 점화되지 않는 것이 확인된 구조	ia, ib
비점화방폭구조	전기기기가 정상작동과 규정된 특정한 비정상상태에서 주위의 폭발성 가스 분위기를 점화시키지 못하도록 만든 방폭구조	n
몰드방폭구조	전기기기의 불꽃 또는 열로 인해 폭발성 위험분위기에 점화되지 않도록 컴파운드를 충전해서 보호한 방폭구조	m
충전방폭구조	폭발성 가스 분위기를 점화시킬 수 있는 부품을 고정하여 설치하고, 그 주위를 충전재로 완전히 둘러싸서 외부의 폭발성 가스 분위기를 점화시키지 않도록 하는 방폭구조	q
특수방폭구조	상기의 방폭구조 외에 외부의 폭발성 가스에 대해 인화를 방지할 수 있음을 시험에 의해 확인한 구조	s

079 분진폭발 방지대책으로 거리가 먼 것은?

① 작업장 등은 분진이 퇴적하지 않는 형상으로 한다.
② 분진 취급 장치에는 유효한 집진 장치를 설치한다.

③ 분체 프로세스의 장치는 밀폐화하고 누설이 없도록 한다.
④ 분진 폭발의 우려가 있는 작업장에는 감독자를 상주 시킨다.

가스폭발은 완전연소하나 분진폭발은 불완전연소가 많아 CO가스 등에 의한 화학적 질식사에 의한 피해가 발생할 수 있다.

080 전기누전 화재경보기의 시험 방법에 속하지 않는 것은?

① 방수시험 ② 전류특성시험
③ 접지저항시험 ④ 전압특성시험

전기누전 화재경보기의 시험 방법 : 전류특성시험, 전압특성시험, 주파수특성시험, 온도특성시험, 온도상승시험, 노화시험, 전로개폐시험, 과전류시험, 차단기구의 개폐자유시험, 개폐시험, 단락전류시험, 과누전시험, 진동시험, 충격시험, 방수시험, 절연저항시험, 절연내력시험

제 05 과목   화학설비 안전관리

081 다음 중 인화점이 가장 낮은 물질은?

① 등유 ② 아세톤
③ 이황화탄소 ④ 아세트산

인화점

구분	등유	아세톤	이황화탄소	아세트산
화학식	-	CH_3COCH_3	CS_2	CH_3COOH
인화점	40℃~70℃	-18℃	-30℃	40℃

082 일산화탄소에 대한 설명으로 틀린 것은?

① 무색·무취의 기체이다.
② 염소와는 촉매 존재하에 반응하여 포스겐이 된다.
③ 인체 내의 헤모글로빈과 결합하여 산소운반기능을 저하시킨다.
④ 불연성가스로서, 허용농도가 10ppm이다.

일산화탄소(CO)는 가연성 가스이며 독성 가스에 해당된다. 무색·무취의 기체로 산소가 부족한 상태로 연료가 연소할 때 불완전연소로 발생하며 공기 중에 0.5%가 있으면 5~10분 안에 사망할 수 있다.

083 4% NaOH 수용액과 10% NaOH 수용액을 반응기에 혼합하여 6% 100kg의 NaOH 수용액을 만들려면 각각 몇 kg의 NaOH 수용액이 필요한가?

① 4% NaOH 수용액 : 50, 10% NaOH 수용액 : 50
② 4% NaOH 수용액 : 56.2, 10% NaOH 수용액 : 43.8
③ 4% NaOH 수용액 : 66.67, 10% NaOH 수용액 : 33.33
④ 4% NaOH 수용액 : 80, 10% NaOH 수용액 : 20

4% NaOH 수용액의 질량을 $x$kg, 10% NaOH 수용액의 질량을 $(100-x)$kg이라고 하면 두 용액에 들어 있는 NaOH의 질량의 합과 혼합 용액에 들어있는 NaOH의 질량은 같다.
따라서, 다음의 식에 따라 구한다.
$0.04x + 0.1(100-x) = 0.06 \times 100$ $0.04x + 0.1(100-x) = 6$
$0.04x + 10 - 0.1x = 6$ $-0.06x = -4$
$\therefore x = 66.67,\ y = 33.33$

084 다음 중 산업안전보건기준에 관한 규칙에서 규정한 위험물질의 종류에서 "물반응성 물질 및 인화성 고체"에 해당하는 것은?

① 질산에스테르류
② 니트로화합물
③ 칼륨·나트륨
④ 니트로소화합물

위험물질의 종류(산업안전보건기준에 관한 규칙 별표 1)
- 폭발성 물질 및 유기과산화물 : 질산에스테르류, 니트로화합물, 니트로소화합물, 아조화합물, 디아조화합물, 하이드라진 유도체, 유기과산화물
- 물반응성 물질 및 인화성 고체 : 리튬, 칼륨·나트륨, 황, 황린, 황화인·적린, 셀룰로이드류, 알킬알루미늄·알킬리튬, 마그네슘 분말, 금속 분말(마그네슘 분말 제외), 알칼리금속(리튬·칼륨 및 나트륨은 제외), 유기 금속화합물(알킬알루미늄 및 알킬리튬은 제외), 금속의 수소화물, 금속의 인화물, 칼슘 탄화물, 알루미늄 탄화물
- 산화성 액체 및 산화성 고체 : 차아염소산 및 그 염류, 아염소산 및 그 염류, 염소산 및 그 염류, 과염소산 및 그 염류, 브롬산 및 그 염류, 요오드산 및 그 염류, 과산화수소 및 무기 과산화물, 질산 및 그 염류, 과망간산 및 그 염류, 중크롬산 및 그 염류
- 인화성 액체
- 인화성 가스 : 수소, 아세틸렌, 에틸렌, 메탄, 에탄, 프로판, 부탄
- 부식성 물질 : 부식성 산류, 부식성 염기류
- 급성 독성 물질

085 다음 중 분진이 발화 폭발하기 위한 조건으로 거리가 먼 것은?

① 불연성질
② 미분상태
③ 점화원의 존재
④ 지연성가스 중에서의 교반과 운동

분진이 발화 폭발하기 위한 조건
- 가연성
- 미분상태
- 공기 중에서의 교반과 유동
- 점화원의 존재

086 다음 중 냉각소화에 해당하는 것은?

① 튀김 기름이 인화되었을 때 싱싱한 야채를 넣어 소화한다.
② 가연성 기체의 분출 화재시 주 밸브를 닫아서 연료 공급을 차단한다.
③ 금속화재의 경우 불활성 물질로 가연물을 덮어 미연소 부분과 분리한다.
④ 촛불을 입으로 불어서 끈다.

소화효과
- 냉각소화 : 냉각에 의한 소화방법, 액체의 증발잠열 또는 열용량이 큰 고체를 이용
- 질식소화 : 산소의 공급을 차단하는 소화방법, 산소농도 저하로 인한 소화
- 제거소화 : 가연물을 제거하여 소화, 기체 및 액체로 인한 대화재의 경우 유일한 소화법
- 억제소화 : 연속적 관계의 차단 소화방법, 할로겐, 알칼리 금속 첨가로 불활성화

087 인화성 액체 위험물을 액체 상태로 저장하는 저장탱크를 설치할 때, 위험물질이 누출되어 확산되는 것을 방지하기 위하여 설치해야 하는 것은?

① 방유제
② 유막시스템
③ 방폭제
④ 수막시스템

산업안전보건기준에 관한 규칙 제272조(방유제 설치) 사업주는 별표 1 제4호부터 제7호까지의 위험물을 액체상태로 저장하는 저장탱크를 설치하는 경우에는 위험물질이 누출되어 확산되는 것을 방지하기 위하여 방유제(防油堤)를 설치하여야 한다.

088 다음 중 C급 화재에 해당하는 것은?

① 금속화재
② 전기화재
③ 일반화재
④ 유류화재

화재등급별 소화방법

구분	A급 화재	B급 화재	C급 화재	D급 화재
명칭	보통화재	유류, 가스화재	전기화재	금속화재(Al분, Mg분)
주 소화효과	냉각	질식	냉각, 질식	질식
적응 소화재	물 소화기 강화액 소화기	포말 소화기 CO_2 소화기 분말 소화기 증발성 액체 소화기	유기성 소화액 CO_2 소화기 분말 소화기	건조사 팽창 질석 팽창 진주암
구분색	백색	황색	청색	-

089 다음 중 산업안전보건법령상 공정안전보고서의 안전운전 계획에 포함되지 않는 항목은?

① 안전작업허가
② 안전운전지침서
③ 가동 전 점검지침
④ 비상조치계획에 따른 교육계획

공정안전보고서의 세부 내용(산업안전보건법 시행규칙 제50조)

구분	세부 내용
공정안전자료	• 취급·저장하고 있거나 취급·저장하려는 유해·위험물질의 종류 및 수량 • 유해·위험물질에 대한 물질안전보건자료 • 유해·위험설비의 목록 및 사양 • 유해·위험설비의 운전방법을 알 수 있는 공정도면 • 각종 건물·설비의 배치도 • 폭발위험장소 구분도 및 전기단선도 • 위험설비의 안전설계·제작 및 설치 관련 지침서
공정위험성 평가서 및 잠재위험에 대한 사고예방·피해 최소화 대책	• 체크리스트(Check List) • 상대위험순위 결정(Dow and Mond Indices) • 작업자 실수 분석(HEA) • 사고 예상 질문 분석(What-if) • 위험과 운전 분석(HAZOP) • 이상위험도 분석(FMECA) • 결함 수 분석(FTA) • 사건 수 분석(ETA) • 원인결과 분석(CCA) • 위에 열거된 규정과 같은 수준 이상의 기술적 평가기법
안전운전계획	• 안전운전지침서 • 설비점검·검사 및 보수계획, 유지계획 및 지침서 • 안전작업허가 • 도급업체 안전관리계획 • 근로자 등 교육계획 • 가동 전 점검지침 • 변경요소 관리계획 • 자체감사 및 사고조사계획 • 그 밖에 안전운전에 필요한 사항
비상조치계획	• 비상조치를 위한 장비·인력보유현황 • 사고발생 시 각 부서·관련 기관과의 비상연락체계 • 사고발생 시 비상조치를 위한 조직의 임무 및 수행 절차 • 비상조치계획에 따른 교육계획 • 주민홍보계획 • 그 밖에 비상조치 관련 사항

090 공업용 가스의 용기가 주황색으로 도색되어 있을 때 용기 안에는 어떠한 가스가 들어 있는가?

① 수소
② 질소
③ 암모니아
④ 아세틸렌

고압가스 용기의 도색

가스의 종류	도색의 구분	가스의 종류	도색의 구분
액화석유가스(LPG)	회색	액화암모니아	백색
수소	주황색	산소	녹색
아세틸렌	황색	액화탄산가스	청색
액화염소	갈색	그 밖의 가스	회색

091 다음 중 Flashover의 방지(지연)대책으로 가장 적절한 것은?

① 출입구 개방전 외부 공기 유입
② 실내의 가열
③ 가연성 건축자재 사용
④ 개구부 제한

Flashover 방지대책
- 천장의 불연화 : 천장 및 측벽을 불연화하여 화재의 발전을 지연
- 가연물 양의 제한 : 건물 내 가연물의 양을 제한하고 수용 가연물을 불연화, 난연화
- 개구부의 제한 : 개구인자가 적으면 Flashover 발생시기가 늦어지므로 개구부의 크기를 제한하여 지연

092 위험물안전관리법령에 의한 위험물 분류에서 제1류 위험물은 산화성고체이다. 다음 중 산화성고체 위험물에 해당하는 것은?

① 과염소산칼륨
② 황린
③ 마그네슘
④ 나트륨

위험물안전관리법상 위험물의 분류
- 제1류 산화성 고체 : 아염소산염류, 염소산염류, 과염소산염류, 무기과산화물, 브로민산염류, 질산염류, 아이오딘산염류, 과망가니즈산염류, 다이크로뮴산염류
- 제2류 가연성 고체 : 황화인, 적린, 유황, 철분, 금속분, 마그네슘
- 제3류 자연발화성 물질 및 금수성 물질 : 칼륨, 나트륨, 알킬알루미늄, 알킬리튬, 황린, 알칼리금속(칼륨 및 나트륨을 제외) 및 알칼리토금속, 유기금속화합물(알킬알루미늄 및 알킬리튬을 제외), 금속의 수소화물, 금속의 인화물, 칼슘 또는 알루미늄의 탄화물
- 제4류 인화성 액체 : 특수인화물, 제1석유류, 제2석유류, 제3석유류, 제4석유류, 알코올류, 동식물유류
- 제5류 자기반응성 물질 : 유기과산화물, 질산에스터류, 나이트로화합물, 나이트로소화합물, 아조화합물, 다이아조화합물, 하이드라진 유도체, 하이드록실아민, 하이드록실아민염류
- 제6류 산화성 액체 : 과염소산, 과산화수소, 질산

093 다음 중 가연성 가스의 연소 형태에 해당하는 것은?

① 분해연소
② 자기연소
③ 표면연소
④ 확산연소

가연물의 연소형태
- 확산연소 : 수소, 아세틸렌 등의 기체 연소
- 증발연소 : 알코올, 에테르, 등유, 경유 등의 액체 연소
- 분해연소 : 중유, 석탄, 목재, 종이, 고체 파라핀 등의 고체 연소
- 표면연소 : 숯, 알루미늄박, 마그네슘리본 등의 고체 연소

094 다음 중 송풍기의 상사법칙으로 옳은 것은?(단, 송풍기의 크기와 공기의 비중량은 일정하다.)

① 풍압은 회전수에 반비례한다.
② 풍량은 회전수의 제곱에 비례한다.
③ 소요동력은 회전수의 세제곱에 비례한다.
④ 풍압과 동력은 절대온도에 비례한다.

상사법칙
- 유량은 직경변경률의 3승에 비례한다.
- 양정은 직경변경률의 2승에 비례한다.
- 동력은 직경변경률의 5승에 비례한다.

095 폭발하한계를 L, 폭발상한계를 U라 할 경우 다음 중 위험도(H)를 옳게 나타낸 것은?

① $H = \dfrac{U-L}{L}$
② $H = \dfrac{|L-U|}{U}$
③ $H = \dfrac{L}{U-L}$
④ $H = \dfrac{U}{|L-U|}$

위험도(H) = $\dfrac{\text{폭발상한계} - \text{폭발하한계}}{\text{폭발하한계}}$

096 다음 중 공기 속에서의 폭발하한계(vol%)값의 크기가 가장 작은 것은?

① H_2
② CH_4
③ CO
④ C_2H_2

구분	폭발하한계(vol%)	폭발상한계(vol%)
일산화탄소(CO)	12.5	74
아세틸렌(C_2H_2)	2.5	81
수소(H_2)	4.0	75
메탄(CH_4)	5.0	15

097 다음 중 Halon 2402의 화학식으로 옳은 것은?

① $C_2I_4Br_2$
② $C_2F_4Br_2$
③ $C_2Cl_4Br_2$
④ $C_2I_4Cl_2$

할로겐화합물 소화약제

할로겐화합물 소화약제의 네 자리 숫자는 각각 C, F, Cl, Br의 수를 의미한다.

명칭	할론 1011	할론 1211	할론 2402	할온 1301
화학식	CH_2ClBr	CF_2ClBr	$C_2F_4Br_2$	CF_3Br

098 관부속품 중 유로를 차단할 때 사용되는 것은?

① 유니온
② 소켓
③ 플러그
④ 엘보우

배관부속품

- 두 개의 관 연결시 : 플랜지(flange), 유니온(union), 커플링(coupling), 니플(nipple), 소켓(socket)
- 관로의 방향 변경시 : 엘보우(elbow), 리턴밴드(return bend)
- 관의 직경 변경시 : 리듀서(reducer), 소구경에는 부싱(bushing), 대구경에는 이경플랜지(reducing flange)
- 지관(枝管) 연결시 : 티(tee), Y 지관(Y-branch), 십자(cross)
- 유로 차단시 : 소구경은 플러그(plug), 캡(cap), 대구경은 판(板)플랜지(blank flange)
- 유량조절시 : 밸브(valve)

099 산업안전보건법령상 특수화학설비 설치시 반드시 필요한 장치가 아닌 것은?

① 원재료 공급의 긴급차단장치
② 즉시 사용할 수 있는 예비동력원
③ 화재시 긴급대응을 위한 물분무소화장치
④ 온도계·유량계·압력계 등의 계측장치

특수화학설비 설치시 필요한 장치

- 긴급차단장치 : 이상 상태의 발생에 따른 폭발·화재 또는 위험물의 누출을 방지하기 위하여 원재료 공급의 긴급차단, 제품 등의 방출, 불활성가스의 주입이나 냉각용수 등의 공급을 위하여 필요한 장치
- 예비동력원 : 동력원의 이상에 의한 폭발이나 화재를 방지하기 위하여 즉시 사용할 수 있는 예비동력원
- 잠금장치 : 밸브·콕·스위치 등에 대해서는 오조작을 방지하기 위하여 잠금장치를 하고 색표시 등으로 구분
- 계측장치 : 내부의 이상 상태를 조기에 파악하기 위하여 필요한 온도계·유량계·압력계 등의 계측장치를 설치

100 다음 중 펌프의 사용시 공동현상(cavitation)을 방지하고자 할 때의 조치사항으로 틀린 것은?

① 펌프의 회전수를 높인다.
② 흡입비 속도를 작게 한다.
③ 펌프의 흡입관의 두(head) 손실을 줄인다.
④ 펌프의 설치높이를 낮추어 흡입양정을 짧게 한다.

공동현상 방지책
- 펌프의 설치위치를 낮추어 유효흡입 수두를 크게한다.
- 펌프 회전수를 낮추고 흡입비 속도를 적게한다.
- 양쪽 흡입펌프를 사용하거나 펌프를 2대로 나눈다.
- 흡입관의 지름을 크게 하고 밸브, 플랜지, 관 이음류의 수를 적게 하여 손실수두를 줄인다.
- 임펠러의 재질을 점침식에 강한 재질(스테인레스)로 바꾼다.

제 06 과목 건설공사 안전관리

101 단관비계를 조립하는 경우 벽이음 및 버팀을 설치할 때의 수평방향 조립간격 기준으로 옳은 것은?

① 3m ② 5m
③ 6m ④ 8m

강관비계의 조립 간격(산업안전보건기준에 관한 규칙 별표 5)

강관비계의 종류	조립간격(단위 : m)	
	수직방향	수평방향
단관비계	5	5
틀비계(높이가 5m 미만의 것은 제외한다)	6	8

102 항타기 또는 항발기에 사용되는 권상용 와이어로프의 안전계수는 최소 얼마 이상이어야 하는가?

① 3 ② 4
③ 5 ④ 6

산업안전보건기준에 관한 규칙 제211조(권상용 와이어로프의 안전계수) 사업주는 항타기 또는 항발기의 권상용 와이어로프의 안전계수가 5 이상이 아니면 이를 사용해서는 아니된다.

103 산업안전보건기준에 관한 규칙에 따른 암반 중 풍화암 굴착시 굴착면의 기울기 기준으로 옳은 것은?

① 1 : 1.5
② 1 : 1.0
③ 1 : 0.8
④ 1 : 0.5

굴착면의 기울기 기준(산업안전보건기준에 관한 규칙 별표 11)

지반의 종류	굴착면의 기울기	지반의 종류	굴착면의 기울기
모래	1 : 1.8	경암	1 : 0.5
연암 및 풍화암	1 : 1.0	그 밖의 흙	1 : 1.2

비고
1. 굴착면의 기울기는 굴착면의 높이에 대한 수평거리의 비율을 말한다.
2. 굴착면의 경사가 달라서 기울기를 계산하기가 곤란한 경우에는 해당 굴착면에 대하여 지반의 종류별 굴착면의 기울기에 따라 붕괴의 위험이 증가하지 않도록 위 표의 지반의 종류별 굴착면의 기울기에 맞게 해당 각 부분의 경사를 유지해야 한다.

104 다음 기계 중 양중기에 포함되지 않는 것은?

① 리프트
② 곤돌라
③ 크레인
④ 트롤리 컨베이어

산업안전보건기준에 관한 규칙 제132조(양중기) ① 양중기란 다음 각 호의 기계를 말한다.
1. 크레인[호이스트(hoist)를 포함한다]
2. 이동식 크레인
3. 리프트(이삿짐운반용 리프트의 경우에는 적재하중이 0.1톤 이상인 것으로 한정한다)
4. 곤돌라
5. 승강기

105 철골작업 시 철골부재에서 근로자가 수직방향으로 이동하는 경우에 설치하여야 하는 고정된 승강로의 최소 답단 간격은 얼마 이내인가?

① 20cm
② 25cm
③ 30cm
④ 40cm

산업안전보건기준에 관한 규칙 제381조(승강로의 설치) 사업주는 근로자가 수직방향으로 이동하는 철골부재(鐵骨部材)에는 답단(踏段) 간격이 30센티미터 이내인 고정된 승강로를 설치하여야 하며, 수평방향 철골과 수직방향 철골이 연결되는 부분에는 연결작업을 위하여 작업발판 등을 설치하여야 한다.

106 토질시험 중 액체 상태의 흙이 건조되어 가면서 액성, 소성, 반고체, 고체 상태의 경계선과 관련된 시험의 명칭은?

① 아터버그 한계시험
② 압밀 시험
③ 삼축압축시험
④ 투수시험

해설
아터버그 한계(Atterberg limits)는 세립토의 연경도(consistency)를 표시하는 방법으로 세립토의 성질을 나타내는 지수로 활용된다. 아터버그 한계에 의하면 액성한계는 액체상태와 소성상태의 경계가 되는 함수비, 소성한계는 소성상태와 반고체 상태의 경계가 되는 함수비, 수축한계는 반고체상태와 고체상태의 경계가 되는 함수비를 의미한다.

107 시스템 동바리를 조립하는 경우 수직재와 받침철물 연결부의 겹침길이 기준으로 옳은 것은?

① 받침철물 전체길이의 1/2 이상
② 받침철물 전체길이의 1/3 이상
③ 받침철물 전체길이의 1/4 이상
④ 받침철물 전체길이의 1/5 이상

해설
산업안전보건기준에 관한 규칙 제69조(시스템 비계의 구조) 사업주는 시스템 비계를 사용하여 비계를 구성하는 경우에 다음 각 호의 사항을 준수하여야 한다.
1. 수직재·수평재·가새재를 견고하게 연결하는 구조가 되도록 할 것
2. 비계 밑단의 수직재와 받침철물은 밀착되도록 설치하고, 수직재와 받침철물의 연결부의 겹침길이는 받침철물 전체길이의 3분의 1 이상이 되도록 할 것
3. 수평재는 수직재와 직각으로 설치하여야 하며, 체결 후 흔들림이 없도록 견고하게 설치할 것
4. 수직재와 수직재의 연결철물은 이탈되지 않도록 견고한 구조로 할 것
5. 벽 연결재의 설치간격은 제조사가 정한 기준에 따라 설치할 것

108 흙막이 가시설 공사시 사용되는 각 계측기 설치 목적으로 옳지 않은 것은?

① 지표침하계 – 지표면 침하량 측정
② 수위계 – 지반 내 지하수위의 변화 측정
③ 하중계 – 상부 적재하중 변화 측정
④ 지중경사계 – 지중의 수평 변위량 측정

해설
하중계 – 버팀보 어스앵커 등의 실제 축 하중변화의 측정

109 지표면에서 소정의 위치까지 파내려간 후 구조물을 축조하고 되메운 후 지표면을 원상태로 복구시키는 공법은?

① NATM 공법
② 개착식 터널공법
③ TBM 공법
④ 침매공법

해설
공법설명
- NATM 공법 : 계속 발파해가며 터널을 뚫어 나가는 방식
- TBM 공법 : '쉴드'라는 원통형 터널 굴착기로 바다 밑을 뚫어가는 방식
- 침매공법 : 육상에서 만든 구조물을 가라앉혀 바다 속에서 연결시키는 방식

110 신품의 추락방지망 중 그물코의 크기 10cm인 매듭방망의 인장강도 기준으로 옳은 것은?

① 110kg 이상   ② 200kg 이상
③ 360kg 이상   ④ 400kg 이상

방망사의 신품에 대한 인장 강도

그물코의 종류	방망의 종류(단위 : kg)	
	매듭이 없는 방망	매듭 방망
10cm	240(150)	200(135)
5cm	–	110(60)

※괄호 안은 폐기기준 인장강도임

111 차량계 건설기계를 사용하여 작업하고자 할 때 작업계획서에 포함되어야 할 사항에 해당되지 않는 것은?

① 사용하는 차량계 건설기계의 종류 및 성능
② 차량계 건설기계의 운행경로
③ 차량계 건설기계에 의한 작업방법
④ 차량계 건설기계의 유지보수방법

차량계 건설기계를 사용하는 작업(산업안전보건지준에 관한 규칙 별표 4)
• 사용하는 차량계 건설기계의 종류 및 성능
• 차량계 건설기계의 운행경로
• 차량계 건설기계에 의한 작업방법

112 산업안전보건관리비의 효율적인 집행을 위하여 고용노동부장관이 정할 수 있는 기준에 해당되지 않는 것은?

① 안전·보건에 관한 협의체 구성 및 운영
② 공사의 진척 정도에 따른 사용기준
③ 사업의 규모별 계상 기준
④ 사업의 종류별 계상 기준

산업안전보건법 제72조(건설공사 등의 산업안전보건관리비 계상 등) ① 건설공사발주자가 도급계약을 체결하거나 건설공사의 시공을 주도하여 총괄·관리하는 자(건설공사발주자로부터 건설공사를 최초로 도급받은 수급인은 제외한다)가 건설공사 사업 계획을 수립할 때에는 고용노동부장관이 정하여 고시하는 바에 따라 산업재해 예방을 위하여 사용하는 비용(이하 "산업안전보건관리비"라 한다)을 도급금액 또는 사업비에 계상(計上)하여야 한다.
② 고용노동부장관은 산업안전보건관리비의 효율적인 사용을 위하여 다음 각 호의 사항을 정할 수 있다.
1. 사업의 규모별·종류별 계상 기준
2. 건설공사의 진척 정도에 따른 사용비율 등 기준
3. 그 밖에 산업안전보건관리비의 사용에 필요한 사항

113 건립 중 강풍에 의한 풍압 등 외압에 대한 내력이 설계에 고려되었는지 확인하여야 하는 철골구조물의 기준으로 옳지 않은 것은?

① 높이 20m 이상의 구조물
② 구조물의 폭과 높이의 비가 1:4 이상인 구조물
③ 이음부가 공장 제작인 구조물
④ 연면적당 철골량이 50kg/m² 이하인 구조물

구조안전의 위험이 큰 다음의 철골구조물은 건립중 강풍에 의한 풍압 등 외압에 대한 내력이 설계에 고려되었는지 확인한다. (철골공사 표준안전 작업지침 제3조의 7)
- 높이 20m 이상의 구조물
- 구조물의 폭과 높이의 비가 1:4 이상인 구조물
- 단면구조에 현저한 차이가 있는 구조물
- 연면적당 철골량이 50kg/m² 이하인 구조물
- 기둥이 타이플레이트(tie plate) 형인 구조물
- 이음부가 현장용접인 구조물

114 기계가 위치한 지면보다 높은 장소의 땅을 굴착하는데 적합하며 산지에서의 토공사 및 암반으로부터의 점토질까지 굴착할 수 있는 건설장비의 명칭은?

① 파워쇼벨   ② 불도저
③ 파일드라이버   ④ 크레인

셔블계 굴착기계의 종류
- 파워셔블 : 지반면보다 높은 곳의 굴착, 쇄석 옮겨쌓기, 토사의 처리 등에 널리 쓰인다.
- 백호우 : 지반면보다 낮은 곳의 굴착, 지하층 및 기초 굴삭, 토목공사나 수중굴착 등에 쓰인다.(지하 6m 정도의 깊이)
- 드래그라인 : 지반면보다 낮은 곳의 굴착, 토사를 긁어모음, 연약한 지반의 깊은 곳 굴착 등에 쓰인다.(지하 8m 정도의 깊이)
- 클램쉘 : 좁은 곳의 수직굴착, 자갈 등의 적재, 연약한 지반이나 수중굴착 등에 쓰인다.

115 구조물 해체작업으로 사용되는 공법이 아닌 것은?

① 압쇄공법   ② 잭공법
③ 절단공법   ④ 진공공법

해체공법의 종류 및 특징

공법		원리	특징
압쇄공법	자주식	유압 압쇄날	• 취급과 조작 용이하고 저소음 • 철근, 철골절단 가능
	현수식		

절단공법	회전톱에 의한 절단	• 질서정연한 해체나 무진동이 요구될 때에 유리 • 최대 절단 길이는 30cm 전후
잭공법	유압식 잭	• 소음과 진동이 없음

116 유해위험방지계획서를 제출해야 할 대상공사의 조건으로 옳지 않은 것은?

① 터널 건설등의 공사
② 최 대지간 길이가 50m 이상인 교량건설등 공사
③ 다목적댐·발전용댐 및 저수용량 2천만톤 이상의 용수전용댐, 지방상수도 전용 댐 건설등의 공사
④ 깊이가 5m 이상인 굴착공사

유해위험방지계획서 제출 대상 공사(산업안전보건법 시행령 제42조 ③항)

1. 다음 각 목의 어느 하나에 해당하는 건축물 또는 시설 등의 건설·개조 또는 해체 공사
   가. 지상높이가 31미터 이상인 건축물 또는 인공구조물
   나. 연면적 3만제곱미터 이상인 건축물
   다. 연면적 5천제곱미터 이상인 시설로서 다음의 어느 하나에 해당하는 시설
      1) 문화 및 집회시설(전시장 및 동물원·식물원은 제외한다)
      2) 판매시설, 운수시설(고속철도의 역사 및 집배송시설은 제외한다)
      3) 종교시설
      4) 의료시설 중 종합병원
      5) 숙박시설 중 관광숙박시설
      6) 지하도상가
      7) 냉동·냉장 창고시설
2. 연면적 5천제곱미터 이상인 냉동·냉장 창고시설의 설비공사 및 단열공사
3. 최대 지간(支間)길이(다리의 기둥과 기둥의 중심사이의 거리)가 50미터 이상인 다리의 건설등 공사
4. 터널의 건설등 공사
5. 다목적댐, 발전용댐, 저수용량 2천만톤 이상의 용수 전용 댐 및 지방상수도 전용 댐의 건설등 공사
6. 깊이 10미터 이상인 굴착공사

117 콘크리트 타설작업을 하는 경우에 준수해야할 사항으로 옳지 않은 것은?

① 당일의 작업을 시작하기 전에 해당 작업에 관한 거푸집 및 동바리의 변형·변위 및 지반의 침하 유무 등을 점검하고 이상이 있으면 보수할 것
② 작업 중에는 거푸집 및 동바리의 변형·변위 및 침하 유무 등을 감시할 수 있는 감시자를 배치하여 이상이 있으면 작업을 빠른 시간 내 우선 완료하고 근로자를 대피시킬 것
③ 콘크리트 타설작업 시 거푸집 붕괴의 위험이 발생할 우려가 있으면 충분한 보강조치를 할 것
④ 콘크리트를 타설하는 경우에는 편심이 발생하지 않도록 골고루 분산하여 타설할 것

산업안전보건기준에 관한 규칙 제334조(콘크리트의 타설작업) 사업주는 콘크리트 타설작업을 하는 경우에는 다음 각 호의 사항을 준수해야 한다.
1. 당일의 작업을 시작하기 전에 해당 작업에 관한 거푸집 및 동바리의 변형·변위 및 지반의 침하 유무 등을 점검하고 이상이 있으면 보수할 것

2. 작업 중에는 감시자를 배치하는 등의 방법으로 거푸집 및 동바리의 변형·변위 및 침하 유무 등을 확인해야 하며, 이상이 있으면 작업을 중지하고 근로자를 대피시킬 것
3. 콘크리트 타설작업 시 거푸집 붕괴의 위험이 발생할 우려가 있으면 충분한 보강조치를 할 것
4. 설계도서상의 콘크리트 양생기간을 준수하여 거푸집 및 동바리를 해체할 것
5. 콘크리트를 타설하는 경우에는 편심이 발생하지 않도록 골고루 분산하여 타설할 것

118 재해사고를 방지하기 위하여 크레인에 설치된 방호장치와 거리가 먼 것은?

① 공기정화장치
② 비상정지장치
③ 제동장치
④ 권과방지장치

크레인의 방호장치 : 과부하방지장치, 권과방지장치, 비상정지장치, 브레이크장치

119 콘크리트 타설시 거푸집 측압에 대한 설명으로 옳지 않은 것은?

① 기온이 높을수록 측압은 크다.
② 타설속도가 클수록 측압은 크다.
③ 슬럼프가 클수록 측압은 크다.
④ 다짐이 과할수록 측압은 크다.

콘크리트의 측압이 커지는 조건
- 기온이 낮을수록(대기 중의 습도가 낮을수록)
- 치어붓기 속도가 클수록
- 굵은 콘크리트 일수록(물·시멘트비가 클수록, 슬럼프 값이 클수록, 시멘트·물비가 적을 수록)
- 콘크리트의 비중이 클수록
- 콘크리트의 다지기가 강할수록
- 철근양이 적을수록
- 거푸집의 수밀성이 높을수록
- 거푸집의 수평단면이 클수록(벽 두께가 클수록)
- 거푸집의 강성이 클수록
- 거푸집의 표면이 매끄러울수록
- 측압은 생콘크리트의 높이가 높을수록 커지나 일정한 높이에 이르면 측압의 증가는 없다.

120 철골보 인양 시 준수해야 할 사항으로 옳지 않은 것은?

① 인양 와이어로프의 매달기 각도는 양변 60°를 기준으로 한다.
② 크램프로 부재를 체결할 때는 크램프의 정격용량 이상 매달지 않아야 한다.
③ 크램프는 부재를 수평으로 하는 한 곳의 위치에만 사용하여야 한다.
④ 인양 와이어로프는 후크의 중심에 걸어야 한다.

철골공사 표준안전 작업지침 제11조(보의 인양) 철골보를 인양할 때 다음 각 호의 사항을 준수하여야 한다.
1. 인양 와이어 로우프의 매달기 각도는 양변 60°를 기준으로 2열로 매달고 와이어 체결지점은 수평부재의 1/3기점을 기준

하여야 한다.
2. 조립되는 순서에 따라 사용될 부재가 하단부에 적치되어 있을 때에는 상단부의 부재를 무너뜨리는 일이 없도록 주의하여 옆으로 옮긴 후 부재를 인양하여야 한다.
3. 크램프로 부재를 체결할 때는 다음 각 목의 사항을 준수하여야 한다.
    가. 크램프는 부재를 수평으로 하는 두 곳의 위치에 사용하여야 하며 부재 양단방향은 등간격이어야 한다.
    나. 부득이 한군데 만을 사용할 때는 위험이 적은 장소로서 간단한 이동을 하는 경우에 한하여야 하며 부재길이의 1/3지점을 기준하여야 한다.
    다. 두곳을 매어 인양시킬 때 와이어 로우프의 내각은 60°이하이어야 한다.
    라. 크램프의 정격용량 이상 매달지 않아야 한다.
    마. 체결작업중 크램프 본체가 장애물에 부딪치지 않게 주의하여야 한다.
    바. 크램프의 작동상태를 점검한 후 사용하여야 한다.
4. 유도 로우프는 확실히 매야 한다.
5. 인양할 때는 다음 각 목의 사항을 준수하여야 한다.
    가. 인양 와이어 로우프는 후크의 중심에 걸어야 하며 후크는 용접의 경우 용접장등 용접규격을 확인하여 인양 시 취성파괴에 의한 탈락을 방지하여야 한다.
    나. 신호자는 운전자가 잘 보이는 곳에서 신호하여야 한다.
    다. 불안정하거나 매단 부재가 경사지면 지상에 내려 다시 체결하여야 한다.
    라. 부재의 균형을 확인하면 서서히 인양하여야 한다.
    마. 흔들리거나 선회하지 않도록 유도 로우프로 유도하며 장애물에 닿지 않도록 주의하여야 한다.

정답 2016년 05월 08일 최근 기출문제

001 ④	002 ④	003 ③	004 ④	005 ②	006 ④	007 ①	008 ①	009 ④	010 ③
011 ②	012 ④	013 ②	014 ③	015 ④	016 ④	017 ③	018 ④	019 ④	020 ③
021 ④	022 ①	023 ③	024 ④	025 ③	026 ③	027 ②	028 ④	029 ④	030 ③
031 ①	032 ①	033 ①	034 ④	035 ②	036 ③	037 ②	038 ④	039 ④	040 ①
041 ①	042 ②	043 ②	044 ④	045 ②	046 ②	047 ①	048 ④	049 ③	050 ②
051 ①	052 ①	053 ②	054 ③	055 ④	056 ③	057 ④	058 ③	059 ④	060 ①
061 ③	062 ②	063 ④	064 ①	065 ③	066 ①	067 ④	068 ③	069 ④	070 ②
071 ①	072 ③	073 ④	074 ①	075 ②	076 ②	077 ③	078 ①	079 ④	080 ③
081 ③	082 ④	083 ③	084 ③	085 ①	086 ①	087 ①	088 ②	089 ④	090 ①
091 ④	092 ①	093 ④	094 ①	095 ①	096 ④	097 ②	098 ③	099 ③	100 ①
101 ②	102 ③	103 ②	104 ④	105 ④	106 ①	107 ③	108 ③	109 ④	110 ②
111 ④	112 ①	113 ③	114 ①	115 ④	116 ④	117 ②	118 ①	119 ①	120 ③

2016년 08월 21일

최근 기출문제

제 01 과목 산업재해 예방 및 안전보건교육

001 안전보건교육의 교육지도 원칙에 해당되지 않은 것은?

① 피교육자 중심의 교육을 실시한다.   ② 동기부여를 한다.
③ 5관을 활용한다.   ④ 어려운 것부터 쉬운 것으로 시작한다.

교육지도(학습지도)의 8원칙
- 피교육자 중심교육(상대방 입장에서 교육) : 자발창조의 원칙, 흥미의 원칙, 개성화의 원칙
- 동기부여(Motivation)
- 쉬운 부분에서 어려운 부분으로 진행
- 반복(Repeat)
- 한 번에 하나씩 교육
- 인상의 강화(오래 기억)
- 5관의 활용
- 기능적인 이해

002 근로손실일수 산출에 있어서 사망으로 인한 근로손실연수는 보통 몇 년을 기준으로 산정하는가?

① 30   ② 25
③ 15   ④ 10

사망으로 인한 근로손실일수 : 300일 × 25년=7,500일

003 어느 사업장에서 당해년도에 총 660명의 재해자가 발생하였다. 하인리히의 재해구성 비율에 의하면 경상의 재해자는 몇 명으로 추정되겠는가?

① 58   ② 64
③ 600   ④ 631

하인리히의 재해구성비율은 1 : 29 : 300의 법칙으로 중상 또는 사망 1회, 경상 29회, 무상해사고 300회의 비율로 발생한다는 것이다. 따라서, 총 660명의 재해자가 발생하였다면 사망 2 : 경상 58 : 무상해 600의 재해구성비율을 갖는다.

004 안전교육 방법 중 강의식 교육을 1시간 하려고 할 경우 가장 시간이 많이 소비되는 단계는?

① 도입
② 제시
③ 적용
④ 확인

단계별 교육시간

교육법의 4단계	강의식(일반적인 교육)	토의식
1단계-도입	5분	5분
2단계-제시	40분	10분
3단계-적용	10분	40분
4단계-확인	5분	5분

※단계별 교육의 시간 배분은 단위 시간을 1시간(60분)으로 했을 때

005 안전교육 중 제2단계로 시행되며 같은 것을 반복하여 개인의 시행착오에 의해서만 점차 그 사람에게 형성되는 교육은?

① 안전기술의 교육
② 안전지식의 교육
③ 안전기능의 교육
④ 안전태도의 교육

안전보건교육의 3단계
- 제1단계 지식교육 : 강의, 시청각교육을 통한 지식의 전달과 이해
- 제2단계 기능교육 : 시범, 견학, 실습, 현장실습교육을 통한 경험 체득과 이해
- 제3단계 태도교육 : 작업동작지도, 생활지도 등을 통한 안전의 습관화

006 산업안전보건법상 안전보건개선계획의 수립·시행명령을 받은 사업주는 고용노동부장관이 정하는 바에 따라 안전보건개선계획서를 작성하여 그 명령을 받은 날부터 며칠 이내에 관할 지방고용노동관서의 장에게 제출해야 하는가?

① 15일
② 30일
③ 45일
④ 60일

안전보건개선계획의 수립·시행명령을 받은 사업주는 고용노동부장관이 정하는 바에 따라 안전보건개선계획서를 작성하여 그 명령을 받은 날부터 60일 이내에 관할 지방고용노동관서의 장에게 제출(전자문서에의한 제출을 포함한다)하여야 한다. 제출하는 안전보건개선계획서에는 시설, 안전·보건관리체제, 안전·보건교육, 산업재해 예방 및 작업환경의 개선을 위하여 필요한 사항이 포함되어야 한다.

007 재해통계를 작성하는 필요성에 대한 설명으로 틀린 것은?

① 설비상의 결함요인을 개선 및 시정 시키는데 활용한다.
② 재해의 구성요소를 알고 분포상태를 알아 대책을 세우기 위함이다.
③ 근로자의 행동결함을 발견하여 안전 재교육 훈련자료로 활용한다.
④ 관리책임 소재를 밝혀 관리자의 인책 자료로 삼는다.

재해사례 연구순서
- 제1단계(사실의 확인) : 작업의 개시에서 재해의 발생까지의 경과 가운데 재해와 관계가 있는 사실 및 재해요인으로 알려진 사실을 객관적으로 확인하며 이상시 또는 사고시, 재해발생시의 조치를 포함
- 제2단계(문제점의 발견) : 파악된 사실로부터 판단하여 각종 기준과의 차이에서 드러나는 문제점을 발견
- 제3단계(근본적 문제점 결정) : 발견된 문제점 가운데 재해의 중심의 되는 근본적 문제점을 결정하고, 다음으로 재해원인을 결정
- 제4단계(대책의 수립) : 사례를 해결하기 위한 대책을 수립

008 위험예지훈련에 있어 브레인 스토밍법의 원칙으로 적절하지 않은 것은?

① 무엇이든 좋으니 많이 발언한다.
② 지정된 사람에 한하여 발언의 기회가 부여된다.
③ 타인의 의견을 수정하거나 덧붙여서 말하여도 좋다.
④ 타인의 의견에 대하여 좋고 나쁨을 비평하지 않는다.

브레인 스토밍(Brain Storming)의 4원칙 : 비평금지, 자유분방, 대량발언, 수정발언

009 산업안전보건법상 금지표지의 종류에 해당하지 않는 것은?

① 금연
② 출입금지
③ 차량통행금지
④ 적재금지

금지표지의 종류

101 출입금지	102 보행금지	103 차량통행 금지	104 사용금지	105 탑승금지	106 금연	107 화기금지	108 물체이동 금지

010 작업내용 변경 시 일용근로자 및 근로계약기간이 1주일 이하인 기간제근로자를 제외한 근로자 안전보건교육 시간 기준으로 옳은 것은?

① 1시간 이상
② 2시간 이상
③ 4시간 이상
④ 6시간 이상근로자

근로자 안전보건교육(산업안전보건법 시행규칙 별표 4)

교육과정	교육대상		교육시간
정기교육	사무직 종사 근로자		매반기 6시간 이상
	그 밖의 근로자	판매업무에 직접 종사하는 근로자	매반기 6시간 이상
		판매업무에 직접 종사하는 근로자 외의 근로자	매반기 12시간 이상
채용 시 교육	일용근로자 및 근로계약기간이 1주일 이하인 기간제근로자		1시간 이상
	근로계약기간이 1주일 초과 1개월 이하인 기간제근로자		4시간 이상
	그 밖의 근로자		8시간 이상
작업내용 변경 시 교육	일용근로자 및 근로계약기간이 1주일 이하인 기간제근로자		1시간 이상
	그 밖의 근로자		2시간 이상
특별교육	특별교육 대상 작업(단, 타워크레인을 사용하는 작업시 신호업무를 하는 작업은 제외)에 종사하는 일용근로자 및 근로계약기간이 1주일 이하인 기간제근로자		2시간 이상
	타워크레인을 사용하는 작업시 신호업무를 하는 일용근로자 및 근로계약기간이 1주일 이하인 기간제근로자		8시간 이상
	특별교육 대상 작업에 종사하는 근로자 중 일용근로자 및 근로계약기간이 1주일 이하인 기간제근로자를 제외한 근로자		-16시간 이상(최초 작업에 종사하기 전 4시간 이상 실시하고 12시간은 3개월 이내에서 분할하여 실시 가능) -단기간 작업 또는 간헐적 작업인 경우에는 2시간 이상
건설업 기초 안전·보건교육	건설 일용근로자		4시간 이상

011 OFF.J.T(Off the job Training) 교육방법의 장점으로 옳은 것은?

① 개개인에게 적절한 지도훈련이 가능하다.
② 훈련에 필요한 업무의 계속성이 끊어지지 않는다.
③ 다수의 대상자를 일괄적, 조직적으로 교육할 수 있다.
④ 효과가 곧 업무에 나타나며, 훈련의 좋고 나쁨에 따라 개선이 용이하다.

OFF.J.T(Off the job Training)의 특징
- 다수의 근로자에게 조직적 훈련이 가능
- 훈련에만 전념

- 특별 설비 기구를 이용
- 전문가를 강사로 초청
- 각 직장의 근로자가 많은 지식이나 경험을 교류
- 교육 훈련 목표에 대해서 집단적 노력이 흐트러질 수도 있음

012 스트레스의 주요요인 중 환경이나 기타 외부에서 일어나는 자극요인이 아닌 것은?

① 자존심의 손상 ② 대인관계 갈등
③ 죽음, 질병 ④ 경제적 어려움

해설

자존심은 개인의 성격과 관련한 스트레스의 조절 요인 중 하나이다.

013 크레인, 리프트 및 곤돌라는 사업장에 설치가 끝난 날부터 몇 년 이내에 최초의 안전검사를 실시해야 하는가?

① 1년 ② 2년
③ 3년 ④ 4년

해설

산업안전보건법 시행규칙 제126조(안전검사의 주기 및 합격표시·표시방법) ① 법 제93조제3항에 따른 안전검사대상 기계등의 검사 주기는 다음 각 호와 같다.
1. 크레인(이동식 크레인은 제외한다), 리프트(이삿짐운반용 리프트는 제외한다) 및 곤돌라 : 사업장에 설치가 끝난 날부터 3년 이내에 최초 안전검사를 실시하되, 그 이후부터 2년마다(건설현장에서 사용하는 것은 최초로 설치한 날부터 6개월마다)
2. 이동식 크레인, 이삿짐운반용 리프트 및 고소작업대 : 「자동차관리법」 제8조에 따른 신규등록 이후 3년 이내에 최초 안전검사를 실시하되, 그 이후부터 2년마다
3. 프레스, 전단기, 압력용기, 국소 배기장치, 원심기, 롤러기, 사출성형기, 컨베이어, 산업용 로봇, 혼합기, 파쇄기 또는 분쇄기 : 사업장에 설치가 끝난 날부터 3년 이내에 최초 안전검사를 실시하되, 그 이후부터 2년마다(공정안전보고서를 제출하여 확인을 받은 압력용기는 4년마다)
※ 혼합기, 파쇄기 또는 분쇄기는 2026년 6월 26일부터 시행

014 산업안전보건법상 고용노동부장관은 자율안전확인대상 기계등의 안전에 관한 성능이 자율안전기준에 맞지 아니하게 된 경우 관련 사항을 신고한 자에게 몇 개월 이내의 기간을 정하여 자율안전확인표시의 사용을 금지하거나 자율안전기준에 맞게 개선하도록 명할 수 있는가?

① 1 ② 3
③ 6 ④ 12

해설

산업안전보건법 제91조(자율안전확인표시의 사용 금지 등) ① 고용노동부장관은 제89조 제1항 각 호 외의 부분 본문에 따라 신고된 자율안전확인 대상기계등의 안전에 관한 성능이 자율안전기준에 맞지 아니하게된 경우에는 같은 항 각 호 외의 부분 본문에 따라 신고한 자에게 6개월 이내의 기간을 정하여 자율안전확인표시의 사용을 금지하거나 자율안전기준에 맞게 시정하도록 명할 수 있다.
② 고용노동부장관은 제1항에 따라 자율안전확인표시의 사용을 금지하였을 때에는 그 사실을 관보 등에 공고하여야 한다.
③ 제2항에 따른 공고의 내용, 방법 및 절차, 그 밖에 필요한 사항은 고용노동부령으로 정한다.

015 방진마스크의 형태에 따른 분류 중 그림에서 나타내는 것은 무엇인가?

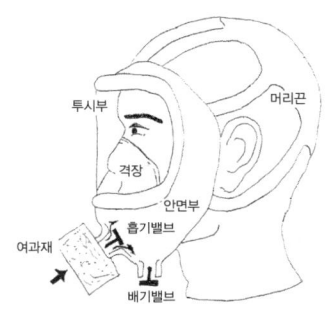

① 격리식 전면형
② 직결식 전면형
③ 격리식 반면형
④ 직결식 반면형

해설

방진마스크의 형태

격리식 전면형	직결식 전면형	격리식 반면형	직결식 반면형	안면부 여과식

016 무재해 운동을 추진하기 위한 조직의 3기둥으로 볼 수 없는 것은?

① 최고경영자의 경영자세
② 소집단 자주활동의 활성화
③ 전 종업원의 안전요원화
④ 라인관리자에 의한 안전보건의 추진

해설

무재해운동 추진의 3기둥(무재해운동의 3요소)
- 최고 경영자의 경영자세
- 라인화의 철저(관리감독자에 의한 안전보건의 추진)
- 직장(소집단)의 자주활동의 활발화

017 산업재해의 발생형태 중 사람이 평면상으로 넘어졌을 때의 사고 유형은 무엇이라 하는가?

① 비래(맞음)
② 전도(넘어짐)
③ 도괴(무너짐)
④ 추락(떨어짐)

발생형태에 따른 산업재해의 분류

분류항목	세부항목
떨어짐(추락)	사람이 인력(중력)에 의하여 건축물, 구조물, 가설물, 수목, 사다리 등의 높은 장소에서 떨어지는 것
넘어짐(전도)	사람이 거의 평면 또는 경사면, 층계 등에서 구르거나 넘어지는 경우
깔림 · 뒤집힘(물체의 쓰러짐이나 뒤집힘)	기대어져 있거나 세워져 있는 물체 등이 쓰러져 깔린 경우 및 지게차 등의 건설기계 등이 운행 또는 작업 중 뒤집어진 경우
부딪힘(충돌) · 접촉	재해자 자신의 움직임 · 동작으로 인하여 기인물에 접촉 또는 부딪히거나, 물체가 고정부에서 이탈하지 않은 상태로 움직임(규칙, 불규칙) 등에 의하여 부딪히거나, 접촉한 경우
맞음 (낙하 · 비래)	구조물, 기계 등에 고정되어 있던 물체가 중력, 원심력, 관성력 등에 의하여 고정부에서 이탈하거나 또는 설비 등으로부터 물질이 분출되어 사람을 가해하는 경우
끼임 (협착)	두 물체 사이의 움직임에 의하여 일어난 것으로 직선운동하는 물체 사이의 끼임, 회전부와 고정체 사이의 끼임, 로울러 등 회전체 사이에 물리거나 또는 회전체 · 돌기부 등에 감긴 경우
무너짐 (붕괴 · 도괴)	토사, 적재물, 구조물, 건축물, 가설물 등이 전체적으로 허물어져 내리거나 또는 주요 부분이 꺾어져 무너지는 경우
압박 · 진동	재해자가 물체의 취급과정에서 신체 특정 부위에 과도한 힘이 편중 · 집중 · 눌려진 경우나 마찰접촉 또는 진동 등으로 신체에 부담을 주는 경우
신체반작용	물체의 취급과 관련없이 일시적이고 급격한 행위 · 동작, 균형상실에 따른 반사적 행위 또는 놀람, 정신적 충격, 스트레스 등
부자연스런 자세	물체의 취급과 관련없이 작업환경 또는 설비의 부적절한 설계 또는 배치로 작업자가 특정한 자세 · 동작을 장시간 취하여 신체의 일부에 부담을 주는 경우
과도한 힘 · 동작	물체의 취급과 관련하여 근육의 힘을 많이 사용하는 경우로서 밀기, 당기기, 지탱하기, 들어 올리기, 돌리기, 잡기, 운반하기 등과 같은 행위 · 동작
반복적 동작	물체의 취급과 관련하여 근육의 힘을 많이 사용하지 않는 경우로서 지속적 또는 반복적인 업무수행으로 신체의 일부에 부담을 주는 행위 · 동작
이상온도 노출 · 접촉	고 · 저온 환경 또는 물체에 노출 · 접촉된 경우
이상기압 노출	고 · 저기압 등의 환경에 노출된 경우
유해 · 위험물질 노출 · 접촉	유해 · 위험물질에 노출 · 접촉 또는 흡입하였거나 독성동물에 쏘이거나 물린 경우
소음노출	폭발음을 제외한 일시적 · 장기적인 소음에 노출된 경우
유해광선 노출	전리 또는 비전리 방사선에 노출된 경우
산소결핍 · 질식	유해물질과 관련 없이 산소가 부족한 상태 · 환경에 노출되었거나 이물질 등에 의하여 기도가 막혀 호흡기능이 불충분한 경우
화재	가연물에 점화원이 가해져 비의도적으로 불이 일어난 경우를 말하며, 방화는 의도적이기는 하나 관리할 수 없으므로 화재에 포함

폭발	건축물, 용기 내 또는 대기 중에서 물질의 화학적, 물리적 변화가 급격히 진행되어 열, 폭음, 폭발압이 동반하여 발생하는 경우
감전	전기설비의 충전부 등에 신체의 일부가 직접 접촉하거나 유도전류의 통전으로 근육의 수축, 호흡곤란, 심실세동 등이 발생한 경우 또는 특별고압 등에 접근함에 따라 발생한 섬락 접촉, 합선·혼촉 등으로 인하여 발생한 아아크(Arc)에 접촉된 경우
폭력행위	의도적인 또는 의도가 불분명한 위험행위(마약, 정신질환 등)로 자신 또는 타인에게 상해를 입힌 폭력·폭행을 말하며, 협박·언어·성폭력 및 동물에 의한 상해 등도 포함

018 매슬로우(Maslow)의 욕구 5단계 이론 중 자기보존에 관한 안전욕구는 몇 단계에 해당되는가?

① 제1단계 ② 제2단계
③ 제3단계 ④ 제4단계

매슬로우(Maslow)의 욕구 5단계
- 1단계 : 생리적 욕구(기아, 갈증, 호흡, 배설, 성욕 등)
- 2단계 : 안전의 욕구(안전을 구하고자 하는 욕구)
- 3단계 : 사회적 욕구(애정, 소속에 대한 욕구)
- 4단계 : 인정받으려는 욕구(자존심, 명예, 성취, 지위에 대한 욕구)
- 5단계 : 자아실현의 욕구(잠재적인 능력을 실현하고자 하는 욕구)

019 헤드십의 특성이 아닌 것은?

① 지휘형태는 권위주의적이다.
② 권한행사는 임명된 헤드이다.
③ 구성원과의 사회적 간격은 넓다.
④ 상관과 부하와의 관계는 개인적인 영향이다.

헤드십(Headship)은 집단 구성원이 아닌 외부에 의해 선출(임명)된 지도자로 명목상의 리더십으로 일방적 강제성을 그 본질로 한다.

020 인간의 심리 중 안전수단이 생략되어 불안전행위가 나타나는 경우와 가장 거리가 먼 것은?

① 의식과잉이 있는 경우
② 작업규율이 엄한 경우
③ 피로하거나 과로한 경우
④ 조명, 소음 등 주변 환경의 영향이 있는 경우

작업규율이 엄할 때는 불안전한 행위가 발생될 소지가 적다.

제 02 과목 인간공학 및 위험성 평가 · 관리

021 FTA에 사용되는 기호 중 "통상사상"을 나타내는 기호는?

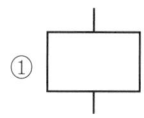 ①

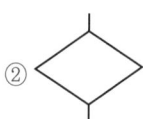 ②

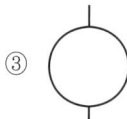 ③

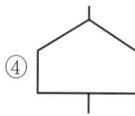 ④

해설
① 결함사상, ② 생략사상, ③ 기본사상, ④ 통상사상

022 두 가지 상태 중 하나가 고장 또는 결함으로 나타나는 비정상적인 사건은?

① 톱사상
② 정상적인 사상
③ 결함사상
④ 기본적인 사상

해설
FTA 관련 용어의 정의
- 정상사상 : 재해의 위험도를 고려, 분석하기로 결정한 사고나 결과로 Fault Tree의 최상위 요소이다.
- 결함사상 : 정상사상의 고장상태를 일으킬 수 있는 직접원인이며, 두 가지 상태 중 하나가 고장 또는 결함으로 나타나는 비정상적인 사건을 말한다.
- 기본사상 : 결함수의 최하위요소로 시스템의 상태를 변화시키는 최초의 원인들을 나타내는 사건을 말한다.

023 시스템안전 프로그램에서의 최초단계 해석으로 시스템 내의 위험한 요소가 어떤 위험상태에 있는가를 정성적으로 평가하는 방법은?

① FHA
② PHA
③ FTA
④ FMEA

해설
용어의 정의
- 결함위험분석(FHA, Fault Hazard Analysis) : 복잡한 시스템에서는 한 계약자만으로 모든 시스템의 설계를 담당하지 않고, 몇 개의 공동 계약자가 각각의 서브시스템(Sub System)을 분담하고 통합계약업자가 그것을 통합하는데, FHA는 이런 경우의 서브시스템 해석 등에 사용된다.
- 예비위험분석(PHA) : 대부분 시스템안전 프로그램에 있어서 최초단계의 분석으로 시스템 내의 위험한 요소가 얼마나 위험한 상태에 있는가를 정성적으로 평가하는 방법이다.
- 결함수 분석법(FTA) : 하나의 특정 사고나 주요 시스템 고장에 초점을 맞춘 연역적인 기법으로 사건의 원인을 결정하는 방법을 제공한다.
- 고장형태 및 영향분석(FMEA) : 시스템 안전분석에 이용되는 전형적인 정성적, 귀납적 분석방법으로 시스템에 영향을 미치는 전체 요소의 고장을 형별로 분석하여 그 영향을 검토하는 방법이다.

024 의자 설계의 일반적인 원리로 가장 적절하지 않은 것은?

① 등근육의 정적 부하를 줄인다.
② 디스크가 받는 압력을 줄인다.
③ 요부전만(勝部前彎)을 유지한다.
④ 일정한 자세를 계속 유지하도록 한다.

의자 설계원칙
• 체중분포 : 체중이 좌골 결절에 실려야 편안함
• 의자 좌판의 높이 : 좌판 앞부분이 오금 높이 보다 높지 않아야 함
• 의자 좌판의 깊이와 폭 : 폭은 큰 사람에게, 깊이는 작은 사람에게 맞도록 해야 함
• 몸통의 안정 : 의자의 좌판 각도는 3°, 좌판 등판간의 등판 각도는 100°가 몸통 안정에 효과적

025 다음의 설명은 무엇에 해당되는 것인가?

- 인간과오(Human error)에서 의지적 제어가 되지 않는다.
- 결정을 잘못한다.

① 동작 조작 미스(Miss)
② 기억 판단 미스(Miss)
③ 인지 확인 미스(Miss)
④ 조치 과정 미스(Miss)

대뇌의 정보처리 에러
• 인지확인 에러 : 외계정보를 받아서 대뇌 감각 중추에서 인지되기까지 과정에서 일어나는 에러로 의지적 제어가 되지 않아 결정을 잘못한다.
• 기억판단 에러 : 인지한 상황을 판단하여 적응상태로 의사결정하여 운동 중추로부터 처리되는 행동으로 "이것을 잊어서 인지하지 못했다.", "기억이 틀려서 조작을 잘못했다."등의 에러를 말한다.
• 동작조작 에러 : 의사결정상태의 동작이 지령되었으나 도중에서 조작을 잘못 또는 절차를 생략하는 에러로 좁은 의미의 조작 에러를 말한다.

026 다음 FT도에서 최소컷셋(Minimal cut set)으로만 올바르게 나열한 것은?

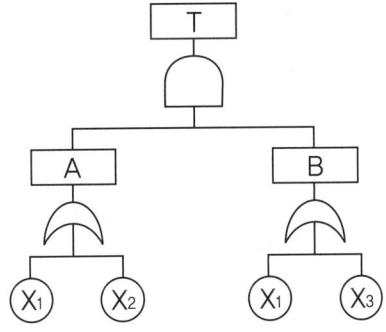

① [X_1]
② [X_1] [X_2]
③ [X_1, X_2, X_3]
④ [X_1, X_2], [X_1, X_3]

해설

최소컷셋(Minimal cut set)은 정상사상을 일으키기 위한 필요 최소한의 컷을 의미한다. 정상사상 T가 일어나기 위해서는 아래에 있는 2개의 OR 게이트가 모두 정상이어야 한다. 따라서, [X_1]이 최소컷셋이 된다.

027 인간-기계시스템의 설계 원칙으로 볼 수 없는 것은?

① 배열을 고려한 설계
② 양립성에 맞게 설계
③ 인체특성에 적합한 설계
④ 기계적 성능에 적합한 설계

해설

인간-기계시스템의 설계 원칙
- 인체 특성에 적합하여야 한다.
- 표시장치나 제어장치의 중요성, 사용빈도, 사용순서, 기능 등에 따라 배치가 이루어져야 한다.
- 시스템은 인간의 예상과 양립시켜야 한다.

028 병렬로 이루어진 두 요소의 신뢰도가 각각 0.7일 경우, 시스템 전체의 신뢰도는?

① 0.30
② 0.49
③ 0.70
④ 0.91

해설

신뢰도 R=1−(1−0.7)(1−0.7)=0.91

029 사업장에서 인간공학 적용분야로 틀린 것은?

① 제품설계
② 산업독성학
③ 재해 · 질병예방
④ 작업장 내 조사 및 연구

해설

산업독성학은 유해 작업환경에서 독성물질에 의한 근로자의 폭로와 장애를 연구하여 예방 및 관리방안을 마련하기 위한 학문분야이다.

030 신호검출이론(SDT)에서 두 정규분포 곡선이 교차하는 부분에 판별기준이 놓였을 경우 Beta 값으로 맞는 것은?

① Beta = 0
② Beta 〈 1
③ Beta = 1
④ Beta 〉 1

해설

신호검출이론(SDT, Signal Detection Theory)

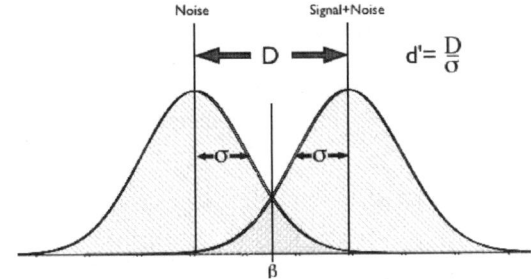

- Beta > 1 : '있음' 반응이 적어지고, 따라서 적중되는 경우와 오경보도 적어진다.
- Beta < 1 : '있음' 반응이 많아지면서 적중과 오경보가 같이 많아진다.
- Beta = 1 : 두 정규분포 곡선이 교차하는 부분에 판별기준이 놓였을 경우 Beta 값이다.

031 인간이 낼 수 있는 최대의 힘을 최대근력이라고 하며 일반적으로 인간은 자기의 최대근력을 잠시 동안만 낼 수 있다. 이에 근거할 때 인간이 상당히 오래 유지할 수 있는 힘은 근력의 몇 % 이하인가?

① 15%
② 20%
③ 25%
④ 30%

지구력(Endurance) : 사람은 자기의 최대근력을 잠시 동안만 낼 수 있으며 근력의 15% 이하의 힘은 상당히 오래 유지할 수 있다.

032 소리의 크고 작은 느낌은 주로 강도의 함수이지만 진동수에 의해서도 일부 영향을 받는다. 음량을 나타내는 척도인 phon의 기준 순음 주파수는?

① 1000Hz
② 2000Hz
③ 3000Hz
④ 4000Hz

음의 크기 수준
- phon : 1000Hz 순음의 음압 수준(dB)을 나타낸다.
- sone : 1000Hz, 40dB의 음압 수준을 가진 순음의 크기(= 40 phon)를 1 sone이라 함
- sone과 phon의 관계식 : sone값 = $2^{(phon-40)/10}$

033 위험관리에서 위험의 분석 및 평가에 유의할 사항으로 적절하지 않은 것은?

① 기업 간의 의존도는 어느 정도인지 점검한다.
② 발생의 빈도보다는 손실의 규모에 중점을 둔다.
③ 작업표준의 의미를 충분히 이해하고 있는지 점검한다.
④ 한 가지의 사고가 여러 가지 손실을 수반하는지 확인한다.

작업표준은 품질관리와 관련된 항목이다.

034 작업장의 소음문제를 처리하기 위한 적극적인 대책이 아닌 것은?

① 소음의 격리
② 소음원을 통제
③ 방음보호 용구 사용
④ 차폐장치 및 흡음재 사용

소음대책
- 소음원의 통제 : 기계의 적절한 설계, 적절한 정비 및 주유, 기계에 고무 받침대 부착, 차량에는 소음기 사용
- 소음의 격리 : 씌우개 방, 장벽을 사용(집의 창문을 닫으면 약 10dB 감음됨)
- 차폐장치 및 흡음재료 사용
- 음향처리제 사용
- 적절한 배치(Layout)

035 안전성 평가 항목에 해당하지 않은 것은?

① 작업자에 대한 평가
② 기계설비에 대한 평가
③ 작업공정에 대한 평가
④ 레이아웃에 대한 평가

안전성 평가의 기본원칙 6단계
- 제1단계 관계 자료의 작성준비 : 안전성의 사전평가를 위해 필요한 자료의 작성준비를 실시
- 제2단계 정성적 평가 : 입지조건, 공장내 배치, 건조물, 소방설비, 원재료 및 중간제 제품, 공정, 수송 및 저장, 공정기기
- 제3단계 정량적 평가 : 당해 화학설비의 취급물질, 용량, 온도, 압력 및 조작의 5항목을 등급으로 분류
- 제4단계 안전대책 : 설비 및 관리대책, 적정인원 배치, 교육훈련 과목
- 제5단계 재해정보에 의한 재평가
- 제6단계 FTA에 의한 재평가

036 정량적 표시장치의 용어에 대한 설명 중 틀린 것은?

① 눈금단위(scale unit) : 눈금을 읽는 최소 단위
② 눈금범위(scale range) : 눈금의 최고치와 최저치의 차
③ 수치간격(numbered interval) : 눈금에 나타낸 인접 수치 사이의 차
④ 눈금간격(graduation interval) : 최대눈금선 사이의 값 차

눈금간격(graduation interval) : 최소눈금선 사이의 값 차

037 강의용 책걸상을 설계할 때 고려해야 할 변수와 적용할 인체측정자료 응용원칙이 적절하게 연결된 것은?

① 의자 높이 – 최대 집단치 설계
② 의자 깊이 – 최대 집단치 설계
③ 의자 너비 – 최대 집단치 설계
④ 책상 높이 – 최대 집단치 설계

인체측정자료 응용원칙
- 의자 높이 – 조절식 설계
- 의자 깊이 – 최소 집단치 설계(5%tile)
- 의자 너비 – 최대 집단치 설계(95%tile)
- 책상 높이 – 조절식 설계

038 촉감의 일반적인 척도의 하나인 2점 문턱 값(two-point threshold)이 감소하는 순서대로 나열된 것은?

① 손가락 → 손바닥 → 손가락 끝
② 손바닥 → 손가락 → 손가락 끝
③ 손가락 끝 → 손가락 → 손바닥
④ 손가락 끝 → 손바닥 → 손가락

2점 문턱 값은 자극이 주어지는 두 점을 눌렀을 때 따로따로 지각할 수 있는 두 점 사이의 최소거리를 의미하는 것으로 손바닥, 손가락, 손가락 끝의 순서로 감소한다.

039 산업안전보건법령에 따라 기계·기구 및 설비의 설치·이전 등으로 인해 유해위험방지계획서를 제출하여야 하는 대상에 해당하지 않는 것은?

① 건조설비
② 공기압축기
③ 화학설비
④ 가스집합 용접장치

유해위험방지계획서 제출 대상 기계·기구 및 설비(산업안전보건법 시행령 제42조)
- 금속이나 그 밖의 광물의 용해로
- 화학설비
- 건조설비
- 가스집합 용접장치
- 제조금지물질 또는 허가대상물질 관련 설비
- 분진작업 관련 설비

040 설계단계에서부터 보전에 불필요한 설비를 설계하는 것의 보전방식은?

① 보전예방
② 생산보전
③ 일상보전
④ 개량보전

- 보전예방 : 설비의 설계, 제작 단계에서 보전활동이 불필요한 체제를 목표로 한 보전방식
- 생산보전 : 미국의 GE사가 처음으로 사용한 보전으로, 설계에서 폐기에 이르기까지 기계설비의 전 과정에서 소요되는 설비의 열화손실과 보전비용을 최소화하여 생산성을 향상시키는 보전방법
- 일상보전 : 일 또는 주 단위로 점검·급유·청소 등의 작업을 함으로서 열화나 마모를 가능한 한 방지하도록 하는 보전방식
- 개량보전 : 설비 자체의 체질개선을 목적으로 하는 보전방식

제 03 과목 기계·기구 및 설비 안전관리

041 방호장치의 설치목적이 아닌 것은?

① 가공물 등의 낙하에 의한 위험 방지
② 위험부위와 신체의 접촉방지
③ 비산으로 인한 위험방지
④ 주유나 검사의 편리성

042 아세틸렌 및 가스집합 용접장치의 저압용 수봉식 안전기의 유효수주는 최소 몇 mm 이상을 유지해야 하는가?

① 15
② 20
③ 25
④ 30

수봉식 안전기의 구조 성능 기준
- 주요 부분은 두께 2mm 이상의 강판 또는 강관을 사용하여 내부 압력에 견디어야 한다.
- 도입부는 수봉식이어야 한다.
- 수봉 배기관을 갖추어야 한다.
- 도입부 및 수봉 배기관은 가스가 역류하고 역화 폭발을 할 때 위험을 확실히 방호할 수 있는 구조여야 한다.
- 유효 수주는 25mm 이상으로 유지하여 사태에 대비하여야 한다.
- 수위를 용이하게 점검 할 수 있어야 한다.
- 물의 보급 및 교환이 용이한 구조로 해야 한다.

043 크레인 로프에 질량 2000kg의 물건을 10m/s²의 가속도로 감아올릴 때, 로프에 걸리는 총 하중은 약 몇 kN인가?

① 39.6
② 29.6
③ 19.6
④ 9.6

- 총하중 = 정하중 + 동하중
  $= 2 + \dfrac{정하중}{9.8} \times 가속도 = 2 + \dfrac{2}{9.8} \times 10 = 4.04$
- 장력 = 총하중 × 중력가속도 = 4.04 × 9.8 ≒ 39.6kN

044 보일러 압력방출장치의 종류에 해당되지 않는 것은?

① 스프링식
② 중추식
③ 플런저식
④ 지렛대식

보일러 압력방출장치의 종류 : 스프링식, 지렛대식, 중추식, 복합식

045 휴대용 연삭기 덮개의 각도는 몇 도 이내인가?

① 60° ② 90°
③ 125° ④ 180°

연삭기 방호장치인 덮개의 설치요령
- 탁상용 연삭기, 만능 목공선반
  - 노출각도 : 90° 이내로 하되 숫돌의 주축에서 수평면 위로 이루는 원주각도는 65° 이상 되지 않도록
  - 탁상용 연삭기 : 수평면 이하의 부문에서 연삭하여야 할 경우 노출각도 125°까지 증가 가능
- 연삭숫돌의 상부를 사용할 목적인 경우 : 60° 이내로 한다.
- 휴대용 연삭기, 스윙연삭기, 디스크 연삭기 : 180° 이내로 한다.
- 원통형 연삭기 : 노출각도 180° 이내로 하되 숫돌의 주축에서 수평면 위로 이루는 원주 각도는 65° 이상 되지 않도록 한다.
- 절단기 및 평면 연삭기 : 150° 이내로 하되 숫돌의 주축에서 수평면 아래로 이루는 덮개의 각도가 15° 이상 되도록 한다.

046 프레스의 종류에서 슬라이드 운동기구에 의한 분류에 해당하지 않는 것은?

① 액압 프레스 ② 크랭크 프레스
③ 너클 프레스 ④ 마찰 프레스

동력 프레스의 종류
- 기계 프레스 : 크랭크 프레스, 편심 프레스, 너클 프레스, 마찰 프레스, 랙 프레스, 스크류 프레스, 캠 프레스, 토글 프레스, 특수 프레스
- 액압 프레스 : 수압 프레스, 유압 프레스, 공압 프레스

047 양중기에 해당하지 않는 것은?

① 크레인 ② 리프트
③ 체인블럭 ④ 곤돌라

산업안전보건기준에 관한 규칙 제132조(양중기) ① 양중기란 다음 각 호의 기계를 말한다.
1. 크레인[호이스트(hoist)를 포함한다]
2. 이동식 크레인
3. 리프트(이삿짐운반용 리프트의 경우에는 적재하중이 0.1톤 이상인 것으로 한정한다)
4. 곤돌라
5. 승강기

048 비파괴시험의 종류가 아닌 것은?

① 자분 탐상시험 ② 침투 탐상시험
③ 와류 탐상시험 ④ 샤르피 충격시험

샤르피 충격시험은 일반적으로 용접부의 기계적 파괴시험 중 하나로 하중을 가하여 시험편을 파괴시키는 시험방법이다.

049 **동력프레스의 종류에 해당하지 않는 것은?**

① 크랭크 프레스　　② 푸트 프레스
③ 토글 프레스　　　④ 액압 프레스

46번 문제 해설 참조. 푸트 프레스는 발로 페달을 밟아 작동시키는 프레스로 인력 프레스에 해당된다.

050 **목재가공용 둥근톱의 톱날 지름이 500 mm 일 경우 분할날의 최소길이는 약 몇 mm 인가?**

① 462　　② 362
③ 262　　④ 162

$$L = \pi D \times \frac{1}{4} \times \frac{2}{3} = \frac{\pi D}{6} = \frac{3.14 \times 500}{6} = 261.667 ≒ 262mm$$

051 **연삭숫돌의 파괴원인이 아닌 것은?**

① 외부의 충격을 받았을 때
② 플랜지가 현저히 작을 때
③ 회전력이 결합력보다 클 때
④ 내·외면의 플랜지 지름이 동일할 때

연삭숫돌의 파괴원인
- 숫돌의 회전 속도가 너무 빠를 때
- 숫돌 자체에 균열이 있을 때
- 숫돌의 측면을 사용하여 작업할 때
- 숫돌의 온도변화가 심할 때
- 부적당한 숫돌을 사용할 때
- 숫돌의 치수가 부적당할 때
- 플랜지가 현저히 작을 때
- 숫돌의 불균형이나 베어링의 마모에 의한 진동이 있을 때

052 **롤러기의 급정지장치 설치기준으로 틀린 것은?**

① 손조작식 급정지장치의 조작부는 밑면에서 1.8m 이내에 설치한다.
② 복부조작식 급정지장치의 조작부는 밑면에서 0.8m 이상, 1.1m 이내에 설치한다.
③ 무릎조작식 급정지장치의 조작부는 밑면에서 0.8m 이내에 설치한다.
④ 설치위치는 급정지장치의 조작부 중심점을 기준으로 한다.

롤러기 급정지장치의 종류

종류	위치	비고
손조작식	밑면에서 1.8m 이내	위치는 급정지장치조작부의 중심점을 기준으로 함
복부조작식	밑면에서 0.8m 이상 1.1m 이내	
무릎조작식	밑면에서 0.6m 이내	

053 산업안전보건법상 보일러에 설치하는 압력방출장치에 대하여 검사 후 봉인에 사용되는 재료로 가장 적합한 것은?

① 납
② 주석
③ 구리
④ 알루미늄

산업안전보건기준에 관한 규칙 제116조(압력방출장치) ① 사업주는 보일러의 안전한 가동을 위하여 보일러 규격에 맞는 압력방출장치를 1개 또는 2개 이상 설치하고 최고사용압력(설계압력 또는 최고허용압력을 말한다. 이하 같다) 이하에서 작동되도록 하여야 한다. 다만, 압력방출장치가 2개 이상 설치된 경우에는 최고 사용압력 이하에서 1개가 작동되고, 다른 압력방출장치는 최고사용압력 1.05배 이하에서 작동되도록 부착하여야 한다.
② 제1항의 압력방출장치는 매년 1회 이상 「국가표준기본법」 제14조제3항에 따라 산업통상자원부장관의 지정을 받은 국가교정업무 전담기관(이하 "국가교정기관"이라 한다)에서 교정을 받은 압력계를 이용하여 설정압력에서 압력방출장치가 적정하게 작동하는지를 검사한 후 납으로 봉인하여 사용하여야 한다. 다만, 영 제33조의6에 따른 공정안전보고서 제출 대상으로서 고용노동부장관이 실시하는 공정안전보고서 이행 상태 평가결과가 우수한 사업장은 압력방출장치에 대하여 4년마다 1회 이상 설정압력에서 압력방출장치가 적정하게 작동하는지를 검사할 수 있다.

054 밀링머신 작업의 안전수칙으로 적절하지 않은 것은?

① 강력절삭을 할 때는 일감을 바이스로부터 길게 물린다.
② 일감을 측정할 때에는 반드시 정지시킨 다음에 한다.
③ 상하 이송장치의 핸들을 사용 후 반드시 빼 두어야 한다.
④ 커터는 될 수 있는 한 컬럼에 가깝게 설치한다.

강력절삭을 할 때는 공작물을 바이스에 깊게 물린다.

055 지게차의 헤드가드(head guard)는 지게차 최대하중의 몇 배가 되는 등분포정하중에 견딜 수 있는 강도를 가져야 하는가?

① 2
② 3
③ 4
④ 5

지게차 헤드가드의 구비조건 (산업안전보건기준에 관한 규칙 제180조)
- 강도는 지게차의 최대하중의 2배값(4톤을 넘는 값에 대해서는 4톤으로 한다)의 등분포정하중(等分布靜荷重)에 견딜 수 있을 것
- 상부틀의 각 개구의 폭 또는 길이가 16cm 미만일 것
- 운전자가 앉아서 조작하거나 서서 조작하는 지게차의 헤드가드는 산업표준화법 제12조에 따른 한국산업표준에서 정하는 높이 기준 이상일 것
  - 앉아서 조작하는 경우 조종사가 정상적인 작동 상태에 있을 때 좌석기준점(SIP)으로부터 조종사의 머리가 위치한 헤드가드 아래 부분의 밑면까지의 수직간격은 0.903m 이상이어야 한다.
  - 서서 조작하는 경우 조종사가 정상적인 작동 상태에 있을 때 조종사가 서 있는 플랫폼에서부터 조종사의 머리가 위치한 헤드가드 아래 부분의 밑 면까지의 수직 간격은 1.88m 이상이어야 한다.

056 기계설비의 작업능률과 안전을 위한 배치(layout)의 3단계를 올바른 순서대로 나열한 것은?

① 지역배치 → 건물배치 → 기계배치
② 건물배치 → 지역배치 → 기계배치
③ 기계배치 → 건물배치 → 지역배치
④ 지역배치 → 기계배치 → 건물배치

057 프레스기의 금형을 부착·해체 또는 조정하는 작업을 할 때, 슬라이드가 갑자기 작동함으로써 발생하는 근로자의 위험을 방지하기 위해 사용해야 하는 것은?

① 방호울
② 안전블록
③ 시건장치
④ 날접촉예방장치

산업안전보건기준에 관한 규칙 제104조(금형조정작업의 위험 방지) 사업주는 프레스등의 금형을 부착·해체 또는 조정하는 작업을 할 때에 해당 작업에 종사하는 근로자의 신체가 위험한계 내에 있는 경우 슬라이드가 갑자기 작동함으로써 근로자에게 발생할 우려가 있는 위험을 방지하기 위하여 안전블록을 사용하는 등 필요한 조치를 하여야 한다.

058 와이어로프의 지름 감소에 대한 폐기기준으로 옳은 것은?

① 공칭지름의 1퍼센트 초과
② 공칭지름의 3퍼센트 초과
③ 공칭지름의 5퍼센트 초과
④ 공칭지름의 7퍼센트 초과

와이어로프 사용금지 기준(산업안전보건기준에 관한 규칙 제63조)
- 이음매가 있는 것
- 와이어로프의 한 꼬임[(스트랜드(strand)를 말한다. 이하 같다)]에서 끊어진 소선(素線)[필러(pillar)선은 제외)]의 수가 10퍼센트 이상(비자전로프의 경우에는 끊어진 소선의 수가 와이어로프 호칭지름의 6배 길이 이내에서 4개 이상이거나 호칭지름 30배 길이 이내에서 8개 이상)인 것
- 지름의 감소가 공칭지름의 7퍼센트를 초과하는 것
- 꼬인 것
- 심하게 변형되거나 부식된 것
- 열과 전기충격에 의해 손상된 것

059 플레이너 작업시의 안전대책이 아닌 것은?

① 베드 위에 다른 물건을 올려놓지 않는다.
② 바이트는 되도록 짧게 나오도록 설치한다.
③ 프레임 내의 피트(pit)에는 뚜껑을 설치한다.
④ 칩 브레이커를 사용하여 칩이 길게 되도록 한다.

플레이너의 안전대책
- 반드시 스위치를 끄고 일감을 고정하여야 한다.
- 바이트는 되도록 짧게 설치하여야 한다.
- 이동 테이블에는 방호울을 설치한다.
- 프레임 내의 피트에는 뚜껑을 설치한다.
- 압판이 수평이 되도록 고정시킨다.
- 압판은 죄는 힘에 의해 휘어지지 않도록 충분히 두꺼운 것을 사용한다.

060 산업안전보건법상 유해·위험방지를 위한 방호조치를 하지 아니하고는 양도, 대여, 설치 또는 사용에 제공하거나, 양도·대여를 목적으로 진열해서는 아니 되는 기계·기구가 아닌 것은?

① 예초기
② 진공포장기
③ 원심기
④ 롤러기

유해·위험 방지를 위한 방호조치가 필요한 기계·기구(산업안전보건법 시행령 별표 20)
- 예초기
- 원심기
- 공기압축기
- 금속절단기
- 지게차
- 포장기계(진공포장기, 래핑기로 한정한다)

제 04 과목 전기설비 안전관리

061 가로등의 접지전극을 지면으로부터 75cm 이상 깊은 곳에 매설하는 주된 이유는?

① 전극의 부식을 방지하기 위하여
② 접촉 전압을 감소시키기 위하여
③ 접지 저항을 증가시키기 위하여
④ 접지선의 단선을 방지하기 위하여

겨울철 대지가 얼면 접지저항 값이 매우 상승하여 기능을 상실하기 때문에 온도의 영향을 받지 않도록 하는 것과 대지 표면의 전위 상승을 낮추기 위하기 때문이다.

062 내압방폭 금속관배선에 대한 설명으로 틀린 것은?

① 전선관은 박강전선관을 사용한다.
② 배관 인입부분은 씰링피팅(Sealing Fitting)을 설치하고 씰링콤파운드로 밀봉한다.
③ 전선관과 전기기기와의 접속은 관용평형나사에 의해 완전나사부가 "5턱" 이상 결합되도록 한다.
④ 가요성을 요하는 접속부분에는 플렉시블 피팅(Flexible Fitting)을 사용하고, 플렉시블 피팅은 비틀어서 사용해서는 안 된다.

해설
0종 또는 1종장소에서 내압방폭용 전선관은 후강 전선관 등을 사용하여야 하며, 전선관용 부속품(Fitting)은 해당 장소에 사용이 허용된 방폭성능을 가진 것을 사용하여야 한다.

063 정전용량 C_1(μF)과 C_2(μF)가 직렬 연결된 회로에 E(V)로 송전되다 갑자기 정전이 발생하였을때, C_2 단자의 전압을 나타낸 식은?

① $\frac{C_1}{C_1 + C_2}E$
② $\frac{C_2}{C_1 + C_2}E$
③ C_2E
④ $\frac{E}{\sqrt{2}}$

064 충전선로의 활선작업 또는 활선근접작업을 하는 작업자의 감전위험을 방지하기 위해 착용하는 보호구로서 가장 거리가 먼 것은?

① 절연장화
② 절연장갑
③ 절연안전모
④ 대전방지용 구두

해설
대전방지용 구두는 정전기 재해의 방지대책에 해당된다.

065 인체의 피부저항은 피부에 땀이 나 있는 경우 건조 시 보다 약 어느 정도 저하되는가?

① $\frac{1}{2} \sim \frac{1}{4}$
② $\frac{1}{6} \sim \frac{1}{10}$
③ $\frac{1}{12} \sim \frac{1}{20}$
④ $\frac{1}{25} \sim \frac{1}{35}$

해설
통전시 인체의 저항
- 피부저항 : 건조할 경우 2500Ω
- 습기 많은 경우 1/10, 땀에 젖은 경우 1/12~1/20, 물에 젖은 경우 1/25로 저하
- 내부 조직 저항 : 약 300Ω
- 발과 신발 사이 : 약 1500Ω
- 신발과 대지 사이 : 약 700Ω

066 정전기 재해방지를 위하여 불활성화할 수 없는 탱크, 탱크롤리 등에 위험물을 주입하는 배관내 액체의 유속 제한에 대한 설명으로 틀린 것은?

① 물이나 기체를 혼합하는 비수용성 위험물의 배관 내 유속은 1 m/s 이하로 할 것
② 저항률이 $10^{10}\Omega \cdot cm$ 미만의 도전성 위험물의 배관유속은 매초 7m 이하로 할 것
③ 저항률이 $10^{10}\Omega \cdot cm$ 이상인 위험물의 배관유속은 관내경이 0.05m이면 매초 3.5m 이하로 할 것
④ 이황화탄소 등과 같이 유동대전이 심하고 폭발위험성이 높은 것은 배관 내 유속은 5m/s 이하로 할 것

배관 내 액체의 유속제한
- 물이나 기체를 혼합하는 비수용성 위험물의 배관 내 유속은 1 m/s 이하로 할 것
- 저항률이 $10^{10}\Omega \cdot cm$ 미만의 도전성 위험물의 배관유속은 매초 7m 이하로 할 것
- 저항률이 $10^{10}\Omega \cdot cm$ 이상인 위험물의 배관유속은 관내경이 0.05m이면 매초 3.5m 이하로 할 것
- 이황화탄소 등과 같이 유동대전이 심하고 폭발 위험성이 높은 것은 배관 내 유속은 1m/s 이하로 할 것
- 저항률 $10\Omega \cdot cm$ 이상인 위험물의 배관내 유속은 다음의 표 값 이하로 할 것. 단 주입구가 면 밑에 충분히 침하할 때까지의 배관내 유속은 1m/s 이하로 할 것

[표 : 관경과 유속제한 값]

관내경 D (inch)	(m)	유속 V(m/초)	v^2	$v^2 D$
0.5	0.01	8	64	0.64
1	0.025	4.9	24	0.6
2	0.05	3.5	12.25	0.61
4	0.01	2.5	6.25	0.63
8	0.02	1.8	3.25	0.64
16	0.04	1.3	1.6	0.67
24	0.06	1.0	1.0	0.6

067 정전기로 인하여 화재로 진전되는 조건 중 관계가 없는 것은?

① 방전하기에 충분한 전위차가 있을 때
② 가연성가스 및 증기가 폭발한계 내에 있을 때
③ 대전하기 쉬운 금속부분에 접지를 한 상태일 때
④ 정전기의 스파크 에너지가 가연성가스 및 증기의 최소점화 에너지 이상일 때

정전기 재해방지 조치
- 정전기 발생 억제 : 배관 내 유속 조절, 습기 부여, 대전방지제 사용, 금속재료 및 도전성 재료 사용
- 정전기 대전 방지 : 도체인 경우 접지와 본딩 실시
- 정전지 방전 방지 : 대전 물체 접지 등

068 화염일주한계에 대한 설명으로 옳은 것은?

① 폭발성 가스와 공기의 혼합기에 온도를 높인 경우 화염이 발생 할 때까지의 시간 한계치
② 폭발성 분위기에 있는 용기의 접합면 틈새를 통해 화염이 내부에서 외부로 전파되는 것을 저지할 수 있는 틈새의 최대간격치
③ 폭발성 분위기 속에서 전기불꽃에 의하여 폭발을 일으킬 수 있는 화염을 발생시키기에 충분한 교류파형의 1주기치
④ 방폭설비에서 이상이 발생하여 불꽃이 생성된 경우에 그것이 점화원으로 작용하지 않도록 화염의 에너지를 억제하여 폭발 하한계로 되도록 화염 크기를 조정하는 한계치

화염일주한계
- 폭발성 혼합가스를 금속성의 2개의 공간에 넣고 사이에 미세한 틈을 갖는 벽으로 분리하고 한쪽에 점화하여 폭발되는 경우에 그 틈을 통하여 다른 곳의 가스가 인화·폭발되지 않는 한계의 폭이다.
- 벽의 두께는 일정하고 공간의 폭을 가감하여 다른 곳의 가스에 인화되지 않는 한계의 폭을 측정함으로서 해당가스의 위험성을 예측한다. 즉, 폭이 작은 물질이 화염 전파력이 강하여 위험한 물질이 된다.
- 화염일주한계 등을 고려함으로서 전기기구 등의 방폭구조 틈의 설계에 효과적으로 적용할 수 있다. 폭발성 분위기내에 방치된 표준용기의 접합면 틈새를 통하여 폭발화염이 내부에서 외부로 전파되는 것을 방지할 수 있는 틈새의 최대 간격치를 화염일주한계라 한다.

폭발등급	1	2	3
틈새의 폭	0.6mm 초과	0.4mm 이상 0.6mm 이하	0.4mm 미만
해당 가스	일산화탄소, 벤젠, 아세톤, 암모니아, 메탄올, 에탄올, 프로판	에틸렌, 도시가스	수소, 아세틸렌

069 접지저항 저감 방법으로 틀린 것은?

① 접지극의 병렬 접지를 실시한다.
② 접지극의 매설 깊이를 증가시킨다.
③ 접지극의 크기를 최대한 작게 한다.
④ 접지극 주변의 토양을 개량하여 대지 저항률을 떨어뜨린다.

접지저항 저감 방법으로 접지극의 크기를 크게 한다.

070 Dalziel에 의하여 동물실험을 통해 얻어진 전류값을 인체에 적용했을 때 심실세동을 일으키는 전기에너지(J)는?(단, 인체 전기저항은 500Ω으로 보며, 흐르는 전류 $I = \dfrac{165}{\sqrt{T}}$ mA로 한다.)

① 9.8   ② 13.6
③ 19.6   ④ 27

해설

$$W = I^2RT = (\frac{165}{\sqrt{T}} \times 10^{-3})^2 RT[J]$$

$$= (\frac{165}{\sqrt{1}} \times 10^{-3})^2 \times 500 \times 1 = 13.6[J]$$

071 전기설비기술기준에서 정의하는 전압의 구분으로 틀린 것은?

① 교류 저압 : 1000V 이하
② 직류 저압 : 1500V 이하
③ 직류 고압 : 1500V 초과 7000V 이하
④ 특고압 : 7000V 이상

해설

전압의 구분

구분	교류(AC)	직류(DC)
저압	1000V 이하	1500V 이하
고압	1000V 초과 7000V 이하	1500V 초과 7000V 이하
특고압	7000V 초과	

072 접지 목적에 따른 분류에서 병원설비의 의료용 전기전자(M·E)기기와 모든 금속부분 또는 도전바닥에도 접지하여 전위를 동일하게 하기 위한 접지를 무엇이라 하는가?

① 계통 접지
② 등전위 접지
③ 노이즈방지용 접지
④ 정전기 장해방지 이용 접지

해설

접지 목적에 따른 접지의 종류
- 계통 접지 : 고압 전로와 저압 전로가 혼촉되었을 때의 감전이나 화재 방지
- 기기 접지 : 누전되고 있는 기기에 접촉되었을 때의 감전 방지
- 피뢰기 접지 : 낙뢰로부터 전기 기기의 손상을 방지
- 정전기 장해방지용 접지 : 정전기 축적에 의한 폭발 재해 방지
- 지락 검출용 접지 : 누전 차단기의 동작을 확실하게 하기 위함
- 등전위 접지 : 병원에 있어서의 의료 기기 사용시의 안전
- 잡음 대책용 접지 : 잡음에 의한 전자장치의 파괴나 오동작을 방지
- 기능용 접지 : 전기 방식 설비 등의 접지

073 정전기 발생 원인에 대한 설명으로 옳은 것은?

① 분리속도가 느리면 정전기 발생이 커진다.
② 정전기 발생은 처음 접촉, 분리 시 최소가 된다.
③ 물질 표면이 오염된 표면일 경우 정전기 발생이 커진다.
④ 접촉 면적이 작고 압력이 감소할수록 정전기 발생량이 크다.

정전기 발생에 영향을 주는 요인

- 물질의 특성 : 정전기 발생은 접촉 분리라는 두 가지 물체의 상호특성에 의하여 지배되며 한 가지 물체만의 특성에는 전혀 영향을 받지 않는다. 일반적으로 대전량은 접촉이나 분리하는 두 가지 물체가 대전서열 내에서 가까운 위치에 있으면 적고 먼 위치에 있을수록 대전량이 큰 경향이 있다.
- 분리속도 : 분리 과정에서는 전하의 완화시간에 따라 정전기 발생량이 좌우되며 분리속도가 빠를수록 정전기 발생이 커진다.
- 물질의 이력 : 정전기의 발생은 접촉, 분리가 일어날 때 최대가 되며 이후 접촉, 분리가 반복됨에 따라 발생량도 점차 감소한다.
- 물질의 표면 상태 : 물질표면이 수분이나 기름 등에 의해 오염되었을 때에는 산화, 부식에 의해 정전기가 크게 발생한다.
- 접촉면적과 압력 : 접촉면적이 클수록 발생량이 커지고, 접촉압력이 증가하면 접촉면적도 증가하므로 결국 정전기의 발생량도 증가한다.

074 정격전류 20A와 25A인 전동기와 정격전류 10A인 전열기 6대에 전기를 공급하는 200V 단상 저압 간선에는 정격 전류 몇 A의 과전류 차단기를 시설하여야 하는가?

① 200
② 150
③ 125
④ 100

075 전기기기 방폭의 기본개념과 이를 이용한 방폭구조로 볼 수 없는 것은?

① 점화원의 격리 : 내압(耐壓) 방폭구조
② 폭발성 위험분위기 해소 : 유입 방폭구조
③ 전기기기 안전도의 증강 : 안전증 방폭구조
④ 점화능력의 본질적 억제 : 본질안전 방폭구조

방폭구조의 종류와 기호

종류	내용	기호
내압방폭구조	점화원에 의해 용기 내부에서 폭발이 발생할 경우에 용기가 폭발압력에 견딜 수 있고, 화염이 용기 외부의 폭발성 분위기로 전파되지 않도록 한 방폭구조.	d
압력방폭구조	점화원이 될 우려가 있는 부분을 용기 안에 넣고 보호 기체(신선한 공기 또는 불활성기체)를 용기 안에 압입함으로써 폭발성 가스가 침입하는 것을 방지하도록 되어 있는 방폭구조	p
안전증방폭구조	전기기기의 과도한 온도 상승, 아크 또는 불꽃 발생의 위험을 방지하기 위하여 추가적인 안전조치를 통한 안전도를 증가시킨 방폭구조(다만, 정상운전 중에 아크나 불꽃을 발생시키는 전기기기는 안전증방폭구조의 전기기기 범위에서 제외)	e
유입방폭구조	유체 상부 또는 용기 외부에 존재할 수 있는 폭발성 분위기가 발화할 수 없도록 전기설비 또는 전기설비의 부품을 보호액에 함침시키는 방폭구조	o
본질안전방폭구조	정상시 또는 단락, 단선, 지락 등의 사고시에 발생하는 아크, 불꽃, 고열에 의하여 폭발성 가스나 증기에 점화되지 않는 것이 확인된 구조	ia, ib
비점화방폭구조	전기기기가 정상작동과 규정된 특정한 비정상상태에서 주위의 폭발성 가스 분위기를 점화시키지 못하도록 만든 방폭구조	n

몰드방폭구조	전기기기의 불꽃 또는 열로 인해 폭발성 위험분위기에 점화되지 않도록 컴파운드를 충전해서 보호한 방폭구조	m
충전방폭구조	폭발성 가스 분위기를 점화시킬 수 있는 부품을 고정하여 설치하고, 그 주위를 충전재로 완전히 둘러싸서 외부의 폭발성 가스 분위기를 점화시키지 않도록 하는 방폭구조	q
특수방폭구조	상기의 방폭구조 외에 외부의 폭발성 가스에 대해 인화를 방지할 수 있음을 시험에 의해 확인한 구조	s

076 최소 착화에너지가 0.26mJ 인 프로판 가스에 정전용량이 100pF인 대전 물체로부터 정전기방전에 의하여 착화할 수 있는 전압은 약 몇 V 정도인가?

① 2240　　② 2260
③ 2280　　④ 2300

$$E = \frac{CV^2}{2}$$

$$V = \sqrt{\frac{2E}{C}} = \sqrt{\frac{2 \times 0.26 \times 10^{-3}}{10 \times 10^{-12}}} = 2280$$

077 전기기계·기구의 기능 설명으로 옳은 것은?

① CB는 부하전류를 개폐(ON-Off)시킬 수 있다.
② ACB는 접촉스파크 소호를 진공상태로 한다.
③ DS는 회로의 개폐(ON-Off) 및 대용량부하를 개폐시킨다.
④ LA는 피뢰침으로서 낙뢰 피해의 이상 전압을 낮추어 준다.

전기기계·기구
- CB(Circuit Breaker) : 차단기
- DS(Disconnecting Switch) : 단로기
- ACB(Air Circuit Breaker) : 기중차단기
- LA(Lightening Arrestor) : 피뢰기

078 배전선로에 정전작업 중 단락 접지기구를 사용하는 목적으로 적합한 것은?

① 통신선 유도 장해 방지
② 배전용 기계 기구의 보호
③ 배전선 통전 시 전위경도 저감
④ 혼촉 또는 오동작에 의한 감전방지

전기기기 등이 다른 노출 충전부와의 접촉, 유도 또는 예비동력원의 역송전 등으로 전압이 발생할 우려가 있는 경우에는 충분한 용량을 가진 단락 접지기구를 이용하여 접지하여야 한다.

079 교류 아크용접기의 허용사용률(%)은?(단, 정격사용률은 10%, 2차정격전류는 500A, 교류 아크용접기의 사용전류는 250A이다.)

① 30
② 40
③ 50
④ 60

허용사용률 = $\dfrac{(\text{정격 2차전류})^2}{(\text{실제 용접전류})^2} \times \text{정격 사용률} = \dfrac{500^2}{250^2} \times 10 = 40\%$

080 속류를 차단할 수 있는 최고의 교류전압을 피뢰기의 정격전압이라고 하는데 이 값은 통상적으로 어떤 값으로 나타내고 있는가?

① 최대값
② 평균값
③ 실효값
④ 파고값

정격전압이란 피뢰기가 속류를 차단할 수 있는 최고의 상용 주파수의 교류전압으로 실효값을 말한다.

제 05 과목 화학설비 안전관리

081 다음 중 인화성 물질이 아닌 것은?

① 에테르
② 아세톤
③ 에틸알코올
④ 과염소산칼륨

인화성 물질(산업안전보건기준에 관한 규칙 별표 1)

구분	세부 내용
인화성 액체	에틸에테르, 가솔린, 아세트알데히드, 산화프로필렌, 그 밖에 인화점이 섭씨 23도 미만이고 초기 끓는점이 35℃ 이하인 물질
	노르말헥산, 아세톤, 메틸에틸케톤, 메틸알코올, 에틸알코올, 이황화탄소, 그 밖에 인화점이 23℃ 미만이고 초기 끓는점이 35℃를 초과하는 물질
	크실렌, 아세트산아밀, 등유, 경유, 테레핀유, 이소아밀알코올, 아세트산, 하이드라진, 그 밖에 인화점이 23℃ 이상 60℃ 이하인 물질
인화성 가스	수소, 아세틸렌, 에틸렌, 메탄, 에탄, 프로판, 부탄

082 다음 중 산업안전보건법령상 화학설비에 해당하는 것은?

① 응축기 · 냉각기 · 가열기 · 증발기 등 열교환기류
② 사이클론 · 백필터 · 전기집진기 등 분진처리설비
③ 온도 · 압력 · 유량 등을 지시 · 기록 등을 하는 자동제어 관련설비
④ 안전밸브 · 안전판 · 긴급차단 또는 방출밸브 등 비상조치 관련설비

화학설비 및 그 부속설비의 종류(산업안전보건기준에 관한 규칙 별표 7)

구분	세부 내용
화학설비	가. 반응기 · 혼합조 등 화학물질 반응 또는 혼합장치 나. 증류탑 · 흡수탑 · 추출탑 · 감압탑 등 화학물질 분리장치 다. 저장탱크 · 계량탱크 · 호퍼 · 사일로 등 화학물질 저장설비 또는 계량설비 라. 응축기 · 냉각기 · 가열기 · 증발기 등 열교환기류 마. 고로 등 점화기를 직접 사용하는 열교환기류 바. 캘린더(calender) · 혼합기 · 발포기 · 인쇄기 · 압출기 등 화학제품 가공설비 사. 분쇄기 · 분체분리기 · 용융기 등 분체화학물질 취급장치 아. 결정조 · 유동탑 · 탈습기 · 건조기 등 분체화학물질 분리장치 자. 펌프류 · 압축기 · 이젝터(ejector) 등의 화학물질 이송 또는 압축설비
화학설비의 부속설비	가. 배관 · 밸브 · 관 · 부속류 등 화학물질 이송 관련 설비 나. 온도 · 압력 · 유량 등을 지시 · 기록 등을 하는 자동제어 관련 설비 다. 안전밸브 · 안전판 · 긴급차단 또는 방출밸브 등 비상조치 관련 설비 라. 가스누출감지 및 경보 관련 설비 마. 세정기, 응축기, 벤트스택(bent stack), 플레어스택(flare stack) 등 폐가스처리설비 바. 사이클론, 백필터(bag filter), 전기집진기 등 분진처리설비 사. 가목부터 바목까지의 설비를 운전하기 위하여 부속된 전기 관련 설비 아. 정전기 제거장치, 긴급 샤워설비 등 안전 관련 설비

083 금속의 용접 · 용단 또는 가열에 사용되는 가스 등의 용기를 취급할 때의 준수사항으로 옳지 않은 것은?

① 밸브의 개폐는 서서히 할 것
② 용기의 온도를 섭씨 40도 이하로 유지할 것
③ 운반할 때에는 환기를 위하여 캡을 씌우지 않을 것
④ 용기의 부식 · 마모 또는 변형상태를 점검한 후 사용할 것

산업안전보건기준에 관한 규칙 제234조(가스등의 용기) 사업주는 금속의 용접 · 용단 또는 가열에 사용되는 가스등의 용기를 취급하는 경우에 다음 각 호의 사항을 준수하여야 한다.
1. 다음 각 목의 어느 하나에 해당하는 장소에서 사용하거나 해당 장소에 설치 · 저장 또는 방치하지 않도록 할 것
   가. 통풍이나 환기가 불충분한 장소
   나. 화기를 사용하는 장소 및 그 부근
   다. 위험물 또는 제236조에 따른 인화성 액체를 취급하는 장소 및 그 부근
2. 용기의 온도를 섭씨 40도 이하로 유지할 것
3. 전도의 위험이 없도록 할 것
4. 충격을 가하지 않도록 할 것

5. 운반하는 경우에는 캡을 씌울 것
6. 사용하는 경우에는 용기의 마개에 부착되어 있는 유류 및 먼지를 제거할 것
7. 밸브의 개폐는 서서히 할 것
8. 사용 전 또는 사용 중인 용기와 그 밖의 용기를 명확히 구별하여 보관할 것
9. 용해아세틸렌의 용기는 세워 둘 것
10. 용기의 부식·마모 또는 변형상태를 점검한 후 사용할 것

084 다음 중 자연발화를 방지하기 위한 일반적인 방법으로 적절하지 않은 것은?

① 주위의 온도를 낮춘다.
② 공기의 출입을 방지하고 밀폐시킨다.
③ 습도가 높은 곳에는 저장하지 않는다.
④ 황린의 경우 산소와의 접촉을 피한다.

자연발화 방지 대책
- 통풍을 잘한다.
- 퇴적방법이나 수납방법을 생각하여 열이 쌓이지 않게 한다.
- 저장실의 온도를 낮춘다.
- 습도가 높은 곳을 피한다.

085 대기압에서 물의 엔탈피가 1kcal/kg이었던 것이 가압하여 1.45kcal/kg을 나타내었다면 flash율은 얼마인가?(단, 물의 기화열은 540cal/g이라고 가정한다.)

① 0.00083
② 0.0015
③ 0.0083
④ 0.015

$$\text{flash율} = \frac{1.45-1}{540} \fallingdotseq 0.00083$$

086 다음 중 설비의 주요 구조부분을 변경함으로써 공정안전보고서를 제출하여야 하는 경우가 아닌 것은?

① 플레어스택을 설치 또는 변경하는 경우
② 가스누출감지경보기를 교체 또는 추가로 설치하는 경우
③ 변경된 생산설비 및 부대설비의 해당 전기정격용량이 300kW 이상 증가한 경우
④ 생산량의 증가, 원료 또는 제품의 변경을 위하여 반응기(관련설비 포함)를 교체 또는 추가로 설치하는 경우

공정안전보고서를 재줄하여야 하는 주요 구조부분의 변경
- 반응기를 교체(같은 용량과 형태로 교체되는 경우는 제외한다)하거나 추가로 설치하는 경우 또는 이미 설치된 반응기를 변형하여 용량을 늘리는 경우
- 생산설비 및 부대설비(유해·위험물질의 누출·화재·폭발과 무관한 자동화창고·조명설비 등은 제외한다)가 교체 또는

추가되어 늘어나게 되는 전기정격용량의 총합이 300kW 이상인 경우
• 플레어스택을 설치 또는 변경하는 경우

087 다음 중 흡인시 인체에 구내염과 혈뇨, 손 떨림 등의 증상을 일으키며 신경계를 대표적인 표적기관으로 하는 물질은?

① 백금
② 석회석
③ 수은
④ 이산화탄소

공기 중 수은의 농도와 증상

농도	증상	증상 발현까지 기간
0.1mg/m³	자각적 신경증상, 조로	수년
0.2mg/m³	손떨림, 단백뇨, 자각적 신경증상	6개월~1년
0.5mg/m³	구내염, 손떨림, 단백뇨, 흥분	2~5개월
1mg/m³	설사, 단백뇨, 혈뇨, 손떨림, 구내염	1개월
10mg/m³	폐렴, 설사, 신장장애	1~2일 이내

088 위험물을 저장·취급하는 화학설비 및 그 부속설비를 설치할 때 '단위공정시설 및 설비로부터 다른 단위공정시설 및 설비의 사이'의 안전거리는 설비의 바깥 면으로부터 몇 m 이상이 되어야 하는가?

① 5
② 10
③ 15
④ 20

안전거리(산업안전보건기준에 관한 규칙 별표 8)

구분	안전거리
단위공정시설 및 설비로부터 다른 단위공정시설 및 설비의 사이	설비의 바깥 면으로부터 10미터 이상
플레어스택으로부터 단위공정시설 및 설비, 위험물질 저장탱크 또는 위험물질 하역설비의 사이	플레어스택으로부터 반경 20미터 이상. 다만, 단위 공정시설 등이 불연재로 시공된 지붕 아래에 설치된 경우에는 그러하지 아니하다.
위험물질 저장탱크로부터 단위공정시설 및 설비, 보일러 또는 가열로의 사이	저장탱크의 바깥 면으로부터 20미터 이상. 다만, 저장탱크의 방호벽, 원격조종화설비 또는 살수설비를 설치한 경우에는 그러하지 아니하다.
사무실·연구실·실험실·정비실 또는 식당으로부터 단위공정시설 및 설비, 위험물질 저장탱크, 위험 물질 하역설비, 보일러 또는 가열로의 사이	사무실 등의 바깥 면으로부터 20미터 이상. 다만, 난방용 보일러인 경우 또는 사무실 등의 벽을 방호구조로 설치한 경우에는 그러하지 아니하다.

089 다음 중 화재감지기에 있어 열감지 방식이 아닌 것은?

① 정온식 ② 광전식
③ 차동식 ④ 보상식

화재 감지기의 구분

감지대상	감지방식	감지범위 구분	감지소자
열 감지기	차동식	스포트형	공기팽창식(공기챔버식), 반도체식
		분포형	공기관식, 열전대식, 열반도체식, 기타(반도체식)
	정온식	스포트형	바이메탈식, 반도체식
		감지선형	가용절연물, 광케이블
	보상식	차동식 성능과 정온식 성능이 조합된 감지기	
	열복합형	–	
연기 감지기	이온화식	연기에 의하여 이온 전류가 변화되어 작동	
	광전식	스포트형(축적형, 비축적형), 분리형(축적형, 비축적형), 공기흡입형	
	연복합형		
불꽃 감지기	자외선식, 적외선식, 자외선 · 적외선 겸용, 복합형		

090 고온에서 완전 열분해하였을 때 산소를 발생하는 물질은?

① 황화수소
② 과염소산칼륨
③ 메틸리튬
④ 적린

과염소산 칼륨 : $KClO_4 \rightarrow KCl + 2O_2 \uparrow$

091 다음 중 파열판에 관한 설명으로 틀린 것은?

① 압력 방출속도가 빠르다.
② 설정 파열압력 이하에서 파열될 수 있다.
③ 한번 부착한 후에는 교환할 필요가 없다.
④ 높은 점성의 슬러리나 부식성 유체에 적용할 수 있다.

파열판은 부식 등으로 인해 설정압력 이하에서 파열하는 경우도 있으므로 일정 기간을 정해 교환하여야 한다.

092 다음 중 허용노출기준(TWA)이 가장 낮은 물질은?

① 불소
② 암모니아
③ 황화수소
④ 니트로벤젠

허용노출기준(TWA)

명칭	화학식	허용노출기준(TWA)	
		ppm	mg/m³
불소(Fluorine)	F_2	0.1	–
암모니아(Ammonia)	NH_3	25	–
황하수소(Hydrogen sulfide)	H_2S	10	–
니트로벤젠(Nitrobenzene)	$C_6H_5NO_2$	1	–

093 Burgess-Wheeler의 법칙에 따르면 서로 유사한 탄화수소계의 가스에서 폭발하한계의 농도 (vol%)와 연소열(kcal/mol)의 곱의 값은 약 얼마 정도인가?

① 1100
② 2800
③ 3200
④ 3800

Burgess-Wheeler의 법칙
폭발하한계(LFL) × 연소열[kcal/mol]=일정(약 1,100)

094 산업안전보건법에서 정한 공정안전보고서 제출대상 업종이 아닌 사업장으로서 유해·위험물질의 1일 취급량이 염소 10000kg, 수소 20000kg인 경우 공정안전보고서 제출대상 여부를 판단하기 위한 R값은 얼마인가?(단, 유해·위험물질의 규정수량은 표에 따른다.)

유해·위험물질명	규정수량(kg)
인화성 가스	5000
염소	20000
수소	50000

① 0.9
② 1.2
③ 1.5
④ 1.8

$$R = \frac{\text{위험물질의 제조, 취급량}}{\text{위험물질의 기준량}} = \frac{10000}{20000} + \frac{20000}{50000} = 0.5 + 0.4 = 0.9$$

095 폭발압력과 가연성가스의 농도와의 관계에 대한 설명으로 가장 적절한 것은?

① 가연성가스의 농도와 폭발압력은 반비례 관계이다.
② 가연성가스의 농도가 너무 희박하거나 너무 진하여도 폭발 압력은 최대로 높아진다.
③ 폭발압력은 화학양론 농도보다 약간 높은 농도에서 최대 폭발압력이 된다.
④ 최대 폭발압력의 크기는 공기와의 혼합기체에서보다 산소의 농도가 큰 혼합기체에서 더 낮아진다.

폭발압력과 가연성가스의 농도와의 관계
- 가연성가스의 농도가 너무 희박하거나 너무 진하여도 폭발압력은 낮아진다.
- 양론농도보다 약간 높은 농도에서 가장 큰 폭발압력을 나타낸다.
- 최대폭발압력의 크기는 산소의 농도가 큰 혼합기체에서 더 높게 나타난다.

096 프로판가스 $1m^3$를 완전 연소시키는데 필요한 이론 공기량은 몇 m^3인가?(단, 공기 중의 산소농도는 20vol% 이다.)

① 20
② 25
③ 30
④ 35

$C_3H_8 + 5O_2 \rightarrow 3CO_2 + 4H_2O$
∴이론 공기량(m^3) = 5 / 0.2 = $25m^3$

097 니트로셀룰로오스와 같이 연소에 필요한 산소를 포함하고 있는 물질이 연소하는 것을 무엇이라고 하는가?

① 분해연소
② 확산연소
③ 그을음연소
④ 자기연소

연소형태
- 분해연소 : 석탄, 종이, 목재, 플라스틱 등의 연소시 열분해에 의해 발생된 가스와 공기가 혼합하여 연소하는 현상
- 확산연소 : 수소, 아세틸렌등의 가연성 가스가 공기 중의 지연성 가스와 접촉하여 접촉면에서 연소가 일어나는 현상
- 그을음연소 : 열분해를 일으키기 쉬운 불안정한 물질로서 열분해 그을음 블로어로 발생한 휘발분이 점화되지 않을 경우에 다량의 발연을 수반한 표면 연소를 일으키는 현상
- 자기연소(내부연소) : 제5류 위험물인 니트로셀룰로오스, 질화면 등 그 물질이 가연물과 산소를 동시에가지고 있는 가연물이 연소하는 현상
- 표면연소 : 목탄, 코크스, 숯, 금속분 등이 열분해에 의하여 가연성가스를 발생하지 않고 그 물질 자체가 연소하는 현상
- 증발연소 : 황, 나프탈렌, 왁스, 파라핀 등과 같이 고체를 가열하면 열분해는 일어나지 않고 고체가 액체로 되어 일정온도가 되면 액체가 기체로 변화하여 기체가 연소하는 현상

098 다음 중 포소화약제 혼합장치로써 정하여진 농도로 물과 혼합하여 거품 수용액을 만드는 장치가 아닌 것은?

① 관로혼합장치
② 차압혼합장치
③ 낙하혼합장치
④ 펌프혼합장치

포소화약제 혼합장치의 구분
- 펌프 프로포셔너방식(펌프혼합방식) : 펌프의 토출관과 흡입관 사이의 배관도중에 설치한 흡입기에 펌프에서 토출된 물의 일부를 보내고, 농도조정밸브에서 조정된 포소화약제의 필요량을 포소화약제 탱크에서 펌프 흡입측으로 보내어 이를 혼합하는 방식
- 프레져 프로포셔너방식(차압혼합방식) : 펌프와 발포기의 중간에 설치된 벤추리관의 벤추리작용과 펌프가압수의 포소화약제 저장탱크에 대한 압력에 따라 포소화약제를 흡입·혼합하는 방식
- 라인 프로포셔너방식(라인혼합방식) : 펌프와 발포기의 중간에 설치된 벤추리관의 벤추리 작용에 따라 포소화약제를 흡입·혼합하는 방식
- 프레져사이드 프로포셔너방식(압입혼합방식) : 펌프의 토출관에 압입기를 설치하여 포소화약제 압입용펌프로 포소화약제를 압입시켜 혼합하는 방식

099 다음 중 파열판과 스프링식 안전밸브를 직렬로 설치해야 할 경우가 아닌 것은?

① 부식물질로부터 스프링식 안전밸브를 보호할 때
② 독성이 매우 강한 물질을 취급시 완벽하게 격리를 할 때
③ 스프링식 안전밸브에 막힘을 유발시킬 수 있는 슬러리를 방출시킬 때
④ 릴리프 장치가 작동 후 방출라인이 개방되어야 할 때

산업안전보건기준에 관한 규칙 제263조(파열판 및 안전밸브의 직렬설치) 사업주는 급성 독성물질이 지속적으로 외부에 유출될 수 있는 화학설비 및 그 부속설비에 파열판과 안전밸브를 직렬로 설치하고 그 사이에는 압력지시계 또는 자동경보장치를 설치하여야 한다.

100 폭발원인물질의 물리적 상태에 따라 구분할 때 기상폭발(gas explosion)에 해당되지 않는 것은?

① 분진폭발
② 응상폭발
③ 분무폭발
④ 가스폭발

폭발의 종류
- 기상폭발 : 혼합가스폭발, 가스폭발, 분해폭발, 분진폭발, 분무폭발
- 응상폭발 : 수증기폭발, 전선폭발, 고상간의 전이에 의한 폭발, 혼합 위험에 의한 폭발

제 06 과목 건설공사 안전관리

101 크롤라 크레인 사용시 준수사항으로 옳지 않은 것은?

① 운반에는 수송차가 필요하다.
② 붐의 조립, 해체장소를 고려해야 한다.
③ 경사지 작업시 아웃트리거를 사용한다.
④ 크롤라의 폭을 넓게 할 수 있는 형을 사용할 경우에는 최대 폭을 고려하여 계획한다.

크롤라 크레인은 아웃트리거를 사용할 수 없다.

102 다음은 낙하물 방지망 또는 방호선반을 설치하는 경우의 준수해야 할 사항이다. (   ) 안에 알맞은 숫자는?

> 높이 (A) 미터 이내마다 설치하고, 내민 길이는 벽면으로부터 (B) 미터 이상으로 할 것

① A : 10, B : 2
② A : 8, B : 2
③ A : 10, B : 3
④ A : 8, B : 3

산업안전보건기준에 관한 규칙 제14조(낙하물에 의한 위험의 방지)
① 사업주는 작업장의 바닥, 도로 및 통로 등에서 낙하물이 근로자에게 위험을 미칠 우려가 있는 경우 보호망을 설치하는 등 필요한 조치를 하여야 한다.
② 사업주는 작업으로 인하여 물체가 떨어지거나 날아올 위험이 있는 경우 낙하물 방지망, 수직보호망 또는 방호선반의 설치, 출입금지구역의 설정, 보호구의 착용 등 위험을 방지하기 위하여 필요한 조치를 하여야 한다. 이 경우 낙하물 방지망 및 수직보호망은 「산업표준화법」 제12조에 따른 한국산업표준(이하 "한국산업표준"이라 한다)에서 정하는 성능기준에 적합한 것을 사용하여야 한다.
③ 제2항에 따라 낙하물 방지망 또는 방호선반을 설치하는 경우에는 다음 각 호의 사항을 준수하여야 한다.
  1. 높이 10미터 이내마다 설치하고, 내민 길이는 벽면으로부터 2미터 이상으로 할 것
  2. 수평면과의 각도는 20도 이상 30도 이하를 유지할 것

103 강관을 사용하여 비계를 구성하는 경우 준수하여야 하는 사항으로 옳지 않은 것은?

① 비계기둥의 간격은 띠장 방향에서는 1.85m 이하로 할 것
② 비계기둥 간의 적재하중은 300kg을 초과하지 않도록 할 것
③ 비계기둥의 제일 윗부분으로부터 31m 되는 지점 밑부분의 비계기둥은 2개의 강관으로 묶어 세울 것
④ 띠장간격은 2.0m 이하로 할 것

산업안전보건기준에 관한 규칙 제60조(강관비계의 구조) 사업주는 강관을 사용하여 비계를 구성하는 경우 다음 각 호의 사항을 준수해야 한다.
1. 비계기둥의 간격은 띠장 방향에서는 1.85미터 이하, 장선(長線) 방향에서는 1.5미터 이하로 할 것. 다만, 다음 각 목의 어느 하나에 해당하는 작업의 경우에는 안전성에 대한 구조검토를 실시하고 조립도를 작성하면 띠장 방향 및 장선 방향으로 각각 2.7미터 이하로 할 수 있다.
  가. 선박 및 보트 건조작업
  나. 그 밖에 장비 반입·반출을 위하여 공간 등을 확보할 필요가 있는 등 작업의 성질상 비계기둥 간격에 관한 기준을 준수하기 곤란한 작업
2. 띠장 간격은 2.0미터 이하로 할 것. 다만, 작업의 성질상 이를 준수하기가 곤란하여 쌍기둥틀 등에 의하여 해당 부분을 보강한 경우에는 그러하지 아니하다.
3. 비계기둥의 제일 윗부분으로부터 31미터되는 지점 밑부분의 비계기둥은 2개의 강관으로 묶어 세울 것. 다만, 브라켓(bracket, 까치발) 등으로 보강하여 2개의 강관으로 묶을 경우 이상의 강도가 유지되는 경우에는 그러하지 아니하다.
4. 비계기둥 간의 적재하중은 400킬로그램을 초과하지 않도록 할 것

104 깊이 10.5m 이상의 굴착의 경우 계측기기를 설치하여 흙막이 구조의 안전을 예측하여야 한다. 이에 해당하지 않는 계측기기는?

① 수위계
② 경사계
③ 응력계
④ 지진가속도계

해설
굴착공사 표준안전 작업지침 제15조(착공전 조사) 6. 깊이 10.5m 이상의 굴착의 경우 아래 각 목의 계측기기의 설치에 의하여 흙막이 구조의 안전을 예측하여야 하며, 설치가 불가능할 경우 트랜싯 및 레벨 측량기에 의해 수직·수평 변위 측정을 실시하여야 한다.
가. 수위계
나. 경사계
다. 하중 및 침하계
라. 응력계

105 다음 중 흙막이벽 설치공법에 속하지 않는 것은?

① 강제 널말뚝 공법
② 지하연속벽 공법
③ 어스앵커 공법
④ 트렌치컷 공법

해설
트렌치컷(Trench cut) 공법 : 아일랜드 공법과 역순으로 흙을 파내는 공법으로 히빙 현상이 예상될 때, 지반이 극히 연약하여 온통 파기를 할 수 없을 때 매우 효과적이지만 널말뚝을 이중으로 박아야 하고, 공사기간이 길어지는 단점이 있다.

106 다음 중 건물 해체용 기구와 거리가 먼 것은?

① 압쇄기
② 스크레이퍼
③ 잭
④ 철해머

해설
스크레이퍼(Scraper)
- 굴착기와 운반기를 조합한 토공용 만능기계로 굴착, 싣기, 운반, 하역 등의 일관된 작업을 수행할 수 있으며, 특히 비행장이나 도로의 신설 등과 같은 대규모 정지작업에 적합하다.
- 피견인식 스크레이퍼와 자주식인 모터 스크레이퍼가 있으며, 피견인식은 속도보다 힘을 필요로 하는 작업, 자주식은 평탄지나 대토공 작업에 주로 사용된다.

107 다음은 가설통로를 설치하는 경우의 준수사항이다. 빈칸에 알맞은 수치를 고르면?

| 건설공사에 사용하는 높이 8미터 이상인 비계다리에는 (   ) 미터 이내마다 계단참을 설치할 것 |

① 7
② 6
③ 5
④ 4

해설
산업안전보건기준에 관한 규칙 제23조(가설통로의 구조) 사업주는 가설통로를 설치하는 경우 다음 각 호의 사항을 준수하여야 한다.
1. 견고한 구조로 할 것

2. 경사는 30도 이하로 할 것. 다만, 계단을 설치하거나 높이 2미터 미만의 가설통로로서 튼튼한 손잡이를 설치한 경우에는 그러하지 아니하다.
3. 경사가 15도를 초과하는 경우에는 미끄러지지 아니하는 구조로 할 것
4. 추락할 위험이 있는 장소에는 안전난간을 설치할 것. 다만, 작업상 부득이한 경우에는 필요한 부분만 임시로 해체할 수 있다.
5. 수직갱에 가설된 통로의 길이가 15미터 이상인 경우에는 10미터 이내마다 계단참을 설치할 것
6. 건설공사에 사용하는 높이 8미터 이상인 비계다리에는 7미터 이내마다 계단참을 설치할 것

108 중량물을 운반할 때의 바른 자세로 옳은 것은?

① 허리를 구부리고 양손으로 들어올린다.
② 중량은 보통 체중의 60%가 적당하다.
③ 물건은 최대한 몸에서 멀리 떼어서 들어올린다.
④ 길이가 긴 물건은 앞쪽을 높게 하여 운반한다.

인력운반 작업의 안전 준수사항

- 단독작업은 30kg 이하로 하고 장시간 작업은 작업자 체중의 40%한도 내에서 취급하여야 하며 하루 한사람이 중량물을 취급하는 시간은 실제 취급시간 2.5시간 이내로 실시
- 무리한 자세를 장시간 지속하지 않을 것
- 무거운 물건은 공동작업으로 실시하고 보조기구를 사용할 것
- 물건을 들어 올릴 때는 팔과 무릎을 사용하며 척추는 곧은 자세로 할 것
- 길이가 긴 물건은 앞쪽을 높여 운반할 것
- 화물에 최대한 접근하여 중심을 낮게 할 것
- 어깨보다 높이 들어 올리지 않을 것

109 콘크리트의 압축강도에 영향을 주는 요소로 가장 거리가 먼 것은?

① 콘크리트 양생 온도
② 콘크리트 재령
③ 물-시멘트비
④ 거푸집 강도

콘크리트 강도에 영향을 주는 인자

- 물·시멘트 비(W/C)
- 재료의 품질 : 시멘트, 골재, 모래, 용수 등의 품질
- 시공법 : 배합비, 혼합법, 타설방법 등은 강도에 영향
- 보양법
  - 습도 보존 : 최소 5일
  - 안전 보존 : 진동, 충격 등
  - 온도 보존 : 25℃ 이상이 좋고, 겨울철도 최소 5일간은 2℃ 이상 유지

110 화물의 하중을 직접 지지하는 달기 와이어로프의 안전계수 기준은?

① 2 이상
② 3 이상
③ 5 이상
④ 10 이상

산업안전보건기준에 관한 규칙 제163조(와이어로프 등 달기구의 안전계수) ① 사업주는 양중기의 와이어로프 등 달기구의 안전계수(달기구 절단하중의 값을 그 달기구에 걸리는 하중의 최대값으로 나눈 값을 말한다)가 다음 각 호의 구분에 따른 기준에 맞지 아니한 경우에는 이를 사용해서는 아니 된다.
1. 근로자가 탑승하는 운반구를 지지하는 달기와이어로프 또는 달기체인의 경우: 10 이상
2. 화물의 하중을 직접 지지하는 달기와이어로프 또는 달기체인의 경우: 5 이상
3. 훅, 샤클, 클램프, 리프팅 빔의 경우: 3 이상
4. 그 밖의 경우: 4 이상
② 사업주는 달기구의 경우 최대허용하중 등의 표식이 견고하게 붙어 있는 것을 사용하여야 한다.

111 다음은 산업안전보건기준에 관한 규칙의 콘크리트 타설작업에 관한 사항이다. 빈칸에 들어갈 적절한 용어는?

> 당일의 작업을 시작하기 전에 해당 작업에 관한 거푸집 동바리 등의 (   ), 변위 및 (   ) 등을 점검하고 이상이 있으면 보수할 것

① A : 변형, B : 지반의 침하유무
② A : 변형, B : 개구부 방호설비
③ A : 균열, B : 깔판
④ A : 균열, B : 지주의 침하

산업안전보건기준에 관한 규칙 제334조(콘크리트의 타설작업) 사업주는 콘크리트 타설작업을 하는 경우에는 다음 각 호의 사항을 준수해야 한다.
1. 당일의 작업을 시작하기 전에 해당 작업에 관한 거푸집 및 동바리의 변형·변위 및 지반의 침하 유무 등을 점검하고 이상이 있으면 보수할 것
2. 작업 중에는 감시자를 배치하는 등의 방법으로 거푸집 및 동바리의 변형·변위 및 침하 유무 등을 확인해야 하며, 이상이 있으면 작업을 중지하고 근로자를 대피시킬 것
3. 콘크리트 타설작업 시 거푸집 붕괴의 위험이 발생할 우려가 있으면 충분한 보강조치를 할 것
4. 설계도서상의 콘크리트 양생기간을 준수하여 거푸집 및 동바리를 해체할 것
5. 콘크리트를 타설하는 경우에는 편심이 발생하지 않도록 골고루 분산하여 타설할 것

112 건축공사로서 대상액이 5억원 이상 50억원 미만인 경우에 산업안전보건관리비의 비율(가) 및 기초액(나)으로 옳은 것은?

① (가)2.28%, (나)4,325,000원
② (가)2.53%, (나)3,300,000원
③ (가)3.05%, (나)2,975,000원
④ (가)1.59%, (나)2,450,000원

공사종류 및 규모별 산업안전보건관리비 계상기준표

구분 공사종류	대상액 5억원 미만인 경우 적용비율	대상액 5억원 이상 50억원 미만인 경우		50억원 이상인 경우 적용비율	보건관리자 선임대상 건설공사의 적용비율
		적용비율	기초액		
건축공사	3.11%	2.28%	4,325,000원	2.37%	2.64%
토목공사	3.15%	2.53%	3,300,000원	2.60%	2.73%

중건설공사	3.64%	3.05%	2,975,000원	3.11%	3.39%
특수건설공사	2.07%	1.59%	2,450,000원	1.64%	1.78%

113 표면장력이 흙입자의 이동을 막고 조밀하게 다져지는 것을 방해하는 현상과 관계 깊은 것은?

① 흙의 압밀(consolidation)   ② 흙의 침하(settlement)
③ 벌킹(bulking)   ④ 과다짐(over compaction)

흙의 팽창작용

- 벌킹(bulking) : 사질토에 해당하는 것으로 모래 속의 물이 표면장력에 의해 팽창하는 현상을 말한다.
- 스웰링(swelling) : 점성토에 해당하는 것으로 점토가 물을 흡수해 팽창하는 현상으로 활성점토인 몬모릴로나이트(montmorillonite)가 팽창이 가장 크다.

114 추락방지망 설치 시 그물코의 크기가 10cm인 매듭 있는 방망의 신품에 대한 인장강도 기준으로 옳은 것은?

① 100kgf 이상   ② 200kgf 이상
③ 300kgf 이상   ④ 400kgf 이상

방망사의 신품에 대한 인장 강도

그물코의 종류	방망의 종류(단위 : kg)	
	매듭이 없는 방망	매듭 방망
10cm	240(150)	200(135)
5cm	–	110(60)

※괄호 안은 폐기기준 인장강도임

115 차량계 건설기계를 사용하는 작업 시 작업계획서 내용에 포함되는 사항이 아닌 것은?

① 사용하는 차량계 건설기계의 종류 및 성능
② 차량계 건설기계의 운행 경로
③ 차량계 건설기계에 의한 작업방법
④ 차량계 건설기계의 유도자 배치 관련사항

차량계 건설기계를 사용하는 작업

- 사용하는 차량계 건설기계의 종류 및 성능
- 차량계 건설기계의 운행경로
- 차량계 건설기계에 의한 작업방법

116 콘크리트 타설시 안전수칙으로 옳지 않은 것은?

① 타설순서는 계획에 의하여 실시하여야 한다.
② 진동기는 최대한 많이 사용하여야 한다.
③ 콘크리트를 치는 도중에는 거푸집, 지보공 등의 이상유무를 확인하여야 한다.
④ 손수레로 콘크리트를 운반할 때에는 손수레를 타설하는 위치까지 천천히 운반하여 거푸집에 충격을 주지 아니하도록 타설하여야 한다.

콘크리트 타설시 진동기 사용
- 진동기의 과도한 사용은 콘크리트의 재료분리현상과 측압의 증가를 야기하므로 사용상 주의하여야 한다.
- 진동기는 철근 또는 철골에 직접 접촉되지 않도록 하고 뽑을 때에는 천천히 뽑아내어 콘크리트에 구멍이 남지 않도록 한다.
- 막대형 진동기(Rod Type Vibrator)는 수직방향으로 넣고, 넣은 간격은 약 50cm 이하로 한다.
- 거푸집 진동기는 막대형 진동기를 사용할 수 없는 기둥 및 벽체 부분에 사용하고, 표면 진동기는 슬래브와 같이 두께가 얇은 부분의 콘크리트 표면에 직접 사용한다.

117 건설업 산업안전보건관리비로 사용할 수 없는 것은?

① 안전관리자의 인건비
② 교통통제를 위한 교통정리·신호수의 인건비
③ 기성제품에 부착된 안전장치 고장시 교체 비용
④ 근로자의 안전보건 증진을 위한 교육, 세미나 등에 소요되는 비용

안전관리비 항목별 사용내역 중 사용금지 항목

구분	안전관리비 사용금지 항목
인건비 및 업무수당	• 차량의 원활한 흐름 또는 교통통제를 위한 교통정리자 또는 신호수의 인건비 • 관리감독자의 업무수당 외의 인건비 • 경비원, 청소원, 폐자재처리원, 사무보조원의 인건비
안전시설비 등	• 외부인 출입금지, 공사장 경계표시를 위한 가설울타리 • 외부비계, 작업발판, 가설계단 등 • 도로 확장공사 또는 포장공사 등에서 공사용 외의 차량의 원활한 흐름 및 경계표시를 위한 교통안전 시설물 • 기성제품에 부착된 안전장치 비용 • 가설 전기설비, 분전반, 전신주 이설비 등 • 대기환경보전법에 의한 대기오염방지시설 등 다른 법 적용사항
보호구 및 안전장구 구입비	• 일반 근로자 작업복 • 순시선, 구명정 등 • 면장갑, 코팅장갑
사업장의 안전·보건진단비	• 건설기술관리법에 따른 안전점검, 전기사업법에 따른 전기안전대행 수수료 등 다른 법 적용사항 • 매설물 탐지, 계측, 지하수 개발, 지질조사, 구조안전검토 비용 • 건설기계관리법에 따른 신규등록검사, 정기검사, 구조변경검사, 수시검사 및 확인검사 등 다른 법 적용사항

안전보건교육비 및 행사비	• 교육장 대지구입비 • 교육장 외의 냉난방 관련 비용 • 기공식, 준공식 등 무재해기원과 관계없는 행사 • 안전보건의식고취 명목의 회식비
근로자의 건강관리비	• 국민건강보험에 의해 제공되는 비용 • 기숙사 또는 현장사무소 내의 휴게시설 • 이동화장실, 급수세면샤워시설(일반작업장), 병·의원 등에 지불하는 진료비

118 크레인 또는 데릭에서 붐각도 및 작업반경별로 작용시킬 수 있는 최대하중에서 후크(Hook), 와이어로프 등 달기구의 중량을 공제한 하중은?

① 작업하중
② 정격하중
③ 이동하중
④ 적재하중

정격하중 및 권상하중
• 정격하중 : 권상하중에서 훅, 그래브 또는 버킷 등 달기기구의 하중을 뺀 하중을 말한다.
• 권상하중 : 지브의 길이 및 경사각에 따라 들어 올릴 수 있는 최대의 하중을 말한다.

119 산업안전보건법상 차량계 하역운반기계 등에 단위화물의 무게가 100kg 이상인 화물을 싣는 작업 또는 내리는 작업을 하는 경우에 해당 작업 지휘자가 준수하여야 할 사항과 가장 거리가 먼 것은?

① 작업순서 및 그 순서마다의 작업방법을 정하고 작업을 지휘할 것
② 기구와 공구를 점검하고 불량품을 제거할 것
③ 대피방법을 미리 교육할 것
④ 로프 풀기 작업 또는 덮개 벗기기 작업은 적재함의 화물이 떨어질 위험이 없음을 확인한 후에 하도록 할 것

산업안전보건기준에 관한 규칙 제177조(싣거나 내리는 작업) 사업주는 차량계 하역운반기계등에 단위화물의 무게가 100 킬로그램 이상인 화물을 싣는 작업(로프 걸이 작업 및 덮개 덮기 작업을 포함한다. 이하 같다) 또는 내리는 작업(로프 풀기 작업 또는 덮개 벗기기 작업을 포함한다. 이하 같다)을 하는 경우에 해당작업의 지휘자에게 다음 각 호의 사항을 준수하도록 하여야 한다.
1. 작업순서 및 그 순서마다의 작업방법을 정하고 작업을 지휘할 것
2. 기구와 공구를 점검하고 불량품을 제거할 것
3. 해당 작업을 하는 장소에 관계 근로자가 아닌 사람이 출입하는 것을 금지할 것
4. 로프 풀기 작업 또는 덮개 벗기기 작업은 적재함의 화물이 떨어질 위험이 없음을 확인한 후에 하도록 할 것

120 다음 와이어로프 중 양중기에 사용가능한 범위 안에 있다고 볼 수 있는 것은?

① 와이어로프의 한 꼬임(스트랜드)에서 끊어진 소선의 수가 8% 인 것
② 지름의 감소가 공칭지름의 8% 인 것
③ 심하게 부식된 것
④ 옹매가 있는 것

해설

산업안전보건기준에 관한 규칙 제63조(달비계의 구조) ① 사업주는 곤돌라형 달비계를 설치하는 경우에는 다음 각 호의 사항을 준수해야 한다.
1. 다음 각 목의 어느 하나에 해당하는 와이어로프를 달비계에 사용해서는 아니 된다.
   가. 이음매가 있는 것
   나. 와이어로프의 한 꼬임[(스트랜드(strand)를 말한다. 이하 같다)]에서 끊어진 소선(素線)[필러(pillar)선은 제외한다)]의 수가 10퍼센트 이상(비자전로프의 경우에는 끊어진 소선의 수가 와이어로프 호칭지름의 6배 길이 이내에서 4개 이상이거나 호칭지름 30배 길이 이내에서 8개 이상)인 것
   다. 지름의 감소가 공칭지름의 7퍼센트를 초과하는 것
   라. 꼬인 것
   마. 심하게 변형되거나 부식된 것
   바. 열과 전기충격에 의해 손상된 것

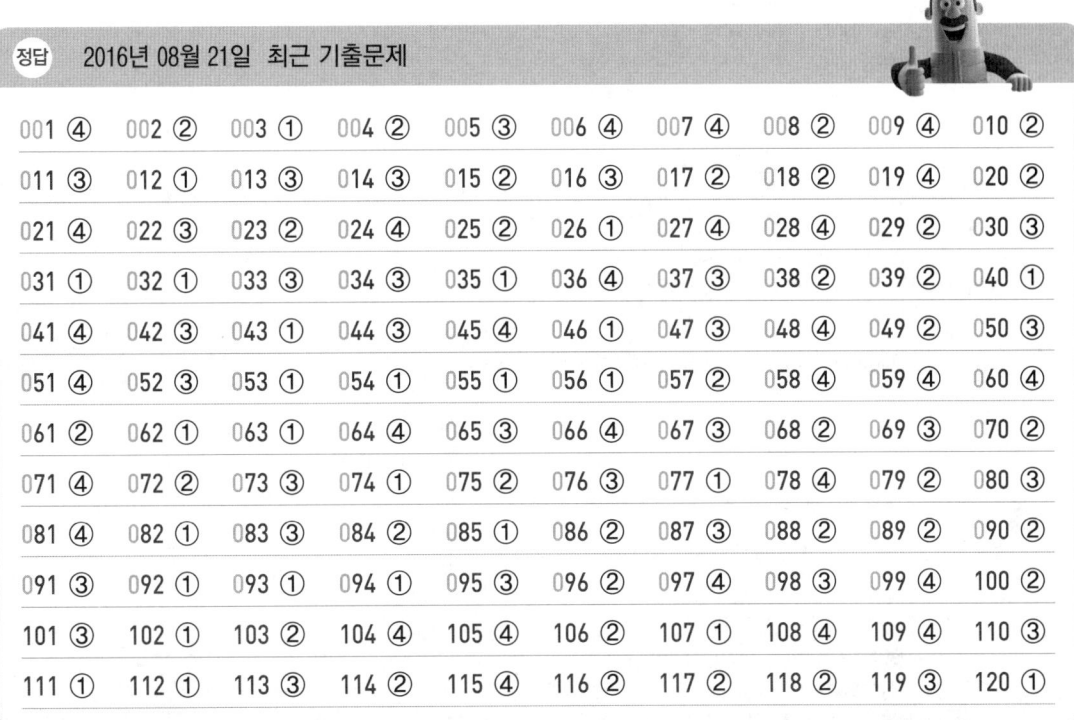

정답 2016년 08월 21일 최근 기출문제

001 ④	002 ②	003 ①	004 ②	005 ③	006 ④	007 ④	008 ②	009 ④	010 ②
011 ③	012 ①	013 ③	014 ③	015 ②	016 ③	017 ②	018 ②	019 ④	020 ②
021 ④	022 ③	023 ②	024 ④	025 ②	026 ①	027 ④	028 ④	029 ③	030 ③
031 ①	032 ①	033 ②	034 ③	035 ①	036 ①	037 ③	038 ③	039 ②	040 ①
041 ④	042 ③	043 ①	044 ③	045 ④	046 ①	047 ③	048 ④	049 ②	050 ②
051 ④	052 ③	053 ①	054 ①	055 ①	056 ①	057 ②	058 ④	059 ④	060 ④
061 ②	062 ①	063 ①	064 ④	065 ②	066 ④	067 ③	068 ②	069 ①	070 ②
071 ④	072 ②	073 ③	074 ①	075 ②	076 ③	077 ①	078 ④	079 ③	080 ③
081 ④	082 ①	083 ③	084 ②	085 ①	086 ②	087 ③	088 ④	089 ③	090 ②
091 ③	092 ①	093 ①	094 ①	095 ③	096 ③	097 ④	098 ③	099 ④	100 ②
101 ③	102 ①	103 ②	104 ④	105 ④	106 ②	107 ①	108 ④	109 ④	110 ③
111 ①	112 ①	113 ③	114 ②	115 ④	116 ②	117 ②	118 ②	119 ③	120 ①

2017년 03월 05일

최근 기출문제

○ QUESTIONS FROM PREVIOUS TESTS

제 01 과목   산업재해 예방 및 안전보건교육

001 산업안전보건법령상 관리감독자 안전보건교육 중 채용 시의 교육 및 작업내용 변경 시의 교육 내용에 포함되지 않는 것은?(단, 그 밖의 관리감독자의 직무에 관한 사항은 제외)

① 물질안전보건자료에 관한 사항
② 표준안전 작업방법 결정 및 지도 · 감독 요령에 관한 사항
③ 정리정돈 및 청소에 관한 사항
④ 비상시 또는 재해 발생 시 긴급조치에 관한 사항

관리감독자 채용 시 교육 및 작업내용 변경 시 교육(산업안전보건법 시행규칙 별표 5)
- 산업안전 및 산업재해 예방에 관한 사항(화재·폭발 사고 발생 시 대피에 관한 사항 포함)
- 산업보건 및 건강장해 예방에 관한 사항
- 위험성평가에 관한 사항
- 산업안전보건법령 및 산업재해보상보험 제도에 관한 사항
- 직무스트레스 예방 및 관리에 관한 사항
- 직장 내 괴롭힘, 고객의 폭언 등으로 인한 건강장해 예방 및 관리에 관한 사항
- 기계 · 기구의 위험성과 작업의 순서 및 동선에 관한 사항
- 작업 개시 전 점검에 관한 사항
- 물질안전보건자료에 관한 사항
- 사업장 내 안전보건관리체제 및 안전 · 보건조치 현황에 관한 사항
- 표준안전 작업방법 결정 및 지도 · 감독 요령에 관한 사항
- 비상시 또는 재해 발생 시 긴급조치에 관한 사항
- 그 밖의 관리감독자의 직무에 관한 사항

002 매슬로우(Maslow)의 욕구단계 이론 중 2단계에 해당되는 것은?

① 생리적 욕구
② 안전에 대한 욕구
③ 자아실현의 욕구
④ 존경과 긍지에 대한 욕구

매슬로우(Abraham H. Maslow)의 욕구 5단계
- 1단계 : 생리적 욕구(기아, 갈증, 호흡, 배설, 성욕 등)
- 2단계 : 안전의 욕구(안전을 구하고자 하는 욕구)
- 3단계 : 사회적 욕구(애정, 소속에 대한 욕구)
- 4단계 : 인정받으려는 욕구(자존심, 명예, 성취, 지위에 대한 욕구)
- 5단계 : 자아실현의 욕구(잠재적인 능력을 실현하고자 하는 욕구)

003 플리커 검사(flicker test)의 목적으로 가장 적절한 것은?

① 혈중 알코올농도 측정 ② 체내 산소량 측정
③ 작업강도 측정 ④ 피로의 정도 측정

플리커 검사는 인간의 지각기능을 측정하는 검사로 정신적 피로 판정에 사용하며, 정신 피로 시에 플리커값이 낮아진다.

004 라인(Line)형 안전관리 조직의 특징으로 옳은 것은?

① 안전에 관한 기술의 축적이 용이하다.
② 안전에 관한 지시나 조치가 신속하다.
③ 조직원 전원을 자율적으로 안전활동에 참여시킬 수 있다.
④ 권한 다툼이나 조정 때문에 통제수속이 복잡해지며, 시간과 노력이 소모된다.

라인(Line)형(직계식 조직)
- 특징
  - 안전관리에 관한 계획에서 실시에 이르기까지 모든 권한이 포괄적이고 직선적으로 행사되며, 안전을 전문으로 분담하는 부분이 없다.
  - 생산조직 전체에 안전관리 기능을 부여한다.
  - 소규모 사업장(100명 이하)에 적합하다.
- 장점
  - 안전지시나 개선조치가 각 부분의 직제를 통하여 생산업무와 같이 흘러가므로 지시나 조치가 철저할 뿐만 아니라 그 실시도 빠르다.
  - 명령과 보고가 상하관계 뿐이므로 간단명료하다.
- 단점
  - 안전에 대한 정보가 불충분하며 내용이 빈약하다.
  - 생산업무와 같이 안전대책이 실시되므로 불충분하다.
  - 라인에 과중한 책임을 지우기가 쉽다.

005 참가자에게 일정한 역할을 주어 실제적으로 연기를 시켜봄으로써 자기의 역할을 보다 확실히 인식할 수 있도록 체험학습을 시키는 교육방법은?

① Role playing ② Brain storming
③ Action playing ④ Fish Bowl playing

역할연기법(Role Playing)은 참석자에게 어떤 역할을 주어서 실제로 시켜봄으로써 훈련이나 평가에 사용하는 교육기법으로 절충능력이나 협조성을 높여 태도의 변용에도 도움을 주는 교육방법이다.

006 인간의 적응기제 중 방어기제로 볼 수 없는 것은?

① 승화 ② 고립
③ 합리화 ④ 보상

적응기제(適應機制)
- 방어적 기제 : 보상, 합리화, 동일시, 승화
- 도피적 기제 : 고립, 퇴행, 억압, 백일몽
- 공격적 기제 : 직접적 공격형, 간접적 공격형

007 교육훈련 기법 중 Off.J.T의 장점에 해당되지 않는 것은?

① 우수한 전문가를 강사로 활용할 수 있다.
② 특별 교재, 교구, 설비를 유효하게 활용할 수 있다.
③ 다수의 근로자에게 조직적 훈련이 가능하다.
④ 직장의 실정에 맞는 실제적인 교육이 가능하다.

OJT와 off JT의 특징

OJT	off JT
• 개개인에게 적합한 지도훈련이 가능 • 직장의 실정에 맞는 실체적 훈련 • 훈련에 필요한 업무의 계속성 • 즉시 업무에 연결되는 관계로 신체와 관련 • 효과가 곧 업무에 나타나며 훈련의 좋고 나쁨에 따라 개선이 용이 • 교육을 통한 훈련 효과에 의해 상호 신뢰이해도가 높아짐	• 다수의 근로자에게 조직적 훈련이 가능 • 훈련에만 전념 • 특별 설비 기구를 이용 • 전문가를 강사로 초청 • 각 직장의 근로자가 많은 지식이나 경험을 교류 • 교육 훈련 목표에 대해서 집단적 노력이 흐트러 질 수도 있음

008 산업안전보건법령상 안전보건표지의 색채와 사용사례의 연결이 틀린 것은?

① 노란색 – 정지신호, 소화설비 및 그 장소, 유해 · 행위의 금지
② 파란색 – 특정 행위의 지시 및 사실의 고지
③ 빨간색 – 화학물질 취급 장소에서의 유해위험 경고
④ 녹색 – 비상구 및 피난소, 사람 또는 차량의 통행표지

안전보건표지의 색도기준 및 용도(산업안전보건법 시행규칙 별표 8)

색채	색도기준	용도	사용례
빨간색	7.5R 4/14	금지	정지신호, 소화설비 및 그 장소, 유해행위의 금지
		경고	화학물질 취급장소에서의 유해 · 위험 경고
노란색	5Y 8.5/12	경고	화학물질 취급장소에서의 유해 · 위험 경고 이외의 위험 경고, 주의표지 또는 기계방호물
파란색	2.5PB 4/10	지시	특정 행위의 지시 및 사실의 고지
녹색	2.5G 4/10	안내	비상구 및 피난소 사람 또는 차량의 통행 표시

| 흰색 | N9.5 | – | 파란색 또는 녹색에 대한 보조색 |
| 검은색 | N0.5 | – | 문자 및 빨간색 또는 노란색에 대한 보조색 |

009 버드(Bird)의 재해발생에 관한 연쇄이론 중 직접적인 원인은 몇 단계에 해당되는가?

① 1단계 ② 2단계
③ 3단계 ④ 4단계

버드(Bird)의 최신사고 연쇄성 이론
- 1단계 : 통제의 부족 – 관리(경영)
- 2단계 : 기본원인 – 기원(원인론)
- 3단계 : 직접원인 – 징후
- 4단계 : 사고 – 접촉
- 5단계 : 상해 – 손해 – 손실

010 근로자수 300명, 총 근로 시간수 48시간 × 50주이고, 연재해건수는 200건 일 때 이 사업장의 강도율은? (단, 연 근로 손실일수는 800일로 한다.)

① 1.11 ② 0.90
③ 0.16 ④ 0.84

강도율(SR) = $\dfrac{근로손실일수}{연간 총근로시간} \times 1000$

∴ 강도율 = $\dfrac{800}{300 \times 48 \times 50} \times 1000 ≒ 1.11$

011 재해예방의 4원칙이 아닌 것은?

① 손실우연의 원칙 ② 사실확인의 원칙
③ 원인계기의 원칙 ④ 대책선정의 원칙

재해방지의 기본원칙
- 손실우연의 원칙 : 사고에 의해서 생기는 손실(상해)의 종류와 정도는 우연적이다.(1 : 29 : 300의 법칙)
- 원인계기의 원칙 : 모든 재해는 필연적인 원인에 의해서 발생한다.
- 예방가능의 원칙 : 재해는 원칙적으로 모두 방지가 가능하다.
- 대책선정의 원칙 : 재해방지 대책은 신속하고 확실하게 실시되어야 한다.

012 안전교육의 3요소에 해당되지 않는 것은?

① 강사 ② 교육방법
③ 수강자 ④ 교재

해설

교육의 3요소
- 교육의 주체 : 교도자, 강사
- 교육의 객체 : 학생, 수강자
- 교육의 매개체 : 교재

013 산업현장에서 재해 발생 시 조치 순서로 옳은 것은?

① 긴급처리 → 재해조사 → 원인분석 → 대책수립 → 실시계획 → 실시 → 평가
② 긴급처리 → 원인분석 → 재해조사 → 대책수립 → 실시 → 평가
③ 긴급처리 → 재해조사 → 원인분석 → 실시계획 → 실시 → 대책수립 → 평가
④ 긴급처리 → 실시계획 → 재해조사 → 대책수립 → 평가 → 실시

해설

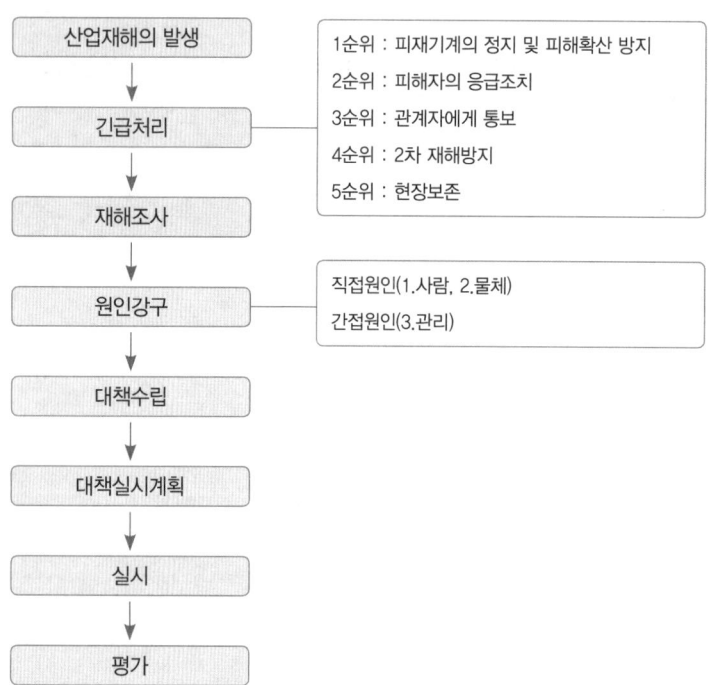

014 산업재해의 분석 및 평가를 위하여 재해발생 건수 등의 추이에 대해 한계선을 설정하여 목표관리를 수행하는 재해통계 분석기법은?

① 폴리건(polygon)
② 관리도(control chart)
③ 파레토도(pareto diagram)
④ 특성 요인도(cause & effect diagram)

통계원인 분석방법 4가지
- 파레토도 : 사고의 유형, 기인물 등의 분류항목을 순서대로 도표화하여 문제나 목표의 이해에 편리
- 특성요인도 : 특성과 요인과의 관계를 도표로 하여 어골(魚骨)상으로 세분화
- 클로즈분석(크로스도) : 2개 이상의 문제를 분석하는데 사용
- 관리도 : 재해발생건수 등의 추이를 파악

015 ABE종 안전모에 대하여 내수성 시험을 할 때 물에 담그기 전의 질량이 400g 이고, 물에 담근 후의 질량이 410g 이었다면 질량증가율과 합격여부로 옳은 것은?

① 질량증가율 : 2.5%, 　합격여부 : 불합격
② 질량증가율 : 2.5%, 　합격여부 : 합격
③ 질량증가율 : 102.5%, 합격여부 : 불합격
④ 질량증가율 : 102.5%, 합격여부 : 합격

내수성 시험(AE와 ABE)
- AE, ABE종 안전모는 질량증가율이 1% 미만이어야 한다.
- 질량증가율(%) = $\dfrac{\text{담근 후의 질량} - \text{담그기 전의 질량}}{\text{담그기 전의 질량}} \times 100$

∴ 질량증가율(%) = $\dfrac{410 - 400}{400} \times 100 = 2.5\%$, 불합격

016 무재해운동에 관한 설명으로 틀린 것은?

① 제3자의 행위에 의한 업무상 재해는 무재해로 본다.
② 작업 시간 중 천재지변 또는 돌발적인 사고로 인한 구조행위 또는 긴급피난 중 발생한 사고는 무재해로 본다.
③ 무재해란 무재해운동 시행사업장에서 근로자가 업무에 기인하여 사망 또는 2일 이상의 요양을 요하는 부상 또는 질병에 이환되지 않는 것을 말한다.
④ 작업 시간 외에 천재지변 또는 돌발적인 사고 우려가 많은 장소에서 사회통념상 인정되는 업무 수행 중 발생한 사고는 무재해로 본다.

무재해란 무재해운동 시행사업장에서 근로자가 업무에 기인하여 사망 또는 4일 이상의 요양을 요하는 부상 또는 질병에 이환되지 않는 것을 말하며, 다음의 어느 하나에 해당하는 경우는 무재해로 본다.
- 업무수행 중의 사고 중 천재지변 또는 돌발적인 사고로 인한 구조행위 또는 긴급피난 중 발생한 사고
- 출·퇴근 도중에 발생한 재해
- 운동경기 등 각종 행사 중 발생한 재해
- 사고 중 천재지변 또는 돌발적인 사고 우려가 많은 장소에서 사회통념상 인정되는 업무수행 중 발생한 사고
- 제3자의 행위에 의한 업무상 재해
- 업무상 질병에 대한 구체적인 인정기준 중 뇌혈관질환 또는 심장질환에 의한 재해
- 업무시간외에 발생한 재해. 다만, 사업주가 제공한 사업장내의 시설물에서 발생한 재해 또는 작업개시전의 작업준비 및 작업종료후의 정리정돈과정에서 발생한 재해는 제외한다.

• 도로에서 발생한 사업장 밖의 교통사고, 소속 사업장을 벗어난 출장 및 외부기관으로 위탁교육 중 발생한 사고, 회식 중의 사고, 전염병 등 사업주의 법 위반으로 인한 것이 아니라고 인정되는 재해

017 맥그리거(Mcgregor)의 X, Y 이론에서 X 이론에 대한 관리 처방으로 볼 수 없는 것은?

① 직무의 확장
② 권위주의적 리더십의 확립
③ 경제적 보상체제의 강화
④ 면밀한 감독과 엄격한 통제

맥그리거의 X, Y 이론 관리처방

구분	관리처방
X이론	• 권위주의적 리더십 확립 • 경제적 보상체제의 강화 • 면밀한 감독과 엄격한 통제 • 상부책임제도의 강화
Y이론	• 민주적 리더십 확립 • 분권화와 권한의 위임 • 목표에 의한 관리 및 목표달성을 위한 자율적 통제 • 직무의 확장, 책임과 창조력

018 산업안전보건법상 안전관리자가 수행해야 할 업무가 아닌 것은?

① 사업장 순회점검 · 지도 및 조치의 건의
② 산업재해에 관한 통계의 유지 · 관리 · 분석을 위한 보좌 및 조언 · 지도
③ 작업장 내에서 사용되는 전체 환기장치 및 국소 배기장치 등에 관한 설비의 점검
④ 해당 사업장 안전교육계획의 수립 및 안전교육 실시에 관한 보좌 및 조언 · 지도

안전관리자의 업무(산업안전보건법 시행령 제18조)
• 산업안전보건위원회 또는 안전 및 보건에 관한 노사협의체에서 심의 · 의결한 업무와 해당 사업장의 안전보건관리규정 및 취업규칙에서 정한 업무
• 위험성평가에 관한 보좌 및 지도 · 조언
• 안전인증대상기계등과 자율안전확인대상기계등 구입 시 적격품의 선정에 관한 보좌 및 지도 · 조언
• 해당 사업장 안전교육계획의 수립 및 안전교육 실시에 관한 보좌 및 조언 · 지도
• 사업장 순회점검 · 지도 및 조치의 건의
• 산업재해 발생의 원인 조사 · 분석 및 재발 방지를 위한 기술적 보좌 및 조언 · 지도
• 산업재해에 관한 통계의 유지 · 관리 · 분석을 위한 보좌 및 조언 · 지도
• 법 또는 법에 따른 명령으로 정한 안전에 관한 사항의 이행에 관한 보좌 및 조언 · 지도
• 업무수행 내용의 기록 · 유지
• 그 밖에 안전에 관한 사항으로서 고용노동부장관이 정하는 사항

019 안전교육훈련의 진행 제3단계에 해당하는 것은?

① 적용　　　　　　　　② 제시
③ 도입　　　　　　　　④ 확인

교육법의 4단계
- 제1단계-도입(준비) : 배우고자 하는 마음가짐을 일으키도록 도입
- 제2단계-제시(설명) : 상대의 능력에 따라 교육하고 내용을 확실하게 이해시키고 납득시켜 다시 기능으로서 습득시킴
- 제3단계-적용(응용) : 이해시킨 내용을 구체적인 문제 또는 실제문제로 활용시키거나 응용시킴
- 제4단계-확인(총괄) : 교육내용을 정확하게 이해하고 습득하였는지의 여부를 확인

020 산업안전보건기준에 관한 규칙에 따른 프레스기의 작업시작 전 점검사항이 아닌 것은?

① 클러치 및 브레이크의 기능
② 금형 및 고정볼트 상태
③ 방호장치의 기능
④ 언로드밸브의 기능

프레스 작업시작 전 점검사항(산업안전보건기준에 관한 규칙 별표 3)
- 클러치 및 브레이크의 기능
- 크랭크축·플라이휠·슬라이드·연결봉 및 연결 나사의 풀림 유무
- 1행정 1정지기구·급정지장치 및 비상정지장치의 기능
- 슬라이드 또는 칼날에 의한 위험방지 기구의 기능
- 프레스의 금형 및 고정볼트 상태
- 방호장치의 기능
- 전단기(剪斷機)의 칼날 및 테이블의 상태

제 02 과목　인간공학 및 위험성 평가·관리

021 조종 장치의 우발작동을 방지하는 방법 중 틀린 것은?

① 오목한 곳에 둔다.
② 조종 장치를 덮거나 방호해서는 안 된다.
③ 작동을 위해서 힘이 요구되는 조종 장치에는 저항을 제공한다.
④ 순서적 작동이 요구되는 작업일 때 순서를 지나치지 않도록 잠김 장치를 설치한다.

조종 장치의 우발작동 방지 방법 : 덮개 사용, 잠금 장치 사용, 오목한 곳에 두기, 적당한 저항 제공, 위치와 방향 고려, 신속한 운용, 내부 조종 장치

022 손이나 특정 신체부위에 발생하는 누적손상장애(CTDs)의 발생인자와 가장 거리가 먼 것은?
① 무리한 힘
② 다습한 환경
③ 장시간의 진동
④ 반복도가 높은 작업

근골격계질환(CTDs)
• 유해요인 조사방법 : OWAS(평가항목 : 허리, 팔, 다리, 하중), NLE, RULA
• 발생원인 : 반복적 동작, 부적절한 자세, 진동, 온도 등

023 프레스에 설치된 안전장치의 수명은 지수분포를 따르며 평균수명은 100시간이다. 새로 구입한 안전장치가 50시간 동안 고장없이 작동할 확률(A)과 이미 100시간을 사용한 안전장치가 앞으로 100시간 이상 견딜 확률(B)은 약 얼마인가?
① A : 0.368, B : 0.368
② A : 0.607, B : 0.368
③ A : 0.368, B : 0.607
④ A : 0.607, B : 0.607

$R_{(A)} = e^{-\lambda t} = e^{-\frac{t}{t_0}} = e^{-\frac{50}{100}} = 0.607$
$R_{(B)} = e^{-\lambda t} = e^{-\frac{t}{t_0}} = e^{-\frac{100}{100}} = 0.368$

024 화학설비의 안전성 평가의 5단계중 제 2단계에 속하는 것은?
① 작성준비
② 정량적평가
③ 안전대책
④ 정성적평가

안전성 평가의 5단계
• 제1단계 : 관계자료의 작성준비
• 제2단계 : 정성적 평가
• 제3단계 : 정량적 평가
• 제4단계 : 안전대책
• 제5단계 : 재평가

025 그림과 같이 FTA로 분석된 시스템에서 현재 모든 기본사상에 대한 부품이 고장난 상태이다. 부품 X_1부터 부품 X_5까지 순서대로 복구한다면 어느 부품을 수리 완료하는 순간부터 시스템은 정상가동이 되겠는가?

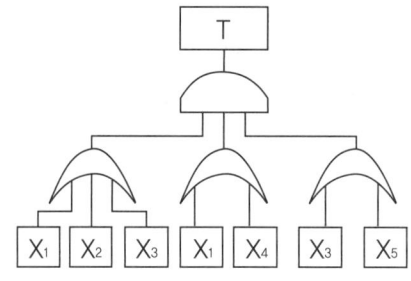

① 부품 X_2
② 부품 X_3
③ 부품 X_4
④ 부품 X_5

 AND 게이트는 하부의 OR 게이트 3개가 전부 가동되어야 정상작동 되어야 한다. 또한, OR 게이트는 1개만 가동되어도 동작하므로 X_3까지 복구되면 시스템은 정상가동이 된다.

026 설비보전에서 평균수리시간의 의미로 맞는 것은?

① MTTR
② MTBF
③ MTTF
④ MTBP

MTTF와 MTBF, MTTR
- MTTF(Mean Time To Failures) : 고장이 일어나기까지의 동작시간의 평균치(평균고장시간)
- MTBF(Mean Time Between Failures) : 고장사이의 작동시간 평균치(평균고장간격)
- MTTR(Mean Time To Repair) : 고장 발생 순간부터 수리완료 후 정상작동 시까지의 평균시간(평균수리시간)

027 통화이해도를 측정하는 지표로서, 각 옥타브(octave)대의 음성과 잡음의 데시벨(dB)값에 가중치를 곱하여 합계를 구하는 것을 무엇이라 하는가?

① 명료도 지수
② 통화 간섭 수준
③ 이해도 점수
④ 소음 기준 곡선

명료도 지수 : 통화 이해도를 추정하는 근거로 각 옥타브대의 음성과 잡음의 데시벨 치에 가중치를 곱하여 합계를 구한 값

028 일반적으로 보통 작업자의 정상적인 시선으로 가장 적합한 것은?

① 수평선을 기준으로 위쪽 5° 정도
② 수평선을 기준으로 위쪽 15° 정도
③ 수평선을 기준으로 아래쪽 5° 정도
④ 수평선을 기준으로 아래쪽 15° 정도

 일반적으로 보통 작업자의 정상적인 시선은 수평선상으로부터 아래로 10~15° 정도 이내인 것이 적합하며, 특히 영상표시 단말기 취급 작업자의 경우 눈으로부터 화면까지의 시거리는 40cm 이상을 유지하여야한다.

029 FT도에 사용되는 다음 기호의 명칭으로 옳은 것은?

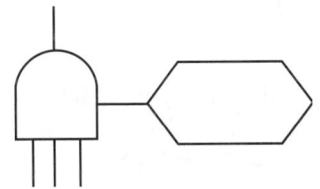

① 억제게이트
② 조합AND게이트
③ 부정게이트
④ 배타적OR게이트

해설

조합 AND Gate
- 3개 이상의 입력사상 가운데 어느 것이던 2개가 일어나면 출력 사상이 발생한다.
- 예 「어느 것이나 2개」라고 기입

030 일반적으로 위험(Risk)은 3가지 기본요소로 표현되며 3요소(Triplets)로 정의된다. 3요소에 해당되지 않는 것은?

① 사고 시나리오(S_i)
② 사고 발생 확률(P_i)
③ 시스템 불이용도(Q_i)
④ 파급효과 또는 손실(X_i)

해설

위험(Risk)의 3요소는 사고 시나리오(S_i), 사고 발생 확률(P_i), 파급효과 또는 손실((X_i)이며, 시스템의 불이용도(Q_i)는 보수 시 인적오류확률, 부품 고장률, 점검주기, 점검시간 등의 함수로 일정 주기 사이의 평균시스템 불가동 시간비율로 정의된다.

031 다음 FT도에서 최소 컷셋을 올바르게 구한 것은?

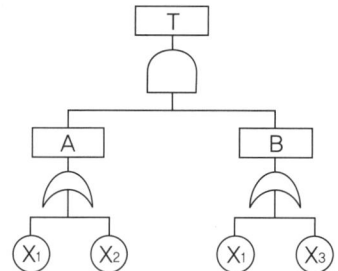

① (X_1, X_2)
② (X_1, X_3)
③ (X_2, X_3)
④ (X_1, X_2, X_3)

해설

최소 컷셋(Minimal Cut Sets)은 정상사상(Top event)을 일으키기 위한 최소한의 컷셋으로 보기의 FT도에서 정상사상을 일으키기 위한 최소 컷셋은 (X_1, X_2)이 해당된다.

032 시스템이 저장되어 이동되고 실행됨에 따라 발생하는 작동시스템의 기능이나 과업, 활동으로부터 발생되는 위험에 초점을 맞춘 위험분석 차트는?

① 결함수분석(FTA : fault Tree Analysis)
② 사상수분석(ETA : Event Tree Analysis)
③ 결함위험분석(FHA : Fault Hazard Analysis)
④ 운용위험분석(OHA : Operating Hazard Analysis)

해설

운용위험성분석(OHA : Operating Hazard Analysis) : 시스템 수명전반에 걸쳐 사람과 설비에 관련된 위험을 발견하고 제어하기 위한 것으로 시스템이 저장되고 이동되고 실행됨에 따라 발생하는 작동시스템의 기능이나 과업, 활동으로부터 발생되는 위험에 초점을 맞추어 진행하는 방법이며, 시스템 정의 및 개발단계에서 실행한다.

033 자동화시스템에서 인간의 기능으로 적절하지 않은 것은?

① 설비보전
② 작업계획 수립
③ 조정 장치로 기계를 통제
④ 모니터로 작업 상황 감시

조정 장치로 기계를 통제하는 것은 수동조작방법이다.

034 의자 설계에 대한 조건 중 틀린 것은?

① 좌판의 깊이는 작업자의 등이 등받이에 닿을 수 있도록 설계한다.
② 좌판은 엉덩이가 앞으로 미끄러지지 않는 재질과 구조로 설계한다.
③ 좌판의 넓이는 작은 사람에게 적합하도록, 깊이는 큰 사람에게 적합하도록 설계한다.
④ 등받이는 충분한 넓이를 가지고 요추부위부터 어깨부위까지 편안하게 지지하도록 설계한다.

의자 설계 원칙
- 체중분포 : 체중이 좌골 결절에 실려야 편안하다.
- 의자 좌판의 높이 : 좌판 앞부분이 오금 높이 보다 높지 않아야 한다.
- 의자 좌판의 깊이와 폭 : 폭은 큰 사람에게, 깊이는 작은 사람에게 맞도록 해야 한다.
- 몸통의 안정 : 의자의 좌판 각도는 3°, 좌판 등판간의 등판 각도는 100°가 몸통 안정에 효과적이다.

035 시스템 분석 및 설계에 있어서 인간공학의 가치와 가장 거리가 먼 것은?

① 훈련 비용의 절감
② 인력 이용률의 향상
③ 생산 및 보전의 경제성 감소
④ 사고 및 오용으로부터의 손실 감소

인간공학의 효과
- 인력 이용률의 향상
- 훈련 비용의 감소
- 사고 및 오용으로부터의 손실 감소
- 성능 향상
- 생산 및 보전의 경제성 증대
- 사용자의 수용도 향상

036 산업안전보건법령상 유해위험방지계획서 제출 대상 사업은 기계 및 가구를 제외한 금속가공제품 제조업으로서 전기 계약용량이 얼마 이상인 사업을 말하는가?

① 50kW
② 100kW
③ 200kW
④ 300kW

산업안전보건법 시행령 제42조(유해위험방지계획서 제출 대상) ① 법 제42조제1항제1호에서 "대통령령으로 정하는 사업의 종류 및 규모에 해당하는 사업"이란 다음 각 호의 어느 하나에 해당하는 사업으로서 전기 계약용량이 300킬로와트 이상인 경우를 말한다.
1. 금속가공제품 제조업; 기계 및 가구 제외
2. 비금속 광물제품 제조업
3. 기타 기계 및 장비 제조업
4. 자동차 및 트레일러 제조업

5. 식료품 제조업
6. 고무제품 및 플라스틱제품 제조업
7. 목재 및 나무제품 제조업
8. 기타 제품 제조업
9. 1차 금속 제조업
10. 가구 제조업
11. 화학물질 및 화학제품 제조업
12. 반도체 제조업
13. 전자부품 제조업

037 건구온도 30℃, 습구온도 35℃ 일 때의 옥스포드(Oxford) 지수는 얼마인가?

① 20.75℃
② 24.58℃
③ 32.78℃
④ 34.25℃

옥스포드(Oxford) 지수
- WD(습건) 지수라고도 하며, 습구·건구 온도의 가중(加重)평균치
- WD = 0.85W(습구 온도) + 0.15d(건구 온도)

∴ WD = 0.85 × 35 + 0.15 × 30 = 34.25℃

038 작업자가 용이하게 기계·기구를 식별하도록 암호화(Coding)를 한다. 암호화 방법이 아닌 것은?

① 강도
② 형상
③ 크기
④ 색채

암호화(Coding)는 식별의 혼동을 최소화하기 위한 방법으로 형상, 크기, 색채, 위치, 라벨, 촉감, 조작방법 등이 그 대상이다.

039 반사형 없이 모든 방향으로 빛을 발하는 점광원에서 5m 떨어진 곳의 조도가 120lux라면 2m 떨어진 곳의 조도는?

① 150lux
② 192.2lux
③ 750lux
④ 3000lux

조도 = $\frac{광도}{거리^2}$, 광도 = 조도 × 거리^2

120 × 5^2 = 3000 → 조도 × 2^2 = 3000 → 조도 = $\frac{3000}{4}$ = 750lux

040 육체작업의 생리학적 부하측정 척도가 아닌 것은?

① 맥박수
② 산소소비량
③ 근전도
④ 점멸융합주파수

시각적 점멸융합주파수(VFF)는 중추신경계 피로(정신 피로)의 척도로 사용된다.

제 03 과목 기계·기구 및 설비 안전관리

041 다음 중 드릴작업의 안전사항이 아닌 것은?

① 옷소매가 길거나 찢어진 옷은 입지 않는다.
② 작고, 길이가 긴 물건은 플라이어로 잡고 뚫는다.
③ 회전하는 드릴에 걸레 등을 가까이 하지 않는다.
④ 스핀들에서 드릴을 뽑아낼 때에는 드릴 아래에 손을 내밀지 않는다.

드릴작업 시 일감이 작고 길이가 긴 경우 바이스를 사용한다.

042 슬라이드가 내려옴에 따라 손을 쳐내는 막대가 좌우로 왕복하면서 위험점으로부터 손을 보호하여 주는 프레스의 안전장치는?

① 손쳐내기식 방호장치
② 수인식 방호장치
③ 게이트 가드식 방호장치
④ 양손조작식 방호장치

프레스 또는 전단기 방호장치의 종류와 분류(방호장치 안전인증 고시 별표 1)

종류	분류	기능
광전자식	A-1	프레스 또는 전단기에서 일반적으로 많이 활용하고 있는 형태로서 투광부, 수광부, 컨트롤 부분으로 구성된 것으로서 신체의 일부가 광선을 차단하면 기계를 급정지시키는 방호장치
	A-2	급정지기능이 없는 프레스의 클러치 개조를 통해 광선 차단 시 급정지시킬 수 있도록 한 방호장치
양수조작식	B-1 (유·공압밸브식)	1행정 1정지식 프레스에 사용되는 것으로서 양손으로 동시에 조작하지 않으면 기계가 동작하지 않으며, 한손이라도 떼어내면 기계를 정지시키는 방호장치
	B-2 (전기버튼식)	
가드식	C	가드가 열려 있는 상태에서는 기계의 위험부분이 동작되지 않고 기계가 위험한 상태일 때에는 가드를 열 수 없도록 한 방호장치
손쳐내기식	D	슬라이드의 작동에 연동시켜 위험상태로 되기 전에 손을 위험 영역에서 밀어내거나 쳐내는 방호장치로서 프레스용으로 확동식 클러치형프레스에 한해서 사용됨(다만, 광전자식 또는 양수조작식과 이중으로 설치 시에는 급정지가능 프레스에 사용 가능)
수인식	E	슬라이드와 작업자 손을 끈으로 연결하여 슬라이드 하강 시 작업자 손을 당겨 위험영역에서 빼낼 수 있도록 한 방호장치로서 프레스용으로 확동식 클러치형 프레스에 한해서 사용됨 (다만, 광전자식 또는 양수조작식과 이중으로 설치 시에는 급정지가능 프레스에 사용 가능)

043 양중기(승강기를 제외한다.)를 사용하여 작업하는 운전자 또는 작업자가 보기 쉬운 곳에 해당 양중기에 대해 표시하여야 할 내용이 아닌 것은?

① 정격 하중
② 운전 속도
③ 경고 표시
④ 최대 인양 높이

해설

산업안전보건기준에 관한 규칙 제133조(정격하중 등의 표시) 사업주는 양중기(승강기는 제외한다) 및 달기구를 사용하여 작업하는 운전자 또는 작업자가 보기 쉬운 곳에 해당 기계의 정격하중, 운전속도, 경고표시 등을 부착하여야 한다. 다만, 달기구는 정격하중만 표시한다.

044 연삭기의 연삭숫돌을 교체했을 경우 시운전은 최소 몇 분 이상 실시해야 하는가?

① 1분
② 3분
③ 5분
④ 7분

해설

연삭기 작업시 준수사항
- 숫돌 속도 제한 장치를 개조하거나 최고 회전 속도를 초과하여 사용하지 않도록 한다.
- 워크레스트를 1~3mm 정도로 유지하고 숫돌의 결정된 사용면 이외에는 사용하지 않는다.
- 연삭숫돌의 파괴시 작업자는 물론 근로자도 보호해야 하므로 안전덮개, 칸막이 또는 작업장을 격리시켜야 한다.
- 연삭숫돌의 교체시에는 3분 이상 시운전하고 정상 작업 전에는 최소한 1분 이상 시운전하여 이상 유무를 파악하여야 한다.
- 투명 비산방지판을 설치한다.

045 크레인 로프에 2t의 중량을 걸어 20m/s² 가속도로 감아올릴 때 로프에 걸리는 총 하중은 약 몇 kN인가?

① 42.8
② 59.6
③ 74.5
④ 91.3

해설

총하중(W) = 정하중(W_1) + 동하중(W_2)
= 정하중(W_1) + (정하중/중력가속도) × 가속도
= 2,000 + (2,000/9.8) × 20 = 4,081.63kg
= 2,000 + 4,081.63 = 6,081.63kg

∴ 장력(N) = 총하중(kg) × 중력가속도(m/s²) = 6,081.63 × 9.8 = 59,599N ≒ 59.6kN

046 산업안전보건법령에서 정하는 화물용 엘리베이터의 정의에 대한 설명 중 ( ) 안에 들어갈 말로 옳은 것은?

화물 운반에 적합하게 제조·설치된 엘리베이터로서 조작자 또는 화물취급자 (㉠)명은 탑승할 수 있는 것으로 적재용량이 (㉡) 미만인 것은 제외한다.

① ㉠ - 1, ㉡ 250kg
② ㉠ - 2, ㉡ 250kg
③ ㉠ - 1, ㉡ 300kg
④ ㉠ - 2, ㉡ 300kg

산업안전보건법령상 승강기의 종류 및 정의(산업안전보건기준에 관한 규칙 제132조)
- 승객용 엘리베이터 : 사람의 운송에 적합하게 제조·설치된 엘리베이터
- 승객화물용 엘리베이터 : 사람의 운송과 화물 운반을 겸용하는데 적합하게 제조·설치된 엘리베이터
- 화물용 엘리베이터 : 화물 운반에 적합하게 제조·설치된 엘리베이터로서 조작자 또는 화물취급자 1명은 탑승할 수 있는 것(적재용량이 300킬로그램 미만인 것은 제외한다)
- 소형화물용 엘리베이터: 음식물이나 서적 등 소형화물의 운반에 적합하게 제조·설치된 엘리베이터로서 사람의 탑승이 금지된 것
- 에스컬레이터 : 일정한 경사로 또는 수평로를 따라 위·아래 또는 옆으로 움직이는 디딤판을 통해 사람이나 화물을 승강장으로 운송시키는 설비

047 다음 ( ) 안에 들어갈 용어로 알맞은 것은?

> 사업주는 보일러의 과열을 방지하기 위하여 최고 사용 압력과 상용 압력 사이에서 보일러의 버너 연소를 차단할 수 있도록 (   )을(를) 부착하여 사용하여야 한다.

① 고저수위 조절장치
② 압력방출장치
③ 압력제한스위치
④ 파열판

산업안전보건기준에 관한 규칙 제117조(압력제한스위치) 사업주는 보일러의 과열을 방지하기 위하여 최고사용압력과 상용 압력 사이에서 보일러의 버너 연소를 차단할 수 있도록 압력제한스위치를 부착하여 사용하여야 한다.

048 다음 중 금속 등의 도체에 교류를 통한 코일을 접근시켰을 때, 결함이 존재하면 코일에 유기되는 전압이나 전류가 변하는 것을 이용한 검사방법은?

① 자분탐상검사
② 초음파탐상검사
③ 와류탐상검사
④ 침투형광탐상검사

와류탐상검사(ET : Eddy Current Test)는 금속 등의 도체에 교류를 통한 코일을 접근시켰을 때, 결함이 존재하면 코일에 유기되는 전압이나 전류가 변하는 것을 이용한 검사방법으로 다음과 같은 장점을 갖는다.
- 자동화 및 고속화가 가능하다.(비접촉, 고속탐상, 자동탐상 가능)
- 표면 아래 깊은 위치에 있는 결함은 검출이 곤란하나 표면결함 검출 능력이 우수하다.
- 가는 선, 얇은 판의 경우도 검사가 가능하다.(관, 봉 등 단순형상의 제품 검사, 플랜트 등 배관 검사)

049 산업안전보건법령에서 정하는 압력용기에서 안전인증된 파열판에는 안전인증 표시 외에 추가로 나타내어야 하는 사항이 아닌 것은?

① 분출차(%)
② 호칭지름
③ 용도(요구성능)
④ 유체의 흐름방향 지시

파열판의 추가표시(방호장치 안전인증 고시 별표 4)
- 호칭지름
- 설정파열압력(MPa) 및 설정온도(℃)
- 파열판의 재질
- 용도(요구성능)
- 분출용량(kg/h) 또는 공칭분출계수
- 유체의 흐름방향 지시

050 롤러기의 앞면 롤의 지름이 300mm, 분당회전수가 30회일 경우 허용되는 급정지장치의 급정지거리는 약 몇 mm 이내이어야 하는가?

① 37.7
② 31.4
③ 377
④ 314

급정지거리 = $\pi D \times \dfrac{1}{3}$ = $(\pi \times 300) \times \dfrac{1}{3}$ = 314

051 단면적이 1800mm²인 알루미늄 봉의 파괴강도는 70MPa이다. 안전율을 2로 하였을 때 봉에 가해질 수 있는 최대하중은 얼마인가?

① 6.3 kN
② 126 kN
③ 63 kN
④ 12.6 kN

최대하중 = $\dfrac{파괴강도 \times 면적}{안전율}$ = $\dfrac{70 \times 10^3 \times 1800 \times 10^{-6}}{2}$ = 63

052 원동기, 풀리, 기어 등 근로자에게 위험을 미칠 우려가 있는 부위에 설치하는 위험방지장치가 아닌 것은?

① 덮개
② 슬리브
③ 건널다리
④ 램

산업안전보건기준에 관한 규칙 제87조(원동기·회전축 등의 위험 방지) ① 사업주는 기계의 원동기·회전축·기어·풀리·플라이휠·벨트 및 체인 등 근로자가 위험에 처할 우려가 있는 부위에 덮개·울·슬리브 및 건널다리 등을 설치하여야 한다. ② 사업주는 회전축·기어·풀리 및 플라이휠 등에 부속되는 키·핀 등의 기계요소는 묻힘형으로 하거나 해당 부위에 덮개를 설치하여야 한다.

053 아세틸렌 용접장치에서 사용하는 발생기실의 구조에 대한 요구사항으로 틀린 것은?

① 벽의 재료는 불연성의 재료를 사용할 것
② 천정과 벽은 견고한 콘크리트 구조로 할 것
③ 출입구의 문은 두께 1.5mm 이상의 철판 또는 이와 동등 이상의 강도를 가진 구조로 할 것
④ 바닥 면적의 16분의 1 이상의 단면적을 가진 배기통을 옥상으로 돌출시킬 것

산업안전보건기준에 관한 규칙 제287조(발생기실의 구조 등) 사업주는 발생기실을 설치하는 경우에 다음 각 호의 사항을 준수하여야 한다.
1. 벽은 불연성 재료로 하고 철근 콘크리트 또는 그 밖에 이와 같은 수준이거나 그 이상의 강도를 가진 구조로 할 것
2. 지붕과 천장에는 얇은 철판이나 가벼운 불연성 재료를 사용할 것
3. 바닥면적의 16분의 1 이상의 단면적을 가진 배기통을 옥상으로 돌출시키고 그 개구부를 창이나 출입구로부터 1.5미터 이상 떨어지도록 할 것
4. 출입구의 문은 불연성 재료로 하고 두께 1.5밀리미터 이상의 철판이나 그 밖에 그 이상의 강도를 가진 구조로 할 것
5. 벽과 발생기 사이에는 발생기의 조정 또는 카바이드 공급 등의 작업을 방해하지 않도록 간격을 확보할 것

054 롤러기의 급정지장치로 사용되는 정지봉 또는 로프의 설치에 관한 설명으로 틀린 것은?

① 복부 조작식은 밑면으로부터 1200 ~ 1400mm 이내의 높이로 설치한다.
② 손 조작식은 밑면으로부터 1800mm 이내의 높이로 설치한다.
③ 손 조작식은 앞면 롤 끝단으로부터 수평거리가 50mm 이내에 설치한다.
④ 무릎 조작식은 밑면으로부터 400 ~ 600mm 이내의 높이로 설치한다.

롤러기 급정지장치 조작부의 종류 및 위치

종류	위치	비고
손조작식	밑면에서 1.8m 이내	위치는 급정지장치조작부의 중심점을 기준으로 함
복부조작식	밑면에서 0.8m 이상 1.1m 이내	
무릎조작식	밑면에서 0.6m 이내	

055 산업안전보건법령상 용접장치의 안전에 관한 준수사항 설명으로 옳은 것은?

① 아세틸렌 용접장치의 발생기실을 옥외에 설치할 때에는 그 개구부를 다른 건축물로부터 1m 이상 떨어지도록 하여야 한다.
② 가스집합장치로부터 3m 이내의 장소에서는 화기의 사용을 금지시킨다.
③ 아세틸렌 발생기에서 10m 이내 또는 발생기실에서 4m 이내의 장소에서는 흡연행위를 금지시킨다.
④ 아세틸렌 용접장치를 사용하여 용접작업을 할 경우 게이지 압력이 127kPa을 초과하는 아세틸렌을 발생시켜 사용해서는 아니 된다.

용접장치의 안전(산업안전보건기준에 관한 규칙 제2장 제6절)
- 아세틸렌 용접장치의 발생기실을 옥외에 설치할 때에는 그 개구부를 다른 건축물로부터 1.5m 이상 떨어지도록 하여야 한다.
- 가스집합장치에 대해서는 화기를 사용하는 설비로부터 5m 이상 떨어진 장소에 설치하여야 하며, 가스집합장치로부터 5m 이내의 장소에서는 흡연, 화기의 사용 또는 불꽃을 발생할 우려가 있는 행위를 금지하여야 한다.
- 아세틸렌 발생기에서 5m 이내 또는 발생기실에서 3m 이내의 장소에서는 흡연, 화기의 사용 또는 불꽃이 발생할 위험한 행위를 금지시켜야 한다.

• 아세틸렌 용접장치를 사용하여 금속의 용접·용단 또는 가열작업을 하는 경우에는 게이지 압력이 127kPa을 초과하는 압력의 아세틸렌을 발생시켜 사용해서는 아니 된다.

056 다음 중 프레스의 방호장치에 관한 설명으로 틀린 것은?

① 양수조작식 방호장치는 1행정1정지 기구에 사용할 수 있어야 한다.
② 손쳐내기식 방호장치는 슬라이드 하행정거리의 3/4 위치에서 손을 완전히 밀어내야 한다.
③ 광전자식 방호장치의 정상동작 표시램프는 붉은색, 위험 표시램프는 녹색으로 하며, 쉽게 근로자가 볼 수 있는 곳에 설치해야 한다.
④ 게이트 가드 방호장치는 가드가 열린 상태에서 슬라이드를 동작시킬 수 없고 또한 슬라이드 작동 중에는 게이트 가드를 열 수 없어야 한다.

광전자식 방호장치의 일반구조
• 정상동작표시램프는 녹색, 위험표시램프는 붉은색으로 하며, 쉽게 근로자가 볼 수 있는 곳에 설치해야 한다.
• 슬라이드 하강 중 정전 또는 방호장치의 이상 시에 정지할 수 있는 구조이어야 한다.
• 방호장치는 릴레이, 리미트 스위치 등의 전기부품의 고장, 전원전압의 변동 및 정전에 의해 슬라이드가 불시에 동작하지 않아야 하며, 사용전원전압의 ±(100분의 20)의 변동에 대하여 정상으로 작동되어야 한다.
• 방호장치의 정상작동 중에 감지가 이루어지거나 공급전원이 중단되는 경우 적어도 두 개 이상의 독립된 출력신호 개폐장치가 꺼진 상태로 돼야 한다.
• 방호장치의 감지기능은 규정한 검출영역 전체에 걸쳐 유효하여야 한다.(다만, 블랭킹 기능이 있는 경우그렇지 않다)
• 방호장치에 제어기(Controller)가 포함되는 경우에는 이를 연결한 상태에서 모든 시험을 한다.
• 방호장치를 무효화하는 기능이 있어서는 안 된다.

057 다음 중 비파괴 시험의 종류에 해당하지 않는 것은?

① 와류 탐상시험 ② 초음파 탐상시험
③ 인장 시험 ④ 방사선 투과시험

비파괴검사의 종류 : 육안검사(VT), 누설검사(LT), 침투검사(PT), 초음파검사(UT), 자기탐상검사(MT), 음향검사(AET), 방사선검사(RT)

058 두께 2mm이고 치진폭이 2.5mm인 목재가공용 둥근톱에서 반발예방장치 분할날의 두께(t)로적절한 것은?

① 2.2mm ≦ t < 2.5mm
② 2.0mm ≦ t < 3.5mm
③ 1.5mm ≦ t < 2.5mm
④ 2.5mm ≦ t < 3.5mm

목재가공용 둥근톱에서 반발예방장치 분할날의 두께(t)는 톱날 두께의 1.1배 이상이고, 톱날의 치진폭보다 작아야 한다.

059 마찰 클러치가 부착된 프레스에 부적합한 방호장치는?(단, 방호장치는 한 가지 형식만 사용할 경우로 한정한다.)

① 양수조작식　　② 광전자식
③ 가드식　　　　④ 수인식

수인식 방호장치(분류기호 E)는 슬라이드와 작업자 손을 끈으로 연결하여 슬라이드 하강 시 작업자 손을 당겨 위험영역에서 빼낼 수 있도록 한 방호장치로서 프레스용으로 확동식 클러치형 프레스에 한해서 사용된다.(다만, 광전자식 또는 양수조작식과 이중으로 설치 시에는 급정지가능 프레스에 사용 가능하다.)

060 아세틸렌용접장치 및 가스집합용접장치에서 가스의 역류 및 역화를 방지하기 위한 안전기의 형식에 속하는 것은?

① 주수식　　② 침지식
③ 투입식　　④ 수봉식

수봉식 안전기의 구조 성능 기준
- 주요 부분은 두께 2mm 이상의 강판 또는 강관을 사용하여 내부 압력에 견디어야 한다.
- 도입부는 수봉식이어야 한다.
- 수봉 배기관을 갖추어야 한다.
- 도입부 및 수봉 배기관은 가스가 역류하고 역화 폭발을 할 때 위험을 확실히 방호할 수 있는 구조여야 한다.
- 유효 수주는 25mm 이상으로 유지하여 사태에 대비하여야 한다.
- 수위를 용이하게 점검 할 수 있어야 한다.
- 물의 보급 및 교환이 용이한 구조로 해야 한다.
- 수봉식 안전기는 취관마다 1개 이상 설치하여야 한다.
- 가스집합용접장치는 주관 및 분기관에 안전기를 설치하여야 하며, 이 경우 하나의 취관에 대하여 안전기가 2 이상 되도록 한다.

제 04 과목　전기설비 안전관리

061 정전기 발생에 영향을 주는 요인이 아닌 것은?

① 분리속도
② 물체의 질량
③ 접촉면적 및 압력
④ 물체의 표면상태

정전기 발생에 영향을 미치는 요소 : 물체의 특성, 물체의 표면상태, 물체의 이력(처음 접촉·분리가 일어날 때 최대가 되며, 접촉·분리가 반복됨에 따라 점차 감소), 접촉면적과 압력, 분리속도(일반적으로 분리속도가 빠를수록 정전기 발생량은 커짐)

062 입욕자에게 전기적 자극을 주기 위한 전기욕기의 전원장치에 내장되어 있는 전원 변압기의 2차측 전로의 사용전압은 몇 V 이하로 하여야 하는가?

① 10
② 15
③ 30
④ 60

전기욕기는 욕조의 양단에 전극을 설치하여 그 전극 상호 간에 미약한 교류전압을 가하여 입욕자에게 전기적 자극을 주는 장치를 말하며, 전기욕기에 전기를 공급하기 위한 전기욕기용 전원장치는 내장되어 있는 전원 변압기의 2차측 전로의 사용전압이 10V 이하인 것에 한한다.

063 피뢰기의 설치장소가 아닌 것은?(단, 직접 접속하는 전선이 짧은 경우 및 피보호기기가 보호범위 내에 위치하는 경우가 아니다.)

① 저압을 공급 받는 수용장소의 인입구
② 지중전선로와 가공전선로가 접속되는 곳
③ 가공전선로에 접속하는 배전용 변압기의 고압측
④ 발전소 또는 변전소의 가공전선 인입구 및 인출구

피뢰기의 설치장소(한국전기설비규정 341.13 피뢰기의 시설)

1. 고압 및 특고압의 전로 중 다음에 열거하는 곳 또는 이에 근접한 곳에는 피뢰기를 시설하여야 한다.
   가. 발전소·변전소 또는 이에 준하는 장소의 가공전선 인입구 및 인출구
   나. 특고압 가공전선로에 접속하는 341.2의 배전용 변압기의 고압측 및 특고압측
   다. 고압 및 특고압 가공전선로부터 공급을 받는 수용장소의 인입구
   라. 가공전선로와 지중전선로가 접속되는 곳
2. 다음의 어느 하나에 해당하는 경우에는 제1의 규정에 의하지 아니할 수 있다.
   가. 제1의 어느 하나에 해당되는 곳에 직접 접속하는 전선이 짧은 경우
   나. 제1의 어느 하나에 해당되는 경우 피보호기기가 보호범위 내에 위치하는 경우

064 저압방폭구조 배선 중 노출 도전성 부분의 보호 접지선으로 알맞은 항목은?

① 전선관이 충분한 지락전류를 흐르게 할 시에도 결합부에 본딩(bonding)을 해야 한다.
② 전선관이 최대지락전류를 안전하게 흐르게 할 시 접지선으로 이용 가능하다.
③ 접지선의 전선 또는 선심은 그 절연피복을 흰색 또는 검정색을 사용한다.
④ 접지선은 1000V 비닐절연전선 이상 성능을 갖는 전선을 사용한다.

노출 도전성 부분의 보호 접지
- 보호 접지의 대상 : 전기기기 및 배선의 노출 도전성 부분(전기기기의 금속외함, 전선관, 전선관용 부속품, 케이블의 금속재 sheath등)
- 접지선으로는 원칙적으로 600V 비닐절연전선 이상의 성능을 가진 전선을 사용한다.
- 전선관이 최대지락전류를 안전하게 흐르게 할 경우에는 접지선으로 이용 가능 하다.
- 전선관이 최대지락전류를 안전하게 흐르게 할 경우 나사결합부에는 원칙적으로 본딩(bonding)할 필요가 없다.

065 방폭전기설비의 용기내부에서 폭발성가스 또는 증기가 폭발하였을 때 용기가 그 압력에 견디고접합면이나 개구부를 통해서 외부의 폭발성 가스나 증기에 인화되지 않도록 한 방폭구조는?

① 내압 방폭구조
② 압력 방폭구조
③ 유입 방폭구조
④ 본질안전 방폭구조

방폭구조의 종류와 기호

종류	내용	기호
내압방폭구조	점화원에 의해 용기 내부에서 폭발이 발생할 경우에 용기가 폭발압력에 견딜 수 있고, 화염이 용기 외부의 폭발성 분위기로 전파되지 않도록 한 방폭구조.	d
압력방폭구조	점화원이 될 우려가 있는 부분을 용기 안에 넣고 보호 기체(신선한 공기 또는 불활성기체)를 용기 안에 압입함으로써 폭발성 가스가 침입하는 것을 방지하도록 되어 있는 방폭구조	p
안전증방폭구조	전기기기의 과도한 온도 상승, 아크 또는 불꽃 발생의 위험을 방지하기 위하여 추가적인 안전조치를 통한 안전도를 증가시킨 방폭구조(다만, 정상운전 중에 아크나 불꽃을 발생시키는 전기기기는 안전증방폭구조의 전기기기 범위에서 제외)	e
유입방폭구조	유체 상부 또는 용기 외부에 존재할 수 있는 폭발성 분위기가 발화할 수 없도록 전기설비 또는 전기설비의 부품을 보호액에 함침시키는 방폭구조	o
본질안전방폭구조	정상시 또는 단락, 단선, 지락 등의 사고시에 발생하는 아크, 불꽃, 고열에 의하여 폭발성 가스나 증기에 점화되지 않는 것이 확인된 구조	ia, ib
비점화방폭구조	전기기기가 정상작동과 규정된 특정한 비정상상태에서 주위의 폭발성 가스 분위기를 점화시키지 못하도록 만든 방폭구조	n
몰드방폭구조	전기기기의 불꽃 또는 열로 인해 폭발성 위험분위기에 점화되지 않도록 컴파운드를 충전해서 보호한 방폭구조	m
충전방폭구조	폭발성 가스 분위기를 점화시킬 수 있는 부품을 고정하여 설치하고, 그 주위를 충전재로 완전히 둘러싸서 외부의 폭발성 가스 분위기를 점화시키지 않도록 하는 방폭구조	q
특수방폭구조	상기의 방폭구조 외에 외부의 폭발성 가스에 대해 인화를 방지할 수 있음을 시험에 의해 확인한 구조	s

066 전기시설의 직접 접촉에 의한 감전방지 방법으로 적절하지 않은 것은?

① 충전부는 내구성이 있는 절연물로 완전히 덮어 감쌀 것
② 충전부가 노출되지 않도록 폐쇄형 외함이 있는 구조로 할 것
③ 충전부에 충분한 절연효과가 있는 방호망 또는 절연 덮개를 설치할 것
④ 충전부는 관계자 외 출입이 용이한 전개된 장소에 설치하고 위험표시 등의 방법으로 방호를 강화할 것

충전부는 관계자 외의 사람이 접근할 우려가 없는 장소에 설치하여야 한다.

067 누전화재가 발생하기 전에 나타나는 현상으로 거리가 가장 먼 것은?

① 인체 감전현상
② 전등 밝기의 변화현상
③ 빈번한 퓨즈 용단현상
④ 전기 사용 기계장치의 오동작 감소

해설

누전화재가 발생하기 전에 나타나는 현상
- 인체 감전현상
- 전등 밝기의 변화현상
- 빈번한 퓨즈 용단현상
- 전기 사용 기계장치의 오동작 증가

068 인체에 최소감지 전류에 대한 설명으로 알맞은 것은?

① 인체가 고통을 느끼는 전류이다.
② 성인 남자의 경우 상용주파수 60Hz 교류에서 약 1mA이다.
③ 직류를 기준으로 한 값이며, 성인 남자의 경우 약 1mA에서 느낄 수 있는 전류이다.
④ 직류를 기준으로 여자의 경우 성인 남자의 70%인 0.7mA에서 느낄 수 있는 전류의 크기를 말한다.

해설

최소감지 전류란 인체에 통전(通電)되었을 경우에 그 통전을 인간이 감지할 수 있는 최소의 전류를 말하며, 일반적으로 성인 남자의 경우 상용주파수 60Hz 교류에서 약 1mA이다.

069 그림에서 인체의 허용 접촉 전압은 약 몇 V인가?(단, 심실세동 전류는 $\frac{0.165}{\sqrt{T}}$이며, 인체 저항 R_k = 1000Ω, 발의 저항 R_f = 300Ω이고, 접촉 시간은 1초로 한다.)

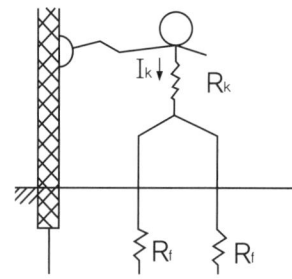

① 107
② 132
③ 190
④ 215

해설

허용접촉전압 = $\frac{0.165}{\sqrt{T}}$ × (인체저항 + 두 발과 대지의 저항)

∴ 허용접촉전압 = $\frac{0.165}{\sqrt{T}}$ × (1000 + $\frac{300 \times 300}{300 + 300}$) = 189.75 ≒ 190V

070 교류아크 용접기에 전격방지기를 설치하는 요령 중 틀린 것은?

① 이완 방지 조치를 한다.
② 직각으로만 부착해야 한다.
③ 동작 상태를 알기 쉬운 곳에 설치한다.
④ 테스트 스위치는 조작이 용이한 곳에 위치시킨다.

해설

전격방지기의 설치 요령
- 지면에 수직인 방향인 연직(불가피한 경우는 연직에서 20° 이내)으로 설치할 것
- 용접기의 이동, 전자접촉기의 작동 등으로 인한 진동, 충격에 견딜 수 있도록 할 것
- 표시 등이 보기 쉽고, 점검용 스위치의 조작이 용이하도록 설치할 것
- 용접기의 전원측에 접속하는 선과 출력측에 접속하는 선을 혼동되지 않도록 할 것
- 접속부분을 확실하게 접속하여 이완되지 않도록 할 것
- 접속부분을 절연테이프, 절연커버 등으로 절연시킬 것
- 전격방지기의 외함은 접지시킬 것
- 용접기 단자의 극성이 정해져 있는 경우에는 접속시 극성이 맞도록 할 것
- 전격방지기와 용접기 사이의 배선 및 접속부분에 외부의 힘이 가해지지 않도록 할 것

071 피뢰침의 제한전압이 800kV, 충격절연강도가 1000kV라 할 때, 보호여유도는 몇 % 인가?

① 25
② 33
③ 47
④ 63

해설

$$여유도 = \frac{충격절연강도 - 제한전압}{제한전압} \times 100 = \frac{1000 - 800}{800} \times 100 = 25[\%]$$

072 물질의 접촉과 분리에 따른 정전기 발생량의 정도를 나타낸 것으로 틀린 것은?

① 표면이 오염될수록 크다.
② 분리속도가 빠를수록 크다.
③ 대전서열이 서로 멀수록 크다.
④ 접촉과 분리가 반복될수록 크다.

정전기 발생은 처음 접촉, 분리가 일어날 때 최고로 크고 접촉, 분리가 반복되어짐에 따라 작아진다.

073 감전 재해자가 발생하였을 때 취하여야 할 최우선 조치는?(단, 감전자가 질식상태라 가정함.)

① 부상 부위를 치료한다.
② 심폐소생술을 실시한다.
③ 의사의 왕진을 요청한다.
④ 우선 병원으로 이동시킨다.

감전자가 질식상태인 경우 가장 먼저 심폐소생술을 실시하여야 한다.

074 방폭지역 0종 장소로 결정해야 할 곳으로 틀린 것은?

① 인화성 또는 가연성 가스가 장기간 체류하는 곳
② 인화성 또는 가연성 물질을 취급하는 설비의 내부
③ 인화성 또는 가연성 액체가 존재하는 피트 등의 내부
④ 인화성 또는 가연성 증기의 순환통로를 설치한 내부

해설

방폭지역 0종 장소는 인화성 액체의 증기 또는 가연성 가스에 의한 폭발위험이 지속적으로 또는 장기간 존재하는 장소로 용기, 장치, 배관 등의 내부 등이 해당된다.

075 인체에 미치는 전격 재해의 위험을 결정하는 주된 인자 중 가장 거리가 먼 것은?

① 통전전압의 크기
② 통전전류의 크기
③ 통전경로
④ 통전시간

해설

전격위험도 결정조건
- 1차적 감전위험요소 : 통전전류의 크기, 통전경로, 통전시간, 전원의 종류
- 2차적 감전위험요소 : 인체의 조건, 전압, 계절, 주파수

076 방전의 분류에 속하지 않는 것은?

① 연면 방전
② 불꽃 방전
③ 코로나 방전
④ 스프레이 방전

해설

방전의 종류 : 스파크 방전, 연면 방전, 뇌상 방전, 코로나 방전, 불꽃 방전, 스트리머 방전

077 정전용량 C=20μF, 방전 시 전압 V=2kV 일 때 정전에너지는 몇 J인가?

① 40
② 80
③ 400
④ 800

해설

정전에너지$(E) = \frac{1}{2}QV = \frac{1}{2}CV^2$ [Q : 전하(C), C : 정전용량(F), V : 전압(V)]

$\therefore E = \frac{1}{2} \times (20 \times 10^{-6}) \times (2000)^2 = 40$

078 접지 저항치를 결정하는 저항이 아닌 것은?

① 접지선, 접지극의 도체저항
② 접지전극과 주회로 사이의 낮은 절연저항

③ 접지전극 주위의 토양이 나타내는 저항
④ 접지전극의 표면과 접하는 토양사이의 접촉저항

접지저항은 토양의 저항률에 크게 영향을 받고 토양의 저항률은 토양의 종류, 수분 함유량 및 온도에 따라 다르다.

079 작업장소 중 제전복을 착용하지 않아도 되는 장소는?

① 상대 습도가 높은 장소
② 분진이 발생하기 쉬운 장소
③ LCD 등 display 제조 작업 장소
④ 반도체 등 전기소자 취급 작업 장소

상대 습도가 높은 장소는 정전기의 발생 가능성이 낮다

080 방폭지역에서 저압 케이블 공사 시 사용해서는 안 되는 케이블은?

① MI 케이블
② 연피 케이블
③ 0.6/1kV 고무캡타이어 케이블
④ 0.6/1kV 폴리에틸렌 외장케이블

방폭지역에서 저압 케이블 공사시에는 다음 각 호의 케이블이나 이와 동등 이상의 성능을 가진 케이블을 선정하여야 한다. 다만, 시스가 없는 단심 절연전선을 사용하여서는 아니 된다.
• MI 케이블
• 600V 폴리에틸렌 외장 케이블(EV, EE, CV, CE)
• 600V 비닐 절연 외장 케이블(VV)
• 600V 콘크리트 직매용 케이블(CB-VV, CB-EV)
• 제어용 비닐절연 비닐 외장 케이블(CVV)
• 연피 케이블
• 약전 계장용 케이블
• 보상도선
• 시내대 폴리에틸렌 절연 비닐 외장 케이블(CPEV)
• 시내대 폴리에틸렌 절연 폴리에칠렌 외장 케이블(CPEE)
• 강관 외장 케이블
• 강대 외장 케이블

제 05 과목 화학설비 안전관리

081 화재 감지에 있어서 열감지 방식 중 차동식에 해당하지 않는 것은?

① 공기관식
② 열전대식
③ 바이메탈식
④ 열반도체식

> **[해설]**
> 화재감지기의 구분
>
> | 감지대상 | 감지방식 | | 감지범위 구분 | 감지소자 |
> |---|---|---|---|---|
> | 열 감지기 | 차동식 | | 스포트형 | 공기팽창식(공기챔버식), 반도체식 |
> | | | | 분포형 | 공기관식, 열전대식, 열반도체식, 기타(반도체식) |
> | | 정온식 | | 스포트형 | 바이메탈식, 반도체식 |
> | | | | 감지선형 | 가용절연물, 광케이블 |
> | | 보상식 | | | 차동식 성능과 정온식 성능이 조합된 감지기 |
> | | 열복합형 | | | – |
> | 연기 감지기 | 이온화식 | | | 연기에 의하여 이온 전류가 변화되어 작동 |
> | | 광전식 | | | 스포트형(축적형, 비축적형), 분리형(축적형, 비축적형), 공기흡입형 |
> | | 연복합형 | | | |
> | 불꽃 감지기 | 자외선식, 적외선식, 자외선·적외선 겸용, 복합형 | | | |

082 각 물질(A~D)의 폭발상한계와 하한계가 다음 [표]와 같을 때 다음 중 위험도가 가장 큰 물질은?

구분	A	B	C	D
폭발상한계	9.5	8.4	15.0	13
폭발하한계	2.1	1.8	5.0	2.6

① A
② B
③ C
④ D

> **[해설]**
> - 위험도$_A$ = $\dfrac{9.5 - 2.1}{2.1}$ = 3.52
> - 위험도$_B$ = $\dfrac{8.4 - 1.8}{1.8}$ = 3.37
> - 위험도$_C$ = $\dfrac{15 - 5}{5}$ = 2
> - 위험도$_D$ = $\dfrac{13 - 2.6}{2.6}$ = 4

083 NH_4NO_3의 가열, 분해로부터 생성되는 무색의 가스로 일명 웃음가스라고도 하는 것은?

① N_2O
② NO_2
③ N_2O_4
④ NO

> **[해설]**
> 질산암모늄의 가열분해 반응식 : $NH_4NO_3 \rightarrow N_2O + 2H_2O$

084 다음 중 분진 폭발의 특징으로 옳은 것은?

① 가스폭발보다 연소시간이 짧고, 발생 에너지가 작다.
② 압력의 파급속도보다 화염의 파급속도가 빠르다.
③ 가스폭발에 비하여 불완전 연소가 적게 발생한다.
④ 주위의 분진에 의해 2차, 3차의 폭발로 파급될 수 있다.

분진폭발
- 연소속도나 폭발압력은 가스폭발보다는 작지만 가해지는 힘(파괴력)은 매우 크다.
- 주위의 분진에 의해 2차, 3차의 폭발로 파급될 수 있다.
- CO의 중독피해의 우려가 있다.
- 분진의 크기가 작을수록, 분진입자의 표면이 거칠수록 잘 일어난다.
- 가연성 분진의 난류확산은 위험을 증가시킨다.

085 자연 발화성을 가진 물질이 자연발열을 일으키는 원인으로 거리가 먼 것은?

① 분해열　　　　　　　② 증발열
③ 산화열　　　　　　　④ 중합열

자연발화는 외부로 방출하는 열보다 내부에서 발생하는 열의 양이 많은 경우에 발생되며 자연발열의 원인에는 분해열, 산화열, 중합열, 발효열 등이 있다.

086 다음 중 누설 발화형 폭발재해의 예방대책으로 가장 거리가 먼 것은?

① 발화원 관리　　　　　② 밸브의 오동작 방지
③ 가연성 가스의 연소　　④ 누설물질의 검지 경보누설

발화형 폭발재해의 예방대책
- 발화원 관리
- 누설에 대한 감지 경보
- 밸브의 오동작 · 오조작 방지
- 위험물질의 누설 방지

087 다음 중 최소발화에너지(E[J])를 구하는 식으로 옳은 것은? (단, I는 전류[A], R은 저항[Ω], V는 전압[V], C는 콘덴서용량[F], T는 시간[초]이라 한다.)

① $E = I^2 RT$　　　　　　② $E = 0.24 I^2 RT$
③ $E = \dfrac{1}{2} CV^2$　　　　　④ $E = \dfrac{1}{2} \sqrt{CV}$

최소발화에너지(MIE)
- $E = \dfrac{1}{2} CV^2$

- 온도가 상승하면 최소발화에너지는 작아진다.
- 압력이 상승하면 최소발화에너지는 작아진다.
- 농도가 많아지면 최소발화에너지는 작아진다.

088 다음 중 분진 폭발을 일으킬 위험이 가장 높은 물질은?

① 염소　　　　　　　　　　② 마그네슘
③ 산화칼슘　　　　　　　　④ 에틸렌

분진의 종류
- 폭연성 분진 : 공기 중의 산소가 적은 분위기 중에서나 이산화탄소 중에서도 폭발을 하는 금속성 분진(마그네슘, 알루미늄 등)
- 가연성분진 : 공기 중 산소와 발열반응을 일으키고 폭발하는 분진
- 전도성 : 소맥분, 전분 등과 같은 곡물분진, 합성수지류, 화학약품 등
- 비전도성 : 카본블랙, 코크스, 아연, 철, 석탄 등

089 사업주는 특수화학설비를 설치할 때 내부의 이상상태를 조기에 파악하기 위하여 필요한 계측장치를 설치하여야 한다. 다음 중 이에 해당하는 특수화학설비가 아닌 것은?

① 발열 반응이 일어나는 반응장치　　② 증류, 증발 등 분리를 행하는 장치
③ 가열로 또는 가열기　　　　　　　④ 액체의 누설을 방지하는 방유장치

산업안전보건기준에 관한 규칙 제273조(계측장치 등의 설치) 사업주는 별표 9에 따른 위험물을 같은 표에서 정한 기준량 이상으로 제조하거나 취급하는 다음 각 호의 어느 하나에 해당하는 화학설비(이하"특수화학설비"라 한다)를 설치하는 경우에는 내부의 이상 상태를 조기에 파악하기 위하여 필요한 온도계·유량계·압력계 등의 계측장치를 설치하여야 한다.
1. 발열반응이 일어나는 반응장치
2. 증류·정류·증발·추출 등 분리를 하는 장치
3. 가열시켜 주는 물질의 온도가 가열되는 위험물질의 분해온도 또는 발화점보다 높은 상태에서 운전되는 설비
4. 반응폭주 등 이상 화학반응에 의하여 위험물질이 발생할 우려가 있는 설비
5. 온도가 섭씨 350도 이상이거나 게이지 압력이 980킬로파스칼 이상인 상태에서 운전되는 설비
6. 가열로 또는 가열기

090 가스 또는 분진 폭발 위험장소에 설치되는 건축물의 내화 구조를 설명한 것으로 틀린 것은?

① 건축물 기둥 및 보는 지상 1층까지 내화구조로 한다.
② 위험물 저장·취급용기의 지지대는 지상으로부터 지지대의 끝부분까지 내화구조로 한다.
③ 건축물 주변에 자동소화설비를 설치한 경우 건축물 화재 시 1시간 이상 그 안전성을 유지한 경우는 내화구조로 하지 아니할 수 있다.
④ 배관전선관 등의 지지대는 지상으로부터 1단까지 내화구조로 한다.

건축물 주변에 물 분무시설 또는 폼헤드(foam head) 설비 등의 자동소화설비를 설치하여 건축물 화재 시 2시간 이상 그 안전성을 유지할 수 있도록 한 경우와 정량적 위험성 평가 결과 화재로 인하여 강재의 온도가 내화성능온도를 초과하지 않는 것이 기술적으로 입증된 경우에는 내화구조로 하지 아니할 수 있다.

091 고압가스의 분류 중 압축가스에 해당되는 것은?

① 질소
② 프로판
③ 산화에틸렌
④ 염소상태에 따른 고압가스의 분류

- 압축가스 : 산소, 수소, 질소, 아르곤, 메탄 등
- 액화가스 : 액화석유가스(LPG), 암모니아, 이산화탄소, 액화산소, 액화질소 등
- 용해가스 : 아세틸렌

092 건조설비를 사용하여 작업을 하는 경우에 폭발이나 화재를 예방하기 위하여 준수하여야 하는 사항으로 틀린 것은?

① 위험물 건조설비를 사용하는 경우에는 미리 내부를 청소하거나 환기할 것
② 위험물 건조설비를 사용하여 가열건조하는 건조물은 쉽게 이탈되도록 할 것
③ 고온으로 가열건조한 인화성 액체는 발화의 위험이 없는 온도로 냉각한 후에 격납시킬 것
④ 바깥 면이 현저히 고온이 되는 건조설비에 가까운 장소에는 인화성 액체를 두지 않도록 할 것

산업안전보건기준에 관한 규칙 제283조(건조설비의 사용) 사업주는 건조설비를 사용하여 작업을 하는 경우에 폭발이나 화재를 예방하기 위하여 다음 각 호의 사항을 준수하여야 한다.
1. 위험물 건조설비를 사용하는 경우에는 미리 내부를 청소하거나 환기할 것
2. 위험물 건조설비를 사용하는 경우에는 건조로 인하여 발생하는 가스·증기 또는 분진에 의하여 폭발·화재의 위험이 있는 물질을 안전한 장소로 배출시킬 것
3. 위험물 건조설비를 사용하여 가열건조하는 건조물은 쉽게 이탈되지 않도록 할 것
4. 고온으로 가열건조한 인화성 액체는 발화의 위험이 없는 온도로 냉각한 후에 격납시킬 것
5. 건조설비(바깥 면이 현저히 고온이 되는 설비만 해당한다)에 가까운 장소에는 인화성 액체를 두지 않도록 할 것

093 트리에틸알루미늄에 화재가 발생하였을 때 다음 중 가장 적합한 소화약제는?

① 팽창질석
② 할로겐화합물
③ 이산화탄소
④ 물

화재등급별 소화방법

구분	A급 화재	B급 화재	C급 화재	D급 화재
명칭	보통화재	유류, 가스화재	전기화재	금속화재(Al분, Mg분)
주 소화효과	냉각	질식	냉각, 질식	질식
적응 소화재	물 소화기 강화액 소화기	포말 소화기 CO₂ 소화기 분말 소화기 증발성 액체 소화기	유기성 소화액 CO₂ 소화기 분말 소화기	건조사 팽창 질석 팽창 진주암
구분색	백색	황색	청색	—

094 액화 프로판 310kg을 내용적 50L 용기에 충전할 때 필요한 소요 용기의 수는 몇 개인가?(단, 액화 프로판의 가스정수는 2.35이다.)

① 15 ② 17
③ 19 ④ 21

해설
- 충전용량 = $\dfrac{\text{용기의 내용적}}{\text{가스정수}} = \dfrac{50}{2.35} = 21.276\,kg$
- 가스용기수 = $\dfrac{310}{21.276} = 14.57 \fallingdotseq 15$

095 산업안전보건법령상 위험물질의 종류와 해당 물질의 연결이 옳은 것은?

① 폭발성 물질 : 마그네슘 분말
② 인화성 고체 : 중크롬산
③ 산화성 물질 : 니트로소화합물
④ 인화성 가스 : 에탄

해설
- 마그네슘 분말 : 물반응성 물질 및 인화성 고체
- 중크롬산 : 산화성 액체 및 산화성 고체
- 니트로소화합물 : 폭발성 물질 및 유기과산화물

096 다음 가스 중 가장 독성이 큰 것은?

① CO ② $COCl_2$
③ NH_3 ④ H_2

해설
$COCl_2$(포스겐)
- 열가소성 수지인 폴리염화비닐(PVC), 수지류 등이 연소할 때 발생되며 맹독성가스로 허용농도는 0.1ppm(mg/m^3)이다.
- 일반적인 물질이 연소할 경우는 거의 생성되지 않지만 일산화탄소와 염소가 반응하여 생성하기도 한다.

097 가연성 기체의 분출 화재 시 주 공급밸브를 닫아서 연료공급을 차단하여 소화하는 방법은?

① 제거소화 ② 냉각소화
③ 희석소화 ④ 억제소화

해설
소화효과
- 냉각소화 : 냉각에 의한 온도 저하 소화방법, 액체의 증발잠열을 이용하고 열용량이 큰 고체를 이용
- 질식소화 : 산소의 공급을 차단하는 소화방법, 산소농도 저하로 인한 소화
- 제거소화 : 가연물을 제거하여 소화, 기체, 액체의 대화재의 경우 유일한 소화법
- 억제소화 : 연속적 관계의 차단 소화방법, 할로겐, 알칼리 금속 첨가로 불활성화

098 다음 중 산업안전보건법령상 물질안전보건 자료의 작성·제출 제외 대상이 아닌 것은?

① 원자력법에 의한 방사성 물질
② 농약관리법에 의한 농약
③ 비료관리법에 의한 비료
④ 관세법에 의해 수입되는 공업용 유기용제

물질안전보건자료의 작성·제출 제외 대상(산업안전보건법 시행령 제86조)
- 건강기능식품에 관한 법률에 따른 건강기능식품
- 농약관리법에 따른 농약
- 마약류 관리에 관한 법률에 따른 마약 및 향정신성의약품
- 비료관리법에 따른 비료
- 사료관리법에 따른 사료
- 생활주변방사선 안전관리법에 따른 원료물질
- 생활화학제품 및 살생물제의 안전관리에 관한 법률에 따른 안전확인대상생활화학제품 및 살생물제품 중 일반소비자의 생활용으로 제공되는 제품
- 식품위생법에 따른 식품 및 식품첨가물
- 약사법에 따른 의약품 및 의약외품
- 원자력안전법에 따른 방사성물질
- 위생용품 관리법에 따른 위생용품
- 의료기기법에 따른 의료기기
- 총포·도검·화약류 등의 안전관리에 관한 법률에 따른 화약류
- 폐기물관리법에 따른 폐기물
- 화장품법에 따른 화장품
- 일반소비자의 생활용으로 제공되는 것(일반소비자의 생활용으로 제공되는 화학물질 또는 혼합물이 사업장 내에서 취급되는 경우를 포함)
- 고용노동부장관이 정하여 고시하는 연구·개발용 화학물질 또는 화학제품
- 그 밖에 고용노동부장관이 독성·폭발성 등으로 인한 위해의 정도가 적다고 인정하여 고시하는 화학물질

099 다음 중 산업안전보건법령상 화학설비의 부속설비로만 이루어진 것은?

① 사이클론, 백필터, 전기집진기 등 분진처리설비
② 응축기, 냉각기, 가열기, 증발기 등 열교환기류
③ 고로 등 점화기를 직접 사용하는 열교환기류
④ 혼합기, 발포기, 압출기 등 화학제품 가공설비

화학설비 및 그 부속설비의 종류(산업안전보건기준에 관한 규칙 별표 7)

구분	세부 내용
화학설비	가. 반응기·혼합조 등 화학물질 반응 또는 혼합장치 나. 증류탑·흡수탑·추출탑·감압탑 등 화학물질 분리장치 다. 저장탱크·계량탱크·호퍼·사일로 등 화학물질 저장설비 또는 계량설비 라. 응축기·냉각기·가열기·증발기 등 열교환기류 마. 고로 등 점화기를 직접 사용하는 열교환기류 바. 캘린더(calender)·혼합기·발포기·인쇄기·압출기 등 화학제품 가공설비 사. 분쇄기·분체분리기·용융기 등 분체화학물질 취급장치 아. 결정조·유동탑·탈습기·건조기 등 분체화학물질 분리장치 자. 펌프류·압축기·이젝터(ejector) 등의 화학물질 이송 또는 압축설비

화학설비의 부속설비	가. 배관·밸브·관·부속류 등 화학물질 이송 관련 설비 나. 온도·압력·유량 등을 지시·기록 등을 하는 자동제어 관련 설비 다. 안전밸브·안전판·긴급차단 또는 방출밸브 등 비상조치 관련 설비 라. 가스누출감지 및 경보 관련 설비 마. 세정기, 응축기, 벤트스택(bent stack), 플레어스택(flare stack) 등 폐가스처리설비 바. 사이클론, 백필터(bag filter), 전기집진기 등 분진처리설비 사. 가목부터 바목까지의 설비를 운전하기 위하여 부속된 전기 관련 설비 아. 정전기 제거장치, 긴급 샤워설비 등 안전 관련 설비

100 증류탑에서 포종탑내에 설치되어 있는 포종의 주요 역할로 옳은 것은?

① 압력을 증가시켜주는 역할
② 탑내 액체를 이송하는 역할
③ 화학적 반응을 시켜주는 역할
④ 증기와 액체의 접촉을 용이하게 해주는 역할

포종(bubble cap)은 증류탑에서 증기와 액체의 접촉을 용이하게 해주는 역할을 하며, 증기를 거품상으로 분산시키기 위해 설치한다.

제 06 과목 건설공사 안전관리

101 작업발판 및 통로의 끝이나 개구부로서 근로자가 추락할 위험이 있는 장소에서 난간 등의 설치가 매우 곤란하거나 작업의 필요상 임시로 난간 등을 해체하여야 하는 경우에 설치하여야 하는 것은?

① 구명구
② 수직보호망
③ 추락방호망
④ 석면포

산업안전보건기준에 관한 규칙 제43조(개구부 등의 방호 조치) ① 사업주는 작업발판 및 통로의 끝이나 개구부로서 근로자가 추락할 위험이 있는 장소에는 안전난간, 울타리, 수직형 추락방망 또는 덮개 등(이하 이 조에서 "난간등"이라 한다)의 방호 조치를 충분한 강도를 가진 구조로 튼튼하게 설치하여야 하며, 덮개를 설치하는 경우에는 뒤집히거나 떨어지지 않도록 설치하여야 한다. 이 경우 어두운 장소에서도 알아볼 수 있도록 개구부임을 표시해야 하며, 수직형 추락방망은 한국산업표준에서 정하는 성능기준에 적합한 것을 사용해야 한다.
② 사업주는 난간등을 설치하는 것이 매우 곤란하거나 작업의 필요상 임시로 난간등을 해체하여야 하는 경우 제42조제2항 각 호의 기준에 맞는 추락방호망을 설치하여야 한다. 다만, 추락방호망을 설치하기 곤란한 경우에는 근로자에게 안전대를 착용하도록 하는 등 추락할 위험을 방지하기 위하여 필요한 조치를 하여야 한다.

102 지반조사의 목적에 해당되지 않는 것은?

① 토질의 성질 파악
② 지층의 분포 파악
③ 지하수위 및 피압수 파악
④ 구조물의 편심에 의한 적절한 침하 유도

지반조사의 목적
- 토질의 성질 파악
- 지하수위 및 피압수 파악
- 공사장 주변 구조물의 보호
- 지층의 분포 파악
- 지하매설물의 보호
- 경제적 설계 및 시공 시 안전 확보

103 풍화암의 굴착면 붕괴에 따른 재해를 예방하기 위한 굴착면의 적정한 기울기 기준은?

① 1 : 1.8
② 1 : 1.0
③ 1 : 0.5
④ 1 : 0.3

굴착면의 기울기 기준(산업안전보건기준에 관한 규칙 별표 11)

지반의 종류	굴착면의 기울기
모래	1 : 1.8
연암 및 풍화암	1 : 1.0
경암	1 : 0.5
그 밖의 흙	1 : 1.2

104 크레인 등 건설장비의 가공전선로 접근 시 안전대책으로 거리가 먼 것은?

① 안전 이격거리를 유지하고 작업한다.
② 장비의 조립, 준비시부터 가공전선로에 대한 감전 방지 수단을 강구한다.
③ 장비 사용 현장의 장애물, 위험물 등을 점검 후 작업계획을 수립한다.
④ 장비를 가공전선로 밑에 보관한다.

105 다음 중 차량계 건설기계에 속하지 않는 것은?

① 불도저
② 스크레이퍼
③ 타워크레인
④ 항타기

차량계 건설기계(산업안전보건기준에 관한 규칙 별표 6)
- 도저형 건설기계(불도저, 스트레이트도저, 틸트도저, 앵글도저, 버킷도저 등)
- 모터그레이더(땅 고르는 기계)
- 로더(포크 등 부착물 종류에 따른 용도 변경 형식을 포함한다)
- 스크레이퍼(흙을 절삭·운반하거나 펴 고르는 등의 작업을 하는 토공기계)
- 크레인형 굴착기계(크램쉘, 드래그라인 등)
- 굴삭기(브레이커, 크러셔, 드릴 등 부착물 종류에 따른 용도 변경 형식을 포함한다)
- 항타기 및 항발기

- 천공용 건설기계(어스드릴, 어스오거, 크롤러드릴, 점보드릴 등)
- 지반 압밀침하용 건설기계(샌드드레인머신, 페이퍼드레인머신, 팩드레인머신 등)
- 지반 다짐용 건설기계(타이어롤러, 매커덤롤러, 탠덤롤러 등)
- 준설용 건설기계(버킷준설선, 그래브준설선, 펌프준설선 등)
- 콘크리트 펌프카
- 덤프트럭
- 콘크리트 믹서 트럭
- 도로포장용 건설기계(아스팔트 살포기, 콘크리트 살포기, 아스팔트 피니셔, 콘크리트 피니셔 등)
- 위 각 항목의 기계와 유사한 구조 또는 기능을 갖는 건설기계로서 건설작업에 사용하는 것

106 산업안전보건관리비 계상 및 사용기준에 따른 공사 종류별 계상기준으로 옳은 것은?(단, 중건설공사이고, 대상액이 5억원 미만인 경우)

① 2.07%
② 3.11%
③ 3.15%
④ 3.64%

공사종류 및 규모별 산업안전보건관리비 계상기준표

공사종류 \ 구분	대상액 5억원 미만인 경우 적용비율	대상액 5억원 이상 50억원 미만인 경우		50억원 이상인 경우 적용비율	보건관리자 선임대상 건설공사의 적용비율
		적용비율	기초액		
건축공사	3.11%	2.28%	4,325,000원	2.37%	2.64%
토목공사	3.15%	2.53%	3,300,000원	2.60%	2.73%
중건설공사	3.64%	3.05%	2,975,000원	3.11%	3.39%
특수건설공사	2.07%	1.59%	2,450,000원	1.64%	1.78%

107 건설공사 시공단계에 있어서 안전관리의 문제점에 해당되는 것은?

① 발주자의 조사, 설계 발주능력 미흡
② 용역자의 조사, 설계 능력 부실
③ 발주자의 감독 소홀
④ 사용자의 시설 운영관리 능력 부족

건설공사 시공단계 점검사항
- 발주자, 공사감독·감리 강화
- 시공계획의 적정성 검토
- 검사시험 및 준공검사 철저
- 기성 및 준공검사 철저

108 유해위험방지계획서를 계획서를 제출하려고 할 때 그 첨부서류와 가장 거리가 먼 것은?

① 공사개요서
② 산업안전보건관리비 작성요령
③ 전체공정표
④ 재해 발생 위험 시 연락 및 대피 방법

유해위험방지계획서 첨부서류(산업안전보건법 시행규칙 별표 10)
- 공사 개요 및 안전보건관리계획
  - 공사 개요서
  - 공사현장의 주변 현황 및 주변과의 관계를 나타내는 도면(매설물 현황을 포함한다)
  - 건설물, 사용 기계설비 등의 배치를 나타내는 도면
  - 전체 공정표
  - 산업안전보건관리비 사용계획서
  - 안전관리 조직표
  - 재해 발생 위험 시 연락 및 대피방법
- 작업 공사 종류별 유해위험방지계획

109 흙막이 지보공을 설치하였을 때 정기적으로 점검하여 이상 발견 시 즉시 보수하여야 할 사항이 아닌 것은?

① 굴착 깊이의 정도
② 버팀대의 긴압의 정도
③ 부재의 접속부·부착부 및 교차부의 상태
④ 부재의 손상·변형·부식·변위 및 탈락의 유무와 상태

산업안전보건기준에 관한 규칙 제347조(붕괴 등의 위험 방지) ① 사업주는 흙막이 지보공을 설치하였을 때에는 정기적으로 다음 각 호의 사항을 점검하고 이상을 발견하면 즉시 보수하여야 한다.
1. 부재의 손상·변형·부식·변위 및 탈락의 유무와 상태
2. 버팀대의 긴압(緊壓)의 정도
3. 부재의 접속부·부착부 및 교차부의 상태
4. 침하의 정도

110 크레인의 운전실 또는 운전대를 통하는 통로의 끝과 건설물 등의 벽체의 간격은 최대 얼마 이하로 하여야 하는가?

① 0.2m ② 0.3m
③ 0.4m ④ 0.5m

산업안전보건기준에 관한 규칙 제145조(건설물 등의 벽체와 통로의 간격 등) 사업주는 다음 각 호의 간격을 0.3미터 이하로 하여야 한다. 다만, 근로자가 추락할 위험이 없는 경우에는 그 간격을 0.3미터 이하로 유지하지 아니할 수 있다.
1. 크레인의 운전실 또는 운전대를 통하는 통로의 끝과 건설물 등의 벽체의 간격
2. 크레인 거더(girder)의 통로 끝과 크레인 거더의 간격
3. 크레인 거더의 통로로 통하는 통로의 끝과 건설물 등의 벽체의 간격

111 달비계를 설치할 때 작업발판의 폭은 최소 얼마 이상으로 하여야 하는가?

① 30cm
② 40cm
③ 50cm
④ 60cm

산업안전보건기준에 관한 규칙 제63조(달비계의 구조)
① 사업주는 곤돌라형 달비계를 설치하는 경우에는 다음 각 호의 사항을 준수해야 한다.
1. 다음 각 목의 어느 하나에 해당하는 와이어로프를 달비계에 사용해서는 아니 된다.
   가. 이음매가 있는 것
   나. 와이어로프의 한 꼬임[(스트랜드(strand)를 말한다. 이하 같다)]에서 끊어진 소선(素線)[필러(pillar)선은 제외한다)]의 수가 10퍼센트 이상(비자전로프의 경우에는 끊어진 소선의 수가 와이어로프 호칭지름의 6배 길이 이내에서 4개 이상이거나 호칭지름 30배 길이 이내에서 8개 이상)인 것
   다. 지름의 감소가 공칭지름의 7퍼센트를 초과하는 것
   라. 꼬인 것
   마. 심하게 변형되거나 부식된 것
   바. 열과 전기충격에 의해 손상된 것
2. 다음 각 목의 어느 하나에 해당하는 달기 체인을 달비계에 사용해서는 아니 된다.
   가. 달기 체인의 길이가 달기 체인이 제조된 때의 길이의 5퍼센트를 초과한 것
   나. 링의 단면지름이 달기 체인이 제조된 때의 해당 링의 지름의 10퍼센트를 초과하여 감소한 것
   다. 균열이 있거나 심하게 변형된 것
3. 달기 강선 및 달기 강대는 심하게 손상·변형 또는 부식된 것을 사용하지 않도록 할 것
4. 달기 와이어로프, 달기 체인, 달기 강선, 달기 강대는 한쪽 끝을 비계의 보 등에, 다른 쪽 끝을 내민 보, 앵커볼트 또는 건축물의 보 등에 각각 풀리지 않도록 설치할 것
5. 작업발판은 폭을 40센티미터 이상으로 하고 틈새가 없도록 할 것
6. 작업발판의 재료는 뒤집히거나 떨어지지 않도록 비계의 보 등에 연결하거나 고정시킬 것
7. 비계가 흔들리거나 뒤집히는 것을 방지하기 위하여 비계의 보·작업발판 등에 버팀을 설치하는 등 필요한 조치를 할 것
8. 선반 비계에서는 보의 접속부 및 교차부를 철선·이음철물 등을 사용하여 확실하게 접속시키거나 단단하게 연결할 것
9. 근로자의 추락 위험을 방지하기 위하여 다음 각 목의 조치를 할 것
   가. 달비계에 구명줄을 설치할 것
   나. 근로자에게 안전대를 착용하도록 하고 근로자가 착용한 안전줄을 달비계의 구명줄에 체결(締結)하도록 할 것
   다. 달비계에 안전난간을 설치할 수 있는 구조인 경우에는 달비계에 안전난간을 설치할 것

112 산소결핍이라 함은 공기 중 산소농도가 몇 퍼센트(%) 미만일 때를 의미하는가?

① 20%
② 18%
③ 15%
④ 10%

용어의 정의(산업안전보건기준에 관한 규칙 제618조)
- 밀폐공간 : 산소결핍, 유해가스로 인한 질식·화재·폭발 등의 위험이 있는 장소
- 유해가스 : 이산화탄소·일산화탄소·황화수소 등의 기체로서 인체에 유해한 영향을 미치는 물질
- 적정공기 : 산소농도의 범위가 18% 이상 23.5% 미만, 이산화탄소의 농도가 1.5% 미만, 일산화탄소의 농도가 30ppm 미만, 황화수소의 농도가 10ppm 미만인 수준의 공기
- 산소결핍 : 공기 중의 산소농도가 18% 미만인 상태
- 산소결핍증 : 산소가 결핍된 공기를 들이마심으로써 생기는 증상

113 크레인을 사용하여 작업을 할 때 작업시작 전에 점검하여야 하는 사항에 해당하지 않는 것은?

① 권과방지장치 · 브레이크 · 클러치 및 운전장치의 기능
② 주행로의 상측 및 트롤리가 횡행하는 레일의 상태
③ 와이어로프가 통하고 있는 곳의 상태
④ 압력 방출 장치의 기능

작업시작 전 점검사항(산업안전보건기준에 관한 규칙 별표 3)

작업의 종류	점검내용
프레스 등을 사용하여 작업을 할 때	• 클러치 및 브레이크의 기능 • 크랭크축 · 플라이휠 · 슬라이드 · 연결봉 및 연결 나사의 풀림여부 • 1행정 1정지기구 · 급정지장치 및 비상정지장치의 기능 • 슬라이드 또는 칼날에 의한 위험방지 기구의 기능 • 프레스의 금형 및 고정볼트 상태 • 방호장치의 기능 • 전단기(剪斷機)의 칼날 및 테이블의 상태
로봇의 작동 범위에서 그 로봇에 관하여 교시 등(로봇의 동력원을 차단하고 하는 것은 제외)의 작업을 할 때	• 외부 전선의 피복 또는 외장의 손상 유무 • 매니퓰레이터(manipulator) 작동의 이상 유무 • 제동장치 및 비상정지장치의 기능
공기압축기를 가동할 때	• 공기저장 압력용기의 외관 상태 • 드레인밸브(drain valve)의 조작 및 배수 • 압력방출장치의 기능 • 언로드밸브(unloading valve)의 기능 • 윤활유의 상태 • 회전부의 덮개 또는 울 • 그 밖의 연결 부위의 이상 유무
크레인을 사용하여 작업을 하는 때	• 권과방지장치 · 브레이크 · 클러치 및 운전장치의 기능 • 주행로의 상측 및 트롤리(trolley)가 횡행하는 레일의 상태 • 와이어로프가 통하고 있는 곳의 상태

114 흙막이 공법을 흙막이 지지방식에 의한 분류와 구조방식에 의한 분류로 나눌 때 다음 중 지지방식에 의한 분류에 해당하는 것은?

① 수평 버팀대식 흙막이 공법
② H-Pile 공법
③ 지하연속벽 공법
④ Top down method 공법

구조방식에 의한 분류
• 지하연속벽 공법
• H-Pile 공법
• Top down method 공법
• 널말뚝공법

115 그물코의 크기가 10cm인 매듭 없는 방망사신품의 인장강도는 최소 얼마 이상이어야 하는가?

① 240kg ② 320kg
③ 400kg ④ 500kg

방망사의 신품에 대한 인장 강도(※괄호 안은 폐기기준)

그물코의 종류	방망의 종류(단위 : kg)	
	매듭이 없는 방망	매듭 방망
10cm	240(150)	200(135)
5cm	–	110(60)

116 항타기 및 항발기에 관한 설명으로 옳지 않은 것은?

① 도괴방지를 위해 시설 또는 가설물 등에 설치하는 때에는 그 내력을 확인하고 내력이 부족하면 그 내력을 보강해야 한다.
② 와이어로프의 한 꼬임에서 끊어진 소선(필러선을 제외한다)의 수가 10% 이상인 것은 권상용 와이어로프로 사용을 금한다.
③ 지름 감소가 공칭지름의 7%를 초과하는 것은 권상용 와이어로프로 사용을 금한다.
④ 권상용 와이어로프의 안전계수가 4 이상이 아니면 이를 사용하여서는 아니 된다.

산업안전보건기준에 관한 규칙 제211조(권상용 와이어로프의 안전계수) 사업주는 항타기 또는 항발기의 권상용 와이어로프의 안전계수가 5 이상이 아니면 이를 사용해서는 아니 된다.

117 굴착과 싣기를 동시에 할 수 있는 토공기계가 아닌 것은?

① Power shovel ② Tractor shovel
③ Back hoe ④ Motor grader

모터 그레이더(Motor grader)는 엔진이나 유압에 의해 주행할 수 있는 그레이더로 고무타이어의 전륜과 후륜 사이에 토공판(블레이드, blade)을 부착하여 주로 노면을 평활하게 깎아내는 작업을 수행하는 정지작업용 건설기계이다.

118 다음은 강관을 사용하여 비계를 구성하는 경우에 대한 내용이다. 다음 ( ) 안에 들어갈 내용으로 옳은 것은?

비계기둥의 간격은 띠장 방향에서는 ( ), 장선 방향에서는 1.5m 이하로 할 것

① 1.5m 이하 ② 1.8m 이하
③ 1.85m 이하 ④ 2.0m 이하

산업안전보건기준에 관한 규칙 제60조(강관비계의 구조) 사업주는 강관을 사용하여 비계를 구성하는 경우 다음 각 호의 사항을 준수해야 한다.
1. 비계기둥의 간격은 띠장 방향에서는 1.85미터 이하, 장선(長線) 방향에서는 1.5미터 이하로 할 것. 다만, 다음 각 목의 어느 하나에 해당하는 작업의 경우에는 안전성에 대한 구조검토를 실시하고 조립도를 작성하면 띠장 방향 및 장선 방향으로 각각 2.7미터 이하로 할 수 있다.
   가. 선박 및 보트 건조작업
   나. 그 밖에 장비 반입·반출을 위하여 공간 등을 확보할 필요가 있는 등 작업의 성질상 비계기둥 간격에 관한 기준을 준수하기 곤란한 작업
2. 띠장 간격은 2.0미터 이하로 할 것. 다만, 작업의 성질상 이를 준수하기가 곤란하여 쌍기둥틀 등에 의하여 해당 부분을 보강한 경우에는 그러하지 아니하다.
3. 비계기둥의 제일 윗부분으로부터 31미터되는 지점 밑부분의 비계기둥은 2개의 강관으로 묶어 세울 것. 다만, 브라켓(bracket, 까치발) 등으로 보강하여 2개의 강관으로 묶을 경우 이상의 강도가 유지되는 경우에는 그러하지 아니하다.
4. 비계기둥 간의 적재하중은 400킬로그램을 초과하지 않도록 할 것

119 콘크리트 타설 시 거푸집의 측압에 영향을 미치는 인자들에 관한 설명으로 옳지 않은 것은?

① 슬럼프가 클수록 작다.
② 타설속도가 빠를수록 크다.
③ 거푸집 속의 콘크리트 온도가 낮을수록 크다.
④ 콘크리트의 타설높이가 높을수록 크다.

콘크리트의 측압이 커지는 조건
- 기온이 낮을수록(대기 중의 습도가 낮을수록)
- 치어붓기 속도가 클수록
- 굵은 콘크리트 일수록(물·시멘트비가 클수록, 슬럼프 값이 클수록, 시멘트·물비가 적을수록)
- 콘크리트의 비중이 클수록
- 콘크리트의 다지기가 강할수록
- 철근양이 적을수록
- 거푸집의 수밀성이 높을수록
- 거푸집의 수평단면이 클수록(벽두께가 클수록)
- 거푸집의 강성이 클수록
- 거푸집의 표면이 매끄러울수록
- 측압은 생콘크리트의 높이가 높을수록 커지나 일정한 높이에 이르면 측압의 증가는 없다.

120 흙의 투수계수에 영향을 주는 인자에 관한 설명으로 옳지 않은 것은?

① 공극비 : 공극비가 클수록 투수계수는 작다.
② 포화도 : 포화도가 클수록 투수계수도 크다.
③ 유체의 점성계수 : 점성계수가 클수록 투수계수는 작다.
④ 유체의 밀도 : 유체의 밀도가 클수록 투수계수는 크다.

공극비가 클수록 투수계수는 크다.

정답 2017년 03월 05일 최근 기출문제

001 ③	002 ②	003 ④	004 ②	005 ①	006 ②	007 ④	008 ①	009 ③	010 ①
011 ②	012 ②	013 ①	014 ②	015 ①	016 ③	017 ①	018 ③	019 ①	020 ④
021 ②	022 ②	023 ②	024 ④	025 ②	026 ①	027 ①	028 ④	029 ②	030 ③
031 ①	032 ④	033 ③	034 ③	035 ③	036 ④	037 ④	038 ①	039 ③	040 ④
041 ②	042 ①	043 ④	044 ②	045 ②	046 ③	047 ③	048 ③	049 ①	050 ④
051 ③	052 ④	053 ②	054 ①	055 ④	056 ③	057 ③	058 ①	059 ④	060 ④
061 ②	062 ①	063 ①	064 ②	065 ①	066 ④	067 ④	068 ②	069 ①	070 ②
071 ①	072 ④	073 ②	074 ④	075 ①	076 ④	077 ①	078 ②	079 ①	080 ③
081 ③	082 ④	083 ①	084 ④	085 ②	086 ③	087 ①	088 ②	089 ④	090 ③
091 ①	092 ②	093 ①	094 ①	095 ④	096 ②	097 ③	098 ①	099 ①	100 ④
101 ③	102 ④	103 ②	104 ④	105 ③	106 ④	107 ③	108 ①	109 ①	110 ②
111 ②	112 ②	113 ④	114 ①	115 ①	116 ④	117 ④	118 ③	119 ①	120 ①

2017년 05월 07일

최근 기출문제

QUESTIONS FROM PREVIOUS TESTS

제 01 과목 산업재해 예방 및 안전보건교육

001 산업안전보건법상 안전관리자의 업무에 해당되지 않는 것은?

① 업무수행 내용의 기록·유지
② 산업재해에 관한 통계의 유지·관리·분석을 위한 보좌 및 조언·지도
③ 법 또는 법에 따른 명령으로 정한 안전에 관한 사항의 이행에 관한 보좌 및 조언·지도
④ 작업장 내에서 사용되는 전체 환기장치 및 국소 배기장치 등에 관한 설비의 점검과 작업방법의 공학적 개선에 관한 보좌 및 조언·지도

안전관리자의 업무(산업안전보건법 시행령 제18조)
- 산업안전보건위원회 또는 안전 및 보건에 관한 노사협의체에서 심의·의결한 업무와 해당 사업장의 안전보건관리규정 및 취업규칙에서 정한 업무
- 위험성평가에 관한 보좌 및 지도·조언
- 안전인증대상기계등과 자율안전확인대상기계등 구입 시 적격품의 선정에 관한 보좌 및 지도·조언
- 해당 사업장 안전교육계획의 수립 및 안전교육 실시에 관한 보좌 및 지도·조언
- 사업장 순회점검, 지도 및 조치 건의
- 산업재해 발생의 원인 조사·분석 및 재발 방지를 위한 기술적 보좌 및 지도·조언
- 산업재해에 관한 통계의 유지·관리·분석을 위한 보좌 및 지도·조언
- 법 또는 법에 따른 명령으로 정한 안전에 관한 사항의 이행에 관한 보좌 및 지도·조언
- 업무 수행 내용의 기록·유지
- 그 밖에 안전에 관한 사항으로서 고용노동부장관이 정하는 사항

002 버드(Bird)의 재해분포에 따르면 20건의 경상(물적, 인적상해)사고가 발생했을 때 무상해, 무사고(위험순간) 고장은 몇 건이 발생하겠는가?

① 600
② 800
③ 1200
④ 1600

버드(Bird)의 재해분포에 따르면 중상 또는 폐질 1, 경상(물적 또는 인적상해) 10, 무상해사고(물적손실) 30, 무상해 무사고 고장(위험순간) 600의 비율로 사고가 발생한다.

003 산업안전보건법상 관리감독자 안전보건교육 중 정기교육 내용이 아닌 것은?(단, 그 밖의 관리감독자의 직무에 관한 사항은 제외한다.)

① 유해 · 위험 작업환경 관리에 관한 사항
② 표준안전작업방법 및 지도 · 감독 요령에 관한 사항
③ 작업공정의 유해 · 위험과 재해 예방대책에 관한 사항
④ 기계 · 기구의 위험성과 작업의 순서 및 동선에 관한 사항

해설

관리감독자 정기교육 내용(산업안전보건법 시행규칙 별표 5)
- 산업안전 및 산업재해 예방에 관한 사항(화재·폭발 사고 발생 시 대피에 관한 사항 포함)
- 산업보건 및 건강장해 예방에 관한 사항(폭염·한파작업으로 인한 건강장해 발생 시 응급조치에 관한 사항 포함)
- 위험성평가에 관한 사항
- 유해 · 위험 작업환경 관리에 관한 사항
- 산업안전보건법령 및 산업재해보상보험 제도에 관한 사항
- 직무스트레스 예방 및 관리에 관한 사항
- 직장 내 괴롭힘, 고객의 폭언 등으로 인한 건강장해 예방 및 관리에 관한 사항
- 작업공정의 유해 · 위험과 재해 예방대책에 관한 사항
- 사업장 내 안전보건관리체제 및 안전 · 보건조치 현황에 관한 사항
- 표준안전 작업방법 결정 및 지도 · 감독 요령에 관한 사항
- 현장근로자와의 의사소통능력 및 강의능력 등 안전보건교육 능력 배양에 관한 사항
- 비상시 또는 재해 발생 시 긴급조치에 관한 사항
- 그 밖의 관리감독자의 직무에 관한 사항

004 산업안전보건법상 방독마스크 사용이 가능한 공기 중 최소 산소농도 기준은 몇 % 이상인가?

① 14%   ② 16%
③ 18%   ④ 20%

해설

방독마스크는 산소농도가 18% 이상인 장소에서 사용하여야 하고, 고농도와 중농도에서 사용하는 방독마스크는 전면형(격리식, 직결식)을 사용해야 한다.

005 시몬즈(Simonds)의 재해손실비용 산정방식에 있어 비보험코스트에 포함되지 않는 것은?

① 영구 전노동불능 상해
② 영구 부분노동불능 상해
③ 일시 전노동불능 상해
④ 일시 부분노동불능 상해

해설

시몬즈(R. H. Simonds) 방식
- 총재해손실비(Cost) = 산재보험 코스트 + 비보험 코스트
- 산재보험 코스트 : 산업재해보상보험법에 의해 보상된 금액과 보험회사의 보상에 관련된 제경비 및 이익금을 합친 금액
- 비보험 코스트 = (휴업상해건수 × A) + (통원상해건수 × B) + (응급조치건수 × C) + (무상해 사고건수 × D)
※ 여기서 A, B, C, D는 장해 정도별에 의한 비보험 코스트의 평균치

006 하인리히 사고예방대책의 기본원리 5단계로 옳은 것은?

① 조직 → 사실의 발견 → 분석 → 시정방법의 선정 → 시정책의 적용
② 조직 → 분석 → 사실의 발견 → 시정방법의 선정 → 시정책의 적용
③ 사실의 발견 → 조직 → 분석 → 시정방법의 선정 → 시정책의 적용
④ 사실의 발견 → 분석 → 조직 → 시정방법의 선정 → 시정책의 적용

사고예방대책의 기본원리 5단계(사고방지원리의 단계)
- 1단계 – 조직
- 2단계 – 사실의 발견
- 3단계 – 분석평가
- 4단계 – 시정방법의 선정
- 5단계 – 시정책의 적용(3E 적용)

007 교육훈련의 4단계를 올바르게 나열한 것은?

① 도입 → 적용 → 제시 → 확인
② 도입 → 확인 → 제시 → 적용
③ 적용 → 제시 → 도입 → 확인
④ 도입 → 제시 → 적용 → 확인

교육법의 4단계
- 제1단계-도입(준비) : 배우고자 하는 마음가짐을 일으키도록 도입
- 제2단계-제시(설명) : 상대의 능력에 따라 교육하고 내용을 확실하게 이해시키고 납득시켜 다시 기능으로서 습득시킴
- 제3단계-적용(응용) : 이해시킨 내용을 구체적인 문제 또는 실제문제로 활용시키거나 응용시킴
- 제4단계-확인(총괄) : 교육내용을 정확하게 이해하고 습득하였는지의 여부를 확인

008 직무적성검사의 특징과 가장 거리가 먼 것은?

① 재현성
② 객관성
③ 타당성
④ 표준화

심리적성검사의 구비조건
- 표준화 : 검사관리를 위한 조건과 검사 절차의 일관성과 통일성
- 객관성 : 검사결과의 채점에 관한 것으로, 채점하는 과정에서 채점자의 편견이나 주관성이 배제되어야 하며 어떤 사람이 채점하여도 동일한 결과를 얻어야 함
- 규준(Norms) : 검사의 결과를 해석하기 위해서는 비교할 수 있는 참조 또는 비교의 어떤 틀이 있어야 하는데, 이 틀은 검사규준이 제공
- 신뢰성 : 검사응답의 일관성, 즉 반복성을 말하는 것
- 타당성 : 측정하고자 하는 것을 실제로 잘 측정하는지의 여부를 판별하는 것

009 아담스(Edward Adams)의 사고연쇄 반응이론 중 관리자가 의사결정을 잘못하거나 감독자가 관리적 잘못을 하였을 때의 단계에 해당되는 것은?

① 사고
② 작전적 에러
③ 관리구조 결함
④ 전술적 에러

아담스(Adams)의 연쇄이론
- 관리구조 : 목적(목적, 수행표준, 사정, 측정), 조직(명령체제, 관리의 범위, 권한과 임무의 위임, 스탭), 운영(설계, 설비, 조달, 계획, 절차, 환경 등)
- 작전적(전략적) 에러 : 관리자나 감독자에 의해서 만들어진 에러
  - 관리자의 행동 : 정책, 목표, 권위, 결과에 대한 책임, 책무, 주위의 넓이, 권한위임 등과 같은 영역에서 의사결정이 잘못 행해지든가 행해지지 않는다.
  - 감독자의 행동 : 행위, 책임, 권위, 규칙, 지도, 주도성(솔선수범), 의욕, 업무(운영) 등과 같은 영역에서의 관리상의 잘못 또는 생략이 행해진다.
- 전술적 에러 : 불안전한 행동 및 불안전한 상태를 전술적 에러
- 사고 : 사고의 발생 부상해 사고, 물적 손실사고
- 상해 또는 손해 : 대인, 대물

010 재해조사의 목적에 해당되지 않는 것은?

① 재해발생 원인 및 결함 규명 ② 재해관련 책임자 문책
③ 재해예방 자료수집   ④ 동종 및 유사재해 재발방지

재해조사의 목적 및 순서
- 재해조사의 목적 : 동종재해 및 유사재해의 재발방지
- 재해조사의 순서 : 현장확인 → 목격자 및 관계자 진술 → 자료수집 → 검증(사고의 실연 검증) → 분석 및 평가 → 재확인

011 주의의 특성에 관한 설명 중 틀린 것은?

① 한 지점에 주의를 집중하면 다른 곳에의 주의는 약해진다.
② 장시간 주의를 집중하려 해도 주기적으로 부주의의 리듬이 존재한다.
③ 의식이 과잉상태인 경우 최고의 주의집중이 가능해진다.
④ 여러 자극을 지각할 때 소수의 현란한 자극에 선택적 주의를 기울이는 경향이 있다.

주의의 특징
- 선택성 : 여러 종류의 자극을 자각할 때 소수의 특정한 것에 한하여 선택하는 기능
- 방향성 : 주시점만 인지하는 기능
- 변동성 : 주의에는 주기적으로 부주의의 리듬이 존재

012 무재해운동의 기본이념 3원칙 중 다음에서 설명하는 것은?

> 직장 내의 모든 잠재위험요인을 적극적으로 사전에 발견, 파악, 해결함으로서 뿌리에서부터 산업재해를 제거하는 것

① 무의 원칙   ② 선취의 원칙
③ 참가의 원칙   ④ 확인의 원칙

무재해운동의 3원칙
- 무(Zero)의 원칙 : 산재 위험의 잠재요인을 근원적으로 해결하기 위한 원칙
- 선취의 원칙 : 위험요인 행동 전에 예지, 발견
- 참가의 원칙 : 전원(근로자, 회사 내 전종업원, 근로자 가족) 참가

013 위험예지훈련 중 작업현장에서 그 때 그 장소의 상황에 즉응하여 실시하는 것은?

① 자문자답 위험예지훈련　② T.B.M 위험예지훈련
③ 시나리오 역할연기훈련　④ 1인 위험예지훈련

TBM(Tool Box Meeting)
- 현장에서 그 때 그 장소의 상황에 즉응하여 실시한다.
- 10명 이하의 소수가 적합하며, 시간은 10분 정도가 바람직하다.
- 사전에 주제를 정하고 자료 등을 준비한다.
- 결론은 가급적 서두르지 않는다.

014 도수율이 12.5인 사업장에서 근로자 1명에게 평생 동안 약 몇 건의 재해가 발생하겠는가?(단, 평생근로년수는 40년, 평생근로시간은 잔업시간 4000시간을 포함하여 80000시간으로 가정한다.)

① 1　② 2
③ 4　④ 12

환산도수율 = 도수율 × $\dfrac{\text{평생근로시간}}{1000000}$ = $12.5 \times \dfrac{80000}{1000000}$ = 1

015 토의법의 유형 중 다음에서 설명하는 것은?

> 새로운 자료나 교재를 제시하고, 문제점을 피교육자로 하여금 제기하도록 하거나 피교육자의 의견을 여러 가지 방법으로 발표하게 하고 청중과 토론자간 활발한 의견개진 과정을 통하여 합의를 도출해 내는 방법이다.

① 포럼　② 심포지엄
③ 자유토의　④ 패널 디스커션

토의(회의)방식
- 포럼(Forum, 공개토론회) : 새로운 자료나 교재를 제시하고 거기서의 문제점을 피교육자로 하여금 제기하도록 하거나 의견을 여러 가지 방법으로 발표하게 하고 다시 깊이 파고들어 토의를 행하는 방법
- 심포지엄(Symposium) : 몇 사람의 전문가에 의하여 과제에 관한 견해를 발표한 뒤 참가자로 하여금 의견이나 질문을 하게 하여 토의하는 방법
- 자유토의(Free Discussion Method) : 참가자는 고정적인 규칙이나 리더에게 얽매이지 않고 자유롭게 의견이나 태도를

표명하며, 지식이나 정보를 상호 제공하고 교환함으로써 참가자 상호간의 의견이나 견해의 차이를 상호작용으로 조정하여 집단으로 의견을 요약해 나가는 방법
• 패널 디스커션(Panel Discussion) : 패널 멤버(교육과제에 정통한 전문가 4~5명)가 피교육자 앞에서 자유롭게 토의를 하고 뒤에 피교육자 전원이 참가하여 사회자의 사회에 따라 토의하는 방법

016 레빈(Lewin)은 인간의 행동 특성을 다음과 같이 표현하였다. 변수 "E"가 의미하는 것은?

$$B = f(P \cdot E)$$

① 연령 ② 성격
③ 작업환경 ④ 지능

Lewin K의 법칙

Lewin은 인간의 행동(B)은 그 사람이 가진 자질 즉, 개체(P)와 심리학적 환경(E)과의 상호 함수관계에 있다고 규정함.
$B = f(P \cdot E)$
• B : Behavior(인간의 행동)
• f : Function(함수관계 : 적성 및 기타 P와 E에 영향을 미칠 수 있는 조건)
• P : Person(개체 : 연령, 경험, 심신상태, 성격, 지능 등)
• E : Environment(심리적 환경 : 인간관계, 작업환경 등)

017 산업안전보건법상 안전보건표지의 종류 중 보안경 착용이 표시된 안전보건표지는?

① 안내표지 ② 금지표지
③ 경고표지 ④ 지시표지

지시표지의 종류

301 보안경 착용	302 방독마스크 착용	303 방진마스크 착용	304 보안면 착용	305 안전모 착용	306 귀마개 착용	307 안전화 착용	308 안전장갑 착용	309 안전복 착용

018 Off.J.T 교육의 특징에 해당되는 것은?

① 많은 지식, 경험을 교류할 수 있다.
② 교육 효과가 업무에 신속히 반영된다.
③ 현장의 관리 감독자가 강사가 되어 교육을 한다.
④ 다수의 대상자를 일괄적으로 교육하기 어려운 점이 있다.

OJT와 off JT의 특징

OJT	off JT
• 개개인에게 적합한 지도훈련이 가능 • 직장의 실정에 맞는 실체적 훈련 • 훈련에 필요한 업무의 계속성 • 즉시 업무에 연결되는 관계로 신체와 관련 • 효과가 곧 업무에 나타나며 훈련의 좋고 나쁨에 따라 개선이 용이 • 교육을 통한 훈련 효과에 의해 상호 신뢰이해도가 높아짐	• 다수의 근로자에게 조직적 훈련이 가능 • 훈련에만 전념 • 특별 설비 기구를 이용 • 전문가를 강사로 초청 • 각 직장의 근로자가 많은 지식이나 경험을 교류 • 교육 훈련 목표에 대해서 집단적 노력이 흐트러 질 수도 있음

019 산업안전보건법상 안전보건관리책임자 등에 대한 교육시간 기준으로 틀린 것은?

① 보건관리자, 보건관리전문기관의 종사자 보수교육 : 24시간 이상
② 안전관리자, 안전관리전문기관의 종사자 신규교육 : 34시간 이상
③ 안전보건관리책임자의 보수교육 : 6시간 이상
④ 재해예방 전문지도기관의 종사자 신규교육 : 24시간 이상

안전보건관리책임자 등에 대한 교육(산업안전보건법 시행규칙 별표 4)

교육대상	교육시간	
	신규교육	보수교육
안전보건관리책임자	6시간 이상	6시간 이상
안전관리자, 안전관리전문기관의 종사자	34시간 이상	24시간 이상
보건관리자, 보건관리전문기관의 종사자	34시간 이상	24시간 이상
재해예방 전문지도기관의 종사자	34시간 이상	24시간 이상
석면조사기관의 종사자	34시간 이상	24시간 이상
안전보건관리담당자	–	8시간 이상
안전검사기관, 자율안전검사기관의 종사자	34시간 이상	24시간 이상

020 안전점검표(Check list)에 포함되어야 할 사항이 아닌 것은?

① 점검대상
② 판정기준
③ 점검방법
④ 조치결과

체크리스트에 포함되어야 할 사항(체크리스트 작성 항목)
• 점검대상
• 점검부분(점검개소)

- 점검항목(점검내용 : 마모, 균열, 부식, 파손, 변형 등)
- 점검주기 또는 기간(점검시기)
- 점검방법(육안점검, 기능점검, 기기점검, 정밀점검)
- 판정기준(자체검사기준, 법령에 의한 기준, KS기준 등)
- 조치사항(점검결과에 따른 결함의 시정사항)

제 02 과목 인간공학 및 위험성 평가 · 관리

021 A 제지회사의 유아용 화장지 생산 공정에서 작업자의 불안전한 행동을 유발하는 상황이 자주 발생하고 있다. 이를 해결하기 위한 개선의 ECRS에 해당하지 않는 것은?

① Combine ② Standard
③ Eliminate ④ Rearrange

작업위험 분석방법(E.C.R.S) : 제거(Eliminate), 결합(Combine), 재조정(Rearrange), 단순화(Simplify)

022 결함수분석법에서 path set 에 관한 설명으로 맞는 것은?

① 시스템의 약점을 표현한 것이다.
② Top 사상을 발생시키는 조합이다.
③ 시스템이 고장 나지 않도록 하는 사상의 조합이다.
④ 시스템고장을 유발시키는 필요불가결한 기본사상들의 집합이다.

컷과 패스

- 컷셋(cut sets) : 그 속에 포함되어 있는 모든 기본사상(통상, 생략, 결함사상을 포함)이 일어났을 때 정상사상(top event)을 일으키는 기본사상의 집합
- 최소 컷셋(minimal cut sets) : 컷셋 중 그 부분집합만으로는 정상사상을 일으키는 일이 없는 것, 즉 정상사상(top event)을 일으키기 위한 최소한의 컷셋으로 어떤 고장이나 에러를 일으키면 재해가 일어나는가 하는 것 즉, 시스템의 위험성(역으로는 안전성)을 나타내는 것
- 패스셋(path sets) : 시스템이 고장 나지 않도록 하는 사상의 조합
- 최소 패스셋(minimal path sets) : 시스템이 고장 나지 않도록 하는 최소한의 패스셋으로 어떤 고장이나 패스를 일으키지 않으면 재해는 일어나지 않는다는 것 즉, 시스템의 신뢰성을 나타내는 것

023 고령자의 정보처리 과업을 설계할 경우 지켜야 할 지침으로 틀린 것은?

① 표시 신호를 더 크게 하거나 밝게 한다.
② 개념, 공간, 운동 양립성을 높은 수준으로 유지한다.
③ 정보처리 능력에 한계가 있으므로 시분할 요구량을 늘린다.
④ 제어표시장치를 설계할 때 불필요한 세부내용을 줄인다.

고령자의 정보처리 과업을 설계할 경우 준수해야 할 지침
- 표시 신호를 더 크게 하거나 밝게 한다.
- 개념, 공간, 운동 양립성을 높은 수준으로 유지한다.
- 제어표시장치를 설계할 때 불필요한 세부내용을 줄인다.
- 정보처리 능력에 한계가 있으므로 시분할 요구량을 줄인다.

024 자극과 반응의 실험에서 자극 A가 나타날 경우 1로 반응하고 자극 B가 나타날 경우 2로 반응하는 것으로 하고, 100회 반복하여 표와 같은 결과를 얻었다. 제대로 전달된 정보량을 계산하면 약 얼마인가?

자극＼반응	1	2
A	50	−
B	10	40

① 0.610　　② 0.871
③ 1.000　　④ 1.361

자극＼반응	1	2	H(x)
A	50	−	50
B	10	40	50
H(y)	60	40	100

- 정보량 $H = \log_2 n = \log_2 \frac{1}{P}$
- 자극정보량 $H_x = (\log_2 \frac{1}{0.5} \times 0.5) + (\log_2 \frac{1}{0.5} \times 0.5) = 1$
- 반응정보량 $H_y = (\log_2 \frac{1}{0.6} \times 0.6) + (\log_2 \frac{1}{0.4} \times 0.4) = 0.971$
- 자극반응정보량 $H_{xy} = (\log_2 \frac{1}{0.5} \times 0.5) + (\log_2 \frac{1}{0.0} \times 0) + (\log_2 \frac{1}{0.1} \times 0.1) + (\log_2 \frac{1}{0.4} \times 0.4) = 1.361$
- 정보전달량 $= H_x + H_y - H_{xy} = 1 + 0.971 - 1.361 = 0.61$

025 결함수분석법(FTA)에서의 미니멀 컷셋과 미니멀 패스셋에 관한 설명으로 맞는 것은?

① 미니멀 컷셋은 시스템의 신뢰성을 표시하는 것이다.
② 미니멀 패스셋은 시스템의 위험성을 표시하는 것이다.
③ 미니멀 패스셋은 시스템의 고장을 발생시키는 최소의 패스셋이다.
④ 미니멀 컷셋은 정상사상(top event)을 일으키기 위한 최소한의 컷셋이다.

미니멀 컷셋과 미니멀 패스셋
- 미니멀 컷셋(Minimal Cut Sets) : 컷 중 그 부분집합만으로는 정상사상을 일으키는 일이 없는 것, 즉 정상사상(top event)을 일으키기 위한 최소한의 컷셋
- 미니멀 패스셋(Minimal Path Sets) : 시스템이 고장 나지 않도록 하는 최소한의 패스셋

026 자극 – 반응 조합의 관계에서 인간의 기대와 모순되지 않는 성질을 무엇이라 하는가?

① 양립성 ② 적응성
③ 변별성 ④ 신뢰성

양립성(Compatibility)
- 개념적 정의 : 정보입력 및 처리와 관련한 양립성은 인간의 기대와 모순되지 않는 자극들 간, 반응들 간의 또는 자극반응 조합의 관계를 말하는 것
- 양립성의 구분
  - 공간 양립성 : 표시장치가 조종장치에서 물리적 형태나 공간적인 배치의 양립성
  - 운동 양립성 : 표시 및 조종장치의 운동 방향의 양립성
  - 개념 양립성 : 사람들이 가지고 있는 개념적 연상(어떤 암호체계에서 청색이 정상을 나타내듯이)의 양립성
  - 양식 양립성 : 기계가 특정 음성에 대해 정해진 반응을 하는 것과 같이 직무에 알맞은 자극과 응답양식의 존재에 대한 양립성

027 인간 – 기계시스템에 관한 내용으로 틀린 것은?

① 인간 성능의 고려는 개발의 첫 단계에서부터 시작되어야 한다.
② 기능 할당 시에 인간 기능에 대한 초기의 주의가 필요하다.
③ 평가 초점은 인간 성능의 수용가능한 수준이 되도록 시스템을 개선하는 것이다.
④ 인간 – 컴퓨터 인터페이스 설계는 인간보다 기계의 효율이 우선적으로 고려되어야 한다.

인간 – 컴퓨터 인터페이스 설계는 기계보다 인간의 효율이 우선적으로 고려되어야 한다.

028 반사율이 85%, 글자의 밝기가 400cd/m²인 VDT 화면에 350lx의 조명이 있다면 대비는 약 얼마인가?

① -2.8 ② -4.2
③ -5.0 ④ -6.0

반사율 = $\dfrac{광속발산도}{조명}$ = $\dfrac{350 \times 0.85}{3.14}$ = 94.75

∴ 94.75 + 400 = 494.75

대비 = $\dfrac{L_b - L_t}{L_b}$ = $\dfrac{94.75 - 494.75}{94.75}$ = -4.22

029 신호검출이론에 대한 설명으로 틀린 것은?

① 신호와 소음을 쉽게 식별할 수 없는 상황에 적용된다.
② 일반적인 상황에서 신호 검출을 간섭하는 소음이 있다.
③ 통제된 실험실에서 얻은 결과를 현장에 그대로 적용 가능하다.
④ 긍정(hit), 허위(false alarm), 누락(miss), 부정(correct rejection)의 네 가지 결과로 나눌 수 있다.

통제된 실험실에서 얻은 결과를 현장에 그대로 적용하는 것은 불가능하다.

030 근섬유의 직경이 작아서 큰 힘을 발휘하지 못하지만 장시간 지속시키고 피로가 쉽게 발생하지않는 골격근의 근섬유는 무엇인가?

① Type S 근섬유
② Type Ⅱ 근섬유
③ Type F 근섬유
④ Type Ⅲ 근섬유

031 의자 설계의 인간공학적 원리로 틀린 것은?

① 쉽게 조절할 수 있도록 한다.
② 추간판의 압력을 줄일 수 있도록 한다.
③ 등근육의 정적 부하를 줄일 수 있도록 한다.
④ 고정된 자세로 장시간 유지할 수 있도록 한다.

의자 설계원칙
- 체중분포 : 체중이 좌골 결절에 실려야 편안하다.
- 의자 좌판의 높이 : 좌판 앞부분이 오금 높이 보다 높지 않아야 한다.
- 의자 좌판의 깊이와 폭 : 폭은 큰 사람에게, 깊이는 작은 사람에게 맞도록 해야 한다.
- 몸통의 안정 : 의자의 좌판 각도는 3°, 좌판 등판간의 등판 각도는 100°가 몸통 안정에 효과적이다.

032 그림과 같은 시스템의 전체 신뢰는 약 얼마인가?(단, 네모 안의 수치는 각 구성요소의 신뢰도이다.)

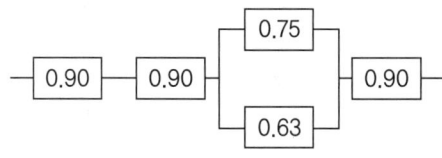

① 0.5275
② 0.6616
③ 0.7575
④ 0.8516

신뢰도(R_s) = $0.90 \times 0.90 \times \{1-(1-0.75)(1-0.63)\} \times 0.90 = 0.6616$

033 시각적 부호의 유형과 내용으로 틀린 것은?

① 임의적 부호 – 주의를 나타내는 삼각형
② 명시적 부호 – 위험표지판의 해골과 뼈
③ 묘사적 부호 – 보도 표지판의 걷는 사람
④ 추상적 부호 – 별자리를 나타내는 12궁도

시각적 암호, 부호 및 기호의 유형
- 묘사적 부호 : 사물의 행동을 단순하고 정확하게 묘사한 것(예 위험표지판의 해골과 뼈, 도보 표지판의 걷는 사람)
- 추상적 부호 : 전언(傳言)의 기본요소를 도식적으로 압축한 부호로 원 개념과는 약간의 유사성이 있을 뿐임
- 임의적 부호 : 부호가 이미 고안되어 있으므로 이를 배워야 하는 부호(예 교통 표지판의 삼각형 – 주의, 원형 – 규제, 사각형–안내표시)

034 병렬 시스템에 대한 특성이 아닌 것은?

① 요소의 수가 많을수록 고장의 기회는 줄어든다.
② 요소의 중복도가 늘어날수록 시스템의 수명은 길어진다.
③ 요소의 어느 하나라도 정상이면 시스템은 정상이다.
④ 시스템의 수명은 요소 중에서 수명이 가장 짧은 것으로 정해진다.

병렬 시스템
- 요소의 어느 하나라도 정상이면 시스템은 정상이다.
- 요소의 수가 많을수록 고장의 기회는 줄어든다.
- 요소의 중복도가 늘어날수록 시스템의 수명은 길어진다.
- 시스템의 수명은 요소 중에서 수명이 가장 긴 것으로 정해진다.

035 적절한 온도의 작업환경에서 추운 환경으로 변할 때, 우리의 신체가 수행하는 조절작용이 아닌 것은?

① 발한(發汗)이 시작된다.
② 피부의 온도가 내려간다.
③ 직장온도가 약간 올라간다.
④ 혈액의 많은 양이 몸의 중심부를 순환한다.

적정온도에서 추운 환경으로 바뀔 때 인체의 변화
- 피부 온도가 내려간다.
- 혈액의 많은 양이 몸의 중심부를 순환한다.
- 몸이 떨리고 소름이 돋는다.
- 피부를 경유하는 혈액 순환량이 감소한다.
- 직장(直腸) 온도가 약간 올라간다.

036 부품에 고장이 있더라도 플레이너 공작기계를 가장 안전하게 운전할 수 있는 방법은?

① fail – soft
② fail – active
③ fail – passive
④ fail – operational

fail operational : 병렬 또는 여분계의 부품을 구성한 경우 부품의 고장이 있어도 다음 정기점검까지 운전이 가능한 구조

037 산업안전보건법상 유해위험방지계획서를 제출한 사업주는 건설공사 중 얼마 이내마다 관련법에 따라 유해위험방지계획서의 내용과 실제공사 내용이 부합하는지의 여부 등을 확인받아야 하는가?

① 1개월 ② 3개월
③ 6개월 ④ 12개월

산업안전보건법 시행규칙 제46조(확인) ① 법 제42조제1항제1호 및 제2호에 따라 유해위험방지계획서를 제출한 사업주는 해당 건설물·기계·기구 및 설비의 시운전단계에서, 법 제42조제1항제3호에 따른 사업주는 건설공사 중 6개월 이내마다 법 제43조제1항에 따라 다음 각 호의 사항에 관하여 공단의 확인을 받아야 한다.
1. 유해위험방지계획서의 내용과 실제공사 내용이 부합하는지 여부
2. 법 제42조제6항에 따른 유해위험방지계획서 변경내용의 적정성
3. 추가적인 유해·위험요인의 존재 여부

038 다음 설명에 해당하는 설비보전방식의 유형은?

> 설비보전 정보와 신기술을 기초로 신뢰성, 조작성, 보전성, 안전성, 경제성 등이 우수한 설비의 선정, 조달 또는 설계를 통하여 궁극적으로 설비의 설계, 제작단계에서 보전활동이 불필요한 체제를 목표로 한 설비보전 방법을 말한다.

① 개량보전 ② 보전예방
③ 사후보전 ④ 일상보전

설비보전방식
- 보전예방 : 설비의 설계, 제작 단계에서 보전활동이 불필요한 체제를 목표로 한 보전방식
- 생산보전 : 미국의 GE사가 처음으로 사용한 보전으로, 설계에서 폐기에 이르기까지 기계설비의 전 과정에서 소요되는 설비의 열화손실과 보전 비용을 최소화하여 생산성을 향상시키는 보전방법
- 일상보전 : 일 또는 주 단위로 점검·급유·청소 등의 작업을 함으로서 열화나 마모를 가능한 한 방지하도록 하는 보전방식
- 개량보전 : 설비 자체의 체질개선을 목적으로 하는 보전방식

039 다음 설명 중 ( ) 안에 알맞은 용어가 올바르게 짝지어진 것은?

> (㉠) : FTA 와 동일의 논리적 방법을 사용하여 관리, 설계, 생산, 보전 등에 대한 넓은 범위에 걸쳐 안전성을 확보하려는 시스템안전 프로그램
> (㉡) : 사고 시나리오에서 연속된 사건들의 발생경로를 파악하고 평가하기 위한 귀납적이고 정량적인 시스템안전 프로그램

① ㉠ : PHA, ㉡ : ETA ② ㉠ : ETA, ㉡ : MORT
③ ㉠ : MORT, ㉡ : ETA ④ ㉠ : MORT, ㉡ : PHA

MORT와 ETA
- MORT(Management Oversight and Risk Tree) : 트리(Tree)를 중심으로 FTA와 같은 논리기법을 이용하여 관리, 설계, 생산, 보존 등 고도의 안전을 달성하는 것을 목적으로 사용(원자력산업에 이용)
- ETA(Event Tree Analysis) : 사상(事象)의 안전도를 사용한 시스템의 안전도를 나타내는 시스템 모델의 하나로써 귀납적이고 정량적인 분석방법으로 재해의 확대요인을 분석하는데 적합한 방법

040 FTA에서 사용하는 다음 사상기호에 대한 설명으로 맞는 것은?

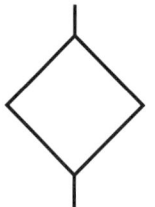

① 시스템 분석에서 좀 더 발전시켜야 하는 사상
② 시스템의 정상적인 가동상태에서 일어날 것이 기대되는 사상
③ 불충분한 자료로 결론을 내릴 수 없어 더 이상 전개할 수 없는 사상
④ 주어진 시스템의 기본사상으로 고장원인이 분석되었기 때문에 더 이상 분석할 필요가 없는 사상

FTA 도표에 사용하는 논리기호

명칭	기호	명칭	기호
결함사상	▭	전이 기호 (이행 기호)	△ (in) △ (out)
기본사상	○	AND gate	(출력/입력)
생략사상 (추적 불가능한 최후사상)	◇	OR gate	(출력/입력)
통상사상 (家刑事像)	⌂	수정기호 조건	(출력/조건/입력)

제 03 과목 | 기계·기구 및 설비 안전관리

041 반복응력을 받게 되는 기계구조부분의 설계에서 허용응력을 결정하기 위한 기초강도로 가장 적합한 것은?

① 항복점(Yield point)
② 극한 강도(Ultimate strength)
③ 크리프 한도(Creep limit)
④ 피로 한도(Fatigue limit)

허용응력 결정시 기초강도
- 상온에서 연성재료가 정하중을 받는 경우 : 극한강도 또는 항복점
- 상온에서 취성재료가 정하중을 받는 경우 : 극한강도
- 고온에서 정하중을 받는 경우 : 크리프강도
- 반복응력을 받는 경우 : 피로한도

042 그림과 같이 목재가공용 둥근톱 기계에서 분할날(t2) 두께가 4.0mm일 때 톱날 두께 및 톱날 진폭과의 관계로 옳은 것은?

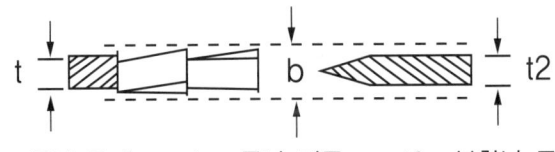

t : 톱날 두께   b : 톱날 진폭   t2 : 분할날 두께

① b > 4.0mm, t ≤ 3.6mm
② b > 4.0mm, t ≤ 4.0mm
③ b < 4.0mm, t ≤ 4.4mm
④ b > 4.0mm, t ≥ 3.6mm

목재가공용 둥근톱에서 반발예방장치 분할날의 두께(t)는 톱날 두께의 1.1배 이상이고, 톱날의 치진폭보다 작아야 한다.

043 컨베이어, 이송용 롤러 등을 사용하는 때에 정전, 전압강하 등에 의한 위험을 방지하기 위하여 설치하는 안전장치는?

① 덮개 또는 울
② 비상정지장치
③ 과부하방지장치
④ 이탈 및 역주행 방지장치

산업안전보건기준에 관한 규칙 제191조(이탈 등의 방지) 사업주는 컨베이어, 이송용 롤러 등(이하 "컨베이어등"이라 한다)을 사용하는 경우에는 정전·전압강하 등에 따른 화물 또는 운반구의 이탈 및 역주행을 방지하는 장치를 갖추어야 한다. 다만, 무동력상태 또는 수평상태로만 사용하여 근로자가 위험해질 우려가 없는 경우에는 그러하지 아니하다.

044 드릴링 머신에서 드릴의 지름이 20mm이고 원주속도가 62.8m/min일 때 드릴의 회전수는 약 몇 rpm인가?

① 500
② 1000
③ 2000
④ 3000

회전수 = $\dfrac{V}{\pi D} \times 1000 = \dfrac{62.8}{\pi \times 20} \times 1000 = 1000$

045 롤러 작업 시 위험점에서 가드(guard) 개구부까지의 최단 거리를 60mm라고 할 때, 최대로 허용할 수 있는 가드 개구부 틈새는 약 몇 mm인가?(단, 위험점이 비전동체이다.)

① 6
② 10
③ 15
④ 18

가드의 개구부 간격
- 동력전달부분(전동체)인 경우
  - Y = 6 + 0.1X [Y : 개구부 간격(mm), X : 개구부와 위험점 간의 거리(mm)]
- 전동체가 아닌 경우(회전체인 경우)
  - X가 160mm 미만인 경우 Y = 6 + 0.15X
  - X가 160mm 이상인 경우 Y = 30mm

∴ Y = 6 + 0.15 × 60 = 15mm

046 지게차의 안정을 유지하기 위한 안정도 기준으로 틀린 것은?

① 5톤 미만의 부하 상태에서 하역작업시의 전후 안정도는 4% 이내이어야 한다.
② 부하 상태에서 하역작업시의 좌우 안정도는 10% 이내이어야 한다.
③ 무부하 상태에서 주행시의 좌우 안정도는 (15 + 1.1×V)% 이내이어야 한다.(단, V는 구내 최고 속도[km/h])
④ 부하 상태에서 주행시 전후 안정도는 18% 이내이어야 한다.

지게차의 안정도
- 하역 작업시
  - 전후 안정도 : 4%(5톤 이상은 3.5%)
  - 좌우 안정도 : 6%
- 주행시
  - 전후 안정도 : 18%
  - 좌우 안정도 : (15 + 1.1V)%[V : 최고 속도(km/시)]
  - 안정도(%) = $\dfrac{h}{\ell} \times 100$ [h : 수평지면, ℓ : 높이]

047 산업용 로봇에서 근로자에게 발생할 수 있는 부상 등의 위험을 방지하기 위하여 울타리를 세우고자 할 때 일반적으로 높이는 몇 m 이상으로 해야 하는가?

① 1.8
② 2.1
③ 2.4
④ 2.7

산업안전보건기준에 관한 규칙 제223조(운전 중 위험 방지) 사업주는 로봇의 운전(제222조에 따른 교시 등을 위한 로봇의 운전과 제224조 단서에 따른 로봇의 운전은 제외한다)으로 인하여 근로자에게 발생할 수 있는 부상 등의 위험을 방지하기 위하여 높이 1.8미터 이상의 울타리(로봇의 가동범위 등을 고려하여 높이로 인한 위험성이 없는 경우에는 높이를 그 이하로 조절할 수 있다)를 설치해야 하며, 컨베이어 시스템의 설치 등으로 울타리를 설치할 수 없는 일부 구간에 대해서는 안전매트 또는 광전자식 방호장치 등 감응형 방호장치를 설치해야 한다. 다만, 고용노동부장관이 해당 로봇의 안전기준이 한국산업표준에서 정하고 있는 안전기준 또는 국제적으로 통용되는 안전기준에 부합한다고 인정하는 경우에는 본문에 따른 조치를 하지 않을 수 있다.

048 프레스 방호장치에서 수인식 방호장치를 사용하기에 가장 적합한 기준은?

① 슬라이드 행정길이가 100mm 이상, 슬라이드 행정수가 100spm 이하
② 슬라이드 행정길이가 50mm 이상, 슬라이드 행정수가 100spm 이하
③ 슬라이드 행정길이가 100mm 이상, 슬라이드 행정수가 200spm 이하
④ 슬라이드 행정길이가 50mm 이상, 슬라이드 행정수가 200spm 이하

수인식 프레스 방호장치
• 수인용 줄은 늘어나거나 끊어지지 않는 것으로 할 것(합성섬유로 150kg의 전단 하중에 견디는 직경 4mm 이상의 로프)
• 수인용 줄은 조정이 가능할 것
• 매분당 행정수(S.P.M) 120 이하, 행정길이 50mm 이상에 설치할 것
※ 양수조작식과 병용하는 것이 좋음

049 숫돌지름이 60cm인 경우 숫돌 고정 장치인 평형 플랜지 지름은 몇 cm 이상이어야 하는가?

① 10cm
② 20cm
③ 30cm
④ 60cm

플랜지의 지름은 숫돌직경의 1/3 이상으로 해야 한다.

050 다음 중 산업안전보건법령상 프레스 등을 사용하여 작업을 할 때에 작업시작 전 점검 사항으로 볼 수 없는 것은?

① 압력방출장치의 기능
② 클러치 및 브레이크의 기능
③ 프레스의 금형 및 고정볼트 상태
④ 1행정 1정지기구·급정지장치 및 비상정지장치의 기능

해설
프레스등을 사용하여 작업을 할 때 작업시작 전 점검사항(산업안전보건기준에 관한 규칙 별표 3)
- 클러치 및 브레이크의 기능
- 크랭크축·플라이휠·슬라이드·연결봉 및 연결 나사의 풀림 여부
- 1행정 1정지기구·급정지장치 및 비상정지장치의 기능
- 슬라이드 또는 칼날에 의한 위험방지 기구의 기능
- 프레스의 금형 및 고정볼트 상태
- 방호장치의 기능
- 전단기(剪斷機)의 칼날 및 테이블의 상태

051 산업안전보건법령에 따른 가스집합 용접장치의 안전에 관한 설명으로 옳지 않은 것은?

① 가스집합장치에 대해서는 화기를 사용하는 설비로부터 5m 이상 떨어진 장소에 설치해야 한다.
② 가스집합 용접장치의 배관에서 플랜지, 밸브 등의 접합부에는 개스킷을 사용하고 접합면을 상호 밀착시킨다.
③ 주관 및 분기관에 안전기를 설치해야 하며 이 경우 하나의 취관에 2개 이상의 안전기를 설치해야 한다.
④ 용해아세틸렌을 사용하는 가스집합 용접장치의 배관 및 부속기구는 구리나 구리 함유량이 60퍼센트 이상인 합금을 사용해서는 아니 된다.

해설
산업안전보건기준에 관한 규칙 제294조(구리의 사용 제한) 사업주는 용해아세틸렌의 가스집합용접장치의 배관 및 부속기구는 구리나 구리 함유량이 70퍼센트 이상인 합금을 사용해서는 아니 된다.

052 다음 중 안전율을 구하는 산식으로 옳은 것은?

① $\dfrac{허용응력}{기초강도}$ ② $\dfrac{허용응력}{인장강도}$

③ $\dfrac{인장강도}{허용응력}$ ④ $\dfrac{안전하중}{파단하중}$

해설
안전율 = 인장강도 / 허용응력

053 다음 중 선반의 방호장치로 볼 수 없는 것은?

① 실드(shield)
② 슬라이드(sliding)
③ 척커버(chuck cover)
④ 칩 브레이커(chip breaker)

해설
선반의 방호장치 : 칩 브레이커, 실드, 척커버, 방진구

054 다음 중 프레스기에 사용되는 방호장치에 있어 원칙적으로 급정지 기구가 부착되어야만 사용할 수 있는 방식은?

① 양수조작식 ② 손쳐내기식
③ 가드식   ④ 수인식

해설

양수조작식
- 반드시 두 손을 사용하여 동시에 조작하여야만 작동하는 구조로 원칙적으로 급정지 기구가 부착되어야만 사용할 수 있는 방식
- 조작부(버튼 또는 레버)의 간격을 300mm 이상으로 할 것
- 조작부는 작동 직후 손이 위험 구역에 들어가지 못하도록 다음에 정하는 거리 이상에 설치 할 것
  거리[cm] = 160 × 프레스기 작동 후 작업점까지 도달시간(초)

055 다음 중 보일러의 방호장치와 가장 거리가 먼 것은?

① 언로드밸브   ② 압력방출장치
③ 압력제한스위치 ④ 고저수위 조절장치

해설

보일러의 방호장치(산업안전보건기준에 관한 규칙 제2편 제1장 제7절)
- 압력방출장치 : 1개 또는 2개 이상 설치하고 최고 사용 압력 이하에서 작동되도록 한다. 단, 2개 이상 설치된 경우에는 최고 사용 압력 이하에서 1개가 작동하고, 다른 1개는 최고 사용 압력 1.05배 이하에서 작동되도록 하며 스프링식이 가장 많이 사용된다.
- 압력제한스위치 : 과열을 방지하기 위하여 최고 사용 압력과 사용 압력 사이에서 보일러의 버너 연소를 차단한다.
- 조저수위 조절장치 : 고저수위를 알리는 경보등·경보음 장치 등을 설치하며, 자동으로 급수 또는 단수되도록 설치한다.
- 화염 검출기

056 안전계수가 5인 체인의 최대설계하중이 1000N이라면 이 체인의 극한하중은 약 몇 N인가?

① 200   ② 2000
③ 5000   ④ 12000

해설

- 안전계수 = $\dfrac{극한강도}{허용하중}$
- 극한강도 = 안전계수 × 허용하중 = 5 × 1000 = 5000

057 산업안전보건법령에 따른 아세틸렌 용접장치 발생기실의 구조에 관한 설명으로 옳지 않은 것은?

① 벽은 불연성 재료로 할 것
② 지붕과 천장에는 얇은 철판과 같은 가벼운 불연성 재료를 사용할 것
③ 벽과 발생기 사이에는 작업에 필요한 공간을 확보할 것
④ 배기통을 옥상으로 돌출시키고 그 개구부를 출입구로부터 1.5m 거리 이내에 설치할 것

산업안전보건기준에 관한 규칙 제287조(발생기실의 구조 등) 사업주는 발생기실을 설치하는 경우에 다음 각 호의 사항을 준수하여야 한다.
1. 벽은 불연성 재료로 하고 철근 콘크리트 또는 그 밖에 이와 같은 수준이거나 그 이상의 강도를 가진 구조로 할 것
2. 지붕과 천장에는 얇은 철판이나 가벼운 불연성 재료를 사용할 것
3. 바닥면적의 16분의 1 이상의 단면적을 가진 배기통을 옥상으로 돌출시키고 그 개구부를 창이나 출입구로부터 1.5미터 이상 떨어지도록 할 것
4. 출입구의 문은 불연성 재료로 하고 두께 1.5밀리미터 이상의 철판이나 그 밖에 그 이상의 강도를 가진 구조로 할 것
5. 벽과 발생기 사이에는 발생기의 조정 또는 카바이드 공급 등의 작업을 방해하지 않도록 간격을 확보할 것

058 지름 5cm 이상을 갖는 회전중인 연삭숫돌의 파괴에 대비하여 필요한 방호장치는?
① 받침대
② 과부하 방지장치
③ 덮개
④ 프레임

해설
산업안전보건기준에 관한 규칙 제122조(연삭숫돌의 덮개 등) ① 사업주는 회전 중인 연삭숫돌(지름이 5센티미터 이상인 것으로 한정한다)이 근로자에게 위험을 미칠 우려가 있는 경우에 그 부위에 덮개를 설치하여야 한다.
② 사업주는 연삭숫돌을 사용하는 작업의 경우 작업을 시작하기 전에는 1분 이상, 연삭숫돌을 교체한 후에는 3분 이상 시험운전을 하고 해당 기계에 이상이 있는지를 확인하여야 한다.
③ 제2항에 따른 시험운전에 사용하는 연삭숫돌은 작업시작 전에 결함이 있는지를 확인한 후 사용하여야 한다.
④ 사업주는 연삭숫돌의 최고 사용회전속도를 초과하여 사용하도록 해서는 아니 된다.
⑤ 사업주는 측면을 사용하는 것을 목적으로 하지 않는 연삭숫돌을 사용하는 경우 측면을 사용하도록 해서는 아니 된다.

059 다음 중 와전류비파괴검사법의 특징과 가장 거리가 먼 것은?
① 관, 환봉 등의 제품에 대해 자동화 및 고속화된 검사가 가능하다.
② 검사 대상 이외의 재료적 인자(투자율, 열처리, 운동 등)에 대한 영향이 적다.
③ 가는 선, 얇은 관의 경우도 검사가 가능하다.
④ 표면 아래 깊은 위치에 있는 결함은 검출이 곤란하다.

와전류비파괴검사법의 특징
- 자동화 및 고속화가 가능하다.(비접촉, 고속탐상, 자동탐상 가능)
- 표면결함 검출 능력이 우수하다.
- 가는 선, 얇은 판도 검사가 가능하다.
- 표면 아래 깊은 위치에 있는 결함은 검출이 곤란하다.
- 재료적 인자 등 측정치에 영향을 주는 인자에 의한 검사가 힘들 수 있다

060 재료에 대한 시험 중 비파괴시험이 아닌 것은?
① 방사선투과시험
② 자분탐상시험
③ 초음파탐상시험
④ 피로시험

비파괴검사의 종류 : 육안검사(VT), 누설검사(LT), 침투검사(PT), 초음파검사(UT), 자기탐상검사(MT), 음향검사(AET), 방사선검사(RT)

제 04 과목 전기설비 안전관리

061 전기설비에 작업자의 직접 접촉에 의한 감전방지 대책이 아닌 것은?

① 충전부에 절연 방호망을 설치할 것
② 충전부는 내구성이 있는 절연물로 완전히 덮어 감쌀 것
③ 충전부가 노출되지 않도록 폐쇄형 외함구조로 할 것
④ 관계자 외에도 쉽게 출입이 가능한 장소에 충전부를 설치 할 것

산업안전보건기준에 관한 규칙 제301조(전기 기계·기구 등의 충전부 방호) ① 사업주는 근로자가 작업이나 통행 등으로 인하여 전기기계, 기구[전동기·변압기·접속기·개폐기·분전반(分電盤)·배전반(配電盤) 등 전기를 통하는 기계·기구, 그 밖의 설비 중 배선 및 이동전선 외의 것을 말한다. 이하 같다)] 또는 전로 등의 충전부분(전열기의 발열체 부분, 저항접속기의 전극 부분 등 전기기계·기구의 사용 목적에 따라 노출이 불가피한 충전부분은 제외한다. 이하 같다)에 접촉(충전부분과 연결된 도전체와의 접촉을 포함한다. 이하 이 장에서 같다)하거나 접근함으로써 감전 위험이 있는 충전부분에 대하여 감전을 방지하기 위하여 다음 각 호의 방법 중 하나 이상의 방법으로 방호하여야 한다.
1. 충전부가 노출되지 않도록 폐쇄형 외함(外函)이 있는 구조로 할 것
2. 충전부에 충분한 절연효과가 있는 방호망이나 절연덮개를 설치할 것
3. 충전부는 내구성이 있는 절연물로 완전히 덮어 감쌀 것
4. 발전소·변전소 및 개폐소 등 구획되어 있는 장소로서 관계 근로자가 아닌 사람의 출입이 금지되는 장소에 충전부를 설치하고, 위험표시 등의 방법으로 방호를 강화할 것
5. 전주 위 및 철탑 위 등 격리되어 있는 장소로서 관계 근로자가 아닌 사람이 접근할 우려가 없는 장소에 충전부를 설치할 것
② 사업주는 근로자가 노출 충전부가 있는 맨홀 또는 지하실 등의 밀폐공간에서 작업하는 경우에는 노출 충전부와의 접촉으로 인한 전기위험을 방지하기 위하여 덮개, 울타리 또는 절연 칸막이 등을 설치하여야 한다.
③ 사업주는 근로자의 감전위험을 방지하기 위하여 개폐되는 문, 경첩이 있는 패널 등(분전반 또는 제어반 문)을 견고하게 고정시켜야 한다.

062 교류 아크용접기의 자동전격방지장치는 아크 발생이 중단된 후 출력측 무부하 전압을 1초 이내 몇 V 이하로 저하시켜야 하는가?

① 25~30
② 35~50
③ 55~75
④ 80~100

자동전격방지장치
- 종류 : 자동시동형, 수동시동형
- 구성 : 감지부, 신호증폭부, 제어부, 제어기구
- 기능 : 2차 무부하상태(용접봉 교환, 작업지점 이동, 용접부위 확인 등을 위해 용접을 일시정지하는 때)에서 홀더 등 충전부에 접촉시 감전재해를 예방하기 위해 2차 무부하 전압을 자동적으로 안전전압인 25V 이하로 저하시킴

- 시동시간 : 용접봉을 모재에 접촉 후 아크발생까지의 소요시간
- 지동시간 : 용접봉을 모재로부터 분리 후 2차측의 무부하 전압이 25V이하로 떨어지는데 소요되는 시간

063 그림과 같은 설비에 누전되었을 때 인체가 접촉하여도 안전하도록 ELB를 설치하려고 한다. 누전차단기 동작전류 및 시간으로 가장 적당한 것은?

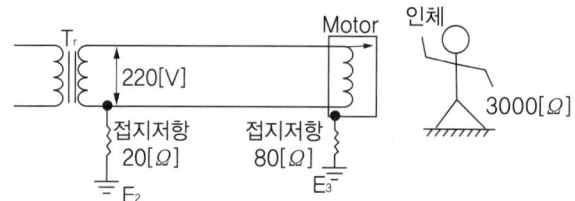

① 30mA, 0.1초 ② 60mA, 0.1초
③ 90mA, 0.1초 ④ 120mA, 0.1초

누전차단기의 동작시간
- 정격감도전류 : 30mA
- 동작시간 : 정격감도전류에서 0.1초 이내, 인체감전보호형은 0.03초 이내

064 고압 및 특고압의 전로에 시설하는 피뢰기의 접지저항은 몇 Ω 이하로 하여야 하는가?

① 10Ω 이하 ② 100Ω 이하
③ 106Ω 이하 ④ 1kΩ 이하

제1종 접지공사
- 고압 및 특별고압용의 것
- 접지 저항값은 10Ω 이하, 접지선은 지름 2.6mm 이상의 연동선을 사용

065 절연전선의 과전류에 의한 연소단계 중 착화단계의 전선전류밀도(A/mm²)로 알맞은 것은?

① 40 ② 50
③ 65 ④ 120

과전류에 의한 전선의 인화로부터 용단까지 단계별 기준

단계	인화단계	착화단계	발화단계		순간용단단계
			발화후 용단	용단과 동시발화	
전선전류밀도	40~43A/mm²	43~60A/mm²	60~70A/mm²	75~120A/mm²	120A/mm² 이상

066 변압기의 중성점을 제2종 접지한 수전전압 22.9kV, 사용전압 220V인 공장에서 외함을 제3종 접지공사를 한 전동기가 운전 중에 누전되었을 경우에 작업자가 접촉될 수 있는 최소전압은 약 몇 V인가?(단, 1선 지락 전류 10A, 제3종 접지저항 30Ω, 인체저항 : 10000Ω이다.)

① 116.7 ② 127.5
③ 146.7 ④ 165.6

$$I_m = \frac{E}{R_m(1+\frac{R_2}{R_3})} = \frac{220}{10000 \times (1+\frac{150/10}{30})} = 0.01467$$

V = I × R = 0.01467 × 10000 = 146.7

067 전압은 저압, 고압 및 특별고압으로 구분되고 있다. 다음 중 저압에 대한 설명으로 가장 알맞은 것은?

① 직류 1500V 미만, 교류 1050V 미만
② 직류 1500V 이하, 교류 1050V 이하
③ 직류 1500V 이하, 교류 1000V 이하
④ 직류 1500V 미만, 교류 1000V 미만

전압의 종별 구분

구분	교류(AC)	직류(DC)
저압	1000V 이하	1500V 이하
고압	1000V 초과 7000V 이하	1500V 초과 7000V 이하
특별고압	7000V 초과	

068 대전의 완화를 나타내는데 중요한 인자인 시정수(time constant)는 최초의 전하가 약 몇 %까지 완화되는 시간을 말하는가?

① 20 ② 37
③ 45 ④ 50

시정수(time constant)는 대전의 완화를 나타내는데 중요한 인자로서 최초의 전하가 약 37%까지 완화되는 시간을 말한다.

069 금속성의 전기기계장치나 구조물에 인체의 일부가 상시 접촉되어 있는 상태의 허용접촉 전압으로 옳은 것은?

① 2.5V 이하 ② 25V 이하
③ 50V 이하 ④ 제한없음

해설

허용 접촉 전압

종별	접촉상태	허용접촉전압
제1종	• 인체의 대부분이 수중에 있는 상태	2.5[V] 이하
제2종	• 인체가 현저히 젖어 있는 상태 • 금속성의 전기·기계장치나 구조물에 인체의 일부가 상시 접촉되어 있는 상태	25[V] 이하
제3종	• 제1종, 제2종 이외의 경우로서 통상의 인체상태에서 있어서 접촉전압이 가해지면 위험성이 높은 상태	50[V] 이하
제4종	• 제1종, 제2종 이외의 경우로서 통상의 인체 상태에 접촉전압이 가해지더라도 위험성이 낮은 상태 • 접촉전압이 가해질 우려가 없는 경우	제한 없음

070 정전기 대전현상의 설명으로 틀린 것은?

① 충돌대전 : 분체류와 같은 입자 상호간이나 입자와 고체와의 충돌에 의해 빠른 접촉 또는 분리가 행하여짐으로써 정전기가 발생되는 현상
② 유동대전 : 액체류가 파이프 등 내부에서 유동할 때 액체와 관 벽 사이에서 정전기가 발생되는 현상
③ 박리대전 : 고체나 분체류와 같은 물체가 파괴되었을 때 전하분리에 의해 정전기가 발생되는 현상
④ 분출대전 : 분체류, 액체류, 기체류가 단면적이 작은 분출구를 통해 공기 중으로 분출될 때 분출하는 물질과 분출구의 마찰로 인해 정전기가 발생되는 현상

해설

박리대전은 일정한 압력으로 밀착된 물체가 떨어지면서 자유전자가 이동함으로써 발생하는 것으로 마찰대전보다 더 큰 정전기가 발생한다.(테이프, 필름 등)

071 상용주파수 60Hz 교류에서 성인 남자의 경우 고통한계 전류로 가장 알맞은 것은?

① 15~20 mA
② 10~15 mA
③ 7~8 mA
④ 1 mA

해설

고통한계 전류는 전류의 흐름에 따른 고통을 참을 수 있는 한계 전류로 상용주파수 60Hz 교류에서 성인남자의 경우 7~8mA 정도이다.

072 정상작동 상태에서 폭발 가능성이 없으나 이상상태에서 짧은 시간동안 폭발성 가스 또는 증기가 존재하는 지역에 사용 가능한 방폭용기를 나타내는 기호는?

① ib
② p
③ e
④ n

방폭구조의 종류와 기호

종류	내용	기호
내압방폭구조	점화원에 의해 용기 내부에서 폭발이 발생할 경우에 용기가 폭발압력에 견딜 수 있고, 화염이 용기 외부의 폭발성 분위기로 전파되지 않도록 한 방폭구조	d
압력방폭구조	점화원이 될 우려가 있는 부분을 용기 안에 넣고 보호 기체(신선한 공기 또는 불활성기체)를 용기 안에 압입함으로써 폭발성 가스가 침입하는 것을 방지하도록 되어 있는 방폭구조	p
안전증방폭구조	전기기기의 과도한 온도 상승, 아크 또는 불꽃 발생의 위험을 방지하기 위하여 추가적인 안전조치를 통한 안전도를 증가시킨 방폭구조(다만, 정상운전 중에 아크나 불꽃을 발생시키는 전기기기는 안전증방폭구조의 전기기기 범위에서 제외)	e
유입방폭구조	유체 상부 또는 용기 외부에 존재할 수 있는 폭발성 분위기가 발화할 수 없도록 전기설비 또는 전기설비의 부품을 보호액에 함침시키는 방폭구조	o
본질안전방폭구조	정상시 또는 단락, 단선, 지락 등의 사고시에 발생하는 아크, 불꽃, 고열에 의하여 폭발성 가스나 증기에 점화되지 않는 것이 확인된 구조	ia, ib
비점화방폭구조	전기기기가 정상작동과 규정된 특정한 비정상상태에서 주위의 폭발성 가스 분위기를 점화시키지 못하도록 만든 방폭구조	n
몰드방폭구조	전기기기의 불꽃 또는 열로 인해 폭발성 위험분위기에 점화되지 않도록 컴파운드를 충전해서 보호한 방폭구조	m
충전방폭구조	폭발성 가스 분위기를 점화시킬 수 있는 부품을 고정하여 설치하고, 그 주위를 충전재로 완전히 둘러싸서 외부의 폭발성 가스 분위기를 점화시키지 않도록 하는 방폭구조	q
특수방폭구조	상기의 방폭구조 외에 외부의 폭발성 가스에 대해 인화를 방지할 수 있음을 시험에 의해 확인한 구조	s

073 정전기 발생에 영향을 주는 요인에 대한 설명으로 틀린 것은?

① 물체의 분리속도가 빠를수록 발생량은 적어진다.
② 접촉면적이 크고 접촉압력이 높을수록 발생량이 많아진다.
③ 물체 표면이 수분이나 기름으로 오염되면 산화 및 부식에 의해 발생량이 많아진다.
④ 정전기의 발생은 처음 접촉, 분리할 때가 최대로 되고 접촉, 분리가 반복됨에 따라 발생량은 감소한다.

물체의 분리속도가 빠를수록 정전기 발생량은 많아진다.

074 분진방폭 배선시설에 분진침투 방지재료로 가장 적합한 것은?

① 분진침투 케이블
② 컴파운드(compound)
③ 자기융착성 테이프
④ 씰링피팅(sealing fitting)

분진방폭 배선에 사용되는 재료는 가스·증기방폭 배선에서 사용되는 재료의 기준을 참고하여 결정하며, 다른 점은 가스·증기의 유도 및 폭발화염의 전파방지를 위해 사용되는 실링피팅(sealing fitting)이나 컴파운드(compound) 대신에 분진의 침투를 방지하기 위해 도포를 칠하거나 자기융착성의 테이프 등을 사용한다.

075 인체의 저항을 1000Ω으로 볼 때 심실세동을 일으키는 전류에서의 전기에너지는 약 몇 J인가?(단, 심실세동전류는 $\frac{165}{\sqrt{T}}$ mA 이며, 통전시간 T는 1초, 전원은 정현파 교류이다.)

① 13.6
② 27.2
③ 136.6
④ 272.2

$W = I^2RT = (\frac{165}{\sqrt{T}} \times 10^{-3})^2 \times 1000 \times 1 = 27.225$

076 정전작업 시 조치사항으로 부적합한 것은?

① 작업 전 전기설비의 잔류 전하를 확실히 방전한다.
② 개로된 전로의 충전여부를 검전기구에 의하여 확인한다.
③ 개폐기에 시건장치를 하고 통전금지에 관한 표지판은 제거한다.
④ 예비 동력원의 역송전에 의한 감전의 위험을 방지하기 위해 단락접지 기구를 사용하여 단락 접지를 한다.

산업안전보건기준에 관한 규칙 제319조(정전전로에서의 전기작업) ① 사업주는 근로자가 노출된 충전부 또는 그 부근에서 작업함으로써 감전될 우려가 있는 경우에는 작업에 들어가기 전에 해당 전로를 차단하여야 한다. 다만, 다음 각 호의 경우에는 그러하지 아니하다.
1. 생명유지장치, 비상경보설비, 폭발위험장소의 환기설비, 비상조명설비 등의 장치·설비의 가동이 중지되어 사고의 위험이 증가되는 경우
2. 기기의 설계상 또는 작동상 제한으로 전로차단이 불가능한 경우
3. 감전, 아크 등으로 인한 화상, 화재·폭발의 위험이 없는 것으로 확인된 경우
② 제1항의 전로 차단은 다음 각 호의 절차에 따라 시행하여야 한다.
1. 전기기기등에 공급되는 모든 전원을 관련 도면, 배선도 등으로 확인할 것
2. 전원을 차단한 후 각 단로기 등을 개방하고 확인할 것
3. 차단장치나 단로기 등에 잠금장치 및 꼬리표를 부착할 것
4. 개로된 전로에서 유도전압 또는 전기에너지가 축적되어 근로자에게 전기위험을 끼칠 수 있는 전기기기등은 접촉하기 전에 잔류전하를 완전히 방전시킬 것
5. 검전기를 이용하여 작업 대상 기기가 충전되었는지를 확인할 것
6. 전기기기등이 다른 노출 충전부와의 접촉, 유도 또는 예비동력원의 역송전 등으로 전압이 발생할 우려가 있는 경우에는 충분한 용량을 가진 단락 접지기구를 이용하여 접지할 것
③ 사업주는 제1항 각 호 외의 부분 본문에 따른 작업 중 또는 작업을 마친 후 전원을 공급하는 경우에는 작업에 종사하는 근로자 또는 그 인근에서 작업하거나 정전된 전기기기등(고정 설치된 것으로 한정한다)과 접촉할 우려가 있는 근로자에게 감전의 위험이 없도록 다음 각 호의 사항을 준수하여야 한다.
1. 작업기구, 단락 접지기구 등을 제거하고 전기기기등이 안전하게 통전될 수 있는지를 확인할 것
2. 모든 작업자가 작업이 완료된 전기기기등에서 떨어져 있는지를 확인할 것
3. 잠금장치와 꼬리표는 설치한 근로자가 직접 철거할 것
4. 모든 이상 유무를 확인한 후 전기기기등의 전원을 투입할 것

077 300A의 전류가 흐르는 저압 가공전선로의 1(한) 선에서 허용 가능한 누설전류는 몇 mA인가?

① 600
② 450
③ 300
④ 150

누설전류는 최대공급전류의 1/2000을 넘어서는 안 된다.

∴ $\dfrac{300}{2000}$ = 0.15A = 150mA

078 방폭 전기기기의 성능을 나타내는 기호표시 EX P Ⅱ A T5를 나타내었을 때 관계가 없는 표시 내용은?

① 온도등급
② 폭발성능
③ 방폭구조
④ 폭발등급

기호표시
- EX P : 방폭구조(압력 방폭구조)
- Ⅱ A : 폭발등급(최대안전틈새(MESG) 0.9mm 이상)
- T5 : 온도등급(최고표면온도 100℃)

079 다음 중 1종 위험장소로 분류되지 않는 것은?

① Floating roof tank 상의 shell 내의 부분
② 인화성 액체의 용기 내부의 액면 상부의 공간부
③ 점검수리 작업에서 가연성 가스 또는 증기를 방출하는 경우의 밸브 부근
④ 탱크롤리, 드럼관 등이 인화성 액체를 충전하고 있는 경우의 개구부 부근

제1종 위험장소
- 탱크롤리, 드럼관 등이 인화성 액체를 충전하고 있는 경우의 개구부 부근
- 릴리프밸브가 가끔 작동하여 가연성 가스 또는 증기를 방출하는 경우 그 부근
- 탱크류 벤트의 개구부 주위
- 점검수리 작업에서 가연성가스 또는 증기가 방출되는 경우
- 실내에서 가연성가스 또는 증기가 방출될 염려가 있는 경우
- 위험한 장소에 노출할 우려가 있는 장소로서 피트와 같이 가스가 축적하는 장소
- 플로팅 루프 탱크(Floating roof tank)상의 쉘(Shell)의 내부 등의 장소

080 저압 전기기기의 누전으로 인한 감전재해의 방지대책이 아닌 것은?

① 보호접지
② 안전전압의 사용
③ 비접지식 전로의 채용
④ 배선용차단기(MCCB)의 사용

해설
저압전기기기의 누전으로 인한 감전재해의 방지대책
- 이중절연기기 사용
- 보호접지
- 안전전압의 사용
- 감전방지용 누전차단기 사용
- 비접지식 전로의 채용

제 05 과목 화학설비 안전관리

081 다음 중 화학공장에서 주로 사용되는 불활성 가스는?

① 수소
② 수증기
③ 질소
④ 일산화탄소

화학공장에서 주로 사용되는 불활성 가스는 질소(N_2)이며, 이러한 이유로 내압(內壓) 방폭구조(f)는 용기의 내부에 불활성 가스인 질소(N_2)를 압입하여 폭발성 가스가 용기 내부로 침입하지 못하게 방지하는 구조로 설계된다.

082 위험물안전관리법령에서 정한 위험물의 유별 구분이 나머지 셋과 다른 하나는?

① 질산
② 질산칼륨
③ 과염소산
④ 과산화수소

질산, 과염소산, 과산화수소는 제5류인 산화성 액체에 해당되며, 질산칼륨은 질산나트륨, 질산암모늄과 함께 제1류 위험물에 해당된다.

083 다음 중 압축기 운전시 토출압력이 갑자기 증가하는 이유로 가장 적절한 것은?

① 윤활유의 과다
② 피스톤 링의 가스 누설
③ 토출관 내에 저항 발생
④ 저장조 내 가스압의 감소

압축기 운전시 토출압력이 갑자기 증가하는 이유는 토출관 내에 저항이 발생하기 때문이다.

084 프로판(C_3H_8) 가스가 공기 중 연소할 때의 화학양론농도의 약 얼마인가?(단, 공기 중의 산소농도는 21 vol% 이다.)

① 2.5 vol%
② 4.0 vol%
③ 5.6 vol%
④ 9.5 vol%

- 산소농도 = $n + \dfrac{m-f-2\lambda}{4} = 3 + \dfrac{8+0-2\times 0}{4} = 5$
- 화학양론농도 = $\dfrac{1}{1+4.773 O_2} \times 100 = \dfrac{1}{1+4.773 \times 5} \times 100 = 4.02$

085 다음 중 CO_2 소화약제의 장점으로 볼 수 없는 것은?

① 기체 팽창률 및 기화 잠열이 작다.
② 액화하여 용기에 보관할 수 있다.
③ 전기에 대해 부도체이다.
④ 자체 증기압이 높기 때문에 자체 압력으로 방사가 가능하다.

CO_2의 성상
- 무색, 무취, 무독성 가스
- 비중은 1.529, 밀도는 1.976g/L, 승화점은 $-78.5℃$
- 20℃에서 50기압으로 압축하면 무색의 액체가 된다(임계점 31.35℃)
- 질식 및 냉각소화 효과
- 기체 팽창률 및 기화잠열이 크다.
- 자체 증기압이 높다.

086 아세톤에 대한 설명으로 틀린 것은?

① 증기는 유독하므로 흡입하지 않도록 주의해야 한다.
② 무색이고 휘발성이 강한 액체이다.
③ 비중이 0.79 이므로 물보다 가볍다.
④ 인화점이 20℃이므로 여름철에 더 인화 위험이 높다.

아세톤은 제4류 위험물 제1석유류의 인화성 액체로 인화점은 $-20℃$이다

087 다음 중 인화점이 가장 낮은 것은?

① 벤젠　　　　　　　　② 메탄올
③ 이황화탄소　　　　　④ 경유

보기의 경우 이황화탄소의 인화점이 30℃로 가장 낮고, 경유의 인화점이 50~70℃로 가장 높다.(메탄올 11℃, 벤젠 11℃)

088 다음 중 왕복펌프에 속하지 않는 것은?

① 피스톤 펌프　　　　② 플런저 펌프
③ 기어 펌프　　　　　④ 격막 펌프

해설
기어 펌프는 외접형, 내접형, 인벌루트치형, 가동측판형으로 구분되며, 회전펌프에 속한다.

089 다음 중 아세틸렌을 용해가스로 만들 때 사용되는 용제로 가장 적합한 것은?

① 아세톤
② 메탄
③ 부탄
④ 프로판

해설
아세틸렌은 카바이드와 물을 혼합하여 제조하는 용해가스로 아세톤이나 DMF(dimethylformamide)가 용제로 사용된다.

090 다음 금속 중 산(acid)과 접촉하여 수소를 가장 잘 방출시키는 원소는?

① 칼륨
② 구리
③ 수은
④ 백금

해설
Li(리튬), Na(나트륨), K(칼륨), Rb(루비듐), Cs(세슘), Fr(프란슘) 등은 대표적인 알칼리금속으로 특히 칼륨(K)는 산과 반응하여 수소를 가장 잘 방출시킨다.

091 비점이 낮은 액체 저장탱크 주위에 화재가 발생했을 때 저장탱크 내부의 비등 현상으로 인한 압력 상승으로 탱크가 파열되어 그 내용물이 증발, 팽창하면서 발생되는 폭발현상은?

① Back Draft
② BLEVE
③ Flash Over
④ UVCE

해설
블레비(BLEVE, Boiling Liquid Expanding Vapor Explosion) : 비점이나 인화점이 낮은 액체가 들어있는 용기 주위에 화재 등으로 인하여 가열되면, 내부의 비등현상으로 인한 압력 상승으로 용기의 벽면이 파열되면서 그 내용물이 폭발적으로 증발, 팽창하면서 폭발을 일으키는 현상(비등액체 팽창증기폭발)

092 가연성가스의 폭발범위에 관한 설명으로 틀린 것은?

① 압력 증가에 따라 폭발 상한계와 하한계가 모두 현저히 증가한다.
② 불활성가스를 주입하면 폭발범위는 좁아진다.
③ 온도의 상승과 함께 폭발범위는 넓어진다.
④ 산소 중에서의 폭발범위는 공기 중에서 보다 넓어진다.

해설
압력이 증가하면 폭발 하한계는 거의 영향을 받지 않지만, 상한계는 크게 증가한다. 이에 따라 폭발범위는 넓어진다.

093 고체 가연물의 일반적인 4가지 연소방식에 해당하지 않는 것은?

① 분해연소　　　　② 표면연소
③ 확산연소　　　　④ 증발연소

고체 가연물의 4가지 연소방식 : 표면연소, 분해연소, 증발연소, 자기연소

094 산업안전보건법령에 따라 정변위 압축기 등에 대해서 과압에 따른 폭발을 방지하기 위하여 설치하여야 하는 것은?

① 역화방지기　　　　② 안전밸브
③ 감지기　　　　　　④ 체크밸브

해설

산업안전보건기준에 관한 규칙 제261조(안전밸브 등의 설치) ① 사업주는 다음 각 호의 어느 하나에 해당하는 설비에 대해서는 과압에 따른 폭발을 방지하기 위하여 폭발 방지 성능과 규격을 갖춘 안전밸브 또는 파열판(이하 "안전밸브등"이라 한다)을 설치하여야 한다. 다만, 안전밸브등에 상응하는 방호장치를 설치한 경우에는 그러하지 아니하다.
1. 압력용기(안지름이 150밀리미터 이하인 압력용기는 제외하며, 압력 용기 중 관형 열교환기의 경우에는 관의 파열로 인하여 상승한 압력이 압력용기의 최고사용압력을 초과할 우려가 있는 경우만 해당한다)
2. 정변위 압축기
3. 정변위 펌프(토출측에 차단밸브가 설치된 것만 해당한다)
4. 배관(2개 이상의 밸브에 의하여 차단되어 대기온도에서 액체의 열팽창에 의하여 파열될 우려가 있는 것으로 한정한다)
5. 그 밖의 화학설비 및 그 부속설비로서 해당 설비의 최고사용압력을 초과할 우려가 있는 것

095 다음 중 응상폭발이 아닌 것은?

① 분해폭발　　　　② 수증기폭발
③ 전선폭발　　　　④ 고상간의 전이에 의한 폭발

응상폭발 : 수증기폭발, 전선폭발, 고상간의 전이에 의한 폭발, 혼합 위험에 의한 폭발

096 5% NaOH 수용액과 10% NaOH 수용액을 반응기에 혼합하여 6% 100kg의 NaOH 수용액을 만들려면 각각 몇 kg의 NaOH 수용액이 필요한가?

① 5% NaOH 수용액: 33.3, 10% NaOH 수용액: 66.7
② 5% NaOH 수용액: 50, 10% NaOH 수용액: 50
③ 5% NaOH 수용액: 66.7, 10% NaOH 수용액: 33.3
④ 5% NaOH 수용액: 80, 10% NaOH 수용액: 20

$0.05x + 0.1y = 0.06 \times 100$
x : 5% NaOH 수용액의 양, y : 10% NaOH 수용액의 양
$y = 100 - x$
$x = 0.05x + 0.1(100 - x) = 6 \rightarrow 80kg$　y값 : $100 - 80 = 20kg$

097 다음 설명이 의미하는 것은?

> 온도, 압력 등 제어상태가 규정의 조건을 벗어나는 것에 의해 반응속도가 지수함수적으로 증대되고, 반응용기 내의 온도, 압력이 급격히 이상 상승되어 규정 조건을 벗어나고, 반응이 과격화되는 현상

① 비등
② 과열·과압
③ 폭발
④ 반응폭주

반응폭주 관련 대책
- 비상시 원료, 재료 등의 공급 중지 설비
- 반응기 등의 내용물을 방출할 수 있는 방출 설비
- 반응 중지제, 반응 억제제 주입설비
- 불활성가스 주입 설비
- 냉각용수, 냉매 등의 공급 설비

098 분진폭발의 발생 순서로 옳은 것은?

① 비산 → 분산 → 퇴적분진 → 발화원 → 2차폭발 → 전면폭발
② 비산 → 퇴적분진 → 분산 → 발화원 → 2차폭발 → 전면폭발
③ 퇴적분진 → 발화원 → 분산 → 비산 → 전면폭발 → 2차폭발
④ 퇴적분진 → 비산 → 분산 → 발화원 → 전면폭발 → 2차폭발

분진폭발은 퇴적된 분진이 비산하여 분진운을 생성하고 이렇게 분산된 분진이 발화원이 되어 폭발하는 것이다.

099 건축물 공사에 사용되고 있으나, 불에 타는 성질이 있어서 화재 시 유독한 시안화수소 가스가 발생되는 물질은?

① 염화비닐
② 염화에틸렌
③ 메타크릴산메틸
④ 우레탄

건축물 공사 시 벽면 단열재로 사용되는 우레탄(urethane)은 저렴한 가격과 단열성과 접착성이 우수하지만, 발화점이 낮고 화재 시 유독한 시안화수소가스가 발생된다.

100 다음 중 밀폐 공간내 작업시의 조치사항으로 가장 거리가 먼 것은?

① 산소결핍이 우려되거나 유해가스 등의 농도가 높아서 폭발할 우려가 있는 경우는 진행 중인 작업에 방해되지 않도록 주의하면서 환기를 강화하여야 한다.
② 해당 작업장을 적정한 공기상태로 유지되도록 환기하여야 한다.

③ 해당 장소에 근로자를 입장시킬 때와 퇴장시킬 때에 각각 인원을 점검하여야 한다.
④ 해당 작업장과 외부의 감시인 사이에 상시 연락을 취할 수 있는 설비를 설치하여야 한다.

산업안전보건기준에 관한 규칙 제620조(환기 등) ① 사업주는 근로자가 밀폐공간에서 작업을 하는 경우에 작업을 시작하기 전과 작업 중에 해당 작업장을 적정공기 상태가 유지되도록 환기하여야 한다. 다만, 폭발이나 산화 등의 위험으로 인하여 환기할 수 없거나 작업의 성질상 환기하기가 매우 곤란한 경우에는 근로자에게 공기호흡기 또는 송기마스크를 지급하여 착용하도록 하고 환기하지 아니할 수 있다.

제 06 과목 : 건설공사 안전관리

101 공정률이 65%인 건설현장의 경우 공사 진척에 따른 산업안전보건관리비의 최소 사용 기준으로 옳은 것은?

① 40% 이상
② 50% 이상
③ 60% 이상
④ 70% 이상

공사진척에 따른 안전관리비 사용기준

공정률	50% 이상 70% 미만	70% 이상 90% 미만	90% 이상
사용기준	50% 이상	70% 이상	90% 이상

※공정률은 기성공정률을 기준으로 한다.

102 화물취급작업과 관련한 위험방지를 위해 조치하여야 할 사항으로 옳지 않은 것은?

① 작업장 및 통로의 위험한 부분에는 안전하게 작업할 수 있는 조명을 유지할 것
② 차량 등에서 화물을 내리는 작업을 하는 경우에 해당 작업에 종사하는 근로자에게 쌓여 있는 화물 중간에서 화물을 빼내도록 하지 말 것
③ 육상에서의 통로 및 작업장소로서 다리 또는 선거 갑문을 넘는 보도 등의 위험한 부분에는 안전난간 또는 울타리 등을 설치할 것
④ 부두 또는 안벽의 선을 따라 통로를 설치하는 경우에는 폭을 50cm 이상으로 할 것

산업안전보건기준에 관한 규칙 제390조(하역작업장의 조치기준) 사업주는 부두·안벽 등 하역작업을 하는 장소에 다음 각 호의 조치를 하여야 한다.
1. 작업장 및 통로의 위험한 부분에는 안전하게 작업할 수 있는 조명을 유지할 것
2. 부두 또는 안벽의 선을 따라 통로를 설치하는 경우에는 폭을 90센티미터 이상으로 할 것
3. 육상에서의 통로 및 작업장소로서 다리 또는 선거(船渠) 갑문(閘門)을 넘는 보도(步道) 등의 위험한 부분에는 안전난간 또는 울타리 등을 설치할 것

103 타워크레인을 자립고(自立高) 이상의 높이로 설치할 때 지지벽체가 없어 와이어로프로 지지하는 경우의 준수사항으로 옳지 않은 것은?

① 와이어로프를 고정하기 위한 전용 지지프레임을 사용할 것
② 와이어로프 설치각도는 수평면에서 60° 이내로 하되, 지지점은 4개소 이상으로 하고, 같은 각도로 설치할 것
③ 와이어로프와 그 고정부위는 충분한 강도와 장력을 갖도록 설치하되, 와이어로프를 클립·샤클(Shackle) 등의 기구를 사용하여 고정하지 않도록 유의할 것
④ 와이어로프가 가공전선(加供電線)에 근접하지 않도록 할 것

산업안전보건기준에 관한 규칙 제142조(타워크레인의 지지) ① 사업주는 타워크레인을 자립고(自立高) 이상의 높이로 설치하는 경우 건축물 등의 벽체에 지지하도록 하여야 한다. 다만, 지지할 벽체가 없는 등 부득이한 경우에는 와이어로프에 의하여 지지할 수 있다.
② 사업주는 타워크레인을 벽체에 지지하는 경우 다음 각 호의 사항을 준수하여야 한다.
1. 「산업안전보건법 시행규칙」 제110조제1항제2호에 따른 서면심사에 관한 서류(「건설기계관리법」 제18조에 따른 형식승인서류를 포함한다) 또는 제조사의 설치작업설명서 등에 따라 설치할 것
2. 제1호의 서면심사 서류 등이 없거나 명확하지 아니한 경우에는 「국가기술자격법」에 따른 건축구조·건설기계·기계안전·건설안전기술사 또는 건설안전분야 산업안전지도사의 확인을 받아 설치하거나 기종별·모델별 공인된 표준방법으로 설치할 것
3. 콘크리트구조물에 고정시키는 경우에는 매립이나 관통 또는 이와 동등 이상의 방법으로 충분히 지지되도록 할 것
4. 건축 중인 시설물에 지지하는 경우에는 그 시설물의 구조적 안정성에 영향이 없도록 할 것
③ 사업주는 타워크레인을 와이어로프로 지지하는 경우 다음 각 호의 사항을 준수해야 한다.
1. 제2항제1호 또는 제2호의 조치를 취할 것
2. 와이어로프를 고정하기 위한 전용 지지프레임을 사용할 것
3. 와이어로프 설치각도는 수평면에서 60도 이내로 하되, 지지점은 4개소 이상으로 하고, 같은 각도로 설치할 것
4. 와이어로프와 그 고정부위는 충분한 강도와 장력을 갖도록 설치하고, 와이어로프를 클립·샤클(shackle, 연결고리) 등의 고정기구를 사용하여 견고하게 고정시켜 풀리지 아니하도록 하며, 사용 중에는 충분한 강도와 장력을 유지하도록 할 것. 이 경우 클립·샤클 등의 고정기구는 한국산업표준 제품이거나 한국산업표준이 없는 제품의 경우에는 이에 준하는 규격을 갖춘 제품이어야 한다.
5. 와이어로프가 가공전선(架空電線)에 근접하지 않도록 할 것

104 말비계를 조립하여 사용할 때의 준수사항으로 옳지 않은 것은?

① 지주부재의 하단에는 미끄럼 방지장치를 한다.
② 지주부재와 수평면과의 기울기는 75° 이하로 한다.
③ 말비계의 높이가 2m를 초과할 경우에는 작업발판의 폭을 30cm 이상으로 한다.
④ 지주부재와 지주부재 사이를 고정시키는 보조부재를 설치한다.

산업안전보건기준에 관한 규칙 제67조(말비계) 사업주는 말비계를 조립하여 사용하는 경우에 다음 각 호의 사항을 준수하여야 한다.
1. 지주부재(支柱部材)의 하단에는 미끄럼 방지장치를 하고, 근로자가 양측 끝부분에 올라서서 작업하지 않도록 할 것
2. 지주부재와 수평면의 기울기를 75도 이하로 하고, 지주부재와 지주부재 사이를 고정시키는 보조부재를 설치할 것
3. 말비계의 높이가 2미터를 초과하는 경우에는 작업발판의 폭을 40센티미터 이상으로 할 것

105 흙막이 지보공의 안전조치로 옳지 않은 것은?

① 굴착배면에 배수로 미설치
② 지하매설물에 대한 조사 실시
③ 조립도의 작성 및 작업순서 준수
④ 흙막이 지보공에 대한 조사 및 점검 철저

흙막이 지보공의 안전조치
- 굴착배면에 배수로 설치
- 배면토사 충진 철저 및 토사 유출 방지 조치
- 조립도의 작성 및 작업순서 준수
- 흙막이 지보공에 대한 조사 및 점검 철저
- 수평버팀대의 좌굴 방지를 위한 조치
- 계측관리로 이상 유무 확인
- 주변지하매설물에 대한 조사 실시

106 거푸집동바리등을 조립 또는 해체하는 작업을 하는 경우의 준수사항으로 옳지 않은 것은?

① 재료, 기구 또는 공구 등을 올리거나 내리는 경우에는 근로자로 하여금 달줄·달포대 등의 사용을 금하도록 할 것
② 낙하·충격에 의한 돌발적 재해를 방지하기 위하여 버팀목을 설치하고 거푸집동바리등을 인양장비에 매단 후에 작업을 하도록 하는 등 필요한 조치를 할 것
③ 비, 눈, 그 밖의 기상상태의 불안정으로 날씨가 몹시 나쁜 경우에는 그 작업을 중지할 것
④ 해당 작업을 하는 구역에는 관계 근로자가 아닌 사람의 출입을 금지할 것

산업안전보건기준에 관한 규칙 제333조(조립·해체 등 작업 시의 준수사항) ① 사업주는 기둥·보·벽체·슬라브 등의 거푸집동바리등을 조립하거나 해체하는 작업을 하는 경우에는 다음 각 호의 사항을 준수해야 한다.
1. 해당 작업을 하는 구역에는 관계 근로자가 아닌 사람의 출입을 금지할 것
2. 비, 눈, 그 밖의 기상상태의 불안정으로 날씨가 몹시 나쁜 경우에는 그 작업을 중지할 것
3. 재료, 기구 또는 공구 등을 올리거나 내리는 경우에는 근로자로 하여금 달줄·달포대 등을 사용하도록 할 것
4. 낙하·충격에 의한 돌발적 재해를 방지하기 위하여 버팀목을 설치하고 거푸집 및 동바리를 인양장비에 매단 후에 작업을 하도록 하는 등 필요한 조치를 할 것

② 사업주는 철근조립 등의 작업을 하는 경우에는 다음 각 호의 사항을 준수하여야 한다.
1. 양중기로 철근을 운반할 경우에는 두 군데 이상 묶어서 수평으로 운반할 것
2. 작업위치의 높이가 2미터 이상일 경우에는 작업발판을 설치하거나 안전대를 착용하게 하는 등 위험 방지를 위하여 필요한 조치를 할 것

107 로드(rod)·유압잭(jack) 등을 이용하여 거푸집을 연속적으로 이동시키면서 콘크리트를 타설할 때 사용되는 것으로 silo 공사 등에 적합한 거푸집은?

① 메탈폼
② 슬라이딩폼
③ 워플폼
④ 페코빔

슬라이딩 거푸집(sliding form)은 활동 거푸집이라고도 하며, 굴뚝이나 사일로(silo) 등 평면 형상이 일정하고 돌출부가 없는 구조물에 사용된다.

108 양중기에 사용하는 와이어로프에서 화물의 하중을 직접 지지하는 달기와이어로프 또는 달기체인의 안전계수 기준은?

① 3 이상 ② 4 이상
③ 5 이상 ④ 10 이상

산업안전보건기준에 관한 규칙 제163조(와이어로프 등 달기구의 안전계수) ① 사업주는 양중기의 와이어로프 등 달기구의 안전계수(달기구 절단하중의 값을 그 달기구에 걸리는 하중의 최대값으로 나눈 값을 말한다)가 다음 각 호의 구분에 따른 기준에 맞지 아니한 경우에는 이를 사용해서는 아니 된다.
1. 근로자가 탑승하는 운반구를 지지하는 달기와이어로프 또는 달기체인의 경우 : 10 이상
2. 화물의 하중을 직접 지지하는 달기와이어로프 또는 달기체인의 경우 : 5 이상
3. 훅, 샤클, 클램프, 리프팅 빔의 경우 : 3 이상
4. 그 밖의 경우 : 4 이상

109 건설업의 산업안전보건관리비 사용항목에 해당되지 않는 것은?

① 안전시설비 ② 근로자 건강장해예방비
③ 운반기계 수리비 ④ 안전보건진단비

건설업 산업안전보건관리비 계상 및 사용기준 제7조(사용기준) ① 도급인과 자기공사자는 산업안전보건관리비를 산업재해 예방 목적으로 다음 각 호의 기준에 따라 사용하여야 한다.
1. 안전관리자 · 보건관리자의 임금 등
    가. 법 제17조제3항 및 법 제18조제3항에 따라 안전관리 또는 보건관리 업무만을 전담하는 안전관리자 또는 보건관리자의 임금과 출장비 전액
    나. 안전관리 또는 보건관리 업무를 전담하지 않는 안전관리자 또는 보건관리자의 임금과 출장비의 각각 2분의 1에 해당하는 비용
    다. 안전관리자를 선임한 건설공사 현장에서 산업재해 예방 업무만을 수행하는 작업지휘자, 유도자, 신호자 등의 임금 전액
    라. 별표 1의2에 해당하는 작업을 직접 지휘 · 감독하는 직 · 조 · 반장 등 관리감독자의 직위에 있는 자가 영 제15조제1항에서 정하는 업무를 수행하는 경우에 지급하는 업무수당(임금의 10분의 1 이내)
2. 안전시설비 등
    가. 산업재해 예방을 위한 안전난간, 추락방호망, 안전대 부착설비, 방호장치(기계 · 기구와 방호장치가 일체로 제작된 경우, 방호장치 부분의 가액에 한함) 등 안전시설의 구입 · 임대 및 설치를 위해 소요되는 비용
    나. 「산업재해예방시설자금 융자금 지원사업 및 보조금 지급사업 운영규정」(고용노동부고시) 제2조제12호에 따른 "스마트안전장비 지원사업" 및 「건설기술진흥법」 제62조의3에 따른 스마트 안전장비 구입 · 임대 비용의 5분의 2에 해당하는 비용. 다만, 제4조에 따라 계상된 산업안전보건관리비 총액의 10분의 1을 초과할 수 없다.
    다. 용접 작업 등 화재 위험작업 시 사용하는 소화기의 구입 · 임대비용
3. 보호구 등
    가. 영 제74조제1항제3호에 따른 보호구의 구입 · 수리 · 관리 등에 소요되는 비용
    나. 근로자가 가목에 따른 보호구를 직접 구매 · 사용하여 합리적인 범위 내에서 보전하는 비용
    다. 제1호가목부터 다목까지의 규정에 따른 안전관리자 등의 업무용 피복, 기기 등을 구입하기 위한 비용
    라. 제1호가목에 따른 안전관리자 및 보건관리자가 안전보건 점검 등을 목적으로 건설공사 현장에서 사용하는 차량의 유류비 · 수리비 · 보험료
4. 안전보건진단비 등
    가. 법 제42조에 따른 유해위험방지계획서의 작성 등에 소요되는 비용
    나. 법 제47조에 따른 안전보건진단에 소요되는 비용
    다. 법 제125조에 따른 작업환경 측정에 소요되는 비용
    라. 그 밖에 산업재해예방을 위해 법에서 지정한 전문기관 등에서 실시하는 진단, 검사, 지도 등에 소요되는 비용

5. 안전보건교육비 등
    가. 법 제29조부터 제32조까지의 규정에 따라 실시하는 의무교육이나 이에 준하여 실시하는 교육을 위해 건설공사 현장의 교육 장소 설치·운영 등에 소요되는 비용
    나. 가목 이외 산업재해 예방 목적을 가진 다른 법령상 의무교육을 실시하기 위해 소요되는 비용
    다. 「응급의료에 관한 법률」 제14조제1항제5호에 따른 안전보건교육 대상자 등에게 구조 및 응급처치에 관한 교육을 실시하기 위해 소요되는 비용
    라. 안전보건관리책임자, 안전관리자, 보건관리자가 업무수행을 위해 필요한 정보를 취득하기 위한 목적으로 도서, 정기간행물을 구입하는 데 소요되는 비용
    마. 건설공사 현장에서 안전기원제 등 산업재해 예방을 기원하는 행사를 개최하기 위해 소요되는 비용. 다만, 행사의 방법, 소요된 비용 등을 고려하여 사회통념에 적합한 행사에 한한다.
    바. 건설공사 현장의 유해·위험요인을 제보하거나 개선방안을 제안한 근로자를 격려하기 위해 지급하는 비용
6. 근로자 건강장해예방비 등
    가. 법·영·규칙에서 규정하거나 그에 준하여 필요로 하는 각종 근로자의 건강장해 예방에 필요한 비용
    나. 중대재해 목격으로 발생한 정신질환을 치료하기 위해 소요되는 비용
    다. 「감염병의 예방 및 관리에 관한 법률」 제2조제1호에 따른 감염병의 확산 방지를 위한 마스크, 손소독제, 체온계 구입 비용 및 감염병병원체 검사를 위해 소요되는 비용
    라. 법 제128조의2 등에 따른 휴게시설을 갖춘 경우 온도, 조명 설치·관리기준을 준수하기 위해 소요되는 비용
    마. 건설공사 현장에서 근로자 심폐소생을 위해 사용되는 자동심장충격기(AED) 구입에 소요되는 비용
7. 법 제73조 및 제74조에 따른 건설재해예방전문지도기관의 지도에 대한 대가로 제2조제1항제5호의 자기공사자가 지급하는 비용
8. 「중대재해 처벌 등에 관한 법률 시행령」 제4조제2호나목에 해당하는 건설사업자가 아닌 자가 운영하는 사업에서 안전보건 업무를 총괄·관리하는 3명 이상으로 구성된 본사 전담조직에 소속된 근로자의 임금 및 업무수행 출장비 전액. 다만, 제4조에 따라 계상된 산업안전보건관리비 총액의 20분의 1을 초과할 수 없다.
9. 법 제36조에 따른 위험성평가 또는 「중대재해 처벌 등에 관한 법률 시행령」 제4조제3호에 따라 유해·위험요인 개선을 위해 필요하다고 판단하여 법 제24조의 산업안전보건위원회 또는 법 제75조의 노사협의체에서 사용하기로 결정한 사항을 이행하기 위한 비용. 다만, 제4조에 따라 계상된 산업안전보건관리비 총액의 10분의 1을 초과할 수 없다.

110 설치·이전하는 경우 안전인증을 받아야 하는 기계·기구에 해당되지 않는 것은?

① 크레인 ② 리프트
③ 곤돌라 ④ 고소작업대

산업안전보건법 시행규칙 제107조(안전인증대상기계등) 법 제84조제1항에서 "고용노동부령으로 정하는 안전인증대상기계등"이란 다음 각 호의 기계 및 설비를 말한다.
1. 설치·이전하는 경우 안전인증을 받아야 하는 기계
   가. 크레인
   나. 리프트
   다. 곤돌라
2. 주요 구조 부분을 변경하는 경우 안전인증을 받아야 하는 기계 및 설비
   가. 프레스
   나. 전단기 및 절곡기(折曲機)
   다. 크레인
   라. 리프트
   마. 압력용기
   바. 롤러기
   사. 사출성형기(射出成形機)
   아. 고소(高所)작업대
   자. 곤돌라

111 유해위험방지계획서 첨부서류에 해당되지 않는 것은?

① 안전관리를 위한 교육자료
② 안전관리 조직표
③ 건설물, 사용 기계설비 등의 배치를 나타내는 도면
④ 재해 발생 위험 시 연락 및 대피방법

유해위험방지계획서 첨부서류(산업안전보건법 시행규칙 별표 10)
- 공사 개요 및 안전보건관리계획
  - 공사 개요서
  - 공사현장의 주변 현황 및 주변과의 관계를 나타내는 도면(매설물 현황을 포함한다)
  - 건설물, 사용 기계설비 등의 배치를 나타내는 도면
  - 전체 공정표
  - 산업안전보건관리비 사용계획서
  - 안전관리 조직표
  - 재해 발생 위험 시 연락 및 대피방법
- 작업 공사 종류별 유해위험방지계획

112 항타기 또는 항발기의 권상용 와이어로프의 사용금지기준에 해당하지 않는 것은?

① 이음매가 없는 것
② 지름의 감소가 공칭지름의 7%를 초과하는 것
③ 꼬인 것
④ 열과 전기충격에 의해 손상된 것

와이어로프의 사용제한 조건
- 이음매가 있는 것
- 와이어로프의 한 꼬임에서 끊어진 소선의 수가 10% 이상인 것
- 지름의 감소가 공칭지름의 7%를 초과하는 것
- 꼬인 것
- 심하게 변형 또는 부식된 것
- 열과 전기 충격에 의해 손상된 것

113 철골 작업 시 기상조건에 따라 안전상 작업을 중지하여야 하는 경우에 해당되는 기준으로 옳은 것은?

① 강우량이 시간당 5mm 이상인 경우
② 강우량이 시간당 10mm 이상인 경우
③ 풍속이 초당 10m 이상인 경우
④ 강설량이 시간당 20mm 이상인 경우

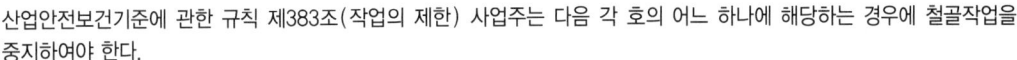
산업안전보건기준에 관한 규칙 제383조(작업의 제한) 사업주는 다음 각 호의 어느 하나에 해당하는 경우에 철골작업을 중지하여야 한다.
1. 풍속이 초당 10미터 이상인 경우
2. 강우량이 시간당 1밀리미터 이상인 경우
3. 강설량이 시간당 1센티미터 이상인 경우

114 가설통로의 구조에 관한 기준으로 옳지 않은 것은?

① 경사가 15°를 초과하는 경우에는 미끄러지지 아니하는 구조로 할 것
② 경사는 20° 이하로 할 것
③ 추락의 위험이 있는 장소에는 안전난간을 설치할 것
④ 수직갱에 가설된 통로의 길이가 15m이상인 경우에는 10m이내마다 계단참을 설치할 것

산업안전보건기준에 관한 규칙 제23조(가설통로의 구조) 사업주는 가설통로를 설치하는 경우 다음 각 호의 사항을 준수하여야 한다.
1. 견고한 구조로 할 것
2. 경사는 30도 이하로 할 것. 다만, 계단을 설치하거나 높이 2미터 미만의 가설통로로서 튼튼한 손잡이를 설치한 경우에는 그러하지 아니하다.
3. 경사가 15도를 초과하는 경우에는 미끄러지지 아니하는 구조로 할 것
4. 추락할 위험이 있는 장소에는 안전난간을 설치할 것. 다만, 작업상 부득이한 경우에는 필요한 부분만 임시로 해체할 수 있다.
5. 수직갱에 가설된 통로의 길이가 15미터 이상인 경우에는 10미터 이내마다 계단참을 설치할 것
6. 건설공사에 사용하는 높이 8미터 이상인 비계다리에는 7미터 이내마다 계단참을 설치할 것

115 동바리로 사용하는 파이프 서포트는 최대 몇 개 이상 이어서 사용하지 않아야 하는가?

① 2개　　② 3개
③ 4개　　④ 5개

동바리로 사용하는 파이프 서포트의 경우(산업안전보건기준에 관한 규칙 제332조의2)
• 파이프 서포트를 3개 이상 이어서 사용하지 않도록 할 것
• 파이프 서포트를 이어서 사용하는 경우에는 4개 이상의 볼트 또는 전용철물을 사용하여 이을 것
• 높이가 3.5미터를 초과하는 경우에는 높이 2미터 이내마다 수평연결재를 2개 방향으로 만들고 수평연결재의 변위를 방지할 것

116 건설현장에 설치하는 사다리식 통로의 설치기준으로 옳지 않은 것은?

① 발판과 벽과의 사이는 15cm 이상의 간격을 유지할 것
② 발판의 간격은 일정하게 할 것
③ 사다리의 상단은 걸쳐놓은 지점으로부터 60cm 이상 올라가도록 할 것
④ 사다리식 통로의 길이가 10m 이상인 경우에는 3m 이내마다 계단참을 설치할 것

산업안전보건기준에 관한 규칙 제24조(사다리식 통로 등의 구조) ① 사업주는 사다리식 통로 등을 설치하는 경우 다음 각 호의 사항을 준수하여야 한다.
1. 견고한 구조로 할 것
2. 심한 손상·부식 등이 없는 재료를 사용할 것
3. 발판의 간격은 일정하게 할 것
4. 발판과 벽과의 사이는 15센티미터 이상의 간격을 유지할 것
5. 폭은 30센티미터 이상으로 할 것
6. 사다리가 넘어지거나 미끄러지는 것을 방지하기 위한 조치를 할 것
7. 사다리의 상단은 걸쳐놓은 지점으로부터 60센티미터 이상 올라가도록 할 것
8. 사다리식 통로의 길이가 10미터 이상인 경우에는 5미터 이내마다 계단참을 설치할 것
9. 사다리식 통로의 기울기는 75도 이하로 할 것. 다만, 고정식 사다리식 통로의 기울기는 90도 이하로 하고, 그 높이가 7미터 이상인 경우에는 다음 각 목의 구분에 따른 조치를 할 것
   가. 등받이울이 있어도 근로자 이동에 지장이 없는 경우 : 바닥으로부터 높이가 2.5미터 되는 지점부터 등받이울을 설치할 것
   나. 등받이울이 있으면 근로자가 이동이 곤란한 경우 : 한국산업표준에서 정하는 기준에 적합한 개인용 추락 방지 시스템을 설치하고 근로자로 하여금 한국산업표준에서 정하는 기준에 적합한 전신안전대를 사용하도록 할 것
10. 접이식 사다리 기둥은 사용 시 접혀지거나 펼쳐지지 않도록 철물 등을 사용하여 견고하게 조치할 것

117 흙막이 계측기의 종류 중 주변 지반의 변형을 측정하는 기계는?

① Tilt meter
② Inclino meter
③ Strain gauge
④ Load cell

- 건물경사계(Tilt meter) : 지상 인접 구조물의 기울기 측정
- 지중경사계(Inclino meter) : 토류벽 또는 배면지반에 설치하여 기울기를 측정(주변 지반의 변형을 측정)
- 변형계(Strain gauge) : 흙막이 버팀대의 변형 정도를 파악하기 위한 계측기
- 하중계(Load cell) : 흙막이 버팀대에 작용하는 하중 측정

118 차량계 하역운반기계등에 화물을 적재하는 경우에 준수해야 할 사항으로 옳지 않은 것은?

① 하중이 한쪽으로 치우치도록 하여 공간상 효율적으로 적재할 것
② 구내운반차 또는 화물자동차의 경우 화물의 붕괴 또는 낙하에 의한 위험을 방지하기 위하여 화물에 로프를 거는 등 필요한 조치를 할 것
③ 운전자의 시야를 가리지 않도록 화물을 적재할 것
④ 화물을 적재하는 경우 최대적재량을 초과하지 않을 것

산업안전보건기준에 관한 규칙 제173조(화물적재 시의 조치) ① 사업주는 차량계 하역운반기계등에 화물을 적재하는 경우에 다음 각 호의 사항을 준수하여야 한다.
1. 하중이 한쪽으로 치우치지 않도록 적재할 것
2. 구내운반차 또는 화물자동차의 경우 화물의 붕괴 또는 낙하에 의한 위험을 방지하기 위하여 화물에 로프를 거는 등 필요한 조치를 할 것
3. 운전자의 시야를 가리지 않도록 화물을 적재할 것
② 제1항의 화물을 적재하는 경우에는 최대적재량을 초과해서는 아니 된다.

119 다음 설명에 해당하는 안전대와 관련된 용어로 옳은 것은?(단, 보호구 안전인증 고시 기준)

> 신체지지의 목적으로 전신에 착용하는 띠 모양의 것으로 상체 등 신체 일부분만 지지하는 것은 제외한다.

① 안전그네
② 벨트
③ 죔줄
④ 버클안전대의 용어

- 벨트 : 신체지지의 목적으로 허리에 착용하는 띠 모양의 부품
- 안전그네 : 신체지지의 목적으로 전신에 착용하는 띠 모양의 것으로서 상체 등 신체 일부분만 지지하는 것은 제외
- 지탱벨트 : U자걸이 사용 시 벨트와 겹쳐서 몸체에 대는 역할을 하는 띠 모양의 부품
- 죔줄 : 벨트 또는 안전그네를 구명줄 또는 구조물 등 기타 걸이설비와 연결하기 위한 줄모양의 부품
- D링 : 벨트 또는 안전그네와 죔줄을 연결하기 위한 D자형의 금속 고리
- 각링 : 벨트 또는 안전그네와 신축조절기를 연결하기 위한 사각형의 금속 고리
- 버클 : 벨트 또는 안전그네를 신체에 착용하기 위해 그 끝에 부착한 금속장치
- 추락방지대 : 신체의 추락을 방지하기 위해 자동잠김 장치를 갖추고 죔줄과 수직구명줄에 연결된 금속장치
- 훅 및 카라비너 : 죔줄과 걸이설비 등 또는 D링과 연결하기 위한 금속장치
- 보조훅 : U자걸이를 위해 훅 또는 카라비너를 지탱벨트의 D링에 걸거나 떼어낼 때 추락을 방지하기 위한 훅
- 신축조절기 : 죔줄의 길이를 조절하기 위해 죔줄에 부착된 금속의 조절장치
- 8자형 링 : 안전대를 1개걸이로 사용할 때 훅 또는 카라비너를 죔줄에 연결하기 위한 8자형의 금속고리
- 안전블록 : 안전그네와 연결하여 추락발생시 추락을 억제할 수 있는 자동잠김장치가 갖추어져 있고 죔줄이 자동적으로 수축되는 장치
- 보조죔줄 : 안전대를 U자걸이로 사용할 때 U자걸이를 위해 훅 또는 카라비너를 지탱 벨트의 D링에 걸거나 떼어낼 때 잘못하여 추락하는 것을 방지하기 위한 링과 걸이설비 연결에 사용하는 훅 또는 카라비너를 갖춘 줄모양의 부품
- 충격흡수장치 : 추락 시 신체에 가해지는 충격하중을 완화시키는 기능을 갖는 죔줄에 연결되는 부품
- 수직구명줄 : 로프 또는 레일 등과 같은 유연하거나 단단한 고정줄로서 추락발생시 추락을 저지시키는 추락방지대를 지탱해 주는 줄모양의 부품

120 작업장 출입구 설치 시 준수해야 할 사항으로 옳지 않은 것은?

① 출입구에 문을 설치하는 경우에는 근로자가 쉽게 열고 닫을 수 있도록 할 것
② 출입구의 위치·수 및 크기가 작업장의 용도와 특성에 맞도록 할 것
③ 주된 목적이 하역운반계용인 출입구에는 보행자용 출입구를 따로 설치하지 않을 것
④ 계단이 출입구와 바로 연결된 경우에는 작업자의 안전한 통행을 위하여 그 사이에 1.2m 이상 거리를 두거나 안내표지 또는 비상벨 등을 설치할 것

산업안전보건기준에 관한 규칙 제11조(작업장의 출입구) 사업주는 작업장에 출입구(비상구는 제외한다. 이하 같다)를 설치하는 경우 다음 각 호의 사항을 준수하여야 한다.
1. 출입구의 위치, 수 및 크기가 작업장의 용도와 특성에 맞도록 할 것
2. 출입구에 문을 설치하는 경우에는 근로자가 쉽게 열고 닫을 수 있도록 할 것
3. 주된 목적이 하역운반기계용인 출입구에는 인접하여 보행자용 출입구를 따로 설치할 것

4. 하역운반기계의 통로와 인접하여 있는 출입구에서 접촉에 의하여 근로자에게 위험을 미칠 우려가 있는 경우에는 비상등·비상벨 등 경보장치를 할 것
5. 계단이 출입구와 바로 연결된 경우에는 작업자의 안전한 통행을 위하여 그 사이에 1.2미터 이상 거리를 두거나 안내표지 또는 비상벨 등을 설치할 것. 다만, 출입구에 문을 설치하지 아니한 경우에는 그러하지 아니하다.

정답 2017년 05월 07일 최근 기출문제

001 ④	002 ③	003 ④	004 ③	005 ①	006 ①	007 ④	008 ①	009 ②	010 ②
011 ③	012 ①	013 ②	014 ①	015 ①	016 ③	017 ④	018 ①	019 ④	020 ④
021 ②	022 ③	023 ③	024 ①	025 ④	026 ①	027 ④	028 ②	029 ③	030 ①
031 ④	032 ②	033 ①	034 ④	035 ①	036 ④	037 ③	038 ②	039 ③	040 ③
041 ④	042 ①	043 ①	044 ②	045 ③	046 ②	047 ①	048 ②	049 ②	050 ①
051 ④	052 ③	053 ②	054 ①	055 ①	056 ③	057 ④	058 ③	059 ②	060 ④
061 ④	062 ①	063 ①	064 ①	065 ②	066 ③	067 ③	068 ②	069 ②	070 ③
071 ③	072 ④	073 ①	074 ③	075 ②	076 ③	077 ④	078 ②	079 ②	080 ④
081 ③	082 ②	083 ①	084 ②	085 ①	086 ④	087 ③	088 ②	089 ①	090 ①
091 ②	092 ①	093 ②	094 ②	095 ①	096 ④	097 ④	098 ④	099 ④	100 ①
101 ②	102 ④	103 ③	104 ③	105 ①	106 ②	107 ②	108 ③	109 ③	110 ④
111 ①	112 ①	113 ③	114 ②	115 ②	116 ④	117 ②	118 ①	119 ①	120 ③

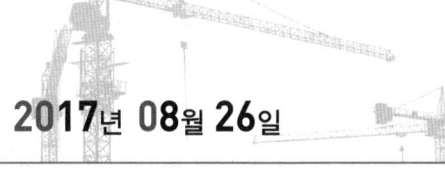

2017년 08월 26일

최근 기출문제

QUESTIONS FROM PREVIOUS TESTS

제 01 과목 　 산업재해 예방 및 안전보건교육

001 A 사업장의 강도율이 2.5이고, 연간 재해발생건수가 12건, 연간 총 근로 시간수가 120만 시간일 때 이 사업장의 종합재해지수는 약 얼마인가?

① 1.6　　　　　　　　　　② 5.0
③ 27.6　　　　　　　　　　④ 230

- 도수율 = $\dfrac{\text{재해건수}}{\text{연간 총근로시간}} \times 1000000 = \dfrac{12}{1200000} \times 1000000 = 10$
- 종합재해지수 = $\sqrt{\text{도수율} \times \text{강도율}} = \sqrt{10 \times 2.5} = 5$

002 재해발생시 조치순서 중 재해조사 단계에서 실시하는 내용으로 옳은 것은?

① 현장보존
② 관계자에게 통보
③ 잠재재해 위험요인의 색출
④ 피재자의 응급조치

재해발생 시 긴급처리
- 1순위 : 피재기계의 정지 및 피해확산 방지
- 2순위 : 피해자의 응급조치
- 3순위 : 관계자에게 통보
- 4순위 : 2차 재해방지
- 5순위 : 현장보존

003 위치, 순서, 패턴, 형상, 기억오류 등 외부적 요인에 의해 나타나는 것은?

① 메트로놈　　　　　　　　② 리스크테이킹
③ 부주의　　　　　　　　　④ 착오

착오의 매커니즘(Mechanism) : 위치의 착오, 패턴의 착오, 형(形)의 착오, 순서의 착오, 잘못 기억

004 학습지도 형태 중 다음 토의법 유형에 대한 설명으로 옳은 것은?

> 6-6 회의라고도 하며, 6명씩 소집단으로 구분하고, 집단별로 각각의 사회자를 선발하여 6분씩 자유토의를 행하여 의견을 종합하는 방법

① 버즈세션(Buzz session)
② 포럼(Forum)
③ 심포지엄(Symposium)
④ 패널 디스커션(Panel discussion)

버즈 세션(Buzz Session) : 6-6 회의라고도 하며, 먼저 사회자와 기록계를 선출한 후 나머지 사람은 6명씩의 소집단으로 구분하고, 소집단별로 각각 사회자를 선발하여 6분간씩 자유토의를 행하여 의견을 종합하는 방법

005 하인리히의 재해발생 이론은 다음과 같이 표현할 수 있다. 이 때 α가 의미하는 것으로 옳은 것은?

> 재해의 발생 = 물적불안전상태 + 인적불안전행위 + α
> = 설비적결함 + 관리적결함 + α

① 노출된 위험의 상태
② 재해의 직접원인
③ 재해의 간접원인
④ 잠재된 위험의 상태

006 브레인스토밍(Brain-storming) 기법의 4원칙에 관한 설명으로 틀린 것은?

① 한 사람이 많은 의견을 제시할 수 있다.
② 타인의 의견을 수정하여 발언할 수 있다.
③ 타인의 의견에 대하여 비판, 비평하지 않는다.
④ 의견을 발언할 때에는 주어진 요건에 맞추어 발언한다.

브레인 스토밍(Brain Storming)의 4원칙 : 비평금지, 자유분방, 대량발언, 수정발언

007 재해원인 분석방법의 통계적 원인분석 중 사고의 유형, 기인물 등 분류항목을 큰 순서대로 도표화한 것은?

① 파레토도
② 특성요인도
③ 크로스도
④ 관리도

통계원인 분석방법 4가지
- 파레토도 : 사고의 유형, 기인물 등의 분류항목을 순서대로 도표화하여 문제나 목표의 이해에 편리
- 특성요인도 : 특성과 요인과의 관계를 도표로 하여 어골상으로 세분화
- 클로즈분석(크로스도) : 2개 이상의 문제를 분석하는데 사용
- 관리도 : 재해발생건수 등의 추이를 파악

008 산업안전보건법령상 안전보건표지의 종류 중 안내표지에 해당하지 않는 것은?

① 들것
② 비상용기구
③ 출입구
④ 세안장치

안내표지의 종류(산업안전보건법 시행규칙 별표 6)

401 녹십자 표시	402 응급구호 표지	403 들 것	404 세안장치	405 비상용 기구	406 비상구	407 좌측 비상구	408 우측 비상구

009 산업안전보건법령상 관리감독자 안전보건교육 중 정기교육의 교육내용이 아닌 것은?

① 작업 개시 전 점검에 관한 사항
② 산업보건 및 건강장해 예방에 관한 사항
③ 유해·위험 작업환경 관리에 관한 사항
④ 작업공정의 유해·위험과 재해 예방대책에 관한 사항

관리감독자 정기교육 내용(산업안전보건법 시행규칙 별표 5)
- 산업안전 및 산업재해 예방에 관한 사항(화재·폭발 사고 발생 시 대피에 관한 사항 포함)
- 산업보건 및 건강장해 예방에 관한 사항(폭염·한파작업으로 인한 건강장해 발생 시 응급조치에 관한 사항 포함)
- 위험성평가에 관한 사항
- 유해·위험 작업환경 관리에 관한 사항
- 산업안전보건법령 및 산업재해보상보험 제도에 관한 사항
- 직무스트레스 예방 및 관리에 관한 사항
- 직장 내 괴롭힘, 고객의 폭언 등으로 인한 건강장해 예방 및 관리에 관한 사항
- 작업공정의 유해·위험과 재해 예방대책에 관한 사항
- 사업장 내 안전보건관리체제 및 안전·보건조치 현황에 관한 사항
- 표준안전 작업방법 결정 및 지도·감독 요령에 관한 사항
- 현장근로자와의 의사소통능력 및 강의능력 등 안전보건교육 능력 배양에 관한 사항
- 비상시 또는 재해 발생 시 긴급조치에 관한 사항
- 그 밖의 관리감독자의 직무에 관한 사항

010 안전점검 보고서 작성내용 중 주요 사항에 해당되지 않는 것은?

① 작업현장의 현 배치 상태와 문제점
② 재해다발요인과 유형분석 및 비교 데이터 제시
③ 안전관리 스텝의 인적사항
④ 보호구, 방호장치 작업환경 실태와 개선제시

스텝의 인적사항은 개인 정보와 관련된 것으로 안전점검 보고서 작성 시 수록될 주요 내용으로는 적절하지 않다.

011 안전교육방법 중 구안법(Project Method)의 4단계의 순서로 옳은 것은?

① 목적결정 → 계획수립 → 활동 → 평가
② 계획수립 → 목적결정 → 활동 → 평가
③ 활동 → 계획수립 → 목적결정 → 평가
④ 평가 → 계획수립 → 목적결정 → 활동

구안법(Project Method)
- 학생이 마음속에 생각하고 있는 것을 외부에 구체적으로 실현하고 형상화하기 위해서 자기 스스로가 계획을 세워 수행하는 학습 활동으로 이루어지는 형태
- 콜링스(Collings)는 구안법을 탐험(Exploration), 구성(Construction), 의사소통(Communication), 유희(Play), 기술(Skill)의 5가지로 지적하였으며 산업시찰, 견학, 현장실습 등도 이에 해당
- 구안법은 목적, 계획, 수행(활동), 평가의 4단계를 거침

012 보호구 안전인증 고시에 따른 방음용 귀마개 또는 귀덮개와 관련된 용어의 정의 중 다음 ( )안에 알맞은 것은?

> 음압수준이란 음압을 다음 식에 따라 데시벨(dB)로 나타낸 것을 말하며 적분평균소음계(KSC 1505) 또는 소음계(KS C 1502)에 규정하는 소음계의 (   )특성을 기준으로 한다.

① A   ② B
③ C   ④ D

방음용 귀마개 또는 귀덮개의 용어
- 방음용 귀마개(ear-plugs) : 외이도에 삽입 또는 외이 내부·외이도 입구에 반 삽입함으로서 차음효과를 나타내는 일회용 또는 재사용 가능한 방음용 귀마개를 말한다.
- 방음용 귀덮개(ear-muff) : 양쪽 귀 전체를 덮을 수 있는 컵(머리띠 또는 안전모에 부착된 부품을 사용하여 머리에 압착될 수 있는 것)을 말한다.
- 음압수준 : 음압을 데시벨(dB)로 나타낸 것을 말하며 적분평균소음계(KS C 1505) 또는 소음계(KS C 1502)에 규정하는 소음계의 "C" 특성을 기준으로 한다.

013 무재해운동 추진기법 중 위험예지훈련 4라운드 기법에 해당하지 않는 것은?

① 현상파악   ② 행동 목표설정
③ 대책수립   ④ 안전평가

위험예지 훈련의 기존 4라운드 진행방법
- 1R(현상파악) : 어떤 위험이 잠재하고 있는지 사실을 파악하는 라운드(BS적용)
- 2R(본질추구) : 가장 위험한 요인(위험 포인트)을 합의로 결정하는 라운드(요약)
- 3R(대책수립) : 구체적인 대책을 수립하는 라운드(BS적용)
- 4R(목표달성-설정) : 수립한 대책 가운데 질이 높은 항목에 합의하는 라운드(요약)

014 다음 그림과 같은 안전관리 조직의 특징으로 틀린 것은?

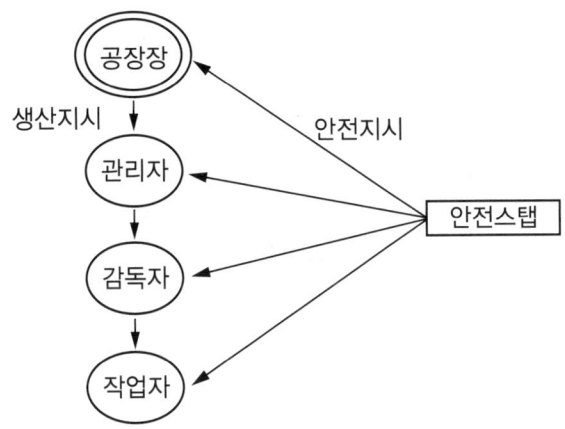

① 1000명 이상의 대규모 사업장에 적합하다.
② 생산부분은 안전에 대한 책임과 권한이 없다.
③ 사업장의 특수성에 적합한 기술연구를 전문적으로 할 수 없다.
④ 권한다툼이나 조정 때문에 통제수속이 복잡해지며, 시간과 노력이 소모된다.

스태프(Staff)형(참모식 조직)
• 안전관리를 담당하는 스탭(참모진)을 두고 안전관리에 관한 계획, 조사, 검토, 권고, 보고 등을 행하는 관리 방식이다.
• 중규모 사업장(100명 이상 ~ 500명 미만)에 적합하다.

015 인간의 행동특성과 관련한 레빈의 법칙(Lewin)중 P가 의미하는 것은?

$$B = f(P \cdot E)$$

① 사람의 경험, 성격 등
② 인간의 행동
③ 심리에 영향을 주는 인간관계
④ 심리에 영향을 미치는 작업환경

레빈(Lewin)은 인간의 행동(B)은 그 사람이 가진 자질 즉, 개체(P)와 심리학적 환경(E)과의 상호 함수관계에 있다고 규정
$B = f(P \cdot E)$
 • B : Behavior(인간의 행동)
 • f : Function(함수관계 : 적성 기타 P와 E에 영향을 미칠 수 있는 조건)
 • P : Person(개체 : 연령, 경험, 심신상태, 성격, 지능 등)
 • E : Environment(심리적 환경 : 인간관계, 작업환경 등)

016 안전교육의 단계에 있어 교육대상자가 스스로 행함으로서 습득하게 하는 교육은?

① 의식교육
② 기능교육
③ 지식교육
④ 태도교육

안전교육의 3단계
- 제1단계 지식교육 : 강의, 시청각교육을 통한 지식의 전달과 이해
- 제2단계 기능교육 : 시범, 견학, 실습, 현장실습교육을 통한 경험 체득과 이해
- 제3단계 태도교육 : 작업동작지도, 생활지도 등을 통한 안전의 습관화

017 부주의의 현상으로 볼 수 없는 것은?

① 의식의 단절
② 의식수준 지속
③ 의식의 과잉
④ 의식의 우회

부주의 현상
- 의식의 단절 : 지속적인 의식의 흐름에 단절이 생기고 공백의 상태가 나타나는 것으로서 특수한 질병이 있는 경우에 나타난다.(의식수준 : Phase 0 상태)
- 의식의 우회 : 의식의 흐름이 옆으로 빗나가 발생하는 경우로서 작업도중의 걱정, 고뇌, 욕구 불만 등에 의해 다른 것이 주의하는 것이 이에 속한다.(의식수준 : Phase 0 상태)
- 의식수준의 저하 : 혼미한 정신상태에서 심신이 피로할 경우나 단조로운 작업 등의 경우에 일어나기 쉽다.(의식수준 : Phase Ⅰ이하 상태)
- 의식의 과잉 : 지나친 의욕에 의해서 생기는 부주의 현상으로서 돌발사태 및 긴급이상 사태시 순간적으로 긴장되고 의식이 한 방향으로만 쏠리게 되는 경우가 이에 해당된다.(의식수준 : Phase Ⅳ상태)

018 산업안전보건법상 근로시간 연장의 제한에 관한 기준에서 아래의 ( ) 안에 알맞은 것은?

> 사업주는 유해하거나 위험한 작업으로서 대통령령으로 정하는 작업에 종사하는 근로자에게는 1일 (㉠) 시간, 1주 (㉡) 시간을 초과하여 근로하게 하여서는 아니 된다.

① ㉠ 6, ㉡ 34
② ㉠ 7, ㉡ 36
③ ㉠ 8, ㉡ 40
④ ㉠ 8, ㉡ 44

산업안전보건법 제139조(유해·위험작업에 대한 근로시간 제한 등) ① 사업주는 유해하거나 위험한 작업으로서 높은 기압에서 하는 작업 등 대통령령으로 정하는 작업에 종사하는 근로자에게는 1일 6시간, 1주 34시간을 초과하여 근로하게 해서는 아니 된다.

019 일반적으로 시간의 변화에 따라 야간에 상승하는 생체리듬은?

① 맥박수 ② 염분량
③ 혈압 ④ 체중

생체리듬과 피로
- 혈액의 수분, 염분량 : 주간은 감소하고 야간에는 증가
- 체온, 혈압, 맥박수 : 주간은 상승하고 야간에는 저하

020 성인학습의 원리에 해당되지 않는 것은?

① 간접경험의 원리 ② 자발학습의 원리
③ 상호학습의 원리 ④ 참여교육의 원리

성인학습의 원리 중 하나는 경험중심으로 이루어진다는 점이다.

제 02 과목 인간공학 및 위험성 평가 · 관리

021 설비보전을 평가하기 위한 식으로 틀린 것은?

① 성능가동률 = 속도가동률 × 정미가동률
② 시간가동률 = (부하시간 − 정지시간) / 부하시간
③ 설비종합효율 = 시간가동률 × 성능가동률 × 양품률
④ 정미가동률 = (생산량 × 기준주기시간) / 가동시간

정미가동률 = $\dfrac{생산량 \times 실제주기시간}{부하시간 - 정지시간}$

022 "표시장치와 이에 대응하는 조종장치간의 위치 또는 배열이 인간의 기대와 모순되지 않아야 한다."는 인간공학적 설계원리와 가장 관계가 깊은 것은?

① 개념양립성 ② 운동양립성
③ 문화양립성 ④ 공간양립성

양립성의 구분
- 공간양립성 : 표시장치가 조종장치에서 물리적 형태나 공간적인 배치의 양립성
- 운동양립성 : 표시 및 조종장치의 운동 방향의 양립성
- 개념양립성 : 사람들이 가지고 있는 개념적 연상(어떤 암호체계에서 청색이 정상을 나타내듯이)의 양립성
- 양식양립성 : 기계가 특정 음성에 대해 정해진 반응을 하는 것과 같이 직무에 알맞은 자극과 응답 양식의 존재

023 다음 그림은 THERP를 수행하는 예이다. 작업개시점 N_1에서부터 작업종점 N_4까지 도달할 확률은?(단, $P(B_i)$, $i=1, 2, 3, 4$는 해당 확률을 나타내며, 각 직무과오의 발생은 상호독립이라 가정한다.)

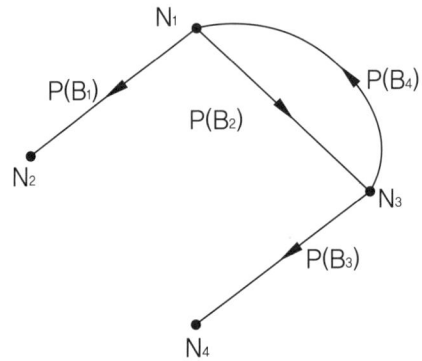

① $1 - P(B_1)$
② $P(B_2) \cdot P(B_3)$
③ $\dfrac{P(B_2) \cdot P(B_3)}{1 - P(B_4)}$
④ $\dfrac{P(B_2) \cdot P(B_3)}{1 - P(B_2) \cdot P(B_4)}$

024 격렬한 육체적 작업의 작업부담 평가 시 활용되는 주요 생리적 척도로만 이루어진 것은?

① 부정맥, 작업량
② 맥박수, 산소 소비량
③ 점멸융합주파수, 폐활량
④ 점멸융합주파수, 근전도

격렬한 육체적 작업 시 맥박수와 산소 소비량이 모두 증가한다. 특히 격렬한 작업 시 충분한 양의 산소가 근육활동에 공급되지 못해 근육에 젖산이 축적된다.

025 산업안전보건기준에 관한 규칙상 작업장의 작업면에 따른 적정 조명 수준은 초정밀 작업에서 (㉠) lux 이상이고, 보통작업에서는 (㉡) lux 이상이다. ( ) 안에 들어갈 내용은?

① ㉠ : 650 ㉡ : 150
② ㉠ : 650 ㉡ : 250
③ ㉠ : 750 ㉡ : 150
④ ㉠ : 750 ㉡ : 250

산업안전보건기준에 관한 규칙 제8조(조도) 사업주는 근로자가 상시 작업하는 장소의 작업면 조도(照度)를 다음 각 호의 기준에 맞도록 하여야 한다. 다만, 갱내(坑內) 작업장과 감광재료(感光材料)를 취급하는 작업장은 그러하지 아니하다.
1. 초정밀작업 : 750럭스(lux) 이상
2. 정밀작업 : 300럭스 이상
3. 보통작업 : 150럭스 이상
4. 그 밖의 작업 : 75럭스 이상

026 다음 그림과 같은 시스템의 신뢰도는 약 얼마인가?(단, 각각의 네모안의 수치는 각 공정의 신뢰도를 나타낸 것이다.)

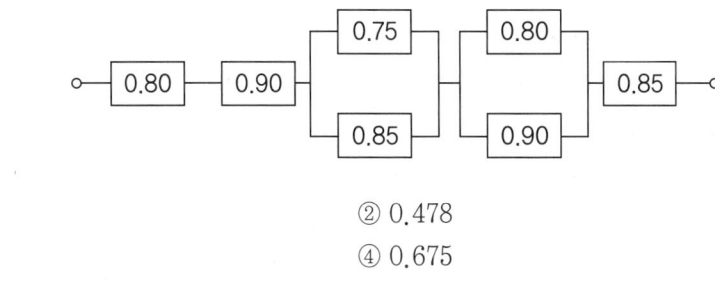

① 0.378
② 0.478
③ 0.578
④ 0.675

해설

신뢰도(R_s) = 0.8 × 0.9 × {1−(1−0.75)(1−0.85)} × {1−(1−0.80)(1−0.90)} × 0.85 = 0.57727

027 FTA 결과 다음과 같은 패스셋을 구하였다. X_4가 중복사상인 경우, 최소 패스셋(minimal path sets)으로 맞는 것은?

| {X_2, X_3, X_4} |
| {X_1, X_3, X_4} |
| {X_3, X_4} |

① {X_3, X_4}
② {X_1, X_3, X_4}
③ {X_2, X_3, X_4}
④ {X_2, X_3, X_4}와 {X_3, X_4}

해설

패스셋(Path set)은 시스템이 고장 나지 않도록 하는 사상의 조합이며, 최소 패스셋(Minimal Path Sets)은 그 필요 최소한의 것을 의미한다. 따라서, {X_3, X_4}가 최소 패스셋이 된다.

028 인간-기계 통합 체계의 인간 또는 기계에 의해서 수행되는 기본기능의 유형에 해당하지 않는 것은?

① 감지
② 환경
③ 행동
④ 정보보관

해설

인간-기계 체계와 기능(임무 및 기본기능)
- 감지(Sensing)
  - 인체의 감지 기능 : 시각, 청각, 후각 등의 감각기관
  - 기계적인 감지 기능 : 전자, 사진, 기계적인 감지 장치
- 정보보관(저장, Information Storage)
  - 인간의 정보 보관 : 기억된 학습내용
  - 기계적 정보 보관 : 펀치 카드(Punch Card), 자기테이프, 형판(Template), 기록, 자료표 등과 같은 물리적 기구에 보관
- 정보처리 및 의사결정(Information Processing and Decision)
  - 심리적 정보처리 단계 : 회상(Recall), 인식(Recognition), 정리(Retention), 집적
  - 인간의 정보처리 시간 : 0.5초(인간의 정보처리능력 한계)

• 행동기능(Acting Function)
  – 물리적인 조종행위나 과정 : 조종장치 작동, 물체나 물건을 취급, 이동, 변경, 개조하는 것
  – 통신행위 : 음성(사람의 경우), 신호, 기록 등의 방법을 사용

029 시스템의 운용단계에서 이루어져야 할 주요한 시스템안전 부문의 작업이 아닌 것은?

① 생산시스템 분석 및 효율성 검토
② 안전성 손상 없이 사용설명서의 변경과 수정을 평가
③ 운용, 안전성 수준유지를 보증하기 위한 안전성 검사
④ 운용, 보전 및 위급 시 절차를 평가하여 설계시 고려사항과 같은 타당성 여부 식별

030 인체측정치의 응용원리에 해당하지 않는 것은?

① 조절식 설계 ② 극단치 설계
③ 평균치 설계 ④ 다차원식 설계

인체계측자료의 응용원칙
• 최대치수와 최소치수 : 최대치수 또는 최소치수를 기준으로 하여 설계
• 조절범위(조절식) : 체격이 다른 여러 사람에 맞도록 만드는 것(5~95%tile)
• 평균치를 기준으로 한 설계 : 최대치수나 최소치수, 조절식으로 적용이 곤란할 때 평균치를 기준으로 하여 설계

031 산업안전보건법령상 유해위험방지계획서의 심사 결과에 따른 구분 · 판정의 종류에 해당하지 않는 것은?

① 보류 ② 부적정
③ 적정 ④ 조건부 적정

산업안전보건법 시행규칙 제45조(심사 결과의 구분) ① 공단은 유해위험방지계획서의 심사 결과에 따라 다음 각 호와 같이 구분 · 판정한다.
1. 적정 : 근로자의 안전과 보건을 위하여 필요한 조치가 구체적으로 확보되었다고 인정되는 경우
2. 조건부 적정 : 근로자의 안전과 보건을 확보하기 위하여 일부 개선이 필요하다고 인정되는 경우
3. 부적정 : 건설물 · 기계 · 기구 및 설비 또는 건설공사가 심사기준에 위반되어 공사착공 시 중대한 위험이 발생할 우려가 있거나 해당 계획에 근본적 결함이 있다고 인정되는 경우

032 인간공학 연구조사에 사용되는 기준의 구비조건과 가장 거리가 먼 것은?

① 적절성 ② 다양성
③ 무오염성 ④ 기준 척도의 신뢰성

연구(체계) 기준의 요건
• 적절성(Relevance) : 기준이 실제로 의도하는 바와 부합해야 한다.
• 무오염성 : 기준척도는 측정하고자 하는 변수 외의 다른 변수의 영향을 받아서는 안 된다.

- 신뢰성 : 척도의 신뢰성은 반복성(Repeatability)을 의미 즉, 반복 실험 시 재현성이 있어야 한다.
- 민감도 : 피실험자 사이에서 볼 수 있는 예상 차이점에 비례하는 단위로 측정해야 한다.

033 FTA에 대한 설명으로 틀린 것은?

① 정성적 분석만 가능하다.
② 하향식(top-down) 방법이다.
③ 짧은 시간에 점검할 수 있다.
④ 비전문가라도 쉽게 할 수 있다.

FTA의 특징
- 연역적, 정량적 해석이 가능한 기법
- 특정사상에 대한 해석
- 컴퓨터로 처리가능
- 톱다운(top-down) 해석
- 논리기호를 사용한 해석

034 4m 또는 그보다 먼 물체만을 잘 볼 수 있는 원시 안경은 몇 D 인가?(단, 명시거리는 25cm로 한다.)

① 1.75D
② 2.75D
③ 3.75D
④ 4.75D

4D − 0.25D = 3.75D

035 작업공간 설계에 있어 "접근제한요건"에 대한 설명으로 맞는 것은?

① 조절식 의자와 같이 누구나 사용할 수 있도록 설계한다.
② 비상벨의 위치를 작업자의 신체조건에 맞추어 설계한다.
③ 트럭운전이나 수리작업을 위한 공간을 확보하여 설계한다.
④ 박물관의 미술품 전시와 같이, 장애물 뒤의 타겟과의 거리를 확보하여 설계한다.

작업공간 설계에 있어 "접근제한요건"은 반드시 거리 확보가 필요하다.

036 인간의 에러 중 불필요한 작업 또는 절차를 수행함으로써 기인한 에러를 무엇이라 하는가?

① Omission error
② Sequential error
③ Extraneous error
④ Commission error

Swain의 휴먼 에러(Human Error)
- 생략적 과오(omission error) : 필요한 작업 또는 절차를 수행하지 않는데 기인한 과오
- 시간적 과오(time error) : 필요한 작업 또는 절차의 수행지연으로 인한 과오

- 수행적 과오(commission error) : 필요한 작업 또는 절차의 잘못된 수행으로 인한 과오
- 순서적 과오(sequential error) : 필요한 작업 또는 절차의 순서 착오로 인한 과오
- 불필요한 과오(extraneous error) : 불필요한 작업 또는 절차를 수행함으로써 기인한 과오

037 FTA(Fault tree analysis)의 기호 중 다음의 사상기호에 적합한 각각의 명칭은?

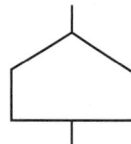 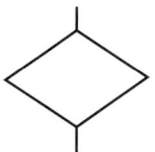

① 전이기호와 통상사상
② 통상사상과 생략사상
③ 통상사상과 전이기호
④ 생략사상과 전이기호

해설

FTA 도표에 사용하는 논리기호

명칭	기호	명칭	기호
결함사상	□	전이 기호 (이행 기호)	△ (in) △ (out)
기본사상	○	AND gate	출력/입력
생략사상 (추적 불가능한 최후사상)	◇	OR gate	출력/입력
통상사상 (家刑事像)	⌂	수정기호 조건	출력/조건/입력

038 화학설비에 대한 안전성 평가에서 정성적 평가항목이 아닌 것은?

① 건조물
② 취급물질
③ 공장내의 배치
④ 입지조건

정성적 평가의 주요 진단항목

1. 설계관계	항목수	2. 운전관계	항목수
입지조건	5	원재료, 중간체 제품	7
공장내 배치	9	공정	7
건조물	8	수송, 저장 등	9
소방설비	5	공정기기	11

039 청각에 관한 설명으로 틀린 것은?

① 인간에게 음의 높고 낮은 감각을 주는 것은 음의 진폭이다.
② 1000Hz 순음의 가청최소음압을 음의 강도 표준치로 사용한다.
③ 일반적으로 음이 한 옥타브 높아지면 진동수는 2배 높아진다.
④ 복합음은 여러 주파수대의 강도를 표현한 주파수별 분포를 사용하여 나타낸다.

음의 높고 낮음을 음도(pitch)라 하며 이는 음파의 진동수(주파수)에 의해 결정된다. 또한, 소리가 크게 들리는 강약의 정도를 음량이라 하며, 이는 음파의 진폭에 의해 결정된다.

040 초음파 소음(ultrasonic noise)에 대한 설명으로 잘못된 것은?

① 전형적으로 20000Hz 이상이다.
② 가청영역 위의 주파수를 갖는 소음이다.
③ 소음이 3dB 증가하면 허용기간은 반감한다.
④ 20000Hz 이상에서 노출 제한은 110dB 이다.

초음파 소음은 가청 주파수 범위 밖의 주파수를 갖는 소음으로 소음이 2dB 증가하면 허용기간은 반감한다.

제 03 과목   기계 · 기구 및 설비 안전관리

041 보일러에서 프라이밍(priming)과 포밍(forming)의 발생 원인으로 가장 거리가 먼 것은?

① 역화가 발생되었을 경우
② 기계적 결함이 있을 경우
③ 보일러가 과부하로 사용될 경우
④ 보일러 수에 불순물이 많이 포함되었을 경우

해설

프라이밍(Priming), 포밍(Forming) 현상의 발생원인
- 고수위인 경우
- 부유물, 유지분이 많이 함유되었을 경우나 보일러 수가 농축된 경우
- 증기 부하가 과대한 경우
- 증기 밸브를 급격히 개방한 경우
- 증기부보다 수부가 큰 경우
- 기수 분리 장치가 불완전한 경우

042 허용응력이 $1kN/mm^2$이고, 단면적이 $2mm^2$인 강판의 극한하중이 4000N이라면 안전율은 얼마인가?

① 2　　　　　　　　　② 4
③ 5　　　　　　　　　④ 50

해설

$$안전율 = \frac{극한하중}{허용응력 \times 단면적} = \frac{4000}{1000 \times 2} = 2$$

043 슬라이드 행정수가 100spm 이하이거나, 행정길이가 50mm 이상의 프레스에 설치해야 하는 방호장치 방식은?

① 양수조작식　　　　　② 수인식
③ 가드식　　　　　　　④ 광전자식

해설

수인식
- 수인용 줄은 늘어나거나 끊어지지 않는 것으로 할 것(합성섬유로 150kg의 전단 하중에 견디는 직경 4mm 이상의 로프)
- 수인용 줄은 조정이 가능할 것
- 매분당 행정수(S.P.M) 120 이하, 행정길이 50mm 이상에 설치할 것
※ 양수조작식과 병용하는 것이 좋음

044 "강렬한 소음작업"이라 함은 90dB 이상의 소음이 1일 몇 시간 이상 발생되는 작업을 말하는가?

① 2시간　　　　　　　② 4시간
③ 8시간　　　　　　　④ 10시간

해설

음압과 허용노출한계

dB	90	95	100	105	110	115	120
허용노출시간	8시간	4시간	4시간	1시간	30분	15분	5~8분

※ 120dB 이상 : 격리 또는 격벽(방음벽) 설치

045 보일러에서 압력이 규정 압력이상으로 상승하여 과열되는 원인으로 가장 관계가 적은 것은?

① 수관 및 본체의 청소 불량
② 관수가 부족할 때 보일러 가동
③ 절탄기의 미부착
④ 수면계의 고장으로 인한 드럼내의 물의 감소

보일러 과열의 원인
- 수관 및 본체의 청소 불량
- 관수 부족 시 보일러의 가동
- 수면계의 고장으로 드럼 내 수량 감소
- 스케일 및 슬러지 부착

046 크레인에서 일반적인 권상용 와이어로프 및 권상용 체인의 안전율 기준은?

① 10 이상
② 2.7 이상
③ 4 이상
④ 5 이상

산업안전보건기준에 관한 규칙 제211조(권상용 와이어로프의 안전계수) 사업주는 항타기 또는 항발기의 권상용 와이어로프의 안전계수가 5 이상이 아니면 이를 사용해서는 아니 된다.

047 컨베이어에 사용되는 방호장치와 그 목적에 관한 설명이 옳지 않은 것은?

① 운전 중인 컨베이어 등의 위로 넘어가고자 할 때를 위하여 급정지장치를 설치한다.
② 근로자의 신체 일부가 말려들 위험이 있을 때 이를 즉시 정지시키기 위한 비상정지장치를 설치한다.
③ 정전, 전압강하 등에 따른 화물 이탈을 방지하기 위해 이탈 및 역주행 방지장치를 설치한다.
④ 낙하물에 의한 위험 방지를 위한 덮개 또는 울을 설치한다.

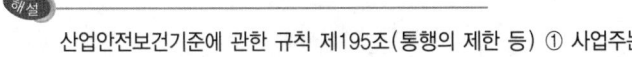

산업안전보건기준에 관한 규칙 제195조(통행의 제한 등) ① 사업주는 운전 중인 컨베이어등의 위로 근로자를 넘어가도록 하는 경우에는 위험을 방지하기 위하여 건널다리를 설치하는 등 필요한 조치를 하여야 한다.

048 연삭숫돌의 지름이 20cm이고, 원주속도가 250m/min일 때 연삭숫돌의 회전수는 약 몇 rpm인가?

① 398
② 433
③ 489
④ 552

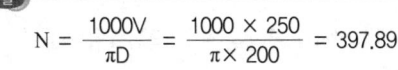

$$N = \frac{1000V}{\pi D} = \frac{1000 \times 250}{\pi \times 200} = 397.89$$

049 범용 수동 선반의 방호조치에 관한 설명으로 옳지 않은 것은?

① 척 가드의 폭은 공작물의 가공작업에 방해가 되지 않는 범위 내에서 척 전체 길이를 방호할 수 있을 것
② 척 가드의 개방 시 스핀들의 작동이 정지되도록 연동회로를 구성할 것
③ 전면 칩 가드의 폭은 새들 폭 이하로 설치할 것
④ 전면 칩 가드는 심압대가 베드 끝단부에 위치하고 있고 공작물 고정 장치에서 심압대까지 가드를 연장시킬 수 없는 경우에는 부착위치를 조정할 수 있을 것

범용 수동 선반의 방호조치(위험기계·기구 자율안전확인 고시 별표 8)

가. 회전하는 공작물 고정장치에 접촉되는 것을 방지하고 척죠(chuck jaw)의 비산에 따른 위험을 최소화 하기 위해 다음 사항을 만족하는 척 가드를 설치해야 한다.
    1) 가드의 폭은 척 전체 길이를 방호할 수 있을 것. 다만, 공작물의 가공작업에 방해가 되지 않을 것
    2) 가드의 개방 시 스핀들의 작동이 정지되도록 연동회로를 구성할 것
나. 냉각재 및 칩의 비산을 방지하기 위해 다음 사항을 만족하는 후면 칩 가드를 설치해야 한다. 다만, 고정식 가드 대신 원주형 울(perimeter fence)을 설치할 수 있다.
    1) 기계의 절삭작업이 이루어지는 전체부위를 방호할 수 있고 본체에 고정시킬 것
    2) 대형 선반의 경우 새들의 전체 길이를 방호할 수 있고 새들에 고정시킬 것
다. 냉각재 및 칩이 조작자에게 직접 비산되는 것을 방지하기 위해 다음 사항을 만족하는 전면 칩 가드를 설치해야 한다.
    1) 가드의 폭은 새들 폭 이상일 것
    2) 심압대(tailstock)가 베드 끝단부에 위치하고 있고 공작물 고정장치에서 심압대까지 가드를 연장시킬 수 없는 경우에는 새들에 부착하는 등 부착위치를 조정할 수 있을 것
라. 스핀들 부위를 통한 기어박스에 접촉될 위험이 있는 경우에는 해당부위에 잠금장치가 구비된 가드를 설치하고 스핀들 회전과 연동회로를 구성해야 한다.
마. 수동조작을 위한 제어장치에는 매입형 스위치의 사용 등 불시접촉에 의한 기동을 방지하기 위한 조치를 해야 한다.
바. 심압대에는 베드 끝단부에서의 이탈을 방지하기 위한 조치를 해야 한다.
사. 조작핸들은 협착, 끼임 등의 위험이 없도록 자동 해지장치 또는 솔리드형 핸들(원형 핸들 내부에 바퀴살이 없는 형식을 말한다)을 사용해야 한다.

050 다음 중 용접부에 발생한 미세균열, 용입부족, 융합불량의 검출에 가장 적합한 비파괴검사법은?

① 방사선투과 검사
② 침투탐상 검사
③ 자분탐상 검사
④ 초음파탐상 검사

초음파탐상검사(UT, Ultrasonic Testing)

- 금속재료 등에 음파보다도 주파수가 짧은 초음파(0.5~25[MHz])의 반사파(Impulse)를 피검사체의 일면(一面)에 입사시킨 다음, 저면(Base)과 결함부분에서 반사되는 반사파의 시간과 반사파의 크기를 브라운관을 통하여 관찰한 후 결함의 유무, 크기 및 특성 등을 평가하는 방법이다.
- 다른 검사방법에 비해 투과력이 우수하며 종류는 원리에 따라 크게 펄스 반사법, 투과법, 공진법으로 분류된다.

051 다음 설명에 해당하는 기계는?

> • chip이 가늘고 예리하여 손을 잘 다치게 한다.
> • 주로 평면공작물을 절삭 가공하나, 더브테일 가공이나 나사 가공 등의 복잡한 가공도 가능하다.
> • 장갑은 착용을 금하고, 보안경을 착용해야 한다.

① 선반
② 호빙 머신
③ 연삭기
④ 밀링

밀링 작업의 안전대책
- 정면 커터 작업 시에는 칩이 튀어나오므로 칩 커버를 설치한다.
- 커터 날 끝과 같은 높이에서 절삭 상태를 관찰해서는 안 된다.
- 주축 회전 중 밀링 커터 주위에 손을 대거나 브러시를 사용해 칩을 제거해서는 안 된다.
- 가공 중에는 얼굴을 기계에 가까이 대지 않도록 한다.
- 테이블 위에 측정기나 공구류를 올려놓지 않는다.
- 절삭 공구나 공작물을 설치할 때 시동 레버가 접촉되기 쉬우므로 전원을 끄고 작업한다.
- 작업 중의 가공물에 손을 대지 말아야 하며, 치수 측정 시는 기계를 정지시킨다.

052 취성재료의 극한강도가 128MPa이며, 허용응력이 64MPa일 경우 안전계수는?

① 1
② 2
③ 4
④ 1/2

$$안전계수 = \frac{극한강도}{허용응력} = \frac{128}{64} = 2$$

053 프레스기에 금형 설치 및 조정 작업 시 준수하여야 할 안전수칙으로 틀린 것은?

① 금형을 부착하기 전에 하사점을 확인한다.
② 금형의 체결은 올바른 치공구를 사용하고 균등하게 체결한다.
③ 금형은 하형부터 잡고 무거운 금형의 받침은 인력으로 하지 않는다.
④ 슬라이드의 불시하강을 방지하기 위하여 안전블록을 제거한다.

산업안전보건기준에 관한 규칙 제104조(금형조정작업의 위험 방지) 사업주는 프레스등의 금형을 부착·해체 또는 조정하는 작업을 할 때에 해당 작업에 종사하는 근로자의 신체가 위험한계 내에 있는 경우 슬라이드가 갑자기 작동함으로써 근로자에게 발생할 우려가 있는 위험을 방지하기 위하여 안전블록을 사용하는 등 필요한 조치를 하여야 한다.

054 컨베이어 작업시작 전 점검사항에 해당하지 않는 것은?

① 브레이크 및 클러치 기능의 이상 유무
② 비상정지장치 기능의 이상 유무
③ 이탈 등의 방지장치 기능의 이상 유무
④ 원동기 및 풀리 기능의 이상 유무

컨베이어 작업 시작 전 점검사항(산업안전보건기준에 관한 규칙 별표 3)
- 원동기 및 풀리 기능의 이상 유무
- 이탈 등의 방지장치 기능의 이상 유무
- 비상정지장치 기능의 이상 유무
- 원동기·회전축·기어 및 풀리 등의 덮개 또는 울 등의 이상 유무

055 크레인의 방호장치에 대한 설명으로 틀린 것은?

① 권과방지장치를 설치하지 않은 크레인에 대해서는 권상용 와이어로프에 위험표시를 하고 경보장치를 설치하는 등 권상용 와이어로프가 지나치게 감겨서 근로자가 위험해질 상황을 방지하기 위한 조치를 하여야 한다.
② 운반물의 중량이 초과되지 않도록 과부하방지장치를 설치하여야 한다.
③ 크레인을 필요한 상황에서는 저속으로 중지시킬 수 있도록 브레이크장치와 충돌 시 충격을 완화시킬 수 있는 완충장치를 설치한다.
④ 작업 중에 이상발견 또는 긴급히 정지시켜야 할 경우에는 비상정지장치를 사용할 수 있도록 설치하여야 한다.

크레인의 방호장치 : 과부하방지장치, 권과방지장치, 비상정지장치 및 브레이크장치

056 프레스의 작업 시작 전 점검사항이 아닌 것은?

① 권과방지장치 및 그 밖의 경보장치의 기능
② 슬라이드 또는 칼날에 의한 위험방지 기구의 기능
③ 프레스기의 금형 및 고정볼트 상태
④ 전단기의 칼날 및 테이블의 상태

프레스 작업 전 점검사항(산업안전보건기준에 관한 규칙 별표 3)
- 클러치 및 브레이크의 기능
- 크랭크축·플라이휠·슬라이드·연결봉 및 연결 나사의 풀림 여부
- 1행정 1정지기구·급정지장치 및 비상정지장치의 기능
- 슬라이드 또는 칼날에 의한 위험방지 기구의 기능
- 금형 및 고정볼트의 상태
- 방호장치의 기능
- 전단기의 칼날 및 테이블의 상태

057 보일러에서 압력방출장치가 2개 설치된 경우 최고 사용압력이 1MPa일 때 압력방출장치의 설정 방법으로 가장 옳은 것은?

① 2개 모두 1.1MPa 이하에서 작동되도록 설정하였다.
② 하나는 1MPa 이하에서 작동되고 나머지는 1.1MPa 이하에서 작동되도록 설정하였다.
③ 하나는 1MPa 이하에서 작동되고 나머지는 1.05MPa 이하에서 작동되도록 설정하였다.
④ 2개 모두 1.05MPa 이하에서 작동되도록 설정하였다.

산업안전보건기준에 관한 규칙 제116조(압력방출장치) ① 사업주는 보일러의 안전한 가동을 위하여 보일러 규격에 맞는 압력방출장치를 1개 또는 2개 이상 설치하고 최고사용압력(설계압력 또는 최고허용압력을 말한다. 이하 같다) 이하에서 작동되도록 하여야 한다. 다만, 압력방출장치가 2개 이상 설치된 경우에는 최고사용압력 이하에서 1개가 작동되고, 다른 압력방출장치는 최고사용압력 1.05배 이하에서 작동되도록 부착하여야 한다.

058 다음 중 롤러기에 설치하여야 할 방호장치는?

① 반발예방장치　② 급정지장치
③ 접촉예방장치　④ 파열판장치

롤러기의 방호장치 종류
- 급정지장치 : 손조작식, 복부조작식, 무릎조작식
- 안내롤러
- 울

059 연삭기의 숫돌 지름이 300mm일 경우 평형플랜지의 지름은 몇 mm 이상으로 해야 하는가?

① 50　② 100
③ 150　④ 200

플랜지의 지름은 숫돌직경의 $\frac{1}{3}$ 이상인 것이 적당하며 고정측과 이동측의 직경은 같아야 한다.

∴ 플랜지의 지름 = $\frac{300}{3}$ = 100

060 기계설비에 대한 본질적인 안전화 방안의 하나인 풀 프루프(Fool Proof)에 관한 설명으로 거리가 먼 것은?

① 계기나 표시를 보기 쉽게 하거나 이른바 인체공학적 설계도 넓은 의미의 풀 프루프에 해당된다.
② 설비 및 기계장치 일부가 고장이 난 경우 기능의 저하는 가져오나 전체기능은 정지하지 않는다.
③ 인간이 에러를 일으키기 어려운 구조나 기능을 가진다.
④ 조작순서가 잘못되어도 올바르게 작동한다.

기계 · 설비의 본질적 안전화

- 안전기능이 기계설비에 내장되어 있거나 짜 넣어져 있다.
- 기계설비의 조작이나 취급을 잘못하더라도 사고나 재해로 연결되지 않도록 Fool Proof 기능을 가지고 있다.
- 기계설비나 그 부품이 파손 고장 나더라도 안전 쪽으로 작동하도록 Fail Safe 기능을 가지고 있다.

제 04 과목 전기설비 안전관리

061 인체의 손과 발 사이에 과도전류를 인가한 경우에 파두장 700μs에 따른 전류파고치의 최대값은 약 몇 mA 이하인가?

① 4
② 40
③ 400
④ 800

과도전류에 대한 감지전류

전압파형	전류파고치
7×100[μs]	40[mA] 이하
5×65[μs]	60[mA] 이하
2×30[μs]	90[mA] 이하

062 고압 및 특고압의 전로에 시설하는 피뢰기에 접지공사를 할 때 접지저항의 최대값은 몇 Ω 이하로 해야 하는가?

① 100
② 20
③ 10
④ 5

고압 및 특고압의 전로에 시설하는 피뢰기 접지저항 값은 10Ω 이하로 하여야 한다.(한국전기설비규정 341.14 피뢰기의 접지)

063 욕실 등 물기가 많은 장소에서 인체감전보호형 누전차단기의 정격감도전류와 동작시간은?

① 정격감도전류 30mA, 동작시간 0.01초 이내
② 정격감도전류 30mA, 동작시간 0.03초 이내
③ 정격감도전류 15mA, 동작시간 0.01초 이내
④ 정격감도전류 15mA, 동작시간 0.03초 이내

감전방지용 누전차단기의 정격감도전류 및 작동시간은 30mA 이하, 0.03초 이내이며, 욕실 등 물기가 많은 장소에서 인체감전보호형 누전차단기의 정격감도전류와 동작시간은 15mA 이하, 0.03초 이내이다.

064 다음 중 전압을 구분한 것으로 알맞은 것은?

① 저압이란 교류 600V 이하, 직류는 교류의 $\sqrt{2}$배 이하인 전압을 말한다.
② 고압이란 교류 7000V 이하, 직류 7500V 이하의 전압을 말한다.
③ 특고압이란 교류, 직류 모두 7000V를 초과하는 전압을 말한다.
④ 고압이란 교류, 직류 모두 7500V를 넘지 않는 전압을 말한다.

전압의 구분

구분	교류	직류
저압	1000V 이하	1500V 이하
고압	1000V 초과~7000V 이하	1500V 초과~7000V 이하
특고압	7000V 초과	

065 단로기를 사용하는 주된 목적은?

① 과부하 차단   ② 변성기의 개폐
③ 이상전압의 차단   ④ 무부하 선로의 개폐

단로기는 부하전류를 제거한 후 회로를 격리하도록 하기 위한 장치로 일반적으로 차단기로 부하전류를 끊은 후에만 개폐가 가능하며, 무부하 선로의 개폐가 주된 설치 목적이다.

066 전격의 위험을 결정하는 주된 인자로 가장 거리가 먼 것은?

① 통전전류   ② 통전시간
③ 통전경로   ④ 통전전압

감전의 위험성 결정 요인 : 전류의 크기, 통전시간, 통전경로, 전원의 종류, 전격인가위상, 주파수, 파형

067 감전되어 사망하는 주된 매커니즘으로 틀린 것은?

① 심장부에 전류가 흘러 심실세동이 발생하여 혈액순환기능이 상실되어 일어난 것
② 흉골에 전류가 흘러 혈압이 약해져 뇌에 산소공급기능이 정지되어 일어난 것
③ 뇌의 호흡중추 신경에 전류가 흘러 호흡기능이 정지되어 일어난 것
④ 흉부에 전류가 흘러 흉부수축에 의한 질식으로 일어난 것

심실세동전류 : 심장이 정상적인 맥동을 하지 못하고 불규칙적인 세동을 일으켜 혈액의 순환이 곤란하며 심장이 마비되는 현상을 일으키게 되는 전류

068 다음 중 감전 재해자가 발생하였을 때 취하여야 할 최우선 조치는?(단, 감전자가 질식상태라 가정한다.)

① 우선 병원으로 이동시킨다. ② 심폐소생술을 실시한다.
③ 의사의 왕진을 요청한다. ④ 부상 부위를 치료한다.

질식상태일 경우 제1순위로 심폐소생술을 실시한다.

069 정격사용률이 30%, 정격2차전류가 300A인 교류아크 용접기를 200A로 사용하는 경우의 허용사용률(%)은?

① 67.5 ② 91.6
③ 110.3 ④ 130.5

허용사용률 = $\dfrac{(\text{정격 2차전류})^2}{(\text{실제 용접전류})^2} \times \text{정격사용률} = \dfrac{300^2}{200^2} \times 30 = 67.5\%$

070 어느 변전소에서 고장전류가 유입되었을 때 도전성 구조물과 그 부근 지표상의 점과의 사이(약 1m)의 허용접촉전압은 약 몇 V인가?(단, 심실세동전류 : $I_k = \dfrac{165}{\sqrt{T}}$ A, 인체의 저항 : 1000Ω, 지표면의 저항률 : 150Ω · m, 통전시간을 1초로 한다.)

① 202 ② 186
③ 228 ④ 164

$E = \left(R_b + \dfrac{3\rho}{2}\right)I_k = \left(1000 + \dfrac{3 \times 150}{2}\right) \times \dfrac{165}{\sqrt{T}} \fallingdotseq 202$

071 아크용접 작업 시 감전사고 방지대책으로 틀린 것은?

① 절연 장갑의 사용 ② 절연 용접봉의 사용
③ 적정한 케이블의 사용 ④ 절연 용접봉 홀더의 사용

교류 아크용접 작업 시 감전 방지 조치 사항
- 전원 코드는 손상된 부분이 있는 경우 즉시 교체
- 전원 플러그가 손상되어 충전부가 노출된 것은 즉시 교체
- 금속제 외함이 있는 경우에는 반드시 접지를 실시
- 자동 전격 방지 장치가 부착된 용접기를 사용
- 작업이 끝나면 반드시 플러그를 뽑아서 전원을 차단

072 인체저항에 대한 설명으로 옳지 않은 것은

① 인체저항은 접촉면적에 따라 변한다.
② 피부저항은 물에 젖어 있는 경우 건조시의 약 1/12로 저하된다.
③ 인체저항은 한 개의 단일 저항체로 보아 최악의 상태를 적용한다.
④ 인체에 전압이 인가되면 체내로 전류가 흐르게 되어 전격의 정도를 결정한다.

통전시 인체의 저항
- 피부저항 : 건조할 경우 2500Ω
- 습기 많은 경우 1/10, 땀에 젖은 경우 1/12~1/20, 물에 젖은 경우 1/25로 저하
- 내부 조직 저항 : 약 300Ω
- 발과 신발 사이 : 약 1500Ω
- 신발과 대지 사이 : 약 700Ω

073 저압방폭전기의 배관방법에 대한 설명으로 틀린 것은?

① 전선관용 부속품은 방폭구조에 정한 것을 사용한다.
② 전선관용 부속품은 유효 접속면의 깊이를 5mm 이상이 되도록 한다.
③ 배선에서 케이블의 표면온도가 대상하는 발화온도에 충분한 여유가 있도록 한다.
④ 가요성 피팅(Fitting)은 방폭 구조를 이용하되 내측 반경은 가요전선관 외경 5배 이상으로 한다.

저압방폭 전기설비 배선
- 전선관과 전선관용 부속품 또는 전기기기와의 접속, 전선관용 부속품 상호의 접속 또는 전기기기와의 접속은 KS B 0221에서 규정한 관용 평형나사에 의해 나사산이 5산 이상 결합되도록 하여야 한다.
- 제1항의 나사결합시에는 전선관과 전선관용 부속품 또는 전기기기와의 접속부분에 록크너트를 사용하여 결합부분이 유효하게 고정되도록 하여야 한다.
- 전선관을 상호 접속시에는 유니온 커플링을 사용하여 5산 이상 유효하게 접속되도록 하여야 한다.
- 가요성을 요하는 접속부분에는 내압방폭성능을 가진 가요전선관을 사용하여 접속하여야 한다.
- 위 항목의 가요전선관 공사시에는 구부림 내측반경은 가요전선관 외경의 5배 이상으로 하여 비틀림이 없도록 하여야 한다.

074 Freiberger가 제시한 인체의 전기적 등가회로는 다음 중 어느 것인가?(단, 단위는 다음과 같다. 단위 : R(Ω), L(H), C(F))

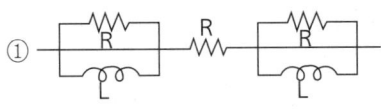
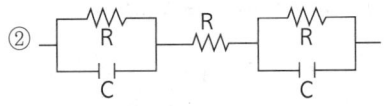
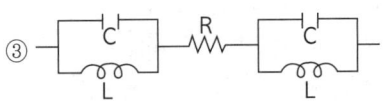
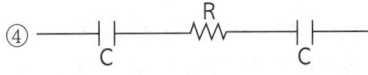

해설
Freiberger가 제시한 인체의 전기적 등가회로에 따르면 인체를 전기적 도체로 생각할 경우 피부, 혈액, 근육 등 기타 인체 각부는 전류에 대해 저항(R)성분과 용량(C)성분으로 구분되는 임피던스를 가지며 그 크기는 통전경로, 접촉전압, 접촉면적, 통전시간, 주파수 등에 따라 변한다는 점을 알 수 있다.

075 전동기용 퓨즈의 사용 목적으로 알맞은 것은?

① 과전압 차단
② 누설전류 차단
③ 지락과전류 차단
④ 회로에 흐르는 과전류 차단

전동기용 퓨즈는 전동기 보호용으로 적합한 특성한 가진 퓨즈로 회로에 흐르는 과전류를 차단할 목적으로 사용된다.

076 누전으로 인한 화재의 3요소에 대한 요건이 아닌 것은?

① 접속점
② 출화점
③ 누전점
④ 접지점

누전으로 인한 화재는 전선의 충전부에서 금속 조영재 등으로 전류가 흘러들어오는 누전점, 과열개소인 출화점 및 접지물로 전기가 흘러들어오는 접지점 등의 3요소가 있다.

077 교류아크 용접기의 자동전격 방지장치란 용접기의 2차전압을 25V 이하로 자동조절하여 안전을 도모하려는 것이다. 다음 사항 중 어떤 시점에서 그 기능이 발휘되어야 하는가?

① 전체 작업시간 동안
② 아크를 발생시킬 때만
③ 용접작업을 진행하고 있는 동안만
④ 용접작업 중단 직후부터 다음 아크 발생 시 까지

자동전격 방지장치 : 아크발생을 정지시킬 때 주접점이 개로될 때까지의 시간은 1초 이내이고 2차 무부하 전압은 25V 이내이다.

078 누전차단기를 설치하여야 하는 곳은?

① 기계·기구를 건조한 장소에 시설한 경우
② 대지전압이 220V에서 기계·기구를 물기가 없는 장소에 시설한 경우
③ 전기용품 및 생활용품 안전관리법의 적용을 받는 2중 절연구조의 기계·기구
④ 전원측에 절연변압기(2차 전압이 300V 이하)를 시설한 경우

누전차단기 설치 예외(한국전기설비규정 211.2.4 누전차단기의 시설)
- 기계기구를 발전소 · 변전소 · 개폐소 또는 이에 준하는 곳에 시설하는 경우
- 기계기구를 건조한 곳에 시설하는 경우
- 대지전압이 150V 이하인 기계기구를 물기가 있는 곳 이외의 곳에 시설하는 경우
- 전기용품 및 생활용품 안전관리법의 적용을 받는 이중절연구조의 기계기구를 시설하는 경우
- 그 전로의 전원측에 절연변압기(2차 전압이 300V 이하인 경우에 한한다)를 시설하고 또한 그 절연변압기의 부하측의 전로에 접지하지 아니하는 경우
- 기계기구가 고무 · 합성수지 기타 절연물로 피복된 경우
- 기계기구가 유도전동기의 2차측 전로에 접속되는 것일 경우
- 기계기구내에 전기용품 및 생활용품 안전관리법의 적용을 받는 누전차단기를 설치하고 또한 기계기구의 전원연결선이 손상을 받을 우려가 없도록 시설하는 경우

079 방폭구조와 기호의 연결이 틀린 것은?

① 압력방폭구조 : p ② 내압방폭구조 : d
③ 안전증방폭구조 : s ④ 본질안전방폭구조 : ia 또는 ib

방폭구조의 종류와 기호

종류	내용	기호
내압방폭구조	점화원에 의해 용기 내부에서 폭발이 발생할 경우에 용기가 폭발압력에 견딜 수 있고, 화염이 용기 외부의 폭발성 분위기로 전파되지 않도록 한 방폭구조.	d
압력방폭구조	점화원이 될 우려가 있는 부분을 용기 안에 넣고 보호 기체(신선한 공기 또는 불활성기체)를 용기 안에 압입함으로써 폭발성 가스가 침입하는 것을 방지하도록 되어 있는 방폭구조	p
안전증방폭구조	전기기기의 과도한 온도 상승, 아크 또는 불꽃 발생의 위험을 방지하기 위하여 추가적인 안전조치를 통한 안전도를 증가시킨 방폭구조(다만, 정상운전 중에 아크나 불꽃을 발생시키는 전기기기는 안전증방폭구조의 전기기기 범위에서 제외)	e
유입방폭구조	유체 상부 또는 용기 외부에 존재할 수 있는 폭발성 분위기가 발화할 수 없도록 전기설비 또는 전기설비의 부품을 보호액에 함침시키는 방폭구조	o
본질안전방폭구조	정상시 또는 단락, 단선, 지락 등의 사고시에 발생하는 아크, 불꽃, 고열에 의하여 폭발성 가스나 증기에 점화되지 않는 것이 확인된 구조	ia, ib
비점화방폭구조	전기기기가 정상작동과 규정된 특정한 비정상상태에서 주위의 폭발성 가스 분위기를 점화시키지 못하도록 만든 방폭구조	n
몰드방폭구조	전기기기의 불꽃 또는 열로 인해 폭발 위험분위기에 점화되지 않도록 컴파운드를 충전해서 보호한 방폭구조	m
충전방폭구조	폭발성 가스 분위기를 점화시킬 수 있는 부품을 고정하여 설치하고, 그 주위를 충전재로 완전히 둘러싸서 외부의 폭발성 가스 분위기를 점화시키지 않도록 하는 방폭구조	q
특수방폭구조	상기의 방폭구조 외에 외부의 폭발성 가스에 대해 인화를 방지할 수 있음을 시험에 의해 확인한 구조	s

080 전격에 의한 심실세동이 일어날 확률이 가장 큰 심장 맥동주기 파형의 설명으로 옳은 것은?(단, 심장 맥동주기를 심전도에서 보았을 때의 파형이다.)

① 심실의 수축에 따른 파형이다.
② 심실의 팽창에 따른 파형이다.
③ 심실의 수축 종료 후 심실의 휴식 시 발생하는 파형이다
④ 심실의 수축 시작 후 심실의 휴식 시 발생하는 파형이다

심장의 맥동주기는 R파와 R파 간의 거리를 말하며, 심실의 수축이 종료 후 심실의 휴식 시 발생하는 파형(T파) 부분에서 전격이 발생하면 심실세동의 확률이 가장 커진다.

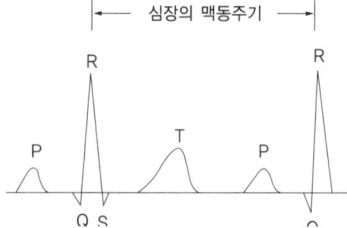

제 05 과목 화학설비 안전관리

081 다음 중 마그네슘의 저장 및 취급에 관한 설명으로 틀린 것은?

① 산화제와 접촉을 피한다.
② 고온의 물이나 과열 수증기와 접촉하면 격렬히 반응하므로 주의한다.
③ 분말은 분진폭발성이 있으므로 누설되지 않도록 포장한다.
④ 화재발생 시 물의 사용을 금하고, 이산화탄소소화기를 사용하여야 한다.

이산화탄소소화기는 유류화재나 전기화재에 적용되며, 마그네슘은 탄산수소염류 등의 분말소화설비를 사용하여야 한다.

082 다음 중 상온에서 물과 격렬히 반응하여 수소를 발생시키는 물질은?

① Au   ② K
③ S   ④ Ag

칼륨(K)은 알칼리족의 원소로 상온에서 금속의 형태로 물과 반응 시 수소를 발생시킨다.

083 산업안전보건법령상 안전밸브 등의 전단·후단에는 차단밸브를 설치하여서는 아니 되지만 다음 중 자물쇠형 또는 이에 준하는 형식의 차단밸브를 설치할 수 있는 경우로 틀린 것은?

① 인접한 화학설비 및 그 부속설비에 안전밸브등이 각각 설치되어 있고, 해당 화학설비 및 그 부속설비의 연결배관에 차단밸브가 없는 경우
② 안전밸브 등의 배출용량의 4분의 1 이상에 해당하는 용량의 자동압력조절밸브와 안전밸브 등이 직렬로 연결된 경우
③ 화학설비 및 그 부속설비에 안전밸브 등이 복수방식으로 설치되어 있는 경우
④ 열팽창에 의하여 상승된 압력을 낮추기 위한 목적으로 안전밸브가 설치된 경우

[해설]
산업안전보건기준에 관한 규칙 제266조(차단밸브의 설치 금지) 사업주는 안전밸브등의 전단·후단에 차단밸브를 설치해서는 아니 된다. 다만, 다음 각 호의 어느 하나에 해당하는 경우에는 자물쇠형 또는 이에 준하는 형식의 차단밸브를 설치할 수 있다.
1. 인접한 화학설비 및 그 부속설비에 안전밸브등이 각각 설치되어 있고, 해당 화학설비 및 그 부속설비의 연결배관에 차단밸브가 없는 경우
2. 안전밸브등의 배출용량의 2분의 1 이상에 해당하는 용량의 자동압력조절밸브(구동용 동력원의 공급을 차단하는 경우 열리는 구조인 것으로 한정한다)와 안전밸브등이 병렬로 연결된 경우
3. 화학설비 및 그 부속설비에 안전밸브등이 복수방식으로 설치되어 있는 경우
4. 예비용 설비를 설치하고 각각의 설비에 안전밸브등이 설치되어 있는 경우
5. 열팽창에 의하여 상승된 압력을 낮추기 위한 목적으로 안전밸브가 설치된 경우
6. 하나의 플레어 스택(flare stack)에 둘 이상의 단위공정의 플레어 헤더(flare header)를 연결하여 사용하는 경우로서 각각의 단위공정의 플레어헤더에 설치된 차단밸브의 열림·닫힘 상태를 중앙제어실에서 알 수 있도록 조치한 경우

084 압축기와 송풍의 관로에 심한 공기의 맥동과 진동을 발생하면서 불안정한 운전이 되는 서어징(surging) 현상의 방지법으로 옳지 않은 것은?

① 풍량을 감소시킨다.
② 배관의 경사를 완만하게 한다.
③ 교축밸브를 기계에서 멀리 설치한다.
④ 토출가스를 흡입측에 바이패스 시키거나 방출밸브에 의해 대기로 방출시킨다.

[해설]
서어징(surging) 현상 방지대책
- 회전수를 적당히 조절한다.
- 베인을 컨트롤하여 풍량을 감소시킨다.
- 배관의 경사를 완만하게 한다.
- 교축밸브를 기계에 근접 설치한다.
- 토출가스를 흡입 측에 바이패스 시키거나 방출밸브에 의해 대기로 방출시킨다.

085 [보기]의 물질을 폭발범위가 넓은 것부터 좁은 순서로 바르게 배열한 것은?

H_2 C_3H_8 CH_4 CO

① CO > H₂ > C₃H₈ > CH₄   ② H₂ > CO > CH₄ > C₃H₈
③ C₃H₈ > CO > CH₄ > H₂   ④ CH₄ > H₂ > CO > C₃H₈

공기 중의 폭발범위

물질	폭발하한계(vol%)	폭발상한계(vol%)
수소(H_2)	4.0	75.0
프로판(C_3H_8)	2.1	9.5
메탄(CH_4)	5.0	15.0
일산화탄소(CO)	12.5	74.0

086 다음 중 산업안전보건법령상 위험물질의 종류와 해당 물질이 올바르게 연결된 것은?

① 부식성 산류 – 아세트산(농도 90%)
② 부식성 염기류 – 아세톤(농도 90%)
③ 인화성 가스 – 이황화탄소
④ 인화성 가스 – 수산화칼륨

부식성 물질의 위험성 및 종류

분류	내용
위험성	흡입, 피부접촉, 섭취했을 때 심한 상처를 입거나 사망할 수 있고 장기간 지속적인 노출 시 암 등의 돌연변이를 유발할 수 있다.
종류	• 부식성 산류 : 농도 20% 이상인 염산, 질산, 황산 등, 농도 60% 이상 인산, 아세트산, 불산 • 부식성 염기류 : 농도 40% 이상인 수산화나트륨, 수산화칼륨 등

087 다음 중 화재 시 주수에 의해 오히려 위험성이 증대되는 물질은?

① 황린
② 니트로셀룰로오스
③ 적린
④ 금속나트륨

물반응성 물질 및 인화성 고체 : 리튬, 칼륨·나트륨, 황, 황린, 황화인·적린, 셀룰로이드류, 알킬알루미늄·알킬리튬, 마그네슘 분말, 금속 분말(마그네슘 분말 제외), 알칼리금속(리튬·칼륨 및 나트륨은 제외), 유기 금속화합물(알킬알루미늄 및 알킬리튬은 제외), 금속의 수소화물, 금속의 인화물, 칼슘 탄화물, 알루미늄 탄화물

088 물과 탄산칼슘이 반응하면 어떤 가스가 생성되는가?

① 염소가스 ② 아황산가스
③ 수성가스 ④ 아세틸렌가스

$CaC_2 + 2H_2O \rightarrow Ca(OH)_2 + C_2H_2$

089 다음 중 분진폭발에 관한 설명으로 틀린 것은?

① 가스폭발에 비교하여 연소시간이 짧고, 발생에너지가 작다.
② 최초의 부분적인 폭발이 분진의 비산으로 2차, 3차 폭발로 파급되어 피해가 커진다.
③ 가스에 비하여 불완전 연소를 일으키기 쉬우므로 연소 후 가스에 의한 중독 위험이 있다.
④ 폭발시 입자가 비산하므로 이것에 부딪치는 가연물은 국부적으로 탄화를 일으킬 수 있다.

분진폭발
- 연소속도나 폭발압력은 가스폭발보다는 작지만 가해지는 힘(파괴력)은 매우 크다.
- 주위의 분진에 의해 2차, 3차의 폭발로 파급될 수 있다.
- CO의 중독피해의 우려가 있다.
- 분진의 크기가 작을수록, 분진입자의 표면이 거칠수록 잘 일어난다.
- 가연성 분진의 난류확산은 위험을 증가시킨다.

090 다음 물질 중 인화점이 가장 낮은 물질은?

① 이황화탄소 ② 아세톤
③ 크실렌   ④ 경유

인화성 물질의 종류
- 인화점 -30℃ 미만 : 에틸에테르, 가솔린, 아세트알데히드, 산화프로필렌, 이황화탄소
- 인화점 -30℃ 이상 0℃ 미만 : 노르말헥산, 산화에틸렌, 아세톤, 메틸에틸케톤
- 인화점 0℃ 이상 30℃ 미만 : 메틸알코올, 에틸알코올, 크실렌, 아세트산아밀
- 인화점 30℃ 이상 65℃ 이하 : 등유, 경유, 테레핀유, 이소펜틸알코올(이소아밀알코올), 아세트산

091 다음의 2가지 물질을 혼합 또는 접촉하였을 때 발화 또는 폭발의 위험이 가장 낮은 것은?

① 니트로셀룰로오스와 물   ② 나트륨과 물
③ 염소산칼륨과 유황   ④ 황화인과 무기과산화물

니트로셀룰로오스
- 제5류 위험물로 성상은 고체 상태이며, 직사일광 및 산의 존재 시 자연발화된다.
- 알코올수용액 또는 물로 습윤시켜 저장한다.

- 질화도가 클수록 위험도가 증가한다.
- 화재 시 다량의 주수에 의한 냉각소화가 효과적이다.

092 폭발을 기상폭발과 응상폭발로 분류할 때 다음 중 기상폭발에 해당되지는 않는 것은?

① 분진폭발
② 혼합가스폭발
③ 분무폭발
④ 수증기폭발

폭발의 종류
- 기상폭발 : 혼합가스폭발, 가스폭발, 분해폭발, 분진폭발, 분무폭발
- 응상폭발 : 수증기폭발, 전선폭발, 고상간의 전이에 의한 폭발, 혼합 위험에 의한 폭발

093 다음 물질 중 공기에서 폭발상한계 값이 가장 큰 것은?

① 사이클로헥산
② 산화에틸렌
③ 수소
④ 이황화탄소

폭발범위

물질	폭발하한계(vol%)	폭발상한계(vol%)
사이클로헥산(C_6H_{12})	1.3	8.0
산화에틸렌(C_2H_4O)	3.0	80.0
수소(H_2)	4.0	75.0
이황화탄소(CS_2)	1.25	44.0

094 다음 중 관의 지름을 변경하고자 할 때 필요한 부속품은?

① reducer
② elbow
③ plug
④ valve

배관부속품
- 두 개의 관 연결시 : 플랜지(flange), 유니온(union), 커플링(coupling), 니플(nipple), 소켓(socket)
- 관로의 방향 변경시 : 엘보우(elbow), 리턴밴드(return bend)
- 관의 직경 변경시 : 리듀서(reducer), 소구경 – 부싱(bushing), 대구경 – 이경플랜지(reducing flange)
- 지관(枝管) 연결시 : 티(tee), Y 지관(Y-branch), 십자(cross)
- 유로 차단시 : 소구경은 플러그(plug), 캡(cap), 대구경은 판(板)플랜지(blank flange)
- 유량조절시 : 밸브(valve)

095 다음 중 자연발화에 대한 설명으로 틀린 것은?

① 분해열에 의해 자연발화가 발생할 수 있다
② 입자의 표면적이 넓을수록 자연발화가 발생하기 쉽다.
③ 자연화가 발생하지 않기 위해 습도를 높게 유지시킨다.
④ 열의 축적은 자연발화를 일으킬 수 있는 인자이다

자연발화 방지 대책
- 통풍을 잘 시킨다.
- 습도가 높은 곳을 피한다.
- 퇴적방법이나 수납방법을 생각하여 열이 쌓이지 않게 한다.
- 저장실의 온도를 낮춘다.
- 공기가 접촉되지 않도록 불활성액체 중에 저장한다.

096 반응성 화학물질의 위험성은 실험에 의한 평가 대신 문헌조사 등을 통해 계산에 의해 평가하는 방법을 사용할 수 있다. 이에 대한 설명으로 옳지 않은 것은?

① 위험성이 너무 커서 물성을 측정할 수 없는 경우 계산에 의한 평가 방법을 사용할 수도 있다.
② 연소열, 분해열, 폭발열 등의 크기에 의해 그 물질의 폭발 또는 발화의 위험예측이 가능하다.
③ 계산에 의한 평가를 하기 위해서는 폭발 또는 분해에 따른 생성물의 예측이 이루어져야 한다.
④ 계산에 의한 위험성 예측은 모든 물질에 대해 정확성이 있으므로 더 이상의 실험을 필요로 하지 않는다.

097 메탄(CH_4) 70vol%, 부탄(C_4H_{10}) 30vol% 혼합가스의 25℃, 대기압에서의 공기 중 폭발하한계(vol%)는 약 얼마인가?(단, 각 물질의 폭발하한계는 다음 식을 이용하여 추정, 계산한다.)

$$C_{st} = \frac{1}{1+4.77 \times O_2} \times 100, \ L_{25} \fallingdotseq 0.55 C_{st}$$

① 1.2
② 3.2
③ 5.7
④ 7.7

CH_4 : 5~15% C_4H_{10} : 1.8~8.4%

$$\frac{100}{L} = \frac{100}{\frac{70}{5} + \frac{30}{1.8}} = 3.26$$

098 다음 중 완전연소조성농도가 가장 낮은 것은?

① 메탄(CH_4)
② 프로판(C_3H_8)
③ 부탄(C_4H_{10})
④ 아세틸렌(C_2H_2)

099 유체의 역류를 방지하기 위해 설치하는 밸브는?

① 체크밸브
② 게이트밸브
③ 대기밸브
④ 글로브밸브

기타 안전 장치

- 체크밸브 : 유체의 역류를 방지하는 밸브
- 블로우밸브 : 과잉 압력을 방출하는 밸브
- 통기밸브 : 항상 탱크내의 압력을 대기압과 평형한 압력으로 하는 탱크 보호 밸브

100 산업안전보건법령상 위험물질의 종류를 구분할 때 다음 물질들이 해당하는 것은?

> 리튬, 칼륨·나트륨, 황, 황린, 황화인·적린

① 폭발성 물질 및 유기과산화물
② 산화성 액체 및 산화성 고체
③ 물반응성 물질 및 인화성 고체
④ 급성 독성 물질

위험물질의 종류(산업안전보건기준에 관한 규칙 별표 1)

- 폭발성 물질 및 유기과산화물 : 질산에스테르류, 니트로화합물, 니트로소화합물, 아조화합물, 디아조화합물, 하이드라진 유도체, 유기과산화물
- 물반응성 물질 및 인화성 고체 : 리튬, 칼륨·나트륨, 황, 황린, 황화인·적린, 셀룰로이드류, 알킬알루미늄·알킬리튬, 마그네슘 분말, 금속 분말(마그네슘 분말 제외), 알칼리금속(리튬·칼륨 및 나트륨은 제외), 유기 금속화합물(알킬알루미늄 및 알킬리튬은 제외), 금속의 수소화물, 금속의 인화물, 칼슘 탄화물, 알루미늄 탄화물
- 산화성 액체 및 산화성 고체 : 차아염소산 및 그 염류, 아염소산 및 그 염류, 염소산 및 그 염류, 과염소산 및 그 염류, 브롬산 및 그 염류, 요오드산 및 그 염류, 과산화수소 및 무기 과산화물, 질산 및 그 염류, 과망간산 및 그 염류, 중크롬산 및 그 염류
- 인화성 액체
- 인화성 가스 : 수소, 아세틸렌, 에틸렌, 메탄, 에탄, 프로판, 부탄
- 부식성 물질 : 부식성 산류, 부식성 염기류
- 급성 독성 물질

제 06 과목 건설공사 안전관리

101 산업안전보건관리비계상기준에 따른 건축공사 "5억원 이상 ~ 50억원 미만"의 비율 및 기초액으로 옳은 것은?

① 비율 : 2.28%, 기초액 : 4,325,000원
② 비율 : 2.53%, 기초액 : 3,300,000원
③ 비율 : 3.05%, 기초액 : 2,975,000원
④ 비율 : 1.59%, 기초액 : 2,450,000원

공사종류 및 규모별 산업안전보건관리비 계상기준표

구분 공사종류	대상액 5억원 미만인 경우 적용비율	대상액 5억원 이상 50억원 미만인 경우		50억원 이상인 경우 적용비율	보건관리자 선임대상 건설공사의 적용비율
		적용비율	기초액		
건축공사	3.11%	2.28%	4,325,000원	2.37%	2.64%
토목공사	3.15%	2.53%	3,300,000원	2.60%	2.73%
중건설공사	3.64%	3.05%	2,975,000원	3.11%	3.39%
특수건설공사	2.07%	1.59%	2,450,000원	1.64%	1.78%

102 이동식비계를 조립하여 작업을 하는 경우에 대한 준수사항으로 옳지 않은 것은?

① 승강용사다리는 견고하게 설치할 것
② 비계기둥의 간격은 띠장 방향에서는 1.85m 이하로 할 것
③ 작업발판의 최대적재하중은 400kg을 초과하지 않도록 할 것
④ 작업발판은 항상 수평을 유지하고 작업발판 위에서 안전난간을 딛고 작업을 하거나 받침대 또는 사다리를 사용하여 작업하지 않도록 할 것

산업안전보건기준에 관한 규칙 제68조(이동식비계) 사업주는 이동식비계를 조립하여 작업을 하는 경우에는 다음 각 호의 사항을 준수하여야 한다.
1. 이동식비계의 바퀴에는 뜻밖의 갑작스러운 이동 또는 전도를 방지하기 위하여 브레이크·쐐기 등으로 바퀴를 고정시킨 다음 비계의 일부를 견고한 시설물에 고정하거나 아웃트리거를 설치하는 등 필요한 조치를 할 것
2. 승강용사다리는 견고하게 설치할 것
3. 비계의 최상부에서 작업을 하는 경우에는 안전난간을 설치할 것
4. 작업발판은 항상 수평을 유지하고 작업발판 위에서 안전난간을 딛고 작업을 하거나 받침대 또는 사다리를 사용하여 작업하지 않도록 할 것
5. 작업발판의 최대적재하중은 250킬로그램을 초과하지 않도록 할 것

103 항타기 또는 항발기의 권상용 와이어로프의 절단하중이 100ton일 때 와이어로프에 걸리는 최대하중을 얼마까지 할 수 있는가?

① 20ton   ② 33.3ton
③ 40ton   ④ 50ton

최대하중 = $\dfrac{\text{전단하중}}{\text{와이어로프안전율}} = \dfrac{100}{5} = 20$

104 공사현장에서 가설계단을 설치하는 경우 높이가 3m를 초과하는 계단에는 높이 3m 이내마다 진행방향으로 최소 얼마 이상의 너비를 가진 계단참을 설치하여야 하는가?

① 3.5m   ② 2.5m
③ 1.2m   ④ 1.0m

산업안전보건기준에 관한 규칙 제28조(계단참의 높이) 사업주는 높이가 3미터를 초과하는 계단에 높이 3미터 이내마다 진행방향으로 길이 1.2미터 이상의 계단참을 설치해야 한다.

105 터널 지보공을 조립하는 경우에는 미리 그 구조를 검토한 후 조립도를 작성하고, 그 조립도에 따라 조립하도록 하여야 하는데 이 조립도에 명시해야 할 사항과 가장 거리가 먼 것은?

① 이음방법   ② 단면규격
③ 재료의 재질   ④ 재료의 구입처

산업안전보건기준에 관한 규칙 제363조(조립도) ① 사업주는 터널 지보공을 조립하는 경우에는 미리 그 구조를 검토한 후 조립도를 작성하고, 그 조립도에 따라 조립하도록 하여야 한다.
② 제1항의 조립도에는 재료의 재질, 단면규격, 설치간격 및 이음방법 등을 명시하여야 한다.

106 강관비계를 조립할 때 준수하여야 할 사항으로 잘못된 것은?

① 띠장 간격은 1.5m 이하로 할 것
② 비계기둥의 간격은 띠장 방향에서는 1.85m 이하로 할 것
③ 비계기둥의 제일 윗부분으로부터 31m되는 지점 밑부분의 비계기둥은 2개의 강관으로 묶어 세울 것
④ 비계기둥 간의 적재하중은 400kg을 초과하지 아니하도록 할 것

산업안전보건기준에 관한 규칙 제60조(강관비계의 구조) 사업주는 강관을 사용하여 비계를 구성하는 경우 다음 각 호의 사항을 준수해야 한다.
1. 비계기둥의 간격은 띠장 방향에서는 1.85미터 이하, 장선(長線) 방향에서는 1.5미터 이하로 할 것. 다만, 다음 각 목의 어느 하나에 해당하는 작업의 경우에는 안전성에 대한 구조검토를 실시하고 조립도를 작성하면 띠장 방향 및 장선 방향으로 각각 2.7미터 이하로 할 수 있다.

가. 선박 및 보트 건조작업
나. 그 밖에 장비 반입·반출을 위하여 공간 등을 확보할 필요가 있는 등 작업의 성질상 비계기둥 간격에 관한 기준을 준수하기 곤란한 작업
2. 띠장 간격은 2.0미터 이하로 할 것. 다만, 작업의 성질상 이를 준수하기가 곤란하여 쌍기둥틀 등에 의하여 해당 부분을 보강한 경우에는 그러하지 아니하다.
3. 비계기둥의 제일 윗부분으로부터 31미터되는 지점 밑부분의 비계기둥은 2개의 강관으로 묶어 세울 것. 다만, 브라켓(bracket, 까치발) 등으로 보강하여 2개의 강관으로 묶을 경우 이상의 강도가 유지되는 경우에는 그러하지 아니하다.
4. 비계기둥 간의 적재하중은 400킬로그램을 초과하지 않도록 할 것

107 작업장소의 지형 및 지반 상태 등에 적합한 제한속도를 미리 정하지 않아도 되는 차량계 건설기계는 최대 제한속도가 최대 시속 얼마 이하인 것을 의미하는가?

① 5km/h 이하
② 10km/hr 이하
③ 15km/hr 이하
④ 20km/hr 이하

산업안전보건기준에 관한 규칙 제98조(제한속도의 지정 등) ① 사업주는 차량계 하역운반기계, 차량계 건설기계(최대제한속도가 시속 10킬로미터 이하인 것은 제외한다)를 사용하여 작업을 하는 경우 미리 작업장소의 지형 및 지반 상태 등에 적합한 제한속도를 정하고, 운전자로 하여금 준수하도록 하여야 한다.
② 사업주는 궤도작업차량을 사용하는 작업, 입환기(입환작업에 이용되는 열차를 말한다. 이하 같다)로 입환작업을 하는 경우에 작업에 적합한 제한속도를 정하고, 운전자로 하여금 준수하도록 하여야 한다.
③ 운전자는 제1항과 제2항에 따른 제한속도를 초과하여 운전해서는 아니 된다.

108 산업안전보건법령에 따른 유해하거나 위험한 기계·기구에 설치해야 할 방호장치를 연결한 것으로 옳지 않은 것은?

① 포장기계 – 헤드 가드
② 예초기 – 날접촉 예방장치
③ 원심기 – 회전체 접촉 예방장치
④ 금속절단기 – 날접촉 예방장치

산업안전보건기준에 관한 규칙 제128조(포장기계의 덮개 등) 사업주는 종이상자·자루 등의 포장기 또는 충진기 등의 작동 부분이 근로자를 위험하게 할 우려가 있는 경우 덮개 설치 등 필요한 조치를 하여야 한다.

109 지반조사의 간격 및 깊이에 대한 내용으로 옳지 않은 것은?

① 조사간격은 지층상태, 구조물 규모에 따라 정한다.
② 절토, 개착, 터널구간은 기반암의 심도 5~6m까지 확인한다.
③ 지층이 복잡한 경우에는 기 조사한 간격 사이에 보완조사를 실시한다.
④ 조사깊이는 액상화문제가 있는 경우에는 모래층 하단에 있는 단단한 지지층까지 조사한다.

절토, 개착, 터널구간은 기반암의 심도 2m 까지 확인한다.

110 보일링(boiling) 현상에 관한 설명으로 옳지 않은 것은?

① 지하수위가 높은 모래 지반을 굴착할 때 발생하는 현상이다.
② 보일링 현상에 대한 대책의 일환으로 공사기간 중 지하수위를 일정하게 유지시켜야 한다.
③ 보일링 현상이 발생하는 경우 흙막이 보는 지지력이 저하된다.
④ 아랫 부분의 토사가 수압을 받아 굴착한 곳으로 밀려나와 굴착부분을 다시 메우는 현상이다.

보일링(Boiling)이란 사질토 지반을 굴착시, 굴착부와 지하수위차가 있을 경우, 수두차(水頭差)에 의하여 침투압이 생겨 흙막이벽 근입부분을 침식하는 동시에, 모래가 액상화(液狀化)되어 솟아오르며 흙막이벽의 근입부가 지지력을 상실하여 흙막이공의 붕괴를 초래하는 현상을 말한다.

111 철골구조의 앵커볼트매립과 관련된 준수사항 중 옳지 않은 것은?

① 기둥중심은 기준선 및 인접기둥의 중심에서 3mm 이상 벗어나지 않을 것
② 앵커 볼트는 매립 후에 수정하지 않도록 설치할 것
③ 베이스플레이트의 하단은 기준 높이 및 인접기둥의 높이에서 3mm 이상 벗어나지 않을 것
④ 앵커 볼트는 기둥중심에서 2mm 이상 벗어나지 않을 것

앵커 볼트의 매립(철골공사 표준안전 작업지침 제5조)
- 앵커 볼트는 매립 후에 수정하지 않도록 설치하여야 한다.
- 앵커 볼트를 매립하는 정밀도는 다음의 범위내이어야 한다.
  - 기둥중심은 기준선 및 인접기둥의 중심에서 5mm 이상 벗어나지 않을 것
  - 인접기둥간 중심거리의 오차는 3mm 이하일 것
  - 앵커 볼트는 기둥중심에서 2mm 이상 벗어나지 않을 것
  - 베이스 플레이트의 하단은 기준 높이 및 인접기둥의 높이에서 3mm 이상 벗어나지 않을 것
- 앵커 볼트는 견고하게 고정시키고 이동, 변형이 발생하지 않도록 주의하면서 콘크리트를 타설해야 한다.

112 토사붕괴 재해를 방지하기 위한 흙막이 지보공설비를 구성하는 부재와 거리가 먼 것은?

① 말뚝   ② 버팀대
③ 띠장   ④ 턴버클

산업안전보건기준에 관한 규칙 제346조(조립도) ① 사업주는 흙막이 지보공을 조립하는 경우 미리 조립도를 작성하여 그 조립도에 따라 조립하도록 하여야 한다.
② 제1항의 조립도는 흙막이판·말뚝·버팀대 및 띠장 등 부재의 배치·치수·재질 및 설치방법과 순서가 명시되어야 한다.

113 옥외에 설치되어 있는 주행크레인에 대하여 이탈방지장치를 작동시키는 등 이탈 방지를 위한 조치를 하여야 하는 풍속 기준으로 옳은 것은?

① 순간풍속이 20m/sec 초과할 때   ② 순간풍속이 25m/sec 초과할 때
③ 순간풍속이 30m/sec 초과할 때   ④ 순간풍속이 35m/sec 초과할 때

산업안전보건기준에 관한 규칙 제140조(폭풍에 의한 이탈 방지) 사업주는 순간풍속이 초당 30미터를 초과하는 바람이 불어올 우려가 있는 경우 옥외에 설치되어 있는 주행 크레인에 대하여 이탈방지장치를 작동시키는 등 이탈 방지를 위한 조치를 하여야 한다.

114 비계(달비계, 달대비계 및 말비계는 제외)의 높이가 2m 이상인 작업장소에 설치하는 작업발판의 구조 및 설비에 관한 기준으로 옳지 않은 것은?

① 작업발판의 폭이 40cm 이상이 되도록 한다.
② 발판재료 간의 틈은 3cm 이하로 한다.
③ 작업발판을 작업에 따라 이동시킬 경우에는 위험 방지에 필요한 조치를 한다.
④ 작업발판재료는 뒤집히거나 떨어지지 않도록 하나 이상의 지지물에 연결하거나 고정시킨다.

산업안전보건기준에 관한 규칙 제56조(작업발판의 구조) 사업주는 비계(달비계, 달대비계 및 말비계는 제외한다)의 높이가 2미터 이상인 작업장소에 다음 각 호의 기준에 맞는 작업발판을 설치하여야 한다.
1. 발판재료는 작업할 때의 하중을 견딜 수 있도록 견고한 것으로 할 것
2. 작업발판의 폭은 40센티미터 이상으로 하고, 발판재료 간의 틈은 3센티미터 이하로 할 것. 다만, 외줄비계의 경우에는 고용노동부장관이 별도로 정하는 기준에 따른다.
3. 제2호에도 불구하고 선박 및 보트 건조작업의 경우 선박블록 또는 엔진실 등의 좁은 작업공간에 작업발판을 설치하기 위하여 필요하면 작업발판의 폭을 30센티미터 이상으로 할 수 있고, 걸침비계의 경우 강관기둥 때문에 발판재료 간의 틈을 3센티미터 이하로 유지하기 곤란하면 5센티미터 이하로 할 수 있다. 이 경우 그 틈 사이로 물체 등이 떨어질 우려가 있는 곳에는 출입금지 등의 조치를 하여야 한다.
4. 추락의 위험이 있는 장소에는 안전난간을 설치할 것. 다만, 작업의 성질상 안전난간을 설치하는 것이 곤란한 경우, 작업의 필요상 임시로 안전난간을 해체할 때에 추락방호망을 설치하거나 근로자로 하여금 안전대를 사용하도록 하는 등 추락위험 방지 조치를 한 경우에는 그러하지 아니하다.
5. 작업발판의 지지물은 하중에 의하여 파괴될 우려가 없는 것을 사용할 것
6. 작업발판재료는 뒤집히거나 떨어지지 않도록 둘 이상의 지지물에 연결하거나 고정시킬 것
7. 작업발판을 작업에 따라 이동시킬 경우에는 위험 방지에 필요한 조치를 할 것

115 차량계 하역운반기계등에 화물을 적재하는 경우의 준수사항이 아닌 것은?

① 하중이 한쪽으로 치우치지 않도록 적재할 것
② 구내운반차 또는 화물자동차의 경우 화물의 붕괴 또는 낙하에 의한 위험을 방지하기 위하여 화물에 로프를 거는 등 필요한 조치를 할 것
③ 운전자의 시야를 가리지 않도록 화물을 적재할 것
④ 차륜의 이상 유무를 점검할 것

산업안전보건기준에 관한 규칙 제173조(화물적재 시의 조치) ① 사업주는 차량계 하역운반기계등에 화물을 적재하는 경우에 다음 각 호의 사항을 준수하여야 한다.
1. 하중이 한쪽으로 치우치지 않도록 적재할 것
2. 구내운반차 또는 화물자동차의 경우 화물의 붕괴 또는 낙하에 의한 위험을 방지하기 위하여 화물에 로프를 거는 등 필요한 조치를 할 것
3. 운전자의 시야를 가리지 않도록 화물을 적재할 것
② 제1항의 화물을 적재하는 경우에는 최대적재량을 초과해서는 아니 된다.

116 이동식 비계를 조립하여 작업하는 경우에 작업발판의 최대적재하중은 몇 kg를 초과하지 않도록 해야 하는가?

① 150kg ② 200kg
③ 250kg ④ 300kg

산업안전보건기준에 관한 규칙 제68조(이동식비계) 사업주는 이동식비계를 조립하여 작업을 하는 경우에는 다음 각 호의 사항을 준수하여야 한다.
1. 이동식비계의 바퀴에는 뜻밖의 갑작스러운 이동 또는 전도를 방지하기 위하여 브레이크·쐐기 등으로 바퀴를 고정시킨 다음 비계의 일부를 견고한 시설물에 고정하거나 아웃트리거를 설치하는 등 필요한 조치를 할 것
2. 승강용사다리는 견고하게 설치할 것
3. 비계의 최상부에서 작업을 하는 경우에는 안전난간을 설치할 것
4. 작업발판은 항상 수평을 유지하고 작업발판 위에서 안전난간을 딛고 작업을 하거나 받침대 또는 사다리를 사용하여 작업하지 않도록 할 것
5. 작업발판의 최대적재하중은 250킬로그램을 초과하지 않도록 할 것

117 취급·운반의 원칙으로 옳지 않은 것은?

① 연속운반을 할 것
② 생산을 최고로 하는 운반을 생각할 것
③ 운반작업을 집중하여 시킬 것
④ 곡선운반을 할것

취급·운반의 5원칙
- 직선운반
- 연속운반
- 운반작업을 집중화
- 생산을 최고로 하는 운반
- 최대한 시간과 경비를 절약할 수 있는 운반방법을 고려

118 건설현장에서 작업 중 물체가 떨어지거나 날아올 우려가 있는 경우 대한 안전조치에 해당하지 않는 것은?

① 수직보호망 설치
② 방호선반 설치
③ 울타리 설치
④ 낙하물 방지망 설치

산업안전보건기준에 관한 규칙 제14조(낙하물에 의한 위험의 방지) ① 사업주는 작업장의 바닥, 도로 및 통로 등에서 낙하물이 근로자에게 위험을 미칠 우려가 있는 경우 보호망을 설치하는 등 필요한 조치를 하여야 한다.
② 사업주는 작업으로 인하여 물체가 떨어지거나 날아올 위험이 있는 경우 낙하물 방지망, 수직보호망 또는 방호선반의 설치, 출입금지구역의 설정, 보호구의 착용 등 위험을 방지하기 위하여 필요한 조치를 하여야 한다. 이 경우 낙하물 방지

망 및 수직보호망은 「산업표준화법」 제12조에 따른 한국산업표준(이하 "한국산업표준"이라 한다)에서 정하는 성능기준에 적합한 것을 사용하여야 한다.
③ 제2항에 따라 낙하물 방지망 또는 방호선반을 설치하는 경우에는 다음 각 호의 사항을 준수하여야 한다.
  1. 높이 10미터 이내마다 설치하고, 내민 길이는 벽면으로부터 2미터 이상으로 할 것
  2. 수평면과의 각도는 20도 이상 30도 이하를 유지할 것

119 유해위험방지계획서를 제출해야 할 건설공사 대상사업장 기준으로 옳지 않은 것은?

① 최대 지간길이가 40m 이상인 교량건설 등의 공사
② 지상높이가 31m 이상인 건축물
③ 터널 건설등의 공사
④ 깊이 10m 이상인 굴착공사

유해위험방지계획서 제출 대상 공사(산업안전보건법 시행령 제42조 ③항)
1. 다음 각 목의 어느 하나에 해당하는 건축물 또는 시설 등의 건설·개조 또는 해체 공사
   가. 지상높이가 31미터 이상인 건축물 또는 인공구조물
   나. 연면적 3만제곱미터 이상인 건축물
   다. 연면적 5천제곱미터 이상인 시설로서 다음의 어느 하나에 해당하는 시설
      1) 문화 및 집회시설(전시장 및 동물원·식물원은 제외한다)
      2) 판매시설, 운수시설(고속철도의 역사 및 집배송시설은 제외한다)
      3) 종교시설
      4) 의료시설 중 종합병원
      5) 숙박시설 중 관광숙박시설
      6) 지하도상가
      7) 냉동·냉장 창고시설
2. 연면적 5천제곱미터 이상인 냉동·냉장 창고시설의 설비공사 및 단열공사
3. 최대 지간(支間)길이(다리의 기둥과 기둥의 중심사이의 거리)가 50미터 이상인 다리의 건설등 공사
4. 터널의 건설등 공사
5. 다목적댐, 발전용댐, 저수용량 2천만톤 이상의 용수 전용 댐 및 지방상수도 전용 댐의 건설등 공사
6. 깊이 10미터 이상인 굴착공사

120 콘크리트 타설을 위한 거푸집동바리의 구조검토 시 가장 선행되어야 할 작업은?

① 각 부재에 생기는 응력에 대하여 안전한 단면을 산정한다.
② 가설물에 작용하는 하중 및 외력의 종류, 크기를 산정한다.
③ 하중·외력에 의하여 각 부재에 생기는 응력을 구한다.
④ 사용할 거푸집 동바리의 설치간격을 결정한다.

거푸집 및 동바리는 소정의 강도와 강성을 가지는 동시에 완성된 구조물의 위치, 형상, 치수가 정확하게 확보되어 안전한 콘크리트 구조물이 되도록 설계도에 의해 시공하여야 한다. 따라서, 가설물에 작용하는 하중 및 외력의 종류, 크기를 정확하게 산정하는 작업이 선행되어야 한다.

정답 2017년 08월 26일 최근 기출문제

001 ②	002 ③	003 ④	004 ①	005 ④	006 ④	007 ①	008 ③	009 ①	010 ③
011 ①	012 ③	013 ④	014 ①	015 ①	016 ②	017 ②	018 ①	019 ②	020 ①
021 ④	022 ④	023 ④	024 ②	025 ③	026 ③	027 ①	028 ②	029 ①	030 ④
031 ①	032 ②	033 ①	034 ③	035 ④	036 ③	037 ②	038 ②	039 ①	040 ③
041 ①	042 ①	043 ②	044 ③	045 ③	046 ④	047 ①	048 ①	049 ③	050 ④
051 ④	052 ②	053 ④	054 ①	055 ③	056 ①	057 ③	058 ②	059 ②	060 ②
061 ②	062 ③	063 ④	064 ③	065 ④	066 ④	067 ②	068 ②	069 ①	070 ①
071 ②	072 ②	073 ②	074 ②	075 ④	076 ①	077 ④	078 ②	079 ③	080 ③
081 ④	082 ②	083 ②	084 ③	085 ②	086 ①	087 ④	088 ④	089 ①	090 ①
091 ①	092 ④	093 ②	094 ①	095 ③	096 ④	097 ②	098 ①	099 ①	100 ③
101 ①	102 ③	103 ①	104 ③	105 ④	106 ①	107 ②	108 ①	109 ②	110 ②
111 ①	112 ④	113 ③	114 ④	115 ④	116 ③	117 ④	118 ③	119 ①	120 ②

2018년 03월 04일 최근 기출문제

제 01 과목　산업재해 예방 및 안전보건교육

001 기업 내 정형교육 중 TWI(Training Within Industry)의 교육내용이 아닌 것은?

① Job Method Training
② Job Relation Training
③ Job Instruction Training
④ Job Standardization Training

교육내용
- JI(Job Instruction) : 작업지도 기법
- JM(Job Method) : 작업개선 기법
- JR(Job Relation) : 인간관계 관리기법
- JS(Job Safety) : 작업안전 기법

002 재해사례연구의 진행단계 중 다음 ( ) 안에 알맞은 것은?

재해 상황의 파악 → (㉠) → (㉡) → 근본적 문제점의 결정 → (㉢)

① ㉠ 사실의 확인,　㉡ 문제점의 발견,　㉢ 대책수립
② ㉠ 문제점의 발견,　㉡ 사실의 확인,　㉢ 대책수립
③ ㉠ 사실의 확인,　㉡ 대책수립,　㉢ 문제점의 발견
④ ㉠ 문제점의 발견,　㉡ 대책수립,　㉢ 사실의 확인

재해사례 연구순서
- 제1단계(사실의 확인) : 작업의 개시에서 재해의 발생까지의 경과 가운데 재해와 관계가 있는 사실 및 재해요인으로 알려진 사실을 객관적으로 확인하며 이상시 또는 사고시, 재해발생시의 조치를 포함
- 제2단계(문제점의 발견) : 파악된 사실로부터 판단하여 각종 기준과의 차이에서 드러나는 문제점을 발견
- 제3단계(근본적 문제점 결정) : 발견된 문제점 가운데 재해의 중심이 되는 근본적 문제점을 결정하고, 다음으로 재해 원인을 결정
- 제4단계(대책의 수립) : 사례를 해결하기 위한 대책을 수립

003 교육심리학의 학습이론에 관한 설명 중 옳은 것은?

① 파블로프(Pavlov)의 조건반사설은 맹목적 시행을 반복하는 가운데 자극과 반응이 결합하여 행동하는 것이다.
② 레빈(Lewin)의 장설은 후천적으로 얻게 되는 반사작용으로 행동을 발생시킨다는 것이다.
③ 톨만(Tolman)의 기호형태설은 학습자의 머리 속에 인지적 지도 같은 인지구조를 바탕으로 학습하려는 것이다.
④ 손다이크(Thorndike)의 시행착오설은 내적, 외적의 전체구조를 새로운 시점에서 파악하여 행동하는 것이다.

004 레빈(Lewin)의 법칙 B = f(P · E) 중 B가 의미하는 것은?

① 인간관계
② 행동
③ 환경
④ 함수

레빈(Lewin)은 인간의 행동(B)은 그 사람이 가진 자질 즉, 개체(P)와 심리학적 환경(E)과의 상호 함수관계에 있다고 규정
B = f(P · E)
- B : Behavior(인간의 행동)
- f : Function(함수관계 : 적성 기타 P와 E에 영향을 미칠 수 있는 조건)
- P : Person(개체 : 연령, 경험, 심신상태, 성격, 지능 등)
- E : Environment(심리적 환경 : 인간관계, 작업환경 등)

005 학습지도의 형태 중 몇 사람의 전문가에 의해 과정에 관한 견해를 발표하고 참가자로 하여금 의견이나 질문을 하게 하는 토의방식은?

① 포럼(Forum)
② 심포지엄(Symposium)
③ 버즈세션(Buzz session)
④ 자유토의법(Free discussion method)

토의(회의)방식 : 쌍방적 의사전달에 의한 교육방식(최적인원 10~20명)
- 포럼(Forum, 공개토론회) : 새로운 자료나 교재를 제시하고 거기서의 문제점을 피교육자로 하여금 제기하도록 하거나 의견을 여러 가지 방법으로 발표하게 하고 다시 깊이 파고들어 토의를 행하는 방법
- 심포지엄(Symposium) : 몇 사람의 전문가에 의하여 과제에 관한 견해를 발표한 뒤 참가자로 하여금 의견이나 질문을 하게 하여 토의하는 방법
- 패널 디스커션(Panel Discussion) : 패널 멤버(교육과제에 정통한 전문가 4~5명)가 피교육자 앞에서 자유로이 토의를 하고 뒤에 피교육자 전원이 참가하여 사회자의 사회에 따라 토의하는 방법
- 대화(Colloquy) : 패널 디스커션(Panel Discussion)의 변형으로 패널 멤버 외에 참석자의 대표를 선출하여 질의응답의 형태로 실시되는 것
- 버즈 세션(Buzz Session) : 6-6 회의라고도 하며, 먼저 사회자와 기록계를 선출한 후 나머지 사람은 6명씩의 소집단으로 구분하고, 소집단별로 각각 사회자를 선발하여 6분간씩 자유토의를 행하여 의견을 종합하는 방법

006 산업안전보건법령상 지방고용노동관서의 장이 사업주에게 안전관리자·보건관리자 또는 안전보건관리담당자를 정수 이상으로 증원하게 하거나 교체하여 임명할 것을 명할 수 있는 경우의 기준 중 다음 ( ) 안에 알맞은 것은?

- 중대재해가 연간 (㉠)건 이상 발생한 경우
- 해당 사업장의 연간재해율이 같은 업종의 평균재해율의 (㉡)배 이상인 경우

① ㉠ 3, ㉡ 2
② ㉠ 2, ㉡ 3
③ ㉠ 2, ㉡ 2
④ ㉠ 3, ㉡ 3

해설

산업안전보건법 시행규칙 제12조(안전관리자 등의 증원·교체임명) ① 지방고용노동관서의 장은 다음 각 호의 어느 하나에 해당하는 사유가 발생한 경우에는 법 제17조 제4항·제18조 제4항 또는 제19조 제3항에 따라 사업주에게 안전관리자·보건관리자 또는 안전보건관리담당자(이하 이 조에서 "관리자"라 한다)를 정수 이상으로 증원하게 하거나 교체하여 임명할 것을 명할 수 있다. 다만, 제4호에 해당하는 경우로서 직업성 질병자 발생 당시 사업장에서 해당 화학적 인자(因子)를 사용하지 않은 경우에는 그렇지 않다.
1. 해당 사업장의 연간재해율이 같은 업종의 평균재해율의 2배 이상인 경우
2. 중대재해가 연간 2건 이상 발생한 경우. 다만, 해당 사업장의 전년도 사망만인율이 같은 업종의 평균 사망만인율 이하인 경우는 제외한다.
3. 관리자가 질병이나 그 밖의 사유로 3개월 이상 직무를 수행할 수 없게 된 경우
4. 별표 22 제1호에 따른 화학적 인자로 인한 직업성 질병자가 연간 3명 이상 발생한 경우. 이 경우 직업성 질병자의 발생일은 「산업재해보상보험법 시행규칙」 제21조 제1항에 따른 요양급여의 결정일로 한다.
② 제1항에 따라 관리자를 정수 이상으로 증원하게 하거나 교체하여 임명할 것을 명하는 경우에는 미리 사업주 및 해당 관리자의 의견을 듣거나 소명자료를 제출받아야 한다. 다만, 정당한 사유 없이 의견진술 또는 소명자료의 제출을 게을리한 경우에는 그렇지 않다.
③ 제1항에 따른 관리자의 정수 이상 증원 및 교체임명 명령은 별지 제4호서식에 따른다.

007 하인리히(Heinrich)의 재해구성비율에 따른 58건의 경상이 발생한 경우 무상해 사고는 몇 건이 발생하겠는가?

① 58건
② 116건
③ 600건
④ 900건

해설

하인리히의 재해구성비율은 1 : 29 : 300의 법칙으로 중상 또는 사망 1회, 경상 29회, 무상해사고 300회의 비율로 발생한다는 것이다. 따라서, 경상이 58건인 경우 사망 2 : 경상 58 : 무상해 600의 재해구성비율을 갖는다.

008 상해 정도별 분류 중 의사의 진단으로 일정 기간 정규 노동에 종사할 수 없는 상해에 해당하는 것은?

① 영구 일부노동 불능상해
② 일시 전노동 불능상해
③ 영구 전노동 불능상해
④ 구급처치 상해

해설

상해정도별 분류(ILO에 의한 구분)
- 사망 : 안전사고로 사망하거나 혹은 부상의 결과로 사망한 것
- 영구 전노동 불능 : 부상의 결과로 근로기능을 완전히 잃은 부상(신체장애등급 1~3급에 해당)

- 영구 일부노동 불능 : 부상의 결과로 신체의 일부가 근로기능을 완전히 상실한 부상(신체장애등급 4~14급에 해당)
- 일시 전노동 불능 : 의사의 소견에 따라 일정 기간 동안 노동에 종사할 수 없는 상해
- 일시 일부노동 불능 : 의사의 진단에 따라 부상 다음날 또는 그 이후의 정규노동에 종사할 수 없는 휴업재해 이외의 것으로 일시취업시간 중에 업무를 떠나 치료를 받는 정도의 상해
- 구급처치 상해 : 응급처치 또는 자가 치료를 받고 당일 정상작업에 임할 수 있는 상해

009 데이비스(Davis)의 동기부여이론 중 동기유발의 식으로 옳은 것은?

① 지식 × 기능
② 지식 × 태도
③ 상황 × 기능
④ 상황 × 태도

데이비스(Davis)의 이론
- 인간의 성과 × 물적인 성과 = 경영의 성과
- 지식(Knowledge) × 기능(skill) = 능력(ability)
- 상황(situation) × 태도(attitude) = 동기유발(motivation)
- 능력 × 동기유발 = 인간의 성과(human performance)

010 안전보건관리조직의 유형 중 스탭형(Staff) 조직의 특징이 아닌 것은?

① 생산부문은 안전에 대한 책임과 권한이 없다.
② 권한 다툼이나 조정 때문에 통제수속이 복잡해지며 시간과 노력이 소모된다.
③ 생산부문에 협력하여 안전명령을 전달, 실시하므로 안전지시가 용이하지 않으며 안전과 생산을 별개로 취급하기 쉽다.
④ 명령 계통과 조언 권고적 참여가 혼동되기 쉽다.

스태프(Staff)형은 안전관리를 담당하는 스태프(참모진)를 두고 안전관리에 관한 계획, 조사, 검토, 권고, 보고 등을 행하는 관리 방식이며, 중규모 사업장(100명 이상~500명 미만)에 적합하다.

011 자율검사프로그램을 인정받기 위해 보유하여야 할 검사장비의 이력카드 작성, 교정주기와 방법 설정 및 관리 등의 관리주체는?

① 사업주
② 제조사
③ 안전관리전문기관
④ 안전보건관리책임자

안전검사 절차에 관한 고시 제5조(검사장비 및 관리) ① 규칙 제132조제1항제2호에 따라 사업주가 자율검사프로그램을 인정받기 위해 보유하여야 할 검사장비는 별표 2와 같다. 다만, 사업주가 안전검사대상품을 2종 이상 보유하고 있어 해당 기종별 보유 검사장비가 중복되는 경우 중복 검사장비는 1대만 보유할 수 있다.
② 사업주는 제1항에 따라 고용노동부장관이 정하여 고시하는 검사장비를 다음 각 호와 같이 관리하여야 한다.
1. 검사장비의 이력카드를 작성하고 장비의 점검·수리 등의 현황을 기록할 것
2. 검사장비는 교정주기와 방법을 설정하고 관리할 것
3. 검사장비는 수시 또는 정기적으로 점검을 실시할 것
4. 검사원은 검사장비의 조작·사용 방법을 숙지할 것

012 다음의 방진마스크 형태로 옳은 것은?

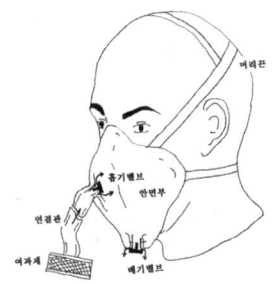

① 직결식 전면형 ② 직결식 반면형
③ 격리식 전면형 ④ 격리식 반면형

방진마스크의 형태

격리식 전면형	직결식 전면형	격리식 반면형	직결식 반면형	안면부 여과식

013 작업자 적성의 요인이 아닌 것은?

① 성격(인간성) ② 지능
③ 인간의 연령 ④ 흥미

적성의 요인(적성의 분류)
- 직업적성(기계적 적성과 사무적 적성), 지능, 흥미, 인간성(personality)
- 연령이나 개인차 등은 적성의 요인이 아님

014 산업안전보건법령상 관리감독자 안전보건교육 중 정기교육의 교육내용으로 옳은 것은?(단, 그 밖의 관리감독자의 직무에 관한 사항은 제외한다.)

① 물질안전보건자료에 관한 사항
② 사고 발생 시 긴급조치에 관한 사항
③ 건강증진 및 질병 예방에 관한 사항
④ 산업보건 및 건강장해 예방에 관한 사항

관리감독자 정기교육 내용(산업안전보건법 시행규칙 별표 5)
- 산업안전 및 산업재해 예방에 관한 사항(화재·폭발 사고 발생 시 대피에 관한 사항 포함)
- 산업보건 및 건강장해 예방에 관한 사항(폭염·한파작업으로 인한 건강장해 발생 시 응급조치에 관한 사항 포함)
- 위험성평가에 관한 사항
- 유해·위험 작업환경 관리에 관한 사항
- 산업안전보건법령 및 산업재해보상보험 제도에 관한 사항
- 직무스트레스 예방 및 관리에 관한 사항
- 직장 내 괴롭힘, 고객의 폭언 등으로 인한 건강장해 예방 및 관리에 관한 사항
- 작업공정의 유해·위험과 재해 예방대책에 관한 사항
- 사업장 내 안전보건관리체제 및 안전·보건조치 현황에 관한 사항
- 표준안전 작업방법 결정 및 지도·감독 요령에 관한 사항
- 현장근로자와의 의사소통능력 및 강의능력 등 안전보건교육 능력 배양에 관한 사항
- 비상시 또는 재해 발생 시 긴급조치에 관한 사항
- 그 밖의 관리감독자의 직무에 관한 사항

015 산업안전보건법령상 안전보건표지의 색채와 색도기준의 연결이 틀린 것은?(단, 색도기준은 한국산업표준(KS)에 따른 색의 3속성에 의한 표시방법에 따른다.)

① 빨간색 – 7.5R 4/14　　② 노란색 – 5Y 8.5/12
③ 파란색 – 2.5PB 4/10　　④ 흰색 – $N_0.5$

안전보건표지의 색도기준 및 용도(산업안전보건법 시행규칙 별표 8)

색채	색도기준	용도	사용례
빨간색	7.5R 4/14	금지	정지신호, 소화설비 및 그 장소, 유해행위의 금지
빨간색	7.5R 4/14	경고	화학물질 취급장소에서의 유해·위험 경고
노란색	5Y 8.5/12	경고	화학물질 취급장소에서의 유해·위험 경고 이외의 위험 경고, 주의표지 또는 기계방호물
파란색	2.5PB 4/10	지시	특정 행위의 지시 및 사실의 고지
녹색	2.5G 4/10	안내	비상구 및 피난소 사람 또는 차량의 통행 표시
흰색	N9.5	–	파란색 또는 녹색에 대한 보조색
검은색	N0.5	–	문자 및 빨간색 또는 노란색에 대한 보조색

016 강도율에 관한 설명 중 틀린 것은?

① 사망 및 영구 전노동불능(신체장해등급 1~3급)의 근로손실일수는 7500일로 환산한다.
② 신체장애 등급 중 제14급은 근로손실일수를 50일로 환산한다.
③ 영구 일부 노동불능은 신체 장해등급에 따른 근로손실일수에 $\dfrac{300}{365}$ 을 곱하여 환산한다.
④ 일시 전노동 불능은 휴업일수에 $\dfrac{300}{365}$ 을 곱하여 근로손실일수를 환산한다.

근로손실일수의 산정기준(국제기준)
- 사망 및 영구전노동불능(신체장해등급 1~3급) : 7500일

- 영구 일부 노동불능(신체장해등급 4~14급)

신체장해등급	4	5	6	7	8	9	10	11	12	13	14
근로손실일수	5500	4000	3000	2200	1500	1000	600	400	200	100	50

- 일시전노동불능 = 휴업일수 × (300/365)

017 산업안전보건법령상 안전보건표지의 종류 중 경고표지의 기본모형(형태)이 다른 것은?

① 폭발성물질 경고
② 방사성물질 경고
③ 매달린 물체 경고
④ 고압전기 경고

경고표지

201 인화성 물질 경고	202 산화성 물질 경고	203 폭발성 물질 경고	204 급성독성 물질 경고	205 부식성 물질 경고	206 방사성 물질 경고	207 고압전기 경고	208 매달린 물체 경고
209 낙하물 경고	210 고온경고	211 저온경고	212 몸균형 상실 경고	213 레이저 광선 경고	214 발암성·변이원성·생식독성·전신 독성·호흡기 과민성 물질 경고		215 위험장소 경고

018 석면 취급장소에서 사용하는 방진마스크의 등급으로 옳은 것은?

① 특급
② 1급
③ 2급
④ 3급

방진마스크의 등급

등급	사용장소	비고
특급	• 베릴륨 등과 같이 독성이 강한 물질들을 함유한 분진 등 발생장소 • 석면 취급장소	배기밸브가 없는 안면부여과식 마스크는 특급 및 1급 장소에 사용해서는 안 된다.
1급	• 특급마스크 착용장소를 제외한 분진 등 발생장소 • 금속흄 등과 같이 열적으로 생기는 분진 등 발생장소 • 기계적으로 생기는 분진 등 발생장소(규소 등과 같이 2급을 착용하여도 무방한 경우 제외)	
2급	• 특급 및 1급 마스크 착용장소를 제외한 분진 등 발생장소	

019 적응기제 중 도피기제의 유형이 아닌 것은?

① 합리화　　② 고립
③ 퇴행　　　④ 억압

적응기제(適應機制)
- 방어적 기제 : 보상, 합리화, 동일시, 승화
- 도피적 기제 : 고립, 퇴행, 억압, 백일몽
- 공격적 기제 : 직접적 공격형, 간접적 공격형

020 생체 리듬(Bio Rhythm)중 일반적으로 33일을 주기로 반복되며, 상상력, 사고력, 기억력 또는 의지, 판단 및 비판력 등과 깊은 관련성을 갖는 리듬은?

① 육체적 리듬
② 지성적 리듬
③ 감성적 리듬
④ 생활 리듬

바이오리듬의 종류
- 육체적 리듬(Physical Cycle) : 주기 23일(식욕, 소화력, 활동력, 지구력), 청색표시
- 지성적 리듬(Intellectual Cycle) : 주기 33일(상상력, 사고력, 기억력 또는 의지, 판단 및 비판력), 녹색표시
- 감성적 리듬(Sensitivity Cycle) : 주기 28일(감정, 주의력, 창조력, 예감 및 통찰력), 적색표시

제 02 과목　인간공학 및 위험성 평가 · 관리

021 에너지 대사율(RMR)에 대한 설명으로 틀린 것은?

① $RMR = \dfrac{운동대사량}{기초대사량}$

② 보통 작업시 RMR은 4~7임

③ 가벼운 작업시 RMR은 0~2임

④ $RMR = \dfrac{운동시\ 산소소모량 - 안정시\ 산소소모량}{기초대사량(산소소비량)}$

RMR에 의한 작업강도 분류

RMR	작업강도	비고
0~2	경(輕) 작업	사무작업 등 주로 앉아서 하는 작업
2~4	중(中) 작업	동작 및 속도가 작은 작업(보통 작업)

| 4~7 | 중(重) 작업 | 동작 및 속도가 큰 작업 |
| 7 이상 | 초중(超重) 작업 | 과격한 작업 |

022 FMEA의 특징에 대한 설명으로 틀린 것은?

① 서브시스템 분석 시 FTA보다 효과적이다.
② 시스템 해석기법은 정성적·귀납적 분석법 등에 사용된다.
③ 각 요소간 영향 해석이 어려워 2가지 이상 동시 고장은 해석이 곤란하다.
④ 양식이 비교적 간단하고 적은 노력으로 특별한 훈련 없이 해석이 가능하다.

FTA는 하나의 특정 사고나 주요 시스템 고장에 초점을 맞춘 연역적인 기법으로 사건의 원인을 결정하는 방법을 제공한다. 따라서, 서브시스템 분석 시 FMEA보다 FTA가 효과적인 수단이 된다.

023 A사의 안전관리자는 자사 화학 설비의 안전성 평가를 위해 제2단계인 정성적 평가를 진행하기 위하여 평가 항목 대상을 분류하였다. 주요 평가 항목 중에서 설계관계항목이 아닌 것은?

① 건조물
② 공장 내 배치
③ 입지조건
④ 원재료, 중간제품

제2단계 : 정성적 평가의 주요 진단항목

1. 설계관계	항목수	2. 운전관계	항목수
입지조건	5	원재료, 중간체 제품	7
공장내 배치	9	공정	7
건조물	8	수송, 저장 등	9
소방설비	5	공정기기	11

024 기계설비 고장 유형 중 기계의 초기결함을 찾아내 고장률을 안정시키는 기간은?

① 마모고장 기간
② 우발고장 기간
③ 에이징(aging) 기간
④ 디버깅(debugging) 기간

고장관련 용어
• 초기고장 : 점검작업이나 시운전 등에 의해 방지할 수 있는 고장
• 디버깅(Debugging) 기간 : 초기의 결함을 찾아내 고장율을 안정시키는 기간
• 번인(Burn In) 기간 : 실제로 장시간 움직여 보고 그동안 고장난 것을 제거하는 공정기간

025 들기 작업 시 요통재해예방을 위하여 고려할 요소와 가장 거리가 먼 것은?

① 들기 빈도
② 작업자 신장
③ 손잡이 형상
④ 허리 비대칭 각도

> **해설**
>
> **들기 작업의 변수**
> - 무게 : 작업물의 무게(kg)
> - 수평위치 : 두 발 뒤꿈치 뼈의 중점에서 손까지의 거리(cm)
> - 수직거리 : 바닥에서 손까지의 거리(cm)
> - 수직이동거리 : 들기작업에서 수직으로 이동한 거리(cm)
> - 비대칭 각도 : 정면에서 비틀린 정도를 나타내는 각도
> - 들기 빈도 : 15분 동안의 평균적인 분당 들어 올리는 횟수
> - 커플링 분류 : 물체를 들 때 미끄러지거나 떨어뜨리지 않도록 하는 손잡이 등의 상태

026 일반적으로 작업장에서 구성요소를 배치할 때, 공간의 배치 원칙에 속하지 않는 것은?

① 사용빈도의 원칙
② 중요도의 원칙
③ 공정개선의 원칙
④ 기능성의 원칙

> **해설**
>
> **부품 배치의 원칙**
> - 중요성의 원칙
> - 사용빈도의 원칙
> - 기능별 배치의 원칙
> - 사용순서의 원칙

027 반사율이 60%인 작업 대상물에 대하여 근로자가 검사작업을 수행할 때 휘도(luminance)가 90fL 이라면 이 작업에서의 소요조명(fc)은 얼마인가?

① 75
② 150
③ 200
④ 300

> **해설**
>
> 소요조명 = $\dfrac{광속발산도}{반사율} \times 100 = \dfrac{90}{60} \times 100 = 150[fc]$

028 산업안전보건법령상 유해하거나 위험한 장소에서 사용하는 기계·기구 및 설비를 설치·이전하는 경우 유해위험방지계획서를 작성, 제출하여야 하는 대상이 아닌 것은?

① 화학설비
② 금속 용해로
③ 건조설비
④ 전기용접장치

> **해설**
>
> **유해위험방지계획서 제출 대상(산업안전보건법 시행령 제42조 ②항)**
> - 금속이나 그 밖의 광물의 용해로

- 화학설비
- 건조설비
- 가스집합 용접장치
- 근로자의 건강에 상당한 장해를 일으킬 우려가 있는 물질로서 고용노동부령으로 정하는 물질의 밀폐·환기·배기를 위한 설비

029 동작경제의 원칙에 해당하지 않는 것은?

① 공구의 기능을 각각 분리하여 사용하도록 한다.
② 두 팔의 동작은 동시에 서로 반대방향으로 대칭적으로 움직이도록 한다.
③ 공구나 재료는 작업동작이 원활하게 수행되도록 그 위치를 정해준다.
④ 가능하다면 쉽고도 자연스러운 리듬이 작업동작에 생기도록 작업을 배치한다.

공구 및 설비 디자인에 관한 원칙
- 치구나 족답장치를 효과적으로 사용할 수 있는 작업에서는 이러한 장치를 활용하여 양손이 다른 일을 할 수 있도록 한다.
- 공구의 기능을 결합하여서 사용하도록 한다.
- 공구와 자재는 사용하기 쉽도록 가능한 한 미리 위치를 잡아준다.
- 각 손가락이 서로 다른 작업을 할 때 작업량을 각 손가락의 능력에 맞게 분배해야 한다.
- 레버, 핸들 그리고 제어장치는 작업자가 몸의 자세를 크게 바꾸지 않더라고 조작하기 쉽도록 배열한다.

030 휴먼 에러 예방 대책 중 인적 요인에 대한 대책이 아닌 것은?

① 설비 및 환경 개선
② 소집단 활동의 활성화
③ 작업에 대한 교육 및 훈련
④ 전문인력의 적재적소 배치

031 다음 시스템에 대하여 톱사상(top event)에 도달할 수 있는 최소 컷셋(minimal cutsets)을 구할 때 올바른 집합은?(단, X, X$_1$, X$_2$, X$_3$, X$_4$는 각 부품의 고장확률을 의미하며 집합 {X$_1$, X$_2$}는 X$_1$ 부품과 X$_2$ 부품이 동시에 고장 나는 경우를 의미한다.

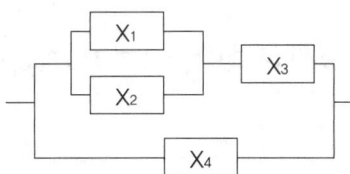

① {X$_1$, X$_2$}, {X$_3$, X$_4$}
② {X$_1$, X$_3$}, {X$_2$, X$_4$}
③ {X$_1$, X$_2$, X$_4$}, {X$_3$, X$_4$}
④ {X$_1$, X$_3$, X$_4$}, {X$_2$, X$_3$, X$_4$}

FTA에서 톱사상(top event)은 고장이 발생하여 시스템이 정상적으로 작동될 수 없는 경우를 의미한다. 따라서, 보기의 시스템에서 X$_1$, X$_2$, X$_4$가 동시에 고장나는 경우와 X$_3$, X$_4$가 동시에 고장나는 2가지 경우에 시스템은 고장상태에 도달하게 된다.

032 운동관계의 양립성을 고려하여 동목(moving scale)형 표시장치를 바람직하게 설계한 것은?

① 눈금과 손잡이가 같은 방향으로 회전하도록 설계한다.
② 눈금의 숫자는 우측으로 감소하도록 설계한다.
③ 꼭지의 시계 방향 회전이 지시치를 감소시키도록 설계한다.
④ 위의 세 가지 요건을 동시에 만족시키도록 설계한다.

033 신뢰성과 보전성 개선을 목적으로 한 효과적인 보전기록자료에 해당하는 것은?

① 자재관리표
② 주유지시서
③ 재고관리표
④ MTBF 분석표

신뢰성과 보전성 개선을 목적으로 한 보전기록자료
- MTBF 분석표
- 설비이력카드
- 고장원인 대책표

034 보기의 실내면에서 빛의 반사율이 낮은 곳에서부터 높은 순서대로 나열한 것은?

A : 바닥   B : 천정   C : 가구   D : 벽

① A < B < C < D
② A < C < B < D
③ A < C < D < B
④ A < D < C < B

옥내 최적 반사율
- 천정 : 80~90%
- 벽, 창문 발(Blind) : 40~60%
- 가구, 사무용기기, 책상 : 25~45%
- 바닥 : 20~40%

035 다음 시스템의 신뢰도는 얼마인가?(단, 각 요소의 신뢰도는 a, b가 각 0.8, c, d가 각 0.6이다.)

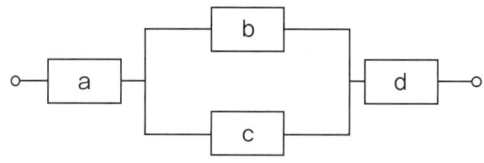

① 0.2245
② 0.3754
③ 0.4416
④ 0.5756

$0.8 \times (1 - (1 - 0.8) \times (1 - 0.6)) \times 0.6 = 0.4416$

036 FTA(Fault Tree Analysis)에 사용되는 논리기호와 명칭이 올바르게 연결된 것은?

① 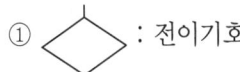 : 전이기호   ② 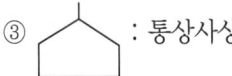 : 기본사상

③ ⌂ : 통상사상   ④ ○ : 결함사상

해설 ──────────

FTA 도표에 사용하는 논리기호

명칭	기호	명칭	기호
결함사상	□	전이 기호 (이행 기호)	△(in) △(out)
기본사상	○	AND gate	출력/입력
생략사상 (추적 불가능한 최후사상)	◇	OR gate	출력/입력
통상사상(家刑事像)	⌂	수정기호 조건	출력/조건/입력

037 HAZOP 기법에서 사용하는 가이드워드와 그 의미가 잘못 연결된 것은?

① Other than : 기타 환경적인 요인
② No/Not : 디자인 의도의 완전한 부정
③ Reverse : 디자인 의도의 논리적 반대
④ More/Less : 정량적인 증가 또는 감소

해설 ──────────

유인어(Guide Words)
• No 또는 Not : 설계 의도의 완전한 부정
• More 또는 Less : 양(압력, 반응, Flow Rate, 온도 등)의 증가 또는 감소
• As well as : 성질상의 증가(설계 의도와 운전조건이 어떤 부가적인 행위와 함께 일어남)
• Part of : 일부 변경, 성질상의 감소(어떤 의도는 성취되나 어떤 의도는 성취되지 않음)
• Reverse : 설계 의도의 논리적인 역
• Other than : 완전한 대체(통상 운전과 다르게 되는 상태)

038 경계 및 경보신호의 설계지침으로 틀린 것은?

① 주의를 환기시키기 위하여 변조된 신호를 사용한다.
② 배경소음의 진동수와 다른 진동수의 신호를 사용한다.
③ 귀는 중음역에 민감하므로 500~3000Hz의 진동수를 사용한다.
④ 300m 이상의 장거리용으로는 1000Hz를 초과하는 진동수를 사용한다.

경계 및 경보신호의 선택 또는 설계시의 설계지침
- 500~3000Hz(또는 200~5000Hz)의 진동수 사용
- 장거리(3000m 이상)용은 1000Hz 이하의 진동수 사용
- 장애물 및 칸막이 통과시는 500Hz 이하의 진동수 사용
- 주의를 끌기 위해서는 변조된 신호(초당 1~8번 나는 소리, 초당 1~3번 오르내리는 소리 등) 사용
- 배경소음의 진동수와 구별되는 신호를 사용
- 경보효과를 높이기 위해서 개시 시간이 짧은 고강도 신호를 사용
- 수화기를 사용하는 경우에는 좌우로 교번하는 신호를 사용
- 가능하면 확성기, 경적 등과 같은 별도의 통신계통을 사용

039 동작의 합리화를 위한 물리적 조건으로 적절하지 않은 것은?

① 고유 진동을 이용한다.
② 접촉 면적을 크게 한다.
③ 대체로 마찰력을 감소시킨다.
④ 인체표면에 가해지는 힘을 적게 한다.

접촉면적이 커지면 안정도는 향상되지만, 마찰력이 커지고 더 많은 힘을 필요하게 된다. 따라서 일반적인 경우 동작의 합리화를 위해서는 접촉 면적을 작게 한다.

040 정량적 표시장치에 관한 설명으로 맞는 것은?

① 정확한 값을 읽어야 하는 경우 일반적으로 디지털보다 아날로그 표시장치가 유리하다.
② 동목(moving scale)형 아날로그 표시장치는 표시장치의 면적을 최소화할 수 있는 장점이 있다.
③ 연속적으로 변화하는 양을 나타내는 데에는 일반적으로 아날로그보다 디지털 표시장치가 유리하다.
④ 동침(moving pointer)형 아날로그 표시장치는 바늘의 진행 방향과 증감 속도에 대한 인식적인 암시 신호를 얻는 것이 불가능한 단점이 있다.

- 정확한 값을 읽어야 하는 경우 일반적으로 아날로그보다 디지털 표시장치가 유리하다.
- 연속적으로 변화하는 양을 나타내는 데에는 일반적으로 디지털보다 아날로그 표시장치가 유리하다.
- 동침(moving pointer)형 아날로그 표시장치는 색 암호화를 통해 바늘의 진행 방향과 증감 속도에 대한 인식적인 암시 신호를 얻을 수 있다.

제 03 과목 | 기계 · 기구 및 설비 안전관리

041 로봇의 작동범위 내에서 그 로봇에 관하여 교시 등(로봇의 동력원을 차단하고 행하는 것을 제외한다.)의 작업을 행하는 때 작업시작 전 점검 사항으로 옳은 것은?

① 과부하방지장치의 이상 유무
② 압력제한 스위치 등의 기능의 이상 유무
③ 외부전선의 피복 또는 외장의 손상 유무
④ 권과방지장치의 이상 유무

로봇의 작업시작 전 점검사항(산업안전보건기준에 관한 규칙 별표 3)
- 외부 전선의 피복 또는 외장의 손상 여부
- 매니퓰레이터(manipulator) 작동의 이상 유무
- 제동장치 및 비상정지장치의 기능

042 방사선 투과검사에서 투과사진에 영향을 미치는 인자는 크게 콘트라스트(명암도)와 명료도로 나누어 검토할 수 있다. 다음 중 투과사진의 콘트라스트(명암도)에 영향을 미치는 인자에 속하지 않는 것은?

① 방사선의 선질
② 필름의 종류
③ 현상액의 강도
④ 초점-필름간 거리

초점은 명료도에 영향을 미치는 인자이다.

043 보기와 같은 기계요소가 단독으로 발생시키는 위험점은?

밀링커터, 둥근톱날

① 협착점
② 끼임점
③ 절단점
④ 물림점

위험점의 분류

구분	내용
협착점	왕복 운동하는 동작부분과 움직임이 없는 고정부분 사이에 형성되는 위험점
끼임점	고정부분과 회전하는 동작부분 사이에서 형성되는 위험점
절단점	회전하는 운동부분 자체의 위험에서 초래되는 위험점
물림점	반대로 회전하는 두 개의 회전체가 맞닿는 사이에서 발생하는 위험점
접선물림점	회전하는 부분의 접선방향으로 물려 들어갈 위험이 존재하는 위험점
회전말림점	회전하는 물체에 작업복 등이 말려드는 위험이 존재하는 위험점

044 프레스 및 전단기에서 위험한계 내에서 작업하는 작업자의 안전을 위하여 안전블록의 사용 등 필요한 조치를 취해야 한다. 다음 중 안전블록을 사용해야 하는 직업으로 가장 거리가 먼 것은?

① 금형 가공작업
② 금형 해체작업
③ 금형 부착작업
④ 금형 조정작업

해설

산업안전보건기준에 관한 규칙 제104조(금형조정작업의 위험 방지) 사업주는 프레스등의 금형을 부착·해체 또는 조정하는 작업을 할 때에 해당 작업에 종사하는 근로자의 신체가 위험한계 내에 있는 경우 슬라이드가 갑자기 작동함으로써 근로자에게 발생할 우려가 있는 위험을 방지하기 위하여 안전블록을 사용하는 등 필요한 조치를 하여야 한다.

045 아세틸렌 용접장치를 사용하여 금속의 용접·용단 또는 가열작업을 하는 경우 아세틸렌을 발생시키는 게이지 압력은 최대 몇 kPa 이하이어야 하는가?

① 17
② 88
③ 127
④ 210

해설

산업안전보건기준에 관한 규칙 제285조(압력의 제한) 사업주는 아세틸렌 용접장치를 사용하여 금속의 용접·용단 또는 가열작업을 하는 경우에는 게이지 압력이 127킬로파스칼을 초과하는 압력의 아세틸렌을 발생시켜 사용해서는 아니 된다.

046 산업안전보건법령상 프레스 작업시작 전 점검해야 할 사항에 해당하는 것은?

① 언로드 밸브의 기능
② 하역장치 및 유압장치 기능
③ 권과방지장치 및 그 밖의 경보장치의 기능
④ 1행정 1정지기구·급정지장치 및 비상정지 장치의 기능

해설

프레스 작업시작 전 점검사항(산업안전보건기준에 관한 규칙 별표 3)
- 클러치 및 브레이크의 기능
- 크랭크축·플라이휠·슬라이드·연결봉 및 연결 나사의 풀림 유무
- 1행정 1정지기구·급정지장치 및 비상정지장치의 기능
- 슬라이드 또는 칼날에 의한 위험방지 기구의 기능
- 프레스의 금형 및 고정볼트 상태
- 방호장치의 기능
- 전단기(剪斷機)의 칼날 및 테이블의 상태

047 화물중량이 200kgf, 지게차의 중량이 400kgf, 앞바퀴에서 화물의 무게중심까지의 최단거리가 1m일 때 지게차가 안정되기 위하여 앞바퀴에서 지게차의 무게중심까지 최단거리는 최소 몇 m를 초과해야 하는가?

① 0.2m
② 0.5m
③ 1m
④ 2m

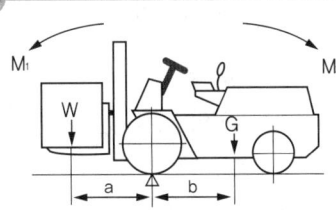

$M_1 = W \times a = 200 \times 1 = 200 \quad M_2 = G \times b = 400 \times b = 400b$
$M_1 \leq M_2$이므로 $200 \leq 400b$
$b \leq \dfrac{200}{400} = 0.5$

048 다음 중 셰이퍼에서 근로자의 보호를 위한 방호장치가 아닌 것은?

① 울(방책) ② 칩받이
③ 칸막이 ④ 급속귀환장치

셰이퍼의 안전장치 : 울(방책), 칩받이, 칸막이

049 지게차 및 구내 운반차의 작업시작 전 점검사항이 아닌 것은?

① 버킷, 디퍼 등의 이상 유무
② 제동장치 및 조종장치 기능의 이상 유무
③ 하역장치 및 유압장치 기능의 이상 유무
④ 전조등, 후미등, 경보장치 기능의 이상 유무

지게차 작업시작 전 점검사항(산업안전보건기준에 관한 규칙 별표 3)
- 제동장치 및 조종장치 기능의 이상 유무
- 하역장치 및 유압장치 기능의 이상 유무
- 차륜의 이상 유무
- 전조등·후미등·방향지시기 및 경보장치 기능의 이상 유무

050 다음 중 선반에서 절삭가공시 발생하는 칩을 짧게 끊어지도록 공구에 설치되어 있는 방호장치의 일종인 칩 제거기구를 무엇이라 하는가?

① 칩 브레이커 ② 칩 받침
③ 칩 쉴드 ④ 칩 커터

방호장치
- 칩 브레이커 : 바이트에 설치된 칩을 짧게 끊어내는 장치
- 쉴드 : 칩 비산 방지 투명판
- 브레이크 : 급정지장치
- 덮개 또는 울 : 돌출 가공물에 설치한 안전장치

051 아세틸렌 용접장치에 사용하는 역화방지기에서 요구되는 일반적인 구조로 옳지 않은 것은?

① 재사용 시 안전에 우려가 있으므로 역화방지 후 바로 폐기하도록 해야 한다.
② 다듬질 면이 매끈하고 사용상 지장이 있는 부식, 흠, 균열 등이 없어야 한다.
③ 가스의 흐름방향은 지워지지 않도록 돌출 또는 각인하여 표시하여야 한다.
④ 소염소자는 금망, 소결금속, 스틸울(steel wool), 다공성 금속물 또는 이와 동등 이상의 소염성능을 갖는 것이어야 한다.

역화방지기는 가스 계통이 부압되었을 때 화염이 역화해서 폭발하는 것을 방지하기 위한 장치로 역화방지 후 계속 사용할 수 있다.

052 초음파 탐상법의 종류에 해당하지 않는 것은?

① 반사식
② 투과식
③ 공진식
④ 침투식

초음파탐상검사(UT, Ultrasonic Testing)
- 금속재료 등에 음파보다도 주파수가 짧은 초음파(0.5~25MHz)의 반사파를 피검사체의 일면(一面)에 입사시킨 다음, 저면(Base)과 결함 부분에서 반사되는 반사파의 시간과 반사파의 크기를 브라운관을 통하여 관찰한 후 결함의 유무, 크기 및 특성 등을 평가하는 방법이다.
- 원리에 따라 크게 펄스 반사법, 투과법, 공진법으로 분류되며, 펄스 반사법이 가장 널리 이용되고 있다.

053 다음 목재가공용 기계에 사용되는 방호장치의 연결이 옳지 않은 것은?

① 둥근톱기계 : 톱날접촉예방장치
② 띠톱기계 : 날접촉예방장치
③ 모떼기기계 : 날접촉예방장치
④ 동력식 수동대패기계 : 반발예방장치

동력식 수동대패 : 칼날접촉방지장치

054 급정지기구가 부착되어 있지 않아도 유효한 프레스의 방호장치로 옳지 않은 것은?

① 양수기동식
② 가드식
③ 손쳐내기식
④ 양수조작식

양수조작식은 반드시 두 손을 사용하여 동시에 조작하여야만 작동하는 구조로 원칙적으로 급정지기구가 부착되어야만 사용할 수 있는 방식이다.

055 인장강도가 350MPa인 강판의 안전율이 4라면 허용응력은 몇 N/mm²인가?

① 76.4
② 87.5
③ 98.7
④ 102.3

해설

허용응력 = $\dfrac{\text{인장강도}}{\text{안전율}} = \dfrac{350}{4} = 87.5$

056 그림과 같이 50kN의 중량물을 와이어로프를 이용하여 상부에 60°의 각도가 되도록 들어 올릴 때, 로프 하나에 걸리는 하중(T)은 약 몇 kN인가?

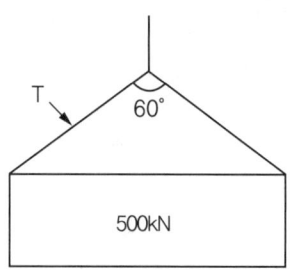

① 16.8
② 24.5
③ 28.9
④ 37.9

해설

$T = \dfrac{\frac{W}{2}}{\cos(\frac{\alpha}{2})} = \dfrac{\frac{50}{2}}{\cos(\frac{60}{2})} = 28.867$

057 다음 중 휴대용 동력 드릴 작업시 안전사항에 관한 설명으로 틀린 것은?

① 드릴의 손잡이를 견고하게 잡고 작업하여 드릴손잡이 부위가 회전하지 않고 확실하게 제어 가능하도록 한다.
② 절삭하기 위하여 구멍에 드릴날을 넣거나 뺄 때 반발에 의하여 손잡이 부분이 튀거나 회전하여 위험을 초래하지 않도록 팔을 드릴과 직선으로 유지한다.
③ 드릴이나 리머를 고정시키거나 제거하고자 할 때 금속성 망치 등을 사용하여 확실히 고정 또는 제거한다.
④ 드릴을 구멍에 맞추거나 스핀들의 속도를 낮추기 위해서 드릴날을 손으로 잡아서는 안 된다.

해설

드릴이나 리머를 고정시키거나 제거하고자 할 때는 전용 공구를 사용하여야 한다

058 보일러에서 폭발사고를 미연에 방지하기 위해 화염 상태를 검출할 수 있는 장치가 필요하다. 이 중 바이메탈을 이용하여 화염을 검출하는 것은?

① 프레임 아이 ② 스택 스위치
③ 전자 개폐기 ④ 프레임 로드

화염 검출기
- 프레임 아이(flame eye) : 화염 빛의 유무에 따라 화염을 검출하는 전자관식
- 스택 스위치(stack switch) : 화염의 발열을 검출하는 방식의 바이메탈식
- 프레임 로드(flame lod) : 화염의 전기적 성질을 이용하는 방식

059 밀링작업 시 안전 수칙에 관한 설명으로 옳지 않은 것은?

① 칩은 기계를 정지시킨 다음에 브러시 등으로 제거한다.
② 일감 또는 부속장치 등을 설치하거나 제거할 때는 반드시 기계를 정지시키고 작업한다.
③ 커터는 될 수 있는 한 컬럼에서 멀게 설치한다.
④ 강력 절삭을 할 때는 일감을 바이스에 깊게 물린다.

밀링 작업의 안전대책
- 밀링 커터에 작업복의 소매나 작업모가 말려 들어가지 않도록 한다.
- 칩은 기계를 정지시킨 다음에 브러시 등으로 제거한다.
- 공작물, 커터 및 부속장치 등을 제거할 때 시동스위치를 건드리지 않도록 한다.
- 상하 이송장치의 핸들은 사용 후, 반드시 빼 두어야 한다.
- 공작물 또는 부속장치 등을 설치하거나 제거시킬 때 또는 공작물을 측정할 때에는 반드시 정지시킨 다음에 한다.
- 커터를 교환할 때는 반드시 테이블 위에 목재를 받쳐 놓고 한다.
- 커터는 될 수 있는 한 컬럼에 가깝게 설치한다.
- 테이블이나 암 위에 공구나 커터 등을 올려놓지 않고 공구대 위에 놓는다.
- 가공 중에는 손으로 가공면을 점검하지 않는다.
- 강력절삭을 할 때는 공작물을 바이스에 깊게 물린다.
- 면장갑을 끼지 않는다.
- 밀링작업에서 생기는 칩은 가늘고 예리하며 비래 시 부상을 입기 쉬우므로 보안경을 쓰도록 한다.
- 밀링커터의 상부 암에는 가공물에 적합한 덮개를 부착한다.
- 정면 커터 작업 시에는 칩이 튀어 나오므로 칩 커버를 설치하고 커터 날끝과 같은 높이에서 절삭 상태를 관찰하여서는 안 된다.

060 다음 중 방호장치의 기본목적과 가장 관계가 먼 것은?

① 작업자의 보호
② 기계기능의 향상
③ 인적 · 물적 손실의 방지
④ 기계위험 부위의 접촉방지

방호장치의 기본목적 : 작업자의 보호, 인적 · 물적 손실의 방지, 기계위험 부위의 접촉방지

제 04 과목 전기설비 안전관리

061 화재 · 폭발 위험분위기의 생성방지 방법으로 옳지 않은 것은?

① 폭발성 가스의 누설 방지
② 가연성 가스의 방출 방지
③ 폭발성 가스의 체류 방지
④ 폭발성 가스의 옥내 체류

폭발성 가스를 옥내에 체류하게 하면 화재 및 폭발의 위험이 있다.

062 우리나라에서 사용하고 있는 전압(교류와 직류)을 크기에 따라 구분한 것으로 알맞은 것은?

① 저압 : 직류는 1200V 이하
② 저압 : 교류는 1000V 이하
③ 고압 : 직류는 800V를 초과하고, 6kV 이하
④ 고압 : 교류는 700V를 초과하고, 6kV 이하

해설

전압의 구분

구분	교류(AC)	직류(DC)
저압	1000V 이하	1500V 이하
고압	1000V 초과 7000V 이하	1500V 초과 7000V 이하
특고압	7000V 초과	

063 내압방폭구조의 주요 시험항목이 아닌 것은?

① 폭발강도
② 인화시험
③ 절연시험
④ 기계적 강도시험

내압방폭구조의 성능시험
- 폭발압력(기준압력) 측정
- 폭발강도(정적 및 동적)시험
- 폭발인화시험

064 교류아크 용접기의 접점방식(Magnet식)의 전격방지장치에서 지동시간과 용접기 2차측 무부하전압(V)을 바르게 표현한 것은?

① 0.06초 이내, 25V 이하
② 1±0.3초 이내, 25V 이하
③ 2±0.3초 이내, 50V 이하
④ 1.5±0.06초 이내, 50V 이하

자동전격방지장치
- 종류 : 자동시동형, 수동시동형
- 구성 : 감지부, 신호증폭부, 제어부, 제어기구
- 기능 : 2차 무부하상태(용접봉 교환, 작업지점 이동, 용접부위 확인 등을 위해 용접을 일시정지하는 때)에서 홀더 등 충전부에 접촉시 감전재해를 예방하기 위해 2차 무부하 전압을 자동적으로 안전전압인 25V 이하로 저하시킴
- 시동시간 : 용접봉을 모재에 접촉 후 아크발생까지의 소요시간
- 지동시간 : 용접봉을 모재로부터 분리 후 2차측의 무부하 전압이 25V 이하로 떨어지는데 소요되는 시간(1±0.3초 이내)

065 누전차단기의 시설방법 중 옳지 않은 것은?

① 시설장소는 배전반 또는 분전반 내에 설치한다.
② 정격전류용량은 해당 전로의 부하전류 값 이상이어야 한다.
③ 정격감도전류는 정상의 사용상태에서 불필요하게 동작하지 않도록 한다.
④ 인체감전보호형은 0.05초 이내에 동작하는 고감도 고속형이어야 한다.

산업안전보건기준에 관한 규칙 제304조(누전차단기에 의한 감전방지) ⑤ 사업주는 제1항에 따라 설치한 누전차단기를 접속하는 경우에 다음 각 호의 사항을 준수하여야 한다.
1. 전기기계·기구에 설치되어 있는 누전차단기는 정격감도전류가 30밀리암페어 이하이고 작동시간은 0.03초 이내일 것. 다만, 정격전부하전류가 50암페어 이상인 전기기계·기구에 접속되는 누전차단기는 오작동을 방지하기 위하여 정격감도전류는 200밀리암페어 이하로, 작동시간은 0.1초 이내로 할 수 있다.
2. 분기회로 또는 전기기계·기구마다 누전차단기를 접속할 것. 다만, 평상시 누설전류가 매우 적은 소용량부하의 전로에는 분기회로에 일괄하여 접속할 수 있다.
3. 누전차단기는 배전반 또는 분전반 내에 접속하거나 꽂음접속기형 누전차단기를 콘센트에 접속하는 등 파손이나 감전사고를 방지할 수 있는 장소에 접속할 것
4. 지락보호전용 기능만 있는 누전차단기는 과전류를 차단하는 퓨즈나 차단기 등과 조합하여 접속할 것

066 방폭전기기기의 온도등급에서 기호 T_2의 의미로 맞는 것은?

① 최고표면온도의 허용치가 135℃ 이하인 것
② 최고표면온도의 허용치가 200℃ 이하인 것
③ 최고표면온도의 허용치가 300℃ 이하인 것
④ 최고표면온도의 허용치가 450℃ 이하인 것

방폭전기기기의 최고표면온도에 따른 분류

최고표면온도	온도 등급	최고표면온도	온도 등급
450℃	T_1	300℃	T_2
200℃	T_3	135℃	T_4
100℃	T_5	85℃	T_6

067 사업장에서 많이 사용되고 있는 이동식 전기기계·기구의 안전대책으로 가장 거리가 먼 것은?

① 충전부 전체를 절연한다.
② 절연이 불량인 경우 접지저항을 측정한다.
③ 금속제 외함이 있는 경우 접지를 한다.
④ 습기가 많은 장소는 누전차단기를 설치한다.

절연 상태가 불량한 이동식 전기기계·기구를 사용하면 안 된다.

068 감전사고를 방지하기 위해 허용보폭전압에 대한 수식으로 맞는 것은?

- E : 허용보폭전압
- ρ_s : 지표상층 저항률
- R_b : 인체의 저항
- I_K : 심실세동전류

① $E = (R_b + 3\rho_s)I_K$
② $E = (R_b + 4\rho_s)I_K$
③ $E = (R_b + 5\rho_s)I_K$
④ $E = (R_b + 6\rho_s)I_K$

- 허용접촉전압 : $E_{touch} = (R_b + 1.5\rho_s)I_K$
- 허용보폭전압 : $E_{step} = (R_b + 6\rho_s)I_K$

069 인체저항이 5000Ω이고, 전류가 3mA가 흘렀다. 인체의 정전용량이 0.1μF라면 인체에 대전된 정전하는 몇 μC 인가?

① 0.5
② 1.0
③ 1.5
④ 2.0

$Q = VC = 5000 \times 0.003 \times 0.1 = 1.5$

070 저압전로의 절연성능 시험에서 전로의 사용전압이 500V를 초과하는 경우 시험전압 1,000V DC에서의 절연저항은 최소 몇 MΩ 이어야 하는가?

① 0.1MΩ
② 0.3MΩ
③ 0.5MΩ
④ 1.0MΩ

저압전로의 절연저항

전로의 사용전압 V	DC 시험전압 V	절연저항
SELV 및 PELV	250	0.5MΩ 이상
FELV, 500V 이하	500	1MΩ 이상

| 500V 초과 | 1,000 | 1MΩ 이상 |

[주] 특별저압(extra low voltage : 2차 전압이 AC 5V, DC 120V 이하)으로 SELV(비접지회로 구성) 및 PELV(접지회로 구성)은 1차와 2차가 전기적으로 절연된 회로, FELV는 1차와 2차가 전기적으로 절연되지 않은 회로

071 방폭전기기기의 등급에서 위험장소의 등급분류에 해당되지 않는 것은?

① 3종 장소 ② 2종 장소
③ 1종 장소 ④ 0종 장소

폭발위험장소의 분류

분류		적요	예
가스 폭발 위험 장소	0종 장소	인화성 액체의 증기 또는 가연성 가스에 의한 폭발위험이 지속적으로 또는 장기간 존재하는 장소	용기·장치·배관 등의 내부 등
	1종 장소	정상 작동상태에서 인화성 액체의 증기 또는 가연성 가스에 의한 폭발위험분위기가 존재하기 쉬운 장소	맨홀·벤트·피트 등의 주위
	2종 장소	정상작동상태에서 인화성 액체의 증기 또는 가연성 가스에 의한 폭발위험분위기가 존재할 우려가 없으나, 존재할 경우 그 빈도가 아주 적고 단기간만 존재할 수 있는 장소	개스킷·패킹 등의 주위
분진 폭발 위험 장소	20종 장소	분진운 형태의 가연성 분진이 폭발농도를 형성할 정도로 충분한 양이 정상작동 중에 연속적으로 또는 자주 존재하거나, 제어할 수 없을 정도의 양 및 두께의 분진층이 형성될 수 있는 장소	호퍼·분진저장소·집진장치·필터 등의 내부
	21종 장소	20종 장소 외의 장소로서, 분진운 형태의 가연성 분진이 폭발농도를 형성할 정도의 충분한 양이 정상작동 중에 존재할 수 있는 장소	집진장치·백필터·배기구 등의 주위, 이송밸트 샘플링 지역 등
	22종 장소	21종 장소 외의 장소로서, 가연성 분진운 형태가 드물게 발생 또는 단기간 존재할 우려가 있거나, 이상작동 상태하에서 가연성 분진층이 형성될 수 있는 장소	21종 장소에서 예방조치가 취하여진 지역, 환기설비 등과 같은 안전장치 배출구 주위 등

※ "인화성 액체의 증기 또는 가연성 가스에 의한 폭발위험분위기"라 함은 연소가 계속될 수 있는 가스나 증기상태의 가연성 물질이 혼합되어 있는 상태를 말한다.

072 다음은 무슨 현상을 설명한 것인가?

전위차가 있는 2개의 대전체가 특정거리에 접근하게 되면 등전위가 되기 위하여 전하가 절연공간을 깨고 순간적으로 빛과 열을 발생하여 이동하는 현상

① 대전 ② 충전
③ 방전 ④ 열전

방전의 종류
- 스파크방전(불꽃방전) : 대전된 부도체와 도체 사이에 전압이 커지면 공기절연이 파괴되어 발생하는 방전
- 연면방전 : 대전량이 많은 부도체에 접지체가 접근시 부도체 표면을 따라 발생하는 방전
- 코로나방전 : 대전된 부도체와 돌출된 선단의 도체 사이의 방전(방전에너지가 작아 재해의 원인이 안됨)
- 뇌상방전 : 대전된 구름에서 대지 또는 구름 사이에 번개형의 발광을 발생하는 방전
- 스트리머방전 : 방전량이 많은 부도체와 평평한 도체 사이의 방전

073 다음 그림은 심장맥동주기를 나타낸 것이다. T파는 어떤 경우인가?

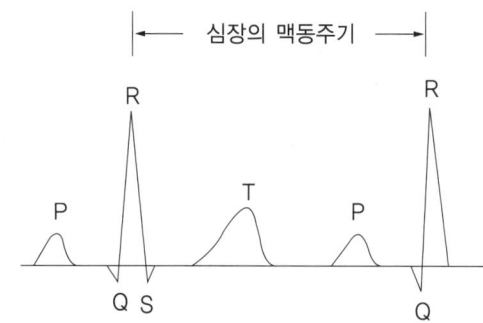

① 심방의 수축에 따른 파형
② 심실의 수축에 따른 파형
③ 심실의 휴식 시 발생하는 파형
④ 심방의 휴식 시 발생하는 파형

심장의 맥동주기는 R파와 R파 간의 거리를 말하며, 심실의 수축이 종료 후 심실의 휴식 시 발생하는 파형(T파) 부분에서 전격이 발생하면 심실세동의 확률이 가장 커진다.

074 교류 아크 용접기의 자동전격장치는 전격의 위험을 방지하기 위하여 아크 발생이 중단된 후 약 1초 이내에 출력측 무부하 전압을 자동적으로 몇 V 이하로 저하시켜야 하는가?

① 85　　　　　　　　　　② 70
③ 50　　　　　　　　　　④ 25

자동전격방지장치 : 아크발생을 정지시킬 때 주접점이 개로될 때까지의 시간은 1초 이내이고, 2차 무부하 전압은 25V 이내이다.

075 인체의 대부분이 수중에 있는 상태에서 허용접촉전압은 몇 V 이하 인가?

① 2.5V　　　　　　　　② 25V
③ 30V　　　　　　　　 ④ 50V

허용접촉전압

종별	접촉상태	허용접촉전압
제1종	• 인체의 대부분이 수중에 있는 상태	2.5[V] 이하
제2종	• 인체가 현저히 젖어 있는 상태 • 금속성의 전기·기계장치나 구조물에 인체의 일부가 상시 접촉되어 있는 상태	25[V] 이하
제3종	• 제1종, 제2종 이외의 경우로서 통상의 인체상태에서 있어서 접촉전압이 가해지면 위험성이 높은 상태	50[V] 이하
제4종	• 제1종, 제2종 이외의 경우로서 통상의 인체 상태에 접촉전압이 가해지더라도 위험성이 낮은 상태 • 접촉전압이 가해질 우려가 없는 경우	제한 없음

076 우리나라의 안전전압으로 볼 수 있는 것은 약 몇 V 인가?

① 30V ② 50V
③ 60V ④ 70V

안전전압은 회로의 정격 전압이 일정 수준 이하의 낮은 전압으로 절연파괴 등의 사고 시에도 인체에 위험을 주지 않게 되는 전압으로 통상 30V 정도로 정하지만 나라마다 기준은 다르다.

077 22.9kV 충전전로에 대해 필수적으로 작업자와 이격시켜야 하는 접근한계 거리는?

① 45cm ② 60cm
③ 90cm ④ 110cm

충전전로에 대한 접근한계거리

충전전로의 선간전압 (단위 : kV)	충전전로에 대한 접근한계 거리(단위 : cm)	충전전로의 선간전압 (단위 : kV)	충전전로에 대한 접근한계 거리(단위 : cm)
0.3 이하	접촉금지	121 초과 145 이하	150
0.3 초과 0.75 이하	30	145 초과 169 이하	170
0.75 초과 2 이하	45	169 초과 242 이하	230
2 초과 15 이하	60	242 초과 362 이하	380
15 초과 37 이하	90	362 초과 550 이하	550
37 초과 88 이하	110	550 초과 800 이하	790
88 초과 121 이하	130		

078 개폐조작 시 안전절차에 따른 차단 순서와 투입 순서로 가장 올바른 것은?

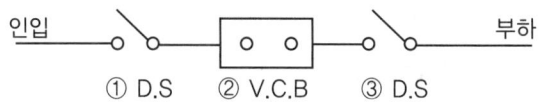

① 차단 ② → ① → ③, 투입 ① → ② → ③
② 차단 ② → ③ → ①, 투입 ① → ② → ③
③ 차단 ② → ① → ③, 투입 ③ → ② → ①
④ 차단 ② → ③ → ①, 투입 ③ → ① → ②

해설
개폐조작은 부하측에서 전원측으로 진행하며, 차단기(VCB)는 차단 시에는 가장 먼저, 투입 시에는 가장 뒤에 조작한다.

079 정전기에 대한 설명으로 가장 옳은 것은?

① 전하의 공간적 이동이 크고, 자계의 효과가 전계의 효과에 비해 매우 큰 전기
② 전하의 공간적 이동이 크고, 자계의 효과와 전계의 효과를 서로 비교할 수 없는 전기
③ 전하의 공간적 이동이 적고, 전계의 효과와 자계의 효과가 서로 비슷한 전기
④ 전하의 공간적 이동이 적고, 자계의 효과가 전계에 비해 무시할 정도의 적은 전기

해설
정전기란 전하의 공간적 이동이 매우 적고, 그것에 의한 자계의 효과가 전계에 비하여 무시할 수 있을 만큼 적은 전기라고 말할 수 있다. 이러한 정전기는 대전 또는 방전현상에 의하여 사고 및 재해를 초래할 뿐만 아니라 대형 화재나 폭발사고를 일으키기도 한다.

080 인체저항을 500Ω이라 한다면, 심실세동을 일으키는 위험 한계 에너지는 약 몇 J 인가?(단, 심실세동전류값 $I = \frac{165}{\sqrt{T}}$ mA의 Dalziel의 식을 이용하며, 통전시간은 1초로 한다.)

① 11.5
② 13.6
③ 15.3
④ 16.2

해설
$I = \frac{165}{\sqrt{T}}$ mA

$W = I^2RT = (\frac{165}{\sqrt{T}} \times 10^{-3})^2 RT[J] = (\frac{165}{\sqrt{1}} \times 10^{-3})^2 \times 500[\Omega] \times 1[sec] = 13.6[J]$

제 05 과목 화학설비 안전관리

081 다음 물질 중 물에 가장 잘 용해되는 것은?

① 아세톤 ② 벤젠
③ 톨루엔 ④ 휘발유

아세톤(Acetone)
- 제4류 위험물 제1석유류로 인화성 액체이다.
- 무색, 투명한 휘발성이 강한 자극성 액체이다.
- 물에 잘 녹아 수용성으로서 지정수량이 400ℓ이다.
- 피부에 닿으면 탈지작용을 한다.
- 공기와 접촉하면 과산화물이 생성되므로 갈색병에 저장하여야 한다.

082 다음 중 최소발화에너지가 가장 작은 가연성 가스는?

① 수소 ② 메탄
③ 에탄 ④ 프로판

최소발화에너지

구분	최소발화에너지 [10^{-3} Joule]	구분	최소발화에너지 [10^{-3} Joule]
수소	0.019	메탄	0.28
에탄	0.67	프로판	0.26

083 안전설계의 기초에 있어 기상폭발대책을 예방대책, 긴급대책, 방호대책으로 나눌 때, 다음 중 방호대책과 가장 관계가 깊은 것은?

① 경보
② 발화의 저지
③ 방폭벽과 안전거리
④ 가연조건의 성립저지

기상폭발대책
- 예방대책 : 가연조건의 성립 저지, 발화의 저지
- 긴급대책 : 이상의 발견(압력센서, 온도센서, 농도센서), 경보, 폭발 저지, 피난
- 방호대책 : 압력상승의 억제, 화염 및 폭굉파의 확대저지, 방폭벽과 안전거리, 방화벽, 방화구획화

084 공정안전보고서 중 공정안전자료에 포함하여야 할 세부내용에 해당하는 것은?

① 비상조치계획에 따른 교육계획
② 안전운전지침서
③ 각종 건물·설비의 배치도
④ 도급업체 안전관리계획

공정안전자료에 포함하여야 할 세부내용(산업안전보건법 시행규칙 제50조)
- 취급·저장하고 있거나 취급·저장하려는 유해·위험물질의 종류 및 수량
- 유해·위험물질에 대한 물질안전보건자료
- 유해하거나 위험한 설비의 목록 및 사양
- 유해하거나 위험한 설비의 운전방법을 알 수 있는 공정도면
- 각종 건물·설비의 배치도
- 폭발위험장소 구분도 및 전기단선도
- 위험설비의 안전설계·제작 및 설치 관련 지침서

085 다음 중 물질에 대한 저장방법으로 잘못된 것은?

① 나트륨 – 유동 파라핀 속에 저장
② 니트로글리세린 – 강산화제 속에 저장
③ 적린 – 냉암소에 격리 저장
④ 칼륨 – 등유 속에 저장

자기반응성 물질인 니트로글리세린은 액체 상태인 경우 가열, 마찰, 충격에는 매우 예민하나 동결된 경우에는 액체상태보다 충격, 마찰이 둔해지는 물질로 건조하고 서늘한 곳에 저장하여야 한다.

086 화학설비 가운데 분체화학물질 분리장치에 해당하지 않는 것은?

① 건조기   ② 분쇄기
③ 유동탑   ④ 결정조

화학설비
- 화학물질 반응 또는 혼합장치 : 반응기, 혼합조 등
- 화학물질 분리장치 : 증류탑, 흡수탑, 추출탑, 감압탑 등
- 화학물질 저장 또는 계량설비 : 저장탱크, 계량탱크, 호퍼, 사일로 등
- 열교환기류 : 응축기, 냉각기, 가열기, 증발기, 고로 등
- 화학제품 가공설비 : 카렌다, 혼합기, 발포기, 인쇄기, 압출기 등
- 분체화학물질 취급장치 : 분쇄기, 분체분리기, 용융기 등
- 분체화학물질 분리장치 : 결정조, 유동탑, 탈습기, 건조기 등

087 특수화학설비를 설치할 때 내부의 이상상태를 조기에 파악하기 위하여 필요한 계측장치로 가장 거리가 먼 것은?

① 압력계
② 유량계
③ 온도계
④ 비중계

산업안전보건기준에 관한 규칙 제273조(계측장치 등의 설치) 사업주는 별표 9에 따른 위험물을 같은 표에서 정한 기준량 이상으로 제조하거나 취급하는 다음 각 호의 어느 하나에 해당하는 화학설비(이하 "특수화학설비"라 한다)를 설치하는 경우에는 내부의 이상 상태를 조기에 파악하기 위하여 필요한 온도계·유량계·압력계 등의 계측장치를 설치하여야 한다.
1. 발열반응이 일어나는 반응장치
2. 증류·정류·증발·추출 등 분리를 하는 장치
3. 가열시켜 주는 물질의 온도가 가열되는 위험물질의 분해온도 또는 발화점보다 높은 상태에서 운전되는 설비
4. 반응폭주 등 이상 화학반응에 의하여 위험물질이 발생할 우려가 있는 설비
5. 온도가 섭씨 350도 이상이거나 게이지 압력이 980킬로파스칼 이상인 상태에서 운전되는 설비
6. 가열로 또는 가열기

088 위험물 또는 위험물이 발생하는 물질을 가열·건조하는 경우 내용적이 몇 세제곱미터 이상인 건조설비인 경우 건조실을 설치하는 건축물의 구조를 독립된 단층건물로 하여야 하는가?(단, 건조실을 건축물의 최상층에 설치하거나 건축물이 내화구조인 경우는 제외한다.)

① 1
② 10
③ 100
④ 1000

산업안전보건기준에 관한 규칙 제280조(위험물 건조설비를 설치하는 건축물의 구조) 사업주는 다음 각 호의 어느 하나에 해당하는 위험물 건조설비(이하 "위험물 건조설비"라 한다) 중 건조실을 설치하는 건축물의 구조는 독립된 단층건물로 하여야 한다. 다만, 해당 건조실을 건축물의 최상층에 설치하거나 건축물이 내화구조인 경우에는 그러하지 아니하다.
1. 위험물 또는 위험물이 발생하는 물질을 가열·건조하는 경우 내용적이 1세제곱미터 이상인 건조설비
2. 위험물이 아닌 물질을 가열·건조하는 경우로서 다음 각 목의 어느 하나의 용량에 해당하는 건조설비
  가. 고체 또는 액체연료의 최대사용량이 시간당 10킬로그램 이상
  나. 기체연료의 최대사용량이 시간당 1세제곱미터 이상
  다. 전기사용 정격용량이 10킬로와트 이상

089 공기 중에서 폭발범위가 12.5~74vol%인 일산화탄소의 위험도는 얼마인가?

① 4.92
② 5.26
③ 6.26
④ 7.05

위험도(H) = $\dfrac{\text{폭발상한} - \text{폭발하한}}{\text{폭발하한}} = \dfrac{74 - 12.5}{12.5} = 4.92$

090 숯, 코크스, 목탄의 대표적인 연소 형태는?

① 혼합연소
② 증발연소
③ 표면연소
④ 비혼합연소

가연물의 연소형태
- 확산연소 : 수소, 아세틸렌 등의 기체연소
- 증발연소 : 알코올, 에테르, 등유, 경유 등의 액체연소
- 분해연소 : 중유, 석탄, 목재, 종이, 고체 파라핀 등의 고체연소
- 표면연소 : 숯, 알루미늄박, 마그네슘리본 등의 고체연소

091 다음 중 자연발화가 가장 쉽게 일어나기 위한 조건에 해당하는 것은?

① 큰 열전도율
② 고온, 다습한 환경
③ 표면적이 작은 물질
④ 공기의 이동이 많은 장소

자연발화가 쉽게 일어나는 조건
- 주위온도가 높을수록
- 발열량이 크고 열축적이 클수록
- 적당량의 수분이 존재할 때

092 위험물에 관한 설명으로 틀린 것은?

① 이황화탄소의 인화점은 0℃ 보다 낮다.
② 과염소산은 쉽게 연소되는 가연성 물질이다.
③ 황린은 물 속에 저장한다.
④ 알킬알루미늄은 물과 격렬하게 반응한다.

과염소산(Perchloric Acid)
- 제6류 위험물인 산화성 액체이다.
- 흡습성이 강하며 가열하면 폭발하는 강산화제이다.
- 염소산 중에서 가장 강한 산이다.
- 물과 반응하면 심하게 발열하며 반응으로 생성된 혼합물도 강한 산화력을 가진다.
- 불연성 물질이지만 자극성, 산화성이 매우 크다.
- 강산화제, 환원제, 알코올류, 시안화합물, 알칼리와의 접촉을 방지한다.
- 다량의 물로 분무주수하거나 분말소화약제를 사용한다.
- 과염소산은 물과 작용해서 고체수화물을 만든다.

093 물과 반응하여 가연성 기체를 발생하는 것은?

① 피크린산 ② 이황화탄소
③ 칼륨 ④ 과산화칼륨

해설
칼륨은 물과 격한 반응으로 수산화칼륨(KOH)과 수소 기체를 발생시킨다.
$2K(s) + 2H_2O(l) \rightarrow 2KOH(aq) + H_2(g)$

094 프로판(C_3H_8)의 연소하한계가 2.2vol% 일 때 연소를 위한 최소산소농도(MOC)는 몇 vol%인가?

① 5.0 ② 7.0
③ 9.0 ④ 11.0

해설
$C_3H_8 + 5O_2 \rightarrow 3CO_2 + 4H_2O$
MOC = 산소양론계수 × 연소하한계 = 5 × 2.2 = 11[vol%]

095 다음 중 유기과산화물로 분류되는 것은?

① 메틸에틸케톤 ② 과망간산칼륨
③ 과산화마그네슘 ④ 과산화벤조일

해설
유기과산화물은 제5류 위험물인 자기반응성 물질에 속하며 과산화벤조일, 과산화메틸에틸케톤이 해당된다.

096 연소이론에 대한 설명으로 틀린 것은?

① 착화온도가 낮을수록 연소위험이 크다.
② 인화점이 낮은 물질은 반드시 착화점도 낮다.
③ 인화점이 낮을수록 일반적으로 연소위험이 크다.
④ 연소범위가 넓을수록 연소위험이 크다.

해설
인화점과 발화점
- 인화점 : 점화원을 가까이 댔을 때 연소형태가 시작되는 최저 온도로서 가연성증기를 발생하는 최저온도
- 발화점(착화점) : 가연성 물질에 점화원을 접하지 않고도 불이 일어나는 최저온도

097 디에틸에테르의 연소범위에 가장 가까운 값은?

① 2~10.4% ② 1.9~48%
③ 2.5~15% ④ 1.5~7.8%

디에틸에테르
- 제4류 위험물 중 특수 인화물
- 인화점 -45℃
- 연소범위 1.9~48%

098 송풍기의 회전차 속도가 1300rpm일 때 송풍량이 분당 300m³였다. 송풍량을 분당 400m³으로 증가시키고자 한다면 송풍기의 회전차 속도는 약 몇 rpm으로 하여야 하는가?

① 1533 ② 1733
③ 1967 ④ 2167

$N_2 = \dfrac{Q_1}{Q_2} \times N_1 = \dfrac{400}{300} \times 1300 = 1733[rpm]$

099 다음 중 물과 반응하였을 때 흡열반응을 나타내는 것은?

① 질산암모늄 ② 탄화칼슘
③ 나트륨 ④ 과산화칼륨

질산암모늄
- 무색, 무취의 결정으로 조해성이 강하다.
- 알코올에 녹고 물에 용해 시 흡열반응을 한다.
- 조해성이 있어 수분과 접촉을 피하여야 한다.
- 유기물과 혼합하여 가열하면 폭발한다.

100 다음 중 노출기준(TWA)이 가장 낮은 물질은?

① 염소 ② 암모니아
③ 에탄올 ④ 메탄올

허용노출기준(TWA)

명칭	화학식	허용노출기준(TWA)	
		ppm	mg/m³
염소(Chlorine)	Cl₂	0.5	-
암모니아(Ammonia)	NH₃	25	-
에탄올(Ethanol)	C₂H₅OH	1,000	-
메탄올(Methanol)	CH₃OH	200	-

제 06 과목 건설공사 안전관리

101 경암의 지반을 다음 그림과 같이 굴착하고자 한다. 굴착면의 기울기를 1:0.5로 하고자 할 경우 L의 길이로 옳은 것은?

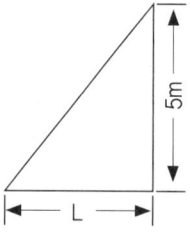

① 2m
② 2.5m
③ 5m
④ 10m

해설

$1 : 0.5 = 5 : \chi$
$\therefore \chi = 5 \times 0.5 = 2.5[m]$

102 흙막이 지보공을 조립하는 경우 미리 조립도를 작성하여야 하는데 이 조립도에 명시되어야 할 사항과 가장 거리가 먼 것은?

① 부재의 배치
② 부재의 치수
③ 부재의 긴압정도
④ 설치방법과 순서

해설

산업안전보건기준에 관한 규칙 제346조(조립도) ① 사업주는 흙막이 지보공을 조립하는 경우 미리 조립도를 작성하여 그 조립도에 따라 조립하도록 하여야 한다.
② 제1항의 조립도는 흙막이판·말뚝·버팀대 및 띠장 등 부재의 배치·치수·재질 및 설치방법과 순서가 명시되어야 한다.

103 미리 작업장소의 지형 및 지반상태 등에 적합한 제한속도를 정하지 않아도 되는 차량계 건설기계의 속도 기준은?

① 최대 제한 속도가 10km/h 이하
② 최대 제한 속도가 20km/h 이하
③ 최대 제한 속도가 30km/h 이하
④ 최대 제한 속도가 40km/h 이하

해설

산업안전보건기준에 관한 규칙 제98조(제한속도의 지정 등) ① 사업주는 차량계 하역운반기계, 차량계 건설기계(최대제한 속도가 시속 10킬로미터 이하인 것은 제외한다)를 사용하여 작업을 하는 경우 미리 작업장소의 지형 및 지반 상태 등에 적합한 제한속도를 정하고, 운전자로 하여금 준수하도록 하여야 한다.

104 터널공사에서 발파작업 시 안전대책으로 옳지 않은 것은?

① 발파전 도화선 연결상태, 저항치 조사 등의 목적으로 도통시험 실시 및 발파기의 작동상태에 대한 사전점검 실시
② 모든 동력선은 발원점으로부터 최소한 15m 이상 후방으로 옮길 것
③ 지질, 암의 절리 등에 따라 화약량에 대한 검토 및 시방기준과 대비하여 안전조치 실시
④ 발파용 점화회선은 타동력선 및 조명회선과 한 곳으로 통합하여 관리

발파용 점화회선은 타동력선 및 조명회선으로부터 분리하여 관리하여야 한다.

105 가설통로를 설치하는 경우 준수해야 할 기준으로 옳지 않은 것은?

① 경사는 30° 이하로 할 것
② 경사가 15°를 초과하는 경우에는 미끄러지지 아니하는 구조로 할 것
③ 건설공사에 사용하는 높이 8m 이상인 비계다리에는 7m 이내마다 계단참을 설치할 것
④ 수직갱에 가설된 통로의 길이가 15m 이상인 때에는 13m 이내마다 계단참을 설치할 것

산업안전보건기준에 관한 규칙 제23조(가설통로의 구조) 사업주는 가설통로를 설치하는 경우 다음 각 호의 사항을 준수하여야 한다.
1. 견고한 구조로 할 것
2. 경사는 30도 이하로 할 것. 다만, 계단을 설치하거나 높이 2미터 미만의 가설통로로서 튼튼한 손잡이를 설치한 경우에는 그러하지 아니하다.
3. 경사가 15도를 초과하는 경우에는 미끄러지지 아니하는 구조로 할 것
4. 추락할 위험이 있는 장소에는 안전난간을 설치할 것. 다만, 작업상 부득이한 경우에는 필요한 부분만 임시로 해체할 수 있다.
5. 수직갱에 가설된 통로의 길이가 15미터 이상인 경우에는 10미터 이내마다 계단참을 설치할 것
6. 건설공사에 사용하는 높이 8미터 이상인 비계다리에는 7미터 이내마다 계단참을 설치할 것

106 다음 보기의 ( ) 안에 알맞은 내용은?

> 동바리용 파이프 서포트의 높이가 ( )m 를 초과하는 경우에는 높이 2m 이내마다 수평연결재를 2개 방향으로 만들고 수평연결재의 변위를 방지할 것

① 3
② 3.5
③ 4
④ 4.5

동바리로 사용하는 파이프 서포트의 조립 시 준수사항(산업안전보건기준에 관한 규칙 제332조의2)
- 파이프 서포트를 3개 이상 이어서 사용하지 않도록 할 것
- 파이프 서포트를 이어서 사용하는 경우에는 4개 이상의 볼트 또는 전용철물을 사용하여 이을 것
- 높이가 3.5미터를 초과하는 경우에는 높이 2미터 이내마다 수평연결재를 2개 방향으로 만들고 수평연결재의 변위를 방지할 것

107 건립 중 강풍에 의한 풍압 등 외압에 대한 내력이 설계에 고려되었는지 확인하여야 하는 철골 구조물이 아닌 것은?

① 단면이 일정한 구조물
② 기둥이 타이플레이트형인 구조물
③ 이음부가 현장용접인 구조물
④ 구조물의 폭과 높이의 비가 1:4 이상인 구조물

구조안전의 위험이 큰 다음의 철골구조물은 건립중 강풍에 의한 풍압 등 외압에 대한 내력이 설계에 고려되었는지 확인한다.(철골공사 표준안전 작업지침 제3조의 7)
- 높이 20m 이상의 구조물
- 구조물의 폭과 높이의 비가 1:4 이상인 구조물
- 단면구조에 현저한 차이가 있는 구조물
- 연면적당 철골량이 50kgf/m² 이하인 구조물
- 기둥이 타이플레이트(Tie plate)형인 구조물
- 이음부가 현장용접인 구조물

108 건설업 산업안전보건관리비 중 안전시설비로 사용할 수 없는 것은?

① 안전통로
② 비계에 추가 설치하는 추락방지용 안전난간
③ 사다리 전도방지장치
④ 통로의 낙하물 방호선반

안전관리비 사용 불가 항목 – 안전시설비 관련
- 외부인 출입금지, 공사장 경계표시를 위한 가설울타리
- 각종 비계, 작업발판, 가설계단·통로 사다리등
※안전발판, 안전통로, 안전계단 등과 같이 명칭에 관계없이 공사수행에 필요한 가시설들은 사용불가
※다만 비계·통로·계단에 추가 설치하는 추락방지용 안전난간, 사다리전도방지장치, 틀비계에 별도로 설치하는 안전난간·사다리 통로의 낙하물 방호선반 등은 사용가능함
- 절토부 및 성토부 등의 토사유실 방지를 위한 설비
- 작업장 간 상호 연락, 작업 상황 파악 등 통신수단으로 활용되는 통신시설·설비
- 공사 목적물의 품질 확보 또는 건설장비 자체의 운행 감시, 공사 진척상황 확인, 방법 등의 목적을 가진 CCTV 등 감시용 장비

109 터널 등의 건설작업을 하는 경우에 낙반 등에 의하여 근로자가 위험해질 우려가 있는 경우에 필요한 조치와 가장 거리가 먼 것은?

① 터널 지보공을 설치한다.
② 록볼트를 설치한다.
③ 환기, 조명시설을 설치한다.
④ 부석을 제거한다.

산업안전보건기준에 관한 규칙 제351조(낙반 등에 의한 위험의 방지) 사업주는 터널 등의 건설작업을 하는 경우에 낙반 등에 의하여 근로자가 위험해질 우려가 있는 경우에 터널 지보공 및 록볼트의 설치, 부석(浮石)의 제거 등 위험을 방지하기 위하여 필요한 조치를 하여야 한다.

110 강관을 사용하여 비계를 구성하는 경우 준수해야 할 사항으로 옳지 않은 것은?

① 비계기둥의 간격은 띠장 방향에서는 1.85m 이하, 장선 방향에서는 1.5m 이하로 할 것
② 띠장 간격은 2.0m 이하로 할 것
③ 비계기둥의 제일 윗부분으로부터 31m되는 지점 밑부분의 비계기둥은 3개의 강관으로 묶어 세울 것
④ 비계기둥 간의 적재하중은 400kg을 초과하지 않도록 할 것

산업안전보건기준에 관한 규칙 제60조(강관비계의 구조) 사업주는 강관을 사용하여 비계를 구성하는 경우 다음 각 호의 사항을 준수해야 한다.
1. 비계기둥의 간격은 띠장 방향에서는 1.85미터 이하, 장선(長線) 방향에서는 1.5미터 이하로 할 것. 다만, 다음 각 목의 어느 하나에 해당하는 작업의 경우에는 안전성에 대한 구조검토를 실시하고 조립도를 작성하면 띠장 방향 및 장선 방향으로 각각 2.7미터 이하로 할 수 있다.
   가. 선박 및 보트 건조작업
   나. 그 밖에 장비 반입·반출을 위하여 공간 등을 확보할 필요가 있는 등 작업의 성질상 비계기둥 간격에 관한 기준을 준수하기 곤란한 작업
2. 띠장 간격은 2.0미터 이하로 할 것. 다만, 작업의 성질상 이를 준수하기가 곤란하여 쌍기둥틀 등에 의하여 해당 부분을 보강한 경우에는 그러하지 아니하다.
3. 비계기둥의 제일 윗부분으로부터 31미터되는 지점 밑부분의 비계기둥은 2개의 강관으로 묶어 세울 것. 다만, 브라켓(bracket, 까치발) 등으로 보강하여 2개의 강관으로 묶을 경우 이상의 강도가 유지되는 경우에는 그러하지 아니하다.
4. 비계기둥 간의 적재하중은 400킬로그램을 초과하지 않도록 할 것

111 이동식비계 조립 및 사용 시 준수사항으로 옳지 않은 것은?

① 비계의 최상부에서 작업을 하는 경우에는 안전난간을 설치할 것
② 승강용사다리는 견고하게 설치할 것
③ 작업발판은 항상 수평을 유지하고 작업발판 위에서 작업을 위한 거리가 부족할 경우에는 받침대 또는 사다리를 사용할 것
④ 작업발판의 최대적재하중은 250kg을 초과하지 않도록 할 것

산업안전보건기준에 관한 규칙 제68조(이동식비계) 사업주는 이동식비계를 조립하여 작업을 하는 경우에는 다음 각 호의 사항을 준수하여야 한다.
1. 이동식비계의 바퀴에는 뜻밖의 갑작스러운 이동 또는 전도를 방지하기 위하여 브레이크·쐐기 등으로 바퀴를 고정시킨 다음 비계의 일부를 견고한 시설물에 고정하거나 아웃트리거를 설치하는 등 필요한 조치를 할 것
2. 승강용사다리는 견고하게 설치할 것
3. 비계의 최상부에서 작업을 하는 경우에는 안전난간을 설치할 것
4. 작업발판은 항상 수평을 유지하고 작업발판 위에서 안전난간을 딛고 작업을 하거나 받침대 또는 사다리를 사용하여 작업하지 않도록 할 것
5. 작업발판의 최대적재하중은 250킬로그램을 초과하지 않도록 할 것

112 유해·위험 방지를 위한 방호조치를 하지 아니하고는 양도, 대여, 설치 또는 사용에 제공하거나, 양도·대여를 목적으로 진열해서는 아니 되는 기계·기구에 해당하지 않는 것은?

① 지게차 ② 공기압축기
③ 원심기 ④ 덤프트럭

지게차, 원심기, 금속절단기, 공기압축기, 예초기 등 근로자의 안전에 중대한 영향을 미치는 대상물에 대하여 유해·위험 방지를 위한 방호조치를 하지 아니하고는 양도, 대여, 설치, 사용, 진열하여서는 아니된다.

113 화물운반하역 작업 중 걸이작업에 관한 설명으로 옳지 않은 것은?

① 와이어로프 등은 크레인의 후크 중심에 걸어야 한다.
② 인양 물체의 안정을 위하여 2줄 걸이 이상을 사용하여야 한다.
③ 매다는 각도는 60° 이상으로 하여야 한다.
④ 근로자를 매달린 물체 위에 탑승시키지 않아야 한다.

매다는 각도는 60° 이내로 한다.

114 동바리 조립 시의 안전조치 사항으로 옳지 않은 것은?

① 받침목이나 깔판의 사용, 콘크리트 타설, 말뚝박기 등 동바리의 침하를 방지하기 위한 조치를 할 것
② 개구부 상부에 동바리를 설치하는 경우에는 상부하중을 견딜 수 있는 견고한 받침대를 설치할 것
③ 거푸집의 형상에 따른 부득이한 경우를 제외하고는 깔판이나 받침목은 2단 이상 끼우지 않도록 할 것
④ 동바리의 이음은 다른 품질의 재료를 사용할 것

산업안전보건기준에 관한 규칙 제332조(동바리 조립 시의 안전조치) 사업주는 동바리를 조립하는 경우에는 하중의 지지상태를 유지할 수 있도록 다음 각 호의 사항을 준수해야 한다.
1. 받침목이나 깔판의 사용, 콘크리트 타설, 말뚝박기 등 동바리의 침하를 방지하기 위한 조치를 할 것
2. 동바리의 상하 고정 및 미끄러짐 방지 조치를 할 것
3. 상부·하부의 동바리가 동일 수직선상에 위치하도록 하여 깔판·받침목에 고정시킬 것
4. 개구부 상부에 동바리를 설치하는 경우에는 상부하중을 견딜 수 있는 견고한 받침대를 설치할 것
5. U헤드 등의 단판이 없는 동바리의 상단에 멍에 등을 올릴 경우에는 해당 상단에 U헤드 등의 단판을 설치하고, 멍에 등이 전도되거나 이탈되지 않도록 고정시킬 것
6. 동바리의 이음은 같은 품질의 재료를 사용할 것
7. 강재의 접속부 및 교차부는 볼트·클램프 등 전용철물을 사용하여 단단히 연결할 것
8. 거푸집의 형상에 따른 부득이한 경우를 제외하고는 깔판이나 받침목은 2단 이상 끼우지 않도록 할 것
9. 깔판이나 받침목을 이어서 사용하는 경우에는 그 깔판·받침목을 단단히 연결할 것

115 사업의 종류가 건설업이고, 공사금액이 850억원 일 경우 산업안전보건법령에 따른 안전관리자를 최소 몇 명 이상 두어야 하는가?(단, 전체 공사기간을 100으로 할 때 공사 시작에서 15에 해당하는 기간과 공사 종료 전의 15에 해당하는 기간이 아닌 경우이다.)

① 1명 이상
② 2명 이상
③ 3명 이상
④ 4명 이상

건설업 안전관리자 선임기준(산업안전보건법 시행령 별표 3)

공사금액	선임기준	비고
50억원 이상(관계수급인은 100억원 이상) 120억원 미만(종합공사 시공 토목공사업의 경우에는 150억원 미만)	1명 이상	-
120억원 이상(종합공사 시공 토목공사업의 경우에는 150억원 이상) 800억원 미만		
800억원 이상 1,500억원 미만	2명 이상	다만, 전체 공사기간을 100으로 할 때 공사 시작에서 15에 해당하는 기간과 공사 종료 전의 15에 해당하는 기간은 좌측의 선임 대상 안전관리자 수의 2분의 1(소수점 이하는 올림) 이상
1,500억원 이상 2,200억원 미만	3명 이상	
2,200억원 이상 3천억원 미만	4명 이상	
3천억원 이상 3,900억원 미만	5명 이상	
3,900억원 이상 4,900억원 미만	6명 이상	
4,900억원 이상 6천억원 미만	7명 이상	
6천억원 이상 7,200억원 미만	8명 이상	
7,200억원 이상 8,500억원 미만	9명 이상	
8,500억원 이상 1조원 미만	10명 이상	
1조원 이상	11명 이상 [매2천억원(2조원이상부터는 매3천억원)마다 1명씩 추가]	

116 선박에서 하역작업 시 근로자들이 안전하게 오르내릴 수 있는 현문 사다리 및 안전망을 설치하여야 하는 것은 선박이 최소 몇 톤급 이상일 경우인가?

① 500톤급
② 300톤급
③ 200톤급
④ 100톤급

산업안전보건기준에 관한 규칙 제397조(선박승강설비의 설치) ① 사업주는 300톤급 이상의 선박에서 하역작업을 하는 경우에 근로자들이 안전하게 오르내릴 수 있는 현문(舷門) 사다리를 설치하여야 하며, 이 사다리 밑에 안전망을 설치하여야 한다.
② 제1항에 따른 현문 사다리는 견고한 재료로 제작된 것으로 너비는 55센티미터 이상이어야 하고, 양측에 82센티미터 이상의 높이로 울타리를 설치하여야 하며, 바닥은 미끄러지지 않도록 적합한 재질로 처리되어야 한다.

③ 제1항의 현문 사다리는 근로자의 통행에만 사용하여야 하며, 화물용 발판 또는 화물용 보관으로 사용하도록 해서는 아니 된다.

117 타워크레인을 와이어로프로 지지하는 경우에 준수해야 할 사항으로 옳지 않은 것은?

① 와이어로프를 고정하기 위한 전용 지지프레임을 사용할 것
② 와이어로프 설치각도는 수평면에서 60° 이상으로 하되, 지지점은 4개소 미만으로 할 것
③ 와이어로프와 그 고정부위는 충분한 강도와 장력을 갖도록 설치할 것
④ 와이어로프가 가공전선에 근접하지 않도록 할 것

산업안전보건기준에 관한 규칙 제142조(타워크레인의 지지) ③ 사업주는 타워크레인을 와이어로프로 지지하는 경우 다음 각 호의 사항을 준수해야 한다.
1. 제2항제1호 또는 제2호의 조치를 취할 것(건축구조·건설기계·기계안전·건설안전기술사 또는 건설안전분야 산업안전지도사의 확인을 받아 설치하거나 기종별·모델별 공인된 표준방법으로 설치할 것)
2. 와이어로프를 고정하기 위한 전용 지지프레임을 사용할 것
3. 와이어로프 설치각도는 수평면에서 60도 이내로 하되, 지지점은 4개소 이상으로 하고, 같은 각도로 설치할 것
4. 와이어로프와 그 고정부위는 충분한 강도와 장력을 갖도록 설치하고, 와이어로프를 클립·샤클(shackle, 연결고리) 등의 고정기구를 사용하여 견고하게 고정시켜 풀리지 아니하도록 하며, 사용 중에는 충분한 강도와 장력을 유지하도록 할 것
5. 와이어로프가 가공전선(架空電線)에 근접하지 않도록 할 것

118 터널붕괴를 방지하기 위한 지보공에 대한 점검사항과 가장 거리가 먼 것은?

① 부재의 긴압 정도
② 부재의 손상·변형·부식·변위 탈락의 유무 및 상태
③ 기둥침하의 유무 및 상태
④ 경보장치의 작동상태

산업안전보건기준에 관한 규칙 제366조(붕괴 등의 방지) 사업주는 터널 지보공을 설치한 경우에 다음 각 호의 사항을 수시로 점검하여야 하며, 이상을 발견한 경우에는 즉시 보강하거나 보수하여야 한다.
1. 부재의 손상·변형·부식·변위 탈락의 유무 및 상태
2. 부재의 긴압 정도
3. 부재의 접속부 및 교차부의 상태
4. 기둥침하의 유무 및 상태

119 작업중이던 미장공이 상부에서 떨어지는 공구에 의해 상해를 입었다면 어느 부분에 대한 결함이 있었겠는가?

① 작업대 설치
② 작업방법
③ 낙하물 방지시설 설치
④ 비계설치

산업안전보건기준에 관한 규칙 제14조(낙하물에 의한 위험의 방지) ① 사업주는 작업장의 바닥, 도로 및 통로 등에서 낙하물이 근로자에게 위험을 미칠 우려가 있는 경우 보호망을 설치하는 등 필요한 조치를 하여야 한다.

② 사업주는 작업으로 인하여 물체가 떨어지거나 날아올 위험이 있는 경우 낙하물 방지망, 수직보호망 또는 방호선반의 설치, 출입금지구역의 설정, 보호구의 착용 등 위험을 방지하기 위하여 필요한 조치를 하여야 한다. 이 경우 낙하물 방지망 및 수직보호망은 「산업표준화법」 제12조에 따른 한국산업표준(이하 "한국산업표준"이라 한다)에서 성능기준에 적합한 것을 사용하여야 한다.
③ 제2항에 따라 낙하물 방지망 또는 방호선반을 설치하는 경우에는 다음 각 호의 사항을 준수하여야 한다.
1. 높이 10미터 이내마다 설치하고, 내민 길이는 벽면으로부터 2미터 이상으로 할 것
2. 수평면과의 각도는 20도 이상 30도 이하를 유지할 것

120 이동식 크레인을 사용하여 작업을 할 때 작업시작 전 점검사항이 아닌 것은?

① 주행로의 상측 및 트롤리(trolley)가 횡행하는 레일의 상태
② 권과방지장치 그 밖의 경보장치의 기능
③ 브레이크·클러치 및 조정장치의 기능
④ 와이어로프가 통하고 있는 곳 및 작업장소의 지반상태

작업시작 전 점검사항(이동식 크레인 사용 작업)
• 권과방지장치나 그 밖의 경보장치의 기능
• 브레이크·클러치 및 조정장치의 기능
• 와이어로프가 통하고 있는 곳 및 작업장소의 지반상태

정답 2018년 03월 04일 최근 기출문제

001 ④	002 ①	003 ③	004 ②	005 ②	006 ③	007 ③	008 ②	009 ④	010 ④
011 ①	012 ④	013 ③	014 ④	015 ④	016 ③	017 ③	018 ①	019 ①	020 ②
021 ②	022 ①	023 ④	024 ④	025 ②	026 ③	027 ②	028 ④	029 ①	030 ①
031 ③	032 ①	033 ④	034 ③	035 ③	036 ③	037 ①	038 ④	039 ②	040 ①
041 ③	042 ④	043 ③	044 ①	045 ③	046 ③	047 ②	048 ④	049 ①	050 ①
051 ①	052 ④	053 ④	054 ④	055 ③	056 ③	057 ③	058 ②	059 ③	060 ②
061 ④	062 ③	063 ③	064 ②	065 ③	066 ③	067 ②	068 ④	069 ③	070 ④
071 ①	072 ③	073 ③	074 ④	075 ①	076 ①	077 ③	078 ④	079 ④	080 ②
081 ①	082 ①	083 ③	084 ④	085 ②	086 ②	087 ④	088 ①	089 ①	090 ③
091 ②	092 ②	093 ③	094 ④	095 ②	096 ②	097 ②	098 ③	099 ①	100 ①
101 ②	102 ③	103 ①	104 ②	105 ③	106 ②	107 ①	108 ②	109 ③	110 ③
111 ③	112 ④	113 ③	114 ④	115 ③	116 ②	117 ②	118 ④	119 ③	120 ①

2018년 04월 28일 최근 기출문제

○ QUESTIONS FROM PREVIOUS TESTS

제 01 과목 산업재해 예방 및 안전보건교육

001 매슬로우(Maslow)의 욕구단계 이론 중 제2단계 욕구에 해당하는 것은?

① 자아실현의 욕구 ② 안전에 대한 욕구
③ 사회적 욕구 ④ 생리적 욕구

매슬로우(Abraham H. Maslow)의 욕구 5단계
- 1단계 : 생리적 욕구(기아, 갈증, 호흡, 배설, 성욕 등)
- 2단계 : 안전의 욕구(안전을 구하고자 하는 욕구)
- 3단계 : 사회적 욕구(애정, 소속에 대한 욕구)
- 4단계 : 인정받으려는 욕구(자존심, 명예, 성취, 지위에 대한 욕구)
- 5단계 : 자아실현의 욕구(잠재적인 능력을 실현하고자 하는 욕구)

002 재해통계에 있어 강도율이 2.0 인 경우에 대한 설명으로 옳은 것은?

① 한 건의 재해로 인해 전체 작업비용의 2.0%에 해당하는 손실이 발생하였다.
② 근로자 1000명당 2.0건의 재해가 발생하였다.
③ 근로시간 1000시간당 2.0건의 재해가 발생하였다.
④ 근로시간 1000시간당 2.0일의 근로손실이 발생하였다.

강도율(Severity Rate of Injury : SR)
- 재해의 경중, 강도를 나타내는 척도로 연 근로시간 1000시간당 재해에 의해서 잃어버린 일수
- 강도율 = $\dfrac{\text{근로손실일수}}{\text{연간 총근로시간}} \times 1000$

003 생체리듬의 변화에 대한 설명으로 틀린 것은?

① 야간에는 체중이 감소한다.
② 야간에는 말초운동 기능 저하된다.
③ 체온, 혈압, 맥박수는 주간에 상승하고 야간에 감소한다.
④ 혈액의 수분과 염분량은 주간에 증가하고 야간에 감소한다.

해설

생체리듬과 피로
- 혈액의 수분, 염분량은 주간은 감소하고 야간에는 증가한다.
- 체온, 혈압, 맥박수는 주간은 상승하고 야간에는 저하된다.
- 야간에는 소화 분비액 불량, 체중이 감소. 말초운동 기능저하, 피로의 자각증상이 증대된다.
- 조석리듬의 수준은 오전 6시가 가장 낮아 재해사고의 가능성이 가장 크다.

004 안전보건교육 계획에 포함하여야 할 사항이 아닌 것은?

① 교육의 종류 및 대상
② 교육의 과목 및 내용
③ 교육장소 및 방법
④ 교육지도안

해설

안전보건교육 계획에 포함하여야 할 사항 : 교육목표(첫째 과제), 교육 및 훈련의 범위, 교육 보조자료의 준비 및 사용지침, 교육 훈련의 의무와 책임관계 명시, 교육의 종류 및 교육대상, 교육의 과목 및 교육내용, 교육기간 및 시간, 교육장소, 교육방법, 교육담당자 및 강사

005 안전점검의 종류 중 태풍, 폭우 등에 의한 침수, 지진 등의 천재지변이 발생한 경우나 이상사태 발생 시 관리자나 감독자가 기계·기구, 설비 등의 기능상 이상 유무에 대하여 점검하는 것은?

① 일상점검 ② 정기점검
③ 특별점검 ④ 수시점검

해설

안전점검의 종류
- 수시점검 : 작업전·중·후에 실시하는 점검
- 정기점검 : 일정기간마다 정기적으로 실시하는 점검
- 특별점검
   – 기계·기구·설비의 신설시·변경 내지 고장 수리시 실시하는 점검
   – 천재지변 발생 후 실시하는 점검
   – 안전강조 기간내에 실시하는 점검
- 임시점검 : 이상 발견시 임시로 실시하는 점검, 정기점검과 정기점검 사이에 실시하는 점검

006 6~12명의 구성원으로 타인의 비판 없이 자유로운 토론을 통하여 다량의 독창적인 아이디어를 이끌어내고, 대안적 해결안을 찾기 위한 집단적 사고기법은?

① Role playing ② Brain storming
③ Action playing ④ Fish Bowl playing

해설

브레인 스토밍(Brain Storming)의 4원칙 : 비평금지, 자유분방, 대량발언, 수정발언

007 어떤 사업장의 상시근로자 1000명이 작업 중 2명 사망자와 의사진단에 의한 휴업일수 90일 손실을 가져온 경우의 강도율은?(단, 1일 8시간, 연 300일 근무)

① 7.32　　　　　② 6.28
③ 8.12　　　　　④ 5.92

해설

$$강도율 = \frac{근로손실일수}{연간\ 총근로시간} \times 10^3 = \frac{(7500 \times 2) + (90 \times \frac{300}{365})}{10 \times 8 \times 300} \times 10^3 = 6.28$$

008 인간관계의 매커니즘 중 다른 사람의 행동양식이나 태도를 투입시키거나 다른 사람 가운데서 자기와 비슷한 것을 발견하는 것은?

① 동일화　　　　② 일체화
③ 투사　　　　　④ 공감

해설

인간관계의 메커니즘(Mechanism)
- 동일화(Identification) : 다른 사람의 행동 양식이나 태도를 투입시키거나, 다른 사람 가운데서 자기와 비슷한 것을 발견하는 것
- 투사(投射, Projection) : 자기 속의 억압된 것을 다른 사람의 것으로 생각하는 것을 투사(또는 투출)라고 함
- 커뮤니케이션(Communication) : 갖가지 행동 양식이나 기호를 매개로 하여 어떤 사람으로부터 다른 사람에게 전달되는 과정
- 모방(Imitation) : 남의 행동이나 판단을 표본으로 하여 그것과 같거나 또는 그것에 가까운 행동 또는 판단을 취하려는 것
- 암시(Suggestion) : 다른 사람으로부터의 판단이나 행동을 무비판적으로 논리적, 사실적 근거 없이 받아들이는 것

009 주의의 수준이 Phase 0인 상태에서의 의식상태로 옳은 것은?

① 무의식 상태　　　　② 의식의 이완 상태
③ 명료한 상태　　　　④ 과긴장 상태

해설

의식수준의 단계

단계	의식의 상태	주의작용	생리적 상태	신뢰성	뇌파형태
0	무의식, 실신	없음(Zero)	수면, 뇌발작	0	δ파
I	정상 이하(Subnormal), 의식 몽롱함	부주의(Inactive)	피로, 단조, 졸음, 술취함	0.9 이하	θ파
II	정상, 이완상태 (normal, relaxed)	수동적(Passive), 마음이 안쪽으로 향함	안정기거, 휴식 시, 정례작업시	0.99 ~0.99999	α파
III	정상, 상쾌한 상태 (Normal, Clear)	능동적(Active), 앞으로 향하는 주의 시야 넓음	적극 활동시	0.999999 이상	β파
IV	초정상, 과긴장상태 (Hypernormal, Excited)	일점으로 응집, 판단 정지	긴급 방위반응, 당황해서 Panic	0.9 이하	β파, 전간파

010 대뇌의 human error로 인한 착오요인이 아닌 것은?

① 인지과정 착오 ② 조치과정 착오
③ 판단과정 착오 ④ 행동과정 착오

착오요인(대뇌의 Human Error)
- 인지과정 착오 : 생리·심리적 능력의 한계, 정보량 저장능력의 한계, 감각차단 현상(단조로운 업무, 반복작업), 정서 불안정(공포, 불안, 불만)
- 판단과정 착오 : 능력 부족, 정보 부족, 자기 합리화, 자기기술 과신, 환경조건의 불비(不備)
- 조치과정 착오 : 작업자 기능 미숙, 작업경험 부족, 피로

011 교육심리학의 기본이론 중 학습지도의 원리가 아닌 것은?

① 직관의 원리 ② 개별화의 원리
③ 계속성의 원리 ④ 사회화의 원리

학습지도의 원리
- 자기활동의 원리(자발성의 원리) : 학습자 자신이 스스로 자발적으로 학습에 참여하는데 중점을 둔 원리이다.
- 개별화의 원리 : 학습자가 지니고 있는 각자의 요구와 능력 등에 알맞은 학습활동의 기회를 마련해 주어야 한다는 원리이다.
- 사회화의 원리 : 학습내용을 현실사회의 사상과 문제를 기반으로 하여 학교에서 경험한 것과 사회에서 경험한 것을 교류시키고 공동학습을 통해서 협력적이고 우호적인 학습을 진행하는 원리이다.
- 통합의 원리 : 학습을 총합적인 전체로서 지도하자는 원리로, 동시학습 원리와 같다.
- 직관의 원리 : 구체적인 사물을 직접 제시하거나 경험시킴으로서 큰 효과를 볼 수 있다는 원리이다.

012 산업안전보건법령상 안전보건표지의 종류 중 다음 안전보건표지의 명칭은?

① 화물적재금지 ② 차량통행금지
③ 물체이동금지 ④ 화물출입금지

금지표지의 종류

101 출입금지	102 보행금지	103 차량통행 금지	104 사용금지	105 탑승금지	106 금연	107 화기금지	108 물체이동 금지

013 재해의 발생형태 중 다음 그림이 나타내는 것은?

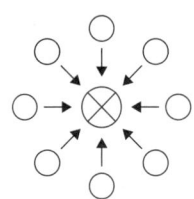

① 단순연쇄형 ② 복합연쇄형
③ 단순자극형 ④ 복합형

재해발생의 매커니즘(3가지의 구조적 요소)
- 단순 자극형(집중형) : 일어난 장소나 그 시점에 일시적으로 요인이 집중하여 재해가 발생하는 경우이다.
- 연쇄형 : 어느 하나의 요소가 원인이 되어 다른 요인을 발생시키고 이것이 또다른 요소를 연쇄적으로 발생시키는 형태, 즉 연쇄적인 작용으로 재해를 일으키는 형태이다.
- 복합형 : 집중형과 연쇄형의 복합적인 형태로 대부분의 경우 재해발생은 복합형으로 일어난다고 볼수 있다.

단순 자극형	연쇄형		복합형
	단순연쇄형	복합연쇄형	

014 산업안전보건법령상 교육대상별 교육내용 중 관리감독자 정기교육의 교육내용이 아닌 것은?(단, 그 밖의 관리감독자의 직무에 관한 사항은 제외한다.)

① 건강증진 및 질병 예방에 관한 사항
② 산업보건 및 건강장해 예방에 관한 사항
③ 유해 · 위험 작업환경 관리에 관한 사항
④ 표준안전 작업방법 결정 및 지도·감독 요령에 관한 사항

관리감독자 정기교육 내용(산업안전보건법 시행규칙 별표 5)
- 산업안전 및 산업재해 예방에 관한 사항(화재·폭발 사고 발생 시 대피에 관한 사항 포함)
- 산업보건 및 건강장해 예방에 관한 사항(폭염·한파작업으로 인한 건강장해 발생 시 응급조치에 관한 사항 포함)
- 위험성평가에 관한 사항
- 유해 · 위험 작업환경 관리에 관한 사항
- 산업안전보건법령 및 산업재해보상보험 제도에 관한 사항
- 직무스트레스 예방 및 관리에 관한 사항
- 직장 내 괴롭힘, 고객의 폭언 등으로 인한 건강장해 예방 및 관리에 관한 사항
- 작업공정의 유해 · 위험과 재해 예방대책에 관한 사항

- 사업장 내 안전보건관리체제 및 안전·보건조치 현황에 관한 사항
- 표준안전 작업방법 결정 및 지도·감독 요령에 관한 사항
- 현장근로자와의 의사소통능력 및 강의능력 등 안전보건교육 능력 배양에 관한 사항
- 비상시 또는 재해 발생 시 긴급조치에 관한 사항
- 그 밖의 관리감독자의 직무에 관한 사항

015 재해발생의 직접원인 중 불안전한 상태가 아닌 것은?

① 불안전한 인양 ② 부적절한 보호구
③ 결함 있는 기계설비 ④ 불안전한 방호장치

재해의 직접원인
- 불안전한 행동 : 위험장소 접근, 안전장치의 기능 제거, 복장·보호구의 잘못 사용, 기계·기구 잘못 사용, 운전중인 기계장치의 손질, 불안전한 속도 조작, 위험물 취급 부주의, 불안전한 상태 방치, 불안전한 자세 동작, 감독 및 연락 불충분
- 불안전한 상태 : 물 자체 결함, 안전 방호장치 결함, 복장·보호구의 결함, 물의 배치 및 작업장소 결함, 작업환경의 결함, 생산 공정의 결함, 경계표시·설비의 결함

016 Line-Staff형 안전보건관리조직에 관한 특징이 아닌 것은?

① 조직원 전원을 자율적으로 안전활동에 참여시킬 수 있다.
② 스탭의 월권행위의 경우가 있으며 라인스탭에 의존 또는 활용치 않는 경우가 있다.
③ 생산부문은 안전에 대한 책임과 권한이 없다.
④ 명령계통과 조언 권고적 참여가 혼동되기 쉽다.

라인스태프((Line-Staff)의 복합형(직계 참모조직)
- 라인형과 스태프형의 장점을 취한 절충식 조직 형태로 안전업무를 전문으로 담당하는 스태프 부분을 두고 생산라인의 각층에도 겸임 또는 전임의 안전 담당자를 두어서 안전대책은 스태프 부분에서 기획하고, 이것을 라인을 통하여 실시하도록 한 조직 방식이다.
- 대규모의 사업장(1000명 이상)에 효율적이다.
- 스태프에 의해 입안된 것을 경영자의 지침으로 명령·실시하도록 하므로 정확 신속하게 실시된다.
- 안전입안 계획·평가·조사는 스태프에서, 생산기술의 안전대책은 라인에서 실시하므로 안전활동과 생산업무가 균형을 유지할 수 있다.
- 명령계통과 조언 권고적 참여가 혼동되기 쉽다.
- 라인이 스태프에만 의존하거나 또는 활용치 않는 경우가 있다.
- 스태프의 월권행위 우려가 있다.

017 Off JT(Off the Job Training)의 특징으로 옳은 것은?

① 훈련에만 전념할 수 있다.
② 상호신뢰 및 이해도가 높아진다.
③ 개개인에게 적절한 지도훈련이 가능하다.
④ 직장의 실정에 맞게 실제적 훈련이 가능하다.

OJT와 Off JT의 특징

OJT	off JT
• 개개인에게 적합한 지도훈련이 가능 • 직장의 실정에 맞는 실체적 훈련 • 훈련에 필요한 업무의 계속성 • 즉시 업무에 연결되는 관계로 신체와 관련 • 효과가 곧 업무에 나타나며 훈련의 좋고 나쁨에 따라 개선이 용이 • 교육을 통한 훈련 효과에 의해 상호 신뢰이해도가 높아짐	• 다수의 근로자에게 조직적 훈련이 가능 • 훈련에만 전념 • 특별 설비 기구를 이용 • 전문가를 강사로 초청 • 각 직장의 근로자가 많은 지식이나 경험을 교류 • 교육 훈련 목표에 대해서 집단적 노력이 흐트러 질 수도 있음

018 산업안전보건법령상 근로자에 대한 일반건강진단의 실시 시기 기준으로 옳은 것은?

① 사무직에 종사하는 근로자 : 1년에 1회 이상
② 사무직에 종사하는 근로자 : 2년에 1회 이상
③ 사무직외의 업무에 종사하는 근로자 : 6월에 1회 이상
④ 사무직외의 업무에 종사하는 근로자 : 2년에 1회 이상

산업안전보건법 시행규칙 제197조(일반건강진단의 주기 등) ① 사업주는 상시 사용하는 근로자 중 사무직에 종사하는 근로자(공장 또는 공사현장과 같은 구역에 있지 않은 사무실에서 서무·인사·경리·판매·설계 등의 사무업무에 종사하는 근로자를 말하며, 판매업무 등에 직접 종사하는 근로자는 제외한다)에 대해서는 2년에 1회 이상, 그 밖의 근로자에 대해서는 1년에 1회 이상 일반건강진단을 실시해야 한다.
② 법 제129조에 따라 일반건강진단을 실시해야 할 사업주는 일반건강진단 실시 시기를 안전보건관리규정 또는 취업규칙에 규정하는 등 일반건강진단이 정기적으로 실시되도록 노력해야 한다.

019 유기화합물용 방독마스크 시험가스의 종류가 아닌 것은?

① 염소가스 또는 증기
② 시클로헥산
③ 디메틸에테르
④ 이소부탄

방독마스크의 종류 및 시험가스

종류	시험가스
유기화합물용	시클로헥산(C_6H_{12}), 디메틸에테르(CH_3OCH_3), 이소부탄(C_4H_{10})
할로겐용	염소가스 또는 증기(Cl_2)
황화수소용	황화수소가스(H_2S)
시안화수소용	시안화수소가스(HCN)
아황산용	아황산가스(SO_2)
암모니아용	암모니아가스(NH_3)

020 AE형 안전모에 있어 내전압성이란 최대 몇 V 이하의 전압에 견디는 것을 말하는가?

① 750
② 1000
③ 3000
④ 7000

안전모의 종류

종류(기호)	사용구분	비고
AB	물체의 낙하 또는 비래 및 추락에 의한 위험을 방지 또는 경감 시키기 위한 것	–
AE	물체의 낙하 또는 비래에 의한 위험을 방지 또는 경감하고, 머리 부위 감전에 의한 위험을 방지하기 위한 것	내전압성
ABE	물체의 낙하 또는 비래 및 추락에 의한 위험을 방지 또는 경감하고, 머리 부위 감전에 의한 위험을 방지하기 위한 것	내전압성

※ 내전압성이란 7,000V 이하의 전압에 견디는 것을 말하며, 특고압은 7,000V 이상의 전압을 말한다.

제 02 과목 인간공학 및 위험성 평가 · 관리

021 FMEA에서 고장 평점을 결정하는 5가지 평가요소에 해당하지 않는 것은?

① 생산능력의 범위
② 고장발생의 빈도
③ 고장방지의 가능성
④ 영향을 미치는 시스템의 범위

FMEA에서 고장 등급의 평가요소
- 기능적 고장 영향의 중요도
- 영향을 미치는 시스템의 범위
- 고장발생의 빈도
- 고장방지의 가능성
- 신규설계의 정도

022 시스템의 수명 및 신뢰성에 관한 설명으로 틀린 것은?

① 병렬설계 및 디레이팅 기술로 시스템의 신뢰성을 증가시킬 수 있다.
② 직렬시스템에서는 부품들 중 최소 수명을 갖는 부품에 의해 시스템 수명이 정해진다.
③ 수리가 가능한 시스템의 평균수명(MTBF)은 평균 고장율(λ)과 정비례관계가 성립한다.
④ 수리가 불가능한 구성요소로 병렬구조를 갖는 설비는 중복도가 늘어날수록 시스템 수명이 길어진다.

평균수명(MTBF) = $\dfrac{1}{\lambda}$

따라서, 평균수명(MTBF)은 평균고장률(λ)과 반비례 관계에 있다.

023 인간실수확률에 대한 추정기법으로 가장 적절하지 않은 것은?

① CIT(Critical Incident Technique) : 위급사건기법
② FMEA(Failure Mode and Effect Analysis) : 고장형태 영향분석
③ TCRAM(Task Criticality Rating Analysis Method) : 직무위급도 분석법
④ THERP(Technique for Human Error Rate Prediction) : 인간 실수율 예측기법

해설

FMEA(Failure Modes and Effects Analysis)는 시스템 안전분석에 이용되는 전형적인 정성적, 귀납적 분석방법으로 시스템에 영향을 미치는 전체 요소의 고장을 형별로 분석하여 그 영향을 검토하는 방법이다.

024 다음 그림과 같은 직·병렬 시스템의 신뢰도는?(단, 병렬 각 구성요소의 신뢰도는 R이고, 직렬 구성요소의 신뢰도는 M이다.)

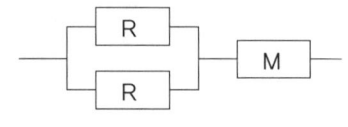

① MR^3
② $R^2(1 - MR)$
③ $M(R^2 + R) - 1$
④ $M(2R - R^2)$

해설

$M \times [1 - (1 - R)(1 - R)] = M \times [1 - (1^2 + R^2 - 2R)] = M \times (2R - R^2)$

025 제한된 실내 공간에서 소음문제의 음원에 관한 대책이 아닌 것은?

① 저소음 기계로 대체한다.
② 소음 발생원을 밀폐한다.
③ 방음 보호구를 착용한다.
④ 소음 발생원을 제거한다.

해설

방음 보호구 착용은 소음원에 자체를 저감시키기 위한 대책이 아니라 소음에 대한 소극적인 회피책이다.

026 음성통신에 있어 소음환경과 관련하여 성격이 다른 지수는?

① AI(Articulation Index) : 명료도 지수
② MAA(Minimum Audible Angle) : 최소가청 각도
③ PSIL(Preferred-Octave Speech Interference Level) : 음성간섭수준
④ PNC(Preferred Noise Criteria Curves) : 선호 소음판단 기준곡선

해설

• AI(Articulation Index) : 통화 이해도를 측정하는 지표로 각 옥타브대의 음성과 잡음의 데시벨(dB) 값에 가중치를 곱하여 합계를 구한 값이다.

- PSIL(Preferred-Octave Speech Interference Level) : 음성간섭수준 : 음성 전송에 있어 소음의 영향을 추정하는 척도로 소음의 주파수별 분포가 고를 때 유용하다.
- PNC(Preferred Noise Criteria Curves) : NC(Noise Criteria)는 소음을 옥타브 밴드로 분석한 결과에 따라 실내소음을 평가하는 지표이며, PNC는 NC 곡선 중 저주파부위를 낮게 수정한 것이다.

027 산업안전보건법령에 따라 제조업 등 유해위험방지계획서를 작성하고자 할 때 관련 규정에 따라 1명 이상 포함시켜야 하는 사람의 자격으로 적합하지 않은 것은?

① 한국산업안전보건공단이 실시하는 관련교육을 8시간 이수한 사람
② 기계, 재료, 화학, 전기·전자, 안전관리 또는 환경분야 기술사 자격을 취득한 사람
③ 관련분야 기사 자격을 취득한 사람으로서 해당 분야에서 3년 이상 근무한 경력이 있는 사람
④ 기계안전·전기안전·화공안전분야의 산업안전지도사 또는 산업보건지도사 자격을 취득한 사람

제조업 등 유해·위험방지계획서 제출·심사·확인에 관한 고시 제7조(작성자) ① 사업주는 계획서를 작성할 때에 다음 각 호의 어느 하나에 해당하는 자격을 갖춘 사람 또는 공단이 실시하는 관련교육을 20시간 이상 이수한 사람 중 1명 이상을 포함시켜야 한다.
1. 기계, 재료, 화학, 전기·전자, 안전관리 또는 환경분야 기술사 자격을 취득한 사람
2. 기계안전·전기안전·화공안전분야의 산업안전지도사 또는 산업보건지도사 자격을 취득한 사람
3. 제1호 관련분야 기사 자격을 취득한 사람으로서 해당 분야에서 3년 이상 근무한 경력이 있는 사람
4. 제1호 관련분야 산업기사 자격을 취득한 사람으로서 해당 분야에서 5년 이상 근무한 경력이 있는 사람
5. 「고등교육법」에 따른 대학 및 산업대학(이공계 학과에 한정한다)을 졸업한 후 해당 분야에서 5년 이상 근무한 경력이 있는 사람 또는 「고등교육법」에 따른 전문대학(이공계 학과에 한정한다)을 졸업한 후 해당 분야에서 7년 이상 근무한 경력이 있는 사람
6. 「초·중등교육법」에 따른 전문계 고등학교 또는 이와 같은 수준 이상의 학교를 졸업하고 해당 분야에서 9년 이상 근무한 경력이 있는 사람

028 인간이 기계와 비교하여 정보처리 및 결정의 측면에서 상대적으로 우수한 것은?(단, 인공지능은 제외한다.)

① 연역적 추리
② 정량적 정보처리
③ 관찰을 통한 일반화
④ 정보의 신속한 보관

인간과 기계의 상대적 재능

인간이 우수한 기능	기계가 우수한 기능
• 저에너지 자극(시각, 청각, 후각 등) 감지 • 복잡 다양한 자극 형태 식별 • 예기치 못한 사건 감지 • 다량 정보를 오래 보관 • 귀납적 추리 • 과부하 상황에서는 중요한 일에만 전념 • 임기응변, 융통성, 원칙 적용, 주관적 추산, 독창력 발휘 등의 기능	• 인간 감지 범위 밖의 자극(X선, 초음파 등)도 감지 • 인간 및 기계에 대한 모니터 기능 • 드물게 발생하는 사상 감지 • 암호화된 정보를 신속하게 대량보관 • 연역적 추리 • 과부하시에도 효율적으로 작동 • 정량적 정보처리, 장시간 중량작업, 반복작업, 동시에 여러 가지 작업수행 등의 기능

029 스트레스에 반응하는 신체의 변화로 맞는 것은?

① 혈소판이나 혈액응고 인자가 증가한다.
② 더 많은 산소를 얻기 위해 호흡이 느려진다.
③ 중요한 장기인 뇌 · 심장 · 근육으로 가는 혈류가 감소한다.
④ 상황 판단과 빠른 행동 대응을 위해 감각기관은 매우 둔감해진다.

스트레스는 혈액의 혈소판이나 혈액응고 인자를 증가시키고, 그 결과 혈소판이 서로 엉기면서 혈전으로 불리우는 핏덩어리가 생성될 수 있다.

030 작업장 배치 시 유의사항으로 적절하지 않은 것은?

① 작업의 흐름에 따라 기계를 배치한다.
② 생산효율 증대를 위해 기계설비 주위에 재료나 반제품을 충분히 놓아둔다.
③ 공장내외는 안전한 통로를 두어야 하며, 통로는 선을 그어 작업장과 명확히 구별하도록 한다.
④ 비상시에 쉽게 대비할 수 있는 통로를 마련하고 사고 전압을 위한 활동통로가 반드시 마련되어야 한다.

031 결함수분석법(FTA)의 특징으로 볼 수 없는 것은?

① Top Down 형식   ② 특정사상에 대한 해석
③ 정성적 해석의 불가능   ④ 논리기호를 사용한 해석

FTA의 특징
- 연역적, 정량적 해석이 가능한 기법
- 특정사상에 대한 해석
- 컴퓨터로 처리가능
- 톱다운(Top Down) 해석
- 논리기호를 사용한 해석

032 음향기기 부품 생산공장에서 안전업무를 담당하는 OOO 대리는 공장 내부에 경보등을 설치하는 과정에서 도움이 될 만한 몇 가지 지식을 적용하고자 한다. 적용 지식 중 맞는 것은?

① 신호 대 배경의 휘도대비가 작을 때는 백색신호가 효과적이다.
② 광원의 노출시간이 1초보다 작으면 광속발산도는 작아야 한다.
③ 표적의 크기가 커짐에 따라 광도의 역치가 안정되는 노출시간은 증가한다.
④ 배경광 중 점멸 잡음광의 비율이 10% 이상이면 점멸등은 사용하지 않는 것이 좋다.

배경 불빛이 신호등과 비슷하면 신호광의 식별이 힘들어진다. 따라서, 점멸 잡음광의 비율이 1/10 이상이면 상점등(Steady State Light)을 신호로 사용하는 것이 효과적이다.

033 작업공간의 포락면(包絡面)에 대한 설명으로 맞는 것은?

① 개인이 그 안에서 일하는 일차원 공간이다.
② 작업복 등은 포락면에 영향을 미치지 않는다.
③ 가장 작은 포락면은 몸통을 움직이는 공간이다.
④ 작업의 성질에 따라 포락면의 경계가 달라진다.

작업공간 포락면(Envelope)은 한 장소에 앉아서 수행하는 작업활동에서 사람이 작업하는데 사용하는 공간을 말하는 것으로 작업의 성질에 따라 포락면의 경계가 달라진다.

034 A 회사에서는 새로운 기계를 설계하면서 레버를 위로 올리면 압력이 올라가도록 하고, 오른쪽 스위치를 눌렀을 때 오른쪽 전등이 커지도록 하였다면, 이것은 각각 어떤 유형의 양립성을 고려한 것인가?

① 레버 – 공간양립성, 스위치 – 개념양립성
② 레버 – 운동양립성, 스위치 – 개념양립성
③ 레버 – 개념양립성, 스위치 – 운동양립성
④ 레버 – 운동양립성, 스위치 – 공간양립성

양립성의 구분
• 공간 양립성 : 표시장치가 조종장치에서 물리적 형태나 공간적인 배치의 양립성
• 운동 양립성 : 표시 및 조종장치 등의 운동 방향의 양립성
• 개념 양립성 : 사람들이 가지고 있는 개념적 연상(어떤 암호체계에서 청색이 정상을 나타내듯이)의 양립성
• 양식 양립성 : 기계가 특정 음성에 대해 정해진 반응을 하는 것과 같이 직무에 알맞은 자극과 응답 양식의 존재에 대한 양립성

035 입력 B_1과 B_2의 어느 한쪽이 일어나면 출력 A가 생기는 경우를 논리합의 관계라 한다. 이때 입력과 출력 사이에는 무슨 게이트로 연결되는가?

① OR 게이트   ② 억제 게이트
③ AND 게이트   ④ 부정 게이트

OR 게이트

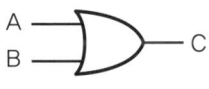

입력		출력
A	B	C
0	0	0
0	1	1
1	0	1
1	1	1

036 현재 시험문제와 같이 4지택일형 문제의 정보량은 얼마인가?

① 2bit
② 4bit
③ 2byte
④ 4byte

정보량 = $\log_2 N = \log_2 4 = 2$

037 사업장에서 인간공학의 적용분야로 가장 거리가 먼 것은?

① 제품설계
② 설비의 고장률
③ 재해·질병 예방
④ 장비·공구·설비의 배치

안전과 인간공학의 목표
- 안전 향상과 사고 방지
- 기계조작의 능률성과 생산성 향상
- 쾌적성

038 다음의 FT도에서 사상 A의 발생 확률 값은?

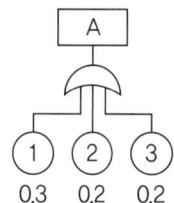

① 게이트 기호가 OR 이므로 0.012
② 게이트 기호가 AND 이므로 0.012
③ 게이트 기호가 OR 이므로 0.552
④ 게이트 기호가 AND 이므로 0.552

A = 1 − (1 − 0.3) × (1 − 0.2) × (1 − 0.2) = 0.552

039 안전교육을 받지 못한 신입직원이 작업 중 전극을 반대로 끼우려고 시도했으나, 플러그의 모양이 반대로 끼울 수 없도록 설계되어 있어서 사고를 예방할 수 있었다. 작업자가 범한 오류와 이와 같은 사고 예방을 위해 적용된 안전설계 원칙으로 가장 적합한 것은?

① 누락(omission) 오류, fail safe 설계원칙
② 누락(omission) 오류, fool proof 설계원칙
③ 작위(commission) 오류, fail safe 설계원칙
④ 작위(commission) 오류, fool proof 설계원칙

- 누락(omission) 오류 : 필요한 Task 또는 절차를 수행하지 않는데 기인한 Error
- 작위(commission) 오류 : 필요한 Task 또는 절차의 불확실한 수행으로 인한 Error
- 풀 프루프(Fool Proof) : 인간의 착오, 미스 등 이른바 휴먼에러가 발생하더라도 기계설비나 그 부품은 안전 쪽으로 작동하게 설계하는 안전설계의 기법

040 어떤 소리가 1000Hz, 60dB인 음과 같은 높이임에도 4배 더 크게 들린다면, 이 소리의 음압수준은 얼마인가?

① 70dB
② 80dB
③ 90dB
④ 100dB

$4\text{sone} = 2^{\frac{L_1 - 60}{10}}$
$10 \times \log 4 = (L_1 - 60)\log 2$
$L_1 = \dfrac{10 \times \log 4}{\log 2} + 60 = 80$

제 03 과목 기계·기구 및 설비 안전관리

041 다음 중 산업안전보건법령상 아세틸렌 가스용접장치에 관한 기준으로 틀린 것은?

① 전용의 발생기실은 건물의 최상층에 위치하여야 하며, 화기를 사용하는 설비로부터 1m를 초과하는 장소에 설치하여야 한다.
② 전용의 발생기실을 옥외에 설치한 경우에는 그 개구부를 다른 건축물로부터 1.5m 이상 떨어지도록 하여야 한다.
③ 아세틸렌 용접장치를 사용하여 금속의 용접·용단 또는 가열작업을 하는 경우에는 게이지 압력이 127kPa을 초과하는 압력의 아세틸렌을 발생시켜 사용해서는 아니된다.
④ 전용의 발생기실을 설치하는 경우 벽은 불연성 재료로 하고 철근 콘크리트 또는 그 밖에 이와 동등 하거나 그 이상의 강도를 가진 구조로 하여야 한다.

산업안전보건기준에 관한 규칙 제286조(발생기실의 설치장소 등) ① 사업주는 아세틸렌 용접장치의 아세틸렌 발생기(이하 "발생기"라 한다)를 설치하는 경우에는 전용의 발생기실에 설치하여야 한다.
② 제1항의 발생기실은 건물의 최상층에 위치하여야 하며, 화기를 사용하는 설비로부터 3미터를 초과하는 장소에 설치하여야 한다.
③ 제1항의 발생기실을 옥외에 설치한 경우에는 그 개구부를 다른 건축물로부터 1.5미터 이상 떨어지도록 하여야 한다.

042 산업안전보건법령에 따라 프레스 등을 사용하여 작업을 하는 경우 작업시작 전 점검사항과 거리가 먼 것은?

① 전단기의 칼날 및 테이블의 상태
② 프레스의 금형 및 고정 볼트 상태
③ 슬라이드 또는 칼날에 의한 위험방지 기구의 기능
④ 전자밸브, 압력조정밸브 기타 공압 계통의 이상 유무

작업시작 전 점검사항(프레스 등 사용 작업)
- 클러치 및 브레이크의 기능
- 크랭크축·플라이휠·슬라이드·연결봉 및 연결 나사의 풀림 여부
- 1행정 1정지기구·급정지장치 및 비상정지장치의 기능
- 슬라이드 또는 칼날에 의한 위험방지 기구의 기능
- 프레스의 금형 및 고정볼트 상태
- 방호장치의 기능
- 전단기(剪斷機)의 칼날 및 테이블의 상태

043 연삭숫돌의 상부를 사용하는 것을 목적으로 하는 탁상용 연삭기에서 안전덮개의 노출부위 각도는 몇 ° 이내이어야 하는가?

① 90° 이내
② 75° 이내
③ 60° 이내
④ 105° 이내

연삭기 덮개의 성능기준

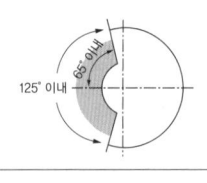	① 일반연삭작업 등에 사용하는 것을 목적으로 하는 탁상용 연삭기의 덮개 각도	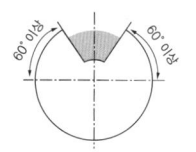	② 연삭숫돌의 상부를 사용하는 것을 목적으로 하는 탁상용 연삭기의 덮개 각도
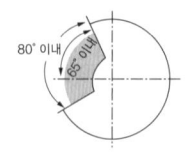	③ ① 및 ② 이외의 탁상용 연삭기, 기타 이와 유사한 연삭기의 덮개 각도	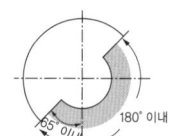	④ 원통연삭기, 센터리스연삭기, 공구연삭기, 만능연삭기, 기타 이와 비슷한 연삭기의 덮개 각도

044 프레스 작업에서 제품 및 스크랩을 자동적으로 위험한계 밖으로 배출하기 위한 장치로 볼 수 없는 것은?

① 피더
② 키커
③ 이젝터
④ 공기 분사 장치

프레스 작업에서 제품 및 스크랩은 자동적으로 또는 위험한계 밖으로 배출하기 위해 공기분사장치, 키커, 이젝터 등을 설치하고, 배출된 부품을 모으는 슈터와 용기를 금형에 부착할 때에는 위험구멍 등이 발생되지 않도록 하고 작업진동 등에 의해 떨어지는 경우가 없도록 견고하게 고정 부착한다. 참고로 피더(feeder)는 프레스의 가공용 송급장치이다.

045 다음 중 포터블 벨트 컨베이어(potable belt conveyor)의 안전 사항과 관련한 설명으로 옳지 않은 것은?

① 포터블 벨트 컨베이어의 차륜간의 거리는 전도 위험이 최소가 되도록 하여야 한다.
② 기복장치는 포터블 벨트 컨베이어의 옆면에서만 조작하도록 한다.
③ 포터블 벨트 컨베이어를 사용하는 경우는 차륜을 고정하여야 한다.
④ 전동식 포터블 벨트 컨베이어를 이동하는 경우는 먼저 전원을 내린 후 컨베이어를 이동시킨 다음 컨베이어를 최저의 위치로 내린다.

포터블 벨트 컨베이어(Portable belt conveyor)
- 포터블 벨트 컨베이어의 차륜간의 거리는 전도 위험이 최소가 되도록 하여야 한다.
- 기복장치에는 붐이 불시에 기복하는 것을 방지하기 위한 장치 및 크랭크의 반동을 방지하기 위한 장치를 설치하여야 한다.
- 기복장치는 포터블 벨트 컨베이어의 옆면에서만 조작하도록 한다.
- 붐의 위치를 조절하는 포터블 벨트 컨베이어에는 조절 가능한 범위를 제한하는 장치를 설치하여야 한다.
- 포터블 벨트 컨베이어를 사용하는 경우는 차륜을 고정하여야 한다.
- 포터블 벨트 컨베이어의 충전부에는 절연덮개를 설치하여야 한다. 다만, 외부전선은 비닐캡타이어 케이블 또는 이와 동등 이상의 절연 효력을 가진 것으로 한다.
- 전동식의 포터블 벨트 컨베이어에 접속되는 전로에는 감전 방지용 누전차단장치를 접속하여야 한다.
- 포터블 벨트 컨베이어를 이동하는 경우는 먼저 컨베이어를 최저의 위치로 내리고 전동식의 경우 전원을 차단한 후에 이동한다.
- 포터블 벨트 컨베이어를 이동하는 경우는 제조자에 의하여 제시된 최대견인속도를 초과하지 않아야 한다.

046 사람이 작업하는 기계장치에서 작업자가 실수를 하거나 오조작을 하여도 안전하게 유지되게 하는 안전설계방법은?

① Fail Safe
② 다중계화
③ Fool proof
④ Back up

풀 프루프(Fool Proof)는 인간의 착오, 미스 등 이른바 휴먼에러가 발생하더라도 기계설비나 그 부품은 안전 쪽으로 작동하게 설계하는 안전설계의 기법 중 하나이다.

047 와이어로프 호칭이 '6×19'라고 할 때 숫자 '6'이 의미하는 것은?

① 소선의 지름(mm)
② 소선의 수량(wire수)
③ 꼬임의 수량(strand수)
④ 로프의 최대인장강도(MPa)

와이어로프
- 와이어로프는 여러 번 가공한 소선을 여러 개 꼬아서 스트랜드(strand)를 만들고 가운데 심강을 넣고 스트랜드를 다시 꼬아서 만든 것을 말한다.
- 표시방법은 명칭, 구성기호, 꼬임방법, 종류, 로프의 직경으로 한다.
- 종류의 일반적인 형상은 KSD3514에 규정되어 있으며, 종류는 1~17호의 17종이 있다.
- 와이어로프의 구성기호에서 "6×19"로 표시된 것은 6은 꼬임의 수량(strand수), 19는 소선의 수량(wire수)을 의미한다.
- KS 표준에 따른 로프 1가닥의 길이는 원칙적으로 200m, 500m 및 1000m로 한다.

• 파단 하중에 의한 로프의 구분

종별	소선의 공칭 인장강도	적요
E종	1320N/mm²	비도금 및 도금(도금 후 냉간가공한 것을 포함)
G종	1470N/mm²	도금(도금 후 냉간가공한 것을 포함)
A종	1620N/mm²	비도금 및 도금(도금 후 냉간가공한 것을 포함)
B종	1770N/mm²	비도금 및 도금(도금 후 냉간가공한 것을 포함)

048 숫돌 바깥지름이 150mm일 경우 평형 플랜지의 지름은 최소 몇 mm 이상이어야 하는가?

① 25mm ② 50mm
③ 75mm ④ 100mm

플랜지의 지름은 숫돌직경의 1/3 이상인 것이 적당하며 고정측과 이동측의 직경은 같아야 한다.
따라서, 플랜지의 지름 = $\frac{150}{3}$ = 50[mm] 이상이어야 한다.

049 광전자식 방호장치의 광선에 신체의 일부가 감지된 후로부터 급정지기구가 작동개시 하기까지의 시간이 40ms이고, 광축의 최소설치거리(안전거리)가 200mm일 때 급정지기구가 작동개시한 때로부터 프레스기의 슬라이드가 정지될 때까지의 시간은 약 몇 ms인가?

① 60ms ② 85ms
③ 105ms ④ 130ms

D = 1.6 × (T_c + T_s) [D : 안전거리(mm), T_c : 방호장치의 작동시간(ms), T_s : 프레스의 급정지시간(ms)]
200 = 1.6 × (40 + T_s)
∴ T_s = $\frac{200 - (1.6 \times 40)}{1.6}$ = 85[ms]

050 산업안전보건법상 보일러의 안전한 가동을 위하여 보일러 규격에 맞는 압력방출장치가 2개 이상 설치된 경우에 최고사용압력 이하에서 1개가 작동되고, 다른 압력방출장치는 최고 사용압력의 몇 배 이하에서 작동되도록 부착하여야 하는가?

① 1.03배 ② 1.05배
③ 1.2배 ④ 1.5배

산업안전보건기준에 관한 규칙 제116조(압력방출장치) ① 사업주는 보일러의 안전한 가동을 위하여 보일러 규격에 맞는 압력방출장치를 1개 또는 2개 이상 설치하고 최고사용압력(설계압력 또는 최고허용압력을 말한다. 이하 같다) 이하에서 작동되도록 하여야 한다. 다만, 압력방출장치가 2개 이상 설치된 경우에는 최고사용압력 이하에서 1개가 작동되고, 다른 압력방출장치는 최고사용압력 1.05배 이하에서 작동되도록 부착하여야 한다.

051 방사선 투과검사에서 투과사진의 상질을 점검할 때 확인해야 할 항목으로 거리가 먼 것은?

① 투과도계의 식별도
② 시험부의 사진농도 범위
③ 계조계의 값
④ 주파수의 크기

방사선 투과사진의 상질 점검
- 투과도계의 식별도
- 시험부 사진농도 범위
- 계조계의 값
- 흠이나 얼룩현상의 유무

052 목재가공용 둥근톱에서 안전을 위해 요구되는 구조로 옳지 않은 것은?

① 톱날은 어떤 경우에도 외부에 노출되지 않고 덮개가 덮여 있어야 한다.
② 작업 중 근로자의 부주의에도 신체의 일부가 날에 접촉할 염려가 없도록 설계되어야 한다.
③ 덮개 및 지지부는 경량이면서 충분한 강도를 가져야 하며, 외부에서 힘을 가했을 때 쉽게 회전될 수 있는 구조로 설계되어야 한다.
④ 덮개의 가동부는 원활하게 상하로 움직일 수 있고 좌우로 움직일 수 없는 구조로 설계되어야 한다.

덮개 및 지지부는 경량이면서 충분한 강도를 가져야 하며, 외부에서 힘을 가했을 때 지지부는 회전되지 않는 구조로 설계되어야 한다.

053 양중기의 과부하방지장치에서 요구하는 일반적인 성능기준으로 틀린 것은?

① 과부하방지장치 작동시 경보음과 경보램프가 작동되어야 하며 양중기는 작동이 되지 않아야 한다.
② 외함의 전선 접촉부분은 고무 등으로 밀폐되어 물과 먼지 등이 들어가지 않도록 한다.
③ 과부하방지장치와 타 방호장치는 기능에 서로 장애를 주지 않도록 부착할 수 있는 구조이어야 한다.
④ 방호장치의 기능을 제거하더라도 양중기는 원활하게 작동시킬 수 있는 구조이여야 한다.

양중기의 과부하방지장치
- 과부하방지장치 작동 시 경보음과 경보램프가 작동되어야 하며 양중기는 작동이 되지 않아야 한다. 다만, 크레인은 과부하 상태 해지를 위하여 권상된 만큼 권하시킬 수 있다.
- 외함은 납봉인 또는 시건할 수 있는 구조이어야 한다.
- 외함의 전선 접촉부분은 고무 등으로 밀폐되어 물과 먼지 등이 들어가지 않도록 한다.
- 과부하방지장치와 타 방호장치는 기능에 서로 장애를 주지 않도록 부착할 수 있는 구조이어야 한다.
- 방호장치의 기능을 제거 또는 정지할 때 양중기의 기능도 동시에 정지할 수 있는 구조이어야 한다.
- 과부하방지장치는 양중기 과부하방지장치 시험방법에 따른 시험 후 정격하중의 1.1배 권상 시 경보와 함께 권상동작이 정지되고 횡행과 주행동작이 불가능한 구조이어야 한다. 다만, 타워크레인은 정격하중의 1.05배 이내로 한다.
- 과부하방지장치에는 정상동작상태의 녹색램프와 과부하 시 경고 표시를 할 수 있는 붉은색램프와 경보음을 발하는 장치 등을 갖추어야 하며, 양중기 운전자가 확인할 수 있는 위치에 설치해야 한다.

054 작업자의 신체부위가 위험한계 내로 접근하였을 때 기계적인 작용에 의하여 접근을 못하도록 하는 방호장치는?

① 위치제한형 방호장치
② 접근거부형 방호장치
③ 접근반응형 방호장치
④ 감지형 방호장치

방호장치의 구분
- 위치제한형 : 작업자의 신체부위가 위험한계 밖에 있도록 기계의 조작장치를 위험한 작업점에서 안전거리 이상 떨어지게 하거나 조작장치를 양손으로 동시 조작하게 함으로써 위험한계에 접근하는 것을 제한하는 방호장치(양수조작식)
- 접근거부형 : 작업자의 신체부위가 위험한계내로 접근하였을 때 기계적인 작용에 의하여 접근을 못하도록 저지하는 방호장치(수인식 및 손쳐내기식)
- 접근반응형 : 작업자의 신체부위가 위험한계 또는 그 인접한 거리내로 들어 오면 이를 감지하여 그 즉시 기계의 동작을 정지시키고 경보등을 발하는 방호장치(광전자식, 감응식)
- 포집형 : 위험장소에 설치하여 위험원이 비산하거나 튀는 것을 포집하여 작업자로부터 위험원을 차단하는 방호장치(연삭기 덮개나 반발예방장치)
- 감지형 : 이상온도, 이상기압, 과부하 등 기계의 부하가 안전한계치를 초과하는 경우에 이를 감지하고 자동으로 안전상태가 되도록 조정하거나 기계의 작동을 중지시키는 방호장치

055 사업주가 보일러의 폭발사고예방을 위하여 기능이 정상적으로 작동될 수 있도록 유지, 관리할 대상이 아닌 것은?

① 과부하방지장치
② 압력방출장치
③ 압력제한스위치
④ 고저수위조절장치

보일러의 방호장치(산업안전보건기준에 관한 규칙 제2편 제1장 제7절)
- 압력방출장치 : 보일러의 안전한 가동을 위하여 보일러 규격에 맞는 압력방출장치를 1개 또는 2개 이상 설치하고 최고사용압력(설계압력 또는 최고허용압력) 이하에서 작동되도록 하여야 한다. 다만, 압력방출장치가 2개 이상 설치된 경우에는 최고사용압력 이하에서 1개가 작동되고, 다른 압력방출장치는 최고사용압력 1.05배 이하에서 작동되도록 부착한다.
- 압력제한스위치 : 보일러의 과열을 방지하기 위하여 최고사용압력과 상용압력 사이에서 보일러의 버너 연소를 차단할 수 있도록 압력제한스위치를 부착하여 사용한다.
- 고저수위조절장치 : 동작 상태를 작업자가 쉽게 감시하도록 하기 위하여 고저수위지점을 알리는 경보등 · 경보음장치 등을 설치하여야 하며, 자동으로 급수되거나 단수되도록 설치한다.
- 화염검출기

056 다음 중 아세틸렌 용접장치에서 역화의 원인으로 가장 거리가 먼 것은?

① 아세틸렌의 공급 과다
② 토치 성능의 부실
③ 압력조정기의 고장
④ 토치 팁에 이물질이 묻은 경우

아세틸렌 용접장치의 역화원인
- 압력조정기의 고장
- 산소공급의 과다
- 토치성능이 좋지 않을 때
- 토치 팁에 이물질이 묻은 경우

057 질량 100kg의 화물이 와이어로프에 매달려 2m/s²의 가속도로 권상되고 있다. 이때 와이어로프에 작용하는 장력의 크기는 몇 N인가?(단, 여기서 중력가속도는 10m/s²로 한다.)

① 200N   ② 300N
③ 1200N ④ 2000N

- 총하중(W) = 정하중 + 동하중 = 100 + ($\frac{100}{10}$ × 2) = 120[kg]
- 장력(N) = 총하중(kg) × 중력가속도(m/s²) = 12000[N]
∴ 정하중 = $\frac{정하중(kg)}{중력가속도(m/s^2)}$ × 가속도(m/s²)

058 설비의 고장형태를 크게 초기고장, 우발고장, 마모고장으로 구분할 때 다음 중 마모고장과 가장 거리가 먼 것은?

① 부품, 부재의 마모   ② 열화에 생기는 고장
③ 부품, 부재의 반복피로   ④ 순간적 외력에 의한 파손

마모고장 기간에 발생하는 고장의 원인 : 부식·산화, 마모·피로, 노화·퇴화, 불충분한 정비, 부적절한 오버홀, 수축 또는 균열

059 용접장치에서 안전기의 설치 기준에 관한 설명으로 옳지 않은 것은?

① 아세틸렌 용접장치에 대하여는 일반적으로 각 취관마다 안전기를 설치하여야 한다.
② 아세틸렌 용접장치의 안전기는 가스용기와 발생기가 분리되어 있는 경우 발생기와 가스용기 사이에 설치한다.
③ 가스집합 용접장치에서는 주관 및 분기관에 안전기를 설치하며, 이 경우 하나의 취관에 2개 이상의 안전기를 설치한다.
④ 가스집합 용접장치의 안전기 설치는 화기사용설비로부터 3m 이상 떨어진 곳에 설치한다.

산업안전보건기준에 관한 규칙 제293조(가스집합용접장치의 배관) 사업주는 가스집합용접장치(이동식을 포함한다)의 배관을 하는 경우에는 다음 각 호의 사항을 준수하여야 한다.
1. 플랜지·밸브·콕 등의 접합부에는 개스킷을 사용하고 접합면을 상호 밀착시키는 등의 조치를 할 것
2. 주관 및 분기관에는 안전기를 설치할 것. 이 경우 하나의 취관에 2개 이상의 안전기를 설치하여야 한다.

060 밀링작업에서 주의해야 할 사항으로 옳지 않은 것은?

① 보안경을 쓴다.
② 일감 절삭 중 치수를 측정한다.
③ 커터에 옷이 감기지 않게 한다.
④ 커터는 될 수 있는 한 컬럼에 가깝게 설치한다.

밀링 작업의 안전대책

- 밀링 커터에 작업복의 소매나 작업모가 말려 들어가지 않도록 한다.
- 칩은 기계를 정지시킨 다음에 브러시 등으로 제거한다.
- 공작물, 커터 및 부속장치 등을 제거할 때 시동스위치를 건드리지 않도록 한다.
- 상하 이송장치의 핸들은 사용 후, 반드시 빼 두어야 한다.
- 공작물 또는 부속장치 등을 설치하거나 제거시킬 때 또는 공작물을 측정할 때에는 반드시 정지시킨 다음에 한다.
- 커터를 교환할 때는 반드시 테이블 위에 목재를 받쳐 놓고 한다.
- 커터는 될 수 있는 한 컬럼에 가깝게 설치한다.
- 테이블이나 암 위에 공구나 커터 등을 올려놓지 않고 공구대 위에 놓는다.
- 가공 중에는 손으로 가공면을 점검하지 않는다.
- 강력절삭을 할 때는 공작물을 바이스에 깊게 물린다.
- 면장갑을 끼지 않는다.
- 밀링작업에서 생기는 칩은 가늘고 예리하며 비래 시 부상을 입기 쉬우므로 보안경을 쓰도록 한다.
- 밀링커터의 상부 암에는 가공물에 적합한 덮개를 부착한다.
- 정면 커터 작업 시에는 칩이 튀어 나오므로 칩 커버를 설치하고 커터 날끝과 같은 높이에서 절삭 상태를 관찰하여서는 안 된다.

제 04 과목 전기설비 안전관리

061 인입개폐기를 개방하지 않고 전등용 변압기 1차측 COS만 개방 후 전등용 변압기 접속용 볼트 작업 중 동력용 COS에 접촉, 사망한 사고에 대한 원인으로 가장 거리가 먼 것은?

① 안전장구 미사용
② 동력용 변압기 COS 미개방
③ 전등용 변압기 2차측 COS 미개방
④ 인입구 개폐기 미개방한 상태에서 작업

전등용 변압기 1차측 컷아웃스위치(COS)를 개방하면 2차측 컷아웃스위치(COS) 개방은 의미가 없다.

062 정전작업 시 정전시킨 전로에 잔류전하를 방전할 필요가 있다. 전원차단 이후에도 잔류 전하가 남아 있을 가능성이 가장 낮은 것은?

① 방전 코일
② 전력 케이블
③ 전력용 콘덴서
④ 용량이 큰 부하기기

정전시킨 전로에 전력케이블을 사용하고 있는 경우, 역률개선용 전력콘덴서가 접속되어 있는 경우에는 전원차단 후에도 잔류전하에 의한 감전우려가 있기 때문에 방전기구 등으로 안전하게 잔류전하를 제거시키는 조치를 하여야 한다. 참고로 방전 코일은 잔류전하를 단시간에 방전시킬 목적으로 사용된다.

063 인체의 피부 전기저항은 여러 가지의 제반조건에 의해서 변화를 일으키는데 제반조건으로써 가장 가까운 것은?

① 피부의 청결
② 피부의 노화
③ 인가전압의 크기
④ 통전경로

인체의 피부 전기저항은 인가전압이 높을수록, 교류전압이면서 습기가 많을수록, 통전시간이 길수록 낮아지고 통전전류는 커진다.

064 고장전류와 같은 대전류를 차단할 수 있는 것은?

① 차단기(CB)
② 유입 개폐기(OS)
③ 단로기(DS)
④ 선로 개폐기(LS)

- 차단기(CB) : 부하전류, 단락전류, 고장전류와 같은 대전류를 차단할 수 있는 것으로 회로보호를 목적으로 한다.
- 유입 개폐기(OS) : 고장전류는 차단할 수 없고, 부하전류만 차단한다.
- 단로기(DS) : 보통의 부하전류 개폐는 불가능하고, 무부하 상태의 선로를 개폐하는 역할을 한다.
- 선로 개폐기(LS) : 선로 점검 및 선로 변경에 사용되며 단로기와 유사하다.

065 1[C]을 갖는 2개의 전하가 공기 중에서 1[m]의 거리에 있을 때 이들 사이에 작용하는 정전력은?

① $8.854 \times 10^{-12}[N]$
② $1.0[N]$
③ $3 \times 10^3[N]$
④ $9 \times 10^9[N]$

진공 중에서 1m 떨어져 있는 같은 전하량을 가진 두 대전체 사이에 작용하는 전기력의 크기가 9.0×10^9N일 때 각 대전체의 전하량을 1쿨롱(C)이라고 한다.

066 금속제 외함을 가지는 기계기구에 전기를 공급하는 전로에 지락이 발생했을 때에 자동적으로 전로를 차단하는 누전차단기 등을 설치하여야 한다. 누전차단기를 설치해야 되는 경우로 옳은 것은?

① 기계기구가 고무, 합성수지 기타 절연물로 피복된 것일 경우
② 기계기구가 유도전동기의 2차측 전로에 접속된 저항기일 경우
③ 대지전압이 150V를 초과하는 전동기계 · 기구를 시설하는 경우
④ 전기용품 및 생활용품 안전관리법의 적용을 받는 2중절연구조의 기계기구를 시설하는 경우

누전차단기 설치 예외(한국전기설비규정 211.2.4 누전차단기의 시설)
- 기계기구를 발전소 · 변전소 · 개폐소 또는 이에 준하는 곳에 시설하는 경우
- 기계기구를 건조한 곳에 시설하는 경우
- 대지전압이 150V 이하인 기계기구를 물기가 있는 곳 이외의 곳에 시설하는 경우
- 전기용품 및 생활용품 안전관리법의 적용을 받는 이중절연구조의 기계기구를 시설하는 경우
- 그 전로의 전원 측에 절연변압기(2차 전압이 300V 이하인 경우에 한한다)를 시설하고 또한 그 절연변압기의 부하 측의

전로에 접지하지 아니하는 경우
- 기계기구가 고무·합성수지 기타 절연물로 피복된 경우
- 기계기구가 유도전동기의 2차측 전로에 접속되는 것일 경우
- 기계기구 내에 전기용품 및 생활용품 안전관리법의 적용을 받는 누전차단기를 설치하고 또한 기계기구의 전원연결선이 손상을 받을 우려가 없도록 시설하는 경우

067 전기기기의 충격 전압시험시 사용하는 표준충격파형(T_f, T_t)은?

① $1.2 \times 50\mu s$
② $1.2 \times 100\mu s$
③ $2.4 \times 50\mu s$
④ $2.4 \times 100\mu s$

해설

전기기기의 충격시험 시 사용하는 표준충격파형은 파두장이 $1.2\mu s$이고 파미장이 $50\mu s$인 파형으로 정(+)방향과 부(-) 방향에 각각 3회씩 실시하도록 되어 있다.

068 심실세동 전류란?

① 최소 감지전류
② 치사적 전류
③ 고통 한계전류
④ 마비 한계전류

해설

심실세동 전류(치사전류) : 심장이 정상적인 박동을 하지 못하고 불규칙적인 세동으로 통전전류가 차단되어도 심장박동이 자연적으로 회복되지 못하여 방치시 사망하게 되는 전류

069 감전사고로 인한 전격사의 메커니즘으로 가장 거리가 먼 것은?

① 흉부수축에 의한 질식
② 심실세동에 의한 혈액순환기능의 상실
③ 내장파열에 의한 소화기계통의 기능상실
④ 호흡중추신경 마비에 따른 호흡기능 상실

해설

신체에 전류가 통전하여 사망에 이르는 경우 전류가 심장부를 통과하면 정상적인 맥박이 지속되지 못하는 심실세동, 호흡기 능의 상실, 흉부압박으로 인한 질식으로 사망하게 되며, 이 경우 저전압에서 장시간 통전되는 경우가 대부분이다.

070 이동식 전기기기의 감전사고를 방지하기 위한 가장 적정한 시설은?

① 접지설비
② 폭발방지설비
③ 시건장치
④ 피뢰기설비

해설

감전사고 예방 대책
- 전기설비의 점검을 철저히 할 것
- 전기기기 및 장치의 정비
- 전기기기에 위험표시

- 유자격자 이외는 전기 기계 및 기구에 접촉 금지
- 안전관리자는 작업에 대한 안전 교육 시행
- 사고 발생시의 처리 순서를 미리 작성하여 둘 것
- 설비의 필요한 부분에는 보호 접지 실시
- 충전부가 노출된 부분에는 절연 방호구 사용
- 고전압 선로 및 충전부에 근접하여 작업하는 작업자에게 보호구 착용
- 계통을 비접지 방식으로 할 것

071 인체의 전기저항을 0.5kΩ이라고 하면 심실세동을 일으키는 위험한계 에너지는 몇 J인가?(단, 심실세동 전류값 $I = \frac{165}{\sqrt{T}}$ mA의 Dalziel의 식을 이용하며, 통전시간은 1초로 한다.)

① 13.6
② 12.6
③ 11.6
④ 10.6

해설

$I = \frac{165}{\sqrt{T}}$ mA

$W = I^2RT = (\frac{165}{\sqrt{T}} \times 10^{-3})^2 RT [J]$

$= (\frac{165}{\sqrt{1}} \times 10^{-3})^2 \times 500[\Omega] \times 1[sec] = 13.6[J]$

072 지구를 고립한 지구도체라 생각하고 1[C]의 전하가 대전되었다면 지구 표면의 전위는 대략 몇 [V] 인가? (단, 지구의 반경은 6367km이다.)

① 1414V
② 2828V
③ 9×10^4V
④ 9×10^9V

해설

$V = \frac{Q}{C} = \frac{Q}{4\pi\varepsilon \times r} = \frac{Q}{4\pi \times (8.855 \times 10^{-12}) \times r}$

$= 9 \times 10^9 \times \frac{1}{6367 \times 10^3} = 1413.538 ≒ 1414[V]$

073 조명기구를 사용함에 따라 작업면의 조도가 점차적으로 감소되어가는 원인으로 가장 거리가 먼 것은?

① 점등 광원의 노화로 인한 광속의 감소
② 조명기구에 붙은 먼지, 오물, 반사면의 변질에 의한 광속 흡수율 감소
③ 실내 반사면에 붙은 먼지, 오물, 반사면의 화학적 변질에 의한 광속 반사율 감소
④ 공급전압과 광원의 정격전압의 차이에서 오는 광속의 감소

해설

작업면의 조도 감소 원인
- 광원의 노화로 인한 광속의 감소
- 실내반사면에서 먼지, 오물, 반사면 변질에 의한 광속의 흡수율 증가
- 조명기구에서 먼지, 오물, 반사면 변질에 의한 광속의 흡수율 증가
- 공급전압과 광원의 정격전압의 차이에서 오는 광속의 감소

074 감전사고로 인한 호흡 정지 시 구강대 구강법에 의한 인공호흡의 매분 회수와 시간은 어느 정도 하는 것이 가장 바람직한가?

① 매분 5~10회, 30분 이하
② 매분 12~15회, 30분 이상
③ 매분 20~30회, 30분 이하
④ 매분 30회 이상, 20분~30분 정도

해설
인공호흡은 매분 12~15회, 30분 이상 실시한다.

075 인체통전으로 인한 전격(electric shock)의 정도를 정함에 있어 그 인자로서 가장 거리가 먼 것은?

① 전압의 크기
② 통전시간
③ 전류의 크기
④ 통전경로

해설
전격위험도 결정조건
- 1차적 감전위험요소 : 통전전류의 크기, 통전경로, 통전시간, 전원의 종류
- 2차적 감전위험요소 : 인체의 조건, 전압, 계절, 주파수

076 산업안전보건법에는 보호구를 사용 시 안전인증을 받은 제품을 사용토록 하고 있다. 다음 중 안전인증 대상이 아닌 것은?

① 안전화
② 고무장화
③ 안전장갑
④ 감전위험방지용 안전모

해설
안전인증대상 보호구(산업안전보건법 시행령 제74조)
- 추락 및 감전 위험방지용 안전모
- 안전장갑
- 방독마스크
- 전동식 호흡보호구
- 안전대
- 용접용 보안면
- 안전화
- 방진마스크
- 송기마스크
- 보호복
- 차광(遮光) 및 비산물(飛散物) 위험방지용 보안경
- 방음용 귀마개 또는 귀덮개

077 전기화재의 경로별 원인으로 거리가 먼 것은?

① 단락
② 누전
③ 저전압
④ 접촉부의 과열

해설
전기화재의 원인 : 단락(25%), 스파크(24%), 누전(15%), 접촉부의 과열(12%), 절연열화에 의한 발열(11%), 과전류(8%)

078 누전차단기의 구성요소가 아닌 것은?

① 누전검출부
② 영상변류기
③ 차단장치
④ 전력퓨즈

- 누전차단기(RCD, Residual current device) : 누전검출부, 영상변류기, 차단기구 등으로 구성된 장치로서, 이동형 또는 휴대형의 전기기계·기구(이하 "전기기기"라 한다)의 금속제 외함, 금속제 외피 등에서 누전, 절연파괴 등으로 인하여 지락전류가 발생하면 주어진 시간 이내에 전기기기의 전로를 차단하는 것을 말한다.
- 전류동작형 누전차단기 : 지락전류를 영상변류기로 검출하고 자동차단시키는 누전차단기를 말한다.
- 감전방지용 누전차단기 : 정격 감도전류가 30mA 이하이고 동작시간이 0.03초 이내인 누전차단기를 말한다.

079 자동차가 통행하는 도로에서 고압의 지중전선로를 직접 매설식으로 시설할 때 사용되는 전선으로 가장 적합한 것은?

① 비닐 외장 케이블
② 폴리에틸렌 외장 케이블
③ 클로로프렌 외장 케이블
④ 콤바인 덕트 케이블(combine duct cable)

콤바인 덕트 케이블(combine duct cable) : 자동차가 통행하는 도로에서 고압의 지중전선로를 직접 매설식으로 시설할 때 사용되는 전선으로 직접 매설식에 의하여 콘크리트제, 기타 견고한 관 또는 트라프에 넣지 않고 부설할 수 있다.

080 내압 방폭구조는 다음 중 어느 경우에 가장 가까운가?

① 점화 능력의 본질적 억제
② 점화원의 방폭적 격리
③ 전기설비의 안전도 증강
④ 전기 설비의 밀폐화

방폭구조의 종류와 기호

종류	내용	기호
내압방폭구조	점화원에 의해 용기 내부에서 폭발이 발생할 경우에 용기가 폭발압력에 견딜 수 있고, 화염이 용기 외부의 폭발성 분위기로 전파되지 않도록 한 방폭구조	d
압력방폭구조	점화원이 될 우려가 있는 부분을 용기 안에 넣고 보호 기체(신선한 공기 또는 불활성기체)를 용기 안에 압입함으로써 폭발성 가스가 침입하는 것을 방지하도록 되어 있는 방폭구조	p
안전증방폭구조	전기기기의 과도한 온도 상승, 아크 또는 불꽃 발생의 위험을 방지하기 위하여 추가적인 안전조치를 통한 안전도를 증가시킨 방폭구조(다만, 정상운전 중에 아크나 불꽃을 발생시키는 전기기기는 안전증방폭구조의 전기기기 범위에서 제외)	e
유입방폭구조	유체 상부 또는 용기 외부에 존재할 수 있는 폭발성 분위기가 발화할 수 없도록 전기설비 또는 전기설비의 부품을 보호액에 함침시키는 방폭구조	o

본질안전방폭구조	정상시 또는 단락, 단선, 지락 등의 사고시에 발생하는 아크, 불꽃, 고열에 의하여 폭발성 가스나 증기에 점화되지 않는 것이 확인된 구조	ia, ib
비점화방폭구조	전기기기가 정상작동과 규정된 특정한 비정상상태에서 주위의 폭발성 가스 분위기를 점화시키지 못하도록 만든 방폭구조	n
몰드방폭구조	전기기기의 불꽃 또는 열로 인해 폭발성 위험분위기에 점화되지 않도록 컴파운드를 충전해서 보호한 방폭구조	m
충전방폭구조	폭발성 가스 분위기를 점화시킬 수 있는 부품을 고정하여 설치하고, 그 주위를 충전재로 완전히 둘러싸서 외부의 폭발성 가스 분위기를 점화시키지 않도록 하는 방폭구조	q
특수방폭구조	상기의 방폭구조 외에 외부의 폭발성 가스에 대해 인화를 방지할 수 있음을 시험에 의해 확인한 구조	s

제 05 과목 화학설비 안전관리

081 다음 중 분말 소화약제로 가장 적절한 것은?

① 사염화탄소
② 브롬화메탄
③ 수산화암모늄
④ 제1인산암모늄

해설

분말 소화약제 및 적응화재

적응화재	주성분	약제의 색	소화효과
ABC급	제1인산암모늄($NH_4H_2PO_4$)	담홍색	질식, 부촉매(억제)
BC급	탄산수소나트륨($NaHCO_3$)	백색	
BC급	탄산수소칼륨($KHCO_3$)	담회색	
BC급	탄산수소칼륨 + 요소(($NH_2)_2CO$)	회색	

082 사업주는 산업안전보건법령에서 정한 설비에 대해서는 과압에 따른 폭발을 방지하기 위하여 안전밸브 등을 설치하여야 한다. 다음 중 이에 해당하는 설비가 아닌 것은?

① 원심펌프
② 정변위 압축기
③ 정변위 펌프(토출축에 차단밸브가 설치된 것만 해당한다)
④ 배관(2개 이상의 밸브에 의하여 차단되어 대기온도에서 액체의 열팽창에 의하여 파열될 우려가 있는 것으로 한정한다)

산업안전보건기준에 관한 규칙 제261조(안전밸브 등의 설치) ① 사업주는 다음 각 호의 어느 하나에 해당하는 설비에 대해서는 과압에 따른 폭발을 방지하기 위하여 폭발 방지 성능과 규격을 갖춘 안전밸브 또는 파열판(이하 "안전밸브등"이라 한다)을 설치하여야 한다. 다만, 안전밸브등에 상응하는 방호장치를 설치한 경우에는 그러하지 아니하다.
1. 압력용기(안지름이 150밀리미터 이하인 압력용기는 제외하며, 압력 용기 중 관형 열교환기의 경우에는 관의 파열로 인하여 상승한 압력이 압력용기의 최고사용압력을 초과할 우려가 있는 경우만 해당한다)
2. 정변위 압축기
3. 정변위 펌프(토출측에 차단밸브가 설치된 것만 해당한다)
4. 배관(2개 이상의 밸브에 의하여 차단되어 대기온도에서 액체의 열팽창에 의하여 파열될 우려가 있는 것으로 한정한다)
5. 그 밖의 화학설비 및 그 부속설비로서 해당 설비의 최고사용압력을 초과할 우려가 있는 것

083 공업용 용기의 몸체 도색으로 가스명과 도색명의 연결이 옳은 것은?

① 산소 – 청색　　② 질소 – 백색
③ 수소 – 주황색　　④ 아세틸렌 – 회색

고압가스 용기의 도색

가스의 종류	도색의 구분	가스의 종류	도색의 구분
액화석유가스(LPG)	회색	액화암모니아	백색
수소	주황색	산소	녹색
아세틸렌	황색	액화탄산가스	청색
액화염소	갈색	그밖의 가스	회색

084 다음 중 가연성 물질과 산화성 고체가 혼합하고 있을 때 연소에 미치는 현상으로 옳은 것은?

① 착화온도(발화점)가 높아진다.
② 최소점화에너지가 감소하며, 폭발의 위험성이 증가한다.
③ 가스나 가연성 증기의 경우 공기혼합보다 연소범위가 축소된다.
④ 공기 중에서보다 산화작용이 약하게 발생하여 화염온도가 감소하며 연소속도가 늦어진다.

제1류 위험물(산화성 고체)
• 가열, 충격, 마찰, 타격으로 분해하여 산소를 방출함으로써 가연물의 연소를 도와준다.
• 가연성 물질과 혼합 시 산소공급원이 되어 최소점화에너지가 감소하며, 폭발의 위험성이 증가한다.
• 질산암모늄(NH_4NO_3), 염소산암모늄(NH_4ClO_3)은 가연물과 접촉·혼합으로 분해폭발한다.
• 비중은 1보다 크며 물에 녹는 것도 있고 질산염류와 같이 조해성이 있는 것도 있다.

085 다음 중 인화점이 가장 낮은 물질은?

① CS_2　　② C_2H_5OH
③ CH_3COCH_3　　④ $CH_3COOC_2H_5$

인화점

구분	이황화탄소	에틸알코올	아세톤	아세트산에틸
화학식	CS_2	C_2H_5OH	CH_3COCH_3	$CH_3COOC_2H_5$
인화점	−30℃	13℃	−18℃	−4℃

086 아세틸렌 압축 시 사용되는 희석제로 적당하지 않은 것은?

① 메탄
② 질소
③ 산소
④ 에틸렌

아세틸렌을 압축하여 온도에 관계없이 25kg/cm³의 압력으로 할 때는 질소, 메탄, 일산화탄소, 에틸렌 등의 희석제를 첨가한다.

087 메탄 50vol%, 에탄 30vol%, 프로판 20vol% 혼합가스의 공기 중 폭발 하한계는?(단, 메탄, 에탄, 프로판의 폭발 하한계는 각각 5.0vol%, 3.0vol%, 2.1vol%이다.)

① 1.6vol%
② 2.1vol%
③ 3.4vol%
④ 4.8vol%

$$\frac{100}{L} = \frac{100}{\frac{50}{5} + \frac{30}{3} + \frac{20}{2.1}} = 3.387 ≒ 3.4$$

088 다음 중 폭발 또는 화재가 발생할 우려가 있는 건조설비의 구조로 적절하지 않은 것은?

① 건조설비의 바깥 면은 불연성 재료로 만들 것
② 위험물 건조설비의 열원으로서 직화를 사용하지 아니할 것
③ 위험물 건조설비의 측벽이나 바닥은 견고한 구조로 할 것
④ 위험물 건조설비는 상부를 무거운 재료로 만들고 폭발구를 설치할 것

산업안전보건기준에 관한 규칙 제281조(건조설비의 구조 등) 사업주는 건조설비를 설치하는 경우에 다음 각 호와 같은 구조로 설치하여야 한다. 다만, 건조물의 종류, 가열건조의 정도, 열원(熱源)의 종류 등에 따라 폭발이나 화재가 발생할 우려가 없는 경우에는 그러하지 아니하다.
1. 건조설비의 바깥 면은 불연성 재료로 만들 것
2. 건조설비(유기과산화물을 가열 건조하는 것은 제외한다)의 내면과 내부의 선반이나 틀은 불연성 재료로 만들 것
3. 위험물 건조설비의 측벽이나 바닥은 견고한 구조로 할 것
4. 위험물 건조설비는 그 상부를 가벼운 재료로 만들고 주위상황을 고려하여 폭발구를 설치할 것
5. 위험물 건조설비는 건조하는 경우에 발생하는 가스·증기 또는 분진을 안전한 장소로 배출시킬 수 있는 구조로 할 것
6. 액체연료 또는 인화성 가스를 열원의 연료로 사용하는 건조설비는 점화하는 경우에는 폭발이나 화재를 예방하기 위하여 연소실이나 그 밖에 점화하는 부분을 환기시킬 수 있는 구조로 할 것

7. 건조설비의 내부는 청소하기 쉬운 구조로 할 것
8. 건조설비의 감시창·출입구 및 배기구 등과 같은 개구부는 발화 시에 불이 다른 곳으로 번지지 아니하는 위치에 설치하고 필요한 경우에는 즉시 밀폐할 수 있는 구조로 할 것
9. 건조설비는 내부의 온도가 국부적으로 상승하지 아니하는 구조로 설치할 것
10. 위험물 건조설비의 열원으로서 직화를 사용하지 아니할 것
11. 위험물 건조설비가 아닌 건조설비의 열원으로서 직화를 사용하는 경우에는 불꽃 등에 의한 화재를 예방하기 위하여 덮개를 설치하거나 격벽을 설치할 것

089 니트로셀룰로오스의 취급 및 저장방법에 관한 설명으로 틀린 것은?

① 저장 중 충격과 마찰 등을 방지하여야 한다.
② 물과 격렬히 반응하여 폭발함으로 습기를 제거하고, 건조 상태를 유지한다.
③ 자연발화 방지를 위하여 안전용제를 사용한다.
④ 화재 시 질식소화는 적응성이 없으므로 냉각소화를 한다.

니트로셀룰로오스
- 셀룰로오스에 진한 황산과 진한 질산의 혼산으로 반응시켜 제조한 것이다.
- 물 또는 알코올로 습윤시켜 저장한다.(통상적으로 이소프로필알코올 30%에 습윤)
- 가열, 마찰, 충격에 의하여 격렬히 연소, 폭발한다.
- 130℃에서는 서서히 분해하여 180℃에서 불꽃을 내면서 급격히 연소한다.
- 질화도가 클수록 폭발성이 크다.

090 수분을 함유하는 에탄올에서 순수한 에탄올을 얻기 위해 벤젠과 같은 물질은 첨가하여 수분을 제거하는 증류 방법은?

① 공비증류
② 추출증류
③ 가압증류
④ 감압증류

공비증류 : 공비(共沸, 액체의 혼합물이 비등할 때에 액상과 기상이 같은 조성이 되는 현상) 혼합물이나 끓는점이 비슷하여 분리하기 어려운 액체혼합물의 성분을 완전히 분리시키기 위해 이용되는 증류법으로 수분을 함유하는 에탄올에서 순수한 에탄올을 얻기 위해 쓰이는 대표적인 증류법이다.

091 폭발에 관한 용어 중 "BLEVE"가 의미하는 것은?

① 고농도의 분진폭발
② 저농도의 분해폭발
③ 개방계 증기운 폭발
④ 비등액 팽창증기폭발

블레비(BLEVE, Boiling Liquid Expanding Vapor Explosion) : 비점이나 인화점이 낮은 액체가 들어있는 용기 주위에 화재 등으로 인하여 가열되면, 내부의 비등현상으로 인한 압력 상승으로 용기의 벽면이 파열되면서 그 내용물이 폭발적으로 증발, 팽창하면서 폭발을 일으키는 현상(비등액체 팽창증기폭발)

092 다음 중 분진폭발이 발생하기 쉬운 조건으로 적절하지 않은 것은?

① 발열량이 클 때
② 입자의 표면적이 작을 때
③ 입자의 형상이 복잡할 때
④ 분진의 초기 온도가 높을 때

분진폭발
- 연소속도나 폭발압력은 가스폭발보다는 작지만 가해지는 힘(파괴력)은 매우 크다.
- 주위의 분진에 의해 2차, 3차의 폭발로 파급될 수 있다.
- CO의 중독피해의 우려가 있다.
- 분진의 크기가 작을수록, 분진입자의 표면이 거칠수록 잘 일어난다.
- 가연성 분진의 난류확산은 위험을 증가시킨다.

093 다음 중 퍼지의 종류에 해당하지 않는 것은?

① 압력퍼지
② 진공퍼지
③ 스위프퍼지
④ 가열퍼지

퍼지(불활성화)의 종류: 진공퍼지, 압력퍼지, 스위프퍼지, 사이펀퍼지

094 비중이 1.5 이고, 직경이 74μm인 분체가 종말속도 0.2m/s로 직경 6m의 사일로(silo)에서 질량유속 400kg/h로 흐를 때 평균 농도는 약 얼마인가?

① 10.8mg/L
② 14.8mg/L
③ 19.8mg/L
④ 25.8mg/L

$$\text{평균농도} = \frac{\frac{400}{60 \times 60} \times 10^6}{\frac{\pi}{4} \times 6^2 \times 0.2} = 19629 = 19.629 \text{mg/L}$$

095 위험물안전관리법령에 의한 위험물의 분류 중 제1류 위험물에 속하는 것은?

① 염소산염류
② 황린
③ 금속칼륨
④ 질산에스테르류

위험물안전관리법상 위험물의 분류
- 제1류 산화성 고체 : 아염소산염류, 염소산염류, 과염소산염류, 무기과산화물, 브로민산염류, 질산염류, 아이오딘산염류, 과망가니즈산염류, 다이크로뮴산염류
- 제2류 가연성 고체 : 황화인, 적린, 유황, 철분, 금속분, 마그네슘
- 제3류 자연발화성 물질 및 금수성 물질 : 칼륨, 나트륨, 알킬알루미늄, 알킬리튬, 황린, 알칼리금속(칼륨 및 나트륨을 제외) 및 알칼리토금속, 유기금속화합물(알킬알루미늄 및 알킬리튬을 제외), 금속의 수소화물, 금속의 인화물, 칼슘 또는

알루미늄의 탄화물
- 제4류 인화성 액체 : 특수인화물, 제1석유류, 제2석유류, 제3석유류, 제4석유류, 알코올류, 동식물유류
- 제5류 자기반응성 물질 : 유기과산화물, 질산에스터류, 나이트로화합물, 나이트로소화합물, 아조화합물, 다이아조화합물, 하이드라진 유도체, 하이드록실아민, 하이드록실아민염류
- 제6류 산화성 액체 : 과염소산, 과산화수소, 질산

096 다음 중 벤젠(C_6H_6)의 공기 중 폭발하한계값(vol%)에 가장 가까운 것은?

① 1.0 ② 1.5
③ 2.0 ④ 2.5

산소농도 = $a + \dfrac{b-c-2d}{4} = 6 + \dfrac{6}{4} = 7.5$

$Cst = \dfrac{100}{1 + 4.773 \times 산소농도} = \dfrac{100}{1 + 4.773 \times 7.5} = 2.717$

폭발하한계 = $Cst \times 0.55 = 2.717 \times 0.55 = 1.5$

097 다음 중 전기화재의 종류에 해당하는 것은?

① A급 ② B급
③ C급 ④ D급

화재등급별 소화방법

구분	A급 화재	B급 화재	C급 화재	D급 화재
명칭	보통화재	유류, 가스화재	전기화재	금속화재(Al분, Mg분)
주 소화효과	냉각	질식	냉각, 질식	질식
적응 소화재	물 소화기 강화액 소화기	포말 소화기 CO_2 소화기 분말 소화기 증발성 액체 소화기	유기성 소화액 CO_2 소화기 분말 소화기	건조사 팽창 질석 팽창 진주암
구분색	백색	황색	청색	-

098 위험물을 산업안전보건법령에서 정한 기준량 이상으로 제조하거나 취급하는 설비로서 특수화학설비에 해당되는 것은?

① 가열시켜 주는 물질의 온도가 가열되는 위험물질의 분해온도보다 높은 상태에서 운전되는 설비
② 상온에서 게이지 압력으로 200kPa의 압력으로 운전되는 설비
③ 대기압 하에서 섭씨 300℃로 운전되는 설비
④ 흡열반응이 행하여지는 반응설비

산업안전보건기준에 관한 규칙 제273조(계측장치 등의 설치) 사업주는 별표 9에 따른 위험물을 같은 표에서 정한 기준량 이상으로 제조하거나 취급하는 다음 각 호의 어느 하나에 해당하는 화학설비(이하 "특수화학설비"라 한다)를 설치하는 경우에는 내부의 이상 상태를 조기에 파악하기 위하여 필요한 온도계·유량계·압력계 등의 계측장치를 설치하여야 한다.
1. 발열반응이 일어나는 반응장치
2. 증류·정류·증발·추출 등 분리를 하는 장치
3. 가열시켜 주는 물질의 온도가 가열되는 위험물질의 분해온도 또는 발화점보다 높은 상태에서 운전되는 설비
4. 반응폭주 등 이상 화학반응에 의하여 위험물질이 발생할 우려가 있는 설비
5. 온도가 섭씨 350도 이상이거나 게이지 압력이 980킬로파스칼 이상인 상태에서 운전되는 설비
6. 가열로 또는 가열기

099 다음 중 축류식 압축기에 대한 설명으로 옳은 것은?

① Casing 내에 1개 또는 수 개의 회전체를 설치하여 이것을 회전시킬 때 Casing과 피스톤 사이의 체적이 감소해서 기체를 압축하는 방식이다.
② 실린더 내에서 피스톤을 왕복시켜 이것에 따라 개폐하는 흡입밸브 및 배기밸브의 작용에 의해 기체를 압축하는 방식이다.
③ Casing 내에 넣어진 날개바퀴를 회전시켜 기체에 작용하는 원심력에 의해서 기체를 압송하는 방식이다.
④ 프로펠러의 회전에 의한 추진력에 의해 기체를 압송하는 방식이다.

① 회전식, ② 왕복식, ③ 터보식, ④ 축류식

100 산업안전보건법령상 위험물질의 종류에서 "폭발성 물질 및 유기과산화물"에 해당하는 것은?

① 리튬 ② 아조화합물
③ 아세틸렌 ④ 셀룰로이드류

위험물질의 종류(산업안전보건기준에 관한 규칙 별표 1)
- 폭발성 물질 및 유기과산화물 : 질산에스테르류, 니트로화합물, 니트로소화합물, 아조화합물, 디아조화합물, 하이드라진 유도체, 유기과산화물
- 물반응성 물질 및 인화성 고체 : 리튬, 칼륨·나트륨, 황, 황린, 황화인·적린, 셀룰로이드류, 알킬알루미늄·알킬리튬, 마그네슘 분말, 금속 분말(마그네슘 분말 제외), 알칼리금속(리튬·칼륨 및 나트륨은 제외), 유기 금속화합물(알킬알루미늄 및 알킬리튬은 제외), 금속의 수소화물, 금속의 인화물, 칼슘 탄화물, 알루미늄 탄화물
- 산화성 액체 및 산화성 고체 : 차아염소산 및 그 염류, 아염소산 및 그 염류, 염소산 및 그 염류, 과염소산 및 그 염류, 브롬산 및 그 염류, 요오드산 및 그 염류, 과산화수소 및 무기 과산화물, 질산 및 그 염류, 과망간산 및 그 염류, 중크롬산 및 그 염류
- 인화성 액체
- 인화성 가스 : 수소, 아세틸렌, 에틸렌, 메탄, 에탄, 프로판, 부탄
- 부식성 물질 : 부식성 산류, 부식성 염기류
- 급성 독성 물질

제 06 과목　건설공사 안전관리

101 터널 지보공을 조립하거나 변경하는 경우에 조치하여야 하는 사항으로 옳지 않은 것은?

① 목재의 터널 지보공은 그 터널 지보공의 각 부재에 작용하는 긴압정도를 체크하여 그 정도가 최대한 차이나도록 한다.
② 강(鋼)아치 지보공의 조립은 연결볼트 및 띠장 등을 사용하여 주재 상호간을 튼튼하게 연결할 것
③ 기둥에는 침하를 방지하기 위하여 받침목을 사용하는 등의 조치를 할 것
④ 주재(主材)를 구성하는 1세트의 부재는 동일 평면 내에 배치할 것

산업안전보건기준에 관한 규칙 제364조(조립 또는 변경시의 조치) 사업주는 터널 지보공을 조립하거나 변경하는 경우에는 다음 각 호의 사항을 조치하여야 한다.
1. 주재(主材)를 구성하는 1세트의 부재는 동일 평면 내에 배치할 것
2. 목재의 터널 지보공은 그 터널 지보공의 각 부재의 긴압 정도가 균등하게 되도록 할 것
3. 기둥에는 침하를 방지하기 위하여 받침목을 사용하는 등의 조치를 할 것
4. 강(鋼)아치 지보공의 조립은 다음 각 목의 사항을 따를 것
　가. 조립간격은 조립도에 따를 것
　나. 주재가 아치작용을 충분히 할 수 있도록 쐐기를 박는 등 필요한 조치를 할 것
　다. 연결볼트 및 띠장 등을 사용하여 주재 상호간을 튼튼하게 연결할 것
　라. 터널 등의 출입구 부분에는 받침대를 설치할 것
　마. 낙하물이 근로자에게 위험을 미칠 우려가 있는 경우에는 널판 등을 설치할 것
5. 목재 지주식 지보공은 다음 각 목의 사항을 따를 것
　가. 주기둥은 변위를 방지하기 위하여 쐐기 등을 사용하여 지반에 고정시킬 것
　나. 양끝에는 받침대를 설치할 것
　다. 터널 등의 목재 지주식 지보공에 세로방향의 하중이 걸림으로써 넘어지거나 비틀어질 우려가 있는 경우에는 양끝 외의 부분에도 받침대를 설치할 것
　라. 부재의 접속부는 꺾쇠 등으로 고정시킬 것
6. 강아치 지보공 및 목재지주식 지보공 외의 터널 지보공에 대해서는 터널 등의 출입구 부분에 받침대를 설치할 것

102 철골기둥, 빔 및 트러스 등의 철골구조물을 일체화 또는 지상에서 조립하는 이유로 가장 타당한 것은?

① 고소작업의 감소　　② 화기사용의 감소
③ 구조체 강성 증가　　④ 운반물량의 감소

철골기둥, 빔 및 트러스 등의 철골구조물을 일체화 또는 지상에서 조립하는 이유는 고소작업 감소대책에 해당되며 이는 추락재해를 방지하기 위한 것이다.

103 개착식 흙막이벽의 계측 내용에 해당되지 않는 것은?

① 경사측정　　　　② 지하수위 측정
③ 변형률 측정　　　④ 내공변위 측정

해설

내공변위 측정
- 터널라이닝의 상대변위와 하중의 집중현상으로 인해 발생한 변위 측정
- 굴착지반이나 구조물의 변위 예측
- 터널내부의 붕괴위험 요소 예측
- 지속적인 구조물의 거동파악을 통한 안전성 확보

104 로프길이 2m의 안전대를 착용한 근로자가 추락으로 인한 부상을 당하지 않기 위한 지면으로부터 안전대 고정점까지의 높이(H)의 기준으로 옳은 것은?(단, 로프의 신율 30%, 근로자의 신장 180cm)

① H > 1.5m ② H > 2.5m
③ H > 3.5m ④ H > 4.5m

해설

벨트식 안전대 착용시의 추락 거리

H = 로프의 길이 + 로프의 신장율 + 근로자의 신장 × $\frac{1}{2}$ = 2 + (2 × 0.3) + 0.9 = 3.5

105 강관틀 비계를 조립하여 사용하는 경우 준수해야하는 사항으로 옳지 않은 것은?

① 길이가 띠장 방향으로 4m 이하이고 높이가 10m를 초과하는 경우에는 10m 이내마다 띠장 방향으로 버팀기둥을 설치할 것
② 높이가 20m를 초과하거나 중량물의 적재를 수반하는 작업을 할 경우에는 주틀 간의 간격을 1.8m 이하로 할 것
③ 주틀 간에 교차가새를 설치하고 최상층 및 10층 이내마다 수평재를 설치할 것
④ 수직방향으로 6m, 수평방향으로 8m 이내마다 벽이음을 할 것

해설

산업안전보건기준에 관한 규칙 제62조(강관틀비계) 사업주는 강관틀 비계를 조립하여 사용하는 경우 다음 각 호의 사항을 준수하여야 한다.
1. 비계기둥의 밑둥에는 밑받침 철물을 사용하여야 하며 밑받침에 고저차(高低差)가 있는 경우에는 조절형 밑받침철물을 사용하여 각각의 강관틀비계가 항상 수평 및 수직을 유지하도록 할 것
2. 높이가 20미터를 초과하거나 중량물의 적재를 수반하는 작업을 할 경우에는 주틀 간의 간격을 1.8미터 이하로 할 것
3. 주틀 간에 교차 가새를 설치하고 최상층 및 5층 이내마다 수평재를 설치할 것
4. 수직방향으로 6미터, 수평방향으로 8미터 이내마다 벽이음을 할 것
5. 길이가 띠장 방향으로 4미터 이하이고 높이가 10미터를 초과하는 경우에는 10미터 이내마다 띠장 방향으로 버팀기둥을 설치할 것

106 콘크리트 타설작업 시 안전에 대한 유의사항으로 옳지 않은 것은?

① 콘크리트를 치는 도중에는 지보공·거푸집 등의 이상유무를 확인한다.
② 높은 곳으로부터 콘크리트를 타설할 때는 호퍼로 받아 거푸집내에 꽂아 넣는 슈트를 통해서 부어 넣어야 한다.
③ 진동기를 가능한 한 많이 사용할수록 거푸집에 작용하는 측압상 안전하다.
④ 콘크리트를 한 곳에만 치우쳐 타설하지 않도록 주의한다.

해설

콘크리트의 측압이 커지는 조건
- 기온이 낮을수록(대기 중의 습도가 낮을수록)
- 치어붓기 속도가 클수록
- 굵은 콘크리트 일수록(물·시멘트비가 클수록, 슬럼프값이 클수록, 시멘트·물비가 적을수록)
- 콘크리트의 비중이 클수록
- 콘크리트의 다지기가 강할수록
- 철근양이 적을수록
- 거푸집의 수밀성이 높을수록
- 거푸집의 수평단면이 클수록(벽 두께가 클수록)
- 거푸집의 강성이 클수록
- 거푸집의 표면이 매끄러울수록
- 측압은 생콘크리트의 높이가 높을수록 커지나 일정한 높이에 이르면 측압의 증가는 없다.

107 건설업 산업안전보건관리비 계상 및 사용기준에 따른 안전관리비의 개인보호구 및 안전장구 구입비 항목에서 안전관리비로 사용이 가능한 경우는?

① 안전·보건관리자가 선임되지 않은 현장에서 안전·보건업무를 담당하는 현장관계자용 무전기, 카메라, 컴퓨터, 프린터 등 업무용 기기
② 혹한·혹서에 장기간 노출로 인해 건강장해를 일으킬 우려가 있는 경우 특정 근로자에게 지급되는 기능성 보호 장구
③ 근로자에게 일률적으로 지급하는 보냉·보온장구
④ 감리원이나 외부에서 방문하는 인사에게 지급하는 보호구

해설

근로자 재해나 건강장해 예방 목적이 아닌 근로자 식별, 복리·후생적 근무여건 개선·향상, 사기진작, 원활한 공사 수행을 목적으로 하는 다음 장구의 구입·수리·관리 등에 소요되는 비용은 안전관리비로 사용이 불가능하다.
- 안전 보건관리자가 선임되지 않은 현장에서 안전 보건업무를 담당하는 현장관계자용 무전기, 카메라, 컴퓨터, 프린터 등 업무용 기기
- 근로자 보호 목적으로 보기 어려운 피복, 장구, 용품 등
  - 작업복, 방한복, 면장갑, 코팅장갑 등
  - 근로자에게 일률적으로 지급하는 보냉·보온장구(핫팩, 장갑, 아이스조끼, 아이스팩 등을 말함) 구입비
  - 감리원이나 외부에서 방문하는 인사에게 지급하는 보호구
※다만, 혹한·혹서에 장기간 노출로 인해 건강장해를 일으킬 우려가 있는 경우 특정 근로자에게 지급하는 기능성 보호 장구는 사용 가능하다.

108 압쇄기를 사용하여 건물해체시 그 순서로 가장 타당한 것은?

A : 보, B : 기둥, C : 슬래브, D : 벽체

① A → B → C → D ② A → C → B → D
③ C → A → D → B ④ D → C → B → A

해설

압쇄기를 이용한 건축물의 해체순서 : 슬라브 → 보 → 벽체 → 기둥

109 부두·안벽 등 하역작업을 하는 장소에서 부두 또는 안벽의 선을 따라 통로를 설치하는 경우에는 그 폭을 최소 얼마 이상으로 하여야 하는가?

① 80cm
② 90cm
③ 100cm
④ 120cm

산업안전보건기준에 관한 규칙 제390조(하역작업장의 조치기준) 사업주는 부두·안벽 등 하역작업을 하는 장소에 다음 각 호의 조치를 하여야 한다.
1. 작업장 및 통로의 위험한 부분에는 안전하게 작업할 수 있는 조명을 유지할 것
2. 부두 또는 안벽의 선을 따라 통로를 설치하는 경우에는 폭을 90센티미터 이상으로 할 것
3. 육상에서의 통로 및 작업장소로서 다리 또는 선거(船渠) 갑문(閘門)을 넘는 보도(步道) 등의 위험한 부분에는 안전난간 또는 울타리 등을 설치할 것

110 가설통로의 설치 기준으로 옳지 않은 것은?

① 추락할 위험이 있는 장소에는 안전난간을 설치할 것
② 경사가 10°를 초과하는 경우에는 미끄러지지 아니하는 구조로 할 것
③ 경사는 30° 이하로 할 것
④ 건설공사에 사용하는 높이 8m 이상인 비계다리에는 7m 이내마다 계단참을 설치할 것

산업안전보건기준에 관한 규칙 제23조(가설통로의 구조) 사업주는 가설통로를 설치하는 경우 다음 각 호의 사항을 준수하여야 한다.
1. 견고한 구조로 할 것
2. 경사는 30도 이하로 할 것. 다만, 계단을 설치하거나 높이 2미터 미만의 가설통로로서 튼튼한 손잡이를 설치한 경우에는 그러하지 아니하다.
3. 경사가 15도를 초과하는 경우에는 미끄러지지 아니하는 구조로 할 것
4. 추락할 위험이 있는 장소에는 안전난간을 설치할 것. 다만, 작업상 부득이한 경우에는 필요한 부분만 임시로 해체할 수 있다.
5. 수직갱에 가설된 통로의 길이가 15미터 이상인 경우에는 10미터 이내마다 계단참을 설치할 것
6. 건설공사에 사용하는 높이 8미터 이상인 비계다리에는 7미터 이내마다 계단참을 설치할 것

111 취급·운반의 원칙으로 옳지 않은 것은?

① 곡선 운반을 할 것
② 운반 작업을 집중하여 시킬 것
③ 생산을 최고로 하는 운반을 생각할 것
④ 연속 운반을 할 것

취급·운반의 5원칙
- 직선운반
- 운반작업을 집중화
- 최대한 시간과 경비를 절약할 수 있는 운반방법을 고려
- 연속운반
- 생산을 최고로 하는 운반

112 강풍이 불어올 때 타워크레인의 운전작업을 중지하여야 하는 순간풍속의 기준으로 옳은 것은?

① 순간풍속이 초당 10m 초과
② 순간풍속이 초당 15m 초과
③ 순간풍속이 초당 25m 초과
④ 순간풍속이 초당 30m 초과

산업안전보건기준에 관한 규칙 제37조(악천후 및 강풍 시 작업 중지) ① 사업주는 비·눈·바람 또는 그 밖의 기상상태의 불안정으로 인하여 근로자가 위험해질 우려가 있는 경우 작업을 중지하여야 한다. 다만, 태풍 등으로 위험이 예상되거나 발생되어 긴급 복구작업을 필요로 하는 경우에는 그러하지 아니하다.
② 사업주는 순간풍속이 초당 10미터를 초과하는 경우 타워크레인의 설치·수리·점검 또는 해체 작업을 중지하여야 하며, 순간풍속이 초당 15미터를 초과하는 경우에는 타워크레인의 운전작업을 중지하여야 한다.

113 흙의 간극비를 나타낸 식으로 옳은 것은?

① $\dfrac{\text{공기} + \text{물의체적}}{\text{흙} + \text{물의체적}}$
② $\dfrac{\text{공기} + \text{물의체적}}{\text{흙의체적}}$
③ $\dfrac{\text{물의체적}}{\text{물} + \text{흙의체적}}$
④ $\dfrac{\text{공기} + \text{물의체적}}{\text{공기} + \text{흙} + \text{물의체적}}$

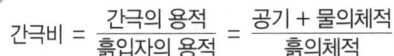

간극비 = $\dfrac{\text{간극의 용적}}{\text{흙입자의 용적}}$ = $\dfrac{\text{공기} + \text{물의체적}}{\text{흙의체적}}$

114 다음은 산업안전보건법령에 따른 달비계를 설치하는 경우에 준수해야 할 사항이다. ( )에 들어갈 내용으로 옳은 것은?

작업발판의 폭을 ( ) 이상으로 하고 틈새가 없도록 할 것

① 15cm   ② 20cm
③ 40cm   ④ 60cm

산업안전보건기준에 관한 규칙 제63조(달비계의 구조)
① 사업주는 곤돌라형 달비계를 설치하는 경우에는 다음 각 호의 사항을 준수해야 한다.
1. 다음 각 목의 어느 하나에 해당하는 와이어로프를 달비계에 사용해서는 아니 된다.
  가. 이음매가 있는 것
  나. 와이어로프의 한 꼬임[[스트랜드(strand)를 말한다. 이하 같다)]에서 끊어진 소선(素線)[필러(pillar)선은 제외한다)]의 수가 10퍼센트 이상(비자전로프의 경우에는 끊어진 소선의 수가 와이어로프 호칭지름의 6배 길이 이내에서 4개 이상이거나 호칭지름 30배 길이 이내에서 8개 이상)인 것
  다. 지름의 감소가 공칭지름의 7퍼센트를 초과하는 것
  라. 꼬인 것
  마. 심하게 변형되거나 부식된 것
  바. 열과 전기충격에 의해 손상된 것

2. 다음 각 목의 어느 하나에 해당하는 달기 체인을 달비계에 사용해서는 아니 된다.
    가. 달기 체인의 길이가 달기 체인이 제조된 때의 길이의 5퍼센트를 초과한 것
    나. 링의 단면지름이 달기 체인이 제조된 때의 해당 링의 지름의 10퍼센트를 초과하여 감소한 것
    다. 균열이 있거나 심하게 변형된 것
3. 달기 강선 및 달기 강대는 심하게 손상·변형 또는 부식된 것을 사용하지 않도록 할 것
4. 달기 와이어로프, 달기 체인, 달기 강선, 달기 강대는 한쪽 끝을 비계의 보 등에, 다른 쪽 끝을 내민 보, 앵커볼트 또는 건축물의 보 등에 각각 풀리지 않도록 설치할 것
5. 작업발판은 폭을 40센티미터 이상으로 하고 틈새가 없도록 할 것
6. 작업발판의 재료는 뒤집히거나 떨어지지 않도록 비계의 보 등에 연결하거나 고정시킬 것
7. 비계가 흔들리거나 뒤집히는 것을 방지하기 위하여 비계의 보·작업발판 등에 버팀을 설치하는 등 필요한 조치를 할 것
8. 선반 비계에서는 보의 접속부 및 교차부를 철선·이음철물 등을 사용하여 확실하게 접속시키거나 단단하게 연결시킬 것
9. 근로자의 추락 위험을 방지하기 위하여 다음 각 목의 조치를 할 것
    가. 달비계에 구명줄을 설치할 것
    나. 근로자에게 안전대를 착용하도록 하고 근로자가 착용한 안전줄을 달비계의 구명줄에 체결(締結)하도록 할 것
    다. 달비계에 안전난간을 설치할 수 있는 구조인 경우에는 달비계에 안전난간을 설치할 것

115 차량계 건설기계를 사용하여 작업할 때에 그 기계가 넘어지거나 굴러떨어짐으로써 근로자가 위험해질 우려가 있는 경우에 조치하여야 할 사항과 거리가 먼 것은?

① 갓길의 붕괴 방지
② 작업반경 유지
③ 지반의 부동침하 방지
④ 도로 폭의 유지

산업안전보건기준에 관한 규칙 제171조(전도 등의 방지) 사업주는 차량계 하역운반기계등을 사용하는 작업을 할 때에 그 기계가 넘어지거나 굴러떨어짐으로써 근로자에게 위험을 미칠 우려가 있는 경우에는 그 기계를 유도하는 사람(이하 "유도자"라 한다)을 배치하고 지반의 부동침하 및 갓길 붕괴를 방지하기 위한 조치를 해야 한다.

116 말비계를 조립하여 사용하는 경우에 지주부재와 수평면의 기울기는 최대 몇 도 이하로 하여야 하는가?

① 30°
② 45°
③ 60°
④ 75°

산업안전보건기준에 관한 규칙 제67조(말비계) 사업주는 말비계를 조립하여 사용하는 경우에 다음 각 호의 사항을 준수하여야 한다.
1. 지주부재(支柱部材)의 하단에는 미끄럼 방지장치를 하고, 근로자가 양측 끝부분에 올라서서 작업하지 않도록 할 것
2. 지주부재와 수평면의 기울기를 75도 이하로 하고, 지주부재와 지주부재 사이를 고정시키는 보조부재를 설치할 것
3. 말비계의 높이가 2미터를 초과하는 경우에는 작업발판의 폭을 40센티미터 이상으로 할 것

117 유해위험방지계획서 제출 대상 공사로 볼 수 없는 것은?

① 지상 높이가 31m 이상인 건축물의 건설공사
② 터널건설공사
③ 깊이 10m 이상인 굴착공사
④ 교량의 전체길이가 40m 이상인 교량공사

유해위험방지계획서 제출 대상 공사(산업안전보건법 시행령 제42조 ③항)

1. 다음 각 목의 어느 하나에 해당하는 건축물 또는 시설 등의 건설·개조 또는 해체 공사
   가. 지상높이가 31미터 이상인 건축물 또는 인공구조물
   나. 연면적 3만제곱미터 이상인 건축물
   다. 연면적 5천제곱미터 이상인 시설로서 다음의 어느 하나에 해당하는 시설
      1) 문화 및 집회시설(전시장 및 동물원·식물원은 제외한다)
      2) 판매시설, 운수시설(고속철도의 역사 및 집배송시설은 제외한다)
      3) 종교시설
      4) 의료시설 중 종합병원
      5) 숙박시설 중 관광숙박시설
      6) 지하도상가
      7) 냉동·냉장 창고시설
2. 연면적 5천제곱미터 이상인 냉동·냉장 창고시설의 설비공사 및 단열공사
3. 최대 지간(支間)길이(다리의 기둥과 기둥의 중심사이의 거리)가 50미터 이상인 다리의 건설등 공사
4. 터널의 건설등 공사
5. 다목적댐, 발전용댐, 저수용량 2천만톤 이상의 용수 전용 댐 및 지방상수도 전용 댐의 건설등 공사
6. 깊이 10미터 이상인 굴착공사

118 사면보호공법 중 구조물에 의한 보호 공법에 해당되지 않는 것은?

① 식생구멍공
② 블럭공
③ 돌쌓기공
④ 현장타설 콘크리트 격자공

식생구멍공은 식생으로 표층부의 안전을 도모하는 식생공법에 해당된다.

119 지반에서 나타나는 보일링(boiling) 현상의 직접적인 원인으로 볼 수 있는 것은?

① 굴착부와 배면부의 지하수위의 수두차
② 굴착부와 배면부의 흙의 중량차
③ 굴착부와 배면부의 흙의 함수비차
④ 굴착부와 배면부의 흙의 토압차

보일링(Boiling) : 사질토 지반을 굴착시, 굴착부와 지하수위차가 있을 경우, 수두차(水頭差)에 의하여 침투압이 생겨 흙막이벽 근입부분을 침식하는 동시에, 모래가 액상화(液狀化)되어 솟아오르며 흙막이벽의 근입부가 지지력을 상실하여 흙막이공의 붕괴를 초래하는 현상

120 추락의 위험이 있는 개구부에 대한 방호조치와 거리가 먼 것은?

① 안전난간, 울타리, 수직형 추락방망 등으로 방호조치를 한다.
② 충분한 강도를 가진 구조의 덮개를 뒤집히거나 떨어지지 않도록 설치한다.
③ 어두운 장소에서도 식별이 가능한 개구부 주의 표지를 부착한다.
④ 폭 30cm 이상의 발판을 설치한다.

산업안전보건기준에 관한 규칙 제43조(개구부 등의 방호 조치)
① 사업주는 작업발판 및 통로의 끝이나 개구부로서 근로자가 추락할 위험이 있는 장소에는 안전난간, 울타리, 수직형 추락방망 또는 덮개 등(이하 이 조에서 "난간등"이라 한다)의 방호 조치를 충분한 강도를 가진 구조로 튼튼하게 설치하여야 하며, 덮개를 설치하는 경우에는 뒤집히거나 떨어지지 않도록 설치하여야 한다. 이 경우 어두운 장소에서도 알아볼 수 있도록 개구부임을 표시해야 하며, 수직형 추락방망은 한국산업표준에서 정하는 성능기준에 적합한 것을 사용해야 한다.
② 사업주는 난간등을 설치하는 것이 매우 곤란하거나 작업의 필요상 임시로 난간등을 해체하여야 하는 경우 제42조제2항 각 호의 기준에 맞는 추락방호망을 설치하여야 한다. 다만, 추락방호망을 설치하기 곤란한 경우에는 근로자에게 안전대를 착용하도록 하는 등 추락할 위험을 방지하기 위하여 필요한 조치를 하여야 한다.

정답 2018년 04월 28일 최근 기출문제

001 ②	002 ④	003 ④	004 ④	005 ③	006 ②	007 ②	008 ①	009 ①	010 ④
011 ③	012 ③	013 ③	014 ①	015 ①	016 ③	017 ①	018 ②	019 ①	020 ④
021 ①	022 ③	023 ②	024 ④	025 ③	026 ②	027 ①	028 ③	029 ①	030 ②
031 ③	032 ④	033 ④	034 ④	035 ①	036 ①	037 ②	038 ③	039 ④	040 ②
041 ①	042 ②	043 ③	044 ①	045 ④	046 ②	047 ③	048 ②	049 ②	050 ②
051 ④	052 ④	053 ②	054 ②	055 ①	056 ②	057 ③	058 ④	059 ④	060 ②
061 ③	062 ②	063 ②	064 ①	065 ④	066 ②	067 ①	068 ②	069 ③	070 ①
071 ①	072 ①	073 ②	074 ②	075 ①	076 ②	077 ③	078 ④	079 ④	080 ②
081 ④	082 ①	083 ③	084 ②	085 ①	086 ③	087 ③	088 ④	089 ②	090 ①
091 ④	092 ②	093 ④	094 ③	095 ①	096 ②	097 ②	098 ①	099 ④	100 ②
101 ①	102 ①	103 ①	104 ③	105 ③	106 ②	107 ②	108 ②	109 ②	110 ②
111 ①	112 ②	113 ②	114 ③	115 ②	116 ④	117 ④	118 ①	119 ①	120 ④

2018년 08월 19일

최근 기출문제

제 01 과목 | 산업재해 예방 및 안전보건교육

001 집단에서의 인간관계 메커니즘(Mechanism)과 가장 거리가 먼 것은?

① 모방, 암시
② 분열, 강박
③ 동일화, 일체화
④ 커뮤니케이션, 공감

인간관계의 메커니즘(Mechanism)
- 동일화(Identification) : 다른 사람의 행동 양식이나 태도를 투입시키거나, 다른 사람 가운데서 자기와 비슷한 것을 발견하는 것
- 투사(投射, Projection) : 자기 속의 억압된 것을 다른 사람의 것으로 생각하는 것을 투사(또는 투출)라고 함
- 커뮤니케이션(Communication) : 갖가지 행동 양식이나 기호를 매개로 하여 어떤 사람으로부터 다른 사람에게 전달되는 과정
- 모방(Imitation) : 남의 행동이나 판단을 표본으로 하여 그것과 같거나 또는 그것에 가까운 행동 또는 판단을 취하려는 것
- 암시(Suggestion) : 다른 사람으로부터의 판단이나 행동을 무비판적으로 논리적, 사실적 근거 없이 받아들이는 것

002 산업안전보건법령에 따른 안전보건관리규정에 포함되어야 할 세부 내용이 아닌 것은?

① 위험성 감소대책 수립 및 시행에 관한 사항
② 하도급 사업장에 대한 안전·보건관리에 관한 사항
③ 질병자의 근로 금지 및 취업 제한 등에 관한 사항
④ 물질안전보건자료에 관한 사항

안전보건관리규정의 세부 내용(산업안전보건법 시행규칙 별표 3)
1. 총칙
　가. 안전보건관리규정 작성의 목적 및 적용 범위에 관한 사항
　나. 사업주 및 근로자의 재해 예방 책임 및 의무 등에 관한 사항
　다. 하도급 사업장에 대한 안전·보건관리에 관한 사항
2. 안전·보건 관리조직과 그 직무
　가. 안전·보건 관리조직의 구성방법, 소속, 업무 분장 등에 관한 사항
　나. 안전보건관리책임자(안전보건총괄책임자), 안전관리자, 보건관리자, 관리감독자의 직무 및 선임에 관한 사항
　다. 산업안전보건위원회의 설치·운영에 관한 사항
　라. 명예산업안전감독관의 직무 및 활동에 관한 사항
　마. 작업지휘자 배치 등에 관한 사항
3. 안전·보건교육

가. 근로자 및 관리감독자의 안전·보건교육에 관한 사항
나. 교육계획의 수립 및 기록 등에 관한 사항
4. 작업장 안전관리
   가. 안전·보건관리에 관한 계획의 수립 및 시행에 관한 사항
   나. 기계·기구 및 설비의 방호조치에 관한 사항
   다. 유해·위험기계등에 대한 자율검사프로그램에 의한 검사 또는 안전검사에 관한 사항
   라. 근로자의 안전수칙 준수에 관한 사항
   마. 위험물질의 보관 및 출입 제한에 관한 사항
   바. 중대재해 및 중대산업사고 발생, 급박한 산업재해 발생의 위험이 있는 경우 작업중지에 관한 사항
   사. 안전표지·안전수칙의 종류 및 게시에 관한 사항과 그 밖에 안전관리에 관한 사항
5. 작업장 보건관리
   가. 근로자 건강진단, 작업환경측정의 실시 및 조치절차 등에 관한 사항
   나. 유해물질의 취급에 관한 사항
   다. 보호구의 지급 등에 관한 사항
   라. 질병자의 근로 금지 및 취업 제한 등에 관한 사항
   마. 보건표지·보건수칙의 종류 및 게시에 관한 사항과 그 밖에 보건관리에 관한 사항
6. 사고 조사 및 대책 수립
   가. 산업재해 및 중대산업사고의 발생 시 처리 절차 및 긴급조치에 관한 사항
   나. 산업재해 및 중대산업사고의 발생원인에 대한 조사 및 분석, 대책 수립에 관한 사항
   다. 산업재해 및 중대산업사고 발생의 기록·관리 등에 관한 사항
7. 위험성평가에 관한 사항
   가. 위험성평가의 실시 시기 및 방법, 절차에 관한 사항
   나. 위험성 감소대책 수립 및 시행에 관한 사항
8. 보칙
   가. 무재해운동 참여, 안전·보건 관련 제안 및 포상·징계 등 산업재해 예방을 위하여 필요하다고 판단하는 사항
   나. 안전·보건 관련 문서의 보존에 관한 사항
   다. 그 밖의 사항 : 사업장의 규모·업종 등에 적합하게 작성하며, 필요한 사항을 추가하거나 그 사업장에 관련되지 않는 사항은 제외할 수 있다.

003 안전교육 중 프로그램 학습법의 장점이 아닌 것은?

① 학습자의 학습과정을 쉽게 알 수 있다.
② 여러 가지 수업 매체를 동시에 다양하게 활용할 수 있다.
③ 지능, 학습속도 등 개인차를 충분히 고려할 수 있다.
④ 매 반응마다 피드백이 주어지기 때문에 학습자가 흥미를 가질 수 있다.

- 프로그램의 학습법의 개요 : 수업프로그램이 프로그램 학습의 원리에 의해서 만들어지고 학생의 자기학습 속도에 따른 학습이 허용되어 있는 상태에서, 학습자가 프로그램 자료를 가지고 단독으로 학습토록 하는 교육방법
- 프로그램 학습법의 적용 및 제약조건

적용의 경우	제약조건(단점)
• 수업의 모든 단계 • 학교수업, 방송수업, 직업훈련의 경우 • 학생들의 개인차가 최대한으로 조절되어야 할 경우 • 학생들이 자기에게 허용된 어느 시간에나 학습이 가능할 경우 • 보충학습의 경우	• 한번 개발한 프로그램 자료를 개조하기가 어렵다. • 학생들의 사회성이 결여되기 쉽다. • 개발비가 높다.

004 산업안전보건법령에 따른 근로자 안전보건교육 중 근로자 정기교육의 교육내용에 해당하지 않는 것은? (단, 산업안전보건법령 및 일반관리에 관한 사항은 제외한다.)

① 건강증진 및 질병 예방에 관한 사항
② 산업보건 및 건강장해 예방에 관한 사항
③ 유해 · 위험 작업환경 관리에 관한 사항
④ 작업공정의 유해 · 위험과 재해 예방대책에 관한 사항

근로자 정기교육(산업안전보건법 시행규칙 별표 5)
- 산업안전 및 산업재해 예방에 관한 사항(화재·폭발 사고 발생 시 대피에 관한 사항 포함)
- 산업보건 및 건강장해 예방에 관한 사항(폭염·한파작업으로 인한 건강장해 발생 시 응급조치에 관한 사항 포함)
- 건강증진 및 질병 예방에 관한 사항
- 유해 · 위험 작업환경 관리에 관한 사항
- 산업안전보건법령 및 산업재해보상보험 제도에 관한 사항
- 직무스트레스 예방 및 관리에 관한 사항
- 직장 내 괴롭힘, 고객의 폭언 등으로 인한 건강장해 예방 및 관리에 관한 사항

005 최대사용전압이 교류(실효값) 500V 또는 직류 750V인 내전압용 절연장갑의 등급은?

① 00   ② 0
③ 1   ④ 2

내전압용 절연장갑의 등급(보호구 안전인증 고시 별표 3)

등급	최대사용전압		등급별색상
	교류(V, 실효값)	직류(V)	
00	500	750	갈색
0	1,000	1,500	빨강색
1	7,500	11,250	흰색
2	17,000	25,500	노랑색
3	26,500	39,750	녹색
4	36,000	54,000	등색

006 산업재해 기록 · 분류에 관한 지침에 따른 분류기준 중 다음의 (   ) 안에 알맞은 것은?

> 재해자가 넘어짐으로 인하여 기계의 동력 전달부위 등에 끼이는 사고가 발생하여 신체부위가 절단되는 경우는 (   )으로 분류한다.

① 넘어짐   ② 끼임
③ 깔림   ④ 절단

해설

두 가지 이상의 발생형태가 연쇄적으로 발생된 사고의 경우 분류 기준
- 재해자가 "넘어짐"으로 인하여 기계의 동력전달부위 등에 끼이는 사고가 발생하여 신체부위가 "절단"된 경우에는 "끼임"으로 분류한다.
- 재해자가 구조물 상부에서 "넘어짐"으로 인하여 사람이 떨어져 두개골 골절이 발생한 경우에는 "떨어짐"으로 분류한다.
- 재해자가 "넘어짐" 또는 "떨어짐"으로 물에 빠져 익사한 경우에는 "유해·위험물질 노출·접촉"으로 분류한다.
- 재해자가 전주에서 작업 중 "전류접촉"으로 떨어진 경우 상해결과가 골절인 경우에는 "떨어짐"으로 분류하고, 상해결과가 전기쇼크인 경우에는 "전류접촉"으로 분류한다.

007 산업안전보건법령에 따라 사업주가 사업장에서 중대재해가 발생한 사실을 알게 된 경우 관할지방고용노동관서의 장에게 보고하여야 하는 시기로 옳은 것은?(단, 천재지변 등 부득이한 사유가 발생한 경우는 제외한다.)

① 지체 없이
② 12시간 이내
③ 24시간 이내
④ 48시간 이내

해설

산업안전보건법 시행규칙 제67조(중대재해 발생 시 보고) 사업주는 중대재해가 발생한 사실을 알게 된 경우에는 법 제54조제2항에 따라 지체 없이 다음 각 호의 사항을 사업장 소재지를 관할하는 지방고용노동관서의 장에게 전화·팩스 또는 그 밖의 적절한 방법으로 보고해야 한다.
1. 발생 개요 및 피해 상황
2. 조치 및 전망
3. 그 밖의 중요한 사항

008 유기화합물용 방독마스크의 시험가스가 아닌 것은?

① 증기(Cl_2)
② 디메틸에테르(CH_3OCH_3)
③ 시클로헥산(C_6H_{12})
④ 이소부탄(C_4H_{10})

방독마스크의 종류 및 시험가스

종류	시험가스
유기화합물용	시클로헥산(C_6H_{12}), 디메틸에테르(CH_3OCH_3), 이소부탄(C_4H_{10})
할로겐용	염소가스 또는 증기(Cl_2)
황화수소용	황화수소가스(H_2S)
시안화수소용	시안화수소가스(HCN)
아황산용	아황산가스(SO_2)
암모니아용	암모니아가스(NH_3)

009 안전교육의 학습경험선정 원리에 해당되지 않는 것은?

① 계속성의 원리 ② 가능성의 원리
③ 동기유발의 원리 ④ 다목적 달성의 원리

조건반사설에 의한 학습이론의 원리
- 시간의 원리 : 조건자극(종소리)이 무조건자극(음식물)보다 시간적으로 동시 또는 조금 앞서서 주어야만 조건화 즉 강화가 잘됨
- 강도의 원리 : 조건반사적인 행동이 이루어지려면 먼저 준 자극의 정도에 비해 적어도 같거나 보다 강한 자극을 주어야 바람직한 결과를 기대할 수 있음
- 일관성의 원리 : 조건자극은 일관된 자극물을 사용
- 계속성의 원리 : 자극과 반응과의 관계를 반복하여 회수를 거듭할수록 조건화가 잘 형성

010 재해사례연구의 진행순서로 옳은 것은?

① 재해 상황 파악 → 사실의 확인 → 문제점 발견 → 근본적 문제점 결정 → 대책 수립
② 사실의 확인 → 재해 상황 파악 → 문제점 발견 → 근본적 문제점 결정 → 대책 수립
③ 재해 상황 파악 → 사실의 확인 → 근본적 문제점 결정 → 문제점 발견 → 대책 수립
④ 사실의 확인 → 재해 상황 파악 → 근본적 문제점 결정 → 문제점 발견 → 대책 수립

재해사례 연구순서
- 제1단계(사실의 확인) : 작업의 개시에서 재해의 발생까지의 경과 가운데 재해와 관계가 있는 사실 및 재해요인으로 알려진 사실을 객관적으로 확인하며 이상시 또는 사고시, 재해발생시의 조치를 포함
- 제2단계(문제점의 발견) : 파악된 사실로부터 판단하여 각종 기준과의 차이에서 드러나는 문제점을 발견
- 제3단계(근본적 문제점 결정) : 발견된 문제점 가운데 재해의 중심이 되는 근본적 문제점을 결정하고, 다음으로 재해원인을 결정
- 제4단계(대책의 수립) : 사례를 해결하기 위한 대책을 수립

011 산업안전보건법령에 따른 특정행위의 지시 및 사실의 고지에 사용되는 안전보건표지의 색도기준으로 옳은 것은?

① 2.5G 4/10 ② 2.5PB 4/10
③ 5Y 8.5/12 ④ 7.5R 4/14

안전보건표지의 색도기준 및 용도(산업안전보건법 시행규칙 별표 8)

색채	색도기준	용도	사용례
빨간색	7.5R 4/14	금지	정지신호, 소화설비 및 그 장소, 유해행위의 금지
		경고	화학물질 취급장소에서의 유해·위험 경고
노란색	5Y 8.5/12	경고	화학물질 취급장소에서의 유해·위험 경고 이외의 위험 경고, 주의표지 또는 기계방호물

파란색	2.5PB 4/10	지시	특정 행위의 지시 및 사실의 고지
녹색	2.5G 4/10	안내	비상구 및 피난소 사람 또는 차량의 통행 표시
흰색	N9.5	–	파란색 또는 녹색에 대한 보조색
검은색	N0.5	–	문자 및 빨간색 또는 노란색에 대한 보조색

012 부주의에 대한 사고방지대책 중 기능 및 작업측면의 대책이 아닌 것은?

① 작업표준의 습관화
② 적성배치
③ 안전의식의 제고
④ 작업조건의 개선

부주의 발생원인 및 대책
- 외적 원인 및 대책
  - 작업, 환경조건 불량 : 환경정비
  - 작업순서의 부적당 : 작업순서정비
- 내적 조건 및 대책
  - 소질적 조건 : 적정 배치
  - 의식의 우회 : 상담(Counseling)
  - 경험, 미경험 : 교육

013 버드(Bird)의 신연쇄성 이론 중 재해발생의 근원적 원인에 해당하는 것은?

① 상해 발생
② 징후 발생
③ 접촉 발생
④ 관리의 부족

버드(Bird)의 최신사고 연쇄성 이론
- 1단계 : 통제의 부족 – 관리(경영)
- 2단계 : 기본원인 – 기원(원인론)
- 3단계 : 직접원인 – 징후
- 4단계 : 사고 – 접촉
- 5단계 : 상해 – 손해 – 손실

014 브레인스토밍(Brain-storming) 기법의 4원칙에 관한 설명으로 옳은 것은?

① 주제와 관련이 없는 내용은 발표할 수 없다.
② 동료의 의견에 대하여 좋고 나쁨을 평가한다.
③ 발표 순서를 정하고, 동일한 발표기회를 부여한다.
④ 타인의 의견에 대하여는 수정하여 발표할 수 있다.

브레인 스토밍(Brain Storming)의 4원칙 : 비평금지, 자유분방, 대량발언, 수정발언

015 주의의 특성에 해당되지 않는 것은?

① 선택성 ② 변동성
③ 가능성 ④ 방향성

주의의 특징
- 선택성 : 여러 종류의 자극을 자각할 때 소수의 특정한 것에 한하여 선택하는 기능
- 방향성 : 주시점만 인지하는 기능
- 변동성 : 주의에는 주기적으로 부주의의 리듬이 존재

016 OJT(On the Job Training)의 특징에 대한 설명으로 옳은 것은?

① 특별한 교재·교구·설비 등을 이용하는 것이 가능하다.
② 외부의 전문가를 위촉하여 전문교육을 실시할 수 있다.
③ 직장의 실정에 맞는 구체적이고 실제적인 지도 교육이 가능하다.
④ 다수의 근로자들에게 조직적 훈련이 가능하다.

OJT와 off JT의 특징

OJT	off JT
• 개개인에게 적합한 지도훈련이 가능 • 직장의 실정에 맞는 실체적 훈련 • 훈련에 필요한 업무의 계속성 • 즉시 업무에 연결되는 관계로 신체와 관련 • 효과가 곧 업무에 나타나며 훈련의 좋고 나쁨에 따라 개선이 용이 • 교육을 통한 훈련 효과에 의해 상호 신뢰이해도가 높아짐	• 다수의 근로자에게 조직적 훈련이 가능 • 훈련에만 전념 • 특별 설비 기구를 이용 • 전문가를 강사로 초청 • 각 직장의 근로자가 많은 지식이나 경험을 교류 • 교육 훈련 목표에 대해서 집단적 노력이 흐트러 질 수 도 있음

017 연간근로자수가 1000명인 공장의 도수율이 10인 경우 이 공장에서 연간 발생한 재해건수는 몇 건인가?

① 20건 ② 22건
③ 24건 ④ 26건

- 도수율 $= \dfrac{재해발생건수}{연간 총근로시간} \times 10^6$
- 연간총근로시간 = 근로자수 × 일일근로시간 × 연간근로일수
- $10 = \dfrac{재해발생건수}{1000 \times 8 \times 300} \times 10^6$
- 재해발생건수 $= \dfrac{10 \times 1000 \times 8 \times 300}{10^6} = 24$

018 산업안전보건법령상 안전검사 대상 기계등에 해당하는 것은?

① 정격 하중이 2톤 미만인 크레인
② 이동식 국소 배기장치
③ 밀폐형 구조 롤러기
④ 산업용 원심기

산업안전보건법 시행령 제78조(안전검사대상기계등) ① 법 제93조제1항 전단에서 "대통령령으로 정하는 것"이란 다음 각 호의 어느 하나에 해당하는 것을 말한다.
1. 프레스
2. 전단기
3. 크레인(정격 하중이 2톤 미만인 것은 제외한다)
4. 리프트
5. 압력용기
6. 곤돌라
7. 국소 배기장치(이동식은 제외한다)
8. 원심기(산업용만 해당한다)
9. 롤러기(밀폐형 구조는 제외한다)
10. 사출성형기[형 체결력(型 締結力) 294킬로뉴턴(KN) 미만은 제외한다]
11. 고소작업대(화물자동차 또는 특수자동차에 탑재한 고소작업대로 한정한다)
12. 컨베이어
13. 산업용 로봇
14. 혼합기
15. 파쇄기 또는 분쇄기

019 안전교육 방법의 4단계의 순서로 옳은 것은?

① 도입 → 확인 → 적용 → 제시
② 도입 → 제시 → 적용 → 확인
③ 제시 → 도입 → 적용 → 확인
④ 제시 → 확인 → 도입 → 적용

교육법의 4단계
- 제1단계-도입(준비) : 배우고자 하는 마음가짐을 일으키도록 도입
- 제2단계-제시(설명) : 상대의 능력에 따라 교육하고 내용을 확실하게 이해시키고 납득시켜 다시 기능으로서 습득시킴
- 제3단계-적용(응용) : 이해시킨 내용을 구체적인 문제 또는 실제문제로 활용시키거나 응용시킴
- 제4단계-확인(총괄) : 교육내용을 정확하게 이해하고 습득하였는지의 여부를 확인

020 관리 그리드 이론에서 인간관계 유지에는 낮은 관심을 보이지만 과업에 대해서는 높은 관심을 가지는 리더십의 유형은?

① 1.1형
② 1.9형
③ 9.1형
④ 9.9형

관리 그리드 이론에서 리더의 행동유형
- (1.1)형-무관심형 : 생산과 인간에 대한 관심이 모두 낮은 무관심 스타일로, 리더 자신의 직분을 유지하는 데 필요한

최소한의 노력만을 투입하는 유형이다.
- (1.9)형–인기형 : 인간에 대한 관심은 매우 높고 생산에 대한 관심은 매우 낮기 때문에 구성원의 만족관계와 친밀한 분위기 조정에 역점을 기울이는 유형이다.
- (9.1)형–과업형 : 생산에 대한 관심은 매우 높지만 인간에 대한 관심은 매우 낮아 인간적인 요소보다 과업상 능력을 우선시하는 유형이다.
- (5.5)형–타협형 : 과업의 능률과 인간요소를 절충하여 적당한 수준의 성과를 지향하는 유형이다.
- (9.9)형–이상형 : 구성원들과 조직체의 공동목표와 상호의존관계를 강조하고 상호 신뢰적으로 상호 존경적인 관계에서 구성원들의 합의를 통해 과업을 달성하는 유형이다.

제 02 과목 인간공학 및 위험성 평가·관리

021 고용노동부 고시의 근골격계부담작업의 범위에서 근골격계부담작업에 대한 설명으로 틀린 것은?

① 하루에 10회 이상 25kg 이상의 물체를 드는 작업
② 하루에 총 2시간 이상 쪼그리고 앉거나 무릎을 굽힌 자세에서 이루어지는 작업
③ 하루에 총 2시간 이상 집중적으로 자료입력 등을 위해 키보드 또는 마우스를 조작하는 작업
④ 하루에 총 2시간 이상 지지되지 않은 상태에서 4.5kg 이상의 물건을 한 손으로 들거나 동일한 힘으로 쥐는 작업

근골격계부담작업의 범위(단기간 작업 또는 간헐적인 작업은 제외)
- 하루에 4시간 이상 집중적으로 자료입력 등을 위해 키보드 또는 마우스를 조작하는 작업
- 하루에 총 2시간 이상 목, 어깨, 팔꿈치, 손목 또는 손을 사용하여 같은 동작을 반복하는 작업
- 하루에 총 2시간 이상 머리 위에 손이 있거나, 팔꿈치가 어깨위에 있거나, 팔꿈치를 몸통으로부터 들거나, 팔꿈치를 몸통 뒤쪽에 위치하도록 하는 상태에서 이루어지는 작업
- 지지되지 않은 상태이거나 임의로 자세를 바꿀 수 없는 조건에서, 하루에 총 2시간 이상 목이나 허리를 구부리거나 트는 상태에서 이루어지는 작업
- 하루에 총 2시간 이상 쪼그리고 앉거나 무릎을 굽힌 자세에서 이루어지는 작업
- 하루에 총 2시간 이상 지지되지 않은 상태에서 1kg 이상의 물건을 한손의 손가락으로 집어 옮기거나 2kg 이상에 상응하는 힘을 가하여 한손의 손가락으로 물건을 쥐는 작업
- 하루에 총 2시간 이상 지지되지 않은 상태에서 4.5kg 이상의 물건을 한 손으로 들거나 동일한 힘으로 쥐는 작업
- 하루에 10회 이상 25kg 이상의 물체를 드는 작업
- 하루에 25회 이상 10kg 이상의 물체를 무릎 아래에서 들거나, 어깨 위에서 들거나, 팔을 뻗은 상태에서 드는 작업
- 하루에 총 2시간 이상, 분당 2회 이상 4.5kg 이상의 물체를 드는 작업
- 하루에 총 2시간 이상 시간당 10회 이상 손 또는 무릎을 사용하여 반복적으로 충격을 가하는 작업

022 양립성(compatibility)에 대한 설명 중 틀린 것은?

① 개념양립성, 운동양립성, 공간양립성 등이 있다.
② 인간의 기대에 맞는 자극과 반응의 관계를 의미한다.
③ 양립성의 효과가 크면 클수록, 코딩의 시간이나 반응의 시간은 길어진다.
④ 양립성이 인간의 예상과 어느 정도 일치하는 것을 의미한다.

해설

정보입력 및 처리와 관련한 양립성(Compatibility)은 인간의 기대와 모순되지 않는 자극들간, 반응들간의 또는 자극반응 조합의 관계를 말하는 것으로 양립성의 효과가 크면 클수록, 코딩의 시간이나 반응의 시간은 줄어든다.

023 정보처리과정에서 부적절한 분석이나 의사결정의 오류에 의하여 발생하는 행동은?

① 규칙에 기초한 행동(rule-based behavior)
② 기능에 기초한 행동(skill-based behavior)
③ 지식에 기초한 행동(knowledge-based behavior)
④ 무의식에 기초한 행동(unconsciousness-based behavior)

Rasmussen의 분류 체계

- 지식에 기초한 행동(Knowledge-based Behavior) : 상황이나 자극에 대해 적절한 규칙이나 정보가 없기 때문에 제로(ZERO) 상태에서 시작한다.(초보자의 작업 및 행동단계)
- 규칙에 기초한 행동(Rule-based Behavior) : 상황이나 자극에 대해 형성된 자신만의 규칙을 사용한다.(중급자의 작업 및 행동단계)
- 기능에 기초한 행동(Skill-based Behavior) : 상황이나 자극에 대해 자동적으로 반응하는 것으로 무의식에 가까운 단축화로 일종의 습관이라 할 수 있다.(숙련자의 작업 및 행동단계)

024 욕조곡선의 설명으로 맞는 것은?

① 마모고장 기간의 고장 형태는 감소형이다.
② 디버깅(Debugging) 기간은 마모고장에 나타난다.
③ 부식 또는 산화로 인하여 초기고장이 일어난다.
④ 우발고장기간은 고장률이 비교적 낮고 일정한 현상이 나타난다.

고장의 유형

- 초기고장 : 감소형(Debugging 기간, Burning 기간)
- 우발고장 : 일정형
- 마모고장 : 증가형(Burn In 기간)

025 시력에 대한 설명으로 맞는 것은?

① 배열시력(vernier acuity) – 배경과 구별하여 탐지할 수 있는 최소의 점
② 동적시력(dynamic visual acuity) – 비슷한 두 물체가 다른 거리에 있다고 느껴지는 시차각의 최소차로 측정되는 시력
③ 입체시력(stereoscopic acuity) – 거리가 있는 한 물체에 대한 약간 다른 상이 두 눈의 망막에 맺힐 때 이것을 구별하는 능력
④ 최소지각시력(minimum perceptible acuity) – 하나의 수직선이 중간에서 끊겨 아래부분이 옆으로 옮겨진 경우에 탐지할 수 있는 최소 측변방위

해설
- 배열시력(vernier acuity) : 둘 혹은 그 이상의 물체들을 평면에 배열하여 놓고 그것이 일렬로 서 있는지의 여부를 판별하는 능력
- 동체시력(dynamic visual acuity) : 움직이는 물체를 정확하고 빠르게 인지하는 능력
- 최소지각시력(minimum perceptible acuity) : 배경으로부터 한 점(가령 둥근 점)을 분간하는 능력

026 인간의 귀의 구조에 대한 설명으로 틀린 것은?

① 외이는 귓바퀴와 외이도로 구성된다.
② 고막은 중이와 내이의 경계부위에 위치해 있으며 음파를 진동으로 바꾼다.
③ 중이에는 인두와 교통하여 고실 내압을 조절하는 유스타키오관이 존재한다.
④ 내이는 신체의 평형감각수용기인 반규관과 청각을 담당하는 와우 등으로 구성되어 있다.

해설
고막은 중이와 내이의 경계부위에 위치하는 얇고 투명한 막으로, 전달된 음파를 진동시키는 역할을 한다.

027 FTA를 수행함에 있어 기본사상들의 발생이 서로 독립인가 아닌가의 여부를 파악하기 위해서는 어느 값을 계산해 보는 것이 가장 적합한가?

① 공분산
② 분산
③ 고장률
④ 발생확률

해설
공분산(covariance)은 두 변수의 관계를 나타내는 양으로 기본사상들의 발생이 서로 독립인가 아닌가의 여부를 파악하기 위해 유용하다.

028 산업안전보건법령에 따라 제출된 유해위험방지계획서의 심사 결과에 따른 구분·판정결과에 해당하지 않는 것은?

① 적정
② 일부 적정
③ 부적정
④ 조건부 적정

해설
산업안전보건법 시행규칙 제45조(심사 결과의 구분) ① 공단은 유해위험방지계획서의 심사 결과에 따라 다음 각 호와 같이 구분·판정한다.
1. 적정 : 근로자의 안전과 보건을 위하여 필요한 조치가 구체적으로 확보되었다고 인정되는 경우
2. 조건부 적정 : 근로자의 안전과 보건을 확보하기 위하여 일부 개선이 필요하다고 인정되는 경우
3. 부적정 : 건설물·기계·기구 및 설비 또는 건설공사가 심사기준에 위반되어 공사착공 시 중대한 위험이 발생할 우려가 있거나 해당 계획에 근본적 결함이 있다고 인정되는 경우

029 일반적으로 기계가 인간보다 우월한 기능에 해당되는 것은?(단, 인공지능은 제외한다.)

① 귀납적으로 추리한다.
② 원칙을 적용하여 다양한 문제를 해결한다.
③ 다양한 경험을 토대로 하여 의사 결정을 한다.
④ 명시된 절차에 따라 신속하고, 정량적인 정보처리를 한다.

인간과 기계의 상대적 재능

인간이 우수한 기능	기계가 우수한 기능
• 저에너지 자극(시각, 청각, 후각 등) 감지 • 복잡 다양한 자극 형태 식별 • 예기치 못한 사건 감지 • 다량 정보를 오래 보관 • 귀납적 추리 • 과부하 상황에서는 중요한 일에만 전념 • 임기응변, 융통성, 원칙 적용, 주관적 추산, 독창력 발휘 등의 기능	• 인간 감지 범위 밖의 자극(X선, 초음파 등)도 감지 • 인간 및 기계에 대한 모니터 기능 • 드물게 발생하는 사상 감지 • 암호화된 정보를 신속하게 대량보관 • 연역적 추리 • 과부하시에도 효율적으로 작동 • 정량적 정보처리, 장시간 중량작업, 반복작업, 동시에 여러 가지 작업수행 등의 기능

030 섬유유연제 생산 공정이 복잡하게 연결되어 있어 작업자의 불안전한 행동을 유발하는 상황이 발생하고 있다. 이것을 해결하기 위한 위험처리 기술에 해당하지 않는 것은?

① Transfer(위험전가)
② Retention(위험보류)
③ Reduction(위험감축)
④ Rearrange(작업순서의 변경 및 재배열)

위험처리(조정)기술 : 회피(Avoidance), 경감 · 감축(Reduction), 보류(Retention), 전가(Transfer)

031 다음 그림의 결함수에서 최소 패스셋(minmal path sets)과 그 신뢰도 R(t)는?(단, 각각의 부품 신뢰도는 0.9이다.)

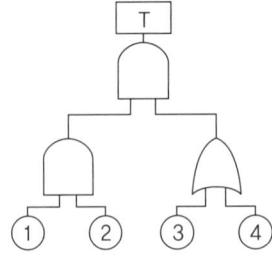

① 최소 패스셋 : {1}, {2}, {3, 4}
   R(t) = 0.9081
② 최소 패스셋 : {1}, {2}, {3, 4}
   R(t) = 0.9981
③ 최소 패스셋 : {1, 2, 3}, {1, 2, 4}
   R(t) = 0.9081
④ 최소 패스셋 : {1, 2, 3}, {1, 2, 4}
   R(t) = 0.9981

해설
- 최소 패스셋(minimal path sets)은 시스템이 고장 나지 않도록 하는 최소한의 패스셋으로 어떤 고장이나 패스를 일으키지 않으면 재해는 일어나지 않는다는 것 즉, 시스템의 신뢰성을 나타낸다.
- R(t) = 1 − {1 − (1 − (1 − 0.9)(1 − 0.9)) × 1 − (0.9 × 0.9)} = 0.9981

032 3개 공정의 소음수준 측정 결과 1공정은 100dB에서 1시간, 2공정은 95dB에서 1시간, 3공정은 90dB에서 1시간이 소요될 때 총 소음량(TND)과 소음설계의 적합성을 맞게 나열한 것은?(단, 90dB에 8시간 노출될 때를 허용기준으로 하며, 5dB증가할 때 허용시간은 1/2로 감소되는 법칙을 적용한다.)

① TND = 0.785, 적합
② TND = 0.875, 적합
③ TND = 0.985, 적합
④ TND = 1.085, 부적합

해설

음압과 허용노출한계

dB	90	95	100	105	110	115	120
허용노출시간	8시간	4시간	4시간	1시간	30분	15분	5~8분

- TND = $\frac{1}{2} + \frac{1}{4} + \frac{1}{8}$ = 0.875
- 적합성 : TND가 1 미만이므로 적합하다.

033 인간공학에 있어 기본적인 가정에 관한 설명으로 틀린 것은?

① 인간 기능의 효율은 인간 - 기계 시스템의 효율과 연계된다.
② 인간에게 적절한 동기부여가 된다면 좀 더 나은 성과를 얻게 된다.
③ 개인이 시스템에서 효과적으로 기능을 하지 못하여도 시스템의 수행도는 변함없다.
④ 장비, 물건, 환경 특성이 인간의 수행도와 인간 - 기계 시스템의 성과에 영향을 준다.

034 안전성 평가의 기본원칙 6단계에 해당되지 않는 것은?

① 안전대책
② 정성적 평가
③ 작업환경 평가
④ 관계 자료의 정비검토

해설

안전성 평가의 기본원칙 6단계
- 제1단계-관계 자료의 작성준비 : 안전성의 사전평가를 위해 필요한 자료의 작성준비를 실시
- 제2단계-정성적 평가 : 입지조건, 공장내 배치, 건조물, 소방설비, 원재료 및 중간제 제품, 공정, 수송 및 저장, 공정기기
- 제3단계-정량적 평가 : 당해 화학설비의 취급물질, 용량, 온도, 압력 및 조작의 5항목을 등급으로 분류
- 제4단계-안전대책 : 설비 및 관리대책, 적정인원 배치, 교육훈련 과목
- 제5단계-재해정보에 의한 재평가
- 제6단계-FTA에 의한 재평가

035 다음 내용의 ( ) 안에 들어갈 내용을 순서대로 정리한 것은?

> 근섬유의 수축단위는 (A)(이)라 하는데, 이것은 두 가지 기본형의 단백질 필라멘트로 구성되어 있으며, (B)이(가) (C) 사이로 미끄러져 들어가는 현상으로 근육의 수축을 설명하기도 한다.

① A : 근막, B : 마이오신, C : 액틴
② A : 근막, B : 액틴, C : 마이오신
③ A : 근원섬유, B : 근막, C : 근섬유
④ A : 근원섬유, B : 액틴, C : 마이오신

근섬유의 수축단위를 근원섬유라고 하며, 근육의 수축은 F-액틴(actin)으로 형성된 I-필라멘트가 마이오신(myosin)으로 형성된 A-필라멘트의 중심을 향하여 미끄러져 들어감으로써 일어난다.

036 소음 발생에 있어 음원에 대한 대책으로 볼 수 없는 것은?

① 설비의 격리
② 적절한 재배치
③ 저소음 설비 사용
④ 귀마개 및 귀덮개 사용

소음대책
- 소음원의 통제 : 기계의 적절한 설계, 적절한 정비 및 주유, 기계에 고무 받침대 부착. 차량에는 소음기 사용
- 소음의 격리 : 씌우개 방, 장벽을 사용(집의 창문을 닫으면 약 10dB 감음됨)
- 차폐장치 및 흡음재료 사용
- 음향처리제 사용
- 적절한 배치(Layout)

037 인간공학적 의자 설계의 원리로 가장 적합하지 않은 것은?

① 자세고정을 줄인다.
② 요부측만을 촉진한다.
③ 디스크 압력을 줄인다.
④ 등근육의 정적 부하를 줄인다.

좌판의 깊이가 너무 깊어 등받이와 요추받침을 제대로 사용하지 못할 경우 등이 구부러지는 요추후만이 발생하여 요추부의 디스크 압력이 증가하게 된다. 따라서, 의자 설계 시에는 정상적인 자세에서의 요추전만을 유도하도록 설계해야 한다.

038 FTA에서 사용되는 논리게이트 중 입력과 반대되는 현상으로 출력되는 것은?

① 부정 게이트
② 억제 게이트
③ 배타적 OR 게이트
④ 우선적 AND 게이트

부정(NOT) 게이트

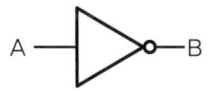

입력(A)	출력(B)
0	1
1	0

039 다음 그림에서 시스템 위험분석 기법 중 PHA(예비위험분석)가 실행되는 사이클의 영역으로 맞는 것은?

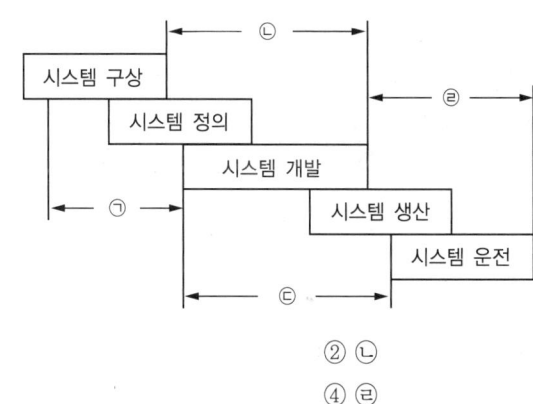

① ㉠
② ㉡
③ ㉢
④ ㉣

예비위험분석(PHA)은 대부분 시스템안전 프로그램에 있어서 최초단계의 분석으로 시스템 내의 위험한 요소가 얼마나 위험한 상태에 있는가를 정성적으로 평가하는 작업이다. 따라서, 실행 사이클의 ㉠ 영역에서 실행된다.

040 인간과 기계의 신뢰도가 인간 0.40, 기계 0.95인 경우, 병렬작업 시 전체 신뢰도는?

① 0.89
② 0.92
③ 0.95
④ 0.97

R = 1 − (1 − 0.4) × (1 − 0.95) = 0.97

제 03 과목 | 기계·기구 및 설비 안전관리

041 어떤 양중기에서 3000kg의 질량을 가진 물체를 한쪽이 45°인 각도로 그림과 같이 2개의 와이어로프로 직접 들어올릴 때, 안전율이 고려된 가장 적절한 와이어로프 지름을 표에서 구하면?(단, 안전율은 산업안전보건법령을 따르고, 두 와이어로프의 지름은 동일하며, 기준을 만족하는 가장 작은 지름을 선정한다.)

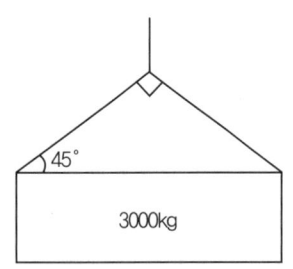

〈와이어로프 지름 및 절단강도〉

와이어로프 지름[mm]	절단강도 [kN]
10	56 kN
12	88 kN
14	110 kN
16	144 kN

① 10mm ② 12mm
③ 14mm ④ 16mm

- 1줄에 걸리는 하중 = $\dfrac{\omega}{2 \times \cos\dfrac{\theta}{2}} = \dfrac{3000}{2 \times \cos\dfrac{90°}{2}}$ = 2121.3[kgf]
- 2121.3 × 9.8 = 20,789N = 20.789kN (∵ 1kgf = 9.8N)
- 권상용 와이어로프의 안전율은 5이므로, 20.789[kN] × 5 ≒ 104[kN]를 만족하는 와이어로프의 지름은 절단강도가 110[kN]인 14mm을 사용해야 한다.

042 다음 중 금형 설치·해체작업의 일반적인 안전사항으로 틀린 것은?

① 금형을 설치하는 프레스의 T홈 안길이는 설치 볼트 직경 이하로 한다.
② 금형의 설치용구는 프레스의 구조에 적합한 형태로 한다.
③ 고정볼트는 고정 후 가능하면 나사산이 3~4개 정도 짧게 남겨 슬라이드 면과의 사이에 협착이 발생하지 않도록 해야 한다
④ 금형 고정용 브래킷(물림판)을 고정시킬 때 고정용 브래킷은 수평이 되게 하고, 고정볼트는 수직이 되게 고정하여야 한다.

금형의 운반 및 설치·해체에 의한 위험방지
- 금형의 설치용구는 프레스의 구조에 적합한 형태로 한다.
- 금형을 설치하는 프레스의 T홈 안길이는 설치 볼트 직경의 2배 이상으로 한다.
- 고정볼트는 고정 후 가능하면 나사산이 3~4개 정도 짧게 남겨 슬라이드면과의 사이에 협착이 발생하지 않도록 해야 한다.
- 금형 고정용 브래킷(물림판)을 고정시킬 때 고정용 브래킷은 수평이 되게하고 고정볼트는 수직이 되게 고정하여야 한다.
- 부적합한 프레스에 금형을 설치하는 것을 방지하기 위하여 금형에 부품번호, 상형중량, 총중량, 다이하이트, 제품소재(재질) 등을 기록 하여야 한다.

043 휴대용 동력드릴의 사용 시 주의해야 할 사항에 대한 설명으로 옳지 않은 것은?

① 드릴 작업 시 과도한 진동을 일으키면 즉시 작업을 중단한다.
② 드릴이나 리머를 고정하거나 제거할 때는 금속성 망치 등을 사용한다.
③ 절삭하기 위하여 구멍에 드릴날을 넣거나 뺄 때는 팔을 드릴과 직선이 되도록 한다.
④ 작업 중에는 드릴을 구멍에 맞추거나 하기 위해서 드릴 날을 손으로 잡아서는 안된다.

드릴작업의 안전
- 드릴의 손잡이를 견고하게 잡고 작업하여 드릴 손잡이 부위가 회전하지 않고 확실하게 제어 가능하도록 한다.
- 절삭하기 위하여 구멍에 드릴날을 넣거나 뺄 때 반발에 의하여 손잡이 부분이 튀거나 회전하여 위험을 초래하지 않도록 팔을 드릴과 직선으로 유지한다.
- 적당한 편치로 중심을 잡은 후에 드릴작업을 실시한다. 드릴을 구멍에 맞추거나 스핀들의 속도를 낮추기 위해서 드릴날을 손으로 잡아서는 안된다. 조정이나 보수를 위하여 손으로 잡아야 할 경우에는 충분히 냉각된 후에 잡는다.
- 작업속도를 높이기 위하여 과도한 힘을 가하면 드릴날이 구멍에 끼일 수 있으므로 적당한 힘을 가한다.
- 드릴이 과도한 진동을 일으키면 드릴이 고장이거나 작업방법이 옳지 않다는 증거이므로 즉시 작동을 중단한다. 과도한 진동이 계속되면 수리를 한다.
- 원활치 못하게 운전되는 드릴은 고장이 있다는 신호이므로 작업자는 고장이 있는 장비를 사용치 않도록 하고 고장시 즉시 반납하여 검사 및 수리를 받는다.
- 결함 등으로 사용할 수 없는 드릴은 표식을 붙여 수리가 완료될 때까지 사용치 않아야 한다.
- 드릴이나 리머를 고정시키거나 제거하고자 할 때 금속성 물질로 두드리면 변형 및 파손될 우려가 있으므로 고무망치 등을 사용하거나 나무블록 등을 사이에 두고 두드린다.

044 방호장치를 분류할 때는 크게 위험장소에 대한 방호장치와 위험원에 대한 방호장치로 구분할 수 있는데, 다음 중 위험장소에 대한 방호장치가 아닌 것은?

① 격리형 방호장치
② 접근거부형 방호장치
③ 접근반응형 방호장치
④ 포집형 방호장치

방호장치의 구분
- 위치제한형 : 작업자의 신체부위가 위험한계 밖에 있도록 기계의 조작장치를 위험한 작업점에서 안전거리 이상 떨어지게 하거나 조작장치를 양손으로 동시 조작하게 함으로써 위험한계에 접근하는 것을 제한하는 방호장치(양수조작식)
- 접근거부형 : 작업자의 신체부위가 위험한계내로 접근하였을 때 기계적인 작용에 의하여 접근을 못하도록 저지하는 방호장치(수인식 및 손쳐내기식)
- 접근반응형 : 작업자의 신체부위가 위험한계 또는 그 인접한 거리내로 들어 오면 이를 감지하여 그 즉시 기계의 동작을 정지시키고 경보등을 발하는 방호장치(광전자식, 감응식)
- 포집형 : 위험장소에 설치하여 위험원이 비산하거나 튀는 것을 포집하여 작업자로부터 위험원을 차단하는 방호장치(연삭기 덮개나 반발예방장치)
- 감지형 : 이상온도, 이상기압, 과부하 등 기계의 부하가 안전한계치를 초과하는 경우에 이를 감지하고 자동으로 안전상태가 되도록 조정하거나 기계의 작동을 중지시키는 방호장치

045 다음 ( ) 안의 A와 B의 내용을 옳게 나타낸 것은?

> 아세틸렌용접장치의 관리상 발생기에서 (A)미터 이내 또는 발생기실에서 (B)미터 이내의 장소에서는 흡연, 화기의 사용 또는 불꽃이 발생할 위험한 행위를 금지해야 한다.

① A: 7, B: 5
② A: 3, B: 1
③ A: 5, B: 5
④ A: 5, B: 3

산업안전보건기준에 관한 규칙 제290조(아세틸렌 용접장치의 관리 등) 사업주는 아세틸렌 용접장치를 사용하여 금속의 용접·용단(溶斷) 또는 가열작업을 하는 경우에 다음 각 호의 사항을 준수하여야 한다.
1. 발생기(이동식 아세틸렌 용접장치의 발생기는 제외한다)의 종류, 형식, 제작업체명, 매 시 평균 가스발생량 및 1회 카바이드 공급량을 발생기실 내의 보기 쉬운 장소에 게시할 것
2. 발생기실에는 관계 근로자가 아닌 사람이 출입하는 것을 금지할 것
3. 발생기에서 5미터 이내 또는 발생기실에서 3미터 이내의 장소에서는 흡연, 화기의 사용 또는 불꽃이 발생할 위험한 행위를 금지시킬 것
4. 도관에는 산소용과 아세틸렌용의 혼동을 방지하기 위한 조치를 할 것
5. 아세틸렌 용접장치의 설치장소에는 소화기 한 대 이상을 갖출 것
6. 이동식 아세틸렌용접장치의 발생기는 고온의 장소, 통풍이나 환기가 불충분한 장소 또는 진동이 많은 장소 등에 설치하지 않도록 할 것

046 크레인의 로프에 질량 100kg인 물체를 5m/s²의 가속도로 감아올릴 때, 로프에 걸리는 하중은 약 몇 N인가?

① 500 N ② 1480 N
③ 2540 N ④ 4900 N

- 총하중 = 정하중 + 동하중 = $100 + \frac{100}{9.8} \times 5 = 151.02$[kg]
- 장력 = 총하중 × 중력가속도 = $151.02 \times 9.8 = 1480$[N]

047 침투탐상검사에서 일반적인 작업 순서로 옳은 것은?

① 전처리 → 침투처리 → 세척처리 → 현상처리 → 관찰 → 후처리
② 전처리 → 세척처리 → 침투처리 → 현상처리 → 관찰 → 후처리
③ 전처리 → 현상처리 → 침투처리 → 세척처리 → 관찰 → 후처리
④ 전처리 → 침투처리 → 현상처리 → 세척처리 → 관찰 → 후처리

침투탐상검사(PT) 작업 순서 : 전처리 → 침투처리 → 세척처리 → 현상처리 → 관찰 → 후처리

048 연삭기 덮개의 개구부 각도가 그림과 같이 150° 이하여야 하는 연삭기의 종류로 옳은 것은?

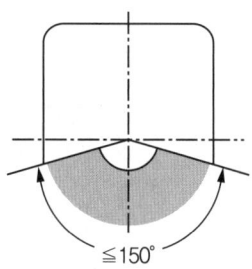

① 센터리스 연삭기
② 탁상용 연삭기
③ 내면 연삭기
④ 평면 연삭기

연삭기 덮개의 각도

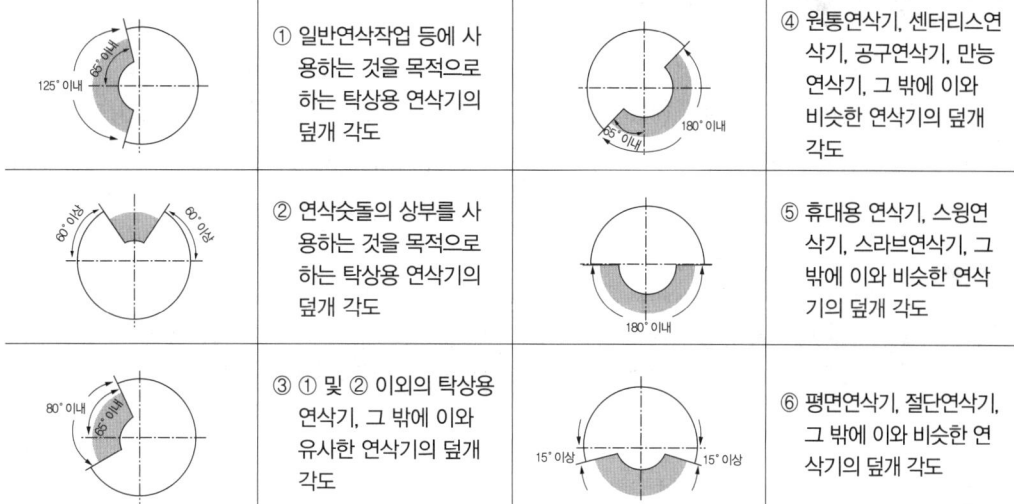

125° 이내	① 일반연삭작업 등에 사용하는 것을 목적으로 하는 탁상용 연삭기의 덮개 각도	180° 이내	④ 원통연삭기, 센터리스연삭기, 공구연삭기, 만능연삭기, 그 밖에 이와 비슷한 연삭기의 덮개 각도
60° 이상	② 연삭숫돌의 상부를 사용하는 것을 목적으로 하는 탁상용 연삭기의 덮개 각도	180° 이내	⑤ 휴대용 연삭기, 스윙연삭기, 스라브연삭기, 그 밖에 이와 비슷한 연삭기의 덮개 각도
80° 이내	③ ① 및 ② 이외의 탁상용 연삭기, 그 밖에 이와 유사한 연삭기의 덮개 각도	15° 이상	⑥ 평면연삭기, 절단연삭기, 그 밖에 이와 비슷한 연삭기의 덮개 각도

049 다음 중 선반에서 사용하는 바이트와 관련된 방호장치는?

① 심압대
② 터릿
③ 칩 브레이커
④ 주축대

방호장치
- 칩 브레이커 : 바이트에 설치된 칩을 짧게 끊어내는 장치
- 쉴드 : 칩 비산 방지 투명판
- 브레이크 : 급정지장치
- 덮개 또는 울 : 돌출 가공물에 설치한 안전장치

050 프레스기를 사용하여 작업을 할 때 작업시작 전 점검사항으로 틀린 것은?

① 클러치 및 브레이크의 기능
② 압력방출장치의 기능
③ 크랭크축 · 플라이휠 · 슬라이드 · 연결봉 및 연결나사의 풀림유무
④ 금형 및 고정 볼트의 상태

작업시작 전 점검사항(프레스 등 사용 작업)
- 클러치 및 브레이크의 기능
- 크랭크축 · 플라이휠 · 슬라이드 · 연결봉 및 연결 나사의 풀림 여부
- 1행정 1정지기구 · 급정지장치 및 비상정지장치의 기능
- 슬라이드 또는 칼날에 의한 위험방지 기구의 기능
- 프레스의 금형 및 고정볼트 상태
- 방호장치의 기능
- 전단기(剪斷機)의 칼날 및 테이블의 상태

051 다음 중 기계 설비에서 재료 내부의 균열 결함을 확인할 수 있는 가장 적절한 검사 방법은?

① 육안검사
② 초음파탐상검사
③ 피로검사
④ 액체침투탐상검사

초음파탐상검사와 액체침투탐상검사
- 초음파탐상검사 : 초음파를 피검체에 보내 그 음향적 성질을 이용하여 내부 균열 결함 등의 유무를 조사하는 검사를 말한다.
- 액체침투탐상검사 : 화학약품을 사용하여 피검체 표면에 존재하는 균열 · 접합부분 · 겹친부분 또는 기타 유해결함을 검사한다.

052 다음은 프레스 제작 및 안전기준에 따라 높이 2m 이상인 작업용 발판의 설치 기준을 설명한 것이다. ( ) 안에 알맞은 말은?

[안전난간 설치기준]
- 상부 난간대는 바닥면으로부터 (가) 이상 120cm 이하에 설치하고, 중간 난간대는 상부 난간대와 바닥면 등의 중간에 설치할 것
- 발끝막이판은 바닥면 등으로부터 (나) 이상의 높이를 유지할 것

① 가. 90 cm 나. 10 cm
② 가. 60 cm 나. 10 cm
③ 가. 90 cm 나. 20 cm
④ 가. 60 cm 나. 20 cm

산업안전보건기준에 관한 규칙 제13조(안전난간의 구조 및 설치요건)사업주는 근로자의 추락 등의 위험을 방지하기 위하여 안전난간을 설치하는 경우 다음 각 호의 기준에 맞는 구조로 설치해야 한다.
1. 상부 난간대, 중간 난간대, 발끝막이판 및 난간기둥으로 구성할 것. 다만, 중간 난간대, 발끝막이판 및 난간기둥은 이와 비슷한 구조와 성능을 가진 것으로 대체할 수 있다.

2. 상부 난간대는 바닥면·발판 또는 경사로의 표면(이하 "바닥면등"이라 한다)으로부터 90센티미터 이상 지점에 설치하고, 상부 난간대를 120센티미터 이하에 설치하는 경우에는 중간 난간대는 상부 난간대와 바닥면등의 중간에 설치해야 하며, 120센티미터 이상 지점에 설치하는 경우에는 중간 난간대를 2단 이상으로 균등하게 설치하고 난간의 상하 간격은 60센티미터 이하가 되도록 할 것. 다만, 난간기둥 간의 간격이 25센티미터 이하인 경우에는 중간 난간대를 설치하지 않을 수 있다.
3. 발끝막이판은 바닥면등으로부터 10센티미터 이상의 높이를 유지할 것. 다만, 물체가 떨어지거나 날아올 위험이 없거나 그 위험을 방지할 수 있는 망을 설치하는 등 필요한 예방 조치를 한 장소는 제외한다.
4. 난간기둥은 상부 난간대와 중간 난간대를 견고하게 떠받칠 수 있도록 적정한 간격을 유지할 것
5. 상부 난간대와 중간 난간대는 난간 길이 전체에 걸쳐 바닥면등과 평행을 유지할 것
6. 난간대는 지름 2.7센티미터 이상의 금속제 파이프나 그 이상의 강도가 있는 재료일 것
7. 안전난간은 구조적으로 가장 취약한 지점에서 가장 취약한 방향으로 작용하는 100킬로그램 이상의 하중에 견딜 수 있는 튼튼한 구조일 것

053 다음 중 산업안전보건법령상 보일러 및 압력용기에 관한 사항으로 틀린 것은?

① 공정안전보고서 제출 대상으로서 이행상태 평가결과가 우수한 사업장의 경우 보일러의 압력방출장치에 대하여 8년에 1회 이상으로 설정압력에서 압력방출장치가 적정하게 작동하는지를 검사할 수 있다.
② 보일러의 안전한 가동을 위하여 보일러 규격에 맞는 압력방출장치를 1개 이상 설치하고 최고사용압력 이하에서 작동되도록 하여야 한다.
③ 보일러의 과열을 방지하기 위하여 최고사용압력과 상용 압력 사이에서 보일러의 버너 연소를 차단할 수 있도록 압력제한스위치를 부착하여 사용하여야 한다.
④ 압력용기에서는 이를 식별할 수 있도록 하기 위하여 그 압력 용기의 최고사용압력, 제조연월일, 제조회사명이 지워지지 않도록 각인(刻印) 표시된 것을 사용하여야 한다.

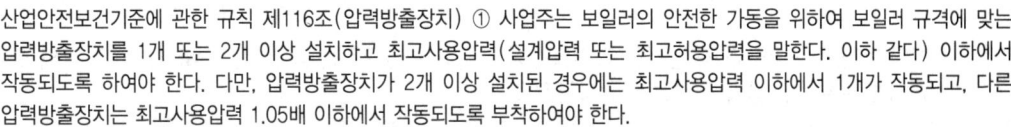

산업안전보건기준에 관한 규칙 제116조(압력방출장치) ① 사업주는 보일러의 안전한 가동을 위하여 보일러 규격에 맞는 압력방출장치를 1개 또는 2개 이상 설치하고 최고사용압력(설계압력 또는 최고허용압력을 말한다. 이하 같다) 이하에서 작동되도록 하여야 한다. 다만, 압력방출장치가 2개 이상 설치된 경우에는 최고사용압력 이하에서 1개가 작동되고, 다른 압력방출장치는 최고사용압력 1.05배 이하에서 작동되도록 부착하여야 한다.
② 제1항의 압력방출장치는 매년 1회 이상 「국가표준기본법」 제14조제3항에 따라 산업통상자원부장관의 지정을 받은 국가교정업무 전담기관(이하 "국가교정기관"이라 한다)에서 교정을 받은 압력계를 이용하여 설정압력에서 압력방출장치가 적정하게 작동하는지를 검사한 후 납으로 봉인하여 사용하여야 한다. 다만, 영 제43조에 따른 공정안전보고서 제출 대상으로서 고용노동부장관이 실시하는 공정안전보고서 이행상태 평가결과가 우수한 사업장은 압력방출장치에 대하여 4년마다 1회 이상 설정압력에서 압력방출장치가 적정하게 작동하는지를 검사할 수 있다.

054 목재가공용 둥근톱 기계에서 가동식 접촉예방장치에 대한 요건으로 옳지 않은 것은?

① 덮개의 하단이 송급되는 가공재의 상면에 항상 접하는 방식의 것이고 절단작업을 하고 있지 않을 때에는 톱날에 접촉되는 것을 방지할 수 있어야 한다.
② 절단작업 중 가공재의 절단에 필요한 날 이외의 부분을 항상 자동적으로 덮을 수 있는 구조여야 한다.
③ 지지부는 덮개의 위치를 조정할 수 있고 체결볼트에는 이완방지조치를 하여야 한다.
④ 톱날이 보이지 않게 완전히 가려진 구조이어야 한다.

목재가공용 둥근톱 덮개
- 가동식 덮개 : 덮개, 보조덮개가 가공물의 크기에 따라 위아래로 움직이며 가공할 수 있는 것으로 그 덮개의 하단이 송급되는 가공재의 윗면에 항상 접하는 구조이며, 가공재를 절단하고 있지 않을 때는 덮개가 테이블면까지 내려가 어떠한 경우에도 근로자의 손 등이 톱날에 접촉되는 것을 방지하도록 된 구조
- 고정식 덮개 : 작업 중에는 덮개가 움직일 수 없도록 고정된 덮개로 비교적 얇은 판재를 가공할 때 이용하는 구조

055 다음 중 기계설비에서 반대로 회전하는 두 개의 회전체가 맞닿는 사이에 발생하는 위험점을 무엇이라 하는가?

① 물림점(nip point)
② 협착점(squeeze pint)
③ 접선물림점(tangential point)
④ 회전말림점(trapping point)

위험점의 분류

분류	내용
협착점	왕복 운동하는 동작부분과 움직임이 없는 고정부분 사이에 형성되는 위험점
끼임점	고정부분과 회전하는 동작부분 사이에서 형성되는 위험점
절단점	회전하는 운동부분 자체의 위험에서 초래되는 위험점
물림점	반대로 회전하는 두 개의 회전체가 맞닿는 사이에서 발생하는 위험점
접선물림점	회전하는 부분의 접선방향으로 물려 들어갈 위험이 존재하는 위험점
회전말림점	회전하는 물체에 작업복 등이 말려드는 위험이 존재하는 위험점

056 롤러의 가드 설치방법 중 안전한 작업공간에서 사고를 일으키는 공간함정(trap)을 막기 위해 확보해야 할 신체 부위별 최소 틈새가 바르게 짝지어진 것은?

① 다리 : 240mm
② 발 : 180mm
③ 손목 : 150mm
④ 손가락 : 25mm

신체 부위별 최소 틈새
- 다리 : 180mm
- 발 : 120mm
- 손목 : 100mm

057 지게차가 부하상태에서 수평거리가 12m이고, 수직높이가 1.5m인 오르막길을 주행할 때 이 지게차의 전후 안정도와 지게차 안정도 기준의 전후 안정도와 지게차 안정도 기준의 만족여부로 옳은 것은?

① 지게차 전후 안정도는 12.5%이고 안정도 기준을 만족하지 못한다.
② 지게차 전후 안정도는 12.5%이고 안정도 기준을 만족한다.
③ 지게차 전후 안정도는 25%이고 안정도 기준을 만족하지 못한다.
④ 지게차 전후 안정도는 25%이고 안정도 기준을 만족한다.

- 안정도(%) = $\frac{h}{l} \times 100$ [l : 수평거리, h : 높이] = $\frac{1.5}{12} \times 100$ = 12.5[%]
- 지게차의 주행시 전후 안정도는 18% 이내이므로 안정도 기준을 만족한다.

058 사출성형기에서 동력작동식 금형고정장치의 안전사항에 대한 설명으로 옳지 않은 것은?

① 금형 또는 부품의 낙하를 방지하기 위해 기계적 억제장치를 추가하거나 자체 고정장치(self retain clamping unit) 등을 설치해야 한다.
② 자석식 금형고정장치는 상·하(좌·우) 금형의 정확한 위치가 자동적으로 모니터(monitor)되어야 한다.
③ 상·하(좌·우)의 두 금형 중 어느 하나가 위치를 이탈하는 경우 플레이트를 작동시켜야 한다.
④ 전자석 금형 고정장치를 사용하는 경우에는 전자기파에 의한 영향을 받지 않도록 전자파 내성대책을 고려해야 한다.

동력작동식 금형고정장치 안전사항
- 동력작동식 금형고정장치의 움직임에 의한 위험을 방지하기 위해 설치하는 가드는 Ⅱ형식 방호장치의 요건을 갖추어야 한다.
- 금형 또는 부품의 낙하를 방지하기 위해 기계적 억제장치를 추가하거나 자체 고정장치(self retain clamping unit) 등을 설치해야 한다.
- 자석식 금형 고정장치는 상·하(좌·우)금형의 정확한 위치가 자동적으로 모니터(monitor)되어야 하며, 두 금형 중 어느 하나가 위치를 이탈하는 경우 플레이트를 더 이상 움직이지 않아야 한다.
- 전자석 금형 고정장치를 사용하는 경우에는 전자기파에 의한 영향을 받지 않도록 전자파 내성대책을 고려해야 한다.

059 인장강도가 250N/mm²인 강판의 안전율이 4 라면 이 강판의 허용응력(N/mm²)은 얼마인가?

① 42.5
② 62.5
③ 82.5
④ 102.5

허용응력 = $\frac{인장강도}{안전율}$ = $\frac{250}{4}$ = 62.5[N/mm²]

060 다음 설명 중 ( ) 안에 알맞은 내용은?

> 롤러기의 급정지장치는 롤러를 무부하로 회전시킨 상태에서 앞면 롤러의 표면속도가 30m/min 미만일 때에는 급정지거리가 앞면 롤러 원주의 ( ) 이내에서 롤러를 정지시킬 수 있는 성능을 보유하여야 한다.

① $\frac{1}{2}$
② $\frac{1}{4}$
③ $\frac{1}{3}$
④ $\frac{1}{2.5}$

해설

앞면 롤러의 표면속도에 따른 급정지거리(방호장치 자율안전기준 고시 별표 3)

앞면 롤러의 표면속도(m/min)	급정지 거리
30 미만	앞면 롤러 원주의 1/3 이내
30 이상	앞면 롤러 원주의 1/2.5 이내

제 04 과목   전기설비 안전관리

061 심장의 맥동주기 중 어느 때에 전격이 인가되면 심실세동을 일으킬 확률이 크고, 위험한가?

① 심방의 수축이 있을 때
② 심실의 수축이 있을 때
③ 심실의 수축 종료 후 심실의 휴식이 있을 때
④ 심실의 수축이 있고 심방의 휴식이 있을 때

해설

심장의 맥동주기는 R파와 R파 간의 거리를 말하며, 심실의 수축이 종료 후 심실의 휴식 시 발생하는 파형(T파) 부분에서 전격이 발생하면 심실세동의 확률이 가장 커진다.

062 교류 아크 용접기의 전격방지장치에서 시동감도를 바르게 정의한 것은?

① 용접봉을 모재에 접촉시켜 아크를 발생시킬 때 전격방지 장치가 동작할 수 있는 용접기의 2차측 최대저항을 말한다.
② 안전전압(24V 이하)이 2차측 전압(85~95V)으로 얼마나 빨리 전환되는가 하는 것을 말한다.
③ 용접봉을 모재로부터 분리시킨 후 주접점이 개로되어 용접기의 2차측 전압이 무부하 전압(25V 이하)으로 될 때까지의 시간을 말한다.
④ 용접봉에서 아크를 발생시키고 있을 때 누설전류가 발생하면 전격방지 장치를 작동시켜야 할지 운전을 계속해야 할지를 결정해야 하는 민감도를 말한다.

해설

시동감도
- 용접봉을 모재에 접촉시켜 아크를 발생시킬 때 전격방지 장치가 동작할 수 있는 용접기의 2차측 최대저항을 말한다.
- 시동감도는 높을수록 좋으나, 극한상황 하에서 전격을 방지하기 위해 500Ω 이하로 제한하는 것이 바람직하다.

063 다음 (   ) 안에 들어갈 내용으로 옳은 것은?

> A. 감전 시 인체에 흐르는 전류는 인가전압에 (㉠)하고 인체저항에 (㉡)한다.
> B. 인체는 전류의 열작용이 (㉢)×(㉣)이 어느 정도 이상이 되면 발생한다.

① ㉠비례, ㉡반비례, ㉢전류의 세기, ㉣시간
② ㉠반비례, ㉡비례, ㉢전류의 세기, ㉣시간
③ ㉠비례, ㉡반비례, ㉢전압, ㉣시간
④ ㉠반비례, ㉡비례, ㉢전압, ㉣시간

- 감전 시 인체에 흐르는 전류는 인가전압에 비례하고 인체저항에 반비례한다.
- 인체는 전류의 열작용이 "전류의 세기 × 시간"이 어느 정도 이상이 되면 발생한다.

064 폭발 위험장소 분류 시 분진폭발위험장소의 종류에 해당하지 않는 것은?

① 20종 장소
② 21종 장소
③ 22종 장소
④ 23종 장소

폭발위험장소의 분류

분류		적요	예
가스 폭발 위험 장소	0종 장소	인화성 액체의 증기 또는 가연성 가스에 의한 폭발위험이 지속적으로 또는 장기간 존재하는 장소	용기·장치·배관 등의 내부 등
	1종 장소	정상 작동상태에서 인화성 액체의 증기 또는 가연성 가스에 의한 폭발위험분위기가 존재하기 쉬운 장소	맨홀·벤트·피트 등의 주위
	2종 장소	정상작동상태에서 인화성 액체의 증기 또는 가연성 가스에 의한 폭발위험분위기가 존재할 우려가 없으나, 존재할 경우 그 빈도가 아주 적고 단기간만 존재할 수 있는 장소	개스킷·패킹 등의 주위
분진 폭발 위험 장소	20종 장소	분진운 형태의 가연성 분진이 폭발농도를 형성할 정도로 충분한 양이 정상작동 중에 연속적으로 또는 자주 존재하거나, 제어할 수 없을 정도의 양 및 두께의 분진층이 형성될 수 있는 장소	호퍼·분진저장소·집진장치·필터 등의 내부
	21종 장소	20종 장소 외의 장소로서, 분진운 형태의 가연성 분진이 폭발농도를 형성할 정도의 충분한 양이 정상작동 중에 존재할 수 있는 장소	집진장치·백필터·배기구 등의 주위, 이송벨트 샘플링 지역 등
	22종 장소	21종 장소 외의 장소로서, 가연성 분진운 형태가 드물게 발생 또는 단기간 존재할 우려가 있거나, 이상작동 상태하에서 가연성 분진층이 형성될 수 있는 장소	21종 장소에서 예방조치가 취하여진 지역, 환기 설비 등과 같은 안전장치 배출구 주위 등

065 분진폭발 방지대책으로 가장 거리가 먼 것은?

① 작업장 등은 분진이 퇴적하지 않는 형상으로 한다.
② 분진 취급 장치에는 유효한 집진 장치를 설치한다.
③ 분체 프로세스 장치는 밀폐화하고 누설이 없도록 한다.
④ 분진 폭발의 우려가 있는 작업장에는 감독자를 상주시킨다.

> 해설
> 가스폭발은 완전연소하나 분진폭발은 불완전연소가 많아 CO가스 등에 의한 화학적 질식사에 의한 피해가 발생할 수 있다.

066 정전유도를 받고 있는 접지되어 있지 않는 도전성 물체에 접촉한 경우 전격을 당하게 되는데 이 때 물체에 유도된 전압 V(V)를 옳게 나타낸 것은? (단, E는 송전선의 대지전압, C_1은 송전선과 물체사이의 정전용량, C_2는 물체와 대지사이의 정전용량이며, 물체와 대지사이의 저항은 무시한다.)

① $V = \dfrac{C_1}{C_1 + C_2} \cdot E$ ② $V = \dfrac{C_1 + C_2}{C_1} \cdot E$

③ $V = \dfrac{C_1}{C_1 \cdot C_2} \cdot E$ ④ $V = \dfrac{C_1 \cdot C_2}{C_1} \cdot E$

> 해설
> • 직렬 합성용량(C_T) = $\dfrac{C_1 \times C_2}{C_1 + C_2}$
> • C_2 전압(V) = $\dfrac{C_T}{C_2} \times E = \dfrac{C_1 \times C_2}{C_1 + C_2} \times \dfrac{1}{C_2} \times E = \dfrac{C_1}{C_1 + C_2} \times E$

067 화염일주한계에 대해 가장 잘 설명한 것은?

① 화염이 발화온도로 전파될 가능성의 한계값이다.
② 화염이 전파되는 것을 저지할 수 있는 틈새의 최대 간격치이다.
③ 폭발성 가스와 공기가 혼합되어 폭발한계내에 있는 상태를 유지하는 한계값이다.
④ 폭발성 분위기가 전기 불꽃에 의하여 화염을 일으킬 수 있는 최소의 전류값이다.

> 해설
> **화염일주한계** : 폭발성 분위기에 있는 용기의 접합면 틈새를 통해 화염이 내부에서 외부로 전파되는 것을 저지할 수 있는 틈새의 최대간격치

068 정전기 발생의 일반적인 종류가 아닌 것은?

① 마찰 ② 중화
③ 박리 ④ 유동

> 해설
> **정전기 대전현상** : 박리대전, 마찰대전, 충돌대전, 유도대전, 분출대전, 비말대전, 침강대전, 유동대전, 적하대전, 교반대전, 파괴대전

069 전기기계·기구의 조작 시 안전조치로서 사업주는 근로자가 안전하게 작업할 수 있도록 전기 기계·기구로부터 폭 얼마 이상의 작업공간을 확보하여야 하는가?

① 30cm ② 50cm
③ 70cm ④ 100cm

산업안전보건기준에 관한 규칙 제310조(전기 기계·기구의 조작 시 등의 안전조치) ① 사업주는 전기기계·기구의 조작부분을 점검하거나 보수하는 경우에는 근로자가 안전하게 작업할 수 있도록 전기 기계·기구로부터 폭 70센티미터 이상의 작업공간을 확보하여야 한다. 다만, 작업공간을 확보하는 것이 곤란하여 근로자에게 절연용 보호구를 착용하도록 한 경우에는 그러하지 아니하다.

070 가수전류(Let-go Current)에 대한 설명으로 옳은 것은?

① 마이크 사용 중 전격으로 사망에 이른 전류
② 전격을 일으킨 전류가 교류인지 직류인지 구별할 수 없는 전류
③ 충전부로부터 인체가 자력으로 이탈할 수 있는 전류
④ 몸이 물에 젖어 전압이 낮은 데도 전격을 일으킨 전류

통전전류가 증가하면 통전경로의 근육 경련이 심해지고 신경이 마비되어 운동이 자유롭지 않게 되는 한계의 전류를 교착전류(불수전류), 운동의 자유를 잃지 않는 최대한도의 전류를 이탈전류(가수전류)라 하며 상용주파수 60Hz 교류에서 약 10~15mA 정도이다.

071 정전 작업 시 작업 전 안전조치사항으로 가장 거리가 먼 것은?

① 단락 접지
② 잔류 전하 방전
③ 절연 보호구 수리
④ 검전기에 의한 정전확인

산업안전보건기준에 관한 규칙 제319조(정전전로에서의 전기작업) ① 사업주는 근로자가 노출된 충전부 또는 그 부근에서 작업함으로써 감전될 우려가 있는 경우에는 작업에 들어가기 전에 해당 전로를 차단하여야 한다. 다만, 다음 각 호의 경우에는 그러하지 아니하다.
1. 생명유지장치, 비상경보설비, 폭발위험장소의 환기설비, 비상조명설비 등의 장치·설비의 가동이 중지되어 사고의 위험이 증가되는 경우
2. 기기의 설계상 또는 작동상 제한으로 전로차단이 불가능한 경우
3. 감전, 아크 등으로 인한 화상, 화재·폭발의 위험이 없는 것으로 확인된 경우
② 제1항의 전로 차단은 다음 각 호의 절차에 따라 시행하여야 한다.
1. 전기기기등에 공급되는 모든 전원을 관련 도면, 배선도 등으로 확인할 것
2. 전원을 차단한 후 각 단로기 등을 개방하고 확인할 것
3. 차단장치나 단로기 등에 잠금장치 및 꼬리표를 부착할 것
4. 개로된 전로에서 유도전압 또는 전기에너지가 축적되어 근로자에게 전기위험을 끼칠 수 있는 전기기기등은 접촉하기 전에 잔류전하를 완전히 방전시킬 것
5. 검전기를 이용하여 작업 대상 기기가 충전되었는지를 확인할 것
6. 전기기기등이 다른 노출 충전부와의 접촉, 유도 또는 예비동력원의 역송전 등으로 전압이 발생할 우려가 있는 경우에는 충분한 용량을 가진 단락 접지기구를 이용하여 접지할 것

072 감전사고의 방지 대책으로 가장 거리가 먼 것은?

① 전기 위험부의 위험 표시
② 충전부가 노출된 부분에 절연방호구 사용
③ 충전부에 접근하여 작업하는 작업자 보호구 착용
④ 사고발생 시 처리프로세스 작성 및 조치

감전사고 예방 대책
- 전기기기 및 장치의 정비
- 전기설비에 대한 누전차단기 설치
- 전기 위험부의 위험 표시
- 유자격자 이외는 전기기계 및 기구에 접촉 금지
- 안전관리자는 작업에 대한 안전 교육 시행
- 설비의 필요한 부분에는 보호 접지 실시
- 충전부가 노출된 부분에는 절연 방호구 사용
- 고전압 선로 및 충전부에 근접하여 작업하는 작업자에게 보호구 착용
- 계통을 비접지 방식으로 할 것

073 위험방지를 위한 전기기계·기구의 설치 시 고려할 사항으로 거리가 먼 것은?

① 전기기계·기구의 충분한 전기적 용량 및 기계적 강도
② 전기기계·기구의 안전효율을 높이기 위한 시간 가동율
③ 습기·분진 등 사용장소의 주위 환경
④ 전기적·기계적 방호수단의 적정성

산업안전보건기준에 관한 규칙 제303조(전기 기계·기구의 적정설치 등) ① 사업주는 전기 기계·기구를 설치하려는 경우에는 다음 각 호의 사항을 고려하여 적절하게 설치해야 한다.
1. 전기 기계·기구의 충분한 전기적 용량 및 기계적 강도
2. 습기·분진 등 사용장소의 주위 환경
3. 전기적·기계적 방호수단의 적정성

074 200A의 전류가 흐르는 단상 전로의 한 선에서 누전되는 최소 전류(mA)의 기준은?

① 100
② 200
③ 10
④ 20

누설전류(I_g) = $I \times \dfrac{1}{2000}$ = $200 \times \dfrac{1}{2000}$ = $0.1[A]$ = $100[mA]$

075 정전기 방전에 의한 폭발로 추정되는 사고를 조사함에 있어서 필요한 조치로서 가장 거리가 먼 것은?

① 가연성 분위기 규명
② 사고현장의 방전흔적 조사
③ 방전에 따른 점화 가능성 평가
④ 전하발생 부위 및 축적 기구 규명

조치사항
- 사고의 성격 및 특징
- 방전에 따른 점화 가능성 평가
- 결론 도출과정에 대한 신뢰성 평가
- 가연성 분위기 규명
- 전하발생 부위 및 축적 기구 규명
- 사고 재발 방지를 위한 대책 마련

076 감전쇼크에 의해 호흡이 정지되었을 경우 일반적으로 약 몇 분 이내에 응급처치를 개시하면 95% 정도를 소생시킬 수 있는가?

① 1분 이내
② 3분 이내
③ 5분 이내
④ 7분 이내

감전쇼크에 의하여 호흡이 정지되었을 경우 혈액중의 산소함유량이 약 1분 이내에 감소하기 시작하여 산소결핍현상이 나타나기 시작한다. 이 상태로 4~6분이 경과하면 산소 부족으로 뇌가 손상되어 원상 회복되지 않으므로 호흡이 정지되었으면 즉시 심폐소생술을 실시해야 하며, 1분 이내에 응급처치를 개시하면 95% 정도를 소생시킬 수 있다.

077 다음 중 방폭구조의 종류가 아닌 것은?

① 본질안전 방폭구조
② 고압 방폭구조
③ 압력 방폭구조
④ 내압 방폭구조

방폭구조의 종류와 기호

종류	내용	기호
내압방폭구조	점화원에 의해 용기 내부에서 폭발이 발생할 경우에 용기가 폭발압력에 견딜 수 있고, 화염이 용기 외부의 폭발성 분위기로 전파되지 않도록 한 방폭구조	d
압력방폭구조	점화원이 될 우려가 있는 부분을 용기 안에 넣고 보호 기체(신선한 공기 또는 불활성기체)를 용기 안에 압입함으로써 폭발성 가스가 침입하는 것을 방지하도록 되어 있는 방폭구조	p
안전증방폭구조	전기기기의 과도한 온도 상승, 아크 또는 불꽃 발생의 위험을 방지하기 위하여 추가적인 안전조치를 통한 안전도를 증가시킨 방폭구조(다만, 정상운전 중에 아크나 불꽃을 발생시키는 전기기기는 안전증방폭구조의 전기기기 범위에서 제외)	e
유입방폭구조	유체 상부 또는 용기 외부에 존재할 수 있는 폭발성 분위기가 발화할 수 없도록 전기설비 또는 전기설비의 부품을 보호액에 함침시키는 방폭구조	o
본질안전방폭구조	정상시 또는 단락, 단선, 지락 등의 사고시에 발생하는 아크, 불꽃, 고열에 의하여 폭발성 가스나 증기에 점화되지 않는 것이 확인된 구조	ia, ib

비점화방폭구조	전기기기가 정상작동과 규정된 특정한 비정상상태에서 주위의 폭발성 가스 분위기를 점화시키지 못하도록 만든 방폭구조	n
몰드방폭구조	전기기기의 불꽃 또는 열로 인해 폭발성 위험분위기에 점화되지 않도록 컴파운드를 충전해서 보호한 방폭구조	m
충전방폭구조	폭발성 가스 분위기를 점화시킬 수 있는 부품을 고정하여 설치하고, 그 주위를 충전재로 완전히 둘러싸서 외부의 폭발성 가스 분위기를 점화시키지 않도록 하는 방폭구조	q
특수방폭구조	상기의 방폭구조 외에 외부의 폭발성 가스에 대해 인화를 방지할 수 있음을 시험에 의해 확인한 구조	s

078 전선의 절연 피복이 손상되어 동선이 서로 직접 접촉한 경우를 무엇이라 하는가?

① 절연
② 누전
③ 접지
④ 단락

- 절연 : 전기가 불필요한 부분으로 흐르지 않도록 도체를 부도체로 지지하거나 둘러싸는 것
- 누전 : 절연이 불완전하여 전기의 일부가 전선 밖으로 새어 나와 주변의 도체에 흐르는 현상
- 접지 : 감전 등의 전기사고 예방 목적으로 전기기기와 대지를 도선으로 연결하여 기기의 전위를 0으로 유지하는 것
- 단락 : 전선의 절연 피복이 손상되어 동선이 서로 직접 접촉한 경우

079 이상적인 피뢰기가 가져야 할 성능으로 틀린 것은?

① 제한전압이 낮을 것
② 방전개시전압이 낮을 것
③ 뇌전류 방전능력이 적을 것
④ 속류차단을 확실하게 할 수 있을 것

피뢰기의 성능조건
- 충격방전 개시전압과 제한전압이 낮을 것
- 뇌전류의 방전능력이 크고 속류 차단이 확실하게 될 것
- 반복사용이 가능할 것
- 구조가 견고하며 특성이 변하지 않을 것
- 점검 및 보수가 간단할 것

080 인체의 전기저항이 5000Ω이고, 세동전류와 통전시간과의 관계를 $I = \dfrac{165}{\sqrt{T}}$ mA라 할 경우, 심실세동을 일으키는 위험 에너지는 약 몇 J인가?(단, 통전시간은 1초로 한다)

① 5
② 30
③ 136
④ 825

$W = I^2RT = \left(\dfrac{165}{\sqrt{T}} \times 10^{-3}\right)^2 \times 5000 \times 1 = 136J$

제 05 과목 화학설비 안전관리

081 사업주는 인화성 액체 및 인화성 가스를 저장 취급하는 화학설비에서 증기나 가스를 대기로 방출하는 경우에는 외부로부터의 화염을 방지하기 위하여 화염방지기를 설치하여야 한다. 다음 중 화염방지기의 설치 위치로 옳은 것은?

① 설비의 상단
② 설비의 하단
③ 설비의 측면
④ 설비의 조작부

산업안전보건기준에 관한 규칙 제269조(화염방지기의 설치 등) ① 사업주는 인화성 액체 및 인화성 가스를 저장·취급하는 화학설비에서 증기나 가스를 대기로 방출하는 경우에는 외부로부터의 화염을 방지하기 위하여 화염방지기를 그 설비 상단에 설치해야 한다. 다만, 대기로 연결된 통기관에 화염방지 기능이 있는 통기밸브가 설치되어 있거나, 인화점이 섭씨 38도 이상 60도 이하인 인화성 액체를 저장·취급할 때에 화염방지 기능을 가지는 인화방지망을 설치한 경우에는 그렇지 않다.

082 다음 중 자연발화가 쉽게 일어나는 조건으로 틀린 것은?

① 주위온도가 높을수록
② 열 축적이 클수록
③ 적당량의 수분이 존재할 때
④ 표면적이 작을수록

자연발화가 쉽게 일어나는 조건
- 주위온도가 높을수록
- 발열량이 크고 열 축적이 클수록
- 적당량의 수분이 존재할 때

083 8% NaOH 수용액과 5% NaOH 수용액을 반응기에 혼합하여 6% 100kg의 NaOH 수용액을 만들려면 각각 약 몇 kg의 NaOH 수용액이 필요한가?

① 5% NaOH 수용액: 33.3kg, 8% NaOH 수용액: 66.7kg
② 5% NaOH 수용액: 56.8kg, 8% NaOH 수용액: 43.2kg
③ 5% NaOH 수용액: 66.7kg, 8% NaOH 수용액: 33.3kg
④ 5% NaOH 수용액: 43.2kg, 8% NaOH 수용액: 56.8kg

계산방법

$0.08a + 0.05b = 0.06 \times 100$
$a + b = 100 \rightarrow a = 100 - b$
b :
  $0.08(100 - b) + 0.05b = 6 \rightarrow$
  $8 - 0.08b + 0.05b = 6 \rightarrow$
  $0.03b = 2 \rightarrow b = 66.7$
a :
  $a + b = 100$
  $a = 100 - b$
  $a = 100 - 66.7 = 33.3$

084 사업주는 산업안전보건기준에 관한 규칙에서 정한 위험물을 기준량 이상으로 제조하거나 취급하는 특수 화학설비를 설치하는 경우에는 내부의 이상 상태를 조기에 파악하기 위하여 필요한 온도계·유량계·압력계 등의 계측장치를 설치하여야 한다. 이때 위험물질별 기준량으로 옳은 것은?

① 부탄 − 25m³
② 부탄 − 150m³
③ 시안화수소 − 5kg
④ 시안화수소 − 200kg

위험물질의 기준량(산업안전보건기준에 관한 규칙 별표9)
- 인화성 가스(수소, 아세틸렌, 에틸렌, 메탄, 에탄, 프로판, 부탄) : 50m³
- 시안화수소·플루오르아세트산 및 소디움염·디옥신 등 LD50(경구, 쥐)이 킬로그램당 5mg 이하인 독성물질 : 5kg

085 폭발의 위험성을 고려하기 위해 정전에너지 값을 구하고자 한다. 다음 중 정전에너지를 구하는 식은? (단, E는 정전에너지, C는 정전 용량, V는 전압을 의미한다)

① $E = \frac{1}{2}CV^2$
② $E = \frac{1}{2}VC^2$
③ $E = VC^2$
④ $E = \frac{1}{4}VC$

정전에너지(E) = $\frac{1}{2}QV = \frac{1}{2}CV^2$ [Q : 전하(C), C : 정전용량(F), V : 전압(V)]

086 다음 중 유류화재에 해당하는 화재의 급수는?

① A급
② B급
③ C급
④ D급

화재등급별 소화방법

구분	A급 화재	B급 화재	C급 화재	D급 화재
명칭	보통화재	유류, 가스화재	전기화재	금속화재(Al분, Mg분)
주 소화효과	냉각	질식	냉각, 질식	질식
적응 소화재	물 소화기 강화액 소화기	포말 소화기 CO_2 소화기 분말 소화기 증발성 액체 소화기	유기성 소화액 CO_2 소화기 분말 소화기	건조사 팽창 질석 팽창 진주암
구분색	백색	황색	청색	−

087 할론 소화약제 중 Halon 2402의 화학식으로 옳은 것은?

① $C_2F_4Br_2$
② $C_2H_4Br_2$
③ $C_2Br_4H_2$
④ $C_2Br_4F_2$

Halon식

C의 수	F의 수	Cl의 수	Br의 수
2	4	0	2

088 위험물의 저장방법으로 적절하지 않은 것은?

① 탄화칼슘은 물 속에 저장한다.
② 벤젠은 산화성 물질과 격리시킨다.
③ 금속나트륨은 석유 속에 저장한다.
④ 질산은 갈색병에 넣어 냉암소에 보관한다.

탄화칼슘
- 제3류 위험물(자연발화성 및 금수성물질)에 속한다.
- 카바이트라고 하며, 화학식은 CaC_2, 융점은 2300℃이다
- 순수한 것은 무색투명하나 보통은 회백색의 덩어리 상태이다.
- 습기가 없는 밀폐용기에 저장하고 용기에는 질소가스 등 불연성가스를 봉입시켜야 한다.
- 물과 반응하면 아세틸렌의 가연성가스를 발생한다.

089 다음 중 산업안전보건법령상 공정안전 보고서의 안전운전 계획에 포함되지 않는 항목은?

① 안전작업허가
② 안전운전지침서
③ 가동 전 점검지침
④ 비상조치계획에 따른 교육계획

산업안전보건법 시행규칙 제50조(공정안전보고서의 세부 내용 등) ① 영 제44조에 따라 공정안전보고서에 포함해야 할 세부내용은 다음 각 호와 같다.
1. 공정안전자료
   가. 취급·저장하고 있거나 취급·저장하려는 유해·위험물질의 종류 및 수량
   나. 유해·위험물질에 대한 물질안전보건자료
   다. 유해·위험설비의 목록 및 사양
   라. 유해·위험설비의 운전방법을 알 수 있는 공정도면
   마. 각종 건물·설비의 배치도
   바. 폭발위험장소 구분도 및 전기단선도
   사. 위험설비의 안전설계·제작 및 설치 관련 지침서
2. 공정위험성평가서 및 잠재위험에 대한 사고예방·피해 최소화 대책(공정위험성평가서는 공정의 특성 등을 고려하여 다음 각 목의 위험성평가 기법 중 한 가지 이상을 선정하여 위험성평가를 한 후 그 결과에 따라 작성해야 하며, 사고예방·피해최소화 대책은 위험성평가 결과 잠재위험이 있다고 인정되는 경우에만 작성한다)
   가. 체크리스트(Check List)
   나. 상대위험순위 결정(Dow and Mond Indices)
   다. 작업자 실수 분석(HEA)
   라. 사고 예상 질문 분석(What-if)
   마. 위험과 운전 분석(HAZOP)
   바. 이상위험도 분석(FMECA)

사. 결함 수 분석(FTA)
아. 사건 수 분석(ETA)
자. 원인결과 분석(CCA)
차. 가목부터 자목까지의 규정과 같은 수준 이상의 기술적 평가기법
3. 안전운전계획
 가. 안전운전지침서
 나. 설비점검 · 검사 및 보수계획, 유지계획 및 지침서
 다. 안전작업허가
 라. 도급업체 안전관리계획
 마. 근로자 등 교육계획
 바. 가동 전 점검지침
 사. 변경요소 관리계획
 아. 자체감사 및 사고조사계획
 자. 그 밖에 안전운전에 필요한 사항
4. 비상조치계획
 가. 비상조치를 위한 장비 · 인력보유현황
 나. 사고발생 시 각 부서 · 관련 기관과의 비상연락체계
 다. 사고발생 시 비상조치를 위한 조직의 임무 및 수행 절차
 라. 비상조치계획에 따른 교육계획
 마. 주민홍보계획
 바. 그 밖에 비상조치 관련 사항

090 마그네슘의 저장 및 취급에 관한 설명으로 틀린 것은?

① 화기를 엄금하고, 가열, 충격, 마찰을 피한다.
② 분말이 비산하지 않도록 밀봉하여 저장한다.
③ 제6류 위험물과 같은 산화제와 혼합되지 않도록 격리, 저장한다.
④ 일단 연소하면 소화가 곤란하지만 초기 소화 또는 소규모 화재시 물, CO_2소화설비를 이용하여 소화한다.

마그네슘(Mg)
- 제2류 위험물(가연성 고체)에 속한다.
- 은백색의 광택이 있는 금속이다
- Mg분이 공기 중에 부유하면 분진폭발의 위험이 있다.
- 강산이나 물과 반응하면 수소가스를 발생한다.

091 다음 중 분진이 발화 폭발하기 위한 조건으로 거리가 먼 것은?

① 불연성질
② 미분상태
③ 점화원의 존재
④ 지연성가스 중에서의 교반과 운동

분진이 발화 폭발하기 위한 조건
- 가연성
- 미분상태
- 공기 중에서의 교반과 유동
- 점화원의 존재

092 다음 중 산업안전보건법령상 산화성 액체 또는 산화성 고체에 해당하지 않는 것은?

① 질산
② 중크롬산
③ 과산화수소
④ 질산에스테르

산화성 액체 및 산화성 고체(산업안전보건기준에 관한 규칙 별표 1)
가. 차아염소산 및 그 염류
나. 아염소산 및 그 염류
다. 염소산 및 그 염류
라. 과염소산 및 그 염류
마. 브롬산 및 그 염류
바. 요오드산 및 그 염류
사. 과산화수소 및 무기 과산화물
아. 질산 및 그 염류
자. 과망간산 및 그 염류
차. 중크롬산 및 그 염류
카. 그 밖에 가목부터 차목까지의 물질과 같은 정도의 산화성이 있는 물질
타. 가목부터 카목까지의 물질을 함유한 물질

093 열교환기의 열 교환 능률을 향상시키기 위한 방법이 아닌 것은?

① 유체의 유속을 적절하게 조절한다.
② 유체의 흐르는 방향을 병류로 한다.
③ 열교환하는 유체의 온도차를 크게 한다.
④ 열전도율이 높은 재료를 사용한다.

열교환기의 열교환 능률 향상방법
- 유체의 유속을 적절하게 조절한다.
- 열교환기 입구와 출구의 온도차를 크게 한다.
- 열전도율이 높은 재료를 사용하고, 전열면적을 크게 한다.
- 유체의 흐르는 방향을 병류(고온 유체와 저온 유체가 열교환기의 같은 쪽으로 들어가 같은 방향으로 흐름)가 아닌 향류(고온 유체와 저온 유체가 열교환기의 반대쪽으로 들어가서 서로 반대 방향으로 흐름)로 한다.

094 다음 중 고체의 연소방식에 관한 설명으로 옳은 것은?

① 분해연소란 고체가 표면의 고온을 유지하며 타는 것을 말한다.
② 표면연소란 고체가 가열되어 열분해가 일어나고 가연성 가스가 공기 중의 산소와 타는 것을 말한다.
③ 자기연소란 공기 중 산소를 필요로 하지 않고 자신이 분해되며 타는 것을 말한다.
④ 분무연소란 고체가 가열되어 가연성가스를 발생시키며 타는 것을 말한다.

고체 가연물의 4가지 연소방식
- 분해연소 : 고체가 가열되어 열분해가 일어나고 가연성가스가 공기 중의 산소와 타는 것
- 표면연소 : 열분해에 의하여 가연성가스를 발생하지 않고 그 물질 자체가 연소하는 현상
- 자기연소 : 공기 중 산소를 필요로 하지 않고 자신이 분해되며 타는 것
- 증발연소 : 고체를 가열하면 열분해는 일어나지 않고 고체가 액체로 되어 일정온도가 되면 액체가 기체로 변화하여 기체가 연소하는 현상

095 사업주는 안전밸브등의 전단·후단에 차단밸브를 설치해서는 아니 된다. 다만, 별도로 정한 경우에 해당할 때는 자물쇠형 또는 이에 준하는 형식의 차단밸브를 설치할 수 있다. 이에 해당하는 경우가 아닌 것은?

① 화학설비 및 그 부속설비에 안전밸브등이 복수방식으로 설치되어 있는 경우
② 예비용 설비를 설치하고 각각의 설비에 안전밸브등이 설치되어 있는 경우
③ 파열판과 안전밸브를 직렬로 설치한 경우
④ 열팽창에 의하여 상승된 압력을 낮추기 위한 목적으로 안전밸브가 설치된 경우

산업안전보건기준에 관한 규칙 제266조(차단밸브의 설치 금지) 사업주는 안전밸브등의 전단·후단에 차단밸브를 설치해서는 아니 된다. 다만, 다음 각 호의 어느 하나에 해당하는 경우에는 자물쇠형 또는 이에 준하는 형식의 차단밸브를 설치할 수 있다.
1. 인접한 화학설비 및 그 부속설비에 안전밸브등이 각각 설치되어 있고, 해당 화학설비 및 그 부속설비의 연결배관에 차단밸브가 없는 경우
2. 안전밸브등의 배출용량의 2분의 1 이상에 해당하는 용량의 자동압력조절밸브(구동용 동력원의 공급을 차단하는 경우 열리는 구조인 것으로 한정한다)와 안전밸브등이 병렬로 연결된 경우
3. 화학설비 및 그 부속설비에 안전밸브등이 복수방식으로 설치되어 있는 경우
4. 예비용 설비를 설치하고 각각의 설비에 안전밸브등이 설치되어 있는 경우
5. 열팽창에 의하여 상승된 압력을 낮추기 위한 목적으로 안전밸브가 설치된 경우
6. 하나의 플레어 스택(flare stack)에 둘 이상의 단위공정의 플레어 헤더(flare header)를 연결하여 사용하는 경우로서 각각의 단위공정의 플레어헤더에 설치된 차단밸브의 열림·닫힘 상태를 중앙제어실에서 알 수 있도록 조치한 경우

096 위험물안전관리법령에서 정한 제3류 위험물에 해당하지 않는 것은?

① 나트륨
② 알킬알루미늄
③ 황린
④ 니트로글리세린

제3류 위험물(위험물안전관리법 시행령 별표 1)

유별	성질	품명	지정수량
제3류	자연발화성 물질 및 금수성 물질	1. 칼륨	10kg
		2. 나트륨	10kg
		3. 알킬알루미늄	10kg
		4. 알킬리튬	10kg
		5. 황린	20kg
		6. 알칼리금속(칼륨 및 나트륨을 제외한다) 및 알칼리토금속	50kg
		7. 유기금속화합물(알킬알루미늄 및 알킬리튬을 제외한다)	50kg
		8. 금속의 수소화물	300kg
		9. 금속의 인화물	300kg
		10. 칼슘 또는 알루미늄의 탄화물	300kg
		11. 그 밖에 행정안전부령으로 정하는 것 12. 제1호 내지 제11호의 1에 해당하는 어느 하나 이상을 함유한 것	10kg, 20kg, 50kg 또는 300kg

097 다음 [표]를 참조하여 메탄 70vol%, 프로판 21vol%, 부탄 9vol%인 혼합가스의 폭발범위를 구하면 약 몇 vol%인가?

가스	폭발하한계(vol%)	폭발상한계(vol%)
C_4H_{10}	1.8	8.4
C_3H_8	2.1	9.5
C_2H_6	3.0	12.4
CH_4	5.0	15.0

① 3.45~9.11 ② 3.45~12.58
③ 3.85~9.11 ④ 3.85~12.58

- $\dfrac{100}{L_m} = \dfrac{V_1}{L_1} + \dfrac{V_2}{L_2} + \dfrac{V_3}{L_3}$ (L_m : 혼합가스의 폭발한계[vol%], V : 가연성 가스의 용량, L : 가연성 가스의 한계)
- 폭발하한계 $\dfrac{100}{L_m} = \dfrac{70}{5.0} + \dfrac{21}{2.1} + \dfrac{9}{1.8} = 29$ ∴ $L_m = \dfrac{100}{29} ≒ 3.45$
- 폭발상한계 $\dfrac{100}{L_m} = \dfrac{70}{15.0} + \dfrac{21}{9.5} + \dfrac{9}{8.4} = 7.95$ ∴ $L_m = \dfrac{100}{7.95} ≒ 12.58$

098 ABC급 분말 소화약제의 주성분에 해당하는 것은?

① $NH_4H_2PO_4$ ② Na_2CO_3
③ Na_2SO_3 ④ K_2CO_3

분말 소화약제 및 적응화재

적응화재	주성분	약제의 색	소화효과
ABC급	제1인산암모늄($NH_4H_2PO_4$)	담홍색	질식, 부촉매(억제)
BC급	탄산수소나트륨($NaHCO_3$)	백색	
	탄산수소칼륨($KHCO_3$)	담회색	
	탄산수소칼륨+요소(($NH_2)_2CO$)	회색	

099 공기 중 아세톤의 농도가 200ppm(TLV 500ppm), 메틸에틸케톤(MEK)의 농도가 100ppm(TLV 200ppm)일 때 혼합물질의 허용농도는 약 몇 ppm인가?(단, 두 물질은 서로 상가작용을 하는 것으로 가정한다.)

① 150
② 200
③ 270
④ 333

계산방법

- $R = \dfrac{200}{500} + \dfrac{100}{200} = 0.9$
- 허용농도 $= \dfrac{농도1 + 농도2}{R} = \dfrac{200 + 100}{0.9} = 333.33$

100 다음의 설명에 해당하는 안전장치는?

> 대형의 반응기, 탑, 탱크 등에서 이상상태가 발생할 때 밸브를 정지시켜 원료공급을 차단하기 위한 안전장치로, 공기압식, 유압식, 전기식 등이 있다.

① 파열판
② 안전밸브
③ 스팀트랩
④ 긴급차단장치

특수화학설비 설치시 필요한 장치

- 긴급차단장치 : 이상 상태의 발생에 따른 폭발·화재 또는 위험물의 누출을 방지하기 위하여 원재료 공급의 긴급차단, 제품 등의 방출, 불활성가스의 주입이나 냉각용수 등의 공급을 위하여 필요한 장치
- 예비동력원 : 동력원의 이상에 의한 폭발이나 화재를 방지하기 위하여 즉시 사용할 수 있는 예비동력원
- 잠금장치 : 밸브·콕·스위치 등에 대해서는 오조작을 방지하기 위하여 잠금장치를 하고 색채 표시 등으로 구분
- 계측장치 : 내부의 이상 상태를 조기에 파악하기 위하여 필요한 온도계·유량계·압력계 등의 계측장치를 설치

제 06 과목 건설공사 안전관리

101 단관비계의 도괴 또는 전도를 방지하기 위하여 사용하는 벽이음의 간격기준으로 옳은 것은?

① 수직방향 5m 이하, 수평방향 5m 이하
② 수직방향 6m 이하, 수평방향 6m 이하
③ 수직방향 7m 이하, 수평방향 7m 이하
④ 수직방향 8m 이하, 수평방향 8m 이하

강관비계의 조립 간격(산업안전보건기준에 관한 규칙 별표 5)

강관비계의 종류	조립간격(단위 : m)	
	수직방향	수평방향
단관비계	5	5
틀비계(높이가 5m미만의 것은 제외한다)	6	8

102 건설업 산업안전보건관리비 내역 중 계상비용에 해당되지 않는 것은?

① 근로자 건강관리비
② 건설재해예방 기술지도비
③ 개인보호구 및 안전장구 구입비
④ 외부비계, 작업발판 등의 가설구조물 설치 소요비

안전관리비 항목별 사용내역 중 사용금지 항목

구분	안전관리비 사용금지 항목
인건비 및 업무수당	• 차량의 원활한 흐름 또는 교통통제를 위한 교통정리자 또는 신호수의 인건비 • 관리감독자의 업무수당 외의 인건비 • 경비원, 청소원, 폐자재처리원, 사무보조원의 인건비
안전시설비 등	• 외부인 출입금지, 공사장 경계표시를 위한 가설울타리 • 외부비계, 작업발판, 가설계단 등 • 도로 확장공사 또는 포장공사 등에서 공사용 외의 차량의 원활한 흐름 및 경계표시를 위한 교통안전 시설물 • 기성제품에 부착된 안전장치 비용 • 가설 전기설비, 분전반, 전신주 이설비 등 • 대기환경보전법에 의한 대기오염방지시설 등 다른 법 적용사항
보호구 및 안전장구 구입비	• 일반 근로자 작업복 • 순시선, 구명정 등 • 면장갑, 코팅장갑

사업장의 안전진단비	• 건설기술관리법에 따른 안전점검, 전기사업법에 따른 전기안전대행 수수료 등 다른 법 적용 사항 • 매설물 탐지, 계측, 지하수 개발, 지질조사, 구조안전검토 비용 • 건설기계관리법에 따른 신규등록검사, 정기검사, 구조변경검사, 수시검사 및 확인검사 등 다른 법 적용사항
안전보건교육비 및 행사비	• 교육장 대지구입비 • 교육장 외의 냉난방 관련 비용 • 기공식, 준공식 등 무재해기원과 관계없는 행사 • 안전보건의식고취 명목의 회식비
근로자의 건강관리비	• 국민건강보험에 의해 제공되는 비용 • 기숙사 또는 현장사무소 내의 휴게시설 • 이동화장실, 급수세면샤워시설(일반작업장), 병·의원 등에 지불하는 진료비

103 다음은 산업안전보건법령에 따른 동바리로 사용하는 파이프 서포트에 관한 사항이다. (   )안에 들어갈 내용을 순서대로 옳게 나타낸 것은?

> 가. 파이프 서포트를 (A) 이상 이어서 사용하지 않도록 할 것
> 나. 파이프 서포트를 이어서 사용하는 경우에는 (B) 이상의 볼트 또는 전용철물을 사용하여 이을 것

① A: 2개, B: 2개
② A: 3개, B: 4개
③ A: 4개, B: 3개
④ A: 4개, B: 4개

산업안전보건기준에 관한 규칙 제332조의2(동바리 유형에 따른 동바리 조립 시의 안전조치) 사업주는 동바리를 조립할 때 동바리의 유형별로 다음 각 호의 구분에 따른 각 목의 사항을 준수해야 한다.
1. 동바리로 사용하는 파이프 서포트의 경우
   가. 파이프 서포트를 3개 이상 이어서 사용하지 않도록 할 것
   나. 파이프 서포트를 이어서 사용하는 경우에는 4개 이상의 볼트 또는 전용철물을 사용하여 이을 것
   다. 높이가 3.5미터를 초과하는 경우에는 높이 2미터 이내마다 수평연결재를 2개 방향으로 만들고 수평연결재의 변위를 방지할 것
2. 동바리로 사용하는 강관틀의 경우
   가. 강관틀과 강관틀 사이에 교차가새를 설치할 것
   나. 최상단 및 5단 이내마다 동바리의 측면과 틀면의 방향 및 교차가새의 방향에서 5개 이내마다 수평연결재를 설치하고 수평연결재의 변위를 방지할 것
   다. 최상단 및 5단 이내마다 동바리의 틀면의 방향에서 양단 및 5개틀 이내마다 교차가새의 방향으로 띠장틀을 설치할 것
3. 동바리로 사용하는 조립강주의 경우: 조립강주의 높이가 4미터를 초과하는 경우에는 높이 4미터 이내마다 수평연결재를 2개 방향으로 설치하고 수평연결재의 변위를 방지할 것
4. 시스템 동바리(규격화·부품화된 수직재, 수평재 및 가새재 등의 부재를 현장에서 조립하여 거푸집을 지지하는 지주 형식의 동바리를 말한다)의 경우
   가. 수평재는 수직재와 직각으로 설치해야 하며, 흔들리지 않도록 견고하게 설치할 것
   나. 연결철물을 사용하여 수직재를 견고하게 연결하고, 연결부위가 탈락 또는 꺾어지지 않도록 할 것
   다. 수직 및 수평하중에 대해 동바리의 구조적 안정성이 확보되도록 조립도에 따라 수직재 및 수평재에는 가새재를 견고하게 설치할 것

라. 동바리 최상단과 최하단의 수직재와 받침철물은 서로 밀착되도록 설치하고 수직재와 받침철물의 연결부의 겹침길이는 받침철물 전체길이의 3분의 1 이상 되도록 할 것
5. 보 형식의 동바리[강제 갑판(steel deck), 철재트러스 조립 보 등 수평으로 설치하여 거푸집을 지지하는 동바리를 말한다]의 경우
  가. 접합부는 충분한 걸침 길이를 확보하고 못, 용접 등으로 양끝을 지지물에 고정시켜 미끄러짐 및 탈락을 방지할 것
  나. 양끝에 설치된 보 거푸집을 지지하는 동바리 사이에는 수평연결재를 설치하거나 동바리를 추가로 설치하는 등 보 거푸집이 옆으로 넘어지지 않도록 견고하게 할 것
  다. 설계도면, 시방서 등 설계도서를 준수하여 설치할 것

104 화물취급 작업 시 준수사항으로 옳지 않은 것은?

① 꼬임이 끊어지거나 심하게 부식된 섬유로프는 화물운반용으로 사용해서는 아니 된다.
② 섬유로프 등을 사용하여 화물취급작업을 하는 경우에 해당 섬유로프 등을 점검하고 이상을 발견한 섬유로프 등을 즉시 교체하여야 한다.
③ 차량 등에서 화물을 내리는 작업을 하는 경우에 해당 작업에 종사하는 근로자에게 쌓여 있는 화물의 중간에서 필요한 화물을 빼낼 수 있도록 허용한다.
④ 하역작업을 하는 장소에서 작업장 및 통로의 위험한 부분에는 안전하게 작업할 수 있는 조명을 유지한다.

산업안전보건기준에 관한 규칙 제389조(화물 중간에서 화물 빼내기 금지) 사업주는 차량 등에서 화물을 내리는 작업을 하는 경우에 해당 작업에 종사하는 근로자에게 쌓여 있는 화물 중간에서 화물을 빼내도록 해서는 아니 된다.

105 시스템 비계를 사용하여 비계를 구성하는 경우의 준수사항으로 옳지 않은 것은?

① 수직재·수평재·가새재를 견고하게 연결하는 구조가 되도록 할 것
② 수평재는 수직재와 직각으로 설치하여야 하며, 체결 후 흔들림이 없도록 견고하게 설치할 것
③ 비계 밑단의 수직재와 받침철물은 밀착되도록 설치하고, 수직재와 받침철물의 연결부의 겹침길이는 받침철물 전체길이의 3분의 1 이상이 되도록 할 것
④ 벽 연결재의 설치간격은 시공자가 안전을 고려하여 임의대로 결정한 후 설치할 것

산업안전보건기준에 관한 규칙 제69조(시스템 비계의 구조) 사업주는 시스템 비계를 사용하여 비계를 구성하는 경우에 다음 각 호의 사항을 준수하여야 한다.
1. 수직재·수평재·가새재를 견고하게 연결하는 구조가 되도록 할 것
2. 비계 밑단의 수직재와 받침철물은 밀착되도록 설치하고, 수직재와 받침철물의 연결부의 겹침길이는 받침철물 전체길이의 3분의 1 이상이 되도록 할 것
3. 수평재는 수직재와 직각으로 설치하여야 하며, 체결 후 흔들림이 없도록 견고하게 설치할 것
4. 수직재와 수직재의 연결철물은 이탈되지 않도록 견고한 구조로 할 것
5. 벽 연결재의 설치간격은 제조사가 정한 기준에 따라 설치할 것

106 건설공사 위험성평가에 관한 내용으로 옳지 않은 것은?

① 건설물, 기계·기구, 설비 등에 의한 유해·위험요인을 찾아내어 위험성을 결정하고 그 결과에 따른 조치를 하는 것을 말한다.
② 사업주는 위험성평가의 실시내용 및 결과를 기록·보존하여야 한다.
③ 위험성평가 기록물의 보존기간은 2년이다.
④ 위험성평가 기록물에는 평가대상의 유해·위험요인, 위험성결정의 내용 등이 포함된다.

산업안전보건법 시행규칙 제37조(위험성평가 실시내용 및 결과의 기록·보존) ① 사업주가 법 제36조제3항에 따라 위험성 평가의 결과와 조치사항을 기록·보존할 때에는 다음 각 호의 사항이 포함되어야 한다.
1. 위험성평가 대상의 유해·위험요인
2. 위험성 결정의 내용
3. 위험성 결정에 따른 조치의 내용
4. 그 밖에 위험성평가의 실시내용을 확인하기 위하여 필요한 사항으로서 고용노동부장관이 정하여 고시하는 사항
② 사업주는 제1항에 따른 자료를 3년간 보존하여야 한다.

107 철골작업에서의 승강로 설치기준 중 ( ) 안에 알맞은 것은?

> 사업주는 근로자가 수직방향으로 이동하는 철골부재에는 답단간격이 ( ) 이내인 고정된 승강로를 설치하여야 한다.

① 20cm
② 30cm
③ 40cm
④ 50cm

산업안전보건기준에 관한 규칙 제381조(승강로의 설치) 사업주는 근로자가 수직방향으로 이동하는 철골부재(鐵骨部材)에는 답단(踏段) 간격이 30센티미터 이내인 고정된 승강로를 설치하여야 하며, 수평방향 철골과 수직방향 철골이 연결되는 부분에는 연결작업을 위하여 작업발판 등을 설치하여야 한다.

108 사다리식 통로 등을 설치하는 경우 폭은 최소 얼마 이상으로 하여야 하는가?

① 30cm
② 40cm
③ 50cm
④ 60cm

산업안전보건기준에 관한 규칙 24조(사다리식 통로 등의 구조) ① 사업주는 사다리식 통로 등을 설치하는 경우 다음 각 호의 사항을 준수하여야 한다.
1. 견고한 구조로 할 것

2. 심한 손상·부식 등이 없는 재료를 사용할 것
3. 발판의 간격은 일정하게 할 것
4. 발판과 벽과의 사이는 15센티미터 이상의 간격을 유지할 것
5. 폭은 30센티미터 이상으로 할 것
6. 사다리가 넘어지거나 미끄러지는 것을 방지하기 위한 조치를 할 것
7. 사다리의 상단은 걸쳐놓은 지점으로부터 60센티미터 이상 올라가도록 할 것
8. 사다리식 통로의 길이가 10미터 이상인 경우에는 5미터 이내마다 계단참을 설치할 것
9. 사다리식 통로의 기울기는 75도 이하로 할 것. 다만, 고정식 사다리식 통로의 기울기는 90도 이하로 하고, 그 높이가 7미터 이상인 경우에는 다음 각 목의 구분에 따른 조치를 할 것
    가. 등받이울이 있어도 근로자 이동에 지장이 없는 경우 : 바닥으로부터 높이가 2.5미터 되는 지점부터 등받이울을 설치할 것
    나. 등받이울이 있으면 근로자가 이동이 곤란한 경우 : 한국산업표준에서 정하는 기준에 적합한 개인용 추락 방지 시스템을 설치하고 근로자로 하여금 한국산업표준에서 정하는 기준에 적합한 전신안전대를 사용하도록 할 것
10. 접이식 사다리 기둥은 사용 시 접혀지거나 펼쳐지지 않도록 철물 등을 사용하여 견고하게 조치할 것

109 추락재해에 대한 예방차원에서 고소작업의 감소를 위한 근본적인 대책으로 옳은 것은?

① 방망 설치
② 지붕트러스의 일체화 또는 지상에서 조립
③ 안전대 사용
④ 비계 등에 의한 작업대 설치

고소작업의 감소를 위한 근본적인 대책은 고소작업을 하지 않는 방향으로 작업조건을 만들어가는 것이다.

110 다음 중 건설공사 유해위험방지계획서 제출대상 공사가 아닌 것은?

① 지상높이가 50m인 건축물 또는 인공구조물 건설공사
② 연면적이 3,000m²인 냉동·냉장창고시설의 설비공사
③ 최대 지간길이가 60m인 교량건설공사
④ 터널건설공사

유해위험방지계획서 제출 대상 공사(산업안전보건법 시행령 제42조 ③항)
1. 다음 각 목의 어느 하나에 해당하는 건축물 또는 시설 등의 건설·개조 또는 해체 공사
    가. 지상높이가 31미터 이상인 건축물 또는 인공구조물
    나. 연면적 3만제곱미터 이상인 건축물
    다. 연면적 5천제곱미터 이상인 시설로서 다음의 어느 하나에 해당하는 시설
        1) 문화 및 집회시설(전시장 및 동물원·식물원은 제외한다)
        2) 판매시설, 운수시설(고속철도의 역사 및 집배송시설은 제외한다)
        3) 종교시설
        4) 의료시설 중 종합병원
        5) 숙박시설 중 관광숙박시설
        6) 지하도상가
        7) 냉동·냉장 창고시설
2. 연면적 5천제곱미터 이상인 냉동·냉장 창고시설의 설비공사 및 단열공사
3. 최대 지간(支間)길이(다리의 기둥과 기둥의 중심사이의 거리)가 50미터 이상인 다리의 건설등 공사
4. 터널의 건설등 공사
5. 다목적댐, 발전용댐, 저수용량 2천만톤 이상의 용수 전용 댐 및 지방상수도 전용 댐의 건설등 공사
6. 깊이 10미터 이상인 굴착공사

111 겨울철 공사중인 건축물의 벽체 콘크리트 타설 시 거푸집이 터져서 콘크리트 쏟아지는 사고가 발생하였다. 이 사고의 발생 원인으로 추정 가능한 사안 중 가장 타당한 것은?

① 콘크리트의 타설속도가 빨랐다.
② 진동기를 사용하지 않았다.
③ 철근 사용량이 많았다.
④ 콘크리트의 슬럼프가 작았다.

콘크리트의 측압이 커지는 조건
- 기온이 낮을수록(대기 중의 습도가 낮을수록)
- 치어붓기 속도가 클수록
- 굵은 콘크리트 일수록(물·시멘트비가 클수록, 슬럼프값이 클수록, 시멘트·물비가 적을수록)
- 콘크리트의 비중이 클수록
- 콘크리트의 다지기가 강할수록
- 철근양이 적을수록
- 거푸집의 수밀성이 높을수록
- 거푸집의 수평단면이 클수록(벽 두께가 클수록)
- 거푸집의 강성이 클수록
- 거푸집의 표면이 매끄러울수록
- 측압은 생콘크리트의 높이가 높을수록 커지나 일정한 높이에 이르면 측압의 증가는 없다.

112 다음 중 운반작업 시 주의사항으로 옳지 않은 것은?

① 운반 시의 시선은 진행방향을 향하고 뒷걸음 운반을 하여서는 안 된다.
② 무거운 물건을 운반할 때 무게 중심이 높은 화물은 인력으로 운반하지 않는다.
③ 어깨높이보다 높은 위치에서 화물을 들고 운반하여서는 안 된다.
④ 단독으로 긴 물건을 어깨에 메고 운반할 때에는 뒤쪽을 위로 올린 상태로 운반한다.

인력운반 작업의 안전 준수사항
- 단독작업은 30kg 이하로 하고 장시간 작업은 작업자 체중의 40%한도 내에서 취급하여야 하며 하루 한 사람이 중량물을 취급하는 시간은 실제 취급시간 2.5시간 이내로 한다.
- 무리한 자세를 장시간 지속하지 않을 것
- 무거운 물건은 공동작업으로 실시하고 보조기구를 사용할 것
- 물건을 들어 올릴 때는 팔과 무릎을 사용하며 척추는 곧은 자세로 할 것
- 길이가 긴 물건은 앞쪽을 높여 운반할 것
- 화물에 최대한 접근하여 중심을 낮게 할 것
- 어깨보다 높이 들어 올리지 않을 것

113 다음 중 직접기초의 터파기 공법이 아닌 것은?

① 개착 공법
② 시트 파일 공법
③ 트렌치 컷 공법
④ 아일랜드 컷 공법

해설
시트 파일 공법은 흙막이공법 중의 하나이다.

114 건설재해대책의 사면보호공법 중 식물을 생육시켜 그 뿌리로 사면의 표층토를 고정하여 빗물에 의한 침식, 동상, 이완 등을 방지하고, 녹화에 의한 경관조성을 목적으로 시공하는 것은?

① 식생공
② 쉴드공
③ 뿜어 붙이기공
④ 블럭공

해설
건설재해대책의 사면보호공법
- 식생공 : 식물을 생육시켜 그 뿌리로 사면의 표층토를 고정하여 빗물에 의한 침식, 동상, 이완 등을 방지하고, 녹화에 의한 경관조성을 목적으로 시공
- 뿜어 붙이기공 : 모트타르 및 콘크리트를 뿜어서 붙이는 공법으로 비탈면에 용수가 없고 붕괴우려가 없는 지역, 낙석 예정 지역이나 식생이 부적당한 곳에 시공
- 블럭공 : 절토사면을 블럭이나 격자모양블럭 등으로 덮어 중력에 의한 절토사면 토층의 이동방지와 풍화, 침식작용을 차단하는 시공

115 훅걸이용 와이어로프 등이 훅으로부터 벗겨지는 것을 방지하기 위한 장치는?

① 해지장치
② 권과방지장치
③ 과부하방지장치
④ 턴버클

해설
산업안전보건기준에 관한 규칙 제137조(해지장치의 사용) 사업주는 훅걸이용 와이어로프 등이 훅으로부터 벗겨지는 것을 방지하기 위한 장치(이하 "해지장치"라 한다)를 구비한 크레인을 사용하여야 하며, 그 크레인을 사용하여 짐을 운반하는 경우에는 해지장치를 사용하여야 한다.

116 장비가 위치한 지면보다 낮은 장소를 굴착하는데 적합한 장비는?

① 트럭크레인
② 파워쇼벨
③ 백호우
④ 진폴

해설
셔블계 굴착기계의 종류
- 파워셔블 : 지반면보다 높은 곳의 굴착, 쇄석 옮겨쌓기, 토사의 처리 등에 널리 쓰인다.
- 백호우 : 지반면보다 낮은 곳의 굴착, 지하층 및 기초 굴삭, 토목공사나 수중굴착 등에 쓰인다.(지하 6m 정도의 깊이)
- 드래그라인 : 지반면보다 낮은 곳의 굴착, 토사를 긁어모음, 연약한 지반의 깊은 곳 굴착 등에 쓰인다.(지하 8m 정도의 깊이)
- 클램쉘 : 좁은 곳의 수직굴착, 자갈 등의 적재, 연약한 지반이나 수중굴착 등에 쓰인다.

117 추락방지용 방망 중 그물코의 크기가 5cm인 매듭방망 신품의 인장강도는 최소 몇 kg 이상이어야 하는가?

① 60
② 110
③ 150
④ 200

방망사의 신품에 대한 인장 강도

그물코의 종류	방망의 종류(단위 : kg)	
	매듭이 없는 방망	매듭 방망
10cm	240	200(135)
5cm	–	110(60)

※괄호 안은 폐기기준 인장강도임

118 잠함 또는 우물통의 내부에서 굴착작업을 할 때의 준수사항으로 옳지 않은 것은?

① 굴착 깊이가 10m를 초과하는 경우에는 해당 작업장소와 외부와의 연락을 위한 통신설비등을 설치하여야 한다.
② 산소 결핍의 우려가 있는 경우에는 산소의 농도를 측정하는 자를 지명하여 측정하도록 한다.
③ 근로자가 안전하게 승강하기 위한 설비를 설치한다.
④ 측정 결과 산소의 결핍이 인정될 경우에는 송기를 위한 설비를 설치하여 필요한 양의 공기를 공급하여야 한다.

산업안전보건기준에 관한 규칙 제377조(잠함 등 내부에서의 작업) ① 사업주는 잠함, 우물통, 수직갱, 그 밖에 이와 유사한 건설물 또는 설비(이하 "잠함등"이라 한다)의 내부에서 굴착작업을 하는 경우에 다음 각 호의 사항을 준수하여야 한다.
1. 산소 결핍 우려가 있는 경우에는 산소의 농도를 측정하는 사람을 지명하여 측정하도록 할 것
2. 근로자가 안전하게 오르내리기 위한 설비를 설치할 것
3. 굴착 깊이가 20미터를 초과하는 경우에는 해당 작업장소와 외부와의 연락을 위한 통신설비 등을 설치할 것
② 사업주는 제1항제1호에 따른 측정 결과 산소 결핍이 인정되거나 굴착 깊이가 20미터를 초과하는 경우에는 송기(送氣)를 위한 설비를 설치하여 필요한 양의 공기를 공급해야 한다.

119 이동식비계를 조립하여 작업을 하는 경우의 준수사항으로 옳지 않은 것은?

① 비계의 최상부에서 작업을 하는 경우에는 안전난간을 설치할 것
② 작업발판은 항상 수평을 유지하고 작업발판 위에서 안전난간을 딛고 작업을 하거나 받침대 또는 사다리를 사용하여 작업하지 않도록 할 것
③ 작업발판의 최대적재하중은 150kg을 초과하지 않도록 할 것
④ 이동식비계의 바퀴에는 뜻밖의 갑작스러운 이동 또는 전도를 방지하기 위하여 브레이크·쐐기 등으로 바퀴를 고정시킨 다음 비계의 일부를 견고한 시설물에 고정하거나 아웃트리거를 설치하는 등 필요한 조치를 할 것

산업안전보건기준에 관한 규칙 제68조(이동식비계) 사업주는 이동식비계를 조립하여 작업을 하는 경우에는 다음 각 호의 사항을 준수하여야 한다.
1. 이동식비계의 바퀴에는 뜻밖의 갑작스러운 이동 또는 전도를 방지하기 위하여 브레이크·쐐기 등으로 바퀴를 고정시킨 다음 비계의 일부를 견고한 시설물에 고정하거나 아웃트리거를 설치하는 등 필요한 조치를 할 것
2. 승강용사다리는 견고하게 설치할 것

3. 비계의 최상부에서 작업을 하는 경우에는 안전난간을 설치할 것
4. 작업발판은 항상 수평을 유지하고 작업발판 위에서 안전난간을 딛고 작업을 하거나 받침대 또는 사다리를 사용하여 작업하지 않도록 할 것
5. 작업발판의 최대적재하중은 250킬로그램을 초과하지 않도록 할 것

120 항타기 또는 항발기의 권상장치 드럼축과 권상장치로부터 첫 번째 도르래의 축 간의 거리는 권상장치 드럼폭의 몇 배 이상으로 하여야 하는가?

① 5배
② 8배
③ 10배
④ 15배

산업안전보건기준에 관한 규칙 제216조(도르래의 부착 등) ① 사업주는 항타기나 항발기에 도르래나 도르래 뭉치를 부착하는 경우에는 부착부가 받는 하중에 의하여 파괴될 우려가 없는 브래킷·샤클 및 와이어로프 등으로 견고하게 부착하여야 한다.
② 사업주는 항타기 또는 항발기의 권상장치의 드럼축과 권상장치로부터 첫 번째 도르래의 축 간의 거리를 권상장치 드럼폭의 15배 이상으로 하여야 한다.
③ 제2항의 도르래는 권상장치의 드럼 중심을 지나야 하며 축과 수직면상에 있어야 한다.
④ 항타기나 항발기의 구조상 권상용 와이어로프가 꼬일 우려가 없는 경우에는 제2항과 제3항을 적용하지 아니한다.

정답 2018년 08월 19일 최근 기출문제

001 ②	002 ④	003 ②	004 ④	005 ①	006 ②	007 ①	008 ①	009 ①	010 ①
011 ②	012 ③	013 ④	014 ④	015 ③	016 ③	017 ③	018 ④	019 ②	020 ③
021 ③	022 ③	023 ③	024 ④	025 ③	026 ②	027 ①	028 ②	029 ④	030 ④
031 ②	032 ②	033 ③	034 ③	035 ④	036 ④	037 ②	038 ①	039 ①	040 ④
041 ③	042 ①	043 ②	044 ③	045 ④	046 ②	047 ①	048 ④	049 ③	050 ②
051 ②	052 ①	053 ①	054 ④	055 ①	056 ④	057 ②	058 ③	059 ③	060 ③
061 ③	062 ①	063 ①	064 ②	065 ④	066 ①	067 ②	068 ②	069 ③	070 ③
071 ③	072 ④	073 ②	074 ①	075 ②	076 ①	077 ②	078 ④	079 ③	080 ③
081 ①	082 ④	083 ③	084 ②	085 ①	086 ②	087 ①	088 ①	089 ①	090 ④
091 ①	092 ④	093 ①	094 ③	095 ③	096 ①	097 ②	098 ①	099 ①	100 ④
101 ①	102 ④	103 ②	104 ③	105 ④	106 ③	107 ②	108 ①	109 ②	110 ②
111 ①	112 ④	113 ①	114 ①	115 ①	116 ②	117 ②	118 ①	119 ③	120 ④

2019년 03월 03일

최근 기출문제

QUESTIONS FROM PREVIOUS TESTS

제 01 과목 산업재해 예방 및 안전보건교육

001 제일선의 감독자를 교육대상으로 하고, 작업을 지도하는 방법, 작업개선방법 등의 주요 내용을 다루는 기업내 교육방법은?

① TWI
② MTP
③ ATT
④ CCS

① TWI(Training Within Industry)
  • 교육대상 및 교육방법
    − 교육대상 : 감독자
    − 교육방법 : 한 클래스(Class)는 10명 정도, 교육 방법은 토의법, 1일 2시간씩 5일에 걸쳐 10시간 정도
  • 교육내용
    − JI(Job Instruction) : 작업지도 기법
    − JM(Job Method) : 작업개선 기법
    − JR(Job Relation) : 인간관계 관리기법
    − JS(Job Safety) : 작업안전 기법
② MTP(Management Training Program) : FEAF(Far East Air Forces)라고도 함
  • 교육대상 및 교육방법
    − 교육대상 : TWI 보다 약간 높은 관리자 계층
    − 교육방법 : 한 클래스(Class)는 10~15명, 2시간씩 20회에 걸쳐 40시간 훈련
  • 교육내용 : 관리의 기능, 조직의 원칙, 조직의 운영, 시간관리 학습의 원칙과 부하지도법, 훈련의 관리, 신인을 맞이하는 방법과 대행자를 육성하는 요령, 회의의 주관, 직업의 개선, 안전한 작업, 과업관리, 사기양양 등
③ ATT(American Telephone & Telegram Co)
  • 교육대상 : 대상계층이 한정되어 있지 않고, 한번 훈련을 받은 관리자는 그 부하인 감독자에 대해 지도원이 될 수 있다.
  • 교육내용 : 계획적 감독, 작업의 계획 및 인원배치, 작업의 감독, 공구 및 자료보고 및 기록, 개인작업의 개선, 종업원의 향상, 인사관계, 훈련, 고객관계, 안전부대군인의 복무조정 등 12가지
  • 코스는 1차 훈련(1일 8시간씩 2주간) 2차 과정에서는 문제가 발생할 때마다 하도록 되어있으며, 진행방법은 통상 토의식에 의하여 지도자의 유도로 과제에 대한 의견을 제시하게 하여 결론을 내려가는 방식
④ CCS(Civil Communication Section) : ATP(Administration Training Program)라고도 함
  • 교육대상 : 당초에는 일부회사의 탑 매니지먼트에 대해서만 행하여졌던 것
  • 교육내용 : 정책의 수립, 조직(경영부문, 조직형태, 구조 등), 통제(조직통제의 적용, 품질관리, 원가통제의 적용 등) 및 운영(운영조직, 협조에 의한 회사운영) 등
  • 교육방법 : 주로 강의법에 토의법이 가미된 것으로 매주 4일, 4시간씩으로 8주간(합계 128시간)에 걸쳐 실시

002 안전검사기관 및 자율검사프로그램 인정기관은 고용노동부장관에게 그 실적을 보고하도록 관련법에 명시되어 있는데 그 주기로 옳은 것은?

① 매월 ② 격월
③ 분기 ④ 반기

해설

안전검사 절차에 관한 고시 제9조(안전검사 실적보고) ② 안전검사기관은 별지 제1호서식에 따라 분기마다 다음 달 10일까지 분기별 실적과, 매년 1월20일까지 전년도 실적을 고용노동부장관에게 제출하여야 하며, 공단은 별지 제2호서식에 따라 분기마다 다음 달 10일까지 분기별 실적과, 매년 1월 20일까지 전년도 실적을 고용노동부장관에게 제출하여야 한다.

003 다음 재해사례에서 기인물에 해당하는 것은?

> 기계작업에 배치된 작업자가 반장의 지시를 받기 전에 정지된 선반을 운전시키면서 변속치차의 덮개를 벗겨내고 치차를 저속으로 운전하면서 급유하려고 할 때 오른손이 변속치차에 맞물려 손가락이 절단되었다.

① 덮개 ② 급유
③ 선반 ④ 변속치차

해설

기인물과 가해물
- 기인물 : 불안전한 상태에 있는 물체(환경 포함) – 선반
- 가해물 : 직접 사람에게 접촉되어 위해를 가한 물체 – 변속치차

004 보호구 안전인증 고시에 따른 분리식 방진마스크의 성능기준에서 포집효율이 특급인 경우, 염화나트륨(NaCl) 및 파라핀 오일(Paraffin oil)시험에서의 포집효율은?

① 99.95% 이상 ② 99.9% 이상
③ 99.5% 이상   ④ 99.0% 이상

해설

여과재 분진 등 포집효율

형태 및 등급		염화나트륨(NaCl) 및 파라핀 오일(Paraffin oil) 시험(%)
분리식	특급	99.95 이상
	1급	94.0 이상
	2급	80.0 이상
안면부 여과식	특급	99.0 이상
	1급	94.0 이상
	2급	80.0 이상

005 산업안전보건법상 특별안전보건교육에서 방사선 업무에 관계되는 작업을 할 때 교육내용으로 거리가 먼 것은?

① 방사선의 유해·위험 및 인체에 미치는 영향
② 방사선 측정기기 기능의 점검에 관한 사항
③ 비상시 응급처치 및 보호구 착용에 관한 사항
④ 산소농도측정 및 작업환경에 관한 사항

방사선 업무에 관계되는 작업(의료 및 실험용은 제외)의 교육내용
- 방사선의 유해·위험 및 인체에 미치는 영향
- 방사선의 측정기기 기능의 점검에 관한 사항
- 방호거리·방호벽 및 방사선물질의 취급 요령에 관한 사항
- 응급처치 및 보호구 착용에 관한 사항
- 그 밖에 안전·보건관리에 필요한 사항

006 주의의 수준이 Phase 0인 상태에서의 의식상태는?

① 무의식상태
② 의식의 이완상태
③ 명료한상태
④ 과긴장상태

의식수준의 단계

단계	의식의 상태	주의작용	생리적 상태	신뢰성	뇌파형태
0	무의식, 실신	없음(Zero)	수면, 뇌발작	0	δ파
I	정상 이하(Subnormal), 의식 몽롱함	부주의(Inactive)	피로, 단조, 졸음, 술취함	0.9 이하	θ파
II	정상, 이완상태 (normal, relaxed)	수동적(Passive), 마음이 안쪽으로 향함	안정기거, 휴식 시, 정례작업시	0.99~0.99999	α파
III	정상, 상쾌한 상태 (Normal, Clear)	능동적(Active), 앞으로 향하는 주의 시야 넓음	적극 활동시	0.999999 이상	β파
IV	초정상, 과긴장상태 (Hypernormal, Excited)	일점으로 응집, 판단 정지	긴급 방위반응, 당황해서 Panic	0.9 이하	β파, 전간파

007 한 사람, 한 사람의 위험에 대한 감수성 향상을 도모하기 위하여 삼각 및 원 포인트 위험예지훈련을 통합한 활용기법은?

① 1인 위험예지훈련
② TBM 위험예지훈련
③ 자문자답 위험예지훈련
④ 시나리오 역할연기훈련

008 재해예방의 4원칙에 관한 설명으로 틀린 것은?

① 재해의 발생에는 반드시 원인이 존재한다.
② 재해의 발생과 손실의 발생은 우연적이다.
③ 재해를 예방할 수 있는 안전대책은 반드시 존재한다.
④ 재해는 원인 제거가 불가능하므로 예방만이 최선이다.

해설

재해예방의 4원칙 : 손실 우연의 원칙, 원인 계기의 원칙, 예방 가능의 원칙, 대책 선정의 원칙

009 적응기제(適應機制, Adjustment Mechanism)의 종류 중 도피적 기제(행동)에 해당하지 않는 것은?

① 고립　　　　　　　　② 퇴행
③ 억압　　　　　　　　④ 합리화

해설

적응기제(適應機制)
- 방어적 기제 : 보상, 합리화, 동일시, 승화
- 도피적 기제 : 고립, 퇴행, 억압, 백일몽
- 공격적 기제 : 직접적 공격형, 간접적 공격형

010 인간오류에 관한 분류 중 독립행동에 의한 분류가 아닌 것은?

① 생략오류
② 실행오류
③ 명령오류
④ 시간오류

해설

Swain의 휴먼 에러(Human Error)
- 생략적 과오(omission error) : 필요한 작업 또는 절차를 수행하지 않는데 기인한 과오
- 시간적 과오(time error) : 필요한 작업 또는 절차의 수행지연으로 인한 과오
- 수행적 과오(commission error) : 필요한 작업 또는 절차의 잘못된 수행으로 인한 과오
- 순서적 과오(sequential error) : 필요한 작업 또는 절차의 순서 착오로 인한 과오
- 불필요한 과오(extraneous error) : 불필요한 작업 또는 절차를 수행함으로써 기인한 과오

011 다음 중 안전·보건교육계획을 수립할 때 고려할 사항으로 가장 거리가 먼 것은?

① 현장의 의견을 충분히 반영한다.
② 대상자의 필요한 정보를 수집한다.
③ 안전교육시행체계와의 연관성을 고려한다.
④ 정부 규정에 의한 교육에 한정하여 실시한다.

안전보건관리규정 작성 상의 유의사항
- 규정된 기준은 법정기준을 상회하도록 할 것
- 관리자층의 직무와 권한 근로자에게 강제 또는 요청한 부분을 명확히 할 것
- 관계 법령의 제 개정에 따라 즉시 개정이 되도록 라인(Line) 활용에 쉬운 규정이 되도록 할 것
- 작성 또는 개정시에 현장의 의견을 충분히 반영시킬 것
- 규정내용은 정상시는 물론 이상시 사고 및 재해 발생시의 조치에 관하여도 규정 할 것

012 사고의 원인분석방법에 해당하지 않는 것은?

① 통계적 원인분석
② 종합적 원인분석
③ 클로즈(close)분석
④ 관리도

통계원인 분석방법 4가지
- 파레토도 : 사고의 유형, 기인물 등의 분류항목을 순서대로 도표화하여 문제나 목표의 이해에 편리
- 특성요인도 : 특성과 요인과의 관계를 도표로하여 어골상으로 세분화
- 클로즈분석(크로스도) : 2개 이상의 문제를 분석하는데 사용
- 관리도 : 재해발생건수 등의 추이를 파악

013 하인리히의 재해 코스트 평가방식 중 직접비에 해당하지 않는 것은?

① 산재보상비　　② 치료비
③ 간호비　　　　④ 생산손실

직접비 : 법령으로 정한 피해자에게 지급되는 산재보상비
- 휴업보상비 : 평균임금의 100분의 70에 상당하는 금액
- 장해보상비 : 신체장해가 남는 경우에 장해등급에 의한 금액
- 요양보상비 : 요양비의 전액
- 장의비 : 평균임금의 120일분에 상당하는 금액
- 유족보상비 : 평균임금의 1300일분에 상당하는 금액
- 기타 유족특별보상비, 장해특별보상비, 상병보상년금

014 안전관리조직의 참모식(staff형)에 대한 장점이 아닌 것은?

① 경영자의 조언과 자문역할을 한다.
② 안전정보 수집이 용이하고 빠르다.
③ 안전에 관한 명령과 지시는 생산라인을 통해 신속하게 전달한다.
④ 안전전문가가 안전계획을 세워 문제해결 방안을 모색하고 조치한다.

스태프(Staff)형(참모식 조직)
- 특징
  - 안전관리를 담당하는 스태프(참모진)를 두고 안전관리에 관한 계획, 조사, 검토, 권고, 보고 등을 행하는 관리 방식이다.
  - 중규모 사업장(100명 이상 ~ 500명 미만)에 적합하다.
- 장점
  - 사업장의 특수성에 적합한 기술연구를 전문적으로 할 수 있다.(안전지식 및 기술 축적이 용이)
  - 경영자에 대한 조언과 자문역할이 가능하다.
- 단점
  - 생산 부분에 협력하여 안전 명령을 전달·실시하므로 안전 지시가 용이하지 않으며, 안전과 생산을 별개로 취급하기 쉽다.
  - 생산부분은 안전에 대한 책임과 권한이 없다.
  - 권한 다툼이나 조정 때문에 통제 수속이 복잡해지며, 시간과 노력이 소모된다.

015 산업안전보건법령상 안전인증대상 기계 또는 설비가 아닌 것은?

① 연삭기
② 롤러기
③ 압력용기
④ 고소(高所) 작업대

산업안전보건법 시행령 제74조(안전인증대상기계등) ① 법 제84조제1항에서 "대통령령으로 정하는 것"이란 다음 각 호의 어느 하나에 해당하는 것을 말한다.
1. 다음 각 목의 어느 하나에 해당하는 기계 또는 설비
   가. 프레스
   나. 전단기 및 절곡기(折曲機)
   다. 크레인
   라. 리프트
   마. 압력용기
   바. 롤러기
   사. 사출성형기(射出成形機)
   아. 고소(高所) 작업대
   자. 곤돌라

016 안전교육방법 중 학습자가 이미 설명을 듣거나 시범을 보고 알게 된 지식이나 기능을 강사의 감독 아래 직접적으로 연습하여 적용할 수 있도록 하는 교육방법은?

① 모의법
② 토의법
③ 실연법
④ 반복법

017 산업안전보건법상의 안전보건표지 종류 중 관계자 외 출입금지표지에 해당되는 것은?

① 안전모 착용
② 폭발성물질 경고
③ 방사성물질 경고
④ 석면취급 및 해체·제거

관계자 외 출입금지표시의 종류 : 허가대상물질 작업장, 석면취급해체작업장, 금지대상물질의 취급 실험실 등

018 국제노동기구(ILO)의 산업재해 정도구분에서 부상 결과 근로자가 신체장해등급 제12급 판정을 받았다면 이는 어느 정도의 부상을 의미하는가?

① 영구 전노동불능
② 영구 일부노동불능
③ 일시 전노동불능
④ 일시 일부노동불능

근로손실일수의 산정기준(국제기준)
- 사망 및 영구전노동불능(신체장해등급 1~3급) : 7500일
- 영구 일부 노동불능(신체장해등급 4~14급)

신체장해등급	4	5	6	7	8	9	10	11	12	13	14
근로손실일수	5500	4000	3000	2200	1500	1000	600	400	200	100	50

- 일시전노동불능 = 휴업일수 × (300/365)

019 특정과업에서 에너지 소비수준에 영향을 미치는 인자가 아닌 것은?

① 작업방법
② 작업속도
③ 작업관리
④ 도구

020 사고예방대책의 기본원리 5단계 중 틀린 것은?

① 1단계 : 안전관리계획
② 2단계 : 현상파악
③ 3단계 : 분석평가
④ 4단계 : 대책의 선정

사고 예방대책의 기본원리 5단계(사고방지원리의 단계)
- 1단계 – 조직
- 2단계 – 사실의 발견
- 3단계 – 분석평가
- 4단계 – 시정방법의 선정
- 5단계 – 시정책의 적용(3E 적용)

제 01 과목 인간공학 및 위험성 평가 · 관리

021 의도는 올바른 것이었지만, 행동이 의도한 것과는 다르게 나타나는 오류를 무엇이라 하는가?

① Slip
② Mistake
③ Lapse
④ Violation

① 실수(Slip), ② 착오(Mistake), ③ 건망증(Lapse), ④ 위반(Violation)

022 시스템 수명주기 단계 중 마지막 단계인 것은?

① 구상단계 ② 개발단계
③ 운전단계 ④ 생산단계

시스템의 수명주기 : 구상단계 → 정의단계 → 계발단계 → 생산단계 → 운전단계(평가)

023 FT도에 사용되는 다음 게이트의 명칭은?

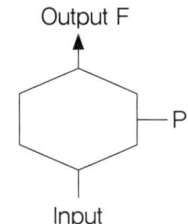

① 부정 게이트 ② 억제 게이트
③ 배타적 OR 게이트 ④ 우선적 AND 게이트

FTA의 기호

명칭	기호	명칭	기호
우선적 AND 게이트	a_i는 a_k보다 우선 / a_i a_j a_k	위험지속기호	위험지속 시간
조합 AND 게이트	어느 것이나 2개 / a_i a_j a_k	배타적 OR 게이트	동시발생 이 없음
억제 게이트		부정 게이트	

024 FTA에서 시스템의 기능을 살리는데 필요한 최소 요인의 집합을 무엇이라 하는가?

① critical set ② minimal gate
③ minimal path ④ Boolean indicated cut set

패스(Path)와 미니멀 패스(Minimal Path Sets) : 패스란 그 속에 포함되는 기본사상이 일어나지 않을 때 처음으로 정상 사상이 일어나지 않는 기본사상의 집합으로서, 미니멀 패스는 그 필요 최소한의 것

025 쾌적환경에서 추운환경으로 변화 시 신체의 조절작용이 아닌 것은?

① 피부온도가 내려간다.
② 직장온도가 약간 내려간다.
③ 몸이 떨리고 소름이 돋는다.
④ 피부를 경유하는 혈액 순환량이 감소한다.

적정온도에서 추운 환경으로 바뀔 때 인체의 변화
- 피부 온도가 내려간다.
- 피부를 경유하는 혈액 순환량이 감소한다.
- 혈액의 많은 양이 몸의 중심부를 순환한다.
- 직장(直腸) 온도가 약간 올라간다.
- 몸이 떨리고 소름이 돋는다.

026 염산을 취급하는 A 업체에서는 신설 설비에 관한 안전성 평가를 실시해야 한다. 정성적 평가단계의 주요 진단 항목에 해당하는 것은?

① 공장 내의 배치
② 제조공정의 개요
③ 재평가 방법 및 계획
④ 안전·보건교육 훈련계획

정성적 평가의 주요 진단항목

1. 설계관계	항목수	2. 운전관계	항목수
입지조건	5	원재료, 중간체 제품	7
공장내 배치	9	공정	7
건조물	8	수송, 저장 등	9
소방설비	5	공정기기	11

027 인간-기계시스템의 설계를 6단계로 구분할 때, 첫 번째 단계에서 시행하는 것은?

① 기본설계
② 시스템의 정의
③ 인터페이스 설계
④ 시스템의 목표와 성능명세 결정

- 제1단계 : 시스템의 목표와 성능 명세 결정
- 제2단계: 시스템의 정의
- 제3단계: 기본설계
- 제4단계: 인터페이스 설계
- 제5단계: 보조물 혹은 편의 수단 설계
- 제6단계: 평가

028 점광원으로부터 0.3m 떨어진 구면에 비추는 광량이 5 Lumen일 때, 조도는 약 몇 럭스인가?

① 0.06
② 16.7
③ 55.6
④ 83.4

조도 = $\frac{광도}{거리^2}$ = $\frac{5}{0.3^2}$ = 55.556

029 음량수준을 측정할 수 있는 3가지 척도에 해당되지 않는 것은?

① sone
② 럭스
③ phon
④ 인식소음 수준

lux(meter-candle) : 1촉광의 점광원으로부터 1m 떨어진 곡면에 비추는 광의 밀도($1lumen/m^2$)

030 실린더 블록에 사용하는 가스켓의 수명은 평균 10000시간이며, 표준편차는 200시간으로 정규분포를 따른다. 사용시간이 9600시간일 경우에 신뢰도는 약 얼마인가?(단, 표준정규분포표에서 $u_{0.8413}$ = 1, $u_{0.9772}$ = 2이다.)

① 84.13%
② 88.73%
③ 92.72%
④ 97.72%

- $P(\overline{X} \leq 9600) = P(Z \leq \frac{9600 - 10000}{200}) = P(Z \leq -2) = 0.5 + 0.5 - P(Z \leq -2) = 0.5 + 0.5 - 0.9772 = 0.0228$
- $P(\overline{X} \geq 9600) = P(Z \geq \frac{9600 - 10000}{200}) = P(Z \geq -2) = 0.5 + 0.5 - 0.0228 = 0.9772 = 97.72$

031 음압수준이 70dB인 경우, 1000Hz에서 순음의 phon 치는?

① 50phon
② 70phon
③ 90phon
④ 100phon

Phon : 1000Hz 순음의 음압 수준(dB)을 나타낸다.

032 인체계측자료의 응용원칙 중 조절 범위에서 수용하는 통상의 범위는 얼마인가?

① 5 ~ 95 %tile
② 20 ~ 80 %tile
③ 30 ~ 70 %tile
④ 40 ~ 60 %tile

인체계측자료의 응용원칙
- 최대치수와 최소치수 : 최대치수 또는 최소치수를 기준으로 하여 설계
- 조절범위(조절식) : 체격이 다른 여러 사람에 맞도록 만드는 것(5 ~ 95%tile)
- 평균치를 기준으로 한 설계 : 최대치수나 최소치수, 조절식으로 하기가 곤란할 때 평균치를 기준으로 하여 설계

033 동작경제 원칙에 해당되지 않는 것은?

① 신체사용에 관한 원칙　　　② 작업장 배치에 관한 원칙
③ 사용자 요구 조건에 관한 원칙　　　④ 공구 및 설비 디자인에 관한 원칙

Ralph M. Barnes의 동작경제 원칙
- 신체 사용에 관한 원칙
- 작업장의 배치에 관한 원칙
- 공구 및 설비 디자인에 관한 원칙

034 정신적 작업 부하에 관한 생리적 척도에 해당하지 않는 것은?

① 부정맥 지수　　　② 근전도
③ 점멸융합주파수　　　④ 뇌파도

해설
근전도(electromyography, EMG)는 근육의 운동 수축으로 인해 발생하는 전류 및 안정 시의 이상 전류를 기록한다.

035 FMEA의 장점이라 할 수 있는 것은?

① 분석방법에 대한 논리적 배경이 강하다.
② 물적, 인적요소 모두가 분석대상이 된다.
③ 서식이 간단하고 비교적 적은 노력으로 분석이 가능하다.
④ 두 가지 이상의 요소가 동시에 고장 나는 경우에도 분석이 용이하다.

FMEA의 장점 및 단점
- 장점 : 서식이 간단하고 비교적 적은 노력으로 특별한 훈련 없이 분석할 수 있다.
- 단점 : 논리성이 부족하고 특히 각 요소간의 영향을 분석하기 어렵기 때문에 동시에 두 가지 이상의 요소가 고장날 경우 분석이 곤란하며 요소가 물체로 한정되어 있기 때문에 인적원인을 분석하는 것은 곤란하다.

036 수리가 가능한 어떤 기계의 가용도(availability)는 0.9이고, 평균수리시간(MTTR)이 2시간일 때, 이 기계의 평균수명(MTBF)은?

① 15시간　　　② 16시간
③ 17시간　　　④ 18시간

해설

$$가용도 = \frac{MTBF}{MTBF + MTTR}$$

$$0.9 = \frac{MTBF}{MTBF + 2}$$

MTBF = 0.9(MTBF + 2)
MTBF = 0.9MTBF + 1.8
MTBF − 0.9MTBF = 1.8
0.1MTBF = 1.8
∴MTBF = 1.8/0.1 = 18[시간]

037 산업안전보건법령에 따라 제조업 중 유해위험방지계획서 제출대상 사업의 사업주가 유해위험방지계획서를 제출하고자 할 때 첨부하여야 하는 서류에 해당하지 않는 것은?(단, 기타 고용노동부장관이 정하는 도면 및 서류 등은 제외한다.)

① 공사개요서
② 기계 · 설비의 배치도면
③ 기계 · 설비의 개요를 나타내는 서류
④ 원재료 및 제품의 취급, 제조 등의 작업방법의 개요

해설

산업안전보건법 시행규칙 제42조(제출서류 등) ① 법 제42조제1항제1호에 해당하는 사업주가 유해위험방지계획서를 제출할 때에는 사업장별로 별지 제16호서식의 제조업 등 유해위험방지계획서에 다음 각 호의 서류를 첨부하여 해당 작업 시작 15일 전까지 공단에 2부를 제출해야 한다. 이 경우 유해위험방지계획서의 작성기준, 작성자, 심사기준, 그 밖에 심사에 필요한 사항은 고용노동부장관이 정하여 고시한다.
1. 건축물 각 층의 평면도
2. 기계 · 설비의 개요를 나타내는 서류
3. 기계 · 설비의 배치도면
4. 원재료 및 제품의 취급, 제조 등의 작업방법의 개요
5. 그 밖에 고용노동부장관이 정하는 도면 및 서류

038 생명유지에 필요한 단위시간당 에너지량을 무엇이라 하는가?

① 기초 대사량　　　② 산소 소비율
③ 작업 대사량　　　④ 에너지 소비율

039 다음의 각 단계를 결함수분석법(FTA)에 의한 재해사례의 연구 순서대로 나열한 것은?

| ㉠ 정상사상의 선정 | ㉡ FT도 작성 및 분석 |
| ㉢ 개선 계획의 작성 | ㉣ 각 사상의 재해원인 규명 |

① ㉠ → ㉡ → ㉢ → ㉣
② ㉠ → ㉣ → ㉢ → ㉡
③ ㉠ → ㉢ → ㉡ → ㉣
④ ㉠ → ㉣ → ㉡ → ㉢

D.R. Cheriton의 FTA에 의한 재해사례 연구순서
- 1단계 : 톱(Top) 사상의 선정
- 2단계 : 사상의 재해 원인의 규명
- 3단계 : FT의 작성
- 4단계 : 개선계획의 작성

040 인간-기계시스템의 연구 목적으로 가장 적절한 것은?

① 정보 저장의 극대화
② 운전시 피로의 평준화
③ 시스템의 신뢰성 극대화
④ 안전의 극대화 및 생산능률의 향상

안전과 인간공학의 목표 : 안전성 향상과 사고 방지, 기계조작의 능률성과 생산성 향상, 쾌적성

제 03 과목   기계 · 기구 및 설비 안전관리

041 휴대용 연삭기 덮개의 개방부 각도는 몇 도(°) 이내여야 하는가?

① 60°   ② 90°
③ 125° ④ 180°

연삭기 방호장치인 덮개의 각도(방호장치 자율안전기준 고시 별표 4)

구분	덮개 각도	구분	덮개 각도
① 일반연삭작업 등에 사용하는 것을 목적으로 하는 탁상용 연삭기	125°이내	② 숫돌의 상부를 사용하는 것을 목적으로 하는 탁상용 연삭기	60°이내
③ 위 ① 및 ② 이외의 탁상용 연삭기, 그 밖에 이와 유사한 연삭기	80°이내	④ 원통연삭기, 센터리스연삭기, 공구연삭기, 만능연삭기, 그 밖에 이와 비슷한 연삭기	180°이내
⑤ 휴대용 연삭기, 스윙연삭기, 스라브연삭기, 그 밖에 이와 비슷한 연삭기	180°이내	⑥ 평면연삭기, 절단연삭기, 그 밖에 이와 비슷한 연삭기	15°이상

042 롤러기 급정지장치 조작부에 사용하는 로프의 성능 기준으로 적합한 것은?(단, 로프의 재질은 관련 규정에 적합한 것으로 본다.)

① 지름 1mm 이상의 와이어로프
② 지름 2mm 이상의 합성섬유로프
③ 지름 3mm 이상의 합성섬유로프
④ 지름 4mm 이상의 와이어로프

롤러기 급정지장치 일반요구사항(방호장치 자율안전기준 고시 별표 3)
- 작동이 원활하여야 한다.
- 견고하게 설치되어야 한다.
- 조작부는 근로자가 긴급시에 조작부를 용이하게 알아볼 수 있게 하기 위해 안전에 관한 색상으로 표시하여야 한다.
- 조작부는 그 조작에 지장이나 변형이 생기지 않고 강성이 유지되도록 설치하여야 한다.
- 조작부에 로프를 사용할 경우는 한국산업규격 KS D 3514(와이어로프)에 정한 규격에 적합한 직경이 4mm 이상의 와이어로프 또는 직경이 6mm 이상이고 절단하중이 2.94kN 이상의 합성섬유의 로프를 사용하여야 한다.
- 조작부의 설치위치는 수평안전거리가 반드시 확보되어야 한다.
- 조작스위치 및 기동스위치는 분진 기타 불순물이 침투하지 못하도록 밀폐형으로 제조되어야 한다.
- 급정지장치의 조작스위치, 전자개폐기, 제어용 계전기 및 제동모터는 KS 규격시험에 합격하거나 또는 이와 동등하다고 인정되는 제품을 사용해야 한다.
- 제동모터 및 기타 제동장치에 제동이 걸린 후에 다시 기동스위치를 재조작하지 않으면 기동될 수 없는 구조이어야 한다.

043 다음 중 공장 소음에 대한 방지계획에 있어 소음원에 대한 대책에 해당하지 않는 것은?

① 해당 설비의 밀폐
② 설비실의 차음벽 시공
③ 작업자의 보호구 착용
④ 소음기 및 흡음장치 설치

방음 보호구를 착용은 소음원에 대한 대책이 아니라 소음에 대한 소극적인 회피 방법이다.

044 와이어로프의 꼬임은 일반적으로 특수로프를 제외하고는 보통 꼬임(Ordinary Lay)과 랭 꼬임(Lang's Lay)으로 분류할 수 있다. 다음 중 랭 꼬임과 비교하여 보통 꼬임의 특징에 관한 설명으로 틀린 것은?

① 킹크가 잘 생기지 않는다.
② 내마모성, 유연성, 저항성이 우수하다.
③ 로프의 변형이나 하중을 걸었을 때 저항성이 크다.
④ 스트랜드의 꼬임 방향과 로프의 꼬임 방향이 반대이다.

랭꼬임 : 보통꼬임의 로프보다 사용시 표면전체가 균일하게 마모됨으로 수명이 길고 부분적 마모에 대한 저항성, 유연성이 우수하나 꼬임이 풀리기 쉬운 단점이 있다.

045 보일러 등에 사용하는 압력방출장치의 봉인은 무엇으로 실시해야 하는가?

① 구리 테이프
② 납
③ 봉인용 철사
④ 알루미늄 실(seal)

산업안전보건기준에 관한 규칙 제116조(압력방출장치) ① 사업주는 보일러의 안전한 가동을 위하여 보일러 규격에 맞는 압력방출장치를 1개 또는 2개 이상 설치하고 최고사용압력(설계압력 또는 최고허용압력을 말한다. 이하 같다) 이하에서 작동되도록 하여야 한다. 다만, 압력방출장치가 2개 이상 설치된 경우에는 최고사용압력 이하에서 1개가 작동되고, 다른 압력방출장치는 최고사용압력 1.05배 이하에서 작동되도록 부착하여야 한다.
② 제1항의 압력방출장치는 매년 1회 이상 「국가표준기본법」 제14조제3항에 따라 산업통상자원부장관의 지정을 받은 국가교정업무 전담기관(이하 "국가교정기관"이라 한다)에서 교정을 받은 압력계를 이용하여 설정압력에서 압력방출장치가 적정하게 작동하는지를 검사한 후 납으로 봉인하여 사용하여야 한다. 다만, 영 제43조에 따른 공정안전보고서 제출 대상으로서 고용노동부장관이 실시하는 공정안전보고서 이행상태 평가결과가 우수한 사업장은 압력방출장치에 대하여 4년마다 1회 이상 설정압력에서 압력방출장치가 적정하게 작동하는지를 검사할 수 있다.

046 프레스 및 전단기에 사용되는 손쳐내기식 방호장치의 성능기준에 대한 설명 중 옳지 않은 것은?

① 진동각도·진폭시험 : 행정길이가 최소일 때 진동각도는 60°~90°이다.
② 진동각도·진폭시험 : 행정길이가 최대일 때 진동각도는 30°~60°이다.
③ 완충시험 : 손쳐내기봉에 의한 과도한 충격이 없어야 한다.
④ 무부하 동작시험 : 1회의 오동작도 없어야 한다.

손쳐내기식 방호장치의 진동각도 및 진폭시험

진동각도 및 진폭 시험방법은 프레스기계의 행정길이가 최소일 때는 링크길이를 조절하고 손쳐내기봉의 진동각도가 60~90° 정도, 행정길이가 최대일 때는 45~90° 정도로 해야 한다.

047 다음 중 산업안전보건법령상 연삭숫돌을 사용하는 작업의 안전수칙으로 틀린 것은?

① 연삭숫돌을 사용하는 경우 작업시작 전과 연삭숫돌을 교체한 후에는 1분 정도 시운전을 통해 이상 유무를 확인한다.
② 회전 중인 연삭숫돌이 근로자에 위험을 미칠 우려가 있는 경우에 그 부위에 덮개를 설치하여야 한다.
③ 연삭숫돌의 최고 사용회전속도를 초과하여 사용하여서는 안 된다.
④ 측면을 사용하는 목적으로 하는 연삭숫돌 이외에는 측면을 사용해서는 안 된다.

연삭기 작업시 준수사항

- 숫돌 속도 제한 장치를 개조하거나 최고 회전 속도를 초과하여 사용하지 않도록 한다.
- 워크레스트를 1~3mm 정도로 유지하고 숫돌의 결정된 사용면 이외에는 사용하지 않는다.
- 연삭숫돌의 파괴시 작업자는 물론 근로자도 보호해야 하므로 안전덮개, 칸막이 또는 작업장을 격리시켜야 한다.
- 연삭숫돌의 교체시에는 3분 이상 시운전하고 정상 작업전에는 최소한 1분 이상 시운전하여 이상유무를 파악한다.
- 투명 비산방지판을 설치한다.
- 연삭숫돌의 회전 속도시험은 규정 속도값의 1.5배로 실시한다.

048 다음 중 산업용 로봇에 의한 작업시 안전조치 사항으로 적절하지 않은 것은?

① 로봇의 운전으로 인해 근로자가 로봇에 부딪칠 위험이 있을 때에는 1.8m 이상의 울타리를 설치하여야 한다.
② 작업을 하고 있는 동안 로봇의 기동스위치 등은 작업에 종사하고 있는 근로자가 아닌 사람이 그 스위치 등을 조작할 수 없도록 필요한 조치를 한다.
③ 로봇의 조작방법 및 순서, 작업 주의 매니퓰레이터의 속도 등에 관한 지침에 따라 작업을 하여야 한다.
④ 작업에 종사하는 근로자가 이상을 발견하면, 관리 감독자에게 우선 보고하고, 지시에 따라 로봇의 운전을 정지시킨다.

산업안전보건기준에 관한 규칙 제222조(교시 등) 사업주는 산업용 로봇(이하 "로봇"이라 한다)의 작동범위에서 해당 로봇에 대하여 교시(敎示) 등[매니퓰레이터(manipulator)의 작동순서, 위치·속도의 설정·변경 또는 그 결과를 확인하는 것을 말한다. 이하 같다]의 작업을 하는 경우에는 해당 로봇의 예기치 못한 작동 또는 오(誤)조작에 의한 위험을 방지하기 위하여 다음 각 호의 조치를 하여야 한다. 다만, 로봇의 구동원을 차단하고 작업을 하는 경우에는 제2호와 제3호의 조치를 하지 아니할 수 있다.
1. 다음 각 목의 사항에 관한 지침을 정하고 그 지침에 따라 작업을 시킬 것
   가. 로봇의 조작방법 및 순서
   나. 작업 중의 매니퓰레이터의 속도
   다. 2명 이상의 근로자에게 작업을 시킬 경우의 신호방법
   라. 이상을 발견한 경우의 조치
   마. 이상을 발견하여 로봇의 운전을 정지시킨 후 이를 재가동시킬 경우의 조치
   바. 그 밖에 로봇의 예기치 못한 작동 또는 오조작에 의한 위험을 방지하기 위하여 필요한 조치
2. 작업에 종사하고 있는 근로자 또는 그 근로자를 감시하는 사람은 이상을 발견하면 즉시 로봇의 운전을 정지시키기 위한 조치를 할 것
3. 작업을 하고 있는 동안 로봇의 기동스위치 등에 작업 중이라는 표시를 하는 등 작업에 종사하고 있는 근로자가 아닌 사람이 그 스위치 등을 조작할 수 없도록 필요한 조치를 할 것

049 프레스 작업 시작 전 점검해야 할 사항으로 거리가 먼 것은?

① 매니퓰레이터 작동의 이상유무
② 클러치 및 브레이크 기능
③ 슬라이드, 연결봉 및 연결 나사의 풀림 여부
④ 프레스 금형 및 고정볼트 상태

프레스 작업전 점검사항(산업안전보건기준에 관한 규칙 별표 3)
• 클러치 및 브레이크의 기능
• 크랭크축·플라이휠·슬라이드·연결봉 및 연결 나사의 풀림 여부
• 1행정1정지기구, 급정지장치, 비상정지장치의 기능
• 슬라이드 또는 칼날에 의한 위험방지기구의 기능
• 금형 및 고정볼트의 상태
• 방호장치의 기능
• 전단기의 칼날 및 테이블의 상태

050 압력용기 등에 설치하는 안전밸브에 관련한 설명으로 옳지 않은 것은?

① 안지름이 150mm를 초과하는 압력용기에 대해서는 과압에 따른 폭발을 방지하기 위하여 규정에 맞는 안전밸브를 설치해야 한다.
② 급성 독성물질이 지속적으로 외부에 유출될 수 있는 화학설비 및 그 부속설비에는 파열판과 안전밸브를 병렬로 설치한다.
③ 안전밸브는 보호하려는 설비의 최고사용압력 이하에서 작동되도록 하여야 한다.
④ 안전밸브의 배출용량은 그 작동원인에 따라 각각의 소요분출량을 계산하여 가장 큰 수치를 해당 안전밸브의 배출용량으로 하여야 한다.

산업안전보건기준에 관한 규칙 제263조(파열판 및 안전밸브의 직렬설치) 사업주는 급성 독성물질이 지속적으로 외부에 유출될 수 있는 화학설비 및 그 부속설비에 파열판과 안전밸브를 직렬로 설치하고 그 사이에는 압력지시계 또는 자동경보장치를 설치하여야 한다.

051 유해·위험기계·기구 중에서 진동과 소음을 동시에 수반하는 기계설비로 가장 거리가 먼 것은?

① 컨베이어
② 사출 성형기
③ 가스 용접기
④ 공기 압축기

가스 용접기는 유해광선, 용접 흄 등에 의한 건강장해 요인이 있다.

052 기능의 안전화 방안을 소극적 대책과 적극적 대책으로 구분할 때 다음 중 적극적 대책에 해당하는 것은?

① 기계의 이상을 확인하고 급정지시켰다.
② 원활한 작동을 위해 급유를 하였다.
③ 회로를 개선하여 오동작을 방지하도록 하였다.
④ 기계의 볼트 및 너트가 이완되지 않도록 다시 조립하였다.

기능의 안전화
- 소극적 대책 : 이상시 기계의 급정지로 안전화 도모
- 적극적 대책 : 페일 세이프(fail safe), 회로의 개선으로 오동작 방지(구조의 안전화)

053 프레스기의 비상정지스위치 작동 후 슬라이드가 하사점까지 도달시간이 0.15초 걸렸다면 양수기동식 방호장치의 안전거리는 최소 몇 cm 이상이어야 하는가?

① 24
② 240
③ 15
④ 150

거리[cm] = 160 × 프레스기 작동 후 작업점까지 도달시간(초) = 160 × 0.15 = 24

054 컨베이어(conveyor) 역전방지장치의 형식을 기계식과 전기식으로 구분할 때 기계식에 해당하지 않는 것은?

① 라쳇식 ② 밴드식
③ 스러스트식 ④ 롤러식

해설
- 기계식 : 라쳇식, 롤러식, 밴드식
- 전기식 : 전기 브레이크, 스러스트 브레이크

055 재료의 강도시험 중 항복점을 알 수 있는 시험의 종류는?

① 비파괴시험 ② 충격시험
③ 인장시험 ④ 피로시험

056 다음 중 프레스를 제외한 사출성형기·주형조형기 및 형단조기 등에 관한 안전조치 사항으로 틀린 것은?

① 근로자의 신체 일부가 말려들어갈 우려가 있는 경우에는 양수조작식 방호장치를 설치하여 사용한다.
② 게이트가드식 방호장치를 설치할 경우에는 연동구조를 적용하여 문을 닫지 않아도 동작할 수 있도록 한다.
③ 사출성형기의 전면에 작업용 발판을 설치할 경우 근로자가 쉽게 미끄러지지 않는 구조여야 한다.
④ 기계의 히터 등의 가열부위, 감전우려가 있는 부위에는 방호덮개를 설치하여 사용한다.

해설
게이트가드식 : 게이트가 위험 부분을 차단하지 않으면 작동되지 않도록 확실한 연동이 되도록 할 것

057 자분탐사검사에서 사용하는 자화방법이 아닌 것은?

① 축통전법 ② 전류 관통법
③ 극간법 ④ 임피던스법

해설
자화방법
- 축통전법 : 시험체의 축방향으로 직접 전류를 흐르게 한다.
- 직각통전법 : 시험체의 축에 대하여 직각방향으로 직접 전류를 흐르게 한다.
- 프로드법 : 시험체의 국부에 2개의 전극(프로드)을 대어서 전류를 흐르게 한다.
- 전류관통법 : 시험체의 구멍 등에 통과시킨 도체에 전류를 흐르게 한다.
- 코일법 : 시험체를 코일 속에 넣어 코일에 전류를 흐르게 한다.
- 극간법 : 시험체 또는 시험할 부위를 전자석 또는 영구자석의 자극 사이에 놓는다.
- 자속관통법 : 시험체의 구멍 등에 통과시킨 자성체에 교류자속 등을 가함으로써 시험체에 유도전류를 흐르게 한다.

058 다음 중 소성가공을 열간가공과 냉간가공으로 분류하는 가공온도의 기준은?

① 융해점 온도
② 공석점 온도
③ 공정점 온도
④ 재결정 온도

재결정 온도(recrystallization temperature) : 소성 변형을 일으킨 결정이 가열되어 재결정이 일어나기 시작하는 온도

059 컨베이어 설치 시 주의사항에 관한 설명으로 옳지 않은 것은?

① 컨베이어에 설치된 보도 및 운전실 상면은 가능한 수평이어야 한다.
② 근로자가 컨베이어를 횡단하는 곳에는 바닥면 등으로부터 90cm 이상 120cm 이하에 상부난간대를 설치하고, 바닥면과의 중간에 중간난간대가 설치된 건널다리를 설치한다.
③ 폭발의 위험이 있는 가연성 분진 등을 운반하는 컨베이어 또는 폭발의 위험이 있는 장소에 사용되는 컨베이어의 전기기계 및 기구는 방폭구조이어야 한다.
④ 보도, 난간, 계단, 사다리의 설치시 컨베이어를 가동시킨 후에 설치하면서 설치상황을 확인한다.

보도, 난간, 계단, 사다리 등은 컨베이어의 가동 개시전에 설치하여야 한다.

060 다음 중 용접 결함의 종류에 해당하지 않는 것은?

① 비드(bead)
② 기공(blow hole)
③ 언더컷(under cut)
④ 용입 불량(incomplt penetration)

용접 결함의 종류
- 균열, 터짐(Crack) : 가장 중대한 결함
- 오버랩(Over-Lap) : 용접 금속과 모재(母材)가 융합되지 않고 겹쳐지는 것
- 블로우 홀(Blow Hole) : 용접 내부에 공기(가스) 구멍을 형성한 결함
- 슬래그(Slag) 감싸돌기 : 용접 찌꺼기가 용착 금속 내에 혼입되는 것
- 언더 컷(Under Cut) : 모재(母材)가 녹아 용착 금속이 채워지지 않고 홈으로 남게 된 부분
- 피트(Pit) : 용접 표면에 흠집이 생긴 것
- 용입 부족 : 모재(母材)가 녹지 않고 용착 금속이 채워지지 않고 홈으로 남는 것
- 크레이터(Crater) : 용접 시 끝 부분에 우묵하게 파진 부분
- 피시아이(Fish Eye) : 용접부에 생기는 은색 반점

제 04 과목 전기설비 안전관리

061 정전작업 시 작업 중의 조치사항으로 옳은 것은?

① 검전기에 의한 정전확인
② 개폐기의 관리
③ 잔류전하의 방전
④ 단락접지 실시

정전작업 시 작업 전 전로차단 절차
- 전기기기등에 공급되는 모든 전원을 관련 도면, 배선도 등으로 확인할 것
- 전원을 차단한 후 각 단로기 등을 개방하고 확인할 것
- 차단장치나 단로기 등에 잠금장치 및 꼬리표를 부착할 것
- 개로된 전로에서 유도전압 또는 전기에너지가 축적되어 근로자에게 전기위험을 끼칠 수 있는 전기기기 등은 접촉하기 전에 잔류전하를 완전히 방전시킬 것
- 검전기를 이용하여 작업 대상 기기가 충전되었는지를 확인할 것
- 전기기기 등이 다른 노출 충전부와의 접촉, 유도 또는 예비동력원의 역송전 등으로 전압이 발생할 우려가 있는 경우에는 충분한 용량을 가진 단락 접지기구를 이용하여 접지할 것

062 자동전격방지장치에 대한 설명으로 틀린 것은?

① 무부하시 전력손실을 줄인다.
② 무부하 전압을 안전전압 이하로 저하시킨다.
③ 용접을 할 때에만 용접기의 주회로를 개로(OFF)시킨다.
④ 교류 아크용접기의 안전장치로서 용접기의 1차 또는 2차측에 부착한다.

용접을 할 때에만 용접기의 주회로를 폐로(ON)시킨다.

063 인체의 전기저항 R을 1000Ω이라고 할 때 위험 한계 에너지의 최저는 약 몇 J 인가?(단, 통전 시간은 1초이고, 심실세동전류 $I = \dfrac{165}{\sqrt{T}}$ mA이다.)

① 17.23
② 27.23
③ 37.23
④ 47.23

$W = I^2RT = (\dfrac{165}{\sqrt{T}} \times 10^{-3})^2 RT[J]$

$= (\dfrac{165}{\sqrt{1}} \times 10^{-3})^2 \times 1000[Ω] \times 1[sec] = 27.225[J]$

064 다음 그림과 같이 완전 누전되고 있는 전기기기의 외함에 사람이 접촉하였을 경우 인체에 흐르는 전류(Im)는?(단, E(V)는 전원의 대지전압, $R_2(\Omega)$는 변압기 1선 접지, 제2종 접지저항, $R_3(\Omega)$은 전기기기 외함 접지, 제3종 접지저항, $R_m(\Omega)$은 인체저항이다.)

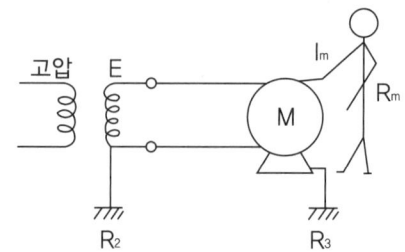

① $\dfrac{E}{R_2 + \left(\dfrac{R_3 \times R_m}{R_3 + R_m}\right)} \times \dfrac{R_3}{R_3 + R_m}$

② $\dfrac{E}{R_2 + \left(\dfrac{R_3 + R_m}{R_3 \times R_m}\right)} \times \dfrac{R_3}{R_3 + R_m}$

③ $\dfrac{E}{R_2 + \left(\dfrac{R_3 \times R_m}{R_3 + R_m}\right)} \times \dfrac{R_m}{R_3 + R_m}$

④ $\dfrac{E}{R_3 + \left(\dfrac{R_2 + R_m}{R_2 \times R_m}\right)} \times \dfrac{R_3}{R_3 + R_m}$

065 전기화재가 발생되는 비중이 가장 큰 발화원은?

① 주방기기
② 이동식 전열기
③ 회전체 전기기계 및 기구
④ 전기배선 및 배선기구

해설

전기화재의 원인은 단락(25%), 스파크(24%), 누전(15%), 접촉부의 과열(12%), 절연열화에 의한 발열(11%), 과전류(8%)의 순으로 배선과 배선기구에서 주로 발생된다.

066 역률개선용 커패시터(capacitor)가 접속되어있는 전로에서 정전작업을 할 경우 다른 정전작업과는 달리 주의 깊게 취해야 할 조치사항으로 옳은 것은?

① 안전표지 부착
② 개폐기 전원투입 금지
③ 잔류전하 방전
④ 활선 근접작업에 대한 방호

해설

정전작업 순서
- 전로의 개로 개폐기에 시건 장치 및 통전 금지 표지판 설치
- 전력 케이블, 전력 콘덴서 등의 잔류 전하 방전
- 검전 기구로 충전 여부 확인
- 단락 접지 기구로 단락 접지
- 단락 접지 기구의 철거
- 표지의 철거
- 작업자에 대한 위험이 없는 것을 확인
- 개폐기를 투입해서 송전 재개

067 감전사고를 방지하기 위한 방법으로 틀린 것은?

① 전기기기 및 설비의 위험부에 위험표지
② 전기설비에 대한 누전차단기 설치
③ 전기기기에 대한 정격표시
④ 무자격자는 전기기계 및 기구에 전기적인 접촉 금지

감전사고 예방 대책
- 전기설비의 점검을 철저히 할 것
- 전기기기 및 장치의 정비
- 전기기기에 위험표시
- 유자격자 이외는 전기 기계 및 기구에 접촉 금지
- 안전관리자는 작업에 대한 안전 교육 시행
- 사고 발생시의 처리 순서를 미리 작성하여 둘 것
- 설비의 필요한 부분에는 보호 접지 실시
- 충전부가 노출된 부분에는 절연 방호구 사용
- 고전압 선로 및 충전부에 근접하여 작업하는 작업자에게 보호구 착용
- 계통을 비접지 방식으로 할 것

068 전기기기 방폭의 기본 개념이 아닌 것은?

① 점화원의 방폭적 격리
② 전기기기의 안전도 증강
③ 점화능력의 본질적 억제
④ 전기설비 주위 공기의 절연능력 향상

방폭구조의 종류와 기호

종류	내용	기호
내압방폭구조	점화원에 의해 용기 내부에서 폭발이 발생할 경우에 용기가 폭발압력에 견딜 수 있고, 화염이 용기 외부의 폭발성 분위기로 전파되지 않도록 한 방폭구조	d
압력방폭구조	점화원이 될 우려가 있는 부분을 용기 안에 넣고 보호 기체(신선한 공기 또는 불활성기체)를 용기 안에 압입함으로써 폭발성 가스가 침입하는 것을 방지하도록 되어 있는 방폭구조	p
안전증방폭구조	전기기기의 과도한 온도 상승, 아크 또는 불꽃 발생의 위험을 방지하기 위하여 추가적인 안전조치를 통한 안전도를 증가시킨 방폭구조(다만, 정상운전 중에 아크나 불꽃을 발생시키는 전기기기는 안전증방폭구조의 전기기기 범위에서 제외)	e
유입방폭구조	유체 상부 또는 용기 외부에 존재할 수 있는 폭발성 분위기가 발화할 수 없도록 전기설비 또는 전기설비의 부품을 보호액에 함침시키는 방폭구조	o
본질안전방폭구조	정상시 또는 단락, 단선, 지락 등의 사고시에 발생하는 아크, 불꽃, 고열에 의하여 폭발성 가스나 증기에 점화되지 않는 것이 확인된 구조	ia, ib

비점화방폭구조	전기기기가 정상작동과 규정된 특정한 비정상상태에서 주위의 폭발성 가스 분위기를 점화시키지 못하도록 만든 방폭구조	n
몰드방폭구조	전기기기의 불꽃 또는 열로 인해 폭발성 위험분위기에 점화되지 않도록 컴파운드를 충전해서 보호한 방폭구조	m
충전방폭구조	폭발성 가스 분위기를 점화시킬 수 있는 부품을 고정하여 설치하고, 그 주위를 충전재로 완전히 둘러싸서 외부의 폭발성 가스 분위기를 점화시키지 않도록 하는 방폭구조	q
특수방폭구조	상기의 방폭구조 외에 외부의 폭발성 가스에 대해 인화를 방지할 수 있음을 시험에 의해 확인한 구조	s

069 대전물체의 표면전위를 검출전극에 의한 용량분할을 통해 측정할 수 있다. 대전물체의 표면전위 V_s는? (단, 대전물체와 검출전극간의 정전용량을 C_1, 검출전극과 대지간의 정전용량을 C_2, 검출전극의 전위를 V_e이다.)

① $V_s = \left(\dfrac{C_1 + C_2}{C_1} + 1\right)V_e$
② $V_s = \dfrac{C_1 + C_2}{C_1}V_e$
③ $V_s = \dfrac{C_2}{C_1 + C_2}V_e$
④ $V_s = \left(\dfrac{C_1}{C_1 + C_2} + 1\right)V_e$

070 다음 중 불꽃(spark)방전의 발생 시 공기 중에 생성되는 물질은?

① O_2
② O_3
③ H_2
④ C

071 감전사고가 발생했을 때 피해자를 구출하는 방법으로 틀린 것은?

① 피해자가 계속하여 전기설비에 접촉되어 있다면 우선 그 설비의 전원을 신속히 차단한다.
② 감전 상황을 빠르게 판단하고 피해자의 몸과 충전부가 접촉되어 있는지를 확인한다.
③ 충전부에 감전되어 있으면 몸이나 손을 잡고 피해자를 곧바로 이탈시켜야 한다.
④ 절연 고무장갑, 고무장화 등을 착용한 후에 구원해 준다.

해설

감전 피해자의 구출을 위하여 맨 처음에 해야 할 일은 전류가 흐르고 있는 전선 또는 누전되고 있는 전원을 끊고 감전자를 구출하는 것이다.

072 샤워시설이 있는 욕실에 콘센트를 시설하고자 한다. 이때 설치되는 인체감전보호용 누전 차단기의 정격 감도전류는 몇 mA 이하인가?

① 5
② 15
③ 30
④ 60

국내기준 정격감도전류
- 일반장소 : 30mA 이하
- 차단시간 : 0.03초 이하
- 습기장소 : 15mA 이하

073 인체의 저항을 500Ω이라 할 때 단상 440V의 회로에서 누전으로 인한 감전재해를 방지할 목적으로 설치하는 누전 차단기의 규격은?

① 30mA, 0.1초
② 30mA, 0.03초
③ 50mA, 0.1초
④ 50mA, 0.3초

전기기계·기구에 설치되어 있는 누전차단기는 정격감도전류가 30mA 이하이고 작동시간은 0.03초 이내이어야 한다. 다만, 정격전부하전류가 50mA 이상인 전기기계·기구에 접속되는 누전차단기는 오작동을 방지하기 위하여 정격감도전류는 200mA 이하로, 작동시간은 0.1초 이내로 할 수 있다.

074 접지의 종류와 목적이 바르게 짝지어지지 않은 것은?

① 계통접지 - 고압전로와 저압전로가 혼촉되었을 때의 감전이나 화재 방지를 위하여
② 지락검출용 접지 - 차단기의 동작을 확실하게 하기 위하여
③ 기능용 접지 - 피뢰기 등의 기능손상을 방지하기 위하여
④ 등전위 접지 - 병원에 있어서 의료기기 사용시 안전을 위하여

접지 목적에 따른 접지의 종류

접지의 종류	목적
계통 접지	고압 전로와 저압 전로가 혼촉되었을 때의 감전이나 화재 방지
기기 접지	누전되고 있는 기기에 접촉되었을 때의 감전 방지
피뢰기 접지	낙뢰로부터 전기 기기의 손상을 방지
정전기 장해 방지용 접지	정전기 축적에 의한 폭발 재해 방지
지락 검출용 접지	누전 차단기의 동작을 확실하게 한다
등전위 접지	병원에 있어서의 의료 기기 사용시의 안전
잡음 대책용 접지	잡음에 의한 전자장치의 파괴나 오동작을 방지
기능용 접지	전기 방식 설비 등의 접지

075 방폭 기기-일반요구사항(KS C IEC 60079-0)규정에서 제시하고 있는 방폭기기 설치 시 표준환경조건이 아닌 것은?

① 압력 : 80 ~ 110 kpa
② 상대습도 : 40 ~ 80%
③ 주위온도 : -20 ~ 40℃
④ 산소 함유율 21 %v/v의 공기

방폭기기 설치 시 표준환경조건
- 온도 : -20~+60℃
- 압력 : 80~110kPa(0.8~1.1bar)
- 공기 : 산소 함유율 21%v/v

※ 위의 대기조건에서 -20℃~+60℃의 대기 온도범위를 표준으로 하지만, 달리 명시하거나 표시하지 않는 한 방폭기기의 정상 주위온도 범위는 -20℃~+40℃이다.

076 정격감도전류에서 동작시간이 가장 짧은 누전차단기는?

① 시연형 누전차단기 ② 반한시형 누전차단기
③ 고속형 누전차단기 ④ 감전보호용 누전차단기

정격감도별 분류

구분		정격감도 전류(mA)	동작시간
고감도형	고속형	5 10 15 30	정격감도전류에서 0.1초 이내, 인체감전보호형은 0.03초 이내
	시연형		정격감도전류에서 0.1초를 초과하고 2초 이내
	반한시형		정격감도전류에서 0.2초를 초과하고 2초 이내 정격감도전류 1.4배의 전류에서 0.1초를 초과하고 0.5초 이내 정격감도전류 4.4배의 전류에서 0.05초 이내
중감도형	고속형	50, 100, 200 500, 1000	정격감도전류에서 0.1초 이내
	시연형		정격감도전류에서 0.1초를 초과하고 2초 이내

077 방폭지역 구분 중 폭발성 가스 분위기가 정상상태에서 조성되지 않거나 조성된다 하더라도 짧은 기간에만 존재할 수 있는 장소는?

① 0종 장소 ② 1종 장소
③ 2종 장소 ④ 비방폭지역

폭발위험장소의 분류

분류		적요	예
가스 폭발 위험 장소	0종 장소	인화성 액체의 증기 또는 가연성 가스에 의한 폭발위험이 지속적으로 또는 장기간 존재하는 장소	용기·장치·배관 등의 내부 등
	1종 장소	정상 작동상태에서 인화성 액체의 증기 또는 가연성 가스에 의한 폭발위험분위기가 존재하기 쉬운 장소	맨홀·벤트·피트 등의 주위
	2종 장소	정상작동상태에서 인화성 액체의 증기 또는 가연성 가스에 의한 폭발위험분위기가 존재할 우려가 없으나, 존재할 경우 그 빈도가 아주 적고 단기간만 존재할 수 있는 장소	개스킷·패킹 등의 주위

	20종 장소	분진운 형태의 가연성 분진이 폭발농도를 형성할 정도로 충분한 양이 정상작동 중에 연속적으로 또는 자주 존재하거나, 제어할 수 없을 정도의 양 및 두께의 분진층이 형성될 수 있는 장소	호퍼 · 분진저장소 · 집진장치 · 필터 등의 내부
분진폭발위험장소	21종 장소	20종 장소 외의 장소로서, 분진운 형태의 가연성 분진이 폭발농도를 형성할 정도의 충분한 양이 정상작동 중에 존재할 수 있는 장소	집진장치 · 백필터 · 배기구 등의 주위, 이송밸트 샘플링 지역 등
	22종 장소	21종 장소 외의 장소로서, 가연성 분진운 형태가 드물게 발생 또는 단기간 존재할 우려가 있거나, 이상작동 상태하에서 가연성 분진층이 형성될 수 있는 장소	21종 장소에서 예방조치가 취하여진 지역, 환기설비 등과 같은 안전장치 배출구 주위 등

※ "인화성 액체의 증기 또는 가연성 가스에 의한 폭발위험분위기"라 함은 연소가 계속될 수 있는 가스나 증기상태의 가연성 물질이 혼합되어 있는 상태를 말한다.

078 전기설비기술기준에서 정의하는 전압의 구분으로 틀린 것은?

① 교류 저압 : 1000 V 이하
② 직류 저압 : 1500 V 이하
③ 직류 고압 : 1500 V 초과 7000 V 이하
④ 특고압 : 7000 V 이상

전압의 구분

구분	교류(AC)	직류(DC)
저압	1000V 이하	1500V 이하
고압	1000V 초과 7000V 이하	1500V 초과 7000V 이하
특고압	7000V 초과	

079 피뢰기의 구성요소로 옳은 것은?

① 직렬갭, 특성요소
② 병렬갭, 특성요소
③ 직렬갭, 충격요소
④ 병렬갭, 충격요소

피뢰기의 구성요소 및 역할

- 직렬갭 : 정상상태에서는 방전하지 않고 절연상태를 유지하나 이상전압 발생시 신속하게 대지로 방전시켜 이상전압을 흡수함과 동시에 계속해서 흐르는 속류를 빠른 시간내에 차단한다.
- 특성요소
  - 탄화규소를 주성분으로 하는 일종의 저항체(소성물의 저항판을 다수 합친 구조체)로 피뢰기의 본체이다.
  - 대전류에 대해서는 가능한 작은 제한전압을 부여하고 낮은 전압에서는 높은 저항값으로 속류를 차단하여 직렬갭에 의한 차단을 도와주는 작용을 한다.

080 내압방폭구조의 필요충분조건에 대한 사항으로 틀린 것은?

① 폭발화염이 외부로 유출되지 않을 것
② 습기침투에 대한 보호를 충분히 할 것
③ 내부에서 폭발한 경우 그 압력에 견딜 것
④ 외함의 표면온도가 외부의 폭발성가스를 점화하지 않을 것

내압방폭구조 : 용기의 내부에 폭발성 가스의 폭발이 일어날 경우, 용기가 폭발 압력에 견디고 외부의 폭발성 가스에 인화될 위험이 없도록 한 방폭 구조

제 05 과목 화학설비 안전관리

081 위험물 또는 가스에 의한 화재를 경보하는 기구에 필요한 설비가 아닌 것은?

① 간이완강기
② 자동화재감지기
③ 축전지설비
④ 자동화재수신기

간이완강기는 사용자의 몸무게에 따라 자동적으로 내려올 수 있는 기구 중 사용자가 연속적으로 사용할 수 없는 것을 말한다.

082 산업안전보건기준에 관한 규칙에서 지정한 '화학설비 및 그 부속설비의 종류' 중 화학설비의 부속설비에 해당하는 것은?

① 응축기 · 냉각기 · 가열기 등의 열교환기류
② 반응기 · 혼합조 등의 화학물질 반응 또는 혼합장치
③ 펌프류 · 압축기 등의 화학물질 이송 또는 압축설비
④ 온도 · 압력 · 유량 등을 지시 · 기록하는 자동제어 관련 설비

화학설비 및 그 부속설비의 종류(산업안전보건기준에 관한 규칙 별표 7)
1. 화학설비
   가. 반응기 · 혼합조 등 화학물질 반응 또는 혼합장치
   나. 증류탑 · 흡수탑 · 추출탑 · 감압탑 등 화학물질 분리장치
   다. 저장탱크 · 계량탱크 · 호퍼 · 사일로 등 화학물질 저장설비 또는 계량설비
   라. 응축기 · 냉각기 · 가열기 · 증발기 등 열교환기류
   마. 고로 등 점화기를 직접 사용하는 열교환기류
   바. 캘린더(calender) · 혼합기 · 발포기 · 인쇄기 · 압출기 등 화학제품 가공설비
   사. 분쇄기 · 분체분리기 · 용융기 등 분체화학물질 취급장치
   아. 결정조 · 유동탑 · 탈습기 · 건조기 등 분체화학물질 분리장치
   자. 펌프류 · 압축기 · 이젝터(ejector) 등의 화학물질 이송 또는 압축설비
2. 화학설비의 부속설비
   가. 배관 · 밸브 · 관 · 부속류 등 화학물질 이송 관련 설비

나. 온도 · 압력 · 유량 등을 지시 · 기록 등을 하는 자동제어 관련 설비
다. 안전밸브 · 안전판 · 긴급차단 또는 방출밸브 등 비상조치 관련 설비
라. 가스누출감지 및 경보 관련 설비
마. 세정기, 응축기, 벤트스택(bent stack), 플레어스택(flare stack) 등 폐가스처리설비
바. 사이클론, 백필터(bag filter), 전기집진기 등 분진처리설비
사. 가목부터 바목까지의 설비를 운전하기 위하여 부속된 전기 관련 설비
아. 정전기 제거장치, 긴급 샤워설비 등 안전 관련 설비

083 다음 중 반응기를 조작방식에 따라 분류할 때 이에 해당하지 않는 것은?

① 회분식 반응기
② 반회분식 반응기
③ 연속식 반응기
④ 관형식 반응기

반응기의 종류
- 구조방식에 따른 분류 : 교반조형, 관형, 탑형, 유동층형
- 조작방식에 의한 분류 : 회분식, 반회분식, 연속식

084 다음 중 물과 반응하여 수소가스를 발생할 위험이 가장 낮은 물질은?

① Mg
② Zn
③ Cu
④ Na

085 다음 중 가연성 물질이 연소하기 쉬운 조건으로 옳지 않은 것은?

① 연소 발열량이 클 것
② 점화에너지가 작을 것
③ 산소와 친화력이 클 것
④ 입자의 표면적이 작을 것

연소되기 쉬운 조건
- 산화되기 쉽고, 산소와 접촉면이 클수록
- 발열량이 큰 것일수록
- 연전도율이 작고 건조도가 좋은 것일수록

086 다음 중 열교환기의 보수에 있어 일상점검항목과 정기적 개방점검항목으로 구분할 때 일상점검항목으로 가장 거리가 먼 것은?

① 도장의 노후상황
② 부착물에 의한 오염의 상황
③ 보온재, 보냉재의 파손여부
④ 기초볼트의 체결정도

②번은 정기적인 점검항목에 해당된다.

087 헥산 1vol%, 메탄 2vol%, 에틸렌 2vol%, 공기 95vol%로 된 혼합가스의 폭발하한계값(vol%)은 약 얼마인가?(단, 헥산, 메탄, 에틸렌의 폭발하한계 값은 각각 1.1, 5.0, 2.7vol% 이다.)

① 2.44
② 12.89
③ 21.78
④ 48.78

하한계 = $\dfrac{100 - 95}{\dfrac{1}{1.1} + \dfrac{2}{5.0} + \dfrac{2}{2.7}} = 2.44$

088 이산화탄소 소화약제의 특징으로 가장 거리가 먼 것은?

① 전기절연성이 우수하다.
② 액체로 저장할 경우 자체 압력으로 방사할 수 있다.
③ 기화상태에서 부식성이 매우 강하다.
④ 저장에 의한 변질이 없어 장기간 저장이 용이한 편이다.

이산화탄소 및 할로겐화합물 소화약제의 특징
- 소화속도가 빠르다.
- 저장에 의한 변질이 없어 장기간 저장이 용이하다.
- 밀폐공간에서는 질식 및 중독의 위험성 때문에 사용이 제한된다.
- 전기 절연성이 우수하며 부식성이 없다.

089 산업안전보건기준에 관한 규칙 중 급성 독성물질에 관한 기준 중 일부이다. (A)와 (B)에 알맞은 수치를 옳게 나타낸 것은?

- 쥐에 대한 경구투입실험에 의하여 실험동물의 50퍼센트를 사망시킬 수 있는 물질의 양, 즉 LD50(경구, 쥐)이 킬로그램당 (A   )밀리그램 – (체중) 이하인 화학물질
- 쥐 또는 토끼에 대한 경피흡수실험에 의하여 실험동물의 50퍼센트를 사망시킬 수 있는 물질의 양, 즉 LD50(경피, 토끼 또는 쥐)이 킬로그램당 (B   )밀리그램 – (체중) 이하인 화학물질

① A : 1000, B : 300
② A : 1000, B : 1000
③ A : 300, B : 300
④ A : 300, B : 1000

급성독성물질(산업안전보건기준에 관한 규칙 별표 1)
- 쥐에 대한 경구투입실험에 의하여 실험동물의 50%를 사망시킬 수 있는 물질의 양, 즉 LD50(경구, 쥐)이 kg당 300mg – (체중) 이하인 화학물질
- 쥐 또는 토끼에 대한 경피흡수실험에 의하여 실험동물의 50%를 사망시킬 수 있는 물질의 양, 즉 LD50(경피, 토끼 또는 쥐)이 kg당 1000mg – (체중) 이하인 화학물질
- 쥐에 대한 4시간 동안의 흡입실험에 의하여 실험동물의 50%를 사망시킬 수 있는 물질의 농도, 즉 가스 LC50(쥐, 4시간 흡입)이 2500ppm 이하인 화학물질, 증기 LC50(쥐, 4시간 흡입)이 10mg/L 이하인 화학물질, 분진 또는 미스트 1mg/L 이하인 화학물질

090 분진폭발을 방지하기 위하여 첨가하는 불활성첨가물로 적합하지 않은 것은?

① 탄산칼슘
② 모래
③ 석분
④ 마그네슘

순수한 마그네슘과 그 합금은 용융된 상태이거나 분말, 얇은 박 형태일 때 가연성이 높고 폭발의 위험이 있는 제2류 환원성 물질이다.

091 다음 중 가연성 가스이며 독성 가스에 해당하는 것은?

① 수소
② 프로판
③ 산소
④ 일산화탄소

일산화탄소는 폭발등급 G1으로 분류되며 화재사망 주요원인이 되는 독성가스이다.

092 위험물질을 저장하는 방법으로 틀린 것은?

① 황인은 물속에 저장
② 나트륨은 석유 속에 저장
③ 칼륨은 석유 속에 저장
④ 리튬은 물속에 저장

제3류 자연성발화성 물질 및 금수성물질 : 칼륨, 나트륨, 알킬알루미늄, 알킬리튬, 황린, 알칼리금속(칼륨 및 나트륨제외)류 및 알 칼리토금속류, 유기금속화합물류(알킬알루미늄류 및 알킬리튬 제외), 금속수소화합물류, 금속인화합물류, 칼슘 또는 알루미늄의 탄화물류

093 다음 중 인화성 가스가 아닌 것은?

① 부탄
② 메탄
③ 수소
④ 산소

인화성가스의 종류는 수소, 아세틸렌, 에틸렌, 메탄, 에탄, 프로판, 부탄, 천연가스, LPG 등이 있다.

094 다음 중 자연 발화의 방지법으로 가장 거리가 먼 것은?

① 직접 인화할 수 있는 불꽃과 같은 점화원만 제거하면 된다.
② 저장소 등의 주위 온도를 낮게 한다.
③ 습기가 많은 곳에는 저장하지 않는다.
④ 통풍이나 저장법을 고려하여 열의 축적을 방지한다.

자연발화 방지 대책
- 통풍을 잘한다.
- 퇴적방법이나 수납방법을 생각하여 열이 쌓이지 않게 한다.
- 저장실의 온도를 낮춘다.
- 습도가 높은 곳을 피한다.

095 인화성 가스가 발생할 우려가 있는 지하작업장에서 작업을 할 경우 폭발이나 화재를 방지하기 위한 조치 사항 중 가스의 농도를 측정하는 기준으로 적절하지 않은 것은?

① 매일 작업을 시작하기 전에 측정한다.
② 가스의 누출이 의심되는 경우 측정한다.
③ 장시간 작업할 때에는 매 8시간마다 측정한다.
④ 가스가 발생하거나 정체할 위험이 있는 장소에 대하여 측정한다.

산업안전보건기준에 관한 규칙 제296조(지하작업장 등) 사업주는 인화성 가스가 발생할 우려가 있는 지하작업장에서 작업하는 경우(제350조에 따른 터널 등의 건설작업의 경우는 제외한다) 또는 가스도관에서 가스가 발산될 위험이 있는 장소에서 굴착작업(해당 작업이 이루어지는 장소 및 그와 근접한 장소에서 이루어지는 지반의 굴삭 또는 이에 수반한 토석의 운반 등의 작업을 말한다)을 하는 경우에는 폭발이나 화재를 방지하기 위하여 다음 각 호의 조치를 해야 한다.
1. 가스의 농도를 측정하는 사람을 지명하고 다음 각 목의 경우에 그로 하여금 해당 가스의 농도를 측정하도록 할 것
   가. 매일 작업을 시작하기 전
   나. 가스의 누출이 의심되는 경우
   다. 가스가 발생하거나 정체할 위험이 있는 장소가 있는 경우
   라. 장시간 작업을 계속하는 경우(이 경우 4시간마다 가스 농도를 측정하도록 하여야 한다)
2. 가스의 농도가 인화하한계 값의 25퍼센트 이상으로 밝혀진 경우에는 즉시 근로자를 안전한 장소에 대피시키고 화기나 그 밖에 점화원이 될 우려가 있는 기계·기구 등의 사용을 중지하며 통풍·환기 등을 할 것

096 다음 중 가연성가스가 밀폐된 용기 안에서 폭발할 때 최대폭발압력에 영향을 주는 인자로 가장 거리가 먼 것은?

① 가연성가스의 농도(몰수)   ② 가연성가스의 초기온도
③ 가연성가스의 유속   ④ 가연성가스의 초기압력

밀폐된 용기 안에서 폭발 압력에 영향을 주는 요인은 온도, 농도, 초기압력, 용기의 형태, 발화원의 강도 등이다.

097 물이 관 속을 흐를 때 유동하는 물 속의 어느 부분의 정압이 그 때의 물의 증기압보다 낮을 경우 물이 증발하여 부분적으로 증기가 발생되어 배관의 부식을 초래하는 경우가 있다. 이러한 현상을 무엇이라 하는가?

① 서어징(surging)   ② 공동현상(cavitation)
③ 비말동반(entrainment)   ④ 수격작용(water hammering)

공동현상(cavitation) : 액체가 고속으로 회전할 때 압력이 낮아지는 부분이 생겨 기포가 형성되는 현상으로 원심 펌프, 수력 터빈, 해상용 프로펠러 등에서 나타난다.

- 현상
  - 발생한 기포가 고압영역으로 유입 기포의 급격한 붕괴로 인해 소음, 진동발생
  - 양정곡선 및 효율곡선의 저하
  - 토출 유량, 압력의 저하
  - 깃표면 부근에서 기포붕괴, 기포체적의 급격한 감소로 인해 유체압력 급격히 증가, 이로 인한 점침식 발생
- 방지책
  - 펌프의 설치위치를 낮추어 유효흡입수두를 크게한다.
  - 펌프회전수를 낮추고 흡입비속도를 적게한다.
  - 양쪽 흡입펌프를 사용하거나 펌프를 2대로 나눈다.
  - 흡입관의 지름 크게하고 밸브, 플랜지, 관이음류의 수를 적게하여 손실수두를 줄인다.
  - 임펠러의 재질을 점침식에 강한 재질(스테인레스)로 바꾼다.

098 메탄이 공기 중에서 연소될 때의 이론혼합비(화학양론조성)는 약 몇 vol%인가?

① 2.21
② 4.03
③ 5.76
④ 9.50

$CH_4 \rightarrow C_aH_b(a = 1, b = 4, c = 0, d = 0)$

산소농도$(O_2) = a + \dfrac{b - c - 2d}{4} = 1 + \dfrac{4}{4} = 2$

화학양론 농도 $= \dfrac{100}{1 + 4.773 O_2} = \dfrac{100}{1 + 4.773 \times 2} = 9.482$

099 고압의 환경에서 장시간 작업하는 경우에 발생할 수 있는 잠함병(潛函病) 또는 잠수병(潛水病)은 다음 중 어떤 물질에 의하여 중독현상이 일어나는가?

① 질소
② 황화수소
③ 일산화탄소
④ 이산화탄소

잠수병(潛水病) : 갑작스러운 압력 저하로 혈액 속에 녹아 있는 기체가 폐를 통해 나오지 못하고 혈관 내에서 기체(질소) 방울을 형성해 혈관을 막는 증상

100 공기 중에서 A 가스의 폭발하한계는 2.2vol%이다. 이 폭발하한계 값을 기준으로 하여 표준 상태에서 A 가스와 공기의 혼합기체 1m³에 함유되어 있는 A 가스의 질량을 구하면 약 몇 g인가?(단, A가스의 분자량은 26이다.)

① 19.02
② 25.54
③ 29.02
④ 35.54

가스의 몰수 $= \dfrac{22}{22.4} = 0.982$ (∵ 기체 1mol의 부피는 0℃, 1기압에서 22.4L)

가스의 질량 = 몰수 × 분자량 = 26 × 0.982 = 25.54

제 06 과목 건설공사 안전관리

101 산업안전보건법령에 따른 거푸집동바리를 조립하는 경우의 준수사항으로 옳지 않은 것은?

① 개구부 상부에 동바리를 설치하는 경우에는 상부하중을 견딜 수 있는 견고한 받침대를 설치할 것
② 동바리의 이음은 같은 품질의 재료를 사용할 것
③ 강재와 강재의 접속부 및 교차부는 철선을 사용하여 단단히 연결할 것
④ 거푸집의 형상에 따른 부득이한 경우를 제외하고는 깔판이나 받침목은 2단 이상 끼우지 않도록 할 것

산업안전보건기준에 관한 규칙 제332조(동바리 조립 시의 안전조치) 사업주는 동바리를 조립하는 경우에는 하중의 지지상태를 유지할 수 있도록 다음 각 호의 사항을 준수해야 한다.
1. 받침목이나 깔판의 사용, 콘크리트 타설, 말뚝박기 등 동바리의 침하를 방지하기 위한 조치를 할 것
2. 동바리의 상하 고정 및 미끄러짐 방지 조치를 할 것
3. 상부·하부의 동바리가 동일 수직선상에 위치하도록 하여 깔판·받침목에 고정시킬 것
4. 개구부 상부에 동바리를 설치하는 경우에는 상부하중을 견딜 수 있는 견고한 받침대를 설치할 것
5. U헤드 등의 단판이 없는 동바리의 상단에 멍에 등을 올릴 경우에는 해당 상단에 U헤드 등의 단판을 설치하고, 멍에 등이 전도되거나 이탈되지 않도록 고정시킬 것
6. 동바리의 이음은 같은 품질의 재료를 사용할 것
7. 강재의 접속부 및 교차부는 볼트·클램프 등 전용철물을 사용하여 단단히 연결할 것
8. 거푸집의 형상에 따른 부득이한 경우를 제외하고는 깔판이나 받침목은 2단 이상 끼우지 않도록 할 것
9. 깔판이나 받침목을 이어서 사용하는 경우에는 그 깔판·받침목을 단단히 연결할 것

102 타워 크레인(Tower Crane)을 선정하기 위한 사전 검토사항으로서 가장 거리가 먼 것은?

① 붐의 모양
② 인양능력
③ 작업반경
④ 붐의 높이

붐의 모양은 사전검토사항과 거리가 멀다.

103 건설현장에서 근로자의 추락재해를 예방하기 위한 안전난간을 설치하는 경우 그 구성요소와 거리가 먼 것은?

① 상부난간대
② 중간난간대
③ 사다리
④ 발끝막이판

산업안전보건기준에 관한 규칙 제13조(안전난간의 구조 및 설치요건) 사업주는 근로자의 추락 등의 위험을 방지하기 위하여 안전난간을 설치하는 경우 다음 각 호의 기준에 맞는 구조로 설치해야 한다.
1. 상부 난간대, 중간 난간대, 발끝막이판 및 난간기둥으로 구성할 것. 다만, 중간 난간대, 발끝막이판 및 난간기둥은 이와 비슷한 구조와 성능을 가진 것으로 대체할 수 있다.
2. 상부 난간대는 바닥면·발판 또는 경사로의 표면(이하 "바닥면등"이라 한다)으로부터 90센티미터 이상 지점에 설치하

고, 상부 난간대를 120센티미터 이하에 설치하는 경우에는 중간 난간대는 상부 난간대와 바닥면등의 중간에 설치해야 하며, 120센티미터 이상 지점에 설치하는 경우에는 중간 난간대를 2단 이상으로 균등하게 설치하고 난간의 상하 간격은 60센티미터 이하가 되도록 할 것. 다만, 난간기둥 간의 간격이 25센티미터 이하인 경우에는 중간 난간대를 설치하지 않을 수 있다.
3. 발끝막이판은 바닥면등으로부터 10센티미터 이상의 높이를 유지할 것. 다만, 물체가 떨어지거나 날아올 위험이 없거나 그 위험을 방지할 수 있는 망을 설치하는 등 필요한 예방 조치를 한 장소는 제외한다.
4. 난간기둥은 상부 난간대와 중간 난간대를 견고하게 떠받칠 수 있도록 적정한 간격을 유지할 것
5. 상부 난간대와 중간 난간대는 난간 길이 전체에 걸쳐 바닥면등과 평행을 유지할 것
6. 난간대는 지름 2.7센티미터 이상의 금속제 파이프나 그 이상의 강도가 있는 재료일 것
7. 안전난간은 구조적으로 가장 취약한 지점에서 가장 취약한 방향으로 작용하는 100킬로그램 이상의 하중에 견딜 수 있는 튼튼한 구조일 것

104 터널 지보공을 설치한 때 수시 점검하여 이상을 발견 시 즉시 보강하거나 보수해야 할 사항이 아닌 것은?

① 부재의 손상·변형·부식·변위·탈락의 유무와 상태
② 부재의 긴압의 정도
③ 부재의 접속부 및 교차부의 상태
④ 계측기 설치상태

산업안전보건기준에 관한 규칙 제347조(붕괴 등의 위험 방지) ① 사업주는 흙막이 지보공을 설치하였을 때에는 정기적으로 다음 각 호의 사항을 점검하고 이상을 발견하면 즉시 보수하여야 한다.
1. 부재의 손상·변형·부식·변위 및 탈락의 유무와 상태
2. 버팀대의 긴압(緊壓)의 정도
3. 부재의 접속부·부착부 및 교차부의 상태
4. 침하의 정도

105 달비계의 구조에서 달비계 작업발판의 폭은 최소 얼마 이상 이어야 하는가?

① 30cm   ② 40cm
③ 50cm   ④ 60cm

산업안전보건기준에 관한 규칙 제63조(달비계의 구조) ① 사업주는 곤돌라형 달비계를 설치하는 경우에는 다음 각 호의 사항을 준수해야 한다.
1. 다음 각 목의 어느 하나에 해당하는 와이어로프를 달비계에 사용해서는 아니 된다.
   가. 이음매가 있는 것
   나. 와이어로프의 한 꼬임[(스트랜드(strand)를 말한다. 이하 같다)]에서 끊어진 소선(素線)[필러(pillar)선은 제외한다)]의 수가 10퍼센트 이상(비자전로프의 경우에는 끊어진 소선의 수가 와이어로프 호칭지름의 6배 길이 이내에서 4개 이상이거나 호칭지름 30배 길이 이내에서 8개 이상)인 것
   다. 지름의 감소가 공칭지름의 7퍼센트를 초과하는 것
   라. 꼬인 것
   마. 심하게 변형되거나 부식된 것
   바. 열과 전기충격에 의해 손상된 것
2. 다음 각 목의 어느 하나에 해당하는 달기 체인을 달비계에 사용해서는 아니 된다.
   가. 달기 체인의 길이가 달기 체인이 제조된 때의 길이의 5퍼센트를 초과한 것

나. 링의 단면지름이 달기 체인이 제조된 때의 해당 링의 지름의 10퍼센트를 초과하여 감소한 것
다. 균열이 있거나 심하게 변형된 것
3. 달기 강선 및 달기 강대는 심하게 손상·변형 또는 부식된 것을 사용하지 않도록 할 것
4. 달기 와이어로프, 달기 체인, 달기 강선, 달기 강대는 한쪽 끝을 비계의 보 등에, 다른 쪽 끝을 내민 보, 앵커볼트 또는 건축물의 보 등에 각각 풀리지 않도록 설치할 것
5. 작업발판은 폭을 40센티미터 이상으로 하고 틈새가 없도록 할 것
6. 작업발판의 재료는 뒤집히거나 떨어지지 않도록 비계의 보 등에 연결하거나 고정시킬 것
7. 비계가 흔들리거나 뒤집히는 것을 방지하기 위하여 비계의 보·작업발판 등에 버팀을 설치하는 등 필요한 조치를 할 것
8. 선반 비계에서는 보의 접속부 및 교차부를 철선·이음철물 등을 사용하여 확실하게 접속시키거나 단단하게 연결시킬 것
9. 근로자의 추락 위험을 방지하기 위하여 다음 각 목의 조치를 할 것
   가. 달비계에 구명줄을 설치할 것
   나. 근로자에게 안전대를 착용하도록 하고 근로자가 착용한 안전줄을 달비계의 구명줄에 체결(締結)하도록 할 것
   다. 달비계에 안전난간을 설치할 수 있는 구조인 경우에는 달비계에 안전난간을 설치할 것

106 건설업 중 교량건설 공사의 유해위험방지계획서를 제출하여야 하는 기준으로 옳은 것은?

① 최대 지간길이가 40m 이상인 교량건설등 공사
② 최대 지간길이가 50m 이상인 교량건설등 공사
③ 최대 지간길이가 60m 이상인 교량건설등 공사
④ 최대 지간길이가 70m 이상인 교량건설등 공사

유해위험방지계획서 제출 대상 공사(산업안전보건법 시행령 제42조 ③항)

1. 다음 각 목의 어느 하나에 해당하는 건축물 또는 시설 등의 건설·개조 또는 해체 공사
   가. 지상높이가 31미터 이상인 건축물 또는 인공구조물
   나. 연면적 3만제곱미터 이상인 건축물
   다. 연면적 5천제곱미터 이상인 시설로서 다음의 어느 하나에 해당하는 시설
      1) 문화 및 집회시설(전시장 및 동물원·식물원은 제외한다)
      2) 판매시설, 운수시설(고속철도의 역사 및 집배송시설은 제외한다)
      3) 종교시설
      4) 의료시설 중 종합병원
      5) 숙박시설 중 관광숙박시설
      6) 지하도상가
      7) 냉동·냉장 창고시설
2. 연면적 5천제곱미터 이상인 냉동·냉장 창고시설의 설비공사 및 단열공사
3. 최대 지간(支間)길이(다리의 기둥과 기둥의 중심사이의 거리)가 50미터 이상인 다리의 건설등 공사
4. 터널의 건설등 공사
5. 다목적댐, 발전용댐, 저수용량 2천만톤 이상의 용수 전용 댐 및 지방상수도 전용 댐의 건설등 공사
6. 깊이 10미터 이상인 굴착공사

107 구축물이 풍압·지진 등에 의하여 붕괴 또는 전도하는 위험을 예방하기 위한 조치와 가장 거리가 먼 것은?

① 설계도서에 따라 시공했는지 확인
② 건설공사 시방서에 따라 시공했는지 확인
③ 「건축물의 구조기준 등에 관한 규칙」에 따른 구조기준을 준수했는지 확인
④ 보호구 및 방호장치의 성능검정 합격품을 사용했는지 확인

해설

산업안전보건기준에 관한 규칙 제51조(구축물등의 안전 유지) 사업주는 구축물등이 고정하중, 적재하중, 시공·해체 작업 중 발생하는 하중, 적설, 풍압(風壓), 지진이나 진동 및 충격 등에 의하여 전도·폭발하거나 무너지는 등의 위험을 예방하기 위하여 설계도면, 시방서(示方書), 「건축물의 구조기준 등에 관한 규칙」 제2조제15호에 따른 구조설계도서, 해체계획서 등 설계도서를 준수하여 필요한 조치를 해야 한다.

108 철골건립준비를 할 때 준수하여야 할 사항과 가장 거리가 먼 것은?

① 지상 작업장에서 건립준비 및 기계기구를 배치할 경우에는 낙하물의 위험이 없는 평탄한 장소를 선정하여 정비하고 경사지에는 작업대나 임시발판 등을 설치하는 등 안전조치를 한 후 작업하여야 한다.
② 건립작업에 다소 지장이 있다하더라도 수목은 제거하여서는 안된다.
③ 사용전에 기계기구에 대한 정비 및 보수를 철저히 실시하여야 한다.
④ 기계에 부착된 앵커 등 고정장치와 기초구조 등을 확인하여야 한다.

해설

건립작업에 지장이 될 수 있는 수목은 제거하거나 이설하여야 한다.

109 건설현장에서 높이 5m 이상인 콘크리트 교량의 설치작업을 하는 경우 재해예방을 위해 준수해야 할 사항으로 옳지 않은 것은?

① 작업을 하는 구역에는 관계 근로자가 아닌 사람의 출입을 금지할 것
② 재료, 기구 또는 공구 등을 올리거나 내릴 경우에는 근로자로 하여금 크레인을 이용하도록 하고, 달줄, 달포대 등의 사용을 금하도록 할 것
③ 중량물 부재를 크레인 등으로 인양하는 경우에는 부재에 인양용 고리를 견고하게 설치하고, 인양용 로프는 부재에 두 군데 이상 결속하여 인양하여야 하며, 중량물이 안전하게 거치되기 전까지는 걸이로프를 해제시키지 아니할 것
④ 자재나 부재의 낙하·전도 또는 붕괴 등에 의하여 근로자에게 위험을 미칠 우려가 있을 경우에는 출입금지구역의 설정, 자재 또는 가설시설의 좌굴(挫屈) 또는 변형 방지를 위한 보강재 부착 등의 조치를 할 것

해설

산업안전보건기준에 관한 규칙 제57조(비계 등의 조립·해체 및 변경) ① 사업주는 달비계 또는 높이 5미터 이상의 비계를 조립·해체하거나 변경하는 작업을 하는 경우 다음 각 호의 사항을 준수하여야 한다.
1. 근로자가 관리감독자의 지휘에 따라 작업하도록 할 것
2. 조립·해체 또는 변경의 시기·범위 및 절차를 그 작업에 종사하는 근로자에게 주지시킬 것
3. 조립·해체 또는 변경 작업구역에는 해당 작업에 종사하는 근로자가 아닌 사람의 출입을 금지하고 그 내용을 보기 쉬운 장소에 게시할 것
4. 비, 눈, 그 밖의 기상상태의 불안정으로 날씨가 몹시 나쁜 경우에는 그 작업을 중지시킬 것
5. 비계재료의 연결·해체작업을 하는 경우에는 폭 20센티미터 이상의 발판을 설치하고 근로자로 하여금 안전대를 사용하도록 하는 등 추락을 방지하기 위한 조치를 할 것
6. 재료·기구 또는 공구 등을 올리거나 내리는 경우에는 근로자가 달줄 또는 달포대 등을 사용하게 할 것

110 건축공사로서 대상액이 5억원 이상 50억원 미만인 경우에 산업안전보건관리비의 비율(가) 및 기초액(나)으로 옳은 것은?

① 비율 : 2.28%, 기초액 : 4,325,000원
② 비율 : 2.53%, 기초액 : 3,300,000원
③ 비율 : 3.05%, 기초액 : 2,975,000원
④ 비율 : 1.59%, 기초액 : 2,450,000원

공사종류 및 규모별 산업안전보건관리비 계상기준표

구분 공사종류	대상액 5억원 미만인 경우 적용비율	대상액 5억원 이상 50억원 미만인 경우		50억원 이상인 경우 적용비율	보건관리자 선임대상 건설공사의 적용비율
		적용비율	기초액		
건축공사	3.11%	2.28%	4,325,000원	2.37%	2.64%
토목공사	3.15%	2.53%	3,300,000원	2.60%	2.73%
중건설공사	3.64%	3.05%	2,975,000원	3.11%	3.39%
특수건설공사	2.07%	1.59%	2,450,000원	1.64%	1.78%

111 중량물을 운반할 때의 바른 자세로 옳은 것은?

① 허리를 구부리고 양손으로 들어올린다.
② 중량은 보통 체중의 60%가 적당하다.
③ 물건은 최대한 몸에서 멀리 떼어서 들어올린다.
④ 길이가 긴 물건은 앞쪽을 높게 하여 운반한다.

인력운반 작업의 안전 준수사항

- 단독작업은 30kg 이하로 하고 장시간 작업은 작업자 체중의 40%한도 내에서 취급하여야 하며 하루 한사람이 중량물을 취급하는 시간은 실제 취급시간 2.5시간 이내로 할 것
- 무리한 자세를 장시간 지속하지 않을 것
- 무거운 물건은 공동작업으로 실시하고 보조기구를 사용할 것
- 물건을 들어 올릴 때는 팔과 무릎을 사용하며 척추는 곧은 자세로 할 것
- 길이가 긴 물건은 앞쪽을 높여 운반할 것
- 화물에 최대한 접근하여 중심을 낮게 할 것
- 어깨보다 높이 들어 올리지 않을 것

112 추락방지용 방망의 그물코의 크기가 10cm인 신품 매듭방망사의 인장강도는 몇 킬로그램 이상이어야 하는가?

① 80
② 110
③ 150
④ 200

방망사의 신품에 대한 인장 강도

그물코의 종류	방망의 종류(단위 : kg)	
	매듭이 없는 방망	매듭 방망
10cm	240(150)	200(135)
5cm	–	110(60)

※괄호 안은 폐기기준 인장강도임

113 다음 중 방망에 표시해야할 사항이 아닌 것은?

① 방망의 신축성
② 제조자명
③ 제조년월
④ 재봉 치수

방망의 표시 : 제조자, 제조년월, 재봉치수, 그물코, 신품시 망사의 강도

114 강관비계 조립시의 준수사항으로 옳지 않은 것은?

① 비계기둥에는 미끄러지거나 침하하는 것을 방지하기 위하여 밑받침철물을 사용한다.
② 지상높이 4층 이하 또는 12m 이하인 건축물의 해체 및 조립등의 작업에서만 사용한다.
③ 교차가새로 보강한다.
④ 외줄비계·쌍줄비계 또는 돌출비계에 대해서는 벽이음 및 버팀을 설치한다.

산업안전보건기준에 관한 규칙 제59조(강관비계 조립 시의 준수사항) 사업주는 강관비계를 조립하는 경우에 다음 각 호의 사항을 준수해야 한다.
1. 비계기둥에는 미끄러지거나 침하하는 것을 방지하기 위하여 밑받침철물을 사용하거나 깔판·받침목 등을 사용하여 밑둥잡이를 설치하는 등의 조치를 할 것
2. 강관의 접속부 또는 교차부(交叉部)는 적합한 부속철물을 사용하여 접속하거나 단단히 묶을 것
3. 교차 가새로 보강할 것
4. 외줄비계·쌍줄비계 또는 돌출비계에 대해서는 다음 각 목에서 정하는 바에 따라 벽이음 및 버팀을 설치할 것. 다만, 창틀의 부착 또는 벽면의 완성 등의 작업을 위하여 벽이음 또는 버팀을 제거하는 경우, 그 밖에 작업의 필요상 부득이한 경우로서 해당 벽이음 또는 버팀 대신 비계기둥 또는 띠장에 사재(斜材)를 설치하는 등 비계가 넘어지는 것을 방지하기 위한 조치를 한 경우에는 그러하지 아니하다.
　가. 강관비계의 조립 간격은 별표 5의 기준에 적합하도록 할 것
　나. 강관·통나무 등의 재료를 사용하여 견고한 것으로 할 것
　다. 인장재(引張材)와 압축재로 구성된 경우에는 인장재와 압축재의 간격을 1미터 이내로 할 것
5. 가공전로(架空電路)에 근접하여 비계를 설치하는 경우에는 가공전로를 이설(移設)하거나 가공전로에 절연용 방호구를 장착하는 등 가공전로와의 접촉을 방지하기 위한 조치를 할 것

115 사다리식 통로 등을 설치하는 경우 고정식 사다리식 통로의 기울기는 최대 몇 도 이하로 하여야 하는가?

① 60도　　② 75도
③ 80도　　④ 90도

산업안전보건기준에 관한 규칙 제24조(사다리식 통로 등의 구조) ① 사업주는 사다리식 통로 등을 설치하는 경우 다음 각 호의 사항을 준수하여야 한다.
1. 견고한 구조로 할 것
2. 심한 손상·부식 등이 없는 재료를 사용할 것
3. 발판의 간격은 일정하게 할 것
4. 발판과 벽과의 사이는 15센티미터 이상의 간격을 유지할 것
5. 폭은 30센티미터 이상으로 할 것
6. 사다리가 넘어지거나 미끄러지는 것을 방지하기 위한 조치를 할 것
7. 사다리의 상단은 걸쳐놓은 지점으로부터 60센티미터 이상 올라가도록 할 것
8. 사다리식 통로의 길이가 10미터 이상인 경우에는 5미터 이내마다 계단참을 설치할 것
9. 사다리식 통로의 기울기는 75도 이하로 할 것. 다만, 고정식 사다리식 통로의 기울기는 90도 이하로 하고, 그 높이가 7미터 이상인 경우에는 다음 각 목의 구분에 따른 조치를 할 것
　가. 등받이울이 있어도 근로자 이동에 지장이 없는 경우 : 바닥으로부터 높이가 2.5미터 되는 지점부터 등받이울을 설치할 것
　나. 등받이울이 있으면 근로자가 이동이 곤란한 경우 : 한국산업표준에서 정하는 기준에 적합한 개인용 추락 방지 시스템을 설치하고 근로자로 하여금 한국산업표준에서 정하는 기준에 적합한 전신안전대를 사용하도록 할 것
10. 접이식 사다리 기둥은 사용 시 접혀지거나 펼쳐지지 않도록 철물 등을 사용하여 견고하게 조치할 것

116 부두·안벽 등 하역작업을 하는 장소에서 부두 또는 안벽의 선을 따라 통로를 설치하는 경우에는 폭을 최소 얼마 이상으로 해야 하는가?

① 70cm　　② 80cm
③ 90cm　　④ 100cm

산업안전보건기준에 관한 규칙 제390조(하역작업장의 조치기준) 사업주는 부두·안벽 등 하역작업을 하는 장소에 다음 각 호의 조치를 하여야 한다.
1. 작업장 및 통로의 위험한 부분에는 안전하게 작업할 수 있는 조명을 유지할 것
2. 부두 또는 안벽의 선을 따라 통로를 설치하는 경우에는 폭을 90센티미터 이상으로 할 것
3. 육상에서의 통로 및 작업장소로서 다리 또는 선거(船渠) 갑문(閘門)을 넘는 보도(步道) 등의 위험한 부분에는 안전난간 또는 울타리 등을 설치할 것

117 건설작업장에서 근로자가 상시 작업하는 장소의 작업면 조도기준으로 옳지 않은 것은?(단, 갱내 작업장과 감광재료를 취급하는 작업장의 경우는 제외)

① 초정밀 작업 : 600럭스(lux) 이상
② 정밀작업 : 300럭스(lux) 이상
③ 보통작업 : 150럭스(lux) 이상
④ 초정밀, 정밀, 보통작업을 제외한 기타 작업 : 75럭스(lux) 이상

산업안전보건기준에 관한 규칙 제8조(조도) 사업주는 근로자가 상시 작업하는 장소의 작업면 조도(照度)를 다음 각 호의 기준에 맞도록 하여야 한다. 다만, 갱내(坑內) 작업장과 감광재료(感光材料)를 취급하는 작업장은 그러하지 아니하다.
1. 초정밀작업: 750럭스(lux) 이상
2. 정밀작업: 300럭스 이상
3. 보통작업: 150럭스 이상
4. 그 밖의 작업: 75럭스 이상

118 승강기 강선의 과다감기를 방지하는 장치는?

① 비상정지장치
② 권과방지장치
③ 해지장치
④ 과부하방지장치

권과방지장치
- 권과를 방지하기 위하여 자동적으로 전동기용 동력을 차단하고 작동을 제동하는 기능을 가질 것
- 훅 등 달기기구의 상부(당해 달기기구의 권상용 시브를 포함)와 드럼, 지브, 트롤리프레임
- 기타 당해 상부가 접촉할 우려가 있는 것의(경사진 시브를 제외) 하부와의 간격이 0.25m 이상(직동식 권과방지장치는 0.05m 이상)이 되도록 조정할 수 있는 구조일 것
- 용이하게 점검할 수 있는 구조일 것

119 흙막이 지보공을 설치하였을 때 정기적으로 점검하여야 할 사항과 거리가 먼 것은?

① 경보장차의 작동상태
② 부재의 손상·변형·부식·변위 및 탈락의 유무와 상태
③ 버팀대의 긴압(緊壓)의 정도
④ 부재의 접속부·부착부 및 교차부의 상태

산업안전보건기준에 관한 규칙 제347조(붕괴 등의 위험 방지) ① 사업주는 흙막이 지보공을 설치하였을 때에는 정기적으로 다음 각 호의 사항을 점검하고 이상을 발견하면 즉시 보수하여야 한다.
1. 부재의 손상·변형·부식·변위 및 탈락의 유무와 상태
2. 버팀대의 긴압(緊壓)의 정도
3. 부재의 접속부·부착부 및 교차부의 상태
4. 침하의 정도

120 사질지반 굴착 시, 굴착부와 지하수위차가 있을 때 수두차에 의하여 삼투압이 생겨 흙막이벽 근입부분을 침식하는 동시에 모래가 액상화되어 솟아오르는 현상은?

① 동상현상　　　　　　　　② 연화현상
③ 보일링현상　　　　　　　④ 히빙현상

해설

보일링(Boiling) : 사질토 지반을 굴착시, 굴착부와 지하수위차가 있을 경우, 수두차(水頭差)에 의하여 침투압이 생겨 흙막이벽 근입부분을 침식하는 동시에, 모래가 액상화(液狀化)되어 솟아오르며 흙막이벽의 근입부가 지지력을 상실하여 흙막이공의 붕괴를 초래하는 현상

- 지반조건 : 지하수위가 높은 사질토의 경우
- 현상 : 전면에 액상화현상(Quick Sand)이 일어나며, 굴착면과 배면토의 수두차에 의한 침투압이 발생한다.
- 대책
  - 주변수위를 저하
  - 흙막이벽 근입도를 증가하여 동수구배를 저하
  - 굴착도를 즉시 원상 매립
  - 작업을 중지

정답 2019년 03월 03일 최근 기출문제

001 ①	002 ③	003 ③	004 ①	005 ④	006 ①	007 ①	008 ④	009 ④	010 ③
011 ④	012 ②	013 ④	014 ③	015 ①	016 ③	017 ①	018 ②	019 ③	020 ①
021 ①	022 ③	023 ②	024 ③	025 ②	026 ①	027 ④	028 ③	029 ②	030 ④
031 ②	032 ①	033 ②	034 ②	035 ②	036 ④	037 ①	038 ①	039 ④	040 ④
041 ④	042 ④	043 ②	044 ②	045 ②	046 ②	047 ①	048 ④	049 ①	050 ②
051 ③	052 ②	053 ①	054 ③	055 ③	056 ②	057 ④	058 ④	059 ④	060 ①
061 ②	062 ②	063 ③	064 ①	065 ④	066 ②	067 ③	068 ④	069 ②	070 ②
071 ③	072 ②	073 ②	074 ③	075 ②	076 ④	077 ③	078 ④	079 ①	080 ②
081 ①	082 ②	083 ④	084 ③	085 ②	086 ②	087 ①	088 ③	089 ④	090 ④
091 ④	092 ②	093 ①	094 ①	095 ③	096 ④	097 ③	098 ④	099 ①	100 ②
101 ③	102 ①	103 ③	104 ④	105 ②	106 ②	107 ④	108 ②	109 ②	110 ①
111 ④	112 ④	113 ①	114 ②	115 ④	116 ③	117 ①	118 ②	119 ①	120 ③

2019년 04월 27일

최근 기출문제

QUESTIONS FROM PREVIOUS TESTS

제 01 과목 　산업재해 예방 및 안전보건교육

001 연천인율 45인 사업장의 도수율은 얼마인가?

① 10.8
② 18.75
③ 108
④ 187.5

도수(빈도)율 = 연천인율 ÷ 2.4 = 45 ÷ 2.4 = 18.75

002 다음 중 산업안전보건법상 안전인증대상 기계·기구 등의 안전인증 표시로 옳은 것은?

①
②
③
④

003 불안전 상태와 불안전 행동을 제거하는 안전관리의 시책에는 적극적인 대책과 소극적인 대책이 있다. 다음 중 소극적인 대책에 해당하는 것은?

① 보호구의 사용
② 위험공정의 배제
③ 위험물질의 격리 및 대체
④ 위험성평가를 통한 작업환경 개선

보호구의 사용은 소극적인 대책에 해당된다.

004 안전조직 중에서 라인-스탭(Line-Staff) 조직의 특징으로 옳지 않은 것은?

① 라인형과 스탭형의 장점을 취한 절충식 조직형태이다.
② 중규모 사업장(100명 이상 ~ 500명 미만)에 적합하다.
③ 라인의 관리, 감독자에게도 안전에 관한 책임과 권한이 부여된다.
④ 안전 활동과 생산업무가 분리될 가능성이 낮기 때문에 균형을 유지할 수 있다.

라인(Line) 스태프(Staff)의 복잡형(직계 참모조직)의 특징
- 라인형과 스태프형의 장점을 취한 절충식 조직 형태로 안전업무를 전문으로 담당하는 스태프 부분을 두고 생산라인의 각 층에도 겸임 또는 전임의 안전 담당자를 두어서 안전대책은 스태프 부분에서 기획하고, 이것을 라인을 통하여 실시하도록 한 조직 방식이다.
- 대규모의 사업장(1000명 이상)에 효율적이다.

005 다음 중 브레인스토밍(Brain Storming)의 4원칙을 올바르게 나열한 것은?

① 자유분방, 비판금지, 대량발언, 수정발언
② 비판자유, 소량발언, 자유분방, 수정발언
③ 대량발언, 비판자유, 자유분방, 수정발언
④ 소량발언, 자유분방, 비판금지, 수정발언

브레인 스토밍(B. S. : Brain Storming)의 4원칙 : 비평금지, 자유분방, 대량발언, 수정발언

006 매슬로우의 욕구단계이론 중 자기의 잠재력을 최대한 살리고 자기가 하고 싶었던 일을 실현하려는 인간의 욕구에 해당하는 것은?

① 생리적 욕구　　　　　　　　② 사회적 욕구
③ 자아실현의 욕구　　　　　　④ 안전에 대한 욕구

매슬로우(Abraham H. Maslow)의 욕구 5단계
- 1단계 : 생리적 욕구(기아, 갈증, 호흡, 배설, 성욕 등)
- 2단계 : 안전의 욕구(안전을 구하고자 하는 욕구)
- 3단계 : 사회적 욕구(애정, 소속에 대한 욕구)
- 4단계 : 인정받으려는 욕구(자존심, 명예, 성취, 지위에 대한 욕구)
- 5단계 : 자아실현의 욕구(잠재적인 능력을 실현하고자 하는 욕구)

007 수업매체별 장·단점 중 '컴퓨터 수업(computer assisted instruction)'의 장점으로 옳지 않은 것은?

① 개인차를 최대한 고려할 수 있다.
② 학습자가 능동적으로 참여하고, 실패율이 낮다.
③ 교사와 학습자가 시간을 효과적으로 이용할 수 없다.
④ 학생의 학습과 과정의 평가를 과학적으로 할 수 있다.

교사와 학습자가 시간을 효과적으로 이용할 수 있는 장점이 있다.

008 산업안전보건법령상 산업안전보건위원회의 구성에서 사용자위원 구성원이 아닌 것은?(단, 해당 위원이 사업장에 선임이 되어 있는 경우에 한한다.)

① 안전관리자
② 보건관리자
③ 산업보건의
④ 명예산업안전감독관

산업안전보건법 시행령 제35조(산업안전보건위원회의 구성) ① 산업안전보건위원회의 근로자위원은 다음 각 호의 사람으로 구성한다.
1. 근로자대표
2. 명예산업안전감독관이 위촉되어 있는 사업장의 경우 근로자대표가 지명하는 1명 이상의 명예산업안전감독관
3. 근로자대표가 지명하는 9명(근로자인 제2호의 위원이 있는 경우에는 9명에서 그 위원의 수를 제외한 수를 말한다) 이내의 해당 사업장의 근로자
② 산업안전보건위원회의 사용자위원은 다음 각 호의 사람으로 구성한다. 다만, 상시근로자 50명 이상 100명 미만을 사용하는 사업장에서는 제5호에 해당하는 사람을 제외하고 구성할 수 있다.
1. 해당 사업의 대표자(같은 사업으로서 다른 지역에 사업장이 있는 경우에는 그 사업장의 안전보건관리책임자를 말한다. 이하 같다)
2. 안전관리자(제16조제1항에 따라 안전관리자를 두어야 하는 사업장으로 한정하되, 안전관리자의 업무를 안전관리전문기관에 위탁한 사업장의 경우에는 그 안전관리전문기관의 해당 사업장 담당자를 말한다) 1명
3. 보건관리자(제20조제1항에 따라 보건관리자를 두어야 하는 사업장으로 한정하되, 보건관리자의 업무를 보건관리전문기관에 위탁한 사업장의 경우에는 그 보건관리전문기관의 해당 사업장 담당자를 말한다) 1명
4. 산업보건의(해당 사업장에 선임되어 있는 경우로 한정한다)
5. 해당 사업의 대표자가 지명하는 9명 이내의 해당 사업장 부서의 장
③ 제1항 및 제2항에도 불구하고 법 제69조제1항에 따른 건설공사도급인(이하 "건설공사도급인"이라 한다)이 법 제64조제1항제1호에 따른 안전 및 보건에 관한 협의체를 구성한 경우에는 산업안전보건위원회의 위원을 다음 각 호의 사람을 포함하여 구성할 수 있다.
1. 근로자위원 : 도급 또는 하도급 사업을 포함한 전체 사업의 근로자대표, 명예산업안전감독관 및 근로자대표가 지명하는 해당 사업장의 근로자
2. 사용자위원 : 도급인 대표자, 관계수급인의 각 대표자 및 안전관리자

009 다음 중 상황성 누발자의 재해유발원인으로 옳지 않은 것은?

① 작업이 난이성
② 기계설비의 결함
③ 도덕성의 결여
④ 심신의 근심

상황성 누발자 : 작업의 어려움, 기계설비의 결함, 환경상 주의력의 집중 혼란, 심신의 근심 등 때문에 재해를 누발

010 다음 중 안전·보건교육의 단계별 교육과정 순서로 옳은 것은?

① 안전 태도교육 → 안전 지식교육 → 안전 기능교육
② 안전 지식교육 → 안전 기능교육 → 안전 태도교육
③ 안전 기능교육 → 안전 지식교육 → 안전 태도교육
④ 안전 자세교육 → 안전 지식교육 → 안전 기능교육

안전교육의 3단계
- 제1단계 지식교육 : 강의, 시청각교육을 통한 지식의 전달과 이해
- 제2단계 기능교육 : 시범, 견학, 실습, 현장실습교육을 통한 경험 체득과 이해
- 제3단계 태도교육 : 작업동작지도, 생활지도 등을 통한 안전의 습관화

011 산업안전보건법령상 안전모의 시험성능기준 항목으로 옳지 않은 것은?

① 내열성   ② 턱끈풀림
③ 내관통성   ④ 충격흡수성

안전인증대상 안전모의 시험성능기준(보호구 안전인증 고시 별표 1)

항목	시험성능기준
내관통성	AE, ABE종 안전모는 관통거리가 9.5mm 이하이고, AB종 안전모는 관통거리가 11.1mm 이하이어야 한다.
충격흡수성	최고전달충격력이 4,450N을 초과해서는 안되며, 모체와 착장체의 기능이 상실되지 않아야 한다.
내전압성	AE, ABE종 안전모는 교류 20kV 에서 1분간 절연파괴 없이 견뎌야 하고, 이때 누설되는 충전전류는 10mA 이하이어야 한다.
내수성	AE, ABE종 안전모는 질량증가율이 1% 미만이어야 한다. ※ 질량증가율(%) = $\dfrac{\text{담근 후의 질량} - \text{담그기 전의 질량}}{\text{담그기 전의 질량}} \times 100$
난연성	모체가 불꽃을 내며 5초 이상 연소되지 않아야 한다.
턱끈풀림	150N 이상 250N 이하에서 턱끈이 풀려야 한다.

※자율안전확인대상 안전모의 시험성능기준은 내관통성, 충격흡수성, 난연성, 턱끈풀림 항목만 적용

012 재해통계에 있어 강도율이 2.0인 경우에 대한 설명으로 옳은 것은?

① 재해로 인해 전체 작업비용의 2.0%에 해당하는 손실이 발생하였다.
② 근로자 100명당 2.0건의 재해가 발생하였다.
③ 근로시간 1000시간당 2.0건의 재해가 발생하였다.
④ 근로시간 1000시간당 2.0일의 근로손실일수가 발생하였다.

강도율(Severity Rate of Injury : SR)
- 재해의 경중, 강도를 나타내는 척도로 연 근로시간 1000시간당 재해에 의해서 잃어버린 일수
- 강도율 = $\dfrac{\text{근로손실일수}}{\text{연간 총근로시간}} \times 1000$

013 다음 중 산업안전심리의 5대 요소에 포함되지 않는 것은?

① 습관
② 동기
③ 감정
④ 지능

안전심리의 5요소 : 습관, 동기, 기질, 감정, 습성

014 교육훈련 방법 중 OJT(On the Job Training)의 특징으로 옳지 않은 것은?

① 동시에 다수의 근로자들을 조직적으로 훈련이 가능하다.
② 개개인에게 적절한 지도 훈련이 가능하다.
③ 훈련효과에 의해 상호 신뢰 및 이해도가 높아진다.
④ 직장의 실정에 맞게 실제적 훈련이 가능하다.

OJT와 off JT의 특징

OJT	off JT
• 개개인에게 적합한 지도훈련이 가능 • 직장의 실정에 맞는 실체적 훈련 • 훈련에 필요한 업무의 계속성 • 즉시 업무에 연결되는 관계로 신체와 관련 • 효과가 곧 업무에 나타나며 훈련의 좋고 나쁨에 따라 개선이 용이 • 교육을 통한 훈련 효과에 의해 상호 신뢰이해도가 높아짐	• 다수의 근로자에게 조직적 훈련이 가능 • 훈련에만 전념 • 특별 설비 기구를 이용 • 전문가를 강사로 초청 • 각 직장의 근로자가 많은 지식이나 경험을 교류 • 교육 훈련 목표에 대해서 집단적 노력이 흐트러 질 수도 있음

015 기술교육의 형태 중 존 듀이(J.Dewey)의 사고과정 5단계에 해당하지 않는 것은?

① 추론한다.
② 시사를 받는다.
③ 가설을 설정한다.
④ 가슴으로 생각한다.

듀이의 사고과정의 5단계 : 시사를 받는다(Suggestion) → 머리로 생각한다(Intellectualization) → 가설을 설정한다(Hypothesis) → 추론한다(Reasoning) → 행동에 의하여 가설을 검토한다(Testing of the hypothesis by action)

016 허츠버그(Herzberg)의 일을 통한 동기부여 원칙으로 틀린 것은?

① 새롭고 어려운 업무의 부여
② 교육을 통한 간접적 정보제공
③ 자기과업을 위한 작업자의 책임감 증대
④ 작업자에게 불필요한 통제를 배제

동기요인 : 자아실현을 하려는 인간의 독특한 경향(성취, 인정, 작업자체, 책임감 등)을 반영한 것으로 매슬로우(Maslow)의 자아실현 욕구와 유사하다.

017 산업안전보건법상 환기가 극히 불량한 좁고 밀폐된 장소에서 용접작업을 하는 근로자 대상의 특별안전보건교육 교육내용에 해당하지 않는 것은?(단, 기타 안전·보건관리에 필요한 사항은 제외한다.)

① 환기설비에 관한 사항
② 작업환경 점검에 관한 사항
③ 질식 시 응급조치에 관한 사항
④ 화재예방 및 초기대응에 관한 사항

밀폐된 장소(탱크 내 또는 환기가 극히 불량한 좁은 장소를 말한다)에서 하는 용접작업 또는 습한 장소에서 하는 전기용접작업의 교육내용
• 작업순서, 안전작업방법 및 수칙에 관한 사항
• 환기설비에 관한 사항
• 전격 방지 및 보호구 착용에 관한 사항
• 질식 시 응급조치에 관한 사항
• 작업환경 점검에 관한 사항
• 그 밖에 안전·보건관리에 필요한 사항

018 다음의 무재해운동의 이념 중 "선취의 원칙"에 대한 설명으로 가장 적절한 것은?

① 사고의 잠재요인을 사후에 파악하는 것
② 근로자 전원이 일체감을 조성하여 참여하는 것
③ 위험요소를 사전에 발견, 파악하여 재해를 예방 또는 방지하는 것
④ 관리감독자 또는 경영층에서의 자발적 참여로 안전 활동을 촉진하는 것

무재해운동의 3원칙
• 무(Zero)의 원칙 : 산재 위험의 잠재요인을 근원적으로 해결하기 위한 원칙
• 선취의 원칙 : 위험요인 행동 전에 예지, 발견
• 참가의 원칙 : 전원(근로자, 회사내 전종업원, 근로자 가족) 참가

019 산업안전보건법령상 유기화합물용 방독마스크의 시험가스로 옳지 않은 것은?

① 이소부탄
② 시클로헥산
③ 디메틸에테르
④ 염소가스 또는 증기

방독마스크의 종류 및 시험가스

종류	시험가스	종류	시험가스
유기화합물용	시클로헥산(C_6H_{12}), 디메틸에테르(CH_3OCH_3), 이소부탄(C_4H_{10})	할로겐용	염소가스 또는 증기(Cl_2)
황화수소용	황화수소가스(H_2S)	시안화수소용	시안화수소가스(HCN)
아황산용	아황산가스(SO_2)	암모니아용	암모니아가스(NH_3)

020 산업안전보건법령상 근로자 안전보건교육 중 작업내용 변경시의 교육을 할 때 일용근로자 및 근로계약기간이 1주일 이하인 기간제 근로자를 제외한 근로자의 교육시간으로 옳은 것은?

① 1시간 이상
② 2시간 이상
③ 4시간 이상
④ 8시간 이상

근로자 안전보건교육(산업안전보건법 시행규칙 별표 4)

교육과정	교육대상		교육시간
정기교육	사무직 종사 근로자		매반기 6시간 이상
	그 밖의 근로자	판매업무에 직접 종사하는 근로자	매반기 6시간 이상
		판매업무에 직접 종사하는 근로자 외의 근로자	매반기 12시간 이상
채용 시 교육	일용근로자 및 근로계약기간이 1주일 이하인 기간제근로자		1시간 이상
	근로계약기간이 1주일 초과 1개월 이하인 기간제근로자		4시간 이상
	그 밖의 근로자		8시간 이상
작업내용 변경 시 교육	일용근로자 및 근로계약기간이 1주일 이하인 기간제근로자		1시간 이상
	그 밖의 근로자		2시간 이상
특별교육	특별교육 대상 작업(단, 타워크레인을 사용하는 작업시 신호업무를 하는 작업은 제외)에 종사하는 일용근로자 및 근로계약기간이 1주일 이하인 기간제근로자		2시간 이상
	타워크레인을 사용하는 작업시 신호업무를 하는 일용근로자 및 근로계약기간이 1주일 이하인 기간제근로자		8시간 이상
	특별교육 대상 작업에 종사하는 근로자 중 일용근로자 및 근로계약기간이 1주일 이하인 기간제근로자를 제외한 근로자		-16시간 이상(최초 작업에 종사하기 전 4시간 이상 실시하고 12시간은 3개월 이내에서 분할하여 실시 가능) -단기간 작업 또는 간헐적 작업인 경우에는 2시간 이상
건설업 기초 안전·보건교육	건설 일용근로자		4시간 이상

제 02 과목 인간공학 및 위험성 평가 · 관리

021 화학설비에 대한 안정성 평가(safety assessment)에서 정량적 평가 항목이 아닌 것은?

① 습도 ② 온도
③ 압력 ④ 용량

정량적 평가 : 당해 화학설비의 취급물질, 용량, 온도, 압력 및 조작의 5항목에 대해 A, B, C, D급으로 분류하고 A급은 10점, B급은 5점, C급은 2점, D급은 0점으로 점수를 부여한 후 5항목에 관한 점수들의 합을 구한다.

022 신체 부위의 운동에 대한 설명으로 틀린 것은?

① 굴곡(flexion)은 부위간의 각도가 증가하는 신체의 움직임을 의미한다.
② 외전(abduction)은 신체 중심선으로부터 이동하는 신체의 움직임을 의미한다.
③ 내전(adduction)은 신체의 외부에서 중심선으로 이동하는 신체의 움직임을 의미한다.
④ 외선(lateral rotation)은 신체의 중심선으로부터 회전하는 신체의 움직임을 의미한다.

신체부위 운동
- 굴곡 : 부위간 각도의 감소
- 신전(Extension) : 부위간 각도의 증가
- 내전 : 몸의 중심선 쪽으로 이동하는 각도
- 외전 : 몸의 중심선 밖으로 이동하는 각도
- 내선 : 몸의 중심선쪽으로 회전이동하는 각도
- 외선 : 몸의 중심선 밖으로 회전이동하는 각도
- 상향 : 손바닥을 위로 향함
- 하향 : 손바닥을 아래로 향함

023 n개의 요소를 가진 병렬 시스템에 있어 요소의 수명(MTTF)이 지수분포를 따를 경우 이 시스템의 수명을 구하는 식으로 맞는 것은?

① $MTTF \times n$
② $MTTF \times \dfrac{1}{n}$
③ $MTTF\left(1 + \dfrac{1}{2} + \cdots + \dfrac{1}{n}\right)$
④ $MTTF\left(1 + \dfrac{1}{2} \times \cdots \times \dfrac{1}{n}\right)$

024 인간 전달 함수(Human Transfer Function)의 결점이 아닌 것은?

① 입력의 협소성 ② 시점적 제약성
③ 정신운동의 묘사성 ④ 불충분한 직무 묘사

025 고장형태와 영향분석(FMEA)에서 평가요소로 틀린 것은?

① 고장발생의 빈도　　　　　② 고장의 영향 크기
③ 고장방지의 가능성　　　　④ 기능적 고장 영향의 중요도

FMEA에서 평가요소 : 기능적 고장영향의 중요도, 영향을 미치는 시스템의 범위, 고장발생의 빈도, 고장방지 가능성, 신규 설계의 정도

026 결함수분석의 기대효과와 가장 관계가 먼 것은?

① 시스템의 결함 진단　　　　② 시간에 따른 원인 분석
③ 사고원인 규명의 간편화　　④ 사고원인 분석의 정량화

결함수 분석의 기대효과
- 사고원인 규명의 간편화
- 사고원인 분석의 정량화
- 시스템의 결함 진단
- 사고원인 분석의 일반화
- 노력 및 시간의 절감
- 안전점검 체크리스트 작성

027 인간공학에 대한 설명으로 틀린 것은?

① 인간이 사용하는 물건, 설비, 환경의 설계에 적용된다.
② 인간을 작업과 기계에 맞추는 설계 철학이 바탕이 된다.
③ 인간 – 기계 시스템의 안전성과 편리성, 효율성을 높인다.
④ 인간의 생리적, 심리적인 면에서의 특성이나 한계점을 고려한다.

안전과 인간공학의 목표
- 안전성 향상과 사고 방지
- 기계조작의 능률성과 생산성 향상
- 쾌적성

028 빨강, 노랑, 파랑의 3가지 색으로 구성된 교통 신호등이 있다. 신호등은 항상 3가지 색으로 구성된 교통 신호등이 있다. 신호등은 항상 3가지 색 중 하나가 켜지도록 되어 있다. 1시간 동안 조사한 결과, 파란등은 총 30분 동안, 빨간등과 노란등은 각각 총 15분 동안 켜진 것으로 나타났다. 이 신호등의 총 정보량은 몇 bit인가?

① 0.5　　　　　　　　　　② 0.75
③ 1.0　　　　　　　　　　④ 1.5

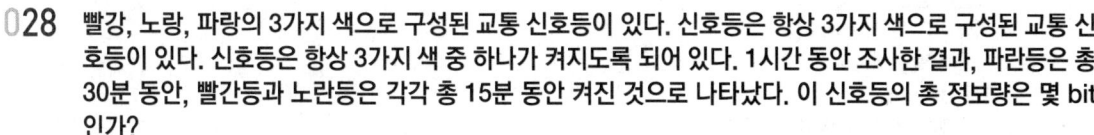

029 다음과 같은 실내 표면에서 일반적으로 추천반사율의 크기를 맞게 나열한 것은?

| ㉠ 바닥 | ㉡ 천정 | ㉢ 가구 | ㉣ 벽 |

① ㉠ < ㉣ < ㉢ < ㉡
② ㉣ < ㉠ < ㉡ < ㉢
③ ㉠ < ㉢ < ㉣ < ㉡
④ ㉣ < ㉡ < ㉠ < ㉢

옥내 최적 반사율
- 천정 : 80~90%
- 가구, 사무용기기, 책상 : 25~45%
- 벽, 창문 발(Blind) : 40~60%
- 바닥 : 20~40%

030 어떤 결함수를 분석하여 minimal cut set을 구한 결과 다음과 같았다. 각 기본사상의 발생확률을 q_i, i = 1, 2, 3라 할 때, 정상사상의 발생확률함수로 맞는 것은?

| $k_1 = [1, 2]$ | $k_2 = [1, 3]$ | $k_3 = [2, 3]$ |

① $q_1q_2 + q_1q_2 - q_2q_3$
② $q_1q_2 + q_1q_3 - q_2q_3$
③ $q_1q_2 + q_1q_3 + q_2q_3 - q_1q_2q_3$
④ $q_1q_2 + q_1q_3 + q_2q_3 - 2q_1q_2q_3$

031 산업안전보건법령에 따라 유해위험방지 계획서의 제출대상 사업은 해당 사업으로서 전기 계약용량이 얼마 이상이 사업인가?

① 150kW
② 200kW
③ 300kW
④ 500kW

산업안전보건법 시행령 제42조(유해위험방지계획서 제출 대상) ① 법 제42조제1항제1호에서 "대통령령으로 정하는 업종 및 규모에 해당하는 사업"이란 다음 각 호의 어느 하나에 해당하는 사업으로서 전기 계약용량이 300킬로와트 이상인 사업을 말한다.
1. 금속가공제품 제조업 : 기계 및 가구 제외
2. 비금속 광물제품 제조업
3. 기타 기계 및 장비 제조업
4. 자동차 및 트레일러 제조업
5. 식료품 제조업
6. 고무제품 및 플라스틱제품 제조업
7. 목재 및 나무제품 제조업
8. 기타 제품 제조업
9. 1차 금속 제조업
10. 가구 제조업
11. 화학물질 및 화학제품 제조업
12. 반도체 제조업
13. 전자부품 제조업

032 음량수준을 평가하는 척도와 관계없는 것은?

① HSI
② phon
③ dB
④ sone

음의 크기 수준
- phon : 1000Hz 순음의 음압 수준(dB)을 나타낸다.
- sone : 1000Hz, 40dB의 음압 수준을 가진 순음의 크기(= 40 phon)를 1 sone이라 함
- sone과 phon의 관계식 : sone값 = $2^{(phon-40)/10}$

033 인간의 오류모형에서 "알고 있음에도 의도적으로 따르지 않거나 무시한 경우"를 무엇이라 하는가?

① 실수(Slip)
② 착오(Mistake)
③ 건망증(Lapse)
④ 위반(Violation)

034 그림과 같이 7개의 부품으로 구성된 시스템의 신뢰도는 약 얼마인가?(단, 네모안의 숫자는 각 부품의 신뢰도이다.)

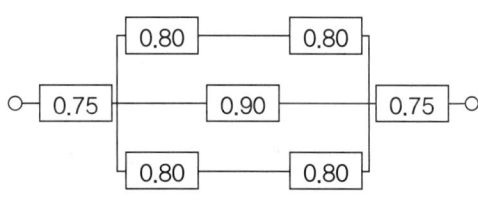

① 0.5552
② 0.5427
③ 0.6234
④ 0.9740

R = 0.75 × (1 − (1 − 0.8²)(1 − 0.9)(1 − 0.8²)) × 0.75 = 0.55521

035 소음방지 대책에 있어 가장 효과적인 방법은?

① 음원에 대한 대책
② 수음자에 대한 대책
③ 전파경로에 대한 대책
④ 거리감쇠와 지향성에 대한 대책

가장 효과적이고 적극적인 방지대책
- 소음원의 통제 : 기계의 적절한 설계, 적절한 정비 및 주유, 기계에 고무 받침대 부착. 차량에는 소음기 사용
- 소음의 격리 : 씌우개 방, 장벽을 사용(집의 창문을 닫으면 약 10dB 감음됨)
- 차폐장치 및 흡음재료 사용
- 음향처리제 사용
- 적절한 배치(Layout)

036 정성적 표시장치의 설명으로 틀린 것은?

① 정성적 표시장치의 근본 자료 자체는 정량적인 것이다.
② 전력계에서와 같이 기계적 혹은 전자적으로 숫자가 표시된다.
③ 색채 부호가 부적합한 경우에는 계기판 표시 구간을 형상 부호화하여 나타낸다.
④ 연속적으로 변하는 변수의 대략적인 값이나 변화추세, 변화율 등을 알고자 할 때 사용된다.

정량적 동적 표시장치의 기본형
- 정목동침(Moving Pointer)형 : 눈금이 고정되고 지침이 움직이는 형
- 정침동목(Moving Scale)형 : 지침이 고정되고 눈금이 움직이는 형
- 계수(Digital)형 : 전력계나 택시요금 계기와 같이 기계적 또는 전자적으로 숫자가 표시되는 형

037 FT도에 사용하는 기호에서 3개의 입력현상 중 임의의 시간에 2개가 발생하면 출력이 생기는 기호의 명칭은?

① 억제 게이트
② 조합 AND 게이트
③ 배타적 OR 게이트
④ 우선적 AND 게이트

수정기호
- 우선적 AND Gate
  - 입력사상 가운데 어느 사상이 다른 사상보다 먼저 일어났을 때에 출력사상이 생긴다.
  - 예 「A는 B보다 먼저」와 같이 기입
- 조합 AND Gate
  - 3개 이상의 입력사상 가운데 어느 것이던 2개가 일어나면 출력 사상이 발생한다.
  - 예 「어느 것이던 2개」라고 기입
- 배타적 OR Gate
  - OR Gate로 2개 이상의 입력이 동시에 존재한 때에는 출력사상이 생기지 않는다.
  - 예 「동시에 발생하지 않는다」라고 기입

038 공정안전관리(process safety management: PSM)의 적용대상 사업장이 아닌 것은?

① 복합비료 제조업
② 농약 원제 제조업
③ 차량 등의 운송설비업
④ 합성수지 및 기타 플라스틱물질 제조업

- 공정안전관리(Process Safety Management)제도
  산업안전보건법 제44조의 규정에 따라 석유화학공장 등 중대산업사고를 일으킬 가능성이 높은 유해위험 설비를 보유한 사업장으로 하여금 공정안전자료 공정위험성평가 안전운전계획 및 비상조치계획 수립 등에 관한 사항을 기록한 공정안전 보고서를 작성하게 하고 이를 이행하도록 함으로써 중대산업사고를 예방하고자 하는 제도

• 공정안전보고서 제출대상 시설 업종

업종분류코드	제출대상업종
19210	원유 정제처리업
19229	기타 석유정제물 재처리업
20111	석유화학계 기초화학물질 제조업
20202	합성수지 및 기타 플라스틱물질 제조업
20311	질소 화합물 질소인산 및 칼리질 화학비료 제조업 중 질소질 화학비료 제조업
20312	복합비료 및 기타 화학비료 제조업 중 복합비료 제조업단순혼합 또는 배합에 의한 경우는 제외
20321	화학 살균살충제 및 농업용 약제 제조업농약 원제 제조만 해당
20494	화약 및 불꽃제품 제조업

039 아령을 사용하여 30분간 훈련한 후, 이두근의 근육 수축작용에 대한 전기적인 신호 데이터를 모았다. 이 데이터들을 이용하여 분석할 수 있는 것은 무엇인가?

① 근육의 질량과 밀도
② 근육의 활성도와 밀도
③ 근육의 피로도와 크기
④ 근육의 피로도와 활성도

피로의 생리학적 측정법
• 근전도(EMG, Electromyogram) : 근육활동 전위차의 기록
• 뇌전도(EEG, Electroneurogram) : 신경활동 전위차의 기록
• 심전도(ECG, Electrocardiogram) : 심장근 활동 전위차의 기록
• 안전도(EOG, Electrooculogram) : 안구(眼球)운동 전위차의 기록
• 산소 소비량 및 에너지 대사율(RMR, Relative Metabolic Rate)

$$RMR = \frac{작업대사량}{기초대사량} = \frac{작업시\ 소비에너지 - 안정시\ 소비에너지}{기초대사량}$$

• 피부전기반사(GSR, Galvanic Skin Reflex) : 작업부하의 정신적 부담이 피로와 함께 증대하는 양상을 손바닥 안쪽의 전기저항의 변화를 이용해 측정하는 것으로 피부전기저항 또는 정신 전류현상
• 프릿가값(융합점멸주파수) : 정신적 부담이 대뇌피질의 피로수준에 미치고 있는 영향을 측정하는 방법

040 착석식 작업대의 높이 설계를 할 경우 고려해야 할 사항과 가장 관계가 먼 것은?

① 의자의 높이   ② 대퇴여유
③ 작업의 성격   ④ 작업대의 형태

착석식 작업대 설계시 고려사항
• 작업대의 높이와 의자의 높이
• 작업대의 두께
• 대퇴의 여유

제 03 과목 | 기계·기구 및 설비 안전관리

041 컨베이어 방호장치에 대한 설명으로 맞는 것은?

① 역전방지장치에 롤러식, 라쳇식, 권과방지식, 전기브레이크식 등이 있다.
② 작업자가 임의로 작업을 중단할 수 없도록 비상정지장치를 부착하지 않는다.
③ 구동부 측면에 로울러 안내가이드 등의 이탈방지장치를 설치한다.
④ 로울러컨베이어의 로울 사이에 방호판을 설지할 때 로울과의 최대간격은 8mm이다.

컨베이어의 방호장치 : 비상정지장치, 덮개 또는 울, 건널다리, 이탈방지장치

042 가스 용접에 이용되는 아세틸렌가스 용기의 색상으로 옳은 것은?

① 녹색   ② 회색
③ 황색   ④ 청색

고압가스 용기의 도색

가스의 종류	도색의 구분	가스의 종류	도색의 구분
액화석유가스(LPG)	회색	액화암모니아	백색
수소	주황색	산소	녹색
아세틸렌	황색	액화탄산가스	청색
액화염소	갈색	그 밖의 가스	회색

043 로울러가 맞물림점의 전방에 개구부의 간격을 30mm로 하여 가드를 설치하고자 한다. 가드의 설치 위치는 맞물림점에서 적어도 얼마의 간격을 유지하여야 하는가?

① 154mm   ② 160mm
③ 166mm   ④ 172mm

가드의 개구부 간격(국제노동기구)
• 동력전달부분(전동체)인 경우 – Y = 6 + 0.1X [Y : 개구부 간격(mm), X : 개구부와 위험점 간의 거리(mm)]
• 전동체가 아닌 경우(회전체인 경우)
  – X가 160mm 미만인 경우 Y = 6 + 0.15X
  – X가 160mm 이상인 경우 Y = 30mm
문제의 경우 회전체인 경우이므로
Y = 6 + 0.15X
$\therefore X = \dfrac{Y-6}{0.15} = \dfrac{30-6}{0.15} = 160[mm]$

044 비파괴시험의 종류가 아닌 것은?

① 자분 탐상시험
② 침투 탐상시험
③ 와류 탐상시험
④ 샤르피 충격시험

비파괴검사의 종류 : 육안검사(VT : Visual Testing), 누설검사(LT : Leak Testing), 침투검사(PT : Liquid Penetrant Testing), 초음파검사(UT : Ultrasonic Testing), 자기탐상검사(MT : Magnetic Particle Testing), 음향검사(AET : Acoustic Emission Testing), 방사선검사 (RT : Radiographic Testing)

045 소음에 관한 사항으로 틀린 것은?

① 소음에는 익숙해지기 쉽다.
② 소음계는 소음에 한하여 계측할 수 있다.
③ 소음의 피해는 정신적, 심리적인 것이 주가 된다.
④ 소음이란 귀에 불쾌한 음이나 생활을 방해하는 음을 통틀어 말한다.

소음계는 검측되는 모든 음을 계측한다.

046 와이어 로프의 꼬임에 관한 설명으로 틀린 것은?

① 보통꼬임에는 S꼬임이나 Z꼬임이 있다.
② 보통꼬임은 스트랜드의 꼬임방향과 로프의 꼬임방향이 반대로 된 것을 말한다.
③ 랭꼬임은 로프의 끝이 자유로이 회전하는 경우나 킹크가 생기기 쉬운 곳에 적당하다.
④ 랭꼬임은 보통꼬임에 비하여 마모에 대한 저항성이 우수하다.

와이어 로프의 꼬임

구분	보통꼬임(Regular-lay)	랭꼬임(Lang-lay)
외관	스트랜드와 소선의 꼬임 방향이 반대(소선과 로프 축이 평행)	스트랜드와 소선의 꼬임 방향이 동일 (소선과 로프 축이 각도를 가짐)
장점	• 휨성이 좋으며 밴딩경사가 크다. • 킹크(kink)가 잘 일어나지 않는다. • 꼬임이 강하기 때문에 변형이 적다.	• 밴딩경사가 적다. • 마모가 적고 내구성이 우수하다 • 마모가 큰 곳에 사용 가능하다.
단점	국부적인 마모가 심하다.	킹크 또는 풀림이 쉽다.
용도	일반 제조 제품 산업용	광산, 삭도(索道)용

047 구내운반차의 제동장치 준수사항에 대한 설명으로 틀린 것은?

① 조명이 없는 장소에서 작업 시 전조등과 후미등을 갖출 것
② 운전석이 차 실내에 있는 것은 좌우에 한 개씩 방향지시기를 갖출 것
③ 핸들의 중심에서 차체 바깥 측까지의 거리가 70센티미터 이상일 것
④ 주행을 제동하거나 정지상태를 유지하기 위하여 유효한 제동장치를 갖출 것

산업안전보건기준에 관한 규칙 제184조(제동장치 등) 사업주는 구내운반차(작업장내 운반을 주목적으로 하는 차량으로 한정한다)를 사용하는 경우에 다음 각 호의 사항을 준수해야 한다.
1. 주행을 제동하거나 정지상태를 유지하기 위하여 유효한 제동장치를 갖출 것
2. 경음기를 갖출 것
3. 운전석이 차 실내에 있는 것은 좌우에 한개씩 방향지시기를 갖출 것
4. 전조등과 후미등을 갖출 것. 다만, 작업을 안전하게 하기 위하여 필요한 조명이 있는 장소에서 사용하는 구내운반차에 대해서는 그러하지 아니하다.
5. 구내운반차가 후진 중에 주변의 근로자 또는 차량계하역운반기계등과 충돌할 위험이 있는 경우에는 구내운반차에 후진경보기와 경광등을 설치할 것

048 프레스의 방호장치 중 광전자식 방호장치에 관한 설명으로 틀린 것은?

① 연속 운전작업에 사용할 수 있다.
② 핀클러치 구조의 프레스에 사용할 수 있다.
③ 기계적 고장에 의한 2차 낙하에는 효과가 없다.
④ 시계를 차단하지 않기 때문에 작업에 지장을 주지 않는다.

광전자식 방호장치는 자체 급정지기능이 없는 확동식 프레스(키 클러치 프레스, 핀 클러치 프레스, 몸통 클러치 프레스)에는 사용할 수 없다. 다만, 클러치 개조를 통해 광선 차단 시 급정지시킬 수 있도록 한 경우에만 광전자식 방호장치의 종류 중 "A-2" 사용할 수 있다.

049 다음 용접 중 불꽃 온도가 가장 높은 것은?

① 산소-메탄 용접
② 산소-수소 용접
③ 산소-프로판 용접
④ 산소-아세틸렌 용접

아세틸렌은 불꽃 온도가 3,420℃로 가장 높으며, 프로판은 약 2,900℃ 정도이다.

050 다음 중 선반 작업 시 지켜야 할 안전수칙으로 거리가 먼 것은?

① 작업 중 절삭칩이 눈에 들어가지 않도록 보안경을 착용한다.
② 공작물 세팅에 필요한 공구는 세팅이 끝난 후 바로 제거한다.
③ 상의의 옷자락은 안으로 넣고, 끈을 이용하여 소맷자락을 묶어 작업을 준비한다.
④ 공작물은 전원스위치를 끄고 바이트를 충분히 멀리 위치시킨 후 고정한다.

선반 작업의 안전

- 작업복의 소매 자락이 회전 공작물에 말려들지 않도록 복장을 단정하게 한다.
- 선반의 베드 위나 공구대 위에 직접 측정기나 공구를 올려놓지 않는다.
- 회전 중인 가공물에 손을 대지 말아야 하며, 치수 측정시는 기계를 정지시킨 후 측정한다.
- 칩이 발산될 때는 보안경을 쓰고, 맨손으로 칩을 만지지 말고 갈고리를 사용한다.
- 기어를 변속할 때, 공구를 교환할 때와 제거할 때는 기계를 정지시킨 후 작업한다.
- 내경작업 중에 손가락을 구멍 속에 넣어 청소를 하거나 점검하려고 하면 안 된다.
- 양 센터 작업에는 공작물의 크기에 알맞은 돌리개를 사용하고, 길이가 직경의 12배 이상인 가늘고 긴 공작물을 가공할 때는 방진구를 사용한다.
- 선반 가동 전에 척핸들(Chuck Handle)을 빼었는지 확인하고 기계의 윤활 부분을 점검한다.
- 선반의 운전 중 이송 작동을 시켜놓고 자리를 이탈하지 않도록 한다.
- 긴 공작물이 기계 밖으로 돌출 되었을 때 빨간 천을 부착하여 위험을 표시한다.
- 센터 작업 중에는 일감이 센터에서 빠져 나오지 않도록 주의를 한다.
- 작업 중 공작물 고정 나사 및 조가 풀어질 우려에 대비하여 수시로 확인을 한다.
- 소맷자락을 묶을 때는 끈을 사용하지 않는다.

051 기계설비 구조의 안전화 중 가공결함 방지를 위해 고려할 사항이 아닌 것은?

① 안전율
② 열처리
③ 가공경화
④ 응력집중

구조적 안전화 : 재료결함 방지, 설계결함 방지, 가공결함 방지, 안전율

052 회전수가 300rpm, 연삭숫돌의 지름이 200mm일 때 숫돌의 원주 속도는 약 몇 m/min인가?

① 60.0
② 94.2
③ 150.0
④ 188.5

$$N = \frac{1000V}{\pi D}$$

$$V = \frac{N\pi D}{1000} = \frac{300 \times \pi \times 200}{1000} = 188.5$$

053 일반적으로 장갑을 착용해야 하는 작업은?

① 드릴작업
② 밀링작업
③ 선반작업
④ 전기용접작업

전기용접 작업시 감전방지를 위하여 절연장갑을 사용하여야 한다. 참고로 드릴·밀링·선반 등과 같은 공작기계 작업에서 장갑을 착용하지 않아야 한다.

054 산업용 로봇에 사용되는 안전 매트의 종류 및 일반구조에 관한 설명으로 틀린 것은?

① 단선 경보장치가 부착되어 있어야 한다.
② 감응시간을 조절하는 장치가 부착되어 있어야 한다.
③ 감응도 조절장치가 있는 경우 봉인되어 있어야 한다.
④ 안전 매트의 종류는 연결사용 가능여부에 따라 단일 감지기와 복합 감지기가 있다.

산업용 로봇에 사용되는 안전매트(방호장치 자율안전기준 고시 별표 7)
- 산업용 로봇 안전매트 : 유효감지영역 내의 임의의 위치에 일정한 정도 이상의 압력이 주어졌을 때 이를 감지하여 신호를 발생시키는 장치를 말하며 감지기, 제어부 및 출력부로 구성된다.
- 안전매트의 종류

종류	형태	용도
단일 감지기	A	감지기를 단독으로 사용
복합 감지기	B	여러 개의 감지를 연결하여 사용

- 일반구조
  - 단선경보장치가 부착되어 있어야 한다.
  - 감응시간을 조절하는 장치가 부착되어 있지 않아야 한다.
  - 감응도 조절장치가 있는 경우 봉인되어 있어야 한다.

055 지게차의 방호장치인 헤드가드에 대한 설명으로 맞는 것은?

① 상부틀의 각 개구의 폭 또는 길이는 16센티미터 미만일 것
② 운전자가 앉아서 조작하는 방식의 지게차의 경우에는 운전자의 좌석 윗면에서 헤드가드의 상부틀 아랫면까지의 높이는 1.5미터 이상일 것
③ 지게차에는 최대하중의 2배(5톤을 넘는 값에 대해서는 5톤으로 한다.)에 해당하는 등분포정하중에 견딜 수 있는 강도의 헤드가드를 설치하여야 한다.
④ 운전자가 서서 조작하는 방식의 지게차의 경우에는 운전석의 바닥면에서 헤드가드의 상부틀 하면까지의 높이는 1.8미터 이상일 것

지게차 헤드가드의 구비조건
- 강도는 지게차의 최대하중의 2배의 값(그 값이 4톤을 넘는 것에 대해서는 4톤으로 한다)의 등분포정하중에 견딜 수 있는 것일 것
- 상부틀의 각 개구의 폭 또는 길이는 16cm 미만일 것
- 운전자가 앉아서 조작하거나 서서 조작하는 지게차의 헤드가드는 산업표준화법 제12조에 따른 한국산업표준에서 정하는 높이 기준 이상일 것
  - 앉아서 조작하는 경우 조종사가 정상적인 작동 상태에 있을 때 좌석기준점(SIP)으로부터 조종사의 머리가 위치한 헤드가드 아래 부분의 밑면까지의 수직간격은 0.903m 이상
  - 서서 조작하는 경우 조종사가 정상적인 작동 상태에 있을 때 조종사가 서 있는 플랫폼에서부터 조종사의 머리가 위치한 헤드가드 아래 부분의 밑면까지의 수직 간격은 1.88m 이상

056 프레스기에 설치하는 방호장치에 관한 사항으로 틀린 것은?

① 수인식 방호장치의 수인끈 재료는 합성섬유로 직경이 4mm 이상이어야 한다.
② 양수조작식 방호장치는 1행정마다 누름버튼에서 양손을 떼지 않으면 다음 작업의 동작을 할 수 없는 구조이어야 한다.
③ 광전자식 방호장치는 정상동작표시램프는 적색, 위험표시램프는 녹색으로 하며, 쉽게 근로자가 볼 수 있는 곳에 설치해야 한다.
④ 손쳐내기식 방호장치는 슬라이드 하행정거리의 3/4 위치에서 손을 완전히 밀어내야 한다.

광전자식 방호장치의 일반구조
- 정상동작표시램프는 녹색, 위험표시램프는 붉은색으로 하며, 쉽게 근로자가 볼 수 있는 곳에 설치해야 한다.
- 슬라이드 하강 중 정전 또는 방호장치의 이상 시에 정지할 수 있는 구조이어야 한다.
- 방호장치는 릴레이, 리미트 스위치 등의 전기부품의 고장, 전원전압의 변동 및 정전에 의해 슬라이드가 불시에 동작하지 않아야 하며, 사용전원전압의 ±(100분의 20)의 변동에 대하여 정상으로 작동되어야 한다.
- 방호장치의 정상작동 중에 감지가 이루어지거나 공급전원이 중단되는 경우 적어도 두개 이상의 독립된 출력신호 개폐장치가 꺼진 상태로 돼야 한다.
- 방호장치의 감지기능은 규정한 검출영역 전체에 걸쳐 유효하여야 한다.(다만, 블랭킹 기능이 있는 경우 그렇지 않다)
- 방호장치에 제어기(Controller)가 포함되는 경우에는 이를 연결한 상태에서 모든 시험을 한다.
- 방호장치를 무효화하는 기능이 있어서는 안 된다.

057 프레스 금형부착, 수리 작업 등의 경우 슬라이드의 낙하를 방지하기 위하여 설치하는 것은?

① 슈트
② 키이록
③ 안전블럭
④ 스트리퍼

산업안전보건기준에 관한 규칙 제104조(금형조정작업의 위험 방지) 사업주는 프레스등의 금형을 부착·해체 또는 조정하는 작업을 할 때에 해당 작업에 종사하는 근로자의 신체가 위험한계 내에 있는 경우 슬라이드가 갑자기 작동함으로써 근로자에게 발생할 우려가 있는 위험을 방지하기 위하여 안전블록을 사용하는 등 필요한 조치를 하여야 한다.

058 회전 중인 연삭숫돌이 근로자에게 위험을 미칠 우려가 있을 시 덮개를 설치하여야 할 연삭숫돌의 최소 지름은?

① 지름이 5cm 이상인 것
② 지름이 10cm 이상인 것
③ 지름이 15cm 이상인 것
④ 지름이 20cm 이상인 것

산업안전보건기준에 관한 규칙 제122조(연삭숫돌의 덮개 등) ① 사업주는 회전 중인 연삭숫돌(지름이 5센티미터 이상인 것으로 한정한다)이 근로자에게 위험을 미칠 우려가 있는 경우에 그 부위에 덮개를 설치하여야 한다.
② 사업주는 연삭숫돌을 사용하는 작업의 경우 작업을 시작하기 전에는 1분 이상, 연삭숫돌을 교체한 후에는 3분 이상 시험운전을 하고 해당 기계에 이상이 있는지를 확인하여야 한다.
③ 제2항에 따른 시험운전에 사용하는 연삭숫돌은 작업시작 전에 결함이 있는지를 확인한 후 사용하여야 한다.
④ 사업주는 연삭숫돌의 최고 사용회전속도를 초과하여 사용하도록 해서는 아니 된다.
⑤ 사업주는 측면을 사용하는 것을 목적으로 하지 않는 연삭숫돌을 사용하는 경우 측면을 사용하도록 해서는 아니 된다.

059 다음 중 기계설비의 정비·청소·급유·검사·수리 등의 작업 시 근로자가 위험해질 우려가 있는 경우 필요한 조치와 거리가 먼 것은?

① 근로자의 위험방지를 위하여 해당 기계를 정지시킨다.
② 작업지휘자를 배치하여 갑작스러운 기계가동에 대비한다.
③ 기계 내부에 압출된 기체나 액체가 불시에 방출될 수 있는 경우에는 사전에 방출조치를 실시한다.
④ 기계 운전을 정지한 경우에는 기동장치에 잠금장치를 하고 다른 작업자가 그 기계를 임의 조작할 수 있도록 열쇠를 찾기 쉬운 곳에 보관한다.

060 아세틸렌 용접 시 역류를 방지하기 위하여 설치하여야 하는 것은?

① 안전기
② 청정기
③ 발생기
④ 유량기

수봉식 안전기의 구조 성능 기준
- 주요 부분은 두께 2mm 이상의 강판 또는 강관을 사용하여 내부 압력에 견디어야 한다.
- 도입부는 수봉식이어야 한다.
- 수봉 배기관을 갖추어야 한다.
- 도입부 및 수봉 배기관은 가스가 역류하고 역화 폭발을 할 때 위험을 확실히 방호할 수 있는 구조여야 한다.

제 04 과목 　 전기설비 안전관리

061 교류 아크용접기의 허용사용률(%)은?(단, 정격사용률은 10%, 2차 정격전류는 500A, 교류 아크용접기의 사용전류는 250A이다.)

① 30
② 40
③ 50
④ 60

허용 사용률 = $\dfrac{(정격\ 2차전류)^2}{(실제\ 용접전류)^2} \times 정격\ 사용률 = \dfrac{400^2}{200^2} \times 10 = 40\%$

062 피뢰기의 여유도가 33%이고, 충격절연강도가 1000kV라고 할 때 피뢰기의 제한전압은 약 몇 kV인가?

① 852
② 752
③ 652
④ 552

- 여유도 = $\dfrac{충격절연강도 - 제한전압}{제한전압} \times 100$

- 제한전압 = $\dfrac{충격절연강도 \times 100}{여유도 + 100} = \dfrac{1000 \times 100}{133} = 751.879$

063 전력용 피뢰기에서 직렬 갭의 주된 사용 목적은?

① 방전내량을 크게 하고 장시간 사용 시 열화를 적게 하기 위하여
② 충격방전 개시전압을 높게 하기 위하여
③ 이상전압 발생 시 신속히 대지로 방류함과 동시에 속류를 즉시 차단하기 위하여
④ 충격파 침입시에 대지로 흐르는 방전전류를 크게 하여 제한전압을 낮게 하기 위하여

> 전력용 피뢰기에서 직렬 갭의 사용 목적은 정상 시 누설전류를 방지하고 충격파 방전 종료 후에는 속류를 차단하기 위함이다.

064 방전전극에 약 7000V의 전압을 인가하면 공기가 전리되어 코로나 방전을 일으킴으로서 발생한 이온으로 대전체의 전하를 중화시키는 방법을 이용한 제전기는?

① 전압인가식 제전기
② 자기방전식 제전기
③ 이온스프레이식 제전기
④ 이온식 제전기

> 전압인가식 제전기 : 방전침을 7000V 정도의 전압으로 코로나 방전을 일으켜 발생된 이온으로 대전체의 전하를 재결합시키는 방법으로 제전하며 제전능력이 뛰어나다.

065 전류가 흐르는 상태에서 단로기를 끊었을 때 여러 가지 파괴작용을 일으킨다. 다음 그림에서 유입차단기의 차단순위와 투입순위가 안전수칙에 가장 적합한 것은?

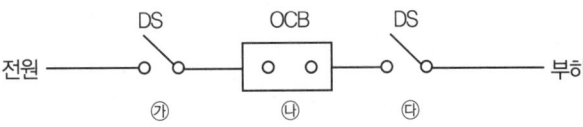

① 차단: ㉮ → ㉯ → ㉰, 투입: ㉮ → ㉯ → ㉰
② 차단: ㉯ → ㉰ → ㉮, 투입: ㉯ → ㉰ → ㉮
③ 차단: ㉰ → ㉯ → ㉮, 투입: ㉮ → ㉯ → ㉰
④ 차단: ㉯ → ㉰ → ㉮, 투입: ㉰ → ㉮ → ㉯

> 개폐조작은 부하측에서 전원측으로 진행하며, 차단기(VCB)는 차단 시에는 가장 먼저, 투입 시에는 가장 뒤에 조작한다.

066 내압 방폭구조에서 안전간극(safe gap)을 적게 하는 이유로 옳은 것은?

① 최소점화에너지를 높게 하기 위해
② 폭발화염이 외부로 전파되지 않도록 하기 위해
③ 폭발압력에 견디고 파손되지 않도록 하기 위해
④ 설치류가 전선 등을 훼손하지 않도록 하기 위해

> **안전간극(Safe Gap)** : 화염이 전달되지 않는 한계치

067 정전작업 시 작업 전 조치하여야 할 실무사항으로 틀린 것은?

① 잔류전하의 방전
② 단락 접지기구의 철거
③ 검전기에 의한 정전확인
④ 개로개폐기의 잠금 또는 표시

산업안전보건기준에 관한 규칙 제319조(정전전로에서의 전기작업) ① 사업주는 근로자가 노출된 충전부 또는 그 부근에서 작업함으로써 감전될 우려가 있는 경우에는 작업에 들어가기 전에 해당 전로를 차단하여야 한다. 다만, 다음 각 호의 경우에는 그러하지 아니하다.
  1. 생명유지장치, 비상경보설비, 폭발위험장소의 환기설비, 비상조명설비 등의 장치 · 설비의 가동이 중지되어 사고의 위험이 증가되는 경우
  2. 기기의 설계상 또는 작동상 제한으로 전로차단이 불가능한 경우
  3. 감전, 아크 등으로 인한 화상, 화재 · 폭발의 위험이 없는 것으로 확인된 경우
② 제1항의 전로 차단은 다음 각 호의 절차에 따라 시행하여야 한다.
  1. 전기기기등에 공급되는 모든 전원을 관련 도면, 배선도 등으로 확인할 것
  2. 전원을 차단한 후 각 단로기 등을 개방하고 확인할 것
  3. 차단장치나 단로기 등에 잠금장치 및 꼬리표를 부착할 것
  4. 개로된 전로에서 유도전압 또는 전기에너지가 축적되어 근로자에게 전기위험을 끼칠 수 있는 전기기기등은 접촉하기 전에 잔류전하를 완전히 방전시킬 것
  5. 검전기를 이용하여 작업 대상 기기가 충전되었는지를 확인할 것
  6. 전기기기등이 다른 노출 충전부와의 접촉, 유도 또는 예비동력원의 역송전 등으로 전압이 발생할 우려가 있는 경우에는 충분한 용량을 가진 단락 접지기구를 이용하여 접지할 것
③ 사업주는 제1항 각 호 외의 부분 본문에 따른 작업 중 또는 작업을 마친 후 전원을 공급하는 경우에는 작업에 종사하는 근로자 또는 그 인근에서 작업하거나 정전된 전기기기등(고정 설치된 것으로 한정한다)과 접촉할 우려가 있는 근로자에게 감전의 위험이 없도록 다음 각 호의 사항을 준수하여야 한다.
  1. 작업기구, 단락 접지기구 등을 제거하고 전기기기등이 안전하게 통전될 수 있는지를 확인할 것
  2. 모든 작업자가 작업이 완료된 전기기기등에서 떨어져 있는지를 확인할 것
  3. 잠금장치와 꼬리표는 설치한 근로자가 직접 철거할 것
  4. 모든 이상 유무를 확인한 후 전기기기등의 전원을 투입할 것

068 인체감전보호용 누전차단기의 정격감도전류(mA)와 동작시간(초)의 최대값은?

① 10mA, 0.03초
② 20mA, 0.01초
③ 30mA, 0.03초
④ 50mA, 0.1초

- 감전보호형 누전차단기의 작동 : 정격감도전류 30[mA] 이하, 동작시간은 0.03초 이내일 것
- 정격부하전류가 50A 이상의 전기기계 · 기구에 접속된 누전차단기 : 정격감도전류 200[mA] 이하, 동작시간은 0.1초 이내일 것

069 방폭전기기기의 온도등급의 기호는?

① E
② S
③ T
④ N

방폭전기기기의 최고표면온도에 따른 분류

최고표면온도	온도 등급	최고표면온도	온도 등급
450℃	T_1	300℃	T_2
200℃	T_3	135℃	T_4
100℃	T_5	85℃	T_6

070 산업안전보건기준에 관한 규칙에서 일반 작업장에 전기위험 방지 조치를 취하지 않아도 되는 전압은 몇 V 이하인가?

① 24
② 30
③ 50
④ 100

산업안전보건기준에 관한 규칙 제324조(적용 제외) 제38조제1항제5호, 제301조부터 제310조까지 및 제313조부터 제323조까지의 규정은 대지전압이 30볼트 이하인 전기기계·기구·배선 또는 이동전선에 대해서는 적용하지 아니한다.

071 폭발위험장소에서의 본질안전 방폭구조에 대한 설명으로 틀린 것은?

① 본질안전 방폭구조의 기본적 개념은 점화능력의 본질적 억제이다.
② 본질안전 방폭구조는 Exib는 fault에 대한 2중 안전보장으로 0종~2종 장소에 사용할 수 있다.
③ 이론적으로는 모든 전기기기를 본질안전 방폭구조를 적용할 수 있으나, 동력을 직접 사용하는 기기는 실제적으로 적용이 곤란하다.
④ 온도, 압력, 액면유량 등의 검출용 측정기는 대표적인 본질 안전 방폭구조의 예이다.

가스폭발 위험장소

분류	적요
0종 장소	• 본질안전 방폭구조(ia) • 그밖에 관련 공인 인증기관이 0종 장소에서 사용이 가능한 방폭구조로 인증한 방폭구조
1종 장소	• 내압 방폭구조(d), 압력 방폭구조(p), 충전 방폭구조(q), 유입 방폭구조(o), 안전증 방폭구조(e), 본질안전 방폭구조(ia, ib), 몰드 방폭구조(m) • 그밖에 관련 공인 인증기관이 1종 장소에서 사용이 가능한 방폭구조로 인증한 방폭구조
2종 장소	• 0종 장소 및 1종 장소에 사용 가능한 방폭구조 • 비점화 방폭구조(n) • 그밖에 2종 장소에서 사용하도록 특별히 고안된 비방폭형 구조

072 감전사고를 방지하기 위한 대책으로 틀린 것은?

① 전기설비에 대한 보호 접지
② 전기기기에 대한 정격 표시
③ 전기설비에 대한 누전차단기 설치
④ 충전부가 노출된 부분에는 절연 방호구 사용

감전사고 예방 대책
- 전기설비의 점검을 철저히 할 것
- 전기기기 및 장치의 정비
- 전기기기에 위험표시
- 유자격자 이외는 전기 기계 및 기구에 접촉 금지
- 안전관리자는 작업에 대한 안전 교육 시행
- 사고 발생시의 처리 순서를 미리 작성하여 둘 것
- 설비의 필요한 부분에는 보호 접지 실시
- 충전부가 노출된 부분에는 절연 방호구 사용
- 고전압 선로 및 충전부에 근접하여 작업하는 작업자에게 보호구 착용
- 계통을 비접지 방식으로할 것

073 인체 피부의 전기저항에 영향을 주는 주요인자와 가장 거리가 먼 것은?

① 접촉면적　　　② 인가전압의 크기
③ 통전경로　　　④ 인가시간

통전경로는 감전의 위험성 결정 요인 중 하나다.

074 다음 중 전동기를 운전하고자 할 때 개폐기의 조작순서로 옳은 것은?

① 메인 스위치 → 분전반 스위치 → 전동기용 개폐기
② 분전반 스위치 → 메인 스위치 → 전동기용 개폐기
③ 전동기용 개폐기 → 분전반 스위치 → 메인 스위치
④ 분전반 스위치 → 전동기용 스위치 → 메인 스위치

075 정전기 발생현상의 분류에 해당되지 않는 것은?

① 유체대전　　　② 마찰대전
③ 박리대전　　　④ 교반대전

정전기 대전현상 : 박리대전, 마찰대전, 충돌대전, 유도대전, 분출대전, 비말대전, 침강대전, 유동대전, 적하대전, 교반대전, 파괴대전

076 전기기기, 설비 및 전선로 등의 충전 유무 등을 확인하기 위한 장비는?

① 위상검출기
② 디스콘 스위치
③ COS
④ 저압 및 고압용 검전기

077 다음 ( ) 안에 들어갈 내용으로 알맞은 것은?

> 과전류차단장치는 반드시 접지선이 아닌 전로에 ( )로 연결하여 과전류 발생 시 전로를 자동으로 차단하도록 설치할 것

① 직렬
② 병렬
③ 임시
④ 직병렬

산업안전보건기준에 관한 규칙 제305조(과전류 차단장치) 사업주는 과전류[(정격전류를 초과하는 전류로서 단락(短絡)사고전류, 지락사고전류를 포함하는 것을 말한다. 이하 같다)]로 인한 재해를 방지하기 위하여 다음 각 호의 방법으로 과전류차단장치[(차단기·퓨즈 또는 보호계전기 등과 이에 수반되는 변성기(變成器)를 말한다. 이하 같다)]를 설치하여야 한다.
1. 과전류차단장치는 반드시 접지선이 아닌 전로에 직렬로 연결하여 과전류 발생 시 전로를 자동으로 차단하도록 설치할 것
2. 차단기·퓨즈는 계통에서 발생하는 최대 과전류에 대하여 충분하게 차단할 수 있는 성능을 가질 것
3. 과전류차단장치가 전기계통상에서 상호 협조·보완되어 과전류를 효과적으로 차단하도록 할 것

078 일반 허용접촉 전압과 그 종별을 짝지은 것으로 틀린 것은?

① 제1종 : 0.5V 이하
② 제2종 : 25V 이하
③ 제3종 : 50V 이하
④ 제4종 : 제한없음

허용접촉전압

종별	접촉상태	허용접촉전압
제1종	• 인체의 대부분이 수중에 있는 상태	2.5[V] 이하
제2종	• 인체가 현저히 젖어 있는 상태 • 금속성의 전기·기계장치나 구조물에 인체의 일부가 상시 접촉되어 있는 상태	25[V] 이하
제3종	• 제1종, 제2종 이외의 경우로서 통상의 인체상태에서 있어서 접촉전압이 가해지면 위험성이 높은 상태	50[V] 이하
제4종	• 제1종, 제2종 이외의 경우로서 통상의 인체 상태에 접촉전압이 가해지더라도 위험성이 낮은 상태 • 접촉전압이 가해질 우려가 없는 경우	제한 없음

079 누전된 전동기에 인체가 접촉하여 500mA의 누전전류가 흘렀고 정격감도전류 500mA인 누전차단기가 동작하였다. 이때 인체전류를 약 10mA로 제한하기 위해서는 전동기 외함에 설치할 접지저항의 크기는 약 몇 Ω인가?(단, 인체저항은 500[Ω]이며, 다른 저항은 무시한다.)

① 5　　　　　　　　　② 10
③ 50　　　　　　　　④ 100

$V = IR = 0.01 \times 500 = 5$

접지저항 $= \dfrac{V}{I} = \dfrac{5}{0.5 - 0.01} = 10.20[\Omega]$

080 내부에서 폭발하더라도 틈의 냉각 효과로 인하여 외부의 폭발성 가스에 착화될 우려가 없는 방폭구조는?

① 내압 방폭구조　　　　　② 유입 방폭구조
③ 안전증 방폭구조　　　　④ 본질안전 방폭구조

방폭구조의 종류와 기호

종류	내용	기호
내압방폭구조	점화원에 의해 용기 내부에서 폭발이 발생할 경우에 용기가 폭발압력에 견딜 수 있고, 화염이 용기 외부의 폭발성 분위기로 전파되지 않도록 한 방폭구조	d
압력방폭구조	점화원이 될 우려가 있는 부분을 용기 안에 넣고 보호 기체(신선한 공기 또는 불활성기체)를 용기 안에 압입함으로써 폭발성 가스가 침입하는 것을 방지하도록 되어 있는 방폭구조	p
안전증방폭구조	전기기기의 과도한 온도 상승, 아크 또는 불꽃 발생의 위험을 방지하기 위하여 추가적인 안전조치를 통한 안전도를 증가시킨 방폭구조(다만, 정상운전 중에 아크나 불꽃을 발생시키는 전기기기는 안전증방폭구조의 전기기기 범위에서 제외)	e
유입방폭구조	유체 상부 또는 용기 외부에 존재할 수 있는 폭발성 분위기가 발화할 수 없도록 전기설비 또는 전기설비의 부품을 보호액에 함침시키는 방폭구조	o
본질안전방폭구조	정상시 또는 단락, 단선, 지락 등의 사고시에 발생하는 아크, 불꽃, 고열에 의하여 폭발성 가스나 증기에 점화되지 않는 것이 확인된 구조	ia, ib
비점화방폭구조	전기기기가 정상작동과 규정된 특정한 비정상상태에서 주위의 폭발성 가스 분위기를 점화시키지 못하도록 만든 방폭구조	n
몰드방폭구조	전기기기의 불꽃 또는 열로 인해 폭발성 위험분위기에 점화되지 않도록 컴파운드를 충전해서 보호한 방폭구조	m
충전방폭구조	폭발성 가스 분위기를 점화시킬 수 있는 부품을 고정하여 설치하고, 그 주위를 충전재로 완전히 둘러싸서 외부의 폭발성 가스 분위기를 점화시키지 않도록 하는 방폭구조	q
특수방폭구조	상기의 방폭구조 외에 외부의 폭발성 가스에 대해 인화를 방지할 수 있음을 시험에 의해 확인한 구조	s

제 05 과목 | 화학설비 안전관리

081 가연성 가스 혼합물을 구성하는 각 성분의 조성과 연소범위가 다음 [표]와 같을 때 혼합 가스의 연소하한값은 약 몇 vol% 인가?

성분	조성(vol%)	연소하한값(vol%)	연소상한값(vol%)
헥산	1	1.1	7.4
메탄	2.5	5.0	15.0
에틸렌	0.5	2.7	36.0
공기	96	–	–

① 2.51 ② 7.51
③ 12.07 ④ 15.01

연소하한값 = $\dfrac{100}{\dfrac{V_1}{L_1} + \dfrac{V_2}{L_2} + \cdots + \dfrac{V_n}{L_n}}$ = $\dfrac{100 - 96}{\dfrac{2.5}{5.0} + \dfrac{0.5}{2.7} + \dfrac{1}{1.1}}$ = 2.509

082 다음 중 자연발화의 방지법으로 적절하지 않은 것은?

① 통풍을 잘 시킬 것
② 습도가 높은 곳에 저장할 것
③ 저장실의 온도 상승을 피할 것
④ 공기가 접촉되지 않도록 불활성물질 중에 저장할 것

자연발화 방지 대책
• 통풍을 잘한다.
• 퇴적방법이나 수납방법을 생각하여 열이 쌓이지 않게 한다.
• 저장실의 온도를 낮춘다.
• 습도가 높은 곳을 피한다.

083 알루미늄분이 고온의 물과 반응하였을 때 생성되는 가스는?

① 산소 ② 수소
③ 메탄 ④ 에탄

알루미늄분과 물의 반응식
$2Al + 6H_2O \rightarrow 2Al(OH)_3 + 3H_2 \uparrow$

084 20℃, 1기압의 공기를 5기압으로 단열압축하면 공기의 온도는 약 몇 ℃가 되겠는가?(단, 공기의 비열비는 1.4이다.)

① 32
② 191
③ 305
④ 464

해설

압축후의 온도 = 처음온도 × $\left(\dfrac{\text{압축후의 압력}}{\text{처음압력}}\right)^{\frac{\text{압축비}-1}{\text{압축비}}}$

= $(273 + 20) \times \left(\dfrac{5}{1}\right)^{\frac{1.4-1}{1.4}}$

= 464.059K = 464.059 − 273 = 191.059℃

085 가연성물질을 취급하는 장치를 퍼지하고자 할 때 잘못된 것은?

① 대상물질의 물성을 파악한다.
② 사용하는 불활성가스의 물성을 파악한다.
③ 퍼지용 가스를 가능한 한 빠른 속도로 단시간에 다량 송입한다.
④ 장치내부를 세정한 후 퍼지용 가스를 송입한다.

해설

퍼지용가스는 보통 10% 정도 주입한다.

086 다음 물질이 물과 접촉하였을 때 위험성이 가장 낮은 것은?

① 과산화칼륨
② 나트륨
③ 메틸리튬
④ 이황화탄소

해설

이황화탄소(CS_2)는 가연성 증기 발생을 억제하기 위하여 물속에 저장한다.

087 폭발원인물질의 물리적 상태에 따라 구분할 때 기상폭발(gas explosion)에 해당되지 않는 것은?

① 분진폭발
② 응상폭발
③ 분무폭발
④ 가스폭발

해설

폭발의 종류
- 기상폭발 : 혼합가스폭발, 가스폭발, 분해폭발, 분진폭발, 분무폭발
- 응상폭발(액상폭발) : 수증기폭발, 전선폭발, 고상간의 전이에 의한 폭발, 혼합 위험에 의한 폭발

088 화염방지기의 설치에 관한 사항으로 (   )에 알맞은 것은?

> 사업주는 인화성 액체 및 인화성 가스를 저장 취급하는 화학설비에서 증기나 가스를 대기로 방출하는 경우에는 외부로부터의 화염을 방지하기 위하여 화염방지기를 그 설비 (   )에 설치하여야 한다.

① 상단
② 하단
③ 중앙
④ 무게중심

산업안전보건기준에 관한 규칙 제269조(화염방지기의 설치 등) ① 사업주는 인화성 액체 및 인화성 가스를 저장·취급하는 화학설비에서 증기나 가스를 대기로 방출하는 경우에는 외부로부터의 화염을 방지하기 위하여 화염방지기를 그 설비 상단에 설치해야 한다. 다만, 대기로 연결된 통기관에 화염방지 기능이 있는 통기밸브가 설치되어 있거나, 인화점이 섭씨 38도 이상 60도 이하인 인화성 액체를 저장·취급할 때에 화염방지 기능을 가지는 인화방지망을 설치한 경우에는 그렇지 않다.

089 공정안전보고서에 포함하여야 할 세부 내용 중 공정안전자료의 세부내용이 아닌 것은?

① 유해·위험설비의 목록 및 사양
② 폭발위험장소 구분도 및 전기단선도
③ 유해·위험물질에 대한 물질안전보건자료
④ 설비점검·검사 및 보수계획, 유지계획 및 지침서

산업안전보건법 시행규칙 제50조(공정안전보고서의 세부 내용 등) ① 영 제44조에 따라 공정안전보고서에 포함해야 할 세부내용은 다음 각 호와 같다.
1. 공정안전자료
  가. 취급·저장하고 있거나 취급·저장하려는 유해·위험물질의 종류 및 수량
  나. 유해·위험물질에 대한 물질안전보건자료
  다. 유해·위험설비의 목록 및 사양
  라. 유해·위험설비의 운전방법을 알 수 있는 공정도면
  마. 각종 건물·설비의 배치도
  바. 폭발위험장소 구분도 및 전기단선도
  사. 위험설비의 안전설계·제작 및 설치 관련 지침서

090 산업안전보건법령상 화학설비와 화학설비의 부속설비를 구분할 때 화학설비에 해당하는 것은?

① 응축기·냉각기·가열기·증발기 등 열 교환기류
② 사이클론·백필터·전기집진기 등 분진처리설비
③ 온도·압력·유량 등을 지시·기록 등을 하는 자동제어 관련설비
④ 안전밸브·안전판·긴급차단 또는 방출밸브 등 비상조치 관련설비

화학설비의 종류(산업안전보건에 관한 규칙 별표7)
• 반응기·혼합조 등 화학물질 반응 또는 혼합장치
• 증류탑·흡수탑·추출탑·감압탑 등 화학물질 분리장치

- 저장탱크 · 계량탱크 · 호퍼 · 사일로 등 화학물질 저장설비 또는 계량설비
- 응축기 · 냉각기 · 가열기 · 증발기 등 열교환기류
- 고로 등 점화기를 직접 사용하는 열교환기류
- 캘린더(calender) · 혼합기 · 발포기 · 인쇄기 · 압출기 등 화학제품 가공설비
- 분쇄기 · 분체분리기 · 용융기 등 분체화학물질 취급장치
- 결정조 · 유동탑 · 탈습기 · 건조기 등 분체화학물질 분리장치
- 펌프류 · 압축기 · 이젝터(ejector) 등의 화학물질 이송 또는 압축설비

091 산업안전보건법령에 따라 사업주가 특수화학설비를 설치하는 때에 그 내부의 이상상태를 조기에 파악하기 위하여 설치하여야 하는 장치는?

① 자동경보장치　　　　② 긴급차단장치
③ 자동문개폐장치　　　④ 스크러버개방장치

산업안전보건기준에 관한 규칙 제274조(자동경보장치의 설치 등) 사업주는 특수화학설비를 설치하는 경우에는 그 내부의 이상 상태를 조기에 파악하기 위하여 필요한 자동경보장치를 설치하여야 한다. 다만, 자동경보장치를 설치하는 것이 곤란한 경우에는 감시인을 두고 그 특수화학설비의 운전 중 설비를 감시하도록 하는 등의 조치를 하여야 한다.

092 다음 중 위험물과 그 소화방법이 잘못 연결된 것은?

① 염소산칼륨 – 다량의 물로 냉각소화
② 마그네슘 – 건조사 등에 의한 질식소화
③ 칼륨 – 이산화탄소에 의한 질식소화
④ 아세트알데히드 – 다량의 물에 의한 희석소화

화재등급별 소화방법

구분	A급 화재	B급 화재	C급 화재	D급 화재
명칭	보통화재	유류, 가스화재	전기화재	금속화재(Al분, Mg분)
주 소화효과	냉각	질식	냉각, 질식	질식
적응 소화재	물 소화기 강화액 소화기	포말 소화기 CO_2 소화기 분말 소화기 증발성 액체 소화기	유기성 소화액 CO_2 소화기 분말 소화기	건조사 팽창 질석 팽창 진주암
구분색	백색	황색	청색	–

※ 칼륨은 D급 금속화재에 해당된다.

093 부탄(C_4H_{10})의 연소에 필요한 최소산소농도(MOC)를 추정하여 계산하면 약 몇 vol%인가?(단, 부탄의 폭발하한계는 공기 중에서 1.6vol%이다.)

① 5.6　　　　② 7.8
③ 10.4　　　④ 14.1

MOC = 폭발하한계 × $\dfrac{\text{산소몰수}}{\text{연료몰수}}$ = 1.6 × $\dfrac{6.5}{1}$ = 10.4

094 다음 중 산화성 물질이 아닌 것은?

① KNO_3
② NH_4ClO_3
③ HNO_3
④ P_4S_3

삼황화인(P_4S_3)은 제2류 위험물로 환원성 고체에 해당된다.

095 위험물안전관리법령상 제4류 위험물 중 제2석유류로 분류되는 물질은?

① 실린더유
② 휘발유
③ 등유
④ 중유

위험물관리법령상 석유류 구분
- 제1석유류 : 아세톤, 휘발유 그 밖에 1기압에서 인화점이 섭씨 21도 미만인 것
- 제2석유류 : 등유, 경유 그 밖에 1기압에서 인화점이 섭씨 21도 이상 70도 미만인 것
- 제3석유류 : 중유, 클레오소트유 그 밖에 1기압에서 인화점이 섭씨 70도 이상 200도 미만인 것
- 제4석유류 : 기어유, 실린더유 그 밖에 1기압에서 인화점이 섭씨 200도 이상 250도 미만인 것

096 산업안전보건법령상 사업주가 인화성액체 위험물을 액체상태로 저장하는 저장탱크를 설치하는 경우에는 위험물질이 누출되어 확산되는 것을 방지하기 위하여 무엇을 설치하여야 하는가?

① Flame arrester
② Ventstack
③ 긴급방출장치
④ 방유제

산업안전보건기준에 관한 규칙 제272조(방유제 설치) 사업주는 별표 1 제4호부터 제7호까지의 위험물을 액체상태로 저장하는 저장탱크를 설치하는 경우에는 위험물질이 누출되어 확산되는 것을 방지하기 위하여 방유제(防油堤)를 설치하여야 한다.

097 다음 가스 중 가장 독성이 큰 것은?

① CO
② $COCl_2$
③ NH_3
④ H_2

$COCl_2$(포스겐)
- 열가소성 수지인 폴리염화비닐(PVC), 수지류 등이 연소할 때 발생되며 맹독성가스로 허용농도는 0.1ppm(mg/m^3)이다.
- 일반적인 물질이 연소할 경우는 거의 생성되지 않지만 일산화탄소와 염소가 반응하여 생성하기도 한다.

098 건조설비를 사용하여 작업을 하는 경우에 폭발이나 화재를 예방하기 위하여 준수하여야 하는 사항으로 틀린 것은?

① 위험물 건조설비를 사용하는 경우에는 미리 내부를 청소하거나 환기할 것
② 위험물 건조설비를 사용하여 가열건조하는 건조물은 쉽게 이탈되도록 할 것
③ 고온으로 가열건조한 인화성 액체는 발화의 위험이 없는 온도로 냉각한 후에 격납시킬 것
④ 바깥 면이 현저히 고온이 되는 건조설비에 가까운 장소에는 인화성 액체를 두지 않도록 할 것

산업안전보건기준에 관한 규칙 제283조(건조설비의 사용) 사업주는 건조설비를 사용하여 작업을 하는 경우에 폭발이나 화재를 예방하기 위하여 다음 각 호의 사항을 준수하여야 한다.
1. 위험물 건조설비를 사용하는 경우에는 미리 내부를 청소하거나 환기할 것
2. 위험물 건조설비를 사용하는 경우에는 건조로 인하여 발생하는 가스·증기 또는 분진에 의하여 폭발·화재의 위험이 있는 물질을 안전한 장소로 배출시킬 것
3. 위험물 건조설비를 사용하여 가열건조하는 건조물은 쉽게 이탈되지 않도록 할 것
4. 고온으로 가열건조한 인화성 액체는 발화의 위험이 없는 온도로 냉각한 후에 격납시킬 것
5. 건조설비(바깥 면이 현저히 고온이 되는 설비만 해당한다)에 가까운 장소에는 인화성 액체를 두지 않도록 할 것

099 가솔린(휘발유)의 일반적인 연소범위에 가장 가까운 값은?

① 2.7~27.8 vol%
② 3.4~11.8 vol%
③ 1.4~7.6 vol%
④ 5.1~18.2 vol%

기체가 연소하는 경우 기체가 확산되어서 공기 중에 섞여 '가연성혼합기'를 만드는 데 이때 이 혼합기의 농도가 적정한 농도 범위 내에 있어야만 연소가 발생할 수 있으며, 이 범위를 '연소범위'라 한다. 휘발유의 연소범위는 1.4~7.6vol% 이다.

100 가스 또는 분진 폭발 위험장소에 설치되는 건축물의 내화 구조를 설명한 것으로 틀린 것은?

① 건축물 기둥 및 보는 지상 1층까지 내화구조로 한다.
② 위험물 저장·취급용기의 지지대는 지상으로부터 지지대의 끝부분까지 내화구조로 한다.
③ 건축물 주변에 자동소화설비를 설치한 경우 건축물 화재 시 1시간 이상 그 안전성을 유지한 경우는 내화구조로 하지 아니할 수 있다.
④ 배관·전선관 등의 지지대는 지상으로부터 1단까지 내화구조로 한다.

산업안전보건기준에 관한 규칙 제270조(내화기준) ① 사업주는 제230조제1항에 따른 가스폭발 위험장소 또는 분진폭발 위험장소에 설치되는 건축물 등에 대해서는 다음 각 호에 해당하는 부분을 내화구조로 하여야 하며, 그 성능이 항상 유지될 수 있도록 점검·보수 등 적절한 조치를 하여야 한다. 다만, 건축물 등의 주변에 화재에 대비하여 물 분무시설 또는 폼 헤드 (foam head)설비 등의 자동소화설비를 설치하여 건축물 등이 화재시에 2시간 이상 그 안전성을 유지할 수 있도록 한 경우에는 내화구조로 하지 아니할 수 있다.
1. 건축물의 기둥 및 보 : 지상 1층(지상 1층의 높이가 6미터를 초과하는 경우에는 6미터)까지
2. 위험물 저장·취급용기의 지지대(높이가 30센티미터 이하인 것은 제외한다) : 지상으로부터 지지대의 끝부분까지
3. 배관·전선관 등의 지지대 : 지상으로부터 1단(1단의 높이가 6미터를 초과하는 경우에는 6미터)까지

제 06 과목 건설공사 안전관리

101 그물코의 크기가 5cm인 매듭 방망사의 폐기 시 인장강도 기준으로 옳은 것은?

① 200kg　　② 100kg
③ 60kg　　④ 30kg

해설

방망사의 신품에 대한 인장 강도

그물코의 종류	방망의 종류(단위 : kg)	
	매듭이 없는 방망	매듭 방망
10cm	240(150)	200(135)
5cm	–	110(60)

※괄호 안은 폐기기준 인장강도임

102 크레인 또는 데릭에서 붐각도 및 작업반경별로 작용시킬 수 있는 최대하중에서 후크(Hook), 와이어로프 등 달기구의 중량을 공제한 하중은?

① 작업하중　　② 정격하중
③ 이동하중　　④ 적재하중

해설

정격하중(Rated load) : 권상하중에서 달기구(운반구등)의 중량에 상당하는 하중을 뺀 하중(화물만의 무게)

103 차량계 하역운반기계를 사용하는 작업을 할 때 그 기계가 넘어지거나 굴러떨어짐으로써 근로자에게 위험을 미칠 우려가 있는 경우에 우선적으로 조치하여야 할 사항과 가장 거리가 먼 것은?

① 해당 기계에 대한 유도자 배치
② 지반의 부동침하 방지 조치
③ 갓길 붕괴 방지 조치
④ 경보 장치 설치

해설

산업안전보건기준에 관한 규칙 제171조(전도 등의 방지) 사업주는 차량계 하역운반기계등을 사용하는 작업을 할 때에 그 기계가 넘어지거나 굴러떨어짐으로써 근로자에게 위험을 미칠 우려가 있는 경우에는 그 기계를 유도하는 사람(이하 "유도자"라 한다)을 배치하고 지반의 부동침하 및 갓길 붕괴를 방지하기 위한 조치를 해야 한다.

104 경암 지반을 흙막이지보공 없이 굴착하려 할 때 굴착면의 기울기 기준으로 옳은 것은?

① 1 : 1.0　　② 1 : 0.5
③ 1 : 1.8　　④ 1 : 2

굴착면의 기울기 기준(산업안전보건기준에 관한 규칙 별표 11)

지반의 종류	굴착면의 기울기	지반의 종류	굴착면의 기울기
모래	1 : 1.8	경암	1 : 0.5
연암 및 풍화암	1 : 1.0	그 밖의 흙	1 : 1.2

비고
1. 굴착면의 기울기는 굴착면의 높이에 대한 수평거리의 비율을 말한다.
2. 굴착면의 경사가 달라서 기울기를 계산하기가 곤란한 경우에는 해당 굴착면에 대하여 지반의 종류별 굴착면의 기울기에 따라 붕괴의 위험이 증가하지 않도록 위 표의 지반의 종류별 굴착면의 기울기에 맞게 해당 각 부분의 경사를 유지해야 한다.

105 차량계 하역운반기계등에 화물을 적재하는 경우에 준수하여야 할 사항으로 옳지 않은 것은?

① 하중이 한쪽으로 치우쳐서 효율적으로 적재되도록 할 것
② 구내운반차 또는 화물자동차의 경우 화물의 붕괴 또는 낙하에 의한 위험을 방지하기 위하여 화물에 로프를 거는 등 필요한 조치를 할 것
③ 운전자의 시야를 가리지 않도록 화물을 적재할 것
④ 최대적재량을 초과하지 않도록 할 것

산업안전보건기준에 관한 규칙 제173조(화물적재 시의 조치) ① 사업주는 차량계 하역운반기계등에 화물을 적재하는 경우에 다음 각 호의 사항을 준수하여야 한다.
1. 하중이 한쪽으로 치우치지 않도록 적재할 것
2. 구내운반차 또는 화물자동차의 경우 화물의 붕괴 또는 낙하에 의한 위험을 방지하기 위하여 화물에 로프를 거는 등 필요한 조치를 할 것
3. 운전자의 시야를 가리지 않도록 화물을 적재할 것
② 제1항의 화물을 적재하는 경우에는 최대적재량을 초과해서는 아니 된다.

106 강관비계의 설치 기준으로 옳은 것은?

① 비계기둥의 간격은 띠장방향에서는 1.5m이상 1.8m 이하로 하고, 장선방향에서는 2.0m이하로 한다.
② 띠장 간격은 1.8m 이하로 설치하되, 첫 번째 띠장은 지상으로부터 2m 이하의 위치에 설치한다.
③ 비계기둥 간의 적재하중은 400kg을 초과하지 않도록 한다.
④ 비계기둥의 제일 윗부분으로부터 21m되는 지점 밑부분의 비계기둥은 2개의 강관으로 묶어 세운다.

산업안전보건기준에 관한 규칙 제60조(강관비계의 구조) 사업주는 강관을 사용하여 비계를 구성하는 경우 다음 각 호의 사항을 준수해야 한다.
1. 비계기둥의 간격은 띠장 방향에서는 1.85미터 이하, 장선(長線) 방향에서는 1.5미터 이하로 할 것. 다만, 다음 각 목의 어느 하나에 해당하는 작업의 경우에는 안전성에 대한 구조검토를 실시하고 조립도를 작성하면 띠장 방향 및 장선 방향으로 각각 2.7미터 이하로 할 수 있다.
  가. 선박 및 보트 건조작업
  나. 그 밖에 장비 반입·반출을 위하여 공간 등을 확보할 필요가 있는 등 작업의 성질상 비계기둥 간격에 관한 기준을 준

수하기 곤란한 작업
2. 띠장 간격은 2.0미터 이하로 할 것. 다만, 작업의 성질상 이를 준수하기가 곤란하여 쌍기둥틀 등에 의하여 해당 부분을 보강한 경우에는 그러하지 아니하다.
3. 비계기둥의 제일 윗부분으로부터 31미터되는 지점 밑부분의 비계기둥은 2개의 강관으로 묶어 세울 것. 다만, 브라켓(bracket, 까치발) 등으로 보강하여 2개의 강관으로 묶을 경우 이상의 강도가 유지되는 경우에는 그러하지 아니하다.
4. 비계기둥 간의 적재하중은 400킬로그램을 초과하지 않도록 할 것

107 다음 중 유해위험방지계획서를 작성 및 제출하여야 하는 공사에 해당되지 않는 것은?

① 지상높이가 31m인 건축물의 건설 · 개조 또는 해체
② 최대 지간길이가 50m인 교량건설 등 공사
③ 깊이가 9m인 굴착공사
④ 터널 건설 등의 공사

유해위험방지계획서 제출 대상 공사(산업안전보건법 시행령 제42조 ③항)
1. 다음 각 목의 어느 하나에 해당하는 건축물 또는 시설 등의 건설 · 개조 또는 해체 공사
   가. 지상높이가 31미터 이상인 건축물 또는 인공구조물
   나. 연면적 3만제곱미터 이상인 건축물
   다. 연면적 5천제곱미터 이상인 시설로서 다음의 어느 하나에 해당하는 시설
      1) 문화 및 집회시설(전시장 및 동물원 · 식물원은 제외한다)
      2) 판매시설, 운수시설(고속철도의 역사 및 집배송시설은 제외한다)
      3) 종교시설
      4) 의료시설 중 종합병원
      5) 숙박시설 중 관광숙박시설
      6) 지하도상가
      7) 냉동 · 냉장 창고시설
2. 연면적 5천제곱미터 이상인 냉동 · 냉장 창고시설의 설비공사 및 단열공사
3. 최대 지간(支間)길이(다리의 기둥과 기둥의 중심사이의 거리)가 50미터 이상인 다리의 건설등 공사
4. 터널의 건설등 공사
5. 다목적댐, 발전용댐, 저수용량 2천만톤 이상의 용수 전용 댐 및 지방상수도 전용 댐의 건설등 공사
6. 깊이 10미터 이상인 굴착공사

108 건립 중 강풍에 의한 풍압 등 외압에 대한 내력이 설계에 고려되었는지 확인하여야 하는 철골구조물의 기준으로 옳지 않은 것은?

① 높이 20m이상의 구조물
② 구조물의 폭과 높이의 비가 1:4 이상인 구조물
③ 이음부가 공장 제작인 구조물
④ 연면적당 철골량이 50kg/m² 이하인 구조물

구조안전의 위험이 큰 다음의 철골구조물은 건립중 강풍에 의한 풍압 등 외압에 대한 내력이 설계에 고려되었는지 확인한다.(철골공사 표준안전 작업지침 제3조의 7)
• 높이 20m 이상의 구조물
• 구조물의 폭과 높이의 비가 1:4 이상인 구조물
• 단면구조에 현저한 차이가 있는 구조물
• 연면적당 철골량이 50kgf/m² 이하인 구조물
• 기둥이 타이플레이트(Tie plate)형인 구조물
• 이음부가 현장용접인 구조물

109 흙막이 가시설 공사 시 사용되는 각 계측기 설치 목적으로 옳지 않은 것은?

① 지표침하계 – 지표면 침하량 측정
② 수위계 – 지반 내 지하수위의 변화 측정
③ 하중계 – 상부 적재하중 변화 측정
④ 지중경사계 – 지중의 수평 변위량 측정

하중계 – 버팀보 어스앵커 등의 실제 축 하중변화의 측정

110 건설현장의 가설계단 및 계단참을 설치하는 경우 얼마 이상의 하중에 견딜 수 있는 강도를 가진 구조로 설치하여야 하는가?

① 200kg/m²
② 300kg/m²
③ 400kg/m²
④ 500kg/m²

산업안전보건기준에 관한 규칙 제26조(계단의 강도) ① 사업주는 계단 및 계단참을 설치하는 경우 매제곱미터당 500킬로그램 이상의 하중에 견딜 수 있는 강도를 가진 구조로 설치하여야 하며, 안전율[안전의 정도를 표시하는 것으로서 재료의 파괴응력도(破壞應力度)와 허용응력도(許容應力度)의 비율을 말한다)]은 4 이상으로 하여야 한다.

111 터널굴착작업을 하는 때 미리 작성하여야 하는 작업계획서에 포함되어야 할 사항이 아닌 것은?

① 굴착의 방법
② 암석의 분할방법
③ 환기 또는 조명시설을 설치할 때에는 그 방법
④ 터널지보공 및 복공의 시공방법과 용수의 처리방법

터널굴착작업 작업계획서 내용(산업안전보건기준에 관한 규칙 별표 4)
• 굴착의 방법
• 터널지보공 및 복공의 시공방법과 용수의 처리방법
• 환기 또는 조명시설을 설치할 때에는 그 방법

112 근로자에게 작업 중 또는 통행 시 전락(轉落)으로 인하여 근로자가 화상·질식 등의 위험에 처할 우려가 있는 케틀(kettle), 호퍼(hopper), 피트(pit) 등이 있는 경우에 그 위험을 방지하기 위하여 최소 높이 얼마 이상의 울타리를 설치하여야 하는가?

① 80cm 이상
② 85cm 이상
③ 90cm 이상
④ 95cm 이상

산업안전보건기준에 관한 규칙 제48조(울타리의 설치) 사업주는 근로자에게 작업 중 또는 통행 시 전락(轉落)으로 인하여 근로자가 화상·질식 등의 위험에 처할 우려가 있는 케틀(kettle, 가열 용기), 호퍼(hopper, 깔때기 모양의 출입구가 있는 큰 통), 피트(pit, 구덩이) 등이 있는 경우에 그 위험을 방지하기 위하여 필요한 장소에 높이 90센티미터 이상의 울타리를 설치하여야 한다.

113 거푸집 해체작업 시 유의사항으로 옳지 않은 것은?

① 일반적으로 수평부재의 거푸집은 연직부재의 거푸집보다 빨리 떼어낸다.
② 해체된 거푸집이나 각목 등에 박혀있는 못 또는 날카로운 돌출물은 즉시 제거하여야 한다.
③ 상하 동시 작업은 원칙적으로 금지하여 부득이한 경우에는 긴밀히 연락을 위하여 작업을 하여야 한다.
④ 거푸집 해체작업장 주위에는 관계자를 제외하고는 출입을 금지시켜야 한다.

콘크리트공사 표준안전 작업지침 제9조(해체) 사업주는 거푸집의 해체작업을 하여야 할 때에는 다음 각 호의 사항을 준수하여야 한다.
1. 거푸집 및 지보공(동바리)의 해체는 순서에 의하여 실시하여야 하며 안전담당자를 배치하여야 한다.
2. 거푸집 및 지보공(동바리)은 콘크리트 자중 및 시공중에 가해지는 기타 하중에 충분히 견딜만 한 강도를 가질 때까지는 해체하지 아니하여야 한다.
3. 거푸집을 해체할 때에는 다음 각 목에 정하는 사항을 유념하여 작업하여야 한다.
　가. 해체작업을 할 때에는 안전모등 안전 보호장구를 착용토록 하여야 한다.
　나. 거푸집 해체작업장 주위에는 관계자를 제외하고는 출입을 금지시켜야 한다.
　다. 상하 동시 작업은 원칙적으로 금지하여 부득이한 경우에는 긴밀히 연락을 위하며 작업을 하여야 한다.
　라. 거푸집 해체때 구조체에 무리한 충격이나 큰 힘에 의한 지렛대 사용은 금지하여야 한다.
　마. 보 또는 스라브 거푸집을 제거할 때에는 거푸집의 낙하 충격으로 인한 작업원의 돌발적 재해를 방지하여야 한다.
　바. 해체된 거푸집이나 각목 등에 박혀있는 못 또는 날카로운 돌출물은 즉시 제거하여야 한다.
　사. 해체된 거푸집이나 각 목은 재사용 가능한 것과 보수하여야 할 것을 선별, 분리하여 적치하고 정리정돈을 하여야 한다.
4. 기타 제3자의 보호조치에 대하여도 완전한 조치를 강구하여야 한다.

114 비계(달비계, 달대비계 및 말비계는 제외한다.)의 높이가 2m 이상인 작업장소에 설치하여야 하는 작업발판의 기준으로 옳지 않은 것은?

① 작업발판의 폭은 40cm 이상으로 하고, 발판재료 간의 틈은 3cm이하로 할 것
② 추락의 위험이 있는 장소에는 안전난간을 설치 할 것
③ 작업발판의 지지물은 하중에 의하여 파괴될 우려가 없는 것을 사용할 것
④ 작업발판재료는 뒤집히거나 떨어지지 않도록 1개 이상의 지지물에 연결하거나 고정시킬 것

산업안전보건기준에 관한 규칙 제56조(작업발판의 구조) 사업주는 비계(달비계, 달대비계 및 말비계는 제외한다)의 높이가 2미터 이상인 작업장소에 다음 각 호의 기준에 맞는 작업발판을 설치하여야 한다.
1. 발판재료는 작업할 때의 하중을 견딜 수 있도록 견고한 것으로 할 것
2. 작업발판의 폭은 40센티미터 이상으로 하고, 발판재료 간의 틈은 3센티미터 이하로 할 것. 다만, 외줄비계의 경우에는 고용노동부장관이 별도로 정하는 기준에 따른다.
3. 제2호에도 불구하고 선박 및 보트 건조작업의 경우 선박블록 또는 엔진실 등의 좁은 작업공간에 작업발판을 설치하기 위하여 필요하면 작업발판의 폭을 30센티미터 이상으로 할 수 있고, 걸침비계의 경우 강관기둥 때문에 발판재료 간의 틈을 3센티미터 이하로 유지하기 곤란하면 5센티미터 이하로 할 수 있다. 이 경우 그 틈 사이로 물체 등이 떨어질 우려가 있는 곳에는 출입금지 등의 조치를 하여야 한다.
4. 추락의 위험이 있는 장소에는 안전난간을 설치할 것. 다만, 작업의 성질상 안전난간을 설치하는 것이 곤란한 경우, 작업의 필요상 임시로 안전난간을 해체할 때에 추락방호망을 설치하거나 근로자로 하여금 안전대를 사용하도록 하는 등 추락위험 방지 조치를 한 경우에는 그러하지 아니하다.
5. 작업발판의 지지물은 하중에 의하여 파괴될 우려가 없는 것을 사용할 것
6. 작업발판재료는 뒤집히거나 떨어지지 않도록 둘 이상의 지지물에 연결하거나 고정시킬 것
7. 작업발판을 작업에 따라 이동시킬 경우에는 위험 방지에 필요한 조치를 할 것

115 안전대의 종류는 사용구분에 따라 벨트식과 안전그네식으로 구분되는데 이 중 안전그네식에만 적용하는 것은?

① 추락방지대, 안전블록
② 1개 걸이용, U자 걸이용
③ 1개 걸이용, 추락방지대
④ U자 걸이용, 안전블록

안전대의 종류 및 시험성능기준(보호구 안전인증 고시 별표 9)

종류	사용구분	시험하중	시험성능기준
벨트식	1개 걸이용	15kN(1,530kgf)	• 파단되지 않을 것 • 신축조절기의 기능이 상실되지 않을 것
	U자 걸이용		
안전그네식	추락방지대	15kN(1,530kgf)	• 시험몸통으로부터 빠지지 말 것
	안전블록		

116 다음은 달비계 또는 높이 5m 이상의 비계를 조립·해체하거나 변경하는 작업을 하는 경우에 대한 내용이다. ( )에 알맞은 숫자는?

> 비계재료의 연결·해체작업을 하는 경우에는 폭 ( )센티미터 이상의 발판을 설치하고 근로자로 하여금 안전대를 사용하도록 하는 등 추락을 방지하기 위한 조치를 할 것

① 15
② 20
③ 25
④ 30

산업안전보건기준에 관한 규칙 제57조(비계 등의 조립·해체 및 변경) ① 사업주는 달비계 또는 높이 5미터 이상의 비계를 조립·해체하거나 변경하는 작업을 하는 경우 다음 각 호의 사항을 준수하여야 한다.
1. 근로자가 관리감독자의 지휘에 따라 작업하도록 할 것
2. 조립·해체 또는 변경의 시기·범위 및 절차를 그 작업에 종사하는 근로자에게 주지시킬 것
3. 조립·해체 또는 변경 작업구역에는 해당 작업에 종사하는 근로자가 아닌 사람의 출입을 금지하고 그 내용을 보기 쉬운 장소에 게시할 것
4. 비, 눈, 그 밖의 기상상태의 불안정으로 날씨가 몹시 나쁜 경우에는 그 작업을 중지시킬 것
5. 비계재료의 연결·해체작업을 하는 경우에는 폭 20센티미터 이상의 발판을 설치하고 근로자로 하여금 안전대를 사용하도록 하는 등 추락을 방지하기 위한 조치를 할 것
6. 재료·기구 또는 공구 등을 올리거나 내리는 경우에는 근로자가 달줄 또는 달포대 등을 사용하게 할 것

② 사업주는 강관비계 또는 통나무비계를 조립하는 경우 쌍줄로 하여야 한다. 다만, 별도의 작업발판을 설치할 수 있는 시설을 갖춘 경우에는 외줄로 할 수 있다.

117 다음은 사다리식 통로 등을 설치하는 경우의 준수사항이다. ( ) 안에 들어갈 숫자로 옳은 것은?

> 사다리의 상단은 걸쳐놓은 지점으로부터 ( )센티미터 이상 올라가도록 할 것

① 30
② 40
③ 50
④ 60

> **해설**
> 산업안전보건기준에 관한 규칙 제24조(사다리식 통로 등의 구조) ① 사업주는 사다리식 통로 등을 설치하는 경우 다음 각 호의 사항을 준수하여야 한다.
> 1. 견고한 구조로 할 것
> 2. 심한 손상·부식 등이 없는 재료를 사용할 것
> 3. 발판의 간격은 일정하게 할 것
> 4. 발판과 벽과의 사이는 15센티미터 이상의 간격을 유지할 것
> 5. 폭은 30센티미터 이상으로 할 것
> 6. 사다리가 넘어지거나 미끄러지는 것을 방지하기 위한 조치를 할 것
> 7. 사다리의 상단은 걸쳐놓은 지점으로부터 60센티미터 이상 올라가도록 할 것
> 8. 사다리식 통로의 길이가 10미터 이상인 경우에는 5미터 이내마다 계단참을 설치할 것
> 9. 사다리식 통로의 기울기는 75도 이하로 할 것. 다만, 고정식 사다리식 통로의 기울기는 90도 이하로 하고, 그 높이가 7미터 이상인 경우에는 다음 각 목의 구분에 따른 조치를 할 것
>   가. 등받이울이 있어도 근로자 이동에 지장이 없는 경우 : 바닥으로부터 높이가 2.5미터 되는 지점부터 등받이울을 설치할 것
>   나. 등받이울이 있으면 근로자가 이동이 곤란한 경우 : 한국산업표준에서 정하는 기준에 적합한 개인용 추락 방지 시스템을 설치하고 근로자로 하여금 한국산업표준에서 정하는 기준에 적합한 전신안전대를 사용하도록 할 것
> 10. 접이식 사다리 기둥은 사용 시 접혀지거나 펼쳐지지 않도록 철물 등을 사용하여 견고하게 조치할 것

118 다음은 가설통로를 설치하는 경우의 준수사항이다. ( ) 안에 들어갈 숫자로 옳은 것은?

> 건설공사에 사용하는 높이 8미터 이상인 비계다리에는 (   )미터 이내마다 계단참을 설치할 것

① 7　　　　　　　　　② 6
③ 5　　　　　　　　　④ 4

> **해설**
> 산업안전보건기준에 관한 규칙 제23조(가설통로의 구조) 사업주는 가설통로를 설치하는 경우 다음 각 호의 사항을 준수하여야 한다.
> 1. 견고한 구조로 할 것
> 2. 경사는 30도 이하로 할 것. 다만, 계단을 설치하거나 높이 2미터 미만의 가설통로로서 튼튼한 손잡이를 설치한 경우에는 그러하지 아니하다.
> 3. 경사가 15도를 초과하는 경우에는 미끄러지지 아니하는 구조로 할 것
> 4. 추락할 위험이 있는 장소에는 안전난간을 설치할 것. 다만, 작업상 부득이한 경우에는 필요한 부분만 임시로 해체할 수 있다.
> 5. 수직갱에 가설된 통로의 길이가 15미터 이상인 경우에는 10미터 이내마다 계단참을 설치할 것
> 6. 건설공사에 사용하는 높이 8미터 이상인 비계다리에는 7미터 이내마다 계단참을 설치할 것

119 건설업 산업안전 보건관리비의 사용내역에 대하여 도급인은 공사 시작 후 몇 개월 마다 1회 이상 발주자 또는 감리자의 확인을 받아야 하는가?

① 3개월　　　　　　　② 4개월
③ 5개월　　　　　　　④ 6개월

> **해설**
> 건설업 산업안전보건관리비 계상 및 사용기준 제9조(사용내역의 확인) ① 도급인은 산업안전보건관리비 사용내역에 대하여 공사 시작 후 6개월마다 1회 이상 발주자 또는 감리자의 확인을 받아야 한다. 다만, 6개월 이내에 공사가 종료되는 경우에는 종료 시 확인을 받아야 한다.

② 제1항에도 불구하고 발주자, 감리자 및 「근로기준법」 제101조에 따른 관계 근로감독관은 산업안전보건관리비 사용내역을 수시 확인할 수 있으며, 도급인 또는 자기공사자는 이에 따라야 한다.
③ 발주자 또는 감리자는 제1항 및 제2항에 따른 산업안전보건관리비 사용내역 확인 시 기술지도 계약 체결, 기술지도 실시 및 개선 여부 등을 확인하여야 한다.

120 터널 지보공을 설치한 경우에 수시로 점검하여 이상을 발견 시 즉시 보강하거나 보수해야 할 사항이 아닌 것은?

① 부재의 손상·변형·부식·변위·탈락의 유무 및 상태
② 부재의 긴압의 정도
③ 부재의 접속부 및 교차부의 상태
④ 계측기 설치상태

산업안전보건기준에 관한 규칙 제366조(붕괴 등의 방지) 사업주는 터널 지보공을 설치한 경우에 다음 각 호의 사항을 수시로 점검하여야 하며, 이상을 발견한 경우에는 즉시 보강하거나 보수하여야 한다.
1. 부재의 손상·변형·부식·변위 탈락의 유무 및 상태
2. 부재의 긴압 정도
3. 부재의 접속부 및 교차부의 상태
4. 기둥침하의 유무 및 상태

정답 2019년 04월 27일 최근 기출문제

001 ②	002 ①	003 ①	004 ②	005 ①	006 ③	007 ③	008 ④	009 ③	010 ②
011 ①	012 ④	013 ④	014 ①	015 ④	016 ②	017 ④	018 ③	019 ④	020 ②
021 ①	022 ①	023 ③	024 ③	025 ②	026 ②	027 ②	028 ④	029 ③	030 ④
031 ③	032 ①	033 ④	034 ①	035 ①	036 ②	037 ②	038 ③	039 ④	040 ④
041 ③	042 ③	043 ②	044 ④	045 ②	046 ③	047 ③	048 ②	049 ④	050 ③
051 ①	052 ④	053 ④	054 ②	055 ①	056 ③	057 ③	058 ①	059 ④	060 ①
061 ②	062 ②	063 ③	064 ①	065 ①	066 ②	067 ②	068 ③	069 ③	070 ②
071 ②	072 ②	073 ③	074 ①	075 ①	076 ④	077 ①	078 ①	079 ③	080 ②
081 ①	082 ②	083 ②	084 ②	085 ③	086 ④	087 ②	088 ①	089 ③	090 ①
091 ①	092 ③	093 ②	094 ②	095 ③	096 ④	097 ②	098 ③	099 ③	100 ③
101 ③	102 ②	103 ②	104 ②	105 ①	106 ②	107 ③	108 ③	109 ③	110 ④
111 ②	112 ③	113 ①	114 ④	115 ④	116 ②	117 ④	118 ①	119 ④	120 ④

2019년 08월 04일 최근 기출문제

○ QUESTIONS FROM PREVIOUS TESTS

제 01 과목 산업재해 예방 및 안전보건교육

001 적성요인에 있어 직업적성을 검사하는 항목이 아닌 것은?

① 지능
② 촉각 적응력
③ 형태식별능력
④ 운동속도

적성의 요인(적성의 분류)
- 직업적성(기계적 적성과 사무적 적성), 지능, 흥미, 인간성(personality)
- 연령이나 개인차 등은 적성의 요인이 아니다.

002 라인(Line)형 안전관리조직에 대한 설명으로 옳은 것은?

① 명령계통과 조언이나 권고적 참여가 혼동되기 쉽다.
② 생산부서와의 마찰이 일어나기 쉽다.
③ 명령계통이 간단명료하다.
④ 생산부분에는 안전에 대한 책임과 권한이 없다.

라인(Line)형(직계식 조직)
- 특징
  - 안전관리에 관한 계획에서 실시에 이르기까지 모든 권한이 포괄적이고 직선적으로 행사되며, 안전을 전문으로 분담하는 부분이 없다.
  - 생산조직 전체에 안전관리 기능을 부여한다.
  - 소규모 사업장(100명 이하)에 적합하다.
- 장점
  - 안전지시나 개선조치가 각 부분의 직제를 통하여 생산업무와 같이 흘러가므로 지시나 조치가 철저할 뿐만 아니라 그 실시도 빠르다.
  - 명령과 보고가 상하관계 뿐이므로 간단 명료하다.
- 단점
  - 안전에 대한 정보가 불충분하며 내용이 빈약하다.
  - 생산업무와 같이 안전대책이 실시되므로 불충분하다.
  - 라인에 과중한 책임을 지우기가 쉽다.

003 서로 손을 얹고 팀의 행동구호를 외치는 무재해 운동 추진 기법의 하나로, 스킨십(Skinship)에 바탕을 두고 팀 전원의 일체감, 연대감을 느끼게 하며, 대뇌피질에 안전 태도 형성에 좋은 이미지를 심어주는 기법은?

① Touch and call
② Brain Storming
③ Error cause removal
④ Safety training observation program

Touch and Call : 왼손을 맞잡고 같이 소리치는 것으로 전원이 스킨십(Skinship)을 느끼도록 하는 체험학습하는 기법으로 팀의 일체감, 연대감을 조성할 수 있다.

004 안전점검의 종류 중 태풍이나 폭우 등의 천재지변이 발생한 후에 실시하는 기계, 기구 및 설비 등에 대한 점검의 명칭은?

① 정기점검
② 수시점검
③ 특별점검
④ 임시점검

안전점검의 종류
- 수시점검 : 작업전·중·후에 실시하는 점검
- 정기점검 : 일정기간마다 정기적으로 실시하는 점검
- 특별점검
  - 기계·기구·설비의 신설시·변경 내지 고장 수리시 실시하는 점검
  - 천재지변 발생 후 실시하는 점검
  - 안전강조 기간내에 실시하는 점검
- 임시점검 : 이상 발견시 임시로 실시, 정기점검과 정기점검 사이에 실시하는 점검

005 하인리히 안전론에서 (   ) 안에 들어갈 단어로 적합한 것은?

> - 안전은 사고예방
> - 사고예방은 (   )와(과) 인간 및 기계의 관계를 통제하는 과학이자 기술이다.

① 물리적 환경
② 화학적 요소
③ 위험요인
④ 사고 및 재해

안전의 정의
- 하인리히(H. W. Heinrich)의 안전론 : 안전은 사고예방(Accident Prevention)이며 사고예방은 물리적 환경과 인간 및 기계의 관계를 통제하는 과학인 동시에 기술(Art)
- 버크호프(H. O. Berckhofs)의 안전론 : 사고의 시간성 및 에너지의 사고 관련성을 규명

006 1년간 80건의 재해가 발생한 A사업장은 1000명의 근로자가 1주일당 48시간, 1년간 52주를 근무하고 있다. A사업장의 도수율은?(단, 근로자들은 재해와 관련 없는 사유로 연간 노동시간의 3%를 결근하였다.)

① 31.06
② 32.05
③ 33.04
④ 34.00

해설

$$\text{도수율} = \frac{\text{재해발생건수}}{\text{연간 총근로시간}} \times 10^6 = \frac{80}{1000 \times 48 \times 52 \times 0.97} \times 10^6 = 33.04$$

007 안전보건교육의 단계에 해당하지 않는 것은?

① 지식교육
② 기초교육
③ 태도교육
④ 기능교육

해설

안전보건교육의 3단계
- 제1단계 지식교육 : 강의, 시청각교육을 통한 지식의 전달과 이해
- 제2단계 기능교육 : 시범, 견학, 실습, 현장실습교육을 통한 경험 체득과 이해
- 제3단계 태도교육 : 작업동작지도, 생활지도 등을 통한 안전의 습관화

008 위험예지훈련의 문제해결 4라운드에 속하지 않는 것은?

① 현상파악
② 본질추구
③ 원인결정
④ 대책수립

해설

위험예지 훈련의 기초 4라운드 진행방법
- 1R(현상파악) : 어떤 위험이 잠재하고 있는지 사실을 파악하는 라운드(BS적용)
- 2R(본질추구) : 가장 위험한 요인(위험 포인트)을 합의로 결정하는 라운드(요약)
- 3R(대책수립) : 구체적인 대책을 수립하는 라운드(BS적용)
- 4R(목표달성-설정) : 수립한 대책 가운데 질이 높은 항목에 합의하는 라운드(요약)

009 산소결핍이 예상되는 맨홀 내에서 작업을 실시할 때의 사고 방지 대책으로 적절하지 않은 것은?

① 작업 시작 전 및 작업 중 충분한 환기 실시
② 작업 장소의 입장 및 퇴장 시 인원점검
③ 방진마스크의 보급과 착용 철저
④ 작업장과 외부와의 상시 연락을 위한 설비 설치

해설

밀폐 공간내 작업시 조치
- 작업시작전 적정한 공기 상태 여부의 확인을 위한 측정·평가
- 응급조치 등 안전 보건 교육 및 훈련
- 공기 호흡기 또는 송기 마스크 등의 착용 및 관리
- 그 밖에 밀폐공간 작업 근로자의 건강재해 예방에 관한 사항

010 안전교육방법 중 강의법에 대한 설명으로 옳지 않은 것은?

① 단기간의 교육 시간 내에 비교적 많은 내용을 전달할 수 있다.
② 다수의 수강자를 대상으로 동시에 교육할 수 있다.
③ 다른 교육방법에 비해 수강자의 참여가 제약된다.
④ 수강자 개개인의 학습진도를 조절할 수 있다.

강의법 : 많은 인원의 수강자(최적인원 40~50명)를 단기간의 교육시간에 비교적 많은 내용의 교육내용을 전수하기 위한 방법

011 적응기제(適應機制)의 형태 중 방어적 기제에 해당하지 않는 것은?

① 고립　　　　　　　　　② 보상
③ 승화　　　　　　　　　④ 합리화

적응기제(適應機制)
- 방어적 기제 : 보상, 합리화, 동일시, 승화
- 도피적 기제 : 고립, 퇴행, 억압, 백일몽
- 공격적 기제 : 직접적 공격형, 간접적 공격형

012 부주의의 발생 원인에 포함되지 않는 것은?

① 의식의 단절　　　　　　② 의식의 우회
③ 의식수준의 저하　　　　④ 의식의 지배

부주의 현상
- 의식의 단절 : 지속적인 의식의 흐름에 단절이 생기고 공백의 상태가 나타나는 것으로서 특수한 질병이 있는 경우에 나타난다.(의식수준 : Phase 0 상태)
- 의식의 우회 : 의식의 흐름이 옆으로 빗나가 발생하는 경우로서 작업도중의 걱정, 고뇌, 욕구 불만 등에 의해 다른 것이 주의하는 것이 이에 속한다.(의식수준 : Phase 0 상태)
- 의식수준의 저하 : 혼미한 정신상태에서 심신이 피로할 경우나 단조로운 작업 등의 경우에 일어나기 쉽다.(의식수준 : Phase Ⅰ이하 상태)
- 의식의 과잉 : 지나친 의욕에 의해서 생기는 부주의 현상으로서 돌발사태 및 긴급이상 사태시 순간적으로 긴장되고 의식이 한 방향으로만 쏠리게 되는 경우가 이에 해당된다.(의식수준 : Phase Ⅳ상태)

013 안전교육 훈련에 있어 동기부여 방법에 대한 설명으로 가장 거리가 먼 것은?

① 안전 목표를 명확히 설정한다.
② 안전활동의 결과를 평가, 검토하도록 한다.
③ 경쟁과 협동을 유발시킨다.
④ 동기유발 수준을 과도하게 높인다.

목표설정이론 : 구체적이고, 도전성이 있으며, 피드백이 수반된 목표가 설정되어야 동기부여 및 높은 성과가 이룩된다는 이론, 도전성이 느껴지는 목표, 열심히 하면 달성가능하다고 느껴지는 목표의 수립이 동기부여 측면에서 가장 중요하다.

014 산업안전보건법령상 유해위험 방지계획서 제출 대상 공사에 해당하는 것은?

① 깊이가 5m 이상인 굴착공사
② 최대지간거리 30m 이상인 교량건설 공사
③ 지상높이 21m 이상인 건축물 공사
④ 터널 건설 공사

유해위험방지계획서 제출 대상 공사(산업안전보건법 시행령 제42조 ③항)
1. 다음 각 목의 어느 하나에 해당하는 건축물 또는 시설 등의 건설·개조 또는 해체 공사
   가. 지상높이가 31미터 이상인 건축물 또는 인공구조물
   나. 연면적 3만제곱미터 이상인 건축물
   다. 연면적 5천제곱미터 이상인 시설로서 다음의 어느 하나에 해당하는 시설
      1) 문화 및 집회시설(전시장 및 동물원·식물원은 제외한다)
      2) 판매시설, 운수시설(고속철도의 역사 및 집배송시설은 제외한다)
      3) 종교시설
      4) 의료시설 중 종합병원
      5) 숙박시설 중 관광숙박시설
      6) 지하도상가
      7) 냉동·냉장 창고시설
2. 연면적 5천제곱미터 이상인 냉동·냉장 창고시설의 설비공사 및 단열공사
3. 최대 지간(支間)길이(다리의 기둥과 기둥의 중심사이의 거리)가 50미터 이상인 다리의 건설등 공사
4. 터널의 건설등 공사
5. 다목적댐, 발전용댐, 저수용량 2천만톤 이상의 용수 전용 댐 및 지방상수도 전용 댐의 건설등 공사
6. 깊이 10미터 이상인 굴착공사

015 스트레스의 요인 중 외부적 자극 요인에 해당하지 않는 것은?

① 자존심의 손상
② 대인관계 갈등
③ 가족의 죽음, 질병
④ 경제적 어려움

자존심의 손상, 현실에서의 부적응, 업무상의 죄책감 등은 스트레스의 내적 요인에 해당된다.

016 하인리히 방식의 재해 코스트 산정에서 직접비에 해당되지 않은 것은?

① 휴업보상비
② 병상위문금
③ 장해특별보상비
④ 상병보상연금

하인리히(H.W. Heinrich) 방식
총재해손실비(Cost) = 직접비 + 간접비(직접비 : 간접비 = 1 : 4)
• 직접비 : 법령으로 정한 피해자에게 지급되는 산재보상비

- 휴업보상비 : 평균임금의 100분의 70에 상당하는 금액
- 장해보상비 : 신체장해가 남는 경우에 장해등급에 의한 금액
- 요양보상비 : 요양비의 전액
- 장의비 : 평균임금의 120일분에 상당하는 금액
- 유족보상비 : 평균임금의 1300일분에 상당하는 금액
- 기타 유족특별보상비, 장해특별보상비, 상병보상년금
• 간접비 : 재산손실, 생산중단 등으로 기업이 입은 손실로서 정확한 산출이 어려울 때에는 직접비의 4배로 산정하여 계산
- 인적손실 : 본인 및 제3자에 관한 것을 포함한 시간손실
- 물적손실 : 기계, 공구, 재료, 시설의 복구에 소비된 시간손실 및 재산손실
- 생산손실 : 생산감소, 생산중단, 판매감소 등에 의한 손실
- 기타손실 : 병상위문금, 여비 및 통신비, 입원중의 잡비, 장의 비용 등

017 산업안전보건법령상 관리감독자 안전보건교육 중 정기교육의 교육내용으로 옳은 것은?(단, 그 밖의 관리감독자의 직무에 관항 사항은 제외한다.)

① 작업 개시 전 점검에 관한 사항
② 정리정돈 및 청소에 관한 사항
③ 작업 공정의 유해 · 위험과 재해 예방대책에 관한 사항
④ 기계 · 기구의 위험성과 작업의 순서 및 동선에 관한 사항

관리감독자 정기교육 내용(산업안전보건법 시행규칙 별표 5)
• 산업안전 및 산업재해 예방에 관한 사항(화재·폭발 사고 발생 시 대피에 관한 사항 포함)
• 산업보건 및 건강장해 예방에 관한 사항(폭염·한파작업으로 인한 건강장해 발생 시 응급조치에 관한 사항 포함)
• 위험성평가에 관한 사항
• 유해 · 위험 작업환경 관리에 관한 사항
• 산업안전보건법령 및 산업재해보상보험 제도에 관한 사항
• 직무스트레스 예방 및 관리에 관한 사항
• 직장 내 괴롭힘, 고객의 폭언 등으로 인한 건강장해 예방 및 관리에 관한 사항
• 작업공정의 유해 · 위험과 재해 예방대책에 관한 사항
• 사업장 내 안전보건관리체제 및 안전 · 보건조치 현황에 관한 사항
• 표준안전 작업방법 결정 및 지도 · 감독 요령에 관한 사항
• 현장근로자와의 의사소통능력 및 강의능력 등 안전보건교육 능력 배양에 관한 사항
• 비상시 또는 재해 발생 시 긴급조치에 관한 사항
• 그 밖의 관리감독자의 직무에 관한 사항

018 산업안전보건법령상 (   )에 알맞은 기준은?

> 안전 · 보건표지의 제작에 있어 안전 · 보건표지 속의 그림 또는 부호의 크기는 안전 · 보건표지의 크기와 비례하여야 하며, 안전 · 보건표지 전체 규격의 (   ) 이상이 되어야 한다.

① 20% ② 30%
③ 40% ④ 50%

그림 또는 부호의 크기는 표지의 크기와 비례하여야 하며, 산업안전표지 전체규격의 30% 이상이 되어야 한다.

019 산업안전보건법령상 주로 고음을 차음하고, 저음은 차음하지 않는 방음보호구의 기호로 옳은 것은?

① NRR
② EM
③ EP-1
④ EP-2

방음 보호구의 종류 및 등급(보호구 안전인증 고시 별표 12)

종류	등급	기호	성능	비고
귀마개	1종	EP-1	저음부터 고음까지를 차단 하는 것	귀마개의 경우 재사용 여부를 제조특성으로 표기
	2종	EP-2	주로 고음을 차음하고 저음(회화음 영역)은 차음하지 않는 것	
귀덮개	-	EM	-	-

020 산업재해의 기본원인 중 "작업정보, 작업방법 및 작업환경" 등이 분류되는 항목은?

① Man
② Machine
③ Media
④ Management

인간 과오의 배후요인 4요소(4M)

- 맨(Man) : 본인 이외의 사람
- 머신(Machine) : 장치나 기기 등의 물적 요인
- 미디어(Media) : 인간과 기계를 잇는 매체란 뜻으로 작업의 방법이나 순서, 작업정보의 실태나 환경과의 관계, 정리정돈
- 매니지먼트(Management) : 안전법규의 준수방법, 단속, 점검 관리 외에 지휘감독, 교육훈련

제 02 과목 인간공학 및 위험성 평가 · 관리

021 작업의 강도는 에너지 대사율(RMR)에 따라 분류된다. 분류 기준 중, 중(中) 작업 (보통작업)의 에너지 대사율은?

① 0~1RMR
② 2~4 RMR
③ 4~7 RMR
④ 7~9 RMR

RMR에 의한 작업강도 분류

RMR	작업강도	비고
0~2	경(輕) 작업	사무작업 등 주로 앉아서 하는 작업
2~4	중(中) 작업	동작 및 속도가 작은 작업(보통 작업)
4~7	중(重) 작업	동작 및 속도가 큰 작업
7 이상	초중(超重) 작업	과격한 작업

022 산업안전보건법령상 유해위험방지계획서의 제출 시 첨부하는 서류에 포함되지 않는 것은?

① 설비 점검 및 유지계획
② 기계·설비의 배치도면
③ 건축물 각 층의 평면도
④ 원재료 및 제품의 취급, 제조 등의 작업방법의 개요

산업안전보건법 시행규칙 제42조(제출서류 등) ① 법 제42조제1항제1호에 해당하는 사업주가 유해위험방지계획서를 제출할 때에는 사업장별로 별지 제16호서식의 제조업 등 유해위험방지계획서에 다음 각 호의 서류를 첨부하여 해당 작업 시작 15일 전까지 공단에 2부를 제출해야 한다. 이 경우 유해위험방지계획서의 작성기준, 작성자, 심사기준, 그 밖에 심사에 필요한 사항은 고용노동부장관이 정하여 고시한다.
1. 건축물 각 층의 평면도
2. 기계·설비의 개요를 나타내는 서류
3. 기계·설비의 배치도면
4. 원재료 및 제품의 취급, 제조 등의 작업방법의 개요
5. 그 밖에 고용노동부장관이 정하는 도면 및 서류

023 인간의 실수 중 수행해야 할 작업 및 단계를 생략하여 발생하는 오류는?

① omission error
② commission error
③ sequence error
④ timing error

Swain의 휴먼 에러(human error)
- 생략적 과오(omission error) : 필요한 작업 또는 절차를 수행하지 않는데 기인한 과오
- 시간적 과오(time error) : 필요한 작업 또는 절차의 수행지연으로 인한 과오
- 수행적 과오(commission error) : 필요한 작업 또는 절차의 잘못된 수행으로 인한 과오
- 순서적 과오(sequential error) : 필요한 작업 또는 절차의 순서 착오로 인한 과오
- 불필요한 과오(extraneous error) : 불필요한 작업 또는 절차를 수행함으로써 기인한 과오

024 초기고장과 마모고장 각각의 고장형태와 그 예방대책에 관한 연결로 틀린 것은?

① 초기고장 – 감소형 – 번인(Burm in)
② 마모고장 – 증가형 - 예방보전(PM)
③ 초기고장 – 감소형 – 디버깅(debugging)
④ 마모고장 – 증가형 – 스크리닝(screening)

고장의 유형
- 초기고장 : 감소형(Debugging 기간, Burning 기간)
- 우발고장 : 일정형
- 마모고장 : 증가형(Burn In 기간)

025 작업개선을 위하여 도입되는 원리인 ECRS에 포함되지 않는 것은?

① Combine ② Standard
③ Eliminate ④ Rearrange

ECRS(작업방법개선)의 원칙 : 작업자 자신이 자기의 부주의 이외에 다른 오류의 원인을 찾아 개선하도록 하는 과오 원인 제거기법
- 제거(Eliminate)
- 결합(Combine)
- 재조정(Rearrange) - 재배치
- 단순화(Simplify)

026 온도와 습도 및 공기 유동이 인체에 미치는 열효과를 하나의 수치로 통합한 경험적 감각지수로, 상대습도 100%일 때의 건구 온도에서 느끼는 것과 동일한 온감을 의미하는 온열조건의 용어는?

① Oxford 지수 ② 발한율
③ 실효온도 ④ 열압박지수

실효온도(감각온도, effective temperature)
온도, 습도 및 공기 유동이 인체에 미치는 열 효과를 하나의 수치로 통합한 경험적 감각지수로 상대습도 100%일 때의 온도에서 느끼는 것과 동일한 온감(溫感)이다.

027 화학설비의 안전성 평가 5단계 중 4단계에 해당하는 것은?

① 안전대책 ② 정성적 평가
③ 정량적 평가 ④ 재평가

안전성 평가의 5단계
- 제1단계 : 관계자료의 작성준비
- 제2단계 : 정성적 평가
- 제3단계 : 정량적 평가
- 제4단계 : 안전대책
- 제5단계 : 재평가

028 양립성의 종류에 포함되지 않는 것은?

① 공간 양립성 ② 형태 양립성
③ 개념 양립성 ④ 운동 양립성

양립성의 구분
- 공간 양립성 : 표시장치나 조종장치에서 물리적 형태나 공간적인 배치의 양립성
- 운동 양립성 : 표시 및 조종장치 등의 운동 방향의 양립성
- 개념 양립성 : 사람들이 가지고 있는 개념적 연상(어떤 암호체계에서 청색이 정상을 나타내듯이)의 양립성
- 양식 양립성 : 기계가 특정 음성에 대해 정해진 반응을 하는 것과 같이 직무에 알맞은 자극과 응답 양식의 존재에 대한 양립성

029 다음 설명에 해당하는 설비보전 방식의 유형은?

> 설비보전 정보와 신기술을 기초로 신뢰성, 조작성, 보전성, 안전성, 경제성 등이 우수한 설비의 선정, 조달 또는 설계를 통하여 궁극적으로 설비의 설계, 제작 단계에서 보전활동이 불필요한 체제를 목표로 한 설비보전 방법을 말한다.

① 개량보전 ② 보전예방
③ 사후보전 ④ 일상보전

해설

보전예방(maintenance prevention): 설비를 새로이 계획·설계하는 단계에서 보전 정보나 새로운 기술을 채용해서 신뢰성, 보전성, 경제성, 조작성, 안전성 등을 고려하여 보전비나 열화 손실을 적게하는 활동을 말하며, 구체적으로는 계획·설계단계에서 하는 것이 필요하며, 이 활동의 궁극적인 목적은 보전 불필요의 설비를 목표로 하는 것

030 원자력 산업과 같이 상당한 안전이 확보되어 있는 장소에서 추가적인 고도의 안전 달성을 목적으로 하고 있으며, 관리, 설계, 생산, 보전 등 광범위한 안전을 도모하기 위하여 개발된 분석기법은?

① DT ② FTA
③ THERP ④ MORT

해설

MORT(Management Oversight and Risk Tree)는 FTA와 동일의 논리적 방법을 사용하여 관리, 설계, 생산, 보전 등에 대한 넓은 범위에 걸쳐 안전성을 확보하려는 시스템안전 프로그램으로 원자력 산업과 같이 상당한 안전이 확보되어 있는 장소에서 이용된다.

031 결함수분석(FTA)에 관한 설명으로 틀린 것은?

① 연역적 방법이다.
② 버텀-업(Bottom-Up) 방식이다.
③ 기능적 결함의 원인을 분석하는 데 용이하다.
④ 정량적 분석이 가능하다.

해설

FTA의 특징
- 연역적, 정량적 해석이 가능한 기법
- 특정사상에 대한 해석
- 컴퓨터로 처리가능
- 톱다운(Top-down) 해석
- 논리기호를 사용한 해석

032 조종 – 반응비(Control Response Ratio, C/R비)에 대한 설명 중 틀린 것은?

① 조종장치와 표시장치의 이동 거리 비율을 의미한다.
② C/R비가 클수록 조종장치는 민감하다.

③ 최적 C/R비는 조정시간과 이동시간의 교점이다.
④ 이동시간과 조정 시간을 감안하여 최적 C/R 비를 구할 수 있다.

조종-반응비(C/R비, Control-Response ratio)
- C/D비가 확장된 개념으로 회전운동을 하는 조종장치의 조종거리(Control)와 표시장치의 반응거리(Response)의 비로 표시한다.
- C/R비 = $\dfrac{\dfrac{\alpha}{360} \times 2\pi L}{\text{표시계기 지침의 이동거리}}$ [α : 조종장치가 움직인 각도(°), L : 조종구의 반경(cm)]
- C/R비가 클수록 민감하지 않은 조종장치로 조종은 쉬우나 수행시간이 길어진다.

033 다음 FT 도에서 최소컷셋(Minimal cut set)으로만 올바르게 나열한 것은?

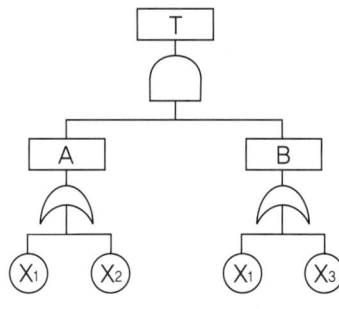

① [X_1]
② [X_1], [X_2]
③ [X_1, X_2, X_3]
④ [X_1, X_2], [X_1, X_3]

최소컷셋(Minimal cut set)은 정상사상을 일으키기 위한 필요 최소한의 컷을 의미한다. 정상사상 T가 일어나기 위해서는 아래에 있는 2개의 OR 게이트가 모두 정상이어야 한다. 따라서, [X_1]이 최소컷셋이 된다.

034 인간의 정보처리 과정 3단계에 포함되지 않는 것은?

① 인지 및 정보처리단계
② 반응단계
③ 행동단계
④ 인식 및 감지 단계

인간-기계 체계와 기능(임무 및 기본기능)
- 감지(Sensing)
  - 인체의 감지 기능 : 시각, 청각, 후각 등의 감각기관
  - 기계적인 감지 기능 : 전자, 사진, 기계적인 감지장치
- 정보보관(저장, Information Storage)
  - 인간의 정보 보관 : 기억된 학습내용
  - 기계적 정보 보관 : 펀치 카드(Punch Card), 자기테이프, 형판(Template), 기록, 자료표 등과 같은 물리적 기구에 보관
- 정보처리 및 의사결정(Information Processing and Decision)
  - 심리적 정보처리 단계 : 회상(Recall), 인식(Recognition), 정리(Retention, 집적)
  - 인간의 정보처리 시간 : 0.5초(인간의 정보처리능력 한계)

- 행동기능(Acting Function)
  - 물리적인 조종행위나 과정 : 조종장치작동, 물체나 물건을 취급, 이동, 변경, 개조하는 것
  - 통신행위 : 음성(사람의 경우), 신호, 기록 등의 방법을 사용

035 시각 표시장치보다 청각 표시장치의 사용이 바람직한 경우는?

① 전언이 복잡한 경우
② 전언이 재참조되는 경우
③ 전언이 즉각적인 행동을 요구하는 경우
④ 직무상 수신자가 한 곳에 머무는 경우

청각장치와 시각장치의 선택(특정 감각의 선택)

구분	청각장치 사용	시각장치 사용
전언	• 전언이 간단하고 짧다.	• 전언이 복잡하고 길다.
재참조	• 전언이 후에 재참조 되지 않는다.	• 전언이 후에 재참조 된다.
사상(Eevent)	• 전언이 즉각적인 사상을 이룬다.	• 전언이 공간적인 위치를 다룬다.
행동 요구	• 전언이 즉각적인 행동을 요구한다.	• 전언이 즉각적인 행동을 요구하지 않는다.
사용시기	• 수신자의 시각계통이 과부하 상태일 때 • 수신 장소가 너무 밝거나 암조응 유지가 필요할 때 • 직무상 수신자가 자주 움직이는 경우	• 수신자가 청각계통이 과부하 상태일 때 • 수신 장소가 너무 시끄러울 때 • 직무상 수신자가 한곳에 머무르는 경우

036 FTA에서 사용하는 수정게이트의 종류 중 3개의 입력 현상 중 2개가 발생한 경우에 출력이 생기는 것은?

① 위험지속 기호
② 조합 AND 게이트
③ 배타적 OR 게이트
④ 억제 게이트

수정기호

- 우선적 AND Gate
  - 입력사상 가운데 어느 사상이 다른 사상보다 먼저 일어났을 때에 출력사상이 생긴다.
    - 예 「A는 B보다 먼저」와 같이 기입
- 조합 AND Gate
  - 3개 이상의 입력사상 가운데 어느 것이던 2개가 일어나면 출력 사상이 발생한다.
    - 예 「어느 것이던 2개」라고 기입
- 위험지속기호
  - 입력사상이 생기어 어느 일정시간 지속하였을 때에 출력사상이 생긴다.
    - 예 「위험지속시간」과 같이 기입
- 배타적 OR Gate
  - OR Gate로 2개 이상의 입력이 동시에 존재할 때에는 출력사상이 생기지 않는다.
    - 예 「동시에 발생하지 않는다」라고 기입

037 인간의 신뢰도가 0.6, 기계의 신뢰도가 0.9이다. 인간과 기계가 직렬체제로 작업할 때의 신뢰도는?

① 0.32　　　　　　　　　② 0.54
③ 0.75　　　　　　　　　④ 0.96

0.6 × 0.9 = 0.54

038 8시간 근무를 기준으로 남성작업자 A의 대사량을 측정한 결과, 산소소비량이 1.3 L/min으로 측정되었다. Murrell 방법으로 계산 시, 8시간의 총 근로시간에 포함되어야 할 휴식시간은?

① 124분　　　　　　　　② 134분
③ 144분　　　　　　　　④ 154분

휴식시간(R) = $\dfrac{60 \times (E - 5)}{E - 1.5}$[분]

작업시 평균에너지소비량(E) = 산소소비량 × 평균에너지소비량 = 1.3L/min × 5kcal/L = 6.5kcal/min

∴ 휴식시간(R) = $\dfrac{60 \times (6.5 - 5)}{6.5 - 1.5}$ = 18[분], 8시간에 대한 휴식시간은 18 × 8 = 144분

039 국소진동에 지속적으로 노출된 근로자에게 발생할 수 있으며, 말초혈관 장해로 손가락이 창백해지고 동통을 느끼는 질환의 명칭은?

① 레이노 병(Raynaud's phenomenon)
② 파킨슨 병(Parkinson's disease)
③ 규폐증
④ C5-dip 현상

레이노 병(Raynaud's phenomenon) : 한랭이나 심리적 변화에 의해 손가락이나 발가락 혈관의 연축(순간적인 자극으로 혈관이 오그라들었다가 다시 제 모습으로 이완되는 것)이 촉발되고 허혈 발작으로 피부 색조가 창백, 청색증, 발적의 변화를 보이면서 통증, 손발 저림 등의 감각 변화가 동반되는 현상을 말하며, 국소진동에 지속적으로 노출된 근로자에게서도 발생하는 것으로 알려져 있다.

040 암호체계의 사용상에 있어서, 일반적인 지침에 포함되지 않는 것은?

① 암호의 검출성　　　　　② 부호의 양립성
③ 암호의 표준화　　　　　④ 암호의 단일 차원화

암호체계 및 사용상의 일반적인 지침
- 암호의 검출성 : 검출이 가능해야 한다.
- 암호의 변별성 : 다른 암호표시와 구별되어야 한다.
- 부호의 양립성 : 양립성이란 자극들 간의, 반응들 간의, 자극-반응 조합의 관계가 인간의 기대와 모순되지 않는 것이다.

- 부호의 의미 : 사용자가 그 뜻을 분명히 알아야 한다.
- 암호의 표준화 : 암호를 표준화하여야 한다.
- 다차원 암호의 사용 : 2가지 이상의 암호차원을 조합해서 사용하면 정보전달이 촉진된다.

제 03 과목 기계 · 기구 및 설비 안전관리

041 연삭기에서 숫돌의 바깥지름이 180mm일 경우 숫돌 고정용 평형 플랜지의 지름으로 적합한 것은?

① 30mm 이상
② 40mm 이상
③ 50mm 이상
④ 60mm 이상

플랜지의 지름은 숫돌직경의 $\frac{1}{3}$ 이상인 것이 적당하며 고정측과 이동측의 직경은 같아야 한다.

플랜지의 지름 = $\frac{180}{3}$ = 60[mm] 이상

042 산업안전보건법령에 따라 산업용 로봇의 작동 범위에서 교시 등의 작업을 하는 경우에 로봇에 의한 위험을 방지하기 위한 조치사항으로 틀린 것은?

① 2명 이상의 근로자에게 작업을 시킬 경우의 신호방법을 정한다.
② 작업 중의 매니퓰레이터 속도에 관한 지침을 정하고 그 지침에 따라 작업한다.
③ 작업을 하는 동안 다른 작업자가 작동시킬 수 없도록 기동스위치에 작업 중 표시를 한다.
④ 작업에 종사하고 있는 근로자가 이상을 발견하면 즉시 안전담당자에게 보고하고 계속해서 로봇을 운전한다.

산업안전보건기준에 관한 규칙 제222조(교시 등) 사업주는 산업용 로봇(이하 "로봇"이라 한다)의 작동범위에서 해당 로봇에 대하여 교시(敎示) 등[매니퓰레이터(manipulator)의 작동순서, 위치 · 속도의 설정 · 변경 또는 그 결과를 확인하는 것을 말한다. 이하 같다]의 작업을 하는 경우에는 해당 로봇의 예기치 못한 작동 또는 오(誤)조작에 의한 위험을 방지하기 위하여 다음 각 호의 조치를 하여야 한다. 다만, 로봇의 구동원을 차단하고 작업을 하는 경우에는 제2호와 제3호의 조치를 하지 아니할 수 있다.
1. 다음 각 목의 사항에 관한 지침을 정하고 그 지침에 따라 작업을 시킬 것
   가. 로봇의 조작방법 및 순서
   나. 작업 중의 매니퓰레이터의 속도
   다. 2명 이상의 근로자에게 작업을 시킬 경우의 신호방법
   라. 이상을 발견한 경우의 조치
   마. 이상을 발견하여 로봇의 운전을 정지시킨 후 이를 재가동시킬 경우의 조치
   바. 그 밖에 로봇의 예기치 못한 작동 또는 오조작에 의한 위험을 방지하기 위하여 필요한 조치
2. 작업에 종사하고 있는 근로자 또는 그 근로자를 감시하는 사람은 이상을 발견하면 즉시 로봇의 운전을 정지시키기 위한 조치를 할 것
3. 작업을 하고 있는 동안 로봇의 기동스위치 등에 작업 중이라는 표시를 하는 등 작업에 종사하고 있는 근로자가 아닌 사람이 그 스위치 등을 조작할 수 없도록 필요한 조치를 할 것

043 기준무부하 상태에서 지게차 주행 시의 좌우 안정도 기준은?(단, V는 구내 최고속도(km/h) 이다.)

① (15 + 1.1V)% 이내
② (15 + 1.5V)% 이내
③ (20 + 1.1V)% 이내
④ (20 + 1.5V)% 이내

지게차의 안정도
- 하역 작업시
  - 전후 안정도 : 4% 이내(5톤 이상은 3.5% 이내)
  - 좌우 안정도 : 6% 이내
- 주행시
  - 전후 안정도 : 18% 이내
  - 좌우 안정도 : (15 + 1.1V)% 이내, 최대 40% [V : 최고 속도(km/시)]

044 산업안전보건법령에 따라 사다리식 통로를 설치하는 경우 준수해야 할 기준으로 틀린 것은?

① 사다리식 통로의 기울기는 60° 이하로 할 것
② 발판과 벽과의 사이는 15 cm 이상의 간격을 유지할 것
③ 사다리의 상단은 걸쳐놓은 지점으로부터 60 cm 이상 올라가도록 할 것.
④ 사다리식 통로의 길이가 10 m 이상인 경우에는 5m 이내마다 계단참을 설치할 것

산업안전보건기준에 관한 규칙 제24조(사다리식 통로 등의 구조) ① 사업주는 사다리식 통로 등을 설치하는 경우 다음 각 호의 사항을 준수하여야 한다.
1. 견고한 구조로 할 것
2. 심한 손상·부식 등이 없는 재료를 사용할 것
3. 발판의 간격은 일정하게 할 것
4. 발판과 벽과의 사이는 15센티미터 이상의 간격을 유지할 것
5. 폭은 30센티미터 이상으로 할 것
6. 사다리가 넘어지거나 미끄러지는 것을 방지하기 위한 조치를 할 것
7. 사다리의 상단은 걸쳐놓은 지점으로부터 60센티미터 이상 올라가도록 할 것
8. 사다리식 통로의 길이가 10미터 이상인 경우에는 5미터 이내마다 계단참을 설치할 것
9. 사다리식 통로의 기울기는 75도 이하로 할 것. 다만, 고정식 사다리식 통로의 기울기는 90도 이하로 하고, 그 높이가 7미터 이상인 경우에는 다음 각 목의 구분에 따른 조치를 할 것
   가. 등받이울이 있어도 근로자 이동에 지장이 없는 경우 : 바닥으로부터 높이가 2.5미터 되는 지점부터 등받이울을 설치할 것
   나. 등받이울이 있으면 근로자가 이동이 곤란한 경우 : 한국산업표준에서 정하는 기준에 적합한 개인용 추락 방지 시스템을 설치하고 근로자로 하여금 한국산업표준에서 정하는 기준에 적합한 전신안전대를 사용하도록 할 것
10. 접이식 사다리 기둥은 사용 시 접혀지거나 펼쳐지지 않도록 철물 등을 사용하여 견고하게 조치할 것

045 산업안전보건법령에 따른 승강기의 종류에 해당하지 않는 것은?

① 리프트
② 승용 승강기
③ 에스컬레이터
④ 화물용 승강기

승강기의 종류(산업안전보건기준에 관한 규칙 제132조)
- 승객용 엘리베이터 : 사람의 운송에 적합하게 제조·설치된 엘리베이터

- 승객화물용 엘리베이터 : 사람의 운송과 화물 운반을 겸용하는데 적합하게 제조 · 설치된 엘리베이터
- 화물용 엘리베이터 : 화물 운반에 적합하게 제조 · 설치된 엘리베이터로서 조작자 또는 화물취급자 1명은 탑승할 수 있는 것(적재용량이 300킬로그램 미만인 것은 제외한다)
- 소형화물용 엘리베이터 : 음식물이나 서적 등 소형 화물의 운반에 적합하게 제조 · 설치된 엘리베이터로서 사람의 탑승이 금지된 것
- 에스컬레이터 : 일정한 경사로 또는 수평로를 따라 위 · 아래 또는 옆으로 움직이는 디딤판을 통해 사람이나 화물을 승강장으로 운송시키는 설비

046 재료가 변형 시에 외부 응력이나 내부의 변형과정에서 방출되는 낮은 응력파(stress Wave)를 감지하여 측정하는 비파괴시험은?

① 와류탐상 시험 ② 침투탐상 시험
③ 음향탐상 시험 ④ 방사선투과 시험

- 와류탐상 시험 : 금속 등의 도체에 교류를 통한 코일을 접근시켰을 때, 결함이 존재하면 코일에 유기되는 전압이나 전류가 변하는 것을 이용하는 검사방법
- 침투탐상 시험 : 시험체 표면의 오염물을 제거하고, 침투제를 결함의 개구부에 침투시킨 다음 잉여 침투액을 세척한 후 현상제를 적용하여 결함 속에 있는 침투제를 흡출, 분산시켜 결함의 유무 및 형상과 크기를 평가하는 시험방법
- 방사선투과 시험 : 물체에 X선, γ선을 투과하여 물체의 결함을 검출하는 검사방법

047 산업안전보건법령에 따라 다음 괄호 안에 들어갈 내용으로 옳은 것은?

> 사업주는 바닥으로부터 짐 윗면까지의 높이가 (   )미터 이상인 화물자동차에 짐을 싣는 작업 또는 내리는 작업을 하는 경우에는 근로자의 추가 위험을 방지하기 위하여 해당 작업에 종사하는 근로자가 바닥과 적재함의 짐 윗면 간을 안전하게 오르내리기 위한 설비를 설치하여야 한다.

① 1.5 ② 2
③ 2.5 ④ 3

산업안전보건기준에 관한 규칙 제187조(승강설비) 사업주는 바닥으로부터 짐 윗면까지의 높이가 2미터 이상인 화물자동차에 짐을 싣는 작업 또는 내리는 작업을 하는 경우에는 근로자의 추가 위험을 방지하기 위하여 해당 작업에 종사하는 근로자가 바닥과 적재함의 짐 윗면 간을 안전하게 오르내리기 위한 설비를 설치하여야 한다.

048 진동에 의한 1차 설비진단법 중 정상, 비정상, 악화의 정도를 판단하기 위한 방법에 해당하지 않는 것은?

① 상호 판단 ② 비교 판단
③ 절대 판단 ④ 평균 판단

1차 진단의 종류 : 상호 판단, 비교 판단, 절대 판단

049 둥근톱 기계의 방호장치에서 분할날과 톱날 원주면과의 거리는 몇 mm 이내로 조정, 유지할 수 있어야 하는가?

① 12
② 14
③ 16
④ 18

해설

목재 가공용 둥근톱의 분할날 설치(방호장치 자율안전기준 고시 별표 5)
- 분할날의 두께는 둥근톱 두께의 1.1배 이상일 것
  $1.1\, t_1 \leq t_2 < b$
  (t_1 : 톱두께, t_2 : 분할날두께, b : 치진폭)
- 견고히 고정할 수 있으며 분할날과 톱날 원주면과의 거리는 12mm 이내로 조정, 유지할 수 있어야 하고 표준 테이블면 (승강반에 있어서도 테이블을 최하로 내린 때의 면) 상의 톱 뒷날의 2/3 이상을 덮도록 할 것
- 재료는 KS D 3751(탄소공구강재)에서 정한 STC 5(탄소공구강) 또는 이와 동등 이상의 재료를 사용할 것
- 분할날 조임볼트는 2개 이상일 것

050 산업안전보건법령에 따라 사업주가 보일러의 폭발 사고를 예방하기 위하여 유지·관리하여야 할 안전장치가 아닌 것은?

① 압력방호판
② 화염 검출기
③ 압력방출장치
④ 고저수위 조절장치

해설

보일러 방호장치(산업안전보건기준에 관한 규칙 제2편 제1장 제7절)
- 압력 방출 장치 : 1개 또는 2개 이상 설치하고 최고 사용 압력 이하에서 작동되도록 한다. 단, 2개 이상 설치된 경우에는 최고 사용 압력 이하에서 1개가 작동하고, 다른 1개는 최고 사용 압력 1.05배 이하에서 작동되도록 하며 스프링식이 가장 많이 사용된다.
- 압력 제한 스위치 : 과열을 방지하기 위하여 최고 사용 압력과 사용 압력 사이에서 보일러의 버너 연소를 차단한다.
- 고저수위 조절 장치 : 고저수위를 알리는 경보등·경보음 장치 등을 설치하며, 자동으로 급수 또는 단수되도록 설치한다.
- 화염 검출기

051 질량이 100kg인 물체를 그림과 같이 길이가 같은 2개의 와이어로프로 매달아 옮기고자 할 때 와이어로프 Ta에 걸리는 장력은 약 몇 N인가?

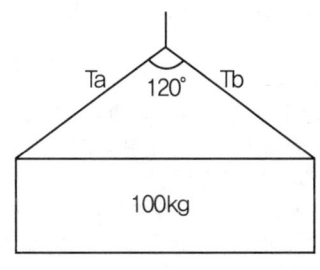

① 200
② 400
③ 490
④ 980

$$하중 = \frac{부하물의 하중}{줄걸이 수 \times 조각도} = \frac{100}{2 \times \cos\frac{120°}{2}} = 100kg$$

∴ 장력 Ta = 100 × 9.8 = 980N

052 다음 중 드릴 작업의 안전수칙으로 가장 적합한 것은?

① 손을 보호하기 위하여 장갑을 착용한다.
② 작은 일감은 양 손으로 견고히 잡고 작업한다.
③ 정확한 작업을 위하여 구멍에 손을 넣어 확인한다.
④ 작업시작 전 척 렌치(chuck wrench)를 반드시 제거하고 작업한다.

드릴링머신의 안전작업수칙

- 일감은 견고하게 고정, 손으로 고정금지
- 장갑을 착용하지 말 것
- 얇은 판이나 황동 등은 목재를 사용하여 밑에 받치고 작업할 것
- 구멍이 끝까지 뚫린 것을 확인하고자 손을 집어넣지 말 것
- 칩을 털어낼때는 브러시를 사용하고 입으로 불어내지 말 것
- 가공 중에 구멍이 관통되면 기계를 멈추고 손으로 돌려서 드릴을 빼어낼 것
- 보안경을 착용할 것
- 드릴을 끼운후 척핸들(chuck handle)은 반드시 빼어놓을 것
- 자동이송작업중 기계를 멈추지 말 것
- 큰구멍을 뚫을 때에는 작은구멍을 먼저 뚫은 뒤 작업할 것

053 산업안전보건법령에 따라 레버풀러(lever puller) 또는 체인블록(chain block)을 사용하는 경우 훅의 입구(hook mouth) 간격이 제조자가 제공하는 제품사양서 기준으로 몇 % 이상 벌어진 것은 폐기하여야 하는가?

① 3 ② 5
③ 7 ④ 10

레버풀러, 체인블록 사용 시 준수사항(산업안전보건기준에 관한 규칙 제96조)

- 정격하중을 초과하여 사용하지 말 것
- 레버풀러 작업 중 훅이 빠져 튕길 우려가 있을 경우에는 훅을 대상물에 직접 걸지 말고 피벗클램프(pivot clamp)나 러그(lug)를 연결하여 사용할 것
- 레버풀러의 레버에 파이프 등을 끼워서 사용하지 말 것
- 체인블록의 상부 훅(top hook)은 인양하중에 충분히 견디는 강도를 갖고, 정확히 지탱될 수 있는 곳에 걸어서 사용할 것
- 훅의 입구(hook mouth) 간격이 제조자가 제공하는 제품사양서 기준으로 10% 이상 벌어진 것은 폐기할 것
- 체인블록은 체인의 꼬임과 헝클어지지 않도록 할 것
- 훅은 변형, 파손, 부식, 마모되거나 균열된 것을 사용하지 않도록 조치할 것
- 다음 각 목의 어느 하나에 해당하는 체인을 사용하지 않도록 조치할 것
  - 변형, 파손, 부식, 마모되거나 균열된 것
  - 체인의 길이가 체인이 제조된 때의 길이의 5%를 초과한 것
  - 링의 단면지름이 체인이 제조된 때의 해당 링의 지름의 10%를 초과하여 감소한 것

054 금형의 설치, 해체, 운반 시 안전사항에 관한 설명으로 틀린 것은?

① 운반을 위하여 관통 아이볼트가 사용될 때는 구멍 틈새가 최소화되도록 한다.
② 금형을 설치하는 프레스의 T홈 안길이는 설치 볼트 지름의 1/2배 이하로 한다.
③ 고정볼트는 고정 후 가능하면 나사산이 3~4개 정도 짧게 남겨 설치 또는 해체 시 슬라이드 면과의 사이에 협착이 발생하지 않도록 해야 한다.
④ 운반 시 상부금형과 하부금형이 닿을 위험이 있을 때는 고정 패드를 이용한 스트랩, 금속재질이나 우레탄 고무의 블록 등을 사용한다.

금형의 운반 및 설치·해체에 의한 위험방지 및 금형의 보전관리에 관한 안전사항
- 금형의 설치용구는 프레스의 구조에 적합한 형태로 한다.
- 금형을 설치하는 프레스의 T홈 안길이는 설치 볼트 직경의 2배 이상으로 한다.
- 고정볼트는 고정 후 가능하면 나사산이 3~4개 정도 짧게 남겨 슬라이드면과의 사이에 협착이 발생하지 않도록 해야 한다.
- 금형 고정용 브래킷(물림판)을 고정시킬 때 고정용 브래킷은 수평이 되게하고 고정볼트는 수직이 되게 고정하여야 한다.
- 부적합한 프레스에 금형을 설치하는 것을 방지하기 위하여 금형에 부품번호, 상형중량, 총중량, 다이하이트, 제품소재(재질) 등을 기록 하여야 한다.

055 밀링 작업의 안전조치에 대한 설명으로 적절하지 않은 것은?

① 절삭 중의 칩 제거는 칩 브레이커로 한다.
② 공작물을 고정할 때에는 기계를 정지시킨후 작업한다.
③ 강력 절삭을 할 경우에는 공작물을 바이스에 깊게 물려 작업한다.
④ 가공 중 공작물의 치수를 측정할 때에는 기계를 정지시킨 후 측정한다.

밀링작업의 안전
- 정면 커터 작업시에는 칩이 튀어 나오므로 칩 커버를 설치하고 커터 날 끝과 같은 높이에서 절삭 상태를 관찰하여서는 안된다.
- 주축 회전 중 밀링 커터 주위에 손을 대거나 브러시를 사용해 칩을 제거해서는 안된다.
- 가공 중에는 얼굴을 기계에 가까이 대지 않도록 한다.
- 테이블 위에 측정기나 공구류를 올려 놓지 않으며, 절삭 공구나 공작물을 설치할 때 시동 레버가 접촉되기 쉬우므로 전원을 끄고 작업한다.
- 작업중의 가공물에 손을 대지 말아야 하며, 치수 측정시는 기계를 정지한다.
※ 칩 브레이커는 선반작업의 칩 제거기구이다.

056 산업안전보건법령에 따라 아세틸렌 용접장치의 아세틸렌 발생기를 설치하는 경우, 발생기실의 설치장소에 대한 설명 중 A, B에 들어갈 내용으로 옳은 것은?

- 발생기실은 건물의 최상층에 위치하여야 하며, 화기를 사용하는 설비로부터 (A)를 초과하는 장소에 설치하여야 한다.
- 발생기실을 옥외에 설치한 경우에는 그 개구부를 다른 건축물로부터 (B) 이상 떨어지도록 하여야 한다.

① A: 1.5 m, B: 3m ② A: 2m, B: 4m
③ A: 3m, B: 1.5m ④ A: 4m, B: 2m

해설

산업안전보건기준에 관한 규칙 제286조(발생기실의 설치장소 등) ① 사업주는 아세틸렌 용접장치의 아세틸렌 발생기(이하 "발생기"라 한다)를 설치하는 경우에는 전용의 발생기실에 설치하여야 한다.
② 제1항의 발생기실은 건물의 최상층에 위치하여야 하며, 화기를 사용하는 설비로부터 3미터를 초과하는 장소에 설치하여야 한다.
③ 제1항의 발생기실을 옥외에 설치한 경우에는 그 개구부를 다른 건축물로부터 1.5미터 이상 떨어지도록 하여야 한다.

057 프레스기의 방호장치 중 위치제한형 방호장치에 해당되는 것은?

① 수인식 방호장치   ② 광전자식 방호장치
③ 손쳐내기식 방호장치 ④ 양수조작식 방호장치

해설

방호장치
- 접근거부형 : 수인식, 손쳐내기식
- 접근반응형 : 감응식
- 위치제한형 : 양수조작식
- 포집형 : 반발예방장치, 덮개
- 격리형 방호장치 : 완전차단형방호장치, 덮개형 방호장치, 안전방책

058 프레스 방호장치 중 수인식 방호장치의 일반구조에 대한 사항으로 틀린 것은?

① 수인끈의 재료는 합성섬유로 지름이 4mm 이상이어야 한다.
② 수인끈의 길이는 작업자에 따라 임의로 조정할 수 없도록 해야 한다.
③ 수인끈의 안내통은 끈의 마모와 손상을 방지할 수 있는 조치를 해야 한다.
④ 손목밴드(wrist band)의 재료는 유연한 내유성 피혁 또는 이와 동등한 재료를 사용해야 한다.

해설

수인식
- 수인용 줄은 늘어나거나 끊어지지 않는 것으로 할 것(합성섬유로 150kg의 전단 하중에 견디는 직경 4mm 이상의 로프)
- 수인용 줄은 조정이 가능할 것
- 매분당 행정수(S.P.M) 120 이하, 행정길이 50mm 이상에 설치할 것
  ※ 양수 조작식과 병용하는 것이 좋다.

059 산업안전보건법령에 따라 원동기·회전축 등의 위험 방지를 위한 설명 중 괄호 안에 들어갈 내용은?

사업주는 회전축 기어 풀리 및 플라이휠 등에 부속되는 키 핀 등의 기계요소는 (   )으로 하거나 해당 부위에 덮개를 설치하여야 한다.

① 개방형   ② 돌출형
③ 묻힘형   ④ 고정형

산업안전보건기준에 관한 규칙 제87조(원동기·회전축 등의 위험 방지) ① 사업주는 기계의 원동기·회전축·기어·풀리·플라이휠·벨트 및 체인 등 근로자가 위험에 처할 우려가 있는 부위에 덮개·울·슬리브 및 건널다리 등을 설치하여야 한다. ② 사업주는 회전축·기어·풀리 및 플라이휠 등에 부속되는 키·핀 등의 기계요소는 묻힘형으로 하거나 해당 부위에 덮개를 설치하여야 한다.

060 공기압축기의 방호장치가 아닌 것은?

① 언로드 밸브
② 압력방출장치
③ 수봉식 안전기
④ 회전부의 덮개

수봉식 안전기는 아세틸렌 용접장치 및 가스 집합 용접장치의 방호장치이다.

제 04 과목　전기설비 안전관리

061 아래 그림과 같이 인체가 전기설비의 외함에 접촉하였을 때 누전사고가 발생하였다. 인체통과전류(mA)는 약 얼마인가?

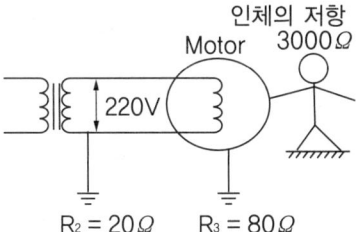

① 35
② 47
③ 58
④ 66

합성저항 $R' = \dfrac{\text{인체의 저항} \times \text{접지저항}}{\text{인체의 저항} + \text{접지저항}} = \dfrac{3000 \times 80}{3000 + 80} = 77.92\,\Omega$

전압분배 $V' = \dfrac{220 \times 77.92}{20 + 77.92} = \dfrac{17142.4}{97.92} = 175.07$

$\therefore I = \dfrac{V'}{3000} \times 1000\,[\text{mA}] = \dfrac{175.07}{3000} \times 1000 = 58.36\,[\text{mA}]$

062 전기화재 발생 원인으로 틀린 것은?

① 발화원
② 내화물
③ 착화물
④ 출화의 경과

전기화재의 발생 원인 : 발화원, 착화물, 출화의 경과(발화형태)

063 저압전로의 절연성능 시험에서 특별저압으로 1차와 2차가 전기적으로 절연된 회로인 경우 시험전압 250V DC에서의 절연저항은 최소 몇 MΩ 이어야 하는가?

① 0.1MΩ   ② 0.3MΩ
③ 0.5MΩ   ④ 1.0MΩ

저압전로의 절연저항

전로의 사용전압 V	DC 시험전압 V	절연저항
SELV 및 PELV	250	0.5MΩ 이상
FELV, 500V 이하	500	1MΩ 이상
500V 초과	1,000	1MΩ 이상

[주] 특별저압(extra low voltage : 2차 전압이 AC 5V, DC 120V 이하)으로 SELV(비접지회로 구성) 및 PELV(접지회로 구성)은 1차와 2차가 전기적으로 절연된 회로, FELV는 1차와 2차가 전기적으로 절연되지 않은 회로

064 정전에너지를 나타내는 식으로 알맞은 것은?(단, Q는 대전 전하량, C는 정전용량이다.)

① $\dfrac{Q}{2C}$ ② $\dfrac{Q}{2C^2}$
③ $\dfrac{Q^2}{2C}$ ④ $\dfrac{Q^2}{2C^2}$

$E = \dfrac{1}{2}CV^2 = \dfrac{1}{2}QV = \dfrac{Q^2}{2C}$

065 누전차단기의 설치가 필요한 것은?

① 이중절연 구조의 전기기계 · 기구
② 비접지식 전로의 전기기계 · 기구
③ 절연대 위에서 사용하는 전기기계 · 기구
④ 도전성이 높은 장소의 전기기계 · 기구

누전차단기를 설치해야 하는 기계 · 기구
- 대지전압이 150V를 초과하는 이동형 또는 휴대형 전기기계 · 기구
- 물 등 도전성이 높은 액체가 있는 습윤장소에서 사용하는 저압용 전기기계 · 기구
- 철판 · 철골 위 등 도전성이 높은 장소에서 사용하는 이동형 또는 휴대형 전기기계 · 기구
- 임시배선의 전로가 설치되는 장소에서 사용하는 이동형 또는 휴대형 전기기계 · 기구

066 동작 시 아크를 발생하는 고압용 개폐기·차단기·피뢰기 등은 목재의 벽 또는 천장 기타의 가연성 물체로부터 몇 m 이상 떼어 놓아야 하는가?

① 0.3
② 0.5
③ 1.0
④ 1.5

한국전기설비규정 341.7 아크를 발생하는 기구의 시설

고압용 또는 특고압용의 개폐기·차단기·피뢰기 기타 이와 유사한 기구(이하 이 조에서 "기구 등"이라 한다)로서 동작시에 아크가 생기는 것은 목재의 벽 또는 천장 기타의 가연성 물체로부터 다음 표에서 정한 값 이상 이격하여 시설하여야 한다.

기구 등의 구분	이격거리
고압용의 것	1m 이상
특고압용의 것	2m 이상(사용전압이 35kV 이하의 특고압용의 기구 등으로서 동작할 때에 생기는 아크의 방향과 길이를 화재가 발생할 우려가 없도록 제한하는 경우에는 1m 이상)

067 6600/100V, 15kVA의 변압기에서 공급하는 저압 전선로의 허용 누설전류는 몇 A를 넘지 않아야 하는가?

① 0.025
② 0.045
③ 0.075
④ 0.085

누설전류는 최대공급전류의 $\frac{1}{2000}$ 을 넘어서는 안되므로 $\frac{150}{2000} = 0.075$

068 고장 시 흐르는 전류를 안전하게 통할 수 있는 것으로서 특고압·고압 전기설비용 접지도체의 단면적은 얼마 이상이어야 하는가?

① 16mm² 이상
② 10mm² 이상
③ 8mm² 이상
④ 6mm² 이상

접지도체의 굵기(접지도체의 단면적 규정에 의한 것 이외, 한국전기설비규정 142.3.1)

장소		접지도체의 단면적	비고
특고압·고압 전기설비용		6mm² 이상	
중성점 접지용		16mm² 이상	단, 7kV 이하의 전로 또는 25kV 이하인 특고압 가공전선로로 2초 이내 차단 시 6mm² 이상
이동하여 사용하는 전기기계기구의 금속제 외함	특고압·고압 전기설비용 또는 중성점 접지용	10mm² 이상	
	저압 전기설비용	1.5mm² 이상	다심 코드 또는 캡타이어 케이블은 0.75mm² 이상

069 정전기 발생에 대한 방지대책의 설명으로 틀린 것은?

① 가스용기, 탱크 등의 도체부는 전부 접지한다.
② 배관 내 액체의 유속을 제한한다.
③ 화학섬유의 작업복을 착용한다.
④ 대전 방지제 또는 제전기를 사용한다.

화학섬유는 정전기 발생의 원인이 된다.

070 정전기의 유동대전에 가장 크게 영향을 미치는 요인은?

① 액체의 밀도
② 액체의 유동속도
③ 액체의 접촉면적
④ 액체의 분출온도

유동 대전 : 액체류가 파이프 등 내부에서 유동시 관벽과 액체 사이에서 발생, 액체 유동 속도가 정전기 발생에 큰 영향을 미친다.

071 과전류에 의해 전선의 허용전류보다 큰 전류가 흐르는 경우 절연물이 화구가 없더라도 자연히 발화하고 심선이 용단되는 발화 단계의 전선 전류밀도(A/mm²)는?

① 10 ~ 20
② 30 ~ 50
③ 60 ~ 120
④ 130 ~ 200

전류에 의한 전선의 인화로부터 용단까지 단계별 기준

단계	인화단계	착화 단계	발화단계		순간용단단계
			발화후 용단	용단과 동시발화	
전선전류밀도	40~43A/mm²	43~60A/mm²	60~70A/mm²	75~120A/mm²	120A/mm² 이상

072 방폭구조에 관계있는 위험 특성이 아닌 것은?

① 발화 온도
② 증기 밀도
③ 화염 일주한계
④ 최소 점화전류

073 금속관의 방폭형 부속품에 대한 설명으로 틀린 것은?

① 재료는 아연도금을 하거나 녹이 스는 것을 방지하도록 한 강 또는 가단주철일 것
② 안쪽 면 및 끝부분은 전선의 피복을 손상하지 않도록 매끈한 것일 것

③ 전선관과의 접속부분의 나사는 5턱 이상 완전히 나사결합이 될 수 있는 길이일 것
④ 완성품은 유입 방폭구조의 폭발압력시험에 적합할 것

금속관의 방폭형 부속품의 규격

1. 재료는 건식아연도금법에 의하여 아연도금을 한 위에 투명한 도료를 칠하거나 기타 적당한 방법으로 녹이 스는 것을 방지하도록 한 강 또는 가단주철(可鍛鑄鐵)일 것
2. 내면 및 단구는 전선을 넣거나 바꿀 때에 전선의 피복을 손상하지 아니하도록 매끈한 것일 것
3. 전선관과의 접속부분의 나사는 5턱 이상 완전히 나사결합이 될 수 있는 길이일 것
4. 접합면(나사의 결합부분을 제외한다)은 KS C 0906(1997) "일반용 전기기기의 방폭구조통칙"의 "8.2.1 접합면" 및 "8.2.3 접합면의 마무리" 정도에 적합한 것일 것. 다만, 금속·석면·유리섬유·합성고무 등의 난연성 및 내구성이 있는 패킹을 사용하고 이를 견고히 접합면에 붙일 경우에는 접합면에 들어가는 깊이는 KS C 0906(1997) "일반용 전기기기의 방폭구조 통칙"의 표6의 볼트 구멍까지의 최단거리의 값 이상으로 할 수 있다.
5. 접합면중 나사의 결합부분은 KS C 0906(1997) "일반용 전기기기의 방폭구조 통칙"의 "8.3.4 나사끼움부"에 적합한 것일 것
6. 완성품은 KS C 0906(1997) "일반용 전기기기의 방폭구조 통칙"의 "8.1.1 용기의 강도"에 적합한 것일 것

074 **접지의 목적과 효과로 볼 수 없는 것은?**

① 낙뢰에 의한 피해방지
② 송배전선에서 지락사고의 발생 시 보호계전기를 신속하게 작동시킴
③ 설비의 절연물이 손상되었을 때 흐르는 누설전류에 의한 감전방지
④ 송배전선로의 지락사고 시 대지전위의 상승을 억제하고 절연강도를 상승시킴

접지 목적에 따른 접지의 종류

접지의 종류	목적
계통 접지	고압 전로와 저압 전로가 혼촉되었을 때의 감전이나 화재 방지
기기 접지	누전되고 있는 기기에 접촉되었을 때의 감전 방지
피뢰기 접지	낙뢰로부터 전기 기기의 손상을 방지
정전기 장해 방지용 접지	정전기 축적에 의한 폭발 재해 방지
지락 검출용 접지	누전 차단기의 동작을 확실하게 한다
등전위 접지	병원에 있어서의 의료 기기 사용시의 안전
잡음 대책용 접지	잡음에 의한 Electronics 장치의 파괴나 오동작을 방지
기능용 접지	전기 방식 설비 등의 접지

075 **방폭전기설비의 용기 내부에 보호가스를 압입하여 내부압력을 외부 대기 이상의 압력으로 유지함으로써 용기 내부에 폭발성가스 분위기가 형성되는 것을 방지하는 방폭구조는?**

① 내압 방폭구조
② 압력 방폭구조
③ 안전증 방폭구조
④ 유입 방폭구조

방폭구조의 종류와 기호

종류	내용	기호
내압방폭구조	점화원에 의해 용기 내부에서 폭발이 발생할 경우에 용기가 폭발압력에 견딜 수 있고, 화염이 용기 외부의 폭발성 분위기로 전파되지 않도록 한 방폭구조	d
압력방폭구조	점화원이 될 우려가 있는 부분을 용기 안에 넣고 보호 기체(신선한 공기 또는 불활성기체)를 용기 안에 압입함으로써 폭발성 가스가 침입하는 것을 방지하도록 되어 있는 방폭구조	p
안전증방폭구조	전기기기의 과도한 온도 상승, 아크 또는 불꽃 발생의 위험을 방지하기 위하여 추가적인 안전조치를 통한 안전도를 증가시킨 방폭구조(다만, 정상운전 중에 아크나 불꽃을 발생시키는 전기기기는 안전증방폭구조의 전기기기 범위에서 제외)	e
유입방폭구조	유체 상부 또는 용기 외부에 존재할 수 있는 폭발성 분위기가 발화할 수 없도록 전기설비 또는 전기설비의 부품을 보호액에 함침시키는 방폭구조	o
본질안전방폭구조	정상시 또는 단락, 단선, 지락 등의 사고시에 발생하는 아크, 불꽃, 고열에 의하여 폭발성 가스나 증기에 점화되지 않는 것이 확인된 구조	ia, ib
비점화방폭구조	전기기기가 정상작동과 규정된 특정한 비정상상태에서 주위의 폭발성 가스 분위기를 점화시키지 못하도록 만든 방폭구조	n
몰드방폭구조	전기기기의 불꽃 또는 열로 인해 폭발성 위험분위기에 점화되지 않도록 컴파운드를 충전해서 보호한 방폭구조	m
충전방폭구조	폭발성 가스 분위기를 점화시킬 수 있는 부품을 고정하여 설치하고, 그 주위를 충전재로 완전히 둘러싸서 외부의 폭발성 가스 분위기를 점화시키지 않도록 하는 방폭구조	q
특수방폭구조	상기의 방폭구조 외에 외부의 폭발성 가스에 대해 인화를 방지할 수 있음을 시험에 의해 확인한 구조	s

076 1종 위험장소로 분류되지 않는 것은?

① 탱크류의 벤트(Vent) 개구부 부근
② 인화성 액체 탱크 내의 액면 상부의 공간부
③ 점검수리 작업에서 가연성 가스 또는 증기를 방출하는 경우의 밸브 부근
④ 탱크롤리, 드럼관 등이 인화성 액체를 충전하고 있는 경우의 개구부 부근

제1종 위험장소
- 탱크롤리, 드럼관 등이 인화성 액체를 충전하고 있는 경우의 개구부 부근
- 릴리프밸브가 가끔 작동하여 가연성 가스 또는 증기를 방출하는 경우 그 부근
- 탱크류 벤트의 개구부 주위
- 점검수리 작업에서 가연성가스 또는 증기가 방출되는 경우
- 실내에서 가연성가스 또는 증기가 방출될 염려가 있는 경우
- 위험한 장소에 노출할 우려가 있는 장소로서 피트와 같이 가스가 축적하는 장소
- 플로팅 루프 탱크(Floating roof tank)상의 쉘(Shell)의 내부 등의 장소

077 기중 차단기의 기호로 옳은 것은?

① VCB ② MCCB
③ OCB ④ ACB

기중차단기(Air Circuit Breaker) : 전기회로에서 접촉자간의 개폐동작이 공기 중에서 이상적으로 행해지는 차단기. 전류 비를 고려하여 적합한 적용을 할때 전류의 손실 없도록 과전류를 미리 예측하여 자동적으로 회로를 개방하거나 수동적인 방법으로 회로를 개폐하며, 교류 1,000V 이하의 회로에서 사용한다. 약어는 ACB

078 누전사고가 발생될 수 있는 취약 개소가 아닌 것은?

① 나선으로 접속된 분기회로의 접속점
② 전선의 열화가 발생한 곳
③ 부도체를 사용하여 이중절연이 되어 있는 곳
④ 리드선과 단자와의 접속이 불량한 곳

079 지락전류가 거의 0에 가까워서 안정도가 양호하고 무정전의 송전이 가능한 접지방식은?

① 직접접지방식 ② 리액터 접지방식
③ 저항접지방식 ④ 소호리액터 접지방식

소호 리액터 접지 방식($Z_n = jz$, $Z_o = 0$)
중성점을 송전 선로의 대지 충전 용량과 공진하는 리액터를 통하여 접지하는 방식
- 장점 : 1선 지락 사고시 고장점에는 아주 작은 손실 전류만 흐른다. "고장점 회복 전압"의 상승률이 작다. 정전없이 송전이 가능하다.
- 단점 : 단락 사고시 이상 전압 발생의 우려가 있다. 선택 접기 계전기의 동작이 약간 곤란하며 Tap 변경등 조작, 보수가 까다롭다.

080 피뢰기가 갖추어야 할 특성으로 알맞은 것은?

① 충격방전 개시전압이 높을 것
② 제한 전압이 높을 것
③ 뇌전류의 방전 능력이 클 것
④ 속류를 차단하지 않을 것

피뢰기 성능
- 충격 방전 개시 전압과 제한 전압이 낮을 것
- 뇌 전류의 방전능력이 크고 속류 차단이 확실하게 될 것
- 반복사용이 가능 할 것
- 구조가 견고하며 특성이 변하지 않을 것
- 점검 보수가 간단할 것

제 05 과목　화학설비 안전관리

081 고체의 연소형태 중 증발연소에 속하는 것은?

① 나프탈렌　② 목재
③ TNT　④ 목탄

고체의 연소
- 표면연소 : 목탄, 코크스, 숯, 금속분 등이 열분해에 의하여 가연성가스를 발생하지 않고 그 물질 자체가 연소하는 현상
- 분해연소 : 석탄, 종이, 목재, 플라스틱 등의 연소시 열분해에 의해 발생된 가스와 공기가 혼합하여 연소하는 현상
- 증발연소 : 황, 나프탈렌, 왁스, 파라핀 등과 같이 고체를 가열하면 열분해는 일어나지 않고 고체가 액체로 되어 일정온도가 되면 액체가 기체로 변화하여 기체가 연소하는 현상
- 자기연소(내부연소) : 제5류 위험물인 니트로셀룰로오스, 질화면 등 그 물질이 가연물과 산소를 동시에 가지고 있는 가연물이 연소하는 현상

082 산업안전보건법령상 "부식성 산류"에 해당하지 않는 것은?

① 농도 20%인 염산
② 농도 40%인 인산
③ 농도 50%인 질산
④ 농도 60%인 아세트산

부식성물질의 위험성 및 종류

분류	부식성 화합물의 특징
위험성	흡입, 피부접촉, 섭취했을 때 심한 상처를 입거나 사망할 수 있고 장기간 지속적인 노출 시 암 등의 돌연변이를 유발할 수 있다.
종류	• 부식성 산류 : 농도 20% 이상인 염산, 질산, 황산 등, 농도 60% 이상 인산, 아세트산, 불산 • 부식성 염기류 : 농도 40% 이상인 수산화나트륨, 수산화칼륨 등

083 뜨거운 금속에 물이 닿으면 튀는 현상과 같이 핵비등(nucleate boiling) 상태에서 막비등(film boiling)으로 이행하는 온도를 무엇이라 하는가?

① Burn-out point
② Leidenfrost point
③ Entrainment point
④ Sub-cooling boiling point

핵비등(액체를 가열하여 비등을 일으킬 때에 포화온도보다 약간 높은 온도에서 시작하여 열전달면의 미소한 기포핵에서 기포가 독립상으로 발생하는 현상)에서 막비등(액체를 가열하여 비등을 일으킬때에 가열면 전체로부터 면 모양의 증기거품이 발생되는 현상)으로 이행하는 온도를 Leidenfrost Point라 한다.

084 위험물의 취급에 관한 설명으로 틀린 것은?

① 모든 폭발성 물질은 석유류에 침지시켜 보관해야 한다.
② 산화성 물질의 경우 가연물과의 접촉을 피해야 한다.
③ 가스 누설의 우려가 있는 장소에서는 점화원의 철저한 관리가 필요하다.
④ 도전성이 나쁜 액체는 정전기 발생을 방지하기 위한 조치를 취한다.

폭발성 물질과 같이 불안정한 물질은 폭발 반응을 방지하는 방법으로 보관하여야 하며, 각 물질의 보관방법은 해당 물질의 물성에 따라 다르다.

085 이상반응 또는 폭발로 인하여 발생되는 압력의 방출장치가 아닌 것은?

① 파열판
② 폭압방산구
③ 화염방지기
④ 가용 합금안전밸브

화염방지기는 인화성 액체 및 인화성 가스를 저장 취급하는 화학설비에서 증기나 가스를 대기로 방출하는 경우에는 외부로부터의 화염을 방지하기 위하여 설치한다.

086 분진폭발의 특징으로 옳은 것은?

① 연소속도가 가스폭발보다 크다.
② 완전연소로 가스중독의 위험이 작다.
③ 화염의 파급속도보다 압력의 파급속도가 크다.
④ 가스 폭발보다 연소시간은 짧고 발생에너지는 작다.

분진폭발
- 연소속도나 폭발압력은 가스폭발보다는 작지만 가해지는 힘(파괴력)은 매우 크다.
- 2차폭발을 한다.
- CO의 중독피해의 우려가 있다.
- 분진의 크기가 작을수록 잘 일어난다.
- 가연성분진의 난류확산은 위험을 증가 시킨다.
- 분진입자의 표면이 거칠수록 잘 일어난다.
- 폭발한계가 있다.

087 독성가스에 속하지 않은 것은?

① 암모니아
② 황화수소
③ 포스겐
④ 질소

질소는 질식성 가스로 인체에는 직접 유독하지 않지만 다량으로 흡수하면 질식을 일으킨다.

088 Burgess – Wheeler의 법칙에 따르면 서로 유사한 탄화수소계의 가스에서 폭발하한계의 농도(vol%)와 연소열(kcal/mol)의 곱의 값은 약 얼마 정도인가?

① 1100
② 2800
③ 3200
④ 3800

Burgess–Wheeler법칙은 두 값(폭발하한계와 연소열)의 곱은 일정하고 폭발하한계의 단위를 Vol%, 연소열의 단위를 kcal/mol로 표시하면, 그 값은 약 1100이 된다.

089 위험물안전관리법령상 제3류 위험물 중 금수성 물질에 대하여 적응성이 있는 소화기는?

① 포소화기
② 이산화탄소소화기
③ 할로겐화합물소화기
④ 탄산수소염류분말소화기

제3류 위험물 중 금수성 물질의 소화 : 탄산수소염류분말소화기, 건조사, 팽창질석 또는 팽창진주암

090 공기 중에서 이황화탄소(CS_2)의 폭발한계는 하한값이 1.25vol%, 상한값이 44vol%이다. 이를 20°C 대기압 하에서 mg/L의 단위로 환산하면 하한값과 상한값은 각각 약 얼마인가?(단, 이황화탄소의 분자량은 분자량은 76.1 이다.)

① 하한값: 61, 상한값: 640
② 하한값: 39.6, 상한값: 1393
③ 하한값: 146, 상한값: 860
④ 하한값: 55.4, 상한값: 1642

• 하한계 = $\dfrac{1.25 \times 10000 \times 76.1}{22.4 \times \dfrac{273 + 20}{273} \times 100}$ = 39.56mg/ℓ

• 상한계 = $\dfrac{44 \times 10000 \times 76.1}{22.4 \times \dfrac{273 + 20}{273} \times 100}$ = 1392.79mg/ℓ

091 일산화탄소에 대한 설명으로 틀린 것은?

① 무색 · 무취의 기체이다.
② 염소와 촉매 존재 하에 반응하여 포스겐이 된다.
③ 인체 내의 헤모글로빈과 결합하여, 산소운반기능을 저하시킨다.
④ 불연성가스로서, 허용농도가 10ppm이다.

일산화탄소(CO)는 가연성 가스이며 독성 가스에 해당되며, 허용농도는 50ppm이다.

092 금속의 용접·용단 또는 가열에 사용되는 가스 등의 용기를 취급할 때의 준수사항으로 틀린 것은?

① 전도의 위험이 없도록 한다.
② 밸브를 서서히 개폐한다.
③ 용해아세틸렌의 용기는 세워서 보관한다.
④ 용기의 온도를 섭씨 65도 이하로 유지한다.

산업안전보건기준에 관한 규칙 제234조(가스등의 용기) 사업주는 금속의 용접·용단 또는 가열에 사용되는 가스등의 용기를 취급하는 경우에 다음 각 호의 사항을 준수하여야 한다.
1. 다음 각 목의 어느 하나에 해당하는 장소에서 사용하거나 해당 장소에 설치·저장 또는 방치하지 않도록 할 것
　가. 통풍이나 환기가 불충분한 장소
　나. 화기를 사용하는 장소 및 그 부근
　다. 위험물 또는 제236조에 따른 인화성 액체를 취급하는 장소 및 그 부근
2. 용기의 온도를 섭씨 40도 이하로 유지할 것
3. 전도의 위험이 없도록 할 것
4. 충격을 가하지 않도록 할 것
5. 운반하는 경우에는 캡을 씌울 것
6. 사용하는 경우에는 용기의 마개에 부착되어 있는 유류 및 먼지를 제거할 것
7. 밸브의 개폐는 서서히 할 것
8. 사용 전 또는 사용 중인 용기와 그 밖의 용기를 명확히 구별하여 보관할 것
9. 용해아세틸렌의 용기는 세워 둘 것
10. 용기의 부식·마모 또는 변형상태를 점검한 후 사용할 것

093 산업안전보건법령상 건조설비를 사용하여 작업을 하는 경우 폭발 또는 화재를 예방하기 위하여 준수하여야 하는 사항으로 적절하지 않은 것은?

① 위험물 건조설비를 사용하는 때에는 미리 내부를 청소하거나 환기할 것
② 위험물 건조설비를 사용하는 때에는 건조로 인하여 발생하는 가스·증기 또는 분진에 의하여 폭발 화재의 위험이 있는 물질을 안전한 장소로 배출시킬 것
③ 위험물 건조설비를 사용하여 가열건조하는 건조물은 쉽게 이탈되도록 할 것
④ 고온으로 가열건조한 가연성 물질은 발화의 위험이 없는 온도로 냉각한 후에 격납시킬 것

산업안전보건기준에 관한 규칙 제283조(건조설비의 사용) 사업주는 건조설비를 사용하여 작업을 하는 경우에 폭발이나 화재를 예방하기 위하여 다음 각 호의 사항을 준수하여야 한다.
1. 위험물 건조설비를 사용하는 경우에는 미리 내부를 청소하거나 환기할 것
2. 위험물 건조설비를 사용하는 경우에는 건조로 인하여 발생하는 가스·증기 또는 분진에 의하여 폭발·화재의 위험이 있는 물질을 안전한 장소로 배출시킬 것
3. 위험물 건조설비를 사용하여 가열건조하는 건조물은 쉽게 이탈되지 않도록 할 것
4. 고온으로 가열건조한 인화성 액체는 발화의 위험이 없는 온도로 냉각한 후에 격납시킬 것
5. 건조설비(바깥 면이 현저히 고온이 되는 설비만 해당한다)에 가까운 장소에는 인화성 액체를 두지 않도록 할 것

094 유류저장탱크에서 화염의 차단을 목적으로 외부에 증기를 방출하기도 하고 탱크 내 외기를 흡입하기도 하는 부분에 설치하는 안전장치는?

① vent stack
② safety valve
③ gate valve
④ flame arrester

flame arrester : 저압, 상압에서 가연성 증기를 발생하는 유류를 저장하는 탱크로 외부로 증기를 방출하거나 외기를 흡입하는 부분에 설치하는 안전장치로 철판을 여러겹 겹쳐서 화염을 차단할 목적으로 사용한다.

095 다음 중 공기와 혼합 시 최소착화에너지 값이 가장 작은 것은?

① CH_4
② C_3H_8
③ C_6H_6
④ H_2

공기와 혼합 시 최소착화에너지
- 메탄(CH_4) : 0.28
- 프로판(C_3H_8) : 0.26
- 벤젠(C_6H_6) : 0.20
- 수소(H_2) : 0.019

096 펌프의 사용 시 공동현상(cavitation)을 방지하고자 할 때의 조치사항으로 틀린 것은?

① 펌프의 회전수를 높인다.
② 흡입비 속도를 작게 한다.
③ 펌프의 흡입관의 두(head) 손실을 줄인다.
④ 펌프의 설치높이를 낮추어 흡입양정을 짧게 한다.

공동현상(cavitation) : 액체가 고속으로 회전할 때 압력이 낮아지는 부분이 생겨 기포가 형성되는 현상으로 원심 펌프, 수력 터빈, 해상용 프로펠러 등에서 나타난다.
- 현상
  - 발생한 기포가 고압영역으로 유입 기표의 급격한 붕괴로 인해 소음, 진동발생
  - 양정곡선 및 효율곡선의 저하
  - 토출 유량, 압력의 저하
  - 깃표면 부근에서 기포붕괴 기포체적의 급격한 감소로 인해 유체압력 급격이 증가 이로인해 점침식을 일으킨다.
- 방지책
  - 펌프의 설치위치를 낮추어 유효흡입수두를 크게 한다.
  - 펌프회전수를 낮추고 흡입비속도를 적게 한다.
  - 양쪽 흡입펌프를 사용하거나 펌프를 2대로 나눈다.
  - 흡입관의 지름 크게하고 밸브, 플랜지, 관이음류의 수를 적게하여 손실수두를 줄인다.
  - 임펠러의 재질을 점침식에 강한 재질(스테인레스)로 바꾼다.

097 다음 중 연소속도에 영향을 주는 요인으로 가장 거리가 먼 것은?

① 가연물의 색상
② 촉매
③ 산소와의 혼합비
④ 반응계의 온도

098 기체의 자연발화온도 측정법에 해당하는 것은?

① 중량법
② 접촉법
③ 예열법
④ 발열법

> **해설**
>
> **발화점 측정법**
> - 고체 : 승온시험관법, Group법
> - 액체 : 도가니법, ASTM법, 예열법
> - 기체 : 충격파법, 예열법

099 디에틸에테르와 에틸알코올이 3:1로 혼합증기의 몰비가 각각 0.75, 0.25이고, 디에틸에테르와 에틸알코올의 폭발하한값이 각각 1.9vol%, 4.3vol%일 때 혼합가스의 폭발하한값은 약 몇 vol%인가?

① 2.2
② 3.5
③ 22.0
④ 34.7

> **해설**
>
> 하한계 = $\dfrac{100}{\dfrac{V_1}{L_1} + \dfrac{V_2}{L_2}} = \dfrac{100}{\dfrac{75}{1.9} + \dfrac{25}{4.3}} = 2.208$

100 프로판가스 1m³를 완전 연소시키는데 필요한 이론 공기량은 몇 m³인가?(단, 공기 중의 산소농도는 20vol%이다.)

① 20
② 25
③ 30
④ 35

> **해설**
>
> $C_3H_8 + 5O_2 \rightarrow 3CO_2 + 4H_2O$ ∴ 이론공기량(m³) = $\dfrac{5}{0.2} = 25m^3$

제 06 과목 건설공사 안전관리

101 다음은 동바리로 사용하는 파이프 서포트의 설치기준이다. ( ) 안에 들어갈 내용으로 옳은 것은?

파이프 서포트를 ( ) 이상 이어서 사용하지 않도록 할 것

① 2개　　　　　　　　　② 3개
③ 4개　　　　　　　　　④ 5개

산업안전보건기준에 관한 규칙 제332조의2(동바리 유형에 따른 동바리 조립 시의 안전조치) 사업주는 동바리를 조립할 때 동바리의 유형별로 다음 각 호의 구분에 따른 각 목의 사항을 준수해야 한다.
1. 동바리로 사용하는 파이프 서포트의 경우
   가. 파이프 서포트를 3개 이상 이어서 사용하지 않도록 할 것
   나. 파이프 서포트를 이어서 사용하는 경우에는 4개 이상의 볼트 또는 전용철물을 사용하여 이을 것
   다. 높이가 3.5미터를 초과하는 경우에는 높이 2미터 이내마다 수평연결재를 2개 방향으로 만들고 수평연결재의 변위를 방지할 것
2. 동바리로 사용하는 강관틀의 경우
   가. 강관틀과 강관틀 사이에 교차가새를 설치할 것
   나. 최상단 및 5단 이내마다 동바리의 측면과 틀면의 방향 및 교차가새의 방향에서 5개 이내마다 수평연결재를 설치하고 수평연결재의 변위를 방지할 것
   다. 최상단 및 5단 이내마다 동바리의 틀면의 방향에서 양단 및 5개틀 이내마다 교차가새의 방향으로 띠장틀을 설치할 것
3. 동바리로 사용하는 조립강주의 경우: 조립강주의 높이가 4미터를 초과하는 경우에는 높이 4미터 이내마다 수평연결재를 2개 방향으로 설치하고 수평연결재의 변위를 방지할 것
4. 시스템 동바리(규격화·부품화된 수직재, 수평재 및 가새재 등의 부재를 현장에서 조립하여 거푸집을 지지하는 지주 형식의 동바리를 말한다)의 경우
   가. 수평재는 수직재와 직각으로 설치해야 하며, 흔들리지 않도록 견고하게 설치할 것
   나. 연결철물을 사용하여 수직재를 견고하게 연결하고, 연결부위가 탈락 또는 꺾어지지 않도록 할 것
   다. 수직 및 수평하중에 대해 동바리의 구조적 안정성이 확보되도록 조립도에 따라 수직재 및 수평재에는 가새재를 견고하게 설치할 것
   라. 동바리 최상단과 최하단의 수직재와 받침철물은 서로 밀착되도록 설치하고 수직재와 받침철물의 연결부의 겹침길이는 받침철물 전체길이의 3분의 1 이상 되도록 할 것
5. 보 형식의 동바리[강제 갑판(steel deck), 철재트러스 조립 보 등 수평으로 설치하여 거푸집을 지지하는 동바리를 말한다]의 경우
   가. 접합부는 충분한 걸침 길이를 확보하고 못, 용접 등으로 양끝을 지지물에 고정시켜 미끄러짐 및 탈락을 방지할 것
   나. 양끝에 설치된 보 거푸집을 지지하는 동바리 사이에는 수평연결재를 설치하거나 동바리를 추가로 설치하는 등 보 거푸집이 옆으로 넘어지지 않도록 견고하게 할 것
   다. 설계도면, 시방서 등 설계도서를 준수하여 설치할 것

102 콘크리트 타설 시 거푸집 측압에 관한 설명으로 옳지 않은 것은?

① 타설 속도가 빠를수록 측압이 커진다.
② 거푸집의 투수성이 낮을수록 측압은 커진다.
③ 타설높이가 높을수록 측압이 커진다.
④ 콘크리트의 온도가 높을수록 측압이 커진다.

콘크리트의 측압이 커지는 조건
- 기온이 낮을수록 (대기중의 습도가 낮을수록)
- 치어붓기 속도가 클수록
- 굵은 콘크리트 일수록 (물·시멘트비가 클수록, 슬럼프 값이 클수록, 시멘트·물비가 적을 수록)
- 콘크리트의 비중이 클수록
- 콘크리트의 다지기가 강할수록
- 철근양이 적을수록
- 거푸집의 수밀성이 높을수록
- 거푸집의 수평단면이 클수록 (벽두께가 클수록)
- 거푸집의 강성이 클수록
- 거푸집의 표면이 매끄러울수록
- 측압은 생콘크리트의 높이가 높을수록 커지나 일정한 높이에 이르면 측압의 증가는 없다.

103 권상용 와이어로프의 절단하중이 200ton일 때 와이어로프에 걸리는 최대하중은?(단, 안전계수는 5임)

① 1000ton
② 400ton
③ 100ton
④ 40ton

안전계수는 와이어로프 등의 절단하중 값을 그 와이어로프 등에 걸리는 하중의 최대값으로 나눈 값을 말한다.

최대하중 = $\dfrac{\text{전단하중}}{\text{와이어로프안전율}} = \dfrac{200}{5} = 40$

104 터널지보공을 설치한 경우에 수시로 점검하고, 이상을 발견한 경우에는 즉시 보강하거나 보수해야 할 사항이 아닌 것은?

① 부재의 긴압 정도
② 기둥침하의 유무 및 상태
③ 부재의 접속부 및 교차부 상태
④ 부재를 구성하는 재질의 종류 확인

산업안전보건기준에 관한 규칙 제366조(붕괴 등의 방지) 사업주는 터널 지보공을 설치한 경우에 다음 각 호의 사항을 수시로 점검하여야 하며, 이상을 발견한 경우에는 즉시 보강하거나 보수하여야 한다.
1. 부재의 손상·변형·부식·변위 탈락의 유무 및 상태
2. 부재의 긴압 정도
3. 부재의 접속부 및 교차부의 상태
4. 기둥침하의 유무 및 상태

105 선창의 내부에서 화물 취급작업을 하는 근로자가 안전하게 통행할 수 있는 설비를 설치하여야 하는 기준은 갑판의 윗면에서 선창(船) 밑바닥까지의 깊이가 최소 얼마를 초과할 때인가?

① 1.3 m
② 1.5 m
③ 1.8 m
④ 2.0 m

해설

산업안전보건기준에 관한 규칙 제394조(통행설비의 설치 등) 사업주는 갑판의 윗면에서 선창(船倉) 밑바닥까지의 깊이가 1.5미터를 초과하는 선창의 내부에서 화물취급작업을 하는 경우에 그 작업에 종사하는 근로자가 안전하게 통행할 수 있는 설비를 설치하여야 한다. 다만, 안전하게 통행할 수 있는 설비가 선박에 설치되어 있는 경우에는 그러하지 아니하다.

106 굴착기계의 운행 시 안전대책으로 옳지 않은 것은?

① 버킷에 사람의 탑승을 허용해서는 안 된다.
② 운전 반경 내에 사람이 있을 때 회전은 10rpm 정도의 느린 속도로 하여야 한다.
③ 장비의 주차 시 경사지나 굴착작업장으로부터 충분히 이격시켜 주차한다.
④ 전선이나 구조물 등에 인접하여 붐을 선회해야 할 작업에는 사전에 회전반경, 높이제한 등 방호조치를 강구한다.

해설

운전 반경 내에 사람이 있을 때에는 작업중지하여야 하며 회전은 10rpm 정도의 느린 속도로 하여야 한다.

107 폭우 시 옹벽배면의 배수시설이 취약하면 옹벽 저면을 통하여 침투수(seepage)의 수위가 올라간다. 이 침투수가 옹벽의 안정에 미치는 영향으로 옳지 않은 것은?

① 옹벽 배면토의 단위수량 감소로 인한 수직 저항력 증가
② 옹벽 바닥면에서의 양압력 증가
③ 수평 저항력 (수동토압)의 감소
④ 포화 또는 부분 포화에 따른 뒷채움용 흙무게의 증가

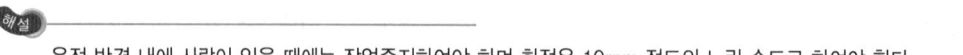

옹벽 배면토의 단위수량 증가로 인한 수직 저항력 감소되어 옹벽붕괴의 원인이 된다.

108 그물코의 크기가 5cm인 매듭방망일 경우 방망사의 인장강도는 최소 얼마 이상이어야 하는가?(단, 방망사는 신품인 경우이다)

① 50 kg
② 100 kg
③ 110 kg
④ 150 kg

방망사의 신품에 대한 인장 강도

그물코의 종류	방망의 종류(단위 : kg)	
	매듭이 없는 방망	매듭 방망
10cm	240(150)	200(135)
5cm	–	110(60)

※괄호 안은 폐기기준 인장강도임

109 부두 등의 하역작업장에서 부두 또는 안벽의 선에 따라 통로를 설치하는 경우, 최소 폭 기준은?

① 90cm 이상
② 75cm 이상
③ 60cm 이상
④ 45cm 이상

산업안전보건기준에 관한 규칙 제390조(하역작업장의 조치기준) 사업주는 부두·안벽 등 하역작업을 하는 장소에 다음 각 호의 조치를 하여야 한다.
1. 작업장 및 통로의 위험한 부분에는 안전하게 작업할 수 있는 조명을 유지할 것
2. 부두 또는 안벽의 선을 따라 통로를 설치하는 경우에는 폭을 90센티미터 이상으로 할 것
3. 육상에서의 통로 및 작업장소로서 다리 또는 선거(船渠) 갑문(閘門)을 넘는 보도(步道) 등의 위험한 부분에는 안전난간 또는 울타리 등을 설치할 것

110 건설업 산업안전보건관리비 계상 및 사용기준(고용노동부 고시)은 산업재해보상 보험법의 적용을 받는 공사 중 총 공사금액이 얼마 이상인 공사에 적용하는가?

① 4천 만원
② 3천 만원
③ 2천 만원
④ 1천 만원

건설업 산업안전보건관리비 계상 및 사용기준 제3조(적용범위) 이 고시는 법 제2조제11호의 건설공사 중 총공사금액 2천만 원 이상인 공사에 적용한다. 다만, 단가계약에 의하여 행하는 공사에 대하여는 총계약금액을 기준으로 적용한다.

111 가설통로를 설치하는 경우 준수하여야 할 기준으로 옳지 않은 것은?

① 경사는 30° 이하로 할 것
② 경사가 15°를 초과하는 경우에는 미끄러지지 아니하는 구조로 할 것
③ 수직갱에 가설된 통로의 길이가 15m이상인 때에는 15m 이내마다 계단참을 설치할 것
④ 건설공사에 사용하는 높이 8m 이상의 비계다리에는 7m 이내마다 계단참을 설치할 것

산업안전보건기준에 관한 규칙 제23조(가설통로의 구조) 사업주는 가설통로를 설치하는 경우 다음 각 호의 사항을 준수하여야 한다.
1. 견고한 구조로 할 것
2. 경사는 30도 이하로 할 것. 다만, 계단을 설치하거나 높이 2미터 미만의 가설통로로서 튼튼한 손잡이를 설치한 경우에는 그러하지 아니하다.
3. 경사가 15도를 초과하는 경우에는 미끄러지지 아니하는 구조로 할 것
4. 추락할 위험이 있는 장소에는 안전난간을 설치할 것. 다만, 작업상 부득이한 경우에는 필요한 부분만 임시로 해체할 수 있다.
5. 수직갱에 가설된 통로의 길이가 15미터 이상인 경우에는 10미터 이내마다 계단참을 설치할 것
6. 건설공사에 사용하는 높이 8미터 이상인 비계다리에는 7미터 이내마다 계단참을 설치할 것

112 온도가 하강함에 따라 토중수가 얼어 부피가 약 9% 정도 증대하게 됨으로써 지표면이 부풀어오르는 현상은?

① 동상현상   ② 연화현상
③ 리칭현상   ④ 액상화현상

- 동상현상 : 물이 결빙되는 위치로 지속적으로 유입되는 조건에서 온도가 하강함에 따 토중수가 얼어 생성된 결빙크기가 커져 지표면이 부풀어 오르는 현상
- 연화현상 : 추운 겨울 땅이 얼었다가 녹을 때 흙속으로 수분이 들어가 지반이 약화되는 현상
- 리칭현상 : 점토에서 충격 진동 그리고 염화등이 빠져나가 지지력이 감소되는
- 액상화현상 : 모래질 지반에서 포화된 가는 모래에 충격을 가하면 모래가 약간 수축하여 정(+)의 공극수압이 발생하며, 이로 인하여 유효응력이 감소하여 전단강도가 떨어져 순간침하가 발생하는 현상

113 강관틀비계를 조립하여 사용하는 경우 준수해야 할 기준으로 옳지 않은 것은?

① 높이가 20m를 초과하거나 중량물의 적재를 수반하는 작업을 할 경우에는 주틀 간의 간격을 2.4m 이하로 할 것
② 수직방향으로 6m, 수평방향으로 8m이내마다 벽이음을 할 것
③ 길이가 띠장 방향으로 4m 이하이고 높이가 10 m를 초과하는 경우에는 10m 이내마다 띠장 방향으로 버팀기둥을 설치할 것
④ 주틀 간에 교차 가새를 설치하고 최상층 및 5층 이내마다 수평재를 설치할 것

산업안전보건기준에 관한 규칙 제62조(강관틀비계) 사업주는 강관틀 비계를 조립하여 사용하는 경우 다음 각 호의 사항을 준수하여야 한다.
1. 비계기둥의 밑둥에는 밑받침 철물을 사용하여야 하며 밑받침에 고저차(高低差)가 있는 경우에는 조절형 밑받침철물을 사용하여 각각의 강관틀비계가 항상 수평 및 수직을 유지하도록 할 것
2. 높이가 20미터를 초과하거나 중량물의 적재를 수반하는 작업을 할 경우에는 주틀 간의 간격을 1.8미터 이하로 할 것
3. 주틀 간에 교차 가새를 설치하고 최상층 및 5층 이내마다 수평재를 설치할 것
4. 수직방향으로 6미터, 수평방향으로 8미터 이내마다 벽이음을 할 것
5. 길이가 띠장 방향으로 4미터 이하이고 높이가 10미터를 초과하는 경우에는 10미터 이내마다 띠장 방향으로 버팀기둥을 설치할 것

114 근로자의 추락 등의 위험을 방지하기 위한 안전난간의 구조 및 설치 요건에 관한 기준으로 옳지 않은 것은?

① 상부난간대는 바닥면 발판 또는 경사로의 표면으로부터 90cm 이상 지점에 설치할 것
② 발끝막이판은 바닥면 등으로부터 10 cm이상의 높이를 유지할 것
③ 난간대는 지름 1.5 cm 이상의 금속제파이프나 그 이상의 강도를 가진 재료일 것
④ 안전난간은 구조적으로 가장 취약한 지점에서 가장 취약한 방향으로 작용하는 100kg 이상의 하중에 견딜 수 있는 튼튼한 구조일 것

산업안전보건기준에 관한 규칙 제13조(안전난간의 구조 및 설치요건) 사업주는 근로자의 추락 등의 위험을 방지하기 위하여 안전난간을 설치하는 경우 다음 각 호의 기준에 맞는 구조로 설치해야 한다.

1. 상부 난간대, 중간 난간대, 발끝막이판 및 난간기둥으로 구성할 것. 다만, 중간 난간대, 발끝막이판 및 난간기둥은 이와 비슷한 구조와 성능을 가진 것으로 대체할 수 있다.
2. 상부 난간대는 바닥면·발판 또는 경사로의 표면(이하 "바닥면등"이라 한다)으로부터 90센티미터 이상 지점에 설치하고, 상부 난간대를 120센티미터 이하에 설치하는 경우에는 중간 난간대는 상부 난간대와 바닥면등의 중간에 설치해야 하며, 120센티미터 이상 지점에 설치하는 경우에는 중간 난간대를 2단 이상으로 균등하게 설치하고 난간의 상하 간격은 60센티미터 이하가 되도록 할 것. 다만, 난간기둥 간의 간격이 25센티미터 이하인 경우에는 중간 난간대를 설치하지 않을 수 있다.
3. 발끝막이판은 바닥면등으로부터 10센티미터 이상의 높이를 유지할 것. 다만, 물체가 떨어지거나 날아올 위험이 없거나 그 위험을 방지할 수 있는 망을 설치하는 등 필요한 예방 조치를 한 장소는 제외한다.
4. 난간기둥은 상부 난간대와 중간 난간대를 견고하게 떠받칠 수 있도록 적정한 간격을 유지할 것
5. 상부 난간대와 중간 난간대는 난간 길이 전체에 걸쳐 바닥면등과 평행을 유지할 것
6. 난간대는 지름 2.7센티미터 이상의 금속제 파이프나 그 이상의 강도가 있는 재료일 것
7. 안전난간은 구조적으로 가장 취약한 지점에서 가장 취약한 방향으로 작용하는 100킬로그램 이상의 하중에 견딜 수 있는 튼튼한 구조일 것

115 건설공사 유해위험방지계획서를 제출해야할 대상공사에 해당하지 않는 것은?

① 깊이 10m인 굴착공사
② 다목적댐 건설공사
③ 최대 지간길이가 40m인 교량건설 공사
④ 연면적 5000m²인 냉동·냉장창고시설의 설비공사

유해위험방지계획서 제출 대상 공사(산업안전보건법 시행령 제42조 ③항)
1. 다음 각 목의 어느 하나에 해당하는 건축물 또는 시설 등의 건설·개조 또는 해체 공사
   가. 지상높이가 31미터 이상인 건축물 또는 인공구조물
   나. 연면적 3만제곱미터 이상인 건축물
   다. 연면적 5천제곱미터 이상인 시설로서 다음의 어느 하나에 해당하는 시설
      1) 문화 및 집회시설(전시장 및 동물원·식물원은 제외한다)
      2) 판매시설, 운수시설(고속철도의 역사 및 집배송시설은 제외한다)
      3) 종교시설
      4) 의료시설 중 종합병원
      5) 숙박시설 중 관광숙박시설
      6) 지하도상가
      7) 냉동·냉장 창고시설
2. 연면적 5천제곱미터 이상인 냉동·냉장 창고시설의 설비공사 및 단열공사
3. 최대 지간(支間)길이(다리의 기둥과 기둥의 중심사이의 거리)가 50미터 이상인 다리의 건설등 공사
4. 터널의 건설등 공사
5. 다목적댐, 발전용댐, 저수용량 2천만톤 이상의 용수 전용 댐 및 지방상수도 전용 댐의 건설등 공사
6. 깊이 10미터 이상인 굴착공사

116 건설현장에 달비계를 설치하여 작업 시 달비계에 사용가능한 와이어로프로 볼 수 있는 것은?

① 이음매가 있는 것
② 와이어로프의 한 꼬임에서 끊어진 소선의 수가 5%인 것
③ 지름의 감소가 공칭지름의 10%인 것
④ 열과 전기충격에 의해 손상된 것

산업안전보건기준에 관한 규칙 제63조(달비계의 구조) ① 사업주는 곤돌라형 달비계를 설치하는 경우에는 다음 각 호의 사항을 준수해야 한다.
1. 다음 각 목의 어느 하나에 해당하는 와이어로프를 달비계에 사용해서는 아니 된다.
   가. 이음매가 있는 것
   나. 와이어로프의 한 꼬임[(스트랜드(strand)를 말한다. 이하 같다)]에서 끊어진 소선(素線)[필러(pillar)선은 제외한다)]의 수가 10퍼센트 이상(비자전로프의 경우에는 끊어진 소선의 수가 와이어로프 호칭지름의 6배 길이 이내에서 4개 이상이거나 호칭지름 30배 길이 이내에서 8개 이상)인 것
   다. 지름의 감소가 공칭지름의 7퍼센트를 초과하는 것
   라. 꼬인 것
   마. 심하게 변형되거나 부식된 것
   바. 열과 전기충격에 의해 손상된 것

117 토질시험(soil test) 방법 중 전단시험에 해당하지 않는 것은?

① 1면 전단 시험
② 베인 테스트
③ 일축 압축 시험
④ 투수시험

토질시험 방법
- 실내시험 : 일면전단시험, 실내베인시험, 일축압축시험, 직접전단시험, 삼축압축시험
- 현장시험 : 베인테스트, 표준관입시험, 평판재하시험, 터파보기

118 철골 건립 기계 선정 시 사전 검토사항과 가장 거리가 먼 것은?

① 건립기계의 소음영향
② 건립 기계로 인한 일조권 침해
③ 건물형태
④ 작업반경

건립기계 선정 시 검토사항
- 부재의 최대중량과 부재수량에 따라 건립공정을 검토하여 건립기간 및 건립장비의 대수를 결정한다.
- 건립기계의 출입로, 설치장소, 기계조립에 필요한 면적, 이동식 크레인은 건물주위 주행통로의 유무, 타워크레인과 가이데릭 등 기초 구조물을 필요로 하는 고정식 기계는 기초구조물을 설치할 수 있는 공간과 면적 등을 검토한다.
- 이동식 크레인의 엔진소음은 부근의 환경을 해칠 우려가 있으므로 학교, 병원, 주택 등이 가까운 경우에는 소음을 측정·조사하고 소음허용치를 초과하지 않도록 관계법에서 정하는 바에 따라 처리한다.
- 건물의 길이 또는 높이 등 건물의 형태에 적합한 건립기계를 선정한다.
- 타워크레인, 가이데릭, 삼각데릭 등 고정식 건립기계의 경우, 그 기계의 작업반경이 건물전체를 수용할 수 있는지 여부, 붐이 안전하게 인양할 수 있는 하중범위, 수평거리, 수직높이 등을 검토한다.

119 감전재해의 직접적인 요인으로 가장 거리가 먼 것은?

① 통전 전압의 크기
② 통전전류의 크기
③ 통전시간
④ 통전 경로

감전의 위험성 결정 요인 : 전류의 크기, 통전시간, 통전경로, 전원의 종류, 전격인가위상, 주파수, 파형

120 클램쉘(Clam shell)의 용도로 옳지 않은 것은?

① 잠함안의 굴착에 사용된다.
② 수면아래의 자갈, 모래를 굴착하고 준설선에 많이 사용된다.
③ 건축구조물의 기초 등 정해진 범위의 깊은 굴착에 적합하다.
④ 단단한 지반의 작업도 가능하며 작업속도가 빠르고 특히 암반굴착에 적합하다.

클램쉘 : 수중굴착, 건축구조물의 기초등 정해진 범위의 깊은 굴착 및 호퍼작업에 적합하나 파는 힘은 약하다. 주로 기초기반을 파는데 사용되며 파는 힘은 약해 사질기반의 굴착에 이용된다.
• 굴삭깊이 : 8~15m
• 버킷용량 : 0.45m³

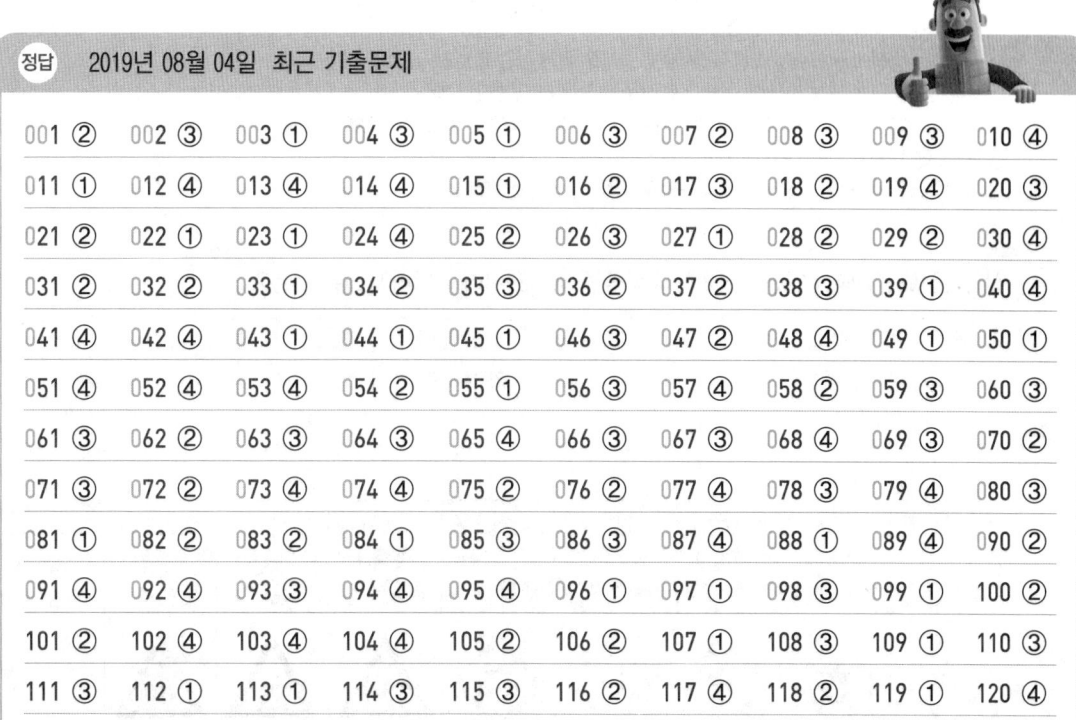

정답	2019년 08월 04일 최근 기출문제								
001 ②	002 ③	003 ①	004 ③	005 ①	006 ③	007 ②	008 ③	009 ③	010 ④
011 ①	012 ④	013 ④	014 ④	015 ①	016 ②	017 ③	018 ②	019 ④	020 ③
021 ②	022 ①	023 ①	024 ④	025 ②	026 ③	027 ①	028 ②	029 ③	030 ④
031 ②	032 ④	033 ①	034 ②	035 ③	036 ②	037 ②	038 ②	039 ①	040 ④
041 ④	042 ④	043 ①	044 ①	045 ①	046 ③	047 ②	048 ④	049 ①	050 ①
051 ④	052 ④	053 ④	054 ②	055 ①	056 ③	057 ④	058 ②	059 ③	060 ③
061 ③	062 ②	063 ③	064 ③	065 ④	066 ③	067 ③	068 ④	069 ③	070 ②
071 ③	072 ②	073 ④	074 ④	075 ②	076 ②	077 ④	078 ④	079 ④	080 ③
081 ①	082 ④	083 ②	084 ①	085 ③	086 ③	087 ②	088 ①	089 ④	090 ②
091 ④	092 ④	093 ②	094 ④	095 ②	096 ①	097 ②	098 ③	099 ①	100 ②
101 ②	102 ④	103 ④	104 ④	105 ②	106 ②	107 ①	108 ③	109 ①	110 ③
111 ③	112 ①	113 ①	114 ③	115 ③	116 ②	117 ④	118 ②	119 ①	120 ④

2020년 06월 07일 최근 기출문제

제 01 과목 | 산업재해 예방 및 안전보건교육

001 산업안전보건법상 안전관리자의 업무는?

① 직업성질환 발생의 원인조사 및 대책수립
② 해당 사업장 안전교육계획의 수립 및 안전교육 실시에 관한 보좌 및 조언·지도
③ 근로자의 건강장해의 원인조사와 재발방지를 위한 의학적 조치
④ 당해 작업에서 발생한 산업재해에 관한 보고 및 이에 대한 응급조치

안전관리자의 업무(산업안전보건법 시행령 제18조)
- 산업안전보건위원회 또는 안전 및 보건에 관한 노사협의체에서 심의·의결한 업무와 해당 사업장의 안전보건관리규정 및 취업규칙에서 정한 업무
- 위험성평가에 관한 보좌 및 지도·조언
- 안전인증대상기계등과 자율안전확인대상기계등 구입 시 적격품의 선정에 관한 보좌 및 지도·조언
- 해당 사업장 안전교육계획의 수립 및 안전교육 실시에 관한 보좌 및 조언·지도
- 사업장 순회점검·지도 및 조치의 건의
- 산업재해 발생의 원인 조사·분석 및 재발 방지를 위한 기술적 보좌 및 조언·지도
- 산업재해에 관한 통계의 유지·관리·분석을 위한 보좌 및 조언·지도
- 법 또는 법에 따른 명령으로 정한 안전에 관한 사항의 이행에 관한 보좌 및 조언·지도
- 업무수행 내용의 기록·유지
- 그 밖에 안전에 관한 사항으로서 고용노동부장관이 정하는 사항

002 산업안전보건법령상 안전보건표지의 종류 중 경고표지에 해당하지 않는 것은?

① 레이저광선 경고
② 급성독성물질 경고
③ 매달린 물체 경고
④ 차량통행 경고

경고표지

201 인화성 물질 경고	202 산화성 물질 경고	203 폭발성 물질 경고	204 급성독성 물질 경고	205 부식성 물질 경고	206 방사성 물질 경고	207 고압전기 경고	208 매달린 물체 경고

209 낙하물 경고	210 고온경고	211 저온경고	212 몸균형 상실 경고	213 레이저 광선 경고	214 발암성 · 변이원성 · 생식독성 · 전신 독성 · 호흡기 과민성 물질 경고	215 위험장소 경고
▲	▲	▲	▲	▲	◆	▲

 003 크레인, 리프트 및 곤돌라는 사업장에 설치가 끝난 날부터 몇 년 이내에 최초의 안전검사를 실시해야 하는가?(단, 이동식 크레인, 이삿짐운반용 리프트는 제외한다.)

① 1년   ② 2년
③ 3년   ④ 4년

해설

산업안전보건법 시행규칙 제126조(안전검사의 주기 및 합격표시 · 표시방법) ① 법 제93조제3항에 따른 안전검사대상 기계등의 검사 주기는 다음 각 호와 같다.
1. 크레인(이동식 크레인은 제외한다), 리프트(이삿짐운반용 리프트는 제외한다) 및 곤돌라 : 사업장에 설치가 끝난 날부터 3년 이내에 최초 안전검사를 실시하되, 그 이후부터 2년마다(건설현장에서 사용하는 것은 최초로 설치한 날부터 6개월마다)
2. 이동식 크레인, 이삿짐운반용 리프트 및 고소작업대 : 「자동차관리법」 제8조에 따른 신규등록 이후 3년 이내에 최초 안전검사를 실시하되, 그 이후부터 2년마다
3. 프레스, 전단기, 압력용기, 국소 배기장치, 원심기, 롤러기, 사출성형기, 컨베이어, 산업용 로봇, 혼합기, 파쇄기 또는 분쇄기 : 사업장에 설치가 끝난 날부터 3년 이내에 최초 안전검사를 실시하되, 그 이후부터 2년마다(공정안전보고서를 제출하여 확인을 받은 압력용기는 4년마다)
※ 혼합기, 파쇄기 또는 분쇄기는 2026년 6월 26일부터 시행

 004 Y · G 성격검사에서 "안전, 적응, 적극형"에 해당하는 형의 종류는?

① A형   ② B형
③ C형   ④ D형

해설

Y-G 성격검사 프로필의 유형
- A형(평균형) : 조화적, 적응적
- C형(좌편형) : 안전 소극형
- E형(좌하형) : 불안전, 부적응, 수동형
- B형(우편형) : 정서 불안적, 활동적, 외향적
- D형(우하형) : 안전, 적응, 적극형

 005 위험예지훈련 4R(라운드) 기법의 진행방법에서 3R에 해당하는 것은?

① 목표설정   ② 대책수립
③ 본질추구   ④ 현상파악

해설

위험예지 훈련의 기초 4라운드 진행방법
- 1R(현상파악) : 어떤 위험이 잠재하고 있는지 사실을 파악하는 라운드(BS적용)

- 2R(본질추구) : 가장 위험한 요인(위험 포인트)을 합의로 결정하는 라운드(요약)
- 3R(대책수립) : 구체적인 대책을 수립하는 라운드(BS적용)
- 4R(목표달성–설정) : 수립한 대책 가운데 질이 높은 항목에 합의하는 라운드(요약)

006 A 사업장의 2019년 도수율이 10 이라 할 때 연천인율은 얼마인가?

① 2.4 ② 5
③ 12 ④ 24

- 도수율 = $\dfrac{재해건수}{연간\ 총근로시간} \times 10^6$

- 연천인율 = 도수(빈도)율 × 2.4
※단, 재해발생건수 및 연간 총근로시간이 주어진 경우 위의 도수율 공식에 따라 계산하도록 한다.

007 안전보건교육 계획에 포함해야 할 사항이 아닌 것은?

① 교육지도안 ② 교육장소 및 교육방법
③ 교육의 종류 및 대상 ④ 교육의 과목 및 교육내용

안전보건교육 및 준비계획에 포함되어야 할 사항
- 안전보건교육 계획에 포함해야 할 사항 : 교육목표(첫째 과제), 교육 및 훈련의 범위, 교육보조자료의 준비 및 사용 지침, 교육 훈련의 의무와 책임관계 명시, 교육의 종류 및 교육대상, 교육의 과목 및 교육내용, 교육기간 및 시간, 교육장소, 교육방법, 교육담당자 및 강사
- 준비계획에 포함해야 할 사항 : 교육대상자 범위 결정(최우선적 고려사항), 교육목표의 설정, 교육과정의 결정, 교육방법의 결정(교육방법과 형태), 교육보조재료 및 강사 조교의 편성, 교육의 진행사항, 소요예산의 산정

008 몇 사람의 전문가에 의하여 과제에 관한 견해를 발표한 뒤에 참가자로 하여금 의견이나 질문을 하게 하여 토의하는 방법을 무엇이라 하는가?

① 심포지엄(symposium) ② 버즈 세션(buzz session)
③ 케이스 메소드(case method) ④ 패널 디스커션(panel discussion)

토의(회의) 방식 : 쌍방적 의사전달에 의한 교육방식(최적인원 10~20명)
- 포럼(Forum, 공개토론회) : 새로운 자료나 교재를 제시하고 거기서의 문제점을 피교육자로 하여금 제기하도록 하거나 의견을 여러 가지 방법으로 발표하게 하고 다시 깊이 파고들어 토의를 행하는 방법
- 심포지엄 (Symposium) : 몇 사람의 전문가에 의하여 과제에 관한 견해를 발표한 뒤 참가자로 하여금 의견이나 질문을 하게 하여 토의하는 방법
- 패널 디스커션(Panel Discussion) : 패널 멤버(교육과제에 정통한 전문가 4~5명)가 피교육자 앞에서 자유롭게 토의를 하고 뒤에 피교육자 전원이 참가하여 사회자의 사회에 따라 토의하는 방법
- 대화(Colloquy) : 패널 디스커션(Panel Discussion)의 변형으로 패널 멤버 외에 참석자의 대표를 선출하여 질의응답의 형태로 실시되는 것
- 버즈 세션(Buzz Session) : 6-6 회의라고도 하며, 먼저 사회자와 기록계를 선출한 후 나머지 사람은 6명씩의 소집단으로 구분하고, 소집단별로 각각 사회자를 선발하여 6분간씩 자유토의를 행하여 의견을 종합하는 방법

009 방진마스크의 사용 조건 중 산소농도의 최소기준으로 옳은 것은?

① 16% ② 18%
③ 21% ④ 23.5%

방진마스크의 형태

종류	분리식		안면부 여과식
	격리식	직결식	
형태	전면형 / 반면형	전면형 / 반면형	
사용조건	산소농도 18% 이상인 장소에서 사용하여야 한다		

010 안전교육에 대한 설명으로 옳은 것은?

① 사례중심과 실연을 통하여 기능적 이해를 돕는다.
② 사무직과 기능직은 그 업무가 판이하게 다르므로 분리하여 교육한다.
③ 현장 작업자는 이해력이 낮으므로 단순반복 및 암기를 시킨다.
④ 안전교육에 건성으로 참여하는 것을 방지하기 위하여 인사고과에 필히 반영한다.

011 산업안전보건법령에 따라 환기가 극히 불량한 좁은 밀폐된 장소에서 용접작업을 하는 근로자를 대상으로 한 특별안전·보건교육 내용에 포함되지 않는 것은?(단, 일반적인 안전·보건에 필요한 사항은 제외한다.)

① 환기설비에 관한 사항
② 질식 시 응급조치에 관한 사항
③ 작업순서, 안전작업방법 및 수칙에 관한 사항
④ 폭폭 한계점, 발화점 및 인화점 등에 관한 사항

밀폐된 장소에서 하는 용접작업 또는 습한 장소에서 하는 전기용접 작업의 교육내용
- 작업순서, 안전작업방법 및 수칙에 관한 사항
- 환기설비에 관한 사항
- 전격 방지 및 보호구 착용에 관한 사항
- 질식 시 응급조치에 관한 사항
- 작업환경 점검에 관한 사항
- 그 밖에 안전·보건관리에 필요한 사항

012 생체 리듬(Bio Rhythm) 중 일반적으로 28일을 주기로 반복되며, 주의력·창조력·예감 및 통찰력 등을 좌우하는 리듬은?

① 육체적 리듬 ② 지성적 리듬
③ 감성적 리듬 ④ 정신적 리듬

바이오리듬의 종류
- 육체적 리듬(Physical Cycle) : 주기 23일(식욕, 소화력, 활동력, 지구력), 청색표시
- 지성적 리듬(Intellectual Cycle) : 주기 33일(상상력, 사고력, 기억력 또는 의지, 판단 및 비판력), 녹색표시
- 감성적 리듬(Sensitivity Cycle) : 주기 28일(감정, 주의력, 창조력, 예감 및 통찰력), 적색표시

013 재해예방의 4원칙에 해당하지 않는 것은?

① 예방가능의 원칙 ② 손실가능의 원칙
③ 원인연계의 원칙 ④ 대책선정의 원칙

재해방지의 기본원칙
- 손실우연의 원칙 : 사고에 의해서 생기는 손실(상해)의 종류와 정도는 우연적이다.(1 : 29 : 300의 법칙)
- 원인계기의 원칙 : 모든 재해는 필연적인 원인에 의해서 발생한다.
- 예방가능의 원칙 : 재해는 원칙적으로 모두 방지가 가능하다.
- 대책선정의 원칙 : 재해방지 대책은 신속하고 확실하게 실시되어야 한다.

014 작업을 하고 있을 때 긴급 이상상태 또는 돌발 사태가 되면 순간적으로 긴장하게 되어 판단능력의 둔화 또는 정지상태가 되는 것은?

① 의식의 우회 ② 의식의 과잉
③ 의식의 단절 ④ 의식의 수준저하

부주의 현상
- 의식의 단절 : 지속적인 의식의 흐름에 단절이 생기고 공백의 상태가 나타나는 것으로서 특수한 질병이 있는 경우에 나타난다.(의식수준 : Phase 0 상태)
- 의식의 우회 : 의식의 흐름이 옆으로 빗나가 발생하는 경우로서 작업도중의 걱정, 고뇌, 욕구 불만 등에 의해 다른 것이 주의하는 것이 이에 속한다.(의식수준 : Phase 0 상태)

- 의식수준의 저하 : 혼미한 정신상태에서 심신이 피로할 경우나 단조로운 작업 등의 경우에 일어나기 쉽다.(의식수준 : Phase Ⅰ이하 상태)
- 의식의 과잉 : 지나친 의욕에 의해서 생기는 부주의 현상으로서 돌발사태 및 긴급이상 사태시 순간적으로 긴장되고 의식이 한 방향으로만 쏠리게 되는 경우가 이에 해당된다.(의식수준 : Phase Ⅳ상태)

015 관리감독자를 대상으로 교육하는 TWI의 교육내용이 아닌 것은?

① 문제해결훈련　　② 작업지도훈련
③ 인간관계훈련　　④ 작업방법훈련

TWI(Training Within Industry)
- 교육대상 : 감독자
- 교육방법 : 한 클래스(Class)는 10명 정도, 교육 방법은 토의법, 1일 2시간씩 5일에 걸쳐 10시간 정도
- 교육내용
  - JI(Job Instruction) : 작업지도 기법
  - JM(Job Method) : 작업개선 기법
  - JR(Job Relation) : 인간관계 관리기법
  - JS(Job Safety) : 작업안전 기법

016 재해 코스트 산정에 있어 시몬즈(R.H. Simonds) 방식에 의한 재해코스트 산정법으로 옳은 것은?

① 직접비 + 간접비
② 접비 + 비보험코스트
③ 보험코스트 + 비보험코스트
④ 보험코스트 + 사업부보상금 지급액

시몬즈(R. H. Simonds) 방식
총재해손실비(Cost) = 산재보험 코스트 + 비보험 코스트
- 산재보험 코스트 : 산업재해보상보험법에 의해 보상된 금액과 보험회사의 보상에 관련된 제경비 및 이익금을 합친 금액
- 비보험 코스트 = (휴업상해건수×A) + (통원상해건수×B) + (응급조치건수×C) + (무상해 사고 건수×D)
※ 여기서 A, B, C, D는 장해 정도별에 의한 비보험 코스트의 평균치

017 무재해운동의 기본이념 3원칙 중 다음에서 설명하는 것은?

> 직장 내의 모든 잠재위험요인을 적극적으로 사전에 발견, 파악, 해결함으로써 뿌리에서부터 산업재해를 제거하는 것

① 무의 원칙　　② 선취의 원칙
③ 참가의 원칙　　④ 확인의 원칙

무재해운동의 3원칙
- 무(Zero)의 원칙 : 산재 위험의 잠재요인을 근원적으로 해결하기 위한 원칙
- 선취의 원칙 : 위험요인 행동 전에 예지, 발견
- 참가의 원칙 : 전원(근로자, 회사 내 전종업원, 근로자 가족) 참가

018 어느 사업장에서 물적손실이 수반된 무상해 사고가 180건 발생하였다면 중상은 몇 건이나 발생할 수 있는가?(단, 버드의 재해구성 비율법칙에 따른다.)

① 6건 ② 18건
③ 20건 ④ 29건

버드(Bird)의 재해분포에 따르면 중상 또는 폐질 1 : 경상(물적 또는 인적상해) 10 : 무상해사고(물적손실) 30 : 무상해·무사고 고장(위험순간) 600의 비율로 사고가 발생한다.

019 산업안전보건법령상 산업안전보건위원회의 사용자위원에 해당되지 않는 사람은?(단, 각 사업장은 해당하는 사람을 선임하여야 하는 대상 사업장으로 한다.)

① 안전관리자 ② 산업보건의
③ 명예산업안전감독관 ④ 해당 사업장 부서의 장

산업안전보건법 시행령 제35조(산업안전보건위원회의 구성) ① 산업안전보건위원회의 근로자위원은 다음 각 호의 사람으로 구성한다.
1. 근로자대표
2. 명예산업안전감독관이 위촉되어 있는 사업장의 경우 근로자대표가 지명하는 1명 이상의 명예산업안전감독관
3. 근로자대표가 지명하는 9명(근로자인 제2호의 위원이 있는 경우에는 9명에서 그 위원의 수를 제외한 수를 말한다) 이내의 해당 사업장의 근로자
② 산업안전보건위원회의 사용자위원은 다음 각 호의 사람으로 구성한다. 다만, 상시근로자 50명 이상 100명 미만을 사용하는 사업장에서는 제5호에 해당하는 사람을 제외하고 구성할 수 있다.
1. 해당 사업의 대표자(같은 사업으로서 다른 지역에 사업장이 있는 경우에는 그 사업장의 안전보건관리책임자를 말한다. 이하 같다)
2. 안전관리자(제16조제1항에 따라 안전관리자를 두어야 하는 사업장으로 한정하되, 안전관리자의 업무를 안전관리전문기관에 위탁한 사업장의 경우에는 그 안전관리전문기관의 해당 사업장 담당자를 말한다) 1명
3. 보건관리자(제20조제1항에 따라 보건관리자를 두어야 하는 사업장으로 한정하되, 보건관리자의 업무를 보건관리전문기관에 위탁한 사업장의 경우에는 그 보건관리전문기관의 해당 사업장 담당자를 말한다) 1명
4. 산업보건의(해당 사업장에 선임되어 있는 경우로 한정한다)
5. 해당 사업의 대표자가 지명하는 9명 이내의 해당 사업장 부서의 장
③ 제1항 및 제2항에도 불구하고 법 제69조제1항에 따른 건설공사도급인(이하 "건설공사도급인"이라 한다)이 법 제64조제1항제1호에 따른 안전 및 보건에 관한 협의체를 구성한 경우에는 산업안전보건위원회의 위원을 다음 각 호의 사람을 포함하여 구성할 수 있다.
1. 근로자위원: 도급 또는 하도급 사업을 포함한 전체 사업의 근로자대표, 명예산업안전감독관 및 근로자대표가 지명하는 해당 사업장의 근로자
2. 사용자위원: 도급인 대표자, 관계수급인의 각 대표자 및 안전관리자

020 다음 중 맥그리거(McGregor)의 Y이론과 가장 거리가 먼 것은?

① 성선설 ② 상호신뢰
③ 선진국형 ④ 권위주의적 리더십

X 이론과 Y 이론 비교

X 이론	Y 이론
인간불신감	상호신뢰감
성악설	성선설
인간은 본래 게으르고 태만하여 남의 지배받기를 즐긴다.	인간은 부지런하고 근면하며 적극적이며 자주적이다.
물질 욕구(저차적 욕구)	정신 욕구(고차적 욕구)
명령통제에 의한 관리	목표통합과 자기통제에 의한 자율관리
저개발국형	선진국형

제 02 과목　인간공학 및 위험성 평가 · 관리

021 인간공학 연구조사에 사용되는 기준의 구비조건과 가장 거리가 먼 것은?

① 다양성 ② 적절성
③ 무오염성 ④ 기준 척도의 신뢰성

연구(체계) 기준의 요건
- 적절성(Relevance) : 기준이 실제로 의도하는 바와 부합해야 한다.
- 무오염성 : 기준척도는 측정하고자 하는 변수 외의 다른 변수의 영향을 받아서는 안 된다.
- 신뢰성 : 척도의 신뢰성은 반복성(Repeatability)을 의미 즉, 반복 실험 시 재현성이 있어야 한다.
- 민감도 : 피실험자 사이에서 볼 수 있는 예상 차이점에 비례하는 단위로 측정해야 한다.

022 산업안전보건법령상 사업주가 유해위험방지계획서를 제출할 때에는 사업장 별로 관련 서류를 첨부하여 해당 작업 시작 며칠 전까지 해당 기관에 제출하여야 하는가?

① 7일 ② 15일
③ 30일 ④ 60일

사업주가 유해위험방지계획서를 제출할 때에는 사업장별로 유해위험방지계획서에 관련 서류를 서류를 첨부하여 해당 작업 시작 15일 전까지 공단에 2부를 제출해야 한다.(산업안전보건법 시행규칙 제42조)

023 손이나 특정 신체부위에 발생하는 누적손상장애(CTD)의 발생인자와 가장 거리가 먼 것은?
① 무리한 힘
② 다습한 환경
③ 장시간의 진동
④ 반복도가 높은 작업

근골격계부담작업의 범위 (단기간작업 또는 간헐적인 작업은 제외)
- 하루에 4시간 이상 집중적으로 자료입력 등을 위해 키보드 또는 마우스를 조작하는 작업
- 하루에 총 2시간 이상 목, 어깨, 팔꿈치, 손목 또는 손을 사용하여 같은 동작을 반복하는 작업
- 하루에 총 2시간 이상 머리 위에 손이 있거나, 팔꿈치가 어깨위에 있거나, 팔꿈치를 몸통으로부터 들거나, 팔꿈치를 몸통 뒤쪽에 위치하도록 하는 상태에서 이루어지는 작업
- 지지되지 않은 상태이거나 임의로 자세를 바꿀 수 없는 조건에서, 하루에 총 2시간 이상 목이나 허리를 구부리거나 트는 상태에서 이루어지는 작업
- 하루에 총 2시간 이상 쪼그리고 앉거나 무릎을 굽힌 자세에서 이루어지는 작업
- 하루에 총 2시간 이상 지지되지 않은 상태에서 1kg 이상의 물건을 한손의 손가락으로 집어 옮기거나 2kg 이상에 상응하는 힘을 가하여 한손의 손가락으로 물건을 쥐는 작업
- 하루에 총 2시간 이상 지지되지 않은 상태에서 4.5kg 이상의 물건을 한 손으로 들거나 동일한 힘으로 쥐는 작업
- 하루에 10회 이상 25kg 이상의 물체를 드는 작업
- 하루에 25회 이상 10kg 이상의 물체를 무릎 아래에서 들거나, 어깨 위에서 들거나, 팔을 뻗은 상태에서 드는 작업
- 하루에 총 2시간 이상, 분당 2회 이상 4.5kg 이상의 물체를 드는 작업
- 하루에 총 2시간 이상 시간당 10회 이상 손 또는 무릎을 사용하여 반복적으로 충격을 가하는 작업

024 화학설비에 대한 안전성 평가 중 정량적 평가항목에 해당되지 않는 것은?
① 공정
② 취급물질
③ 압력
④ 화학설비용량

화학설비에 대한 안전성 평가 중 제3단계 정량적 평가
- 당해 화학설비의 취급물질, 용량, 온도, 압력 및 조작의 5항목에 대해 A, B, C, D급으로 분류하고 A급은 10점, B급은 5점, C급은 2점, D급은 0점으로 점수를 부여한 후 5항목에 관한 점수들의 합을 구한다.
- 합산 결과에 의한 위험도의 등급은 다음과 같다.

등급	점수	내용
등급 Ⅰ	16점 이상	위험도가 높음
등급 Ⅱ	11~15점 이하	주위상황, 다른 설비와 관련해서 평가
등급 Ⅲ	10점 이하	위험도가 낮음

025 휴먼 에러(Human Error)의 요인을 심리적 요인과 물리적 요인으로 구분할 때, 심리적 요인에 해당하는 것은?
① 일이 너무 복잡한 경우
② 일의 생산성이 너무 강조될 경우
③ 동일 형상의 것이 나란히 있을 경우
④ 서두르거나 절박한 상황에 놓여있을 경우

휴먼에러의 심리적 요인
- 일에 대한 지식이 부족할 경우
- 일을 할 의욕이 결여되어 있을 경우
- 서두르거나 절박한 상황에 놓여있을 경우
- 무엇인가의 체험으로 습관적이 되어있을 경우
- 선입관으로 괜찮다고 느끼고 있을 경우
- 주의를 끄는 것이 있어 그것에 치우쳐 주의를 빼앗기고 있을 경우
- 많은 자극이 있어 어떤 것에 반응해야 좋을지 알 수 없을 경우
- 매우 피로해 있을 경우

026 모든 시스템 안전분석에서 제일 첫 번째 단계의 분석으로, 실행되고 있는 시스템 포함한 모든 것의 상태를 인식하고 시스템의 개발단계에서 시스템 고유의 위험상태를 식별하여 예상되고 있는 재해의 위험수준을 결정하는 것을 목적으로 하는 위험분석 기법은?

① 결함위험분석(FHA: Fault Hazard Analysis)
② 시스템위험분석(SHA: System Hazard Analysis)
③ 예비위험분석(PHA: Preliminary Hazard Analysis)
④ 운용위험분석(OHA: Operating Hazard Analysis)

예비위험분석(PHA, Preliminary Hazards Analysis)
- 모든 시스템 안전분석에서 제일 첫 번째 단계의 분석으로, 실행되고 있는 시스템 포함한 모든 것의 상태를 인식하고 시스템의 개발단계에서 시스템 고유의 위험상태를 식별하여 예상되고 있는 재해의 위험수준을 결정하는 것을 목적으로 하는 위험분석 기법
- PHA의 카테고리 분류
  - Class 1 : 파국적(Catastrophic) – 사망, 시스템 손상
  - Class 2 : 중대(Critical) – 심각한 상해, 시스템 중대 손상
  - Class 3 : 한계적(Marginal) – 경미한 상해, 시스템 성능 저하
  - Class 4 : 무시가능(Negligible) – 경미한 상해, 시스템 저하 없음

027 FT도에서 사용하는 기호 중 다음 게이트의 명칭은?

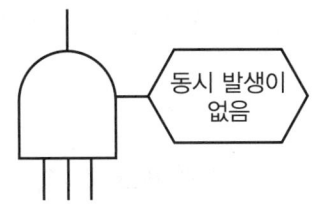

① 부정 OR 게이트
② 배타적 OR 게이트
③ 억제 게이트
④ 조합 OR 게이트

배타적 OR Gate
- OR Gate로 2개 이상의 입력이 동시에 존재할 때에는 출력사상이 생기지 않는다.
- 「동시에 발생하지 않는다」라고 기입

028 의자 설계 시 고려해야 할 일반적인 원리와 가장 거리가 먼 것은?

① 자세고정을 줄인다.
② 조정이 용이해야 한다.
③ 디스크가 받는 압력을 줄인다.
④ 요추 부위의 후만곡선을 유지한다.

해설

좌판의 깊이가 너무 깊어 등받이와 요추받침을 제대로 사용하지 못할 경우 등이 구부러지는 요추후만이 발생하여 요추부의 디스크 압력이 증가하게 된다. 따라서, 의자 설계 시에는 정상적인 자세에서의 요추전만을 유도하도록 설계해야 한다.

029 각 부품의 신뢰도가 다음과 같을 때 시스템의 전체 신뢰도는 약 얼마인가?

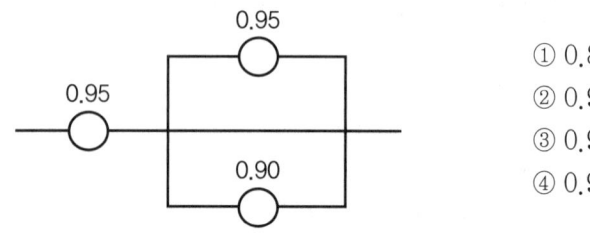

① 0.8123
② 0.9453
③ 0.9553
④ 0.9953

해설

신뢰도 = 0.95 × {1 − (1 − 0.95) × (1 − 0.9)} ≒ 0.9453

030 다음 FT도에서 시스템에 고장이 발생할 확률은 약 얼마인가?(단, X_1과 X_2의 발생확률은 각각 0.05, 0.03이다.)

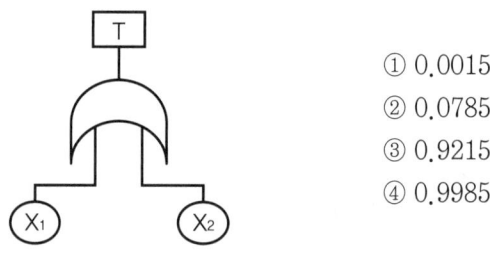

① 0.0015
② 0.0785
③ 0.9215
④ 0.9985

해설

T = 1 − {(1 − 0.05) × (1 − 0.03)} = 0.0785

031 조종장치를 촉각적으로 식별하기 위하여 사용되는 촉각적 코드화의 방법으로 옳지 않은 것은?

① 색감을 활용한 코드화
② 크기를 이용한 코드화
③ 조종장치의 형상 코드화
④ 표면 촉감을 이용한 코드화

해설

촉각적 암호화 방법
- 형상을 구별하여 사용하는 경우
- 표면 촉감을 이용하는 경우
- 크기를 구별하여 사용하는 경우

032 인체 계측 자료의 응용 원칙이 아닌 것은?

① 기존 동일 제품을 기준으로 한 설계
② 최대치수와 최소치수를 기준으로 한 설계
③ 조절범위를 기준으로 한 설계
④ 평균치를 기준으로 한 설계

해설

인체계측자료의 응용원칙
- 최대치수와 최소치수 : 최대치수 또는 최소치수를 기준으로 하여 설계
- 조절범위(조절식) : 체격이 다른 여러 사람에 맞도록 만드는 것
- 평균치를 기준으로 한 설계 : 최대치수나 최소치수, 조절식으로 하기가 곤란할 때 평균치를 기준으로 하여 설계

033 반사율이 85%, 글자의 밝기가 400cd/m2인 VDT 화면에 350lux의 조명이 있다면 대비는 약 얼마인가?

① −6.0　　② −5.0
③ −4.2　　④ −2.8

해설

반사율 = $\dfrac{광속발산도}{조명}$ = $\dfrac{350 \times 0.85}{3.14}$ = 94.75

∴ 94.75 + 400 = 494.75

대비 = $\dfrac{L_b - L_t}{L_b}$ = $\dfrac{94.75 - 494.75}{94.75}$ = −4.22

034 적절한 온도의 작업환경에서 추운 환경으로 온도가 변할 때 우리의 신체가 수행하는 조절작용이 아닌 것은?

① 발한(發汗)이 시작된다.
② 피부의 온도가 내려간다.
③ 직장(直腸)온도가 약간 올라간다.
④ 혈액의 많은 양이 몸의 중심부를 위주로 순환한다.

해설

적정온도에서 추운 환경으로 바뀔 때 인체의 변화
- 피부 온도가 내려간다.
- 혈액의 많은 양이 몸의 중심부를 순환한다.
- 몸이 떨리고 소름이 돋는다.
- 피부를 경유하는 혈액 순환량이 감소한다.
- 직장(直腸) 온도가 약간 올라간다.

035 인체에서 뼈의 주요 기능이 아닌 것은?
① 인체의 지주
② 장기의 보호
③ 골수의 조혈
④ 근육의 대사

뼈의 주요 기능
- 주요 장기 보호
- 칼슘과 마그네슘 같은 미네랄 저장
- 움직임에 필요한 지지대 역할
- 혈액 생산을 위한 공장 기능

036 시스템안전 MIL-STD-882B 분류기준의 위험성 평가 매트릭스에서 발생빈도에 속하지 않는 것은?
① 거의 발생하지 않는(remote)
② 전혀 발생하지 않는(impossible)
③ 보통 발생하는(reasonably probable)
④ 극히 발생하지 않을 것 같은(extremely improbable)

위험성 평가 매트릭스(MIL-STD-882E)

발생빈도 \ 심각성	Catastrophic (1)	Critical (2)	Marginal (3)	Negligible (4)
Frequent (A)	High	High	Serious	Medium
Probable (B)	High	High	Serious	Medium
Occasional (C)	High	Serious	Medium	Low
Remote (D)	Serious	Medium	Medium	Low
Improbable (E)	Medium	Medium	Medium	Low
Eliminated (F)	Eliminated			

※ 보기 중 ③항과 ④항은 발생빈도를 세분화한 기준이며, "전혀 발생하지 않는"은 "Improbable"이다.

037 인간-기계 시스템을 설계할 때에는 특정기능을 기계에 할당하거나 인간에게 할당하게 된다. 이러한 기능 할당과 관련된 사항으로 옳지 않은 것은?(단, 인공지능과 관련된 사항은 제외한다.)
① 인간은 원칙을 적용하여 다양한 문제를 해결하는 능력이 기계에 비해 우월하다.
② 일반적으로 기계는 장시간 일관성이 있는 작업을 수행하는 능력이 인간에 비해 우월하다.
③ 인간은 소음, 이상온도 등의 환경에서 작업을 수행하는 능력이 기계에 비해 우월하다.
④ 일반적으로 인간은 주위가 이상하거나 예기치 못한 사건을 감지하여 대처하는 능력이 기계에 비해 우월하다.

인간과 기계의 상대적 재능

인간이 우수한 기능	기계가 우수한 기능
• 저에너지 자극(시각, 청각, 후각 등) 감지 • 복잡 다양한 자극 형태 식별 • 예기치 못한 사건 감지 • 다량 정보를 오래 보관 • 귀납적 추리 • 과부하 상황에서는 중요한 일에만 전념 • 임기응변, 융통성, 원칙 적용, 주관적 추산, 독창력 발휘 등의 기능	• 인간 감지 범위 밖의 자극(X선, 초음파 등)도 감지 • 인간 및 기계에 대한 모니터 기능 • 드물게 발생하는 사상 감지 • 암호화된 정보를 신속하게 대량보관 • 연역적 추리 • 과부하시에도 효율적으로 작동 • 정량적 정보처리, 장시간 중량작업, 반복작업, 동시에 여러 가지 작업수행 등의 기능

038 시각 장치와 비교하여 청각 장치 사용이 유리한 경우는?

① 메시지가 길 때
② 메시지가 복잡할 때
③ 정보 전달 장소가 너무 소란할 때
④ 메시지에 대한 즉각적인 반응이 필요할 때

청각장치와 시각장치의 선택(특정 감각의 선택)

구분	청각장치 사용	시각장치 사용
전언	• 전언이 간단하고 짧다.	• 전언이 복잡하고 길다.
재참조	• 전언이 후에 재참조 되지 않는다.	• 전언이 후에 재참조 된다.
사상(Eevent)	• 전언이 즉각적인 사상을 이룬다.	• 전언이 공간적인 위치를 다룬다.
행동 요구	• 전언이 즉각적인 행동을 요구한다.	• 전언이 즉각적인 행동을 요구하지 않는다.
사용시기	• 수신자의 시각계통이 과부하 상태일 때 • 수신 장소가 너무 밝거나 암조응 유지가 필요할 때 • 직무상 수신자가 자주 움직이는 경우	• 수신자가 청각계통이 과부하 상태일 때 • 수신 장소가 너무 시끄러울 때 • 직무상 수신자가 한곳에 머무르는 경우

039 컷셋(cut set)과 패스셋(pass set)에 관한 설명으로 옳은 것은?

① 동일한 시스템에서 패스셋의 개수와 컷셋의 개수는 같다.
② 패스셋은 동시에 발생했을 때 정상사상을 유발하는 사상들의 집합이다.
③ 일반적으로 시스템에서 최소 컷셋의 개수가 늘어나면 위험 수준이 높아진다.
④ 최소 컷셋은 어떤 고장이나 실수를 일으키지 않으면 재해는 일어나지 않는다고 하는 것이다.

컷과 패스

• 컷셋(cut sets) : 그 속에 포함되어 있는 모든 기본사상(통상, 생략, 결함사상을 포함)이 일어났을 때 정상사상(top

event)을 일으키는 기본사상의 집합
- 최소 컷셋(minimal cut sets) : 컷셋 중 그 부분집합만으로는 정상사상을 일으키는 일이 없는 것, 즉 정상사상(top event)을 일으키기 위한 최소한의 컷셋으로 어떤 고장이나 에러를 일으키면 재해가 일어나는가 하는 것. 결과적으로 시스템의 위험성(역으로는 안전성)을 나타내는 것
- 패스셋(path sets) : 시스템이 고장나지 않도록 하는 사상의 조합
- 최소 패스셋(minimal path sets) : 시스템이 고장나지 않도록 하는 최소한의 패스셋으로 어떤 고장이나 패스를 일으키지 않으면 재해는 일어나지 않는다는 것 즉, 시스템의 신뢰성을 나타내는 것

040 FTA에 의한 재해사례 연구순서 중 2단계에 해당하는 것은?

① FT도의 작성 ② 톱 사상의 선정
③ 개선계획의 작성 ④ 사상의 재해원인을 규명

D.R. Cheriton의 FTA에 의한 재해사례 연구순서
- 1단계 : 톱(Top) 사상의 선정
- 2단계 : 사상마다 재해원인 규명
- 3단계 : FT도의 작성
- 4단계 : 개선계획의 작성

제 03 과목   기계 · 기구 및 설비 안전관리

041 기계설비의 작업능률과 안전을 위해 공장의 설비 배치 3단계를 올바른 순서대로 나열한 것은?

① 지역배치 → 건물배치 → 기계배치
② 건물배치 → 지역배치 → 기계배치
③ 기계배치 → 건물배치 → 지역배치
④ 지역배치 → 기계배치 → 건물배치

작업장 배치
- 사용빈도, 중요도, 기능별, 사용순서의 원칙에 의해 배치한다.
- 작업의 흐름에 따라 배치한다.
- 배치의 단계는 지역배치 → 건물배치 → 기계배치의 순서로 이루어진다.
- 공장 내외에는 안전한 통로를 두어야 하며, 통로는 선을 그어 작업장과 명확히 구별하도록 한다.
- 비상시에 쉽게 대비할 수 있는 통로를 마련하고 사고 진압을 위한 활동 통로가 반드시 마련되어야 한다.

042 다음 중 설비의 진단방법에 있어 비파괴 시험이나 검사에 해당하지 않는 것은?

① 피로시험 ② 음향탐상검사
③ 방사선투과시험 ④ 초음파탐상검사

비파괴검사의 종류 : 육안검사(VT), 누설검사(LT), 침투검사(PT), 초음파검사(UT), 자기탐상검사(MT), 음향검사(AET), 방사선검사(RT)

043 밀링작업 시 안전수칙으로 틀린 것은?
① 보안경을 착용한다.
② 칩은 기계를 정지시킨 다음에 브러시로 제거한다.
③ 가공 중에는 손으로 가공면을 점검하지 않는다.
④ 면장갑을 착용하여 작업한다.

밀링작업의 안전대책
- 밀링 커터에 작업복의 소매나 작업모가 말려 들어가지 않도록 한다.
- 칩은 기계를 정지시킨 다음에 브러시 등으로 제거한다.
- 공작물, 커터 및 부속장치 등을 제거할 때 시동스위치를 건드리지 않도록 한다.
- 상하 이송장치의 핸들은 사용 후, 반드시 빼 두어야 한다.
- 공작물 또는 부속장치 등을 설치하거나 제거시킬 때 또는 공작물을 측정할 때에는 반드시 정지시킨 다음에 한다.
- 커터를 교환할 때는 반드시 테이블 위에 목재를 받쳐 놓고 한다.
- 커터는 될 수 있는 한 컬럼에 가깝게 설치한다.
- 테이블이나 암 위에 공구나 커터 등을 올려놓지 않고 공구대 위에 놓는다.
- 가공 중에는 손으로 가공면을 점검하지 않는다.
- 강력절삭을 할 때는 공작물을 바이스에 깊게 물린다.
- 면장갑을 끼지 않는다.
- 밀링작업에서 생기는 칩은 가늘고 예리하며 비래 시 부상을 입기 쉬우므로 보안경을 쓰도록 한다.
- 밀링커터의 상부 암에는 가공물에 적합한 덮개를 부착한다.
- 정면 커터 작업 시에는 칩이 튀어 나오므로 칩 커버를 설치하고 커터 날끝과 같은 높이에서 절삭 상태를 관찰하여서는 안 된다.

044 다음 중 회전축, 커플링 등 회전하는 물체에 작업복 등이 말려드는 위험을 초래하는 위험점은?
① 협착점
② 접선물림점
③ 절단점
④ 회전말림점

위험점의 분류

구분	내용
협착점	왕복 운동하는 동작부분과 움직임이 없는 고정부분 사이에 형성되는 위험점
끼임점	고정부분과 회전하는 동작부분 사이에서 형성되는 위험점
절단점	회전하는 운동부분 자체의 위험에서 초래되는 위험점
물림점	반대로 회전하는 두 개의 회전체가 맞닿는 사이에서 발생하는 위험점
접선물림점	회전하는 부분의 접선방향으로 물려 들어갈 위험이 존재하는 위험점
회전말림점	회전하는 물체에 작업복 등이 말려드는 위험이 존재하는 위험점

045 무부하 상태에서 지게차로 20km/h 의 속도로 주행할 때, 좌우 안정도는 몇 % 이내이어야 하는가?

① 37%   ② 39%
③ 41%   ④ 43%

지게차의 안정도
- 하역 작업시
  - 전후 안정도 : 4% 이내(5톤 이상은 3.5% 이내)
  - 좌우 안정도 : 6% 이내
- 주행시
  - 전후 안정도 : 18%
  - 좌우 안정도 : (15 + 1.1V)% 이내, 최대 40% [V : 최고 속도 (km/시)]

∴ 좌우 안정도(%) = 15 + (1.1 × 20) = 37%

046 산업안전보건법령상 승강기의 종류에 해당하지 않는 것은?

① 리프트
② 에스컬레이터
③ 화물용 엘리베이터
④ 승객용 엘리베이터

승강기의 종류(산업안전보건기준에 관한 규칙 제132조)
- 승객용 엘리베이터 : 사람의 운송에 적합하게 제조·설치된 엘리베이터
- 승객화물용 엘리베이터 : 사람의 운송과 화물 운반을 겸용하는데 적합하게 제조·설치된 엘리베이터
- 화물용 엘리베이터 : 화물 운반에 적합하게 제조·설치된 엘리베이터로서 조작자 또는 화물취급자 1명은 탑승할 수 있는 것(적재용량이 300kg 미만인 것은 제외한다)
- 소형화물용 엘리베이터 : 음식물이나 서적 등 소형화물의 운반에 적합하게 제조·설치된 엘리베이터로서 사람의 탑승이 금지된 것
- 에스컬레이터 : 일정한 경사로 또는 수평로를 따라 위·아래 또는 옆으로 움직이는 디딤판을 통해 사람이나 화물을 승강장으로 운송시키는 설비

047 프레스 금형의 파손에 의한 위험방지 방법이 아닌 것은?

① 금형에 사용하는 스프링은 반드시 인장형으로 할 것
② 작업 중 진동 및 충격에 의해 볼트 및 너트의 헐거워짐이 없도록 할 것
③ 금형의 하중 중심은 원칙적으로 프레스 기계의 하중 중심과 일치하도록 할 것
④ 캠, 기타 충격이 반복해서 가해지는 부분에는 완충장치를 설치할 것

금형의 파손에 의한 위험방지
- 부품의 조립요령
  - 맞춤 핀을 사용할 때에는 억지끼워맞춤으로 한다. 상형에 사용할 때에는 낙하방지의 대책을 세워둔다.

- 파일럿 핀, 직경이 작은 펀치, 핀 게이지 등 삽입부품은 빠질 위험이 있으므로 플랜지를 설치하거나 테이퍼로 하는 등 이탈 방지대책을 세워둔다.
- 쿠션 핀을 사용할 경우에는 상승시 누름판의 이탈방지를 위하여 단붙임한 나사로 견고히 조여야 한다.
- 가이드 포스트, 샹크는 확실하게 고정한다.
• 금형의 조립에 사용하는 볼트 및 너트는 헐거움 방지를 위해 분해, 조립을 고려하면서 스프링 와셔, 로크 너트, 키, 핀, 용접, 접착제 등을 적절히 사용한다.
• 금형의 하중 중심은 편하중 방지를 위해 원칙적으로 프레스의 하중 중심과 일치하도록 한다.
• 금형 내의 가동부분은 모두 운동하는 범위를 제한하여야 한다. 또한 누름, 노크 아웃, 스트리퍼, 패드, 슬라이드 등과 같은 가동부분은 움직였을 때는 원칙적으로 확실하게 원점으로 되돌아가야 한다.
• 상부 금형내에서 작동하는 패드가 무거운 경우에는 운동제한과는 별도로 낙하방지를 한다.
• 금형에 사용하는 스프링은 압축형으로 한다.
• 스프링 등의 파손에 의해 부품이 비산될 우려가 있는 부분에는 덮개를 설치한다.

048 다음 중 연삭 숫돌의 파괴원인으로 거리가 먼 것은?

① 플랜지가 현저히 클 때
② 숫돌에 균열이 있을 때
③ 숫돌의 측면을 사용할 때
④ 숫돌의 치수 특히 내경의 크기가 적당하지 않을 때

연삭숫돌의 파괴원인
• 숫돌의 회전 속도가 너무 빠를 때
• 숫돌 자체에 균열이 있을 때
• 숫돌의 불균형이나 베어링의 마모에 의한 진동이 있을 때
• 숫돌의 측면을 사용하여 작업할 때
• 숫돌의 온도변화가 심할 때
• 부적당한 숫돌을 사용할 때
• 숫돌의 치수가 부적당할 때
• 플랜지가 현저히 작을 때

049 지름 5cm 이상을 갖는 회전중인 연삭숫돌이 근로자들에게 위험을 미칠 우려가 있는 경우에 필요한 방호장치는?

① 받침대
② 과부하 방지장치
③ 덮개
④ 프레임

산업안전보건기준에 관한 규칙 제122조(연삭숫돌의 덮개 등) ① 사업주는 회전 중인 연삭숫돌(지름이 5센티미터 이상인 것으로 한정한다)이 근로자에게 위험을 미칠 우려가 있는 경우에 그 부위에 덮개를 설치하여야 한다.
② 사업주는 연삭숫돌을 사용하는 작업의 경우 작업을 시작하기 전에는 1분 이상, 연삭숫돌을 교체한 후에는 3분 이상 시험운전을 하고 해당 기계에 이상이 있는지를 확인하여야 한다.
③ 제2항에 따른 시험운전에 사용하는 연삭숫돌은 작업시작 전에 결함이 있는지를 확인한 후 사용하여야 한다.
④ 사업주는 연삭숫돌의 최고 사용회전속도를 초과하여 사용하도록 해서는 아니 된다.
⑤ 사업주는 측면을 사용하는 것을 목적으로 하지 않는 연삭숫돌을 사용하는 경우 측면을 사용하도록 해서는 아니 된다.

050 롤러기의 앞면 롤의 지름이 300mm, 분당회전수가 30회 일 경우 허용되는 급정지장치의 급정지거리는 약 몇 mm 이내이어야 하는가?

① 37.7 ② 31.4
③ 377 ④ 314

급정지거리 = $\pi D \times \dfrac{1}{3} = (\pi \times 300) \times \dfrac{1}{3} = 314$ [mm]

051 크레인의 방호장치에 해당되지 않은 것은?

① 권과방지장치 ② 과부하방지장치
③ 비상정지장치 ④ 자동보수장치

크레인의 방호장치 : 과부하방지장치, 권과방지장치, 비상정지장치 및 브레이크장치

052 어떤 로프의 최대하중이 700N이고, 정격하중은 100N이다. 이때 안전계수는 얼마인가?

① 5 ② 6
③ 7 ④ 8

- 안전계수 = $\dfrac{\text{최대하중}}{\text{정격하중}} = \dfrac{700}{100} = 7$

053 산업안전보건법령상 프레스의 작업시작 전 점검사항이 아닌 것은?

① 금형 및 고정볼트 상태
② 방호장치의 기능
③ 전단기의 칼날 및 테이블의 상태
④ 트롤리(trolley)가 횡행하는 레일의 상태

프레스 작업 전 점검사항(산업안전보건기준에 관한 규칙 별표 3)
- 클러치 및 브레이크의 기능
- 크랭크축·플라이휠·슬라이드·연결봉 및 연결 나사의 풀림 여부
- 1행정 1정지기구·급정지장치 및 비상정지장치의 기능
- 슬라이드 또는 칼날에 의한 위험방지 기구의 기능
- 금형 및 고정볼트의 상태
- 방호장치의 기능
- 전단기의 칼날 및 테이블의 상태

054 컨베이어의 제작 및 안전기준 상 작업구역 및 통행구역에 덮개, 울 등을 설치해야 하는 부위에 해당하지 않는 것은?

① 컨베이어의 동력전달 부분
② 컨베이어의 제동장치 부분
③ 호퍼, 슈트의 개구부 및 장력 유지장치
④ 컨베이어 벨트, 풀리, 롤러, 체인, 스프라켓, 스크류 등

덮개 또는 울(위험기계·기구 자율안전확인 고시 별표 6)
작업구역 및 통행구역에서 다음의 부위에는 덮개, 울, 물림보호물(nip guard), 감응형 방호장치(광전자식, 안전매트 등) 등을 설치해야 한다.
- 컨베이어의 동력전달 부분
- 컨베이어 벨트, 풀리, 롤러, 체인, 스프라켓, 스크류 등
- 호퍼, 슈트의 개구부 및 장력 유지장치
- 기타 가동부분과 정지부분 또는 다른 물건 사이 틈 등 작업자에게 위험을 미칠 우려가 있는 부분. 다만, 그 틈이 5mm 이내인 경우에는 예외로 할 수 있다.
- 운반되는 재료 또는 컨베이어가 화상 등을 일으킬 수 있는 구간. 다만, 이 경우 덮개나 울을 설치해야 한다.

055 아세틸렌 용접장치에 관한 설명 중 틀린 것은?

① 아세틸렌 발생기로부터 5m 이내, 발생기실로부터 3m 이내에는 흡연 및 화기사용을 금지한다.
② 발생기실에는 관계 근로자가 아닌 사람이 출입하는 것을 금지한다.
③ 아세틸렌 용기는 뉘어서 사용한다.
④ 건식안전기의 형식으로 소결금속식과 우회로식이 있다.

가스 용기 등의 취급시 주의사항
- 금지장소에서 사용하거나 설치·저장 또는 방치하지 않도록 할 것
- 용기의 온도를 섭씨 40℃ 이하로 유지할 것
- 전도의 위험이 없도록 할 것
- 충격을 가하지 아니하도록 할 것
- 운반할 때에는 캡을 씌울 것
- 사용할 때에는 용기의 마개에 부착되어 있는 유류 및 먼지를 제거할 것
- 밸브의 개폐는 서서히 할 것
- 사용전 또는 사용중인 용기와 그 외의 용기를 명확히 구별해 보관할 것
- 용해아세틸렌의 용기는 세워둘 것
- 용기의 부식·마모 또는 변형상태를 점검한 후 사용할 것

056 가공기계에 쓰이는 주된 풀 푸르프(Fool Proof)에서 가드(Guard)의 형식으로 틀린 것은?

① 인터록 가드(Interlock Guard) ② 안내 가드(Guide Guard)
③ 조정 가드(Adjustable Guard) ④ 고정 가드(Fixed Guard)

해설

풀 프루프(Fool Proof)에서 가드의 형식
- 고정 가드(Fixed Guard) : 개구부로부터 가공물과 공구 등을 넣어도 손은 위험영역에 머무르지 않도록 하는 가드
- 조정 가드(Adjustable Guard) : 가공물과 공구에 맞도록 형상과 크기를 조절
- 경고 가드(Warning Guard) : 손이 위험영역에 들어가기 전에 경고
- 인터록 가드(Interlock Guard) : 기계식 작동 중에 개폐되는 경우 기계가 정지

057 산업안전보건법령상 로봇에 설치되는 제어장치의 조건에 적합하지 않은 것은?

① 누름버튼은 오작동 방지를 위한 가드를 설치하는 등 불시기동을 방지할 수 있는 구조로 제작·설치되어야 한다.
② 로봇에는 외부보호장치와 연결하기 위해 하나 이상의 보호정지회로를 구비해야 한다.
③ 전원공급램프, 자동운전, 결함검출 등 작동제어의 상태를 확인할 수 있는 표시장치를 설치해야 한다.
④ 조작버튼 및 선택스위치 등 제어장치에는 해당 기능을 명확하게 구분할 수 있도록 표시해야 한다.

로봇에 설치되는 제어장치의 요건(위험기계·기구 자율안전확인 고시 별표 2)
- 누름버튼은 오작동 방지를 위한 가드가 설치되어 있는 등 불시기동을 방지할 수 있는 구조일 것
- 전원공급램프, 자동운전, 결함검출 등 작동제어의 상태를 확인할 수 있는 표시장치가 설치되어 있을 것
- 조작버튼 및 선택스위치 등 제어장치에는 해당 기능을 명확하게 구분할 수 있도록 표시되어 있을 것
※참고로 보기 ②항은 보호정지에 대한 성능요건이다.

058 선반가공 시 연속적으로 발생되는 칩으로 인해 작업자가 다치는 것을 방지하기 위하여 칩을 짧게 절단시켜주는 안전장치는?

① 커버
② 브레이크
③ 보안경
④ 칩 브레이커

선반의 방호장치
- 칩 브레이커 : 바이트에 설치된 칩을 짧게 끊어내는 장치
- 쉴드 : 칩 비산 방지 투명판
- 브레이크 : 급정지장치
- 덮개 또는 울 : 돌출 가공물에 설치한 안전장치

059 프레스 양수조작식 방호장치 누름버튼의 상호간 내측거리는 몇 mm 이상인가?

① 50
② 100
③ 200
④ 300

양수조작식 방호장치
- 반드시 두 손을 사용하여 동시에 조작하여야만 작동하는 구조일 것
- 조작부(버튼 또는 레버)의 간격을 300mm 이상으로 할 것

- 조작부는 작동 직후 손이 위험 구역에 들어가지 못하도록 다음에 정하는 거리 이상에 설치 할 것
  거리[cm] = 160 ×프레스기 작동 후 작업점까지 도달시간(초)

060 산업안전보건법령상 탁상용 연삭기의 덮개에는 작업 받침대와 연삭숫돌과의 간격을 몇 mm 이하로 조정할 수 있어야 하는가?

① 3　　　　　　　　　② 4
③ 5　　　　　　　　　④ 10

연삭기 덮개의 일반구조 (방호장치 자율안전기준 고시 별표 4)
- 덮개에 인체의 접촉으로 인한 손상위험이 없어야 한다.
- 덮개에는 그 강도를 저하시키는 균열 및 기포 등이 없어야 한다.
- 탁상용 연삭기의 덮개에는 워크레스트 및 조정편을 구비하여야 하며, 워크레스트는 연삭숫돌과의 간격을 3mm 이하로 조정할 수 있는 구조이어야 한다.
- 각종 고정부분은 부착하기 쉽고 견고하게 고정될 수 있어야 한다.

제 04 과목　전기설비 안전관리

061 화재가 발생하였을 때 조사해야 하는 내용으로 가장 관계가 먼 것은?

① 발화원　　　　　　　② 착화물
③ 출화의 경과　　　　　④ 응고물

화재 발생 시 조사 내용 : 발화원, 착화물, 출화의 경과

062 감전사고 방지대책으로 틀린 것은?

① 설비의 필요한 부분에 보호접지 실시
② 노출된 충전부에 통전망 설치
③ 안전전압 이하의 전기기기 사용
④ 전기기기 및 설비의 정비

감전사고 방지대책
- 전기설비에 대한 누전차단기 설치
- 전기기기 및 장치의 정비
- 전기 위험부의 위험 표시
- 유자격자 이외는 전기기계 및 기구에 접촉 금지
- 안전관리자는 작업에 대한 안전 교육 시행
- 설비의 필요한 부분에는 보호 접지 실시
- 충전부가 노출된 부분에는 절연 방호구 사용

- 고전압 선로 및 충전부에 근접하여 작업하는 작업자에게 보호구 착용
- 계통을 비접지 방식으로 할 것

063 전기기기의 Y종 절연물의 최고 허용온도는?

① 80℃ ② 85℃
③ 90℃ ④ 105℃

절연 종별 재료 및 최고허용온도

종별	최고허용온도(℃)	용도별	주요 절연물
Y	90	저전압의 기기	폴리에틸렌, 유리화수지
A	105	일반적인 회전기기, 변압기	폴리에스테르, 셀룰로오스 유도체
E	120	대용량 및 보통의 기기	멜라민수지, 폴리에스테르
B	130	고전압의 기기	무기질
F	155	고전압의 기기	에폭시수지, 폴리우레탄수지
H	180	건식변압기	유리섬유, 실리콘, 고무
C	180	특수변압기	실리콘, 플루오르화에틸렌

064 활선 작업 시 사용할 수 없는 전기작업용 안전장구는?

① 전기안전모 ② 절연장갑
③ 검전기 ④ 승주용 가제

전기작업용 안전장구

- 표시용구
- 검출용구 : 검전기, 상회전 표시기, 불량애자 검출기
- 접지용구 : 갑종·을종 접지용구(송전로), 병종 접지용구(배선전로)
- 활선작업 용구 및 장치 : 활선 시메라, 활선 커터, 컷아웃 스위치 조작봉, 활선 작업대, 주상작업대, 점퍼선, 활선 애자 청소기, 활선 작업차, 활선 사다리

065 인체의 전기저항을 500Ω이라 한다면 심실세동을 일으키는 위험에너지(J)는?(단, 심실세동전류 $I = \dfrac{165}{\sqrt{T}}$ mA, 통전시간은 1초이다.)

① 13.61 ② 23.21
③ 33.42 ④ 44.63

$W = I^2RT = (\dfrac{165}{\sqrt{T}} \times 10^{-3})^2 \times 500 \times T = (\dfrac{165}{\sqrt{1}} \times 10^{-3})^2 \times 500 \times 1 = 13.612[J]$

066 교류아크 용접기에 전격 방지기를 설치하는 요령 중 틀린 것은?

① 이완 방지 조치를 한다.
② 직각으로만 부착해야 한다.
③ 동작 상태를 알기 쉬운 곳에 설치한다.
④ 테스트 스위치는 조작이 용이한 곳에 위치시킨다.

전기용접작업 시 자동전격방지장치의 설치 요령
- 연직(불가피한 경우는 연직에서 20°이내)으로 설치할 것
- 용접기의 이동, 전자접촉기의 작동 등으로 인한 진동, 충격에 견딜 수 있도록 할 것
- 표시등(외부에서 전격방지기의 작동상태를 판별할 수 있는 램프)이 보기 쉽고, 점검용 스위치(전격방지기의 작동상태를 점검하기 위한 스위치)의 조작이 용이하도록 설치할 것
- 용접기의 전원 측에 접속하는 선과 출력 측에 접속하는 선을 혼동되지 않도록 할 것
- 접속 부분을 확실하게 접속하여 이완되지 않도록 할 것
- 접속 부분을 절연테이프, 절연커버 등으로 절연시킬 것
- 전격방지기의 외함은 접지시킬 것
- 용접기 단자의 극성이 정해져 있는 경우에는 접속 시 극성이 맞도록 할 것
- 전격방지기와 용접기 사이의 배선 및 접속 부분에 외부의 힘이 가해지지 않도록 할 것

067 인체의 표면적이 0.5m²이고 정전용량은 0.02pF/cm²이다. 3300V의 전압이 인가되어 있는 전선에 접근하여 작업을 할 때 인체에 축적되는 정전기 에너지(J)는?

① 5.445×10^{-2}
② 5.445×10^{-4}
③ 2.723×10^{-2}
④ 2.723×10^{-4}

$E = \frac{1}{2}CV^2 = \frac{1}{2} \times (0.02 \times 10^{-12}) \times (0.5 \times 100^2 \times 3300^2) = 5.455 \times 10^{-4}[J]$

068 정전기에 관한 설명으로 옳은 것은?

① 정전기는 발생에서부터 억제-축적방지-안전한 방전이 재해를 방지할 수 있다.
② 정전기발생은 고체의 분쇄공정에서 가장 많이 발생한다.
③ 액체의 이송시는 그 속도(유속)를 7(m/s)이상 빠르게 하여 정전기의 발생을 억제한다.
④ 접지 값은 10(Ω)이하로 하되 플라스틱 같은 절연도가 높은 부도체를 사용한다.

- 정전기는 고체표면과 접촉하는 액채, 고체와 고체가 접촉하는 경우 많이 발생한다.
- 액체의 이송시는 유속을 느리게 하여야 정전기 발생이 억제된다. 참고로 도전성 액채와 단일의 중간 도전성 액체의 경우 최대 유속은 7m/s로 권장되며, 오염된 액체와 2종류의 중간 또는 저도전성 액체의 경우는 최대 유속이 1m/s로 권장된다.
- 정전기적 접지라 함은 대지에 대한 접지저항이 1MΩ(=10⁶Ω) 이하를 말한다.

069 폭발위험장소의 분류 중 인화성 액체의 증기 또는 가연성 가스에 의한 폭발위험이 지속적으로 또는 장기간 존재하는 장소는 몇 종 장소로 분류되는가?

① 0종 장소
② 1종 장소
③ 2종 장소
④ 3종 장소

폭발위험장소의 분류

분류		적요	예
가스 폭발 위험 장소	0종 장소	인화성 액체의 증기 또는 가연성 가스에 의한 폭발위험이 지속적으로 또는 장기간 존재하는 장소	용기·장치·배관 등의 내부 등
	1종 장소	정상 작동상태에서 인화성 액체의 증기 또는 가연성 가스에 의한 폭발위험분위기가 존재하기 쉬운 장소	맨홀·벤트·피트 등의 주위
	2종 장소	정상작동상태에서 인화성 액체의 증기 또는 가연성 가스에 의한 폭발위험분위기가 존재할 우려가 없으나, 존재할 경우 그 빈도가 아주 적고 단기간만 존재할 수 있는 장소	개스킷·패킹 등의 주위
분진 폭발 위험 장소	20종 장소	분진운 형태의 가연성 분진이 폭발농도를 형성할 정도로 충분한 양이 정상작동 중에 연속적으로 또는 자주 존재하거나, 제어할 수 없을 정도의 양 및 두께의 분진층이 형성될 수 있는 장소	호퍼·분진저장소·집진장치·필터 등의 내부
	21종 장소	20종 장소 외의 장소로서, 분진운 형태의 가연성 분진이 폭발농도를 형성할 정도의 충분한 양이 정상작동 중에 존재할 수 있는 장소	집진장치·백필터·배기구 등의 주위, 이송밸트 샘플링 지역 등
	22종 장소	21종 장소 외의 장소로서, 가연성 분진운 형태가 드물게 발생 또는 단기간 존재할 우려가 있거나, 이상작동 상태하에서 가연성 분진층이 형성될 수 있는 장소	21종 장소에서 예방조치가 취하여진 지역, 환기설비 등과 같은 안전장치 배출구 주위 등

※ "인화성 액체의 증기 또는 가연성 가스에 의한 폭발위험분위기"라 함은 연소가 계속될 수 있는 가스나 증기상태의 가연성 물질이 혼합되어 있는 상태를 말한다.

070 화염일주한계에 대한 설명으로 옳은 것은?

① 폭발성 가스와 공기의 혼합기에 온도를 높인 경우 화염이 발생할 때까지의 시간 한계치
② 폭발성 분위기에 있는 용기의 접합면 틈새를 통해 화염이 내부에서 외부로 전파되는 것을 저지할 수 있는 틈새의 최대간격치
③ 폭발성 분위기 속에서 전기불꽃에 의하여 폭발을 일으킬 수 있는 화염을 발생시키기에 충분한 교류파형의 1주기치
④ 방폭설비에서 이상이 발생하여 불꽃이 생성된 경우에 그것이 점화원으로 작용하지 않도록 화염의 에너지를 억제하여 폭발 하한계로 되도록 화염 크기를 조정하는 한계치

화염일주한계

• 폭발성 혼합가스를 금속성의 2개의 공간에 넣고 사이에 미세한 틈을 갖는 벽으로 분리하고 한쪽에 점화하여 폭발되는

경우에 그 틈을 통하여 다른 곳의 가스가 인화·폭발되지 않는 한계의 폭이다.
- 벽의 두께는 일정하고 공간의 폭을 가감하여 다른 곳의 가스에 인화되지 않는 한계의 폭을 측정함으로서 해당가스의 위험성을 예측한다. 즉, 폭이 작은 물질이 화염 전파력이 강하여 위험한 물질이 된다.
- 화염일주한계 등을 고려함으로서 전기기구 등의 방폭구조 틈의 설계에 효과적으로 적용할 수 있다. 폭발성 분위기내에 방치된 표준용기의 접합면 틈새를 통하여 폭발화염이 내부에서 외부로 전파되는 것을 방지할 수 있는 틈새의 최대 간격치를 화염일주한계라 한다.

폭발등급	1	2	3
틈새의 폭	0.6mm 초과	0.4mm 이상 0.6mm 이하	0.4mm 미만
해당 가스	일산화탄소, 벤젠, 아세톤, 암모니아,메탄올, 에탄올, 프로판	에틸렌, 도시가스	수소, 아세틸렌

071 내압방폭구조의 기본적 성능에 관한 사항으로 틀린 것은?

① 내부에서 폭발할 경우 그 압력에 견딜 것
② 폭발화염이 외부로 유출되지 않을 것
③ 습기침투에 대한 보호가 될 것
④ 외함 표면온도가 주위의 가연성 가스에 점화하지 않을 것

내압방폭구조는 용기 내부에서 가연성 가스가 폭발하였을 경우 용기가 그 폭발 압력에 견디고, 폭발 시 발생하는 불꽃이 틈새나 구조적인 접합면을 통하여 용기 밖에 존재하는 위험 가스에 점화되지 못하도록 하며, 외부 폭발 시에 발생되는 폭발 압력에 견딜 수도 있으며, 또한 구조용기 표면의 온도에 의해서도 점화가 일어나지 않도록 설계된 구조를 말한다.

072 감전사고를 일으키는 주된 형태가 아닌 것은?

① 충전전로에 인체가 접촉되는 경우
② 이중절연 구조로 된 전기 기계·기구를 사용하는 경우
③ 고전압의 전선로에 인체가 근접하여 섬락이 발생된 경우
④ 충전 전기회로에 인체가 단락회로의 일부를 형성하는 경우

이중절연이란 이동식 전기기계·기구의 충전부와 사람이 접촉할 수 있는 비충전 금속 부분 사이의 기능절연과 이것이 절연 파괴 될 때 감전위험을 막는 보호절연을 같이 실시하는 것으로 감전사고 예방을 위한 조치에 해당된다.

073 전자파 중에서 광량자 에너지가 가장 큰 것은?

① 극저주파
② 마이크로파
③ 가시광선
④ 적외선

광자 하나의 에너지는 전자기파의 진동수에 비례하고 파장에 반비례하는데 가시광선 중에서도 파장이 짧은 파란색의 에너지가 더 크고 자외선, 엑스선, 감마선 순으로 갈수록 광자의 에너지가 더 커진다.

074 피뢰침의 제한전압이 800kV, 충격절연강도가 1000kV라 할 때, 보호여유도는 몇 % 인가?

① 25   ② 33
③ 47   ④ 63

여유도 = $\dfrac{\text{충격절연강도} - \text{제한전압}}{\text{제한전압}} \times 100 = \dfrac{1000-800}{800} \times 100 = 25[\%]$

075 저압전로의 보호도체 및 중성선의 접속방식에 따른 접지계통의 분류가 아닌 것은?

① IT 계통   ② TN 계통
③ TC 계통   ④ TT 계통

저압전로의 보호도체 및 중성선의 접속 방식에 따른 접지계통의 분류
- TN 방식(직접 접지 방식) : 전원의 한쪽은 직접 접지(계통 접지)하고 노출 도전성 쪽은 전원측의 접지선에 접속
- TT 방식(직접 다중 접지 방식) : 전력계통의 중성점은 직접 대지 접속(계통 접지)하고 노출도전부의 외함은 독립 접지
- IT 방식(비 접지 방식) : 전원 공급 측은 비접지 혹은 임피던스 접지 방식으로 하고 노출 도전부 부분은 독립적인 접지 전극에 접지

076 다음 중 폭발위험장소에 전기설비를 설치할 때 전기적인 방호조치로 적절하지 않은 것은?

① 다상 전기기기는 결상운전으로 인한 과열방지 조치를 한다.
② 배선은 단락·지락 사고시의 영향과 과부하로부터 보호한다.
③ 자동차단이 점화의 위험보다 클 때는 경보장치를 사용한다.
④ 단락보호장치는 고장상태에서 자동복구 되도록 한다.

단락보호 및 지락보호장치는 고장상태에서 자동복구되지 않아야 한다.

077 충격전압시험시의 표준충격파형을 1.2×50μs로 나타내는 경우 1.2와 50 이 뜻하는 것은?

① 파두장 - 파미장
② 최초섬락시간 - 최종섬락시간
③ 라이징타임 - 스테이블타임
④ 라이징타임 - 충격전압인가시간

전기기기의 충격시험 시 사용하는 표준충격파형은 파두장이 1.2μs이고 파미장이 50μs인 파형으로 정(+) 방향과 부(-) 방향에 각각 3회씩 실시하도록 되어 있다.

078 온도조절용 바이메탈과 온도 퓨즈가 회로에 조합되어 있는 다리미를 사용한 가정에서 화재가 발생했다. 다리미에 부착되어 있던 바이메탈과 온도 퓨즈를 대상으로 화재사고를 분석하려 하는데 논리기호를 사용하여 표현하고자 한다. 어느 기호가 적당한가?(단, 바이메탈의 작동과 온도 퓨즈가 끊어졌을 경우를 0, 그렇지 않을 경우를 1이라 한다.)

해설
AND 게이트 (논리곱) : 2개 이상의 입력 단자 모두에 입력이 있었을 때(즉, 모든 입력이 "1"일 때)만 출력단자에 "1"이 나오는 회로를 말한다.

079 폭발위험이 있는 장소의 설정 및 관리와 가장 관계가 먼 것은?

① 인화성 액체의 증기 사용
② 가연성 가스의 제조
③ 가연성 분진 제조
④ 종이 등 가연성 물질 취급

해설
종이 등의 일반적인 가연성 물질 화재는 폭발위험과 거리가 멀다.

080 고압 및 특공압의 전로 중 피뢰기를 반드시 시설하지 않아도 되는 곳은?

① 발전소·변전소 또는 이에 준하는 장소의 가공전선 인입구 및 인출구
② 고압전선로에 접속되는 단권변압기의 고압측
③ 특고압 가공전선로에 접속하는 배전용 변압기의 고압측 및 특고압측
④ 가공전선로와 지중전선로가 접속되는 곳

해설
한국전기설비규정 341.13 피뢰기의 시설
1. 고압 및 특고압의 전로 중 다음에 열거하는 곳 또는 이에 근접한 곳에는 피뢰기를 시설하여야 한다.
   가. 발전소·변전소 또는 이에 준하는 장소의 가공전선 인입구 및 인출구
   나. 특고압 가공전선로에 접속하는 배전용 변압기의 고압측 및 특고압측
   다. 고압 및 특고압 가공전선로로부터 공급을 받는 수용장소의 인입구
   라. 가공전선로와 지중전선로가 접속되는 곳
2. 다음의 어느 하나에 해당하는 경우에는 제1의 규정에 의하지 아니할 수 있다.
   가. 제1의 어느 하나에 해당되는 곳에 직접 접속하는 전선이 짧은 경우
   나. 제1의 어느 하나에 해당되는 경우 피보호기기가 보호범위 내에 위치하는 경우

제 05 과목 | 화학설비 안전관리

081 프로판(C_3H_8)의 연소에 필요한 최소 산소농도의 값은 약 얼마인가?(단, 프로판의 폭발하한은 Jone식에 의해 추산한다.)

① 8.1%v/v
② 11.1%v/v
③ 15.1%v/v
④ 20.1%v/v

$C_3H_8 + 5O_2 \rightarrow 3CO_2 + 4H_2O$
MOC = 산소양론계수 × 연소하한계 = 5 × 2.2 = 11[vol%]

082 다음 관(pipe) 부속품 중 관로의 방향을 변경하기 위하여 사용하는 부속품은?

① 니플(nipple)
② 유니온(union)
③ 플랜지(flange)
④ 엘보우(elbow)

배관부속품
- 두 개의 관 연결시 : 플랜지(flange), 유니온(union), 커플링(coupling), 니플(nipple), 소켓(socket)
- 관선의 방향 변경시 : 엘보(elbow), 리턴 밴드(return bend)
- 관의 직경 변경시 : 리듀서(reducer), 소구경에는 부싱(bushing), 대구경에는 이경(異俓) 플랜지 (reducing flange)
- 지관(枝管) 연결시 : 티(tee), Y 지관(Y-branch), 십자(cross)
- 유로차단시 : 소구경은 플러그(plug), 캡(cap), 대구경은 판(板)플랜지(blank flange)
- 유량조절시 : 밸브(valve)

083 산업안전보건기준에 관한 규칙에 따르면 쥐에 대한 경구투입실험에 의하여 실험동물의 50퍼센트를 사망시킬 수 있는 물질의 양, 즉 LD50(경구, 쥐)이 킬로그램당 몇 밀리그램-(체중) 이하인 화학물질이 급성 독성물질에 해당하는가?

① 25
② 100
③ 300
④ 500

급성독성물질(산업안전보건기준에 관한 규칙 별표 1)
- 쥐에 대한 경구투입실험에 의하여 실험동물의 50%를 사망시킬 수 있는 물질의 양, 즉 LD50(경구, 쥐)이 킬로그램당 300밀리그램 – (체중) 이하인 화학물질
- 쥐 또는 토끼에 대한 경피흡수실험에 의하여 실험동물의 50%를 사망시킬 수 있는 물질의 양, 즉 LD50(경피, 토끼 또는 쥐)이 킬로그램당 1000밀리그램 – (체중) 이하인 화학물질
- 쥐에 대한 4시간 동안의 흡입실험에 의하여 실험동물의 50%를 사망시킬 수 있는 물질의 농도, 즉 가스 LC50(쥐, 4시간 흡입)이 2500ppm 이하인 화학물질, 증기 LC50(쥐, 4시간 흡입)이 10mg/L 이하인 화학물질, 분진 또는 미스트 1mg/L 이하인 화학물질

084 분진폭발의 발생 순서로 옳은 것은?

① 비산 → 분산 → 퇴적분진 → 발화원 → 2차폭발 → 전면폭발
② 비산 → 퇴적분진 → 분산 → 발화원 → 2차폭발 → 전면폭발
③ 퇴적분진 → 발화원 → 분산 → 비산 → 전면폭발 → 2차폭발
④ 퇴적분진 → 비산 → 분산 → 발화원 → 전면폭발 → 2차폭발

분진폭발은 퇴적된 분진이 비산하여 분진운을 생성하고 이렇게 분산된 분진이 발화원이 되어 폭발하는 것이다.

085 산업안전보건기준에 관한 규칙상 국소배기장치의 후드 설치 기준이 아닌 것은?

① 유해물질이 발생하는 곳마다 설치할 것
② 후드의 개구부 면적은 가능한 한 크게 할 것
③ 외부식 또는 리시버식 후드는 해당 분진등의 발산원에 가장 가까운 위치에 설치할 것
④ 후드 형식은 가능하면 포위식 또는 부스식 후드를 설치할 것

산업안전보건기준에 관한 규칙 제72조(후드) 사업주는 인체에 해로운 분진, 흄(fume, 열이나 화학반응에 의하여 형성된 고체증기가 응축되어 생긴 미세입자), 미스트(mist, 공기 중에 떠다니는 작은 액체방울), 증기 또는 가스 상태의 물질(이하 "분진등"이라 한다)을 배출하기 위하여 설치하는 국소배기장치의 후드가 다음 각 호의 기준에 맞도록 하여야 한다.
1. 유해물질이 발생하는 곳마다 설치할 것
2. 유해인자의 발생형태와 비중, 작업방법 등을 고려하여 해당 분진등의 발산원(發散源)을 제어할 수 있는 구조로 설치할 것
3. 후드(hood) 형식은 가능하면 포위식 또는 부스식 후드를 설치할 것
4. 외부식 또는 리시버식 후드는 해당 분진등의 발산원에 가장 가까운 위치에 설치할 것

086 폭발방호대책 중 이상 또는 과잉압력에 대한 안전장치로 볼 수 없는 것은?

① 안전 밸브(safety valve)
② 릴리프 밸브(relief valve)
③ 파열판(bursting disk)
④ 플레임 어레스터(flame arrester)

플레임 어레스터(flame arrester)는 역화방지기를 말한다.

087 산업안전보건법령에 따라 유해하거나 위험한 설비의 설치·이전 또는 주요 구조부분의 변경공사 시 공정안전보고서의 제출시기는 '착공일 며칠 전까지 관련기관에 제출하여야 하는가?

① 15일   ② 30일
③ 60일   ④ 90일

산업안전보건법 시행규칙 제51조(공정안전보고서의 제출 시기) 사업주는 영 제45조제1항에 따라 유해하거나 위험한 설비의 설치·이전 또는 주요 구조부분의 변경공사의 착공일(기존 설비의 제조·취급·저장 물질이 변경되거나 제조량·취급량·저장량이 증가하여 영 별표 13에 따른 유해·위험물질 규정량에 해당하게 된 경우에는 그 해당일을 말한다) 30일 전까지 공정안전보고서를 2부 작성하여 공단에 제출해야 한다.

088 다음 중 메타인산(HPO₃)에 의한 소화효과를 가진 분말소화약제의 종류는?

① 제1종 분말소화약제
② 제2종 분말소화약제
③ 제3종 분말소화약제
④ 제4종 분말소화약제

분말소화약제의 종류

종류	주성분	적응화재	착색(분말색)
제1종 분말	NaHCO₃(중탄산나트륨, 탄산수소나트륨)	B, C급	백색
제2종 분말	KHCO₃(중탄산칼륨, 탄산수소칼륨)	B, C급	담회색
제3종 분말	NH₄H₂PO₄(인산암모늄, 제일인산암모늄)	A, B, C급	담홍색, 황색
제4종 분말	KHCO₃ + (NH₂)₂CO(요소)	B, C급	회색

089 다음 인화성 가스 중 가장 가벼운 물질은?

① 아세틸렌   ② 수소
③ 부탄   ④ 에틸렌

수소는 현존하는 가스 중 가장 가볍다.

090 가연성 가스 및 증기의 위험도에 따른 방폭전기기기의 분류로 폭발등급을 사용하는데, 이러한 폭발등급을 결정하는 것은?

① 발화도
② 화염일주한계
③ 폭발한계
④ 최소발화에너지

화염일주한계
- 폭발성 혼합가스를 금속성의 2개의 공간에 넣고 사이에 미세한 틈을 갖는 벽으로 분리하고 한쪽에 점화하여 폭발되는 경우에 그 틈을 통하여 다른 곳의 가스가 인화·폭발되지 않는 한계의 폭이다.

- 벽의 두께는 일정하고 공간의 폭을 가감하여 다른 곳의 가스에 인화되지 않는 한계의 폭을 측정함으로서 해당가스의 위험성을 예측한다. 즉, 폭이 작은 물질이 화염 전파력이 강하여 위험한 물질이 된다.
- 화염일주한계 등을 고려함으로서 전기기구 등의 방폭구조 틈의 설계에 효과적으로 적용할 수 있다. 폭발성 분위기내에 방치된 표준용기의 접합면 틈새를 통하여 폭발화염이 내부에서 외부로 전파되는 것을 방지할 수 있는 틈새의 최대 간격치를 화염일주한계라 한다.

폭발등급	1	2	3
틈새의 폭	0.6mm 초과	0.4mm 이상 0.6mm 이하	0.4mm 미만
해당 가스	일산화탄소, 벤젠, 아세톤, 암모니아, 메탄올, 에탄올, 프로판	에틸렌, 도시가스	수소, 아세틸렌

091 다음 중 독성이 가장 강한 가스는?

① NH₃
② COCl₂
③ C₆H₅CH₃
④ H₂S

COCl₂ (포스겐)
- 열가소성 수지인 폴리염화비닐(PVC), 수지류 등이 연소할 때 발생되며 맹독성 가스로 허용농도는 0.1ppm(mg/m³)이다.
- 일반적인 물질이 연소할 경우는 거의 생성되지 않지만 일산화탄소와 염소가 반응하여 생성하기도 한다.

092 공기 중에서 폭발범위가 12.5~74vol% 인 일산화탄소의 위험도는 얼마인가?

① 4.92
② 5.26
③ 6.26
④ 7.05

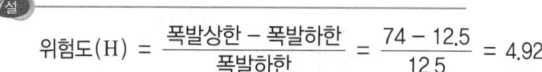

위험도(H) = $\dfrac{폭발상한 - 폭발하한}{폭발하한} = \dfrac{74 - 12.5}{12.5} = 4.92$

093 반응성 화학물질의 위험성은 실험에 의한 평가 대신 문헌조사 등을 통해 계산에 의해 평가하는 방법을 사용할 수 있다. 이에 관한 설명으로 옳지 않은 것은?

① 위험성이 너무 커서 물성을 측정할 수 없는 경우 계산에 의한 평가 방법을 사용할 수도 있다.
② 연소열, 분해열, 폭발열 등의 크기에 의해 그 물질의 폭발 또는 발화의 위험예측이 가능하다.
③ 계산에 의한 평가를 하기 위해서는 폭발 또는 분해에 따른 생성물의 예측이 이루어져야 한다.
④ 계산에 의한 위험성 예측은 모든 물질에 대해 정확성이 있으므로 더 이상의 실험을 필요로 하지 않는다.

094 메탄 1vol%, 헥산 2vol%, 에틸렌 2vol%, 공기 95vol%로 된 혼합가스의 폭발하한계 값(vol%)은 약 얼마인가?(단, 메탄, 헥산, 에틸렌의 폭발하한계 값은 각각 5.0, 1.1, 2.7vol% 이다.)

① 1.8 ② 3.5
③ 12.8 ④ 21.7

$$\text{폭발하한계} = \frac{100 - 95}{\frac{1}{5.0} + \frac{2}{1.1} + \frac{2}{2.7}} = 1.8[\text{vol}\%]$$

095 다음 중 분해 폭발의 위험성이 있는 아세틸렌의 용제로 가장 적절한 것은?

① 에테르 ② 에틸알코올
③ 아세톤 ④ 아세트알데히드

아세틸렌을 용기에 충진시 충진가스(희석제)와 용제
- 충진가스 : 질소, CO, 에틸렌
- 용제 : 아세톤, 디메틸포름아미드(Dimethylformamide, DMF)

096 소화약제 IG-100의 구성성분은?

① 질소 ② 산소
③ 이산화탄소 ④ 수소

할로겐화합물 및 불활성기체의 종류

구 분	소 화 약 제	화 학 식
할로겐 화합물	퍼플루오로부탄("FC-3-1-10"이라 함)	C_4F_{10}
	도데카플루오로-2-메틸펜탄-3-온 ("FK-5-1-12"이라 함)	$CF_2CF_2C(O)CF(CF_3)_2$
	하이드로클로로플루오로카본혼화제 ("HCFC BLEND A"라 함)	HCFC-123($CHCl_2CF_3$) : 4.75% HCFC-22($CHClF_2$) : 82% HCFC-124($CHClFCF_3$) : 9.5% $C_{10}H_{16}$: 3.75%
	클로로테트라플루오르에탄 ("HCFC-124"라 함)	$CHClFCF_3$
	펜타플루오로에탄("HFC-125"라 함)	CHF_2CF_3
	헵타플루오로프로판("HFC-227ea"라 함)	CF_3CHFCF_3
	트리플루오로메탄("HFC-23"라 함)	CHF_3
	헥사플루오로프로판("HFC-236fa"라 함)	$CF_3CH_2CF_3$
	트리플루오로이오다이드("FIC-13I1"라 함)	CF_3I

불활성 가스	불연성·불활성기체혼합가스("IG-01"이라 함)	Ar
	불연성·불활성기체혼합가스("IG-100"이라 함)	N_2
	불연성·불활성기체혼합가스("IG-541"이라 함)	N_2 : 52%, Ar : 40%, CO_2 : 8%
	불연성·불활성기체혼합가스("IG-55"이라 함)	N_2 : 50%, Ar : 50%

097 압축기와 송풍의 관로에 심한 공기의 맥동과 진동을 발생하면서 불안정한 운전이 되는 서징(surging) 현상의 방지법으로 옳지 않은 것은?

① 풍량을 감소시킨다.
② 배관의 경사를 완만하게 한다.
③ 교축밸브를 기계에서 멀리 설치한다.
④ 토출가스를 흡입측에 바이패스 시키거나 방출밸브에 의해 대기로 방출시킨다.

서징(surging) 현상 방지대책
• 회전수를 적당히 조절한다.
• 베인을 제어하여 풍량을 감소시킨다.
• 배관의 경사를 완만하게 한다.
• 교축밸브를 기계에 근접 설치한다.
• 토출가스를 흡입 측에 바이패스 시키거나 방출밸브에 의해 대기로 방출시킨다.

098 가열·마찰·충격 또는 다른 화학물질과의 접촉 등으로 인하여 산소나 산화제의 공급이 없더라도 폭발 등 격렬한 반응을 일으킬 수 있는 물질은?

① 에틸알코올
② 인화성 고체
③ 니트로화합물
④ 테레핀유

니트로화합물은 위험물안전관리법에 규정된 제5류 자기반응성 물질에 해당한다.

099 다음 중 물과 반응하여 아세틸렌을 발생시키는 물질은?

① Zn
② Mg
③ Al
④ CaC_2

$CaC_2 + 2H_2O \rightarrow Ca(OH)_2 + C_2H_2$

100 다음 중 파열판에 관한 설명으로 틀린 것은?

① 압력 방출속도가 빠르다.
② 한번 파열되면 재사용 할 수 없다.
③ 한번 부착한 후에는 교환할 필요가 없다
④ 높은 점성의 슬러리나 부식성 유체에 적용할 수 있다.

파열판은 부식 등으로 인해 설정압력 이하에서 파열하는 경우도 있으므로 일정 기간을 정해 교환하여야 한다.

제 06 과목 건설공사 안전관리

101 작업장에 계단 및 계단참을 설치하는 경우 매제곱미터 당 최소 몇 킬로그램 이상의 하중에 견딜 수 있는 강도를 가진 구조로 설치하여야 하는가?

① 300kg
② 400kg
③ 500kg
④ 600kg

산업안전보건기준에 관한 규칙 제26조(계단의 강도) ① 사업주는 계단 및 계단참을 설치하는 경우 매제곱미터당 500킬로그램 이상의 하중에 견딜 수 있는 강도를 가진 구조로 설치하여야 하며, 안전율[안전의 정도를 표시하는 것으로서 재료의 파괴응력도(破壞應力度)와 허용응력도(許容應力度)의 비율을 말한다)]은 4 이상으로 하여야 한다.
② 사업주는 계단 및 승강구 바닥을 구멍이 있는 재료로 만드는 경우 렌치나 그 밖의 공구 등이 낙하할 위험이 없는 구조로 하여야 한다.

102 작업으로 인하여 물체가 떨어지거나 날아올 위험이 있는 경우 필요한 조치와 가장 거리가 먼 것은?

① 투하설비 설치
② 낙하물 방지망 설치
③ 수직보호망 설치
④ 출입금지구역 설정

산업안전보건기준에 관한 규칙 제14조(낙하물에 의한 위험의 방지) ① 사업주는 작업장의 바닥, 도로 및 통로 등에서 낙하물이 근로자에게 위험을 미칠 우려가 있는 경우 보호망을 설치하는 등 필요한 조치를 하여야 한다.
② 사업주는 작업으로 인하여 물체가 떨어지거나 날아올 위험이 있는 경우 낙하물 방지망, 수직보호망 또는 방호선반의 설치, 출입금지구역의 설정, 보호구의 착용 등 위험을 방지하기 위하여 필요한 조치를 하여야 한다. 이 경우 낙하물 방지망 및 수직보호망은 「산업표준화법」 제12조에 따른 한국산업표준(이하 "한국산업표준"이라 한다)에서 정하는 성능기준에 적합한 것을 사용하여야 한다.
③ 제2항에 따라 낙하물 방지망 또는 방호선반을 설치하는 경우에는 다음 각 호의 사항을 준수하여야 한다.
1. 높이 10미터 이내마다 설치하고, 내민 길이는 벽면으로부터 2미터 이상으로 할 것
2. 수평면과의 각도는 20도 이상 30도 이하를 유지할 것

103 공정률이 65%인 건설현장의 경우 공사 진척에 따른 산업안전보건관리비의 최소 사용기준으로 옳은 것은?(단, 공정률은 기성공정률을 기준으로 함)

① 40% 이상　　② 50% 이상
③ 60% 이상　　④ 70% 이상

공사진척에 따른 안전관리비 사용기준

공정율	50% 이상 70% 미만	70% 이상 90% 미만	90% 이상
사용기준	50% 이상	70% 이상	90% 이상

※공정률은 기성공정률을 기준으로 한다.

104 사업주가 유해위험방지 계획서 제출 후 건설공사 중 6개월 이내마다 안전보건공단의 확인을 받아야 할 내용이 아닌 것은?

① 유해위험방지 계획서의 내용과 실제공사 내용이 부합하는지 여부
② 유해위험방지 계획서 변경 내용의 적정성
③ 자율안전관리 업체 유해 · 위험방지 계획서 제출 · 심사 면제
④ 추가적인 유해 · 위험요인의 존재 여부

산업안전보건법 시행규칙 제46조(확인) ① 법 제42조제1항제1호 및 제2호에 따라 유해위험방지계획서를 제출한 사업주는 해당 건설물 · 기계 · 기구 및 설비의 시운전단계에서, 법 제42조제1항제3호에 따른 사업주는 건설공사 중 6개월 이내마다 법 제43조제1항에 따라 다음 각 호의 사항에 관하여 공단의 확인을 받아야 한다.
1. 유해위험방지계획서의 내용과 실제공사 내용이 부합하는지 여부
2. 법 제42조제6항에 따른 유해위험방지계획서 변경내용의 적정성
3. 추가적인 유해·위험요인의 존재 여부

105 다음 중 방망사의 폐기시 인장강도에 해당하는 것은?(단, 그물코의 크기는 10cm이며 매듭없는 방망의 경우임)

① 50kg　　② 100kg
③ 150kg　　④ 200kg

방망사의 신품에 대한 인장 강도

그물코의 종류	방망의 종류(단위 : kg)	
	매듭이 없는 방망	매듭 방망
10cm	240(150)	200(135)
5cm	-	110(60)

※괄호 안은 폐기기준 인장강도임

106 굴착공사에서 비탈면 또는 비탈면 하단을 성토하여 붕괴를 방지하는 공법은?

① 배수공　　　　　　　　　② 배토공
③ 공작물에 의한 방지공　　　④ 압성토공

배토공은 비탈면 상부의 토사를 제거함으로써, 압성토공은 비탈면 또는 비탈면 하단을 성토하여 붕괴를 방지하는 공법이다.

107 지면보다 낮은 땅을 파는데 적합하고 수중굴착도 가능한 굴착기계는?

① 백호우　　　　② 파워쇼벨
③ 가이데릭　　　④ 파일드라이버

셔블계 굴착기계의 종류
- 파워셔블 : 지반면보다 높은 곳의 굴착, 쇄석 옮겨쌓기, 토사의 처리 등에 널리 쓰인다.
- 백호우 : 지반면보다 낮은 곳의 굴착, 지하층 및 기초 굴삭, 토목공사나 수중굴착 등에 쓰인다.(지하 6m 정도의 깊이)
- 드래그라인 : 지반면보다 낮은 곳의 굴착, 토사를 긁어모음, 연약한 지반의 깊은 곳 굴착 등에 쓰인다.(지하 8m 정도의 깊이)
- 클램쉘 : 좁은 곳의 수직굴착, 자갈 등의 적재, 연약한 지반이나 수중굴착 등에 쓰인다.

108 다음은 안전대와 관련된 설명이다. 아래 내용에 해당되는 용어로 옳은 것은?

> 로프 또는 레일 등과 같은 유연하거나 단단한 고정줄로서 추락발생시 추락을 저지시키는 추락방지대를 지탱해 주는 줄모양의 부품

① 안전블록　　　② 수직구명줄
③ 죔줄　　　　　④ 보조죔줄

안전대 용어
- 안전블록 : 안전그네와 연결하여 추락발생시 추락을 억제할 수 있는 자동잠김장치가 갖추어져 있고 죔줄이 자동적으로 수축되는 장치
- 수직구명줄 : 로프 또는 레일 등과 같은 유연하거나 단단한 고정줄로서 추락발생시 추락을 저지시키는 추락방지대를 지탱해 주는 줄모양의 부품
- 죔줄 : 벨트 또는 안전그네를 구명줄 또는 구조물 등 기타 걸이설비와 연결하기 위한 줄모양의 부품
- 보조죔줄 : 안전대를 U자걸이로 사용할 때 U자걸이를 위해 훅 또는 카라비너를 지탱 벨트의 D링에 걸거나 떼어낼 때 잘못하여 추락하는 것을 방지하기 위한 링과 걸이설비 연결에 사용하는 훅 또는 카라비너를 갖춘 줄모양의 부품

109 굴착과 싣기를 동시에 할 수 있는 토공기계가 아닌 것은?

① Power shovel　　② Tractor shovel
③ Back hoe　　　　④ Motor grader

그레이더(Grader)
- 지면을 절삭하여 다듬는 것이 목적인 장비로 하수구 파기, 경사면 다듬기, 제방 및 제설 작업, 아스팔트 포장재료 배합 등의 부수적 작업이 가능하다.
- 주요부는 땅을 깎거나 고르는 블레이드(Blade)와 땅을 파서 일구는 스캐리파이어(Scarifier)로 구성된다.

110 구축물에 안전진단 등 안전성 평가를 실시하여 근로자에게 미칠 위험성을 미리 제거하여야 하는 경우가 아닌 것은?

① 구축물등의 인근에서 굴착·항타작업 등으로 침하·균열 등이 발생하여 붕괴의 위험이 예상될 경우
② 구축물등이 그 자체의 무게·적설·풍압 또는 그 밖에 부가되는 하중 등으로 붕괴 등의 위험이 있을 경우
③ 화재 등으로 구축물등의 내력(耐力)이 심하게 저하됐을 경우
④ 구축물의 구조체가 안전측으로 과도하게 설계가 되었을 경우

산업안전보건기준에 관한 규칙 제52조(구축물등의 안전성 평가) 사업주는 구축물등이 다음 각 호의 어느 하나에 해당하는 경우에는 구축물등에 대한 구조검토, 안전진단 등의 안전성 평가를 하여 근로자에게 미칠 위험성을 미리 제거해야 한다.
1. 구축물등의 인근에서 굴착 · 항타작업 등으로 침하 · 균열 등이 발생하여 붕괴의 위험이 예상될 경우
2. 구축물등에 지진, 동해(凍害), 부동침하(不同沈下) 등으로 균열 · 비틀림 등이 발생했을 경우
3. 구축물등이 그 자체의 무게 · 적설 · 풍압 또는 그 밖에 부가되는 하중 등으로 붕괴 등의 위험이 있을 경우
4. 화재 등으로 구축물등의 내력(耐力)이 심하게 저하됐을 경우
5. 오랜 기간 사용하지 않던 구축물등을 재사용하게 되어 안전성을 검토해야 하는 경우
6. 구축물등의 주요구조부(「건축법」 제2조제1항제7호에 따른 주요구조부를 말한다. 이하 같다)에 대한 설계 및 시공 방법의 전부 또는 일부를 변경하는 경우
7. 그 밖의 잠재위험이 예상될 경우

111 산업안전보건법령에 따른 지반의 종류별 굴착면의 기울기 기준으로 옳지 않은 것은?

① 모래 − 1 : 1.8
② 경암 − 1 : 1.2
③ 풍화암 − 1 : 1.0
④ 연암 − 1 : 1.0

굴착면의 기울기 기준(산업안전기준에 관한 규칙 별표 11)

지반의 종류	굴착면의 기울기
모래	1 : 1.8
연암 및 풍화암	1 : 1.0
경암	1 : 0.5
그 밖의 흙	1 : 1.2

비고
1. 굴착면의 기울기는 굴착면의 높이에 대한 수평거리의 비율을 말한다.
2. 굴착면의 경사가 달라서 기울기를 계산하기가 곤란한 경우에는 해당 굴착면에 대하여 지반의 종류별 굴착면의 기울기에 따라 붕괴의 위험이 증가하지 않도록 위 표의 지반의 종류별 굴착면의 기울기에 맞게 해당 각 부분의 경사를 유지해야 한다.

112 달비계에 사용이 불가한 와이어로프의 기준으로 옳지 않은 것은?

① 이음매가 있는 것
② 와이어로프의 한 꼬임에서 끊어진 소선의 수가 7% 이상인 것
③ 지름의 감소가 공칭지름의 7%를 초과하는 것
④ 심하게 변형되거나 부식된 것

산업안전보건기준에 관한 규칙 제63조(달비계의 구조) ① 사업주는 곤돌라형 달비계를 설치하는 경우에는 다음 각 호의 사항을 준수해야 한다.
1. 다음 각 목의 어느 하나에 해당하는 와이어로프를 달비계에 사용해서는 아니 된다.
    가. 이음매가 있는 것
    나. 와이어로프의 한 꼬임[[스트랜드(strand)를 말한다. 이하 같다]]에서 끊어진 소선(素線)[필러(pillar)선은 제외한다]]의 수가 10퍼센트 이상(비자전로프의 경우에는 끊어진 소선의 수가 와이어로프 호칭지름의 6배 길이 이내에서 4개 이상이거나 호칭지름 30배 길이 이내에서 8개 이상)인 것
    다. 지름의 감소가 공칭지름의 7퍼센트를 초과하는 것
    라. 꼬인 것
    마. 심하게 변형되거나 부식된 것
    바. 열과 전기충격에 의해 손상된 것
2. 다음 각 목의 어느 하나에 해당하는 달기 체인을 달비계에 사용해서는 아니 된다.
    가. 달기 체인의 길이가 달기 체인이 제조된 때의 길이의 5퍼센트를 초과한 것
    나. 링의 단면지름이 달기 체인이 제조된 때의 해당 링의 지름의 10퍼센트를 초과하여 감소한 것
    다. 균열이 있거나 심하게 변형된 것

113 가설통로의 설치에 관한 기준으로 옳지 않은 것은?

① 경사는 30° 이하로 한다.
② 건설공사에 사용하는 높이 8m 이상인 비계다리에는 7m 이내마다 계단참을 설치한다.
③ 작업상 부득이한 경우에는 필요한 부분에 한하여 안전난간을 임시로 해체할 수 있다.
④ 수직갱에 가설된 통로의 길이가 10m 이상인 경우에는 5 m 이내마다 계단참을 설치한다.

산업안전보건기준에 관한 규칙 제23조(가설통로의 구조) 사업주는 가설통로를 설치하는 경우 다음 각 호의 사항을 준수하여야 한다.
1. 견고한 구조로 할 것
2. 경사는 30도 이하로 할 것. 다만, 계단을 설치하거나 높이 2미터 미만의 가설통로로서 튼튼한 손잡이를 설치한 경우에는 그러하지 아니하다.
3. 경사가 15도를 초과하는 경우에는 미끄러지지 아니하는 구조로 할 것
4. 추락할 위험이 있는 장소에는 안전난간을 설치할 것. 다만, 작업상 부득이한 경우에는 필요한 부분만 임시로 해체할 수 있다.
5. 수직갱에 가설된 통로의 길이가 15미터 이상인 경우에는 10미터 이내마다 계단참을 설치할 것
6. 건설공사에 사용하는 높이 8미터 이상인 비계다리에는 7미터 이내마다 계단참을 설치할 것

114 강관비계의 수직방향 벽이음 조립간격(m)으로 옳은 것은?(단, 틀비계이며 높이가 5m 이상일 경우)

① 2m ② 4m
③ 6m ④ 9m

강관비계의 조립 간격

강관비계의 종류	조립간격(단위 : m)	
	수직방향	수평방향
단관비계	5	5
틀비계(높이가 5m 미만의 것은 제외한다)	6	8

115 크레인의 운전실 또는 운전대를 통하는 통로의 끝과 건설물 등의 벽체의 간격은 최대 얼마 이하로 하여야 하는가?

① 0.2m ② 0.3m
③ 0.4m ④ 0.5m

산업안전보건기준에 관한 규칙 제145조(건설물 등의 벽체와 통로의 간격 등) 사업주는 다음 각 호의 간격을 0.3미터 이하로 하여야 한다. 다만, 근로자가 추락할 위험이 없는 경우에는 그 간격을 0.3미터 이하로 유지하지 아니할 수 있다.
1. 크레인의 운전실 또는 운전대를 통하는 통로의 끝과 건설물 등의 벽체의 간격
2. 크레인 거더(girder)의 통로 끝과 크레인 거더의 간격
3. 크레인 거더의 통로로 통하는 통로의 끝과 건설물 등의 벽체의 간격

116 흙막이 지보공을 설치하였을 때 정기적으로 점검하여 이상 발견 시 즉시 보수하여야 할 사항이 아닌 것은?

① 굴착 깊이의 정도
② 버팀대의 긴압의 정도
③ 부재의 접속부ㆍ부착부 및 교차부의 상태
④ 부재의 손상ㆍ변형ㆍ부식ㆍ변위 및 탈락의 유무와 상태

산업안전보건기준에 관한 규칙 제347조(붕괴 등의 위험 방지) ① 사업주는 흙막이 지보공을 설치하였을 때에는 정기적으로 다음 각 호의 사항을 점검하고 이상을 발견하면 즉시 보수하여야 한다.
1. 부재의 손상ㆍ변형ㆍ부식ㆍ변위 및 탈락의 유무와 상태
2. 버팀대의 긴압(緊壓)의 정도
3. 부재의 접속부ㆍ부착부 및 교차부의 상태
4. 침하의 정도
② 사업주는 제1항의 점검 외에 설계도서에 따른 계측을 하고 계측 분석 결과 토압의 증가 등 이상한 점을 발견한 경우에는 즉시 보강조치를 하여야 한다.

117 작업발판 및 추락방호망을 설치하기 곤란한 경우 근로자의 추락방지를 위해 사용하는 이동식 사다리에 대한 설명으로 옳지 않은 것은?

① 평탄하고 견고하며 미끄럽지 않은 바닥에 이동식 사다리를 설치해야 한다.
② 이동식 사다리의 제조사가 정하여 표시한 이동식 사다리의 최대사용하중을 초과하지 않는 범위 내에서만 사용해야 한다.
③ 이동식 사다리를 설치한 바닥면에서 높이 5m 이하의 장소에서만 작업해야 한다.
④ 이동식 사다리를 사용하여 작업할 때는 안전모를 착용하되, 작업 높이가 2m 이상인 경우에는 안전모와 안전대를 함께 착용해야 한다.

산업안전보건기준에 관한 규칙 제42조(추락의 방지) ④ 사업주는 제1항 및 제2항에도 불구하고 작업발판 및 추락방호망을 설치하기 곤란한 경우에는 근로자로 하여금 3개 이상의 버팀대를 가지고 지면으로부터 안정적으로 세울 수 있는 구조를 갖춘 이동식 사다리를 사용하여 작업을 하게 할 수 있다. 이 경우 사업주는 근로자가 다음 각 호의 사항을 준수하도록 조치해야 한다.
1. 평탄하고 견고하며 미끄럽지 않은 바닥에 이동식 사다리를 설치할 것
2. 이동식 사다리의 넘어짐을 방지하기 위해 다음 각 목의 어느 하나 이상에 해당하는 조치를 할 것
   가. 이동식 사다리를 견고한 시설물에 연결하여 고정할 것
   나. 아웃트리거(outrigger, 전도방지용 지지대)를 설치하거나 아웃트리거가 붙어있는 이동식 사다리를 설치할 것
   다. 이동식 사다리를 다른 근로자가 지지하여 넘어지지 않도록 할 것
3. 이동식 사다리의 제조사가 정하여 표시한 이동식 사다리의 최대사용하중을 초과하지 않는 범위 내에서만 사용할 것
4. 이동식 사다리를 설치한 바닥면에서 높이 3.5미터 이하의 장소에서만 작업할 것
5. 이동식 사다리의 최상부 발판 및 그 하단 디딤대에 올라서서 작업하지 않을 것. 다만, 높이 1미터 이하의 사다리는 제외한다.
6. 안전모를 착용하되, 작업 높이가 2미터 이상인 경우에는 안전모와 안전대를 함께 착용할 것
7. 이동식 사다리 사용 전 변형 및 이상 유무 등을 점검하여 이상이 발견되면 즉시 수리하거나 그 밖에 필요한 조치를 할 것

118 철골공사 시 안전작업방법 및 준수사항으로 옳지 않은 것은?

① 강풍, 폭우 등과 같은 악천우시에는 작업을 중지하여야 하며 특히 강풍시에는 높은 곳에 있는 부재나 공구류가 낙하비래하지 않도록 조치하여야 한다.
② 철골부재 반입 시 시공순서가 빠른 부재는 상단부에 위치하도록 한다.
③ 구명줄 설치 시 마닐라 로프 직경 10mm를 기준하여 설치하고 작업방법을 충분히 검토하여야 한다.
④ 철골보의 두곳을 매어 인양시킬 때 와이어로프의 내각은 60°이하이어야 한다.

구명줄을 설치할 경우에는 1가닥의 구명줄을 여러명이 동시에 사용하지 않도록 하여야 하며 구명줄을 마닐라 로우프 직경 16밀리미터를 기준하여 설치하고 작업방법을 충분히 검토하여야 한다.(철골공사 표준안전 작업지침 제16조)

119 해체공사 시 작업용 기계기구의 취급 안전기준에 관한 설명으로 옳지 않은 것은?

① 철제햄머와 와이어로프의 결속은 경험이 많은 사람으로서 선임된 자에 한하여 실시하도록 하여야 한다.
② 팽창제 천공간격은 콘크리트 강도에 의하여 결정되나 70~120cm 정도를 유지하도록 한다.
③ 쐐기타입으로 해체 시 천공구멍은 타입기 삽입부분의 직경과 거의 같아야 한다.
④ 화염방사기로 해체작업 시 용기 내 압력은 온도에 의해 상승하기 때문에 항상 40℃ 이하로 보존해야 한다.

팽창제(해체공사 표준안전 작업지침 제8조)
- 팽창제와 물과의 시방 혼합비율을 확인하여야 한다.
- 천공직경이 너무 작거나 크면 팽창력이 작아 비효율적이므로, 천공 직경은 30 내지 50mm 정도를 유지하여야 한다.
- 천공간격은 콘크리트 강도에 의하여 결정되나 30 내지 70mm 정도를 유지하도록 한다.
- 팽창제를 저장하는 경우에는 건조한 장소에 보관하고 직접 바닥에 두지말고 습기를 피하여야 한다.
- 개봉된 팽창제는 사용하지 말아야 하며 쓰다 남은 팽창제 처리에 유의하여야 한다.

120 콘크리트 타설 시 거푸집 측압에 관한 설명으로 옳지 않은 것은?

① 기온이 높을수록 측압은 크다.
② 타설속도가 클수록 측압은 크다.
③ 슬럼프가 클수록 측압은 크다.
④ 다짐이 과할수록 측압은 크다.

콘크리트의 측압이 커지는 조건
- 기온이 낮을수록(대기 중의 습도가 낮을수록)
- 치어붓기 속도가 클수록
- 굵은 콘크리트일수록(물-시멘트비가 클수록, 슬럼프 값이 클수록, 시멘트-물비가 적을수록)
- 콘크리트의 비중이 클수록
- 콘크리트의 다지기가 강할수록
- 철근의 양이 적을수록
- 거푸집의 수밀성이 높을수록
- 거푸집의 수평단면이 클수록(벽 두께가 클수록)
- 거푸집의 강성이 클수록
- 거푸집의 표면이 매끄러울수록
- 생콘크리트의 높이가 높을수록(단, 일정한 높이에 이르면 측압의 증가는 없음)

정답 2020년 06월 07일 최근 기출문제

001 ②	002 ④	003 ③	004 ④	005 ②	006 ④	007 ①	008 ①	009 ②	010 ①
011 ④	012 ③	013 ②	014 ②	015 ①	016 ②	017 ①	018 ①	019 ③	020 ④
021 ①	022 ②	023 ②	024 ①	025 ④	026 ③	027 ②	028 ④	029 ②	030 ②
031 ①	032 ①	033 ③	034 ①	035 ④	036 ②	037 ③	038 ④	039 ③	040 ④
041 ①	042 ①	043 ④	044 ④	045 ①	046 ①	047 ①	048 ①	049 ③	050 ④
051 ④	052 ③	053 ④	054 ②	055 ③	056 ②	057 ②	058 ④	059 ④	060 ①
061 ④	062 ②	063 ③	064 ④	065 ①	066 ②	067 ②	068 ①	069 ①	070 ②
071 ③	072 ②	073 ③	074 ①	075 ②	076 ④	077 ①	078 ③	079 ④	080 ②
081 ②	082 ④	083 ③	084 ④	085 ②	086 ④	087 ②	088 ③	089 ②	090 ②
091 ②	092 ①	093 ④	094 ①	095 ③	096 ①	097 ③	098 ③	099 ④	100 ③
101 ③	102 ①	103 ②	104 ③	105 ③	106 ④	107 ①	108 ③	109 ④	110 ④
111 ②	112 ②	113 ④	114 ③	115 ②	116 ①	117 ③	118 ③	119 ②	120 ①

2020년 08월 22일

최근 기출문제

제 01 과목 산업재해 예방 및 안전보건교육

001 산업안전보건법령상 안전보건표지의 색채와 사용사례의 연결로 틀린 것은?

① 노란색 – 정지신호, 소화설비 및 그 장소, 유해행위의 금지
② 파란색 – 특정 행위의 지시 및 사실의 고지
③ 빨간색 – 화학물질 취급장소에서의 유해 · 위험 경고
④ 녹색 – 비상구 및 피난소, 사람 또는 차량의 통행표지

안전보건표지의 색도기준 및 용도(산업안전보건법 시행규칙 별표 8)

색채	색도기준	용도	사용례
빨간색	7.5R 4/14	금지	정지신호, 소화설비 및 그 장소, 유해행위의 금지
빨간색	7.5R 4/14	경고	화학물질 취급장소에서의 유해 · 위험 경고
노란색	5Y 8.5/12	경고	화학물질 취급장소에서의 유해 · 위험 경고 이외의 위험 경고, 주의표지 또는 기계방호물
파란색	2.5PB 4/10	지시	특정 행위의 지시 및 사실의 고지
녹색	2.5G 4/10	안내	비상구 및 피난소 사람 또는 차량의 통행 표시
흰색	N9.5	–	파란색 또는 녹색에 대한 보조색
검은색	N0.5	–	문자 및 빨간색 또는 노란색에 대한 보조색

002 파블로프(Pavlov)의 조건반사설에 의한 학습이론의 원리가 아닌 것은?

① 일관성의 원리
② 계속성의 원리
③ 준비성의 원리
④ 강도의 원리

조건반사설에 의한 학습이론의 원리
- 시간의 원리 : 조건자극(종소리)이 무조건자극(음식물)보다 시간적으로 동시 또는 조금 앞서서 주어야만 조건화 즉 강화가 잘됨
- 강도의 원리 : 조건반사적인 행동이 이루어지려면 먼저 준 자극의 정도에 비해 적어도 같거나 보다 강한 자극을 주어야 바람직한 결과를 기대할 수 있음

- 일관성의 원리 : 조건자극은 일관된 자극물을 사용
- 계속성의 원리 : 자극과 반응과의 관계를 반복하여 회수를 거듭할수록 조건화가 잘 형성

003 허즈버그(Herzberg)의 위생-동기이론에서 동기요인에 해당하는 것은?

① 감독 ② 안전
③ 책임감 ④ 작업조건

해설

허즈버그(Herzberg)의 위생요인과 동기요인
- 위생요인 : 직무수행 환경과 관련된 요인으로 생산능력 향상에 영향을 미치지 못하며 업무수행에서의 손실만을 방지한다. 회사정책, 관리·감독, 작업조건, 대인관계, 지위, 보수, 안전 등이 이에 속한다.
- 동기요인 : 작업자에게 동기를 부여하여 업무 효과를 증대시키는 요인으로 직무만족에 의한 생산능력을 향상시킨다. 여기에는 작업자의 성취감, 승진 및 성장에 대한 가능성, 책임감 등이 있다.

004 매슬로우(Maslow)의 욕구단계 제2단계 욕구에 해당하는 것은?

① 자아실현의 욕구 ② 안전에 대한 욕구
③ 사회적 욕구 ④ 생리적 욕구

해설

매슬로우(Abraham H. Maslow)의 욕구 5단계
- 1단계 : 생리적 욕구(기아, 갈증, 호흡, 배설, 성욕 등)
- 2단계 : 안전의 욕구(안전을 구하고자 하는 욕구)
- 3단계 : 사회적 욕구(애정, 소속에 대한 욕구)
- 4단계 : 인정받으려는 욕구(자존심, 명예, 성취, 지위에 대한 욕구)
- 5단계 : 자아실현의 욕구(잠재적인 능력을 실현하고자 하는 욕구)

005 다음 중 안전모의 성능시험에 있어서 AE, ABE종에만 한하여 실시하는 시험은?

① 내관통성시험, 충격흡수성시험
② 난연성시험, 내수성시험
③ 난연성시험, 내전압성시험
④ 내전압성시험, 내수성시험

해설

안전인증대상 안전모의 시험성능기준

항목	시험성능기준
내관통성	AE, ABE종 안전모는 관통거리가 9.5mm 이하이고, AB종 안전모는 관통거리가 11.1mm 이하이어야 한다.
충격흡수성	최고전달충격력이 4,450N을 초과해서는 안되며, 모체와 착장체의 기능이 상실되지 않아야 한다.
내전압성	AE, ABE종 안전모는 교류 20kV에서 1분간 절연파괴 없이 견뎌야 하고, 이때 누설되는 충전전류는 10mA 이하이어야 한다.

내수성	AE, ABE종 안전모는 질량증가율이 1% 미만이어야 한다. ※ 질량증가율(%) = $\dfrac{\text{담근 후의 질량} - \text{담그기 전의 질량}}{\text{담그기 전의 질량}} \times 100$
난연성	모체가 불꽃을 내며 5초 이상 연소되지 않아야 한다.
턱끈풀림	150N 이상 250N 이하에서 턱끈이 풀려야 한다.

※자율안전확인대상 안전모의 시험성능기준은 내관통성, 충격흡수성, 난연성, 턱끈풀림 항목만 적용

006 다음 중 안전교육의 기본 방향과 가장 거리가 먼 것은?

① 생산성 향상을 위한 교육
② 사고사례 중심의 안전교육
③ 안전작업을 위한 교육
④ 안전의식 향상을 위한 교육

안전보건교육의 기본방향
- 사고사례 중심의 안전보건교육
- 안전작업(표준작업)을 위한 안전보건교육
- 안전의식 향상을 위한 안전보건교육

007 강도율에 관한 설명 중 틀린 것은?

① 사망 및 영구 전노동불능(신체장해등급 1~3급)의 근로손실일수는 7500일로 환산한다.
② 신체장해등급 중 제14급은 근로손실일수를 50일로 환산한다.
③ 영구 일부 노동불능은 신체 장해등급에 따른 근로손실일수에 $\dfrac{300}{365}$을 곱하여 환산한다.
④ 일시 전노동 불능은 휴업일수에 $\dfrac{300}{365}$을 곱하여 근로손실일수를 환산한다.

근로손실일수의 산정기준(국제기준)
- 사망 및 영구 전노동불능(신체장해등급 1~3급) : 7500일
- 영구 일부노동불능(신체장해등급 4~14급)

신체장해등급	4	5	6	7	8	9	10	11	12	13	14
근로손실일수	5500	4000	3000	2200	1500	1000	600	400	200	100	50

- 일시 전노동불능 = 휴업일수 × (300/365)

008 플리커 검사(flicker test)의 목적으로 가장 적절한 것은?

① 혈중 알코올농도 측정
② 체내 산소량 측정
③ 작업강도 측정
④ 피로의 정도 측정

플리커 검사는 인간의 지각기능을 측정하는 검사로 정신적 피로 판정에 사용하며, 정신 피로 시에 플리커값이 낮아진다.

009 레빈(Lewin)은 인간의 행동 특성을 다음과 같이 표현하였다. 변수 'E'가 의미하는 것은?

$$B = f(P \cdot E)$$

① 연령　　　　　　　　② 성격
③ 환경　　　　　　　　④ 지능

Lewin K의 법칙

Lewin은 인간의 행동(B)은 그 사람이 가진 자질 즉, 개체(P)와 심리학적 환경(E)과의 상호함수관계에 있다고 규정함.
$B = f(P \cdot E)$
- B : Behavior(인간의 행동)
- f : Function(함수관계 : 적성 기타 P와 E에 영향을 미칠 수 있는 조건)
- P : Person(개체 : 연령, 경험, 심신상태, 성격, 지능 등)
- E : Environment(심리적 환경 : 인간관계, 작업환경 등)

010 하인리히의 재해발생 이론이 다음과 같이 표현될 때, α가 의미하는 것으로 옳은 것은?

$$재해의 발생 = 설비적 결함 + 관리적 결함 + α$$

① 노출된 위험의 상태
② 재해의 직접원인
③ 물적 불안전 상태
④ 잠재된 위험의 상태

하인리히의 재해발생 이론

재해의 발생 = 설비적 결함 + 관리적 결함 + 잠재된 위험의 상태
　　　　　 = 물적불안전상태 + 인적불안전행위 + 잠재된 위험

011 인간의 동작특성 중 판단과정의 착오요인이 아닌 것은?

① 합리화　　　　　　　② 정서불안정
③ 작업조건불량　　　　④ 정보부족

착오요인(대뇌의 Human Error)

- 인지과정 착오 : 생리·심리적 능력의 한계, 정보량 저장능력의 한계, 감각차단 현상(단조로운 업무, 반복작업), 정서 불안정(공포, 불안, 불만)
- 판단과정 착오 : 능력 부족, 정보 부족, 자기 합리화, 자기기술 과신, 환경조건의 불비(不備)
- 조치과정 착오 : 작업자 기능 미숙, 작업경험 부족, 피로

012 다음 설명의 학습지도 형태는 어떤 토의법 유형인가?

> 6-6 회의라고도 하며, 6명씩 소집단으로 구분하고, 집단별로 각각의 사회자를 선발하여 6분간씩 자유토의를 행하여 의견을 종합하는 방법

① 포럼(Forum)
② 버즈세션(Buzz session)
③ 케이스 메소드(case method)
④ 패널 디스커션(Panel discussion)

토의(회의) 방식
- 포럼(Forum, 공개토론회) : 새로운 자료나 교재를 제시하고 거기서의 문제점을 피교육자로 하여금 제기하도록 하거나 의견을 여러 가지 방법으로 발표하게 하고 다시 깊이 파고들어 토의를 행하는 방법
- 심포지엄(Symposium) : 몇 사람의 전문가에 의하여 과제에 관한 견해를 발표한 뒤 참가자로 하여금 의견이나 질문을 하게 하여 토의하는 방법
- 패널 디스커션(Panel Discussion) : 패널 멤버(교육과제에 정통한 전문가 4~5명)가 피교육자 앞에서 자유로이 토의를 하고 뒤에 피교육자 전원이 참가하여 사회자의 사회에 따라 토의하는 방법
- 대화(Colloquy) : 패널 디스커션(Panel Discussion)의 변형으로 패널 멤버 외에 참석자의 대표를 선출하여 질의응답의 형태로 실시되는 것
- 버즈 세션(Buzz Session) : 6-6 회의라고도 하며, 먼저 사회자와 기록계를 선출한 후 나머지 사람은 6명씩의 소집단으로 구분하고, 소집단별로 각각 사회자를 선발하여 6분간씩 자유토의를 행하여 의견을 종합하는 방법

013 다음 중 브레인 스토밍의 4원칙과 가장 거리가 먼 것은?

① 자유로운 비평
② 자유분방한 발언
③ 대량적인 발언
④ 타인 의견의 수정 발언

브레인 스토밍(Brain Storming)의 4원칙 : 비평금지, 자유분방, 대량발언, 수정발언

014 다음 중 산업재해의 원인으로 간접적 원인에 해당되지 않는 것은?

① 기술적 원인
② 물적 원인
③ 관리적 원인
④ 교육적 원인

산업재해의 원인
- 직접원인 : 불안전한 행동(인적 원인), 불안전한 상태(물적 원인)
- 간접원인 : 기술적 원인, 교육적 원인, 관리적 원인(작업관리상 원인)

015 다음 중 안전교육의 형태 중 OJT(On the Job of Training) 교육에 대한 설명과 가장 거리가 먼 것은?

① 다수의 근로자에게 조직적 훈련이 가능하다.
② 직장의 실정에 맞게 실제적인 훈련이 가능하다.
③ 훈련에 필요한 업무의 지속성이 유지된다.
④ 직장의 직속상사에 의한 교육이 가능하다.

OJT와 off JT의 특징

OJT	off JT
• 개개인에게 적합한 지도훈련이 가능 • 직장의 실정에 맞는 실체적 훈련 • 훈련에 필요한 업무의 계속성 • 즉시 업무에 연결되는 관계로 신체와 관련 • 효과가 곧 업무에 나타나며 훈련의 좋고 나쁨에 따라 개선이 용이 • 교육을 통한 훈련 효과에 의해 상호 신뢰이해도가 높아짐	• 다수의 근로자에게 조직적 훈련이 가능 • 훈련에만 전념 • 특별 설비 기구를 이용 • 전문가를 강사로 초청 • 각 직장의 근로자가 많은 지식이나 경험을 교류 • 교육 훈련 목표에 대해서 집단적 노력이 흐트러 질 수도 있음

016 산업안전보건법령상 안전보건관리책임자 등에 대한 교육시간 기준으로 틀린 것은?

① 보건관리자, 보건관리 전문기관의 종사자 보수교육: 24시간 이상
② 안전관리자, 안전관리 전문기관의 종사자, 신규교육: 34시간 이상
③ 안전보건관리책임자 보수교육: 6시간 이상
④ 건설재해예방전문지도기관의 종사자 신규교육: 24시간 이상

안전보건관리책임자 등에 대한 교육(산업안전보건법 시행규칙 별표 4)

교육대상	교육시간	
	신규교육	보수교육
안전보건관리책임자	6시간 이상	6시간 이상
안전관리자, 안전관리전문기관의 종사자	34시간 이상	24시간 이상
보건관리자, 보건관리전문기관의 종사자	34시간 이상	24시간 이상
재해예방 전문지도기관의 종사자	34시간 이상	24시간 이상
석면조사기관의 종사자	34시간 이상	24시간 이상
안전보건관리담당자	–	8시간 이상
안전검사기관, 자율안전검사기관의 종사자	34시간 이상	24시간 이상

017 안전점검의 종류 중 태풍, 폭우 등에 의한 침수, 지진 등의 천재지변이 발생한 경우나 이상사태 발생 시 관리자나 감독자가 기계·기구, 설비 등의 기능상 이상 유무에 대하여 점검하는 것은?

① 일상점검 ② 정기점검
③ 특별점검 ④ 수시점검

안전점검의 종류
• 수시점검 : 작업전·중·후에 실시하는 점검

- 정기점검 : 일정기간마다 정기적으로 실시하는 점검
- 특별점검
  - 기계·기구·설비의 신설시·변경 내지 고장 수리시 실시하는 점검
  - 천재지변 발생 후 실시하는 점검
  - 안전강조 기간내에 실시하는 점검
- 임시점검 : 이상 발견시 임시로 실시하는 점검, 정기점검과 정기점검 사이에 실시하는 점검

018 산업안전보건법령상 안전·보건표지의 종류 중 다음 표지의 명칭은?(단, 마름모 테두리는 빨간색이며, 안의 내용은 검은색이다.)

① 폭발성 물질 경고
③ 부식성물질 경고
② 산화성물질 경고
④ 급성독성물질 경고

경고표지

201 인화성 물질 경고	202 산화성 물질 경고	203 폭발성 물질 경고	204 급성독성 물질 경고	205 부식성 물질 경고	206 방사성 물질 경고	207 고압전기 경고	208 매달린 물체 경고

209 낙하물 경고	210 고온경고	211 저온경고	212 몸균형 상실 경고	213 레이저 광선 경고	214 발암성·변이원성·생식독성·전신 독성·호흡기 과민성 물질 경고		215 위험장소 경고

019 재해분석도구 중 재해발생의 유형을 어골상(魚骨像)으로 분류하여 분석하는 것은?

① 파레토도
② 특성요인도
③ 관리도
④ 클로즈분석

통계원인 분석방법 4가지
- 파레토도 : 사고의 유형, 기인물 등의 분류항목을 순서대로 도표화하여 문제나 목표의 이해에 편리
- 특성요인도 : 특성과 요인과의 관계를 도표로 하여 어골(魚骨)상으로 세분화
- 클로즈분석(크로스도) : 2개 이상의 문제를 분석하는데 사용
- 관리도 : 재해발생건수 등의 추이를 파악

020 다음 중 재해예방의 4원칙과 관련이 가장 적은 것은?

① 모든 재해의 발생 원인은 우연적인 상황에서 발생한다.
② 재해손실은 사고가 발생할 때 사고 대상의 조건에 따라 달라진다.
③ 재해예방을 위한 가능한 안전대책은 반드시 존재한다.
④ 재해는 원칙적으로 원인만 제거되면 예방이 가능하다.

재해방지의 기본원칙
- 손실우연의 원칙 : 사고에 의해서 생기는 손실(상해)의 종류와 정도는 우연적이다.(1 : 29 : 300의 법칙)
- 원인계기의 원칙 : 모든 재해는 필연적인 원인에 의해서 발생한다.
- 예방가능의 원칙 : 재해는 원칙적으로 모두 방지가 가능하다.
- 대책선정의 원칙 : 재해방지 대책은 신속하고 확실하게 실시되어야 한다.

제 02 과목 인간공학 및 위험성 평가 · 관리

021 화학설비의 안정성 평가에서 정량적 평가의 항목에 해당되지 않는 것은?

① 훈련　　　　　　　　　　　② 조작
③ 취급물질　　　　　　　　　④ 화학설비용량

화학설비에 대한 안전성 평가 중 제3단계 정량적 평가
- 당해 화학설비의 취급물질, 용량, 온도, 압력 및 조작의 5항목에 대해 A, B, C, D급으로 분류하고 A급은 10점, B급은 5점, C급은 2점, D급은 0점으로 점수를 부여한 후 5항목에 관한 점수들의 합을 구한다.
- 합산 결과에 의한 위험도의 등급은 다음과 같다.

등급	점수	내용
등급 Ⅰ	16점 이상	위험도가 높음
등급 Ⅱ	11~15점 이하	주위상황, 다른 설비와 관련해서 평가
등급 Ⅲ	10점 이하	위험도가 낮음

022 Sanders와 McCormick의 의자 설계의 일반적인 원칙으로 옳지 않은 것은?

① 요부 후만을 유지한다.
② 조정이 용이해야 한다.
③ 등근육의 정적 부하를 줄인다.
④ 디스크가 받는 압력을 줄인다.

좌판의 깊이가 너무 깊어 등받이와 요추받침을 제대로 사용하지 못할 경우 등이 구부러지는 요추후만이 발생하여 요추부의 디스크 압력이 증가하게 된다. 따라서, 의자 설계 시에는 정상적인 자세에서의 요추전만을 유도하도록 설계해야 한다.

023 HAZOP 기법에서 사용하는 가이드 워드와 의미가 잘못 연결된 것은?

① No/Not – 설계 의도의 완전한 부정
② More/Less – 정량적인 증가 또는 감소
③ Part of – 성질상의 감소
④ Other than – 기타 환경적인 요인

유인어(Guide Words)

Guide Words	의미
No/Not	설계의도의 완전한 부정
More/Less	양(압력, 반응, Flow Rate, 온도 등)의 증가 또는 감소
As well as	성질상의 증가(설계의도와 운전조건이 어떤 부가적인 행위와 함께 일어남)
Part of	일부변경, 성질상의 감소(어떤 의도는 성취되나 어떤 의도는 성취되지 않음)
Reverse	설계의도의 논리적인 역
Other than	완전한 대체(통상 운전과 다르게 되는 상태)

024 후각적 표시장치(olfactory display)와 관련된 내용으로 옳지 않은 것은?

① 냄새의 확산을 제어할 수 없다.
② 시각적 표시장치에 비해 널리 사용되지 않는다.
③ 냄새에 대한 민감도의 개별적 차이가 존재한다.
④ 경보 장치로서 실용성이 없기 때문에 사용되지 않는다.

후각적 표시장치의 사용
- 천연가스에 냄새나는 물질 첨가
- 지하갱도의 광부들에게 긴급대피상황시 악취를 풍김

025 직무에 대하여 청각적 자극 제시에 대한 음성 응답을 하도록 할 때 가장 관련 있는 양립성은?

① 공간적 양립성　　　② 양식 양립성
③ 운동 양립성　　　④ 개념적 양립성

양립성의 구분
- 공간 양립성 : 표시장치나 조종장치에서 물리적 형태나 공간적인 배치의 양립성
- 운동 양립성 : 표시 및 조종장치 등의 운동 방향의 양립성
- 개념 양립성 : 사람들이 가지고 있는 개념적 연상(어떤 암호체계에서 청색이 정상을 나타내듯이)의 양립성
- 양식 양립성 : 기계가 특정 음성에 대해 정해진 반응을 하는 것과 같이 직무에 알맞은 자극과 응답 양식의 존재에 대한 양립성

026 NIOSH lifting guideline에서 권장무게한계(RWL) 산출에 사용되는 계수가 아닌 것은?

① 휴식 계수
② 수평 계수
③ 수직 계수
④ 비대칭 계수

NIOSH 들기지수(1991년 개정 지침)

- 들기지수(LI) = 실제작업무게(L) / 권장한계무게(RWL)
- LI는 취급하는 물건의 중량이 RWL의 몇 배인가를 나타내는 것으로 LI가 작을수록 좋으며 1보다 클 경우 요통의 발생 위험이 높다.
- LI의 작업변수는 작업물의 무게, 수평위치, 수직거리, 수직이동거리, 비대칭각도(허리 비틀림), 들기빈도, 커플링(손잡이) 조건 등이다.
- 권장한계무게(RWL, kg) = 23kg × HM × VM × DM × AM × FM × CM
- 수평계수(HM) : HM = 25/H
  - 하완 길이 25cm 이하인 경우 1, 키 작은 사람이 최대한 멀리 잡을 수 있는 거리 63cm 이상이면 0
  - 시점과 종점 두 곳에서 측정
- 수직계수(VM) : VM = 1 − 0.003[V−75]
  - 키 165cm인 사람이 들기작업에서 팔을 편안하게 늘어뜨렸을 때의 손의 높이 75cm가 가장 적합한 높이로 75일 때 최대 1이며, 높거나 낮으면 수직계수는 작아짐
  - 시점과 종점 두 곳에서 측정
- 거리계수(DM) : DM = 0.82 + 4.5/D
  - 물체를 수직이동시킨 거리
  - 25cm 이하면 1, 175cm 이상이면 0
- 비대칭성계수(AM) : AM = 1 − 0.0032A
  - A는 신체중심에서 물건중심까지 비틀린 각도로 비틀림이 없으면 1, 비틀림이 135°가 넘으면 0
  - 시점과 종점 두 곳에서 측정
- 빈도계수(FM)
  - 1분 동안 반복한 횟수
  - 다음의 표를 이용하여 적용

빈도수 (횟수/분)	작업시간					
	1시간 이하		2시간 이하		3시간 이하	
	V < 75	V > 75	V < 75	V > 75	V < 75	V > 75
0.2	1.00	1.00	0.95	0.95	0.85	0.85
0.5	0.97	0.97	0.92	0.92	0.81	0.81
1	0.94	0.94	0.88	0.88	0.75	0.75
2	0.91	0.91	0.84	0.84	0.65	0.65
3	0.88	0.88	0.79	0.79	0.55	0.55

- 결합계수(CM)
  - 잡기 편한 손잡이의 유무를 반영하는 것으로 손잡이가 있거나 없어도 편한 경우 Good, 손잡이나 잡을 수 있는 부분이 있으며 적당하게 위치하지는 않았지만 손목의 각도를 90°정도 유지할 수 있는 경우 Fair, 손잡이를 잡을 수 있는 부분이 없거나 불편한 경우 혹은 끝부분이 날카로운 경우 Bad로 점과 종점 두 곳에서 측정
  - 다음의 표를 이용하여 적용

커플링 상태	수직거리(V)	
	75cm 미만	75cm 이상
Good	1	1
Fair	0.95	1
Bad	0.9	0.9

027 컴퓨터 스크린 상에 있는 버튼을 선택하기 위해 커서를 이동시키는데 걸리는 시간을 예측하는 데 가장 적합한 법칙은?

① Fitts의 법칙
② Lewin의 법칙
③ Hick의 법칙
④ Weber의 법칙

피츠의 법칙(Fitts' Law)

$$MT = a + b\log_2\left(\frac{2D}{W}\right)$$

MT : 동작시간
a, b : 작업 난이도에 대한 실험상수
D : 동작 시발점에서 표적 중심까지의 거리
W : 표적의 폭

사용성 분야에서 인간의 행동에서 대해 속도와 정확성간의 관계를 설명하는 기본적인 법칙. 시작점에서 목표로 하는 지역에 얼마나 빠르게 닿을 수 있을지를 예측하고자 하는 것으로 이는 목표 영역의 크기와 목표까지의 거리에 따라 결정된다. 어떤 목표에 딿기 위해서 목표물의 크기가 작아질수록 속도와 정확도가 나빠지고 목표물과의 거리가 멀어질수록 필요한 시간이 더 길어진다는 것을 알 수 있다.

028 THERP(Technique for Human Error Rate Prediction)의 특징에 대한 설명으로 옳은 것을 모두 고른 것은?

㉠ 인간-기계 계(system)에서 여러 가지의 인간의 에러와 이에 의해 발생할 수 있는 위험성의 예측과 개선을 위한 기법
㉡ 인간의 과오를 정성적으로 평가하기 위하여 개발된 기법
㉢ 가지처럼 갈라지는 형태의 논리구조와 나무 형태의 그래프를 이용

① ㉠, ㉡
② ㉠, ㉢
③ ㉡, ㉢
④ ㉠, ㉡, ㉢

THERP(Technique of Human Error Rate Prediction) : 인간의 과오를 정량적으로 평가하기 위하여 개발된 기법

029 인간 에러(human error)에 관한 설명으로 틀린 것은?

① omission error : 필요한 작업 또는 절차를 수행하지 않는데 기인한 에러
② commission error : 필요한 작업 또는 절차의 수행지연으로 인한 에러
③ extraneous error : 불필요한 작업 또는 '절차를 수행함으로써 기인한 에러
④ sequential error : 필요한 작업, 또는 절차의 순서 착오로 인한 에러

Swain의 휴먼 에러(Human Error)
- 생략적 과오(omission error) : 필요한 작업 또는 절차를 수행하지 않는데 기인한 과오
- 시간적 과오(time error) : 필요한 작업 또는 절차의 수행지연으로 인한 과오
- 수행적 과오(commission error) : 필요한 작업 또는 절차의 잘못된 수행으로 인한 과오
- 순서적 과오(sequential error) : 필요한 작업 또는 절차의 순서 착오로 인한 과오
- 불필요한 과오(extraneous error) : 불필요한 작업 또는 절차를 수행함으로써 기인한 과오

030 눈과 물체의 거리가 23cm, 시선과 직각으로 측정한 물체의 크기가 0.03cm 일 때 시각(분)은 얼마인가? (단, 시각은 600 이하이며, radian 단위를 분으로 환산하기 위한 상수값은 57.3과 60을 모두 적용하여 계산하도록 한다.)

① 0.001
② 0.007
③ 4.48
④ 24.55

$$시각 = \frac{57.3 \times 60 \times 물체의 크기(D)}{물체와 눈 사이의 거리(L)} = \frac{57.3 \times 60 \times 0.03}{23} = 4.484$$

※ 1 radian = 57.3°, 1° = 60'(분)

031 산업안전보건기준에 관한 규칙상 "강렬한 소음 작업"에 해당하는 기준은?

① 85데시벨 이상의 소음이 1일 4시간 이상 발생하는 작업
② 85데시벨 이상의 소음이 1일 8시간 이상 발생하는 작업
③ 90데시벨 이상의 소음이 1일 4시간 이상 발생하는 작업
④ 90데시벨 이상의 소음이 1일 8시간 이상 발생하는 작업

소음작업(산업안전보건기준에 관한 규칙 제512조)
- 소음작업 : 1일 8시간 작업을 기준으로 85데시벨 이상의 소음이 발생하는 작업
- 강렬한 소음작업 : 다음의 어느 하나에 해당하는 작업
  - 90데시벨 이상의 소음이 1일 8시간 이상 발생하는 작업
  - 95데시벨 이상의 소음이 1일 4시간 이상 발생하는 작업
  - 100데시벨 이상의 소음이 1일 2시간 이상 발생하는 작업
  - 105데시벨 이상의 소음이 1일 1시간 이상 발생하는 작업
  - 110데시벨 이상의 소음이 1일 30분 이상 발생하는 작업
  - 115데시벨 이상의 소음이 1일 15분 이상 발생하는 작업
- 충격소음작업 : 소음이 1초 이상의 간격으로 발생하는 작업으로서 다음의 어느 하나에 해당하는 작업

- 120데시벨을 초과하는 소음이 1일 1만회 이상 발생하는 작업
- 130데시벨을 초과하는 소음이 1일 1천회 이상 발생하는 작업
- 140데시벨을 초과하는 소음이 1일 1백회 이상 발생하는 작업

032 그림과 같이 FTA로 분석된 시스템에서 현재 부품 X_1부터 부품, X_5까지 순서대로 복구한다면 어느 부품을 수리 완료하는 시점에서 시스템이 정상가동 되는가?

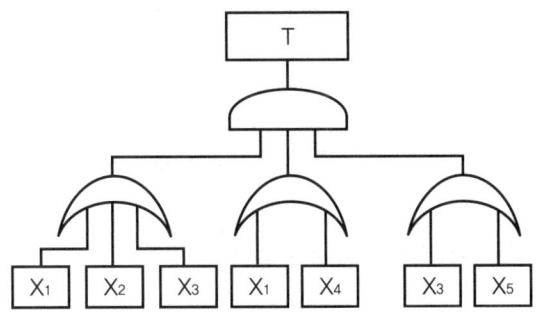

① 부품 X_2
② 부품 X_3
③ 부품 X_4
④ 부품 X_5

AND 게이트로 구성된 T가 정상적으로 가동되기 위해서는 아래에 있는 3개의 OR 게이트가 모두 정상이어야 한다. 따라서, 부품 X_1과 X_2 복구시점까지는 오른쪽에 있는 OR 게이트가 작동하지 않으며, 부품 X_3까지 복구되어야 아래의 OR 게이트 3개가 모두 작동된다.

033 인간이 기계보다 우수한 기능으로 옳지 않은 것은?(단, 인공지능은 제외한다.)

① 암호화된 정보를 신속하게 대량으로 보관할 수 있다.
② 관찰을 통해서 일반화하여 귀납적으로 추리한다.
③ 항공사진의 피사체나 말소리처럼 상황에 따라 변화하는 복잡한 자극의 형태를 식별할 수 있다.
④ 수신 상태가 나쁜 음극선관에 나타나는 영상과 같이 배경 잡음이 심한 경우에도 신호를 인지할 수 있다.

인간과 기계의 상대적 재능

인간이 우수한 기능	기계가 우수한 기능
• 저에너지 자극(시각, 청각, 후각 등) 감지 • 복잡 다양한 자극 형태 식별 • 예기치 못한 사건 감지 • 다량 정보를 오래 보관 • 귀납적 추리 • 과부하 상황에서는 중요한 일에만 전념 • 임기응변, 융통성, 원칙 적용, 주관적 추산, 독창력 발휘 등의 기능	• 인간 감지 범위 밖의 자극(X선, 초음파 등)도 감지 • 인간 및 기계에 대한 모니터 기능 • 드물게 발생하는 사상 감지 • 암호화된 정보를 신속하게 대량보관 • 연역적 추리 • 과부하시에도 효율적으로 작동 • 정량적 정보처리, 장시간 중량작업, 반복작업, 동시에 여러 가지 작업수행 등의 기능

034 그림과 같이 신뢰도 95%인 펌프 A가 각각 신뢰도 90%인 밸브 B와 밸브 C의 병렬밸브계와 직렬계를 이룬 시스템의 실패확률은 약 얼마인가?

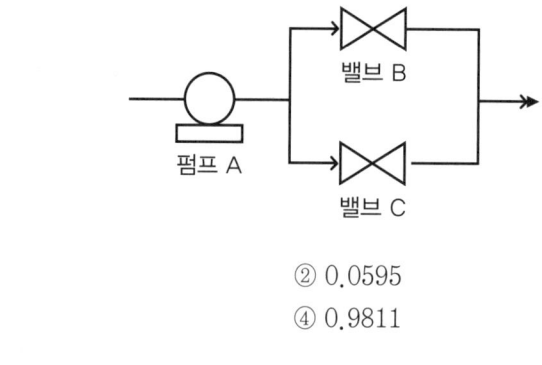

① 0.0091
② 0.0595
③ 0.9405
④ 0.9811

해설

R = 0.95 × [1 − (1 − 0.9)(1 − 0.9)] = 0.9405
∴ 실패확률 = 1 − 0.9405 = 0.0595

035 다음은 유해위험방지계획서의 제출에 관한 설명이다. ( )안의 들어갈 내용으로 옳은 것은?

> 산업안전보건법령상 "대통령령으로 정하는 사업의 종류 및 규모에 해당하는 사업으로서 해당 제품의 생산 공정과 직접적으로 관련된 건설물 기계·기구 및 설비 등 일체를 설치·이전하거나 그 주요 구조부분을 변경하려는 경우"에 해당하는 사업주는 유해위험방지 계획서에 관련 서류를 첨부하여 해당 작업 시작 (㉠) 까지 공단에 (㉡) 부를 제출 하여야 한다.

① ㉠ : 7일 전, ㉡ : 2
② ㉠ : 7일 전, ㉡ : 4
③ ㉠ : 15일 전, ㉡ : 2
④ ㉠ : 15일 전, ㉡ : 4

해설

유해위험방지계획서의 제출 기한 및 부수(산업안전보건법 제42조 및 시행규칙 제42조)
- 대통령령으로 정하는 사업의 종류 및 규모에 해당하는 사업으로서 해당 제품의 생산 공정과 직접적으로 관련된 건설물·기계·기구 및 설비 등 전부를 설치·이전하거나 그 주요 구조부분을 변경하려는 경우 : 해당 작업 시작 15일 전까지 공단에 2부 제출
- 유해하거나 위험한 작업 또는 장소에서 사용하거나 건강장해를 방지하기 위하여 사용하는 기계·기구 및 설비로서 대통령령으로 정하는 기계·기구 및 설비를 설치·이전하거나 그 주요 구조부분을 변경하려는 경우 : 해당 작업 시작 15일 전까지 공단에 2부 제출
- 대통령령으로 정하는 크기, 높이 등에 해당하는 건설공사를 착공하려는 경우 : 해당 공사의 착공 전날까지 2부 제출

036 FTA에서 사용되는 최소 컷셋에 관한 설명으로 옳지 않은 것은?

① 일반적으로 Fussell Algorithm 을 이용한다.
② 정상사상(Top event)을 일으키는 최소한의 집합이다.
③ 반복되는 사건이 많은 경우 Limnios와 Ziani Algorithm 을 이용하는 것이 유리하다.
④ 시스템에 고장이 발생하지 않도록 하는 모든 사상의 집합이다.

컷과 패스
- 컷셋(cut sets) : 그 속에 포함되어 있는 모든 기본사상(통상, 생략, 결함사상을 포함)이 일어났을 때 정상사상(top event)을 일으키는 기본사상의 집합
- 최소 컷셋(minimal cut sets) : 컷셋 중 그 부분집합만으로는 정상사상을 일으키는 일이 없는 것, 즉 정상사상(top event)을 일으키기 위한 최소한의 컷셋으로 어떤 고장이나 에러를 일으키면 재해가 일어나는가 하는 것. 결과적으로 시스템의 위험성(역으로는 안전성)을 나타내는 것
- 패스셋(path sets) : 시스템이 고장나지 않도록 하는 사상의 조합
- 최소 패스셋(minimal path sets) : 시스템이 고장나지 않도록 하는 최소한의 패스셋으로 어떤 고장이나 패스를 일으키지 않으면 재해는 일어나지 않는다는 것 즉, 시스템의 신뢰성을 나타내는 것

037 인간공학을 기업에 적용할 때의 기대효과로 볼 수 없는 것은?

① 노사 간의 신뢰 저하
② 작업 손실시간의 감소
③ 제품과 작업의 질 향상
④ 작업자의 건강 및 안전 향상

인간공학 적용에 따른 기대효과
- 근로자의 건강 및 안전 향상
- 사고 및 오용으로부터의 손실비용의 감소
- 기업 이미지와 상품선호도 향상
- 제품과 작업의 질 향상
- 교육 및 훈련 비용의 절감
- 생산 및 정비유지의 경제성 증대
- 생산성 향상 및 직무만족도 향상
- 이직률 및 작업손실시간의 감소
- 노사간의 신뢰도 구축
- 향상된 작업환경과 작업조건 마련
- 인력 이용률의 향상

038 차폐효과에 대한 설명으로 옳지 않은 것은?

① 차폐음과 배음의 주파수가 가까울 때 차폐효과가 크다.
② 헤어드라이어 소음 때문에 전화 음을 듣지 못한 것과 관련이 있다.
③ 유의적 신호와 배경 소음의 차이를 신호 소음(S/N) 비로 나타낸다.
④ 차폐효과는 어느 한 음 때문에 다른 음에 대한 감도가 증가되는 현상이다.

차폐효과는 어느 한 음 때문에 다른 음에 대한 감도가 감소되는 현상이다.

039 설비의 고장과 같이 발생확률이 낮은 사건의 특정시간 또는 구간에서의 발생 횟수를 측정하는데 가장 적합한 확률분포는?

① 이항분포(binomial distribution)
② 푸아송분포(Poisson distribution)
③ 와이블분포(Weibull distribution)
④ 지수분포(exponential distribution)

해설
- 푸아송분포 : 설비의 고장과 같이 발생확률이 낮은 사건의 특정시간 또는 구간에서의 발생 횟수를 측정하는데 가장 적합한 확률분포
- 지수분포 : 어떤 설비의 시간당 고장률이 일정하다고 할 때 이 설비의 고장간격을 나타내는 데 가장 적합한 확률분포

040 그림과 같은 FT 도에서 F₁ = 0.015, F₂ = 0.02, F₃ = 0.05 이면, 정상사상 T가 발생할 확률은 약 얼마인가?

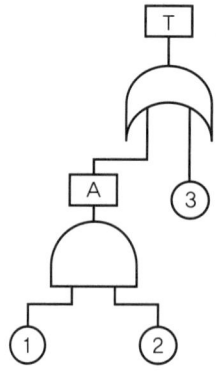

① 0.0002
② 0.0283
③ 0.0503
④ 0.9500

해설
- A = ① × ② = 0.015 × 0.02 = 0.0003
- T = 1 − (1 − A)(1 − ③) = 1 − (1 − 0.0003)(1 − 0.05) = 0.0503

제 03 과목 기계·기구 및 설비 안전관리

041 산업안전보건법령상 형삭기(slotter, shaper)의 주요 구조부로 가장 거리가 먼 것은?(단, 수치제어식은 제외)

① 공구대
② 공작물 테이블
③ 램
④ 아버

해설
"형삭기(slotter, shaper)"란 공작물을 테이블 위에 고정시키고 램(ram)에 의하여 절삭공구가 수평 또는 상·하 운동하면서 공작물을 절삭하는 공작기계를 말하며, 주요구조부는 다음과 같다. (위험기계·기구 자율안전확인 고시 제18조)
- 공작물 테이블
- 공구대
- 공구공급장치(수치제어식으로 한정)
- 램

042 둥근톱기계의 방호장치 중 반발 예방장치의 종류로 틀린 것은?

① 분할날
② 반발방지 기구(finger)
③ 보조 안내판
④ 안전덮개

반발예방장치(Reaction Proof Device)
- 분할날(spreader) : 톱의 후면날 가까이 설치되어 목재의 켜진 틈 사이에 끼어서 쐐기작용을 하여 목재가 톱날을 압박하지 않도록 하는 장치로 분할날은 톱날 후면의 2/3를 덮고, 톱날과의 간격은 12mm 이내여야 한다.
- 반발방지 기구(finger) : 목재가 후면 쪽으로 약간 들뜨거나 역행하려 할 때 발톱이 목재에 깊이 박혀 반발을 방지한다.
- 반발방지 롤(Roll) : 목재가 톱날 후면부에서 떠오르는 것을 방지하는 것으로 목재의 상면을 항상 일정한 힘으로 누르고 있어야 한다.
- 보조안내판 : 주 안내판과 톱날 사이의 공간에서 나무가 펴질 수 있게 하여 죄임으로 인한 반발을 방지한다.

043 크레인의 사용 중 하중이 정격을 초과하였을 때 자동적으로 상승이 정지되는 장치는?

① 해지장치 ② 이탈방지장치
③ 아우트리거 ④ 과부하방지장치

과부하방지장치
- 정격하중 이상이 적재될 경우 작동을 정지시키는 기능
- 전도 모멘트의 크기와 안정 모멘트의 크기가 비슷해지면 경보를 발하는 기능

044 산업안전보건법령상 아세틸렌 용접장치를 사용하여 금속의 용접·용단 또는 가열작업을 하는 경우 게이지 압력은 얼마를 초과하는 압력의 아세틸렌을 발생시켜 사용하면 안 되는가?

① 98 kPa ② 127 kPa
③ 147 kPa ④ 196 kPa

산업안전보건기준에 관한 규칙 제285조(압력의 제한) 사업주는 아세틸렌 용접장치를 사용하여 금속의 용접·용단 또는 가열작업을 하는 경우에는 게이지 압력이 127킬로파스칼을 초과하는 압력의 아세틸렌을 발생시켜 사용해서는 아니 된다.

045 산업안전보건법령상 컨베이어를 사용하여 작업을 할 때 작업시작 전 점검사항으로 가장 거리가 먼 것은?

① 원동기 및 풀리(pulley) 기능의 이상 유무
② 이탈 등의 방지장치 기능의 이상 유무
③ 유압장치의 기능의 이상 유무
④ 비상정지장치 기능의 이상 유무

컨베이어 작업 시작 전 점검사항(산업안전보건기준에 관한 규칙 별표 3)
- 원동기 및 풀리 기능의 이상 유무
- 이탈 등의 방지장치 기능의 이상 유무
- 비상정지장치 기능의 이상 유무
- 원동기·회전축·기어 및 풀리 등의 덮개 또는 울 등의 이상 유무

046 선반 작업 시 안전수칙으로 가장 적절하지 않은 것은?

① 기계에 주유 및 청소 시 반드시 기계를 정지시키고 한다.
② 칩 제거 시 브러시를 사용한다.
③ 바이트에는 칩 브레이커를 설치한다.
④ 선반의 바이트는 끝을 길게 장치한다.

바이트는 잘 갈아서 사용하며 가급적 짧게 물리도록 한다.

047 산업안전보건법령상 보일러의 과열을 방지하기 위하여 최고사용압력과 상용압력 사이에서 보일러의 버너 연소를 차단하여 정상 압력으로 유도하는 방호장치로 가장 적절한 것은?

① 압력방출장치
② 고저수위조절장치
③ 언로우드밸브
④ 압력제한스위치

산업안전보건기준에 관한 규칙 제117조(압력제한스위치) 사업주는 보일러의 과열을 방지하기 위하여 최고사용압력과 상용 압력 사이에서 보일러의 버너 연소를 차단할 수 있도록 압력제한스위치를 부착하여 사용하여야 한다.

048 산업안전보건법령상 프레스 및 전단기에서 안전블록을 사용해야 하는 작업으로 가장 거리가 먼 것은?

① 금형 가공작업
② 금형 해체작업
③ 금형 부착작업
④ 금형 조정작업

산업안전보건기준에 관한 규칙 제104조(금형조정작업의 위험 방지) 사업주는 프레스등의 금형을 부착·해체 또는 조정하는 작업을 할 때에 해당 작업에 종사하는 근로자의 신체가 위험한계 내에 있는 경우 슬라이드가 갑자기 작동함으로써 근로자에게 발생할 우려가 있는 위험을 방지하기 위하여 안전블록을 사용하는 등 필요한 조치를 하여야 한다.

049 롤러기의 가드와 위험점간의 거리가 100 mm 일 경우 ILO 규정에 의한 가드 개구부의 안전간격은?

① 11 mm
② 21 mm
③ 26 mm
④ 31 mm

가드의 개구부 간격(ILO 규정)
- 동력전달부분(전동체)인 경우 − Y = 6 + 0.1X [Y : 개구부 간격(mm), X : 개구부와 위험점 간의 거리(mm)]
- 전동체가 아닌 경우(회전체인 경우)
  − X가 160mm 미만인 경우 Y = 6 + 0.15X
  − X가 160mm 이상인 경우 Y = 30mm
∴ Y = 6 + 0.15 × 100 = 21mm

050 프레스 작동 후 슬라이드가 하사점에 도달할 때까지의 소요시간이 0.5s 일 때 양수기동식 방호장치의 안전거리는 최소 얼마인가?

① 200 mm ② 400 mm
③ 600 mm ④ 800 mm

거리(cm) = 160 × Tm(초) = 160 × 0.5 = 80[cm] = 800[mm]

051 연삭기의 안전작업수칙에 대한 설명 중 가장 거리가 먼 것은?

① 숫돌의 정면에 서서 숫돌 원주면을 사용한다.
② 숫돌 교체 시 3분 이상 시운전을 한다.
③ 숫돌의 회전은 최고 사용 원주속도를 초과하여 사용하지 않는다.
④ 연삭숫돌에 충격을 가하지 않는다.

연삭기 작업시 준수사항
- 숫돌 속도 제한 장치를 개조하거나 최고 회전 속도를 초과하여 사용하지 않도록 한다.
- 워크레스트를 1~3mm 정도로 유지하고 숫돌의 결정된 사용면 이외에는 사용하지 않는다.
- 연삭숫돌의 파괴시 작업자는 물론 근로자도 보호해야 하므로 안전덮개, 칸막이 또는 작업장을 격리시켜야 한다.
- 연삭숫돌의 교체시에는 3분 이상 시운전하고 정상 작업전에는 최소한 1분 이상 시운전하여 이상유무를 파악한다.
- 투명 비산방지판을 설치한다.

052 지게차의 포크에 적재된 화물이 마스트 후방으로 낙하함으로서 근로자에게 미치는 위험을 방지하기 위하여 설치하는 것은?

① 헤드가드 ② 백레스트
③ 낙하방지장치 ④ 과부하방지장치

산업안전보건기준에 관한 규칙 제181조(백레스트) 사업주는 백레스트(backrest)를 갖추지 아니한 지게차를 사용해서는 아니 된다. 다만, 마스트의 후방에서 화물이 낙하함으로써 근로자가 위험해질 우려가 없는 경우에는 그러하지 아니하다.

053 산업안전보건법령상 산업용 로봇의 작업 시작 전 점검 사항으로 가장 거리가 먼 것은?

① 외부 전선의 피복 또는 외장의 손상 유무
② 압력방출장치의 이상 유무
③ 매니퓰레이터 작동 이상 유무
④ 제동장치 및 비상정지 장치의 기능

로봇의 작업시작 전 점검사항(산업안전보건기준에 관한 규칙 별표 3)
- 외부 전선의 피복 또는 외장의 손상 여부
- 매니퓰레이터(manipulator) 작동의 이상 유무
- 제동장치 및 비상정지장치의 기능

054 산업안전보건법령상 산업용 로봇으로 인하여 근로자에게 발생할 수 있는 부상 등의 위험이 있는 경우 위험을 방지하기 위하여 울타리를 설치할 때 높이는 최소 몇 m 이상으로 해야 하는가?(단, 산업표준화법 및 국제적으로 통용되는 안전기준은 제외한다.)

① 1.8
② 2.1
③ 2.4
④ 1.2

해설

산업안전보건기준에 관한 규칙 제223조(운전 중 위험 방지) 사업주는 로봇의 운전(제222조에 따른 교시 등을 위한 로봇의 운전과 제224조 단서에 따른 로봇의 운전은 제외한다)으로 인하여 근로자에게 발생할 수 있는 부상 등의 위험을 방지하기 위하여 높이 1.8미터 이상의 울타리(로봇의 가동범위 등을 고려하여 높이로 인한 위험성이 없는 경우에는 높이를 그 이하로 조절할 수 있다)를 설치해야 하며, 컨베이어 시스템의 설치 등으로 울타리를 설치할 수 없는 일부 구간에 대해서는 안전매트 또는 광전자식 방호장치 등 감응형 방호장치를 설치해야 한다. 다만, 고용노동부장관이 해당 로봇의 안전기준이 한국산업표준에서 정하고 있는 안전기준 또는 국제적으로 통용되는 안전기준에 부합한다고 인정하는 경우에는 본문에 따른 조치를 하지 않을 수 있다.

055 인간이 기계 등의 취급을 잘못해도 그것이 바로 사고나 재해와 연결되는 일이 없는 기능을 의미하는 것은?

① fail safe
② fail active
③ fail operational
④ fool proof

해설

풀 프루프(Fool Proof)는 인간의 착오, 미스 등 이른바 휴먼에러가 발생하더라도 기계설비나 그 부품은 안전 쪽으로 작동하게 설계하는 안전설계의 기법 중 하나이다.

056 산업안전보건법령상 양중기를 사용하여 작업하는 운전자 또는 작업자가 보기 쉬운 곳에 해당 양중기에 대해 표시하여야 할 내용으로 가장 거리가 먼 것은?(단, 승강기는 제외한다.)

① 정격 하중
② 운전 속도
③ 경고 표시
④ 최대 인양 높이

해설

산업안전보건기준에 관한 규칙 제133조(정격하중 등의 표시) 사업주는 양중기(승강기는 제외한다) 및 달기구를 사용하여 작업하는 운전자 또는 작업자가 보기 쉬운 곳에 해당 기계의 정격하중, 운전속도, 경고표시 등을 부착하여야 한다. 다만, 달기구는 정격하중만 표시한다.

057 롤러기의 급정지장치에 관한 설명으로 가장 적절하지 않은 것은?

① 복부 조작식은 조작부 중심점을 기준으로 밑면으로부터 1.2~1.4m 이내의 높이로 설치한다.
② 손 조작식은 조작부 중심점을 기준으로 밑면으로부터 1.8m 이내의 높이로, 설치한다.
③ 급정지장치의 조작부에 사용하는 줄은 사용 중에 늘어져서는 안 된다.
④ 급정지장치의 조작부에 사용하는 줄은 충분한 인장강도를 가져야 한다.

롤러기 급정지장치의 종류(방호장치 자율안전기준 고시 별표 3)

종류	위치	비고
손조작식	밑면에서 1.8m 이내	위치는 급정지장치조작부의 중심점을 기준으로 함
복부조작식	밑면에서 0.8m 이상 1.1m 이내	
무릎조작식	밑면에서 0.6m 이내	

058 다음 중 비파괴검사법으로 틀린 것은?

① 인장검사 ② 자기탐상검사
③ 초음파탐상검사 ④ 침투탐상검사

비파괴검사의 종류 : 육안검사(VT), 누설검사(LT), 침투검사(PT), 초음파검사(UT), 자기탐상검사(MT), 음향검사(AET), 방사선검사(RT)

059 다음 중 기계설비에서 반대로 회전하는 두 개의 회전체가 맞닿는 사이에 발생하는 위험점으로 가장 적절한 것은?

① 물림점 ② 협착점
③ 끼임점 ④ 절단점

위험점의 분류

구분	내용
협착점	왕복 운동하는 동작부분과 움직임이 없는 고정부분 사이에 형성되는 위험점
끼임점	고정부분과 회전하는 동작부분 사이에서 형성되는 위험점
절단점	회전하는 운동부분 자체의 위험에서 초래되는 위험점
물림점	반대로 회전하는 두 개의 회전체가 맞닿는 사이에서 발생하는 위험점
접선물림점	회전하는 부분의 접선방향으로 물려 들어갈 위험이 존재하는 위험점
회전말림점	회전하는 물체에 작업복 등이 말려드는 위험이 존재하는 위험점

060 다음 중 기계 설비의 안전조건에서 안전화의 종류로 가장 거리가 먼 것은?

① 재질의 안전화 ② 작업의 안전화
③ 기능의 안전화 ④ 외형의 안전화

기계·설비의 안전화 5가지
- 외관의 안전화 : 상자로 내장, 덮개, 색채조절(시동버튼 : 녹색, 정지버튼 : 적색)
- 기능적 안전화 : 전압 강하 및 정전시 오동작 방지, 사용 압력 변동시 오동작 방지, 밸브 고장시 오동작 방지, 단락 스위치 고장시 오동작 방지
- 구조부분의 안전화 : 적절한 재료, 안전율 및 안전계수 고려, 적절한 가공
- 작업의 안전화 : 기동 장치와 배치, 정지시 시건 장치, 안전 통로 확보, 작업 공간 확보
- 보수·유지의 안전화(보전성의 개선) : 정기 점검, 교환, 주유

제 04 과목 전기설비 안전관리

061 300A의 전류가 흐르는 저압 가공전선로의 1선에서 허용 가능한 누설전류(mA)는?

① 600   ② 450
③ 300   ④ 150

누설전류 (Ig) = 최대공급전류 × $\dfrac{1}{2000}$ = $300 \times \dfrac{1}{2000}$ = 0.15[A] = 150[mA]

062 전기설비의 방폭구조의 종류가 아닌 것은?

① 근본 방폭구조   ② 압력 방폭구조
③ 안전증 방폭구조   ④ 본질안전 방폭구조

방폭구조의 종류와 기호

종류	내용	기호
내압방폭구조	점화원에 의해 용기 내부에서 폭발이 발생할 경우에 용기가 폭발압력에 견딜 수 있고, 화염이 용기 외부의 폭발성 분위기로 전파되지 않도록 한 방폭구조	d
압력방폭구조	점화원이 될 우려가 있는 부분을 용기 안에 넣고 보호 기체(신선한 공기 또는 불활성기체)를 용기 안에 압입함으로써 폭발성 가스가 침입하는 것을 방지하도록 되어 있는 방폭구조	p
안전증방폭구조	전기기기의 과도한 온도 상승, 아크 또는 불꽃 발생의 위험을 방지하기 위하여 추가적인 안전조치를 통한 안전도를 증가시킨 방폭구조(다만, 정상운전 중에 아크나 불꽃을 발생시키는 전기기기는 안전증방폭구조의 전기기기 범위에서 제외)	e
유입방폭구조	유체 상부 또는 용기 외부에 존재할 수 있는 폭발성 분위기가 발화할 수 없도록 전기설비 또는 전기설비의 부품을 보호액에 함침시키는 방폭구조	o
본질안전방폭구조	정상시 또는 단락, 단선, 지락 등의 사고시에 발생하는 아크, 불꽃, 고열에 의하여 폭발성 가스나 증기에 점화되지 않는 것이 확인된 구조	ia, ib

비점화방폭구조	전기기기가 정상작동과 규정된 특정한 비정상상태에서 주위의 폭발성 가스 분위기를 점화시키지 못하도록 만든 방폭구조	n
몰드방폭구조	전기기기의 불꽃 또는 열로 인해 폭발성 위험분위기에 점화되지 않도록 컴파운드를 충전해서 보호한 방폭구조	m
충전방폭구조	폭발성 가스 분위기를 점화시킬 수 있는 부품을 고정하여 설치하고, 그 주위를 충전재로 완전히 둘러싸서 외부의 폭발성 가스 분위기를 점화시키지 않도록 하는 방폭구조	q
특수방폭구조	상기의 방폭구조 외에 외부의 폭발성 가스에 대해 인화를 방지할 수 있음을 시험에 의해 확인한 구조	s

063 전로에 시설하는 기계기구의 금속제 외함에 접지공사를 하지 않아도 되는 경우로 틀린 것은?

① 저압용의 기계기구를 건조한 목재의 마루 위에서 취급하도록 시설한 경우
② 외함 주위에 적당한 절연대를 설치한 경우
③ 교류 대지 전압이 300 V 이하인 기계기구를 건조한 곳에 시설한 경우
④ 전기용품 및 생활용품 안전관리법의 적용을 받는 2중 절연구조로 되어 있는 기계기구를 시설하는 경우

금속제 외함에 접지공사를 하지 않아도 되는 경우(한국전기설비규정 142.7)
- 사용전압이 직류 300V 또는 교류 대지전압이 150V 이하인 기계기구를 건조한 곳에 시설하는 경우
- 저압용의 기계기구를 건조한 목재의 마루 기타 이와 유사한 절연성 물건 위에서 취급하도록 시설하는 경우
- 저압용이나 고압용의 기계기구, 특고압 전선로에 접속하는 배전용 변압기나 이에 접속하는 전선에 시설하는 기계기구 또는 특고압 가공전선로의 전로에 시설하는 기계기구를 사람이 쉽게 접촉할 우려가 없도록 목주 기타 이와 유사한 것의 위에 시설하는 경우
- 철대 또는 외함의 주위에 적당한 절연대를 설치하는 경우
- 외함이 없는 계기용변성기가 고무·합성수지 기타의 절연물로 피복한 것일 경우
- 전기용품 및 생활용품 안전관리법의 적용을 받는 이중절연구조로 되어 있는 기계기구를 시설하는 경우
- 저압용 기계기구에 전기를 공급하는 전로의 전원측에 절연변압기(2차 전압이 300V 이하이며, 정격용량이 3kVA 이하인 것에 한한다)를 시설하고 또한 그 절연변압기의 부하측 전로를 접지하지 않은 경우
- 물기 있는 장소 이외의 장소에 시설하는 저압용의 개별 기계기구에 전기를 공급하는 전로에 인체감전보호용 누전차단기(정격감도전류가 30mA 이하, 동작시간이 0.03초 이하의 전류동작형에 한한다)를 시설하는 경우
- 외함을 충전하여 사용하는 기계기구에 사람이 접촉할 우려가 없도록 시설하거나 절연대를 시설하는 경우

064 다음 중 정전기의 발생 현상에 포함되지 않는 것은?

① 파괴에 의한 발생　　② 분출에 의한 발생
③ 전도 대전　　　　　④ 유동에 의한 대전

정전기 대전현상 : 박리대전, 마찰대전, 충돌대전, 유도대전, 분출대전, 비말대전, 침강대전, 유동대전, 적하대전, 교반대전, 파괴대전

065 방폭전기기기에 "Ex ia II C T4 Ga"라고 표시되어 있다. 해당 기기에 대한 설명으로 틀린 것은?

① 정상 작동, 예상된 오작동 또는 드문 오작동 중에 점화원이 될 수 없는 "매우 높은 보호등급의 기기이다.
② 온도 등급이 T_4이므로 최고표면온도가 150℃를 초과해서는 안된다.
③ 본질안전 방폭구조로 0종 장소에서 사용이 가능하다.
④ 수소 및 아세틸렌 등의 가스가 존재하는 곳에 사용이 가능하다.

방폭전기기기의 최고표면온도에 따른 분류

최고표면온도	온도 등급	최고표면온도	온도 등급
450℃	T_1	300℃	T_2
200℃	T_3	135℃	T_4
100℃	T_5	85℃	T_6

066 Dalziel에 의하여 동물실험을 통해 얻어진 전류값을 인체에 적용했을 때, 심실세동을 일으키는 전기에너지(J)는 약 얼마인가?(단, 인체 전기저항은 500Ω으로 보며, 흐르는 전류 $I = \frac{165}{\sqrt{T}}$ mA로 한다.)

① 9.8
② 13.6
③ 19.6
④ 27

심실세동전류$(I) = \frac{165}{\sqrt{T}}$[mA]

$W = I^2RT = (\frac{165}{\sqrt{T}} \times 10^{-3})^2 RT[J]$

$= (\frac{165}{\sqrt{1}} \times 10^{-3})^2 \times 500[\Omega] \times 1[sec] = 13.6[J]$

067 정전기로 인한 화재 및 폭발을 방지하기 위하여 조치가 필요한 설비가 아닌 것은?

① 드라이클리닝 설비
② 위험물 건조설비
③ 화약류 제조설비
④ 위험기구의 제전 설비

산업안전보건기준에 관한 규칙 제325조(정전기로 인한 화재 폭발 등 방지)
① 사업주는 다음 각 호의 설비를 사용할 때에 정전기에 의한 화재 또는 폭발 등의 위험이 발생할 우려가 있는 경우에는 해당 설비에 대하여 확실한 방법으로 접지를 하거나, 도전성 재료를 사용하거나 가습 및 점화원이 될 우려가 없는 제전(除電)장치를 사용하는 등 정전기의 발생을 억제하거나 제거하기 위하여 필요한 조치를 하여야 한다.
1. 위험물을 탱크로리·탱크차 및 드럼 등에 주입하는 설비
2. 탱크로리·탱크차 및 드럼 등 위험물저장설비
3. 인화성 액체를 함유하는 도료 및 접착제 등을 제조·저장·취급 또는 도포(塗布)하는 설비
4. 위험물 건조설비 또는 그 부속설비
5. 인화성 고체를 저장하거나 취급하는 설비

6. 드라이클리닝설비, 염색가공설비 또는 모피류 등을 씻는 설비 등 인화성유기용제를 사용하는 설비
7. 유압, 압축공기 또는 고전위정전기 등을 이용하여 인화성 액체나 인화성 고체를 분무하거나 이송하는 설비
8. 고압가스를 이송하거나 저장·취급하는 설비
9. 화약류 제조설비
10. 발파공에 장전된 화약류를 점화시키는 경우에 사용하는 발파기(발파공을 막는 재료로 물을 사용하거나 갱도발파를 하는 경우는 제외한다)

② 사업주는 인체에 대전된 정전기에 의한 화재 또는 폭발 위험이 있는 경우에는 정전기 대전방지용 안전화 착용, 제전복(除電服) 착용, 정전기 제전용구 사용 등의 조치를 하거나 작업장 바닥 등에 도전성을 갖추도록 하는 등 필요한 조치를 하여야 한다.
③ 생산공정상 정전기에 의한 감전 위험이 발생할 우려가 있는 경우의 조치에 관하여는 제1항과 제2항을 준용한다.

068 정전용량 C=20µF, 방전 시 전압 V=2kV 일 때 정전에너지(J)는?

① 40
② 80
③ 400
④ 800

정전기 방전에너지 $W = \frac{1}{2}CV^2$ [C : 도체의 정전용량, V : 대전전위]

$W = \frac{1}{2} \times (20 \times 10^{-6}) \times (2000)^2 = 40$

069 피뢰기가 구비하여야 할 조건으로 틀린 것은?

① 제한전압이 낮아야 한다.
② 상용 주파, 방전 개시 전압이 높아야 한다.
③ 충격방전 개시전압이 높아야 한다
④ 속류 차단 능력이 충분하여야 한다.

피뢰기(LA)의 성능조건
- 충격방전 개시전압과 제한전압이 낮을 것
- 뇌 전류의 방전능력이 크고 속류 차단이 확실하게 될 것
- 반복사용이 가능할 것
- 구조가 견고하며 특성이 변하지 않을 것
- 점검 및 보수가 간단할 것

070 작업자가 교류전압 7000V 이하의 전로에 활선 근접작업 시 감전사고 방지를 위한 절연용 보호구는?

① 고무절연관
② 절연시트
③ 절연커버
④ 절연안전모

절연용 보호구란 7000V 이하의 전로에 활선 근접작업시 감전재해를 방지하기 위해 작업자의 몸에 착용하는 것으로 절연의, 절연장갑, 절연장화 및 절연용 안전모가 이에 해당된다.

071 전로에 지락이 생겼을 때에 자동적으로 전로를 차단하는 장치를 시설해야하는 전기기계의 사용전압 기준은?(단, 금속제 외함을 가지는 저압의 기계기구로서 사람이 쉽게 접촉할 우려가 있는 곳에 시설되어 있다.)

① 30 V 초과
② 50 V 초과
③ 90 V 초과
④ 150 V 초과

해설

금속제 외함을 가지는 사용전압이 50V를 초과하는 저압의 기계 기구로서 사람이 쉽게 접촉할 우려가 있는 곳에 시설하는 것에 전기를 공급하는 전로에는 전로에 지락이 생겼을 때에 자동적으로 전로를 차단하는 장치를 하여야 한다.(한국전기설비규정 211.2.4 누전차단기의 시설)

072 변압기의 중성점을 제2종 접지한 수전전압 22.9kV, 사용전압 220V인 공장에서 외함을 제3종 접지공사를 한 전동기가 운전 중에 누전되었을 경우에 작업자가 접촉될 수 있는 최소전압은 약 몇 V 인가?(단, 1선 지락전류 10A, 제3종 접지저항 30Ω, 인체저항 10000Ω이다.)

① 116.7
② 127.5
③ 146.7
④ 165.6

해설

$$I_m = \frac{E}{R_m(1 + \frac{R_2}{R_3})} = \frac{220}{10000 \times (1 + \frac{150/10}{30})} = 0.01467$$

V = I × R = 0.01467 × 10000 = 146.7

073 전기기계·기구의 기능 설명으로 옳은 것은?

① CB는 부하전류를 개폐시킬 수 있다.
② ACB는 진공 중에서 차단동작을 한다.
③ DS는 회로의 개폐 및 대용량부하를 개폐시킨다.
④ 피뢰침은 뇌나 계통의 개폐에 의해 발생하는 이상 전압을 대지로 방전시킨다.

해설

전기기계·기구
- CB(Circuit Breaker) : 차단기
- ACB(Air Circuit Breaker) : 기중차단기
- DS(Disconnecting Switch) : 단로기
- LA(Lightening Arrestor) : 피뢰기

074 가스(발화온도 120℃)가 존재하는 지역에 방폭기기를 설치하고자 한다. 설치가 가능한 기기의 온도 등급은?

① T2
② T3
③ T4
④ T5

폭발성가스의 발화도 및 전기기에 대한 최고표면온도

발화도 등급		가스발화점	최고표면온도
KSC	노동부 고시		
G1	T1	450℃ 초과	450℃
G2	T2	300℃ 초과 450℃ 이하	300℃
G3	T3	200℃ 초과 300℃ 이하	200℃
G4	T4	135℃ 초과 200℃ 이하	135℃
G5	T5	100℃ 초과 135℃ 이하	100℃
–	T6	85℃ 초과 100℃ 이하	85℃

075 방폭기기에 별도의 주위 온도 표시가 없을 때 방폭기기의 주위 온도 범위는?(단, 기호 "X"의 표시가 없는 기기이다.)

① 20℃ ~ 40℃ ② -20℃ ~ 40℃
③ 10℃ ~ 50℃ ④ -10℃ ~ 50℃

방폭기기의 온도와 관련하여 전기기기는 -20~+40℃의 주위온도범위에서 사용할 수 있도록 설계되어야 하며, 이 경우에는 주위온도에 관한 추가표시는 필요하지 않다.

076 유자격자가 아닌 근로자가 방호되지 않은 충전전로 인근의 높은 곳에서 작업할 때에 근로자의 몸은 충전전로에서 몇 cm 이내로 접근할 수 없도록 하여야 하는가?(단, 대지전압이 50kV이다.)

① 50   ② 100
③ 200 ④ 300

유자격자가 아닌 근로자가 충전전로 인근의 높은 곳에서 작업할 때에 근로자의 몸 또는 긴 도전성 물체가 방호되지 않은 충전전로에서 대지전압이 50킬로볼트 이하인 경우에는 300센티미터 이내로, 대지전압이 50킬로볼트를 넘는 경우에는 10킬로볼트당 10센티미터씩 더한 거리 이내로 각각 접근할 수 없도록 하여야 한다.(산업안전보건기준에 관한 규칙 제321조)

077 다음 중 정전기의 재해방지 대책으로 틀린 것은?

① 설비의 도체 부분을 접지
② 작업자는 정전화를 착용
③ 작업장의 습도를 30% 이하로 유지
④ 배관 내 액체의 유속제한

정전기 재해방지 조치
• 정전기 발생 억제 : 배관 내 유속 조절, 습기 부여, 대전방지제 사용, 금속재료 및 도전성 재료 사용
• 정전기 대전 방지 : 도체인 경우 접지와 본딩 실시
• 정전지 방전 방지 : 대전 물체 접지 등

078 정전기 방전현상에 해당되지 않는 것은?

① 연면방전
② 코로나방전
③ 낙뢰방전
④ 스팀방전

방전의 종류
- 스파크방전(불꽃방전) : 대전된 부도체와 도체 사이에 전압이 커지면 공기절연이 파괴되어 발생하는 방전
- 연면방전 : 대전량이 많은 부도체에 접지체가 접근시 부도체 표면을 따라 발생하는 방전
- 코로나방전 : 대전된 부도체와 돌출된 선단의 도체 사이의 방전(방전에너지가 작아 재해의 원인이 안됨)
- 뇌상방전 : 대전된 구름에서 대지 또는 구름 사이에 번개형의 발광을 발생하는 방전
- 스트리머방전 : 방전량이 많은 부도체와 평평한 도체 사이의 방전

079 제전기의 종류가 아닌 것은?

① 전압인가식 제전기
② 정전식 제전기
③ 방사선식 제전기
④ 자기방전식 제전기

이온생성 방법에 따른 제전기의 종류
- 자기방전식 제전기
- 전압인가식(코로나 방전식) 제전기
- 방사선식(이온식) 제전기

080 산업안전보건기준에 관한 규칙 제319조에 따라 감전될 우려가 있는 장소에서 작업을 하기 위해서는 전로를 차단하여야 한다. 전로 차단을 위한 시행 절차 중 틀린 것은?

① 전기기기 등에 공급되는 모든 전원을 관련 도면, 배선도 등으로 확인
② 각 단로기를 개방한 후 전원 차단
③ 단로기 개방 후 차단장치나 단로기 등에 잠금장치 및 꼬리표를 부착
④ 잔류전하 방전 후 검전기를 이용하여 작업, 대상 기기가 충전되어 있는지 확인.

산업안전보건기준에 관한 규칙 제319조(정전전로에서의 전기작업) ① 사업주는 근로자가 노출된 충전부 또는 그 부근에서 작업함으로써 감전될 우려가 있는 경우에는 작업에 들어가기 전에 해당 전로를 차단하여야 한다. 다만, 다음 각 호의 경우에는 그러하지 아니하다.
1. 생명유지장치, 비상경보설비, 폭발위험장소의 환기설비, 비상조명설비 등의 장치·설비의 가동이 중지되어 사고의 위험이 증가되는 경우
2. 기기의 설계상 또는 작동상 제한으로 전로차단이 불가능한 경우
3. 감전, 아크 등으로 인한 화상, 화재·폭발의 위험이 없는 것으로 확인된 경우
② 제1항의 전로 차단은 다음 각 호의 절차에 따라 시행하여야 한다.
1. 전기기기등에 공급되는 모든 전원을 관련 도면, 배선도 등으로 확인할 것
2. 전원을 차단한 후 각 단로기 등을 개방하고 확인할 것
3. 차단장치나 단로기 등에 잠금장치 및 꼬리표를 부착할 것
4. 개로된 전로에서 유도전압 또는 전기에너지가 축적되어 근로자에게 전기위험을 끼칠 수 있는 전기기기등은 접촉하기 전에 잔류전하를 완전히 방전시킬 것
5. 검전기를 이용하여 작업 대상 기기가 충전되었는지를 확인할 것

6. 전기기기등이 다른 노출 충전부와의 접촉, 유도 또는 예비동력원의 역송전 등으로 전압이 발생할 우려가 있는 경우에는 충분한 용량을 가진 단락 접지기구를 이용하여 접지할 것

③ 사업주는 제1항 각 호 외의 부분 본문에 따른 작업 중 또는 작업을 마친 후 전원을 공급하는 경우에는 작업에 종사하는 근로자 또는 그 인근에서 작업하거나 정전된 전기기기등(고정 설치된 것으로 한정한다)과 접촉할 우려가 있는 근로자에게 감전의 위험이 없도록 다음 각 호의 사항을 준수하여야 한다.

1. 작업기구, 단락 접지기구 등을 제거하고 전기기기등이 안전하게 통전될 수 있는지를 확인할 것
2. 모든 작업자가 작업이 완료된 전기기기등에서 떨어져 있는지를 확인할 것
3. 잠금장치와 꼬리표는 설치한 근로자가 직접 철거할 것
4. 모든 이상 유무를 확인한 후 전기기기등의 전원을 투입할 것

제 05 과목 화학설비 안전관리

081 다음 중 유류화재의 화재급수에 해당하는 것은?

① A급
② B급
③ C급
④ D급

화재등급별 소화방법

구분	A급 화재	B급 화재	C급 화재	D급 화재
명칭	보통화재	유류, 가스화재	전기화재	금속화재(Al분, Mg분)
주 소화효과	냉각	질식	냉각, 질식	질식
적응 소화재	물 소화기 강화액 소화기	포말 소화기 CO_2 소화기 분말 소화기 증발성 액체 소화기	유기성 소화액 CO_2 소화기 분말 소화기	건조사 팽창 질석 팽창 진주암
구분색	백색	황색	청색	-

082 다음 중 분진 폭발에 관한 설명으로 틀린 것은?

① 폭발한계 내에서 분진의 휘발성분이 많으면 폭발 위험성이 높다.
② 분진이 발화 폭발하기 위한 조건은 가연성, 미분상태, 공기 중에서의 교반과 유동 및 점화원의 존재이다.
③ 가스폭발과 비교하여 연소의 속도나 폭발의 압력이 크고, 연소시간이 짧으며, 발생에너지가 작다.
④ 폭발한계는 입자의 크기, 입도분포, 산소농도, 함유수분, 가연성가스의 혼입 등에 의해 같은 물질의 분진에서도 달라진다.

분진폭발의 특징
- 연소속도나 폭발압력은 가스폭발보다는 작지만 가해지는 힘(파괴력)은 매우 크다.
- 2차 폭발을 한다.
- CO 중독피해의 우려가 있다.
- 분진의 크기가 작을수록, 분진입자의 표면이 거칠수록 잘 일어난다.

083 다음 중 아세틸렌을 용해가스로 만들 때 사용되는 용제로 가장 적합한 것은?

① 아세톤 ② 메탄
③ 부탄 ④ 프로판

해설

아세틸렌의 성질
- 카바이드와 물을 혼합하여 제조한다.
- 순수한 것은 무색, 무취이나 불순물이 포함된 것은 냄새가 난다.
- 공기보다 가볍다.
- 외부의 충격, 마찰 등으로 폭발 위험성이 높다.
- 용해가스이며 용제로는 아세톤, DMF(dimethylformamide)가 사용된다.

084 진한 질산이 공기 중에서 햇빛에 의해 분해되었을 때 발생하는 갈색증기는?

① N_2 ② NO_2
③ NH_3 ④ NH_2

해설

질산은 햇빛에 의해 분해되어 이산화질소(NO_2)를 발생하기 때문에 갈색병에 넣어 보관해야 하며, 반응식은 다음과 같다.
$4HNO_3 \rightarrow 2H_2O + 4NO_2 \uparrow + O_2$

085 프로판과 메탄의 폭발하한계가 각각 2.5, 5.0vol% 이라고 할 때 프로판과 메탄이 3:1의 체적비로 혼합되어 있다면 이 혼합가스의 폭발하한계는 약 몇 vol% 인가?(단, 상온, 상압 상태이다.).

① 2.9 ② 3.3
③ 3.8 ④ 4.0

해설

$\dfrac{100}{L} = \dfrac{100}{\dfrac{75}{2.5} + \dfrac{25}{5}} = 2.857$

086 탄화수소 증기의 연소하한값 추정식은 연료의 양론농도(Cst)의 0.55배 이다. 프로판 1몰의 연소반응식이 다음과 같을 때 연소하한값은 약 몇 vol%인가?

$$C_3H_8 + 5O_2 \rightarrow 3CO_2 + 4H_2O$$

① 2.22 ② 4.03
③ 4.44 ④ 8.06

해설

연소하한 $= 0.55 \times \dfrac{1}{1 + \dfrac{n}{0.21}} \times 100 = 0.55 \times \dfrac{0.21}{0.21 + 5} \times 100 = 2.217$

($\because C_3H_8 : 5O_2 = 1 : 5$, 공기 중 산소의 농도 21%)

087 다음 중 물질의 자연발화를 촉진시키는 요인으로 가장 거리가 먼 것은?

① 표면적이 넓고, 발열량이 클 것
② 열전도율이 클 것
③ 주위 온도가 높을 것
④ 적당한 수분을 보유할 것

해설

자연발화가 쉽게 일어나는 조건
- 주위온도가 높을수록
- 발열량이 크고 열축적이 클수록
- 적당량의 수분이 존재할 때

088 에틸알콜(C_2H_5OH) 1몰이 완전연소할 때 생성되는 CO_2의 몰수로 옳은 것은?

① 1
② 2
③ 3
④ 4

해설

에틸알코올의 연소 화학식 $C_2H_5OH + 3O_2 \rightarrow 2CO_2 + 3H_2O$

089 증기 배관 내에 생성하는 응축수를 제거할 때 증기가 배출되지 않도록 하면서 응축수를 자동적으로 배출하기 위한 장치를 무엇이라 하는가?

① Vent stack
② Steam trap
③ Blow down
④ Relief valve

해설

스팀트랩(Steam trap)은 증기배관 내에 생성되는 응축수를 배출하기 위한 장치로 종류에는 디스크식, 바이메탈식, 버킷식이 있다. 참고로 증기배관 내 응축수는 수격작용(water hammer)의 원인이 된다.

090 다음 중 산업안전보건법령상 화학설비의 부속설비로만 이루어진 것은?

① 사이클론, 백필터, 전기집진기 등 분진처리설비
② 응축기, 냉각기, 가열기, 증발기 등 열교환기류
③ 고로 등 점화기를 직접 사용하는 열교환기류
④ 혼합기, 발포기, 압출기 등 화학제품 가공설비

해설

화학설비 및 그 부속설비의 종류(산업안전보건기준에 관한 규칙 별표 7)
1. 화학설비
  가. 반응기·혼합조 등 화학물질 반응 또는 혼합장치
  나. 증류탑·흡수탑·추출탑·감압탑 등 화학물질 분리장치
  다. 저장탱크·계량탱크·호퍼·사일로 등 화학물질 저장설비 또는 계량설비
  라. 응축기·냉각기·가열기·증발기 등 열교환기류
  마. 고로 등 점화기를 직접 사용하는 열교환기류

바. 캘린더(calender) · 혼합기 · 발포기 · 인쇄기 · 압출기 등 화학제품 가공설비
사. 분쇄기 · 분체분리기 · 용융기 등 분체화학물질 취급장치
아. 결정조 · 유동탑 · 탈습기 · 건조기 등 분체화학물질 분리장치
자. 펌프류 · 압축기 · 이젝터(ejector) 등의 화학물질 이송 또는 압축설비
2. 화학설비의 부속설비
 가. 배관 · 밸브 · 관 · 부속류 등 화학물질 이송 관련 설비
 나. 온도 · 압력 · 유량 등을 지시 · 기록 등을 하는 자동제어 관련 설비
 다. 안전밸브 · 안전판 · 긴급차단 또는 방출밸브 등 비상조치 관련 설비
 라. 가스누출감지 및 경보 관련 설비
 마. 세정기, 응축기, 벤트스택(bent stack), 플레어스택(flare stack) 등 폐가스처리설비
 바. 사이클론, 백필터(bag filter), 전기집진기 등 분진처리설비
 사. 가목부터 바목까지의 설비를 운전하기 위하여 부속된 전기 관련 설비
 아. 정전기 제거장치, 긴급 샤워설비 등 안전 관련 설비

091 고온에서 완전 열분해하였을 때 산소를 발생하는 물질은?

① 황화수소
② 과염소산칼륨
③ 메틸리튬
④ 적린

과염소산칼륨(KClO₄)
- 무색, 무취의 사방정계 결정으로서 물, 알코올, 에테르에 녹지 않는다.
- 탄소, 황, 유기물과 혼합하였을 때 가열, 마찰, 충격에 의하여 폭발한다.
- 400℃에서 서서히 분해가 시작되어 610℃에서 완전분해하여 산소(O_2)를 발생시킨다.
 $KClO_4 \rightarrow KCl + 2O_2$

092 산업안전보건법령에서 규정하고 있는 위험물질의 종류 중 부식성 염기류로 분류되기 위하여 농도가 40% 이상이어야 하는 물질은?

① 염산
② 아세트산
③ 불산
④ 산화칼륨

부식성 물질의 위험성 및 종류

분류	내용
위험성	흡입, 피부접촉, 섭취했을 때 심한 상처를 입거나 사망할 수 있고 장기간 지속적인 노출 시 암 등의 돌연변이를 유발할 수 있다.
종류	• 부식성 산류 : 농도 20% 이상인 염산, 질산, 황산 등, 농도 60% 이상 인산, 아세트산, 불산 • 부식성 염기류 : 농도 40% 이상인 수산화나트륨, 수산화칼륨 등

093 다음 중 소화약제로 사용되는 이산화탄소에 관한 설명으로 틀린 것은?

① 사용 후에 오염의 영향이 거의 없다.
② 장시간 저장하여도 변화가 없다.

③ 주된 소화효과는 억제소화이다.
④ 자체 압력으로 방사가 가능하다.

이산화탄소의 주된 소화효과는 질식소화이며 B급, C급화재에 적용된다.

094 산업안전보건법령상 폭발성 물질을 취급하는 화학설비를 설치하는 경우에 단위공정설비로부터 다른 단위공정설비 사이의 안전거리는 설비 바깥 면으로부터 몇 m 이상 이어야 하는가?

① 10
② 15
③ 20
④ 30

안전거리(산업안전보건기준에 관한 규칙 별표 8)

구분	안전거리
단위공정시설 및 설비로부터 다른 단위공정시설 및 설비의 사이	설비의 바깥 면으로부터 10미터 이상
플레어스택으로부터 단위공정시설 및 설비, 위험물질 저장탱크 또는 위험물질 하역설비의 사이	플레어스택으로부터 반경 20미터 이상. 다만, 단위 공정시설 등이 불연재로 시공된 지붕 아래에 설치된 경우에는 그러하지 아니하다.
위험물질 저장탱크로부터 단위공정시설 및 설비, 보일러 또는 가열로의 사이	저장탱크의 바깥 면으로부터 20미터 이상. 다만, 저장탱크의 방호벽, 원격조종화설비 또는 살수설비를 설치한 경우에는 그러하지 아니하다.
사무실·연구실·실험실·정비실 또는 식당으로부터 단위공정시설 및 설비, 위험물질 저장탱크, 위험물질 하역설비, 보일러 또는 가열로의 사이	사무실 등의 바깥 면으로부터 20미터 이상. 다만, 난방용 보일러인 경우 또는 사무실 등의 벽을 방호구조로 설치한 경우에는 그러하지 아니하다.

095 인화점이 각 온도 범위에 포함되지 않는 물질은?

① −30℃ 미만 : 디에틸에테르
② −30℃ 이상 0℃ 미만 : 아세톤
③ 0℃ 이상 30℃ 미만 : 벤젠
④ 30℃ 이상 65℃ 이하 : 아세트산

벤젠(C_6H_6, 벤졸, 페닐하이드로라이드)
- 무색 투명한 휘발성 액체로서 증기는 마취성과 독성이 있는 방향성 액체이다.
- 비중은 0.88(증기비중 2.77), 비점 80℃, 인화점 −11.1℃, 착화온도 552℃, 연소범위 1.4~7.4% 이다.
- 물에는 녹지 않으나 알코올, 에테르 등 유기용제에는 잘 녹으며 유지, 수지, 고무 등을 용해시킨다.
- 첨가반응(니트로화, 술폰산화, 할로겐화, 프리델그라프츠 반응 등) 및 치환반응(수소치환 또는 할로겐치환)을 한다.
- 탄소수에 비해 수소수가 적기 때문에 연소시키면 그을음을 많이 내면서 탄다.
- 융점이 5.5℃이므로 겨울에 찬 곳에서는 고체로 되는 경우도 있다.

096 자동화재탐지설비의 감지기 종류 중 열감지기가 아닌 것은?

① 차동식
② 정온식
③ 보상식
④ 광전식

화재감지기의 종류와 작동방식
- 열감지기 : 차동식, 정온식, 보상식
- 연기감지기 : 이온화식, 광전식

097 다음 중 수분(H_2O)과 반응하여 유독성 가스인 포스핀이 발생되는 물질은?

① 금속나트륨
② 알루미늄 분말
③ 인화칼슘
④ 수소화리튬

인화칼슘(Ca_3P_2)
- 융점 1600℃, 비중이 2.51이다.
- 적갈색의 괴상 고체로서 인화석회라고도 한다.
- 알코올, 에테르에는 녹지 않는다.
- 물이나 약산과 반응하여 유독성 가스인 포스핀(PH_3)을 발생시킨다.
  $Ca_3P_2 + 6H_2O \rightarrow 3Ca(OH)_2 + 2PH_3$

098 대기압에서 사용하나 증발에 의한 액체의 손실을 방지함과 동시에 액면 위의 공간에 폭발성 위험가스를 형성할 위험이 적은 구조의 저장탱크는?

① 유동형 지붕 탱크
② 원추형 지붕 탱크
③ 원통형 저장 탱크
④ 구형 저장 탱크

유동형 지붕 탱크(Floating Roof Tank)
- 탱크 천정이 Tank Shell에 고정되어 있지 않고 기름과 같이 상하로 움직이는 형으로써 Tank Shell과 Roof 사이에는 실(Seal)로 밀폐시켜 공기와 탄화수소 증기가 혼합되지 않도록 한 탱크이다.
- 증기압이 높은 경질원유, 가솔린 등의 증발 손실 및 폭발 위험성을 감소시켜 주기 위하여 고안된 것으로써 폭발 위험성 및 화재 위험성이 훨씬 줄어들어 화재방지 목적으로도 이용된다.

099 다음 중 밀폐 공간내 작업시의 조치사항으로 가장 거리가 먼 것은?

① 산소결핍이나 유해가스로 인한 질식의 우려가 있으면 진행 중인 작업에 방해되지 않도록 주의하면서 환기를 강화하여야 한다.
② 해당 작업장을 적정한 공기상태로 유지되도록 환기하여야 한다.
③ 그 장소에 근로자를 입장시킬 때와 퇴장시킬 때마다 인원을 점검하여야 한다.
④ 그 작업장과 외부의 감시인 간에 항상 연락을 취할 수 있는 설비를 설치하여야 한다

산업안전보건기준에 관한 규칙 제620조(환기 등) ① 사업주는 근로자가 밀폐공간에서 작업을 하는 경우에 작업을 시작하기 전과 작업 중에 해당 작업장을 적정공기 상태가 유지되도록 환기하여야 한다. 다만, 폭발이나 산화 등의 위험으로 인하여 환기할 수 없거나 작업의 성질상 환기하기가 매우 곤란한 경우에는 근로자에게 공기호흡기 또는 송기마스크를 지급하여 착용하도록 하고 환기하지 아니할 수 있다.

100 다음 중 압축기 운전시 토출압력이 갑자기 증가하는 이유로 가장 적절한 것은?

① 윤활유의 과다
② 피스톤 링의 가스 누설
③ 토출관 내에 저항 발생
④ 저장조 내 가스압의 감소

압축기 운전시 토출압력이 갑자기 증가하는 이유는 토출관 내에 저항이 발생하기 때문이다.

제 06 과목   건설공사 안전관리

101 비계의 부재 중 기둥과 기둥을 연결시키는 부재가 아닌 것은?

① 띠장
② 장선
③ 가새
④ 작업발판

작업발판은 높은 곳에서 추락이나 발이 빠질 위험이 있는 장소에 근로자가 안전하게 작업할 수 있는 공간과 자재운반 등 안전하게 이동할 수 있는 공간을 확보하기 위해 설치해 놓은 발판을 말한다.

102 터널작업 시 자동경보장치에 대하여 당일의 작업시작 전 점검하여야 할 사항으로 옳지 않은 것은?

① 검지부의 이상 유무
② 조명시설의 이상 유무
③ 경보장치의 작동 상태
④ 계기의 이상 유무

산업안전보건기준에 관한 규칙 제350조(인화성 가스의 농도측정 등)
① 사업주는 터널공사 등의 건설작업을 할 때에 인화성 가스가 발생할 위험이 있는 경우에는 폭발이나 화재를 예방하기 위하여 인화성 가스의 농도를 측정할 담당자를 지명하고, 그 작업을 시작하기 전에 가스가 발생할 위험이 있는 장소에 대하여 그 인화성 가스의 농도를 측정하여야 한다.
② 사업주는 제1항에 따라 측정한 결과 인화성 가스가 존재하여 폭발이나 화재가 발생할 위험이 있는 경우에는 인화성 가스 농도의 이상 상승을 조기에 파악하기 위하여 그 장소에 자동경보장치를 설치하여야 한다.
③ 지하철도공사를 시행하는 사업주는 터널굴착[개착식(開鑿式)을 포함한다] 등으로 인하여 도시가스관이 노출된 경우에

접속부 등 필요한 장소에 자동경보장치를 설치하고, 「도시가스사업법」에 따른 해당 도시가스사업자와 합동으로 정기적 순회점검을 하여야 한다.
④ 사업주는 제2항 및 제3항에 따른 자동경보장치에 대하여 당일 작업 시작 전 다음 각 호의 사항을 점검하고 이상을 발견하면 즉시 보수하여야 한다.
  1. 계기의 이상 유무
  2. 검지부의 이상 유무
  3. 경보장치의 작동상태

103 다음은 말비계를 조립하여 사용하는 경우에 관한 준수사항이다. ( )안에 들어갈 내용으로 옳은 것은?

- 지주부재와 수평면의 기울기를 (A)° 이하로 하고 지주부재와 지주부재 사이를 고정시키는 보조부재를 설치할 것
- 말비계의 높이가 2m를 초과하는 경우에는 작업발판의 폭을 (B)cm 이상으로 할 것

① A : 75, B : 30
② A : 75, B : 40
③ A : 85, B : 30
④ A : 85, B : 40

산업안전보건기준에 관한 규칙 제67조(말비계) 사업주는 말비계를 조립하여 사용하는 경우에 다음 각 호의 사항을 준수하여야 한다.
1. 지주부재(支柱部材)의 하단에는 미끄럼 방지장치를 하고, 근로자가 양측 끝부분에 올라서서 작업하지 않도록 할 것
2. 지주부재와 수평면의 기울기를 75도 이하로 하고, 지주부재와 지주부재 사이를 고정시키는 보조부재를 설치할 것
3. 말비계의 높이가 2미터를 초과하는 경우에는 작업발판의 폭을 40센티미터 이상으로 할 것

104 본 터널(main tunnel)을 시공하기 전에 터널에서 약간 떨어진 곳에 지질조사, 환기, 배수, 운반 등의 상태를 알아보기 위하여 설치하는 터널은?

① 프리패브(prefab) 터널
② 사이드(side) 터널
③ 쉴드(shield) 터널
④ 파일럿(pilot) 터널

파일럿 터널(pilot tunnel)은 본 터널(main tunnel)을 시공하기 전에 터널에서 약간 떨어진 곳에 지질조사, 환기, 배수, 운반 등의 상태를 알아보기 위하여 설치하는 터널로 선진갱(先進坑)이라고도 한다.

105 항만하역작업에서의 선박승강설비 설치기준으로 옳지 않은 것은?

① 200톤급 이상의 선박에서 하역작업을 하는 경우에 근로자들이 안전하게 오르내릴 수 있는 현문(門) 사다리를 설치하여야 하며, 이 사다리 밑에 안전망을 설치하여야 한다.
② 현문 사다리는 견고한 재료로 제작된 것으로 너비는 55cm 이상이어야 한다.
③ 현문 사다리의 양측에는 82cm 이상의 높이로 울타리를 설치하여야 한다.
④ 현문 사다리는 근로자의 통행에만 사용하여야 하며, 화물용 발판 또는 화물용 보관으로 사용하도록 해서는 아니 된다.

산업안전보건기준에 관한 규칙 제397조(선박승강설비의 설치) ① 사업주는 300톤급 이상의 선박에서 하역작업을 하는 경우에 근로자들이 안전하게 오르내릴 수 있는 현문(舷門) 사다리를 설치하여야 하며, 이 사다리 밑에 안전망을 설치하여야 한다.
② 제1항에 따른 현문 사다리는 견고한 재료로 제작된 것으로 너비는 55센티미터 이상이어야 하고, 양측에 82센티미터 이상의 높이로 울타리를 설치하여야 하며, 바닥은 미끄러지지 않도록 적합한 재질로 처리되어야 한다.
③ 제1항의 현문 사다리는 근로자의 통행에만 사용하여야 하며, 화물용 발판 또는 화물용 보판으로 사용하도록 해서는 아니 된다.

106 산업안전보건관리비 계상기준에 따른 중건설공사, 대상액 「5억원 이상~50억원 미만」의 안전관리비 비율 및 기초액으로 옳은 것은?

① 비율 : 2.28%, 기초액 : 4,325,000원
② 비율 : 2.53%, 기초액 : 3,300,000원
③ 비율 : 3.05%, 기초액 : 2,975,000원
④ 비율 : 1.59%, 기초액 : 2,450,000원

공사종류 및 규모별 산업안전보건관리비 계상기준표

구분 공사종류	대상액 5억원 미만인 경우 적용비율	대상액 5억원 이상 50억원 미만인 경우		50억원 이상인 경우 적용비율	보건관리자 선임대상 건설공사의 적용비율
		적용비율	기초액		
건축공사	3.11%	2.28%	4,325,000원	2.37%	2.64%
토목공사	3.15%	2.53%	3,300,000원	2.60%	2.73%
중건설공사	3.64%	3.05%	2,975,000원	3.11%	3.39%
특수건설공사	2.07%	1.59%	2,450,000원	1.64%	1.78%

107 토질시험 중 연약한 점토 지반의 점착력을 판별하기 위하여 실시하는 현장시험은?

① 베인 테스트(Vane Test)
② 표준관입시험(SPT)
③ 하중 재하시험
④ 삼축압축시험

• 베인(Vane)시험
  − 연한 점토질 시험에 주로 쓰이는 방법이다.
  − 4개의 날개가 달린 베인 테스터를 지반에 때려박고 회전시켜 저항 모멘트를 측정, 전단강도를 산출한다.
• 표준관입시험
  − 사질지반의 상대밀도 등 토질조사시 신뢰성이 높다.
  − 63.5kg의 추를 70~80cm 정도의 높이에서 떨어뜨려 30cm 관입시킬 때의 타격회수(N)를 측정하여 흙의 경·연 정도를 판정한다.

108 추락방지망 설치 시 그물코의 크기가 10cm인 매듭 있는 방망의 신품에 대한 인장강도 기준으로 옳은 것은?

① 100kgf 이상 ② 200kgf 이상
③ 300kgf 이상 ④ 400kgf 이상

방망사의 신품에 대한 인장 강도

그물코의 종류	방망의 종류(단위 : kg)	
	매듭이 없는 방망	매듭 방망
10cm	240(150)	200(135)
5cm	–	110(60)

※괄호 안은 폐기기준 인장강도임

109 사다리식 통로의 길이가 10m 이상일 때 얼마 이내마다 계단참을 설치하여야 하는가?

① 3m 이내마다 ② 4m 이내마다
③ 5m 이내마다 ④ 6m 이내마다

산업안전보건기준에 관한 규칙 제24조(사다리식 통로 등의 구조) ① 사업주는 사다리식 통로 등을 설치하는 경우 다음 각 호의 사항을 준수하여야 한다.
1. 견고한 구조로 할 것
2. 심한 손상·부식 등이 없는 재료를 사용할 것
3. 발판의 간격은 일정하게 할 것
4. 발판과 벽과의 사이는 15센티미터 이상의 간격을 유지할 것
5. 폭은 30센티미터 이상으로 할 것
6. 사다리가 넘어지거나 미끄러지는 것을 방지하기 위한 조치를 할 것
7. 사다리의 상단은 걸쳐놓은 지점으로부터 60센티미터 이상 올라가도록 할 것
8. 사다리식 통로의 길이가 10미터 이상인 경우에는 5미터 이내마다 계단참을 설치할 것
9. 사다리식 통로의 기울기는 75도 이하로 할 것. 다만, 고정식 사다리식 통로의 기울기는 90도 이하로 하고, 그 높이가 7미터 이상인 경우에는 다음 각 목의 구분에 따른 조치를 할 것
    가. 등받이울이 있어도 근로자 이동에 지장이 없는 경우 : 바닥으로부터 높이가 2.5미터 되는 지점부터 등받이울을 설치할 것
    나. 등받이울이 있으면 근로자가 이동이 곤란한 경우 : 한국산업표준에서 정하는 기준에 적합한 개인용 추락 방지 시스템을 설치하고 근로자로 하여금 한국산업표준에서 정하는 기준에 적합한 전신안전대를 사용하도록 할 것
10. 접이식 사다리 기둥은 사용 시 접혀지거나 펼쳐지지 않도록 철물 등을 사용하여 견고하게 조치할 것

110 거푸집동바리 등을 조립하는 경우에 준수하여야 할 안전조치기준으로 옳지 않은 것은?

① 동바리로 사용하는 강관은 높이 2m 이내마다 수평연결재를 2개 방향으로 만들고 수평연결재의 변위를 방지할 것
② 동바리로 사용하는 파이프 서포트는 3개 이상 이어서 사용하지 않도록 할 것
③ 동바리로 사용하는 파이프 서포트를 이어서 사용하는 경우에는 3개 이상의 볼트 또는 전용철물을 사용하여 이을 것
④ 동바리로 사용하는 강관틀과 강관틀 사이에는 교차가새를 설치할 것

산업안전보건기준에 관한 규칙 제332조의2(동바리 유형에 따른 동바리 조립 시의 안전조치) 사업주는 동바리를 조립할 때 동바리의 유형별로 다음 각 호의 구분에 따른 각 목의 사항을 준수해야 한다.
1. 동바리로 사용하는 파이프 서포트의 경우
   가. 파이프 서포트를 3개 이상 이어서 사용하지 않도록 할 것
   나. 파이프 서포트를 이어서 사용하는 경우에는 4개 이상의 볼트 또는 전용철물을 사용하여 이을 것
   다. 높이가 3.5미터를 초과하는 경우에는 높이 2미터 이내마다 수평연결재를 2개 방향으로 만들고 수평연결재의 변위를 방지할 것
2. 동바리로 사용하는 강관틀의 경우
   가. 강관틀과 강관틀 사이에 교차가새를 설치할 것
   나. 최상단 및 5단 이내마다 동바리의 측면과 틀면의 방향 및 교차가새의 방향에서 5개 이내마다 수평연결재를 설치하고 수평연결재의 변위를 방지할 것
   다. 최상단 및 5단 이내마다 동바리의 틀면의 방향에서 양단 및 5개틀 이내마다 교차가새의 방향으로 띠장틀을 설치할 것
3. 동바리로 사용하는 조립강주의 경우: 조립강주의 높이가 4미터를 초과하는 경우에는 높이 4미터 이내마다 수평연결재를 2개 방향으로 설치하고 수평연결재의 변위를 방지할 것
4. 시스템 동바리(규격화·부품화된 수직재, 수평재 및 가새재 등의 부재를 현장에서 조립하여 거푸집을 지지하는 지주 형식의 동바리를 말한다)의 경우
   가. 수평재는 수직재와 직각으로 설치해야 하며, 흔들리지 않도록 견고하게 설치할 것
   나. 연결철물을 사용하여 수직재를 견고하게 연결하고, 연결부위가 탈락 또는 꺾어지지 않도록 할 것
   다. 수직 및 수평하중에 대해 동바리의 구조적 안정성이 확보되도록 조립도에 따라 수직재 및 수평재에는 가새재를 견고하게 설치할 것
   라. 동바리 최상단과 최하단의 수직재와 받침철물은 서로 밀착되도록 설치하고 수직재와 받침철물의 연결부의 겹침길이는 받침철물 전체길이의 3분의 1 이상 되도록 할 것
5. 보 형식의 동바리[강제 갑판(steel deck), 철재트러스 조립 보 등 수평으로 설치하여 거푸집을 지지하는 동바리를 말한다]의 경우
   가. 접합부는 충분한 걸침 길이를 확보하고 못, 용접 등으로 양끝을 지지물에 고정시켜 미끄러짐 및 탈락을 방지할 것
   나. 양끝에 설치된 보 거푸집을 지지하는 동바리 사이에는 수평연결재를 설치하거나 동바리를 추가로 설치하는 등 보 거푸집이 옆으로 넘어지지 않도록 견고하게 할 것
   다. 설계도면, 시방서 등 설계도서를 준수하여 설치할 것

111 다음 중 해체작업용 기계 기구로 가장 거리가 먼 것은?

① 압쇄기 ② 핸드 브레이커
③ 철제 햄머 ④ 진동롤러

진동롤러는 토공사용 다짐장비의 일종이다.

112 지반의 종류가 다음과 같을 때 굴착면의 기울기 기준으로 옳은 것은?

연암 및 풍화암

① 1 : 1.8 ② 1 : 1.0
③ 1 : 0.8 ④ 1 : 0.5

굴착면의 기울기 기준(산업안전보건기준에 관한 규칙 별표 11)

지반의 종류	굴착면의 기울기
모래	1 : 1.8
연암 및 풍화암	1 : 1.0
경암	1 : 0.5
그 밖의 흙	1 : 1.2

비고
1. 굴착면의 기울기는 굴착면의 높이에 대한 수평거리의 비율을 말한다.
2. 굴착면의 경사가 달라서 기울기를 계산하기가 곤란한 경우에는 해당 굴착면에 대하여 지반의 종류별 굴착면의 기울기에 따라 붕괴의 위험이 증가하지 않도록 위 표의 지반의 종류별 굴착면의 기울기에 맞게 해당 각 부분의 경사를 유지해야 한다.

113 장비 자체보다 높은 장소의 땅을 굴착하는데 적합한 장비는?

① 파워쇼벨(Power Shovel) ② 불도저(Bulldozer)
③ 드래그라인(Drag line) ④ 클램쉘(Clam Shell)

셔블계 굴착기계의 종류
- 파워셔블 : 지반면보다 높은 곳의 굴착, 쇄석 옮겨쌓기, 토사의 처리 등에 널리 쓰인다.
- 백호우 : 지반면보다 낮은 곳의 굴착, 지하층 및 기초 굴삭, 토목공사나 수중굴착 등에 쓰인다.(지하 6m 정도의 깊이)
- 드래그라인 : 지반면보다 낮은 곳의 굴착, 토사를 긁어모음, 연약한 지반의 깊은 곳 굴착 등에 쓰인다.(지하 8m 정도의 깊이)
- 클램쉘 : 좁은 곳의 수직굴착, 자갈 등의 적재, 연약한 지반이나 수중굴착 등에 쓰인다.

114 운반작업을 인력운반작업과 기계운반작업으로 분류할 때 기계 운반작업으로 실시하기에 부적당한 대상은?

① 단순하고 반복적인 작업
② 표준화되어 있어 지속적이고 운반량이 많은 작업
③ 취급물의 형상, 성질, 크기 등이 다양한 작업
④ 취급물이 중량인 작업

인력운반작업과 기계운반작업의 기준

인력운반작업	기계운반작업
• 두뇌작업이 필요한 작업(분류, 판독, 검사) • 얼마동안 시간 간격을 두고 되풀이되는 소량취급 작업 • 취급물품의 형상, 성질, 크기 등이 일정하지 않은 작업 • 취급물품이 경량물인 작업	• 단순하고 반복적인 작업(분류, 판독, 검사) • 표준화되어 있어 지속적으로 운반량이 많은 작업 • 취급물품의 형상, 성질, 크기 등이 일정한 작업 • 취급물품이 중량물인 작업

115 타워크레인을 자립고(自立高) 이상의 높이로 설치할 때 지지벽체가 없어 와이어로프로 지지하는 경우의 준수사항으로 옳지 않은 것은?

① 와이어로프를 고정하기 위한 전용 지지프레임을 사용할 것
② 와이어로프 설치각도는 수평면에서 60° 이내로 하되, 지지점은 4개소 이상으로 하고, 같은 각도로 설치할 것
③ 와이어로프와 그 고정부위는 충분한 강도와 장력을 갖도록 설치하되, 와이어로프를 클립 샤클(shackle) 등의 기구를 사용하여 고정하지 않도록 유의할 것
④ 와이어로프가 가공전선(架空電線)에 근접하지 않도록 할 것

해설

산업안전보건기준에 관한 규칙 제142조(타워크레인의 지지) ① 사업주는 타워크레인을 자립고(自立高) 이상의 높이로 설치하는 경우 건축물 등의 벽체에 지지하도록 하여야 한다. 다만, 지지할 벽체가 없는 등 부득이한 경우에는 와이어로프에 의하여 지지할 수 있다.
② 사업주는 타워크레인을 벽체에 지지하는 경우 다음 각 호의 사항을 준수하여야 한다.
  1. 「산업안전보건법 시행규칙」 제110조제1항제2호에 따른 서면심사에 관한 서류(「건설기계관리법」 제18조에 따른 형식승인서류를 포함한다) 또는 제조사의 설치작업설명서 등에 따라 설치할 것
  2. 제1호의 서면심사 서류 등이 없거나 명확하지 아니한 경우에는 「국가기술자격법」에 따른 건축구조·건설기계·기계안전·건설안전기술사 또는 건설안전분야 산업안전지도사의 확인을 받아 설치하거나 기종별·모델별 공인된 표준방법으로 설치할 것
  3. 콘크리트구조물에 고정시키는 경우에는 매립이나 관통 또는 이와 같은 수준 이상의 방법으로 충분히 지지되도록 할 것
  4. 건축 중인 시설물에 지지하는 경우에는 그 시설물의 구조적 안정성에 영향이 없도록 할 것
③ 사업주는 타워크레인을 와이어로프로 지지하는 경우 다음 각 호의 사항을 준수해야 한다.
  1. 제2항제1호 또는 제2호의 조치를 취할 것
  2. 와이어로프를 고정하기 위한 전용 지지프레임을 사용할 것
  3. 와이어로프 설치각도는 수평면에서 60도 이내로 하되, 지지점은 4개소 이상으로 하고, 같은 각도로 설치할 것
  4. 와이어로프와 그 고정부위는 충분한 강도와 장력을 갖도록 설치하고, 와이어로프를 클립·샤클(shackle, 연결고리) 등의 고정기구를 사용하여 견고하게 고정시켜 풀리지 아니하도록 하며, 사용 중에는 충분한 강도와 장력을 유지하도록 할 것
  5. 와이어로프가 가공전선(架空電線)에 근접하지 않도록 할 것

116 다음은 강관틀비계를 조립하여 사용하는 경우 준수해야 할 기준이다. ( )안에 알맞은 숫자를 나열한 것은?

> 길이가 띠장방향으로 (A)미터 이하이고 높이가 (B)미터를 초과하는 경우에는 (C)미터 이내마다. 띠장방향으로 버팀기둥을 설치할 것

① A:4 B:10 C:5
② A:4 B:10 C:10
③ A:5 B:10 C:5
④ A:5 B:10 C:10

해설

산업안전보건기준에 관한 규칙 제62조(강관틀비계) 사업주는 강관틀 비계를 조립하여 사용하는 경우 다음 각 호의 사항을 준수하여야 한다.
  1. 비계기둥의 밑둥에는 밑받침 철물을 사용하여야 하며 밑받침에 고저차(高低差)가 있는 경우에는 조절형 밑받침철물을

사용하여 각각의 강관틀비계가 항상 수평 및 수직을 유지하도록 할 것
2. 높이가 20미터를 초과하거나 중량물의 적재를 수반하는 작업을 할 경우에는 주틀 간의 간격을 1.8미터 이하로 할 것
3. 주틀 간에 교차 가새를 설치하고 최상층 및 5층 이내마다 수평재를 설치할 것
4. 수직방향으로 6미터, 수평방향으로 8미터 이내마다 벽이음을 할 것
5. 길이가 띠장 방향으로 4미터 이하이고 높이가 10미터를 초과하는 경우에는 10미터 이내마다 띠장 방향으로 버팀기둥을 설치할 것

117 다음 중 유해위험방지계획서 제출 대상공사가 아닌 것은?

① 지상높이가 30m인 건축물 건설공사
② 최대지간길이가 50m인 교량건설공사
③ 터널 건설공사
④ 깊이가 11m인 굴착공사

유해위험방지계획서 제출 대상 공사 (산업안전보건법 시행령 제42조 ③항)
1. 다음 각 목의 어느 하나에 해당하는 건축물 또는 시설 등의 건설·개조 또는 해체 공사
   가. 지상높이가 31미터 이상인 건축물 또는 인공구조물
   나. 연면적 3만제곱미터 이상인 건축물
   다. 연면적 5천제곱미터 이상인 시설로서 다음의 어느 하나에 해당하는 시설
      1) 문화 및 집회시설(전시장 및 동물원·식물원은 제외한다)
      2) 판매시설, 운수시설(고속철도의 역사 및 집배송시설은 제외한다)
      3) 종교시설
      4) 의료시설 중 종합병원
      5) 숙박시설 중 관광숙박시설
      6) 지하도상가
      7) 냉동·냉장 창고시설
2. 연면적 5천제곱미터 이상인 냉동·냉장 창고시설의 설비공사 및 단열공사
3. 최대 지간(支間)길이(다리의 기둥과 기둥의 중심사이의 거리)가 50미터 이상인 다리의 건설등 공사
4. 터널의 건설등 공사
5. 다목적댐, 발전용댐, 저수용량 2천만톤 이상의 용수 전용 댐 및 지방상수도 전용 댐의 건설등 공사
6. 깊이 10미터 이상인 굴착공사

118 동력을 사용하는 항타기 또는 항발기에 대하여 무너짐을 방지하기 위하여 준수하여야 할 기준으로 옳지 않은 것은?

① 연약한 지반에 설치하는 경우에는 아웃트리거·받침 등 지지구조물의 침하를 방지하기 위하여 깔판·받침목 등을 사용할 것
② 아웃트리거·받침 등 지지구조물이 미끄러질 우려가 있는 경우에는 말뚝 또는 쐐기 등을 사용하여 해당 지지구조물을 고정시킬 것
③ 궤도 또는 차로 이동하는 항타기 또는 항발기에 대해서는 불시에 이동하는 것을 방지하기 위하여 레일 클램프(rail clamp) 및 쐐기 등으로 고정시킬 것
④ 버팀줄만으로 상단 부분을 안정시키는 경우에는 버팀줄을 2개 이상으로 하고 같은 간격으로 배치할 것

한국산업안전보건기준에 관한 규칙 제209조(무너짐의 방지) 사업주는 동력을 사용하는 항타기 또는 항발기에 대하여 무너짐을 방지하기 위하여 다음 각 호의 사항을 준수해야 한다.
1. 연약한 지반에 설치하는 경우에는 아웃트리거·받침 등 지지구조물의 침하를 방지하기 위하여 깔판·받침목 등을 사용할 것
2. 시설 또는 가설물 등에 설치하는 경우에는 그 내력을 확인하고 내력이 부족하면 그 내력을 보강할 것
3. 아웃트리거·받침 등 지지구조물이 미끄러질 우려가 있는 경우에는 말뚝 또는 쐐기 등을 사용하여 해당 지지구조물을 고정시킬 것
4. 궤도 또는 차로 이동하는 항타기 또는 항발기에 대해서는 불시에 이동하는 것을 방지하기 위하여 레일 클램프(rail clamp) 및 쐐기 등으로 고정시킬 것
5. 상단 부분은 버팀대·버팀줄로 고정하여 안정시키고, 그 하단 부분은 견고한 버팀·말뚝 또는 철골 등으로 고정시킬 것

119 터널등의 건설작업을 하는 경우에 낙반 등에 의하여 근로자가 위험해질 우려가 있는 경우에 필요한 직접적인 조치사항과 거리가 먼 것은?

① 터널지보공 설치
② 부석의 제거
③ 울 설치
④ 록볼트 설치

산업안전보건기준에 관한 규칙 제351조(낙반 등에 의한 위험의 방지) 사업주는 터널 등의 건설작업을 하는 경우에 낙반 등에 의하여 근로자가 위험해질 우려가 있는 경우에 터널 지보공 및 록볼트의 설치, 부석(浮石)의 제거 등 위험을 방지하기 위하여 필요한 조치를 하여야 한다.

120 콘크리트 타설을 위한 거푸집동바리의 구조검토 시 가장 선행되어야 할 작업은?

① 각 부재에 생기는 응력에 대하여 안전한 단면을 산정한다.
② 가설물에 작용하는 하중 및 외력의 종류, 크기를 산정한다.
③ 하중 및 외력에 의하여 각 부재에 생기는 응력을 구한다.
④ 사용할 거푸집동바리의 설치간격을 결정한다

거푸집동바리의 일반적인 구조검토 순서
1. 하중계산 : 거푸집 동바리에 작용하는 하중 및 외력의 종류, 크기를 산정한다.
2. 응력계산 : 하중 및 외력에 의하여 각 부재에 발생되는 응력을 구한다.
3. 단면, 배치간격계산 : 각 부재에 발생되는 응력에 대하여 안전한 단면 및 배치간격을 결정한다.

정답 2020년 08월 22일 최근 기출문제

001 ①	002 ③	003 ③	004 ②	005 ④	006 ①	007 ③	008 ④	009 ③	010 ④
011 ②	012 ②	013 ①	014 ②	015 ①	016 ④	017 ③	018 ④	019 ②	020 ①
021 ①	022 ①	023 ④	024 ④	025 ②	026 ①	027 ①	028 ②	029 ②	030 ③
031 ④	032 ②	033 ①	034 ②	035 ③	036 ④	037 ①	038 ④	039 ②	040 ③
041 ④	042 ④	043 ④	044 ②	045 ③	046 ④	047 ④	048 ①	049 ②	050 ④
051 ①	052 ②	053 ②	054 ①	055 ④	056 ④	057 ①	058 ①	059 ①	060 ①
061 ④	062 ①	063 ③	064 ③	065 ②	066 ②	067 ④	068 ①	069 ③	070 ④
071 ②	072 ③	073 ①	074 ④	075 ②	076 ④	077 ③	078 ④	079 ②	080 ②
081 ②	082 ③	083 ①	084 ②	085 ①	086 ①	087 ②	088 ②	089 ②	090 ①
091 ②	092 ④	093 ③	094 ①	095 ③	096 ④	097 ③	098 ①	099 ①	100 ③
101 ④	102 ②	103 ②	104 ④	105 ①	106 ③	107 ①	108 ②	109 ③	110 ③
111 ④	112 ②	113 ①	114 ③	115 ③	116 ②	117 ①	118 ④	119 ③	120 ②

2020년 09월 27일 최근 기출문제

제 01 과목 산업재해 예방 및 안전보건교육

001 재해의 발생형태 중 다음 그림이 나타내는 것은?

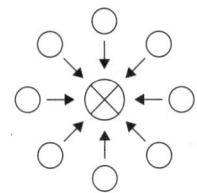

① 단순연쇄형
② 복합연쇄형
③ 단순자극형
④ 복합형

해설

재해발생의 매커니즘(3가지의 구조적 요소)
- 단순 자극형(집중형) : 일어난 장소나 그 시점에 일시적으로 요인이 집중하여 재해가 발생하는 경우이다.
- 연쇄형 : 어느 하나의 요소가 원인이 되어 다른 요인을 발생시키고 이것이 또다른 요소를 연쇄적으로 발생시키는 형태, 즉 연쇄적인 작용으로 재해를 일으키는 형태이다.
- 복합형 : 집중형과 연쇄형의 복합적인 형태로 대부분의 경우 재해발생은 복합형으로 일어난다고 볼수 있다.

단순 자극형	연쇄형		복합형
	1단순연쇄형	2복합연쇄형	

002 다음 재해원인 중 간접원인에 해당하지 않는 것은?

① 기술적 원인
② 교육적 원인
③ 관리적 원인
④ 인적 원인

해설

산업재해의 원인
- 직접원인 : 불안전한 행동(인적 원인), 불안전한 상태(물적 원인)
- 간접원인 : 기술적 원인, 교육적 원인, 관리적 원인(작업관리상 원인)

003 생체리듬의 변화에 대한 설명으로 틀린 것은?

① 야간에는 체중이 감소한다.
② 야간에는 말초운동 기능이 증가된다.
③ 체온, 혈압, 맥박수는 주간에 상승하고 야간에 감소한다.
④ 혈액의 수분과 염분량은 주간에 감소하고 야간에 상승한다.

해설

생체리듬과 피로
- 혈액의 수분, 염분량 : 주간에 감소하고 야간에는 증가
- 체온, 혈압, 맥박수 : 주간에 상승하고 야간에는 저하
- 야간 : 소화 분비액 불량, 체중이 감소, 말초운동 기능저하, 피로의 자각증상이 증대
- 조석리듬의 수준 : 오전 6시가 가장 낮아 재해사고의 가능성이 가장 큼

004 산업안전보건법령상 안전 · 보건표지의 색채와 사용사례의 연결로 틀린 것은?

① 노란색 – 화학물질 취급장소에서의 유해 · 위험 경고 이외의 위험경고
② 파란색 – 특정 행위의 지시 및 사실의 고지
③ 빨간색 – 화학물질 취급장소에서의 유해 · 위험 경고
④ 녹색 – 정지신호, 소화설비 및 그 장소, 유해행위의 금지

안전보건표지의 색도기준 및 용도(산업안전보건법 시행규칙 별표 8)

색채	색도기준	용도	사용례
빨간색	7.5R 4/14	금지	정지신호, 소화설비 및 그 장소, 유해행위의 금지
		경고	화학물질 취급장소에서의 유해 · 위험 경고
노란색	5Y 8.5/12	경고	화학물질 취급장소에서의 유해 · 위험 경고 이외의 위험 경고, 주의표지 또는 기계방호물
파란색	2.5PB 4/10	지시	특정 행위의 지시 및 사실의 고지
녹색	2.5G 4/10	안내	비상구 및 피난소 사람 또는 차량의 통행 표시
흰색	N9.5	–	파란색 또는 녹색에 대한 보조색
검은색	N0.5	–	문자 및 빨간색 또는 노란색에 대한 보조색

005 Y-K(Yutaka – Kohate) 성격검사에 관한 사항으로 옳은 것은?

① C,C'형은 적응이 빠르다. ② M,M'형은 내구성, 집념이 부족하다.
③ S,S'형은 담력, 자신감이 강하다. ④ P,P'형은 운동, 결단이 빠르다.

해설

Y-K 성격검사
- C,C'형 : 운동성·결단·적응 빠름, 내구성과 집념 부족
- M,M'형 : 운동성 느림, 내구성·집념·지속성이 뛰어남
- S,S'형 : C,C'형과 유사, 담력과 자신감 약함
- P,P'형 : M,M'형과 유사, 수동적

006 재해의 발생확률은 개인적 특성이 아니라 그 사람이 종사하는 작업의 위험성에 기초한다는 이론은?

① 암시설 ② 경향설
③ 미숙설 ④ 기회설

해설

재해빈발설
- 암시설 : 재해의 경험으로 겁쟁이가 되거나 신경과민이 되어 그 사람이 갖는 대응 능력이 열화되기 때문에 재해가 빈발된다는 이론이다.
- 경향설 : 소질적인 결함을 가지고 있기 때문에 재해가 빈발한다는 이론이다.
- 기회설 : 재해는 개인의 영향 때문이 아니라 작업에 위험성이 많고, 위험한 작업을 담당하고 있기 때문에 재해가 빈발한다는 이론으로 작업환경개선, 교육훈련실시 등의 대책과 관련이 있다.

007 라인(Line)형 안전관리 조직의 특징으로 옳은것은?

① 안전에 관한 기술의 축적이 용이하다.
② 안전에 관한 지시나 조치가 신속하다.
③ 조직원 전원을 자율적으로 안전활동에 참여시킬 수 있다.
④ 권한 다툼이나 조정 때문에 통제수속이 복잡해지며, 시간과 노력이 소모된다.

해설

라인(Line)형(직계식 조직)
- 특징
  - 안전관리에 관한 계획에서 실시에 이르기까지 모든 권한이 포괄적이고 직선적으로 행사되며, 안전을 전문으로 분담하는 부분이 없다.
  - 생산조직 전체에 안전관리 기능을 부여한다.
  - 소규모 사업장(100명 이하)에 적합하다.
- 장점
  - 안전지사나 개선조치가 각 부분의 직제를 통하여 생산업무와 같이 흘러가므로 지시나 조치가 철저할 뿐만 아니라 그 실시도 빠르다.
  - 명령과 보고가 상하관계 뿐이므로 간단명료하다.
- 단점
  - 안전에 대한 정보가 불충분하며 내용이 빈약하다.
  - 생산업무와 같이 안전대책이 실시되므로 불충분하다.
  - 라인에 과중한 책임을 지우기가 쉽다.

008 재해원인 분석 방법의 통계적 원인분석 중 사고의 유형, 기인물 등 분류항목을 큰 순서대로 도표화한 것은?

① 파레토도   ② 특성요인도
③ 크로스도   ④ 관리도

통계원인 분석방법 4가지
- 파레토도 : 사고의 유형, 기인물 등의 분류항목을 순서대로 도표화하여 문제나 목표의 이해에 편리
- 특성요인도 : 특성과 요인과의 관계를 도표로 하여 어골(魚骨)상으로 세분화
- 클로즈분석(크로스도) : 2개 이상의 문제를 분석하는데 사용
- 관리도 : 재해발생건수 등의 추이를 파악

009 타인의 비판 없이 자유로운 토론을 통하여 다량의 독창적인 아이디어를 이끌어내고, 대안적 해결안을 찾기 위한 집단적 사고기법은?

① Role playing   ② Brain storming
③ Action playing   ④ Fish Bowl playing

브레인 스토밍(Brain Storming)
- 타인의 비판 없이 자유로운 토론을 통하여 다량의 독창적인 아이디어를 이끌어내고, 대안적 해결안을 찾기 위한 집단적 사고기법을 말한다.
- 브레인 스토밍의 4원칙은 비평금지, 자유분방, 대량발언, 수정발언이다.

010 다음 중 헤드십(headship)에 관한 설명과 가장 거리가 먼 것은?

① 권한의 근거는 공식적이다.
② 지휘의 형태는 민주주의적이다.
③ 상사와 부하와의 사회적 간격은 넓다.
④ 상사와 부하와의 관계는 지배적이다.

헤드십(headship)의 특성
- 지휘의 형태는 권위주의적이다.
- 상사와 부하와의 사회적 간격은 넓다.
- 상사와 부하와의 관계는 지배적이다.
- 상사의 권한 근거는 공식적이다.

011 무재해 운동을 추진하기 위한 조직의 세기둥으로 볼 수 없는 것은?

① 최고경영자의 경영 자세
② 소집단 자주 활동의 활성화
③ 전 종업원의 안전요원화
④ 라인관리자에 의한 안전보건의 추진

무재해운동 추진의 3기둥(무재해운동의 3요소)
- 최고 경영자의 경영자세
- 라인화의 철저(관리감독자에 의한 안전보건의 추진)
- 직장(소집단) 자주활동의 활발화

012 안전교육의 단계에 있어 교육대상자가 스스로 행함으로서 습득하게 하는 교육은?

① 의식교육 ② 기능교육
③ 지식교육 ④ 태도교육

안전보건교육의 3단계
- 제1단계 지식교육 : 강의, 시청각교육을 통한 지식의 전달과 이해
- 제2단계 기능교육 : 시범, 견학, 실습, 현장실습교육을 통한 경험 체득과 이해
- 제3단계 태도교육 : 작업동작지도, 생활지도 등을 통한 안전의 습관화

013 산업안전보건법령상 사업 내 안전보건교육 중 관리감독자 정기교육의 내용이 아닌 것은?

① 유해 · 위험 작업환경 관리에 관한 사항
② 표준안전작업방법 및 지도 요령에 관한 사항
③ 작업공정의 유해 · 위험과 재해 예방대책에 관한 사항
④ 기계 · 기구의 위험성과 작업의 순서 및 동선에 관한 사항

관리감독자 정기교육 내용(산업안전보건법 시행규칙 별표 5)
- 산업안전 및 산업재해 예방에 관한 사항(화재·폭발 사고 발생 시 대피에 관한 사항 포함)
- 산업보건 및 건강장해 예방에 관한 사항(폭염·한파작업으로 인한 건강장해 발생 시 응급조치에 관한 사항 포함)
- 위험성평가에 관한 사항
- 유해 · 위험 작업환경 관리에 관한 사항
- 산업안전보건법령 및 산업재해보상보험 제도에 관한 사항
- 직무스트레스 예방 및 관리에 관한 사항
- 직장 내 괴롭힘, 고객의 폭언 등으로 인한 건강장해 예방 및 관리에 관한 사항
- 작업공정의 유해 · 위험과 재해 예방대책에 관한 사항
- 사업장 내 안전보건관리체제 및 안전 · 보건조치 현황에 관한 사항
- 표준안전 작업방법 결정 및 지도 · 감독 요령에 관한 사항
- 현장근로자와의 의사소통능력 및 강의능력 등 안전보건교육 능력 배양에 관한 사항
- 비상시 또는 재해 발생 시 긴급조치에 관한 사항
- 그 밖의 관리감독자의 직무에 관한 사항

014 산업안전보건법령상 유해 · 위험 방지를 위한 방호조치가 필요한 기계 · 기구가 아닌 것은?

① 예초기 ② 지게차
③ 금속절단기 ④ 금속탐지기

유해·위험 방지를 위한 방호조치가 필요한 기계·기구(산업안전보건법 시행령 별표 20)
- 예초기
- 원심기
- 공기압축기
- 금속절단기
- 지게차
- 포장기계(진공포장기, 래핑기로 한정한다)

015 안전교육방법 중 구안법(Project Method)의 4단계의 순서로 옳은 것은?

① 계획수립 → 목적 결정 → 활동 → 평가
② 평가 → 계획수립 → 목적 결정 → 활동
③ 목적 결정 → 계획 수립 → 활동 → 평가
④ 활동 → 계획 수립 → 목적 결정 → 평가

구안법(Project Method)
- 학생이 마음속에 생각하고 있는 것을 외부에 구체적으로 실현하고 형상화하기 위해서 자기 스스로가 계획을 세워 수행하는 학습 활동으로 이루어지는 형태를 말한다.
- 콜링스(Collings)는 구안법을 탐험(Exploration), 구성(Construction), 의사소통(Communication), 유희(Play), 기술(Skill)의 5가지로 지적하였으며 산업시찰, 견학, 현장 실습 등도 이에 해당된다.
- 구안법은 목적(목표설정), 계획, 수행(활동), 평가의 4단계로 구성된다.

016 안전인증 절연장갑에 안전인증 표시 외에 추가로 표시하여야 하는 등급별 색상의 연결로 옳은 것은?(단, 고용노동부 고시를 기준으로 한다.)

① 00 등급 : 갈색
② 0 등급 : 흰색
③ 1등급 : 노랑색
④ 2등급 : 빨강색

내전압용 절연장갑의 등급(보호구 안전인증 고시 별표 3)

등급	최대사용전압		등급별색상
	교류(V, 실효값)	직류(V)	
00	500	750	갈색
0	1,000	1,500	빨강색
1	7,500	11,250	흰색
2	17,000	25,500	노랑색
3	26,500	39,750	녹색
4	36,000	54,000	등색

017 레빈(Lewin)은 인간의 행동 특성을 다음과 같이 표현하였다. 변수 'P'가 의미하는 것은?

$$B = f(P \cdot E)$$

① 행동
② 소질
③ 환경
④ 함수

Lewin K의 법칙

Lewin은 인간의 행동(B)은 그 사람이 가진 자질 즉, 개체(P)와 심리학적 환경(E)과의 상호함수관계에 있다고 규정함.
$B = f(P \cdot E)$
- B : Behavior(인간의 행동)
- f : Function(함수관계 : 적성 기타 P와 E에 영향을 미칠 수 있는 조건)
- P : Person(개체 : 연령, 경험, 심신상태, 성격, 지능 등)
- E : Environment(심리적 환경 : 인간관계, 작업환경 등)

018 강도율 7인 사업장에서 한 작업자가 평생동안 작업을 한다면 산업재해로 인한 근로손실 일수는 며칠로 예상되는가?(단, 이 사업장의 연근로시간과 한 작업자의 평생 근로시간은 100000시간으로 가정한다.)

① 500
② 600
③ 700
④ 800

- 강도율 = $\dfrac{근로손실일수}{연간 총근로시간} \times 1000$
- 근로손실일수 = $\dfrac{강도율 \times 연근로시간수}{1000} = \dfrac{7 \times 100000}{1000} = 700$

019 다음 설명에 해당하는 학습 지도의 원리는?

학습자가 지니고 있는 각자의 요구와 능력 등에 알맞은 학습활동의 기회를 마련해주어야 한다는 원리

① 직관의 원리
② 자기 활동의 원리
③ 개별화의 원리
④ 사회화의 원리

학습지도의 원리
- 자기활동의 원리(자발성의 원리) : 학습자 자신이 스스로 자발적으로 학습에 참여하는데 중점을 둔 원리이다.
- 개별화의 원리 : 학습자가 지니고 있는 각자의 요구와 능력 등에 알맞은 학습활동의 기회를 마련해 주어야 한다는 원리이다.
- 사회화의 원리 : 학습내용을 현실사회의 사상과 문제를 기반으로 하여 학교에서 경험한 것과 사회에서 경험한 것을 교류시키고 공동학습을 통해서 협력적이고 우호적인 학습을 진행하는 원리이다.
- 통합의 원리 : 학습을 총합적인 전체로서 지도하자는 원리로, 동시학습 원리와 같다.
- 직관의 원리 : 구체적인 사물을 직접 제시하거나 경험시킴으로써 큰 효과를 볼 수 있다는 원리이다.

020 재해예방의 4원칙이 아닌 것은?

① 손실우연의 원칙 ② 사전준비의 원칙
③ 원인계기의 원칙 ④ 대책선정의 원칙

재해방지의 기본원칙
- 손실우연의 원칙 : 사고에 의해서 생기는 손실(상해)의 종류와 정도는 우연적이다.(1 : 29 : 300의 법칙)
- 원인계기의 원칙 : 모든 재해는 필연적인 원인에 의해서 발생한다.
- 예방가능의 원칙 : 재해는 원칙적으로 모두 방지가 가능하다.
- 대책선정의 원칙 : 재해방지 대책은 신속하고 확실하게 실시되어야 한다.

제 02 과목 인간공학 및 위험성 평가 · 관리

021 결함수분석법에서 path set에 관한 설명으로 옳은 것은?

① 시스템의 약점을 표현한 것이다.
② Top 사상을 발생시키는 조합이다.
③ 시스템이 고장 나지 않도록 하는 사상의 조합이다.
④ 시스템고장을 유발시키는 필요불가결한 기본사상들의 집합이다.

컷과 패스
- 컷셋(cut sets) : 그 속에 포함되어 있는 모든 기본사상(통상, 생략, 결함사상을 포함)이 일어났을 때 정상사상(top event)을 일으키는 기본사상의 집합
- 최소 컷셋(minimal cut sets) : 컷셋 중 그 부분집합만으로는 정상사상을 일으키는 일이 없는 것, 즉 정상사상(top event)을 일으키기 위한 최소한의 컷셋으로 어떤 고장이나 에러를 일으키면 재해가 일어나는가 하는 것. 결과적으로 시스템의 위험성(역으로는 안전성)을 나타내는 것
- 패스셋(path sets) : 시스템이 고장나지 않도록 하는 사상의 조합
- 최소 패스셋(minimal path sets) : 시스템이 고장나지 않도록 하는 최소한의 패스셋으로 어떤 고장이나 패스를 일으키지 않으면 재해는 일어나지 않는다는 것 즉, 시스템의 신뢰성을 나타내는 것

022 인체측정에 대한 설명으로 옳은 것은?

① 인체측정은 동적측정과 정적측정이 있다.
② 인체측정학은 인체의 생화학적 특징을 다룬다.
③ 자세에 따른 인체치수의 변화는 없다고 가정한다.
④ 측정항목에 무게, 둘레, 두께, 길이는 포함되지 않는다.

인체측정
- 인체측정은 동적측정(기능적 치수)과 정적측정(구조적 치수)이 있다.
- 인체측정학은 인체치수를 비롯하여 각 부위의 부피, 무게, 중심, 관성, 질량 등의 신체의 물리적 특성을 다룬다.
- 자세에 따른 인체치수의 변화를 고려해야 한다.

023 신호검출이론(SDT)의 판정결과 중 신호가 없었는데도 있었다고 말하는 경우는?

① 긍정(hit)
② 누락(miss)
③ 허위(false alarm)
④ 부정(correct rejection)

신호검출이론(SDT)의 판정결과
- 긍정(hit) : 신호 발생시 신호를 검출하는 경우
- 누락(miss) : 신호가 발생했음에도 검출해내지 못하는 경우(신호를 노이즈(noise)로 판단)
- 허위(false alarm) : 신호가 없었는데도 신호로 판단하는 경우
- 부정(correct rejection) : 신호가 없었을 때 없다고 판단하는 경우

024 시스템 안전분석 방법 중 예비 위험분석(PHA) 단계에서 식별하는 4가지 범주에 속하지 않는 것은?

① 위기 상태
② 무시가능 상태
③ 파국적 상태
④ 예비조처 상태

PHA의 카테고리 분류
- Class 1 : 파국적(Catastrophic) – 사망, 시스템 손상
- Class 2 : 중대(Critical) – 심각한 상해, 시스템 중대 손상
- Class 3 : 한계적(Marginal) – 경미한 상해, 시스템 성능 저하
- Class 4 : 무시가능(Negligible) – 상해 및 시스템 저하 없음

025 어느 부품 1,000개를 100,000시간 동안 가동하였을 때 5개의 불량품이 발생하였을 경우 평균 동작시간(MTTF)은?

① 1×10^6 시간
② 2×10^7 시간
③ 1×10^8 시간
④ 2×10^9 시간

$$MTTF = \frac{1000 \times 100000}{5} = 2 \times 10^7$$

026 암호체계의 사용 시 고려해야 될 사항과 거리가 먼 것은?

① 정보를 암호화한 자극은 검출이 가능하여야 한다.
② 다차원의 암호보다 단일 차원화된 암호가 정보 전달이 촉진된다.
③ 암호를 사용할 때는 사용자가 그 뜻을 분명히 알 수 있어야 한다.
④ 모든 암호 표시는 감지장치에 의해 검출될 수 있고, 다른 암호 표시와 구별될 수 있어야 한다.

암호체계 및 사용상의 일반적인 지침
- 암호의 검출성 : 검출이 가능해야 한다.

- 암호의 변별성 : 다른 암호표시와 구별되어야 한다.
- 부호의 양립성 : 양립성이란 자극들 간의, 반응들 간의, 자극-반응 조합의 관계가 인간의 기대와 모순되지 않는 것이다.
- 부호의 의미 : 사용자가 그 뜻을 분명히 알아야 한다.
- 암호의 표준화 : 암호를 표준화하여야 한다.
- 다차원 암호의 사용 : 2가지 이상의 암호차원을 조합해서 사용하면 정보전달이 촉진된다.

027 사무실 의자나 책상에 적용할 인체 측정자료의 설계 원칙으로 가장 적합한 것은?

① 평균치 설계　　　　　　　② 조절식 설계
③ 최대치 설계　　　　　　　④ 최소치 설계

해설

인체계측자료의 응용원칙
- 최대치수와 최소치수 : 최대치수 또는 최소치수를 기준으로 하여 설계
- 조절범위(조절식) : 체격이 다른 여러 사람에 맞도록 만드는 것(5~95%tile)
- 평균치를 기준으로 한 설계 : 최대치수나 최소치수, 조절식으로 적용이 곤란할 때 평균치를 기준으로 하여 설계

028 결함수분석의 기호 중 입력사상이 어느 하나라도 발생할 경우 출력사상이 발생하는 것은?

① NOR GATE　　　　　　　② AND GATE
③ OR GATE　　　　　　　　④ NAND GATE

OR 게이트

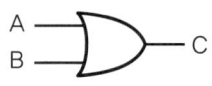

입력		출력
A	B	C
0	0	0
0	1	1
1	0	1
1	1	1

029 촉감의 일반적인 척도의 하나인 2점 문턱값(two-point threshold)이 감소하는 순서대로 나열된 것은?

① 손가락 → 손바닥 → 손가락 끝
② 손바닥 → 손가락 → 손가락 끝
③ 손가락 끝 → 손가락 → 손바닥
④ 손가락 끝 → 손바닥 → 손가락

2점 문턱값(two-point threshold)
- 손에 두 점을 눌렀을 때 느끼는 감각이 서로 다르게 느끼는 점 사이의 최소거리
- 손바닥(가장 큼) → 손가락 → 손가락 끝(가장 예민)

030 어떤 소리가 1000Hz, 60dB인 음과 같은 높이임에도 4배 더 크게 들린다면, 이 소리의 음압수준은 얼마인가?

① 70dB ② 80dB
③ 90dB ④ 100dB

$4\text{sone} = 2^{\frac{L_1-60}{10}}$
$4 \times \log 4 = (L_1-60)\log 2$
$L_1 = \frac{10 \times \log 4}{\log 2} + 60 = 80$

031 가스밸브를 잠그는 것을 잊어 사고가 발생했다면 작업자는 어떤 인적 오류를 범한 것인가?

① 생략 오류(omission error)
② 시간지연 오류(time error)
③ 순서 오류(sequential error)
④ 작위적 오류(commission error)

Swain의 휴먼 에러(Human Error)
- 생략적 과오(omission error) : 필요한 작업 또는 절차를 수행하지 않는데 기인한 과오
- 시간적 과오(time error) : 필요한 작업 또는 절차의 수행지연으로 인한 과오
- 수행적 과오(commission error) : 필요한 작업 또는 절차의 잘못된 수행으로 인한 과오
- 순서적 과오(sequential error) : 필요한 작업 또는 절차의 순서 착오로 인한 과오
- 불필요한 과오(extraneous error) : 불필요한 작업 또는 절차를 수행함으로써 기인한 과오

032 인간-기계 시스템에서 시스템의 설계를 다음과 같이 구분할 때 제3단계인 기본설계에 해당되지 않는 것은?

```
1단계 : 시스템의 목표와 성능 명세 결정
2단계 : 시스템의 정의
3단계 : 기본설계
4단계 : 인터페이스설계
5단계 : 보조물 설계
6단계 : 시험 및 평가
```

① 화면 설계 ② 작업 설계
③ 직무 분석 ④ 기능 할당

3단계 기본설계는 시스템이 형태를 갖추기 시작하는 단계로 S/W에 대한 기능 할당, 직무 분석, 작업 설계가 이루어진다. 참고로 화면 설계는 4단계인 인터페이스 설계 단계에 해당된다.

033 실린더 블록에 사용하는 가스켓의 수명 분포는 X~N(10000, 200²)인 정규분포를 따른다. t = 9600시간일 경우에 신뢰도 (R(t))는?(단, P(Z≤1)=0.8413, P(Z≤1.5)=0.9332, P(Z≤2)=0.9772, P(Z≤3)=0.9987 이다.)

① 84.13% ② 93.32%
③ 97.72% ④ 99.87%

- $P(\overline{X} \leq 9600) = P(Z \leq \frac{9600-10000}{200}) = P(Z \leq -2) = 0.5 + 0.5 - P(Z \leq -2) = 0.5 + 0.5 - 0.9772 = 0.0228$
- $P(\overline{X} \geq 9600) = P(Z \geq \frac{9600-10000}{200}) = P(Z \geq -2) = 0.5 + 0.5 - 0.0228 = 0.9772 = 97.72$

034 FTA 결과 다음과 같은 패스셋을 구하였다. 최소 패스셋(minimal path sets)으로 옳은 것은?

> {X₂, X₃, X₄}
> {X₁, X₃, X₄}
> {X₃, X₄}

① {X₃, X₄}
② {X₁, X₃, X₄}
③ {X₂, X₃, X₄}
④ {X₂, X₃, X₄}와 {X₃, X₄}

패스셋(Path set)은 시스템이 고장 나지 않도록 하는 사상의 조합이며, 최소 패스셋(Minimal Path Sets)은 그 필요 최소한의 것을 의미한다. 따라서, {X₃, X₄}가 최소 패스셋이 된다.

035 연구 기준의 요건과 내용이 옳은 것은?

① 무오염성 : 실제로 의도하는 바와 부합해야 한다.
② 적절성 : 반복 실험 시 재현성이 있어야 한다.
③ 신뢰성 : 측정하고자 하는 변수 이외의 다른 변수의 영향을 받아서는 안 된다.
④ 민감도 : 피실험자 사이에서 볼 수 있는 예상 차이점에 비례하는 단위로 측정해야 한다.

연구(체계) 기준의 요건

- 적절성(Relevance) : 기준이 실제로 의도하는 바와 부합해야 한다.
- 무오염성 : 기준척도는 측정하고자 하는 변수 외의 다른 변수의 영향을 받아서는 안 된다.
- 신뢰성 : 척도의 신뢰성은 반복성(Repeatability)을 의미 즉, 반복 실험 시 재현성이 있어야 한다.
- 민감도 : 피실험자 사이에서 볼 수 있는 예상 차이점에 비례하는 단위로 측정해야 한다.

036 다음 중 열 중독증(heat illness)의 강도를 올바르게 나열한 것은?

> ⓐ 열소모(heat exhaustion) ⓑ 열발진(heat rash)
> ⓒ 열경련(heat cramp) ⓓ 열사병(heat stroke)

① ⓒ < ⓑ < ⓐ < ⓓ
② ⓒ < ⓑ < ⓓ < ⓐ
③ ⓑ < ⓒ < ⓐ < ⓓ
④ ⓑ < ⓓ < ⓐ < ⓒ

열 중독증의 강도

열발진(피부장해) → 열경련(탈수와 체내 염분농도 부족에 의한 장해) → 열소모(열에 의한 수분과 염분 손실로 두통, 구역감, 현기증, 무기력증, 갈증 등의 증세) → 열사병(심한 경우 의식상실)

037 산업안전보건법령상 유해위험방지계획서의 제출 대상 제조업은 전기 계약 용량이 얼마 이상인 경우에 해당되는가?(단, 기타 예외사항은 제외한다.)

① 50kW
② 100kW
③ 200kW
④ 300kW

유해위험방지계획서의 제출 대상 제조업은 전기 계약용량이 300kW 이상인 경우를 말한다.(산업안전보건법 시행령 제42조)

038 시스템 안전분석 방법 중 HAZOP에서 "완전대체"를 의미하는 것은?

① NOT
② REVERSE
③ PART OF
④ OTHER THAN

유인어(Guide Words)

Guide Words	의미
No/Not	설계의도의 완전한 부정
More/Less	양(압력, 반응, Flow Rate, 온도 등)의 증가 또는 감소
As well as	성질상의 증가(설계의도와 운전조건이 어떤 부가적인 행위와 함께 일어남)
Part of	일부변경, 성질상의 감소(어떤 의도는 성취되나 어떤 의도는 성취되지 않음)
Reverse	설계의도의 논리적인 역
Other than	완전한 대체(통상 운전과 다르게 되는 상태)

039 신체활동의 생리학적 측정법 중 전신의 육체적인 활동을 측정하는 데 가장 적합한 방법은?

① Flicker 측정
② 산소 소비량 측정
③ 근전도(EMG) 측정
④ 피부전기 반사(GSR) 측정

격렬한 육체적 작업 시 맥박수와 산소 소비량이 모두 증가한다. 특히 격렬한 작업 시 충분한 양의 산소가 근육활동에 공급되지 못해 근육에 젖산이 축적된다.

040 다음은 불꽃놀이용 화학물질 취급설비에 대한 정량적 평가이다. 해당 항목에 대한 위험 등급이 올바르게 연결된 것은?

항목	A (10점)	B (5점)	C (2점)	D (0점)
취급물질	○	○	○	
조작		○		○
화학설비의 용량	○		○	
온도	○	○		
압력		○	○	○

① 취급물질 – Ⅰ등급,   화학설비의 용량 – Ⅰ등급
② 온도 – Ⅰ등급,   화학설비의 용량 – Ⅱ등급
③ 취급 물질 – Ⅰ등급,   조작 – Ⅳ등급
④ 온도 – Ⅱ등급,   압력 – Ⅲ등급

해설
화학설비에 대한 안전성 평가 중 제3단계 정량적 평가
- 당해 화학설비의 취급물질, 용량, 온도, 압력 및 조작의 5항목에 대해 A, B, C, D급으로 분류하고 A급은 10점, B급은 5점, C급은 2점, D급은 0점으로 점수를 부여한 후 5항목에 관한 점수들의 합을 구한다.
- 합산 결과에 의한 위험도의 등급은 다음과 같다.

등급	점수	내용
등급 Ⅰ	16점 이상	위험도가 높음
등급 Ⅱ	11~15점 이하	주위상황, 다른 설비와 관련해서 평가
등급 Ⅲ	10점 이하	위험도가 낮음

제 03 과목 기계 · 기구 및 설비 안전관리

041 선반작업의 안전수칙으로 가장 거리가 먼 것은?

① 기계에 주유 및 청소를 할 때에는 저속회전에서 한다.
② 일반적으로 가공물의 길이가 지름의 12배 이상일 때는 방진구를 사용하여 선반 작업을 한다.
③ 바이트는 가급적 짧게 설치한다.
④ 면장갑을 사용하지 않는다.

선반 작업의 안전
- 작업복의 소매자락이 회전 공작물에 말려들지 않도록 복장을 단정하게 한다.
- 선반의 베드 위나 공구대 위에 직접 측정기나 공구를 올려놓지 않는다.
- 회전 중인 가공물에 손을 대지 말아야 하며, 치수 측정시는 기계를 정지시킨 후 측정한다.
- 칩이 발산될 때는 보안경을 쓰고, 맨손으로 칩을 만지지 말고 갈고리를 사용한다.
- 기어를 변속할 때, 공구를 교환할 때와 제거할 때는 기계를 정지시킨 후 작업한다.
- 내경작업 중에 손가락을 구멍 속에 넣어 청소를 하거나 점검하려고 하면 안 된다.
- 양 센터 작업에는 공작물의 크기에 알맞은 돌리개를 사용하고, 공작물의 길이가 직경의 12배 이상인 가늘고 긴 공작물을 가공할 때는 방진구를 사용한다.
- 선반 가동 전에 척핸들(Chuck Handle)을 빼었는지 확인하고 기계의 윤활 부분을 점검한다.
- 선반의 운전 중 이송 작동을 시켜놓고 자리를 이탈하지 않도록 한다.
- 긴 공작물이 기계 밖으로 돌출되었을 때 빨간 천을 부착하여 위험을 표시한다.
- 센터 작업 중에는 일감이 센터에서 빠져나오지 않도록 주의를 한다.
- 작업 중 공작물 고정 나사 및 조가 풀어질 우려에 대비하여 수시로 확인을 한다.
- 주유 및 청소를 할 때는 기계를 정지시킨 후 한다.

042 크레인에 돌발 상황이 발생한 경우 안전을 유지하기 위하여 모든 전원을 차단하여 크레인을 급정지시키는 방호장치는?

① 호이스트 ② 이탈방지장치
③ 비상정지장치 ④ 아우트리거

크레인 작업 중에 이상발견 또는 긴급히 정지시켜야 할 경우에는 비상정지장치를 사용할 수 있도록 설치하여야 한다.

043 극한 하중이 600N인 체인에 안전계수가 4일때 체인의 정격하중(N)은?

① 130 ② 140
③ 150 ④ 160

- 정격하중 = $\dfrac{극한하중}{안전계수}$ = $\dfrac{600}{4}$ = 150[N]

044 연삭작업에서 숫돌의 파괴 원인으로 가장 적절하지 않은 것은?

① 숫돌의 회전속도가 너무 빠를 때
② 연삭작업 시 숫돌의 정면을 사용할 때
③ 숫돌에 큰 충격을 줬을 때
④ 숫돌의 회전중심이 제대로 잡히지 않았을

연삭숫돌의 파괴원인
- 숫돌의 회전 속도가 너무 빠를 때
- 숫돌의 불균형이나 베어링의 마모에 의한 진동이 있을 때
- 숫돌의 온도변화가 심할 때
- 숫돌의 치수가 부적당할 때
- 숫돌자체에 균열이 있을 때
- 숫돌의 측면을 사용하여 작업할 때
- 부적당한 숫돌을 사용할 때
- 플랜지가 현저히 작을 때

045 산업안전보건법령상 크레인에서 권과방지장치의 달기구 윗면이 권상장치의 아랫면과 접촉할 우려가 있는 경우 최소 몇 m 이상 간격이 되도록 조정하여야 하는가?(단, 직동식 권과방지장치의 경우는 제외)

① 0.1
② 0.15
③ 0.25
④ 0.3

권과방지장치는 훅·버킷 등 달기구의 윗면(그 달기구에 권상용 도르래가 설치된 경우에는 권상용 도르래의 윗면)이 드럼, 상부 도르래, 트롤리프레임 등 권상장치의 아랫면과 접촉할 우려가 있는 경우에 그 간격이 0.25미터 이상[직동식(直動式) 권과방지장치는 0.05미터 이상으로 한다)]이 되도록 조정하여야 한다.(산업안전보건기준에 관한 규칙 제134조)

046 산업안전보건법령상 화물의 낙하에 의해 운전자가 위험을 미칠 경우 지게차의 헤드가드(head guard)는 지게차 최대하중의 몇 배가 되는 등분포정하중에 견디는 강도를 가져야 하는가?(단, 4톤을 넘는 값은 제외)

① 1배
② 1.5배
③ 2배
④ 3배

지게차 헤드가드의 구비조건(산업안전보건기준에 관한 규칙 제180조)
- 강도는 지게차의 최대하중의 2배 값(4톤을 넘는 값에 대해서는 4톤으로 한다)의 등분포정하중(等分布靜荷重)에 견딜 수 있을 것
- 상부틀의 각 개구의 폭 또는 길이가 16cm 미만일 것
- 운전자가 앉아서 조작하거나 서서 조작하는 지게차의 헤드가드는 산업표준화법 제12조에 따른 한국산업표준에서 정하는 높이 기준 이상일 것
  - 앉아서 조작하는 경우 조종사가 정상적인 작동 상태에 있을 때 좌석기준점(SIP)으로부터 조종사의 머리가 위치한 헤드가드 아래 부분의 밑면까지의 수직간격은 0.903m 이상이어야 한다.
  - 서서 조작하는 경우 조종사가 정상적인 작동 상태에 있을 때 조종사가 서 있는 플랫폼에서부터 조종사의 머리가 위치한 헤드가드 아래 부분의 밑면까지의 수직 간격은 1.88m 이상이어야 한다.

047 산업안전보건법령상 프레스 등을 사용하여 작업을 할 때에 작업시작 전 점검 사항으로 가장 거리가 먼 것은?

① 압력방출장치의 기능
② 클러치 및 브레이크의 기능
③ 프레스의 금형 및 고정볼트 상태
④ 1행정 1정지기구·급정지장치 및 비상정지장치의 기능

프레스등 사용 작업시작 전 점검사항(산업안전보건기준에 관한 규칙 별표 3)
- 클러치 및 브레이크의 기능
- 크랭크축·플라이휠·슬라이드·연결봉 및 연결 나사의 풀림 여부
- 1행정 1정지기구·급정지장치 및 비상정지장치의 기능
- 슬라이드 또는 칼날에 의한 위험방지 기구의 기능
- 프레스의 금형 및 고정볼트 상태
- 방호장치의 기능
- 전단기(剪斷機)의 칼날 및 테이블의 상태

048 다음 중 프레스 방호장치에서 게이트 가드식 방호장치의 종류를 작동방식에 따라 분류할 때 가장 거리가 먼 것은?

① 경사식
② 하강식
③ 도립식
④ 횡 슬라이드식

게이트 가드식 방호장치는 작동방식에 따라 하강식, 상승식, 횡슬라이드식, 도립식 등으로 분류한다.

049 500rpm으로 회전하는 연삭숫돌의 지름이 300mm일 때 원주속도(m/min)는?

① 약 748
② 약 650
③ 약 532
④ 약 471

$V = \dfrac{\pi DN}{1000} = \dfrac{3.14 \times 500 \times 300}{1000} = 471[m/min]$

050 산업안전보건법령상 용접장치의 안전에 관한 준수사항으로 옳은 것은?

① 아세틸렌 용접장치의 발생기실을 옥외에 설치한 경우에는 그 개구부를 다른 건축물로부터 1m 이상 떨어지도록 하여야 한다.
② 가스집합장치로부터 7m 이내의 장소에서는 화기의 사용을 금지시킨다.
③ 아세틸렌 발생기에서 10m 이내 또는 발생기실에서 4m 이내의 장소에서는 화기의 사용을 금지시킨다.
④ 아세틸렌 용접장치를 사용하여 용접작업을 할 경우 게이지 압력이 127 kPa을 초과하는 압력의 아세틸렌을 발생시켜 사용해서는 아니 된다.

용접장치의 안전(산업안전보건기준에 관한 규칙 제285조~제295조)
• 아세틸렌 용접장치의 발생기실을 옥외에 설치한 경우에는 그 개구부를 다른 건축물로부터 1.5m 이상 떨어지도록 하여야 한다.
• 가스집합장치로부터 5미터 이내의 장소에서는 흡연, 화기의 사용 또는 불꽃을 발생할 우려가 있는 행위를 금지시킨다.
• 아세틸렌 발생기에서 5m 이내 또는 발생기실에서 3m터 이내의 장소에서는 흡연, 화기의 사용 또는 불꽃이 발생할 위험한 행위를 금지시킨다.

051 산업안전보건법령상 목재가공용 둥근톱작업에서 분할날과 톱날 원주면과의 간격은 최대 얼마 이내가 되도록 조정하는가?

① 10mm
② 12mm
③ 14mm
④ 16mm

목재 가공용 둥근톱의 분할날 설치(방호장치 자율안전기준 고시 별표 5)
• 분할날의 두께는 둥근톱 두께의 1.1배 이상일 것

1.1 t₁ ≤ t₂ < b
(t₁ : 톱두께, t₂ : 분할날두께, b : 치진폭)
- 견고히 고정할 수 있으며 분할날과 톱날 원주면과의 거리는 12mm 이내로 조정, 유지할 수 있어야 하고 표준 테이블면 (승강반에 있어서도 테이블을 최하로 내린 때의 면) 상의 톱 뒷날의 2/3 이상을 덮도록 할 것
- 재료는 KS D 3751(탄소공구강재)에서 정한 STC 5(탄소공구강) 또는 이와 동등 이상의 재료를 사용할 것
- 분할날 조임볼트는 2개 이상일 것

052 기계설비에서 기계 고장률의 기본 모형으로 옳지 않은 것은?

① 조립 고장
② 초기 고장
③ 우발 고장
④ 마모 고장

고장의 유형
- 초기고장 : 감소형(Debugging 기간, Burning 기간)
- 우발고장 : 일정형
- 마모고장 : 증가형(Burn In 기간)

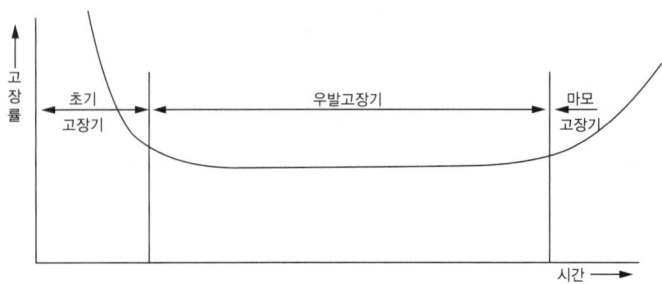

053 다음 중 선반의 방호장치로 가장 거리가 먼 것은?

① 쉴드(shield)
② 슬라이딩
③ 척 커버
④ 칩 브레이커

선반의 방호장치
- 칩 브레이커 : 바이트에 설치된 칩을 짧게 끊어내는 장치
- 쉴드 : 칩 비산 방지 투명판
- 브레이크 : 급정지장치
- 덮개 또는 울 : 돌출 가공물에 설치한 안전장치
- 척 커버 : 척이나 가공물의 돌출부에 작업복이나 머리카락 등이 말려 들어가는 것을 방지

054 일반적으로 전류가 과대하고, 용접속도가 너무 빠르며, 아크를 짧게 유지하기 어려운 경우 모재 및 용접부의 일부가 녹아서 홈 또는 오목한 부분이 생기는 용접부 결함은?

① 잔류응력
② 융합 불량
③ 기공
④ 언더컷

용접상 결함의 종류
- 균열, 터짐(Crack) : 가장 중대한 결함
- 오버랩(Over-Lap) : 용접 금속과 모재(母材)가 융합되지 않고 겹쳐지는 것
- 블로우 홀(Blow Hole) : 용접 내부에 공기(가스) 구멍을 형성한 결함
- 슬래그(Slag) 감싸돌기 : 용접 찌꺼기가 용착 금속 내에 혼입되는 것
- 언더 컷(Under Cut) : 모재(母材)가 녹아 용착 금속이 채워지지 않고 홈으로 남게 된 부분
- 피트(Pit) : 용접 표면에 흠집이 생긴 것
- 용입 부족 : 모재(母材)가 녹지 않고 용착 금속이 채워지지 않고 홈으로 남는 것
- 크레이터(Crater) : 용접 시 끝 부분에 우묵하게 파진 부분
- 피시아이(Fish Eye) : 용접부에 생기는 은색 반점

055 산업안전보건법령상 로봇을 운전하는 경우 근로자가 로봇에 부딪칠 위험이 있을 때 높이는 최소 얼마 이상의 울타리를 설치하여야 하는가?(단, 로봇의 가동범위 등을 고려하여 높이로 인한 위험성이 없는 경우는 제외)

① 0.9m ② 1.2m
③ 1.5m ④ 1.8m

산업안전보건기준에 관한 규칙 제223조(운전 중 위험 방지) 사업주는 로봇의 운전(제222조에 따른 교시 등을 위한 로봇의 운전과 제224조 단서에 따른 로봇의 운전은 제외한다)으로 인하여 근로자에게 발생할 수 있는 부상 등의 위험을 방지하기 위하여 높이 1.8미터 이상의 울타리(로봇의 가동범위 등을 고려하여 높이로 인한 위험성이 없는 경우에는 높이를 그 이하로 조절할 수 있다)를 설치해야 하며, 컨베이어 시스템의 설치 등으로 울타리를 설치할 수 없는 일부 구간에 대해서는 안전매트 또는 광전자식 방호장치 등 감응형 방호장치를 설치해야 한다. 다만, 고용노동부장관이 해당 로봇의 안전기준이 한국산업표준에서 정하고 있는 안전기준 또는 국제적으로 통용되는 안전기준에 부합한다고 인정하는 경우에는 본문에 따른 조치를 하지 않을 수 있다.

056 다음 중 보일러 운전 시 안전수칙으로 가장 적절하지 않은 것은?

① 가동 중인 보일러에는 작업자가 항상 정위치를 떠나지 아니할 것
② 보일러의 각종 부속장치의 누설상태를 점검할 것
③ 압력방출장치는 매 7년 마다 정기적으로 작동시험을 할 것
④ 노 내의 환기 및 통풍 장치를 점검할 것

산업안전보건기준에 관한 규칙 제116조(압력방출장치) ① 사업주는 보일러의 안전한 가동을 위하여 보일러 규격에 맞는 압력방출장치를 1개 또는 2개 이상 설치하고 최고사용압력(설계압력 또는 최고허용압력을 말한다. 이하 같다) 이하에서 작동되도록 하여야 한다. 다만, 압력방출장치가 2개 이상 설치된 경우에는 최고사용압력 이하에서 1개가 작동되고, 다른 압력방출장치는 최고사용압력 1.05배 이하에서 작동되도록 부착하여야 한다.
② 제1항의 압력방출장치는 매년 1회 이상「국가표준기본법」제14조제3항에 따라 산업통상자원부장관의 지정을 받은 국가교정업무 전담기관(이하 "국가교정기관"이라 한다)에서 교정을 받은 압력계를 이용하여 설정압력에서 압력방출장치가 적정하게 작동하는지를 검사한 후 납으로 봉인하여 사용하여야 한다. 다만, 영 제43조에 따른 공정안전보고서 제출 대상으로서 고용노동부장관이 실시하는 공정안전보고서 이행상태 평가결과가 우수한 사업장은 압력방출장치에 대하여 4년마다 1회 이상 설정압력에서 압력방출장치가 적정하게 작동하는지를 검사할 수 있다.

057 산업안전보건법령상 승강기의 종류로 옳지않은 것은?

① 승객용 엘리베이터
② 리프트
③ 화물용 엘리베이터
④ 승객화물용 엘리베이터

승강기의 종류(산업안전보건기준에 관한 규칙 제132조)
- 승객용 엘리베이터 : 사람의 운송에 적합하게 제조·설치된 엘리베이터
- 승객화물용 엘리베이터 : 사람의 운송과 화물 운반을 겸용하는데 적합하게 제조·설치된 엘리베이터
- 화물용 엘리베이터 : 화물 운반에 적합하게 제조·설치된 엘리베이터로서 조작자 또는 화물취급자 1명은 탑승할 수 있는 것(적재용량이 300kg 미만인 것은 제외한다)
- 소형화물용 엘리베이터 : 음식물이나 서적 등 소형 화물의 운반에 적합하게 제조·설치된 엘리베이터로서 사람의 탑승이 금지된 것
- 에스컬레이터 : 일정한 경사로 또는 수평로를 따라 위·아래 또는 옆으로 움직이는 디딤판을 통해 사람이나 화물을 승강장으로 운송시키는 설비

058 산업안전보건법령상 롤러기의 방호장치 중 롤러의 앞면 표면속도가 30m/min 이상일 때 무부하 동작에서 급정지거리는?

① 앞면 롤러 원주의 1/2.5 이내
② 앞면 롤러 원주의 1/3 이내
③ 앞면 롤러 원주의 1/3.5 이내
④ 앞면 롤러 원주의 1/5.5 이내

앞면 롤러의 표면속도에 따른 급정지거리(방호장치 자율안전기준 고시 별표 3)

앞면 롤러의 표면속도(m/min)	급정지 거리
30 미만	앞면 롤러 원주의 1/3 이내
30 이상	앞면 롤러 원주의 1/2.5 이내

059 슬라이드가 내려옴에 따라 손을 쳐내는 막대가 좌우로 왕복하면서 위험한계에 있는 손을 보호하는 프레스 방호장치는?

① 수인식
② 게이트 가드식
③ 반발 예방장치
④ 손쳐내기식

프레스 또는 전단기 방호장치의 종류와 분류(방호장치 안전인증 고시 별표1)

종류	분류	기능
광전자식	A-1	프레스 또는 전단기에서 일반적으로 많이 활용하고 있는 형태로서 투광부, 수광부, 컨트롤 부분으로 구성된 것으로서 신체의 일부가 광선을 차단하면 기계를 급정지시키는 방호장치
	A-2	급정지기능이 없는 프레스의 클러치 개조를 통해 광선 차단 시 급정지시킬 수 있도록 한 방호장치

양수조작식	B-1 (유·공압밸브식)	1행정 1정지식 프레스에 사용되는 것으로서 양손으로 동시에 조작하지 않으면 기계가 동작하지 않으며, 한손이라도 떼어내면 기계를 정지시키는 방호장치
	B-2 (전기버튼식)	
가드식	C	가드가 열려 있는 상태에서는 기계의 위험부분이 동작되지 않고 기계가 위험한 상태일 때에는 가드를 열 수 없도록 한 방호장치
손쳐내기식	D	슬라이드의 작동에 연동시켜 위험상태로 되기 전에 손을 위험 영역에서 밀어내거나 쳐내는 방호장치로서 프레스용으로 확동식 클러치형프레스에 한해서 사용됨(다만, 광전자식 또는 양수조작식과 이중으로 설치 시에는 급정지가능 프레스에 사용 가능)
수인식	E	슬라이드와 작업자 손을 끈으로 연결하여 슬라이드 하강 시 작업자 손을 당겨 위험영역에서 빼낼 수 있도록 한 방호장치로서 프레스용으로 확동식 클러치형 프레스에 한해서 사용됨(다만, 광전자식 또는 양수조작식과 이중으로 설치 시에는 급정지가능 프레스에 사용 가능)

60 다음 중 컨베이어의 안전장치로 옳지 않은 것은?

① 비상정지장치 ② 반발예방장치
③ 역회전방지장치 ④ 이탈방지장치

해설

컨베이어의 방호장치 : 비상정지장치, 덮개, 울, 건널다리, 이탈방지장치

제 04 과목　전기설비 안전관리

61 산업안전보건기준에 관한 규칙에 따라 누전에 의한 감전의 위험을 방지하기 위하여 접지를 하여야 하는 대상의 기준으로 틀린 것은?(단, 예외조건은 고려하지 않는다.)

① 전기기계·기구의 금속제 외함
② 고압 이상의 전기를 사용하는 전기기계·기구주변의 금속제 칸막이
③ 고정 배선에 접속된 전기기계·기구 중 사용전압이 대지 전압 100V를 넘는 비충전금속체
④ 코드와 플러그를 접속하여 사용하는 전기기계·기구 중 휴대형 전동기계·기구의 노출된 비충전 금속체

해설

산업안전보건기준에 관한 규칙 제302조(전기 기계·기구의 접지) ① 사업주는 누전에 의한 감전의 위험을 방지하기 위하여 다음 각 호의 부분에 대하여 접지를 해야 한다.
1. 전기 기계·기구의 금속제 외함, 금속제 외피 및 철대
2. 고정 설치되거나 고정배선에 접속된 전기기계·기구의 노출된 비충전 금속체 중 충전될 우려가 있는 다음 각 목의 어느 하나에 해당하는 비충전 금속체
　가. 지면이나 접지된 금속체로부터 수직거리 2.4미터, 수평거리 1.5미터 이내인 것

나. 물기 또는 습기가 있는 장소에 설치되어 있는 것
다. 금속으로 되어 있는 기기접지용 전선의 피복·외장 또는 배선관 등
라. 사용전압이 대지전압 150볼트를 넘는 것
3. 전기를 사용하지 아니하는 설비 중 다음 각 목의 어느 하나에 해당하는 금속체
가. 전동식 양중기의 프레임과 궤도
나. 전선이 붙어 있는 비전동식 양중기의 프레임
다. 고압(1.5천볼트 초과 7천볼트 이하의 직류전압 또는 1천볼트 초과 7천볼트 이하의 교류전압을 말한다. 이하 같다) 이상의 전기를 사용하는 전기 기계·기구 주변의 금속제 칸막이·망 및 이와 유사한 장치
4. 코드와 플러그를 접속하여 사용하는 전기 기계·기구 중 다음 각 목의 어느 하나에 해당하는 노출된 비충전 금속체
가. 사용전압이 대지전압 150볼트를 넘는 것
나. 냉장고·세탁기·컴퓨터 및 주변기기 등과 같은 고정형 전기기계·기구
다. 고정형·이동형 또는 휴대형 전동기계·기구
라. 물 또는 도전성(導電性)이 높은 곳에서 사용하는 전기기계·기구, 비접지형 콘센트
마. 휴대형 손전등
5. 수중펌프를 금속제 물탱크 등의 내부에 설치하여 사용하는 경우 그 탱크(이 경우 탱크를 수중펌프의 접지선과 접속하여야 한다)

062 접지계통 분류에서 TN접지방식이 아닌 것은?

① TN-S 방식
② TN-C 방식
③ TN-T 방식
④ TN-C-S 방식

TN접지의 종류

- TN-C 접지 : TN-C계통은 전원측 계통의 한점에서 대지와 직접 연결하고, 노출된 도전성 부분의 보호선은 전원측 중성선과 결합시켜 접지하는 방법
- TN-S 접지 : TN-S계통은 전원측 계통의 한점은 직접 연결하고, 노출된 도전성 부분의 보호선 중 일부는 전원측 중성선과 결합시키고, 나머지 부분은 전원측 중성선과 분리시켜 전원측 접지극에 접속하는 방법
- TN-C-S 접지 : 전원측은 TN-C로 되어있고 간선계통의 일부에서 중성선과 보호도체를 분리하여 TN-S 계통으로 하는 방법

063 교류 아크 용접기의 자동전격방지장치는 전격의 위험을 방지하기 위하여 아크 발생이 중단된 후 약 1초 이내에 출력 측 무부하 전압을 자동적으로 몇 V 이하로 저하시켜야 하는가?

① 85
② 70
③ 50
④ 25

자동전격방지장치

- 종류 : 자동시동형, 수동시동형
- 구성 : 감지부, 신호증폭부, 제어부, 제어기구
- 기능 : 2차 무부하상태(용접봉 교환, 작업지점 이동, 용접부위 확인 등을 위해 용접을 일시정지하는 때)에서 홀더 등 충전부에 접촉시 감전재해를 예방하기 위해 2차 무부하 전압을 자동적으로 25V 이하로 저하시킴
- 시동시간 : 용접봉을 모재에 접촉 후 아크발생까지의 소요시간
- 지동시간 : 용접봉을 모재로부터 분리 후 2차측의 무부하 전압이 25V 이하로 떨어지는데 소요되는 시간

064 가연성 가스가 있는 곳에 저압 옥내전기설비를 금속관 공사에 의해 시설하고자 한다. 관 상호 간 또는 관과 전기기계기구와는 몇 턱 이상 나사조임으로 접속하여야 하는가?

① 2턱
② 3턱
③ 4턱
④ 5턱

가연성 가스가 있는 곳에 저압 옥내전기설비를 금속관 공사에 의해 시설하고자 하는 때에는 관 상호 간 및 관과 박스 기타의 부속품·풀박스 또는 전기기계기구와는 5턱 이상 나사 조임으로 접속하는 방법 기타 이와 동등 이상의 효력이 있는 방법에 의하여 견고하게 접속하여야 한다. (한국전기설비규정 242.3.1 가스증기 위험장소)

065 KS C IEC 60079-6에 따른 유입 방폭구조 "o" 방폭장비의 최소 IP등급은?

① IP44
② IP54
③ IP55
④ IP66

유입방폭구조, o(oil immersion, o)란 유체 상부 또는 용기 외부에 존재할 수 있는 폭발성 분위기가 발화할 수 없도록 전기설비 또는 전기설비의 부품을 보호액에 함침시키는 방폭구조의 형식을 말하며, 기기의 보호등급은 KS C IEC 60529에 따라 최소 IP 66에 적합해야 한다.

066 우리나라의 안전전압으로 볼 수 있는 것은 약 몇 V인가?

① 30
② 50
③ 60
④ 70

안전전압: 회로의 정격 전압이 일정 수준 이하의 낮은 전압으로 절연파괴 등의 사고시에도 인체에 위험을 주지 않게 되는 전압으로 각 나라의 기준은 다르지만, 우리나라의 경우 30V이다.

067 누전차단기의 구성요소가 아닌 것은?

① 누전검출부
② 영상변류기
③ 차단장치
④ 전력퓨즈

누전차단기는 누전검출부, 영상변류기, 차단부로 구성되어 있다.

068 다음에서 설명하고 있는 방폭구조는?

전기기기의 정상 사용 조건 및 특정 비정상 상태에서 과도한 온도 상승, 아크 또는 스파크의 발생 위험을 방지하기 위해 추가적인 안전 조치를 취한 것으로 Ex e라고 표시한다.

① 유입 방폭구조 ② 압력 방폭구조
③ 내압 방폭구조 ④ 안전증 방폭구조

해설

방폭구조의 종류와 기호

종류	내용	기호
내압방폭구조	점화원에 의해 용기 내부에서 폭발이 발생할 경우에 용기가 폭발압력에 견딜 수 있고, 화염이 용기 외부의 폭발성 분위기로 전파되지 않도록 한 방폭구조.	d
압력방폭구조	점화원이 될 우려가 있는 부분을 용기 안에 넣고 보호 기체(신선한 공기 또는 불활성기체)를 용기 안에 압입함으로써 폭발성 가스가 침입하는 것을 방지하도록 되어 있는 방폭구조	p
안전증방폭구조	전기기기의 과도한 온도 상승, 아크 또는 불꽃 발생의 위험을 방지하기 위하여 추가적인 안전조치를 통한 안전도를 증가시킨 방폭구조(다만, 정상운전 중에 아크나 불꽃을 발생시키는 전기기기는 안전증방폭구조의 전기기기 범위에서 제외)	e
유입방폭구조	유체 상부 또는 용기 외부에 존재할 수 있는 폭발성 분위기가 발화할 수 없도록 전기설비 또는 전기설비의 부품을 보호액에 함침시키는 방폭구조	o
본질안전방폭구조	정상시 또는 단락, 단선, 지락 등의 사고시에 발생하는 아크, 불꽃, 고열에 의하여 폭발성 가스나 증기에 점화되지 않는 것이 확인된 구조	ia, ib
비점화방폭구조	전기기기가 정상작동과 규정된 특정한 비정상상태에서 주위의 폭발성 가스 분위기를 점화시키지 못하도록 만든 방폭구조	n
몰드방폭구조	전기기기의 불꽃 또는 열로 인해 폭발성 위험분위기에 점화되지 않도록 컴파운드를 충전해서 보호한 방폭구조	m
충전방폭구조	폭발성 가스 분위기를 점화시킬 수 있는 부품을 고정하여 설치하고, 그 주위를 충전재로 완전히 둘러싸서 외부의 폭발성 가스 분위기를 점화시키지 않도록 하는 방폭구조	q
특수방폭구조	상기의 방폭구조 외에 외부의 폭발성 가스에 대해 인화를 방지할 수 있음을 시험에 의해 확인한 구조	s

069 다음은 어떤 방전에 대한 설명인가?

> 정전기가 대전 되어 있는 부도체에 접지체가 접근한 경우 대전물체와 접지체 사이에 발생하는 방전과 거의 동시에 부도체의 표면을 따라서 발생하는 나뭇가지 형태의 발광을 수반하는 방전

① 코로나 방전
② 뇌상 방전
③ 연면 방전
④ 불꽃 방전

해설

방전의 종류
• 스파크방전(불꽃방전) : 대전된 부도체와 도체 사이에 전압이 커지면 공기절연이 파괴되어 발생하는 방전

- 연면방전 : 대전량이 많은 부도체에 접지체가 접근시 부도체 표면을 따라 발생하는 방전
- 코로나방전 : 대전된 부도체와 돌출된 선단의 도체 사이의 방전(방전에너지가 작아 재해의 원인이 안됨)
- 뇌상방전 : 대전된 구름에서 대지 또는 구름 사이에 번개형의 발광을 발생하는 방전
- 스트리머방전 : 방전량이 많은 부도체와 평평한 도체 사이의 방전

070 KS C IEC 60079-0에 따른 방폭기기에 대한 설명이다. 다음 빈칸에 들어갈 알맞은 용어는?

> (ⓐ)은 EPL로 표현되며 점화원이 될 수 있는 가능성에 기초하여 기기에 부여된 보호등급이다. EPL의 등급 중 (ⓑ)는 정상 작동, 예상된 오작동, 드문 오작동 중에 점화원이 될 수 없는 "매우 높은" 보호 등급의 기기이다.

① ⓐ Explosion Protection Level, ⓑ EPL Ga
② ⓐ Explosion Protection Level, ⓑ EPL Gc
③ ⓐ Equipment Protection Level, ⓑ EPL Ga
④ ⓐ Equipment Protection Level, ⓑ EPL Gc

해설

기기보호등급(Equipment Protection Level)

등급	내용
EPL Ma	폭발성 갱내 가스에 취약한 광산에 설치되는 기기로 정상 작동, 예상된 오작동(expected malfunctions) 또는 드문 오작동(rare malfunctions) 중에, 심지어 가스의 누출(outbreak of gas)이 발생된 상황에서 충전된 상태로 있더라도 점화원이 된 가능성이 거의 없는 충분한 안정성을 갖고 있는 "매우 높은" 보호 등급의 기기
EPL Mb	폭발성 갱내 가스에 취약한 광산에 설치되는 기기로 정상 작동 또는 예상된 오작동 중에 가스의 누출이 발생되고 기기의 진원을 차단하는 동안 점화원이 될 가능성이 거의 없는 충분한 안정성을 갖고 있는 "높은" 보호등급의 기기
EPL Ga	폭발성 가스 분위기에 설치되는 기기로 정상 작동, 예상된 오작동 또는 드문 오작동 중에 점화원이 될 수 없는 "매우 높은" 보호등급의 기기
EPL Gb	폭발성 가스 분위기에 설치되는 기기로 정상 작동 또는 예상된 오작동 중에 점화원이 될 수 없는 "높은" 보호등급의 기기
EPL Gc	폭발성 가스 분위기에 설치되는 기기로 정상 작동 중에 점화원이 될 수 없고 정기적인 고장(예: 램프의 고장) 발생 시 점화원으로서 비활성 상태의 유지를 보장하기 위하여 추가적인 보호장치가 있을 수 있는 "강화된(enhanced)" 보호등급의 기기
EPL Da	폭발성 분진 분위기에 설치되는 기기로 정상 작동, 예상된 오작동 또는 드문 오작동 중에 점화원이 될 수 없는 "매우 높은" 보호등급의 기기
EPL Db	폭발성 분진 분위기에 설치되는 기기로 정상 작동 또는 예상된 오작동 중에 점화원이 될 수 없는 "높은" 보호등급의 기기
EPL Dc	폭발성 분진 분위기에 설치되는 기기로 정상 작동 중에 점화원이 될 수 없고 정기적인 고장(예 : 램프의 고장) 발생 시 점화원으로서 비활성 상태의 유지를 보장하기 위하여 추가적인 보호장치가 있을 수 있는 "강화된(enhanced)" 보호등급의 기기

071 피뢰레벨에 따른 회전구체 반경이 틀린 것은?

① 피뢰레벨 Ⅰ : 20m
② 피뢰레벨 Ⅱ : 30m
③ 피뢰레벨 Ⅲ : 50m
④ 피뢰레벨 Ⅳ : 60m

보호등급별 회전구체 반지름, 메시(mesh)치수

보호등급	회전구체 반지름 (m)	메시치수 (m)
Ⅰ	20	5 × 5
Ⅱ	30	10 × 10
Ⅲ	45	15 × 15
Ⅳ	60	20 × 20

072 정전유도를 받고 있는 접지되어 있지 않는 도전성 물체에 접촉한 경우 전격을 당하게 되는데 이 때 물체에 유도된 전압 V(V)를 옳게 나타낸 것은?(단, E는 송전선의 대지전압, C_1은 송전선과 물체 사이의 정전용량, C_2는 물체와 대지 사이의 정전용량이며, 물체와 대지 사이의 저항은 무시한다.)

① $V = \dfrac{C_1}{C_1 + C_2} \times E$
② $V = \dfrac{C_1 + C_2}{C_1} \times E$
③ $V = \dfrac{C_1}{C_1 \times C_2} \times E$
④ $V = \dfrac{C_1 \times C_2}{C_1} \times E$

- 직렬 합성용량(C_T) = $\dfrac{C_1 \times C_2}{C_1 + C_2}$
- C_2 전압(V) = $\dfrac{C_T}{C_2} \times E = \dfrac{C_1 \times C_2}{C_1 + C_2} \times \dfrac{1}{C_2} \times E = \dfrac{C_1}{C_1 + C_2} \times E$

073 다음의 접지방식 중 전력계통에서 돌발적으로 발생하는 이상 현상에 대비하여 접지와 계통을 연결하는 것으로, 중성점을 대지에 접속하는 접지방식은 어느 것인가?

① 단독접지
② 보호접지
③ 계통접지
④ 피뢰시스템접지

접지시스템의 구분
- 계통접지 : 전력계통의 이상현상에 대비하여 대지와 계통을 접속
- 보호접지 : 감전보호를 목적으로 기기의 한 점 이상을 접지
- 피뢰시스템접지 : 뇌격전류를 안전하게 대지로 방류하기 위한 접지

074 최소 착화에너지가 0.26mJ인 가스에 정전용량이 100pF인 대전 물체로부터 정전기 방전에 의하여 착화할 수 있는 전압은 약 몇 V인가?

① 2240
② 2260
③ 2280
④ 2300

$$E = \frac{CV^2}{2}$$

$$V = \sqrt{\frac{2E}{C}} = \sqrt{\frac{2 \times 0.26 \times 10^{-3}}{10 \times 10^{-12}}} = 2280[V]$$

075 전기기계·기구에 설치되어 있는 감전방지용 누전차단기의 정격감도전류 및 작동시간으로 옳은 것은?(단, 정격전부하전류가 50A 미만이다.)

① 15mA 이하, 0.1초 이내
② 30mA 이하, 0.03초 이내
③ 50mA 이하, 0.5초 이내
④ 100mA 이하, 0.05초 이내

감전방지용 누전차단기 접속 시 주의사항(산업안전보건기준에 관한 규칙 제304조)
- 전기기계·기구에 설치되어 있는 누전차단기는 정격감도전류가 30mA 이하이고 작동시간은 0.03초 이내일 것. 다만, 정격전부하전류가 50mA 이상인 전기기계·기구에 접속되는 누전차단기는 오작동을 방지하기 위하여 정격감도전류는 200mA 이하로, 작동시간은 0.1초 이내로 할 수 있다.
- 분기회로 또는 전기기계·기구마다 누전차단기를 접속할 것. 다만, 평상시 누설전류가 매우 적은 소용량부하의 전로에는 분기회로에 일괄하여 접속할 수 있다.
- 누전차단기는 배전반 또는 분전반 내에 접속하거나 꽂음접속기형 누전차단기를 콘센트에 접속하는 등 파손이나 감전사고를 방지할 수 있는 장소에 접속할 것
- 지락보호전용 기능만 있는 누전차단기는 과전류를 차단하는 퓨즈나 차단기 등과 조합하여 접속할 것

076 정전기 발생에 영향을 주는 요인으로 가장 적절하지 않은 것은?

① 분리속도
② 물체의 질량
③ 접촉면적 및 압력
④ 물체의 표면상태

정전기 발생에 영향을 미치는 요소
- 물질의 특성
- 물질의 표면 상태
- 물질의 이력
- 접촉 면적과 압력
- 물질의 분리속도

077 접지도체의 선정 시에 큰 고장전류가 접지도체를 통하여 흐르지 않는 경우 접지도체는 구리(동)도체의 경우 최소 단면적은 얼마인가?

① 6mm² ② 10mm²
③ 16mm² ④ 50mm²

접지도체의 단면적(한국전기설비규정 142.3.1)

구분	구리(동)	철제
접지도체에 큰 고장전류가 흐르지 않는 경우	6mm² 이상	50mm² 이상
접지도체에 피뢰시스템이 접속되는 경우	16mm² 이상	50mm² 이상

078 20Ω의 저항 중에 5A의 전류를 3분간 흘렸을 때의 발열량(cal)은?

① 4320 ② 90000
③ 21600 ④ 376560

$H = 0.24I^2Rt = 0.24 \times 5^2 \times 20 \times 3 \times 60 = 21,600$[cal]

079 심실세동을 일으키는 위험한계 에너지는 약 몇 J 인가?(단, 심실세동 전류 I = 2mA, 인체의 전기저항 R = 800Ω, 통전시간 T = 1초이다.)

① 12 ② 22
③ 32 ④ 42

$W = I^2RT = (\frac{165}{\sqrt{T}} \times 10^{-3})^2 \times 800 \times 1 = 21.78$J

080 전기시설의 직접 접촉에 의한 감전방지 방법으로 적절하지 않은 것은?

① 충전부는 내구성이 있는 절연물로 완전히 덮어 감쌀 것
② 충전부가 노출되지 않도록 폐쇄형 외함이 있는 구조로 할 것
③ 충전부에 충분한 절연효과가 있는 방호망 또는 절연 덮개를 설치할 것
④ 충전부는 출입이 용이한 전개된 장소에 설치하고 위험표시 등의 방법으로 방호를 강화할 것

산업안전보건기준에 관한 규칙 제301조(전기 기계·기구 등의 충전부 방호) ① 사업주는 근로자가 작업이나 통행 등으로 인하여 전기기계, 기구[전동기·변압기·접속기·개폐기·분전반(分電盤)·배전반(配電盤) 등 전기를 통하는 기계·기구, 그 밖의 설비 중 배선 및 이동전선 외의 것을 말한다. 이하 같다)] 또는 전로 등의 충전부분(전열기의 발열체 부분, 저항접속기의 전극 부분 등 전기기계·기구의 사용 목적에 따라 노출이 불가피한 충전부분은 제외한다. 이하 같다)에 접촉(충전부분과 연결된 도전체와의 접촉을 포함한다. 이하 이 장에서 같다)하거나 접근함으로써 감전 위험이 있는 충전부분에 대하여 감전을 방지하기 위하여 다음 각 호의 방법 중 하나 이상의 방법으로 방호하여야 한다.

1. 충전부가 노출되지 않도록 폐쇄형 외함(外函)이 있는 구조로 할 것
2. 충전부에 충분한 절연효과가 있는 방호망이나 절연덮개를 설치할 것
3. 충전부는 내구성이 있는 절연물로 완전히 덮어 감쌀 것
4. 발전소·변전소 및 개폐소 등 구획되어 있는 장소로서 관계 근로자가 아닌 사람의 출입이 금지되는 장소에 충전부를 설치하고, 위험표시 등의 방법으로 방호를 강화할 것
5. 전주 위 및 철탑 위 등 격리되어 있는 장소로서 관계 근로자가 아닌 사람이 접근할 우려가 없는 장소에 충전부를 설치할 것

② 사업주는 근로자가 노출 충전부가 있는 맨홀 또는 지하실 등의 밀폐공간에서 작업하는 경우에는 노출 충전부와의 접촉으로 인한 전기위험을 방지하기 위하여 덮개, 울타리 또는 절연 칸막이 등을 설치하여야 한다.
③ 사업주는 근로자의 감전위험을 방지하기 위하여 개폐되는 문, 경첩이 있는 패널 등(분전반 또는 제어반 문)을 견고하게 고정시켜야 한다.

제 05 과목 화학설비 안전관리

081 다음 중 응상폭발이 아닌 것은?

① 분해폭발
② 수증기폭발
③ 전선 폭발
④ 고상간의 전이에 의한 폭발

폭발의 종류
- 기상폭발 : 혼합가스폭발, 가스폭발, 분해폭발, 분진폭발, 분무폭발
- 응상폭발 : 수증기폭발, 전선폭발, 고상간의 전이에 의한 폭발, 혼합 위험에 의한 폭발

082 가연성 물질의 저장 시 산소농도를 일정한 값 이하로 낮추어 연소를 방지할 수 있는데 이때 첨가하는 물질로 적합하지 않은 것은?

① 질소
② 이산화탄소
③ 헬륨
④ 일산화탄소

일산화탄소(CO)는 가연성 가스이며 독성 가스에 해당된다. 무색·무취의 기체로 산소가 부족한 상태로 연료가 연소할 때 불완전연소로 발생하며 공기 중에 0.5%가 있으면 5~10분 안에 사망할 수 있다.

083 액화 프로판 310kg을 내용적 50L 용기에 충전할 때 필요한 소요 용기의 수는 몇 개인가?(단, 액화 프로판의 가스정수는 2.35 이다.)

① 15
② 17
③ 19
④ 21

$$n = \frac{W}{\frac{V}{C}} = \frac{320}{\frac{50}{2.35}} = \frac{320 \times 2.35}{50} = 15.04 ≒ 15개$$

084 열교환기의 정기적 점검을 일상점검과 개방점검으로 구분할 때 개방점검 항목에 해당하는 것은?

① 보냉재의 파손 상황
② 플랜지부나 용접부에서의 누출 여부
③ 기초볼트의 체결 상태
④ 생성물, 부착물에 의한 오염 상황

일상점검 항목 : 보온재 및 보냉재의 파손 상황, 도장의 노후 상황, 플랜지(flange)부 등의 외부 누출 여부, 기초볼트의 체결정도

085 사업주는 가스폭발 위험장소 또는 분진폭발 위험장소에 설치되는 건축물 등에 대해서는 규정에서 정한 부분을 내화구조로 하여야 한다. 다음 중 내화구조로 하여야 하는 부분에 대한 기준이 틀린 것은?

① 건축물의 기둥 : 지상 1층(지상 1층의 높이가 6미터를 초과하는 경우에는 6미터)까지
② 위험물 저장·취급용기의 지지대(높이가 30센티미터 이하인 것은 제외) : 지상으로부터 지지대의 끝부분까지
③ 건축물의 보 : 지상 2층(지상 2층의 높이가 10미터를 초과하는 경우에는 10미터)까지
④ 배관·전선관 등의 지지대 : 지상으로부터 1단(1단의 높이가 6미터를 초과하는 경우에는 6미터)까지

산업안전보건기준에 관한 규칙 제270조(내화기준) ① 사업주는 제230조제1항에 따른 가스폭발 위험장소 또는 분진폭발 위험장소에 설치되는 건축물 등에 대해서는 다음 각 호에 해당하는 부분을 내화구조로 하여야 하며, 그 성능이 항상 유지될 수 있도록 점검·보수 등 적절한 조치를 하여야 한다. 다만, 건축물 등의 주변에 화재에 대비하여 물 분무시설 또는 폼 헤드(foam head)설비 등의 자동소화설비를 설치하여 건축물 등이 화재시에 2시간 이상 그 안전성을 유지할 수 있도록 한 경우에는 내화구조로 하지 아니할 수 있다.
1. 건축물의 기둥 및 보: 지상 1층(지상 1층의 높이가 6미터를 초과하는 경우에는 6미터)까지
2. 위험물 저장·취급용기의 지지대(높이가 30센티미터 이하인 것은 제외한다) : 지상으로부터 지지대의 끝부분까지
3. 배관·전선관 등의 지지대: 지상으로부터 1단(1단의 높이가 6미터를 초과하는 경우에는 6미터)까지
② 내화재료는 한국산업표준으로 정하는 기준에 적합하거나 그 이상의 성능을 가지는 것이어야 한다.

086 다음 중 산업안전보건법령상 위험물질의 종류에 있어 인화성 가스에 해당하지 않는 것은?

① 수소
② 부탄
③ 에틸렌
④ 과산화수소

위험물질의 종류(산업안전보건기준에 관한 규칙 별표 1)
- 폭발성 물질 및 유기과산화물 : 질산에스테르류, 니트로화합물, 니트로소화합물, 아조화합물, 디아조화합물, 하이드라진 유도체, 유기과산화물
- 물반응성 물질 및 인화성 고체 : 리튬, 칼륨·나트륨, 황, 황린, 황화인·적린, 셀룰로이드류, 알킬알루미늄·알킬리튬,

마그네슘 분말, 금속 분말(마그네슘 분말 제외), 알칼리금속(리튬·칼륨 및 나트륨은 제외), 유기 금속화합물(알킬알루미늄 및 알킬리튬은 제외), 금속의 수소화물, 금속의 인화물, 칼슘 탄화물, 알루미늄 탄화물
- 산화성 액체 및 산화성 고체 : 차아염소산 및 그 염류, 아염소산 및 그 염류, 염소산 및 그 염류, 과염소산 및 그 염류, 브롬산 및 그 염류, 요오드산 및 그 염류, 과산화수소 및 무기 과산화물, 질산 및 그 염류, 과망간산 및 그 염류, 중크롬산 및 그 염류
- 인화성 액체
- 인화성 가스 : 수소, 아세틸렌, 에틸렌, 메탄, 에탄, 프로판, 부탄
- 부식성 물질 : 부식성 산류, 부식성 염기류
- 급성 독성 물질

087 산업안전보건법령상 위험물질의 종류에서 폭발성 물질에 해당하는 것은?

① 니트로화합물
② 등유
③ 황
④ 질산

86번 해설 참조

088 가연성가스의 폭발범위에 관한 설명으로 틀린 것은?

① 압력 증가에 따라 폭발 상한계와 하한계가 모두 현저히 증가한다.
② 불활성가스를 주입하면 폭발범위는 좁아진다.
③ 온도의 상승과 함께 폭발범위는 넓어진다.
④ 산소 중에서 폭발범위는 공기 중에서 보다 넓어진다.

폭발범위에 영향을 주는 인자
- 압력 : 압력이 증가하면 폭발 하한계는 거의 영향을 받지 않지만, 상한계는 크게 증가한다. 이에 따라 폭발범위는 넓어진다.
- 불활성 가스 : 질소, 이산화탄소 등과 같은 불활성 가스를 첨가하면 폭발하한계는 약간 높아지지만 상한계는 크게 낮아져 폭발범위는 좁아진다.
- 온도 : 온도가 높아지면 폭발 하한계는 감소하고 상한계는 증가하여 폭발범위는 넓어진다. 일반적으로 온도가 100℃ 상승하면 하한계는 8% 감소하고, 상한계는 8% 증가한다.
- 산소 : 폭발 하한계에는 영향이 없으며, 폭발 상한계를 증가시켜 폭발범위가 넓어진다.

089 어떤 습한 고체재료 10kg을 완전 건조 후 무게를 측정하였더니 6.8kg 이었다. 이 재료의 건량 기준 함수율은 몇 kg · H₂O/kg 인가?

① 0.25
② 0.36
③ 0.47
④ 0.58

건량기준함수율 = $\dfrac{10 - 6.8}{6.8}$ = 0.47[kg · H₂O/kg]

090 다음 중 분진의 폭발위험성을 증대시키는 조건에 해당하는 것은?

① 분진의 온도가 낮을수록
② 분위기 중 산소농도가 작을수록
③ 분진 내의 수분농도가 작을수록
④ 분진의 표면적이 입자체적에 비교하여 작을수록

분진폭발에 영향을 미치는 요인

- 분진의 화학적 성질과 조성 : 발열량이 큰 분진일수록 폭발위험성 증대
- 입도와 입도 분포 : 표면적이 입자체적에 비교하여 클수록 폭발위험성 증대
- 입자의 형상과 표면의 상태 : 입자표면이 산소에 대해서 활성인 경우(분위기 중 산소 농도가 클수록) 폭발성위험성 증대
- 수분 : 분진 중의 수분은 분진의 부유성을 억제하는 효과가 있으며, 역으로 수분 농도가 작을수록 분진의 부유성이 커져 폭발위험성 증대
- 분진의 부유성 : 일반적으로 입자가 작고 가벼운 것이 종기 중에서 부유하기 쉬우며, 부유성이 큰 쪽이 공기 중에서 체류하는 시간이 길어 폭발 위험성 증대

091 물의 소화력을 높이기 위하여 물에 탄산칼륨(K_2CO_3)과 같은 염류를 첨가한 소화약제를 일반적으로 무엇이라 하는가?

① 포 소화약제
② 분말 소화약제
③ 강화액 소화약제
④ 산알칼리 소화약제

소화약재 및 소화기 종류

구분			소화약재	적응성		
				A급	B급	C급
수계 소화기	물 소화기		H_2O^+ 침윤제 첨가	○		
	산·알칼리 소화기		A급 : $NaHCO_3$, B급 : H_2SO_4	○		
	강화액 소화기		K_2CO_3	○		
	포소화기 (포말 소화기)	화학포	A급 : $NaHCO_3$, B급 : $Al_2(SO_4)_3$	○	○	
		기계포	AFFF(수성막포), FFFP(막형성 불화 단백포)	○	○	
가스계 소화기	CO_2 소화기		CO_2		○	○
	Halon 소화기	1211	CF_2ClBr	○	○	○
		1301	CF_3Br		○	○
분말계 소화기	ABC급 소화기		$NH_4H_2PO_4$	○	○	○
	BC급 소화기		$NaHCO_3$, $KHCO_3$		○	○

092 산업안전보건법령에서 인화성 액체를 정의할 때 기준이 되는 표준압력은 몇 kPa 인가?

① 1
② 100
③ 101.3
④ 273.15

용어의 정의(산업안전보건법 시행령 별표 13)
- 인화성 가스 : 인화한계 농도의 최저한도가 13% 이하 또는 최고한도와 최저한도의 차가 12% 이상인 것으로서 표준압력(101.3kPa)에서 20℃에서 가스 상태인 물질을 말한다.
- 인화성 액체 : 표준압력(101.3kPa)에서 인화점이 60℃ 이하이거나 고온·고압의 공정운전조건으로 인하여 화재·폭발 위험이 있는 상태에서 취급되는 가연성 물질을 말한다.
- 인화점의 수치 : 태그밀폐식 또는 펜스키마르테르식 등의 밀폐식 인화점 측정기로 표준압력(101.3kPa)에서 측정한 수치 중 작은 수치를 말한다.
- 유해·위험물질의 규정량 : 제조·취급·저장 설비에서 공정과정 중에 저장되는 양을 포함하여 하루 동안 최대로 제조·취급 또는 저장할 수 있는 양을 말한다.
- 규정량 : 화학물질의 순도 100%를 기준으로 산출하되, 농도가 규정되어 있는 화학물질은 그 규정된 농도를 기준으로 한다.

093 다음 중 관의 지름을 변경하는데 사용되는 관의 부속품으로 가장 적절한 것은?

① 엘보우(Elbow)
② 커플링 (Coupling)
③ 유니온(Union)
④ 리듀서 (Reducer)

배관부속품
- 두 개의 관 연결시 : 플랜지(flange), 유니온(union), 커플링(coupling), 니플(nipple), 소켓(socket)
- 관선의 방향 변경시 : 엘보(elbow), 리턴 밴드(return bend)
- 관의 직경 변경시 : 리듀서(reducer), 소구경에는 부싱(bushing), 대구경에는 이경(異徑) 플랜지 (reducing flange)
- 지관(枝管) 연결시 : 티(tee), Y 지관(Y-branch), 십자(cross)
- 유로차단시 : 소구경은 플러그(plug), 캡(cap), 대구경은 판(板)플랜지(blank flange)
- 유량조절시 : 밸브(valve)

094 다음 중 가연성 가스의 연소 형태에 해당하는 것은?

① 분해 연소
② 증발 연소
③ 표면 연소
④ 확산연소

가연물의 연소형태
- 확산연소 : 수소, 아세틸렌 등의 기체연소
- 증발연소 : 알코올, 에테르, 등유, 경유 등의 액체연소
- 분해연소 : 중유, 석탄, 목재, 종이, 고체 파라핀 등의 고체연소
- 표면연소 : 숯, 알루미늄박, 마그네슘리본 등의 고체연소

095 다음 중 C급 화재에 해당하는 것은?

① 금속 화재
② 전기 화재
③ 일반화재
④ 유류화재

화재등급별 소화방법

구분	A급 화재	B급 화재	C급 화재	D급 화재
명칭	보통화재	유류, 가스화재	전기화재	금속화재(Al분, Mg분)
주 소화효과	냉각	질식	냉각, 질식	질식
적응 소화재	물 소화기 강화액 소화기	포말 소화기 CO_2 소화기 분말 소화기 증발성 액체 소화기	유기성 소화액 CO_2 소화기 분말 소화기	건조사 팽창 질석 팽창 진주암
구분색	백색	황색	청색	–

096 다음 중 물과의 반응성이 가장 큰 물질은?

① 니트로글리세린
② 이황화탄소
③ 금속나트륨
④ 석유

금속나트륨은 제3류 위험물로 분류되는 금수성물질로 물과 반응하면 가연성가스인 수소를 발생시킨다.
$2Na + 2H_2O \rightarrow 2NaOH + H_2$

097 대기압하에서 인화점이 0°C 이하인 물질이 아닌 것은?

① 메탄올
② 이황화탄소
③ 산화프로필렌
④ 디에틸에테르

인화성 물질의 종류

- 인화점 −30°C 미만 : 에틸에테르, 가솔린, 아세트알데히드, 산화프로필렌, 이황화탄소
- 인화점 −30°C 이상 0°C 미만 : 노르말헥산, 산화에틸렌, 아세톤, 메틸에틸케톤
- 인화점 0°C 이상 30°C 미만 : 메틸알코올(메탄올), 에틸알코올(에탄올), 크실렌, 아세트산아밀
- 인화점 30°C 이상 65°C 이하 : 등유, 경유, 테레핀유, 이소펜틸알코올(이소아밀알코올), 아세트산

098 반응폭주 등 급격한 압력상승의 우려가 있는 경우에 설치하여야 하는 것은?

① 파열판
② 통기밸브
③ 체크밸브
④ Flame arrester

산업안전보건기준에 관한 규칙 제262조(파열판의 설치) 사업주는 제261조제1항 각 호의 설비가 다음 각 호의 어느 하나에 해당하는 경우에는 파열판을 설치하여야 한다.
1. 반응 폭주 등 급격한 압력 상승 우려가 있는 경우
2. 급성 독성물질의 누출로 인하여 주위의 작업환경을 오염시킬 우려가 있는 경우
3. 운전 중 안전밸브에 이상 물질이 누적되어 안전밸브가 작동되지 아니할 우려가 있는 경우

099 다음 중 분진폭발을 일으킬 위험이 가장 높은 물질은?

① 염소 ② 마그네슘
③ 산화칼슘 ④ 에틸렌

분진의 종류
- 가연성 분진 : 공기 중 산소와 발열 반응을 일으키며 폭발하는 분진(소맥분, 전분, 합성수지, 코크스, 철)
- 폭연성 분진 : 공기 중 산소가 적은 분위기 또는 이산화탄소 중에서도 착화하고 부유 상태에서도 심한 폭발을 발생하는 금속분진(마그네슘, 알루미늄)

100 다음 물질 중 인화점이 가장 낮은 물질은?

① 이황화탄소 ② 아세톤
③ 크실렌 ④ 경유

각 물질의 화학식 및 인화점

구분	이황화탄소	아세톤	크실렌	경유
화학식	CS_2	CH_3COCH_3	$C_6H_4(CH_3)_2$	–
인화점	−30℃	−18℃	25℃(o−), 32℃(m−, p−)	50~70℃

제 06 과목 건설공사 안전관리

101 작업발판 및 통로의 끝이나 개구부로서 근로자가 추락할 위험이 있는 장소에서 난간 등의 설치가 매우 곤란하거나 작업의 필요상 임시로 난간등을 해체하여야 하는 경우에 설치하여야 하는 것은?

① 구명구 ② 수직보호망
③ 석면포 ④ 추락방호망

산업안전보건기준에 관한 규칙 제43조(개구부 등의 방호 조치) ① 사업주는 작업발판 및 통로의 끝이나 개구부로서 근로자가 추락할 위험이 있는 장소에는 안전난간, 울타리, 수직형 추락방망 또는 덮개 등(이하 이 조에서 "난간등"이라 한다)의 방호 조치를 충분한 강도를 가진 구조로 튼튼하게 설치하여야 하며, 덮개를 설치하는 경우에는 뒤집히거나 떨어지지 않도록

설치하여야 한다. 이 경우 어두운 장소에서도 알아볼 수 있도록 개구부임을 표시해야 하며, 수직형 추락방망은 한국산업표준에서 정하는 성능기준에 적합한 것을 사용해야 한다.
② 사업주는 난간등을 설치하는 것이 매우 곤란하거나 작업의 필요상 임시로 난간등을 해체하여야 하는 경우 제42조제2항 각 호의 기준에 맞는 추락방호망을 설치하여야 한다. 다만, 추락방호망을 설치하기 곤란한 경우에는 근로자에게 안전대를 착용하도록 하는 등 추락할 위험을 방지하기 위하여 필요한 조치를 하여야 한다.

102 건설재해대책의 사면보호공법 중 식물을 생육시켜 그 뿌리로 사면의 표층토를 고정하여 빗물에 의한 침식, 동상, 이완 등을 방지하고, 녹화에 의한 경관조성을 목적으로 시공하는 것은?

① 식생공　　　　　　　　② 쉴드공
③ 뿜어 붙이기공　　　　　④ 블럭공

건설재해대책의 사면보호공법
- 식생공 : 식물을 생육시켜 그 뿌리로 사면의 표층토를 고정하여 빗물에 의한 침식, 동상, 이완 등을 방지하고, 녹화에 의한 경관조성을 목적으로 시공
- 뿜어 붙이기공 : 모트타르 및 콘크리트를 뿜어서 붙이는 공법으로 비탈면에 용수가 없고 붕괴 우려가 없는 지역, 낙석 예정지역이나 식생이 부적당한 곳에 시공
- 블럭공 : 절토사면을 블럭이나 격자모양 블럭 등으로 덮어 중력에 의한 절토사면 토층의 이동방지와 풍화, 침식작용을 차단하는 시공

103 유해위험방지 계획서를 제출하려고 할 때 그 첨부서류와 가장 거리가 먼 것은?

① 공사개요서　　　　　　② 산업안전보건관리비 작성요령
③ 전체 공정표　　　　　　④ 재해 발생 위험 시 연락 및 대피 방법

유해위험방지계획서 첨부서류(산업안전보건법 시행규칙 별표 10)
- 공사 개요 및 안전보건관리계획
  - 공사 개요서
  - 공사현장의 주변 현황 및 주변과의 관계를 나타내는 도면(매설물 현황을 포함한다)
  - 건설물, 사용 기계설비 등의 배치를 나타내는 도면
  - 전체 공정표
  - 산업안전보건관리비 사용계획서
  - 안전관리 조직표
  - 재해 발생 위험 시 연락 및 대피방법
- 작업 공사 종류별 유해위험방지계획

104 도심지 폭파해체공법에 관한 설명으로 옳지 않은 것은?

① 장기간 발생하는 진동, 소음이 적다.
② 해체 속도가 빠르다.
③ 주위의 구조물에 끼치는 영향이 적다.
④ 많은 분진 발생으로 민원을 발생시킬 우려가 있다.

도심지 폭파해체공법의 경우 폭파해체 시 발생하는 충격파와 순간진동에 의한 주변건물의 파손이나 균열발생 등의 위험이 큰 편이다.

105 흙막이 지보공을 설치하였을 경우 정기적으로 점검하고 이상을 발견하면 즉시 보수하여야 하는 사항과 가장 거리가 먼 것은?

① 부재의 접속부·부착부 및 교차부의 상태
② 버팀대의 긴압(緊壓)의 정도
③ 부재의 손상·변형·부식·변위 및 탈락의 유무와 상태
④ 지표수의 흐름 상태

산업안전보건기준에 관한 규칙 제347조(붕괴 등의 위험 방지) ① 사업주는 흙막이 지보공을 설치하였을 때에는 정기적으로 다음 각 호의 사항을 점검하고 이상을 발견하면 즉시 보수하여야 한다.
1. 부재의 손상·변형·부식·변위 및 탈락의 유무와 상태
2. 버팀대의 긴압(緊壓)의 정도
3. 부재의 접속부·부착부 및 교차부의 상태
4. 침하의 정도
② 사업주는 제1항의 점검 외에 설계도서에 따른 계측을 하고 계측 분석 결과 토압의 증가 등 이상한 점을 발견한 경우에는 즉시 보강조치를 하여야 한다.

106 산업안전보건법령에 따른 양중기의 종류에 해당하지 않는 것은?

① 곤돌라
② 리프트
③ 클램쉘
④ 크레인

산업안전보건기준에 관한 규칙 제132조(양중기) ① 양중기란 다음 각 호의 기계를 말한다.
1. 크레인[호이스트(hoist)를 포함한다]
2. 이동식 크레인
3. 리프트(이삿짐운반용 리프트의 경우에는 적재하중이 0.1톤 이상인 것으로 한정한다)
4. 곤돌라
5. 승강기

107 말비계를 조립하여 사용하는 경우 지주부재와 수평면의 기울기는 얼마 이하로 하여야 하는가?

① 65°
② 70°
③ 75°
④ 80°

산업안전보건기준에 관한 규칙 제67조(말비계) 사업주는 말비계를 조립하여 사용하는 경우에 다음 각 호의 사항을 준수하여야 한다.
1. 지주부재(支柱部材)의 하단에는 미끄럼 방지장치를 하고, 근로자가 양측 끝부분에 올라서서 작업하지 않도록 할 것

2. 지주부재와 수평면의 기울기를 75도 이하로 하고, 지주부재와 지주부재 사이를 고정시키는 보조부재를 설치할 것
3. 말비계의 높이가 2미터를 초과하는 경우에는 작업발판의 폭을 40센티미터 이상으로 할 것

108 NATM공법 터널공사의 경우 록 볼트 작업과 관련된 계측결과에 해당되지 않은 것은?

① 내공변위 측정 결과
② 천단침하 측정 결과
③ 인발시험 결과
④ 진동 측정 결과

록 볼트 작업(터널공사 표준안전 작업지침-NATM공법 제21조)
록 볼트 작업의 표준시공방식으로서 시스템 볼팅을 실시하여야 하며 인발시험, 내공 변위측정, 천단침하측정, 지중변위측정 등의 계측결과로부터 다음의 어느 하나에 해당될 때에는 록 볼트의 추가시공을 하여야 한다.
- 터널벽면의 변형이 록 볼트 길이의 약 6% 이상으로 판단되는 경우
- 록 볼트의 인발시험 결과로부터 충분한 인발내력이 얻어지지 않는 경우
- 록 볼트 길이의 약 반이상으로부터 지반 심부까지의 사이에 축력분포의 최대치가 존재하는 경우
- 소성영역의 확대가 록 볼트 길이를 초과한 것으로 판단되는 경우

109 흙막이 공법을 흙막이 지지방식에 의한 분류와 구조방식에 의한 분류로 나눌 때 다음 중 지지방식에 의한 분류에 해당하는 것은?

① 수평 버팀대식 흙막이 공법
② H-Pile 공법
③ 지하연속벽 공법
④ Top down method 공법

지지방식에 의한 분류
- 자립식 공법 : 줄기초 흙막이, 어미말뚝식 흙막이, 연결재당겨매기식 흙막이
- 버팀대식 공법 : 수평버팀대식, 경사버팀대식, 어스앵커 공법

110 건설현장에 설치하는 사다리식 통로의 설치기준으로 옳지 않은 것은?

① 발판과 벽과의 사이는 15cm 이상의 간격을 유지할 것.
② 발판의 간격은 일정하게 할 것
③ 사다리의 상단은 걸쳐놓은 지점으로부터 60cm 이상 올라가도록 할 것
④ 사다리식 통로의 길이가 10m 이상인 경우에는 3m 이내마다 계단참을 설치할 것

산업안전보건기준에 관한 규칙 제24조(사다리식 통로 등의 구조) ① 사업주는 사다리식 통로 등을 설치하는 경우 다음 각 호의 사항을 준수하여야 한다.
1. 견고한 구조로 할 것
2. 심한 손상·부식 등이 없는 재료를 사용할 것
3. 발판의 간격은 일정하게 할 것
4. 발판과 벽과의 사이는 15센티미터 이상의 간격을 유지할 것
5. 폭은 30센티미터 이상으로 할 것
6. 사다리가 넘어지거나 미끄러지는 것을 방지하기 위한 조치를 할 것
7. 사다리의 상단은 걸쳐놓은 지점으로부터 60센티미터 이상 올라가도록 할 것

8. 사다리식 통로의 길이가 10미터 이상인 경우에는 5미터 이내마다 계단참을 설치할 것
9. 사다리식 통로의 기울기는 75도 이하로 할 것. 다만, 고정식 사다리식 통로의 기울기는 90도 이하로 하고, 그 높이가 7미터 이상인 경우에는 다음 각 목의 구분에 따른 조치를 할 것
   가. 등받이울이 있어도 근로자 이동에 지장이 없는 경우 : 바닥으로부터 높이가 2.5미터 되는 지점부터 등받이울을 설치할 것
   나. 등받이울이 있으면 근로자가 이동이 곤란한 경우 : 한국산업표준에서 정하는 기준에 적합한 개인용 추락 방지 시스템을 설치하고 근로자로 하여금 한국산업표준에서 정하는 기준에 적합한 전신안전대를 사용하도록 할 것
10. 접이식 사다리 기둥은 사용 시 접혀지거나 펼쳐지지 않도록 철물 등을 사용하여 견고하게 조치할 것

111 콘크리트 타설 작업과 관련하여 준수하여야 할 사항으로 가장 거리가 먼 것은?

① 당일의 작업을 시작하기 전에 해당 작업에 관한 거푸집 동바리 등의 변형 변위 및 지반의 침하 유무 등을 점검하고 이상이 있으면 보수할 것
② 콘크리트를 타설하는 경우에는 편심이 발생하지 않도록 골고루 분산하여 타설할 것
③ 진동기의 사용은 많이 할수록 균일한 콘크리트를 얻을 수 있으므로 가급적 많이 사용할 것
④ 설계도서상의 콘크리트 양생기간을 준수하여 거푸집동바리 등을 해체할 것

콘크리트 타설시 진동기 사용
• 진동기의 과도한 사용은 콘크리트의 재료분리 현상과 측압의 증가를 야기하므로 사용상 주의하여야 한다.
• 진동기는 철근 또는 철골에 직접 접촉되지 않도록 하고 뽑을 때에는 천천히 뽑아내어 콘크리트에 구멍이 남지 않도록 한다.
• 막대형 진동기(Rod Type Vibrator)는 수직방향으로 넣고, 넣은 간격은 약 50cm 이하로 한다.
• 거푸집 진동기는 막대형 진동기를 사용할 수 없는 기둥 및 벽체 부분에 사용하고, 표면 진동기는 슬래브와 같이 두께가 얇은 부분의 콘크리트 표면에 직접 사용한다.

112 불도저를 이용한 작업 중 안전조치사항으로 옳지 않은 것은?

① 작업종료와 동시에 삽날을 지면에서 띄우고 주차 제동장치를 건다.
② 모든 조종간은 엔진 시동 전에 중립 위치에 놓는다.
③ 장비의 승차 및 하차 시 뛰어내리거나 오르지 말고 안전하게 잡고 오르내린다.
④ 야간작업 시 자주 장비에서 내려와 장비 주위를 살피며 점검하여야 한다.

작업종료시 삽날을 지면에 접하게 한 상태에서 시동을 정지하여야 한다.

113 건설공사의 산업안전보건관리비 계상시 대상액이 구분되어 있지 않은 공사는 도급계약 또는 자체사업 계획 상의 총 공사금액 중 얼마를 대상액으로 하는가?

① 50% ② 60%
③ 70% ④ 80%

건설업 산업안전보건관리비 계상 및 사용기준 제4조(계상의무 및 기준) ① 발주자가 도급계약 체결을 위한 원가계산에 의한 예정가격을 작성하거나, 자기공사자가 건설공사 사업 계획을 수립할 때에는 다음 각 호에 따라 산정한 금액 이상의

산업안전보건관리비를 계상하여야 한다. 다만, 발주자가 재료를 제공하거나 일부 물품이 완제품의 형태로 제작·납품되는 경우에는 해당 재료비 또는 완제품 가액을 대상액에 포함하여 산출한 산업안전보건관리비와 해당 재료비 또는 완제품 가액을 대상액에서 제외하고 산출한 산업안전보건관리비의 1.2배에 해당하는 값을 비교하여 그 중 작은 값 이상의 금액으로 계상한다.
1. 대상액이 5억 원 미만 또는 50억 원 이상인 경우: 대상액에 별표 1에서 정한 비율을 곱한 금액
2. 대상액이 5억 원 이상 50억 원 미만인 경우: 대상액에 별표 1에서 정한 비율을 곱한 금액에 기초액을 합한 금액
3. 대상액이 명확하지 않은 경우: 제4조제1항의 도급계약 또는 자체사업계획상 책정된 총공사금액의 10분의 7에 해당하는 금액을 대상액으로 하고 제1호 및 제2호에서 정한 기준에 따라 계상

114 비계의 높이가 2m 이상인 작업장소에 설치하는 작업발판의 설치기준으로 옳지 않은 것은?(단, 달비계, 달대비계 및 말비계는 제외)

① 작업발판의 폭은 40 cm 이상으로 한다.
② 작업발판재료는 뒤집히거나 떨어지지 않도록 하나 이상의 지지물에 연결하거나 고정시킨다.
③ 발판재료 간의 틈은 3cm 이하로 한다.
④ 작업발판의 지지물은 하중에 의하여 파괴될 우려가 없는 것을 사용한다.

산업안전보건기준에 관한 규칙 제56조(작업발판의 구조) 사업주는 비계(달비계, 달대비계 및 말비계는 제외한다)의 높이가 2미터 이상인 작업장소에 다음 각 호의 기준에 맞는 작업발판을 설치하여야 한다.
1. 발판재료는 작업할 때의 하중을 견딜 수 있도록 견고한 것으로 할 것
2. 작업발판의 폭은 40센티미터 이상으로 하고, 발판재료 간의 틈은 3센티미터 이하로 할 것. 다만, 외줄비계의 경우에는 고용노동부장관이 별도로 정하는 기준에 따른다.
3. 제2호에도 불구하고 선박 및 보트 건조작업의 경우 선박블록 또는 엔진실 등의 좁은 작업공간에 작업발판을 설치하기 위하여 필요하면 작업발판의 폭을 30센티미터 이상으로 할 수 있고, 걸침비계의 경우 강관기둥 때문에 발판재료 간의 틈을 3센티미터 이하로 유지하기 곤란하면 5센티미터 이하로 할 수 있다. 이 경우 그 틈 사이로 물체 등이 떨어질 우려가 있는 곳에는 출입금지 등의 조치를 하여야 한다.
4. 추락의 위험이 있는 장소에는 안전난간을 설치할 것. 다만, 작업의 성질상 안전난간을 설치하는 것이 곤란한 경우, 작업의 필요상 임시로 안전난간을 해체할 때에 추락방호망을 설치하거나 근로자로 하여금 안전대를 사용하도록 하는 등 추락위험 방지 조치를 한 경우에는 그러하지 아니하다.
5. 작업발판의 지지물은 하중에 의하여 파괴될 우려가 없는 것을 사용할 것
6. 작업발판재료는 뒤집히거나 떨어지지 않도록 둘 이상의 지지물에 연결하거나 고정시킬 것
7. 작업발판을 작업에 따라 이동시킬 경우에는 위험 방지에 필요한 조치를 할 것

115 표준관입시험에 관한 설명으로 옳지 않은 것은?

① N치(N-value)는 지반을 30cm 굴진하는데 필요한 타격횟수를 의미한다.
② N치가 4~10일 경우 모래의 상대밀도는 매우 단단한 편이다.
③ 63.5kg 무게의 추를 76cm 높이에서 자유낙하하여 타격하는 시험이다.
④ 사질지반에 적용하며, 점토지반에서는 편차가 커서 신뢰성이 떨어진다.

표준관입시험
- 사질지반의 상대밀도 등 토질조사시 신뢰성이 높다.
- 63.5kg의 추를 76cm 정도의 높이에서 떨어뜨려 30cm 관입시킬 때의 타격회수(N)를 측정하여 흙의 경·연 정도를 판정한다.

• 사질토의 N값 판정기준

N값	0~4	4~10	10~30	30~50	50 이상
지반상태	매우 묽다	묽다	보통	단단하다	매우 단단

116 거푸집동바리 등을 조립하는 경우에 준수하여야 할 사항으로 옳지 않은 것은?

① 받침목이나 깔판의 사용, 콘크리트 타설, 말뚝박기 등 동바리의 침하를 방지하기 위한 조치를 할 것
② 개구부 상부에 동바리를 설치하는 경우에는 상부하중을 견딜 수 있는 견고한 받침대를 설치할 것
③ U헤드 등의 단판이 없는 동바리의 상단에 멍에 등을 올릴 경우에는 해당 상단에 U헤드 등의 단판을 설치하고, 멍에 등이 전도되거나 이탈되지 않도록 고정시킬 것
④ 거푸집의 형상에 따른 부득이한 경우를 제외하고는 깔판이나 받침목은 3단 이상 끼우지 않도록 할 것

산업안전보건기준에 관한 규칙 제332조(동바리 조립 시의 안전조치) 사업주는 동바리를 조립하는 경우에는 하중의 지지상태를 유지할 수 있도록 다음 각 호의 사항을 준수해야 한다.
1. 받침목이나 깔판의 사용, 콘크리트 타설, 말뚝박기 등 동바리의 침하를 방지하기 위한 조치를 할 것
2. 동바리의 상하 고정 및 미끄러짐 방지 조치를 할 것
3. 상부·하부의 동바리가 동일 수직선상에 위치하도록 하여 깔판·받침목에 고정시킬 것
4. 개구부 상부에 동바리를 설치하는 경우에는 상부하중을 견딜 수 있는 견고한 받침대를 설치할 것
5. U헤드 등의 단판이 없는 동바리의 상단에 멍에 등을 올릴 경우에는 해당 상단에 U헤드 등의 단판을 설치하고, 멍에 등이 전도되거나 이탈되지 않도록 고정시킬 것
6. 동바리의 이음은 같은 품질의 재료를 사용할 것
7. 강재의 접속부 및 교차부는 볼트·클램프 등 전용철물을 사용하여 단단히 연결할 것
8. 거푸집의 형상에 따른 부득이한 경우를 제외하고는 깔판이나 받침목은 2단 이상 끼우지 않도록 할 것
9. 깔판이나 받침목을 이어서 사용하는 경우에는 그 깔판·받침목을 단단히 연결할 것

117 강풍 시 타워크레인의 운전작업을 중지해야 하는 순간풍속기준은?

① 순간풍속이 초당 10m 초과
② 순간풍속이 초당 15m 초과
③ 순간풍속이 초당 20m 초과
④ 순간풍속이 초당 30m 초과

산업안전보건기준에 관한 규칙 제37조(악천후 및 강풍 시 작업 중지) ① 사업주는 비·눈·바람 또는 그 밖의 기상상태의 불안정으로 인하여 근로자가 위험해질 우려가 있는 경우 작업을 중지하여야 한다. 다만, 태풍 등으로 위험이 예상되거나 발생되어 긴급 복구작업을 필요로 하는 경우에는 그러하지 아니하다.
② 사업주는 순간풍속이 초당 10미터를 초과하는 경우 타워크레인의 설치·수리·점검 또는 해체 작업을 중지하여야 하며, 순간풍속이 초당 15미터를 초과하는 경우에는 타워크레인의 운전작업을 중지하여야 한다.

118 화물 취급작업과 관련한 위험 방지를 위해 조치하여야 할 사항으로 옳지 않은 것은?

① 하역작업을 하는 장소에서 작업장 및 통로의 위험한 부분에는 안전하게 작업할 수 있는 조명을 유지할 것
② 하역작업을 하는 장소에서 부두 또는 안벽의 선을 따라 통로를 설치하는 경우에는 폭을 50cm 이상으로 할 것
③ 차량 등에서 화물을 내리는 작업을 하는 경우에 해당 작업에 종사하는 근로자에게 쌓여 있는 화물 중간에서 화물을 빼내도록 하지 말 것
④ 꼬임이 끊어진 섬유로프 등을 화물운반용 또는 고정용으로 사용하지 말 것

산업안전보건기준에 관한 규칙 제390조(하역작업장의 조치기준) 사업주는 부두·안벽 등 하역작업을 하는 장소에 다음 각 호의 조치를 하여야 한다.
1. 작업장 및 통로의 위험한 부분에는 안전하게 작업할 수 있는 조명을 유지할 것
2. 부두 또는 안벽의 선을 따라 통로를 설치하는 경우에는 폭을 90센티미터 이상으로 할 것
3. 육상에서의 통로 및 작업장소로서 다리 또는 선거(船渠) 갑문(閘門)을 넘는 보도(步道) 등의 위험한 부분에는 안전난간 또는 울타리 등을 설치할 것

119 근로자의 추락 등의 위험을 방지하기 위한 안전난간의 설치요건에서 상부난간대를 120cm 이상 지점에 설치하는 경우 중간난간대를 최소 몇 단 이상 균등하게 설치하여야 하는가?

① 2단 ② 3단
③ 4단 ④ 5단

산업안전보건기준에 관한 규칙 제13조(안전난간의 구조 및 설치요건) 사업주는 근로자의 추락 등의 위험을 방지하기 위하여 안전난간을 설치하는 경우 다음 각 호의 기준에 맞는 구조로 설치해야 한다.
1. 상부 난간대, 중간 난간대, 발끝막이판 및 난간기둥으로 구성할 것. 다만, 중간 난간대, 발끝막이판 및 난간기둥은 이와 비슷한 구조와 성능을 가진 것으로 대체할 수 있다.
2. 상부 난간대는 바닥면·발판 또는 경사로의 표면(이하 "바닥면등"이라 한다)으로부터 90센티미터 이상 지점에 설치하고, 상부 난간대를 120센티미터 이하에 설치하는 경우에는 중간 난간대는 상부 난간대와 바닥면등의 중간에 설치해야 하며, 120센티미터 이상 지점에 설치하는 경우에는 중간 난간대를 2단 이상으로 균등하게 설치하고 난간의 상하 간격은 60센티미터 이하가 되도록 할 것. 다만, 난간기둥 간의 간격이 25센티미터 이하인 경우에는 중간 난간대를 설치하지 않을 수 있다.
3. 발끝막이판은 바닥면등으로부터 10센티미터 이상의 높이를 유지할 것. 다만, 물체가 떨어지거나 날아올 위험이 없거나 그 위험을 방지할 수 있는 망을 설치하는 등 필요한 예방 조치를 한 장소는 제외한다.
4. 난간기둥은 상부 난간대와 중간 난간대를 견고하게 떠받칠 수 있도록 적정한 간격을 유지할 것
5. 상부 난간대와 중간 난간대는 난간 길이 전체에 걸쳐 바닥면등과 평행을 유지할 것
6. 난간대는 지름 2.7센티미터 이상의 금속제 파이프나 그 이상의 강도가 있는 재료일 것
7. 안전난간은 구조적으로 가장 취약한 지점에서 가장 취약한 방향으로 작용하는 100킬로그램 이상의 하중에 견딜 수 있는 튼튼한 구조일 것

120 지반 등의 굴착 시 위험을 방지하기 위한 연암 지반 굴착면의 기울기 기준으로 옳은 것은?

① 1 : 0.3 ② 1 : 0.5
③ 1 : 0.8 ④ 1 : 1.0

해설

굴착면의 기울기 기준(산업안전보건기준에 관한 규칙 별표 11)

지반의 종류	굴착면의 기울기
모래	1 : 1.8
연암 및 풍화암	1 : 1.0
경암	1 : 0.5
그 밖의 흙	1 : 1.2

비고
1. 굴착면의 기울기는 굴착면의 높이에 대한 수평거리의 비율을 말한다.
2. 굴착면의 경사가 달라서 기울기를 계산하기가 곤란한 경우에는 해당 굴착면에 대하여 지반의 종류별 굴착면의 기울기에 따라 붕괴의 위험이 증가하지 않도록 위 표의 지반의 종류별 굴착면의 기울기에 맞게 해당 각 부분의 경사를 유지해야 한다.

정답 2020년 09월 27일 최근 기출문제

001 ③	002 ④	003 ②	004 ④	005 ①	006 ④	007 ②	008 ①	009 ②	010 ②
011 ③	012 ②	013 ④	014 ④	015 ③	016 ①	017 ②	018 ③	019 ③	020 ②
021 ③	022 ①	023 ③	024 ④	025 ②	026 ②	027 ②	028 ③	029 ②	030 ②
031 ①	032 ②	033 ③	034 ①	035 ④	036 ③	037 ④	038 ④	039 ②	040 ④
041 ①	042 ③	043 ④	044 ②	045 ③	046 ③	047 ①	048 ①	049 ④	050 ④
051 ②	052 ①	053 ②	054 ④	055 ④	056 ③	057 ②	058 ①	059 ④	060 ②
061 ③	062 ③	063 ④	064 ④	065 ④	066 ①	067 ④	068 ④	069 ③	070 ③
071 ③	072 ①	073 ③	074 ④	075 ②	076 ②	077 ①	078 ③	079 ②	080 ④
081 ①	082 ④	083 ①	084 ④	085 ③	086 ④	087 ①	088 ①	089 ③	090 ③
091 ③	092 ②	093 ④	094 ①	095 ②	096 ③	097 ①	098 ①	099 ②	100 ①
101 ④	102 ①	103 ②	104 ④	105 ①	106 ③	107 ③	108 ④	109 ①	110 ④
111 ③	112 ①	113 ③	114 ②	115 ②	116 ④	117 ②	118 ②	119 ①	120 ④

2021년 03월 07일

최근 기출문제

제 01 과목 | 산업재해 예방 및 안전보건교육

001 산업안전보건법령상 중대재해의 범위에 해당하지 않는 것은?

① 1명의 사망자가 발생한 재해
② 1개월의 요양을 요하는 부상자가 동시에 5명 발생한 재해
③ 3개월의 요양을 요하는 부상자가 동시에 3명 발생한 재해
④ 10명의 직업성 질병자가 동시에 발생한 재해

산업안전보건법 시행규칙 제3조(중대재해의 범위) 법 제2조제2호에서 "고용노동부령으로 정하는 재해"란 다음 각 호의 어느 하나에 해당하는 재해를 말한다.
1. 사망자가 1명 이상 발생한 재해
2. 3개월 이상의 요양이 필요한 부상자가 동시에 2명 이상 발생한 재해
3. 부상자 또는 직업성 질병자가 동시에 10명 이상 발생한 재해

002 Thorndike의 시행착오설에 의한 학습의 원칙이 아닌 것은?

① 연습의 원칙
② 효과의 원칙
③ 동일성의 원칙
④ 준비성의 원칙

시행착오에 있어서의 학습법칙
- 연습의 법칙(Law of Exercise) : 모든 학습과정은 많은 연습과 반복을 통해서 바람직한 행동의 변화를 가져오게 된다는 법칙으로 빈도의 법칙(Law of Frequency)이라고도 함
- 효과의 법칙(Law of Frequency) : 학습의 결과가 학습자에게 쾌감을 주면 줄수록 반응은 강화되고 반대로 고통이나 불쾌감을 주면 약화된다는 법칙으로 결과의 법칙이라고도 함
- 준비성의 법칙(Law of Readiness) : 특정한 학습을 행하는데 필요한 기초적인 능력을 충분히 갖춘 뒤에 학습을 행함으로서 효과적인 학습을 이룩할 수 있다는 법칙

003 재해의 빈도와 상해의 강약도를 혼합하여 집계하는 지표로 옳은 것은?

① 강도율　　　　　　　② 종합재해지수
③ 안전활동율　　　　　④ Safe-T-Score

종합재해지수(도수강도치 : F. S. I)
- 도수강도치(F.S.I) = $\sqrt{도수율(F) \times 강도율(S)}$
- 미국의 경우(F.S.I) = $\sqrt{\dfrac{도수율(F) \times 강도율(S)}{1000}}$

004 집단에서의 인간관계 메커니즘(Mechanism)과 가장 거리가 먼 것은?

① 분열, 강박　　　　　② 모방, 암시
③ 동일화, 일체화　　　④ 커뮤니케이션, 공감

인간관계의 메커니즘(Mechanism)
- 동일화(Identification) : 다른 사람의 행동 양식이나 태도를 투입시키거나, 다른 사람 가운데서 자기와 비슷한 것을 발견하는 것
- 투사(投射, Projection) : 자기 속의 억압된 것을 다른 사람의 것으로 생각하는 것을 투사(또는 투출)라고 함
- 커뮤니케이션(Communication) : 갖가지 행동 양식이나 기호를 매개로 하여 어떤 사람으로부터 다른 사람에게 전달되는 과정
- 모방(Imitation) : 남의 행동이나 판단을 표본으로 하여 그것과 같거나 또는 그것에 가까운 행동 또는 판단을 취하려는 것
- 암시(Suggestion) : 다른 사람으로부터의 판단이나 행동을 무비판적으로 논리적, 사실적 근거 없이 받아들이는 것

005 재해조사의 목적과 가장 거리가 먼 것은?

① 재해예방 자료수집　　　　② 재해관련 책임자 문책
③ 동종 및 유사재해 재발방지　④ 재해발생 원인 및 결함 규명

재해조사의 목적 및 순서
- 재해조사의 목적 : 동종재해 및 유사재해의 재발방지
- 재해조사의 순서 : 현장확인 → 목격자 및 관계자 진술 → 자료수집 → 검증(사고의 실연 검증) → 분석 및 평가 → 재확인

006 무재해 운동의 3원칙에 해당되지 않는 것은?

① 무의 원칙　　　　　② 참가의 원칙
③ 선취의 원칙　　　　④ 대책선정의 원칙

무재해운동의 3원칙
- 무(Zero)의 원칙 : 산재 위험의 잠재요인을 근원적으로 해결하기 위한 원칙
- 선취의 원칙 : 위험요인 행동 전에 예지, 발견
- 참가의 원칙 : 전원(근로자, 회사내 전종업원, 근로자 가족) 참가

007 산업안전보건법령상 보안경 착용을 포함하는 안전보건표지의 종류는?

① 지시표지 ② 안내표지
③ 금지표지 ④ 경고표지

지시표지의 종류

301 보안경 착용	302 방독마스크 착용	303 방진마스크 착용	304 보안면 착용	305 안전모 착용	306 귀마개 착용	307 안전화 착용	308 안전장갑 착용	309 안전복 착용

008 안전보건관리조직의 형태 중 라인-스태프(Line-Staff)형에 관한 설명으로 틀린 것은?

① 조직원 전원을 자율적으로 안전 활동에 참여시킬 수 있다.
② 라인의 관리, 감독자에게도 안전에 관한 책임과 권한이 부여된다.
③ 중규모 사업장(100명 이상~500명 미만)에 적합하다.
④ 안전 활동과 생산업무가 유리될 우려가 없기 때문에 균형을 유지할 수 있어 이상적인 조직형태이다.

라인(Line) 스태프(Staff)의 복잡형(직계 참모조직)

- 라인형과 스태프형의 장점을 취한 절충식 조직 형태로 안전업무를 전문으로 담당하는 스태프 부분을 두고 생산라인의 각층에도 겸임 또는 전임의 안전 담당자를 두어서 안전대책은 스태프 부분에서 기획하고, 이것을 라인을 통하여 실시하도록 한 조직 방식이다.
- 대규모의 사업장(1000명 이상)에 효율적이다.

009 교육훈련기법 중 Off.J.T(Off the Job Training)의 장점이 아닌 것은?

① 업무의 계속성이 유지된다.
② 외부의 전문가를 강사로 활용할 수 있다.
③ 특별교재, 시설을 유효하게 사용할 수 있다.
④ 다수의 대상자에게 조직적 훈련이 가능하다.

OJT와 off JT의 특징

OJT	off JT
• 개개인에게 적합한 지도훈련이 가능 • 직장의 실정에 맞는 실체적 훈련 • 훈련에 필요한 업무의 계속성 • 즉시 업무에 연결되는 관계로 신체와 관련 • 효과가 곧 업무에 나타나며 훈련의 좋고 나쁨에 따라 개선이 용이 • 교육을 통한 훈련 효과에 의해 상호 신뢰이해도가 높아짐	• 다수의 근로자에게 조직적 훈련이 가능 • 훈련에만 전념 • 특별 설비 기구를 이용 • 전문가를 강사로 초청 • 각 직장의 근로자가 많은 지식이나 경험을 교류 • 교육 훈련 목표에 대해서 집단적 노력이 흐트러 질 수도 있음

010 안전교육 중 같은 것을 반복하여 개인의 시행착오에 의해서만 점차 그 사람에게 형성되는 것은?

① 안전기술의 교육
② 안전지식의 교육
③ 안전기능의 교육
④ 안전태도의 교육

안전교육의 3단계
- 제1단계 지식교육 : 강의, 시청각교육을 통한 지식의 전달과 이해
- 제2단계 기능교육 : 시범, 견학, 실습, 현장실습교육을 통한 경험 체득과 이해
- 제3단계 태도교육 : 작업동작지도, 생활지도 등을 통한 안전의 습관화

011 산업안전보건법령상 안전인증대상기계등에 포함되는 기계, 설비, 방호장치에 해당하지 않는 것은?

① 롤러기
② 크레인
③ 동력식 수동대패용 칼날 접촉 방지장치
④ 방폭구조(防爆構造) 전기기계 · 기구 및 부품

안전인증대상기계(산업안전보건법 시행령 제74조)
- 기계 또는 설비 : 프레스, 전단기 및 절곡기(折曲機), 크레인, 리프트, 압력용기, 롤러기, 사출성형기(射出成形機), 고소(高所) 작업대, 곤돌라
- 방호장치 : 프레스 및 전단기 방호장치, 양중기용(揚重機用) 과부하 방지장치, 보일러 압력방출용 안전밸브, 압력용기 압력방출용 안전밸브, 압력용기 압력방출용 파열판, 절연용 방호구 및 활선작업용(活線作業用) 기구, 방폭구조(防爆構造) 전기기계 · 기구 및 부품, 추락 · 낙하 및 붕괴 등의 위험 방지 및 보호에 필요한 가설기자재로서 고용노동부장관이 정하여 고시하는 것, 충돌 · 협착 등의 위험 방지에 필요한 산업용 로봇 방호장치로서 고용노동부장관이 정하여 고시하는 것
- 보호구 : 추락 및 감전 위험방지용 안전모, 안전화, 안전장갑, 방진마스크, 방독마스크, 송기(送氣)마스크, 전동식 호흡보호구, 보호복, 안전대, 차광(遮光) 및 비산물(飛散物) 위험방지용 보안경, 용접용 보안면, 방음용 귀마개 또는 귀덮개

012 재해로 인한 직접비용으로 8000만원의 산재보상비가 지급되었을 때, 하인리히 방식에 따른 총 손실비용은?

① 16000만원
② 24000만원
③ 32000만원
④ 40000만원

하인리히 방식
※ 총재해 cost = 직접비 + 간접비 = 8000 + (4 × 8000) = 40000
- 직접비 : 간접비 = 1 : 4

013 일반적으로 시간의 변화에 따라 야간에 상승하는 생체리듬은?

① 혈압　　② 맥박수
③ 체중　　④ 혈액의 수분

생체리듬과 피로
- 혈액의 수분, 염분량 : 주간은 감소하고 야간에는 증가
- 체온, 혈압, 맥박수 : 주간은 상승하고 야간에는 저하
- 야간에는 소화 분비액 불량, 체중이 감소
- 야간에는 말초운동 기능저하, 피로의 자각증상이 증대
- 신장 : 기상직후가 가장 큼

014 상황성 누발자의 재해 유발원인과 가장 거리가 먼 것은?

① 작업이 어렵기 때문이다.
② 심신에 근심이 있기 때문이다.
③ 기계설비의 결함이 있기 때문이다.
④ 도덕성이 결여되어 있기 때문이다.

상황성 누발자 : 작업의 어려움, 기계설비의 결함, 환경상 주의력의 집중 혼란, 심신의 근심 등 때문에 재해를 누발

015 작업자 적성의 요인이 아닌 것은?

① 지능　　② 인간성
③ 흥미　　④ 연령

적성의 요인(적성의 분류)
- 직업적성(기계적 적성과 사무적 적성), 지능, 흥미, 인간성(personality)
- 연령이나 개인차 등은 적성의 요인이 아님

016 보호구에 관한 설명으로 옳은 것은?

① 유해물질이 발생하는 산소결핍지역에서는 필히 방독마스크를 착용하여야 한다.
② 차광용보안경의 사용구분에 따른 종류에는 자외선용, 적외선용, 복합용, 용접용이 있다.
③ 선반작업과 같이 손에 재해가 많이 발생하는 작업장에서는 장갑 착용을 의무화한다.
④ 귀마개는 처음에는 저음만을 차단하는 제품부터 사용하며, 일정 기간이 지난 후 고음까지 모두 차단할 수 있는 제품을 사용한다.

사용구분에 따른 차광보안경의 종류

종류	사용구분
자외선용	자외선이 발생하는 장소
적외선용	적외선이 발생하는 장소
복합용	자외선 및 적외선이 발생하는 장소
용접용	산소용접작업 등과 같이 자외선, 적외선 및 강렬한 가시광선이 발생하는 장소

017 참가자에게 일정한 역할을 주어 실제적으로 연기를 시켜봄으로써 자기의 역할을 보다 확실히 인식할 수 있도록 체험학습을 시키는 교육방법은?

① Symposium
② Brain Storming
③ Role Playing
④ Fish Bowl Playing

역할연기법(Role Playing) : 참석자에게 어떤 역할을 주어서 실제로 시켜봄으로써 훈련이나 평가에 사용하는 교육기법으로 절충능력이나 협조성을 높여 태도의 변용에도 도움을 줌

018 브레인스토밍 기법에 관한 설명으로 옳은 것은?

① 타인의 의견을 수정하지 않는다.
② 지정된 표현방식에서 벗어나 자유롭게 의견을 제시한다.
③ 참여자에게는 동일한 횟수의 의견제시 기회가 부여된다.
④ 주제와 내용이 다르거나 잘못된 의견은 지적하여 조정한다.

브레인 스토밍(B. S. : Brain Storming)의 4원칙 : 비평금지, 자유분방, 대량발언, 수정발언

019 하인리히의 재해구성비율 "1 : 29 : 300"에서 "29"에 해당되는 사고발생비율은?

① 8.8%   ② 9.8%
③ 10.8% ④ 11.8%

1 : 29 : 300 = 0.3% : 8.8% : 90.9%

020 산업안전보건법령상 사업 내 안전보건교육의 교육시간에 관한 설명으로 옳은 것은?

① 일용근로자의 작업내용 변경 시의 교육은 2시간 이상이다.
② 사무직에 종사하는 근로자의 정기교육은 매반기 6시간 이상이다.
③ 일용근로자 및 근로계약기간이 1주일 이하인 기간제근로자의 작업 내용 변경 시 교육은 4시간 이상이다.
④ 건설 일용근로자의 건설업 기초안전·보건교육 시간은 8시간 이상이다.

근로자 안전보건교육(산업안전보건법 시행규칙 별표 4)

교육과정	교육대상		교육시간
정기교육	사무직 종사 근로자		매반기 6시간 이상
	그 밖의 근로자	판매업무에 직접 종사하는 근로자	매반기 6시간 이상
		판매업무에 직접 종사하는 근로자 외의 근로자	매반기 12시간 이상
채용 시 교육	일용근로자 및 근로계약기간이 1주일 이하인 기간제근로자		1시간 이상
	근로계약기간이 1주일 초과 1개월 이하인 기간제근로자		4시간 이상
	그 밖의 근로자		8시간 이상
작업내용 변경 시 교육	일용근로자 및 근로계약기간이 1주일 이하인 기간제근로자		1시간 이상
	그 밖의 근로자		2시간 이상
특별교육	특별교육 대상 작업(단, 타워크레인을 사용하는 작업시 신호업무를 하는 작업은 제외)에 종사하는 일용근로자 및 근로계약기간이 1주일 이하인 기간제근로자		2시간 이상
	타워크레인을 사용하는 작업시 신호업무를 하는 일용근로자 및 근로계약기간이 1주일 이하인 기간제근로자		8시간 이상
	특별교육 대상 작업에 종사하는 근로자 중 일용근로자 및 근로계약기간이 1주일 이하인 기간제근로자를 제외한 근로자		-16시간 이상(최초 작업에 종사하기 전 4시간 이상 실시하고 12시간은 3개월 이내에서 분할하여 실시 가능) -단기간 작업 또는 간헐적 작업인 경우에는 2시간 이상
건설업 기초 안전·보건교육	건설 일용근로자		4시간 이상

제 02 과목 인간공학 및 위험성 평가 · 관리

021 자동차를 생산하는 공장의 어떤 근로자가 95dB(A)의 소음수준에서 하루 8시간 작업하며 매 시간 조용한 휴게실에서 20분씩 휴식을 취한다고 가정하였을 때, 8시간 시간가중평균(TWA)은? (단, 소음은 누적소음 노출량측정기로 측정하였으며, OSHA에서 정한 95dB(A)의 허용시간은 4시간이라 가정한다.)

① 약 91dB(A) ② 약 92dB(A)
③ 약 93dB(A) ④ 약 94dB(A)

$$D = \frac{\text{가동시간}}{\text{기준시간}} = \frac{8 \times (60-20)}{60} \times \frac{1}{4} = 133\%$$

$$TWA = 16.61 \times \log\left(\frac{D}{100}\right) + 90 = 16.61 \times \log\left(\frac{133}{100}\right) + 90 = 92.057$$

022 정신작업 부하를 측정하는 척도를 크게 4가지로 분류할 때 심박수의 변동, 뇌 전위, 동공 반응 등 정보처리에 중추신경계 활동이 관여하고 그 활동이나 징후를 측정하는 것은?

① 주관적(subjective) 척도 ② 생리적(physiological) 척도
③ 주 임무(primary task) 척도 ④ 부 임무(secondary task) 척도

정신적 작업부하의 척도
- 주 임무(제1직무) 척도 : 작업 수행 시간 측정
- 부 임무(제2직무) 척도 : 주 임무에 사용하지 않는 예비 용량을 측정
- 생리적 척도 : 중추신경계 활동 측정(심박수, 뇌전위, 동공반응, 호흡속도 등)
- 주관적 척도 : 정신적 부하를 종합하여 주관적으로 판단하는 척도

023 Chapanis가 정의한 위험의 확률수준과 그에 따른 위험발생률로 옳은 것은?

① 전혀 발생하지 않는(impossible) 발생빈도 : 10^{-8}/day
② 극히 발생할 것 같지 않는(extremely unlikely) 발생빈도 : 10^{-7}/day
③ 거의 발생하지 않은(remote) 발생빈도 : 10^{-6}/day
④ 가끔 발생하는(occasional) 발생빈도 : 10^{-5}/day

Chapanis의 위험발생률 분석

확률 수준	발생 빈도(frequency of occurrence)
극히 발생하지 않는(impossible)	$> 10^{-8}$/day
매우 가능성이 없는(extremely unlikely)	$> 10^{-6}$/day
거의 발생하지 않는(remote)	$> 10^{-5}$/day
가끔 발생하는(occasional)	$> 10^{-4}$/day

| 가능성이 있는(reasonably probable) | > 10⁻³/day |
| 자주 발생하는(frequent) | > 10⁻²/day |

 024 인간의 위치 동작에 있어 눈으로 보지 않고 손을 수평면상에서 움직이는 경우 짧은 거리는 지나치고, 긴 거리는 못 미치는 경향이 있는데 이를 무엇이라고 하는가?

① 사정 효과(range effect) ② 반응 효과(reaction effect)
③ 간격 효과(distance effect) ④ 손동작 효과(hand action effect)

해설
사정 효과(Range effect) : 눈으로 보지 않고 손을 수평면상에서 움직이는 경우 짧은 거리는 지나치고 긴 거리는 못 미치는 경향을 말하며 조작자가 작은 오차에는 과잉반응, 큰 오차에는 과소반응을 하는 것이다.

025 불(Boole) 대수의 정리를 나타낸 관계식으로 틀린 것은?

① $A \cdot A = A$ ② $A + \overline{A} = 0$
③ $A + AB = A$ ④ $A + A = A$

해설
$A + \overline{A} = 1$

 026 그림과 같은 FT도에서 정상사상 T의 발생 확률은?(단, X₁, X₂, X₃의 발생 확률은 각각 0.1, 0.15, 0.1이다.)

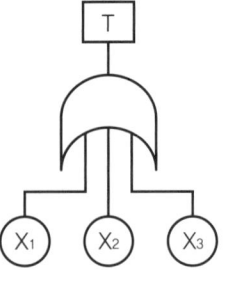

① 0.3115
② 0.35
③ 0.496
④ 0.9985

해설
1 − (1 − 0.1) × (1 − 0.15) × (1 − 0.1) = 0.3115

027 서브시스템, 구성요소, 기능 등의 잠재적 고장형태에 따른 시스템의 위험을 파악하는 위험 분석 기법으로 옳은 것은?

① ETA(Event Tree Analysis)
② HEA(Human Error Analysis)

③ PHA(Preliminary Hazard Analysis)
④ FMEA(Failure Mode and Effect Analysis)

해설

고장형태와 영향분석(FMEA, Failure Modes and Effects Analysis)
- FMEA : 시스템 안전분석에 이용되는 전형적인 정성적, 귀납적 분석방법으로 시스템에 영향을 미치는 전체 요소의 고장을 형별로 분석하여 그 영향을 검토하는 것
- FMEA의 장점 및 단점
  - 장점 : 서식이 간단하고 비교적 적은 노력으로 특별한 훈련 없이 분석할 수 있음
  - 단점 : 논리성이 부족하고 특히 각 요소간의 영향을 분석하기 어렵기 때문에 동시에 두 가지 이상의 요소가 고장날 경우 분석이 곤란하며 요소가 물체로 한정되어 있기 때문에 인적원인을 분석하는 것은 곤란

028 불필요한 작업을 수행함으로써 발생하는 오류로 옳은 것은?

① Command error
② Extraneous error
③ Secondary error
④ Commission error

해설

Swain의 휴먼 에러(Human Error)
- 생략적 과오(omission error) : 필요한 작업 또는 절차를 수행하지 않는데 기인한 과오
- 시간적 과오(time error) : 필요한 작업 또는 절차의 수행지연으로 인한 과오
- 수행적 과오(commission error) : 필요한 작업 또는 절차의 잘못된 수행으로 인한 과오
- 순서적 과오(sequential error) : 필요한 작업 또는 절차의 순서 착오로 인한 과오
- 불필요한 과오(extraneous error) : 불필요한 작업 또는 절차를 수행함으로써 기인한 과오

029 작업공간의 배치에 있어 구성요소 배치의 원칙에 해당하지 않는 것은?

① 기능성의 원칙
② 사용빈도의 원칙
③ 사용순서의 원칙
④ 사용방법의 원칙

해설

배치의 원칙
- 중요성의 원칙
- 사용빈도의 원칙
- 기능별 배치의 원칙
- 사용순서의 원칙

030 인간이 기계보다 우수한 기능이라 할 수 있는 것은?(단, 인공지능은 제외한다.)

① 일반화 및 귀납적 추리
② 신뢰성 있는 반복 작업
③ 신속하고 일관성 있는 반응
④ 대량의 암호화된 정보의 신속한 보관

031 다음 시스템의 신뢰도 값은?

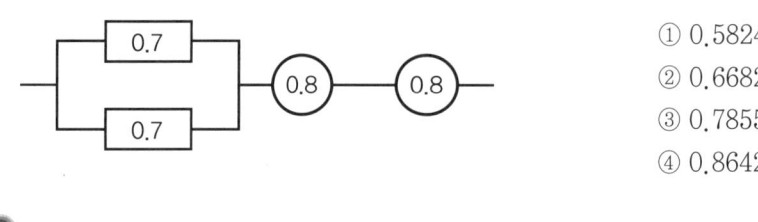

① 0.5824
② 0.6682
③ 0.7855
④ 0.8642

해설
Rs = {1−(1−0.7)(1−0.7)} × 0.8 × 0.8 = 0.5824

032 인체측정 자료를 장비, 설비 등의 설계에 적용하기 위한 응용원칙에 해당하지 않는 것은?

① 조절식 설계
② 극단치를 이용한 설계
③ 구조적 치수 기준의 설계
④ 평균치를 기준으로 한 설계

해설
인체계측자료의 응용원칙
- 최대치수와 최소치수 : 최대치수 또는 최소치수를 기준으로 하여 설계
- 조절범위(조절식) : 체격이 다른 여러 사람에 맞도록 만드는 것(5 ~ 95%tile)
- 평균치를 기준으로 한 설계 : 최대치수나 최소치수, 조절식으로 하기가 곤란할 때 평균치를 기준으로 하여 설계

033 시각적 표시장치보다 청각적 표시장치를 사용하는 것이 더 유리한 경우는?

① 정보의 내용이 복잡하고 긴 경우
② 정보가 공간적인 위치를 다룬 경우
③ 직무상 수신자가 한 곳에 머무르는 경우
④ 수신 장소가 너무 밝거나 암순응이 요구될 경우

해설
청각장치와 시각장치의 선택(특정 감각의 선택)

구분	청각장치 사용	시각장치 사용
전언	• 전언이 간단하고 짧다.	• 전언이 복잡하고 길다.
재참조	• 전언이 후에 재참조 되지 않는다.	• 전언이 후에 재참조 된다.
사상(Eevent)	• 전언이 즉각적인 사상을 이룬다.	• 전언이 공간적인 위치를 다룬다.
행동 요구	• 전언이 즉각적인 행동을 요구한다.	• 전언이 즉각적인 행동을 요구하지 않는다.
사용시기	• 수신자의 시각계통이 과부하 상태일 때 • 수신 장소가 너무 밝거나 암조응 유지가 필요할 때 • 직무상 수신자가 자주 움직이는 경우	• 수신자가 청각계통이 과부하 상태일 때 • 수신 장소가 너무 시끄러울 때 • 직무상 수신자가 한곳에 머무르는 경우

034 시스템의 수명 및 신뢰성에 관한 설명으로 틀린 것은?

① 병렬설계 및 디레이팅 기술로 시스템의 신뢰성을 증가시킬 수 있다.
② 직렬시스템에서는 부품들 중 최소 수명을 갖는 부품에 의해 시스템 수명이 정해진다
③ 수리가 가능한 시스템의 평균수명(MTBF)은 평균 고장률(λ)과 정비례 관계가 성립한다.
④ 수리가 불가능한 구성요소로 병렬구조를 갖는 설비는 중복도가 늘어날수록 시스템 수명이 길어진다.

평균수명(MTBF) = $\dfrac{1}{\lambda}$
따라서, 평균수명(MTBF)은 평균고장률(λ)과 반비례 관계에 있다.

035 컷셋(Cut Sets)과 최소 패스셋(Minimal Path Sets)의 정의로 옳은 것은?

① 컷셋은 시스템 고장을 유발시키는 필요 최소한의 고장들의 집합이며, 최소 패스셋은 시스템의 신뢰성을 표시한다.
② 컷셋은 시스템 고장을 유발시키는 기본고장들의 집합이며, 최소 패스셋은 시스템의 불신뢰도를 표시한다.
③ 컷셋은 그 속에 포함되어 있는 모든 기본사상이 일어났을 때 정상사상을 일으키는 기본사상의 집합이며, 최소 패스셋은 시스템의 신뢰성을 표시한다.
④ 컷셋은 그 속에 포함되어 있는 모든 기본사상이 일어났을 때 정상사상을 일으키는 기본사상의 집합이며, 최소 패스셋은 시스템의 성공을 유발하는 기본사상의 집합이다.

컷과 패스
- 컷셋(cut sets) : 그 속에 포함되어 있는 모든 기본사상(통상, 생략, 결함사상을 포함)이 일어났을 때 정상사상(top event)을 일으키는 기본사상의 집합
- 최소 컷셋(minimal cut sets) : 컷셋 중 그 부분집합만으로는 정상사상을 일으키는 일이 없는 것, 즉 정상사상(top event)을 일으키기 위한 최소한의 컷셋으로 어떤 고장이나 에러를 일으키면 재해가 일어나는가 하는 것 즉, 시스템의 위험성(역으로는 안전성)을 나타내는 것
- 패스셋(path sets) : 시스템이 고장 나지 않도록 하는 사상의 조합
- 최소 패스셋(minimal path sets) : 시스템이 고장 나지 않도록 하는 최소한의 패스셋으로 어떤 고장이나 패스를 일으키지 않으면 재해는 일어나지 않는다는 것 즉, 시스템의 신뢰성을 나타내는 것

036 동작경제의 원칙에 해당하지 않는 것은?

① 공구의 기능을 각각 분리하여 사용하도록 한다.
② 두 팔의 동작은 동시에 서로 반대방향으로 대칭적으로 움직이도록 한다.
③ 공구나 재료는 작업동작이 원활하게 수행되도록 그 위치를 정해준다.
④ 가능하다면 쉽고도 자연스러운 리듬이 작업동작에 생기도록 작업을 배치한다.

공구의 기능을 결합하여 사용하도록 한다.

037 화학설비에 대한 안전성 평가 중 정성적 평가방법의 주요 진단 항목으로 볼 수 없는 것은?

① 건조물
② 취급물질
③ 입지 조건
④ 공장 내 배치

정성적 평가의 주요 진단항목

1. 설계관계	항목수	2. 운전관계	항목수
입지조건	5	원재료, 중간체 제품	7
공장내 배치	9	공정	7
건조물	8	수송, 저장 등	9
소방설비	5	공정기기	11

038 산업안전보건법령상 해당 사업주가 유해위험방지계획서를 작성하여 제출해야하는 대상은?

① 시·도지사
② 관할 구청장
③ 고용노동부장관
④ 행정안전부장관

산업안전보건법 제42조(유해위험방지계획서의 작성·제출 등) ① 사업주는 다음 각 호의 어느 하나에 해당하는 경우에는 이 법 또는 이 법에 따른 명령에서 정하는 유해·위험 방지에 관한 사항을 적은 계획서(이하 "유해위험방지계획서"라 한다)를 작성하여 고용노동부령으로 정하는 바에 따라 고용노동부장관에게 제출하고 심사를 받아야 한다. 다만, 제3호에 해당하는 사업주 중 산업재해발생률 등을 고려하여 고용노동부령으로 정하는 기준에 해당하는 사업주는 유해위험방지계획서를 스스로 심사하고, 그 심사결과서를 작성하여 고용노동부장관에게 제출하여야 한다.

039 작업면상의 필요한 장소만 높은 조도를 취하는 조명은?

① 완화조명
② 전반조명
③ 투명조명
④ 국소조명

조명 방식

- 전반 조명 : 광원이 일정한 높이와 간격으로 배치되며 실내 전체를 균등하게 조명하는 것으로 사무실 학교 공장 등에 사용된다
- 국부 조명 : 작업이나 생활을 위해 필요한 범위를 높은 조도로 조명하는 방식으로 특정장소에 조명기구를 밀집해서 가설하거나 스탠드등을 사용되나 밝고 어두움의 차이가 커서 눈이 피로하기 쉽다
- 전반 국부 병용 조명 : 전반조명하에 특정한 장소를 국부조명하는 방식으로 정밀한 작업을 요하는 수술실 정밀공장 등에 사용된다
- 전반 확산 조명 : 광원을 글로브에 넣은 조명방식으로 공장 사무실 교실 등에 사용된다
- 직접 조명 : 광원의 직접광이 90% 이상 작업면을 비추는 방식으로 작은 전력으로 높은 조도를 얻을 수 있으나 밝고 어두움이 심해 눈이 쉽게 피로하다
- 간접 조명 : 광원빛이 위로 향하게 하고 천장과 벽의 반사광에 의해 작업면을 조명하는 방식으로 그늘이 적고 차분한 조도를 얻을 수 있으나 조명률이 나쁘고 비경제적이다
- 반간접 조명 : 직접조명과 간접조명을 혼합한 조명 중 간접성이 강한 조명방식이며 직접조명과 간접조명의 장단점을 보완한 것으로 반투명형 접시형 기구를 이용한다

040 다음 현상을 설명한 이론은?

> 인간이 감지할 수 있는 외부의 물리적 자극 변화의 최소범위는 표준 자극의 크기에 비례한다.

① 피츠(Fitts) 법칙 ② 웨버(Weber) 법칙
③ 신호검출이론(SDT) ④ 힉-하이만(Hick-Hyman) 법칙

- 웨버(Weber)비 = $\dfrac{\text{변화감지역}}{\text{표준자극}}$

제 03 과목   기계 · 기구 및 설비 안전관리

041 비파괴 검사 방법으로 틀린 것은?

① 인장 시험 ② 음향 탐상 시험
③ 와류 탐상 시험 ④ 초음파 탐상 시험

비파괴검사의 종류 : 육안검사(VT : Visual Testing), 누설검사(LT : Leak Testing), 침투검사(PT : Liquid Penetrant Testing), 초음파검사(UT : Ultrasonic Testing), 자기탐상검사(MT : Magnetic Particle Testing), 음향검사(AET : Acoustic Emission Testing), 방사선검사 (RT : Radiographic Testing)

042 기계설비의 위험점 중 연삭숫돌과 작업받침대, 교반기의 날개와 하우스 등 고정부분과 회전하는 동작 부분 사이에서 형성되는 위험점은?

① 끼임점 ② 물림점
③ 협착점 ④ 절단점

위험점의 분류

구분	내용
협착점	왕복 운동하는 동작부분과 움직임이 없는 고정부분 사이에 형성되는 위험점
끼임점	고정부분과 회전하는 동작부분 사이에서 형성되는 위험점
절단점	회전하는 운동부분 자체의 위험에서 초래되는 위험점
물림점	반대로 회전하는 두 개의 회전체가 맞닿는 사이에서 발생하는 위험점
접선물림점	회전하는 부분의 접선방향으로 물려 들어갈 위험이 존재하는 위험점
회전말림점	회전하는 물체에 작업복 등이 말려드는 위험이 존재하는 위험점

043 다음 중 금형을 설치 및 조정할 때 안전수칙으로 가장 적절하지 않은 것은?

① 금형을 체결할 때에는 적합한 공구를 사용한다.
② 금형의 설치 및 조정은 전원을 끄고 실시한다.
③ 금형을 부착하기 전에 하사점을 확인하고 설치한다.
④ 금형을 체결할 때에는 안전블럭을 잠시 제거하고 실시한다.

산업안전보건기준에 관한 규칙 제104조(금형조정작업의 위험 방지) 사업주는 프레스등의 금형을 부착·해체 또는 조정하는 작업을 할 때에 해당 작업에 종사하는 근로자의 신체가 위험한계 내에 있는 경우 슬라이드가 갑자기 작동함으로써 근로자에게 발생할 우려가 있는 위험을 방지하기 위하여 안전블록을 사용하는 등 필요한 조치를 하여야 한다.

044 선반 작업에 대한 안전수칙으로 가장 적절하지 않은 것은?

① 선반의 바이트는 끝을 짧게 장치한다.
② 작업 중에는 면장갑을 착용하지 않도록 한다.
③ 작업이 끝난 후 절삭 칩의 제거는 반드시 브러시 등의 도구를 사용한다.
④ 작업 중 일감의 치수 측정 시 기계 운전 상태를 저속으로 하고 측정한다.

선반 작업의 안전
• 작업복의 소매 자락이 회전 공작물에 말려들지 않도록 복장을 단정하게 한다.
• 선반의 베드 위나 공구대 위에 직접 측정기나 공구를 올려놓지 않는다.
• 회전 중인 가공물에 손을 대지 말아야 하며, 치수 측정 시는 기계를 정지시킨 후 측정한다.
• 칩이 발산될 때는 보안경을 쓰고, 맨손으로 칩을 만지지 말고 갈고리를 사용한다.
• 기어를 변속할 때, 공구를 교환할 때와 제거할 때는 기계를 정지시킨 후 작업한다.
• 내경작업 중에 손가락을 구멍 속에 넣어 청소를 하거나 점검하려고 하면 안 된다.
• 양 센터 작업에는 공작물의 크기에 알맞은 돌리개를 사용하고, 공작물의 길이가 직경의 12배 이상인 가늘고 긴 공작물을 가공할 때는 방진구를 사용한다.
• 선반 가동 전에 척핸들(Chuck Handle)을 빼었는지 확인하고 기계의 윤활 부분을 점검한다.
• 선반의 운전 중 이송 작동을 시켜놓고 자리를 이탈하지 않도록 한다.
• 긴 공작물이 기계 밖으로 돌출 되었을 때 빨간 천을 부착하여 위험을 표시한다.
• 센터 작업 중에는 일감이 센터에서 빠져 나오지 않도록 주의를 한다.
• 작업 중 공작물 고정 나사 및 조가 풀어질 우려에 대비하여 수시로 확인을 한다.

045 프레스의 손쳐내기식 방호장치 설치기준으로 틀린 것은?

① 방호판의 폭이 금형 폭의 1/2 이상이어야 한다.
② 슬라이드 행정수가 300 SPM 이상의 것에 사용한다.
③ 손쳐내기봉의 행정(Stroke) 길이를 금형의 높이에 따라 조정할 수 있고 진동폭은 금형폭 이상이어야 한다.
④ 슬라이드 하행정거리의 3/4 위치에서 손을 완전히 밀어내야 한다.

해설

손쳐내기식 방호장치의 일반구조
- 슬라이드 하행정거리의 3/4 위치에서 손을 완전히 밀어내야 한다.
- 손쳐내기봉의 행정(Stroke) 길이를 금형의 높이에 따라 조정할 수 있고 진동폭은 금형폭 이상이어야 한다.
- 방호판과 손쳐내기봉은 경량이면서 충분한 강도를 가져야 한다.
- 방호판의 폭은 금형폭의 1/2 이상이어야 하고, 행정길이가 300mm 이상의 프레스기계에는 방호판 폭을 300mm로 해야 한다.
- 손쳐내기봉은 손 접촉 시 충격을 완화할 수 있는 완충재를 부착해야 한다.
- 부착볼트 등의 고정금속부분은 예리하게 돌출되지 않아야 한다.
  ※ 손쳐내기식 방호장치는 행정길이가 짧거나 매분당 행정수(SPM)가 클 경우 사용이 곤란하다.

046 산업안전보건법령상 정상적으로 작동될 수 있도록 미리 조정해 두어야할 이동식 크레인의 방호장치로 가장 적절하지 않은 것은?

① 제동장치
② 권과방지장치
③ 과부하방지장치
④ 파이널 리미트 스위치

해설

사업주는 양중기(크레인, 이동식 크레인, 리프트, 곤돌라, 승강기)에 과부하방지장치, 권과방지장치(捲過防止裝置), 비상정지장치 및 제동장치, 그 밖의 방호장치[(승강기의 파이널 리미트 스위치(final limit switch), 속도조절기, 출입문 인터록(inter lock) 등을 말한다]가 정상적으로 작동될 수 있도록 미리 조정해 두어야 한다.(산업안전보건기준에 관한 규칙 제134조)

047 산업안전보건법령상 고속회전체의 회전시험을 하는 경우 미리 회전축의 재질 및 형상 등에 상응하는 종류의 비파괴검사를 해서 결함 유무를 확인해야 한다. 이때 검사 대상이 되는 고속회전체의 기준은?

① 회전축의 중량이 0.5톤을 초과하고, 원주속도가 100m/s 이내인 것
② 회전축의 중량이 0.5톤을 초과하고, 원주속도가 120m/s 이상인 것
③ 회전축의 중량이 1톤을 초과하고, 원주속도가 100m/s 이내인 것
④ 회전축의 중량이 1톤을 초과하고, 원주속도가 120m/s 이상인 것

해설

산업안전보건기준에 관한 규칙 제115조(비파괴검사의 실시) 사업주는 고속회전체(회전축의 중량이 1톤을 초과하고 원주속도가 초당 120미터 이상인 것으로 한정한다)의 회전시험을 하는 경우 미리 회전축의 재질 및 형상 등에 상응하는 종류의 비파괴검사를 해서 결함 유무(有無)를 확인하여야 한다.

048 보일러 부하의 급변, 수위의 과상승 등에 의해 수분이 증기와 분리되지 않아 보일러 수면이 심하게 솟아올라 올바른 수위를 판단하지 못하는 현상은?

① 프라이밍
② 모세관
③ 워터해머
④ 역화

해설

프라이밍(Priming) : 드럼 내의 부착품에 기계적 결함으로 보일러수가 극심하게 끓어서 수면에서 끊임없이 격심한 물방울이 비산하고 증기부가 물방울로 충만하여 수위가 불안정하게 되는 현상

049 다음 중 절삭가공으로 틀린 것은?

① 선반 ② 밀링
③ 프레스 ④ 보링

해설
프레스 가공 : 소재를 금형이라는 틀을 이용하여 압력에 의해 가공하는 방식

050 500rpm으로 회전하는 연삭숫돌의 지름이 300mm일 때 회전속도(m/min)는?

① 471 ② 551
③ 751 ④ 1025

해설
$V = \dfrac{N l \pi}{1000} = \dfrac{500 \times 300 \times 3.14}{1000} = 471$

051 산업안전보건법령상 금속의 용접, 용단에 사용하는 가스 용기를 취급할 때 유의사항으로 틀린 것은?

① 밸브의 개폐는 서서히 할 것
② 운반하는 경우에는 캡을 벗길 것
③ 용기의 온도는 40℃ 이하로 유지할 것
④ 통풍이나 환기가 불충분한 장소에는 설치하지 말 것

해설
가스 용기등의 취급시 주의사항
- 금지장소에서 사용하거나 설치·저장 또는 방치하지 않도록 할 것
- 용기의 온도를 섭씨 40℃ 이하로 유지할 것
- 전도의 위험이 없도록 할 것
- 충격을 가하지 아니하도록 할 것
- 운반할 때에는 캡을 씌울 것
- 사용할 때에는 용기의 마개에 부착되어 있는 유류 및 먼지를 제거할 것
- 밸브의 개폐는 서서히 할 것
- 사용전 또는 사용중인 용기와 그 외의 용기를 명확히 구별해 보관할 것
- 용해아세틸렌의 용기는 세워둘 것
- 용기의 부식·마모 또는 변형상태를 점검한 후 사용할 것

052 크레인 로프에 질량 2000kg의 물건을 10m/s²의 가속도로 감아올릴 때, 로프에 걸리는 총 하중(kN)은?(단, 중력가속도는 9.8m/s²)

① 9.6 ② 19.6
③ 29.6 ④ 39.6

해설
$2000 + (2000/9.8) \times 10 = 4040.816\,\text{kg}$
∴ $4040.816 \times 9.8 = 39599\,\text{N} \approx 39.6\,\text{kN}$

053 산업안전보건법령상 숫돌 지름이 60cm인 경우 숫돌 고정 장치인 평형 플랜지와 지름은 최소 몇 cm 이상 인가?

① 10
② 20
③ 30
④ 60

플랜지의 지름 = 숫돌차의 바깥지름 × $\dfrac{1}{3}$ = 20

054 산업안전보건법령상 롤러기의 방호장치 설치 시 유의해야 할 사항으로 가장 적절하지 않은 것은?

① 손으로 조작하는 급정지장치의 조작부는 롤러기의 전면 및 후면에 각각 1개씩 수평으로 설치하여야 한다.
② 앞면 롤러의 표면속도가 30m/min 미만인 경우 급정지 거리는 앞면 롤러 원주의 1/2.5 이하로 한다.
③ 급정지장치의 조작부에 사용하는 줄은 사용 중 늘어져서는 안 된다.
④ 급정지장치의 조작부에 사용하는 줄은 충분한 인장강도를 가져야 한다.

앞면 롤러의 표면속도에 따른 급정지거리 (방호장치 자율안전기준 고시 별표 3)

앞면 롤러의 표면 속도(m/min)	급정지 거리
30 이하	앞면 롤러 원주의 1/3
30 이상	앞면 롤러 원주의 1/2.5

055 산업안전보건법령상 컨베이어에 설치하는 방호장치로 거리가 가장 먼 것은?

① 건널다리
② 반발예방장치
③ 비상정지장치
④ 역주행방지장치

목재 가공용 둥근톱(금속 가공용 둥근톱의 경우 : 날접촉 예방장치만 해당)의 방호장치 : 날접촉 예방장치, 반발예방장치

056 자동화 설비를 사용하고자 할 때 기능의 안전화를 위하여 검토할 사항으로 거리가 가장 먼 것은?

① 재료 및 가공 결함에 의한 오동작
② 사용압력 변동 시의 오동작
③ 전압강하 및 정전에 따른 오동작
④ 단락 또는 스위치 고장 시의 오동작

기능의 안전화 : 전압강하 및 정전시 오동작 방지, 사용압력 변동시 오동작 방지, 밸브 고장시 오동작 방지, 단락 스위치 고장시 오동작방지

057 프레스 작동 후 작업점까지의 도달시간이 0.3초인 경우 위험한계로부터 양수조작식 방호장치의 최단 설치거리는?

① 48cm 이상
② 58cm 이상
③ 68cm 이상
④ 78cm 이상

양수조작식
- 반드시 두 손을 사용하여 동시에 조작하여야만 작동하는 구조일 것
- 조작부(버튼 또는 레버)의 간격을 300mm 이상으로 할 것
- 조작부는 작동 직후 손이 위험 구역에 들어가지 못하도록 다음에 정하는 거리 이상에 설치 할 것
  ※ 거리[cm] = 160×프레스기 작동 후 작업점까지 도달시간(초)

058 휴대형 연삭기 사용 시 안전사항에 대한 설명으로 가장 적절하지 않은 것은?

① 잘 안 맞는 장갑이나 옷은 착용하지 말 것
② 긴 머리는 묶고 모자를 착용하고 작업할 것
③ 연삭숫돌을 설치하거나 교체하기 전에 전선과 압축공기 호스를 설치할 것
④ 연삭작업 시 클램핑 장치를 사용하여 공작물을 확실히 고정할 것

휴대형 연삭기 사용시 안전사항
- 잘 안맞는 장갑이나 옷 착용 금지
- 긴 머리는 묶고 모자를 쓸 것
- 연삭작업이 끝나면 즉시 전원을 끌 것
- 연삭숫돌을 설치하거나 교체하기 전에 전선이나 압축공기 호스는 뽑아 놓을 것
- 연삭숫돌 지름이 50mm 이상이면 연삭기에 가드(덮개)가 설치되어있는지 확인할 것
- 연삭 시 두 손으로 꼭 잡고 작업할 것
- 락-온(lock-on) 스위치가 없는 연삭기를 선택할 것
- 연삭기를 내려놓을 때 숫돌이 더 이상 회전하지 않는지 확인할 것
- 공작물을 손으로 잡고 연삭하기 위하여 연삭기를 바이스로 고정하지 말 것

059 산업안전보건법령상 보일러에 설치해야하는 안전장치로 거리가 가장 먼 것은?

① 해지장치
② 압력방출장치
③ 압력제한스위치
④ 고·저수위조절장치

보일러 방호장치(산업안전보건기준에 관한 규칙 제2편 제1장 제7절)
- 압력 방출 장치 : 1개 또는 2개 이상 설치하고 최고 사용 압력 이하에서 작동되도록 한다. 단, 2개 이상 설치된 경우에는 최고 사용 압력 이하에서 1개가 작동하고, 다른 1개는 최고 사용 압력 1.05배 이하에서 작동되도록 하며 스프링식이 가장 많이 사용된다.
- 압력 제한 스위치 : 과열을 방지하기 위하여 최고 사용 압력과 사용 압력 사이에서 보일러의 버너 연소를 차단한다.
- 고저수위 조절 장치 : 고저수위를 알리는 경보등·경보음 장치 등을 설치하며, 자동으로 급수 또는 단수되도록 설치한다.
- 화염 검출기

060 지게차의 방호장치에 해당하는 것은?

① 버킷
② 포크
③ 마스트
④ 헤드가드

지게차 헤드가드의 구비조건(산업안전보건기준에 관한 규칙 제180조)
- 강도는 지게차의 최대하중의 2배 값(4톤을 넘는 값에 대해서는 4톤으로 한다)의 등분포정하중(等分布靜荷重)에 견딜 수 있을 것
- 상부틀의 각 개구의 폭 또는 길이가 16cm 미만일 것
- 운전자가 앉아서 조작하거나 서서 조작하는 지게차의 헤드가드는 산업표준화법 제12조에 따른 한국산업표준에서 정하는 높이 기준 이상일 것
  - 앉아서 조작하는 경우 조종사가 정상적인 작동 상태에 있을 때 좌석기준점(SIP)으로부터 조종사의 머리가 위치한 헤드가드 아래 부분의 밑면까지의 수직간격은 0.903m 이상이어야 한다.
  - 서서 조작하는 경우 조종사가 정상적인 작동 상태에 있을 때 조종사가 서 있는 플랫폼에서부터 조종사의 머리가 위치한 헤드가드 아래 부분의 밑면까지의 수직 간격은 1.88m 이상이어야 한다.

제 04 과목　전기설비 안전관리

061 전기설비에 접지를 하는 목적으로 틀린 것은?

① 누설전류에 의한 감전방지
② 낙뢰에 의한 피해방지
③ 지락사고 시 대지전위 상승유도 및 절연강도 증가
④ 지락사고 시 보호계전기 신속동작

접지의 목적은 설비 기기를 대지와 전기적으로 접속하여 지락사고 발생 시 전위상승으로 인한 장해를 없애고, 위험전압으로 상승된 전위를 저감시켜 인체 감전위험을 방지하기 위함이다

062 전로에 시설하는 기계기구의 철대 및 금속제 외함에 접지공사를 생략할 수 없는 경우는?

① 30V 이하의 기계기구를 건조한 곳에 시설하는 경우
② 물기 없는 장소에 설치하는 저압용 기계기구를 위한 전로에 정격감도전류 40mA 이하, 동작시간 2초 이하의 전류동작형 누전차단기를 시설하는 경우
③ 철대 또는 외함의 주위에 적당한 절연대를 설치하는 경우
④ 「전기용품 및 생활용품 안전관리법」의 적용을 받는 이중절연구조로 되어 있는 기계기구를 시설하는 경우

해설

산업안전보건기준에 관한 규칙 제302조(전기 기계·기구의 접지) ① 사업주는 누전에 의한 감전의 위험을 방지하기 위하여 다음 각 호의 부분에 대하여 접지를 하여야 한다.
1. 전기 기계·기구의 금속제 외함, 금속제 외피 및 철대
2. 고정 설치되거나 고정배선에 접속된 전기기계·기구의 노출된 비충전 금속체 중 충전될 우려가 있는 다음 각 목의 어느 하나에 해당하는 비충전 금속체
   가. 지면이나 접지된 금속체로부터 수직거리 2.4미터, 수평거리 1.5미터 이내인 것
   나. 물기 또는 습기가 있는 장소에 설치되어 있는 것
   다. 금속으로 되어 있는 기기접지용 전선의 피복·외장 또는 배선관 등
   라. 사용전압이 대지전압 150볼트를 넘는 것
3. 전기를 사용하지 아니하는 설비 중 다음 각 목의 어느 하나에 해당하는 금속체
   가. 전동식 양중기의 프레임과 궤도
   나. 전선이 붙어 있는 비전동식 양중기의 프레임
   다. 고압 이상의 전기를 사용하는 전기 기계·기구 주변의 금속제 칸막이·망 및 이와 유사한 장치
4. 코드와 플러그를 접속하여 사용하는 전기 기계·기구 중 다음 각 목의 어느 하나에 해당하는 노출된 비충전 금속체
   가. 사용전압이 대지전압 150볼트를 넘는 것
   나. 냉장고·세탁기·컴퓨터 및 주변기기 등과 같은 고정형 전기기계·기구
   다. 고정형·이동형 또는 휴대형 전동기계·기구
   라. 물 또는 도전성(導電性)이 높은 곳에서 사용하는 전기기계·기구, 비접지형 콘센트
   마. 휴대형 손전등
5. 수중펌프를 금속제 물탱크 등의 내부에 설치하여 사용하는 경우 그 탱크(이 경우 탱크를 수중펌프의 접지선과 접속하여야 한다)
② 사업주는 다음 각 호의 어느 하나에 해당하는 경우에는 제1항을 적용하지 아니할 수 있다.
1. 「전기용품 및 생활용품 안전관리법」에 따른 이중절연구조 또는 이와 같은 수준 이상으로 보호되는 전기기계·기구
2. 절연대 위 등과 같이 감전 위험이 없는 장소에서 사용하는 전기기계·기구
3. 비접지방식의 전로(그 전기기계·기구의 전원측의 전로에 설치한 절연변압기의 2차 전압이 300볼트 이하, 정격용량이 3킬로볼트암페어 이하이고 그 절연변압기의 부하측의 전로가 접지되어 있지 아니한 것으로 한정한다)에 접속하여 사용되는 전기기계·기구

063 한국전기설비규정에 따라 욕조나 샤워시설이 있는 욕실 등 인체가 물에 젖어있는 상태에서 전기를 사용하는 장소에 인체감전보호용 누전차단기가 부착된 콘센트를 시설하는 경우 누전차단기의 정격감도전류 및 동작시간은?

① 15mA 이하, 0.01 초 이하
② 15mA 이하, 0.03 초 이하
③ 30mA 이하, 0.01 초 이하
④ 30mA 이하, 0.03 초 이하

한국전기설비규정 234.5 콘센트의 시설
1. 콘센트의 정격전압은 사용전압과 동등 이상의 KS C 8305(배선용 꽂음 접속기)에 적합한 제품을 사용하고 다음에 의하여 시설하여야 한다.
   가. 노출형 콘센트는 기둥과 같은 내구성이 있는 조영재에 견고하게 부착할 것.
   나. 콘센트를 조영재에 매입할 경우는 매입형의 것을 견고한 금속제 또는 난연성 절연물로 된 박스 속에 시설할 것. 다만, 콘센트 자체에 그 단자 등의 충전부가 노출되지 않도록 견고한 난연성절연물의 외함을 가지는 것은 벽에 견고하게 부착할 때에 한하여 박스 사용을 생략할 수 있다.
   다. 콘센트를 바닥에 시설하는 경우는 방수구조의 플로어박스에 설치하거나 또는 이들 박스의 표면 플레이트에 틀어서 부착할 수 있도록 된 콘센트를 사용할 것

라. 욕조나 샤워시설이 있는 욕실 또는 화장실 등 인체가 물에 젖어있는 상태에서 전기를 사용하는 장소에 콘센트를 시설하는 경우에는 다음에 따라 시설하여야한다.
  (1) 「전기용품 및 생활용품 안전관리법」의 적용을 받는 인체감전보호용 누전차단기(정격감도전류 15 mA 이하, 동작시간 0.03초 이하의 전류동작형의 것에 한한다) 또는 절연변압기(정격용량 3 kVA 이하인 것에 한한다)로 보호된 전로에 접속하거나, 인체감전보호용 누전차단기가 부착된 콘센트를 시설하여야 한다.
  (2) 콘센트는 접지극이 있는 방적형 콘센트를 사용하여 211과 140의 규정에 준하여 접지하여야 한다.
마. 습기가 많은 장소 또는 수분이 있는 장소에 시설하는 콘센트 및 기계기구용 콘센트는 접지용 단자가 있는 것을 사용하여 211과 140의 규정에 준하여 접지하고 방습 장치를 하여야 한다.
2. 주택의 옥내전로에는 접지극이 있는 콘센트를 사용하여 211과 140의 규정에 준하여 접지하여야 한다.

064 개폐기로 인한 발화는 스파크에 의한 가연물의 착화화재가 많이 발생한다. 이를 방지하기 위한 대책으로 틀린 것은?

① 가연성증기, 분진 등이 있는 곳은 방폭형을 사용한다.
② 개폐기를 불연성 상자 안에 수납한다.
③ 비포장 퓨즈를 사용한다.
④ 접속부분의 나사풀림이 없도록 한다.

스파크 화재 방지책
• 개폐기를 불연성의 외함 내에 내장시키거나 통형 퓨즈를 사용할 것
• 접촉 부분의 산화, 변형, 퓨즈의 나사풀림 등으로 인한 접촉저항이 증가되는 것을 방지할 것
• 가연성 증가, 분진 등 위험한 물질이 있는 곳에는 방폭형 개폐기를 사용할 것
• 유입개폐기는 절연유의 열화 정도, 유량에 주의하고 주위에는 내화벽을 설치할 것

065 인체의 전기저항을 500Ω으로 하는 경우 심실세동을 일으킬 수 있는 에너지는 약 얼마인가?
(단, 심실세동전류 $I=\dfrac{165}{\sqrt{T}}$ mA로 한다.)

① 13.6J   ② 19.0J
③ 13.6mJ ④ 19.0mJ

심실세동전류$(I)=\dfrac{165}{\sqrt{T}}=(mA)$

$W=I^2RT=\left(\dfrac{165}{\sqrt{T}}\times 10^{-3}\right)^2 RT[J]=\left(\dfrac{165}{\sqrt{T}}\times 10^{-3}\right)^2 \times 500 \times T=13.6[J]$

066 방폭인증서에서 방폭부품을 나타내는데 사용되는 인증번호의 접미사는?

① "G"   ② "X"
③ "D"   ④ "U"

• U기호(symbol "U") : 방폭부품을 나타내는데 사용하는 기호
• X기호(symbol "X") : 안전한 사용을 위한 특별한 조건을 나타내는 기호

067 개폐기, 차단기, 유도 전압조정기의 최대 사용 전압이 7kV 이하인 전로의 경우 절연 내력 시험은 최대 사용 전압의 1.5배의 전압을 몇 분간 가하는가?

① 10
② 15
③ 20
④ 25

기구 등의 전로의 절연내력(한국전기설비규정 136)
개폐기·차단기·전력용 커패시터·유도전압조정기·계기용변성기 기타의 기구의 전로 및 발전소·변전소·개폐소 또는 이에 준하는 곳에 시설하는 기계기구의 접속선 및 모선(전로를 구성하는 것에 한한다. 이하 "기구 등의 전로"라 한다)은 시험전압을 충전 부분과 대지 사이(다심케이블은 심선 상호 간 및 심선과 대지 사이)에 연속하여 10분간 가하여 절연내력을 시험하였을 때에 이에 견디어야 한다.

068 다른 두 물체가 접촉할 때 접촉 전위차가 발생하는 원인으로 옳은 것은?

① 두 물체의 온도 차
② 두 물체의 습도 차
③ 두 물체의 밀도 차
④ 두 물체의 일함수 차

일함수(work function): 어떤 고체의 표면에서 한 개의 전자를 고체 밖으로 빼내는 데 필요한 에너지로 전도띠가 있는 고체의 특징 중 하나다.

069 방폭전기설비의 용기내부에서 폭발성가스 또는 증기가 폭발하였을 때 용기가 그 압력에 견디고 접합면이나 개구부를 통해서 외부의 폭발성가스나 증기에 인화되지 않도록 한 방폭구조는?

① 내압 방폭구조
② 압력 방폭구조
③ 유입 방폭구조
④ 본질안전 방폭구조

방폭구조의 종류와 기호

종류	내용	기호
내압방폭구조	점화원에 의해 용기 내부에서 폭발이 발생할 경우에 용기가 폭발압력에 견딜 수 있고, 화염이 용기 외부의 폭발성 분위기로 전파되지 않도록 한 방폭구조	d
압력방폭구조	점화원이 될 우려가 있는 부분을 용기 안에 넣고 보호 기체(신선한 공기 또는 불활성기체)를 용기 안에 압입함으로써 폭발성 가스가 침입하는 것을 방지하도록 되어 있는 방폭구조	p
안전증방폭구조	전기기기의 과도한 온도 상승, 아크 또는 불꽃 발생의 위험을 방지하기 위하여 추가적인 안전조치를 통한 안전도를 증가시킨 방폭구조(다만, 정상운전 중에 아크나 불꽃을 발생시키는 전기기기는 안전증방폭구조의 전기기기 범위에서 제외)	e
유입방폭구조	유체 상부 또는 용기 외부에 존재할 수 있는 폭발성 분위기가 발화할 수 없도록 전기설비 또는 전기설비의 부품을 보호액에 함침시키는 방폭구조	o

본질안전방폭구조	정상시 또는 단락, 단선, 지락 등의 사고시에 발생하는 아크, 불꽃, 고열에 의하여 폭발성 가스나 증기에 점화되지 않는 것이 확인된 구조	ia, ib
비점화방폭구조	전기기기가 정상작동과 규정된 특정한 비정상상태에서 주위의 폭발성 가스 분위기를 점화시키지 못하도록 만든 방폭구조	n
몰드방폭구조	전기기기의 불꽃 또는 열로 인해 폭발성 위험분위기에 점화되지 않도록 컴파운드를 충전해서 보호한 방폭구조	m
충전방폭구조	폭발성 가스 분위기를 점화시킬 수 있는 부품을 고정하여 설치하고, 그 주위를 충전재로 완전히 둘러싸서 외부의 폭발성 가스 분위기를 점화시키지 않도록 하는 방폭구조	q
특수방폭구조	상기의 방폭구조 외에 외부의 폭발성 가스에 대해 인화를 방지할 수 있음을 시험에 의해 확인한 구조	s

070 불활성화할 수 없는 탱크, 탱크롤리 등에 위험물을 주입하는 배관은 정전기 재해방지를 위하여 배관 내 액체의 유속제한을 한다. 배관 내 유속제한에 대한 설명으로 틀린 것은?

① 물이나 기체를 혼합하는 비수용성 위험물의 배관 내 유속은 1m/s 이하로 할 것
② 저항률이 $10^{10}\Omega \cdot cm$ 미만의 도전성 위험물의 배관 내 유속은 7m/s 이하로 할 것
③ 저항률이 $10^{10}\Omega \cdot cm$ 이상인 위험물의 배관 내 유속은 관내경이 0.05m이면 3.5m/s 이하로 할 것
④ 이황화탄소 등과 같이 유동대전이 심하고 폭발 위험성이 높은 것은 배관 내 유속을 3m/s 이하로 할 것

배관 내 액체의 유속제한
- 물이나 기체를 혼합하는 비수용성 위험물의 배관 내 유속은 1 m/s 이하로 할 것
- 저항률이 $10^{10}\Omega \cdot cm$ 미만의 도전성 위험물의 배관유속은 매초 7m 이하로 할 것
- 저항률이 $10^{10}\Omega \cdot cm$ 이상인 위험물의 배관유속은 관내경이 0.05m이면 매초 3.5m 이하로 할 것
- 이황화탄소 등과 같이 유동대전이 심하고 폭발 위험성이 높은 것은 배관 내 유속을 1m/s 이하로 할 것
- 저항률 $10\Omega \cdot cm$ 이상인 위험물의 배관내 유속은 다음의 표 값 이하로 할 것. 단 주입구가 면 밑에 충분히 침하할 때까지의 배관내 유속은 1m/s 이하로 할 것

[표 : 관경과 유속제한 값]

관내경 D		유속 V(m/초)	v^2	$v^2 D$
(inch)	(m)			
0.5	0.01	8	64	0.64
1	0.025	4.9	24	0.6
2	0.05	3.5	12.25	0.61
4	0.01	2.5	6.25	0.63
8	0.02	1.8	3.25	0.64
16	0.04	1.3	1.6	0.67
24	0.06	1.0	1.0	0.6

071 고압 및 특고압 전로에 시설하는 피뢰기의 설치장소로 잘못된 곳은?

① 가공전선로와 지중전선로가 접속되는 곳
② 발전소, 변전소의 가공전선 인입구 및 인출구
③ 고압 가공전선로에 접속하는 배전용 변압기의 저압측
④ 고압 가공전선로로부터 공급을 받는 수용장소의 인입구

피뢰기 설치 장소
- 발전소, 변전소 또는 이에 준하는 장소의 가공 전선 인입구 및 인출구
- 가공 전선로에 접속되는 배전용 변압기의 고압측 및 특별 고압측
- 고압 가공 전선로부터 공급을 받는 수전 전력의 용량이 500kW 이상의 수용장소의 인입구
- 특고압 가공 전선으로부터 공급을 받는 수용 장소의 인입구
- 배전 선로 차단기, 개폐기의 전원측 및 부하측
- 콘텐서의 전원측

072 속류를 차단할 수 있는 최고의 교류전압을 피뢰기의 정격전압이라고 하는데 이 값은 통상적으로 어떤 값으로 나타내고 있는가?

① 최대값
② 평균값
③ 실효값
④ 파고값

073 감전 등의 재해를 예방하기 위하여 특고압용 기계·기구 주위에 관계자 외 출입을 금하도록 울타리를 설치할 때, 울타리의 높이와 울타리로부터 충전부분까지의 거리의 합이 최소 몇 m 이상이 되어야 하는가?(단, 사용전압이 35kV 이하인 특고압용 기계기구이다.)

① 5m
② 6m
③ 7m
④ 9m

특고압용 기계기구 충전부분의 지표상 높이(한국전기설비규정 표 341.4-1)

사용전압의 구분	울타리의 높이와 울타리로부터 충전부부까지의 거리 합계 또는 지표상의 높이
35kV 이하	5m
35kV 초과 160kV 이하	6m
160kV 초과	6m에 160kV를 초과하는 10kV 또는 그 단수마다 0.12m를 더한 값

074 산업안전보건기준에 관한 규칙 제319조에 의한 정전전로에서의 정전 작업을 마친 후 전원을 공급하는 경우에 사업주가 작업에 종사하는 근로자 및 전기기기와 접촉할 우려가 있는 근로자에게 감전의 위험이 없도록 준수해야할 사항이 아닌 것은?

① 단락 접지기구 및 작업기구를 제거하고 전기기기 등이 안전하게 통전될 수 있는지 확인한다.
② 모든 작업자가 작업이 완료된 전기기기에서 떨어져 있는지 확인한다.

③ 잠금장치와 꼬리표를 근로자가 직접 설치한다.
④ 모든 이상 유무를 확인한 후 전기기기 등의 전원을 투입한다.

산업안전보건기준에 관한 규칙 제319조(정전전로에서의 전기작업) ① 사업주는 근로자가 노출된 충전부 또는 그 부근에서 작업함으로써 감전될 우려가 있는 경우에는 작업에 들어가기 전에 해당 전로를 차단하여야 한다. 다만, 다음 각 호의 경우에는 그러하지 아니하다.
1. 생명유지장치, 비상경보설비, 폭발위험장소의 환기설비, 비상조명설비 등의 장치·설비의 가동이 중지되어 사고의 위험이 증가되는 경우
2. 기기의 설계상 또는 작동상 제한으로 전로차단이 불가능한 경우
3. 감전, 아크 등으로 인한 화상, 화재·폭발의 위험이 없는 것으로 확인된 경우
② 제1항의 전로 차단은 다음 각 호의 절차에 따라 시행하여야 한다.
1. 전기기기등에 공급되는 모든 전원을 관련 도면, 배선도 등으로 확인할 것
2. 전원을 차단한 후 각 단로기 등을 개방하고 확인할 것
3. 차단장치나 단로기 등에 잠금장치 및 꼬리표를 부착할 것
4. 개로된 전로에서 유도전압 또는 전기에너지가 축적되어 근로자에게 전기위험을 끼칠 수 있는 전기기기등은 접촉하기 전에 잔류전하를 완전히 방전시킬 것
5. 검전기를 이용하여 작업 대상 기기가 충전되었는지를 확인할 것
6. 전기기기등이 다른 노출 충전부와의 접촉, 유도 또는 예비동력원의 역송전 등으로 전압이 발생할 우려가 있는 경우에는 충분한 용량을 가진 단락 접지기구를 이용하여 접지할 것
③ 사업주는 제1항 각 호 외의 부분 본문에 따른 작업 중 또는 작업을 마친 후 전원을 공급하는 경우에는 작업에 종사하는 근로자 또는 그 인근에서 작업하거나 정전된 전기기기등(고정 설치된 것으로 한정한다)과 접촉할 우려가 있는 근로자에게 감전의 위험이 없도록 다음 각 호의 사항을 준수하여야 한다.
1. 작업기구, 단락 접지기구 등을 제거하고 전기기기등이 안전하게 통전될 수 있는지를 확인할 것
2. 모든 작업자가 작업이 완료된 전기기기등에서 떨어져 있는지를 확인할 것
3. 잠금장치와 꼬리표는 설치한 근로자가 직접 철거할 것
4. 모든 이상 유무를 확인한 후 전기기기등의 전원을 투입할 것

075 한국전기설비규정에 따라 과전류차단기로 저압전로에 사용하는 범용 퓨즈(gG)의 용단전류는 정격전류의 몇 배인가?(단, 정격전류가 4A 이하인 경우이다.)

① 1.5배 ② 1.6배
③ 1.9배 ④ 2.1배

퓨즈(gG)의 용단특성(한국전기설비규정 표 212.3-1)

정격전류의 구분	시 간	정격전류의 배수	
		불용단전류	용단전류
4 A 이하	60분	1.5배	2.1배
4 A 초과 16 A 미만	60분	1.5배	1.9배
16 A 이상 63 A 이하	60분	1.25배	1.6배
63 A 초과 160 A 이하	120분	1.25배	1.6배
160 A 초과 400 A 이하	180분	1.25배	1.6배
400 A 초과	240분	1.25배	1.6배

076 정전기가 대전된 물체를 제전시키려고 한다. 다음 중 대전된 물체의 절연저항이 증가되어 제전의 효과를 감소시키는 것은?

① 접지한다.
② 건조시킨다.
③ 도전성 재료를 첨가한다.
④ 주위를 가습한다.

정전기 재해방지 조치
- 정전기 발생 억제 : 배관 내 유속 조절, 습기 부여, 대전방지제 사용, 금속재료 및 도전성 재료 사용
- 정전기 대전 방지 : 도체인 경우 접지와 본딩 실시
- 정전지 방전 방지 : 대전 물체 접지 등

077 변압기의 최소 IP 등급은?(단, 유입 방폭구조의 변압기이다.)

① IP55
② IP56
③ IP65
④ IP66

유입방폭구조인 전기기기의 성능기준에 따라 보호등급은 KS C IEC 60529에 따라 최소 IP 66에 적합해야 하며, 압력완화 장치 배출구의 보호등급은 최소 IP 23에 적합해야 한다.

078 절연물의 절연계급을 최고허용온도가 낮은 온도에서 높은 온도 순으로 배치한 것은?

① Y종 → A종 → E종 → B종
② A종 → B종 → E종 → Y종
③ Y종 → E종 → B종 → A종
④ B종 → Y종 → A종 → E종

절연 종별 재료 및 최고허용온도

종별	최고허용온도(℃)	용도별	주요 절연물
Y	90	저전압의 기기	폴리에틸렌, 유리화수지
A	105	일반적인 회전기기, 변압기	폴리에스테르, 셀룰로오스 유도체
E	120	대용량 및 보통의 기기	멜라민수지, 폴리에스테르
B	130	고전압의 기기	무기질
F	155	고전압의 기기	에폭시수지, 폴리우레탄수지
H	180	건식변압기	유리섬유, 실리콘, 고무
C	180	특수변압기	실리콘, 플루오르화에틸렌

079 가스그룹이 ⅡB인 지역에 내압방폭구조 "d"의 방폭기기가 설치되어 있다. 기기의 플랜지 개구부에서 장애물까지의 최소 거리(mm)는?

① 10
② 20
③ 30
④ 40

내압 접합면과 장애물과의 최소 이격거리

가스·증기 그룹	최소 거리 (mm)
ⅡA	10
ⅡB	30
ⅡC	40

080 극간 정전용량이 1000pF이고, 착화에너지가 0.019mJ인 가스에서 폭발한계 전압(V)은 약 얼마인가?(단, 소수점 이하는 반올림한다.)

① 3900
② 1950
③ 390
④ 195

$$V=\sqrt{\frac{2E}{C}}=\sqrt{\frac{2\times 0.019\times 10^{-3}}{1000\times 10^{-12}}}=194.936$$

제 05 과목 화학설비 안전관리

081 산업안전보건법령상 대상 설비에 설치된 안전밸브에 대해서는 경우에 따라 구분된 검사주기마다 안전밸브가 적정하게 작동하는지 검사하여야 한다. 화학공정 유체와 안전밸브의 디스크 또는 시트가 직접 접촉될 수 있도록 설치된 경우의 검사주기로 옳은 것은?

① 매년 1회 이상
② 2년마다 1회 이상
③ 3년마다 1회 이상
④ 4년마다 1회 이상

산업안전보건기준에 관한 규칙 제261조(안전밸브 등의 설치) ① 사업주는 다음 각 호의 어느 하나에 해당하는 설비에 대해서는 과압에 따른 폭발을 방지하기 위하여 폭발 방지 성능과 규격을 갖춘 안전밸브 또는 파열판(이하 "안전밸브등"이라 한다)을 설치하여야 한다. 다만, 안전밸브등에 상응하는 방호장치를 설치한 경우에는 그러하지 아니하다.
1. 압력용기(안지름이 150밀리미터 이하인 압력용기는 제외하며, 압력 용기 중 관형 열교환기의 경우에는 관의 파열로 인하여 상승한 압력이 압력용기의 최고사용압력을 초과할 우려가 있는 경우만 해당한다)
2. 정변위 압축기
3. 정변위 펌프(토출측에 차단밸브가 설치된 것만 해당한다)
4. 배관(2개 이상의 밸브에 의하여 차단되어 대기온도에서 액체의 열팽창에 의하여 파열될 우려가 있는 것으로 한정한다)
5. 그 밖의 화학설비 및 그 부속설비로서 해당 설비의 최고사용압력을 초과할 우려가 있는 것
② 제1항에 따라 안전밸브등을 설치하는 경우에는 다단형 압축기 또는 직렬로 접속된 공기압축기에 대해서는 각 단 또는 각 공기압축기별로 안전밸브등을 설치하여야 한다.
③ 제1항에 따라 설치된 안전밸브에 대해서는 다음 각 호의 구분에 따른 검사주기마다 국가교정기관에서 교정을 받은 압력계를 이용하여 설정압력에서 안전밸브가 적정하게 작동하는지를 검사한 후 납으로 봉인하여 사용하여야 한다. 다만, 공기나 질소취급용기 등에 설치된 안전밸브 중 안전밸브 자체에 부착된 레버 또는 고리를 통하여 수시로 안전밸브가 적정하게 작동하는지를 확인할 수 있는 경우에는 검사하지 아니할 수 있고 납으로 봉인하지 아니할 수 있다.

1. 화학공정 유체와 안전밸브의 디스크 또는 시트가 직접 접촉될 수 있도록 설치된 경우: 2년마다 1회 이상
2. 안전밸브 전단에 파열판이 설치된 경우 : 3년마다 1회 이상
3. 영 제43조에 따른 공정안전보고서 제출 대상으로서 고용노동부장관이 실시하는 공정안전보고서 이행상태 평가결과가 우수한 사업장의 안전밸브의 경우: 4년마다 1회 이상

082 위험물안전관리법령상 제1류 위험물에 해당하는 것은?

① 과염소산나트륨
② 과염소산
③ 과산화수소
④ 과산화벤조일

위험물안전관리법상 위험물의 분류

- 제1류 산화성 고체 : 아염소산염류, 염소산염류, 과염소산염류, 무기과산화물, 브로민산염류, 질산염류, 아이오딘산염류, 과망가니즈산염류, 다이크로뮴산염류
- 제2류 가연성 고체 : 황화인, 적린, 유황, 철분, 금속분, 마그네슘
- 제3류 자연발화성 물질 및 금수성 물질 : 칼륨, 나트륨, 알킬알루미늄, 알킬리튬, 황린, 알칼리금속(칼륨 및 나트륨을 제외) 및 알칼리토금속, 유기금속화합물(알킬알루미늄 및 알킬리튬을 제외), 금속의 수소화물, 금속의 인화물, 칼슘 또는 알루미늄의 탄화물
- 제4류 인화성 액체 : 특수인화물, 제1석유류, 제2석유류, 제3석유류, 제4석유류, 알코올류, 동식물유류
- 제5류 자기반응성 물질 : 유기과산화물, 질산에스터류, 나이트로화합물, 나이트로소화합물, 아조화합물, 다이아조화합물, 하이드라진 유도체, 하이드록실아민, 하이드록실아민염류
- 제6류 산화성 액체 : 과염소산, 과산화수소, 질산

083 산업안전보건법령상 다음 내용에 해당하는 폭발위험 장소는?

> 20종 장소 밖으로서 분진운 형태의 가연성 분진이 폭발농도를 형성할 정도의 충분한 양이 정상 작동 중에 존재할 수 있는 장소를 말한다.

① 21종 장소 ② 22종 장소
③ 0종 장소 ④ 1종 장소

폭발위험장소의 분류

분류		적요	예
가스 폭발 위험 장소	0종 장소	인화성 액체의 증기 또는 가연성 가스에 의한 폭발위험이 지속적으로 또는 장기간 존재하는 장소	용기·장치·배관 등의 내부 등
	1종 장소	정상 작동상태에서 인화성 액체의 증기 또는 가연성 가스에 의한 폭발위험분위기가 존재하기 쉬운 장소	맨홀·벤트·피트 등의 주위
	2종 장소	정상작동상태에서 인화성 액체의 증기 또는 가연성 가스에 의한 폭발위험분위기가 존재할 우려가 없으나, 존재할 경우 그 빈도가 아주 적고 단기간만 존재할 수 있는 장소	개스킷·패킹 등의 주위

분진 폭발 위험 장소	20종 장소	분진운 형태의 가연성 분진이 폭발농도를 형성할 정도로 충분한 양이 정상작동 중에 연속적으로 또는 자주 존재하거나, 제어할 수 없을 정도의 양 및 두께의 분진층이 형성될 수 있는 장소	호퍼 · 분진저장소 · 집진장치 · 필터 등의 내부
	21종 장소	20종 장소 외의 장소로서, 분진운 형태의 가연성 분진이 폭발농도를 형성할 정도의 충분한 양이 정상작동 중에 존재할 수 있는 장소	집진장치 · 백필터 · 배기구 등의 주위, 이송밸트 샘플링 지역 등
	22종 장소	21종 장소 외의 장소로서, 가연성 분진운 형태가 드물게 발생 또는 단기간 존재할 우려가 있거나, 이상작동 상태하에서 가연성 분진층이 형성될 수 있는 장소	21종 장소에서 예방조치가 취하여진 지역, 환기설비 등과 같은 안전장치 배출구 주위 등

※ "인화성 액체의 증기 또는 가연성 가스에 의한 폭발위험분위기"라 함은 연소가 계속될 수 있는 가스나 증기상태의 가연성 물질이 혼합되어 있는 상태를 말한다.

084 다음 중 질식소화에 해당하는 것은?

① 가연성 기체의 분출화재시 주 밸브를 닫는다.
② 가연성 기체의 연쇄반응을 차단하여 소화한다.
③ 연료 탱크를 냉각하여 가연성 가스의 발생속도를 작게 한다.
④ 연소하고 있는 가연물이 존재하는 장소를 기계적으로 폐쇄하여 공기의 공급을 차단한다.

질식소화란 연소의 물질조건 중 하나인 산소의 공급을 차단하여 소화의 목적을 달성하는 방법이다.

085 포스겐가스 누설검지의 시험지로 사용되는 것은?

① 연당지
② 염화파라듐지
③ 하리슨시험지
④ 초산벤젠지

포스겐가스의 확인은 하리슨 시험지 이용하는데 시험지가 심등색(오렌지색)으로 변화한다.

086 공기 중 아세톤의 농도가 200ppm(TLV 500ppm), 메틸에틸케톤(MEK)의 농도가 100ppm(TLV 200ppm) 일 때 혼합물질의 허용농도(ppm)는?(단, 두 물질은 서로 상가작용을 하는 것으로 가정한다.)

① 150
② 200
③ 270
④ 333

• 허용농도 = $\dfrac{\text{혼합물 공기중 농도}}{\text{노출지수}}$

$= \dfrac{200+100}{\dfrac{200}{500}+\dfrac{100}{200}} = 333.33$

087 Li과 Na에 관한 설명으로 틀린 것은?

① 두 금속 모두 실온에서 자연발화의 위험성이 있으므로 알코올 속에 저장해야 한다.
② 두 금속은 물과 반응하여 수소기체를 발생한다.
③ Li은 비중 값이 물보다 작다.
④ Na는 은백색의 무른 금속이다.

나트륨(Na)
- 은백색의 광택이 있는 무른 경금속으로 노란색 불꽃을 내면서 연소한다.
- 보호액(석유, 경유, 유동파라핀)을 넣은 내통에 밀봉 저장한다.
- 알코올이나 산과 반응하면 수소가스를 발생한다.

088 분진폭발의 특징에 관한 설명으로 옳은 것은?

① 가스폭발보다 발생에너지가 작다.
② 폭발압력과 연소속도는 가스폭발보다 크다.
③ 입자의 크기, 부유성 등이 분진폭발에 영향을 준다.
④ 불완전연소로 인한 가스중독의 위험성은 작다.

분진폭발
- 연소속도나 폭발압력은 가스폭발보다는 작지만 가해지는 힘(파괴력)은 매우 크다.
- 주위의 분진에 의해 2차, 3차의 폭발로 파급될 수 있다.
- CO의 중독피해의 우려가 있다.
- 분진의 크기가 작을수록, 분진입자의 표면이 거칠수록 잘 일어난다.
- 가연성 분진의 난류확산은 위험을 증가시킨다.

089 다음 중 누설 발화형 폭발재해의 예방 대책으로 가장 거리가 먼 것은?

① 발화원 관리
② 밸브의 오동작 방지
③ 가연성 가스의 연소
④ 누설물질의 검지 경보

090 다음 중 폭발한계(vol%)의 범위가 가장 넓은 것은?

① 메탄
② 부탄
③ 톨루엔
④ 아세틸렌

인화성가스	폭발하한값(%)	폭발상한값(%)
아세틸렌(C_2H_2)	2.5	81

산화에틸렌(C_2H_4O)	3	80
수소(H_2)	4	75
일산화탄소(CO)	12.5	74
프로판(C_3H_8)	2.1	9.5
에탄(C_2H_6)	3	12.5
메탄(CH_4)	5	15
부탄(C_4H_{10})	1.8	8.4

091 다음 중 관의 지름을 변경하고자 할 때 필요한 관 부속품은?

① elbow ② reducer
③ plug   ④ valve

배관부속품
- 두 개의 관 연결시 : 플랜지(flange), 유니온(union), 커플링(coupling), 니플(nipple), 소켓(socket)
- 관로의 방향 변경시 : 엘보우(elbow), 리턴밴드(return bend)
- 관의 직경 변경시 : 리듀서(reducer), 소구경-부싱(bushing), 대구경-이경플랜지(reducing flange)
- 지관(枝管) 연결시 : 티(tee), Y 지관(Y-branch), 십자(cross)
- 유로 차단시 : 소구경은 플러그(plug), 캡(cap), 대구경은 판(板) 플랜지(blank flange)
- 유량 조절시 : 밸브(valve)

092 안전밸브 전단·후단에 자물쇠형 또는 이에 준하는 형식의 차단밸브 설치를 할 수 있는 경우에 해당하지 않는 것은?

① 자동압력조절밸브와 안전밸브 등이 직렬로 연결된 경우
② 화학설비 및 그 부속설비에 안전밸브 등이 복수방식으로 설치되어 있는 경우
③ 열팽창에 의하여 상승된 압력을 낮추기 위한 목적으로 안전밸브가 설치된 경우
④ 인접한 화학설비 및 그 부속설비에 안전밸브 등이 각각 설치되어 있고, 해당 화학설비 및 그 부속설비의 연결배관에 차단밸브가 없는 경우

산업안전보건기준에 관한 규칙 제266조(차단밸브의 설치 금지) 사업주는 안전밸브등의 전단·후단에 차단밸브를 설치해서는 아니 된다. 다만, 다음 각 호의 어느 하나에 해당하는 경우에는 자물쇠형 또는 이에 준하는 형식의 차단밸브를 설치할 수 있다.
1. 인접한 화학설비 및 그 부속설비에 안전밸브등이 각각 설치되어 있고, 해당 화학설비 및 그 부속설비의 연결배관에 차단밸브가 없는 경우
2. 안전밸브등의 배출용량의 2분의 1 이상에 해당하는 용량의 자동압력조절밸브(구동용 동력원의 공급을 차단하는 경우 열리는 구조인 것으로 한정한다)와 안전밸브등이 병렬로 연결된 경우
3. 화학설비 및 그 부속설비에 안전밸브등이 복수방식으로 설치되어 있는 경우
4. 예비용 설비를 설치하고 각각의 설비에 안전밸브등이 설치되어 있는 경우
5. 열팽창에 의하여 상승된 압력을 낮추기 위한 목적으로 안전밸브가 설치된 경우
6. 하나의 플레어 스택(flare stack)에 둘 이상의 단위공정의 플레어 헤더(flare header)를 연결하여 사용하는 경우로서 각각의 단위공정의 플레어헤더에 설치된 차단밸브의 열림·닫힘 상태를 중앙제어실에서 알 수 있도록 조치한 경우

093 산업안전보건기준에 관한 규칙에서 정한 위험물질의 종류에서 "물반응성 물질 및 인화성 고체"에 해당하는 것은?

① 질산에스테르류
② 니트로화합물
③ 칼륨·나트륨
④ 니트로소화합물

위험물질의 종류(산업안전보건기준에 관한 규칙 별표 1)
- 폭발성 물질 및 유기과산화물 : 질산에스테르류, 니트로화합물, 니트로소화합물, 아조화합물, 디아조화합물, 하이드라진 유도체, 유기과산화물
- 물반응성 물질 및 인화성 고체 : 리튬, 칼륨·나트륨, 황, 황린, 황화인·적린, 셀룰로이드류, 알킬알루미늄·알킬리튬, 마그네슘 분말, 금속 분말(마그네슘 분말 제외), 알칼리금속(리튬·칼륨 및 나트륨은 제외), 유기 금속화합물(알킬알루미늄 및 알킬리튬은 제외), 금속의 수소화물, 금속의 인화물, 칼슘 탄화물, 알루미늄 탄화물
- 산화성 액체 및 산화성 고체 : 차아염소산 및 그 염류, 아염소산 및 그 염류, 염소산 및 그 염류, 과염소산 및 그 염류, 브롬산 및 그 염류, 요오드산 및 그 염류, 과산화수소 및 무기 과산화물, 질산 및 그 염류, 과망간산 및 그 염류, 중크롬산 및 그 염류
- 인화성 액체
- 인화성 가스 : 수소, 아세틸렌, 에틸렌, 메탄, 에탄, 프로판, 부탄
- 부식성 물질 : 부식성 산류, 부식성 염기류
- 급성 독성 물질

094 다음 중 인화점에 관한 설명으로 옳은 것은?

① 액체의 표면에서 발생한 증기농도가 공기 중에서 연소하한 농도가 될 수 있는 가장 높은 액체온도
② 액체의 표면에서 발생한 증기농도가 공기 중에서 연소상한 농도가 될 수 있는 가장 낮은 액체온도
③ 액체의 표면에서 발생한 증기농도가 공기 중에서 연소하한 농도가 될 수 있는 가장 낮은 액체온도
④ 액체의 표면에서 발생한 증기농도가 공기 중에서 연소상한 농도가 될 수 있는 가장 높은 액체온도

인화점과 발화점
- 인화점 : 인화가 가능한 가연성물질의 최저온도, 즉 외부로부터 에너지를 받아서 착화가 가능한 가연성물질의 최저온도로 액체의 경우 액면에서 증발된 증기의 농도가 그 증기의 연소하한계에 달할 때의 액체온도
- 발화점(착화점) : 외부로부터 직접적인 에너지의 공급없이 물질 자체의 열 축적에 의하여 착화가 되는 최저온도

095 수분을 함유하는 에탄올에서 순수한 에탄올을 얻기 위해 벤젠과 같은 물질은 첨가하여 수분을 제거하는 증류 방법은?

① 공비증류   ② 추출증류
③ 가압증류   ④ 감압증류

공비증류 : 혼합물이나 끓는점이 비슷하여 분리하기 어려운 액체혼합물의 성분을 완전히 분리시키기 위해 이용되는 증류법

096 위험물을 산업안전보건법령에서 정한 기준량 이상으로 제조하거나 취급하는 설비로서 특수화학설비에 해당되는 것은?

① 가열시켜 주는 물질의 온도가 가열되는 위험물질의 분해온도보다 높은 상태에서 운전되는 설비
② 상온에서 게이지 압력으로 200kPa의 압력으로 운전되는 설비
③ 대기압 하에서 300℃로 운전되는 설비
④ 흡열반응이 행하여지는 반응설비

특수화학설비(산업안전보건기준에 관한 규칙 제273조)
- 발열반응이 일어나는 반응장치
- 증류·정류·증발·추출 등 분리를 하는 장치
- 가열시켜 주는 물질의 온도가 가열되는 위험물질의 분해온도 또는 발화점보다 높은 상태에서 운전되는 설비
- 반응폭주 등 이상 화학반응에 의하여 위험물질이 발생할 우려가 있는 설비
- 온도가 350℃ 이상이거나 게이지 압력이 980kPa 이상인 상태에서 운전되는 설비
- 가열로 또는 가열기

097 공기 중에서 A 물질의 폭발하한계가 4vol%, 상한계가 75vol% 라면 이 물질의 위험도는?

① 16.75 ② 17.75
③ 18.75 ④ 19.75

위험도 = $\dfrac{U-L}{L} = \dfrac{75-4.0}{4.0} = 17.75$

098 다음 중 최소발화에너지(E[J])를 구하는 식으로 옳은 것은?(단, I는 전류[A], R은 저항[Ω], V는 전압[V], C는 콘덴서용량[F], T는 시간[초]이라 한다.)

① $E=IRT$ ② $E=2.24I^2\sqrt{R}$
③ $E=\dfrac{1}{2}CV^2$ ④ $E=\dfrac{1}{2}\sqrt{C^2V}$

099 다음 중 분진이 발화 폭발하기 위한 조건으로 거리가 먼 것은?

① 불연성질 ② 미분상태
③ 점화원의 존재 ④ 산소 공급

분진의 폭발성에 영향을 주는 요인 : 분진 입도 및 입도 분포, 입자의 형상과 표면상태, 분진의 부유성, 분진의 화학적 성질과 조성

100 압축하면 폭발할 위험성이 높아 아세톤 등에 용해시켜 다공성 물질과 함께 저장하는 물질은?

① 염소 ② 아세틸렌
③ 에탄 ④ 수소

해설
아세틸렌은 압축하면 폭발의 위험성이 높아 아세톤 등에 용해시켜 다공성물질과 함께 저장하여야 한다.

제 06 과목 　 건설공사 안전관리

101 거푸집동바리 등을 조립하는 경우에 준수하여야 하는 기준으로 옳지 않은 것은?

① 동바리로 사용하는 파이프 서포트를 이어서 사용하는 경우에는 3개 이상의 볼트 또는 전용철물을 사용하여 이을 것
② 동바리로 사용하는 강관은 높이 2m 이내마다 수평연결재를 2개 방향으로 만들 것
③ 깔목의 사용, 콘크리트 타설, 말뚝박기 등 동바리의 침하를 방지하기 위한 조치를 할 것
④ 동바리로 사용하는 파이프 서포트를 3개 이상 이어서 사용하지 않도록 할 것

해설
산업안전보건기준에 관한 규칙 제332조의2(동바리 유형에 따른 동바리 조립 시의 안전조치) 사업주는 동바리를 조립할 때 동바리의 유형별로 다음 각 호의 구분에 따른 각 목의 사항을 준수해야 한다.
1. 동바리로 사용하는 파이프 서포트의 경우
   가. 파이프 서포트를 3개 이상 이어서 사용하지 않도록 할 것
   나. 파이프 서포트를 이어서 사용하는 경우에는 4개 이상의 볼트 또는 전용철물을 사용하여 이을 것
   다. 높이가 3.5미터를 초과하는 경우에는 높이 2미터 이내마다 수평연결재를 2개 방향으로 만들고 수평연결재의 변위를 방지할 것
2. 동바리로 사용하는 강관틀의 경우
   가. 강관틀과 강관틀 사이에 교차가새를 설치할 것
   나. 최상단 및 5단 이내마다 동바리의 측면과 틀면의 방향 및 교차가새의 방향에서 5개 이내마다 수평연결재를 설치하고 수평연결재의 변위를 방지할 것
   다. 최상단 및 5단 이내마다 동바리의 틀면의 방향에서 양단 및 5개틀 이내마다 교차가새의 방향으로 띠장틀을 설치할 것
3. 동바리로 사용하는 조립강주의 경우: 조립강주의 높이가 4미터를 초과하는 경우에는 높이 4미터 이내마다 수평연결재를 2개 방향으로 설치하고 수평연결재의 변위를 방지할 것
4. 시스템 동바리(규격화·부품화된 수직재, 수평재 및 가새재 등의 부재를 현장에서 조립하여 거푸집을 지지하는 지주 형식의 동바리를 말한다)의 경우
   가. 수평재는 수직재와 직각으로 설치해야 하며, 흔들리지 않도록 견고하게 설치할 것
   나. 연결철물을 사용하여 수직재를 견고하게 연결하고, 연결부위가 탈락 또는 꺾어지지 않도록 할 것
   다. 수직 및 수평하중에 대해 동바리의 구조적 안정성이 확보되도록 조립도에 따라 수직재 및 수평재에는 가새재를 견고하게 설치할 것
   라. 동바리 최상단과 최하단의 수직재와 받침철물은 서로 밀착되도록 설치하고 수직재와 받침철물의 연결부의 겹침길이는 받침철물 전체길이의 3분의 1 이상 되도록 할 것
5. 보 형식의 동바리[강제 갑판(steel deck), 철재트러스 조립 보 등 수평으로 설치하여 거푸집을 지지하는 동바리를 말한다]의 경우
   가. 접합부는 충분한 걸침 길이를 확보하고 못, 용접 등으로 양끝을 지지물에 고정시켜 미끄러짐 및 탈락을 방지할 것
   나. 양끝에 설치된 보 거푸집을 지지하는 동바리 사이에는 수평연결재를 설치하거나 동바리를 추가로 설치하는 등 보 거푸집이 옆으로 넘어지지 않도록 견고하게 할 것
   다. 설계도면, 시방서 등 설계도서를 준수하여 설치할 것

102 사면 보호 공법 중 구조물에 의한 보호 공법에 해당되지 않는 것은?

① 블럭공
② 식생구멍공
③ 돌쌓기공
④ 현장타설 콘크리트 격자공

식생으로 표층부의 안전을 도모하는 공법의 종류

- 종자뿜어붙이기공
- 식생매트공법
- 평떼심기공
- 줄떼심기공
- 식생띠공
- 식생판공
- 식생자루공
- 식생구멍공

103 산업안전보건법령에서 규정하는 철골작업을 중지하여야 하는 기후조건에 해당하지 않는 것은?

① 풍속이 초당 10m 이상인 경우
② 강우량이 시간당 1mm 이상인 경우
③ 강설량이 시간당 1cm 이상인 경우
④ 기온이 영하 5℃ 이하인 경우

산업안전보건기준에 관한 규칙 제383조(작업의 제한) 사업주는 다음 각 호의 어느 하나에 해당하는 경우에 철골작업을 중지하여야 한다.
1. 풍속이 초당 10미터 이상인 경우
2. 강우량이 시간당 1밀리미터 이상인 경우
3. 강설량이 시간당 1센티미터 이상인 경우

104 강관을 사용하여 비계를 구성하는 경우 준수하여야 할 기준으로 옳지 않은 것은?

① 비계기둥의 간격은 띠장 방향에서는 1.85m 이하, 장선(長線) 방향에서는 1.5m 이하로 할 것
② 띠장 간격은 2.0m 이하로 할 것
③ 비계기둥의 제일 윗부분으로부터 31m 되는 지점 밑부분의 비계기둥은 3개의 강관으로 묶어 세울 것
④ 비계기둥 간의 적재하중은 400kg을 초과하지 않도록 할 것

산업안전보건기준에 관한 규칙 제60조(강관비계의 구조) 사업주는 강관을 사용하여 비계를 구성하는 경우 다음 각 호의 사항을 준수해야 한다.
1. 비계기둥의 간격은 띠장 방향에서는 1.85미터 이하, 장선(長線) 방향에서는 1.5미터 이하로 할 것. 다만, 다음 각 목의 어느 하나에 해당하는 작업의 경우에는 안전성에 대한 구조검토를 실시하고 조립도를 작성하면 띠장 방향 및 장선 방향으로 각각 2.7미터 이하로 할 수 있다.
   가. 선박 및 보트 건조작업
   나. 그 밖에 장비 반입·반출을 위하여 공간 등을 확보할 필요가 있는 등 작업의 성질상 비계기둥 간격에 관한 기준을 준수하기 곤란한 작업
2. 띠장 간격은 2.0미터 이하로 할 것. 다만, 작업의 성질상 이를 준수하기가 곤란하여 쌍기둥틀 등에 의하여 해당 부분을 보강한 경우에는 그러하지 아니하다.
3. 비계기둥의 제일 윗부분으로부터 31미터되는 지점 밑부분의 비계기둥은 2개의 강관으로 묶어 세울 것. 다만, 브라켓(bracket, 까치발) 등으로 보강하여 2개의 강관으로 묶을 경우 이상의 강도가 유지되는 경우에는 그러하지 아니하다.
4. 비계기둥 간의 적재하중은 400킬로그램을 초과하지 않도록 할 것

105 흙막이 계측기의 종류 중 주변 지반의 변형을 측정하는 계측기는?

① Load Cell
② Inclinometer
③ Extensometer
④ Piezometer

106 터널 지보공을 조립하거나 변경하는 경우에 조치하여야 하는 사항으로 옳지 않은 것은?

① 목재의 터널 지보공은 그 터널 지보공의 각 부재에 작용하는 긴압 정도를 체크하여 그 정도가 최대한 차이나도록 할 것
② 강(鋼)아치 지보공의 조립은 연결볼트 및 띠장 등을 사용하여 주재 상호간을 튼튼하게 연결할 것
③ 기둥에는 침하를 방지하기 위하여 받침목을 사용하는 등의 조치를 할 것
④ 주재(主材)를 구성하는 1세트의 부재는 동일 평면 내에 배치할 것

산업안전보건기준에 관한 규칙 제364조(조립 또는 변경시의 조치) 사업주는 터널 지보공을 조립하거나 변경하는 경우에는 다음 각 호의 사항을 조치하여야 한다.
1. 주재(主材)를 구성하는 1세트의 부재는 동일 평면 내에 배치할 것
2. 목재의 터널 지보공은 그 터널 지보공의 각 부재의 긴압 정도가 균등하게 되도록 할 것
3. 기둥에는 침하를 방지하기 위하여 받침목을 사용하는 등의 조치를 할 것
4. 강(鋼)아치 지보공의 조립은 다음 각 목의 사항을 따를 것
  가. 조립간격은 조립도에 따를 것
  나. 주재가 아치작용을 충분히 할 수 있도록 쐐기를 박는 등 필요한 조치를 할 것
  다. 연결볼트 및 띠장 등을 사용하여 주재 상호간을 튼튼하게 연결할 것
  라. 터널 등의 출입구 부분에는 받침대를 설치할 것
  마. 낙하물이 근로자에게 위험을 미칠 우려가 있는 경우에는 널판 등을 설치할 것
5. 목재 지주식 지보공은 다음 각 목의 사항을 따를 것
  가. 주기둥은 변위를 방지하기 위하여 쐐기 등을 사용하여 지반에 고정시킬 것
  나. 양끝에는 받침대를 설치할 것
  다. 터널 등의 목재 지주식 지보공에 세로방향의 하중이 걸림으로써 넘어지거나 비틀어질 우려가 있는 경우에는 양끝 외의 부분에도 받침대를 설치할 것
  라. 부재의 접속부는 꺾쇠 등으로 고정시킬 것
6. 강아치 지보공 및 목재지주식 지보공 외의 터널 지보공에 대해서는 터널 등의 출입구 부분에 받침대를 설치할 것

107 미리 작업장소의 지형 및 지반상태 등에 적합한 제한속도를 정하지 않아도 되는 차량계 건설기계의 속도 기준은?

① 최대 제한 속도가 10km/h 이하
② 최대 제한 속도가 20km/h 이하
③ 최대 제한 속도가 30km/h 이하
④ 최대 제한 속도가 40km/h 이하

산업안전보건기준에 관한 규칙 제98조(제한속도의 지정 등) ① 사업주는 차량계 하역운반기계, 차량계 건설기계(최대제한속도가 시속 10킬로미터 이하인 것은 제외한다)를 사용하여 작업을 하는 경우 미리 작업장소의 지형 및 지반 상태 등에 적합한 제한속도를 정하고, 운전자로 하여금 준수하도록 하여야 한다.

② 사업주는 궤도작업차량을 사용하는 작업, 입환기(입환작업에 이용되는 열차를 말한다. 이하 같다)로 입환작업을 하는 경우에 작업에 적합한 제한속도를 정하고, 운전자로 하여금 준수하도록 해야 한다.
③ 운전자는 제1항과 제2항에 따른 제한속도를 초과하여 운전해서는 아니 된다.

108 차량계 건설기계를 사용하여 작업을 하는 경우 작업계획서 내용에 포함되지 않는 사항은?

① 사용하는 차량계 건설기계의 종류 및 성능
② 차량계 건설기계의 운행경로
③ 차량계 건설기계에 의한 작업방법
④ 차량계 건설기계 사용 시 유도자 배치 위치

차량계 건설기계를 사용하는 작업의 작업계획서 내용
• 사용하는 차량계 건설기계의 종류 및 능력
• 차량계 건설기계의 운행경로
• 차량계 건설기계에 의한 작업방법

109 이동식비계를 조립하여 작업을 하는 경우에 준수하여야 할 기준으로 옳지 않은 것은?

① 승강용사다리는 견고하게 설치할 것
② 비계의 최상부에서 작업을 하는 경우에는 안전난간을 설치할 것
③ 작업발판의 최대적재하중은 400kg을 초과하지 않도록 할 것
④ 작업발판은 항상 수평을 유지하고 작업발판 위에서 안전난간을 딛고 작업을 하거나 받침대 또는 사다리를 사용하여 작업하지 않도록 할 것

산업안전보건기준에 관한 규칙 제68조(이동식비계) 사업주는 이동식비계를 조립하여 작업을 하는 경우에는 다음 각 호의 사항을 준수하여야 한다.
1. 이동식비계의 바퀴에는 뜻밖의 갑작스러운 이동 또는 전도를 방지하기 위하여 브레이크·쐐기 등으로 바퀴를 고정시킨 다음 비계의 일부를 견고한 시설물에 고정하거나 아웃트리거를 설치하는 등 필요한 조치를 할 것
2. 승강용사다리는 견고하게 설치할 것
3. 비계의 최상부에서 작업을 하는 경우에는 안전난간을 설치할 것
4. 작업발판은 항상 수평을 유지하고 작업발판 위에서 안전난간을 딛고 작업을 하거나 받침대 또는 사다리를 사용하여 작업하지 않도록 할 것
5. 작업발판의 최대적재하중은 250킬로그램을 초과하지 않도록 할 것

110 화물을 적재하는 경우의 준수사항으로 옳지 않은 것은?

① 침하 우려가 없는 튼튼한 기반 위에 적재할 것
② 건물의 칸막이나 벽 등이 화물의 압력에 견딜 만큼의 강도를 지니지 아니한 경우에는 칸막이나 벽에 기대어 적재하지 않도록 할 것
③ 불안정할 정도로 높이 쌓아 올리지 말 것
④ 하중을 한쪽으로 치우치더라도 화물을 최대한 효율적으로 적재할 것

> **해설**
>
> 산업안전보건기준에 관한 규칙 제393조(화물의 적재) 사업주는 화물을 적재하는 경우에 다음 각 호의 사항을 준수하여야 한다.
> 1. 침하 우려가 없는 튼튼한 기반 위에 적재할 것
> 2. 건물의 칸막이나 벽 등이 화물의 압력에 견딜 만큼의 강도를 지니지 아니한 경우에는 칸막이나 벽에 기대어 적재하지 않도록 할 것
> 3. 불안정할 정도로 높이 쌓아 올리지 말 것
> 4. 하중이 한쪽으로 치우치지 않도록 쌓을 것

111 유해위험방지계획서를 고용노동부장관에게 제출하고 심사를 받아야 하는 대상 건설공사 기준으로 옳지 않은 것은?

① 최대 지간길이가 50m 이상인 다리의 건설등 공사
② 지상높이 25m 이상인 건축물 또는 인공구조물의 건설등 공사
③ 깊이 10m 이상인 굴착공사
④ 다목적댐, 발전용댐, 저수용량 2천만톤 이상의 용수 전용 댐 및 지방상수도 전용 댐의 건설등 공사

> **해설**
>
> **유해위험방지계획서 제출 대상 공사(산업안전보건법 시행령 제42조 ③항)**
> 1. 다음 각 목의 어느 하나에 해당하는 건축물 또는 시설 등의 건설·개조 또는 해체 공사
>   가. 지상높이가 31미터 이상인 건축물 또는 인공구조물
>   나. 연면적 3만제곱미터 이상인 건축물
>   다. 연면적 5천제곱미터 이상인 시설로서 다음의 어느 하나에 해당하는 시설
>   1) 문화 및 집회시설(전시장 및 동물원·식물원은 제외한다)
>   2) 판매시설, 운수시설(고속철도의 역사 및 집배송시설은 제외한다)
>   3) 종교시설
>   4) 의료시설 중 종합병원
>   5) 숙박시설 중 관광숙박시설
>   6) 지하도상가
>   7) 냉동·냉장 창고시설
> 2. 연면적 5천제곱미터 이상인 냉동·냉장 창고시설의 설비공사 및 단열공사
> 3. 최대 지간(支間) 길이(다리의 기둥과 기둥의 중심사이의 거리)가 50미터 이상인 다리의 건설등 공사
> 4. 터널의 건설등 공사
> 5. 다목적댐, 발전용댐, 저수용량 2천만톤 이상의 용수 전용 댐 및 지방상수도 전용 댐의 건설등 공사
> 6. 깊이 10미터 이상인 굴착공사

112 가설통로를 설치하는 경우 준수하여야 할 기준으로 옳지 않은 것은?

① 경사는 30°이하로 할 것
② 경사가 15°를 초과하는 경우에는 미끄러지지 아니하는 구조로 할 것
③ 추락할 위험이 있는 장소에는 안전난간을 설치할 것
④ 수직갱에 가설된 통로의 길이가 15m 이상인 경우에는 7m 이내마다 계단참을 설치할 것

> 산업안전보건기준에 관한 규칙 제23조(가설통로의 구조) 사업주는 가설통로를 설치하는 경우 다음 각 호의 사항을 준수하여야 한다.

1. 견고한 구조로 할 것
2. 경사는 30도 이하로 할 것. 다만, 계단을 설치하거나 높이 2미터 미만의 가설통로로서 튼튼한 손잡이를 설치한 경우에는 그러하지 아니하다.
3. 경사가 15도를 초과하는 경우에는 미끄러지지 아니하는 구조로 할 것
4. 추락할 위험이 있는 장소에는 안전난간을 설치할 것. 다만, 작업상 부득이한 경우에는 필요한 부분만 임시로 해체할 수 있다.
5. 수직갱에 가설된 통로의 길이가 15미터 이상인 경우에는 10미터 이내마다 계단참을 설치할 것
6. 건설공사에 사용하는 높이 8미터 이상인 비계다리에는 7미터 이내마다 계단참을 설치할 것

113 발파구간 인접구조물에 대한 피해 및 손상을 예방하기 위한 건물기초에서의 허용진동치(cm/sec) 기준으로 옳지 않은 것은?(단, 기존 구조물에 금이 가 있거나 노후구조물 대상일 경우 등은 고려하지 않는다.)

① 문화재 : 0.2cm/sec
② 주택, 아파트 : 0.5cm/sec
③ 상가 : 1.0cm/sec
④ 철골콘크리트 빌딩 : 0.8~1.0cm/sec

발파작업 표준안전 작업지침 제5조(진동 및 파손) 발파작업에서의 진동 및 파손의 우려가 있는 때에는 다음 각 호의 규정에 따라 통제하여야 한다.
1. 수중구조물, 건물 및 기타 시설내 또는 인근에서 발파작업을 할 때에는 주변상태와 발파위력을 충분히 고려하여 신중히 계획하여야 하며 작업을 시작하기전에서 면면계획을 작성하여야 한다.
2. 도심지 발파 등 발파에 주의를 요구하는 곳은 실제 발파전 공인기관 또는 이에 상응하는 자의 입회로 시험발파를 실시하여 안전성을 검토하여야 한다.
3. 제1호의 경우 필요할 때에는 소유자, 점유자 그리고 그 주위에 작업내용과 통제 조치를 통고하여야 한다.
4. 발파구간 인접 구조물에 대한 피해 및 손상을 예방하기 위하여 다음〈표〉에 의한 값을 준용한다.

건물분류	문화재	주택, 아파트	상가(금이 없는 상태)	철골 콘크리트 빌딩 및 상가
건물기초에서의 허용 진동치(cm/sec)	0.2	0.5	1.0	1.0 ~ 4.0

114 안전계수가 4이고 2000MPa의 인장강도를 갖는 강선의 최대허용응력은?

① 500MPa
② 1000MPa
③ 1500MPa
④ 2000MPa

최대허용응력 = $\dfrac{인장강도}{안전계수}$ = $\dfrac{2000}{4}$ = 500

115 지하수위 상승으로 포화된 사질토 지반의 액상화 현상을 방지하기 위한 가장 직접적이고 효과적인 대책은?

① well point 공법 적용
② 동다짐 공법 적용
③ 입도가 불량한 재료를 입도가 양호한 재료로 치환
④ 밀도를 증가시켜 한계간극비 이하로 상대밀도를 유지하는 방법 강구

해설
웰포인트 공법은 지름 50~70mm의 관을 1~2m 간격으로 박고 수평 흡상관에 연결하여 배수하는 방식의 사질지반용 탈수(배수)공법의 하나로 지하수위 강하에 따른 지반침하의 우려가 있다.

116 공사진척에 따른 공정률이 다음과 같을 때 안전관리비 사용기준으로 옳은 것은?(단, 공정률은 기성공정률을 기준으로 함)

> 공정률 : 70퍼센트 이상, 90퍼센트 미만

① 50퍼센트 이상 ② 60퍼센트 이상
③ 70퍼센트 이상 ④ 80퍼센트 이상

공사진척에 따른 안전관리비 사용기준

공정률	50% 이상 70% 미만	70% 이상 90% 미만	90% 이상
사용기준	50% 이상	70% 이상	90% 이상

※공정률은 기성공정률을 기준으로 한다.

117 크레인 등 건설장비의 가공전선로 접근 시 안전대책으로 옳지 않은 것은?

① 안전 이격거리를 유지하고 작업한다.
② 장비를 가공전선로 밑에 보관한다.
③ 장비의 조립, 준비 시부터 가공전선로에 대한 감전 방지 수단을 강구한다.
④ 장비 사용 현장의 장애물, 위험물 등을 점검 후 작업계획을 수립한다.

해설
장비는 가공전선로와 이격하여 보관하여야 한다.

118 거푸집동바리등을 조립 또는 해체하는 작업을 하는 경우의 준수사항으로 옳지 않은 것은?

① 재료, 기구 또는 공구 등을 올리거나 내리는 경우에는 근로자로 하여금 달줄·달포대 등의 사용을 금하도록 할 것
② 낙하·충격에 의한 돌발적 재해를 방지하기 위하여 버팀목을 설치하고 거푸집동바리 등을 인양장비에 매단 후에 작업을 하도록 하는 등 필요한 조치를 할 것
③ 비, 눈, 그 밖의 기상상태의 불안정으로 날씨가 몹시 나쁜 경우에는 그 작업을 중지할 것
④ 해당 작업을 하는 구역에는 관계 근로자가 아닌 사람의 출입을 금지할 것

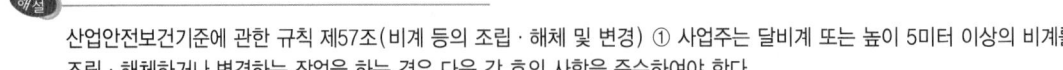
산업안전보건기준에 관한 규칙 제57조(비계 등의 조립·해체 및 변경) ① 사업주는 달비계 또는 높이 5미터 이상의 비계를 조립·해체하거나 변경하는 작업을 하는 경우 다음 각 호의 사항을 준수하여야 한다.
1. 근로자가 관리감독자의 지휘에 따라 작업하도록 할 것

2. 조립·해체 또는 변경의 시기·범위 및 절차를 그 작업에 종사하는 근로자에게 주지시킬 것
3. 조립·해체 또는 변경 작업구역에는 해당 작업에 종사하는 근로자가 아닌 사람의 출입을 금지하고 그 내용을 보기 쉬운 장소에 게시할 것
4. 비, 눈, 그 밖의 기상상태의 불안정으로 날씨가 몹시 나쁜 경우에는 그 작업을 중지시킬 것
5. 비계재료의 연결·해체작업을 하는 경우에는 폭 20센티미터 이상의 발판을 설치하고 근로자로 하여금 안전대를 사용하도록 하는 등 추락을 방지하기 위한 조치를 할 것
6. 재료·기구 또는 공구 등을 올리거나 내리는 경우에는 근로자가 달줄 또는 달포대 등을 사용하게 할 것

119 흙의 투수계수에 영향을 주는 인자에 관한 설명으로 옳지 않은 것은?

① 포화도 : 포화도가 클수록 투수계수도 크다.
② 공극비 : 공극비가 클수록 투수계수는 작다.
③ 유체의 점성계수 : 점성계수가 클수록 투수계수는 작다.
④ 유체의 밀도 : 유체의 밀도가 클수록 투수계수는 크다.

공극비가 클수록 투수계수는 크다.

120 터널공사의 전기발파작업에 관한 설명으로 옳지 않은 것은?

① 전선은 점화하기 전에 화약류를 충진한 장소로부터 30m 이상 떨어진 안전한 장소에서 도통시험 및 저항시험을 하여야 한다.
② 점화는 충분한 허용량을 갖는 발파기를 사용하고 규정된 스위치를 반드시 사용하여야 한다.
③ 발파 후 발파기와 발파모선의 연결을 유지한 채 그 단부를 절연시킨 후 재점화가 되지 않도록 한다.
④ 점화는 선임된 발파책임자가 행하고 발파기의 핸들을 점화할 때 이외는 시건장치를 하거나 모선을 분리하여야 하며 발파책임자의 엄중한 관리하에 두어야 한다.

발파 후 즉시 발파모선을 발파기에서 분리하여 단락시켜 두고 재점화가 되지 않도록 조치하여야 한다.

정답 2021년 03월 07일 최근 기출문제

001 ②	002 ③	003 ②	004 ①	005 ②	006 ④	007 ①	008 ③	009 ①	010 ③
011 ③	012 ④	013 ④	014 ④	015 ④	016 ②	017 ③	018 ②	019 ①	020 ②
021 ②	022 ②	023 ①	024 ①	025 ②	026 ①	027 ④	028 ②	029 ④	030 ①
031 ①	032 ③	033 ④	034 ③	035 ③	036 ①	037 ②	038 ③	039 ④	040 ②
041 ①	042 ①	043 ④	044 ④	045 ②	046 ④	047 ④	048 ①	049 ③	050 ①
051 ②	052 ④	053 ②	054 ②	055 ②	056 ①	057 ①	058 ③	059 ①	060 ④
061 ③	062 ②	063 ②	064 ③	065 ①	066 ④	067 ①	068 ④	069 ①	070 ④
071 ③	072 ③	073 ①	074 ③	075 ④	076 ②	077 ④	078 ①	079 ③	080 ④
081 ②	082 ①	083 ①	084 ④	085 ①	086 ①	087 ①	088 ③	089 ③	090 ④
091 ②	092 ①	093 ③	094 ③	095 ①	096 ①	097 ②	098 ③	099 ①	100 ②
101 ①	102 ②	103 ④	104 ③	105 ②	106 ①	107 ①	108 ④	109 ③	110 ④
111 ②	112 ④	113 ④	114 ①	115 ①	116 ③	117 ②	118 ①	119 ②	120 ③

2021년 05월 15일 최근 기출문제

QUESTIONS FROM PREVIOUS TESTS

제 01 과목   산업재해 예방 및 안전보건교육

001 학습자가 자신의 학습속도에 적합하도록 프로그램 자료를 가지고 단독으로 학습하도록 하는 안전교육 방법은?

① 실연법
② 모의법
③ 토의법
④ 프로그램 학습법

프로그램 학습법
- 프로그램의 학습법의 개요 : 수업프로그램이 프로그램 학습의 원리에 의해서 만들어지고 학생의 자기학습 속도에 따른 학습이 허용되어 있는 상태에서, 학습자가 프로그램 자료를 가지고 단독으로 학습토록 하는 교육방법
- 프로그램 학습법의 특징

적용의 경우	제약조건(단점)
• 수업의 모든 단계 • 학교수업, 방송수업, 직업훈련의 경우 • 학생들의 개인차가 최대한으로 조절되어야 할 경우 • 학생들이 자기에게 허용된 어느 시간에나 학습이 가능할 경우 • 보충학습의 경우	• 한번 개발한 프로그램 자료를 개조하기가 어렵다. • 학생들의 사회성이 결여되기 쉽다. • 개발비가 높다.

002 헤드십의 특성이 아닌 것은?

① 지휘형태는 권위주의적이다.
② 권한행사는 임명된 헤드이다.
③ 구성원과의 사회적 간격은 넓다.
④ 상관과 부하와의 관계는 개인적인 영향이다.

헤드십(Headship) : 집단 구성원이 아닌 외부에 의해 선출(임명)된 지도자로 명목상의 리더십

003 산업안전보건법령상 특정행위의 지시 및 사실의 고지에 사용되는 안전·보건표지의 색도기준으로 옳은 것은?

① 2.5G 4/10
② 5Y 8.5/12
③ 2.5PB 4/10
④ 7.5R 4/14

안전 · 보건표지의 색도기준 및 용도(산업안전보건법 시행규칙 별표 8)

색채	색도기준	용도	사용례
빨간색	7.5R 4/14	금지	정지신호, 소화설비 및 그 장소, 유해행위의 금지
		경고	화학물질 취급장소에서의 유해 · 위험 경고
노란색	5Y 8.5/12	경고	화학물질 취급장소에서의 유해 · 위험 경고 이외의 위험 경고, 주의표지 또는 기계방호물
파란색	2.5PB 4/10	지시	특정 행위의 지시 및 사실의 고지
녹색	2.5G 4/10	안내	비상구 및 피난소 사람 또는 차량의 통행 표시
흰색	N9.5	–	파란색 또는 녹색에 대한 보조색
검은색	N0.5	–	문자 및 빨간색 또는 노란색에 대한 보조색

004 인간관계의 메커니즘 중 다른 사람의 행동 양식이나 태도를 투입시키거나 다른 사람 가운데서 자기와 비슷한 것을 발견하는 것은?

① 공감
② 모방
③ 동일화
④ 일체화

인간관계의 메커니즘(Mechanism)
- 동일화(Identification) : 다른 사람의 행동 양식이나 태도를 투입시키거나, 다른 사람 가운데서 자기와 비슷한 것을 발견하는 것
- 투사(投射, Projection) : 자기 속의 억압된 것을 다른 사람의 것으로 생각하는 것을 투사(또는 투출)라고 함
- 커뮤니케이션(Communication) : 갖가지 행동 양식이나 기호를 매개로 하여 어떤 사람으로부터 다른 사람에게 전달되는 과정
- 모방(Imitation) : 남의 행동이나 판단을 표본으로 하여 그것과 같거나 또는 그것에 가까운 행동 또는 판단을 취하려는 것
- 암시(Suggestion) : 다른 사람으로부터의 판단이나 행동을 무비판적으로 논리적, 사실적 근거 없이 받아들이는 것

005 다음의 교육내용과 관련 있는 교육은?

- 작업동작 및 표준작업방법의 습관화
- 공구 · 보호구 등의 관리 및 취급태도의 확립
- 작업 전후의 점검, 검사요령의 정확화 및 습관화

① 지식교육
② 기능교육
③ 태도교육
④ 문제해결교육

안전교육의 3단계
- 제1단계 지식교육 : 강의, 시청각교육을 통한 지식의 전달과 이해
- 제2단계 기능교육 : 시범, 견학, 실습, 현장실습교육을 통한 경험 체득과 이해
- 제3단계 태도교육 : 작업동작지도, 생활지도 등을 통한 안전의 습관화

006 데이비스(K.Davis)의 동기부여 이론에 관한 등식에서 그 관계가 틀린 것은?

① 지식 ×기능 = 능력
② 상황 ×능력 = 동기유발
③ 능력 ×동기유발 = 인간의 성과
④ 인간의 성과 ×물질의 성과 = 경영의 성과

데이비스(Davis)의 이론
• 상황(situation) × 태도(attitude) = 동기유발(motivation)

007 산업안전보건법령상 보호구 안전인증 대상 방독마스크의 유기화합물용 정화통 외부 측면 표시 색으로 옳은 것은?

① 갈색　　　　　　　　　② 녹색
③ 회색　　　　　　　　　④ 노랑색

방독마스크의 종류

종류	시험가스	정화통 외부측면 표시색
유기화합물용	시클로헥산(C_6H_{12}), 디메틸에테르(CH_3OCH_3), 이소부탄(C_4H_{10})	갈색
할로겐용	염소가스 또는 증기(Cl_2)	회색
황화수소용	황화수소가스(H_2S)	
시안화수소용	시안화수소가스(HCN)	
아황산용	아황산가스(SO_2)	노란색
암모니아용	암모니아가스(NH_3)	녹색

008 재해원인 분석기법의 하나인 특성요인도의 작성 방법에 대한 설명으로 틀린 것은?

① 큰뼈는 특성이 일어나는 요인이라고 생각되는 것을 크게 분류하여 기입한다.
② 등뼈는 원칙적으로 우측에서 좌측으로 향하여 가는 화살표를 기입한다.
③ 특성의 결정은 무엇에 대한 특성요인도를 작성할 것인가를 결정하고 기입한다.
④ 중뼈는 특성이 일어나는 큰뼈의 요인마다 다시 미세하게 원인을 결정하여 기입한다.

등뼈는 원칙적으로 좌측에서 우측으로 향하여 가는 화살표를 기입한다.

009 TWI의 교육 내용 중 인간관계 관리방법 즉 부하 통솔법을 주로 다루는 것은?

① JST(Job Safety Training)
② JMT(Job Method Training)
③ JRT(job Relation Training)
④ JIT(Job Instruction Training)

교육내용

- JI(job instruction) : 작업지도 기법
- JR(job relation) : 인간관계 관리기법
- JM(job method) : 작업개선 기법
- JS(job safety) : 작업안전 기법

010 산업안전보건법령상 안전보건관리규정에 반드시 포함되어야 할 사항이 아닌 것은?(단, 그 밖에 안전 및 보건에 관한 사항은 제외한다.)

① 재해코스트 분석 방법
② 사고 조사 및 대책 수립
③ 작업장 안전 및 보건관리
④ 안전 및 보건 관리조직과 그 직무

산업안전보건법 제25조(안전보건관리규정의 작성) ① 사업주는 사업장의 안전 및 보건을 유지하기 위하여 다음 각 호의 사항이 포함된 안전보건관리규정을 작성하여야 한다.
1. 안전 및 보건에 관한 관리조직과 그 직무에 관한 사항
2. 안전보건교육에 관한 사항
3. 작업장의 안전 및 보건 관리에 관한 사항
4. 사고 조사 및 대책 수립에 관한 사항
5. 그 밖에 안전 및 보건에 관한 사항

011 재해조사에 관한 설명으로 틀린 것은?

① 조사목적에 무관한 조사는 피한다.
② 조사는 현장을 정리한 후에 실시한다.
③ 목격자나 현장 책임자의 진술을 듣는다.
④ 조사자는 객관적이고 공정한 입장을 취해야 한다.

재해조사시 유의사항

- 재해장소에 들어갈 때에는 예방과 유해성에 대응하여 해당하는 보호구를 반드시 착용한다.
- 재해발생 후 현장보존에 유의하면서 물적 증거를 수집한다.
- 사실을 수집한다.
- 조사는 신속히 행하고 필요시 긴급조치를 통해 2차 재해의 방지를 도모한다.
- 목격자가 증언하는 객관적 사실 외에는 참고만 한다.
- 공정하게 조사하며 필히 2인 이상이 한다.

012 산업안전보건법령상 안전보건표지의 종류 중 경고표지의 기본모형(형태)이 다른 것은?

① 고압전기 경고
② 방사성물질 경고
③ 폭발성물질 경고
④ 매달린 물체 경고

경고표지

201 인화성 물질 경고	202 산화성 물질 경고	203 폭발성 물질 경고	204 급성독성 물질 경고	205 부식성 물질 경고	206 방사성 물질 경고	207 고압전기 경고	208 매달린 물체 경고

209 낙하물 경고	210 고온경고	211 저온경고	212 몸균형 상실 경고	213 레이저 광선 경고	214 발암성·변이원성·생식독성·전신 독성·호흡기 과민성 물질 경고	215 위험장소 경고

013 무재해운동 추진의 3요소에 관한 설명이 아닌 것은?

① 안전보건은 최고경영자의 무재해 및 무질병에 대한 확고한 경영자세로 시작된다.
② 안전보건을 추진하는 데에는 관리감독자들의 생산 활동 속에 안전보건을 실천하는 것이 중요하다.
③ 모든 재해는 잠재요인을 사전에 발견·파악·해결함으로써 근원적으로 산업재해를 없애야 한다.
④ 안전보건은 각자 자신의 문제이며, 동시에 동료의 문제로서 직장와 팀 멤버와 협동 노력하여 자주적으로 추진하는 것이 필요하다.

• 무재해운동의 3원칙
 – 무(Zero)의 원칙 : 산재 위험의 잠재요인을 근원적으로 해결하기 위한 원칙
 – 선취의 원칙 : 위험요인 행동 전에 예지, 발견
 – 참가의 원칙 : 전원(근로자, 회사내 전종업원, 근로자 가족) 참가
• 무재해운동 추진의 3기둥(무재해운동의 3요소)
 – 최고 경영자의 경영자세
 – 라인화의 철저(관리감독자에 의한 안전보건의 추진)
 – 직장(소집단)의 자주활동의 활발화

014 헤링(Hering)의 착시현상에 해당하는 것은?

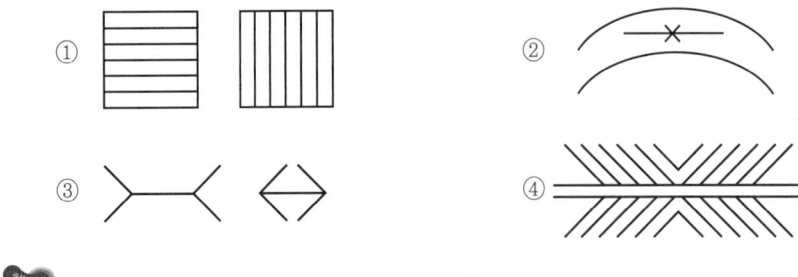

해설
① Helmholz의 착시, ② Kohler의 착시, ③ Müller-Lyer의 착시, ④ Hering의 착시

015 도수율이 24.5이고, 강도율이 1.15인 사업장에서 한 근로자가 입사하여 퇴직할 때까지 근로손실일수는?

① 2.45일 ② 115일
③ 215일 ④ 245일

해설
환산강도율(S) = 강도율 × 100 = 1.15 × 100 = 115일

016 학습을 자극(Stimulus)에 의한 반응(Response)으로 보는 이론에 해당하는 것은?

① 장설(Field Theory)
② 통찰설(Insight Theory)
③ 기호형태설(Sign-gestalt Theory)
④ 시행착오설(Trial and Error Theory)

해설
S-R이론 : 학습을 자극(Stimulus)에 의한 반응(Response)으로 보는 이론
- 손다이크(Thorndike)의 시행착오설
- 파브로브(Pavlov)의 조건반사설
- 스키너(Skinner)의 작동적(도구적) 조건화설
- 구드리(Guthrie)의 접근적 조건화설

017 하인리히의 사고방지 기본원리 5단계 중 시정 방법의 선정 단계에 있어서 필요한 조치가 아닌 것은?

① 인사조정 ② 안전행정의 개선
③ 교육 및 훈련의 개선 ④ 안전점검 및 사고조사

해설
4단계 - 시정방법의 선정
- 기술적 개선 인사조정(배치조정)
- 규정 및 수칙 작업표준 제도의 개선
- 교육 훈련의 개선 안전행정의 개선
- 확인 및 통제체제 개선

018 산업안전보건법령상 안전보건교육 교육대상별 교육내용 중 관리감독자 정기교육의 내용으로 틀린 것은?

① 정리정돈 및 청소에 관한 사항
② 유해·위험 작업환경 관리에 관한 사항
③ 표준안전 작업방법 결정 및 지도·감독 요령에 관한 사항
④ 작업공정의 유해·위험과 재해 예방대책에 관한 사항

관리감독자 정기교육 내용(산업안전보건법 시행규칙 별표 5)
- 산업안전 및 산업재해 예방에 관한 사항(화재·폭발 사고 발생 시 대피에 관한 사항 포함)
- 산업보건 및 건강장해 예방에 관한 사항(폭염·한파작업으로 인한 건강장해 발생 시 응급조치에 관한 사항 포함)
- 위험성평가에 관한 사항
- 유해·위험 작업환경 관리에 관한 사항
- 산업안전보건법령 및 산업재해보상보험 제도에 관한 사항
- 직무스트레스 예방 및 관리에 관한 사항
- 직장 내 괴롭힘, 고객의 폭언 등으로 인한 건강장해 예방 및 관리에 관한 사항
- 작업공정의 유해·위험과 재해 예방대책에 관한 사항
- 사업장 내 안전보건관리체제 및 안전·보건조치 현황에 관한 사항
- 표준안전 작업방법 결정 및 지도·감독 요령에 관한 사항
- 현장근로자와의 의사소통능력 및 강의능력 등 안전보건교육 능력 배양에 관한 사항
- 비상시 또는 재해 발생 시 긴급조치에 관한 사항
- 그 밖의 관리감독자의 직무에 관한 사항

019 산업안전보건법령상 협의체 구성 및 운영에 관한 사항으로 (   )에 알맞은 내용은?

> 도급인은 관계수급인 근로자가 도급인의 사업장에서 작업을 하는 경우 도급인과 수급인을 구성원으로 하는 안전 및 보건에 관한 협의체를 구성 및 운영하여야 한다. 이 협의체는 (   ) 정기적으로 회의를 개최하고 그 결과를 기록·보존해야 한다.

① 매월 1회 이상
② 2개월마다 1회
③ 3개월마다 1회
④ 6개월마다 1회

산업안전보건법 시행규칙 제79조(협의체의 구성 및 운영) ① 법 제64조제1항제1호에 따른 안전 및 보건에 관한 협의체(이하 이 조에서 "협의체"라 한다)는 도급인 및 그의 수급인 전원으로 구성해야 한다.
② 협의체는 다음 각 호의 사항을 협의해야 한다.
  1. 작업의 시작 시간
  2. 작업 또는 작업장 간의 연락방법
  3. 재해발생 위험이 있는 경우 대피방법
  4. 작업장에서의 법 제36조에 따른 위험성평가의 실시에 관한 사항
  5. 사업주와 수급인 또는 수급인 상호 간의 연락 방법 및 작업공정의 조정
③ 협의체는 매월 1회 이상 정기적으로 회의를 개최하고 그 결과를 기록·보존해야 한다.

020 산업안전보건법령상 프레스를 사용하여 작업을 할 때 작업시작 전 점검사항으로 틀린 것은?

① 방호장치의 기능
② 언로드밸브의 기능
③ 금형 및 고정볼트 상태
④ 클러치 및 브레이크의 기능

프레스등을 사용하여 작업을 할 때 작업시작 전 점검사항(산업안전보건기준에 관한 규칙 별표 3)
- 클러치 및 브레이크의 기능
- 크랭크축·플라이휠·슬라이드·연결봉 및 연결 나사의 풀림 여부
- 1행정 1정지기구·급정지장치 및 비상정지장치의 기능
- 슬라이드 또는 칼날에 의한 위험방지 기구의 기능
- 프레스의 금형 및 고정볼트 상태
- 방호장치의 기능
- 전단기(剪斷機)의 칼날 및 테이블의 상태

제 02 과목   인간공학 및 위험성 평가·관리

021 일반적으로 은행의 접수대 높이나 공원의 벤치를 설계할 때 가장 적합한 인체 측정 자료의 응용원칙은?

① 조절식 설계
② 평균치를 이용한 설계
③ 최대치수를 이용한 설계
④ 최소치수를 이용한 설계

인체계측자료의 응용원칙
- 최대치수와 최소치수 : 최대치수 또는 최소치수를 기준으로 하여 설계
- 조절범위(조절식) : 체격이 다른 여러 사람에 맞도록 만드는 것(5 ~ 95%tile)
- 평균치를 기준으로 한 설계 : 최대치수나 최소치수, 조절식으로 하기가 곤란할 때 평균치를 기준으로 하여 설계

022 위험분석기법 중 고장이 시스템의 손실과 인명의 사상에 연결되는 높은 위험도를 가진 요소나 고장의 형태에 따른 분석법은?

① CA
② ETA
③ FHA
④ FTA

위험도 분석(CA, Criticality Analysis)
- CA : 고장이 직접 시스템의 손실과 사상에 연결되는 높은 위험도(Criticality)를 가진 요소나 고장의 형태에 따른 분석법
- 고장형의 위험도의 분류
  - Category Ⅰ : 생명의 상실로 이어질 염려가 있는 고장
  - Category Ⅱ : 작업의 실패로 이어질 염려가 있는 고장
  - Category Ⅲ : 운용의 지연 또는 손실로 이어질 고장
  - Category Ⅳ : 극단적인 계획 외의 관리로 이어질 고장

023 작업장의 설비 3대에서 각각 80dB, 86dB, 78dB의 소음이 발생되고 있을 때 작업장의 음압수준은?

① 약 81.3dB ② 약 85.5dB
③ 약 87.5dB ④ 약 90.3dB

해설

$$L = 10\log(10^{\frac{L_1}{10}} + 10^{\frac{L_2}{10}} + 10^{\frac{L_3}{10}}) = 10\log(10^{\frac{80}{10}} + 10^{\frac{86}{10}} + 10^{\frac{78}{10}}) = 87.491$$

024 일반적인 화학설비에 대한 안전성 평가(safety assessment) 절차에 있어 안전대책 단계에 해당되지 않는 것은?

① 보전 ② 위험도 평가
③ 설비적 대책 ④ 관리적 대책

해설

4단계 : 안전 대책
- 설비적 대책 : 안전장치 및 방재장치에 관해서 배려
- 관리적 대책 : 인원 배치, 교육훈련 및 보건에 관해서 배려
- 적정 인원 배치

구분	위험등급 Ⅰ	위험등급 Ⅱ	위험등급 Ⅲ
인원	긴급시, 동시 다른 장소에서 작업을 행할 수 있는 충분한 인원 배치	긴급시, 동시 다른 장소에서 작업이 가능한 인원 배치	긴급시 주작업을 하고 바로 지원이 확보될 수 있는 체제의 인원 배치
자격	법정자격자를 복수로 배치, 관리밀도가 높은 인원 배치	법정자격자가 복수로 배치되어 있는 인원 배치	법정자격자가 충분한 인원 배치

- 교육 훈련 과목
  - 위험물 및 화학반응에 관한 지식
  - 화학설비 등의 운전 및 보전의 방법에 관한 지식
  - 재해사례
  - 운전
  - 긴급시의 조작방법
  - 화학설비 등의 구조 및 취급방법에 관한 지식
  - 작업규정
  - 관계법령
  - 경보 및 보전의 방법

025 욕조곡선에서의 고장 형태에서 일정한 형태의 고장률이 나타나는 구간은?

① 초기 고장구간 ② 마모 고장구간
③ 피로 고장구간 ④ 우발 고장구간

해설

고장의 유형
- 초기고장 : 감소형(Debugging 기간, Burning 기간)
- 우발고장 : 일정형
- 마모고장 : 증가형(Burn In 기간)

026 음량수준을 평가하는 척도와 관계없는 것은?
① dB ② HSI
③ phon ④ sone

음의 크기 수준
- Phon : 1000Hz 순음의 음압 수준(dB)을 나타낸다.
- sone : 1000Hz, 40dB의 음압 수준을 가진 순음의 크기(= 40 Phon)를 1 sone이라 함
- sone과 Phon의 관계식 : sone치 = $2^{(Phon - 40) / 10}$

027 실효 온도(effective temperature)에 영향을 주는 요인이 아닌 것은?
① 온도 ② 습도
③ 복사열 ④ 공기 유동

실효온도(체감온도 또는 감각온도)에 영향을 주는 요인 : 온도, 습도, 기류(공기유동)

028 FT도에서 시스템의 신뢰도는 얼마인가?(단, 모든 부품의 발생확률은 0.1 이다.)

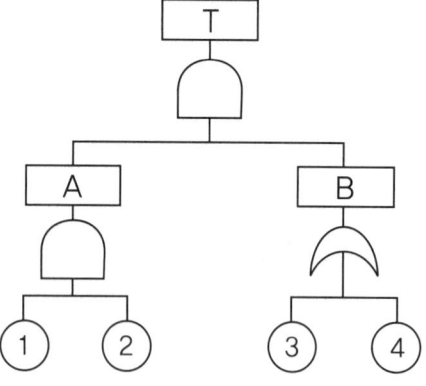

① 0.0033
② 0.0062
③ 0.9981
④ 0.9936

- A = ① × ② = 0.1 × 0.1 = 0.01
- B = 1 - (1 - ③)(1 - ④) = 1 - (1 - 0.1)(1 - 0.1) = 0.19
- T = A × B = 0.01 × 0.19 = 0.0019
∴ 신뢰도 $R_{(T)}$ = 1 - 0.0019 = 0.9981

029 인간공학 연구방법 중 실제의 제품이나 시스템이 추구하는 특성 및 수준이 달성되는지를 비교하고 분석하는 연구는?
① 조사연구 ② 실험연구
③ 분석연구 ④ 평가연구

030 어떤 설비의 시간당 고장률이 일정하다고 할 때 이 설비의 고장간격은 다음 중 어떤 확률분포를 따르는가?

① t분포
② 와이블분포
③ 지수분포
④ 아이링(Eyring)분포

설비의 시간당 고장율이 일정할 때 고장간격은 지수분포에 따른다.

031 시스템 수명주기에 있어서 예비위험분석(PHA)이 이루어지는 단계에 해당하는 것은?

① 구상단계
② 점검단계
③ 운전단계
④ 생산단계

시스템안전 분석기법 총정리
- ETA : 귀납적, 정량적 방법, 항공기 안전성 평가시 사용, 귀납적, 정량적
- FTA : 결함수 분석법, 상이한 조직의 결함을 발견할 수 있음, 연역적, 정량적
- CA : 위험성이 높은 요소
- FMEA : 가장 일반적인 정성적·귀납적 해석방법
- FMECA : 정성적, 정량적 분석을 동시 사용
- MORT : 연역적, 정량적 분석
- PHA : 구상단계, 발주단계에서 실시, 귀납적, 정성적
- 시스템안전 분석기법 : PHA, FHA, DT, MORT

032 FTA에서 사용하는 다음 사상기호에 대한 설명으로 맞는 것은?

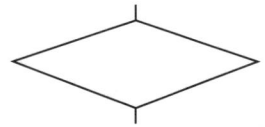

① 시스템 분석에서 좀 더 발전시켜야 하는 사상
② 시스템의 정상적인 가동상태에서 일어날 것이 기대되는 사상
③ 불충분한 자료로 결론을 내릴 수 없어 더 이상 전개 할 수 없는 사상
④ 주어진 시스템의 기본사상으로 고장원인이 분석되었기 때문에 더 이상 분석할 필요가 없는 사상

FTA 도표에 사용하는 논리기호

명칭	기호	명칭	기호
결함사상	□	전이 기호 (이행 기호)	△(in) △(out)

명칭	기호	명칭	기호
기본사상	○	AND gate	출력/입력
생략사상 (추적 불가능한 최후사상)	◇	OR gate	출력/입력
통상사상 (家刑事像)	⬠	수정기호 조건	출력/입력, 조건

033 정보를 전송하기 위해 청각적 표시장치보다 시각적 표시장치를 사용하는 것이 더 효과적인 경우는?

① 정보의 내용이 간단한 경우
② 정보가 후에 재참조되는 경우
③ 정보가 즉각적인 행동을 요구하는 경우
④ 정보의 내용이 시간적인 사건을 다루는 경우

청각장치와 시각장치의 선택(특정 감각의 선택)

구분	청각장치 사용	시각장치 사용
전언	• 전언이 간단하고 짧다.	• 전언이 복잡하고 길다.
재참조	• 전언이 후에 재참조 되지 않는다.	• 전언이 후에 재참조 된다.
사상(Eevent)	• 전언이 즉각적인 사상을 이룬다.	• 전언이 공간적인 위치를 다룬다.
행동 요구	• 전언이 즉각적인 행동을 요구한다.	• 전언이 즉각적인 행동을 요구하지 않는다.
사용시기	• 수신자의 시각계통이 과부하 상태일 때 • 수신 장소가 너무 밝거나 암조응 유지가 필요할 때 • 직무상 수신자가 자주 움직이는 경우	• 수신자가 청각계통이 과부하 상태일 때 • 수신 장소가 너무 시끄러울 때 • 직무상 수신자가 한곳에 머무르는 경우

034 감각저장으로부터 정보를 작업 기억으로 전달하기 위한 코드화 분류에 해당되지 않는 것은?

① 시각코드
② 촉각코드
③ 음성코드
④ 의미코드

작업기억의 정보는 시각(visual), 음성(phonetic), 의미(semantic) 코드로 저장된다.

035 인간-기계시스템 설계과정 중 직무분석을 하는 단계는?

① 제1단계 : 시스템의 목표와 성능명세 결정
② 제2단계 : 시스템의 정의
③ 제3단계 : 기본 설계
④ 제4단계 : 인터페이스 설계

제3단계 - 기본설계
- 기능의 할당
- 인간 성능 요건 명세 – 속도, 정확성, 사용자 만족, 유일한 기술을 개발하는데 필요한 시간
- 직무 분석
- 작업 설계

036 중량물 들기 작업 시 5분간의 산소소비량을 측정한 결과 90L의 배기량 중에 산소가 16%, 이산화탄소가 4%로 분석되었다. 해당 작업에 대한 산소소비량(L/min)은 약 얼마인가?(단, 공기 중 질소는 79vol%, 산소는 21vol%이다.)

① 0.948
② 1.948
③ 4.74
④ 5.74

분당소비량 = (분당배기량 × 0.21) − (분당흡기량 × 0.16)

$$= \left(\frac{100 - O_2 - CO_2}{79} \times \frac{\text{총배기량}}{\text{시간}} \times 0.21\right) - \left(\frac{\text{총배기량}}{\text{시간}} \times 0.16\right)$$

$$= \left(\frac{100 - 16 - 4}{79} \times \frac{90}{5} \times 0.21\right) - \left(\frac{90}{5} \times 0.16\right) = 0.948$$

037 의도는 올바른 것이었지만, 행동이 의도한 것과는 다르게 나타나는 오류는?

① Slip
② Mistake
③ Lapse
④ Violation

① 실수(Slip) ② 착오(Mistake) ③ 건망증(Lapse) ④ 위반(Violation)

038 동작경제의 원칙과 가장 거리가 먼 것은?

① 급작스런 방향의 전환은 피하도록 할 것
② 가능한 관성을 이용하여 작업하도록 할 것
③ 두 손의 동작은 같이 시작하고 같이 끝나도록 할 것
④ 두 팔의 동작은 동시에 같은 방향으로 움직일 것

동작개선의 원칙
- 동작이 자동적으로 이루어지는 순서로 한다.
- 양손은 동시에 반대의 방향으로, 좌우대칭적으로 운동한다.
- 관성, 중력, 기계력 등을 이용한다.
- 작업장의 높이를 적당히 하여 피로를 줄인다.

039 두 가지 상태 중 하나가 고장 또는 결함으로 나타나는 비정상적인 사건은?

① 톱사상 ② 결함사상
③ 정상적인 사상 ④ 기본적인 사상

040 설비보전 방법 중 설비의 열화를 방지하고 그 진행을 지연시켜 수명을 연장하기 위한 점검, 청소, 주유 및 교체 등의 활동은?

① 사후 보전 ② 개량 보전
③ 일상 보전 ④ 보전 예방

- 생산보전 : 설계에서 폐기에 이르기까지 기계설비의 전 과정에서 소요되는 설비의 열화손실과 보전비용을 최소화하여 생산성을 향상시키는 보전방법
- 일상보전 : 일 또는 주 단위로 점검·급유·청소 등의 작업을 함으로써 열화나 마모를 가능한 한 방지하도록 하는 보전방식

제 03 과목 | 기계 · 기구 및 설비 안전관리

041 산업안전보건법령상 보일러 수위가 이상 현상으로 인해 위험수위로 변하면 작업자가 쉽게 감지할 수 있도록 경보등, 경보음을 발하고 자동적으로 급수 또는 단수되어 수위를 조절하는 방호장치는?

① 압력방출장치
② 고저수위 조절장치
③ 압력제한 스위치
④ 과부하방지장치

보일러의 방호장치(산업안전보건기준에 관한 규칙 제2편 제1장 제7절)
- 압력 방출 장치 : 1개 또는 2개 이상 설치하고 최고 사용 압력 이하에서 작동되도록 한다. 단, 2개 이상 설치된 경우에는 최고 사용 압력 이하에서 1개가 작동하고, 다른 1개는 최고 사용 압력 1.05배 이하에서 작동되도록 하며 스프링식이 가장 많이 사용된다.
- 압력 제한 스위치 : 과열을 방지하기 위하여 최고 사용 압력과 사용 압력 사이에서 보일러의 버너 연소를 차단한다.
- 고저수위 조절 장치 : 고저수위를 알리는 경보등·경보음 장치 등을 설치하며, 자동으로 급수 또는 단수되도록 설치한다.
- 화염 검출기

042 프레스 작업에서 제품 및 스크랩을 자동적으로 위험한계 밖으로 배출하기 위한 장치로 틀린 것은?

① 피더
② 키커
③ 이젝터
④ 공기 분사 장치

피더 : 파우더, 펠렛, 그래뉼, 액상 등의 원료를 후단 공정으로 정량적으로 공급해주는 장치

043 산업안전보건법령상 로봇의 작동범위 내에서 그 로봇에 관하여 교시 등 작업을 행하는 때 작업시작 전 점검사항으로 옳은 것은?(단, 로봇의 동력원을 차단하고 행하는 것은 제외)

① 과부하방지장치의 이상 유무
② 압력제한스위치의 이상 유무
③ 외부 전선의 피복 또는 외장의 손상 유무
④ 권과방지장치의 이상 유무

작업시작 전 점검사항(산업안전보건기준에 관한 규칙 별표 3)

작업의 종류	점검내용
1. 프레스등을 사용하여 작업을 할 때 (제2편제1장제3절)	가. 클러치 및 브레이크의 기능 나. 크랭크축·플라이휠·슬라이드·연결봉 및 연결 나사의 풀림 여부 다. 1행정 1정지기구·급정지장치 및 비상정지장치의 기능 라. 슬라이드 또는 칼날에 의한 위험방지 기구의 기능 마. 프레스의 금형 및 고정볼트 상태 바. 방호장치의 기능 사. 전단기(剪斷機)의 칼날 및 테이블의 상태
2. 로봇의 작동 범위에서 그 로봇에 관하여 교시 등(로봇의 동력원을 차단하고 하는 것은 제외한다)의 작업을 할 때(제2편제1장제13절)	가. 외부 전선의 피복 또는 외장의 손상 유무 나. 매니퓰레이터(manipulator) 작동의 이상 유무 다. 제동장치 및 비상정지장치의 기능

044 산업안전보건법령상 지게차 작업시작 전 점검사항으로 거리가 가장 먼 것은?

① 제동장치 및 조종장치 기능의 이상 유무
② 압력방출장치의 작동 이상 유무
③ 바퀴의 이상 유무
④ 전조등·후미등·방향지시기 및 경보장치 기능의 이상 유무

지게차 작업시작 전 점검사항(산업안전보건기준에 관한 규칙 별표 3)
- 제동장치 및 조종장치 기능의 이상 유무
- 하역장치 및 유압장치 기능의 이상 유무
- 차륜의 이상 유무
- 전조등, 후조등, 방향 지시기 및 경보장치기능의 이상 유무

045 다음 중 가공재료의 칩이나 절삭유 등이 비산되어 나오는 위험으로부터 보호하기 위한 선반의 방호장치는?

① 바이트
② 권과방지장치
③ 압력제한스위치
④ 쉴드(Shield)

해설

선반의 방호장치
- 칩 브레이크 : 바이트에 설치된 칩을 짧게 끊어내는 장치
- 쉴드 : 칩 비산 방지 투명판
- 브레이크 : 급정지장치
- 덮개 또는 울 : 돌출 가공물에 설치한 안전장치

046 산업안전보건법령상 보일러의 압력 방출장치가 2개 설치된 경우 그 중 1개는 최고사용압력 이하에서 작동된다고 할 때 다른 압력방출장치는 최고사용압력의 최대 몇 배 이하에서 작동되도록 하여야 하는가?

① 0.5
② 1
③ 1.05
④ 2

해설

산업안전보건기준에 관한 규칙 제116조(압력방출장치) ① 사업주는 보일러의 안전한 가동을 위하여 보일러 규격에 맞는 압력방출장치를 1개 또는 2개 이상 설치하고 최고사용압력(설계압력 또는 최고허용압력을 말한다. 이하 같다) 이하에서 작동되도록 하여야 한다. 다만, 압력방출장치가 2개 이상 설치된 경우에는 최고사용압력 이하에서 1개가 작동되고, 다른 압력방출장치는 최고사용압력 1.05배 이하에서 작동되도록 부착하여야 한다.
② 제1항의 압력방출장치는 매년 1회 이상 「국가표준기본법」 제14조제3항에 따라 산업통상자원부장관의 지정을 받은 국가교정업무 전담기관(이하 "국가교정기관"이라 한다)에서 교정을 받은 압력계를 이용하여 설정압력에서 압력방출장치가 적정하게 작동하는지를 검사한 후 납으로 봉인하여 사용하여야 한다. 다만, 영 제43조에 따른 공정안전보고서 제출 대상으로서 고용노동부장관이 실시하는 공정안전보고서 이행상태 평가결과가 우수한 사업장은 압력방출장치에 대하여 4년마다 1회 이상 설정압력에서 압력방출장치가 적정하게 작동하는지를 검사할 수 있다.

047 상용운전압력 이상으로 압력이 상승할 경우 보일러의 파열을 방지하기 위하여 버너의 연소를 차단하여 정상압력으로 유도하는 장치는?

① 압력방출장치
② 고저수위 조절장치
③ 압력제한 스위치
④ 통풍제어 스위치

해설

산업안전보건기준에 관한 규칙 제117조(압력제한스위치) 사업주는 보일러의 과열을 방지하기 위하여 최고사용압력과 상용압력 사이에서 보일러의 버너 연소를 차단할 수 있도록 압력제한스위치를 부착하여 사용하여야 한다.

048 용접부 결함에서 전류가 과대하고, 용접속도가 너무 빨라 용접부의 일부가 홈 또는 오목하게 생기는 결함은?

① 언더컷
② 기공
③ 균열
④ 융합불량

용접상 결함의 종류
- 균열, 터짐(Crack) : 가장 중대한 결함
- 오버랩(Over-Lap) : 용접 금속과 모재(母材)가 융합되지 않고 겹쳐지는 것
- 블로우 홀(Blow Hole) : 용접 내부에 공기(가스) 구멍을 형성한 결함
- 슬래그(Slag) 감싸돌기 : 용접 찌꺼기가 용착 금속 내에 혼입되는 것
- 언더 컷(Under Cut) : 모재(母材)가 녹아 용착 금속이 채워지지 않고 홈으로 남게 된 부분
- 피트(Pit) : 용접 표면에 흠집이 생긴 것
- 용입 부족 : 모재(母材)가 녹지 않고 용착 금속이 채워지지 않고 홈으로 남는 것
- 크레이터(Crater) : 용접 시 끝 부분에 우묵하게 파진 부분
- 피시아이(Fish Eye) : 용접부에 생기는 은색 반점

049 물체의 표면에 침투력이 강한 적색 또는 형광성의 침투액을 표면 개구 결함에 침투시켜 직접 또는 자외선 등으로 관찰하여 결함장소와 크기를 판별하는 비파괴시험은?

① 피로시험 ② 음향탐상시험
③ 와류탐상시험 ④ 침투탐상시험

침투탐상검사(liquid penetrant testing)
- 사용이 용이하여 널리 활용되며 표면결함 검출능력이 우수하다.
- 제품, 구조물 등의 표면결함 검출에 사용되는 방법이다.
- 금속, 비금속의 거의 모든 재질에 적용이 가능하나 다공성 재질, 흡습성 재료는 불가능하다.
- 결함 폭이 1μm 정도의 미세결함도 검출 가능하다.
- 표면에 열려진 부분(개구부)이 있어야 한다.
- 검사대상물의 형상, 크기, 결함의 방향성에 무관하게 적용가능하다.

050 연삭숫돌의 파괴원인으로 거리가 가장 먼 것은?

① 숫돌이 외부의 큰 충격을 받았을 때
② 숫돌의 회전속도가 너무 빠를 때
③ 숫돌 자체에 이미 균열이 있을 때
④ 플랜지 직경이 숫돌 직경의 1/3 이상일 때

연삭숫돌의 파괴원인
- 숫돌의 회전 속도가 너무 빠를 때
- 숫돌자체에 균열이 있을 때
- 숫돌의 불균형이나 베어링의 마모에 의한 진동이 있을 때
- 숫돌의 측면을 사용하여 작업할 때
- 숫돌의 온도변화가 심할 때
- 부적당한 숫돌을 사용할 때
- 숫돌의 치수가 부적당할 때
- 플랜지가 현저히 작을 때

051 산업안전보건법령상 프레스 등 금형을 부착·해체 또는 조정하는 작업을 할 때, 슬라이드가 갑자기 작동함으로써 근로자에게 발생할 우려가 있는 위험을 방지하기 위해 사용해야 하는 것은?(단, 해당 작업에 종사하는 근로자의 신체가 위험한계 내에 있는 경우)

① 방진구
② 안전블록
③ 시건장치
④ 날접촉예방장치

해설

산업안전보건기준에 관한 규칙 제104조(금형조정작업의 위험 방지) 사업주는 프레스등의 금형을 부착·해체 또는 조정하는 작업을 할 때에 해당 작업에 종사하는 근로자의 신체가 위험한계 내에 있는 경우 슬라이드가 갑자기 작동함으로써 근로자에게 발생할 우려가 있는 위험을 방지하기 위하여 안전블록을 사용하는 등 필요한 조치를 하여야 한다.

052 페일 세이프(fail safe)의 기능적인 면에서 분류할 때 거리가 가장 먼 것은?

① Fool proof
② Fail passive
③ Fail active
④ Fail operational

해설

페일 세이프의 기능면 3단계
- Fail Passive : 부품이 고장나면 통상 기계는 정비방향으로 옮긴다.
- Fail Active : 부품이 고장나면 기계는 경보음을 내면서 짧은 시간의 운전이 가능하다.
- Fail Operational : 부품이 고장나더라도 기계는 다음의 보수가 이루어질 때까지 안전한 기능을 유지한다.

053 산업안전보건법령상 크레인에서 정격하중에 대한 정의는?(단, 지브가 있는 크레인은 제외)

① 부하할 수 있는 최대하중
② 부하할 수 있는 최대하중에서 달기기구의 중량에 상당하는 하중을 뺀 하중
③ 짐을 싣고 상승할 수 있는 최대하중
④ 가장 위험한 상태에서 부하할 수 있는 최대하중

양중기용 과부하방지장치의 용어
- 양중기 : 크레인(호이스트 포함), 이동식 크레인, 리프트(이삿짐운반용 리프트의 경우에는 적재하중 0.1톤 이상인 것), 곤돌라, 승강기를 말한다.
- 과부하방지장치 : 양중기에 있어서 정격하중 이상의 하중이 부하되었을 경우 자동적으로 동작을 정지시켜주는 방호장치를 말한다.
- 경보장치 : 양중기에 있어서 정격하중을 초과하는 하중이 부하되었을 경우 작업자에게 경보음을 발생하여 과부하를 알리는 장치를 말한다.
- 정격하중 : 양중기의 권상하중(들어 올릴 수 있는 최대의 하중)에서 훅, 크레브 또는 버킷 등 달기기구의 중량에 상당하는 하중을 뺀 하중을 말한다. 단, 지브가 있는 크레인 등으로서 경사각의 위치에 따라 권상능력이 달라지는 것은 그 위치에서의 권상하중으로부터 달기기구의 중량을 뺀 하중을 말한다.

054 기계설비의 안전조건인 구조의 안전화와 거리가 가장 먼 것은?

① 전압 강하에 따른 오동작 방지
② 재료의 결함 방지
③ 설계상의 결함 방지
④ 가공 결함 방지

기계 · 설비의 안전화 5가지
- 외관의 안전화 : 상자로 내장, 덮개, 색채조절(시동버튼 : 녹색, 정지버튼 : 적색)
- 기능적 안전화 : 전압 강하 및 정전시 오동작 방지, 사용 압력 변동시 오동작 방지, 밸브 고장시 오동작 방지, 단락 스위치 고장시 오동작 방지
- 구조부분의 안전화 : 적절한 재료, 안전율 및 안전계수 고려, 적절한 가공
- 작업의 안전화 : 기동 장치와 배치, 정지시 시건장치, 안전 통로 확보, 작업공간 확보
- 보수 · 유지의 안전화(보전성의 개선) : 정기 점검, 교환, 주유

055 공기압축기의 작업안전수칙으로 가장 적절하지 않은 것은?

① 공기압축기의 점검 및 청소는 반드시 전원을 차단한 후에 실시한다.
② 운전 중에 어떠한 부품도 건드려서는 안 된다.
③ 공기압축기 분해 시 내부의 압축공기를 이용하여 분해한다.
④ 최대공기압력을 초과한 공기압력으로는 절대로 운전하여서는 안 된다.

공기압축기 안전작업수칙
- 기계작동에 앞서 오일레벨을 점검하여 오일레벨이 낮을 때에는 필요량을 보충한다.
- 하루에 한번씩 공기탱크에 고여있는 응축수를 제거한다. 단, 습기가 많을 때에는 횟수를 늘인다.
- 공기압축기가 적절히 냉각되고 있는지 자주 냉각수 온도를 점검하고 냉각수 순환이 잘 되도록 주의한다.
- 공기압축기가 혹한 또는 빙점 이하로 가동될 경우는 냉각수에 부동액을 첨가하거나 또는 전부 배출시켜 냉각수가 얼지 않도록 한다.
- 금속물체는 전기배선, 터미널 및 전선 등에 접촉될 경우에 전기쇼크의 위험이 있으므로 주의하여 취급한다.
- 고온장소에 설치해서 고온공기를 흡입하여 연속운전한 후 장기간 드레인을 하지 않으면 화재나 폭발의 염려가 있으므로 드레인 방출, 오일 및 운전시간의 관리, 흡입공기 온도 등에 주의한다.
- 운전중에는 공기압축기의 소음과 진동에 주의하고, 그 변화에 따라 운전상태의 이상유무를 확인한다.
- 분해시에는 공기압축기, 공기탱크 및 관로 안의 압축공기를 완전히 배출한 뒤에 실시한다.

056 산업안전보건법령상 컨베이어, 이송용 롤러 등을 사용하는 경우 정전 · 전압강하 등에 의한 위험을 방지하기 위하여 설치하는 안전장치는?

① 권과방지장치
② 동력전달장치
③ 과부하방지장치
④ 화물의 이탈 및 역주행 방지장치

산업안전보건기준에 관한 규칙 제191조(이탈 등의 방지) 사업주는 컨베이어, 이송용 롤러 등(이하 "컨베이어등"이라 한다)을 사용하는 경우에는 정전·전압강하 등에 따른 화물 또는 운반구의 이탈 및 역주행을 방지하는 장치를 갖추어야 한다. 다만, 무동력상태 또는 수평상태로만 사용하여 근로자가 위험해질 우려가 없는 경우에는 그러하지 아니하다.

057 회전하는 동작부분과 고정부분이 함께 만드는 위험점으로 주로 연삭숫돌과 작업대, 교반기의 교반날개와 몸체 사이에서 형성되는 위험점은?

① 협착점
② 절단점
③ 물림점
④ 끼임점

위험점의 분류

구분	내용
협착점	왕복 운동하는 동작부분과 움직임이 없는 고정부분 사이에 형성되는 위험점
끼임점	고정부분과 회전하는 동작부분 사이에서 형성되는 위험점
절단점	회전하는 운동부분 자체의 위험에서 초래되는 위험점
물림점	반대로 회전하는 두 개의 회전체가 맞닿는 사이에서 발생하는 위험점
접선물림점	회전하는 부분의 접선방향으로 물려 들어갈 위험이 존재하는 위험점
회전말림점	회전하는 물체에 작업복 등이 말려드는 위험이 존재하는 위험점

058 다음 중 드릴 작업의 안전사항으로 틀린 것은?

① 옷소매가 길거나 찢어진 옷은 입지 않는다.
② 작고, 길이가 긴 물건은 손으로 잡고 뚫는다.
③ 회전하는 드릴에 걸레 등을 가까이 하지 않는다.
④ 스핀들에서 드릴을 뽑아낼 때에는 드릴 아래에 손을 내밀지 않는다.

드릴링 머신의 안전작업수칙

- 일감은 견고하게 고정, 손으로 고정금지
- 장갑을 착용하지 말 것
- 얇은 판이나 황동 등은 목재를 사용하여 밑에 받치고 작업할 것
- 구멍이 끝까지 뚫린 것을 확인하고자 손을 집어넣지 말 것
- 칩을 털어 낼 때는 브러시를 사용하고 입으로 불어내지 말 것
- 가공 중에 구멍이 관통되면 기계를 멈추고 손으로 돌려서 드릴을 빼어낼 것
- 보안경을 착용할 것
- 드릴을 끼운 후 척핸들(Chuck Handle)은 반드시 빼어놓을 것
- 자동이송작업 중 기계를 멈추지 말 것
- 큰 구멍을 뚫을 때에는 작은 구멍을 먼저 뚫은 뒤 작업할 것

059 산업안전보건법령상 양중기의 과부하방지 장치에서 요구하는 일반적인 성능기준으로 가장 적절하지 않은 것은?

① 과부하방지장치 작동 시 경보음과 경보램프가 작동되어야 하며 양중기는 작동이 되지 않아야 한다.
② 외함의 전선 접촉부분은 고무 등으로 밀폐되어 물과 먼지 등이 들어가지 않도록 한다.
③ 과부하방지장치와 타 방호장치는 기능에 서로 장애를 주지 않도록 부착할 수 있는 구조이어야 한다.
④ 방호장치의 기능을 정지 및 제거할 때 양중기의 기능이 동시에 원활하게 작동하는 구조이며 정지해서는 안 된다.

양중기의 과부하방지장치(방호장치 안전인증 고시 별표 2)
- 과부하방지장치 작동 시 경보음과 경보램프가 작동되어야 하며 양중기는 작동이 되지 않아야 한다. 다만, 크레인은 과부하 상태 해지를 위하여 권상된 만큼 권하시킬 수 있다.
- 외함은 납봉인 또는 시건할 수 있는 구조이어야 한다.
- 외함의 전선 접촉부분은 고무 등으로 밀폐되어 물과 먼지 등이 들어가지 않도록 한다.
- 과부하방지장치와 타 방호장치는 기능에 서로 장애를 주지 않도록 부착할 수 있는 구조이어야 한다.
- 방호장치의 기능을 제거 또는 정지할 때 양중기의 기능도 동시에 정지할 수 있는 구조이어야 한다.
- 과부하방지장치는 양중기 과부하방지장치 시험방법에 따른 시험 후 정격하중의 1.1배 권상 시 경보와 함께 권상동작이 정지되고 횡행과 주행동작이 불가능한 구조이어야 한다. 다만, 타워크레인은 정격하중의 1.05배 이내로 한다.
- 과부하방지장치에는 정상동작상태의 녹색램프와 과부하 시 경고 표시를 할 수 있는 붉은색램프와 경보음을 발하는 장치 등을 갖추어야 하며, 양중기 운전자가 확인할 수 있는 위치에 설치해야 한다.

060 프레스기의 SPM(stroke per minute)이 200이고, 클러치의 맞물림 개소수가 6인 경우 양수기동식 방호장치의 안전거리는?

① 120mm   ② 200mm
③ 320mm   ④ 400mm

$$D_m = 1.6 \times T_m = 1.6 \times \left(\frac{1}{\text{클러치갯수}} + \frac{1}{2}\right) \times \left(\frac{60000}{\text{분당행정수}}\right)$$
$$= 1.6 \times \left(\frac{1}{6} + \frac{1}{2}\right) \times \left(\frac{60000}{200}\right) = 320$$

제 04 과목 전기설비 안전관리

061 폭발한계에 도달한 메탄가스가 공기에 혼합되었을 경우 착화한계전압(V)은 약 얼마인가?(단, 메탄의 착화최소에너지는 0.2mJ, 극간용량은 10pF으로 한다.)

① 6325   ② 5225
③ 4135   ④ 3035

해설

$$V = \sqrt{\frac{2E}{C}} = \sqrt{\frac{2 \times 0.2 \times 10^{-3}}{10 \times 10^{-6} \times 10^{-6}}} = 6325$$

062 Q = 2×10⁻⁷C 으로 대전하고 있는 반경 25cm 도체구의 전위(kV)는 약 얼마인가?

① 7.2 ② 12.5
③ 14.4 ④ 25

해설

$$E = \frac{Q}{4\pi\epsilon_0 \times R} = \frac{2 \times 10^{-7}}{4\pi \times 8.855 \times 10^{-12} \times 0.25} = 7189.38 V$$

063 다음 중 누전차단기를 시설하지 않아도 되는 전로가 아닌 것은?(단, 전로는 금속제 외함을 가지는 사용전압이 50V를 초과하는 저압의 기계기구에 전기를 공급하는 전로이며 기계기구에는 사람이 쉽게 접촉할 우려가 있다.)

① 기계기구를 건조한 장소에 시설하는 경우
② 기계기구가 고무, 합성수지, 기타 절연물로 피복된 경우
③ 대지전압 200V 이하인 기계기구를 물기가 있는 곳 이외의 곳에 시설하는 경우
④ 「전기용품 및 생활용품 안전관리법」의 적용을 받는 이중절연구조의 기계기구를 시설하는 경우

해설

누전차단기 시설의 예외 적용(한국전기설비규정 211.2.4 누전차단기의 시설)

금속제 외함을 가지는 사용전압이 50V를 초과하는 저압의 기계기구로서 사람이 쉽게 접촉할 우려가 있는 곳에 시설하는 것에 전기를 공급하는 전로에는 누전차단기를 시설해야 하지만, 다음의 어느 하나에 해당하는 경우에는 적용하지 않는다.
- 기계기구를 발전소 · 변전소 · 개폐소 또는 이에 준하는 곳에 시설하는 경우
- 기계기구를 건조한 곳에 시설하는 경우
- 대지전압이 150V 이하인 기계기구를 물기가 있는 곳 이외의 곳에 시설하는 경우
- 「전기용품 및 생활용품 안전관리법」의 적용을 받는 이중절연구조의 기계기구를 시설하는 경우
- 그 전로의 전원측에 절연변압기(2차 전압이 300V 이하인 경우에 한한다)를 시설하고 또한 그 절연 변압기의 부하측의 전로에 접지하지 아니하는 경우
- 기계기구가 고무 · 합성수지 기타 절연물로 피복된 경우
- 기계기구가 유도전동기의 2차측 전로에 접속되는 것일 경우
- 기계기구가 131의 8에 규정하는 것일 경우
- 기계기구내에 「전기용품 및 생활용품 안전관리법」의 적용을 받는 누전차단기를 설치하고 또한 기계기구의 전원 연결선이 손상을 받을 우려가 없도록 시설하는 경우

064 고압전로에 설치된 전동기용 고압전류 제한퓨즈의 불용단전류의 조건은?

① 정격전류 1.3배의 전류로 1시간 이내에 용단되지 않을 것
② 정격전류 1.3배의 전류로 2시간 이내에 용단되지 않을 것
③ 정격전류 2배의 전류로 1시간 이내에 용단되지 않을 것
④ 정격전류 2배의 전류로 2시간 이내에 용단되지 않을 것

고압 및 특고압 전로 중의 과전류차단기의 시설(한국전기설비규정 341.10)

1. 과전류차단기로 시설하는 퓨즈 중 고압전로에 사용하는 포장 퓨즈(퓨즈 이외의 과전류 차단기와 조합하여 하나의 과전류 차단기로 사용하는 것을 제외한다)는 정격전류의 1.3배의 전류에 견디고 또한 2배의 전류로 120분 안에 용단되는 것 또는 다음에 적합한 고압전류제한퓨즈이어야 한다.
   가. 구조는 KS C 4612(2011)(고압전류제한퓨즈)의 "7 구조"에 적합한 것일 것
   나. 완성품은 KS C 4612(2011)(고압전류제한퓨즈)의 "8 시험방법"에 의해서 시험하였을 때 "6 성능"에 적합한 것일 것
2. 과전류차단기로 시설하는 퓨즈 중 고압전로에 사용하는 비포장 퓨즈는 정격전류의 1.25배의 전류에 견디고 또한 2배의 전류로 2분 안에 용단되는 것이어야 한다.
3. 고압 또는 특고압의 전로에 단락이 생긴 경우에 동작하는 과전류차단기는 이것을 시설하는 곳을 통과하는 단락전류를 차단하는 능력을 가지는 것이어야 한다.
4. 고압 또는 특고압의 과전류차단기는 그 동작에 따라 그 개폐상태를 표시하는 장치가 되어있는 것이어야 한다. 다만, 그 개폐상태가 쉽게 확인될 수 있는 것은 적용하지 않는다.

065 누전차단기의 시설방법 중 옳지 않은 것은?

① 시설장소는 배전반 또는 분전반 내에 설치한다.
② 정격전류용량은 해당 전로의 부하전류 값 이상이어야 한다.
③ 정격감도전류는 정상의 사용상태에서 불필요하게 동작하지 않도록 한다.
④ 인체감전보호형은 0.05초 이내에 동작하는 고감도고속형이어야 한다.

인체감전보호형 누전차단기 성능기준
- 부하에 적합한 정격 전류를 갖출 것
- 전로에 적합한 차단 용량을 갖출 것
- 절연 저항 : 5[Ω] 이상
- 최소 동작 전류 : 정격감도전류의 50% 이상
- 감전보호형 누전차단기의 작동 : 정격감도전류 30[mA] 이하, 동작시간은 0.03초 이내일 것
- 정격부하전류가 50A이상의 전기기계
- 기구에 접속된 누전차단기 : 정격감도전류 200[mA] 이하, 동작시간은 0.1초 이내일 것
- 정격전압의 85~110%의 범위에서 정상작동

066 정전기 방지대책 중 적합하지 않는 것은?

① 대전서열이 가급적 먼 것으로 구성한다.
② 카본 블랙을 도포하여 도전성을 부여한다.
③ 유속을 저감 시킨다.
④ 도전성 재료를 도포하여 대전을 감소시킨다.

대전서열상 두 물질이 서로 가깝게 있으면 정전기의 발생량이 적고 반대로 먼 위치에 있으면 정전기의 발생량이 많아지게 된다.

067 다음 중 방폭전기기기의 구조별 표시방법으로 틀린 것은?

① 내압방폭구조 : p ② 본질안전방폭구조 : ia, ib
③ 유입방폭구조 : o ④ 안전증방폭구조 : e

방폭구조의 종류와 기호

종류	내용	기호
내압방폭구조	점화원에 의해 용기 내부에서 폭발이 발생할 경우에 용기가 폭발압력에 견딜 수 있고, 화염이 용기 외부의 폭발성 분위기로 전파되지 않도록 한 방폭구조	d
압력방폭구조	점화원이 될 우려가 있는 부분을 용기 안에 넣고 보호 기체(신선한 공기 또는 불활성기체)를 용기 안에 압입함으로써 폭발성 가스가 침입하는 것을 방지하도록 되어 있는 방폭구조	p
안전증방폭구조	전기기기의 과도한 온도 상승, 아크 또는 불꽃 발생의 위험을 방지하기 위하여 추가적인 안전조치를 통한 안전도를 증가시킨 방폭구조(다만, 정상운전 중에 아크나 불꽃을 발생시키는 전기기기는 안전증방폭구조의 전기기기 범위에서 제외)	e
유입방폭구조	유체 상부 또는 용기 외부에 존재할 수 있는 폭발성 분위기가 발화할 수 없도록 전기설비 또는 전기설비의 부품을 보호액에 함침시키는 방폭구조	o
본질안전방폭구조	정상시 또는 단락, 단선, 지락 등의 사고시에 발생하는 아크, 불꽃, 고열에 의하여 폭발성 가스나 증기에 점화되지 않는 것이 확인된 구조	ia, ib
비점화방폭구조	전기기기가 정상작동과 규정된 특정한 비정상상태에서 주위의 폭발성 가스 분위기를 점화시키지 못하도록 만든 방폭구조	n
몰드방폭구조	전기기기의 불꽃 또는 열로 인해 폭발성 위험분위기에 점화되지 않도록 컴파운드를 충전해서 보호한 방폭구조	m
충전방폭구조	폭발성 가스 분위기를 점화시킬 수 있는 부품을 고정하여 설치하고, 그 주위를 충전재로 완전히 둘러싸서 외부의 폭발성 가스 분위기를 점화시키지 않도록 하는 방폭구조	q
특수방폭구조	상기의 방폭구조 외에 외부의 폭발성 가스에 대해 인화를 방지할 수 있음을 시험에 의해 확인한 구조	s

068 내전압용 절연장갑의 등급에 따른 최대사용전압이 틀린 것은?(단, 교류 전압은 실효값이다.)

① 등급 00 : 교류 500V
② 등급 1 : 교류 7500V
③ 등급 2 : 직류 17000V
④ 등급 3 : 직류 39750V

내전압용 절연장갑의 등급(보호구 안전인증 고시 별표 3)

등급	최대사용전압		등급별색상
	교류(V, 실효값)	직류(V)	
00	500	750	갈색
0	1,000	1,500	빨강색
1	7,500	11,250	흰색
2	17,000	25,500	노랑색
3	26,500	39,750	녹색
4	36,000	54,000	등색

069 저압전로의 절연성능에 관한 설명으로 적합하지 않는 것은?

① 전로의 사용전압이 SELV 및 PELV 일 때 절연저항은 0.5MΩ 이상이어야 한다.
② 전로의 사용전압이 FELV 일 때 절연저항은 1.0MΩ 이상이어야 한다.
③ 전로의 사용전압이 FELV 일 때 DC 시험 전압은 500V이다.
④ 전로의 사용전압이 600V 일 때 절연저항은 1.5MΩ 이상이어야 한다.

전기설비기술기준 제52조 (저압전로의 절연성능) 전기사용 장소의 사용전압이 저압인 전로의 전선 상호간 및 전로와 대지 사이의 절연저항은 개폐기 또는 과전류차단기로 구분할 수 있는 전로마다 다음 표에서 정한 값 이상이어야 한다. 다만, 전선 상호간의 절연저항은 기계기구를 쉽게 분리가 곤란한 분기회로의 경우 기기 접속 전에 측정할 수 있다.
또한, 측정 시 영향을 주거나 손상을 받을 수 있는 SPD 또는 기타 기기 등은 측정 전에 분리시켜야 하고, 부득이하게 분리가 어려운 경우에는 시험전압을 250V DC로 낮추어 측정할 수 있지만 절연저항 값은 1MΩ 이상이어야 한다.

전로의 사용전압 V	DC 시험전압 V	절연저항
SELV 및 PELV	250	0.5MΩ 이상
FELV, 500V 이하	500	1MΩ 이상
500V 초과	1,000	1MΩ 이상

[주] 특별저압(extra low voltage : 2차 전압이 AC 5V, DC 120V 이하)으로 SELV(비접지회로 구성) 및 PELV(접지회로 구성)은 1차와 2차가 전기적으로 절연된 회로, FELV는 1차와 2차가 전기적으로 절연되지 않은 회로

070 다음 중 0종 장소에 사용될 수 있는 방폭구조의 기호는?

① Ex ia
② Ex ib
③ Ex d
④ Ex e

가스폭발 위험장소

분류	적요
0종 장소	• 본질안전 방폭구조(ia) • 그밖에 관련 공인 인증기관이 0종 장소에서 사용이 가능한 방폭구조로 인증한 방폭구조
1종 장소	• 내압 방폭구조(d), 압력 방폭구조(p), 충전 방폭구조(q), 유입 방폭구조(o), 안전증 방폭구조(e), 본질안전 방폭구조(ia, ib), 몰드 방폭구조(m) • 그밖에 관련 공인 인증기관이 1종 장소에서 사용이 가능한 방폭구조로 인증한 방폭구조
2종 장소	• 0종 장소 및 1종 장소에 사용 가능한 방폭구조 • 비점화 방폭구조(n) • 그밖에 2종 장소에서 사용하도록 특별히 고안된 비방폭형 구조

071 다음 중 전기화재의 주요 원인이라고 할 수 없는 것은?
① 절연전선의 열화
② 정전기 발생
③ 과전류 발생
④ 절연저항값의 증가

전기화재의 원인: 단락(25%), 스파크(24%), 누전(15%), 접촉부의 과열(12%), 절연열화에 의한 발열(11%), 과전류(8%)

072 배전선로에 정전작업 중 단락 접지기구를 사용하는 목적으로 가장 적합한 것은?
① 통신선 유도 장해 방지
② 배전용 기계 기구의 보호
③ 배전선 통전 시 전위경도 저감
④ 혼촉 또는 오동작에 의한 감전방지

정전작업시의 조치
- 전로의 개로에 사용한 개폐기에 시건장치를 하고 통전금지에 관한 표지판을 부착하는 등 필요한 조치를 할 것
- 개로된 전로가 전력케이블·전력콘덴서 등을 가진 것으로서 잔류전하에 의하여 위험이 발생할 우려가 있는 것에 대하여는 당해 잔류전하를 확실히 방전시킬 것
- 개로된 전로의 충전여부를 검전기구에 의하여 확인하고 오통전, 다른 전로와의 혼촉, 다른 전로부터의 유도 또는 예비동력원의 역송전하기위하여 단락접지 기구를 사용하여 확실하게 단락 접지할 것

073 어느 변전소에서 고장전류가 유입되었을 때 도전성구조물과 그 부근 지표상의 점과의 사이(약 1m)의 허용접촉전압은 약 몇 V 인가?(단, 심실세동전류 : $I_k = \dfrac{0.165}{\sqrt{t}}$ A, 인체의 저항 : 1000Ω, 지표면의 저항률 : 150Ω·m, 통전시간을 1초로 한다.)
① 164
② 186
③ 202
④ 228

허용접촉전압 = $\dfrac{0.165}{\sqrt{통전시간}} \times (인체저항 + \dfrac{3}{2} \times 지표면저항)$
= $\dfrac{0.165}{\sqrt{1}} \times (1000 + \dfrac{3}{2} \times 150) = 202$

074 방폭 기기 그룹에 관한 설명으로 틀린 것은?
① 그룹 Ⅰ, 그룹 Ⅱ, 그룹 Ⅲ가 있다.
② 그룹 Ⅰ의 기기는 폭발성 갱내 가스에 취약한 광산에서의 사용을 목적으로 한다.
③ 그룹 Ⅱ의 세부 분류로 ⅡA, ⅡB, ⅡC가 있다.
④ ⅡA로 표시된 기기는 그룹 ⅡB기기를 필요로 하는 지역에 사용할 수 있다.

ⅡB로 표시된 기기는 그룹 ⅡA기기를 필요로 하는 지역에 사용할 수 있다.

075 한국전기설비규정에 따라 피뢰설비에서 외부피뢰시스템의 수뢰부시스템으로 적합하지 않는 것은?

① 돌침
② 수평도체
③ 메시도체
④ 환상도체

수뢰부시스템(Air-termination System)이란 낙뢰를 포착할 목적으로 돌침, 수평도체, 메시도체 등과 같은 금속 물체를 이용한 외부피뢰시스템의 일부를 말한다.(한국전기설비규정 112 용어 정의)

076 정전기 재해의 방지를 위하여 배관 내 액체의 유속 제한이 필요하다. 배관의 내경과 유속 제한 값으로 적절하지 않은 것은?

① 관내경(mm) : 25, 제한유속(m/s) : 6.5
② 관내경(mm) : 50, 제한유속(m/s) : 3.5
③ 관내경(mm) : 100, 제한유속(m/s) : 2.5
④ 관내경(mm) : 200, 제한유속(m/s) : 1.8

배관 내 액체의 유속제한
• 물이나 기체를 혼합하는 비수용성 위험물의 배관 내 유속은 1m/s 이하로 할 것
• 저항률이 $10^{10}\Omega \cdot cm$ 미만의 도전성 위험물의 배관유속은 매초 7m 이하로 할 것
• 저항률이 $10^{10}\Omega \cdot cm$ 이상인 위험물의 배관유속은 관내경이 0.05m이면 매초 3.5m 이하로 할 것
• 이황화탄소 등과 같이 유동대전이 심하고 폭발 위험성이 높은 것은 배관 내 유속을 1m/s 이하로 할 것
• 저항률 $10\Omega \cdot cm$ 이상인 위험물의 배관내 유속은 다음의 표 값 이하로 할 것. 단 주입구가 면 밑에 충분히 침하할 때까지의 배관내 유속은 1m/s 이하로 할 것

[표 : 관경과 유속제한 값]

| 관내경 D | | 유속 V(m/초) | v^2 | $v^2 D$ |
(inch)	(m)			
0.5	0.01	8	64	0.64
1	0.025	4.9	24	0.6
2	0.05	3.5	12.25	0.61
4	0.01	2.5	6.25	0.63
8	0.02	1.8	3.25	0.64
16	0.04	1.3	1.6	0.67
24	0.06	1.0	1.0	0.6

077 지락이 생긴 경우 접촉상태에 따라 접촉전압을 제한할 필요가 있다. 인체의 접촉상태에 따른 허용접촉전압을 나타낸 것으로 다음 중 옳지 않은 것은?

① 제1종 : 2.5V 이하
② 제2종 : 25V 이하
③ 제3종 : 35V 이하
④ 제4종 : 제한 없음

해설

허용접촉전압

종별	접촉상태	허용접촉전압
제1종	• 인체의 대부분이 수중에 있는 상태	2.5[V] 이하
제2종	• 인체가 현저히 젖어 있는 상태 • 금속성의 전기·기계장치나 구조물에 인체의 일부가 상시 접촉되어 있는 상태	25[V] 이하
제3종	• 제1종, 제2종 이외의 경우로서 통상의 인체상태에서 있어서 접촉전압이 가해지면 위험성이 높은 상태	50[V] 이하
제4종	• 제1종, 제2종 이외의 경우로서 통상의 인체 상태에 접촉전압이 가해지더라도 위험성이 낮은 상태 • 접촉전압이 가해질 우려가 없는 경우	제한 없음

078 계통접지로 적합하지 않는 것은?

① TN계통　　　　　　② TT계통
③ IN계통　　　　　　④ IT계통

해설

- TN 방식(직접 접지 방식) : 전원의 한쪽은 직접 접지(계통 접지)하고 노출 도전성쪽은 전원측의 접지선에 접속
- TT 방식(직접 다중 접지 방식) : 전력계통의 중성점은 직접 대지 접속(계통 접지)하고 노출도전부의 외함은 독립 접지
- IT 방식(비 접지 방식) : 전원 공급 측은 비접지 혹은 임피던스 접지 방식으로 하고 노출 도전부 부분은 독립적인 접지 전극에 접지

079 정전기 발생에 영향을 주는 요인이 아닌 것은?

① 물체의 분리속도　　　② 물체의 특성
③ 물체의 접촉시간　　　④ 물체의 표면상태

해설

정전기 발생에 영향을 미치는 요소 : 물체의 특성, 물체의 표면상태, 물체의 이력(처음 접촉·분리가 일어날 때 최대가 되며, 접촉·분리가 반복됨에 따라 점차 감소), 접촉면적과 압력, 분리속도(일반적으로 분리속도가 빠를수록 정전기 발생량은 커짐)

080 정전기재해의 방지대책에 대한 설명으로 적합하지 않는 것은?

① 접지의 접속은 납땜, 용접 또는 멈춤나사로 실시한다.
② 회전부품의 유막저항이 높으면 도전성의 윤활제를 사용한다.
③ 이동식의 용기는 절연성 고무제 바퀴를 달아서 폭발위험을 제거한다.
④ 폭발의 위험이 있는 구역은 도전성 고무류로 바닥 처리를 한다.

해설

이동식의 용기는 도전성 재료의 바퀴를 달아서 폭발위험을 제거한다.

제 05 과목　화학설비 안전관리

081 산업안전보건법령상 특수화학설비를 설치할 때 내부의 이상상태를 조기에 파악하기 위하여 필요한 계측장치를 설치하여야 한다. 이러한 계측장치로 거리가 먼 것은?

① 압력계　　　　② 유량계
③ 온도계　　　　④ 비중계

산업안전보건기준에 관한 규칙 제273조(계측장치 등의 설치) 사업주는 별표 9에 따른 위험물을 같은 표에서 정한 기준량 이상으로 제조하거나 취급하는 다음 각 호의 어느 하나에 해당하는 화학설비(이하 "특수화학설비"라 한다)를 설치하는 경우에는 내부의 이상 상태를 조기에 파악하기 위하여 필요한 온도계·유량계·압력계 등의 계측장치를 설치하여야 한다.
1. 발열반응이 일어나는 반응장치
2. 증류·정류·증발·추출 등 분리를 하는 장치
3. 가열시켜 주는 물질의 온도가 가열되는 위험물질의 분해온도 또는 발화점보다 높은 상태에서 운전되는 설비
4. 반응폭주 등 이상 화학반응에 의하여 위험물질이 발생할 우려가 있는 설비
5. 온도가 섭씨 350도 이상이거나 게이지 압력이 980킬로파스칼 이상인 상태에서 운전되는 설비
6. 가열로 또는 가열기

082 불연성이지만 다른 물질의 연소를 돕는 산화성 액체물질에 해당하는 것은?

① 하이드라진　　　　② 과염소산
③ 벤젠　　　　　　　④ 암모니아

위험물안전관리법상 위험물의 분류
- 제1류 산화성 고체 : 아염소산염류, 염소산염류, 과염소산염류, 무기과산화물, 브로민산염류, 질산염류, 아이오딘산염류, 과망가니즈산염류, 다이크로뮴산염류
- 제2류 가연성 고체 : 황화인, 적린, 유황, 철분, 금속분, 마그네슘
- 제3류 자연발화성 물질 및 금수성 물질 : 칼륨, 나트륨, 알킬알루미늄, 알킬리튬, 황린, 알칼리금속(칼륨 및 나트륨을 제외) 및 알칼리토금속, 유기금속화합물(알킬알루미늄 및 알킬리튬을 제외), 금속의 수소화물, 금속의 인화물, 칼슘 또는 알루미늄의 탄화물
- 제4류 인화성 액체 : 특수인화물, 제1석유류, 제2석유류, 제3석유류, 제4석유류, 알코올류, 동식물유류
- 제5류 자기반응성 물질 : 유기과산화물, 질산에스터류, 나이트로화합물, 나이트로소화합물, 아조화합물, 다이아조화합물, 하이드라진 유도체, 하이드록실아민, 하이드록실아민염류
- 제6류 산화성 액체 : 과염소산, 과산화수소, 질산

083 아세톤에 대한 설명으로 틀린 것은?

① 증기는 유독하므로 흡입하지 않도록 주의해야 한다.
② 무색이고 휘발성이 강한 액체이다.
③ 비중이 0.79 이므로 물보다 가볍다.
④ 인화점이 20℃이므로 여름철에 인화 위험이 더 높다.

아세톤의 인화점은 -20℃, 발화점은 465℃이다

084 화학물질 및 물리적 인자의 노출기준에서 정한 유해인자에 대한 노출기준의 표시단위가 잘못 연결된 것은?

① 에어로졸 : ppm
② 증기 : ppm
③ 가스 : ppm
④ 고온 : 습구흑구온도지수(WBGT)

에어로졸은 mg/㎥를 사용한다.

085 다음 [표]를 참조하여 메탄 70vol%, 프로판 21vol%, 부탄 9vol%인 혼합가스의 폭발범위를 구하면 약 몇 vol%인가?

가스	폭발하한계(vol%)	폭발상한계(vol%)
C_4H_{10}	1.8	8.4
C_3H_8	2.1	9.5
C_2H_6	3.0	12.4
CH_4	5.0	15.0

① 3.45~9.11
② 3.45~12.58
③ 3.85~9.11
④ 3.85~12.58

상한계 $= \dfrac{100}{L} = \dfrac{100}{\dfrac{70}{15}+\dfrac{21}{9.5}+\dfrac{9}{8.4}} = 12.58$

하한계 $= \dfrac{100}{L} = \dfrac{100}{\dfrac{70}{5}+\dfrac{21}{2.1}+\dfrac{9}{1.8}} = 3.45$

086 산업안전보건법령상 위험물질의 종류를 구분할 때 다음 물질들이 해당하는 것은?

> 리튬, 칼륨·나트륨, 황, 황린, 황화인·적린

① 폭발성 물질 및 유기과산화물
② 산화성 액체 및 산화성 고체
③ 물반응성 물질 및 인화성 고체
④ 급성 독성 물질

위험물질의 종류(산업안전보건기준에 관한 규칙 별표 1)

- 폭발성 물질 및 유기과산화물 : 질산에스테르류, 니트로화합물, 니트로소화합물, 아조화합물, 디아조화합물, 하이드라진 유도체, 유기과산화물
- 물반응성 물질 및 인화성 고체 : 리튬, 칼륨·나트륨, 황, 황린, 황화인·적린, 셀룰로이드류, 알킬알루미늄·알킬리튬, 마그네슘 분말, 금속 분말(마그네슘 분말 제외), 알칼리금속(리튬·칼륨 및 나트륨은 제외), 유기 금속화합물(알킬알루미늄 및 알킬리튬은 제외), 금속의 수소화물, 금속의 인화물, 칼슘 탄화물, 알루미늄 탄화물

- 산화성 액체 및 산화성 고체 : 차아염소산 및 그 염류, 아염소산 및 그 염류, 염소산 및 그 염류, 과염소산 및 그 염류, 브롬산 및 그 염류, 요오드산 및 그 염류, 과산화수소 및 무기 과산화물, 질산 및 그 염류, 과망간산 및 그 염류, 중크롬산 및 그 염류
- 인화성 액체
- 인화성 가스 : 수소, 아세틸렌, 에틸렌, 메탄, 에탄, 프로판, 부탄
- 부식성 물질 : 부식성 산류, 부식성 염기류
- 급성 독성 물질

087 제1종 분말소화약제의 주성분에 해당하는 것은?

① 사염화탄소 ② 브롬화메탄
③ 수산화암모늄 ④ 탄산수소나트륨

해설

분말소화약제의 종류

종류	주성분	적응화재	착색(분말색)
제1종 분말	$NaHCO_3$(중탄산나트륨, 탄산수소나트륨)	B, C급	백색
제2종 분말	$KHCO_3$(중탄산칼륨, 탄산수소칼륨)	B, C급	담회색
제3종 분말	$NH_4H_2PO_4$(인산암모늄, 제일인산암모늄)	A, B, C급	담홍색, 황색
제4종 분말	$KHCO_3 + (NH_2)_2CO$(요소)	B, C급	회색

088 탄화칼슘이 물과 반응하였을 때 생성물을 옳게 나타낸 것은?

① 수산화칼슘 + 아세틸렌 ② 수산화칼슘 + 수소
③ 염화칼슘 + 아세틸렌 ④ 염화칼슘 + 수소

해설

탄화칼슘이 물과 반응하면 수산화칼슘 + 아세틸렌이 발생된다.
$CaC_2 + 2H_2O \rightarrow Ca(OH)_2 + C_2H_2$

089 다음 중 분진 폭발의 특징으로 옳은 것은?

① 가스폭발보다 연소시간이 짧고, 발생 에너지가 작다.
② 압력의 파급속도보다 화염의 파급속도가 빠르다.
③ 가스폭발에 비하여 불완전 연소의 발생이 없다.
④ 주위의 분진에 의해 2차, 3차의 폭발로 파급될 수 있다.

해설

분진폭발의 특징
- 연소속도나 폭발압력은 가스폭발보다는 작지만 가해지는 힘(파괴력)은 매우 크다.
- 주위의 분진에 의해 2차, 3차의 폭발로 파급될 수 있다.
- 불완전연소가 많아 CO가스 등에 의한 화학적 질식사에 의한 피해가 발생할 수 있다.
- 분진의 크기가 작을수록, 분진입자의 표면이 거칠수록 잘 일어난다.
- 가연성 분진의 난류확산은 위험을 증가시킨다.

090 가연성 가스 A의 연소범위를 2.2~9.5vol% 라 할 때 가스 A의 위험도는 얼마인가?

① 2.52
② 3.32
③ 4.91
④ 5.64

$$H = \frac{U-L}{L} = \frac{9.5-2.2}{2.2} = 3.32$$

091 다음 중 증기배관내에 생성된 증기의 누설을 막고 응축수를 자동적으로 배출하기 위한 안전장치는?

① Steam trap
② Vent stack
③ Blow down
④ Flame arrester

Steam trap : 증기용 기기와 증기관 내에 생긴 응축수와 공기를 증기에서 분리하고, 이것을 배제하는 작용을 하는 기구

092 CF_3Br 소화약제의 하론 번호를 옳게 나타낸 것은?

① 하론 1031
② 하론 1311
③ 하론 1301
④ 하론 1310

Halon식

C의 수	F의 수	Cl의 수	Br의 수
1	3	0	1

093 산업안전보건법령에 따라 공정안전보고서에 포함해야 할 세부내용 중 공정안전자료에 해당하지 않는 것은?

① 안전운전지침서
② 각종 건물 · 설비의 배치도
③ 유해하거나 위험한 설비의 목록 및 사양
④ 위험설비의 안전설계 · 제작 및 설치관련 지침서

산업안전보건법 시행규칙 제50조(공정안전보고서의 세부 내용 등) ① 영 제44조에 따라 공정안전보고서에 포함해야 할 세부 내용은 다음 각 호와 같다.
1. 공정안전자료
  가. 취급 · 저장하고 있거나 취급 · 저장하려는 유해 · 위험물질의 종류 및 수량
  나. 유해 · 위험물질에 대한 물질안전보건자료
  다. 유해하거나 위험한 설비의 목록 및 사양
  라. 유해하거나 위험한 설비의 운전방법을 알 수 있는 공정도면
  마. 각종 건물 · 설비의 배치도
  바. 폭발위험장소 구분도 및 전기단선도
  사. 위험설비의 안전설계 · 제작 및 설치 관련 지침서

094 산업안전보건법령상 단위공정시설 및 설비로부터 다른 단위공정 시설 및 설비 사이의 안전거리는 설비의 바깥 면부터 얼마 이상이 되어야 하는가?

① 5m
② 10m
③ 15m
④ 20m

안전거리(산업안전보건기준에 관한 규칙 별표 8)

구분	안전거리
단위공정시설 및 설비로부터 다른 단위공정시설 및 설비의 사이	설비의 바깥 면으로부터 10미터 이상
플레어스택으로부터 단위공정시설 및 설비, 위험물질 저장탱크 또는 위험물질 하역설비의 사이	플레어스택으로부터 반경 20미터 이상. 다만, 단위 공정 시설 등이 불연재로 시공된 지붕 아래에 설치된 경우에는 그러하지 아니하다.
위험물질 저장탱크로부터 단위공정시설 및 설비, 보일러 또는 가열로의 사이	저장탱크의 바깥 면으로부터 20미터 이상. 다만, 저장탱크의 방호벽, 원격조종화설비 또는 살수설비를 설치한 경우에는 그러하지 아니하다.
사무실·연구실·실험실·정비실 또는 식당으로부터 단위공정시설 및 설비, 위험물질 저장탱크, 위험물질 하역설비, 보일러 또는 가열로의 사이	사무실 등의 바깥 면으로부터 20미터 이상. 다만, 난방용 보일러인 경우 또는 사무실 등의 벽을 방호구조로 설치한 경우에는 그러하지 아니하다.

095 자연발화 성질을 갖는 물질이 아닌 것은?

① 질화면
② 목탄분말
③ 아마인유
④ 과염소산

과염소산은 불연성이지만 다른 물질의 연소를 돕는 산화성 액체에 해당한다.

096 다음 중 왕복펌프에 속하지 않는 것은?

① 피스톤 펌프
② 플런저 펌프
③ 기어 펌프
④ 격막 펌프

왕복펌프는 저유량 고양정을 요구할 때 주로 사용하며 종류로는 피스톤 펌프, 플런저 펌프, 다이어프램(격막) 펌프 등이 있다. 참고로 기어 펌프는 회전(로터리) 펌프에 해당된다.

097 두 물질을 혼합하면 위험성이 커지는 경우가 아닌 것은?

① 이황화탄소+물
② 나트륨+물
③ 과산화나트륨+염산
④ 염소산칼륨+적린

해설
이황화탄소는 물보다 무겁고 물에 녹지 않아 물이 산소공급원을 차단하는 효과를 가지므로 질식소화한다.

098 5% NaOH 수용액과 10% NaOH 수용액을 반응기에 혼합하여 6% 100kg의 NaOH 수용액을 만들려면 각각 몇 kg의 NaOH 수용액이 필요한가?

① 5% NaOH 수용액 : 33.3, 10% NaOH 수용액 : 66.7
② 5% NaOH 수용액 : 50, 10% NaOH 수용액 : 50
③ 5% NaOH 수용액 : 66.7, 10% NaOH 수용액 : 33.3
④ 5% NaOH 수용액 : 80, 10% NaOH 수용액 : 20

해설
5% NaOH 수용액의 질량을 x kg, 10% NaOH 수용액의 질량을 $(100-x)$ kg이라고 하면 두 용액에 들어 있는 NaOH의 질량의 합과 혼합 용액에 들어있는 NaOH의 질량은 같다.
$0.05x + 0.1(100-x) = 0.06 \times 100 \rightarrow 0.05x + 0.1(100-x) = 6$
$0.05x + 10 - 0.1x = 6 \qquad \rightarrow -0.05x = -4$
$\therefore x = 80, y = 100 - x = 20$

099 다음 중 노출기준(TWA, ppm) 값이 가장 작은 물질은?

① 염소 ② 암모니아
③ 에탄올 ④ 메탄올

해설
노출기준(TWA, ppm) : 염소 0.5ppm, 암모니아 25ppm, 에탄올 1000ppm, 메탄올 200ppm

100 산업안전보건법령에 따라 위험물 건조설비 중 건조실을 설치하는 건축물의 구조를 독립된 단층 건물로 하여야 하는 건조설비가 아닌 것은?

① 위험물 또는 위험물이 발생하는 물질을 가열·건조하는 경우 내용적이 2m³ 인 건조설비
② 위험물이 아닌 물질을 가열·건조하는 경우 액체연료의 최대사용량이 5kg/h 인 건조설비
③ 위험물이 아닌 물질을 가열·건조하는 경우 기체연료의 최대사용량이 2m³/h 인 건조설비
④ 위험물이 아닌 물질을 가열·건조하는 경우 전기사용 정격용량이 20kW 인 건조설비

해설
산업안전보건기준에 관한 규칙 제280조(위험물 건조설비를 설치하는 건축물의 구조) 사업주는 다음 각 호의 어느 하나에 해당하는 위험물 건조설비(이하 "위험물 건조설비"라 한다) 중 건조실을 설치하는 건축물의 구조는 독립된 단층건물로 하여야 한다. 다만, 해당 건조실을 건축물의 최상층에 설치하거나 건축물이 내화구조인 경우에는 그러하지 아니하다.
1. 위험물 또는 위험물이 발생하는 물질을 가열·건조하는 경우 내용적이 1세제곱미터 이상인 건조설비
2. 위험물이 아닌 물질을 가열·건조하는 경우로서 다음 각 목의 어느 하나의 용량에 해당하는 건조설비
  가. 고체 또는 액체연료의 최대사용량이 시간당 10킬로그램 이상
  나. 기체연료의 최대사용량이 시간당 1세제곱미터 이상
  다. 전기사용 정격용량이 10킬로와트 이상

제 06 과목 건설공사 안전관리

101 부두·안벽 등 하역작업을 하는 장소에서 부두 또는 안벽의 선을 따라 통로를 설치하는 경우에는 폭을 최소 얼마 이상으로 하여야 하는가?

① 85cm
② 90cm
③ 100cm
④ 120cm

산업안전보건기준에 관한 규칙 제390조(하역작업장의 조치기준) 사업주는 부두·안벽 등 하역작업을 하는 장소에 다음 각 호의 조치를 하여야 한다.
1. 작업장 및 통로의 위험한 부분에는 안전하게 작업할 수 있는 조명을 유지할 것
2. 부두 또는 안벽의 선을 따라 통로를 설치하는 경우에는 폭을 90센티미터 이상으로 할 것
3. 육상에서의 통로 및 작업장소로서 다리 또는 선거(船渠) 갑문(閘門)을 넘는 보도(步道) 등의 위험한 부분에는 안전난간 또는 울타리 등을 설치할 것

102 다음은 산업안전보건법령에 따른 산업안전보건관리비의 사용에 관한 규정이다. (   )안에 들어갈 내용을 순서대로 옳게 작성한 것은?

> 건설공사도급인은 고용노동부장관이 정하는 바에 따라 해당 건설공사를 위하여 계상된 산업안전보건관리비를 그가 사용하는 근로자와 그의 관계수급인이 사용하는 근로자의 산업재해 및 건강장해 예방에 사용하고, 그 사용명세서를 (   ) 작성하고 건설공사 종료 후 (   )간 보존해야 한다.

① 매월, 6개월
② 매월, 1년
③ 2개월 마다, 6개월
④ 2개월 마다, 1년

산업안전보건법 시행규칙 제89조(산업안전보건관리비의 사용) ① 건설공사도급인은 도급금액 또는 사업비에 계상(計上)된 산업안전보건관리비의 범위에서 그의 관계수급인에게 해당 사업의 위험도를 고려하여 적정하게 산업안전보건관리비를 지급하여 사용하게 할 수 있다.
② 건설공사도급인은 법 제72조제3항에 따라 산업안전보건관리비를 사용하는 해당 건설공사의 금액(고용노동부장관이 정하여 고시하는 방법에 따라 산정한 금액을 말한다)이 4천만원 이상인 때에는 고용노동부장관이 정하는 바에 따라 매월(건설공사가 1개월 이내에 종료되는 사업의 경우에는 해당 건설공사가 끝나는 날이 속하는 달을 말한다) 사용명세서를 작성하고, 건설공사 종료 후 1년 동안 보존해야 한다.

103 지반의 굴착 작업에 있어서 비가 올 경우를 대비한 직접적인 대책으로 옳은 것은?

① 측구 설치
② 낙하물 방지망 설치
③ 추락 방호망 설치
④ 매설물 등의 유무 또는 상태 확인

비가 올 경우를 대비하여 측구를 설치하거나 굴착사면에 비닐을 덮는 등 빗물 등의 침투에 의한 붕괴재해 예방을 위해 직접적인 조치를 취해야 한다.

104 강관틀비계(높이 5m 이상)의 넘어짐을 방지하기 위하여 사용하는 벽이음 및 버팀의 설치간격 기준으로 옳은 것은?

① 수직방향 5m, 수평방향 5m
② 수직방향 6m, 수평방향 7m
③ 수직방향 6m, 수평방향 8m
④ 수직방향 7m, 수평방향 8m

산업안전보건기준에 관한 규칙 제62조(강관틀비계) 사업주는 강관틀 비계를 조립하여 사용하는 경우 다음 각 호의 사항을 준수하여야 한다.
1. 비계기둥의 밑둥에는 밑받침 철물을 사용하여야 하며 밑받침에 고저차(高低差)가 있는 경우에는 조절형 밑받침철물을 사용하여 각각의 강관틀비계가 항상 수평 및 수직을 유지하도록 할 것
2. 높이가 20미터를 초과하거나 중량물의 적재를 수반하는 작업을 할 경우에는 주틀 간의 간격을 1.8미터 이하로 할 것
3. 주틀 간에 교차 가새를 설치하고 최상층 및 5층 이내마다 수평재를 설치할 것
4. 수직방향으로 6미터, 수평방향으로 8미터 이내마다 벽이음을 할 것
5. 길이가 띠장 방향으로 4미터 이하이고 높이가 10미터를 초과하는 경우에는 10미터 이내마다 띠장 방향으로 버팀기둥을 설치할 것

105 굴착공사에 있어서 비탈면붕괴를 방지하기 위하여 실시하는 대책으로 옳지 않은 것은?

① 지표수의 침투를 막기 위해 표면배수공을 한다.
② 지하수위를 내리기 위해 수평배수공을 설치한다.
③ 비탈면 하단을 성토한다.
④ 비탈면 상부에 토사를 적재한다.

토사붕괴의 원인
- 외적원인 : 사면의 경사 및 기울기의 증가, 절토 및 성토의 증가, 공사에 의한 진동 및 반복하중의 증가, 지표수 또는 지하수의 침투로 인한 토사중량의 증가, 지진 및 작업차량등의 하중
- 내적원인 : 절토사면의 토질, 암질의 종류, 성토 사면의 토질구성 및 분포, 토석의 강도 저하

106 강관을 사용하여 비계를 구성하는 경우 준수해야할 사항으로 옳지 않은 것은?

① 비계기둥의 간격은 띠장 방향에서는 1.85m 이하, 장선(長線) 방향에서는 1.5m 이하로 할 것
② 띠장 간격은 2.0m 이하로 할 것
③ 비계기둥의 제일 윗부분으로부터 31m되는 지점 밑부분의 비계기둥은 3개의 강관으로 묶어 세울 것
④ 비계기둥 간의 적재하중은 400kg을 초과하지 않도록 할 것

산업안전보건기준에 관한 규칙 제60조(강관비계의 구조) 사업주는 강관을 사용하여 비계를 구성하는 경우 다음 각 호의 사항을 준수해야 한다.
1. 비계기둥의 간격은 띠장 방향에서는 1.85미터 이하, 장선(長線) 방향에서는 1.5미터 이하로 할 것. 다만, 다음 각 목의 어느 하나에 해당하는 작업의 경우에는 안전성에 대한 구조검토를 실시하고 조립도를 작성하면 띠장 방향 및 장선 방향으로 각각 2.7미터 이하로 할 수 있다.

가. 선박 및 보트 건조작업
나. 그 밖에 장비 반입·반출을 위하여 공간 등을 확보할 필요가 있는 등 작업의 성질상 비계기둥 간격에 관한 기준을 준수하기 곤란한 작업
2. 띠장 간격은 2.0미터 이하로 할 것. 다만, 작업의 성질상 이를 준수하기가 곤란하여 쌍기둥틀 등에 의하여 해당 부분을 보강한 경우에는 그러하지 아니하다.
3. 비계기둥의 제일 윗부분으로부터 31미터되는 지점 밑부분의 비계기둥은 2개의 강관으로 묶어 세울 것. 다만, 브라켓(bracket, 까치발) 등으로 보강하여 2개의 강관으로 묶을 경우 이상의 강도가 유지되는 경우에는 그러하지 아니하다.
4. 비계기둥 간의 적재하중은 400킬로그램을 초과하지 않도록 할 것

107 다음은 산업안전보건법령에 따른 시스템 비계의 구조에 관한 사항이다. ( )안에 들어갈 내용으로 옳은 것은?

> 비계 밑단의 수직재와 받침철물은 밀착되도록 설치하고, 수직재와 받침철물의 연결부의 겹침길이는 받침철물 전체길이의 ( ) 이상이 되도록 할 것

① 2분의 1
② 3분의 1
③ 4분의 1
④ 5분의 1

산업안전보건기준에 관한 규칙 제69조(시스템 비계의 구조) 사업주는 시스템 비계를 사용하여 비계를 구성하는 경우에 다음 각 호의 사항을 준수하여야 한다.
1. 수직재·수평재·가새재를 견고하게 연결하는 구조가 되도록 할 것
2. 비계 밑단의 수직재와 받침철물은 밀착되도록 설치하고, 수직재와 받침철물의 연결부의 겹침길이는 받침철물 전체길이의 3분의 1 이상이 되도록 할 것
3. 수평재는 수직재와 직각으로 설치하여야 하며, 체결 후 흔들림이 없도록 견고하게 설치할 것
4. 수직재와 수직재의 연결철물은 이탈되지 않도록 견고한 구조로 할 것
5. 벽 연결재의 설치간격은 제조사가 정한 기준에 따라 설치할 것

108 건설현장에서 작업으로 인하여 물체가 떨어지거나 날아올 위험이 있는 경우에 대한 안전조치에 해당하지 않는 것은?

① 수직보호망 설치
② 방호선반 설치
③ 울타리 설치
④ 낙하물 방지망 설치

산업안전보건기준에 관한 규칙 제14조(낙하물에 의한 위험의 방지) ① 사업주는 작업장의 바닥, 도로 및 통로 등에서 낙하물이 근로자에게 위험을 미칠 우려가 있는 경우 보호망을 설치하는 등 필요한 조치를 하여야 한다.
② 사업주는 작업으로 인하여 물체가 떨어지거나 날아올 위험이 있는 경우 낙하물 방지망, 수직보호망 또는 방호선반의 설치, 출입금지구역의 설정, 보호구의 착용 등 위험을 방지하기 위하여 필요한 조치를 하여야 한다. 이 경우 낙하물 방지망 및 수직보호망은 「산업표준화법」 제12조에 따른 한국산업표준(이하 "한국산업표준"이라 한다)에서 정하는 성능기준에 적합한 것을 사용하여야 한다.
③ 제2항에 따라 낙하물 방지망 또는 방호선반을 설치하는 경우에는 다음 각 호의 사항을 준수하여야 한다.
  1. 높이 10미터 이내마다 설치하고, 내민 길이는 벽면으로부터 2미터 이상으로 할 것
  2. 수평면과의 각도는 20도 이상 30도 이하를 유지할 것

109 흙막이 가시설 공사 중 발생할 수 있는 보일링(Boiling) 현상에 관한 설명으로 옳지 않은 것은?

① 이 현상이 발생하면 흙막이 벽의 지지력이 상실된다.
② 지하수위가 높은 지반을 굴착할 때 주로 발생한다.
③ 흙막이벽의 근입장 깊이가 부족할 경우 발생한다.
④ 연약한 점토지반에서 굴착면의 융기로 발생한다.

보일링(Boiling)이란 사질토 지반을 굴착시, 굴착부와 지하수위차가 있을 경우, 수두차(水頭差)에 의하여 침투압이 생겨 흙막이벽 근입부분을 침식하는 동시에, 모래가 액상화(液狀化) 되어 솟아오르며 흙막이벽의 근입부가 지지력을 상실하여 흙막이공의 붕괴를 초래하는 현상을 말한다.

110 거푸집동바리 등을 조립하는 경우에 준수해야 할 기준으로 옳지 않은 것은?

① 동바리의 상하 고정 및 미끄러짐 방지조치를 하고, 하중의 지지상태를 유지한다.
② 강재와 강재의 접속부 및 교차부는 볼트·클램프 등 전용철물을 사용하여 단단히 연결한다.
③ 파이프서포트를 제외한 동바리로 사용하는 강관은 높이 2m마다 수평 연결재를 2개 방향으로 만들고 수평연결재의 변위를 방지할 것
④ 동바리로 사용하는 파이프서포트는 4개 이상 이어서 사용하지 않도록 할 것

동바리로 사용하는 파이프 서포트의 경우(산업안전보건기준에 관한 규칙 제332조의2)
• 파이프 서포트를 3개 이상 이어서 사용하지 않도록 할 것
• 파이프 서포트를 이어서 사용하는 경우에는 4개 이상의 볼트 또는 전용철물을 사용하여 이을 것
• 높이가 3.5미터를 초과하는 경우에는 높이 2미터 이내마다 수평연결재를 2개 방향으로 만들고 수평연결재의 변위를 방지할 것

111 장비가 위치한 지면보다 낮은 장소를 굴착하는 데 적합한 장비는?

① 트럭크레인
② 파워셔블
③ 백호
④ 진폴

셔블계 굴착기계의 종류
• 파워셔블 : 지반면보다 높은 곳의 굴착, 쇄석 옮겨쌓기, 토사의 처리 등에 널리 쓰인다.
• 백호우 : 지반면보다 낮은 곳의 굴착, 지하층 및 기초 굴삭, 토목공사나 수중굴착 등에 쓰인다.(지하 6m 정도의 깊이)
• 드래그라인 : 지반면보다 낮은 곳의 굴착, 토사를 긁어모음, 연약한 지반의 깊은 곳 굴착 등에 쓰인다.(지하 8m 정도의 깊이)
• 클램쉘 : 좁은 곳의 수직굴착, 자갈 등의 적재, 연약한 지반이나 수중굴착 등에 쓰인다.

112 건설공사도급인은 건설공사 중에 가설구조물의 붕괴 등 산업재해가 발생할 위험이 있다고 판단되면 건축·토목 분야의 전문가의 의견을 들어 건설공사 발주자에게 해당 건설공사의 설계변경을 요청할 수 있는데, 이러한 가설구조물의 기준으로 옳지 않은 것은?

① 높이 20m 이상인 비계
② 작업발판 일체형 거푸집 또는 높이 5m 이상인 거푸집 및 동바리
③ 터널의 지보공 또는 높이 2m 이상인 흙막이 지보공
④ 동력을 이용하여 움직이는 가설구조물

구조적 안전성을 확인받아야 하는 가설구조물(건설기술 진흥법 시행령 제101조의2)
- 높이가 31m 이상인 비계
- 브라켓(bracket) 비계
- 작업발판 일체형 거푸집 또는 높이가 5m 이상인 거푸집 및 동바리
- 터널의 지보공(支保工) 또는 높이가 2m 이상인 흙막이 지보공
- 동력을 이용하여 움직이는 가설구조물
- 높이 10m 이상에서 외부작업을 하기 위하여 작업발판 및 안전시설물을 일체화하여 설치하는 가설구조물
- 공사현장에서 제작하여 조립·설치하는 복합형 가설구조물
- 그 밖에 발주자 또는 인·허가기관의 장이 필요하다고 인정하는 가설구조물

113 콘크리트 타설 시 안전수칙으로 옳지 않은 것은?

① 타설순서는 계획에 의하여 실시하여야 한다.
② 진동기는 최대한 많이 사용하여야 한다.
③ 콘크리트를 치는 도중에는 거푸집, 지보공 등의 이상유무를 확인하여야 한다.
④ 손수레로 콘크리트를 운반할 때에는 손수레를 타설하는 위치까지 천천히 운반하여 거푸집에 충격을 주지 아니하도록 타설하여야 한다.

진동기의 사용
- 콘크리트 다지기에는 내부 진동기를 사용하는 것이 원칙이나, 얇은 벽 등 내부 진동기의 사용이 곤란한 장소에서는 거푸집 진동기를 사용해도 좋다.
- 막대 진동기는 1일 콘크리트 작업량 20m³ 마다 1대로 잡는 것을 표준으로 한다(3대 사용시 예비 진동기 1대).
- 수직으로 사용한다.
- 철근 및 거푸집에 직접 닿지 않도록 한다.
- 사용간격은 진동이 중복되지 않도록 60cm 이하로 한다.
- 사용시간은 30~40초가 적당하다.
- 콘크리트에 구멍이 남지 않도록 서서히 뺀다.
- 굳기 시작한 콘크리트에는 사용하지 않는다.

114 산업안전보건법령에 따른 작업발판 일체형 거푸집에 해당되지 않는 것은?

① 갱 폼(Gang Form)
② 슬립 폼(Slip Form)
③ 유로 폼(Euro Form)
④ 클라이밍 폼(Climbing Form)

유로 폼 : 합판이나 특수경량 강으로 만들며 하나의 판넬로 기둥, 벽, 바닥의 조립이 가능하며 합판 거푸집에 비해 정밀도가 높고 타 거푸집과의 조합이 대체로 쉽다.

115 터널 지보공을 조립하는 경우에는 미리 그 구조를 검토한 후 조립도를 작성하고, 그 조립도에 따라 조립하도록 하여야 하는데 이 조립도에 명시하여야할 사항과 가장 거리가 먼 것은?

① 이음방법
② 단면규격
③ 재료의 재질
④ 재료의 구입처

산업안전보건기준에 관한 규칙 제363조(조립도) ① 사업주는 터널 지보공을 조립하는 경우에는 미리 그 구조를 검토한 후 조립도를 작성하고, 그 조립도에 따라 조립하도록 하여야 한다.
② 제1항의 조립도에는 재료의 재질, 단면규격, 설치간격 및 이음방법 등을 명시하여야 한다.

116 산업안전보건법령에 따른 건설공사 중 다리 건설공사의 경우 유해위험방지계획서를 제출하여야 하는 기준으로 옳은 것은?

① 최대 지간길이가 40m 이상인 다리의 건설등 공사
② 최대 지간길이가 50m 이상인 다리의 건설등 공사
③ 최대 지간길이가 60m 이상인 다리의 건설등 공사
④ 최대 지간길이가 70m 이상인 다리의 건설등 공사

유해위험방지계획서 제출 대상 공사 (산업안전보건법 시행령 제42조 ③항)
1. 다음 각 목의 어느 하나에 해당하는 건축물 또는 시설 등의 건설·개조 또는 해체 공사
   가. 지상높이가 31미터 이상인 건축물 또는 인공구조물
   나. 연면적 3만제곱미터 이상인 건축물
   다. 연면적 5천제곱미터 이상인 시설로서 다음의 어느 하나에 해당하는 시설
      1) 문화 및 집회시설(전시장 및 동물원·식물원은 제외한다)
      2) 판매시설, 운수시설(고속철도의 역사 및 집배송시설은 제외한다)
      3) 종교시설
      4) 의료시설 중 종합병원
      5) 숙박시설 중 관광숙박시설
      6) 지하도상가
      7) 냉동·냉장 창고시설
2. 연면적 5천제곱미터 이상인 냉동·냉장 창고시설의 설비공사 및 단열공사
3. 최대 지간(支間) 길이(다리의 기둥과 기둥의 중심사이의 거리)가 50미터 이상인 다리의 건설등 공사
4. 터널의 건설등 공사
5. 다목적댐, 발전용댐, 저수용량 2천만톤 이상의 용수 전용 댐 및 지방상수도 전용 댐의 건설등 공사
6. 깊이 10미터 이상인 굴착공사

117 가설통로 설치에 있어 경사가 최소 얼마를 초과하는 경우에는 미끄러지지 아니하는 구조로 하여야 하는가?

① 15도 ② 20도
③ 30도 ④ 40도

산업안전보건기준에 관한 규칙 제23조(가설통로의 구조) 사업주는 가설통로를 설치하는 경우 다음 각 호의 사항을 준수하여야 한다.
1. 견고한 구조로 할 것
2. 경사는 30도 이하로 할 것. 다만, 계단을 설치하거나 높이 2미터 미만의 가설통로로서 튼튼한 손잡이를 설치한 경우에는 그러하지 아니하다.
3. 경사가 15도를 초과하는 경우에는 미끄러지지 아니하는 구조로 할 것
4. 추락할 위험이 있는 장소에는 안전난간을 설치할 것. 다만, 작업상 부득이한 경우에는 필요한 부분만 임시로 해체할 수 있다.
5. 수직갱에 가설된 통로의 길이가 15미터 이상인 경우에는 10미터 이내마다 계단참을 설치할 것
6. 건설공사에 사용하는 높이 8미터 이상인 비계다리에는 7미터 이내마다 계단참을 설치할 것

118 굴착과 싣기를 동시에 할 수 있는 토공기계가 아닌 것은?

① 트랙터 셔블(tractor shovel) ② 백호(back hoe)
③ 파워 셔블(power shovel) ④ 모터 그레이더(motor grader)

그레이더(Grader)
- 지면을 절삭하여 다듬는 것이 목적인 장비로 하수구 파기, 경사면 다듬기, 제방 및 제설 작업, 아스팔트 포장재료 배합 등의 부수적 작업이 가능하다.
- 주요부는 땅을 깎거나 고르는 블래이드(Blade)와 땅을 파서 일구는 스캐리파이어(Scarifier)로 구성된다.

119 강관틀 비계를 조립하여 사용하는 경우 준수하여야 할 사항으로 옳지 않은 것은?

① 비계기둥의 밑둥에는 밑받침 철물을 사용할 것
② 높이가 20m를 초과하거나 중량물의 적재를 수반하는 작업을 할 경우에는 주틀 간의 간격을 1.8m 이하로 할 것
③ 주틀 간에 교차 가새를 설치하고 최하층 및 3층 이내마다 수평재를 설치할 것
④ 길이가 띠장 방향으로 4m 이하이고 높이가 10m를 초과하는 경우에는 10m 이내마다 띠장 방향으로 버팀기둥을 설치할 것

산업안전보건기준에 관한 규칙 제62조(강관틀비계) 사업주는 강관틀 비계를 조립하여 사용하는 경우 다음 각 호의 사항을 준수하여야 한다.
1. 비계기둥의 밑둥에는 밑받침 철물을 사용하여야 하며 밑받침에 고저차(高低差)가 있는 경우에는 조절형 밑받침철물을 사용하여 각각의 강관틀비계가 항상 수평 및 수직을 유지하도록 할 것
2. 높이가 20미터를 초과하거나 중량물의 적재를 수반하는 작업을 할 경우에는 주틀 간의 간격을 1.8미터 이하로 할 것
3. 주틀 간에 교차 가새를 설치하고 최상층 및 5층 이내마다 수평재를 설치할 것
4. 수직방향으로 6미터, 수평방향으로 8미터 이내마다 벽이음을 할 것

5. 길이가 띠장 방향으로 4미터 이하이고 높이가 10미터를 초과하는 경우에는 10미터 이내마다 띠장 방향으로 버팀기둥을 설치할 것

120 산업안전보건법령에 따른 양중기의 종류에 해당하지 않는 것은?

① 고소작업차 ② 이동식 크레인
③ 승강기   ④ 리프트(Lift)

산업안전보건기준에 관한 규칙 제132조(양중기) ① 양중기란 다음 각 호의 기계를 말한다.
1. 크레인[호이스트(hoist)를 포함한다]
2. 이동식 크레인
3. 리프트(이삿짐운반용 리프트의 경우에는 적재하중이 0.1톤 이상인 것으로 한정한다)
4. 곤돌라
5. 승강기

정답 2021년 05월 15일 최근 기출문제

001 ④	002 ④	003 ③	004 ③	005 ③	006 ②	007 ①	008 ②	009 ③	010 ①
011 ②	012 ③	013 ③	014 ④	015 ②	016 ④	017 ④	018 ①	019 ①	020 ②
021 ②	022 ①	023 ③	024 ②	025 ④	026 ②	027 ③	028 ③	029 ④	030 ③
031 ①	032 ③	033 ②	034 ②	035 ③	036 ①	037 ①	038 ④	039 ②	040 ③
041 ②	042 ①	043 ③	044 ②	045 ④	046 ③	047 ③	048 ①	049 ④	050 ④
051 ②	052 ①	053 ②	054 ①	055 ①	056 ④	057 ④	058 ②	059 ④	060 ③
061 ①	062 ①	063 ③	064 ②	065 ④	066 ①	067 ①	068 ③	069 ④	070 ①
071 ④	072 ④	073 ③	074 ④	075 ④	076 ①	077 ③	078 ①	079 ③	080 ③
081 ④	082 ②	083 ④	084 ①	085 ②	086 ③	087 ④	088 ①	089 ④	090 ②
091 ①	092 ③	093 ①	094 ②	095 ④	096 ③	097 ①	098 ④	099 ①	100 ②
101 ②	102 ②	103 ①	104 ②	105 ④	106 ②	107 ②	108 ③	109 ④	110 ④
111 ③	112 ①	113 ②	114 ③	115 ④	116 ②	117 ①	118 ④	119 ③	120 ①

2021년 08월 14일 최근 기출문제

제 01 과목 산업재해 예방 및 안전보건교육

001 무재해운동의 이념 중 선취의 원칙에 대한 설명으로 옳은 것은?

① 사고의 잠재 요인을 사후에 파악하는 것
② 근로자 전원이 일체감을 조성하여 참여하는 것
③ 위험요소를 사전에 발견, 파악하여 재해를 예방 또는 방지하는 것
④ 관리감독자 또는 경영층에서의 자발적 참여로 안전 활동을 촉진하는 것

무재해운동의 3원칙
- 무(Zero)의 원칙 : 산재 위험의 잠재요인을 근원적으로 해결하기 위한 원칙
- 선취의 원칙 : 위험요인 행동 전에 예지, 발견
- 참가의 원칙 : 전원(근로자, 회사내 전종업원, 근로자 가족) 참가

002 교육과정 중 학습경험조직의 원리에 해당하지 않는 것은?

① 기회의 원리
② 계속성의 원리
③ 계열성의 원리
④ 통합성의 원리

학습경험 조직의 기준
- 계속성 : 중요한 교육과정 요소를 시간을 두고 연습하고 개발할 수 있도록 여러 차례에 걸쳐 반복적으로 기회를 주는 것 (동일 내용의 반복)
- 계열성 : 계속성과 관련되지만 학습내용이 단계적으로 깊어지고 높아지도록 조직하는 것을 의미(수준을 높인 동일 내용의 반복)
- 통합성 : 교육과정의 요소들을 수평적으로 연관시키는 것

003 인간의 의식 수준을 5단계로 구분할 때 의식이 몽롱한 상태의 단계는?

① Phase I
② Phase II
③ Phase III
④ Phase IV

의식수준의 단계

단계	의식의 상태	주의작용	생리적 상태	신뢰성	뇌파형태
0	무의식, 실신	없음(Zero)	수면, 뇌발작	0	δ파
I	정상 이하(Subnormal), 의식 몽롱함	부주의(Inactive)	피로, 단조, 졸음, 술취함	0.9 이하	θ파
II	정상, 이완상태 (normal, relaxed)	수동적(Passive), 마음이 안쪽으로 향함	안정기거, 휴식 시, 정례작업시	0.99 ~0.99999	α파
III	정상, 상쾌한 상태 (Normal, Clear)	능동적(Active), 앞으로 향하는 주의 시야 넓음	적극 활동시	0.999999 이상	β파
IV	초정상, 과긴장상태 (Hypernormal, Excited)	일점으로 응집, 판단 정지	긴급 방위반응, 당황해서 Panic	0.9 이하	β파, 전간파

004 교육계획 수립 시 가장 먼저 실시하여야 하는 것은?

① 교육내용의 결정
② 실행교육계획서 작성
③ 교육의 요구사항 파악
④ 교육실행을 위한 순서, 방법, 자료의 검토

준비계획에 포함되어야 할 사항 : 교육목표의 설정, 교육대상자 범위 결정, 교육과정의 결정, 교육방법의 결정(교육방법과 형태), 교육보조재료 및 강사 조교의 편성, 교육의 진행사항, 소요예산의 산정

005 산업안전보건법령상 명시된 타워크레인을 사용하는 작업에서 신호업무를 하는 작업 시 특별교육 대상 작업별 교육 내용이 아닌 것은? (단, 그 밖에 안전·보건관리에 필요한 사항은 제외한다.)

① 신호방법 및 요령에 관한 사항
② 걸고리 와이어로프 점검에 관한 사항
③ 화물의 취급 및 안전작업방법에 관한 사항
④ 인양물이 적재될 지반의 조건, 인양하중, 풍압 등이 인양물과 타워크레인에 미치는 영향

타워크레인을 사용하는 작업시 신호업무를 하는 작업의 특별교육내용(산업안전보건법 시행규칙 별표 5)
- 타워크레인의 기계적 특성 및 방호장치 등에 관한 사항
- 화물의 취급 및 안전작업방법에 관한 사항
- 신호방법 및 요령에 관한 사항
- 인양 물건의 위험성 및 낙하·비래·충돌재해 예방에 관한 사항
- 인양물이 적재될 지반의 조건 인양하중 풍압 등이 인양물과 타워크레인에 미치는 영향
- 그 밖에 안전·보건관리에 필요한 사항

006 강의식 교육지도에서 가장 많은 시간을 소비하는 단계는?

① 도입 ② 제시
③ 적용 ④ 확인

단계별 교육시간

교육법의 4단계	강의식(일반적인 교육)	토의식
1단계-도입	5분	5분
2단계-제시	40분	10분
3단계-적용	10분	40분
4단계-확인	5분	5분

※ 단계별 교육의 시간 배분은 단위 시간을 1시간(60분)으로 했을 때

007 산업안전보건 법령상 사업장에서 산업재해 발생 시 사업주가 기록·보존하여야 하는 사항을 모두 고른 것은? (단, 산업재해조사표와 요양신청서의 사본은 보존하지 않았다.)

ㄱ. 사업장의 개요 및 근로자의 인적사항
ㄴ. 재해 발생의 일시 및 장소
ㄷ. 재해 발생의 원인 및 과정
ㄹ. 재해 재발방지 계획

① ㄱ, ㄹ ② ㄴ, ㄷ, ㄹ
③ ㄱ, ㄴ, ㄷ ④ ㄱ, ㄴ, ㄷ, ㄹ

산업안전보건법 시행규칙 제72조(산업재해 기록 등) 사업주는 산업재해가 발생한 때에는 법 제57조제2항에 따라 다음 각 호의 사항을 기록·보존해야 한다. 다만, 제73조제1항에 따른 산업재해조사표의 사본을 보존하거나 제73조제5항에 따른 요양신청서의 사본에 재해 재발방지 계획을 첨부하여 보존한 경우에는 그렇지 않다.
1. 사업장의 개요 및 근로자의 인적사항
2. 재해 발생의 일시 및 장소
3. 재해 발생의 원인 및 과정
4. 재해 재발방지 계획

008 위험예지훈련 4단계의 진행 순서를 바르게 나열한 것은?

① 목표설정 → 현상파악 → 대책수립 → 본질추구
② 목표설정 → 현상파악 → 본질추구 → 대책수립
③ 현상파악 → 본질추구 → 대책수립 → 목표설정
④ 현상파악 → 본질추구 → 목표설정 → 대책수립

문제해결의 8단계(TBM의 진행방법)

문제해결 4단계(4R)	문제해결의 8단계
1R – 현상파악	1단계 – 문제제기 2단계 – 현상파악
2R – 본질추구	3단계 – 문제점 발견 4단계 – 중요 문제 결정
3R – 대책수립	5단계 – 해결책 구상 6단계 – 구체적 대책 수립
4R – 행동목표 설정	7단계 – 중점사항 결정 8단계 – 실시계획 책정

009 안전교육에 있어서 동기부여 방법으로 가장 거리가 먼 것은?

① 책임감을 느끼게 한다.
② 관리감독을 철저히 한다.
③ 자기 보존본능을 자극한다.
④ 물질적 이해관계에 관심을 두도록 한다.

010 레윈(Lewin.K)에 의하여 제시된 인간의 행동에 관한 식을 올바르게 표현한 것은? (단, B는 인간의 행동, P는 개체, E는 환경, f는 함수관계를 의미한다.)

① $B = f(P \cdot E)$
② $B = f(P+1)^E$
③ $P = E \cdot f(B)$
④ $E = f(P \cdot B)$

Lewin K의 법칙

르윈(Lewin)은 인간의 행동(B)은 그 사람이 가진 자질 즉, 개체(P)와 심리학적 환경(E)과의 상호 함수관계에 있다고 규정함
$B = f(P \cdot E)$
- B : Behavior(인간의 행동)
- f : Function(함수관계 : 적성 기타 P와 E에 영향을 미칠 수 있는 조건)
- P : Person(개체 : 연령, 경험, 심신상태, 성격, 지능 등)
- E : Environment(심리적 환경 : 인간관계, 작업환경 등)

011 안전점검표(체크리스트) 항목 작성 시 유의사항으로 틀린 것은?

① 정기적으로 검토하여 설비나 작업 방법이 타당성 있게 개조된 내용일 것
② 사업장에 적합한 독자적 내용을 가지고 작성할 것
③ 위험성이 낮은 순서 또는 긴급을 요하는 순서대로 작성할 것
④ 점검항목을 이해하기 쉽게 구체적으로 표현할 것

안전점검표(체크리스트) 항목 작성 시 유의사항
- 사업장에 적합하고 쉽게 이해되도록 작성한다.
- 재해예방에 실질적인 효과가 있도록 작성한다.
- 내용은 구체적으로 표현하고 위험도가 높은 것부터 순차적으로 작성한다.
- 일정한 양식을 정하고 가능하면 점검 대상마다 별도로 작성한다.
- 주관적인 판단을 배제하기 위해 점검 방법과 결과에 대한 판단 기준을 정하여 작성한다.
- 정기적으로 적정성 여부를 검토하여 수정 보완하여 사용한다.

012 재해사례연구 순서로 옳은 것은?

재해 상황의 파악 → (㉠) → (㉡) → 근본적 문제점의 결정 → (㉢)

① ㉠문제점의 발견, ㉡대책 수립, ㉢사실의 확인
② ㉠문제점의 발견, ㉡사실의 확인, ㉢대책수립
③ ㉠사실의 확인, ㉡대책수립, ㉢문제점의 발견
④ ㉠사실의 확인, ㉡문제점의 발견, ㉢대책 수립

재해사례 연구의 진행단계
- 전제조건(재해상황의 파악) : 사례연구의 전제조건인 재해상황의 파악
- 재해사례 연구순서
  - 제1단계(사실의 확인) : 작업의 개시에서 재해의 발생까지의 경과 가운데 재해와 관계가 있는 사실 및 재해요인으로 알려진 사실을 객관적으로 확인하며, 이상시 또는 사고시, 재해발생시의 조치를 포함
  - 제2단계(문제점의 발견) : 파악된 사실로부터 판단하여 각종 기준과의 차이에서 드러나는 문제점을 발견
  - 제3단계(근본적 문제점 결정) : 발견된 문제점 가운데 재해의 중심이 되는 근본적 문제점을 결정하고, 다음으로 재해 원인을 결정
  - 제4단계(대책의 수립) : 사례를 해결하기 위한 대책을 수립

013 매슬로우(Maslow)의 욕구 5단계 이론 중 안전욕구의 단계는?

① 제1단계
③ 제3단계
② 제2단계
④ 제4단계

매슬로우(Abraham H. Maslow)의 욕구 5단계
- 1단계 : 생리적 욕구(기아, 갈증, 호흡, 배설, 성욕 등)
- 2단계 : 안전의 욕구(안전을 구하고자 하는 욕구)
- 3단계 : 사회적 욕구(애정, 소속에 대한 욕구)
- 4단계 : 인정받으려는 욕구(자존심, 명예, 성취, 지위에 대한 욕구)
- 5단계 : 자아실현의 욕구(잠재적인 능력을 실현하고자 하는 욕구)

014 보호구 안전인증 고시상 추락방지대가 부착된 안전대 일반구조에 관한 내용 중 틀린 것은?

① 죔줄은 합성섬유로프를 사용해서는 안된다.
② 고정된 추락방지대의 수직구명줄은 와이어로프 등으로 하며 최소지름이 8mm 이상이어야 한다.
③ 수직구명줄에서 걸이 설비와의 연결부위는 훅 또는 카라비너 등이 장착되어 걸이 설비와 확실히 연결되어야 한다.
④ 추락방지대를 부착하여 사용하는 안전대는 신체지지의 방법으로 안전그네만을 사용하여야 하며 수직구명줄이 포함되어야 한다.

안전대 부품의 재료(보호구 안정인증 고시 별표 9)

부품	재료
벨트, 안전그네, 지탱벨트	나일론, 폴리에스테르 및 비닐론 등의 합성섬유
죔줄, 보조죔줄, 수직구명줄 및 D링 등 부착부분의 봉합사	합성섬유(로프, 웨빙 등) 및 스틸(와이어로프 등)
링류(D링,각링, 8자형링)	KS D 3503(일반구조용 압연강재)에 규정한 SS400 또는 이와 동등 이상의 재료
훅 및 카라비너	KS D 3503(일반구조용 압연강재)에 규정한 SS400 또는 KS D 6763(알루미늄 및 알루미늄합금봉 및 선)에 규정하는 A2017BE-T4 또는 이와 동등 이상의 재료
버클, 신축조절기, 추락방지대 및 안전블록	KS D 3512(냉간 압연강판 및 강대)에 규정하는 SCP1 또는 이와 동등 이상의 재료
신축조절기 및 추락방지대의 누름금속	KS D 3503(일반구조용 압연강재)에 규정한 SS400 또는 KS D 6759(알루미늄 및 알루미늄합금 압출형재)에 규정하는 A2014-T6 또는 이와 동등 이상의 재료
훅, 신축조절기의 스프링	KS D 3509에 규정한 스프링용 스테인레스강선 또는 이와 동등 이상의 재료

015 산업안전보건법령상 근로자에 대한 일반 건강진단의 실시 시기 기준으로 옳은 것은?

① 사무직에 종사하는 근로자 : 1년에 1회 이상
② 사무직에 종사하는 근로자 : 2년에 1회 이상
③ 사무직 외의 업무에 종사하는 근로자 : 6월에 1회 이상
④ 사무직 외의 업무에 종사하는 근로자 : 2년에 1회 이상

산업안전보건법 시행규칙 제197조(일반건강진단의 주기 등) ① 사업주는 상시 사용하는 근로자 중 사무직에 종사하는 근로자(공장 또는 공사현장과 같은 구역에 있지 않은 사무실에서 서무·인사·경리·판매·설계 등의 사무업무에 종사하는 근로자를 말하며, 판매업무 등에 직접 종사하는 근로자는 제외한다)에 대해서는 2년에 1회 이상, 그 밖의 근로자에 대해서는 1년에 1회 이상 일반건강진단을 실시해야 한다.

016 산업안전보건법령상 안전보건표지의 종류와 형태 중 관계자 외 출입금지에 해당하지 않는 것은?

① 관리대상물질 작업장
② 허가 대상물질 작업장
③ 석면 취급·해체 작업장
④ 금지 대상물질의 취급 실험실

017 상황성 누발자의 재해유발원인이 아닌 것은?

① 심신의 근심　　　　　　② 작업의 어려움
③ 도덕성의 결여　　　　　　④ 기계설비의 결함

사고경향성자(재해 누발자, 재해 다발자)의 유형
- 상황성 누발자 : 작업의 어려움, 기계설비의 결함, 환경상 주의력의 집중 혼란, 심신의 근심 등 때문에 재해를 누발
- 습관성 누발자 : 재해의 경험으로 겁장이가 되거나 신경과민이 되어 재해를 누발하는 자와 일종의 슬럼프(Slump) 상태에 빠져서 재해를 누발
- 소질성 누발자 : 재해의 소질적 요인을 가지고 있기 때문에 재해를 누발
- 미숙성 누발자 : 기능 미숙이나 환경에 익숙하지 못하기 때문에 재해를 누발

018 A사업장의 조건이 다음과 같을 때, A사업장에서 연간재해 발생으로 인한 근로손실일수는?

〈 조 건 〉
- 강도율: 0.4　　　- 근로자 수: 1000명　　　- 연근로시간수: 2400시간

① 480　　　　　　　　　　② 720
③ 960　　　　　　　　　　④ 1440

근로손실일수 = $\dfrac{강도율 \times 연간\ 총근로시간수}{1000}$ = $\dfrac{0.4 \times 1000 \times 2400}{1000}$ = 960

019 하인리히 재해 구성 비율 중 무상해사고가 600건이라면 사망 또는 중상 발생 건수는?

① 1　　　　　　　　　　② 2
③ 29　　　　　　　　　　④ 58

하인리히의 재해구성 비율 : 1 : 29 : 300의 법칙으로 중상 또는 사망 1회, 경상 29회, 무상해사고 300회의 비율로 발생
※ 중상 또는 사망 : 경상 : 무상해 사고 = 1 : 29 : 300

020 근로자 1000명 이상의 대규모 사업장에 적합한 안전관리 조직의 유형은?

① 직계식 조직　　　　　　② 참모식 조직
③ 병렬식 조직　　　　　　④ 직계참모식 조직

라인(Line) 스태프(Staff)의 복잡형(직계 참모조직)
- 특징
  - 라인형과 스태프형의 장점을 취한 절충식 조직 형태로 안전업무를 전문으로 담당하는 스태프 부분을 두고 생산라인의 각층에도 겸임 또는 전임의 안전 담당자를 두어서 안전대책은 스태프 부분에서 기획하고, 이것을 라인을 통하여 실시하도록 한 조직 방식이다.
  - 대규모의 사업장(1000명 이상)에 효율적이다.

- 장점
  - 스태프에 의해 입안된 것을 경영자의 지침으로 명령·실시하도록 하므로 정확 신속하게 실시된다.
  - 안전입안 계획·평가·조사는 스태프에서, 생산기술의 안전대책은 라인에서 실시하므로 안전활동과 생산업무가 균형을 유지할 수 있다.
- 단점
  - 명령계통과 조언 권고적 참여가 혼동되기 쉽다.
  - 라인이 스태프에만 의존하거나 또는 활용치 않는 경우가 있다.
  - 스태프의 월권행위 우려가 있다.

제 02 과목 인간공학 및 위험성 평가·관리

021 FTA에서 사용되는 사상기호 중 결함사상을 나타낸 기호로 옳은 것은?

해설

FTA 도표에 사용하는 논리기호

명칭	기호	명칭	기호
결함사상	▭	전이 기호 (이행 기호)	△(in) △(out)
기본사상	○	AND gate	(출력/입력 AND 게이트)
생략사상 (추적 불가능한 최후사상)	◇	OR gate	(출력/입력 OR 게이트)
통상사상 (家刑事像)	⌂	수정기호 조건	(출력/입력, 조건)

022 다음 상황은 인간실수의 분류 중 어느 것에 해당하는가?

> 전자기기 수리공이 어떤 제품의 분해 · 조립 과정을 거쳐서 수리를 마친 후 부품하나가 남았다.

① time error
② omission error
③ command error
④ extraneous error

Swain의 휴먼 에러(Human Error)
- 생략적 과오(omission error) : 필요한 작업 또는 절차를 수행하지 않는데 기인한 과오
- 시간적 과오(time error) : 필요한 작업 또는 절차의 수행지연으로 인한 과오
- 수행적 과오(commission error) : 필요한 작업 또는 절차의 잘못된 수행으로 인한 과오
- 순서적 과오(sequential error) : 필요한 작업 또는 절차의 순서 착오로 인한 과오
- 불필요한 과오(extraneous error) : 불필요한 작업 또는 절차를 수행함으로써 기인한 과오

023 인간-기계 시스템의 설계 과정을 [보기]와 같이 분류할 때 다음 중 인간, 기계의 기능을 할당하는 단계는?

〈 보 기 〉

1단계 : 시스템의 목표와 성능 명세 결정
2단계 : 시스템의 정의
3단계 : 기본 설계
4단계 : 인터페이스 설계
5단계 : 보조물 설계 혹은 편의 수단 설계
6단계 : 평가

① 기본 설계
② 인터페이스 설계
③ 시스템의 목표와 성능명세 결정
④ 보조물 설계 혹은 편의 수단 설계

제3단계 - 기본설계
- 기능의 할당
- 인간 성능 요건 명세 – 속도, 정확성, 사용자 만족, 유일한 기술을 개발하는데 필요한 시간
- 직무 분석
- 작업 설계

024 FT도에서 최소 컷셋을 올바르게 구한 것은?

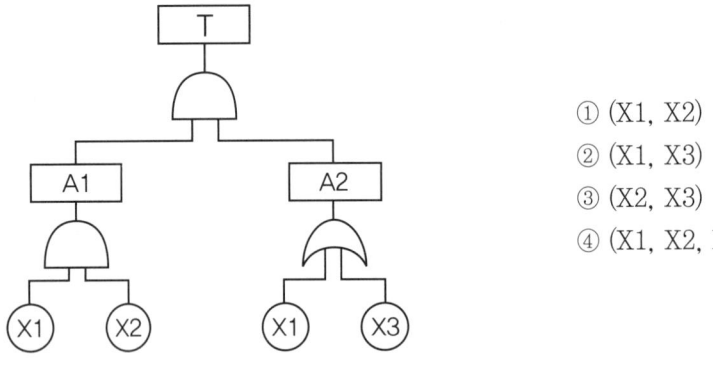

① (X1, X2)
② (X1, X3)
③ (X2, X3)
④ (X1, X2, X3)

최소 컷셋(Minimal Cut Sets)은 정상사상(Top event)을 일으키기 위한 최소한의 컷셋으로 보기의 FT도에서 정상사상을 일으키기 위한 최소 컷셋은 (X1, X2) 이다.

025 '화재 발생' 이라는 시작 (초기) 사상에 대하여 화재감지기, 화재 경보, 스프링클러 등의 성공 또는 실패 작동여부와 그 확률에 따른 피해 결과를 분석하는 데 가장 적합한 위험 분석 기법은?

① FTA
② ETA
③ FHA
④ THERP

ETA(Event Tree Analysis) : 사상(事象)의 안전도를 사용한 시스템의 안전도를 나타내는 시스템 모델의 하나로써 귀납적이고 정량적인 분석방법으로 재해의 확대요인을 분석하는데 적합한 방법

026 다음 그림에서 명료도 지수는?

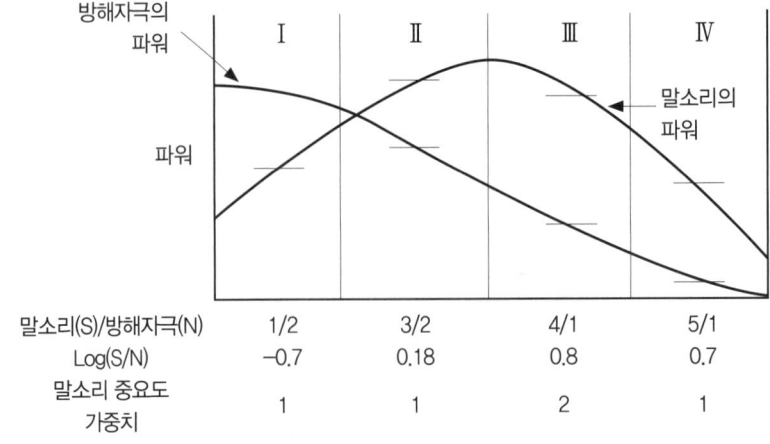

① 0.38
② 0.68
③ 1.38
④ 5.68

명료도 지수 : 통화 이해도를 추정하는 근거로 각 옥타브대의 음성과 잡음의 데시벨 치에 가중치를 곱하여 합계를 구한 값
명료도 지수 = $(-0.7 \times 1) + (0.18 \times 1) + (0.6 \times 2) + (0.7 \times 1)$ = 1.38

027 여러 사람이 사용하는 의자의 좌판 높이 설계기준으로 옳은 것은?

① 5% 오금 높이
② 50% 오금높이
③ 75% 오금높이
④ 95% 오금 높이

오금높이는 바닥면에서 앉은 오금면까지의 수직거리로 여러 사람이 사용하는 의자의 좌면 높이는 5% 오금높이를 기준으로 설계한다.

028 일반적으로 인체측정치의 최대집단치를 기준으로 설계하는 것은?

① 선반의 높이
② 공구의 크기
③ 출입문의 크기
④ 안내 데스크의 높이

인체측정치를 이용한 설계
- 조절 가능한 설계
  - 작업에 사용하는 설비 기구 등은 체격이 다른 여러 근로자들을 위하여 직접 크기를 조절할 수 있도록 조절식으로 설계
  - 조절범위는 여성의 5%ile(최소치) 남성의 95%ile(최대치)
- 극단치를 이용한 설계
  - 조절 가능한 설계를 적용하기 곤란한 경우에는 극단치를 이용하여 설계할 수 있으며, 극단치를 이용한 설계는 최대치를 이용하거나 최소치를 이용
  - 최대치는 작업대와 의자 사이의 간격, 통로나 비상구 높이, 받침대의 안전한계중량 등에 적용하고 대표치는 남성의 95%ile을 이용
  - 최소치는 선반의 높이, 조정장치까지의 거리 등 뻗치는 동작이 있는 작업에 적용하고 대표치는 여성의 5%ile을 이용
- 평균치를 이용한 설계
  - 극단치를 이용한 설계가 곤란한 경우에는 평균치를 이용하여 설계
  - 평균치를 이용한 설계는 식당 테이블이나 통근버스의 손잡이 높이처럼 짧은 시간동안 근로자들이 공동으로 이용하는 설비 등에 적용하고 대표치는 남녀 혼합 50%ile 범위를 이용

029 설비보전에서 평균수리시간을 나타내는 것은?

① MTBF
② MTTR
③ MTTF
④ MTBP

MTTF와 MTBF, MTTR
- MTTF(Mean Time To Failures) : 고장이 일어나기까지의 동작시간의 평균치(평균고장시간)
- MTBF(Mean Time Between Failures) : 고장 사이의 작동시간 평균치(평균고장간격)
- MTTR(Mean Time To Repair) : 고장 발생 순간부터 수리완료 후 정상작동 시까지의 평균시간(평균수리시간)

030 기술개발과정에서 효율성과 위험성을 종합적으로 분석·판단할 수 있는 평가방법으로 가장 적절한 것은?

① Risk Assessment
② Risk Management
③ Safety Assessment
④ Technology Assessment

공장설비의 안전성 평가의 종류
- 세이프티 어세스먼트(Safety Assessment) : 안전성 평가
- 테크놀로지 어세스먼트(Technology Assessment) : 기술개발의 종합평가
- 리스크 어세스먼트(Risk Assessment) : 위험성 평가
- 휴먼 어세스먼트(Human Assessment) : 인간과 사고상의 평가

031 정보수용을 위한 작업자의 시각 영역에 대한 설명으로 옳은 것은?

① 판별시야 – 안구운동만으로 정보를 주시하고 순간적으로 특정 정보를 수용할 수 있는 범위
② 유효시야 – 시력, 색 판별 등의 시각 기능이 뛰어나며 정밀도가 높은 정보를 수용할 수 있는 범위
③ 보조시야 – 머리부분의 운동이 안구운동을 돕는 형태로 발생하며 무리 없이 주시가 가능한 범위
④ 유도시야 – 제시된 정보의 존재를 판별할 수있는 정도의 식별능력 밖에 없지만 인간의 공간좌표 감각에 영향을 미치는 범위

- 판별시야 : 시야의 초점이 사물에 일치하여 사물에 대한 정보를 가장 높은 정밀도로 수용하는 범위
- 유효시야 : 안구운동만으로 무리 없이 사물의 정보를 수용할 수 있는 범위
- 보조시야 : 정보수용이 어려워 인체의 전체적인 움직임을 통해 시야의 확보가 가능한 범위
- 유도시야 : 단지 사물의 존재 유무만을 판단할 수 있는 범위

032 인간공학의 궁극적인 목적과 가장 관계가 깊은 것은?

① 경제성 향상
② 인간 능력의 극대화
③ 설비의 가동률 향상
④ 안전성 및 효율성 향상

안전과 인간공학의 목표
- 안전성 향상과 사고 방지
- 기계조작의 능률성과 생산성 향상
- 쾌적성

033 발생 확률이 동일한 64가지의 대안이 있을 때 얻을 수 있는 총 정보량은?

① 6 bit
② 16 bit
③ 32 bit
④ 64 bit

$$\text{안전계수} = \frac{\log(\text{발생확률})}{\log 2} = \frac{\log 64}{\log 2} = 6$$

034 스트레스의 영향으로 발생된 신체 반응의 결과인 스트레인(strain)을 측정하는 척도가 잘못 연결된 것은?

① 인지적 활동 – EEG
② 육체적 동적 활동 – GSR
③ 정신 운동적 활동 – EOG
④ 국부적 근육 활동 – EMG

해설
피부전기반사(GSR, Galvanic Skin Reflex) : 작업 부하의 정신적 부담도가 피로와 함께 증대하는 양상을 수장(手掌) 내측의 전기저항의 변화에서 측정하는 것으로, 피부전기저항 또는 정신전류현상이라고도 한다.

035 일반적인 시스템의 수명곡선 (욕조곡선)에서 고장형태 중 증가형 고장률을 나타내는 기간으로 옳은 것은?

① 우발 고장기간
② 마모 고장기간
③ 초기 고장기간
④ Burn-in 고장기간

해설
고장의 유형
- 초기고장 : 감소형(Debugging 기간, Burning 기간)
- 우발고장 : 일정형
- 마모고장 : 증가형(Burn In 기간)

036 자동차를 타이어가 4개인 하나의 시스템으로 볼 때, 타이어 1개가 파열될 확률이 0.01 이라면, 이 자동차의 신뢰도는 약 얼마인가?

① 0.91
② 0.93
③ 0.96
④ 0.99

해설
$R = 1 - (0.01 \times 4) = 0.96$

037 FMEA 분석 시 고장 평점법의 5가지 평가요소에 해당하지 않는 것은?

① 고장발생의 빈도
② 신규설계의 가능성
③ 기능적 고장 영향의 중요도
④ 영향을 미치는 시스템의 범위

해설
FMEA에서 고장 등급의 평가요소
- 기능적 고장 영향의 중요도
- 영향을 미치는 시스템의 범위
- 고장발생의 빈도
- 고장방지의 가능성
- 신규설계의 정도

038 건구온도 30°C, 습구온도 35°C 일 때의 옥스퍼드(Oxford) 지수는?

① 20.75
② 24.58
③ 30.75
④ 34.25

WD = 0.85W(습구 온도) + 0.15D(건구 온도)
= 0.85 × 35 + 0.15 × 30 = 34.25

039 FTA에 대한 설명으로 가장 거리가 먼 것은?

① 정성적 분석만 가능
② 하향식 (top-down) 방법
③ 복잡하고 대형화된 시스템에 활용
④ 논리게이트를 이용하여 도해적으로 표현하여 분석하는 방법

FTA의 특징
- 연역적, 정량적 해석이 가능한 기법
- 톱다운(top-down) 해석
- 특정사상에 대한 해석
- 논리기호를 사용한 해석
- 컴퓨터로 처리가능

040 청각적 표시장치의 설계 시 적용하는 일반원리에 대한 설명으로 틀린 것은?

① 양립성이란 긴급용 신호일 때는 낮은 주파수를 사용하는 것을 의미한다.
② 검약성이란 조작자에 대한 입력신호는 꼭 필요한 정보만을 제공하는 것이다.
③ 근사성이란 복잡한 정보를 나타내고자 할때 2단계의 신호를 고려하는 것이다.
④ 분리성이란 두 가지 이상의 채널을 듣고있다면 각 채널의 주파수가 분리되어 있어야 한다는 의미이다.

양립성이란 인간의 기대에 맞는 자극과 반응의 관계를 의미하는 것으로 긴급용 신호일 때는 높은 주파수를 사용하는 것을 의미한다.

제 03 과목 기계 · 기구 및 설비 안전관리

041 산업안전보건법령상 지게차에서 통상적으로갖추고 있어야 하나, 마스트의 후방에서 화물이 낙하함으로써 근로자에게 위험을 미칠 우려가 없는 때에는 반드시 갖추지 않아도 되는 것은?

① 전조등 ② 헤드가드
③ 백레스트 ④ 포크

산업안전보건기준에 관한 규칙 제181조(백레스트) 사업주는 백레스트(backrest)를 갖추지 아니한 지게차를 사용해서는 아니 된다. 다만, 마스트의 후방에서 화물이 낙하함으로써 근로자가 위험해질 우려가 없는 경우에는 그러하지 아니하다.

042 동력전달부분의 전방 35cm 위치에 일반평형 보호망을 설치하고자 한다. 보호망의 최대 구멍의 크기는 몇 mm인가?

① 41
② 45
③ 51
④ 55

동력전달부분(전동체)인 경우 개구부 간격
가드의 개구부 Y = 6 + 0.1X [Y : 개구부 간격 (mm), X : 개구부와 위험점 간의 거리(mm)]
∴ Y = 6 + 0.1 × 350 = 41mm

043 다음 연삭숫돌의 파괴원인 중 가장 적절하지 않은 것은?

① 숫돌의 회전속도가 너무 빠른 경우
② 플랜지의 직경이 숫돌 직경의 1/3이상으로 고정된 경우
③ 숫돌 자체에 균열 및 파손이 있는 경우
④ 숫돌에 과대한 충격을 준 경우

연삭숫돌의 파괴원인
• 숫돌의 회전 속도가 너무 빠를 때
• 숫돌자체에 균열이 있을 때
• 숫돌의 불균형이나 베어링의 마모에 의한 진동이 있을 때
• 숫돌의 측면을 사용하여 작업할 때
• 숫돌의 온도변화가 심할 때
• 부적당한 숫돌을 사용할 때
• 숫돌의 치수가 부적당할 때
• 플랜지가 현저히 작을 때

044 산업안전보건법령상 지게차의 최대하중의 2배값이 6톤일 경우 헤드가드의 강도는 몇 톤의 등분포정하중에 견딜 수 있어야 하는가?

① 4
② 6
③ 8
④ 10

지게차 헤드가드의 구비조건(산업안전보건기준에 관한 규칙 제180조)
• 강도는 지게차의 최대하중의 2배 값(4톤을 넘는 값에 대해서는 4톤)의 등분포정하중(等分布靜荷重)에 견딜 수 있을 것
• 상부틀의 각 개구의 폭 또는 길이가 16cm 미만일 것
• 운전자가 앉아서 조작하거나 서서 조작하는 지게차의 헤드가드는 산업표준화법 제12조에 따른 한국산업표준에서 정하는 높이 기준 이상일 것
  – 앉아서 조작하는 경우 조종사가 정상적인 작동 상태에 있을 때 좌석기준점(SIP)으로부터 조종사의 머리가 위치한 헤드가드 아래 부분의 밑면까지의 수직간격은 0.903m 이상
  – 서서 조작하는 경우 조종사가 정상적인 작동 상태에 있을 때 조종사가 서 있는 플랫폼에서부터 조종사의 머리가 위치한 헤드가드 아래 부분의 밑면까지의 수직 간격은 1.88m 이상

045 산업안전보건법령상 보일러 방호장치로 거리가 가장 먼 것은?

① 고저수위 조절장치 ② 아우트리거
③ 압력방출장치 ④ 압력제한스위치

보일러의 방호장치(산업안전보건기준에 관한 규칙 제2편 제1장 제7절)
- 압력 방출 장치 : 1개 또는 2개 이상 설치하고 최고 사용 압력 이하에서 작동되도록 한다. 단, 2개 이상 설치된 경우에는 최고 사용 압력 이하에서 1개가 작동하고, 다른 1개는 최고 사용 압력 1.05배 이하에서 작동되도록 하며 스프링식이 가장 많이 사용된다.
- 압력 제한 스위치 : 과열을 방지하기 위하여 최고 사용 압력과 사용 압력 사이에서 보일러의 버너 연소를 차단한다.
- 고저수위 조절 장치 : 고저수위를 알리는 경보등 · 경보음 장치 등을 설치하며, 자동으로 급수 또는 단수되도록 설치한다.
- 화염 검출기

046 산업안전보건법령상 압력용기에서 안전인증된 파열판에 안전인증 표시 외에 추가로 나타내어야 하는 사항이 아닌 것은?

① 분출차(%) ② 호칭지름
③ 용도(요구성능) ④ 유체의 흐름방향 지시

파열판의 추가표시(방호장치 안전인증 고시 별표 4)
- 호칭지름
- 용도(요구성능)
- 설정파열압력(MPa) 및 설정온도(℃)
- 분출용량(kg/h) 또는 공칭분출계수
- 파열판의 재질
- 유체의 흐름방향 지시

047 산업안전보건법령상 사업장내 근로자 작업환경 중 '강렬한 소음작업'에 해당하지 않는 것은?

① 85데시벨 이상의 소음이 1일 10시간 이상 발생하는 작업
② 90데시벨 이상의 소음이 1일 8시간 이상 발생하는 작업
③ 95데시벨 이상의 소음이 1일 4시간 이상 발생하는 작업
④ 100데시벨 이상의 소음이 1일 2시간 이상 발생하는 작업

산업안전보건기준에 관한 규칙 제512조(정의) 이 장에서 사용하는 용어의 뜻은 다음과 같다.
1. "소음작업"이란 1일 8시간 작업을 기준으로 85데시벨 이상의 소음이 발생하는 작업을 말한다.
2. "강렬한 소음작업"이란 다음 각목의 어느 하나에 해당하는 작업을 말한다.
  가. 90데시벨 이상의 소음이 1일 8시간 이상 발생하는 작업
  나. 95데시벨 이상의 소음이 1일 4시간 이상 발생하는 작업
  다. 100데시벨 이상의 소음이 1일 2시간 이상 발생하는 작업
  라. 105데시벨 이상의 소음이 1일 1시간 이상 발생하는 작업
  마. 110데시벨 이상의 소음이 1일 30분 이상 발생하는 작업
  바. 115데시벨 이상의 소음이 1일 15분 이상 발생하는 작업

048 선반에서 일감의 길이가 지름에 비하여 상당히 길 때 사용하는 부속품으로 절삭 시 절삭저항에 의한 일감의 진동을 방지하는 장치는?

① 칩 브레이커
② 척 커버
③ 방진구
④ 실드

길이가 직경의 12배 이상인 가늘고 긴 공작물을 가공할 때는 공작물의 진동을 방지하기 위해 방진구를 사용한다.

049 산업안전보건법령상 프레스를 제외한 사출성형기·주형 조형기 및 형단조기 등에 관한 안전조치 사항으로 틀린 것은?

① 근로자의 신체 일부가 말려들어갈 우려가 있는 경우에는 양수조작식 방호장치를 설치하여 사용한다.
② 게이트 가드식 방호장치를 설치할 경우에는 연동 구조를 적용하여 문을 닫지 않아도 동작할 수 있도록 한다.
③ 사출성형기의 전면에 작업용 발판을 설치할 경우 근로자가 쉽게 미끄러지지 않는 구조여야 한다.
④ 기계의 히터 등의 가열 부위, 감전 우려가 있는 부위에는 방호덮개를 설치하여 사용한다.

게이트가드식
- 게이트가 위험 부분을 차단하지 않으면 작동되지 않도록 확실한 연동이 되도록 할 것
- 금형의 크기에 따라 게이트의 크기를 선택, 설치할 것

050 강자성체를 자화하여 표면의 누설자속을 검출하는 비파괴 검사 방법은?

① 방사선 투과 시험
② 인장시험
③ 초음파 탐상 시험
④ 자분 탐상 시험

자분탐상 : 강자성체에 대해 표면과 표면하부에 발생하는 결함, 물성의 변화 등에 의한 국부적인 현상을 누설자속법을 이용 육안으로 결함을 검출하는 방법

051 밀링 작업 시 안전 수칙에 관한 설명으로 틀린 것은?

① 칩은 기계를 정지시킨 다음에 브러시 등으로 제거한다.
② 일감 또는 부속장치 등을 설치하거나 제거할 때는 반드시 기계를 정지시키고 작업한다.
③ 면장갑을 반드시 끼고 작업한다.
④ 강력 절삭을 할 때는 일감을 바이스에 깊게 물린다.

> **해설**
>
> **밀링 작업의 안전대책**
> - 정면 커터 작업 시에는 칩이 튀어나오므로 칩 커버를 설치한다.
> - 커터 날 끝과 같은 높이에서 절삭 상태를 관찰해서는 안 된다.
> - 주축 회전 중 밀링 커터 주위에 손을 대거나 브러시를 사용해 칩을 제거해서는 안 된다.
> - 가공 중 기계에 얼굴을 가까이 가지 않도록 한다.
> - 테이블 위에 측정기나 공구류를 올려놓지 않는다.
> - 절삭 공구나 공작물을 설치할 때 시동 레버가 접촉되기 쉬우므로 전원을 끄고 작업한다.
> - 작업 중의 가공물에 손을 대지 말아야 하며, 치수 측정시는 기계를 정지시킨다.
> - 장갑을 착용하고 작업하지 않는다.

052 다음 중 프레스기에 사용되는 방호장치에 있어 원칙적으로 급정지 기구가 부착되어야만 사용할 수 있는 방식은?

① 양수조작식
② 손쳐내기식
③ 가드식
④ 수인식

> **해설**
>
> **양수조작식**
> - 반드시 두 손을 사용하여 동시에 조작하여야만 작동하는 구조로 원칙적으로 급정지 기구가 부착되어야만 사용할 수 있는 방식
> - 조작부(버튼 또는 레버)의 간격을 300mm 이상으로 할 것
> - 조작부는 작동 직후 손이 위험 구역에 들어가지 못하도록 다음에 정하는 거리 이상에 설치할 것
> - 거리[cm] = 160 × 프레스기 작동 후 작업점까지 도달시간 (초)

053 화물 중량이 200 kgf, 지게차의 중량이 400 kgf, 앞바퀴에서 화물의 무게중심까지의 최단거리가 1m일 때 지게차가 안정되기 위하여 앞바퀴에서 지게차의 무게중심까지 최단거리는 최소 몇 m를 초과해야하는가?

① 0.2m
② 0.5m
③ 1m
④ 2m

> **해설**
>
>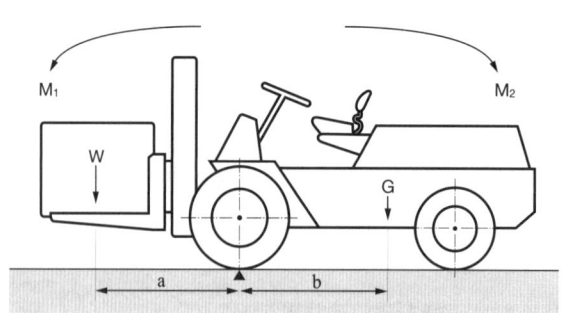
>
> $M_1 = W \times a = 200 \times 1 = 200$
> $M_2 = G \times b = 400 \times b = 400b$
> $M_1 \leq M_2$ 이므로
> $200 \leq 400b$
> $b \leq \dfrac{200}{400} = 0.5$

054 산업안전보건법령상 프레스의 작업 시작 전 점검 사항이 아닌 것은?

① 슬라이드 또는 칼날에 의한 위험방지 기구의 기능
② 프레스의 금형 및 고정볼트 상태
③ 전단기의 칼날 및 테이블의 상태
④ 권과방지장치 및 그 밖의 경보장치의 기능

작업시작 전 점검사항(산업안전보건기준에 관한 규칙 별표 3)

작업의 종류	점검내용
프레스 등을 사용하여 작업을 할 때	• 클러치 및 브레이크의 기능 • 크랭크축 · 플라이휠 · 슬라이드 · 연결봉 및 연결 나사의 풀림여부 • 1행정 1정지기구 · 급정지장치 및 비상정지장치의 기능 • 슬라이드 또는 칼날에 의한 위험방지 기구의 기능 • 프레스의 금형 및 고정볼트 상태 • 방호장치의 기능 • 전단기(剪斷機)의 칼날 및 테이블의 상태

055 산업안전보건법령상 아세틸렌 용접장치에 관한 설명이다. ( )안에 공통으로 들어갈 내용으로 옳은 것은?

• 사업주는 아세틸렌 용접장치의 취관 마다 (   )를 설치하여야 한다.
• 사업주는 가스용기가 발생기와 분리 되어 있는 아세틸렌 용접장치에 대하여 발생기와 가스용기 사이에 (   )를 설치하여야 한다.

① 분기장치
② 자동 발생 확인장치
③ 유수 분리장치
④ 안전기

산업안전보건기준에 관한 규칙 제289조(안전기의 설치) ① 사업주는 아세틸렌 용접장치의 취관마다 안전기를 설치하여야 한다. 다만, 주관 및 취관에 가장 가까운 분기관(分岐管)마다 안전기를 부착한 경우에는 그러하지 아니하다.
② 사업주는 가스용기가 발생기와 분리되어 있는 아세틸렌 용접장치에 대하여 발생기와 가스용기 사이에 안전기를 설치하여야 한다.

056 다음 설명 중( )안에 알맞은 내용은?

산업안전보건 법령상 롤러기의 급정지장치는 롤러를 무부하로 회전시킨 상태에서 앞면 롤러의 표면 속도가 30m/min 미만일 때에는 급정지거리가 앞면 롤러 원주의 (   ) 이내에서 롤러를 정지시킬 수 있는 성능을 보유해야 한다.

① $\frac{1}{4}$
② $\frac{1}{3}$
③ $\frac{1}{2.5}$
④ $\frac{1}{2}$

앞면 롤러의 표면속도에 따른 급정지거리(방호장치 자율안전기준 고시 별표 3)

앞면 롤러의 표면속도(m/min)	급정지 거리
30 미만	앞면 롤러 원주의 1/3 이내
30 이상	앞면 롤러 원주의 1/2.5 이내

057 연강의 인장강도가 420 MPa이고, 허용응력이 140 MPa이라면 안전율은?

① 1　　　　　　　　　② 2
③ 3　　　　　　　　　④ 4

058 산업안전보건법령상 양중기에 해당하지 않는 것은?

① 곤돌라
② 이동식 크레인
③ 적재하중 0.05톤의 이삿짐 운반용 리프트
④ 승강기

산업안전보건기준에 관한 규칙 제132조(양중기) ① 양중기란 다음 각 호의 기계를 말한다.
1. 크레인[호이스트(hoist)를 포함한다]
2. 이동식 크레인
3. 리프트(이삿짐운반용 리프트의 경우에는 적재하중이 0.1톤 이상인 것으로 한정한다)
4. 곤돌라
5. 승강기

059 회전하는 부분의 접선 방향으로 물려 들어갈 위험이 존재하는 점으로 주로 체인, 풀리, 벨트, 기어와 랙 등에서 형성되는 위험 점은?

① 끼임점　　　　　　② 협착점
③ 절단점　　　　　　④ 접선물림점

위험점의 분류

구분	내용
협착점	왕복 운동하는 동작부분과 움직임이 없는 고정부분 사이에 형성되는 위험점
끼임점	고정부분과 회전하는 동작부분 사이에서 형성되는 위험점
절단점	회전하는 운동부분 자체의 위험에서 초래되는 위험점
물림점	반대로 회전하는 두 개의 회전체가 맞닿는 사이에서 발생하는 위험점
접선물림점	회전하는 부분의 접선방향으로 물려 들어갈 위험이 존재하는 위험점
회전말림점	회전하는 물체에 작업복 등이 말려드는 위험이 존재하는 위험점

060 프레스기의 안전대책 중 손을 금형 사이에 집어넣을 수 없도록 하는 본질적 안전화를 위한 방식 (no-hand in die)에 해당하는 것은?

① 수인식 ② 광전자식
③ 방호울식 ④ 손쳐내기식

프레스기의 No-Hand in Die 방식에 있어서 본질적 안전화 추진사항
- 전용프레스의 도입
- 자동 프레스의 도입
- 안전울을 부착한 프레스 작업
- 안전 금형을 부착한 프레스 작업

제 04 과목 전기설비 안전관리

061 3300/220 V, 20 kVA 인 3상 변압기로부터 공급 받고 있는 저압 전선로의 절연 부분의 전선과 대지 간의 절연저항의 최소값은 약 몇 Ω 인가? (단, 변압기의 저압 측 중성점에 접지가 되어 있다.)

① 1240 ③ 2794
② 4840 ④ 8383

$$R = \frac{V}{I_g} = \frac{V}{\frac{1}{2000} \times \frac{P}{\sqrt{3}\,V}} = \frac{220}{\frac{1}{2000} \times \frac{20 \times 10^3}{\sqrt{3} \times 220}} = 8383.125$$

062 내압방폭용기 "d"에 대한 설명으로 틀린 것은?

① 원통형 나사 접합부의 체결 나사산 수는 5산 이상이어야 한다.
② 가스/증기 그룹이 ⅡB일 때 내압 접합면과 장애물과의 최소 이격거리는 20 mm이다.
③ 용기 내부의 폭발이 용기 주위의 폭발성가스 분위기로 화염이 전파되지 않도록 방지하는 부분은 내압방폭 접합부이다.
④ 가스/증기 그룹이 ⅡC일 때 내압 접합면과 장애물과의 최소 이격거리는 40 mm이다.

방폭전기기기의 설계, 선정 및 설치에 관한 기준
내압방폭구조 플랜지 접합부와 장애물 간 최소 이격거리

가스그룹	최소 이격거리(mm)
ⅡA	10
ⅡB	30
ⅡC	40

063 인체 저항을 500 Ω이라 한다면, 심실세동을 일으키는 위험 한계 에너지는 약 몇 J 인가? (단, 심실세동 전류값 I = $\frac{165}{\sqrt{T}}$ mA의 Dalziel의 식을 이용하며, 통전시간은 1초로 한다.)

① 11.5　　② 13.6
③ 15.3　　④ 16.2

심실세동전류 $(I) = \frac{165}{\sqrt{T}} = (mA)$

$W = I^2RT = (\frac{165}{\sqrt{T}} \times 10^{-3})^2 RT[J]$

$= (\frac{165}{\sqrt{1}} \times 10^{-3})^2 \times 500 \times T = 13.6[J]$

064 절연물의 절연불량 주요원인으로 거리가 먼 것은?

① 진동, 충격 등에 의한 기계적 요인　　② 산화 등에 의한 화학적 요인
③ 온도상승에 의한 열적 요인　　④ 정격전압에 의한 전기적 요인

전기 절연불량의 원인
- 높은 이상 전압등에 의한 전기적 요인
- 진동, 충격 등에 의한 기계적 요인
- 산화 등에 의한 화학적 요인
- 온도 상승에 의한 열적 요인

065 정격사용률이 30%, 정격 2차 전류가 300 A 인 교류아크 용접기를 200 A로 사용하는 경우의 허용 사용률(%)은?

① 13.3　　② 67.5
③ 110.3　　④ 157.5

허용 사용률 = $\frac{(정격 2차전류)^2}{(실제 용접전류)^2} \times 정격 사용률 = \frac{300^2}{200^2} \times 30 = 67.5\%$

066 정전기 화재폭발 원인으로 인체 대전에 대한 예방대책으로 옳지 않은 것은?

① Wrist Strap을 사용하여 접지선과 연결한다.
② 대전방지제를 넣은 제전복을 착용한다.
③ 대전방지 성능이 있는 안전화를 착용한다.
④ 바닥 재료는 고유저항이 큰 물질로 사용한다.

인체 대전된 정전기에 의한 화재 또는 폭발 위험이 있는 경우에 안전대책은 정전기 대전방지용 안전화착용, 제전복 착용, 정전기 제전용구 사용, 작업장 바닥에 도전성을 갖추도록 하는 등의 방법이 있다

067 주택용 배선차단기 B타입의 경우 순시 동작범위는? (단, I_n는 차단기 정격전류이다.)

① $3I_n$ 초과 ~ $5I_n$ 이하
② $5I_n$ 초과 ~ $10I_n$ 이하
③ $10I_n$ 초과 ~ $15I_n$ 이하
④ $10I_n$ 초과 ~ $20I_n$ 이하

과전류 차단기의 순시 차단 특성 비교

적용 규격		순시차단특성		비고
	종류	순시차 단기능	작동배율	
주택용 차단기	타입 B	있음	3~5 I_n	I_n은 배선용 차단기의 정격 전류 동작 배율은 0.1s 로 작동하는 전류 범위를 나타내고 있다.
	타입 C	있음	5~10 I_n	
	타입 D	있음	10~20 I_n	
산업용 차단기	임의	있음	제조사 지정	본체에 순시차단 기호(Type B등) 표시가 없으므로 주의 필요. 순시차단 특성이 있는 것은 시방서 등으로 제공되므로 그것을 참조할 필요가 있다.
		없음	–	

068 다음 중 방폭 구조의 종류가 아닌 것은?

① 유압 방폭구조(k)
② 내압 방폭구조(d)
③ 본질안전 방폭구조(i)
④ 압력 방폭구조(p))

방폭구조의 종류와 기호

종류	내용	기호
내압방폭구조	점화원에 의해 용기 내부에서 폭발이 발생할 경우에 용기가 폭발압력에 견딜 수 있고, 화염이 용기 외부의 폭발성 분위기로 전파되지 않도록 한 방폭구조	d
압력방폭구조	점화원이 될 우려가 있는 부분을 용기 안에 넣고 보호 기체(신선한 공기 또는 불활성기체)를 용기 안에 압입함으로써 폭발성 가스가 침입하는 것을 방지하도록 되어 있는 방폭구조	p
안전증방폭구조	전기기기의 과도한 온도 상승, 아크 또는 불꽃 발생의 위험을 방지하기 위하여 추가적인 안전조치를 통한 안전도를 증가시킨 방폭구조(다만, 정상운전 중에 아크나 불꽃을 발생시키는 전기기기는 안전증방폭구조의 전기기기 범위에서 제외)	e
유입방폭구조	유체 상부 또는 용기 외부에 존재할 수 있는 폭발성 분위기가 발화할 수 없도록 전기설비 또는 전기설비의 부품을 보호액에 함침시키는 방폭구조	o
본질안전방폭구조	정상시 또는 단락, 단선, 지락 등의 사고시에 발생하는 아크, 불꽃, 고열에 의하여 폭발성 가스나 증기에 점화되지 않는 것이 확인된 구조	ia, ib
비점화방폭구조	전기기기가 정상작동과 규정된 특정한 비정상상태에서 주위의 폭발성 가스 분위기를 점화시키지 못하도록 만든 방폭구조	n
몰드방폭구조	전기기기의 불꽃 또는 열로 인해 폭발성 위험분위기에 점화되지 않도록 컴파운드를 충전해서 보호한 방폭구조	m

충전방폭구조	폭발성 가스 분위기를 점화시킬 수 있는 부품을 고정하여 설치하고, 그 주위를 충전재로 완전히 둘러싸서 외부의 폭발성 가스 분위기를 점화시키지 않도록 하는 방폭구조	q
특수방폭구조	상기의 방폭구조 외에 외부의 폭발성 가스에 대해 인화를 방지할 수 있음을 시험에 의해 확인한 구조	s

069 피뢰시스템의 등급에 따른 회전구체의 반지름으로 틀린 것은?

① Ⅰ등급 : 20 m ② Ⅱ등급 : 30 m
③ Ⅲ등급 : 40 m ④ Ⅳ등급 : 60 m

보호등급별 회전구체 반지름, 메시(mesh)치수

보호등급	회전구체 반지름 (m)	메시치수 (m)
Ⅰ	20	5 × 5
Ⅱ	30	10 × 10
Ⅲ	45	15 × 15
Ⅳ	60	20 × 20

070 고장전류를 차단할 수 있는 것은?

① 차단기(CB) ② 유입 개폐기(OS)
③ 단로기(DS) ④ 선로 개폐기(LS)

고장전류는 고장(사고)으로 발생하는 전류이며 단락전류, 지락전류, 과부하 전류 등이 있으며 차단기로 차단할수 있다.

071 정전기 재해를 예방하기 위해 설치하는 제전기의 제전효율은 설치 시에 얼마 이상이 되어야 하는가?

① 40% 이상 ② 50% 이상
③ 70% 이상 ④ 90% 이상

제전기는 설치하기 전과 후의 대전물체의 전위를 측정해서 제전의 목표값을 만족하는 위치 또는 제전효율이 90[%] 이상이 되는 위치에 설치하여야 한다.

072 감전사고로 인한 전격사의 메카니즘으로 가장 거리가 먼 것은?

① 흉부수축에 의한 질식
② 심실세동에 의한 혈액 순환기능의 상실

③ 내장파열에 의한 소화기 계통의 기능상실
④ 호흡중추신경 마비에 따른 호흡기능 상실

073 다음은 무슨 현상을 설명한 것인가?

> 전위차가 있는 2개의 대전체가 특정 거리에 접근하게 되면, 등전위가 되기 위하여 전하가 절연공간을 깨고 순간적으로 빛과 열을 발생하며 이동하는 현상

① 대전 ② 충전
③ 방전 ④ 열전

074 KS C IEC 60079-0의 정의에 따라 '두 도전부 사이의 고체 절연물 표면을 따른 최단거리'를 나타내는 명칭은?

① 전기적 간격 ② 절연공간거리
③ 연면거리   ④ 충전물 통과거리

- 전기적 간격 : 다른 전위를 갖고 있는 도전부 사이의 이격거리
- 절연공간거리 : 두 도전부 사이의 공간을 통한 최단거리
- 연면거리 : 두 도전부 사이의 고체 절연물 표면을 따른 최단거리
- 충전물 통과거리 : 두 도전부 사이의 충전물을 통과한 최단거리

075 욕조나 샤워시설이 있는 욕실 또는 화장실에 콘센트가 시설되어 있다. 해당 전로에 설치된 누전차단기의 정격감도전류와 동작시간은?

① 정격감도전류 15mA 이하, 동작시간 0.01초 이하
② 정격감도전류 15mA 이하, 동작시간 0.03초 이하
③ 정격감도전류 30mA 이하, 동작시간 0.01초 이하
④ 정격감도전류 30mA 이하, 동작시간 0.03초 이하

국내기준 정격감도전류 : 일반장소-30mA 이하, 습기장소-15mA 이하, 차단시간 0.03초 이하

076 동작 시 아크가 발생하는 고압 및 특고압용 개폐기 · 차단기의 이격거리(목재의 벽 또는 천장, 기타 가연성 물체로부터의 거리)의 기준으로 옳은 것은? (단, 사용전압이 35kV 이하의 특고압용의 기구 등으로서 동작할 때에 생기는 아크의 방향과 길이를 화재가 발생할 우려가 없도록 제한하는 경우가 아니다.)

① 고압용 : 0.8m 이상, 특고압용 : 1.0m 이상
② 고압용 : 1.0m 이상, 특고압용 : 2.0m 이상
③ 고압용 : 2.0m 이상, 특고압용 : 3.0m 이상
④ 고압용 : 3.5m 이상, 특고압용 : 4.0m 이상

해설

아크를 발생하는 기구 시설 시 이격거리

기구 등의 구분	이격거리
고압용의 것	1m 이상
특고압용의 것	2m 이상(사용전압이 35kV 이하의 특고압용의 기구 등으로서 동작할 때에 생기는 아크의 방향과 길이를 화재가 발생할 우려가 없도록 제한하는 경우에는 1m 이상)

077 전류가 흐르는 상태에서 단로기를 끊었을 때 여러 가지 파괴 작용을 일으킨다. 다음 그림에서 유입 차단기의 차단순서와 투입순서가 안전수칙에 가장 적합한 것은?

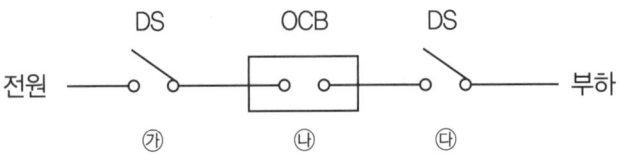

① 차단: ㉮ → ㉯ → ㉰, 투입: ㉮ → ㉯ → ㉰
② 차단: ㉯ → ㉰ → ㉮, 투입: ㉯ → ㉰ → ㉮
③ 차단: ㉰ → ㉯ → ㉮, 투입: ㉰ → ㉮ → ㉯
④ 차단: ㉯ → ㉰ → ㉮, 투입: ㉰ → ㉮ → ㉯

해설

개폐조작은 부하측에서 전원측으로 진행하며, 차단기(VCB)는 차단 시에는 가장 먼저, 투입 시에는 가장 뒤에 조작한다.

078 50kW, 60Hz 3상 유도전동기가 380V 전원에 접속된 경우 흐르는 전류(A)는 약 얼마인가? (단, 역률은 80%이다.)

① 82.24 ② 94.96
③ 116.30 ④ 164.47

해설

$P = \sqrt{3} VI$

$I = \dfrac{P}{\sqrt{3} \cdot V} = \dfrac{50 \times 10^3}{\sqrt{3} \times 380} = 75.97$

역률 80%이므로 75.97/0.8 = 94.96

079 피뢰기의 제한 전압이 752 kV이고 변압기의 기준 충격 절연강도가 1050 kV이라면, 보호 여유도(%)는 약 얼마인가?

① 18 ② 28
③ 40 ④ 43

해설

여유도 = $\dfrac{\text{충격절연강도} - \text{제한전압}}{\text{제한전압}} \times 100 = \dfrac{1050 - 752}{752} \times 100 = 39.63$

080 접지 목적에 따른 분류에서 병원설비의 의료용 전기전자 (M-E) 기기와 모든 금속부분 또는 도전 바닥에도 접지하여 전위를 동일하게 하기 위한 접지를 무엇이라 하는가?

① 계통 접지
② 등전위 접지
③ 노이즈방지용 접지
④ 정전기 장해방지 이용 접지

접지 목적에 따른 접지의 종류

접지의 종류	목적
계통 접지	고압 전로와 저압 전로가 혼촉되었을 때의 감전이나 화재 방지
기기 접지	누전되고 있는 기기에 접촉되었을 때의 감전 방지
피뢰기 접지	낙뢰로부터 전기 기기의 손상을 방지
정전기 장해 방지용 접지	정전기 축적에 의한 폭발 재해 방지
지락 검출용 접지	누전 차단기의 동작을 확실하게 한다
등전위 접지	병원에 있어서의 의료 기기 사용시의 안전
잡음 대책용 접지	잡음에 의한 Electronics 장치의 파괴나 오동작을 방지
기능용 접지	전기 방식 설비 등의 접지

제 05 과목 화학설비 안전관리

081 반응기를 조작방식에 따라 분류할 때 해당되지 않는 것은?

① 회분식 반응기
② 반회분식 반응기
③ 연속식 반응기
④ 관형식 반응기

반응기의 종류
- 구조방식에 따른 분류 : 교반조형, 관형, 탑형, 유동층형
- 조작방식에 의한 분류 : 회분식, 반회분식, 연속식

082 위험물질에 대한 설명 중 틀린 것은?

① 과산화나트륨에 물이 접촉하는 것은 위험하다.
② 황린은 물속에 저장한다.
③ 염소산나트륨은 물과 반응하여 폭발성의 수소기체를 발생한다.
④ 아세트알데히드는 0℃ 이하의 온도에서도 인화할 수 있다.

염소산나트륨($NaClO_3$)은 무색, 무취의 주상 결정으로 산화성 고체이다. 물, 알코올에 잘 녹으며 조해성이 강하다.

083 다음 물질 중 물에 가장 잘 용해되는 것은?

① 아세톤
② 벤젠
③ 톨루엔
④ 휘발유

해설

아세톤(CH_3COCH_3) : 물, 알코올, 에테르 등 대부분의 용매와 잘 섞이며 휘발성이 강하고 인화성이 크다. 또한 증기는 유독하므로 흡입하지 않도록 주의해야 한다.

084 산업안전보건법령상 위험 물질의 종류에서 "폭발성 물질 및 유기과산화물"에 해당하는 것은?

① 디아조화합물
② 황린
③ 알킬 알루미늄
④ 마그네슘 분말

해설

위험물질의 종류(산업안전보건기준에 관한 규칙 별표 1)
- 폭발성 물질 및 유기과산화물 : 질산에스테르류, 니트로화합물, 니트로소화합물, 아조화합물, 디아조화합물, 하이드라진 유도체, 유기과산화물
- 물반응성 물질 및 인화성 고체 : 리튬, 칼륨·나트륨, 황, 황린, 황화인·적린, 셀룰로이드류, 알킬알루미늄·알킬리튬, 마그네슘 분말, 금속 분말(마그네슘 분말 제외), 알칼리금속(리튬·칼륨 및 나트륨은 제외), 유기 금속화합물(알킬알루미늄 및 알킬리튬은 제외), 금속의 수소화물, 금속의 인화물, 칼슘 탄화물, 알루미늄 탄화물
- 산화성 액체 및 산화성 고체 : 차아염소산 및 그 염류, 아염소산 및 그 염류, 염소산 및 그 염류, 과염소산 및 그 염류, 브롬산 및 그 염류, 요오드산 및 그 염류, 과산화수소 및 무기 과산화물, 질산 및 그 염류, 과망간산 및 그 염류, 중크롬산 및 그 염류
- 인화성 액체
- 인화성 가스 : 수소, 아세틸렌, 에틸렌, 메탄, 에탄, 프로판, 부탄
- 부식성 물질 : 부식성 산류, 부식성 염기류
- 급성 독성 물질

085 다음 중 고체연소의 종류에 해당하지 않는 것은?

① 표면 연소
② 증발 연소
③ 분해 연소
④ 예혼합연소

해설

고체 연소의 종류 : 표면연소, 자기연소, 분해연소, 증발연소

086 다음 가스 중 가장 독성이 큰 것은?

① CO
② $COCl_2$
③ NH_3
④ H_2

해설

$COCl_2$(포스겐)
- 열가소성 수지인 폴리염화비닐(PVC), 수지류 등이 연소할 때 발생되며 맹독성가스로 허용농도는 0.1ppm(mg/m^3)이다.
- 일반적인 물질이 연소할 경우는 거의 생성되지 않지만 일산화탄소와 염소가 반응하여 생성하기도 한다.

087 공정안전보고서 중 공정안전자료에 포함하여야 할 세부내용에 해당하는 것은?

① 비상조치계획에 따른 교육계획
② 안전운전지침서
③ 각종 건물·설비의 배치도
④ 도급업체 안전관리계획

산업안전보건법 시행규칙 제50조(공정안전보고서의 세부 내용 등) ① 영 제44조에 따라 공정안전보고서에 포함해야 할 세부내용은 다음 각 호와 같다.
1. 공정안전자료
　가. 취급·저장하고 있거나 취급·저장하려는 유해·위험물질의 종류 및 수량
　나. 유해·위험물질에 대한 물질안전보건자료
　다. 유해하거나 위험한 설비의 목록 및 사양
　라. 유해하거나 위험한 설비의 운전방법을 알 수 있는 공정도면
　마. 각종 건물·설비의 배치도
　바. 폭발위험장소 구분도 및 전기단선도
　사. 위험설비의 안전설계·제작 및 설치 관련 지침서

088 디에틸에테르의 연소범위에 가장 가까운 값은?

① 2~10.4%
② 1.9~48%
③ 2.5~15%
④ 1.5~7.8%

디에틸에테르($C_4H_{10}O$)는 제4류 위험물 중 특수 인화물로 인화점 -5℃, 연소범위 1.9~48% 이다.

089 공기 중에서 A 가스의 폭발하한계는 2.2vol%이다. 이 폭발하한계 값을 기준으로 하여 표준 상태에서 A 가스와 공기의 혼합기체 1m³ 에 함유되어 있는 A 가스의 질량을 구하면 약 몇 g 인가? (단, A 가스의 분자량은 26 이다.)

① 19.02
② 25.54
③ 29.02
④ 35.54

• 가스의 몰수 = $\dfrac{22}{22.4}$ = 0.982
• 가스의 질량 = 몰수분자량 = 26 × 0.982 = 25.54

090 가연성 물질을 취급하는 장치를 퍼지하고자 할 때 잘못된 것은?

① 대상물질의 물성을 파악한다.
② 사용하는 불활성가스의 물성을 파악한다.
③ 퍼지용 가스를 가능한 한 빠른 속도로 단시간에 다량 송입한다.
④ 장치 내부를 세정한 후 퍼지용 가스를 송입한다.

퍼지용 가스는 보통 10% 정도 주입한다.

091 에틸렌(C_2H_4)이 완전연소하는 경우 다음의 Jones식을 이용하여 계산할 경우 연소하한계는 약 몇 vol% 인가?

> Jones식 : LFL = 0.55 × Cst

① 0.55
② 3.6
③ 6.3
④ 8.5

- 에틸렌 연소식 : $C_2H_4 + 3O_2 \rightarrow 2CO_2 + 2H_2O$ ($C_2H_4 : 3O_2 = 1 : 3$)
- 화학양론조성비(Cst) = $\dfrac{1}{1+\dfrac{3}{0.21}} \times 100 ≒ 6.54$

∴ 연소하한계(LFL) = 0.55 × 6.54 ≒ 3.6, 연소상한계(UFL) = 3.50 × 6.54 ≒ 22.9

092 건조설비의 구조를 구조부분, 가열장치, 부속설비로 구분할 때 다음 중 "부속설비"에 속하는 것은?

① 보온판
② 열원장치
③ 소화장치
④ 철골부

건조설비의 구성
- 구조부분 : 바닥 콘크리트, 철골, 보온판 등의 기초부분, 본체, 내부구조물
- 가열장치 : 열원공급장치, 열 순환용 송풍기
- 부속설비 : 환기장치, 전기설비, 온도조절장치, 안전장치, 소화장치

093 폭발을 기상폭발과 응상폭발로 분류할 때 기상 폭발에 해당되지 않는 것은?

① 분진폭발
② 혼합가스폭발
③ 분무폭발
④ 수증기 폭발

폭발의 종류
- 기상폭발 : 혼합가스폭발, 가스폭발, 분해폭발, 분진폭발, 분무폭발
- 응상폭발(액상폭발) : 수증기폭발, 전선폭발, 고상간의 전이에 의한 폭발, 혼합 위험에 의한 폭발

094 가스누출감지경보기 설치에 관한 기술상의 지침으로 틀린 것은?

① 암모니아를 제외한 가연성가스 누출감지경보기는 방폭성능을 갖는 것이어야 한다.
② 독성가스 누출감지경보기는 해당 독성가스 허용농도의 25% 이하에서 경보가 울리도록 설정하여야 한다.
③ 하나의 감지 대상가스가 가연성이면서 독성인 경우에는 독성가스를 기준하여 가스누출감지경보기를 선정하여야 한다.
④ 건축물 안에 설치되는 경우, 감지 대상가스의 비중이 공기보다 무거운 경우에는 건축물 내의 하부에 설치하여야 한다.

가스누출감지경보기 설치에 관한 기술상의 지침 제6조(경보설정치) ①가연성 가스누출감지경보기는 감지대상 가스의 폭발하한계 25% 이하, 독성가스 누출감지경보기는 해당 독성가스의 허용농도 이하에서 경보가 울리도록 설정하여야 한다.
② 가스누출감지경보의 정밀도는 경보설정치에 대하여 가연성 가스누출감지경보기는 ±30% 이하, 독성가스누출감지경보기는 ±25% 이하이어야 한다.

095 화염방지기의 설치에 관한 사항으로 ( )에 알맞은 것은?

> 사업주는 인화성 액체 및 인화성 가스를 저장·취급하는 화학설비에서 증기나 가스를 대기로 방출하는 경우에는 외부로부터의 화염을 방지하기 위하여 화염방지기를 그 설비 ( )에 설치하여야 한다.

① 상단
② 하단
③ 중앙
④ 무게중심

산업안전보건기준에 관한 규칙 제269조(화염방지기의 설치 등) ① 사업주는 인화성 액체 및 인화성 가스를 저장·취급하는 화학설비에서 증기나 가스를 대기로 방출하는 경우에는 외부로부터의 화염을 방지하기 위하여 화염방지기를 그 설비 상단에 설치해야 한다. 다만, 대기로 연결된 통기관에 화염방지 기능이 있는 통기밸브가 설치되어 있거나, 인화점이 섭씨 38도 이상 60도 이하인 인화성 액체를 저장·취급할 때에 화염방지 기능을 가지는 인화방지망을 설치한 경우에는 그렇지 않다.

096 처음 온도가 20°C 인 공기를 절대압력 1기압에서 3기압으로 단열압축하면 최종온도는 약 몇 도인가? (단, 공기의 비열비 1.4 이다.)

① 68°C
② 75°C
③ 128°C
④ 164°C

• 압축후의 온도 = 처음온도 × $\left(\dfrac{압축후의 압력}{처음압력}\right)^{\frac{비열비-1}{비열비}}$

= $(273+20) \times \left(\dfrac{3}{1}\right)^{\frac{1.4-1}{1.4}}$ = 401.04K ∴ 401.04 − 273 = 128.04°C

097 【보기】의 물질을 폭발 범위가 넓은 것부터 좁은 순서로 옳게 배열한 것은?

〈 보 기 〉

| H_2 | C_3H_8 | CH_4 | CO |

① $CO > H_2 > C_3H_8 > CH_4$
② $H_2 > CO > CH_4 > C_3H_8$
③ $C_3H_8 > CO > CH_4 > H_2$
④ $CH_4 > H_2 > CO > C_3H_8$

공기 중의 폭발범위

물질	폭발하한계(vol%)	폭발상한계(vol%)
수소(H_2)	4.0	75.0
프로판(C_3H_8)	2.1	9.5
메탄(CH_4)	5.0	15.0
일산화탄소(CO)	12.5	74.0

098 다음 중 가연성 물질과 산화성 고체가 혼합하고 있을 때 연소에 미치는 현상으로 옳은 것은?

① 착화온도(발화점)가 높아진다.
② 최소점화에너지가 감소하며, 폭발의 위험성이 증가한다.
③ 가스나 가연성 증기의 경우 공기 혼합보다 연소범위가 축소된다.
④ 공기 중에서보다 산화작용이 약하게 발생하여 화염온도가 감소하며 연소속도가 늦어진다.

산화성 고체(제1류 위험물)
- 산화성 물질은 불연성으로 다량의 산소를 함유하고 있고, 가연물질은 산소가 없다.
- 가연성 물질과 혼합 시 산소 공급원이 되어 최소 점화 에너지가 감소하며, 폭발의 위험성이 증가한다.

099 물질의 누출방지용으로써 접합면을 상호 밀착시키기 위하여 사용하는 것은?

① 개스킷
③ 플러그
② 체크밸브
④ 콕크

개스킷은 두 개의 표면이 잘 접촉되어 있도록 또는 실링 역할을 하는 부품이다.

100 다음 중 인화성 가스가 아닌 것은?

① 부탄
② 메탄
③ 수소
④ 산소

산소는 조연성 가스이다. 참고로 조연성 가스는 자체는 연소하지 않고 다른 가연성 가스의 연소를 도와주거나 촉진시키는 가스로 산소와 함께 오존, 불소, 염소 등이 해당된다.

제 06 과목 건설공사 안전관리

101 산업안전보건관리비 항목 중 안전시설비로 사용가능한 것은?

① 원활한 공사수행을 위한 가설시설 중 비계설치 비용
② 소음관련 민원예방을 위한 건설현장 소음방지용 방음시설 설치 비용
③ 근로자의 재해예방을 위한 목적으로만 사용하는 CCTV에 사용되는 비용
④ 기계·기구 등과 일체형 안전장치의 구입 비용

안전관리비의 항목별 사용 불가내역

항 목	사용불가내역
2. 안전시설비 등 (제7조제1항제2호 관련)	원활한 공사수행을 위해 공사현장에 설치하는 시설물, 장치, 자재, 안내·주의·경고 표지 등과 공사 수행 도구·시설이 안전장치와 일체형인 경우 등에 해당하는 경우 그에 소요되는 구입·수리 및 설치·해체 비용 등 가. 원활한 공사수행을 위한 가설시설, 장치, 도구, 자재 등 　1) 외부인 출입금지, 공사장 경계표시를 위한 가설울타리 　2) 각종 비계, 작업발판, 가설계단·통로, 사다리 등 　※ 안전발판, 안전통로, 안전계단 등과 같이 명칭에 관계없이 공사 수행에 필요한 가시설들은 사용 불가 　- 다만, 비계·통로·계단에 추가 설치하는 추락방지용 안전난간, 사다리 전도방지장치, 틀비계에 별도로 설치하는 안전난간·사다리, 통로의 낙하물방호선반 등은 사용 가능함 　3) 절토부 및 성토부 등의 토사유실 방지를 위한 설비 　4) 작업장 간 상호 연락, 작업 상황 파악 등 통신수단으로 활용되는 통신시설·설비 　5) 공사 목적물의 품질 확보 또는 건설장비 자체의 운행 감시, 공사 진척상황 확인, 방범 등의 목적을 가진 CCTV 등 감시용 장비 　※ 다만 근로자의 재해예방을 위한 목적으로만 사용하는 CCTV에 소요되는 비용은 사용 가능함 나. 소음·환경관련 민원예방, 교통통제 등을 위한 각종 시설물, 표지 　1) 건설현장 소음방지를 위한 방음시설, 분진망 등 먼지·분진 비산 방지시설 등 　2) 도로 확·포장공사, 관로공사, 도심지 공사 등에서 공사차량 외의 차량유도, 안내·주의·경고 등을 목적으로 하는 교통안전시설물 　※ 공사안내·경고 표지판, 차량유도등·점멸등, 라바콘, 현장경계휀스, PE드럼 등 다. 기계·기구 등과 일체형 안전장치의 구입비용 　※ 기성제품에 부착된 안전장치 고장 시 수리 및 교체비용은 사용 가능. 　1) 기성제품에 부착된 안전장치 　※ 톱날과 일체식으로 제작된 목재가공용 둥근톱의 톱날접촉예방장치, 플러그와 접지시설이 일체식으로 제작된 접지형플러그 등 　2) 공사수행용 시설과 일체형인 안전시설 라. 동일 시공업체 소속의 타 현장에서 사용한 안전시설물을 전용하여 사용할 때의 자재비(운반비는 안전관리비로 사용할 수 있다)

102 강관비계를 사용하여 비계를 구성하는 경우 준수해야할 기준으로 옳지 않은 것은?

① 비계기둥의 간격은 띠장 방향에서는 1.85m 이하, 장선(長線) 방향에서는 1.5m 이하로 할 것
② 띠장 간격은 2.0m 이하로 할 것
③ 비계기둥의 제일 윗부분으로부터 31m 되는 지점 밑부분의 비계기둥은 2개의 강관으로 묶어 세울 것
④ 비계기둥 간의 적재하중은 600kg을 초과하지 않도록 할 것

산업안전보건기준에 관한 규칙 제60조(강관비계의 구조) 사업주는 강관을 사용하여 비계를 구성하는 경우 다음 각 호의 사항을 준수하여야 한다.
1. 비계기둥의 간격은 띠장 방향에서는 1.85미터 이하, 장선(長線) 방향에서는 1.5미터 이하로 할 것. 다만, 선박 및 보트 건조작업의 경우 안전성에 대한 구조검토를 실시하고 조립도를 작성하면 띠장 방향 및 장선 방향으로 각각 2.7미터 이하로 할 수 있다.
2. 띠장 간격은 2.0미터 이하로 할 것. 다만, 작업의 성질상 이를 준수하기가 곤란하여 쌍기둥틀 등에 의하여 해당 부분을 보강한 경우에는 그러하지 아니하다.
3. 비계기둥의 제일 윗부분으로부터 31미터되는 지점 밑부분의 비계기둥은 2개의 강관으로 묶어 세울 것. 다만, 브라켓(bracket, 까치발) 등으로 보강하여 2개의 강관으로 묶을 경우 이상의 강도가 유지되는 경우에는 그러하지 아니하다.
4. 비계기둥 간의 적재하중은 400킬로그램을 초과하지 않도록 할 것

103 건설공사에 사용하는 높이 8m 이상인 비계다리에는 몇 m 이내마다 계단참을 설치해야 하는가?

① 7m
② 8m
③ 9m
④ 10m

산업안전보건기준에 관한 규칙 제23조(가설통로의 구조) 사업주는 가설통로를 설치하는 경우 다음 각 호의 사항을 준수하여야 한다.
1. 견고한 구조로 할 것
2. 경사는 30도 이하로 할 것. 다만, 계단을 설치하거나 높이 2미터 미만의 가설통로로서 튼튼한 손잡이를 설치한 경우에는 그러하지 아니하다.
3. 경사가 15도를 초과하는 경우에는 미끄러지지 아니하는 구조로 할 것
4. 추락할 위험이 있는 장소에는 안전난간을 설치할 것. 다만, 작업상 부득이한 경우에는 필요한 부분만 임시로 해체할 수 있다.
5. 수직갱에 가설된 통로의 길이가 15미터 이상인 경우에는 10미터 이내마다 계단참을 설치할 것
6. 건설공사에 사용하는 높이 8미터 이상인 비계다리에는 7미터 이내마다 계단참을 설치할 것

104 흙 속의 전단응력을 증대시키는 원인에 해당하지 않는 것은?

① 자연 또는 인공에 의한 지하공동의 형성
② 함수비의 감소에 따른 흙의 단위체적 중량의 감소
③ 지진, 폭파에 의한 진동 발생
④ 균열 내에 작용하는 수압 증가

함수비는 토립자의 중량에 대한 수분의 중량의 비를 백분율로 표시한 것으로 함수비가 감소하면 흙의 단위체적 중량이 증가

하고, 함수비가 증가하면 흙은 단위체적 중량이 감소하게 된다. 일반적으로 함수비가 증가(혹은 흙의 단위체적 중량이 감소)함에 따라 동일한 전단변형률속도에서 전단응력은 감소하는 경향을 나타낸다.

105 사다리식 통로 등을 설치하는 경우 고정식 사다리식 통로의 기울기는 최대 몇 도 이하로 하여야 하는가?

① 60도 ② 75도
③ 80도 ④ 90도

산업안전보건기준에 관한 규칙 제24조(사다리식 통로 등의 구조) ① 사업주는 사다리식 통로 등을 설치하는 경우 다음 각 호의 사항을 준수하여야 한다.
1. 견고한 구조로 할 것
2. 심한 손상·부식 등이 없는 재료를 사용할 것
3. 발판의 간격은 일정하게 할 것
4. 발판과 벽과의 사이는 15센티미터 이상의 간격을 유지할 것
5. 폭은 30센티미터 이상으로 할 것
6. 사다리가 넘어지거나 미끄러지는 것을 방지하기 위한 조치를 할 것
7. 사다리의 상단은 걸쳐놓은 지점으로부터 60센티미터 이상 올라가도록 할 것
8. 사다리식 통로의 길이가 10미터 이상인 경우에는 5미터 이내마다 계단참을 설치할 것
9. 사다리식 통로의 기울기는 75도 이하로 할 것. 다만, 고정식 사다리식 통로의 기울기는 90도 이하로 하고, 그 높이가 7미터 이상인 경우에는 다음 각 목의 구분에 따른 조치를 할 것
   가. 등받이울이 있어도 근로자 이동에 지장이 없는 경우 : 바닥으로부터 높이가 2.5미터 되는 지점부터 등받이울을 설치할 것
   나. 등받이울이 있으면 근로자가 이동이 곤란한 경우 : 한국산업표준에서 정하는 기준에 적합한 개인용 추락 방지 시스템을 설치하고 근로자로 하여금 한국산업표준에서 정하는 기준에 적합한 전신안전대를 사용하도록 할 것
10. 접이식 사다리 기둥은 사용 시 접혀지거나 펼쳐지지 않도록 철물 등을 사용하여 견고하게 조치할 것

106 유한사면에서 원형활동면에 의해 발생하는 일반적인 사면 파괴의 종류에 해당하지 않는 것은?

① 사면 내파괴 (Slope failure) ② 사면 선단파괴 (Toe failure)
③ 사면 인장파괴 (Tension failure) ④ 사면 저부파괴 (Base failure)

사면의 파괴형태
1) 사면내파괴(Slope failure)
2) 사면선단파괴(Toe failure)
3) 사면저부파괴(Base failure)

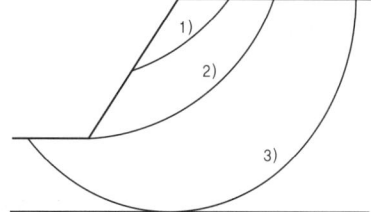

107 차량계 건설기계를 사용하여 작업을 하는 경우 작업계획서 내용에 포함되지 않는 것은?

① 사용하는 차량계 건설기계의 종류 및 성능
② 차량계 건설기계의 운행경로
③ 차량계 건설기계에 의한 작업방법
④ 차량계 건설기계의 유지보수방법

사전조사 및 작업계획서 내용(산업안전보건기준에 관한 규칙 별표 4)

작업명	사전조사 내용	작업계획서 내용
1. 타워크레인을 설치·조립·해체하는 작업	-	가. 타워크레인의 종류 및 형식 나. 설치·조립 및 해체순서 다. 작업도구·장비·가설설비(假設設備) 및 방호설비 라. 작업인원의 구성 및 작업근로자의 역할 범위 마. 제142조에 따른 지지 방법
2. 차량계 하역운반기계 등을 사용하는 작업	-	가. 해당 작업에 따른 추락·낙하·전도·협착 및 붕괴 등의 위험 예방대책 나. 차량계 하역운반기계등의 운행경로 및 작업방법
3. 차량계 건설기계를 사용하는 작업	해당 기계의 전락(轉落), 지반의 붕괴 등으로 인한 근로자의 위험을 방지하기 위한 해당 작업장소의 지형 및 지반상태	가. 사용하는 차량계 건설기계의 종류 및 성능 나. 차량계 건설기계의 운행경로 다. 차량계 건설기계에 의한 작업방법

108 단관비계의 도괴 또는 전도를 방지하기 위하여 사용하는 벽이음의 간격 기준으로 옳은 것은?

① 수직방향 5m 이하, 수평방향 5m 이하
② 수직방향 6m 이하, 수평방향 6m 이하
③ 수직방향 7m 이하, 수평방향 7m 이하
④ 수직방향 8m 이하, 수평 방향 8m 이하

강관비계의 조립 간격(산업안전보건기준에 관한 규칙 별표 5)

강관비계의 종류	조립간격(단위 : m)	
	수직방향	수평방향
단관비계	5	5
틀비계(높이가 5m미만의 것은 제외한다)	6	8

109 다음은 산업안전보건법령에 따른 항타기 또는 항발기에 권상용 와이어로프를 사용하는 경우에 준수하여야 할 사항이다. ( )안에 알맞은 내용으로 옳은 것은?

> 권상용 와이어로프는 추 또는 해머가 최저의 위치에 있을 때 또는 널말뚝을 빼내기 시작할 때를 기준으로 권상장치의 드럼에 적어도 (   ) 감기고 남을 수 있는 충분한 길이일 것

① 1회   ② 2회
③ 4회   ④ 6회

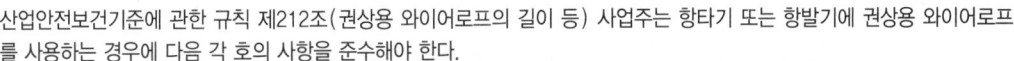

산업안전보건기준에 관한 규칙 제212조(권상용 와이어로프의 길이 등) 사업주는 항타기 또는 항발기에 권상용 와이어로프를 사용하는 경우에 다음 각 호의 사항을 준수해야 한다.
1. 권상용 와이어로프는 추 또는 해머가 최저의 위치에 있을 때 또는 널말뚝을 빼내기 시작할 때를 기준으로 권상장치의 드럼에 적어도 2회 감기고 남을 수 있는 충분한 길이일 것
2. 권상용 와이어로프는 권상장치의 드럼에 클램프·클립 등을 사용하여 견고하게 고정할 것
3. 항타기의 권상용 와이어로프에서 추·해머 등과의 연결은 클램프·클립 등을 사용하여 견고하게 할 것
4. 제2호 및 제3호의 클램프·클립 등은 한국산업표준 제품이거나 한국산업표준이 없는 제품의 경우에는 이에 준하는 규격을 갖춘 제품을 사용할 것

110 인력으로 하물을 인양할 때의 몸의 자세와 관련하여 준수하여야 할 사항으로 옳지 않은 것은?

① 한쪽 발은 들어올리는 물체를 향하여 안전하게 고정시키고 다른 발은 그 뒤에 안전하게 고정시킬 것
② 등은 항상 직립한 상태와 90도 각도를 유지하여 가능한 한 지면과 수평이 되도록 할 것
③ 팔은 몸에 밀착시키고 끌어당기는 자세를 취하며 가능한 한 수평거리를 짧게 할 것
④ 손가락으로만 인양물을 잡아서는 아니 되며 손바닥으로 인양물 전체를 잡을 것

운반하역 표준안전 작업지침 제7조(인양) 하물을 인양할 때에는 다음 각 호의 사항을 준수하여야 한다.
1. 인양물체의 무게는 실측을 원칙으로 하며 인양물체의 무게가 일정하지 않은 때에는 평균무게와 최대무게를 실측하여야 한다.
2. 인양물체의 무게를 어림잡을 때에는 가볍게 들어 개인의 인양능력에 충분한가의 여부를 판단하여 인양하여야 한다.
3. 인양할 때의 몸의 자세는 다음 각 목의 사항을 준수하여야 한다.
　가. 한쪽 발은 들어올리는 물체를 향하여 안전하게 고정시키고 다른 발은 그 뒤에 안전하게 고정시킬 것
　나. 등은 항상 직립을 유지하여 가능한 한 지면과 수직이 되도록 할 것
　다. 무릎은 직각자세를 취하고 몸은 가능한 한 인양물에 근접하여 정면에서 인양할 것
　라. 턱은 안으로 당겨 척추와 일직선이 되도록 할 것
　마. 팔은 몸에 밀착시키고 끌어당기는 자세를 취하며 가능한 한 수평거리를 짧게 할 것
　바. 손가락으로만 인양물을 잡아서는 아니 되며 손바닥으로 인양물 전체를 잡을 것
　사. 체중의 중심은 항상 양 다리 중심에 있게 하여 균형을 유지할 것
　아. 인양하는 최초의 힘은 뒷발쪽에 두고 인양할 것

111 추락방지용 방망 중 그물코의 크기가 5cm 인 매듭방망 신품의 인장강도는 최소 몇 kg 이상이어야 하는가?

① 60　　　　　　　　　　② 110
③ 150　　　　　　　　　　④ 200

방망사의 신품에 대한 인장 강도

| 그물코의 종류 | 방망의 종류(단위 : kg) ||
	매듭이 없는 방망	매듭 방망
10cm	240(150)	200(135)
5cm	–	110(60)

※괄호 안은 폐기기준 인장강도임

112 하역작업 등에 의한 위험을 방지하기 위하여 준수하여야 할 사항으로 옳지 않은 것은?

① 꼬임이 끊어진 섬유로프를 화물운반용으로 사용해서는 안 된다.
② 심하게 부식된 섬유로프를 고정용으로 사용해서는 안 된다.
③ 차량 등에서 화물을 내리는 작업 시 해당작업에 종사하는 근로자에게 쌓여 있는 화물 중간에서 화물을 빼내도록 할 경우에는 사전 교육을 철저히 한다.
④ 부두 또는 안벽의 선을 따라 통로를 설치하는 경우에는 폭을 90cm 이상으로 한다.

산업안전보건기준에 관한 규칙 제190조(화물 중간에서 빼내기 금지) 사업주는 화물자동차에서 화물을 내리는 작업을 하는 경우에는 그 작업을 하는 근로자에게 쌓여있는 화물의 중간에서 화물을 빼내도록 해서는 아니 된다.

113 산업안전보건법령에 따른 유해위험방지계획서 제출 대상 공사로 볼 수 없는 것은?

① 지상 높이가 31m 이상인 건축물의 건설공사
② 터널 건설공사
③ 깊이 10m 이상인 굴착공사
④ 다리의 전체길이가 40m 이상인 건설공사

유해위험방지계획서 제출 대상 공사(산업안전보건법 시행령 제42조 ③항)

1. 다음 각 목의 어느 하나에 해당하는 건축물 또는 시설 등의 건설·개조 또는 해체 공사
   가. 지상높이가 31미터 이상인 건축물 또는 인공구조물
   나. 연면적 3만제곱미터 이상인 건축물
   다. 연면적 5천제곱미터 이상인 시설로서 다음의 어느 하나에 해당하는 시설
      1) 문화 및 집회시설(전시장 및 동물원·식물원은 제외한다)
      2) 판매시설, 운수시설(고속철도의 역사 및 집배송시설은 제외한다)
      3) 종교시설
      4) 의료시설 중 종합병원
      5) 숙박시설 중 관광숙박시설
      6) 지하도상가
      7) 냉동·냉장 창고시설
2. 연면적 5천제곱미터 이상인 냉동·냉장 창고시설의 설비공사 및 단열공사
3. 최대 지간(支間)길이(다리의 기둥과 기둥의 중심사이의 거리)가 50미터 이상인 다리의 건설등 공사
4. 터널의 건설등 공사
5. 다목적댐, 발전용댐, 저수용량 2천만톤 이상의 용수 전용 댐 및 지방상수도 전용 댐의 건설등 공사
6. 깊이 10미터 이상인 굴착공사

114 버팀보, 앵커 등의 축하중 변화상태를 측정하여 이들 부재의 지지 효과 및 그 변화 추이를 파악하는데 사용되는 계측기기는?

① water level meter
② load cell
③ piezo meter
④ strain gauge

하중계(load cell) : 버팀대 또는 어스앵커에 설치하여 축하중 변화상태를 측정하여 부재의 안정상태 파악 및 원인규명에 이용

115 건설현장에서 사용되는 작업발판 일체형 거푸집의 종류에 해당되지 않는 것은?

① 갱폼(gang form)　　② 슬립폼(slip form)
③ 클라이밍 폼(climbing form)　　④ 유로폼(euro form)

유로폼은 경량형강과 합판으로 구성되며 표준형태의 거푸집을 변형시키지 않고 조립함으로써 현장제작에 소요되는 인력을 줄여 생산성을 향상시키고 자재의 전용횟수를 증대시키는 목적으로 사용되는 거푸집이다.

116 콘크리트 타설 작업을 하는 경우 준수하여야 할 사항으로 옳지 않은 것은?

① 당일의 작업을 시작하기 전에 해당 작업에 관한 거푸집동바리 등의 변형·변위 및 지반의 침하 유무 등을 점검하고 이상이 있으면 보수할 것
② 콘크리트를 타설하는 경우에는 편심이 발생하지 않도록 골고루 분산하여 타설할 것
③ 설계도서상의 콘크리트 양생기간을 준수하여 거푸집동바리 등을 해체할 것
④ 작업 중에는 거푸집동바리 등의 변형·변위 및 침하 유무 등을 감시할 수 있는 감시자를 배치하여 이상이 있으면 작업을 중지하지 아니하고, 즉시 충분한 보강조치를 실시할 것

산업안전보건기준에 관한 규칙 제334조(콘크리트의 타설작업) 사업주는 콘크리트 타설작업을 하는 경우에는 다음 각 호의 사항을 준수해야 한다.
1. 당일의 작업을 시작하기 전에 해당 작업에 관한 거푸집 및 동바리의 변형·변위 및 지반의 침하 유무 등을 점검하고 이상이 있으면 보수할 것
2. 작업 중에는 감시자를 배치하는 등의 방법으로 거푸집 및 동바리의 변형·변위 및 침하 유무 등을 확인해야 하며, 이상이 있으면 작업을 중지하고 근로자를 대피시킬 것
3. 콘크리트 타설작업 시 거푸집 붕괴의 위험이 발생할 우려가 있으면 충분한 보강조치를 할 것
4. 설계도서상의 콘크리트 양생기간을 준수하여 거푸집 및 동바리를 해체할 것
5. 콘크리트를 타설하는 경우에는 편심이 발생하지 않도록 골고루 분산하여 타설할 것

117 다음은 산업안전보건법령에 따른 화물자동차의 승강설비에 관한 사항이다. (　)안에 알맞은 내용으로 옳은 것은?

> 사업주는 바닥으로부터 짐 윗면까지의 높이가 (　　) 이상인 화물자동차에 짐을 싣는 작업 또는 내리는 작업을 하는 경우에는 근로자의 추락 위험을 방지하기 위하여 해당 작업에 종사하는 근로자가 바닥과 적재함의 짐 윗면 간을 안전하게 오르내리기 위한 설비를 설치하여야 한다.

① 2m　　② 4m
③ 6m　　④ 8m

산업안전보건기준에 관한 규칙 제187조(승강설비) 사업주는 바닥으로부터 짐 윗면까지의 높이가 2미터 이상인 화물자동차에 짐을 싣는 작업 또는 내리는 작업을 하는 경우에는 근로자의 추락 위험을 방지하기 위하여 해당 작업에 종사하는 근로자가 바닥과 적재함의 짐 윗면 간을 안전하게 오르내리기 위한 설비를 설치하여야 한다.

118 근로자의 추락 등의 위험을 방지하기 위한 안전난간의 설치기준으로 옳지 않은 것은?

① 상부 난간대와 중간 난간대는 난간 길이 전체에 걸쳐 바닥면등과 평행을 유지할 것
② 발끝막이판은 바닥면등으로부터 20cm 이상의 높이를 유지할 것
③ 난간대는 지름 2.7cm 이상의 금속제 파이프나 그 이상의 강도가 있는 재료일 것
④ 안전난간은 구조적으로 가장 취약한 지점에서 가장 취약한 방향으로 작용하는 100kg 이상의 하중에 견딜 수 있는 튼튼한 구조일 것

산업안전보건기준에 관한 규칙 제13조(안전난간의 구조 및 설치요건) 사업주는 근로자의 추락 등의 위험을 방지하기 위하여 안전난간을 설치하는 경우 다음 각 호의 기준에 맞는 구조로 설치해야 한다.
1. 상부 난간대, 중간 난간대, 발끝막이판 및 난간기둥으로 구성할 것. 다만, 중간 난간대, 발끝막이판 및 난간기둥은 이와 비슷한 구조와 성능을 가진 것으로 대체할 수 있다.
2. 상부 난간대는 바닥면·발판 또는 경사로의 표면(이하 "바닥면등"이라 한다)으로부터 90센티미터 이상 지점에 설치하고, 상부 난간대를 120센티미터 이하에 설치하는 경우에는 중간 난간대는 상부 난간대와 바닥면등의 중간에 설치해야 하며, 120센티미터 이상 지점에 설치하는 경우에는 중간 난간대를 2단 이상으로 균등하게 설치하고 난간의 상하 간격은 60센티미터 이하가 되도록 할 것. 다만, 난간기둥 간의 간격이 25센티미터 이하인 경우에는 중간 난간대를 설치하지 않을 수 있다.
3. 발끝막이판은 바닥면등으로부터 10센티미터 이상의 높이를 유지할 것. 다만, 물체가 떨어지거나 날아올 위험이 없거나 그 위험을 방지할 수 있는 망을 설치하는 등 필요한 예방 조치를 한 장소는 제외한다.
4. 난간기둥은 상부 난간대와 중간 난간대를 견고하게 떠받칠 수 있도록 적정한 간격을 유지할 것
5. 상부 난간대와 중간 난간대는 난간 길이 전체에 걸쳐 바닥면등과 평행을 유지할 것
6. 난간대는 지름 2.7센티미터 이상의 금속제 파이프나 그 이상의 강도가 있는 재료일 것
7. 안전난간은 구조적으로 가장 취약한 지점에서 가장 취약한 방향으로 작용하는 100킬로그램 이상의 하중에 견딜 수 있는 튼튼한 구조일 것

119 발파작업 시 암질변화 구간 및 이상암질의 출현 시 반드시 암질판별을 실시하여야 하는데, 이와 관련된 암질판별기준과 가장 거리가 먼 것은?

① R.Q.D(%)
② 탄성파 속도(m/sec)
③ 전단강도(kg/cm²)
④ R.M.R

발파에 의한 굴착

현장의 암반굴착 및 절취에 발파작업이 빈번히 적용되고 있으며 발파에 관련한 조치 및 점검사항은 다음과 같다.
(1) 천공, 장약, 결선, 점화, 불발잔약의 처리등은 선임된 발파책임자가 하여야 한다.
(2) 발파면허를 소지한 발파책임자의 작업지휘하에 발파작업을 하여야 한다.
(3) 발파시에는 반드시 발파시방에 의한 장약량, 천공장, 천공구경, 천공각도, 화약종류, 발파방식을 준수하여야 한다.
(4) 암질변화 구간의 발파는 반드시 시험발파를 선행하여 처리하고 암질에 따른 발파시방을 작성하여야 하며 진동치, 속도, 폭력 등 발파 영향력을 검토하여야 한다.
(5) 암질변화 구간 및 이상암질의 출현시 반드시 암질판별을 실시하여야 하며, 암질판별은 아래 각 목을 기준으로 하여야 한다.
  • R.Q.D (코아휘수율)   • 탄성파속도(m/sec)
  • R.M.R (Rock Mass Ratio)   • 일축압축강도((kg/cm²)
  • 진동치 속도(cm/sec=kine)

120 거푸집동바리 구조에서 높이가 $l = 3.5m$ 인 파이프서포트의 좌굴 하중은? (단, 상부받이판과 하부받이판은 힌지로 가정 하고, 단면2차모멘트 $I = 8.31cm^4$, 탄성계수 $E = 2.1 \times 10^5 MPa$)

① 14060 N
② 15060 N
③ 16060 N
④ 17060 N

$$Pk = \frac{\pi^2 EI}{lk^2} = \frac{\pi^2 \times 2.1 \times 10^6 \times 8.31}{350^2} = 1405.9$$

정답	2021년 08월 14일 최근 기출문제									
001 ③	002 ①	003 ①	004 ③	005 ②	006 ②	007 ④	008 ③	009 ②	010 ①
011 ③	012 ④	013 ②	014 ①	015 ②	016 ①	017 ③	018 ③	019 ②	020 ④
021 ②	022 ②	023 ①	024 ①	025 ②	026 ③	027 ①	028 ③	029 ②	030 ④
031 ④	032 ④	033 ①	034 ②	035 ②	036 ③	037 ②	038 ④	039 ①	040 ①
041 ③	042 ①	043 ②	044 ①	045 ②	046 ①	047 ①	048 ③	049 ②	050 ④
051 ③	052 ①	053 ②	054 ④	055 ④	056 ①	057 ③	058 ③	059 ④	060 ③
061 ④	062 ②	063 ②	064 ④	065 ②	066 ④	067 ①	068 ①	069 ③	070 ①
071 ④	072 ③	073 ③	074 ③	075 ②	076 ②	077 ④	078 ②	079 ③	080 ②
081 ④	082 ③	083 ①	084 ①	085 ④	086 ②	087 ③	088 ②	089 ②	090 ③
091 ②	092 ①	093 ④	094 ①	095 ①	096 ①	097 ②	098 ①	099 ①	100 ④
101 ③	102 ④	103 ①	104 ②	105 ④	106 ③	107 ④	108 ①	109 ②	110 ②
111 ②	112 ③	113 ④	114 ②	115 ④	116 ④	117 ①	118 ②	119 ③	120 ①

2022년 03월 05일 최근 기출문제

제 01 과목 │ 산업재해 예방 및 안전보건교육

001 산업안전보건법령상 산업안전보건위원회의 구성·운영에 관한 설명 중 틀린 것은?

① 정기회의는 분기마다 소집한다.
② 위원장은 위원 중에서 호선(互選)한다.
③ 근로자대표가 지명하는 명예산업안전감독관은 근로자 위원에 속한다.
④ 공사금액 100억원 이상의 건설업의 경우 산업안전보건위원회를 구성·운영해야 한다.

산업안전보건위원회를 구성해야 할 사업의 종류 및 사업장의 상시근로자 수(산업안전보건법 시행령 별표 9)

사업의 종류	사업장의 상시근로자 수
1. 토사석 광업 2. 목재 및 나무제품 제조업;가구제외 3. 화학물질 및 화학제품 제조업;의약품 제외(세제, 화장품 및 광택제 제조업과 화학섬유 제조업은 제외) 4. 비금속 광물제품 제조업 5. 1차 금속 제조업 6. 금속가공제품 제조업;기계 및 가구 제외 7. 자동차 및 트레일러 제조업 8. 기타 기계 및 장비 제조업(사무용 기계 및 장비 제조업은 제외) 9. 기타 운송장비 제조업(전투용 차량 제조업은 제외)	상시 근로자 50명 이상
10. 농업 11. 어업 12. 소프트웨어 개발 및 공급업 13. 컴퓨터 프로그래밍, 시스템 통합 및 관리업 14. 정보서비스업 15. 금융 및 보험업 16. 임대업;부동산 제외 17. 전문, 과학 및 기술 서비스업(연구개발업은 제외) 18. 사업지원 서비스업 19. 사회복지 서비스업	상시 근로자 300명 이상
20. 건설업	공사금액 120억원 이상(건설산업기본법 시행령에 따른 토목공사업에 해당하는 공사의 경우에는 150억원 이상)

21. 제1호부터 제20호까지의 사업을 제외한 사업	상시 근로자 100명 이상

 002 산업안전보건법령상 잠함(潛函) 또는 잠수 작업 등 높은 기압에서 작업하는 근로자의 근로시간 기준은?

① 1일 6시간, 1주 32시간 초과금지
② 1일 6시간, 1주 34시간 초과금지
③ 1일 8시간, 1주 32시간 초과금지
④ 1일 8시간, 1주 34시간 초과금지

해설

산업안전보건법 제139조(유해·위험작업에 대한 근로시간 제한 등) ① 사업주는 유해하거나 위험한 작업으로서 높은 기압에서 하는 작업 등 대통령령으로 정하는 작업에 종사하는 근로자에게는 1일 6시간, 1주 34시간을 초과하여 근로하게 해서는 아니 된다.

 003 산업현장에서 재해 발생 시 조치 순서로 옳은 것은?

① 긴급처리 → 재해조사 → 원인분석 → 대책수립
② 긴급처리 → 원인분석 → 대책수립 → 재해조사
③ 재해조사 → 원인분석 → 대책수립 → 긴급처리
④ 재해조사 → 대책수립 → 원인분석 → 긴급처리

해설

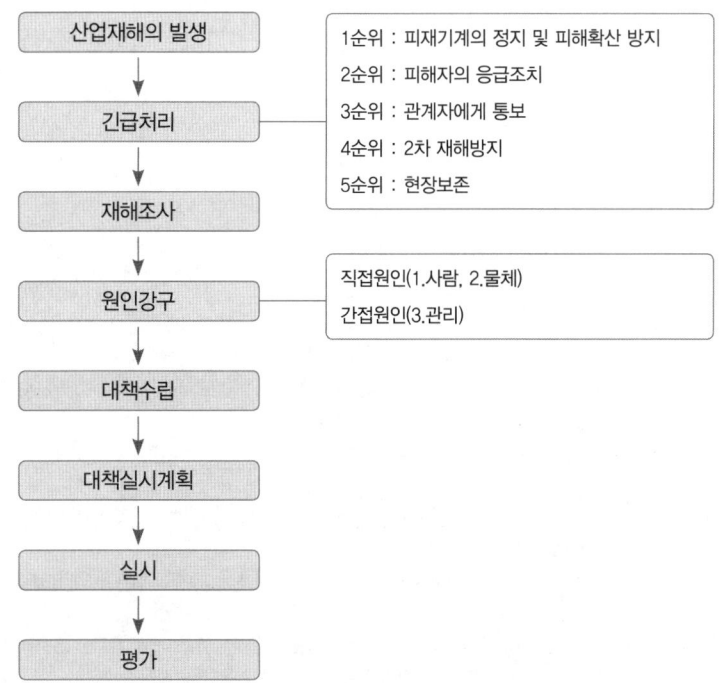

004 산업재해보험적용근로자 1000명인 플라스틱 제조 사업장에서 작업 중 재해 5건이 발생하였고, 1명이 사망하였을 때 이 사업장의 사망만인율은?

① 2 ② 5
③ 10 ④ 20

만인율 = $\dfrac{\text{사망자수}}{\text{노동자수}} \times 10000 = \dfrac{1}{1000} \times 10000 = 10$

005 안전·보건 교육계획 수립 시 고려사항 중 틀린 것은?

① 필요한 정보를 수집한다.
② 현장의 의견을 고려하지 않는다.
③ 지도안은 교육대상을 고려하여 작성한다.
④ 법령에 의한 교육에만 그치지 않아야 한다.

안전보건교육계획 수립 시 고려사항
- 필요한 정보를 수집한다.
- 현장의 의견을 반영하도록 한다.
- 지도안은 교육대상을 고려하여 작성한다.
- 안전교육 시행체계와의 관련을 고려한다.
- 법 규정에 의한 교육에만 그치지 않고 현장상황에 맞게 적용할 수 있도록 하여야 한다.

006 학습지도의 형태 중 몇 사람의 전문가가 주제에 대한 견해를 발표하고 참가자로 하여금 의견을 내거나 질문을 하게 하는 토의방식은?

① 포럼(Forum)
② 심포지엄(Symposium)
③ 버즈세션(Buzz session)
④ 자유토의법(Free discussion method)

토의(회의)방식 : 쌍방적 의사전달에 의한 교육방식(최적인원 10~20명)
- 포럼(Forum, 공개토론회) : 새로운 자료나 교재를 제시하고 거기서의 문제점을 피교육자로 하여금 제기하도록 하거나 의견을 여러 가지 방법으로 발표하게 하고 다시 깊이 파고들어 토의를 행하는 방법
- 심포지엄(Symposium) : 몇 사람의 전문가에 의하여 과제에 관한 견해를 발표한 뒤 참가자로 하여금 의견이나 질문을 하게 하여 토의하는 방법
- 패널 디스커션(Panel Discussion) : 패널 멤버(교육과제에 정통한 전문가 4~5명)가 피교육자 앞에서 자유로이 토의를 하고 뒤에 피교육자 전원이 참가하여 사회자의 사회에 따라 토의하는 방법
- 대화(Colloquy) : 패널 디스커션(Panel Discussion)의 변형으로 패널 멤버 외에 참석자의 대표를 선출하여 질의응답의 형태로 실시되는 것
- 버즈 세션(Buzz Session) : 6-6 회의라고도 하며, 먼저 사회자와 기록계를 선출한 후 나머지 사람은 6명씩의 소집단으로 구분하고, 소집단별로 각각 사회자를 선발하여 6분간씩 자유토의를 행하여 의견을 종합하는 방법

007 산업안전보건법령상 근로자 안전보건교육 대상에 따른 교육시간 기준 중 틀린 것은?(단, 상시작업이며, 일용근로자 및 기간제근로자는 제외한다.)

① 특별교육 – 16시간 이상
② 채용 시 교육 – 8시간 이상
③ 작업내용 변경 시 교육 – 2시간 이상
④ 사무직 종사 근로자 정기교육 – 매분기 1시간 이상

해설

근로자 안전보건교육(산업안전보건법 시행규칙 별표 4)

교육과정	교육대상		교육시간
정기교육	사무직 종사 근로자		매반기 6시간 이상
	그 밖의 근로자	판매업무에 직접 종사하는 근로자	매반기 6시간 이상
		판매업무에 직접 종사하는 근로자 외의 근로자	매반기 12시간 이상
채용 시 교육	일용근로자 및 근로계약기간이 1주일 이하인 기간제근로자		1시간 이상
	근로계약기간이 1주일 초과 1개월 이하인 기간제근로자		4시간 이상
	그 밖의 근로자		8시간 이상
작업내용 변경 시 교육	일용근로자 및 근로계약기간이 1주일 이하인 기간제근로자		1시간 이상
	그 밖의 근로자		2시간 이상
특별교육	특별교육 대상 작업(단, 타워크레인을 사용하는 작업시 신호업무를 하는 작업은 제외)에 종사하는 일용근로자 및 근로계약기간이 1주일 이하인 기간제근로자		2시간 이상
	타워크레인을 사용하는 작업시 신호업무를 하는 일용근로자 및 근로계약기간이 1주일 이하인 기간제근로자		8시간 이상
	특별교육 대상 작업에 종사하는 근로자 중 일용근로자 및 근로계약기간이 1주일 이하인 기간제근로자를 제외한 근로자		–16시간 이상(최초 작업에 종사하기 전 4시간 이상 실시하고 12시간은 3개월 이내에서 분할하여 실시 가능) –단기간 작업 또는 간헐적 작업인 경우에는 2시간 이상
건설업 기초 안전·보건교육	건설 일용근로자		4시간 이상

008 버드(Bird)의 신 도미노이론 5단계에 해당하지 않는 것은?

① 제어부족(관리)
② 직접원인(징후)
③ 간접원인(평가)
④ 기본원인(기원)

버드(Bird)의 최신사고 연쇄성 이론
- 1단계 : 통제의 부족 – 관리(경영)
- 2단계 : 기본원인 – 기원(원인론)
- 3단계 : 직접원인 – 징후
- 4단계 : 사고 – 접촉
- 5단계 : 상해 – 손해 – 손실

009 재해예방의 4원칙에 해당하지 않는 것은?

① 예방가능의 원칙 ② 손실우연의 원칙
③ 원인연계의 원칙 ④ 재해 연쇄성의 원칙

재해방지의 기본원칙
- 손실우연의 원칙 : 사고에 의해서 생기는 손실(상해)의 종류와 정도는 우연적이다.(1 : 29 : 300의 법칙)
- 원인계기의 원칙 : 모든 재해는 필연적인 원인에 의해서 발생한다.
- 예방가능의 원칙 : 재해는 원칙적으로 모두 방지가 가능하다.
- 대책선정의 원칙 : 재해방지 대책은 신속하고 확실하게 실시되어야 한다.

010 안전점검을 점검시기에 따라 구분할 때 다음에서 설명하는 안전점검은?

> 작업 담당자 또는 해당 관리감독자가 맡고 있는 공정의 설비, 기계, 공구 등을 매일 작업 전 또는 작업 중에 일상적으로 실시하는 안전점검

① 정기점검 ② 수시점검
③ 특별점검 ④ 임시점검

안전점검의 종류
- 수시점검 : 작업전·중·후에 실시하는 점검
- 정기점검 : 일정기간마다 정기적으로 실시하는 점검
- 특별점검
  - 기계·기구·설비의 신설시·변경 내지 고장 수리시 실시하는 점검
  - 천재지변 발생 후 실시하는 점검
  - 안전강조 기간내에 실시하는 점검
- 임시점검 : 이상 발견시 임시로 실시하는 점검, 정기점검과 정기점검 사이에 실시하는 점검

011 타일러(Tyler)의 교육과정 중 학습경험 선정의 원리에 해당하는 것은?

① 기회의 원리 ② 계속성의 원리
③ 계열성의 원리 ④ 통합성의 원리

타일러(Tyler)의 교육과정
- 학습경험 선정의 원리
  - 기회의 원리 : 학습경험을 선정할 때, 스스로 해볼 기회를 충분히 제공
  - 만족의 원리 : 교육생이 만족감을 느낄 수 있는 학습경험을 선정
  - 가능성의 원리 : 교육생 수준에 맞는 내용을 학습경험으로 선정
  - 다경험의 원리 : 하나의 교육 목표 달성을 통해 여러 가지 경험을 할 수 있도록 학습경험을 선정
  - 다성과의 원리 : 한 내용으로 여러 가지 분야에 전이될 수 있도록 전이효과가 높은 것을 학습경험으로 선정
  - 협동의 원리 : 함께 활동할 수 있는 기회를 충분히 제공하도록 학습경험을 선정
- 학습경험 조직의 원리
  - 계속성의 원리 : 학습경험의 여러 동일 요소를 반복
  - 계열성의 원리 : 깊이와 의미를 고려해 범위 확장
  - 통합성의 원리 : 관련된 내용을 묶어서 제시

012 주의(Attention)의 특성에 관한 설명 중 틀린 것은?

① 고도의 주의는 장시간 지속하기 어렵다.
② 한 지점에 주의를 집중하면 다른 곳의 주의는 약해진다.
③ 최고의 주의 집중은 의식의 과잉 상태에서 가능하다.
④ 여러 자극을 지각할 때 소수의 현란한 자극에 선택적 주의를 기울이는 경향이 있다.

주의의 특성
- 선택성 : 여러 종류의 자극을 자각할 때 소수의 특정한 것에 한하여 선택하는 기능
- 방향성 : 주시점만 인지하는 기능
- 변동성 : 주의에는 주기적으로 부주의의 리듬이 존재

013 산업재해보상보험법령상 보험급여의 종류가 아닌 것은?

① 장례비
② 간병급여
③ 직업재활급여
④ 생산손실비용

산업재해보상보험법 제36조(보험급여의 종류와 산정 기준 등)
① 보험급여의 종류는 다음 각 호와 같다. 다만, 진폐에 따른 보험급여의 종류는 제1호의 요양급여, 제4호의 간병급여, 제7호의 장례비, 제8호의 직업재활급여, 제91조의3에 따른 진폐보상연금 및 제91조의4에 따른 진폐유족연금으로 하고, 제91조의12에 따른 건강손상자녀에 대한 보험급여의 종류는 제1호의 요양급여, 제3호의 장해급여, 제4호의 간병급여, 제7호의 장례비, 제8호의 직업재활급여로 한다.
1. 요양급여
2. 휴업급여
3. 장해급여
4. 간병급여
5. 유족급여
6. 상병(傷病)보상연금
7. 장례비
8. 직업재활급여

014 산업안전보건법령상 그림과 같은 기본 모형이 나타내는 안전·보건표지의 표시사항으로 옳은 것은?(단, L은 안전·보건표지를 인식할 수 있거나 인식해야 할 안전거리를 말한다.)

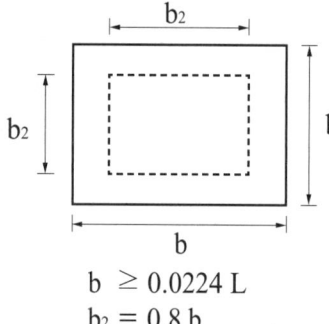

b ≥ 0.0224 L
b₂ = 0.8 b

① 금지
② 경고
③ 지시
④ 안내

안전보건표지의 기본모형(산업안전보건법 시행규칙 별표 9)

번호	기본모형	규격비율(크기)	표시사항
1		d ≥ 0.025L d₁ = 0.8d 0.7d < d₂ < 0.8d d₃ = 0.1d	금지
2		a ≥ 0.034L a₁ = 0.8a 0.7a < a₂ < 0.8a	경고
		a ≥ 0.025L a₁ = 0.8a 0.7a < a₂ < 0.8a	
3		d ≥ 0.025L d₁ = 0.8d	지시

4		$b \geq 0.0224L$ $b_2 = 0.8b$	안내
5		$h < \ell$ $h_2 = 0.8h$ $\ell \times h \geq 0.0005L^2$ $h - h_2 = \ell - \ell_2 = 2e_2$ $\ell/h = 1, 2, 4, 8$ (4종류)	안내
6	A B C 모형 안쪽에는 A, B, C로 3가지 구역으로 구분하여 글씨를 기재한다.	1. 모형크기(가로 40cm, 세로 25cm 이상) 2. 글자크기(A : 가로 4cm, 세로 5cm 이상, B : 가로 2.5cm, 세로 3cm 이상, C : 가로 3cm, 세로 3.5cm 이상)	관계자외 출입금지
7	A B C 모형 안쪽에는 A, B, C로 3가지 구역으로 구분하여 글씨를 기재한다.	1. 모형크기 (가로 70cm, 세로 50cm 이상) 2. 글자크기 (A : 가로 8cm, 세로 10cm 이상, B, C : 가로 6cm, 세로 6cm 이상)	관계자외 출입금지

(참고)
1. L은 안전·보건표지를 인식할 수 있거나 인식해야 할 안전거리를 말한다(L과 a, b, d, e, h, l 은 같은 단위로 계산해야 한다).
2. 점선 안쪽에는 표시사항과 관련된 부호 또는 그림을 그린다.

015 기업내의 계층별 교육훈련 중 주로 관리감독자를 교육대상자로 하며 작업을 가르치는 능력, 작업방법을 개선하는 기능 등을 교육 내용으로 하는 기업 내 정형교육은?

① TWI(Training Within Industry)
② ATT(American Telephone Telegram)
③ MTP(Management Training Program)
④ ATP(Administration Training Program)

TWI(Training Within Industry)
- 교육대상 : 감독자
- 교육방법 : 한 클래스(Class)는 10명 정도, 교육 방법은 토의법, 1일 2시간씩 5일에 걸쳐 10시간 정도
- 교육내용
  - JI(Job Instruction) : 작업지도 기법
  - JM(Job Method) : 작업개선 기법
  - JR(Job Relation) : 인간관계 관리기법
  - JS(Job Safety) : 작업안전 기법

016 사회행동의 기본 형태가 아닌 것은?

① 모방
② 대립
③ 도피
④ 협력

사회행동 기본 형태
- 협력 : 합력, 조력, 분업
- 대립 : 공격, 경재
- 도피 : 고립, 정신병, 자살
- 융합 : 강제, 타협, 통합

017 위험예지훈련의 문제해결 4라운드에 해당하지 않는 것은?

① 현상파악
② 본질추구
③ 대책수립
④ 원인결정

문제해결의 8단계(TBM의 진행방법)

문제해결 4단계(4R)	문제해결의 8단계
1R – 현상파악	1단계 – 문제제기 2단계 – 현상파악
2R – 본질추구	3단계 – 문제점 발견 4단계 – 중요 문제 결정
3R – 대책수립	5단계 – 해결책 구상 6단계 – 구체적 대책 수립
4R – 행동목표 설정	7단계 – 중점사항 결정 8단계 – 실시계획 책정

018 바이오리듬(생체리듬)에 관한 설명 중 틀린 것은?

① 안정기(+)와 불안정기(-)의 교차점을 위험일이라 한다.
② 감성적 리듬은 33일을 주기로 반복하며, 주의력, 예감 등과 관련되어 있다.
③ 지성적 리듬은 "I"로 표시하며 사고력과 관련이 있다.
④ 육체적 리듬은 신체적 컨디션의 율동적 발현, 즉 식욕·활동력 등과 밀접한 관계를 갖는다.

바이오리듬의 종류
- 육체적 리듬(Physical Cycle) : 주기 23일(식욕, 소화력, 활동력, 지구력), 청색표시
- 지성적 리듬(Intellectual Cycle) : 주기 33일(상상력, 사고력, 기억력인지, 판단), 녹색표시
- 감성적 리듬(Sensitivity Cycle) : 주기 28일(감정, 주의력, 창조력, 예감 및 통찰력), 적색표시

019 운동의 시지각(착각현상) 중 자동운동이 발생하기 쉬운 조건에 해당하지 않는 것은?

① 광점이 작은 것
② 대상이 단순한 것
③ 광의 강도가 큰 것
④ 시야의 다른 부분이 어두운 것

자동운동이 생기기 쉬운 조건
- 광점이 작을 것
- 대상이 단순할 것
- 광의 강도가 작을 것
- 시야의 다른 부분이 어두울 것

020 보호구 안전인증 고시상 안전인증 방독마스크의 정화통 종류와 외부 측면의 표시 색이 잘못 연결된 것은?

① 할로겐용 - 회색   ② 황화수소용 - 회색
③ 암모니아용 - 회색   ④ 시안화수소용 - 회색

방독마스크의 종류

종류	시험가스	정화통 외부측면 표시색
유기화합물용	시클로헥산(C_6H_{12}), 디메틸에테르(CH_3OCH_3), 이소부탄(C_4H_{10})	갈색
할로겐용	염소가스 또는 증기(Cl_2)	회색
황화수소용	황화수소가스(H_2S)	
시안화수소용	시안화수소가스(HCN)	
아황산용	아황산가스(SO_2)	노란색
암모니아용	암모니아가스(NH_3)	녹색

제 02 과목 인간공학 및 위험성 평가 · 관리

021 인간공학적 연구에 사용되는 기준 척도의 요건 중 다음 설명에 해당하는 것은?

> 기준 척도는 측정하고자 하는 변수 외의 다른 변수들의 영향을 받아서는 안 된다.

① 신뢰성 ② 적절성
③ 검출성 ④ 무오염성

해설

연구(체계) 기준의 요건
- 적절성(Relevance) : 기준이 실제로 의도하는 바와 부합해야 한다.
- 무오염성 : 기준 척도는 측정하고자 하는 변수 외의 다른 변수의 영향을 받아서는 안 된다.
- 신뢰성 : 척도의 신뢰성은 반복성(Repeatability)을 의미 즉, 반복 실험 시 재현성이 있어야 한다.
- 민감도 : 피실험자 사이에서 볼 수 있는 예상 차이점에 비례하는 단위로 측정해야 한다.

022 그림과 같은 시스템에서 부품 A, B, C, D의 신뢰도가 모두 r로 동일할 때 이 시스템의 신뢰도는?

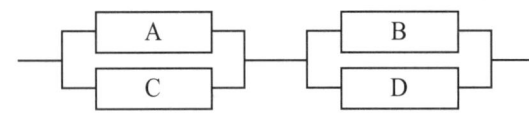

① $r(2-r^2)$ ② $r^2(2-r)^2$
③ $r^2(2-r^2)$ ④ $r^2(2-r)$

해설

- 병렬연결의 신뢰도
  $R_{(AC)} = 1-(1-A)(1-C) = 1-(1-r)^2 = 1-(1-2r+r^2) = 2r-r^2 = r(2-r)$
  $R_{(BD)} = 1-(1-B)(1-D) = 1-(1-r)^2 = 1-(1-2r+r^2) = 2r-r^2 = r(2-r)$
- 직렬연결의 신뢰도
  $R_s = R_{(AC)} \times R_{(BD)} = r(2-r) \times r(2-r) = r^2(2-r)^2$

023 서브시스템 분석에 사용되는 분석방법으로 시스템 수명주기에서 ㉠에 들어갈 위험분석기법은?

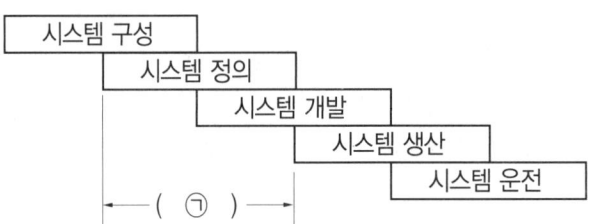

① PHA ② FHA
③ FTA ④ ETA

결함위험분석(FHA, Fault Hazard Analysis)은 시스템 개발 또는 기존 시스템의 개량 초기에 수행하는 안전성 평가 기법으로써 시스템의 기능손실 또는 저하가 예상되는 경우에 안전성에 끼치는 정도와 위해로운 기능적 결함을 찾아내기 위한 분석기법이다. 즉 궁극적으로 필요로 하는 시스템이 얼마나 안전한지를 결정하는 전체 안전 목표를 도출하기 위한 평가단계로 시스템 정의 단계에서 수행하게 된다. 참고로 시스템 구성 단계에서는 예비위험분석(PHA, Preliminary Hazard Analysis)이 이루어진다.

024 정신적 작업 부하에 관한 생리적 척도에 해당하지 않는 것은?

① 근전도
② 뇌파도
③ 부정맥 지수
④ 점멸융합주파수

근전도(electromyography, EMG)는 근육의 운동 수축으로 인해 발생하는 전류 및 안정 시의 이상 전류를 기록하는 것으로 육체작업에 대한 생리학적 부하 측정 척도에 속한다.

025 A사의 안전관리자는 자사 화학 설비의 안전성 평가를 실시하고 있다. 그 중 제2단계인 정성적 평가를 진행하기 위하여 평가 항목을 설계단계 대상과 운전관계 대상으로 분류하였을 때 설계관계 항목이 아닌 것은?

① 건조물
② 공장 내 배치
③ 입지조건
④ 원재료, 중간제품

제2단계 : 정성적 평가의 주요 진단항목

1. 설계관계	항목수	2. 운전관계	항목수
입지조건	5	원재료, 중간체 제품	7
공장내 배치	9	공정	7
건조물	8	수송, 저장 등	9
소방설비	5	공정기기	11

026 불(Boole) 대수의 관계식으로 틀린 것은?

① $A+\overline{A}=1$
② $A+AB=A$
③ $A(A+B)=A+B$
④ $A+\overline{A}B=A+B$

$A(A+B)=AA+AB=A+AB=A(1+B)=A$
∵ $A+1=1$, $B+1=1$

027 인간공학의 목표와 거리가 가장 먼 것은?

① 사고 감소 ② 생산성 증대
③ 안전성 향상 ④ 근골격계질환 증가

인간공학의 목표
- 안전성 향상과 사고 방지
- 기계조작의 능률성과 생산성 향상
- 쾌적성

028 통화이해도 척도로서 통화 이해도에 영향을 주는 잡음의 영향을 추정하는 지수는?

① 명료도 지수 ② 통화 간섭 수준
③ 이해도 점수 ④ 통화 공진 수준

통화 이해도 측정 방법
- 명료도 지수의 사용 : 각 옥타브 대의 음성과 소음의 dB 값에 가중치를 곱하여 합계를 구하는 방법
- 통화 간섭 수준 : 통화 이해도에 끼치는 소음의 영향을 추정하는 지수
- 이해도 점수 : 송화 내용 중에서 알아듣고 인식한 비율(%)
- 소음 기준 곡선 : 사무실, 회의실, 공장 등에서의 통화평가 방법

029 예비위험분석(PHA)에서 식별된 사고의 범주가 아닌 것은?

① 중대(critical) ② 한계적(marginal)
③ 파국적(catastrophic) ④ 수용가능(acceptable)

PHA의 카테고리 분류
- Class 1 : 파국적(Catastrophic) – 사망, 시스템 손상
- Class 2 : 중대(Critical) – 심각한 상해, 시스템 중대 손상
- Class 3 : 한계적(Marginal) – 경미한 상해, 시스템 성능 저하
- Class 4 : 무시가능(Negligible) – 상해 및 시스템 저하 없음

030 어떤 결함수를 분석하여 minimal cut set을 구한 결과 다음과 같았다. 각 기본사상의 발생확률을 q_i, $i = 1, 2, 3$라 할 때, 정상사상의 발생확률함수로 맞는 것은?

$$k_1 = [1, 2] \quad k_2 = [1, 3] \quad k_3 = [2, 3]$$

① $q_1q_2 + q_1q_2 - q_2q_3$
② $q_1q_2 + q_1q_3 - q_2q_3$
③ $q_1q_2 + q_1q_3 + q_2q_3 - q_1q_2q_3$
④ $q_1q_2 + q_1q_3 + q_2q_3 - 2q_1q_2q_3$

031 반사경 없이 모든 방향으로 빛을 발하는 점광원에서 3m 떨어진 곳의 조도가 300lux라면 2m 떨어진 곳에서 조도(lux)는?

① 375
② 675
③ 875
④ 975

광도 = 조도 × 거리² = 300 × 3² = 2700

∴ 조도 = $\frac{광도}{거리^2}$ = $\frac{2700}{2^2}$ = 675

032 근골격계부담작업의 범위 및 유해요인조사 방법에 관한 고시상 근골격계부담작업에 해당하지 않는 것은?(단, 상시작업을 기준으로 한다.)

① 하루에 10회 이상 25kg 이상의 물체를 드는 작업
② 하루에 총 2시간 이상 쪼그리고 앉거나 무릎을 굽힌 자세에서 이루어지는 작업
③ 하루에 총 2시간 이상 시간당 5회 이상 손 또는 무릎을 사용하여 반복적으로 충격을 가하는 작업
④ 하루에 4시간 이상 집중적으로 자료입력 등을 위해 키보드 또는 마우스를 조작하는 작업

근골격계부담작업의 범위(단기간 작업 또는 간헐적인 작업은 제외)
- 하루에 4시간 이상 집중적으로 자료입력 등을 위해 키보드 또는 마우스를 조작하는 작업
- 하루에 총 2시간 이상 목, 어깨, 팔꿈치, 손목 또는 손을 사용하여 같은 동작을 반복하는 작업
- 하루에 총 2시간 이상 머리 위에 손이 있거나, 팔꿈치가 어깨위에 있거나, 팔꿈치를 몸통으로부터 들거나, 팔꿈치를 몸통 뒤쪽에 위치하도록 하는 상태에서 이루어지는 작업
- 지지되지 않은 상태이거나 임의로 자세를 바꿀 수 없는 조건에서, 하루에 총 2시간 이상 목이나 허리를 구부리거나 트는 상태에서 이루어지는 작업
- 하루에 총 2시간 이상 쪼그리고 앉거나 무릎을 굽힌 자세에서 이루어지는 작업
- 하루에 총 2시간 이상 지지되지 않은 상태에서 1kg 이상의 물건을 한손의 손가락으로 집어 옮기거나 2kg 이상에 상응하는 힘을 가하여 한손의 손가락으로 물건을 쥐는 작업
- 하루에 총 2시간 이상 지지되지 않은 상태에서 4.5kg 이상의 물건을 한 손으로 들거나 동일한 힘으로 쥐는 작업
- 하루에 10회 이상 25kg 이상의 물체를 드는 작업
- 하루에 25회 이상 10kg 이상의 물체를 무릎 아래에서 들거나, 어깨 위에서 들거나, 팔을 뻗은 상태에서 드는 작업
- 하루에 총 2시간 이상, 분당 2회 이상 4.5kg 이상의 물체를 드는 작업
- 하루에 총 2시간 이상 시간당 10회 이상 손 또는 무릎을 사용하여 반복적으로 충격을 가하는 작업

033 시각적 식별에 영향을 주는 각 요소에 대한 설명 중 틀린 것은?

① 조도는 광원의 세기를 말한다.
② 휘도는 단위 면적당 표면에 반사 또는 방출되는 광량을 말한다.
③ 반사율은 물체의 표면에 도달하는 조도와 광도의 비를 말한다.
④ 광도 대비란 표적의 광도와 배경의 광도의 차이를 배경 광도로 나눈 값을 말한다.

조도는 단위 면적에 도달하는 빛의 양 또는 광속을 말한다. 참고로 광원의 세기는 광도를 말한다.

034 부품 배치의 원칙 중 기능적으로 관련된 부품들을 모아서 배치한다는 원칙은?

① 중요성의 원칙
② 사용 빈도의 원칙
③ 사용 순서의 원칙
④ 기능별 배치의 원칙

해설

부품 배치의 원칙
- 중요성의 원칙 : 부품을 작동하는 성능이 체계의 목표 달성에 긴요한 정도에 따라 우선순위 결정
- 사용 빈도의 원칙 : 부품을 사용하는 빈도에 따라 우선순위를 결정
- 사용 순서의 원칙 : 사용 순서에 따라 장치들을 가까이에 배치
- 기능별 배치의 원칙 : 기능적으로 관련된 부품들(표시장치, 조정장치 등)을 모아서 배치

035 HAZOP 분석기법의 장점이 아닌 것은?

① 학습 및 적용이 쉽다.
② 기법 적용에 큰 전문성을 요구하지 않는다.
③ 짧은 시간에 저렴한 비용으로 분석이 가능하다.
④ 다양한 관점을 가진 팀 단위 수행이 가능하다.

해설

위험 및 운전성 검토(Hazard and Operability Study) : 각각의 장비에 대해 잠재된 위험이나 기능 저하, 운전 잘못 등과 전체로서의 시설에 결과적으로 미칠 수 있는 영향 등을 평가하기 위해서 공정이나 설계도 등에 체계적이고 비판적인 검토를 행하는 기법으로 팀 단위의 다수 인원이 필요할 뿐 아니라 타 기법에 비해 기간이 길고, 그에 따른 비용이 많이 들어간다.

036 태양광이 내리쬐지 않는 옥내의 습구흑구온도지수(WBGT) 산출식은?

① 0.6 × 자연습구온도 + 0.3 × 흑구온도
② 0.7 × 자연습구온도 + 0.3 × 흑구온도
③ 0.6 × 자연습구온도 + 0.4 × 흑구온도
④ 0.7 × 자연습구온도 + 0.4 × 흑구온도

해설

습구흑구온도지수(WBGT)
- 옥외(직사광선이 내리쬐는 곳) WBGT = (0.7 × 습구온도) + (0.2 × 흑구온도) + (0.1 × 건구온도)
- 옥내(직사광선이 내리쬐지 않는 곳) WBGT = (0.7 × 습구온도) + (0.3 × 흑구온도)

037 FTA에서 사용되는 논리게이트 중 입력과 반대되는 현상으로 출력되는 것은?

① 부정 게이트
② 억제 게이트
③ 배타적 OR 게이트
④ 우선적 AND 게이트

해설

부정 게이트(Not gate) : 부정 모디파이어(Not Modifier)라고 하며 입력 사상의 반대 사상이 출력된다.

038 부품고장이 발생하여도 기계가 추후 보수 될 때까지 안전한 기능을 유지할 수 있도록 하는 기능은?

① fail – soft
② fail – active
③ fail – operational
④ fail – passive

페일 세이프의 기능면 3단계
- Fail Passive : 부품이 고장나면 통상 기계는 정비방향으로 옮긴다.
- Fail Active : 부품이 고장나면 기계는 경보음을 내면서 짧은 시간의 운전이 가능하다.
- Fail Operational : 부품이 고장나더라도 기계는 다음의 보수가 이루어질 때까지 안전한 기능을 유지한다.

039 양립성의 종류가 아닌 것은?

① 개념의 양립성
② 감성의 양립성
③ 운동의 양립성
④ 공간의 양립성

양립성의 구분
- 공간 양립성 : 표시장치나 조종장치에서 물리적 형태나 공간적인 배치의 양립성
- 운동 양립성 : 표시 및 조종장치 등의 운동 방향의 양립성
- 개념 양립성 : 사람들이 가지고 있는 개념적 연상(어떤 암호체계에서 청색이 정상을 나타내듯이)의 양립성
- 양식 양립성 : 기계가 특정 음성에 대해 정해진 반응을 하는 것과 같이 직무에 알맞은 자극과 응답 양식의 존재에 대한 양립성

040 James Reason의 원인적 휴먼에러 종류 중 다음 설명의 휴먼에러 종류는?

> 자동차가 우측 운행하는 한국의 도로에 익숙해진 운전자가 좌측 운행을 해야 하는 일본에서 우측 운행을 하다가 교통사고를 냈다.

① 고의 사고(Violation)
② 숙련 기반 에러(Skill based error)
③ 규칙 기반 착오(Rule based mistake)
④ 지식 기반 착오(Knowledge based mistake)

- 고의 사고(Violation) : 절차서의 지시를 고의로 따르지 않고, 다른 방향을 선택한 경우(고의성이 있는 위험한 행동)로 휴먼에러에는 해당되지 않음
- 숙련 기반 에러(Skill based error) : 숙련된 행동을 하는 단계에서 깜박했기 때문에 발생하는 비의도적 행동에 의한 에러
- 규칙 기반 착오(Rule based mistake) : 올바른 규칙을 잘못 적용하거나 잘못된 규칙을 적용하는 의도적 행동에 의한 에러
- 지식 기반 착오(Knowledge based mistake) : 불충분한 정보로 인해 잘못된 경정을 내리는 의도적 행동에 의한 에러

제 03 과목 기계 · 기구 및 설비 안전관리

041 산업안전보건법령상 사업주가 진동 작업을 하는 근로자에게 충분히 알려야 할 사항과 거리가 가장 먼 것은?

① 인체에 미치는 영향과 증상
② 진동기계 · 기구 관리방법
③ 보호구 선정과 착용방법
④ 진동재해 시 비상연락체계

산업안전보건기준에 관한 규칙 제519조(유해성 등의 주지) 사업주는 근로자가 진동작업에 종사하는 경우에 다음 각 호의 사항을 근로자에게 충분히 알려야 한다.
1. 인체에 미치는 영향과 증상
2. 보호구의 선정과 착용방법
3. 진동 기계 · 기구 관리방법
4. 진동 장해 예방방법

042 산업안전보건법령상 크레인에 전용탑승설비를 설치하고 근로자를 달아 올린 상태에서 작업에 종사시킬 경우 근로자의 추락 위험을 방지하기 위하여 실시해야 할 조치 사항으로 적합하지 않은 것은?

① 승차석 외의 탑승 제한
② 안전대나 구명줄의 설치
③ 탑승설비의 하강시 동력하강방법을 사용
④ 탑승설비가 뒤집히거나 떨어지지 않도록 필요한 조치

산업안전보건기준에 관한 규칙 제86조(탑승의 제한) ① 사업주는 크레인을 사용하여 근로자를 운반하거나 근로자를 달아 올린 상태에서 작업에 종사시켜서는 아니 된다. 다만, 크레인에 전용 탑승설비를 설치하고 추락 위험을 방지하기 위하여 다음 각 호의 조치를 한 경우에는 그러하지 아니하다.
1. 탑승설비가 뒤집히거나 떨어지지 않도록 필요한 조치를 할 것
2. 안전대나 구명줄을 설치하고, 안전난간을 설치할 수 있는 구조인 경우에는 안전난간을 설치할 것
3. 탑승설비를 하강시킬 때에는 동력하강방법으로 할 것

043 연삭기에서 숫돌의 바깥지름이 150mm 일 경우 평형플랜지 지름은 몇 mm 이상이어야 하는가?

① 30   ② 50
③ 60   ④ 90

플랜지의 지름은 숫돌직경의 1/3 이상으로 해야 한다.
∴ 플랜지의 지름 = $\dfrac{150}{3}$ = 50

044 플레이너 작업시의 안전대책이 아닌 것은?

① 베드 위에 다른 물건을 올려놓지 않는다.
② 바이트는 되도록 짧게 나오도록 설치한다.
③ 프레임 내의 피트(pit)에는 뚜껑을 설치한다.
④ 칩 브레이커를 사용하여 칩이 길게 되도록 한다.

플레이너의 안전대책
- 반드시 스위치를 끄고 일감을 고정한다.
- 바이트는 되도록 짧게 나오도록 설치한다.
- 이동 테이블에는 방호울을 설치한다.
- 프레임 내의 피트(pit)에는 뚜껑을 설치한다.
- 압판이 수평이 되도록 고정한다.
- 압판은 죄는 힘에 의해 휘어지지 않도록 충분히 두꺼운 것을 사용한다.

045 양중기 과부하방지장치의 일반적인 공통사항에 대한 설명 중 부적합한 것은?

① 과부하방지장치와 타 방호장치는 기능에 서로 장애를 주지 않도록 부착할 수 있는 구조이어야 한다.
② 방호장치의 기능을 변형 또는 보수할 때 양중기의 기능도 동시에 정지할 수 있는 구조이어야 한다.
③ 과부하방지장치에는 정상동작상태의 녹색램프와 과부하 시 경고 표시를 할 수 있는 붉은색램프와 경보음을 발하는 장치 등을 갖추어야 하며, 양중기 운전자가 확인할 수 있는 위치에 설치해야 한다.
④ 과부하방지장치 작동 시 경보음과 경보램프가 작동되어야 하며 양중기는 작동이 되지 않아야 한다. 다만, 크레인은 과부하 상태 해지를 위하여 권상된 만큼 권하시킬 수 있다.

양중기 과부하방지장치 성능기준(방호장치 안전인증 고시 별표 2)
- 과부하방지장치의 분류와 적용

종류	원리	적용
전자식(J-1)	스트레인 게이지를 이용한 전자감응방식으로 과부하상태 감지	크레인, 곤돌라, 리프트, 승강기
전기식(J-2)	권상모터의 부하변동에 따른 전류변화를 감지하여 과부하상태 감지	호이스트, 크레인
기계식(J-3)	전기전자방식이 아닌 기계·기구학적인 방법에 의하여 과부하 상태를 감지	크레인, 곤돌라, 리프트, 승강기

- 일반 공통사항
  - 과부하방지장치 작동 시 경보음과 경보램프가 작동되어야 하며 양중기는 작동이 되지 않아야 한다. 다만, 크레인은 과부하 상태 해지를 위하여 권상된 만큼 권하시킬 수 있다.
  - 외함은 납봉인 또는 시건할 수 있는 구조이어야 한다.
  - 외함의 전선 접촉부분은 고무 등으로 밀폐되어 물과 먼지 등이 들어가지 않도록 한다.
  - 과부하방지장치와 타 방호장치는 기능에 서로 장애를 주지 않도록 부착할 수 있는 구조이어야 한다.
  - 방호장치의 기능을 제거 또는 정지할 때 양중기의 기능도 동시에 정지할 수 있는 구조이어야 한다.

- 과부하방지장치는 별표 2의2 각 호의 시험 후 정격하중의 1.1배 권상 시 경보와 함께 권상동작이 정지되고 횡행과 주행 동작이 불가능한 구조이어야 한다. 다만, 타워크레인은 정격하중의 1.05배 이내로 한다.
- 과부하방지장치에는 정상동작상태의 녹색램프와 과부하 시 경고 표시를 할 수 있는 붉은색램프와 경보음을 발하는 장치 등을 갖추어야 하며, 양중기 운전자가 확인할 수 있는 위치에 설치해야 한다.

046 산업안전보건법령상 프레스 작업시작 전 점검해야 할 사항에 해당하는 것은?

① 와이어로프가 통하고 있는 곳 및 작업장소의 지반상태
② 하역장치 및 유압장치 기능
③ 권과방지장치 및 그 밖의 경보장치의 기능
④ 1행정 1정지기구·급정지장치 및 비상정지 장치의 기능

해설
프레스 작업시작 전 점검사항(산업안전보건기준에 관한 규칙 별표 3)
- 클러치 및 브레이크의 기능
- 크랭크축·플라이휠·슬라이드·연결봉 및 연결 나사의 풀림 여부
- 1행정 1정지기구·급정지장치 및 비상정지장치의 기능
- 슬라이드 또는 칼날에 의한 위험방지 기구의 기능
- 프레스의 금형 및 고정볼트 상태
- 방호장치의 기능
- 전단기(剪斷機)의 칼날 및 테이블의 상태

047 방호장치를 분류할 때는 크게 위험장소에 대한 방호장치와 위험원에 대한 방호장치로 구분할 수 있는데, 다음 중 위험장소에 대한 방호장치가 아닌 것은?

① 격리형 방호장치
② 접근거부형 방호장치
③ 접근반응형 방호장치
④ 포집형 방호장치

해설
포집형 방호장치는 위험장소에 설치하여 위험원이 비산하거나 튀는 것을 포집하여 작업자로부터 위험원을 차단하는 방호장치로 연삭기 덮개나 반발예방장치 등이 이에 속한다.

048 산업안전보건법령상 목재가공용 기계에 사용되는 방호장치의 연결이 옳지 않은 것은?

① 둥근톱기계 : 톱날접촉예방장치
② 띠톱기계 : 날접촉예방장치
③ 모떼기기계 : 날접촉예방장치
④ 동력식 수동대패기계 : 반발예방장치

해설
동력식 수동대패는 가공할 판재를 손의 힘으로 송급하여 표면을 미끈하게 하는 동력기계로 인체가 대패날에 접촉하지 않도록 덮어주는 칼날접촉방지장치를 설치해야 한다.

049 다음 중 금속 등의 도체에 교류를 통한 코일을 접근시켰을 때, 결함이 존재하면 코일에 유기되는 전압이나 전류가 변하는 것을 이용한 검사방법은?

① 자분탐상검사 ② 초음파탐상검사
③ 와류탐상검사 ④ 침투형광탐상검사

와류탐상검사(ET : Eddy Current Test)는 금속 등의 도체에 교류를 통한 코일을 접근시켰을 때, 결함이 존재하면 코일에 유기되는 전압이나 전류가 변하는 것을 이용한 검사방법으로 다음과 같은 장점을 갖고 있다.
• 자동화 및 고속화가 가능하다.(비접촉, 고속탐상, 자동탐상 가능)
• 표면 아래 깊은 위치에 있는 결함은 검출이 곤란하나 표면결함 검출 능력이 우수하다.
• 가는 선, 얇은 판의 경우도 검사가 가능하다.(관, 봉 등 단순형상의 제품 검사, 플랜트 등 배관 검사)

050 산업안전보건법령상에서 정한 양중기의 종류에 해당하지 않는 것은?

① 크레인[호이스트(hoist)를 포함한다]
② 도르래
③ 곤돌라
④ 승강기

산업안전보건기준에 관한 규칙 제132조(양중기) ① 양중기란 다음 각 호의 기계를 말한다.
1. 크레인[호이스트(hoist)를 포함한다]
2. 이동식 크레인
3. 리프트(이삿짐운반용 리프트의 경우에는 적재하중이 0.1톤 이상인 것으로 한정한다)
4. 곤돌라
5. 승강기

051 롤러의 급정지를 위한 방호장치를 설치하고자 한다. 앞면 롤러 직경이 36cm 이고, 분당회전속도가 50rpm이라면 급정지거리는 약 얼마 이내이어야 하는가?(단, 무부하동작에 해당한다.)

① 45cm ② 50cm
③ 55cm ④ 60cm

앞면 롤러의 표면속도에 따른 급정지거리(방호장치 자율안전기준 고시 별표 3)

앞면 롤러의 표면속도(m/min)	급정지 거리
30 미만	앞면 롤러 원주의 1/3 이내
30 이상	앞면 롤러 원주의 1/2.5 이내

• 표면속도 = $\frac{\pi DN}{100}$ × $\frac{\pi \times 36 \times 50}{100}$ ≒ 56.5[m/mim]

• 급정지거리 = $\pi D \times \frac{1}{2.5}$ = $\pi \times 36 \times \frac{1}{2.5}$ ≒ 45[cm]

052 다음 중 금형 설치·해체작업의 일반적인 안전사항으로 틀린 것은?

① 고정볼트는 고정 후 가능하면 나사산이 3~4개 정도 짧게 남겨 슬라이드 면과의 사이에 협착이 발생하지 않도록 해야 한다.
② 금형 고정용 브래킷(물림판)을 고정시킬 때 고정용 브래킷은 수평이 되게 하고, 고정볼트는 수직이 되게 고정하여야 한다.
③ 금형을 설치하는 프레스의 T홈 안길이는 설치 볼트 직경 이하로 한다.
④ 금형의 설치용구는 프레스의 구조에 적합한 형태로 한다.

금형을 설치하는 프레스의 T홈 안길이는 설치 볼트 직경의 2배 이상으로 한다.

053 산업안전보건법령상 보일러에 설치하는 압력방출장치에 대하여 검사 후 봉인에 사용되는 재료에 가장 적합한 것은?

① 납
② 주석
③ 구리
④ 알루미늄

산업안전보건기준에 관한 규칙 제116조(압력방출장치) ① 사업주는 보일러의 안전한 가동을 위하여 보일러 규격에 맞는 압력방출장치를 1개 또는 2개 이상 설치하고 최고사용압력(설계압력 또는 최고허용압력을 말한다. 이하 같다) 이하에서 작동되도록 하여야 한다. 다만, 압력방출장치가 2개 이상 설치된 경우에는 최고사용압력 이하에서 1개가 작동되고, 다른 압력방출장치는 최고사용압력 1.05배 이하에서 작동되도록 부착하여야 한다.
② 제1항의 압력방출장치는 매년 1회 이상 「국가표준기본법」 제14조제3항에 따라 산업통상자원부장관의 지정을 받은 국가교정업무 전담기관(이하 "국가교정기관"이라 한다)에서 교정을 받은 압력계를 이용하여 설정압력에서 압력방출장치가 적정하게 작동하는지를 검사한 후 납으로 봉인하여 사용하여야 한다. 다만, 영 제43조에 따른 공정안전보고서 제출 대상으로서 고용노동부장관이 실시하는 공정안전보고서 이행상태 평가결과가 우수한 사업장은 압력방출장치에 대하여 4년마다 1회 이상 설정압력에서 압력방출장치가 적정하게 작동하는지를 검사할 수 있다.

054 슬라이드가 내려옴에 따라 손을 쳐내는 막대가 좌우로 왕복하면서 위험점으로부터 손을 보호하여 주는 프레스의 안전장치는?

① 수인식 방호장치
② 양손조작식 방호장치
③ 손쳐내기식 방호장치
④ 게이트 가드식 방호장치

프레스 또는 전단기 방호장치의 종류와 분류(방호장치 안전인증 고시 별표1)

종류	분류	기능
광전자식	A-1	프레스 또는 전단기에서 일반적으로 많이 활용하고 있는 형태로서 투광부, 수광부, 컨트롤 부분으로 구성된 것으로서 신체의 일부가 광선을 차단하면 기계를 급정지시키는 방호장치
	A-2	급정지기능이 없는 프레스의 클러치 개조를 통해 광선 차단 시 급정지시킬 수 있도록 한 방호장치

양수조작식	B-1 (유·공압밸브식)	1행정 1정지식 프레스에 사용되는 것으로서 양손으로 동시에 조작하지 않으면 기계가 동작하지 않으며, 한손이라도 떼어내면 기계를 정지시키는 방호장치
	B-2 (전기버튼식)	
가드식	C	가드가 열려 있는 상태에서는 기계의 위험부분이 동작되지 않고 기계가 위험한 상태일 때에는 가드를 열 수 없도록 한 방호장치
손쳐내기식	D	슬라이드의 작동에 연동시켜 위험상태로 되기 전에 손을 위험 영역에서 밀어내거나 쳐내는 방호장치로서 프레스용으로 확동식 클러치형프레스에 한해서 사용됨(다만, 광전자식 또는 양수조작식과 이중으로 설치 시에는 급정지가능 프레스에 사용 가능)
수인식	E	슬라이드와 작업자 손을 끈으로 연결하여 슬라이드 하강 시 작업자 손을 당겨 위험영역에서 빼낼 수 있도록 한 방호장치로서 프레스용으로 확동식 클러치형 프레스에 한해서 사용됨(다만, 광전자식 또는 양수조작식과 이중으로 설치 시에는 급정지가능 프레스에 사용 가능)

055 산업안전보건법령에 따라 사업주는 근로자가 안전하게 통행할 수 있도록 통로에 얼마 이상의 채광 또는 조명시설을 하여야 하는가?

① 50럭스
② 75럭스
③ 90럭스
④ 100럭스

산업안전보건기준에 관한 규칙 제21조(통로의 조명) 사업주는 근로자가 안전하게 통행할 수 있도록 통로에 75럭스 이상의 채광 또는 조명시설을 하여야 한다. 다만, 갱도 또는 상시 통행을 하지 아니하는 지하실 등을 통행하는 근로자에게 휴대용 조명기구를 사용하도록 한 경우에는 그러하지 아니하다.

056 산업안전보건법령상 다음 중 보일러의 방호장치와 가장 거리가 먼 것은?

① 언로드밸브
② 압력방출장치
③ 압력제한스위치
④ 고저수위 조절장치

보일러의 방호장치(산업안전보건기준에 관한 규칙 제2편 제1장 제7절)
- 압력 방출 장치 : 1개 또는 2개 이상 설치하고 최고 사용 압력 이하에서 작동되도록 한다. 단, 2개 이상 설치된 경우에는 최고 사용 압력 이하에서 1개가 작동하고, 다른 1개는 최고 사용 압력 1.05배 이하에서 작동되도록 하며 스프링식이 가장 많이 사용된다.
- 압력 제한 스위치 : 과열을 방지하기 위하여 최고 사용 압력과 사용 압력 사이에서 보일러의 버너 연소를 차단한다.
- 고저수위 조절 장치 : 고저수위를 알리는 경보등·경보음 장치 등을 설치하며, 자동으로 급수 또는 단수되도록 설치한다.
- 화염 검출기

057 다음 중 롤러기 급정지장치의 종류가 아닌 것은?

① 어깨조작식 ② 손조작식
③ 복부조작식 ④ 무릎조작식

롤러기 급정지장치의 종류(방호장치 자율안전기준 고시 별표 3)

종류	위치	비고
손조작식	밑면에서 1.8m 이내	위치는 급정지장치조작부의 중심점을 기준으로 함
복부조작식	밑면에서 0.8m 이상 1.1m 이내	
무릎조작식	밑면에서 0.6m 이내	

058 산업안전보건법령에 따라 레버풀러(lever puller) 또는 체인블록(chain block)을 사용하는 경우 훅의 입구(hook mouth) 간격이 제조자가 제공하는 제품사양서 기준으로 몇 % 이상 벌어진 것은 폐기하여야 하는가?

① 3 ② 5
③ 7 ④ 10

레버풀러, 체인블록 사용 시 준수사항(산업안전보건기준에 관한 규칙 제96조)
- 정격하중을 초과하여 사용하지 말 것
- 레버풀러 작업 중 훅이 빠져 튕길 우려가 있을 경우에는 훅을 대상물에 직접 걸지 말고 피벗클램프(pivot clamp)나 러그(lug)를 연결하여 사용할 것
- 레버풀러의 레버에 파이프 등을 끼워서 사용하지 말 것
- 체인블록의 상부 훅(top hook)은 인양하중에 충분히 견디는 강도를 갖고, 정확히 지탱될 수 있는 곳에 걸어서 사용할 것
- 훅의 입구(hook mouth) 간격이 제조자가 제공하는 제품사양서 기준으로 10% 이상 벌어진 것은 폐기할 것
- 체인블록은 체인의 꼬임과 헝클어지지 않도록 할 것
- 훅은 변형, 파손, 부식, 마모되거나 균열된 것을 사용하지 않도록 조치할 것
- 다음 각 목의 어느 하나에 해당하는 체인을 사용하지 않도록 조치할 것
  - 변형, 파손, 부식, 마모되거나 균열된 것
  - 체인의 길이가 체인이 제조된 때의 길이의 5%를 초과한 것
  - 링의 단면지름이 체인이 제조된 때의 해당 링의 지름의 10%를 초과하여 감소한 것

059 컨베이어(conveyor) 역전방지장치의 형식을 기계식과 전기식으로 구분할 때 기계식에 해당하지 않는 것은?

① 라쳇식 ② 밴드식
③ 슬러스트식 ④ 롤러식

컨베이어 역전방지장치
- 기계식 : 라쳇식, 롤러식, 밴드식
- 전기식 : 전기 브레이크, 스러스트 브레이크

060 다음 중 연삭숫돌의 3요소가 아닌 것은?

① 결합제　　　　② 입자
③ 저항　　　　　④ 기공

연삭숫돌의 3요소
- 숫돌 입자 : 절삭하는 날
- 결합제 : 숫돌 입자를 고정시키는 본드
- 기공 : 절삭 칩이 쌓이는 장소

제 04 과목　전기설비 안전관리

061 다음 (　) 안의 알맞은 내용을 나타낸 것은?

> 폭발성 가스의 폭발등급 측정에 사용되는 표준용기는 내용적이 (㉮)cm³, 반구상의 플랜지 접합면의 안길이 (㉯)mm의 구상용기의 틈새를 통과시켜 화염일주 한계를 측정하는 장치이다.

① ㉮ 600, ㉯ 0.4　　　　② ㉮ 1800, ㉯ 0.6
③ ㉮ 4500, ㉯ 8　　　　④ ㉮ 8000, ㉯ 25

- 화염일주한계 : 폭발성 분위기 내에 방치된 표준용기의 접합면 틈새를 통하여 폭발화염이 내부에서 외부로 전파되는 것을 방지할 수 있는 틈새의 최대 간격치
- 폭발등급 측정에 사용되는 표준용기 : 내용적이 8L, 반구상의 플랜지 접합면의 안길이 25mm의 구상용기의 틈새를 통과시켜 화염일주 한계를 측정하는 장치(8L = 8000cm³)

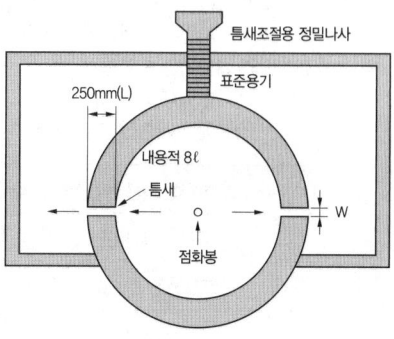

062 다음 차단기는 개폐기구가 절연물의 용기 내에 일체로 조립한 것으로 과부하 및 단락사고 시에 자동적으로 전로를 차단하는 장치는?

① OS　　　　　② VCB
③ MCCB　　　　④ ACB

배선용차단기(MCCB, Molded Case Circuit Breaker)는 전류 이상을 감지하여 선로가 열에 의해 타서 손상되기 전에 선로를 차단하여 주는 배선 보호용 기기이다.

063 한국전기설비규정에 따라 보호등전위본딩 도체로서 주접지단자에 접속하기 위한 등전위본딩 도체(구리도체)의 단면적은 몇 mm² 이상이어야 하는가?(단, 등전위본딩 도체는 설비 내에 있는 가장 큰 보호접지 도체 단면적의 1/2 이상의 단면적을 가지고 있다.)

① 2.5 ② 6
③ 16   ④ 50

보호등전위본딩 도체(KEC 143.3.1)
1. 주접지단자에 접속하기 위한 등전위본딩 도체는 설비 내에 있는 가장 큰 보호접지도체 단면적의 1/2 이상의 단면적을 가져야 하고 다음의 단면적 이상이어야 한다.
   가. 구리도체 6mm²
   나. 알루미늄 도체 16mm²
   다. 강철 도체 50mm²
2. 주접지단자에 접속하기 위한 보호본딩도체의 단면적은 구리도체 25mm² 또는 다른 재질의 동등한 단면적을 초과할 필요는 없다.

064 저압전로의 절연성능 시험에서 전로의 사용전압이 380V인 경우 전로의 전선 상호간 및 전로와 대지 사이의 절연저항은 최소 몇 MΩ 이상이어야 하는가?

① 0.1 ② 0.3
③ 0.5 ④ 1

전기설비기술기준 제52조 (저압전로의 절연성능) 전기사용 장소의 사용전압이 저압인 전로의 전선 상호간 및 전로와 대지 사이의 절연저항은 개폐기 또는 과전류차단기로 구분할 수 있는 전로마다 다음 표에서 정한 값 이상이어야 한다. 다만, 전선 상호간의 절연저항은 기계기구를 쉽게 분리가 곤란한 분기회로의 경우 기기 접속 전에 측정할 수 있다.
또한, 측정 시 영향을 주거나 손상을 받을 수 있는 SPD 또는 기타 기기 등은 측정 전에 분리시켜야 하고, 부득이하게 분리가 어려운 경우에는 시험전압을 250V DC로 낮추어 측정할 수 있지만 절연저항 값은 1MΩ 이상이어야 한다.

전로의 사용전압 V	DC 시험전압 V	절연저항
SELV 및 PELV	250	0.5MΩ 이상
FELV, 500V 이하	500	1MΩ 이상
500V 초과	1,000	1MΩ 이상

[주] 특별저압(extra low voltage : 2차 전압이 AC 5V, DC 120V 이하)으로 SELV(비접지회로 구성) 및 PELV(접지회로 구성)은 1차와 2차가 전기적으로 절연된 회로, FELV는 1차와 2차가 전기적으로 절연되지 않은 회로

065 전격의 위험을 결정하는 주된 인자로 가장 거리가 먼 것은?

① 통전전류 ② 통전시간
③ 통전경로 ④ 접촉전압

전격위험도 결정조건
- 1차적 감전위험요소 : 통전전류의 크기, 통전경로, 통전시간, 전원의 종류
- 2차적 감전위험요소 : 인체의 조건, 전압, 계절, 주파수

066 교류 아크용접기의 허용사용률(%)은?(단, 정격사용률은 10%, 2차 정력전류는 500A, 교류 아크용접기의 사용전류는 250A 이다.)

① 30
② 40
③ 50
④ 60

허용사용률 = $\dfrac{(정격\ 2차전류)^2}{(실제\ 용접전류)^2}$ × 정격사용률 = $\dfrac{500^2}{250^2}$ × 10 = 40%

067 내압방폭구조의 필요충분조건에 대한 사항으로 틀린 것은?

① 폭발화염이 외부로 유출되지 않을 것
② 습기침투에 대한 보호를 충분히 할 것
③ 내부에서 폭발한 경우 그 압력에 견딜 것
④ 외함의 표면온도가 외부의 폭발성가스를 점화하지 않을 것

내압방폭구조
- 점화원에 의해 용기 내부에서 폭발이 발생할 경우에 용기가 폭발압력에 견딜 수 있고, 화염이 용기 외부의 폭발성 분위기로 전파되지 않도록 한 방폭구조
- 내압방폭구조의 필요충분조건
  - 용기 내부에서 가연성 가스가 폭발하였을 경우 용기가 그 폭발 압력에 견딜 것
  - 폭발 시 발생하는 불꽃이 틈새나 구조적인 접합면을 통하여 용기 밖에 존재하는 위험 가스에 점화되지 못하도록 할 것
  - 외부 폭발 시에 발생되는 폭발 압력에 견딜 수 있을 것
  - 구조용기 표면의 온도에 의해서도 점화가 일어나지 않도록 설계된 구조일 것

068 다음 중 전동기를 운전하고자 할 때 개폐기의 조작순서로 옳은 것은?

① 메인 스위치 → 분전반 스위치 → 전동기용 개폐기
② 분전반 스위치 → 메인 스위치 → 전동기용 개폐기
③ 전동기용 개폐기 → 분전반 스위치 → 메인 스위치
④ 분전반 스위치 → 전동기용 스위치 → 메인 스위치

메인 스위치(주 전력 분배) → 분전반 스위치(주 전력을 받은 분배기) → 전동기용 개폐기(분전반에서 나온 전력)

069 다음 빈칸에 들어갈 내용으로 알맞은 것은?

"교류 특고압 가공전선로에서 발생하는 극저주파 전자계는 지표상 1m에서 전계가 (ⓐ), 자계가 (ⓑ)가 되도록 시설하는 등 상시 정전유도 및 전자유도 작용에 의하여 사람에게 위험을 줄 우려가 없도록 시설하여야 한다."

① ⓐ 0.35 kV/m 이하, ⓑ 0.833 μT 이하
② ⓐ 3.5 kV/m 이하, ⓑ 8.33 μT 이하
③ ⓐ 3.5 kV/m 이하, ⓑ 83.3 μT 이하
④ ⓐ 35 kV/m 이하, ⓑ 833 μT 이하

전기설비기술기준 제17조(유도장해 방지) ① 교류 특고압 가공전선로에서 발생하는 극저주파 전자계는 지표상 1m에서 전계가 3.5kV/m 이하, 자계가 83.3μT 이하가 되도록 시설하고, 직류 특고압 가공전선로에서 발생하는 직류전계는 지표면에서 25kV/m 이하, 직류자계는 지표상 1m에서 400,000μT 이하가 되도록 시설하는 등 상시 정전유도(靜電誘導) 및 전자유도(電磁誘導) 작용에 의하여 사람에게 위험을 줄 우려가 없도록 시설하여야 한다. 다만, 논밭, 산림 그 밖에 사람의 왕래가 적은 곳에서 사람에 위험을 줄 우려가 없도록 시설하는 경우에는 그러하지 아니하다.
② 특고압의 가공전선로는 전자유도작용이 약전류전선로(전력보안 통신설비는 제외한다)를 통하여 사람에 위험을 줄 우려가 없도록 시설하여야 한다.
③ 전력보안 통신설비는 가공전선로로부터의 정전유도작용 또는 전자유도작용에 의하여 사람에 위험을 줄 우려가 없도록 시설하여야 한다.

070 감전사고를 방지하기 위한 방법으로 틀린 것은?

① 전기기기 및 설비의 위험부에 위험표지
② 전기설비에 대한 누전차단기 설치
③ 전기기기에 대한 정격표시
④ 무자격자는 전기계 및 기구에 전기적인 접촉 금지

감전사고 예방대책
• 전기설비에 대한 누전차단기 설치
• 전기 위험부의 위험 표시
• 안전관리자는 작업에 대한 안전 교육 시행
• 충전부가 노출된 부분에는 절연 방호구 사용
• 고전압 선로 및 충전부에 근접하여 작업하는 작업자에게 보호구 착용
• 계통을 비접지 방식으로 할 것
• 전기기기 및 장치의 정비
• 유자격자 이외는 전기기계 및 기구에 접촉 금지
• 설비의 필요한 부분에는 보호 접지 실시

071 외부피뢰시스템에서 접지극은 지표면에서 몇 m 이상 깊이로 매설하여야 하는가?(단, 동결심도는 고려하지 않는 경우이다.)

① 0.5
② 0.75
③ 1
④ 1.25

접지극의 매설(KEC 142.2의 3)

- 접지극은 매설하는 토양을 오염시키지 않아야 하며, 가능한 다습한 부분에 설치한다.
- 접지극은 동결 깊이를 감안하여 시설하되 고압 이상의 전기설비와 142.5(변압기 중성점 접지)에 의하여 시설하는 접지극의 매설깊이는 지표면으로부터 지하 0.75m 이상으로 한다. 다만, 발전소·변전소·개폐소 또는 이에 준하는 곳에 접지극을 고장 시 그 근처의 대지 사이에 생기는 전위차에 의하여 사람이나 가축 또는 다른 시설물에 위험을 줄 우려가 없도록 시설하는 경우에는 그러하지 아니하다.
- 접지도체를 철주 기타의 금속체를 따라서 시설하는 경우에는 접지극을 철주의 밑면으로부터 0.3m 이상의 깊이에 매설하는 경우 이외에는 접지극을 지중에서 그 금속체로부터 1m 이상 떼어 매설하여야 한다.

072 정전기의 재해방지 대책이 아닌 것은?

① 부도체에는 도전성을 향상 또는 제전기를 설치 운영한다.
② 접촉 및 분리를 일으키는 기계적 작용으로 인한 정전기 발생을 적게 하기 위해서는 가능한 접촉 면적을 크게 하여야 한다.
③ 저항률이 $10^{10}\Omega \cdot cm$ 미만의 도전성 위험물의 배관유속은 7m/s 이하로 한다.
④ 생산공정에 별다른 문제가 없다면, 습도를 70(%) 정도 유지하는 것도 무방하다.

정전기 발생에 영향을 미치는 요인

- 처음 접촉·분리가 일어날 때 최대가 되며, 접촉·분리가 반복됨에 따라 점차 감소한다.
- 접촉 면적이 크고 접촉 압력이 높을수록 발생량이 많아진다.
- 일반적으로 물체의 분리속도가 빠를수록 정전기 발생량은 많아진다.
- 물체 표면이 수분이나 기름으로 오염되면 산화 및 부식에 의해 발생량이 많아진다.

073 어떤 부도체에서 정전용량이 10pF이고, 전압이 5kV 일 때 전하량(C)은?

① 9×10^{-12}
② 6×10^{-10}
③ 5×10^{-8}
④ 2×10^{-6}

$Q=CV=10 \times 10^{-12} \times 5 \times 10^3 = 5 \times 10^{-8}$ [C]

074 KS C IEC 60079-0에 따른 방폭에 대한 설명으로 틀린 것은?

① 기호 "X"는 방폭기기의 특정사용조건을 나타내는 데 사용되는 인증번호의 접미사이다.
② 인화하한(LFL)과 인화상한(UFL) 사이의 범위가 클수록 폭발성 가스 분위기 형성 가능성이 크다.
③ 기기그룹에 따라 폭발성가스를 분류할 때 ⅡA의 대표 가스로 에틸렌이 있다.
④ 연면거리는 두 도전부 사이의 고체 절연물 표면을 따른 최단거리를 말한다.

KS C IEC 60079-0의 기기그룹 분류

분류	내용	하위 그룹
그룹 I	폭발성 갱내 가스가 발생하는 광산에서 사용하는 광산용 기기	–
그룹 II	광산 이외의 폭발성 가스 분위기가 있는 모든 장소에서 사용되는 기기	• IIA : 대표 가스는 프로판 • IIB : 대표 가스는 에틸렌 • IIC : 대표 가스는 수소 및 아세틸렌
그룹 III	광산 이외의 폭발성 분진 분위기가 있는 모든 장소에서 사용되는 기기	• IIIA : 가연성 부유물 • IIIB : 비도전성 분진 • IIIC : 도전성 분진

075 다음 중 활선근접 작업시의 안전조치로 적절하지 않은 것은?

① 근로자가 절연용 방호구의 설치·해체작업을 하는 경우에는 절연용 보호구를 착용하거나 활선작업용 기구 및 장치를 사용하도록 하여야 한다.
② 저압인 경우에는 해당 전기작업자가 절연용 보호구를 착용하되, 충전전로에 접촉할 우려가 없는 경우에는 절연용 방호구를 설치하지 아니할 수 있다.
③ 유자격자가 아닌 근로자가 근로자의 몸 또는 긴 도전성 물체가 방호되지 않은 충전전로에서 대지전압이 50kV 이하인 경우에는 400cm 이내로 접근할 수 없도록 하여야 한다.
④ 고압 및 특별고압의 전로에서 전기작업을 하는 근로자에게 활선작업용 기구 및 장치를 사용하여야 한다.

유자격자가 아닌 근로자가 충전전로 인근의 높은 곳에서 작업할 때에 근로자의 몸 또는 긴 도전성 물체가 방호되지 않은 충전전로에서 대지전압이 50kV 이하인 경우에는 300cm 이내로, 대지전압이 50kV를 넘는 경우에는 10kV당 10cm씩 더한 거리 이내로 각각 접근할 수 없도록 할 것(산업안전보건기준에 관한 규칙 제321조)

076 밸브 저항형 피뢰기의 구성요소로 옳은 것은?

① 직렬갭, 특성요소
② 병렬갭, 특성요소
③ 직렬갭, 충격요소
④ 병렬갭, 충격요소

피뢰기의 구성요소 및 역할
• 직렬갭 : 정상상태에서는 방전하지 않고 절연상태를 유지하나 이상전압 발생시 신속하게 대지로 방전시켜 이상전압을 흡수함과 동시에 계속해서 흐르는 속류를 빠른 시간 내에 차단한다.
• 특성요소 : 탄화규소를 주성분으로 하는 일종의 저항체(소성물의 저항판을 다수 합친 구조체)로 피뢰기의 본체이다. 대전류에 대해서는 가능한 작은 제한전압을 부여하고 낮은 전압에서는 높은 저항값으로 속류를 차단하여 직렬갭에 의한 차단을 도와주는 작용을 한다.

077 정전기 제거 방법으로 가장 거리가 먼 것은?

① 작업장 바닥을 도전처리한다.
② 설비의 도체 부분은 접지시킨다.
③ 작업자는 대전방지화를 신는다.
④ 작업장을 항온으로 유지한다.

정전기 재해방지 조치
- 정전기 발생 억제 : 배관 내 유속 조절, 습기 부여, 대전방지제 사용, 금속재료 및 도전성 재료 사용
- 정전기 대전 방지 : 도체인 경우 접지와 본딩 실시
- 정전지 방전 방지 : 대전 물체 접지 등

078 인체의 전기저항을 0.5kΩ이라고 하면 심실세동을 일으키는 위험한계 에너지는 몇 J 인가?(단, 심실세동 전류값 I = $\frac{165}{\sqrt{T}}$ mA의 Dalziel의 식을 이용하며, 통전시간은 1초로 한다.)

① 13.6
② 12.6
③ 11.6
④ 10.6

심실세동전류 $(I) = \frac{165}{\sqrt{T}} = (mA)$

$W = I^2RT = (\frac{165}{\sqrt{T}} \times 10^{-3})^2 RT[J]$

$= (\frac{165}{\sqrt{1}} \times 10^{-3})^2 \times 500 \times T = 13.6[J]$

079 다음 중 전기설비기술기준에 따른 전압의 구분으로 틀린 것은?

① 저압 : 직류 1kV 이하
② 고압 : 교류 1kV를 초과, 7kV 이하
③ 특고압 : 직류 7kV 초과
④ 특고압 : 교류 7kV 초과

전압의 구분

구분	교류(AC)	직류(DC)
저압	1000V 이하	1500V 이하
고압	1000V 초과 7000V 이하	1500V 초과 7000V 이하
특별고압	7000V 초과	

080 가스 그룹 IIB 지역에 설치된 내압방폭구조 "d"장비의 플랜지 개구부에서 장애물까지의 최소 거리(mm)는?

① 10
② 20
③ 30
④ 40

내압 접합면과 장애물과의 최소 이격거리

가스·증기 그룹	최소 거리 (mm)
IIA	10
IIB	30
IIC	40

제 05 과목 화학설비 안전관리

081 다음 설명이 의미하는 것은?

> 온도, 압력 등 제어상태가 규정의 조건을 벗어나는 것에 의해 반응속도가 지수함수적으로 증대되고, 반응용기 내의 온도, 압력이 급격히 이상 상승되어 규정 조건을 벗어나고, 반응이 과격화되는 현상

① 비등
② 과열·과압
③ 폭발
④ 반응폭주

반응폭주(Runaway reaction)
- 반응폭주 개요 : 발열반응이 일어나는 반응기에서 냉각실패로 인해 반응속도가 급격히 증대되어 용기 내부의 온도 및 압력이 비정상적으로 상승하는 이상반응
- 반응폭주 관련 대책
  - 비상시 원료, 재료 등의 공급 중지 설비
  - 반응기 등의 내용물을 방출할 수 있는 방출 설비
  - 반응 중지제, 반응 억제제 주입설비
  - 불활성가스 주입 설비
  - 냉각용수, 냉매 등의 공급 설비

082 다음 중 전기화재의 종류에 해당하는 것은?

① A급
② B급
③ C급
④ D급

화재등급별 소화방법

구분	A급 화재	B급 화재	C급 화재	D급 화재
명칭	보통화재	유류, 가스화재	전기화재	금속화재(Al분, Mg분)
주 소화효과	냉각	질식	냉각, 질식	질식
적응 소화재	물 소화기 강화액 소화기	포말 소화기 CO_2 소화기 분말 소화기 증발성 액체 소화기	유기성 소화액 CO_2 소화기 분말 소화기	건조사 팽창 질석 팽창 진주암
구분색	백색	황색	청색	–

083 다음 중 폭발범위에 관한 설명으로 틀린 것은?

① 상한값과 하한값이 존재한다.
② 온도에는 비례하지만 압력과는 무관하다.
③ 가연성 가스의 종류에 따라 각각 다른 값을 갖는다.
④ 공기와 혼합된 가연성 가스의 체적 농도로 나타낸다.

폭발범위에 영향을 주는 인자

- 압력 : 압력이 증가하면 폭발 하한계는 거의 영향을 받지 않지만, 상한계는 크게 증가한다. 이에 따라 폭발범위는 넓어진다.
- 불활성 가스 : 질소, 이산화탄소 등과 같은 불활성 가스를 첨가하면 폭발하한계는 약간 높아지지만 상한계는 크게 낮아져 폭발범위는 좁아진다.
- 온도 : 온도가 높아지면 폭발 하한계는 감소하고 상한계는 증가하여 폭발범위는 넓어진다. 일반적으로 온도가 100℃ 상승하면 하한계는 8% 감소하고, 상한계는 8% 증가한다.
- 산소 : 폭발 하한계에는 영향이 없으며, 폭발 상한계를 증가시켜 폭발범위가 넓어진다.

084 다음 표와 같은 혼합가스의 폭발범위(vol%)로 옳은 것은?

종류	용적비율 (vol%)	폭발하한계 (vol%)	폭발상한계 (vol%)
CH_4	70	5	15
C_2H_6	15	3	12.5
C_3H_8	5	2.1	9.5
C_4H_{10}	10	1.9	8.5

① 3.75 ~ 13.21
② 4.33 ~ 13.21
③ 4.33 ~ 15.22
④ 3.75 ~ 15.22

- 하한계 = $\dfrac{100}{L} = \dfrac{100}{\dfrac{70}{5} + \dfrac{15}{3} + \dfrac{5}{2.1} + \dfrac{10}{1.9}} = 3.75$

- 상한계 = $\dfrac{100}{L} = \dfrac{100}{\dfrac{70}{15} + \dfrac{15}{12.5} + \dfrac{5}{9.5} + \dfrac{10}{8.5}} = 13.21$

085 위험물을 저장·취급하는 화학설비 및 그 부속설비를 설치할 때 '단위공정시설 및 설비로부터 다른 단위공정시설 및 설비의 사이'의 안전거리는 설비의 바깥 면으로부터 몇 m 이상이 되어야 하는가?

① 5
② 10
③ 15
④ 20

안전거리(산업안전보건기준에 관한 규칙 별표 8)

구분	안전거리
단위공정시설 및 설비로부터 다른 단위공정시설 및 설비의 사이	설비의 바깥 면으로부터 10미터 이상
플레어스택으로부터 단위공정시설 및 설비, 위험물질 저장탱크 또는 위험물질 하역설비의 사이	플레어스택으로부터 반경 20미터 이상. 다만, 단위 공정시설 등이 불연재로 시공된 지붕 아래에 설치된 경우에는 그러하지 아니하다.
위험물질 저장탱크로부터 단위공정시설 및 설비, 보일러 또는 가열로의 사이	저장탱크의 바깥 면으로부터 20미터 이상. 다만, 저장탱크의 방호벽, 원격조종화설비 또는 살수설비를 설치한 경우에는 그러하지 아니하다.
사무실·연구실·실험실·정비실 또는 식당으로부터 단위공정시설 및 설비, 위험물질 저장탱크, 위험물질 하역설비, 보일러 또는 가열로의 사이	사무실 등의 바깥 면으로부터 20미터 이상. 다만, 난방용 보일러인 경우 또는 사무실 등의 벽을 방호구조로 설치한 경우에는 그러하지 아니하다.

086 열교환기의 열교환 능률을 향상시키기 위한 방법으로 거리가 먼 것은?

① 유체의 유속을 적절하게 조절한다.
② 유체의 흐르는 방향을 병류로 한다.
③ 열교환기 입구와 출구의 온도차를 크게 한다.
④ 열전도율이 좋은 재료를 사용한다.

열교환기의 열교환 능률 향상방법

- 유체의 유속을 적절하게 조절한다.
- 열교환기 입구와 출구의 온도차를 크게 한다.
- 열전도율이 높은 재료를 사용하고, 전열면적을 크게 한다.
- 유체의 흐르는 방향을 병류(고온 유체와 저온 유체가 열교환기의 같은 쪽으로 들어가 같은 방향으로 흐름)가 아닌 향류(고온 유체와 저온 유체가 열교환기의 반대쪽으로 들어가서 서로 반대 방향으로 흐름)로 한다.

087 다음 중 인화성 물질이 아닌 것은?

① 디에틸에테르　　② 아세톤
③ 에틸알코올　　④ 과염소산칼륨

인화성 물질의 종류
- 인화점 −30℃ 미만 : 에틸에테르, 가솔린, 아세트알데히드, 산화프로필렌, 이황화탄소
- 인화점 −30℃ 이상 0℃ 미만 : 노르말헥산, 산화에틸렌, 아세톤, 메틸에틸케톤
- 인화점 0℃ 이상 30℃ 미만 : 메틸알코올(메탄올), 에틸알코올(에탄올), 크실렌, 아세트산아밀
- 인화점 30℃ 이상 65℃ 이하 : 등유, 경유, 테레핀유, 이소펜틸알코올(이소아밀알코올), 아세트산

088 산업안전보건법령상 위험물질의 종류에서 "폭발성 물질 및 유기과산화물"에 해당하는 것은?

① 리튬　　② 아조화합물
③ 아세틸렌　　④ 셀룰로이드류

위험물질의 종류(산업안전보건기준에 관한 규칙 별표 1)
- 폭발성 물질 및 유기과산화물 : 질산에스테르류, 니트로화합물, 니트로소화합물, 아조화합물, 디아조화합물, 하이드라진 유도체, 유기과산화물
- 물반응성 물질 및 인화성 고체 : 리튬, 칼륨·나트륨, 황, 황린, 황화인·적린, 셀룰로이드류, 알킬알루미늄·알킬리튬, 마그네슘 분말, 금속 분말(마그네슘 분말 제외), 알칼리금속(리튬·칼륨 및 나트륨은 제외), 유기 금속화합물(알킬알루미늄 및 알킬리튬은 제외), 금속의 수소화물, 금속의 인화물, 칼슘 탄화물, 알루미늄 탄화물
- 산화성 액체 및 산화성 고체 : 차아염소산 및 그 염류, 아염소산 및 그 염류, 염소산 및 그 염류, 과염소산 및 그 염류, 브롬산 및 그 염류, 요오드산 및 그 염류, 과산화수소 및 무기 과산화물, 질산 및 그 염류, 과망간산 및 그 염류, 중크롬산 및 그 염류
- 인화성 액체
- 인화성 가스 : 수소, 아세틸렌, 에틸렌, 메탄, 에탄, 프로판, 부탄
- 부식성 물질 : 부식성 산류, 부식성 염기류
- 급성 독성 물질

089 건축물 공사에 사용되고 있으나, 불에 타는 성질이 있어서 화재 시 유독한 시안화수소 가스가 발생되는 물질은?

① 염화비닐　　② 염화에틸렌
③ 메타크릴산메틸　　④ 우레탄

건축물 공사 시 벽면 단열재로 사용되는 우레탄(urethane)은 저렴한 가격과 단열성과 접착성이 우수하지만, 발화점이 낮고 화재 시 유독한 시안화수소 가스가 발생된다.

090 반응기를 설계할 때 고려하여야 할 요인으로 가장 거리가 먼 것은?

① 부식성　　② 상의 형태
③ 온도 범위　　④ 중간생성물의 유무

반응기 설계시 고려사항
- 상의 형태 : 반응 전·후의 기체, 액체, 고체의 상에 대하여 설계 시 결정
- 온도범위 : 반응기의 반응조건과 제어에 중요한 인자
- 운전압력 : 배관, 장치, 반응기 등의 설계 시 핵심 요소
- 체류시간 : 투입된 반응물질이 반응 완료되는 시간
- 공간속도 : 단위시간당 반응되는 용적으로 정의
- 부식성 : 투입되는 물질과 생성되는 물질의 특성에 따라 배관, 반응기, 설비 등의 재질을 고려
- 열전달 : 반응촉진을 위해 공급되는 열, 반응열, 손실열에 대한 열평형을 고려하여 온도를 제어
- 온도조절 : 반응기의 적정온도 유지를 위하여 자동적으로 제어
- 조작방법 : 회분식, 연속식 등의 반응기의 종류에 따라 조작순서와 방법이 정형화
- 수율 : 물질의 투입량과 목적에 맞는 물질의 생산량의 비

091 에틸알코올 1몰이 완전 연소 시 생성되는 CO_2와 H_2O의 몰수로 옳은 것은?

① CO_2 : 1, H_2O : 4
② CO_2 : 2, H_2O : 3
③ CO_2 : 3, H_2O : 2
④ CO_2 : 4, H_2O : 1

$C_2H_5OH + 3O_2 \rightarrow 2CO_2 + 3H_2O$

092 산업안전보건법령상 각 물질이 해당하는 위험물질의 종류를 옳게 연결한 것은?

① 아세트산(농도 90%) – 부식성 산류
② 아세톤(농도 90%) – 부식성 염기류
③ 이황화탄소 – 인화성 가스
④ 수산화칼륨 – 인화성 가스

부식성 물질의 위험성 및 종류

분류	내용
위험성	흡입, 피부접촉, 섭취했을 때 심한 상처를 입거나 사망할 수 있고 장기간 지속적인 노출 시 암 등의 돌연변이를 유발할 수 있다.
종류	• 부식성 산류 : 농도 20% 이상인 염산, 질산, 황산 등, 농도 60% 이상 인산, 아세트산, 불산 • 부식성 염기류 : 농도 40% 이상인 수산화나트륨, 수산화칼륨 등

093 물과의 반응으로 유독한 포스핀가스를 발생하는 것은?

① HCl
② NaCl
③ Ca_3P_2
④ $Al(OH)_3$

인화칼슘(Ca_3P_2)
- 융점 1600℃, 비중이 2.51이다.

- 적갈색의 괴상 고체로서 인화석회라고도 한다.
- 알코올, 에테르에는 녹지 않는다.
- 물이나 약산과 반응하여 유독성 가스인 포스핀가스(PH_3)를 발생시킨다.
  $Ca_3P_2 + 6H_2O \rightarrow 3Ca(OH)_2 + 2PH_3$

 094 분진폭발의 요인을 물리적 인자와 화학적 인자로 분류할 때 화학적 인자에 해당하는 것은?

① 연소열 ② 입도분포
③ 열전도율 ④ 입자의 형상

해설

분진폭발에 영향을 미치는 요인
- 분진의 화학적 성질과 조성 : 발열량이 큰 분진일수록 폭발위험성 증대
- 입도와 입도 분포 : 표면적이 입자체적에 비교하여 클수록 폭발위험성 증대
- 입자의 형상과 표면의 상태 : 입자표면이 산소에 대해서 활성인 경우(분위기 중 산소 농도가 클수록) 폭발성위험성 증대
- 수분 : 분진 중의 수분은 분진의 부유성을 억제하는 효과가 있으며, 역으로 수분 농도가 작을수록 분진의 부유성이 커져 폭발위험성 증대
- 분진의 부유성 : 일반적으로 입자가 작고 가벼운 것이 공기 중에서 부유하기 쉬우며, 부유성이 큰 쪽이 공기 중에서 체류하는 시간이 길어 폭발 위험성 증대

 095 메탄올에 관한 설명으로 틀린 것은?

① 무색투명한 액체이다.
② 비중은 1보다 크고, 증기는 공기보다 가볍다.
③ 금속나트륨과 반응하여 수소를 발생한다.
④ 물에 잘 녹는다.

해설

메탄올(CH_3OH)의 성질
- 무색, 투명한 취기가 있는 액체로서 휘발성이 있다.
- 물에 잘 녹으며 유기용매 등에는 농도에 따라 녹는 정도가 다르며 수지 등을 잘 용해시킨다.
- 먹으면 눈이 멀거나 생명을 잃는다.
- 완전연소하면 CO_2와 H_2O가 생성된다.
- 비중은 0.79이며, 증기비중은 1.1이다.

 096 다음 중 자연발화가 쉽게 일어나는 조건으로 틀린 것은?

① 주위온도가 높을수록 ② 열 축적이 클수록
③ 적당량의 수분이 존재할 때 ④ 표면적이 작을수록

해설

자연발화가 쉽게 일어나는 조건
- 주위온도가 높을수록
- 발열량이 크고 열축적이 클수록
- 적당량의 수분이 존재할 때

097 다음 중 인화점이 가장 낮은 것은?

① 벤젠 ② 메탄올
③ 이황화탄소 ④ 경유

구분	벤젠	메탄올	이황화탄소	경유
화학식	C_6H_6	CH_3OH	CS_2	–
인화점	$-11℃$	$11℃$	$-30℃$	$50℃ \sim 60℃$

098 자연발화성을 가진 물질이 자연발화를 일으키는 원인으로 거리가 먼 것은?

① 분해열 ② 증발열
③ 산화열 ④ 중합열

자연발화의 형태별 분류
- 산화열에 의한 발열 : 건섬유, 원면, 석탄
- 분해열에 의한 발열 : 셀룰로이드
- 흡착열에 의한 발열 : 활성탄
- 중합열에 의한 발열 : 초산비닐, 스티렌
- 미생물에 의한 발열 : 건초류

099 비점이 낮은 가연성 액체 저장탱크 주위에 화재가 발생했을 때 저장탱크 내부의 비등현상으로 인한 압력 상승으로 탱크가 파열되어 그 내용물이 증발, 팽창하면서 발생되는 폭발현상은?

① Back Draft ② BLEVE
③ Flash Over ④ UVCE

블레비(BLEVE, Boiling Liquid Expanding Vapor Explosion) : 비점이나 인화점이 낮은 액체가 들어있는 용기 주위에 화재 등으로 인하여 가열되면, 내부의 비등현상으로 인한 압력 상승으로 용기의 벽면이 파열되면서 그 내용물이 폭발적으로 증발, 팽창하면서 폭발을 일으키는 현상(비등액체 팽창증기폭발)

100 사업주는 산업안전보건법령에서 정한 설비에 대해서는 과압에 따른 폭발을 방지하기 위하여 안전밸브 등을 설치하여야 한다. 다음 중 이에 해당하는 설비가 아닌 것은?

① 원심펌프
② 정변위 압축기
③ 정변위 펌프(토출측에 차단밸브가 설치된 것만 해당한다)
④ 배관(2개 이상의 밸브에 의하여 차단되어 대기온도에서 액체의 열팽창에 의하여 파열될 우려가 있는 것으로 한정한다)

산업안전보건기준에 관한 규칙 제261조(안전밸브 등의 설치) ① 사업주는 다음 각 호의 어느 하나에 해당하는 설비에 대해서는 과압에 따른 폭발을 방지하기 위하여 폭발 방지 성능과 규격을 갖춘 안전밸브 또는 파열판(이하 "안전밸브등"이라 한다)을 설치하여야 한다. 다만, 안전밸브등에 상응하는 방호장치를 설치한 경우에는 그러하지 아니하다.
1. 압력용기(안지름이 150밀리미터 이하인 압력용기는 제외하며, 압력 용기 중 관형 열교환기의 경우에는 관의 파열로 인하여 상승한 압력이 압력용기의 최고사용압력을 초과할 우려가 있는 경우만 해당한다)
2. 정변위 압축기
3. 정변위 펌프(토출측에 차단밸브가 설치된 것만 해당한다)
4. 배관(2개 이상의 밸브에 의하여 차단되어 대기온도에서 액체의 열팽창에 의하여 파열될 우려가 있는 것으로 한정한다)
5. 그 밖의 화학설비 및 그 부속설비로서 해당 설비의 최고사용압력을 초과할 우려가 있는 것

제 06 과목 　 건설공사 안전관리

101 유해 · 위험방지계획서 제출 시 첨부서류로 옳지 않은 것은?

① 공사현장의 주변 현황 및 주변과의 관계를 나타내는 도면
② 공사개요서
③ 전체공정표
④ 작업인부의 배치를 나타내는 도면 및 서류

유해위험방지계획서 첨부서류(산업안전보건법 시행규칙 별표 10)
- 공사 개요 및 안전보건관리계획
    - 공사 개요서
    - 공사현장의 주변 현황 및 주변과의 관계를 나타내는 도면(매설물 현황을 포함한다)
    - 건설물, 사용 기계설비 등의 배치를 나타내는 도면
    - 전체 공정표
    - 산업안전보건관리비 사용계획서
    - 안전관리 조직표
    - 재해 발생 위험 시 연락 및 대피방법
- 작업 공사 종류별 유해위험방지계획

102 거푸집 해체작업 시 유의사항으로 옳지 않은 것은?

① 일반적으로 수평부재의 거푸집은 연직부재의 거푸집보다 빨리 떼어낸다.
② 해체된 거푸집이나 각목 등에 박혀있는 못 또는 날카로운 돌출물은 즉시 제거하여야 한다.
③ 상하 동시 작업은 원칙적으로 금지하여 부득이한 경우에는 긴밀히 연락을 위하며 작업을 하여야 한다.
④ 거푸집 해체작업장 주위에는 관계자를 제외하고는 출입을 금지시켜야 한다.

콘크리트공사 표준안전 작업지침 제9조(해체) 사업주는 거푸집의 해체작업을 하여야 할 때에는 다음 각 호의 사항을 준수하여야 한다.

1. 거푸집 및 지보공(동바리)의 해체는 순서에 의하여 실시하여야 하며 안전담당자를 배치하여야 한다.
2. 거푸집 및 지보공(동바리)은 콘크리트 자중 및 시공중에 가해지는 기타 하중에 충분히 견딜만 한 강도를 가질 때까지는 해체하지 아니하여야 한다.
3. 거푸집을 해체할 때에는 다음 각 목에 정하는 사항을 유념하여 작업하여야 한다.
   가. 해체작업을 할 때에는 안전모등 안전 보호장구를 착용토록 하여야 한다.
   나. 거푸집 해체작업장 주위에는 관계자를 제외하고는 출입을 금지시켜야 한다.
   다. 상하 동시 작업은 원칙적으로 금지하여 부득이한 경우에는 긴밀히 연락을 위하며 작업을 하여야 한다.
   라. 거푸집 해체때 구조체에 무리한 충격이나 큰 힘에 의한 지렛대 사용은 금지하여야 한다.
   마. 보 또는 스라브 거푸집을 제거할 때에는 거푸집의 낙하 충격으로 인한 작업원의 돌발적 재해를 방지하여야 한다.
   바. 해체된 거푸집이나 각목 등에 박혀있는 못 또는 날카로운 돌출물은 즉시 제거하여야 한다.
   사. 해체된 거푸집이나 각 목은 재사용 가능한 것과 보수하여야 할 것을 선별, 분리하여 적치하고 정리정돈을 하여야 한다.
4. 기타 제3자의 보호조치에 대하여도 완전한 조치를 강구하여야 한다.

103 사다리식 통로 등을 설치하는 경우 통로 구조로서 옳지 않은 것은?

① 발판의 간격은 일정하게 한다.
② 발판과 벽과의 사이는 15cm 이상의 간격을 유지한다.
③ 사다리의 상단은 걸쳐놓은 지점으로부터 60cm 이상 올라가도록 한다.
④ 폭은 40cm 이상으로 한다.

산업안전보건기준에 관한 규칙 제24조(사다리식 통로 등의 구조) ① 사업주는 사다리식 통로 등을 설치하는 경우 다음 각 호의 사항을 준수하여야 한다.
1. 견고한 구조로 할 것
2. 심한 손상·부식 등이 없는 재료를 사용할 것
3. 발판의 간격은 일정하게 할 것
4. 발판과 벽과의 사이는 15센티미터 이상의 간격을 유지할 것
5. 폭은 30센티미터 이상으로 할 것
6. 사다리가 넘어지거나 미끄러지는 것을 방지하기 위한 조치를 할 것
7. 사다리의 상단은 걸쳐놓은 지점으로부터 60센티미터 이상 올라가도록 할 것
8. 사다리식 통로의 길이가 10미터 이상인 경우에는 5미터 이내마다 계단참을 설치할 것
9. 사다리식 통로의 기울기는 75도 이하로 할 것. 다만, 고정식 사다리식 통로의 기울기는 90도 이하로 하고, 그 높이가 7미터 이상인 경우에는 다음 각 목의 구분에 따른 조치를 할 것
   가. 등받이울이 있어도 근로자 이동에 지장이 없는 경우 : 바닥으로부터 높이가 2.5미터 되는 지점부터 등받이울을 설치할 것
   나. 등받이울이 있으면 근로자가 이동이 곤란한 경우 : 한국산업표준에서 정하는 기준에 적합한 개인용 추락 방지 시스템을 설치하고 근로자로 하여금 한국산업표준에서 정하는 기준에 적합한 전신안전대를 사용하도록 할 것
10. 접이식 사다리 기둥은 사용 시 접혀지거나 펼쳐지지 않도록 철물 등을 사용하여 견고하게 조치할 것

104 추락 재해방지 설비 중 근로자의 추락재해를 방지할 수 있는 설비로 작업발판 설치가 곤란한 경우에 필요한 설비는?

① 경사로
② 추락방호망
③ 고정사다리
④ 달비계

산업안전보건기준에 관한 규칙 제42조(추락의 방지) ② 사업주는 제1항에 따른 작업발판을 설치하기 곤란한 경우 다음 각 호의 기준에 맞는 추락방호망을 설치해야 한다. 다만, 추락방호망을 설치하기 곤란한 경우에는 근로자에게 안전대를 착용하도록 하는 등 추락위험을 방지하기 위해 필요한 조치를 해야 한다.

1. 추락방호망의 설치위치는 가능하면 작업면으로부터 가까운 지점에 설치하여야 하며, 작업면으로부터 망의 설치지점까지의 수직거리는 10미터를 초과하지 아니할 것
2. 추락방호망은 수평으로 설치하고, 망의 처짐은 짧은 변 길이의 12퍼센트 이상이 되도록 할 것
3. 건축물 등의 바깥쪽으로 설치하는 경우 추락방호망의 내민 길이는 벽면으로부터 3미터 이상 되도록 할 것. 다만, 그물코가 20밀리미터 이하인 추락방호망을 사용한 경우에는 제14조제3항에 따른 낙하물 방지망을 설치한 것으로 본다.

105 콘크리트 타설작업을 하는 경우에 준수해야 할 사항으로 옳지 않은 것은?

① 당일의 작업을 시작하기 전에 해당 작업에 관한 거푸집동바리 등의 변형·변위 및 지반의 침하 유무 등을 점검하고 이상이 있으면 보수한다.
② 작업 중에는 거푸집동바리 등의 변형·변위 및 침하 유무 등을 감시할 수 있는 감시자를 배치하여 이상이 있으면 작업을 빠른 시간 내 우선 완료하고 근로자를 대피시킨다.
③ 콘크리트 타설작업 시 거푸집붕괴의 위험이 발생할 우려가 있으면 충분한 보강조치를 한다.
④ 콘크리트를 타설하는 경우에는 편심이 발생하지 않도록 골고루 분산하여 타설한다.

산업안전보건기준에 관한 규칙 제334조(콘크리트의 타설작업) 사업주는 콘크리트 타설작업을 하는 경우에는 다음 각 호의 사항을 준수하여야 한다.
1. 당일의 작업을 시작하기 전에 해당 작업에 관한 거푸집동바리등의 변형·변위 및 지반의 침하 유무 등을 점검하고 이상이 있으면 보수할 것
2. 작업 중에는 거푸집동바리등의 변형·변위 및 침하 유무 등을 감시할 수 있는 감시자를 배치하여 이상이 있으면 작업을 중지하고 근로자를 대피시킬 것
3. 콘크리트 타설작업 시 거푸집 붕괴의 위험이 발생할 우려가 있으면 충분한 보강조치를 할 것
4. 설계도서상의 콘크리트 양생기간을 준수하여 거푸집동바리등을 해체할 것
5. 콘크리트를 타설하는 경우에는 편심이 발생하지 않도록 골고루 분산하여 타설할 것

106 작업장 출입구 설치 시 준수해야 할 사항으로 옳지 않은 것은?

① 출입구의 위치·수 및 크기가 작업장의 용도와 특성에 맞도록 한다.
② 출입구에 문을 설치하는 경우에는 근로자가 쉽게 열고 닫을 수 있도록 한다.
③ 주된 목적이 하역운반기계용인 출입구에는 보행자용 출입구를 따로 설치하지 않는다.
④ 계단이 출입구와 바로 연결된 경우에는 작업자의 안전한 통행을 위하여 그 사이에 1.2m 이상 거리를 두거나 안내표지 또는 비상벨 등을 설치한다.

산업안전보건기준에 관한 규칙 제11조(작업장의 출입구) 사업주는 작업장에 출입구(비상구는 제외한다. 이하 같다)를 설치하는 경우 다음 각 호의 사항을 준수하여야 한다.
1. 출입구의 위치, 수 및 크기가 작업장의 용도와 특성에 맞도록 할 것
2. 출입구에 문을 설치하는 경우에는 근로자가 쉽게 열고 닫을 수 있도록 할 것
3. 주된 목적이 하역운반기계용인 출입구에는 인접하여 보행자용 출입구를 따로 설치할 것
4. 하역운반기계의 통로와 인접하여 있는 출입구에서 접촉에 의하여 근로자에게 위험을 미칠 우려가 있는 경우에는 비상등·비상벨 등 경보장치를 할 것
5. 계단이 출입구와 바로 연결된 경우에는 작업자의 안전한 통행을 위하여 그 사이에 1.2미터 이상 거리를 두거나 안내표지 또는 비상벨 등을 설치할 것. 다만, 출입구에 문을 설치하지 아니한 경우에는 그러하지 아니하다.

107 건설작업장에서 근로자가 상시 작업하는 장소의 작업면 조도기준으로 옳지 않은 것은?(단, 갱내 작업장과 감광재료를 취급하는 작업장의 경우는 제외)

① 초정밀작업 : 600럭스(lux) 이상
② 정밀작업 : 300럭스(lux) 이상
③ 보통작업 : 150럭스(lux) 이상
④ 초정밀, 정밀, 보통작업을 제외한 기타 작업 : 75럭스(lux) 이상

산업안전보건기준에 관한 규칙 제8조(조도) 사업주는 근로자가 상시 작업하는 장소의 작업면 조도(照度)를 다음 각 호의 기준에 맞도록 하여야 한다. 다만, 갱내(坑內) 작업장과 감광재료(感光材料)를 취급하는 작업장은 그러하지 아니하다.
1. 초정밀작업 : 750럭스(lux) 이상
2. 정밀작업 : 300럭스 이상
3. 보통작업 : 150럭스 이상
4. 그 밖의 작업 : 75럭스 이상

108 건설업 산업안전보건관리비 계상 및 사용기준에 따른 안전관리비의 개인보호구 및 안전장구 구입비 항목에서 안전관리비로 사용이 가능한 경우는?

① 안전·보건관리자가 선임되지 않은 현장에서 안전·보건업무를 담당하는 현장관계자용 무전기, 카메라, 컴퓨터, 프린터 등 업무용 기기
② 혹한·혹서에 장기간 노출로 인해 건강장해를 일으킬 우려가 있는 경우 특정 근로자에게 지급되는 기능성 보호 장구
③ 근로자에게 일률적으로 지급하는 보냉·보온장구
④ 감리원이나 외부에서 방문하는 인사에게 지급하는 보호구

근로자 재해나 건강장해 예방 목적이 아닌 근로자 식별, 복리·후생적 근무여건 개선·향상, 사기진작, 원활한 공사 수행을 목적으로 하는 다음 장구의 구입·수리·관리 등에 소요되는 비용은 안전관리비로 사용이 불가능하다.
• 안전 보건관리자가 선임되지 않은 현장에서 안전 보건업무를 담당하는 현장관계자용 무전기, 카메라, 컴퓨터, 프린터 등 업무용 기기
• 근로자 보호 목적으로 보기 어려운 피복, 장구, 용품 등
  – 작업복, 방한복, 면장갑, 코팅장갑 등
  – 근로자에게 일률적으로 지급하는 보냉·보온장구(핫팩, 장갑, 아이스조끼, 아이스팩 등을 말함) 구입비
  – 감리원이나 외부에서 방문하는 인사에게 지급하는 보호구
※ 다만, 혹한·혹서에 장기간 노출로 인해 건강장해를 일으킬 우려가 있는 경우 특정 근로자에게 지급하는 기능성 보호 장구는 사용 가능하다

109 옥외에 설치되어 있는 주행크레인에 대하여 이탈방지장치를 작동시키는 등 그 이탈을 방지하기 위한 조치를 하여야 하는 순간풍속에 대한 기준으로 옳은 것은?

① 순간풍속이 초당 10m를 초과하는 바람이 불어올 우려가 있는 경우
② 순간풍속이 초당 20m를 초과하는 바람이 불어올 우려가 있는 경우
③ 순간풍속이 초당 30m를 초과하는 바람이 불어올 우려가 있는 경우
④ 순간풍속이 초당 40m를 초과하는 바람이 불어올 우려가 있는 경우

산업안전보건기준에 관한 규칙 제140조(폭풍에 의한 이탈 방지) 사업주는 순간풍속이 초당 30미터를 초과하는 바람이 불어올 우려가 있는 경우 옥외에 설치되어 있는 주행 크레인에 대하여 이탈방지장치를 작동시키는 등 이탈 방지를 위한 조치를 하여야 한다.

110 지반 등의 굴착작업 시 연암의 굴착면 기울기로 옳은 것은?

① 1 : 0.3
② 1 : 0.5
③ 1 : 0.8
④ 1 : 1.0

굴착면의 기울기 기준(산업안전보건기준에 관한 규칙 별표 11)

지반의 종류	굴착면의 기울기
모래	1 : 1.8
연암 및 풍화암	1 : 1.0
경암	1 : 0.5
그 밖의 흙	1 : 1.2

비고
1. 굴착면의 기울기는 굴착면의 높이에 대한 수평거리의 비율을 말한다.
2. 굴착면의 경사가 달라서 기울기를 계산하기가 곤란한 경우에는 해당 굴착면에 대하여 지반의 종류별 굴착면의 기울기에 따라 붕괴의 위험이 증가하지 않도록 위 표의 지반의 종류별 굴착면의 기울기에 맞게 해당 각 부분의 경사를 유지해야 한다.

111 철골작업 시 철골부재에서 근로자가 수직방향으로 이동하는 경우에 설치하여야 하는 고정된 승강로의 최대 답단 간격은 얼마 이내인가?

① 20cm
② 25cm
③ 30cm
④ 40cm

산업안전보건기준에 관한 규칙 제381조(승강로의 설치) 사업주는 근로자가 수직방향으로 이동하는 철골부재(鐵骨部材)에는 답단(踏段) 간격이 30센티미터 이내인 고정된 승강로를 설치하여야 하며, 수평방향 철골과 수직방향 철골이 연결되는 부분에는 연결작업을 위하여 작업발판 등을 설치하여야 한다.

112 흙막이벽 근입깊이를 깊게하고, 전면의 굴착부분을 남겨두어 흙의 중량으로 대항하게 하거나, 굴착예정 부분의 일부를 미리 굴착하여 기초콘크리트를 타설하는 등의 대책과 가장 관계가 깊은 것은?

① 파이핑현상이 있을 때
② 히빙현상이 있을 때
③ 지하수위가 높을 때
④ 굴착깊이가 깊을 때

히빙(Heaving)
- 정의 : 굴착이 진행됨에 따라 흙막이벽 뒤쪽 흙의 중량이 굴착부 바닥의 지지력 이상이 되면 흙막이벽 근입(根入) 부분의 지반 이동이 발생하여 굴착부 저면이 솟아오르는 현상
- 지반조건 : 연약성 점토 지반인 경우
- 방지 대책
  - 굴착 주변의 상재하중을 제거
  - 시트 파일(Sheet Pile) 등의 근입심도를 검토
  - 1.3m 이하 굴착시에는 버팀대(Strut)를 설치
  - 버팀대, 브라켓, 흙막이를 점검
  - 굴착주변을 탈수공법과 병행
  - 굴착방식을 개선(Island Cut 공법 등)

113 재해사고를 방지하기 위하여 크레인에 설치된 방호장치로 옳지 않은 것은?

① 공기정화장치 ② 비상정지장치
③ 제동장치 ④ 권과방지장치

크레인의 방호장치 : 과부하방지장치, 권과방지장치, 비상정지장치 및 브레이크장치

114 가설구조물의 문제점으로 옳지 않은 것은?

① 도괴재해의 가능성이 크다.
② 추락재해 가능성이 크다.
③ 부재의 결합이 간단하나 연결부가 견고하다.
④ 구조물이라는 통상의 개념이 확고하지 않으며 조립의 정밀도가 낮다.

가설구조물의 특징
- 연결재가 부족한 구조가 되기 쉽다.
- 부재의 결합이 간단하여 불안전 결합이 되기 쉽다.
- 구조물이라는 개념이 확고하지 않아 조립의 정밀도가 낮다.
- 부재는 과소 단면이거나 결함이 있는 재료가 사용되기 쉽다.

115 강관틀비계를 조립하여 사용하는 경우 준수해야할 기준으로 옳지 않은 것은?

① 수직방향으로 6m, 수평방향으로 8m 이내마다 벽이음을 할 것
② 높이가 20m를 초과하거나 중량물의 적재를 수반하는 작업을 할 경우에는 주틀 간의 간격을 2.4m 이하로 할 것
③ 길이가 띠장 방향으로 4m 이하이고 높이가 10m를 초과하는 경우에는 10m 이내마다 띠장 방향으로 버팀기둥을 설치할 것
④ 주틀 간에 교차 가새를 설치하고 최상층 및 5층 이내마다 수평재를 설치할 것

산업안전보건기준에 관한 규칙 제62조(강관틀비계) 사업주는 강관틀 비계를 조립하여 사용하는 경우 다음 각 호의 사항을 준수하여야 한다.
1. 비계기둥의 밑둥에는 밑받침 철물을 사용하여야 하며 밑받침에 고저차(高低差)가 있는 경우에는 조절형 밑받침철물을 사용하여 각각의 강관틀비계가 항상 수평 및 수직을 유지하도록 할 것
2. 높이가 20미터를 초과하거나 중량물의 적재를 수반하는 작업을 할 경우에는 주틀 간의 간격을 1.8미터 이하로 할 것
3. 주틀 간에 교차 가새를 설치하고 최상층 및 5층 이내마다 수평재를 설치할 것
4. 수직방향으로 6미터, 수평방향으로 8미터 이내마다 벽이음을 할 것
5. 길이가 띠장 방향으로 4미터 이하이고 높이가 10미터를 초과하는 경우에는 10미터 이내마다 띠장 방향으로 버팀기둥을 설치할 것

116 비계의 높이가 2m 이상인 작업장소에 작업발판을 설치할 경우 준수하여야 할 기준으로 옳지 않은 것은?

① 작업발판의 폭은 30cm 이상으로 한다.
② 발판재료간의 틈은 3cm 이하로 한다.
③ 추락의 위험성이 있는 장소에는 안전난간을 설치한다.
④ 발판재료는 뒤집히거나 떨어지지 않도록 2개 이상의 지지물에 연결하거나 고정시킨다.

산업안전보건기준에 관한 규칙 제56조(작업발판의 구조) 사업주는 비계(달비계, 달대비계 및 말비계는 제외한다)의 높이가 2미터 이상인 작업장소에 다음 각 호의 기준에 맞는 작업발판을 설치하여야 한다.
1. 발판재료는 작업할 때의 하중을 견딜 수 있도록 견고한 것으로 할 것
2. 작업발판의 폭은 40센티미터 이상으로 하고, 발판재료 간의 틈은 3센티미터 이하로 할 것. 다만, 외줄비계의 경우에는 고용노동부장관이 별도로 정하는 기준에 따른다.
3. 제2호에도 불구하고 선박 및 보트 건조작업의 경우 선박블록 또는 엔진실 등의 좁은 작업공간에 작업발판을 설치하기 위하여 필요하면 작업발판의 폭을 30센티미터 이상으로 할 수 있고, 걸침비계의 경우 강관기둥 때문에 발판재료 간의 틈을 3센티미터 이하로 유지하기 곤란하면 5센티미터 이하로 할 수 있다. 이 경우 그 틈 사이로 물체 등이 떨어질 우려가 있는 곳에는 출입금지 등의 조치를 하여야 한다.
4. 추락의 위험이 있는 장소에는 안전난간을 설치할 것. 다만, 작업의 성질상 안전난간을 설치하는 것이 곤란한 경우, 작업의 필요상 임시로 안전난간을 해체할 때에 추락방호망을 설치하거나 근로자로 하여금 안전대를 사용하도록 하는 등 추락위험 방지 조치를 한 경우에는 그러하지 아니하다.
5. 작업발판의 지지물은 하중에 의하여 파괴될 우려가 없는 것을 사용할 것
6. 작업발판재료는 뒤집히거나 떨어지지 않도록 둘 이상의 지지물에 연결하거나 고정시킬 것
7. 작업발판을 작업에 따라 이동시킬 경우에는 위험 방지에 필요한 조치를 할 것

117 사면지반 개량공법으로 옳지 않은 것은?

① 전기 화학적 공법
② 석회 안정처리 공법
③ 이온 교환 공법
④ 옹벽 공법

사면지반 개량공법
• 주입 공법 : 시멘트 또는 약액을 주입하여 지반을 강화하는 공법
• 이온교환 공법 : 염화칼슘을 사면 상부에 타설하는 등 흙의 공학적 성질을 변경하여 안정을 꾀하는 공법
• 전기화학적 공법 : 직류전기를 가해 전기화학적으로 흙을 개량함으로써 사면의 안정을 꾀하는 공법
• 시멘트 안정처리 공법 : 흙에 시멘트를 첨가하여 고화시킴으로써 사면의 안정을 꾀하는 공법

- 석회 안정처리 공법 : 점성토에 소석회 또는 생석회를 첨가하여 화학적 결합작용으로 사면의 안정을 꾀하는 공법
- 소결 공법 : 가열에 의해 토성을 개량하는 공법

118 법면 붕괴에 의한 재해 예방조치로서 옳은 것은?

① 지표수와 지하수의 침투를 방지한다.
② 법면의 경사를 증가한다.
③ 절토 및 성토높이를 증가한다.
④ 토질의 상태에 관계없이 구배조건을 일정하게 한다.

사면붕괴 방지의 안전대책
- 경점토 사면은 구배를 느리게 한다.
- 느슨한 모래의 사면은 지반의 밀도를 크게 한다.
- 연약한 균질의 점토사면은 배수에 의하여 전단강도를 증가시킨다.
- 암층은 배수가 잘 되도록 하며 층이 얇을 때에는 말뚝을 박아서 정지한다.
- 모래층을 둘러싼 점토사면은 배수에 의하여 모래층의 함유수분을 배제한다.

119 취급 · 운반의 원칙으로 옳지 않은 것은?

① 운반 작업을 집중하여 시킬 것
② 생산을 최고로 하는 운반을 생각할 것
③ 곡선 운반을 할 것
④ 연속 운반을 할 것

취급 · 운반의 5원칙
- 직선운반
- 연속운반
- 운반작업을 집중화
- 생산을 최고로 하는 운반
- 최대한 시간과 경비를 절약할 수 있는 운반방법을 고려

120 가설통로의 설치기준으로 옳지 않은 것은?

① 경사가 15°를 초과하는 때에는 미끄러지지 않는 구조로 한다.
② 건설공사에 사용하는 높이 8m 이상인 비계다리에는 7m 이내마다 계단참을 설치한다.
③ 수직갱에 가설된 통로의 길이가 15m 이상일 경우에는 15m 이내 마다 계단참을 설치한다.
④ 추락의 위험이 있는 장소에는 안전난간을 설치한다.

산업안전보건기준에 관한 규칙 제23조(가설통로의 구조) 사업주는 가설통로를 설치하는 경우 다음 각 호의 사항을 준수하여야 한다.

1. 견고한 구조로 할 것
2. 경사는 30도 이하로 할 것. 다만, 계단을 설치하거나 높이 2미터 미만의 가설통로로서 튼튼한 손잡이를 설치한 경우에는 그러하지 아니하다.
3. 경사가 15도를 초과하는 경우에는 미끄러지지 아니하는 구조로 할 것
4. 추락할 위험이 있는 장소에는 안전난간을 설치할 것. 다만, 작업상 부득이한 경우에는 필요한 부분만 임시로 해체할 수 있다.
5. 수직갱에 가설된 통로의 길이가 15미터 이상인 경우에는 10미터 이내마다 계단참을 설치할 것
6. 건설공사에 사용하는 높이 8미터 이상인 비계다리에는 7미터 이내마다 계단참을 설치할 것

정답 2022년 03월 05일 최근 기출문제

001 ④	002 ②	003 ①	004 ③	005 ②	006 ②	007 ④	008 ③	009 ④	010 ②
011 ①	012 ③	013 ④	014 ④	015 ①	016 ①	017 ④	018 ②	019 ③	020 ③
021 ④	022 ②	023 ②	024 ①	025 ④	026 ③	027 ④	028 ②	029 ④	030 ④
031 ②	032 ③	033 ①	034 ④	035 ③	036 ②	037 ④	038 ①	039 ②	040 ③
041 ④	042 ①	043 ②	044 ④	045 ②	046 ④	047 ④	048 ④	049 ③	050 ②
051 ①	052 ②	053 ①	054 ④	055 ②	056 ①	057 ①	058 ④	059 ③	060 ③
061 ④	062 ②	063 ②	064 ④	065 ④	066 ②	067 ②	068 ①	069 ③	070 ③
071 ②	072 ②	073 ③	074 ③	075 ③	076 ①	077 ④	078 ①	079 ①	080 ③
081 ④	082 ③	083 ②	084 ①	085 ②	086 ②	087 ④	088 ②	089 ④	090 ④
091 ②	092 ①	093 ③	094 ①	095 ②	096 ④	097 ③	098 ②	099 ②	100 ①
101 ④	102 ①	103 ④	104 ②	105 ②	106 ②	107 ①	108 ②	109 ②	110 ④
111 ③	112 ②	113 ①	114 ③	115 ②	116 ①	117 ④	118 ①	119 ③	120 ③

2022년 04월 24일

최근 기출문제

제 01 과목 | 산업재해 예방 및 안전보건교육

001 매슬로우(Maslow)의 인간의 욕구단계 중 5번째 단계에 속하는 것은?

① 안전 욕구
② 존경의 욕구
③ 사회적 욕구
④ 자아실현의 욕구

매슬로우(Abraham H. Maslow)의 욕구 5단계
- 1단계 : 생리적 욕구(기아, 갈증, 호흡, 배설, 성욕 등)
- 2단계 : 안전의 욕구(안전을 구하고자 하는 욕구)
- 3단계 : 사회적 욕구(애정, 소속에 대한 욕구)
- 4단계 : 인정받으려는 욕구(자존심, 명예, 성취, 지위에 대한 욕구)
- 5단계 : 자아실현의 욕구(잠재적인 능력을 실현하고자 하는 욕구)

002 A사업장의 현황이 다음과 같을 때 이 사업장의 강도율은?

- 근로자수 : 500명
- 연근로시간수 : 2400시간
- 신체장해등급
  - 2급 : 3명
  - 10급 : 5명
- 의사 진단에 의한 휴업일수 : 1500일

① 0.22
② 2.22
③ 22.28
④ 222.88

강도율 = $\dfrac{\text{근로손실일수}}{\text{연간 총근로시간}} \times 10^3 = \dfrac{(7500 \times 3 + 600 \times 5) + (1500 \times \frac{300}{365})}{500 \times 2400} = 22.277$

003 보호구 자율안전확인 고시상 자율안전확인 보호구에 표시하여야 하는 사항을 모두 고른 것은?

> ㄱ. 모델명 ㄴ. 제조 번호
> ㄷ. 사용 기한 ㄹ. 자율안전확인 번호

① ㄱ, ㄴ, ㄷ
② ㄱ, ㄴ, ㄹ
③ ㄱ, ㄷ, ㄹ
④ ㄴ, ㄷ, ㄹ

해설

보호구 자율안전확인 고시 제11조(자율안전확인 제품표시의 붙임) 자율안전확인 제품에는 규칙 제121조에 따른 표시 외에 다음 각 목의 사항을 표시한다.
가. 형식 또는 모델명
나. 규격 또는 등급 등
다. 제조자명
라. 제조번호 및 제조연월
마. 자율안전확인 번호

004 학습지도의 형태 중 참가자에게 일정한 역할을 주어 실제적으로 연기를 시켜봄으로써 자기의 역할을 보다 확실히 인식시키는 방법은?

① 포럼(Forum)
② 심포지엄(Symposium)
③ 롤 플레잉(Role playing)
④ 사례연구법(Case study method)

해설

역할연기법(Role Playing)은 참석자에게 어떤 역할을 주어서 실제로 시켜봄으로써 훈련이나 평가에 사용하는 교육기법으로 절충능력이나 협조성을 높여 태도의 변용에도 도움을 준다.

005 보호구 안전인증 고시상 전로 또는 평로 등의 작업 시 사용하는 방열두건의 차광도 번호는?

① #2 ~ #3
② #3 ~ #5
③ #6 ~ #8
④ #9 ~ #11

해설

방열두건의 사용구분(보호구 안전인증 고시 별표 8)

차광도 번호	사 용 구 분
#2 ~ #3	고로강판가열로, 조괴(造塊) 등의 작업
#3 ~ #5	전로 또는 평로 등의 작업
#6 ~ #8	전기로의 작업

006 산업재해의 분석 및 평가를 위하여 재해발생 건수 등의 추이에 대해 한계선을 설정하여 목표 관리를 수행하는 재해통계 분석기법은?

① 관리도 ② 안전 T점수
③ 파레토도 ④ 특성 요인도

해설

통계원인 분석방법 4가지
- 파레토도 : 사고의 유형, 기인물 등의 분류항목을 순서대로 도표화하여 문제나 목표의 이해에 편리
- 특성요인도 : 특성과 요인과의 관계를 도표로 하여 어골(魚骨) 상으로 세분화
- 클로즈분석(크로스도) : 2개 이상의 문제를 분석하는데 사용
- 관리도 : 재해발생건수 등의 추이를 파악

007 산업안전보건법령상 안전보건관리규정 작성 시 포함되어야 하는 사항을 모두 고른 것은?(단, 그 밖에 안전 및 보건에 관한 사항은 제외한다.)

> ㄱ. 안전보건교육에 관한 사항
> ㄴ. 재해사례 연구·토의결과에 관한 사항
> ㄷ. 사고 조사 및 대책 수립에 관한 사항
> ㄹ. 작업장의 안전 및 보건 관리에 관한 사항
> ㅁ. 안전 및 보건에 관한 관리조직과 그 직무에 관한 사항

① ㄱ, ㄴ, ㄷ, ㄹ ② ㄱ, ㄴ, ㄹ, ㅁ
③ ㄱ, ㄷ, ㄹ, ㅁ ④ ㄴ, ㄷ, ㄹ, ㅁ

해설

산업안전보건법 제25조(안전보건관리규정의 작성) ① 사업주는 사업장의 안전 및 보건을 유지하기 위하여 다음 각 호의 사항이 포함된 안전보건관리규정을 작성하여야 한다.
1. 안전 및 보건에 관한 관리조직과 그 직무에 관한 사항
2. 안전보건교육에 관한 사항
3. 작업장의 안전 및 보건 관리에 관한 사항
4. 사고 조사 및 대책 수립에 관한 사항
5. 그 밖에 안전 및 보건에 관한 사항
② 제1항에 따른 안전보건관리규정(이하 "안전보건관리규정"이라 한다)은 단체협약 또는 취업규칙에 반할 수 없다. 이 경우 안전보건관리규정 중 단체협약 또는 취업규칙에 반하는 부분에 관하여는 그 단체협약 또는 취업규칙으로 정한 기준에 따른다.
③ 안전보건관리규정을 작성하여야 할 사업의 종류, 사업장의 상시근로자 수 및 안전보건관리규정에 포함되어야 할 세부적인 내용, 그 밖에 필요한 사항은 고용노동부령으로 정한다.

008 억측판단이 발생하는 배경으로 볼 수 없는 것은?

① 정보가 불확실할 때 ② 타인의 의견에 동조할 때
③ 희망적인 관측이 있을 때 ④ 과거에 성공한 경험이 있을 때

억측판단의 발생 배경
- 정보가 불확실할 때
- 희망적인 관측이 있을 때
- 과거에 경험한 선입관이 있을 때
- 일을 빨리 끝내고 싶은 강한 욕구가 있거나 귀찮고 초조할 때

009 하인리히의 사고예방원리 5단계 중 교육 및 훈련의 개선, 인사조정, 안전관리규정 및 수칙의 개선 등을 행하는 단계는?

① 사실의 발견
② 분석 평가
③ 시정방법의 선정
④ 시정책의 적용

4단계 – 시정방법의 선정
- 기술적 개선 인사조정(배치조정)
- 교육 훈련의 개선 안전행정의 개선
- 규정 및 수칙 작업표준 제도의 개선
- 확인 및 통제체제 개선

010 재해예방의 4원칙에 대한 설명으로 틀린 것은?

① 재해발생은 반드시 원인이 있다.
② 손실과 사고와의 관계는 필연적이다.
③ 재해는 원인을 제거하면 예방이 가능하다.
④ 재해를 예방하기 위한 대책은 반드시 존재한다.

재해방지의 기본원칙
- 손실우연의 원칙 : 사고에 의해서 생기는 손실(상해)의 종류와 정도는 우연적이다.(1 : 29 : 300의 법칙)
- 원인계기의 원칙 : 모든 재해는 필연적인 원인에 의해서 발생한다.
- 예방가능의 원칙 : 재해는 원칙적으로 모두 방지가 가능하다.
- 대책선정의 원칙 : 재해방지 대책은 신속하고 확실하게 실시되어야 한다.

011 산업안전보건법령상 안전보건진단을 받아 안전보건개선계획의 수립 및 명령을 할 수 있는 대상이 아닌 것은?

① 유해인자의 노출기준을 초과한 사업장
② 산업재해율이 같은 업종 평균 산업재해율의 2배 이상인 사업장
③ 사업주가 필요한 안전조치 또는 보건조치를 이행하지 아니하여 중대재해가 발생한 사업장
④ 상시근로자 1천명 이상인 사업장에서 직업성 질병자가 연간 2명 이상 발생한 사업장

산업안전보건법 제49조(안전보건개선계획의 수립·시행 명령) ① 고용노동부장관은 다음 각 호의 어느 하나에 해당하는 사업장으로서 산업재해 예방을 위하여 종합적인 개선조치를 할 필요가 있다고 인정되는 사업장의 사업주에게 고용노동부령으로 정하는 바에 따라 그 사업장, 시설, 그 밖의 사항에 관한 안전 및 보건에 관한 개선계획(이하 "안전보건개선계획"이라 한다)을 수립하여 시행할 것을 명할 수 있다. 이 경우 대통령령으로 정하는 사업장의 사업주에게는 제47조에 따라 안전보건 진단을 받아 안전보건개선계획을 수립하여 시행할 것을 명할 수 있다.
1. 산업재해율이 같은 업종의 규모별 평균 산업재해율보다 높은 사업장
2. 사업주가 필요한 안전조치 또는 보건조치를 이행하지 아니하여 중대재해가 발생한 사업장
3. 대통령령으로 정하는 수 이상의 직업성 질병자가 발생한 사업장(→직업성 질병자가 연간 2명 이상 발생한 사업장)
4. 제106조에 따른 유해인자의 노출기준을 초과한 사업장

012 버드(Bird)의 재해분포에 따르면 20건의 경상(물적, 인적상해)사고가 발생했을 때 무상해·무사고(위험 순간) 고장 발생 건수는?

① 200   ② 600
③ 1200   ④ 12000

버드(Bird)의 재해분포에 따르면 중상 또는 폐질 1, 경상(물적 또는 인적상해) 10, 무상해사고(물적손실) 30, 무상해 무사고 고장(위험순간) 600의 비율로 사고가 발생한다. 따라서, 문제의 경우 중상 또는 폐질 2건, 경상 20건, 무상해사고 60건, 무상해 무사고 고장 1200건의 재해분포를 갖는다.

013 산업안전보건법령상 거푸집 동바리의 조립 또는 해체작업 시 특별교육 내용이 아닌 것은?(단, 그 밖에 안전·보건관리에 필요한 사항은 제외한다.)

① 비계의 조립순서 및 방법에 관한 사항
② 조립 해체 시의 사고 예방에 관한 사항
③ 동바리의 조립방법 및 작업 절차에 관한 사항
④ 조립재료의 취급방법 및 설치기준에 관한 사항

특별교육 대상 작업별 교육내용(산업안전보건법 시행규칙 별표 5)

거푸집 동바리의 조립 또는 해체작업	비계의 조립·해체 또는 변경작업
• 동바리의 조립방법 및 작업 절차에 관한 사항 • 조립재료의 취급방법 및 설치기준에 관한 사항 • 조립 해체 시의 사고 예방에 관한 사항 • 보호구 착용 및 점검에 관한 사항 • 그 밖에 안전·보건관리에 필요한 사항	• 비계의 조립순서 및 방법에 관한 사항 • 비계작업의 재료 취급 및 설치에 관한 사항 • 추락재해 방지에 관한 사항 • 보호구 착용에 관한 사항 • 비계상부 작업 시 최대 적재하중에 관한 사항 • 그 밖에 안전·보건관리에 필요한 사항

014 산업안전보건법령상 다음의 안전보건표지 중 기본모형이 다른 것은?

① 위험장소 경고   ② 레이저 광선 경고
③ 방사성 물질 경고   ④ 부식성 물질 경고

경고표지

201 인화성 물질 경고	202 산화성 물질 경고	203 폭발성 물질 경고	204 급성독성 물질 경고	205 부식성 물질 경고	206 방사성 물질 경고	207 고압전기 경고	208 매달린 물체 경고	
209 낙하물 경고	210 고온경고	211 저온경고	212 몸균형 상실 경고	213 레이저 광선 경고	214 발암성 · 변이원성 · 생식독성 · 전신 독성 · 호흡기 과민성 물질 경고			215 위험장소 경고

015 학습정도(Level of learning)의 4단계를 순서대로 나열한 것은?

① 인지 → 이해 → 지각 → 적용
② 인지 → 지각 → 이해 → 적용
③ 지각 → 이해 → 인지 → 적용
④ 지각 → 인지 → 이해 → 적용

학습목적의 3요소
- 목표(Goal)
- 주제(Subject)
- 학습정도(인지 → 지각 → 이해 → 적용)

016 기업 내 정형교육 중 TWI(Training Within Industry)의 교육내용이 아닌 것은?

① Job Method Training
② Job Relation Training
③ Job Instruction Training
④ Job Standardization Training

TWI(Training Within Industry)
- 교육대상 : 감독자
- 교육방법 : 한 클래스(Class)는 10명 정도, 교육 방법은 토의법, 1일 2시간씩 5일에 걸쳐 10시간 정도
- 교육내용
 - JI(Job Instruction) : 작업지도 기법
 - JM(Job Method) : 작업개선 기법
 - JR(Job Relation) : 인간관계 관리기법
 - JS(Job Safety) : 작업안전 기법

017 레빈(Lewin)의 법칙 B = f(P · E) 중 B가 의미하는 것은?

① 행동
② 경험
③ 환경
④ 인간관계

Lewin K의 법칙

르윈(Lewin)은 인간의 행동(B)은 그 사람이 가진 자질 즉, 개체(P)와 심리학적 환경(E)과의 상호 함수관계에 있다고 규정함

B = f(P · E)
- B : Behavior(인간의 행동)
- f : Function(함수관계 : 적성 기타 P와 E에 영향을 미칠 수 있는 조건)
- P : Person(개체 : 연령, 경험, 심신상태, 성격, 지능 등)
- E : Environment(심리적 환경 : 인간관계, 작업환경 등)

018 재해원인을 직접원인과 간접원인으로 분류할 때 직접원인에 해당하는 것은?

① 물적 원인
② 교육적 원인
③ 정신적 원인
④ 관리적 원인

재해원인의 분류

- 간접원인 : 재해의 가장 깊은 곳에 존재하는 재해원인
  - 기초원인 : 학교 교육적 원인, 관리적 원인
  - 2차원인 : 신체적 원인, 정신적 원인, 안전 교육적 원인, 기술적 원인
- 직접원인(1차원인) : 시간적으로 사고 발생에 가까운 원인
  - 물적원인 : 불안전한 상태(설비 및 환경 등의 불량)
  - 인적원인 : 불안전한 행동

019 산업안전보건법령상 안전관리자의 업무가 아닌 것은?(단, 그 밖에 고용노동부장관이 정하는 사항은 제외한다.)

① 업무 수행 내용의 기록
② 산업재해에 관한 통계의 유지·관리·분석을 위한 보좌 및 지도·조언
③ 안전교육계획의 수립 및 안전교육 실시에 관한 보좌 및 지도·조언
④ 작업장 내에서 사용되는 전체 환기장치 및 국소 배기장치 등에 관한 설비의 점검

안전관리자의 업무(산업안전보건법 시행령 제18조)

- 산업안전보건위원회 또는 안전 및 보건에 관한 노사협의체에서 심의·의결한 업무와 해당 사업장의 안전보건관리규정 및 취업규칙에서 정한 업무
- 위험성평가에 관한 보좌 및 지도·조언
- 안전인증대상기계등과 자율안전확인대상기계등 구입 시 적격품의 선정에 관한 보좌 및 지도·조언
- 해당 사업장 안전교육계획의 수립 및 안전교육 실시에 관한 보좌 및 조언·지도
- 사업장 순회점검·지도 및 조치의 건의
- 산업재해 발생의 원인 조사·분석 및 재발 방지를 위한 기술적 보좌 및 조언·지도

- 산업재해에 관한 통계의 유지 · 관리 · 분석을 위한 보좌 및 조언 · 지도
- 법 또는 법에 따른 명령으로 정한 안전에 관한 사항의 이행에 관한 보좌 및 조언 · 지도
- 업무수행 내용의 기록 · 유지
- 그 밖에 안전에 관한 사항으로서 고용노동부장관이 정하는 사항

020 헤드십(headship)의 특성에 관한 설명으로 틀린 것은?

① 지휘형태는 권위주의적이다.
② 상사의 권한 증거는 비공식적이다.
③ 상사와 부하의 관계는 지배적이다.
④ 상사와 부하의 사회적 간격은 넓다.

헤드십(headship)의 특성
- 지휘의 형태는 권위주의적이다.
- 상사와 부하와의 관계는 지배적이다.
- 상사와 부하와의 사회적 간격은 넓다.
- 상사의 권한 근거는 공식적이다.

제 02 과목 인간공학 및 위험성 평가 · 관리

021 위험분석 기법 중 시스템 수명주기 관점에서 적용 시점이 가장 빠른 것은?

① PHA   ② FHA
③ OHA   ④ SHA

예비위험분석(PHA, Preliminary Hazards Analysis) : 대부분 시스템안전 프로그램에 있어서 최초단계의 분석으로 시스템 내의 위험한 요소가 얼마나 위험한 상태에 있는가를 정성적으로 평가한다.

022 상황해석을 잘못하거나 목표를 잘못 설정하여 발생하는 인간의 오류 유형은?

① 실수(Slip)   ② 착오(Mistake)
③ 위반(Violation)   ④ 건망증(Lapse)

인간의 오류모형
- 실수(Slip) : 상황이나 목표의 해석을 인지했으나 의도와는 다른 행동을 하는 경우
- 착오(Mistake) : 상황해석을 잘못하거나 목표를 잘못 이해하고 착각하여 행하는 경우
- 위반(Violation) : 정해진 규칙을 인지하고도 고의로 따르지 않거나 무시하는 행위
- 건망증(Lapse) : 여러 과정이 연계적으로 일어나는 행동 중에서 일부를 잊어버리고 하지 않거나 또는 기억의 실패에 의하여 발생하는 오류

023 A작업의 평균에너지소비량이 다음과 같을 때, 60분간의 총 작업시간 내에 포함되어야 하는 휴식시간(분)은?

> • 휴식중 에너지소비량 : 1.5kcal/min
> • A작업 시 평균 에너지소비량 : 6kcal/min
> • 기초대사를 포함한 작업에 대한 평균 에너지소비량 : 5kcal/min

① 10.3
② 11.3
③ 12.3
④ 13.3

휴식시간 산출

$$R = \frac{60(E - \text{작업시 평균 에너지소비량})}{E - \text{휴식중 에너지소비량}}$$

휴식시간 $= \frac{60(E-5)}{E-1.5} = \frac{60(6-5)}{6-1.5} = 13.33$

024 시스템의 수명곡선(욕조곡선)에 있어서 디버깅(Debugging)에 관한 설명으로 옳은 것은?

① 초기 고장의 결함을 찾아 고장률을 안정시키는 과정이다.
② 우발 고장의 결함을 찾아 고장률을 안정시키는 과정이다.
③ 마모 고장의 결함을 찾아 고장률을 안정시키는 과정이다.
④ 기계 결함을 발견하기 위해 동작시험을 하는 기간이다.

• 초기고장 : 점검작업이나 시운전 등에 의해 방지할 수 있는 고장
• 디버깅(Debugging) 기간 : 초기 고장의 결함을 찾아내 고장률을 안정시키는 기간
• 번인(Burn In) 기간 : 실제로 장시간 움직여 보고 그동안 고장난 것을 제거하는 공정기간

025 밝은 곳에서 어두운 곳으로 갈 때 망막에 시홍이 형성되는 생리적 과정인 암조응이 발생하는데 완전 암조응(Dark adaptation)이 발생하는데 소요되는 시간은?

① 약 3 ~ 5분
② 약 10 ~ 15분
③ 약 30 ~ 40분
④ 약 60 ~ 90분

완전 암조응에 소요되는 시간은 30~40분이며, 명조응에 소요되는 시간은 3분 이내이다.

026 인간공학에 대한 설명으로 틀린 것은?

① 인간-기계 시스템의 안전성, 편리성, 효율성을 높인다.
② 인간을 작업과 기계에 맞추는 설계 철학이 바탕이 된다.
③ 인간이 사용하는 물건, 설비, 환경의 설계에 적용된다.
④ 인간의 생리적, 심리적인 면에서의 특성이나 한계점을 고려한다.

해설

인간공학이란 기계나 환경을 인간의 기능과 특성에 적합하게 설계하고자 하는 학문 분야로서 인간의 신체적인 특성, 지적인 특성뿐 아니라 감성적인 면까지 고려한 제품 설계나 환경 개선을 다루는 분야이다. 즉, 인간을 위한 설계철학이 바탕이 된다.

027 HAZOP 기법에서 사용하는 가이드워드와 그 의미가 잘못 연결된 것은?

① Part of : 성질상의 감소
② As well as : 성질상의 증가
③ Other than : 기타 환경적인 요인
④ More/Less : 정량적인 증가 또는 감소

해설

유인어(Guide Words)

Guide Words	의미
No/Not	설계의도의 완전한 부정
More/Less	양(압력, 반응, Flow Rate, 온도 등)의 증가 또는 감소
As well as	성질상의 증가(설계의도와 운전조건이 어떤 부가적인 행위와 함께 일어남)
Part of	일부변경, 성질상의 감소(어떤 의도는 성취되나 어떤 의도는 성취되지 않음)
Reverse	설계의도의 논리적인 역
Other than	완전한 대체(통상 운전과 다르게 되는 상태)

028 그림과 같은 FT도에 대한 최소 컷셋(minimal cut sets)으로 옳은 것은?(단, Fussell의 알고리즘을 따른다.)

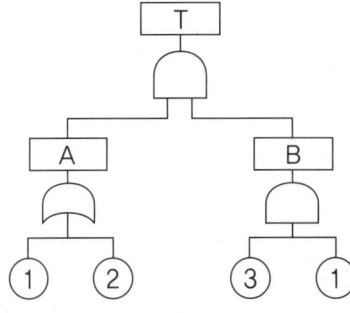

① {1, 2}
② {1, 3}
③ {2, 3}
④ {1, 2, 3}

톱(top)사상을 일으키기 위해 필요한 최소한의 컷셋이 최소 컷셋이다.

$T = A \cdot B = \begin{Bmatrix} 1 \\ 2 \end{Bmatrix} \{3\ 1\}$

$= \begin{Bmatrix} 1 & 3 & 1 \\ 2 & 3 & 1 \end{Bmatrix}$

∴ 컷셋은 {1, 3}, {1, 2, 3} 이고 1, 3이 중복이므로 최소 컷셋 = {1, 3}가 된다.

029 경계 및 경보신호의 설계지침으로 틀린 것은?

① 주의를 환기시키기 위하여 변조된 신호를 사용한다.
② 배경소음의 진동수와 다른 진동수의 신호를 사용한다.
③ 귀는 중음역에 민감하므로 500~3000Hz의 진동수를 사용한다.
④ 300m 이상의 장거리용으로는 1000Hz를 초과하는 진동수를 사용한다.

경계 및 경보신호의 선택 또는 설계시의 설계지침

- 500~3000Hz(또는 200~5000Hz)의 진동수 사용
- 장거리(3000m 이상)용은 1000Hz 이하의 진동수 사용
- 장애물 및 칸막이 통과시는 500Hz 이하의 진동수 사용
- 주의를 끌기 위해서는 변조된 신호(초당 1~8번 나는 소리, 초당 1~3번 오르내리는 소리 등)사용
- 배경소음의 진동수와 구별되는 신호를 사용
- 경보효과를 높이기 위해서 개시 시간이 짧은 고강도 신호를 사용
- 수화기를 사용하는 경우에는 좌우로 교번하는 신호를 사용
- 가능하면 확성기, 경적 등과 같은 별도의 통신계통을 사용

030 FTA(Fault Tree Analysis)에서 사용되는 사상 기호 중 통상의 작업이나 기계의 상태에서 재해의 발생 원인이 되는 요소가 있는 것은?

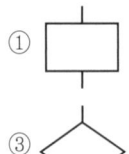

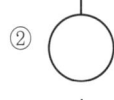

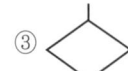

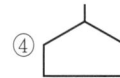

FTA 도표에 사용하는 논리기호

명칭	기호	명칭	기호
결함사상	▭	전이 기호 (이행 기호)	△ △ (in) (out)
기본사상	○	AND gate	출력/입력

명칭	기호	명칭	기호
생략사상 (추적 불가능한 최후사상)	◇	OR gate	(출력/입력)
통상사상(家刑事像)	⌂	수정기호 조건	(출력/입력, 조건)

031 불(Bool) 대수의 정리를 나타낸 관계식 중 틀린 것은?

① $A \cdot 0 = 0$
② $A + 1 = 1$
③ $A \cdot \overline{A} = 1$
④ $A(A+B) = A$

$A \cdot \overline{A} = 0$

032 근골격계질환 작업분석 및 평가 방법인 OWAS의 평가요소를 모두 고른 것은?

| ㄱ. 상지 | ㄴ. 무게(하중) |
| ㄷ. 하지 | ㄹ. 허리 |

① ㄱ, ㄴ
② ㄱ, ㄷ, ㄹ
③ ㄴ, ㄷ, ㄹ
④ ㄱ, ㄴ, ㄷ, ㄹ

근골격계질환(CTDs)
• 유해요인 조사방법 : OWAS(평가항목 : 허리, 팔, 다리, 하중), NLE, RULA
• 발생원인 : 반복적 동작, 부적절한 자세, 진동, 온도 등

033 다음 중 좌식작업이 가장 적합한 작업은?

① 정밀 조립 작업
② 4.5kg 이상의 중량물을 다루는 작업
③ 작업장이 서로 떨어져 있으며 작업장 간 이동이 잦은 작업
④ 작업자의 정면에서 매우 높거나 낮은 곳으로 손을 자주 뻗어야 하는 작업

034 n개의 요소를 가진 병렬 시스템에 있어 요소의 수명(MTTF)이 지수 분포를 따를 경우, 이 시스템의 수명으로 옳은 것은?

① $MTTF \times n$
② $MTTF \times \frac{1}{n}$
③ $MTTF \times \left(1 + \frac{1}{2} + \cdots + \frac{1}{n}\right)$
④ $MTTF \times \left(1 \times \frac{1}{2} \times \cdots \times \frac{1}{n}\right)$

시스템(계)의 수명
- 직렬계의 수명 = $MTTF \times \frac{1}{n}$
- 병렬계의 수명 = $MTTF \times \left(1 + \frac{1}{2} + \cdots + \frac{1}{n}\right)$

035 인간-기계 시스템에 관한 설명으로 틀린 것은?

① 자동 시스템에서는 인간요소를 고려하여야 한다.
② 자동차 운전이나 전기 드릴 작업은 반자동 시스템의 예시이다.
③ 자동 시스템에서 인간은 감시, 정비유지, 프로그램 등의 작업을 담당한다.
④ 수동 시스템에서 기계는 동력원을 제공하고 인간의 통제 하에서 제품을 생산한다.

인간-기계 통합체계의 유형
- 수동 체계 : 사용자의 조작, 융통성(예 : 장인과 공구)
- 기계화 체계(반자동 체계) : 운전자의 조작, 융통성 없음(예 : 엔진, 자동차, 공작기계)
- 자동 체계(인간의 역할 : 감시, 프로그램, 정비유지) : 자동화된 공장, 컴퓨터

036 양식 양립성의 예시로 가장 적절한 것은?

① 자동차 설계 시 고도계 높낮이 표시
② 방사능 사업장에 방사능 폐기물 표시
③ 청각적 자극 제시와 이에 대한 음성 응답
④ 자동차 설계 시 제어장치와 표시장치의 배열

양립성의 구분
- 공간 양립성 : 표시장치나 조종장치에서 물리적 형태나 공간적인 배치의 양립성 → ①
- 운동 양립성 : 표시 및 조종장치 등의 운동 방향의 양립성 → ④
- 개념 양립성 : 사람들이 가지고 있는 개념적 연상(어떤 암호체계에서 청색이 정상을 나타내듯이)의 양립성 → ②
- 양식 양립성 : 기계가 특정 음성에 대해 정해진 반응을 하는 것과 같이 직무에 알맞은 자극과 응답 양식의 존재에 대한 양립성 → ③

037 다음에서 설명하는 용어는?

> 유해·위험요인을 파악하고 해당 유해·위험요인에 의한 부상 또는 질병의 발생 가능성(빈도)과 중대성(강도)을 추정·결정하고 감소대책을 수립하여 실행하는 일련의 과정을 말한다.

① 위험성 결정
② 위험성 평가
③ 위험빈도 추정
④ 유해·위험요인 파악

용어의 정의(사업장 위험성평가에 관한 지침 제3조)
- 위험성평가 : 유해·위험요인을 파악하고 해당 유해·위험요인에 의한 부상 또는 질병의 발생 가능성(빈도)과 중대성(강도)을 추정·결정하고 감소대책을 수립하여 실행하는 일련의 과정을 말한다.
- 유해·위험요인 : 유해·위험을 일으킬 잠재적 가능성이 있는 것의 고유한 특징이나 속성을 말한다.
- 위험성 : 유해·위험요인이 부상 또는 질병으로 이어질 수 있는 가능성(빈도)과 중대성(강도)을 조합한 것을 의미한다.
- 위험성 추정 : 유해·위험요인별로 부상 또는 질병으로 이어질 수 있는 가능성과 중대성의 크기를 각각 추정하여 위험성의 크기를 산출하는 것을 말한다.
- 위험성 결정 : 유해·위험요인별로 추정한 위험성의 크기가 허용 가능한 범위인지 여부를 판단하는 것을 말한다.
- 위험성 감소대책 수립 및 실행 : 위험성 결정 결과 허용 불가능한 위험성을 합리적으로 실천 가능한 범위에서 가능한 한 낮은 수준으로 감소시키기 위한 대책을 수립하고 실행하는 것을 말한다.
- 기록 : 사업장에서 위험성평가 활동을 수행한 근거와 그 결과를 문서로 작성하여 보존하는 것을 말한다.

038 태양광선이 내리쬐는 옥외장소의 자연습구온도 20℃, 흑구온도 18℃, 건구온도 30℃ 일 때 습구흑구온도지수(WBGT)는?

① 20.6℃
② 22.5℃
③ 25.0℃
④ 28.5℃

습구흑구온도지수(WBGT)
- 옥외(직사광선이 내리쬐는 곳) WBGT = (0.7 × 습구온도) + (0.2 × 흑구온도) + (0.1 × 건구온도)
- 옥내(직사광선이 내리쬐지 않는 곳) WBGT = (0.7 × 습구온도) + (0.3 × 흑구온도)
∴ WBGT = (0.7 × 20) + (0.2 × 18) + (0.1 × 30) = 20.6

039 FTA(Fault Tree Analysis)에 관한 설명으로 옳은 것은?

① 정성적 분석만 가능하다.
② 복잡하고 대형화된 시스템의 신뢰성 분석 및 안정성 분석에 이용되는 기법이다.
③ FT에 동일한 사건이 중복되어 나타나는 경우 상향식(Bottom-up)으로 정상 사건 T의 발생 확률을 계산할 수 있다.
④ 기초사건과 생략사건의 확률 값이 주어지게 되더라도 정상 사건의 최종적인 발생확률을 계산할 수 없다.

FTA의 특징
- 연역적, 정량적 해석이 가능한 기법
- 특정사상에 대한 해석
- 컴퓨터로 처리 가능
- 톱다운(top-down) 해석
- 논리기호를 사용한 해석

040 1 sone에 관한 설명으로 ( )에 알맞은 수치는?

> 1 sone : (ㄱ)Hz, (ㄴ)dB의 음압수준을 가진 순음의 크기

① ㄱ : 1000, ㄴ : 1
② ㄱ : 4000, ㄴ : 1
③ ㄱ : 1000, ㄴ : 40
④ ㄱ : 4000, ㄴ : 40

음의 크기 수준
- Phon : 1000Hz 순음의 음압 수준(dB)을 나타낸다.
- sone : 1000Hz, 40dB의 음압 수준을 가진 순음의 크기(= 40 Phon)를 1 sone이라 함
- sone과 Phon의 관계식 : sone치 = $2^{(Phon - 40)/10}$

제 03 과목　기계·기구 및 설비 안전관리

041 다음 중 와이어 로프의 구성요소가 아닌 것은?

① 클립
② 소선
③ 스트랜드
④ 심강

와이어로프
- 와이어로프는 여러 번 가공한 소선을 여러 개 꼬아서 스트랜드(strand)를 만들고 가운데 심강을 넣고 스트랜드를 다시 꼬아서 만든 것을 말한다.
- 표시방법은 명칭, 구성기호, 꼬임방법, 종류, 로프의 직경으로 한다.
- 종류의 일반적인 형상은 KSD 3514에 규정되어 있으며, 종류는 1~17호의 17종이 있다.
- 와이어로프의 구성기호에서 "6 × 19"로 표시된 것은 6은 꼬임의 수량(strand수), 19는 소선의 수량(wire수)을 의미한다.
- KS 표준에 따른 로프 1가닥의 길이는 원칙적으로 200m, 500m 및 1000m로 한다.

042 산업안전보건법령상 산업용 로봇에 의한 작업 시 안전조치 사항으로 적절하지 않은 것은?

① 로봇의 운전으로 인해 근로자가 로봇에 부딪힐 위험이 있을 때에는 높이 1.8m 이상의 울타리를 설치하여야 한다.
② 작업을 하고 있는 동안 로봇의 기동스위치 등은 작업에 종사하고 있는 근로자가 아닌 사람이 그 스위치 등을 조작할 수 없도록 필요한 조치를 한다.

③ 로봇의 조작방법 및 순서, 작업 중의 매니퓰레이터의 속도 등에 관한 지침에 따라 작업을 하여야 한다.
④ 작업에 종사하는 근로자가 이상을 발견하면, 관리 감독자에게 우선 보고하고, 지시가 나올 때까지 작업을 진행한다.

산업안전보건기준에 관한 규칙 제222조(교시 등) 사업주는 산업용 로봇(이하 "로봇"이라 한다)의 작동범위에서 해당 로봇에 대하여 교시(教示) 등[매니퓰레이터(manipulator)의 작동순서, 위치·속도의 설정·변경 또는 그 결과를 확인하는 것을 말한다. 이하 같다]의 작업을 하는 경우에는 해당 로봇의 예기치 못한 작동 또는 오(誤)조작에 의한 위험을 방지하기 위하여 다음 각 호의 조치를 하여야 한다. 다만, 로봇의 구동원을 차단하고 작업을 하는 경우에는 제2호와 제3호의 조치를 하지 아니할 수 있다.
1. 다음 각 목의 사항에 관한 지침을 정하고 그 지침에 따라 작업을 시킬 것
   가. 로봇의 조작방법 및 순서
   나. 작업 중의 매니퓰레이터의 속도
   다. 2명 이상의 근로자에게 작업을 시킬 경우의 신호방법
   라. 이상을 발견한 경우의 조치
   마. 이상을 발견하여 로봇의 운전을 정지시킨 후 이를 재가동시킬 경우의 조치
   바. 그 밖에 로봇의 예기치 못한 작동 또는 오조작에 의한 위험을 방지하기 위하여 필요한 조치
2. 작업에 종사하고 있는 근로자 또는 그 근로자를 감시하는 사람은 이상을 발견하면 즉시 로봇의 운전을 정지시키기 위한 조치를 할 것
3. 작업을 하고 있는 동안 로봇의 기동스위치 등에 작업 중이라는 표시를 하는 등 작업에 종사하고 있는 근로자가 아닌 사람이 그 스위치 등을 조작할 수 없도록 필요한 조치를 할 것

043 밀링 작업 시 안전수칙으로 옳지 않은 것은?

① 테이블 위에 공구나 기타 물건 등을 올려놓지 않는다.
② 제품 치수를 측정할 때는 절삭 공구의 회전을 정지한다.
③ 강력 절삭을 할 때는 일감을 바이스에 짧게 물린다.
④ 상·하, 좌·우 이송장치의 핸들은 사용 후 풀어 둔다.

밀링 작업의 안전대책
• 밀링 커터에 작업복의 소매나 작업모가 말려 들어가지 않도록 한다.
• 칩은 기계를 정지시킨 다음에 브러시 등으로 제거한다.
• 공작물, 커터 및 부속장치 등을 제거할 때 시동스위치를 건드리지 않도록 한다.
• 상하 이송장치의 핸들은 사용 후, 반드시 빼 두어야 한다.
• 공작물 또는 부속장치 등을 설치하거나 제거시킬 때 또는 공작물을 측정할 때에는 반드시 정지시킨 다음에 한다.
• 커터를 교환할 때는 반드시 테이블 위에 목재를 받쳐 놓고 한다.
• 커터는 될 수 있는 한 컬럼에 가깝게 설치한다.
• 테이블이나 암 위에 공구나 커터 등을 올려놓지 않고 공구대 위에 놓는다.
• 가공 중에는 손으로 가공면을 점검하지 않는다.
• 강력절삭을 할 때는 공작물을 바이스에 깊게 물린다.
• 면장갑을 끼지 않는다.
• 밀링작업에서 생기는 칩은 가늘고 예리하며 비래 시 부상을 입기 쉬우므로 보안경을 쓰도록 한다.
• 밀링커터의 상부 암에는 가공물에 적합한 덮개를 부착한다.
• 정면 커터 작업 시에는 칩이 튀어 나오므로 칩 커버를 설치하고 커터 날끝과 같은 높이에서 절삭 상태를 관찰하여서는 안 된다.

044 다음 중 지게차의 작업 상태별 안정도에 관한 설명으로 틀린 것은?(단, V는 최고속도(km/h) 이다.)

① 기준 부하상태의 하역작업 시의 전후 안정도는 20% 이내이다.
② 기준 부하상태의 하역작업 시의 좌우 안정도는 6% 이내이다.
③ 기준 무부하상태에서 주행 시의 전후 안정도는 18% 이내이다.
④ 기준 무부하상태의 주행 시의 좌우 안정도는 (15 + 1.1V)% 이내이다.

지게차의 안정도
- 하역 작업시
  - 전후 안정도 : 4% 이내(5톤 이상은 3.5% 이내)
  - 좌우 안정도 : 6% 이내
- 주행시
  - 전후 안정도 : 18% 이내
  - 좌우 안정도 : (15 + 1.1V)% 이내, 최대 40%[V : 최고속도(km/시)]

045 산업안전보건법령상 보일러의 안전한 가동을 위하여 보일러 규격에 맞는 압력방출장치가 2개 이상 설치된 경우에 최고사용압력 이하에서 1개가 작동되고, 다른 압력방출장치는 최고사용압력의 몇 배 이하에서 작동되도록 부착하여야 하는가?

① 1.03배 ② 1.05배
③ 1.2배   ④ 1.5배

보일러 방호장치(산업안전보건기준에 관한 규칙 제2편 제1장 제7절)
- 압력 방출 장치 : 1개 또는 2개 이상 설치하고 최고 사용 압력 이하에서 작동되도록 한다. 단, 2개 이상 설치된 경우에는 최고 사용 압력 이하에서 1개가 작동하고, 다른 1개는 최고 사용 압력 1.05배 이하에서 작동되도록 하며 스프링식이 가장 많이 사용된다.
- 압력 제한 스위치 : 과열을 방지하기 위하여 최고 사용 압력과 사용 압력 사이에서 보일러의 버너 연소를 차단한다.
- 고저수위 조절 장치 : 고저수위를 알리는 경보등·경보음 장치 등을 설치하며, 자동으로 급수 또는 단수되도록 설치한다.
- 화염 검출기

046 금형의 설치, 해체, 운반 시 안전사항에 관한 설명으로 틀린 것은?

① 운반을 통하여 관통 아이볼트가 사용될 때는 구멍 틈새가 최소화되도록 한다.
② 금형을 설치하는 프레스의 T홈 안길이는 설치 볼트 지름의 1/2 이하로 한다.
③ 고정볼트는 고정 후 가능하면 나사산을 3~4개 정도 짧게 남겨 설치 또는 해체 시 슬라이드 면과의 사이에 협착이 발생하지 않도록 해야 한다.
④ 운반 시 상부금형과 하부금형이 닿을 위험이 있을 때는 고정 패드를 이용한 스트랩, 금속재질이나 우레탄 고무의 블록 등을 사용한다.

금형의 운반 및 설치·해체에 의한 위험방지
- 금형의 설치용구는 프레스의 구조에 적합한 형태로 한다.

- 금형을 설치하는 프레스의 T홈 안길이는 설치 볼트 직경의 2배 이상으로 한다.
- 고정볼트는 고정 후 가능하면 나사산을 3~4개 정도 짧게 남겨 슬라이드면과의 사이에 협착이 발생하지 않도록 해야 한다.
- 금형 고정용 브래킷(물림판)을 고정시킬 때 고정용 브래킷은 수평이 되게 하고 고정볼트는 수직이 되게 고정하여야 한다.
- 부적합한 프레스에 금형을 설치하는 것을 방지하기 위하여 금형에 부품번호, 상형중량, 총중량, 다이하이트, 제품소재(재질) 등을 기록하여야 한다.

047 선반에서 절삭 가공 시 발생하는 칩을 짧게 끊어지도록 공구에 설치되어 있는 방호장치의 일종인 칩 제거 기구를 무엇이라 하는가?

① 칩 브레이커
② 칩 받침
③ 칩 쉴드
④ 칩 커터

선반의 방호장치
- 칩 브레이커 : 바이트에 설치된 칩을 짧게 끊어내는 장치
- 쉴드 : 칩 비산 방지 투명판
- 브레이크 : 급정지장치
- 덮개 또는 울 : 돌출 가공물에 설치한 안전장치

048 다음 중 산업안전보건법령상 안전인증대상 방호장치에 해당하지 않는 것은?

① 연삭기 덮개
② 압력용기 압력방출용 파열판
③ 압력용기 압력방출용 안전밸브
④ 방폭구조(防爆構造) 전기기계 · 기구 및 부품

안전인증대상기계(산업안전보건법 시행령 제74조)
- 기계 또는 설비 : 프레스, 전단기 및 절곡기(折曲機), 크레인, 리프트, 압력용기, 롤러기, 사출성형기(射出成形機), 고소(高所) 작업대, 곤돌라
- 방호장치 : 프레스 및 전단기 방호장치, 양중기용(揚重機用) 과부하 방지장치, 보일러 압력방출용 안전밸브, 압력용기 압력방출용 안전밸브, 압력용기 압력방출용 파열판, 절연용 방호구 및 활선작업용(活線作業用) 기구, 방폭구조(防爆構造) 전기기계 · 기구 및 부품, 추락 · 낙하 및 붕괴 등의 위험 방지 및 보호에 필요한 가설기자재로서 고용노동부장관이 정하여 고시하는 것, 충돌 · 협착 등의 위험 방지에 필요한 산업용 로봇 방호장치로서 고용노동부장관이 정하여 고시하는 것
- 보호구 : 추락 및 감전 위험방지용 안전모, 안전화, 안전장갑, 방진마스크, 방독마스크, 송기(送氣) 마스크, 전동식 호흡보호구, 보호복, 안전대, 차광(遮光) 및 비산물(飛散物) 위험방지용 보안경, 용접용 보안면, 방음용 귀마개 또는 귀덮개

049 인장강도가 250N/mm²인 강판에서 안전율이 4라면 이 강판의 허용응력(N/mm²)은 얼마인가?

① 42.5
② 62.5
③ 82.5
④ 102.5

허용응력 = $\dfrac{인장강도}{안전율}$ = $\dfrac{250}{4}$ = 62.5

050 산업안전보건법령상 강렬한 소음작업에서 데시벨에 따른 노출시간으로 적합하지 않은 것은?

① 100데시벨 이상의 소음이 1일 2시간 이상 발생하는 직업
② 110데시벨 이상의 소음이 1일 30분 이상 발생하는 직업
③ 115데시벨 이상의 소음이 1일 15분 이상 발생하는 직업
④ 120데시벨 이상의 소음이 1일 7분 이상 발생하는 직업

산업안전보건기준에 관한 규칙 제512조(정의) 이 장에서 사용하는 용어의 뜻은 다음과 같다.
1. "소음작업"이란 1일 8시간 작업을 기준으로 85데시벨 이상의 소음이 발생하는 작업을 말한다.
2. "강렬한 소음작업"이란 다음 각목의 어느 하나에 해당하는 작업을 말한다.
　가. 90데시벨 이상의 소음이 1일 8시간 이상 발생하는 작업
　나. 95데시벨 이상의 소음이 1일 4시간 이상 발생하는 작업
　다. 100데시벨 이상의 소음이 1일 2시간 이상 발생하는 작업
　라. 105데시벨 이상의 소음이 1일 1시간 이상 발생하는 작업
　마. 110데시벨 이상의 소음이 1일 30분 이상 발생하는 작업
　바. 115데시벨 이상의 소음이 1일 15분 이상 발생하는 작업

051 방호장치 안전인증 고시에 따라 프레스 및 전단기에 사용되는 광전자식 방호장치의 일반구조에 대한 설명으로 가장 적절하지 않은 것은?

① 정상동작표시램프는 녹색, 위험표시램프는 붉은색으로 하며, 근로자가 쉽게 볼 수 있는 곳에 설치해야 한다.
② 슬라이드 하강 중 정전 또는 방호장치의 이상 시에 정지할 수 있는 구조이어야 한다.
③ 방호장치는 릴레이, 리미트 스위치 등의 전기부품의 고장, 전원전압의 변동 및 정전에 의해 슬라이드가 불시에 동작하지 않아야 하며, 사용전원전압의 ±(100분의 10)의 변동에 대하여 정상으로 작동되어야 한다.
④ 방호장치의 감지기능은 규정한 검출영역 전체에 걸쳐 유효하여야 한다.(다만, 블랭킹 기능이 있는 경우 그렇지 않다.)

광전자식 방호장치의 일반구조(방호장치 안전인증 고시 별표 1)
- 정상동작표시램프는 녹색, 위험표시램프는 붉은색으로 하며, 쉽게 근로자가 볼 수 있는 곳에 설치해야 한다.
- 슬라이드 하강 중 정전 또는 방호장치의 이상 시에 정지할 수 있는 구조이어야 한다.
- 방호장치는 릴레이, 리미트 스위치 등의 전기부품의 고장, 전원전압의 변동 및 정전에 의해 슬라이드가 불시에 동작하지 않아야 하며, 사용전원전압의 ±(100분의 20)의 변동에 대하여 정상으로 작동되어야 한다.
- 방호장치의 정상작동 중에 감지가 이루어지거나 공급전원이 중단되는 경우 적어도 두개 이상의 독립된 출력신호 개폐장치가 꺼진 상태로 돼야 한다.
- 방호장치의 감지기능은 규정한 검출영역 전체에 걸쳐 유효하여야 한다.(다만, 블랭킹 기능이 있는 경우 그렇지 않다)
- 방호장치에 제어기(Controller)가 포함되는 경우에는 이를 연결한 상태에서 모든 시험을 한다.
- 방호장치를 무효화하는 기능이 있어서는 안 된다.

052 산업안전보건법령상 연삭기 작업 시 작업자가 안심하고 작업을 할 수 있는 상태는?

① 탁상용 연삭기에서 숫돌과 작업 받침대의 간격이 5mm 이다.
② 덮개 재료의 인장강도는 224MPa 이다.
③ 숫돌 교체 후 2분 정도 시험운전을 실시하여 해당 기계의 이상 여부를 확인하였다.
④ 작업 시작 전 1분 정도 시험운전을 실시하여 해당 기계의 이상여부를 확인하였다.

연삭기 작업시 준수사항
- 숫돌 속도 제한 장치를 개조하거나 최고 회전 속도를 초과하여 사용하지 않도록 한다.
- 워크레스트를 1~3mm 정도로 유지하고 숫돌의 결정된 사용면 이외에는 사용하지 않는다.
- 연삭숫돌의 파괴시 작업자는 물론 근로자도 보호해야 하므로 안전덮개, 칸막이 또는 작업장을 격리시켜야 한다.
- 연삭숫돌의 교체시에는 3분 이상 시운전하고 정상 작업전에는 최소한 1분 이상 시운전하여 이상유무를 파악한다.
- 투명 비산방지판을 설치한다.
- 연삭숫돌의 회전 속도시험은 규정 속도값의 1.5배로 실시한다.

053 보기와 같은 기계요소가 단독으로 발생시키는 위험점은?

| 밀링커터, 둥근톱날 |

① 협착점　　　　　　② 끼임점
③ 절단점　　　　　　④ 물림점

위험점의 분류

구분	내용
협착점	왕복 운동하는 동작부분과 움직임이 없는 고정부분 사이에 형성되는 위험점
끼임점	고정부분과 회전하는 동작부분 사이에서 형성되는 위험점
절단점	회전하는 운동부분 자체의 위험에서 초래되는 위험점
물림점	반대로 회전하는 두 개의 회전체가 맞닿는 사이에서 발생하는 위험점
접선물림점	회전하는 부분의 접선방향으로 물려 들어갈 위험이 존재하는 위험점
회전말림점	회전하는 물체에 작업복 등이 말려드는 위험이 존재하는 위험점

054 다음 중 크레인의 방호장치로 가장 거리가 먼 것은?

① 권과방지장치　　　② 과부하방지장치
③ 비상정지장치　　　④ 자동보수장치

크레인의 방호장치 : 과부하방지장치, 권과방지장치, 비상정지장치 및 브레이크장치(제동장치)

055 산업안전보건법령상 프레스기를 사용하여 작업을 할 때 작업시작 전 점검사항으로 틀린 것은?

① 클러치 및 브레이크의 기능
② 압력방출장치의 기능
③ 크랭크축 · 플라이휠 · 슬라이드 · 연결봉 및 연결나사의 풀림 유무
④ 프레스의 금형 및 고정 볼트의 상태

프레스 작업시작 전 점검사항(산업안전보건기준에 관한 규칙 별표 3)
- 클러치 및 브레이크의 기능
- 크랭크축 · 플라이휠 · 슬라이드 · 연결봉 및 연결 나사의 풀림 유무
- 1행정 1정지기구 · 급정지장치 및 비상정지장치의 기능
- 슬라이드 또는 칼날에 의한 위험방지 기구의 기능
- 프레스의 금형 및 고정볼트 상태
- 방호장치의 기능
- 전단기(剪斷機)의 칼날 및 테이블의 상태

056 설비보전은 예방보전과 사후보전으로 대별된다. 다음 중 예방보전의 종류가 아닌 것은?

① 시간계획보전　　② 개량보전
③ 상태기준보전　　④ 적응보전

예방보전(PM, Preventive Maintenance)**의 구분**
- 시간계획보전(TBM) : 보전을 계획적으로 실행하는 것으로 보전주기에 의거하여 실시
- 상태기준보전(CBM) : 설비의 상태에 의거하여 보전주기나 보전방법을 결정
- 적응보전(AM) : 생산상황이나 설비의 노후 정도 등의 주변 환경도 고려하여 설비 상태를 파악, 보전을 실행

057 천장크레인에 중량 3kN의 화물을 2줄로 매달았을 때 매달기용 와이어(sling wire)에 걸리는 장력은 약 몇 kN 인가?(단, 매달기용 와이어(sling wire) 2줄 사이의 각도는 55°이다.)

① 1.3　　② 1.7
③ 2.0　　④ 2.3

$$장력 = \frac{부하물의\ 하중}{줄걸이수 \times 조각도} = \frac{3}{2 \times \cos\frac{55°}{2}} ≒ 1.7[kN]$$

058 다음 중 롤러의 급정지 성능으로 적합하지 않은 것은?

① 앞면 롤러 표면 원주속도가 25m/min, 앞면 롤러의 원주가 5m일 때 급정지거리 1.6m 이내
② 앞면 롤러 표면 원주속도가 35m/min, 앞면 롤러의 원주가 7m일 때 급정지거리 2.8m 이내
③ 앞면 롤러 표면 원주속도가 30m/min, 앞면 롤러의 원주가 6m일 때 급정지거리 2.6m 이내
④ 앞면 롤러 표면 원주속도가 20m/min, 앞면 롤러의 원주가 8m일 때 급정지거리 2.6m 이내

앞면 롤러의 표면속도에 따른 급정지거리 (방호장치 자율안전기준 고시 별표 3)

앞면 롤러의 표면속도(m/min)	급정지 거리
30 미만	앞면 롤러 원주의 1/3 이내
30 이상	앞면 롤러 원주의 1/2.5 이내

위 식에 따르면 ① $\frac{5}{3}$ = 1.6 ② $\frac{7}{2.5}$ = 2.8 ③ $\frac{6}{2.5}$ = 2.4 ④ $\frac{8}{3}$ = 2.6

059 조작자의 신체부위가 위험한계 밖에 위치하도록 기계의 조작 장치를 위험구역에서 일정거리 이상 떨어지게 하는 방호장치는?

① 덮개형 방호장치
② 차단형 방호장치
③ 위치제한형 방호장치
④ 접근반응형 방호장치

방호장치의 구분

- 위치제한형 : 작업자의 신체부위가 위험한계 밖에 있도록 기계의 조작장치를 위험한 작업점에서 안전거리 이상 떨어지게 하거나 조작장치를 양손으로 동시 조작하게 함으로써 위험한계에 접근하는 것을 제한하는 방호장치(양수조작식)
- 접근거부형 : 작업자의 신체부위가 위험한계 내로 접근하였을 때 기계적인 작용에 의하여 접근을 못하도록 저지하는 방호장치(수인식 및 손쳐내기식)
- 접근반응형 : 작업자의 신체부위가 위험한계 또는 그 인접한 거리 내로 들어 오면 이를 감지하여 그 즉시 기계의 동작을 정지시키고 경보등을 발하는 방호장치(광전자식, 감응식)
- 포집형 : 위험장소에 설치하여 위험원이 비산하거나 튀는 것을 포집하여 작업자로부터 위험원을 차단하는 방호장치(연삭기 덮개나 반발예방장치)
- 감지형 : 이상온도, 이상기압, 과부하 등 기계의 부하가 안전한계치를 초과하는 경우에 이를 감지하고 자동으로 안전상태가 되도록 조정하거나 기계의 작동을 중지시키는 방호장치

060 산업안전보건법령상 아세틸렌 용접장치의 아세틸렌 발생기실을 설치하는 경우 준수하여야 하는 사항으로 옳은 것은?

① 벽은 가연성 재료로 하고 철근 콘크리트 또는 그 밖에 이와 동등하거나 그 이상의 강도를 가진 구조로 할 것
② 바닥면적의 16분의 1 이상의 단면적을 가진 배기통을 옥상으로 돌출시키고 그 개구부를 창이나 출입구로부터 1.5미터 이상 떨어지도록 할 것
③ 출입구의 문은 불연성 재료로 하고 두께 1.0밀리미터 이하의 철판이나 그 밖에 그 이상의 강도를 가진 구조로 할 것
④ 발생기실을 옥외에 설치한 경우에는 그 개구부를 다른 건축물로부터 1.0미터 이내 떨어지도록 할 것

산업안전보건기준에 관한 규칙 제287조(발생기실의 구조 등) 사업주는 발생기실을 설치하는 경우에 다음 각 호의 사항을 준수하여야 한다.
1. 벽은 불연성 재료로 하고 철근 콘크리트 또는 그 밖에 이와 같은 수준이거나 그 이상의 강도를 가진 구조로 할 것
2. 지붕과 천장에는 얇은 철판이나 가벼운 불연성 재료를 사용할 것
3. 바닥면적의 16분의 1 이상의 단면적을 가진 배기통을 옥상으로 돌출시키고 그 개구부를 창이나 출입구로부터 1.5미터 이상 떨어지도록 할 것
4. 출입구의 문은 불연성 재료로 하고 두께 1.5밀리미터 이상의 철판이나 그 밖에 그 이상의 강도를 가진 구조로 할 것
5. 벽과 발생기 사이에는 발생기의 조정 또는 카바이드 공급 등의 작업을 방해하지 않도록 간격을 확보할 것

제 04 과목　전기설비 안전관리

061 대지에서 용접작업을 하고 있는 작업자가 용접봉에 접촉한 경우 통전전류는?(단, 용접기의 출력 측 무부하 전압 : 90V, 접촉저항(손, 용접봉 등 포함) : 10kΩ, 인체의 내부저항 : 1kΩ, 발과 대지의 접촉저항 : 20kΩ이다.)

① 약 0.19mA　　② 약 0.29mA
③ 약 1.96mA　　④ 약 2.90mA

$I = \dfrac{V}{R} = \dfrac{V}{R_1 + R_2 + R_3} = \dfrac{90}{10 + 1 + 20} = 2.90[mA]$

∵ 저항의 직렬접속 시 합성저항 $R = R_1 + R_2 \cdots R_n$

062 KS C IEC 60079-10-2에 따라 공기 중에 분진운의 형태로 폭발성 분진 분위기가 지속적으로 또는 장기간 또는 빈번히 존재하는 장소는?

① 0종 장소　　② 1종 장소
③ 20종 장소　　④ 21종 장소

위험장소(KS C IEC 60079-10-2)
- 20종 장소 : 공기 중에 분진운의 형태로 폭발성 분진 분위기가 지속적으로 또는 장기간 또는 빈번히 존재하는 장소
- 21종 장소 : 공기 중에 분진운의 형태로 폭발성 분진 분위기가 정상작동조건에서 발생할 수 있는 장소
- 22종 장소 : 공기 중에 분진운의 형태로 폭발성 분진 분위기가 정상작동조건에서 발생하지 않으며, 발생하더라도 단기간만 지속되는 장소

063 설비의 이상현상에 나타나는 아크(Arc)의 종류가 아닌 것은?

① 단락에 의한 아크　　② 지락에 의한 아크
③ 차단기에서의 아크　　④ 전선저항에 의한 아크

아크(arc)는 공기와 같은 비전도성 매체를 통해 전류를 발생시키는 현상으로 단락, 지락, 섬락, 전선 절단 등에 의해 발생한다.

064 정전기 재해방지에 관한 설명 중 틀린 것은?

① 이황화탄소의 수송 과정에서 배관 내의 유속을 2.5m/s 이상으로 한다.
② 포장 과정에서 용기를 도전성 재료에 접지한다.
③ 인쇄 과정에서 도포량을 소량으로 하고 접지한다.
④ 작업장의 습도를 높여 전하가 제거되기 쉽게 한다.

배관 내 액체의 유속제한
- 물이나 기체를 혼합하는 비수용성 위험물의 배관 내 유속은 1 m/s 이하로 할 것
- 저항률이 $10^{10}\Omega \cdot cm$ 미만의 도전성 위험물의 배관유속은 매초 7m 이하로 할 것
- 저항률이 $10^{10}\Omega \cdot cm$ 이상인 위험물의 배관유속은 관내경이 0.05m이면 매초 3.5m 이하로 할 것
- 이황화탄소 등과 같이 유동대전이 심하고 폭발 위험성이 높은 것은 배관 내 유속을 1m/s 이하로 할 것
- 저항률 $10\Omega \cdot cm$ 이상인 위험물의 배관내 유속은 다음의 표 값 이하로 할 것. 단 주입구가 면 밑에 충분히 침하할 때까지의 배관내 유속은 1m/s 이하로 할 것

[표 : 관경과 유속제한 값]

| 관내경 D | | 유속 V(m/초) | u^2 | $u^2 D$ |
(inch)	(m)			
0.5	0.01	8	64	0.64
1	0.025	4.9	24	0.6
2	0.05	3.5	12.25	0.61
4	0.01	2.5	6.25	0.63
8	0.02	1.8	3.25	0.64
16	0.04	1.3	1.6	0.67
24	0.06	1.0	1.0	0.6

065 한국전기설비규정에 따라 사람이 쉽게 접촉할 우려가 있는 곳에 금속제 외함을 가지는 저압의 기계기구가 시설되어 있다. 이 기계기구의 사용전압이 몇 V를 초과할 때 전기를 공급하는 전로에 누전차단기를 시설해야 하는가?(단, 누전차단기를 시설하지 않아도 되는 조건은 제외한다.)

① 30V ② 40V
③ 50V ④ 60V

누전차단기를 시설해야 할 대상 (KEC 211.2.4)
- 금속제 외함을 가지는 사용전압이 50V를 초과하는 저압의 기계 기구로서 사람이 쉽게 접촉할 우려가 있는 곳에 시설하는 것에 전기를 공급하는 전로. 다만, 다음의 어느 하나에 해당하는 경우에는 적용하지 않는다.
  - 기계기구를 발전소 · 변전소 · 개폐소 또는 이에 준하는 곳에 시설하는 경우
  - 기계기구를 건조한 곳에 시설하는 경우
  - 대지전압이 150 V 이하인 기계기구를 물기가 있는 곳 이외의 곳에 시설하는 경우
  - 「전기용품 및 생활용품 안전관리법」의 적용을 받는 이중 절연구조의 기계기구를 시설하는 경우
  - 그 전로의 전원측에 절연변압기(2차 전압이 300 V 이하인 경우에 한한다)를 시설하고 또한 그 절연 변압기의 부하측의 전로에 접지하지 아니하는 경우

- 기계기구가 고무·합성수지 기타 절연물로 피복된 경우
- 기계기구가 유도전동기의 2차측 전로에 접속되는 것일 경우
- 기계기구가 131의 8에 규정하는 것일 경우
- 기계기구내에 「전기용품 및 생활용품 안전관리법」의 적용을 받는 누전차단기를 설치하고 또한 기계기구의 전원 연결선이 손상을 받을 우려가 없도록 시설하는 경우
- 주택의 인입구 등 이 규정에서 누전차단기 설치를 요구하는 전로
- 특고압전로, 고압전로 또는 저압전로와 변압기에 의하여 결합되는 사용전압 400V 초과의 저압전로 또는 발전기에서 공급하는 사용전압 400V 초과의 저압전로(발전소 및 변전소와 이에 준하는 곳에 있는 부분의 전로를 제외한다).
- 다음의 전로에는 전기용품안전기준 "K60947-2의 부속서 P"의 적용을 받는 자동복구 기능을 갖는 누전차단기를 시설할 수 있다.
  - 독립된 무인 통신중계소·기지국
  - 관련법령에 의해 일반인의 출입을 금지 또는 제한하는 곳
  - 옥외의 장소에 무인으로 운전하는 통신중계기 또는 단위기기 전용회로. 단, 일반인이 특정한 목적을 위해 지체하는 (머물러 있는) 장소로서 버스정류장, 횡단보도 등에는 시설할 수 없다

066 다음 중 방폭설비의 보호등급(IP)에 대한 설명으로 옳은 것은?

① 제1 특성 숫자가 "1"인 경우 지름 50mm 이상의 외부 분진에 대한 보호
② 제1 특성 숫자가 "2"인 경우 지름 10mm 이상의 외부 분진에 대한 보호
③ 제2 특성 숫자가 "1"인 경우 지름 50mm 이상의 외부 분진에 대한 보호
④ 제2 특성 숫자가 "2"인 경우 지름 10mm 이상의 외부 분진에 대한 보호

IP 코드의 특성 숫자 (KS C IEC 60529)

구분(코드 문자)	IP	기기의 보호에 대한 의미
제1 특성 숫자 (분진 침투에 대한 보호)	0	비보호
	1	지름 50mm 이상의 외부 분진에 대한 보호
	2	지름 12.5mm 이상의 외부 분진에 대한 보호
	3	지름 2.5mm 이상의 외부 분진에 대한 보호
	4	지름 1.0mm 이상의 외부 분진에 대한 보호
	5	먼지 보호(기기의 만족스러운 운전을 방해 또는 안전을 해치는 양의 먼지는 통과시키지 않음)
	6	방진(먼지 침투 없음)
제2 특성 숫자 (위험한 영향을 주는 물의 침투에 대한 보호)	0	비보호
	1	수직 낙하
	2	낙하(기울기 15°)
	3	분무(spraying)
	4	튀김(splashing)
	5	분사(jetting)
	6	강한 분사

구분(코드 문자)	IP	기기의 보호에 대한 의미
제2 특성 숫자 (위험한 영향을 주는 물의 침투 에 대한 보호)	7	일시적 침수
	8	연속적 침수
	9	고압 및 고온 물 분사

067 정전기 발생에 영향을 주는 요인에 대한 설명으로 틀린 것은?

① 물체의 분리속도가 빠를수록 발생량은 적어진다.
② 접촉면적이 크고 접촉압력이 높을수록 발생량이 많아진다.
③ 물체 표면이 수분이나 기름으로 오염되면 산화 및 부식에 의해 발생량이 많아진다.
④ 정전기의 발생은 처음 접촉, 분리할 때가 최대로 되고 접촉, 분리가 반복됨에 따라 발생량은 감소한다.

물체의 분리속도가 빠를수록 정전기 발생량은 많아진다.

068 전기기기, 설비 및 전선로 등의 충전 유무 등을 확인하기 위한 장비는?

① 위상검출기　　　　　　　　② 디스콘 스위치
③ COS　　　　　　　　　　　④ 저압 및 고압용 검전기

• 위상검출기 : 입력 사인 신호와 기준 진동 사이의 위상차 함수인 출력 신호를 생성하기 위한 장치를 말한다.
• 디스콘 스위치(단로기, DS) : 고압 또는 특별고압회로에서 단지 충전된 전로를 개폐하기 위해 사용하는 장치이다.
• COS(컷아웃 스위치) : 주로 변압기 1차 측에 설치하여 변압기의 보호와 단로를 위한 목적으로 사용된다.

069 피뢰기로서 갖추어야 할 성능 중 틀린 것은?

① 충격 방전 개시전압이 낮을 것
② 뇌전류 방전 능력이 클 것
③ 제한전압이 높을 것
④ 속류 차단을 확실하게 할 수 있을 것

피뢰기(LA)의 성능조건
• 충격방전 개시전압과 제한전압이 낮을 것
• 뇌 전류의 방전능력이 크고 속류 차단이 확실하게 될 것
• 반복사용이 가능할 것
• 구조가 견고하며 특성이 변하지 않을 것
• 점검 및 보수가 간단할 것

070 접지저항 저감 방법으로 틀린 것은?

① 접지극의 병렬 접지를 실시한다.
② 접지극의 매설 깊이를 증가시킨다.
③ 접지극의 크기를 최대한 작게 한다.
④ 접지극 주변의 토양을 개량하여 대지 저항률을 떨어뜨린다.

접지저항 저감 방법
- 접지극의 크기를 최대한 크게 한다.
- 접지극의 병렬 접지를 실시한다.
- 접지극의 매설 깊이를 증가시킨다.
- 접지극 주위의 토양을 개량한다.

071 교류 아크용접기의 사용에서 무부하 전압이 80V, 아크 전압 25V, 아크 전류 300A 일 경우 효율은 약 몇 % 인가?(단, 내부손실은 4kW 이다.)

① 65.2 ② 70.5
③ 75.3 ④ 80.6

- 전원 입력=무부하 전압×아크 전류=80×300=24000VA=24kVA
- 아크 출력=아크 전압×아크 전류=25×300=7500kW=7.5kW
- 소비 전력=아크 출력+내부손실=7.5+4=11.5kW
- 효율 = $\dfrac{\text{아크 출력(kW)}}{\text{소비 전력(kW)}} \times 100(\%) = \dfrac{7.5}{11.5} \times 100 \fallingdotseq 65.2\%$
- 역률 = $\dfrac{\text{소비 전력(kW)}}{\text{전원 입력(kVA)}} \times 100(\%) = \dfrac{11.5}{24} \times 100 \fallingdotseq 48\%$

072 아크방전의 전압전류 특성으로 가장 옳은 것은?

①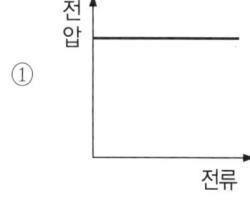
②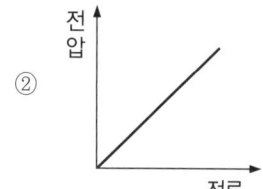
③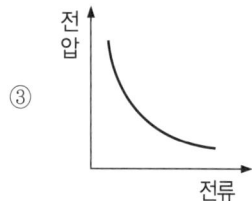
④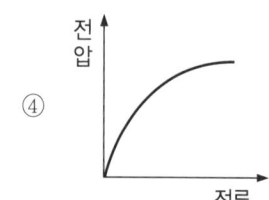

아크는 저전압 대전류의 방전에 의해 발생하며, 고온이고 강한 빛을 발생하게 되므로 용접용 전원으로 많이 이용된다. 이에 따라 일반적인 전압전류 특성인 보기 ②항과 달리 전류가 커지면 저항이 작아져서 전압이 낮아지는 보기 ③항의 전압전류 특성을 보인다.

073 다음 중 기기보호등급(EPL)에 해당하지 않는 것은?

① EPL Ga
② EPL Ma
③ EPL Dc
④ EPL Mc

기기보호등급(EPL) (KS C IEC60079-0)

등급	내용
EPL Ma	폭발성 갱내 가스에 취약한 광산에 설치되는 기기로 정상 작동, 예상된 오작동(expected malfunctions) 또는 드문 오작동(rare malfunctions) 중에, 심지어 가스의 누출(outbreak of gas)이 발생된 상황에서 충전된 상태로 있더라도 점화원이 된 가능성이 거의 없는 충분한 안정성을 갖고 있는 "매우 높은" 보호등급의 기기
EPL Mb	폭발성 갱내 가스에 취약한 광산에 설치되는 기기로 정상 작동 또는 예상된 오작동 중에 가스의 누출이 발생되고 기기의 전원을 차단하는 동안 점화원이 될 가능성이 거의 없는 충분한 안정성을 갖고 있는 "높은" 보호등급의 기기
EPL Ga	폭발성 가스 분위기에 설치되는 기기로 정상 작동, 예상된 오작동 또는 드문 오작동 중에 점화원이 될 수 없는 "매우 높은" 보호등급의 기기
EPL Gb	폭발성 가스 분위기에 설치되는 기기로 정상 작동 또는 예상된 오작동 중에 점화원이 될 수 없는 "높은" 보호등급의 기기
EPL Gc	폭발성 가스 분위기에 설치되는 기기로 정상 작동 중에 점화원이 될 수 없고 정기적인 고장(예: 램프의 고장) 발생 시 점화원으로서 비활성 상태의 유지를 보장하기 위하여 추가적인 보호장치가 있을 수 있는 "강화된(enhanced)" 보호등급의 기기
EPL Da	폭발성 분진 분위기에 설치되는 기기로 정상 작동, 예상된 오작동 또는 드문 오작동 중에 점화원이 될 수 없는 "매우 높은" 보호등급의 기기
EPL Db	폭발성 분진 분위기에 설치되는 기기로 정상 작동 또는 예상된 오작동 중에 점화원이 될 수 없는 "높은" 보호등급의 기기
EPL Dc	폭발성 분진 분위기에 설치되는 기기로 정상 작동 중에 점화원이 될 수 없고 정기적인 고장(예: 램프의 고장) 발생 시 점화원으로서 비활성 상태의 유지를 보장하기 위하여 추가적인 보호장치가 있을 수 있는 "강화된(enhanced)" 보호등급의 기기

※ M : Mine(광산), G : Gas(가스), D : Dust(분진)
※ a : "매우 높은" 보호등급, b : "높은" 보호등급, c : "강화된" 보호등급

074 다음 중 산업안전보건기준에 관한 규칙에 따라 누전차단기를 설치하지 않아도 되는 곳은?

① 철판·철골 위 등 도전성이 높은 장소에서 사용하는 이동형 전기기계·기구
② 대지전압이 220V인 휴대형 전기기계·기구
③ 임시배선이 전로가 설치되는 장소에서 사용하는 이동형 전기기계·기구
④ 절연대 위에서 사용하는 전기기계·기구

산업안전보건기준에 관한 규칙 제304조(누전차단기에 의한 감전방지) ① 사업주는 다음 각 호의 전기기계·기구에 대하여 누전에 의한 감전위험을 방지하기 위하여 해당 전로의 정격에 적합하고 감도(전류 등에 반응하는 정도)가 양호하며 확실하게 작동하는 감전방지용 누전차단기를 설치해야 한다.
1. 대지전압이 150볼트를 초과하는 이동형 또는 휴대형 전기기계·기구
2. 물 등 도전성이 높은 액체가 있는 습윤장소에서 사용하는 저압(1.5천볼트 이하 직류전압이나 1천볼트 이하의 교류전압을 말한다)용 전기기계·기구
3. 철판·철골 위 등 도전성이 높은 장소에서 사용하는 이동형 또는 휴대형 전기기계·기구
4. 임시배선의 전로가 설치되는 장소에서 사용하는 이동형 또는 휴대형 전기기계·기구

075 다음 설명이 나타내는 현상은?

> 전압이 인가된 이극 도체간의 고체 절연물 표면에 이물질이 부착되면 미소방전이 일어난다. 이 미소방전이 반복되면서 절연물 표면에 도전성 통로가 형성되는 현상이다.

① 흑연화현상 ② 트래킹현상
③ 반단선현상 ④ 절연이동현상

트래킹 현상 : 전위차가 있는 전극 사이에 오염물이 묻고 이곳에서 소규모 불꽃 방전이 일어나면서 절연돼 있어야 할 경로에 전기가 흐르는 트랙이 생기는 것으로 화재 원인이 될 수 있다.

076 다음 중 방폭구조의 종류가 아닌 것은?

① 본질안전 방폭구조 ② 고압 방폭구조
③ 압력 방폭구조 ④ 내압 방폭구조

방폭구조의 종류와 기호

종류	내용	기호
내압방폭구조	점화원에 의해 용기 내부에서 폭발이 발생할 경우에 용기가 폭발압력에 견딜 수 있고, 화염이 용기 외부의 폭발성 분위기로 전파되지 않도록 한 방폭구조	d
압력방폭구조	점화원이 될 우려가 있는 부분을 용기 안에 넣고 보호 기체(신선한 공기 또는 불활성기체)를 용기 안에 압입함으로써 폭발성 가스가 침입하는 것을 방지하도록 되어 있는 방폭구조	p

안전증방폭구조	전기기기의 과도한 온도 상승, 아크 또는 불꽃 발생의 위험을 방지하기 위하여 추가적인 안전조치를 통한 안전도를 증가시킨 방폭구조(다만, 정상운전 중에 아크나 불꽃을 발생시키는 전기기기는 안전증방폭구조의 전기기기 범위에서 제외)	e
유입방폭구조	유체 상부 또는 용기 외부에 존재할 수 있는 폭발성 분위기가 발화할 수 없도록 전기설비 또는 전기설비의 부품을 보호액에 함침시키는 방폭구조	o
본질안전방폭구조	정상시 또는 단락, 단선, 지락 등의 사고시에 발생하는 아크, 불꽃, 고열에 의하여 폭발성 가스나 증기에 점화되지 않는 것이 확인된 구조	ia, ib
비점화방폭구조	전기기기가 정상작동과 규정된 특정한 비정상상태에서 주위의 폭발성 가스 분위기를 점화시키지 못하도록 만든 방폭구조	n
몰드방폭구조	전기기기의 불꽃 또는 열로 인해 폭발성 위험분위기에 점화되지 않도록 컴파운드를 충전해서 보호한 방폭구조	m
충전방폭구조	폭발성 가스 분위기를 점화시킬 수 있는 부품을 고정하여 설치하고, 그 주위를 충전재로 완전히 둘러싸서 외부의 폭발성 가스 분위기를 점화시키지 않도록 하는 방폭구조	q
특수방폭구조	상기의 방폭구조 외에 외부의 폭발성 가스에 대해 인화를 방지할 수 있음을 시험에 의해 확인한 구조	s

077 심실세동 전류 I = $\frac{165}{\sqrt{T}}$ (mA)라면 심실세동 시 인체에 직접 받는 전기에너지(cal)는 약 얼마인가?
(단, t는 통전시간으로 1초이며, 인체의 저항은 500Ω으로 한다.)

① 0.52 ② 1.35
③ 2.14 ④ 3.27

심실세동전류(I) = $\frac{165}{\sqrt{T}}$ mA

W = I²RT = $(\frac{165}{\sqrt{T}} \times 10^{-3})^2$ RT[J]

= $(\frac{165}{\sqrt{1}} \times 10^{-3})^2 \times 500[Ω] \times 1[sec]$ = 13.6[J]

∴ 13.6[J] × 0.24 ≒ 3.27[cal]

078 산업안전보건기준에 관한 규칙에 따른 전기기계·기구의 설치 시 고려할 사항으로 거리가 먼 것은?

① 전기기계·기구의 충분한 전기적 용량 및 기계적 강도
② 전기기계·기구의 안전효율을 높이기 위한 시간 가동율
③ 습기·분진 등 사용장소의 주위 환경
④ 전기적·기계적 방호수단의 적정성

산업안전보건기준에 관한 규칙 303조(전기 기계·기구의 적정설치 등) ① 사업주는 전기기계·기구를 설치하려는 경우에는 다음 각 호의 사항을 고려하여 적절하게 설치해야 한다.

1. 전기기계·기구의 충분한 전기적 용량 및 기계적 강도
2. 습기·분진 등 사용장소의 주위 환경
3. 전기적·기계적 방호수단의 적정성

079 정전작업 시 조치사항으로 틀린 것은?

① 작업 전 전기설비의 잔류 전하를 확실히 방전한다.
② 개로된 전로의 충전여부를 검전기구에 의하여 확인한다.
③ 개폐기에 잠금장치를 하고 통전금지에 관한 표지판은 제거한다.
④ 예비 동력원의 역송전에 의한 감전의 위험을 방지하기 위해 단락접지 기구를 사용하여 단락 접지를 한다.

정전작업시의 조치(산업안전보건기준에 관한 규칙 제319조의 ②항)
- 전기기기등에 공급되는 모든 전원을 관련 도면, 배선도 등으로 확인할 것
- 전원을 차단한 후 각 단로기 등을 개방하고 확인할 것
- 차단장치나 단로기 등에 잠금장치 및 꼬리표를 부착할 것
- 개로된 전로에서 유도전압 또는 전기에너지가 축적되어 근로자에게 전기위험을 끼칠 수 있는 전기기기등은 접촉하기 전에 잔류전하를 완전히 방전시킬 것
- 검전기를 이용하여 작업 대상 기기가 충전되었는지를 확인할 것
- 전기기기등이 다른 노출 충전부와의 접촉, 유도 또는 예비동력원의 역송전 등으로 전압이 발생할 우려가 있는 경우에는 충분한 용량을 가진 단락 접지기구를 이용하여 접지할 것

080 정전기로 인한 화재 폭발의 위험이 가장 높은 것은?

① 드라이클리닝설비
② 농작물 건조기
③ 가습기
④ 전동기

산업안전보건기준에 관한 규칙 제325조(정전기로 인한 화재 폭발 등 방지) ① 사업주는 다음 각 호의 설비를 사용할 때에 정전기에 의한 화재 또는 폭발 등의 위험이 발생할 우려가 있는 경우에는 해당 설비에 대하여 확실한 방법으로 접지를 하거나, 도전성 재료를 사용하거나 가습 및 점화원이 될 우려가 없는 제전(除電)장치를 사용하는 등 정전기의 발생을 억제하거나 제거하기 위하여 필요한 조치를 하여야 한다.
1. 위험물을 탱크로리·탱크차 및 드럼 등에 주입하는 설비
2. 탱크로리·탱크차 및 드럼 등 위험물저장설비
3. 인화성 액체를 함유하는 도료 및 접착제 등을 제조·저장·취급 또는 도포(塗布)하는 설비
4. 위험물 건조설비 또는 그 부속설비
5. 인화성 고체를 저장하거나 취급하는 설비
6. 드라이클리닝설비, 염색가공설비 또는 모피류 등을 씻는 설비 등 인화성유기용제를 사용하는 설비
7. 유압, 압축공기 또는 고전위정전기 등을 이용하여 인화성 액체나 인화성 고체를 분무하거나 이송하는 설비
8. 고압가스를 이송하거나 저장·취급하는 설비
9. 화약류 제조설비
10. 발파공에 장전된 화약류를 점화시키는 경우에 사용하는 발파기(발파공을 막는 재료로 물을 사용하거나 갱도발파를 하는 경우는 제외한다)

제 05 과목 화학설비 안전관리

081 산업안전보건법에서 정한 위험물질을 기준량 이상 제조하거나 취급하는 화학설비로서 내부의 이상상태를 조기에 파악하기 위하여 필요한 온도계 · 유량계 · 압력계 등의 계측장치를 설치하여야 하는 대상이 아닌 것은?

① 가열로 또는 가열기
② 증류 · 정류 · 증발 · 추출 등 분리를 하는 장치
③ 반응폭주 등 이상 화학반응에 의하여 위험물질이 발생할 우려가 있는 설비
④ 흡열반응이 일어나는 반응장치

해설

산업안전보건기준에 관한 규칙 제273조(계측장치 등의 설치) 사업주는 별표 9에 따른 위험물을 같은 표에서 정한 기준량 이상으로 제조하거나 취급하는 다음 각 호의 어느 하나에 해당하는 화학설비(이하 "특수화학설비"라 한다)를 설치하는 경우에는 내부의 이상 상태를 조기에 파악하기 위하여 필요한 온도계 · 유량계 · 압력계 등의 계측장치를 설치하여야 한다.
1. 발열반응이 일어나는 반응장치
2. 증류 · 정류 · 증발 · 추출 등 분리를 하는 장치
3. 가열시켜 주는 물질의 온도가 가열되는 위험물질의 분해온도 또는 발화점보다 높은 상태에서 운전되는 설비
4. 반응폭주 등 이상 화학반응에 의하여 위험물질이 발생할 우려가 있는 설비
5. 온도가 섭씨 350도 이상이거나 게이지 압력이 980킬로파스칼 이상인 상태에서 운전되는 설비
6. 가열로 또는 가열기

082 다음 중 퍼지(purge)의 종류에 해당하지 않는 것은?

① 압력퍼지
② 진공퍼지
③ 스위프퍼지
④ 가열퍼지

해설

퍼지(불활성화)의 종류 : 진공퍼지, 압력퍼지, 스위프퍼지, 사이펀퍼지

083 폭발한계와 완전 연소 조성 관계인 Jones식을 이용하여 부탄(C_4H_{10})의 폭발하한계를 구하면 몇 vol% 인가?

① 1.4
② 1.7
③ 2.0
④ 2.3

해설

부탄(C_4H_{10}) 폭발범위

- 부탄 연소식 $C_4H_{10} + 6.5O_2 \rightarrow 4CO_2 + 5H_2O$ ($C_4H_{10} : 6.5O_2 = 1 : 6.5$)
- 화학양론조성비(Cst) = $\dfrac{1}{1+\dfrac{6.5}{0.21}} \times 100 ≒ 3.13$
- 폭발하한계(LEL) = $0.55 \times 3.13 ≒ 1.72$[vol%]
- 폭발상한계(UEL) = $3.50 \times 3.13 ≒ 10.96$[vol%]
∴ Jones식 : LEL = $0.55 \times$ Cst, UEL = $3.50 \times$ Cst

084 가스를 분류할 때 독성가스에 해당하지 않는 것은?

① 황화수소
② 시안화수소
③ 이산화탄소
④ 산화에틸렌

이산화탄소는 질식성 가스이나 독성이 없으며, 소화약제로 사용된다.

085 다음 중 폭발 방호 대책과 가장 거리가 먼 것은?

① 불활성화
② 억제
③ 방산
④ 봉쇄

일반적으로 불황성화는 화재 방호 대책에 해당된다.

086 질화면(Nitrocellulose)은 저장·취급 중에는 에틸알코올 등으로 습면상태를 유지해야 한다. 그 이유를 옳게 설명한 것은?

① 질화면은 건조 상태에서는 자연적으로 분해하면서 발화할 위험이 있기 때문이다.
② 질화면은 알코올과 반응하여 안정한 물질을 만들기 때문이다.
③ 질화면은 건조 상태에서 공기 중의 산소와 환원반응을 하기 때문이다.
④ 질화면은 건조 상태에서 유독한 중합물을 형성하기 때문이다.

제5류 위험물에 해당되는 질화면은 건조 상태에서 연소하는 자기연소(내부연소)가 가능하기 때문에 이를 쌓아 두는 경우 위험한 온도로 상승하지 못하도록 화재예방을 위한 조치를 하여야 하며 저장·취급 중에는 에틸알코올 등으로 습면상태를 유지해야 한다.

087 분진폭발의 특징으로 옳은 것은?

① 연소속도가 가스폭발보다 크다.
② 완전연소로 가스중독의 위험이 작다.
③ 화염의 파급속도보다 압력의 파급속도가 빠르다.
④ 가스폭발보다 연소시간은 짧고 발생에너지는 작다.

분진폭발
- 연소속도나 폭발압력은 가스폭발보다는 작지만 가해지는 힘(파괴력)은 매우 크다.
- 2차폭발을 한다.
- CO의 중독피해의 우려가 있다.
- 분진의 크기가 작을수록 잘 일어난다.
- 가연성분진의 난류확산은 위험을 증가 시킨다.
- 분진입자의 표면이 거칠수록 잘 일어난다.
- 폭발한계가 있다.

088 크롬에 대한 설명으로 옳은 것은?

① 은백색 광택이 있는 금속이다.
② 중독 시 미나마타병이 발병한다.
③ 비중이 물보다 작은 값을 나타낸다.
④ 3가 크롬이 인체에 가장 유해하다.

크롬(Cr, 크로뮴)
• 은백색 광택이 있는 단단한 금속 원소이다.
• 비중이 물보다 큰 값을 나타낸다.
• 6가 크롬은 +6 산화 상태의 발암성으로 인체에 가장 유해하며, 3가 크롬은 독성이 없으며 혈당 조절을 돕는 원소이다.
• 염산과 황산에는 녹으나 공기 중에서는 녹이 슬지 않고 약품에 잘 견뎌 도금이 합금 재료로 널리 사용된다.

089 사업주는 인화성 액체 및 인화성 가스를 저장 취급하는 화학설비에서 증기나 가스를 대기로 방출하는 경우에는 외부로부터의 화염을 방지하기 위하여 화염방지기를 설치하여야 한다. 다음 중 화염방지기의 설치 위치로 옳은 것은?

① 설비의 상단
② 설비의 하단
③ 설비의 측면
④ 설비의 조작부

산업안전보건기준에 관한 규칙 제269조(화염방지기의 설치 등) ① 사업주는 인화성 액체 및 인화성 가스를 저장·취급하는 화학설비에서 증기나 가스를 대기로 방출하는 경우에는 외부로부터의 화염을 방지하기 위하여 화염방지기를 그 설비 상단에 설치해야 한다. 다만, 대기로 연결된 통기관에 화염방지 기능이 있는 통기밸브가 설치되어 있거나, 인화점이 섭씨 38도 이상 60도 이하인 인화성 액체를 저장·취급할 때에 화염방지 기능을 가지는 인화방지망을 설치한 경우에는 그렇지 않다.

090 열교환탱크 외부를 두께 0.2m의 단열재(열전도율 k=0.037kcal/m·h·℃)로 보온하였더니 단열재 내면은 40℃, 외면은 20℃ 이었다. 면적 1m² 당 1시간에 손실되는 열량(kcal)은?

① 0.0037
② 0.037
③ 1.37
④ 3.7

시간당 손실열량(kcal) = $\dfrac{0.037}{0.2} \times (40 - 20) = 3.7$

091 산업안전보건법령상 다음 인화성 가스의 정의에서 ( ) 안에 알맞은 값은?

"인화성 가스"란 인화한계 농도의 최저한도가 (㉠)% 이하 또는 최고한도와 최저한도의 차가 (㉡)% 이상인 것으로서 표준압력(101.3kPa), 20℃에서 가스 상태인 물질을 말한다.

① ㉠ 13, ㉡ 12
② ㉠ 13, ㉡ 15
③ ㉠ 12, ㉡ 13
④ ㉠ 12, ㉡ 15

> **[해설]**
>
> **용어의 정의(산업안전보건법 시행령 별표 13)**
> - 인화성 가스 : 인화한계 농도의 최저한도가 13% 이하 또는 최고한도와 최저한도의 차가 12% 이상인 것으로서 표준압력(101.3kPa)에서 20℃에서 가스 상태인 물질을 말한다.
> - 인화성 액체 : 표준압력(101.3kPa)에서 인화점이 60℃ 이하이거나 고온·고압의 공정운전조건으로 인하여 화재·폭발 위험이 있는 상태에서 취급되는 가연성 물질을 말한다.
> - 인화점의 수치 : 태그밀폐식 또는 펜스키마르테르식 등의 밀폐식 인화점 측정기로 표준압력(101.3kPa)에서 측정한 수치 중 작은 수치를 말한다.
> - 유해·위험물질의 규정량 : 제조·취급·저장 설비에서 공정과정 중에 저장되는 양을 포함하여 하루 동안 최대로 제조·취급 또는 저장할 수 있는 양을 말한다.
> - 규정량 : 화학물질의 순도 100%를 기준으로 산출하되, 농도가 규정되어 있는 화학물질은 그 규정된 농도를 기준으로 한다.

092 액체 표면에서 발생한 증기농도가 공기 중에서 연소하한농도가 될 수 있는 가장 낮은 액체온도를 무엇이라 하는가?

① 인화점 ② 비등점
③ 연소점 ④ 발화온도

> **[해설]**
>
> **인화점과 발화점**
> - 인화점 : 인화가 가능한 가연성물질의 최저온도, 즉 외부로부터 에너지를 받아서 착화가 가능한 가연성물질의 최저온도로 액체의 경우 액면에서 증발된 증기의 농도가 그 증기의 연소하한계에 달할 때의 액체온도
> - 발화점(착화점) : 외부로부터 직접적인 에너지의 공급없이 물질 자체의 열 축적에 의하여 착화가 되는 최저온도

093 위험물의 저장방법으로 적절하지 않은 것은?

① 탄화칼슘은 물 속에 저장한다.
② 벤젠은 산화성 물질과 격리시킨다.
③ 금속나트륨은 석유 속에 저장한다.
④ 질산은 갈색병에 넣어 냉암소에 보관한다.

> **[해설]**
>
> 탄화칼슘이 물과 반응하면 수산화칼슘 + 아세틸렌이 발생된다.
> $CaC_2 + 2H_2O \rightarrow Ca(OH)_2 + C_2H_2$

094 다음 중 열교환기의 보수에 있어 일상점검항목과 정기적 개방점검항목으로 구분할 때 일상점검항목으로 거리가 먼 것은?

① 도장의 노후상황
② 부착물에 의한 오염의 상황
③ 보온재, 보냉재의 파손여부
④ 기초볼트의 체결정도

> **[해설]**
>
> 열교환부 냉각제나 부착물에 의한 오염은 개방해야 점검이 가능한 개방점검항목에 해당된다.

095 다음 중 반응기의 구조 방식에 의한 분류에 해당하는 것은?

① 탑형 반응기
② 연속식 반응기
③ 반회분식 반응기
④ 회분식 균일상반응기

반응기의 종류
- 구조방식에 따른 분류 : 교반조형, 관형, 탑형, 유동층형
- 조작방식에 의한 분류 : 회분식, 반회분식, 연속식

096 다음 중 공기 중 최소 발화에너지 값이 가장 작은 물질은?

① 에틸렌 ② 아세트알데히드
③ 메탄   ④ 에탄

연소(폭발)범위와 최소 발화에너지(MIE)

구분	화학식	폭발하한계(vol%)	폭발상한계(vol%)	MIE(mJ)
에틸렌	C_2H_4	3.1	32.0	0.07
아세트알데히드	CH_3CHO	4.1	57.0	0.36
메탄	CH_4	5.0	15.0	0.28
에탄	C_2H_6	3.0	12.5	0.24

097 다음 표의 가스(A~D)를 위험도가 큰 것부터 작은 순으로 나열한 것은?

	폭발하한값	폭발상한값
A	4.0 vol%	75.0 vol%
B	3.0 vol%	80.0 vol%
C	1.25 vol%	44.0 vol%
D	2.5 vol%	81.0 vol%

① D − B − C − A
② D − B − A − C
③ C − D − A − B
④ C − D − B − A

위험도(H) = $\dfrac{\text{폭발상한값} - \text{폭발하한값}}{\text{폭발하한값}}$

$A = \dfrac{75 - 4.0}{4.0} = 17.75$ $B = \dfrac{80 - 3.0}{3.0} = 25.67$

$C = \dfrac{44 - 1.25}{1.25} = 34.2$ $D = \dfrac{81 - 2.5}{2.5} = 31.4$

098 알루미늄분이 고온의 물과 반응하였을 때 생성되는 가스는?

① 이산화탄소　　② 수소
③ 메탄　　　　　④ 에탄

해설

알루미늄분과 물의 반응식

$2Al + 6H_2O \rightarrow 2Al(OH)_3 + 3H_2 \uparrow$

099 메탄, 에탄, 프로판의 폭발하한계가 각각 5vol%, 2vol%, 2.1vol% 일 때 다음 중 폭발하한계가 가장 낮은 것은?(단, Le Chatelier의 법칙을 이용한다.)

① 메탄 20vol%, 에탄 30vol%, 프로판 50vol%의 혼합가스
② 메탄 30vol%, 에탄 30vol%, 프로판 40vol%의 혼합가스
③ 메탄 40vol%, 에탄 30vol%, 프로판 30vol%의 혼합가스
④ 메탄 50vol%, 에탄 30vol%, 프로판 20vol%의 혼합가스

해설

혼합가스의 폭발위험(L) = $\dfrac{100}{\dfrac{V_1}{L_1}+\dfrac{V_2}{L_2}+\dfrac{V_3}{L_3}\cdots+\dfrac{V_n}{L_n}}$

$L_1, L_2, L_3 \cdots L_n$: 각 성분가스의 폭발한계(vol%)
$V_1, V_2, V_3 \cdots V_n$: 각 성분가스의 혼합비(vol%)

① 폭발하한계 = $\dfrac{100}{\dfrac{20}{5}+\dfrac{30}{2}+\dfrac{50}{2.1}}$ = 2.336

② 폭발하한계 = $\dfrac{100}{\dfrac{30}{5}+\dfrac{30}{2}+\dfrac{40}{2.1}}$ = 2.497

③ 폭발하한계 = $\dfrac{100}{\dfrac{40}{5}+\dfrac{30}{2}+\dfrac{30}{2.1}}$ = 2.378

④ 폭발하한계 = $\dfrac{100}{\dfrac{50}{5}+\dfrac{30}{2}+\dfrac{20}{2.1}}$ = 2.897

100 고압가스 용기 파열사고의 주요 원인 중 하나는 용기의 내압력(耐壓力, capacity to resist presure)부족이다. 다음 중 내압력 부족의 원인으로 거리가 먼 것은?

① 용기 내벽의 부식
② 강재의 피로
③ 과잉 충전
④ 용접 불량

해설

과잉 충전한 경우 과압이 된다.

제 06 과목 건설공사 안전관리

101 건설현장에 거푸집동바리 설치 시 준수사항으로 옳지 않은 것은?

① 파이프서포트 높이가 4.5m를 초과하는 경우에는 높이 2m 이내마다 2개 방향으로 수평 연결재를 설치한다.
② 동바리의 침하 방지를 위해 깔목의 사용, 콘크리트 타설, 말뚝박기 등을 실시한다.
③ 강재와 강재의 접속부는 볼트 또는 클램프 등 전용철물을 사용한다.
④ 강관틀 동바리는 강관틀과 강관틀 사이에 교차가새를 설치한다.

산업안전보건기준에 관한 규칙 제332조의2(동바리 유형에 따른 동바리 조립 시의 안전조치) 사업주는 동바리를 조립할 때 동바리의 유형별로 다음 각 호의 구분에 따른 각 목의 사항을 준수해야 한다.
1. 동바리로 사용하는 파이프 서포트의 경우
   가. 파이프 서포트를 3개 이상 이어서 사용하지 않도록 할 것
   나. 파이프 서포트를 이어서 사용하는 경우에는 4개 이상의 볼트 또는 전용철물을 사용하여 이을 것
   다. 높이가 3.5미터를 초과하는 경우에는 높이 2미터 이내마다 수평연결재를 2개 방향으로 만들고 수평연결재의 변위를 방지할 것
2. 동바리로 사용하는 강관틀의 경우
   가. 강관틀과 강관틀 사이에 교차가새를 설치할 것
   나. 최상단 및 5단 이내마다 동바리의 측면과 틀면의 방향 및 교차가새의 방향에서 5개 이내마다 수평연결재를 설치하고 수평연결재의 변위를 방지할 것
   다. 최상단 및 5단 이내마다 동바리의 틀면의 방향에서 양단 및 5개틀 이내마다 교차가새의 방향으로 띠장틀을 설치할 것
3. 동바리로 사용하는 조립강주의 경우: 조립강주의 높이가 4미터를 초과하는 경우에는 높이 4미터 이내마다 수평연결재를 2개 방향으로 설치하고 수평연결재의 변위를 방지할 것
4. 시스템 동바리(규격화·부품화된 수직재, 수평재 및 가새재 등의 부재를 현장에서 조립하여 거푸집을 지지하는 지주 형식의 동바리를 말한다)의 경우
   가. 수평재는 수직재와 직각으로 설치해야 하며, 흔들리지 않도록 견고하게 설치할 것
   나. 연결철물을 사용하여 수직재를 견고하게 연결하고, 연결부위가 탈락 또는 꺾어지지 않도록 할 것
   다. 수직 및 수평하중에 대해 동바리의 구조적 안정성이 확보되도록 조립도에 따라 수직재 및 수평재에는 가새재를 견고하게 설치할 것
   라. 동바리 최상단과 최하단의 수직재와 받침철물은 서로 밀착되도록 설치하고 수직재와 받침철물의 연결부의 겹침길이는 받침철물 전체길이의 3분의 1 이상 되도록 할 것
5. 보 형식의 동바리[강제 갑판(steel deck), 철재트러스 조립 보 등 수평으로 설치하여 거푸집을 지지하는 동바리를 말한다]의 경우
   가. 접합부는 충분한 걸침 길이를 확보하고 못, 용접 등으로 양끝을 지지물에 고정시켜 미끄러짐 및 탈락을 방지할 것
   나. 양끝에 설치된 보 거푸집을 지지하는 동바리 사이에는 수평연결재를 설치하거나 동바리를 추가로 설치하는 등 보 거푸집이 옆으로 넘어지지 않도록 견고하게 할 것
   다. 설계도면, 시방서 등 설계도서를 준수하여 설치할 것

102 고소작업대를 설치 및 이동하는 경우에 준수하여야 할 사항으로 옳지 않은 것은?

① 와이어로프 또는 체인의 안전율은 3 이상일 것
② 붐의 최대 지면경사각을 초과 운전하여 전도되지 않도록 할 것
③ 고소작업대를 이동하는 경우 작업대를 가장 낮게 내릴 것
④ 작업대에 끼임·충돌 등 재해를 예방하기 위한 가드 또는 과상승방지장치를 설치할 것

> **해설**
>
> 산업안전보건기준에 관한 규칙 제186조(고소작업대 설치 등의 조치) ① 사업주는 고소작업대를 설치하는 경우에는 다음 각 호에 해당하는 것을 설치하여야 한다.
> 1. 작업대를 와이어로프 또는 체인으로 올리거나 내릴 경우에는 와이어로프 또는 체인이 끊어져 작업대가 떨어지지 아니하는 구조여야 하며, 와이어로프 또는 체인의 안전율은 5 이상일 것
> 2. 작업대를 유압에 의해 올리거나 내릴 경우에는 작업대를 일정한 위치에 유지할 수 있는 장치를 갖추고 압력의 이상저하를 방지할 수 있는 구조일 것
> 3. 권과방지장치를 갖추거나 압력의 이상상승을 방지할 수 있는 구조일 것
> 4. 붐의 최대 지면경사각을 초과 운전하여 전도되지 않도록 할 것
> 5. 작업대에 정격하중(안전율 5 이상)을 표시할 것
> 6. 작업대에 끼임ㆍ충돌 등 재해를 예방하기 위한 가드 또는 과상승방지장치를 설치할 것
> 7. 조작반의 스위치는 눈으로 확인할 수 있도록 명칭 및 방향표시를 유지할 것

103 건설공사의 유해위험방지계획서 제출 기준일로 옳은 것은?

① 당해공사 착공 1개월 전까지
② 당해공사 착공 15일 전까지
③ 당해공사 착공 전날까지
④ 당해공사 착공 15일 후까지

> **해설**
>
> 산업안전보건법 시행규칙 제42조(제출서류 등) ① 법 제42조제1항제1호에 해당하는 사업주가 유해위험방지계획서를 제출할 때에는 사업장별로 별지 제16호서식의 제조업 등 유해위험방지계획서에 다음 각 호의 서류를 첨부하여 해당 작업 시작 15일 전까지 공단에 2부를 제출해야 한다. 이 경우 유해위험방지계획서의 작성기준, 작성자, 심사기준, 그 밖에 심사에 필요한 사항은 고용노동부장관이 정하여 고시한다.
> 1. 건축물 각 층의 평면도
> 2. 기계ㆍ설비의 개요를 나타내는 서류
> 3. 기계ㆍ설비의 배치도면
> 4. 원재료 및 제품의 취급, 제조 등의 작업방법의 개요
> 5. 그 밖에 고용노동부장관이 정하는 도면 및 서류
> ② 법 제42조제1항제2호에 해당하는 사업주가 유해위험방지계획서를 제출할 때에는 사업장별로 별지 제16호서식의 제조업 등 유해위험방지계획서에 다음 각 호의 서류를 첨부하여 해당 작업 시작 15일 전까지 공단에 2부를 제출해야 한다.
> 1. 설치장소의 개요를 나타내는 서류
> 2. 설비의 도면
> 3. 그 밖에 고용노동부장관이 정하는 도면 및 서류
> ③ 법 제42조제1항제3호에 해당하는 사업주가 유해위험방지계획서를 제출할 때에는 별지 제17호서식의 건설공사 유해위험방지계획서에 별표 10의 서류를 첨부하여 해당 공사의 착공(유해위험방지계획서 작성 대상 시설물 또는 구조물의 공사를 시작하는 것을 말하며, 대지 정리 및 가설사무소 설치 등의 공사 준비기간은 착공으로 보지 않는다) 전날까지 공단에 2부를 제출해야 한다. 이 경우 해당 공사가 「건설기술 진흥법」 제62조에 따른 안전관리계획을 수립해야 하는 건설공사에 해당하는 경우에는 유해위험방지계획서와 안전관리계획서를 통합하여 작성한 서류를 제출할 수 있다.

104 철골건립준비를 할 때 준수하여야 할 사항으로 옳지 않은 것은?

① 지상 작업장에서 건립준비 및 기계기구를 배치할 경우에는 낙하물의 위험이 없는 평탄한 장소를 선정하여 정비하여야 한다.
② 건립작업에 다소 지장이 있다하더라도 수목은 제거하거나 이설하여서는 안된다.
③ 사용전에 기계기구에 대한 정비 및 보수를 철저히 실시하여야 한다.
④ 기계에 부착된 앵카 등 고정장치와 기초구조 등을 확인하여야 한다.

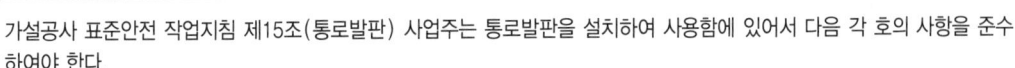

철골공사 표준안전 작업지침 제7조(건립준비) 철골건립준비를 할 때 다음 각 호의 사항을 준수하여야 한다.
1. 지상 작업장에서 건립준비 및 기계기구를 배치할 경우에는 낙하물의 위험이 없는 평탄한 장소를 선정하여 정비하고 경사지에서는 작업대나 임시발판 등을 설치하는 등 안전하게 한 후 작업하여야 한다.
2. 건립작업에 지장이 되는 수목은 제거하거나 이설하여야 한다.
3. 인근에 건축물 또는 고압선 등이 있는 경우에는 이에 대한 방호조치 및 안전조치를 하여야 한다.
4. 사용전에 기계기구에 대한 정비 및 보수를 철저히 실시하여야 한다.
5. 기계가 계획대로 배치되어 있는가, 윈치는 작업구역을 확인할 수 있는 곳에 위치하였는가, 기계에 부착된 앵카 등 고정장치와 기초구조 등을 확인하여야 한다.

105 가설공사 표준안전 작업지침에 따른 통로발판을 설치하여 사용함에 있어 준수사항으로 옳지 않은 것은?

① 추락의 위험이 있는 곳에는 안전난간이나 철책을 설치하여야 한다.
② 작업발판의 최대폭은 1.6m 이내이어야 한다.
③ 비계발판의 구조에 따라 최대 적재하중을 정하고 이를 초과하지 않도록 하여야 한다.
④ 발판을 겹쳐 이음하는 경우 장선 위에서 이음을 하고 겹침길이는 10cm 이상으로 하여야 한다.

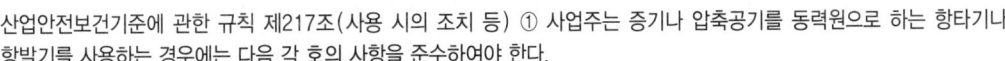

가설공사 표준안전 작업지침 제15조(통로발판) 사업주는 통로발판을 설치하여 사용함에 있어서 다음 각 호의 사항을 준수하여야 한다.
1. 근로자가 작업 및 이동하기에 충분한 넓이가 확보되어야 한다.
2. 추락의 위험이 있는 곳에는 안전난간이나 철책을 설치하여야 한다.
3. 발판을 겹쳐 이음하는 경우 장선 위에서 이음을 하고 겹침길이는 20센티미터 이상으로 하여야 한다.
4. 발판 1개에 대한 지지물은 2개 이상이어야 한다.
5. 작업발판의 최대폭은 1.6미터 이내이어야 한다.
6. 작업발판 위에는 돌출된 못, 옹이, 철선 등이 없어야 한다.
7. 비계발판의 구조에 따라 최대 적재하중을 정하고 이를 초과하지 않도록 하여야 한다.

106 항타기 또는 항발기의 사용 시 준수사항으로 옳지 않은 것은?

① 증기나 공기를 차단하는 장치를 작업관리자가 쉽게 조작할 수 있는 위치에 설치한다.
② 해머의 운동에 의하여 증기호스 또는 공기호스와 해머의 접속부가 파손되거나 벗겨지는 것을 방지하기 위하여 그 접속부가 아닌 부위를 선정하여 증기호스 또는 공기호스를 해머에 고정시킨다.
③ 항타기나 항발기의 권상장치의 드럼에 권상용 와이어로프가 꼬인 경우에는 와이어로프에 하중을 걸어서는 안된다.
④ 항타기나 항발기의 권상장치에 하중을 건 상태로 정지하여 두는 경우에는 쐐기장치 또는 역회전방지용 브레이크를 사용하여 제동하는 등 확실하게 정지시켜 두어야 한다.

산업안전보건기준에 관한 규칙 제217조(사용 시의 조치 등) ① 사업주는 증기나 압축공기를 동력원으로 하는 항타기나 항발기를 사용하는 경우에는 다음 각 호의 사항을 준수하여야 한다.
1. 해머의 운동에 의하여 증기호스 또는 공기호스와 해머의 접속부가 파손되거나 벗겨지는 것을 방지하기 위하여 그 접속부가 아닌 부위를 선정하여 증기호스 또는 공기호스를 해머에 고정시킬 것
2. 증기나 공기를 차단하는 장치를 해머의 운전자가 쉽게 조작할 수 있는 위치에 설치할 것

② 사업주는 항타기나 항발기의 권상장치의 드럼에 권상용 와이어로프가 꼬인 경우에는 와이어로프에 하중을 걸어서는 아니 된다.
③ 사업주는 항타기나 항발기의 권상장치에 하중을 건 상태로 정지하여 두는 경우에는 쐐기장치 또는 역회전방지용 브레이크를 사용하여 제동하는 등 확실하게 정지시켜 두어야 한다.

107 건설업 중 유해위험방지계획서 제출 대상 사업장으로 옳지 않은 것은?

① 지상높이가 31m 이상인 건축물 또는 인공구조물, 연면적 30000m² 이상인 건축물 또는 연면적 5000m² 이상의 문화 및 집회시설의 건설공사
② 연면적 3000m² 이상의 냉동·냉장 창고시설의 설비공사 및 단열공사
③ 깊이 10m 이상인 굴착공사
④ 최대 지간길이가 50m 이상인 다리의 건설공사

유해위험방지계획서 제출 대상 공사(산업안전보건법 시행령 제42조 ③항)
1. 다음 각 목의 어느 하나에 해당하는 건축물 또는 시설 등의 건설·개조 또는 해체 공사
    가. 지상높이가 31미터 이상인 건축물 또는 인공구조물
    나. 연면적 3만제곱미터 이상인 건축물
    다. 연면적 5천제곱미터 이상인 시설로서 다음의 어느 하나에 해당하는 시설
        1) 문화 및 집회시설(전시장 및 동물원·식물원은 제외한다)
        2) 판매시설, 운수시설(고속철도의 역사 및 집배송시설은 제외한다)
        3) 종교시설
        4) 의료시설 중 종합병원
        5) 숙박시설 중 관광숙박시설
        6) 지하도상가
        7) 냉동·냉장 창고시설
2. 연면적 5천제곱미터 이상인 냉동·냉장 창고시설의 설비공사 및 단열공사
3. 최대 지간(支間)길이(다리의 기둥과 기둥의 중심사이의 거리)가 50미터 이상인 다리의 건설등 공사
4. 터널의 건설등 공사
5. 다목적댐, 발전용댐, 저수용량 2천만톤 이상의 용수 전용 댐 및 지방상수도 전용 댐의 건설등 공사
6. 깊이 10미터 이상인 굴착공사

108 건설작업용 타워크레인의 안전장치로 옳지 않은 것은?

① 권과 방지장치　　② 과부하 방지장치
③ 비상정지 장치　　④ 호이스트 스위치

크레인의 방호장치 : 과부하방지장치, 권과방지장치, 비상정지장치 및 브레이크장치

109 이동식 비계를 조립하여 작업을 하는 경우의 준수기준으로 옳지 않은 것은?

① 비계의 최상부에서 작업을 할 때에는 안전난간을 설치하여야 한다.
② 작업발판의 최대적재하중은 400kg을 초과하지 않도록 한다.

③ 승강용 사다리는 견고하게 설치하여야 한다.
④ 작업발판은 항상 수평을 유지하고 작업발판 위에서 안전난간을 딛고 작업을 하거나 받침대 또는 사다리를 사용하여 작업하지 않도록 한다.

산업안전보건기준에 관한 규칙 제68조(이동식비계) 사업주는 이동식비계를 조립하여 작업을 하는 경우에는 다음 각 호의 사항을 준수하여야 한다.
1. 이동식비계의 바퀴에는 뜻밖의 갑작스러운 이동 또는 전도를 방지하기 위하여 브레이크·쐐기 등으로 바퀴를 고정시킨 다음 비계의 일부를 견고한 시설물에 고정하거나 아웃트리거를 설치하는 등 필요한 조치를 할 것
2. 승강용사다리는 견고하게 설치할 것
3. 비계의 최상부에서 작업을 하는 경우에는 안전난간을 설치할 것
4. 작업발판은 항상 수평을 유지하고 작업발판 위에서 안전난간을 딛고 작업을 하거나 받침대 또는 사다리를 사용하여 작업하지 않도록 할 것
5. 작업발판의 최대적재하중은 250킬로그램을 초과하지 않도록 할 것

110 토사붕괴 원인으로 옳지 않은 것은?

① 경사 및 기울기 증가 ② 성토높이의 증가
③ 건설기계 등 하중작용 ④ 토사중량의 감소

토사붕괴의 원인
- 외적원인 : 사면의 경사 및 기울기의 증가, 절토 및 성토의 증가, 공사에 의한 진동 및 반복하중의 증가, 지표수 또는 지하수의 침투로 인한 토사중량의 증가, 지진 및 작업차량 등의 하중
- 내적원인 : 절토사면의 토질, 암질의 종류, 성토사면의 토질구성 및 분포, 토석의 강도 저하

111 건설용 리프트의 붕괴 등을 방지하기 위해 받침의 수를 증가 시키는 등 안전조치를 하여야 하는 순간풍속 기준은?

① 초당 15미터 초과 ② 초당 25미터 초과
③ 초당 35미터 초과 ④ 초당 45미터 초과

산업안전보건기준에 관한 규칙 제154조(붕괴 등의 방지) ① 사업주는 지반침하, 불량한 자재사용 또는 헐거운 결선(結線) 등으로 리프트가 붕괴되거나 넘어지지 않도록 필요한 조치를 하여야 한다.
② 사업주는 순간풍속이 초당 35미터를 초과하는 바람이 불어올 우려가 있는 경우 건설작업용 리프트(지하에 설치되어 있는 것은 제외한다)에 대하여 받침의 수를 증가시키는 등 그 붕괴 등을 방지하기 위한 조치를 하여야 한다.

112 토사붕괴에 따른 재해를 방지하기 위한 흙막이 지보공 부재로 옳지 않은 것은?

① 흙막이판 ② 말뚝
③ 턴버클 ④ 띠장

흙막이 지보공의 조립
- 미리 조립도를 작성하여 당해 조립도에 의하여 조립한다.
- 조립도에는 흙막이판, 말뚝, 버팀대 및 띠장 등 부재의 배치·치수·재질 및 설치방법과 순서를 명시하여야 한다.

113 가설구조물의 특징으로 옳지 않은 것은?

① 연결재가 적은 구조로 되기 쉽다.
② 부재 결합이 간략하여 불안전 결합이다.
③ 구조물이라는 개념이 확고하여 조립의 정밀도가 높다.
④ 사용부재는 과소단면이거나 결함재가 되기 쉽다.

가설구조물의 특징
- 연결재가 부족한 구조가 되기 쉽다.
- 부재의 결합이 간단하여 불안전 결합이 되기 쉽다.
- 구조물이라는 개념이 확고하지 않아 조립의 정밀도가 낮다.
- 부재는 과소 단면이거나 결함이 있는 재료가 사용되기 쉽다.

114 사다리식 통로 등의 구조에 대한 설치기준으로 옳지 않은 것은?

① 발판의 간격은 일정하게 할 것
② 발판과 벽과의 사이는 15cm 이상의 간격을 유지할 것
③ 사다리식 통로의 길이가 10m 이상인 때에는 7m 이내마다 계단참을 설치할 것
④ 사다리의 상단은 걸쳐놓은 지점으로부터 60cm 이상 올라가도록 할 것

산업안전보건기준에 관한 규칙 제24조(사다리식 통로 등의 구조) ① 사업주는 사다리식 통로 등을 설치하는 경우 다음 각 호의 사항을 준수하여야 한다.
1. 견고한 구조로 할 것
2. 심한 손상·부식 등이 없는 재료를 사용할 것
3. 발판의 간격은 일정하게 할 것
4. 발판과 벽과의 사이는 15센티미터 이상의 간격을 유지할 것
5. 폭은 30센티미터 이상으로 할 것
6. 사다리가 넘어지거나 미끄러지는 것을 방지하기 위한 조치를 할 것
7. 사다리의 상단은 걸쳐놓은 지점으로부터 60센티미터 이상 올라가도록 할 것
8. 사다리식 통로의 길이가 10미터 이상인 경우에는 5미터 이내마다 계단참을 설치할 것
9. 사다리식 통로의 기울기는 75도 이하로 할 것. 다만, 고정식 사다리식 통로의 기울기는 90도 이하로 하고, 그 높이가 7미터 이상인 경우에는 다음 각 목의 구분에 따른 조치를 할 것
   가. 등받이울이 있어도 근로자 이동에 지장이 없는 경우 : 바닥으로부터 높이가 2.5미터 되는 지점부터 등받이울을 설치할 것
   나. 등받이울이 있으면 근로자가 이동이 곤란한 경우 : 한국산업표준에서 정하는 기준에 적합한 개인용 추락 방지 시스템을 설치하고 근로자로 하여금 한국산업표준에서 정하는 기준에 적합한 전신안전대를 사용하도록 할 것
10. 접이식 사다리 기둥은 사용 시 접혀지거나 펼쳐지지 않도록 철물 등을 사용하여 견고하게 조치할 것

115 가설통로를 설치하는 경우 준수해야 할 기준으로 옳지 않은 것은?

① 경사는 30°이하로 할 것
② 경사가 25°를 초과하는 경우에는 미끄러지지 아니하는 구조로 할 것
③ 건설공사에 사용하는 높이 8m 이상인 비계다리에는 7m 이내마다 계단참을 설치할 것
④ 수직갱에 가설된 통로의 길이가 15m 이상인 때에는 10m 이내마다 계단참을 설치할 것

산업안전보건기준에 관한 규칙 제23조(가설통로의 구조) 사업주는 가설통로를 설치하는 경우 다음 각 호의 사항을 준수하여야 한다.
1. 견고한 구조로 할 것
2. 경사는 30도 이하로 할 것. 다만, 계단을 설치하거나 높이 2미터 미만의 가설통로로서 튼튼한 손잡이를 설치한 경우에는 그러하지 아니하다.
3. 경사가 15도를 초과하는 경우에는 미끄러지지 아니하는 구조로 할 것
4. 추락할 위험이 있는 장소에는 안전난간을 설치할 것. 다만, 작업상 부득이한 경우에는 필요한 부분만 임시로 해체할 수 있다.
5. 수직갱에 가설된 통로의 길이가 15미터 이상인 경우에는 10미터 이내마다 계단참을 설치할 것
6. 건설공사에 사용하는 높이 8미터 이상인 비계다리에는 7미터 이내마다 계단참을 설치할 것

116 터널공사에서 발파작업 시 안전대책으로 옳지 않은 것은?

① 발파전 도화선 연결상태, 저항치 조사 등의 목적으로 도통시험 실시 및 발파기의 작동상태에 대한 사전점검 실시
② 모든 동력선은 발원점으로부터 최소한 15m 이상 후방으로 옮길 것
③ 지질, 암의 절리 등에 따라 화약량에 대한 검토 및 시방기준과 대비하여 안전조치 실시
④ 발파용 점화회선은 타동력선 및 조명회선과 한곳으로 통합하여 관리

터널공사 발파작업 시 안전대책
- 발파는 선임된 발파책임자의 지휘에 따라 시행하여야 한다.
- 발파작업에 대한 특별시방을 준수하여야 한다.
- 굴착단면 경계면에는 모암에 손상을 주지 않도록 시방에 명기된 정밀폭약(FINEX Ⅰ, Ⅱ) 등을 사용하여야 한다.
- 지질, 암의 절리 등에 따라 화약량을 충분히 검토하여야 하며 시방기준과 대비하여 안전조치를 하여야 한다.
- 발파책임자는 모든 근로자의 대피를 확인하고 지보공 및 복공에 대하여 필요한 조치의 방호를 한 후 발파하도록 하여야 한다.
- 발파시 안전한 거리 및 위치에서의 대피가 어려울 때에는 전면과 상부를 견고하게 방호한 임시대피장소를 설치하여야 한다.
- 화약류를 장진하기 전에 모든 동력선 및 활선은 장진기기로부터 분리시키고 조명회선을 포함한 모든 동력선은 발원점으로부터 최소한 15m 이상 후방으로 옮겨 놓도록 하여야 한다.
- 발파용 점화회선은 타동력선 및 조명회선으로부터 분리되어야 한다.
- 발파전 도오하선 연결상태, 저항치 조사 등의 목적으로 도통시험을 실시하여야 하며 발파기 작동상태를 사전 점검하여야 한다.
- 발파 후에는 충분한 시간이 경과한 후 접근하도록 하여야 하며 다음 각 목의 조치를 취한 후 다음 단계의 작업을 행하도록 하여야 한다.
  - 유독가스의 유무를 재확인하고 신속히 환풍기, 송풍기 등을 이용 환기시킨다.
  - 발파책임자는 발파 후 가스배출 완료 즉시 굴착면을 세밀히 조사하여 붕락 가능성의 뜬돌을 제거하여야 하며 용출수 유무를 동시에 확인하여야 한다.
  - 발파단면을 세밀히 조사하여 필요에 따라 지보공, 록볼트, 철망, 뿜어 붙이기 콘크리트 등으로 보강하여야 한다.
  - 불발화약류의 유무를 세밀히 조사하여야 하며 발견시 국부 재발파, 수압에 의한 제거방식 등으로 잔류화약을 처리하여야 한다.

117 건설업 산업안전보건관리비 계상 및 사용기준은 산업재해보상 보험법의 적용을 받는 공사 중 총 공사금액이 얼마 이상인 공사에 적용하는가?

① 4천만원 ② 3천만원
③ 2천만원 ④ 1천만원

건설업 산업안전보건관리비 계상 및 사용기준 제3조(적용범위) 이 고시는 법 제2조제11호의 건설공사 중 총공사금액 2천만 원 이상인 공사에 적용한다. 다만, 단가계약에 의하여 행하는 공사에 대하여는 총계약금액을 기준으로 적용한다.

118 건설업의 공사금액이 850억 원일 경우 산업안전보건법령에 따른 안전관리자의 수로 옳은 것은?(단, 전체 공사기간을 100으로 할 때 공사 전·후 15에 해당하는 경우는 고려하지 않는다.)

① 1명 이상 ② 2명 이상
③ 3명 이상 ④ 4명 이상

건설업 공사금액별 안전관리자의 수(산업안전보건법 시행령 별표 3)
- 50억원 이상(관계수급인은 100억원 이상) 120억원 미만 : 1명 이상
- 120억원 이상 800억원 미만 : 1명 이상
- 800억원 이상 1,500억원 미만 : 2명 이상(단, 공사 전·후 15에 해당하는 기간 동안은 1명 이상)
- 1,500억원 이상 2,200억원 미만 : 3명 이상(단, 공사 전·후 15에 해당하는 기간 동안은 2명 이상)
- 2,200억원 이상 3,000억원 미만 : 4명 이상(단, 공사 전·후 15에 해당하는 기간 동안은 2명 이상)
- 3,000억원 이상 3,900억원 미만 : 5명 이상(단, 공사 전·후 15에 해당하는 기간 동안은 3명 이상)
- 3,900억원 이상 4,900억원 미만 : 6명 이상(단, 공사 전·후 15에 해당하는 기간 동안은 3명 이상)
- 4,900억원 이상 6,000억원 미만 : 7명 이상(단, 공사 전·후 15에 해당하는 기간 동안은 4명 이상)
- 6,000억원 이상 7,200억원 미만 : 8명 이상(단, 공사 전·후 15에 해당하는 기간 동안은 4명 이상)
- 7,200억원 이상 8,500억원 미만 : 9명 이상(단, 공사 전·후 15에 해당하는 기간 동안은 5명 이상)
- 8,500억원 이상 1조원 미만 : 10명 이상(단, 공사 전·후 15에 해당하는 기간 동안은 5명 이상)
- 1조원 이상 : 11명 이상[매 2천억원(2조원 이상부터는 매 3천억원)마다 1명씩 추가](단, 공사 전·후 15에 해당하는 기간 동안은 선임 대상 안전관리자 수의 2분의 1(소수점 이하는 올림) 이상)

119 거푸집 동바리의 침하를 방지하기 위한 직접적인 조치로 옳지 않은 것은?

① 수평연결재 사용 ② 깔목의 사용
③ 콘크리트의 타설 ④ 말뚝박기

산업안전보건기준에 관한 규칙 제332조(동바리 조립 시의 안전조치) 사업주는 동바리를 조립하는 경우에는 하중의 지지상태를 유지할 수 있도록 다음 각 호의 사항을 준수해야 한다.
1. 받침목이나 깔판의 사용, 콘크리트 타설, 말뚝박기 등 동바리의 침하를 방지하기 위한 조치를 할 것
2. 동바리의 상하 고정 및 미끄러짐 방지 조치를 할 것
3. 상부·하부의 동바리가 동일 수직선상에 위치하도록 하여 깔판·받침목에 고정시킬 것
4. 개구부 상부에 동바리를 설치하는 경우에는 상부하중을 견딜 수 있는 견고한 받침대를 설치할 것
5. U헤드 등의 단판이 없는 동바리의 상단에 멍에 등을 올릴 경우에는 해당 상단에 U헤드 등의 단판을 설치하고, 멍에 등이 전도되거나 이탈되지 않도록 고정시킬 것
6. 동바리의 이음은 같은 품질의 재료를 사용할 것

7. 강재의 접속부 및 교차부는 볼트·클램프 등 전용철물을 사용하여 단단히 연결할 것
8. 거푸집의 형상에 따른 부득이한 경우를 제외하고는 깔판이나 받침목은 2단 이상 끼우지 않도록 할 것
9. 깔판이나 받침목을 이어서 사용하는 경우에는 그 깔판·받침목을 단단히 연결할 것

120 달비계에 사용하는 와이어로프의 사용금지 기준으로 옳지 않은 것은?

① 이음매가 있는 것
② 열과 전기 충격에 의해 손상된 것
③ 지름의 감소가 공칭지름의 7%를 초과하는 것
④ 와이어로프의 한 꼬임에서 끊어진 소선의 수가 7% 이상인 것

산업안전보건기준에 관한 규칙 제63조(달비계의 구조) ① 사업주는 곤돌라형 달비계를 설치하는 경우에는 다음 각 호의 사항을 준수해야 한다.
1. 다음 각 목의 어느 하나에 해당하는 와이어로프를 달비계에 사용해서는 아니 된다.
   가. 이음매가 있는 것
   나. 와이어로프의 한 꼬임[(스트랜드(strand)를 말한다. 이하 같다)]에서 끊어진 소선(素線)[필러(pillar)선은 제외한다)]의 수가 10퍼센트 이상(비자전로프의 경우에는 끊어진 소선의 수가 와이어로프 호칭지름의 6배 길이 이내에서 4개 이상이거나 호칭지름 30배 길이 이내에서 8개 이상)인 것
   다. 지름의 감소가 공칭지름의 7퍼센트를 초과하는 것
   라. 꼬인 것
   마. 심하게 변형되거나 부식된 것
   바. 열과 전기충격에 의해 손상된 것
2. 다음 각 목의 어느 하나에 해당하는 달기 체인을 달비계에 사용해서는 아니 된다.
   가. 달기 체인의 길이가 달기 체인이 제조된 때의 길이의 5퍼센트를 초과한 것
   나. 링의 단면지름이 달기 체인이 제조된 때의 해당 링의 지름의 10퍼센트를 초과하여 감소한 것
   다. 균열이 있거나 심하게 변형된 것
3. 달기 강선 및 달기 강대는 심하게 손상·변형 또는 부식된 것을 사용하지 않도록 할 것
4. 달기 와이어로프, 달기 체인, 달기 강선, 달기 강대는 한쪽 끝을 비계의 보 등에, 다른 쪽 끝을 내민 보, 앵커볼트 또는 건축물의 보 등에 각각 풀리지 않도록 설치할 것
5. 작업발판은 폭을 40센티미터 이상으로 하고 틈새가 없도록 할 것
6. 작업발판의 재료는 뒤집히거나 떨어지지 않도록 비계의 보 등에 연결하거나 고정시킬 것
7. 비계가 흔들리거나 뒤집히는 것을 방지하기 위하여 비계의 보·작업발판 등에 버팀을 설치하는 등 필요한 조치를 할 것
8. 선반 비계에서는 보의 접속부 및 교차부를 철선·이음철물 등을 사용하여 확실하게 접속시키거나 단단하게 연결시킬 것
9. 근로자의 추락 위험을 방지하기 위하여 다음 각 목의 조치를 할 것
   가. 달비계에 구명줄을 설치할 것
   나. 근로자에게 안전대를 착용하도록 하고 근로자가 착용한 안전줄을 달비계의 구명줄에 체결(締結)하도록 할 것
   다. 달비계에 안전난간을 설치할 수 있는 구조인 경우에는 달비계에 안전난간을 설치할 것

정답 2022년 04월 24일 최근 기출문제

001 ④	002 ③	003 ②	004 ③	005 ②	006 ①	007 ③	008 ②	009 ③	010 ②
011 ④	012 ③	013 ①	014 ④	015 ②	016 ④	017 ①	018 ①	019 ④	020 ②
021 ①	022 ②	023 ④	024 ①	025 ③	026 ②	027 ③	028 ②	029 ④	030 ④
031 ③	032 ④	033 ①	034 ③	035 ④	036 ①	037 ②	038 ①	039 ②	040 ③
041 ①	042 ④	043 ③	044 ①	045 ②	046 ②	047 ①	048 ①	049 ②	050 ④
051 ③	052 ④	053 ③	054 ④	055 ②	056 ②	057 ②	058 ③	059 ③	060 ②
061 ④	062 ③	063 ④	064 ①	065 ③	066 ①	067 ①	068 ④	069 ③	070 ③
071 ①	072 ③	073 ④	074 ④	075 ②	076 ②	077 ④	078 ②	079 ③	080 ①
081 ④	082 ④	083 ②	084 ③	085 ①	086 ①	087 ③	088 ①	089 ①	090 ④
091 ①	092 ①	093 ①	094 ②	095 ①	096 ①	097 ④	098 ②	099 ①	100 ③
101 ①	102 ①	103 ③	104 ②	105 ④	106 ①	107 ②	108 ④	109 ②	110 ④
111 ③	112 ③	113 ③	114 ③	115 ②	116 ④	117 ③	118 ②	119 ①	120 ④

산업안전기사
필기 기출문제

2026년 01월 05일 인쇄
2026년 01월 20일 발행

저자 김응주
발행처 (주)도서출판 책과상상
등록번호 제2020-000205호
발행인 이강복
주소 경기도 고양시 일산동구 장항로 203-191
대표전화 (02)3272-1703~4
팩스 (02)3272-1705

홈페이지 www.sangsangbooks.co.kr
ISBN 979-11-6967-324-2

값 27,000원
Copyright© 2026
Book & SangSang Publishing Co.

• 저자와의 협의하에 인지를 생략합니다.